머리말 | PREFACE

　전기는 고도의 정보화 사회에서 가장 중추적인 에너지원이다. 전기발전량이 계속적으로 증가하고 있으며, 사용분야가 다양해지면서 전기분야 기술 인력 수요가 급증하고 있다.
　다른 분야와는 달리 기술자격을 갖춘 기술자가 반드시 필요하기에 전기기능사는 전기분야의 입문 단계에서 디딤돌 역할을 하는 자격이다.
　이러한 전기기능사를 준비하는 수험생들이 좀 더 쉽게 자격증을 취득하도록 지금까지의 강의경험과 현장실무지식을 바탕으로 전기전반에 대한 기본이론 및 출제경향을 쉽게 이해할 수 있고, 더 나아가 상위 자격 취득에 도움이 되고자 다음과 같이 본서를 집필하게 되었다.

▫ 이 책의 특징

> 첫째, 풍부한 강의경험과 실무지식을 바탕으로 최근출제경향에 맞추어 내용을 체계적으로 구성하여 수험자가 쉽게 공부할 수 있도록 하였다.
> 둘째, 전기에 대한 기초지식이 없어도 누구나 쉽게 접근할 수 있도록 강의식 내용구성으로 전기에 대한 흥미를 가질 수 있도록 하였다.
> 셋째, 각 단원별로 자주 출제되는 핵심 기출문제를 출제 연도와 함께 수록하였다. 출제빈도가 높은 문제를 공부하여 최근 출제경향을 파악할 수 있도록 노력하였다.

　마지막으로 수험생들에게 당부하고자 하는 것은 처음부터 암기식 공부법으로 흥미를 잃어 지루한 공부를 하지 말고, 가벼운 마음으로 두세 번 반복하여 쉬운 문제부터 접근하라는 것이다. 그리고 암기해야 할 내용이나 공식은 본서의 별책으로 실려 있는 『핵심요약집』을 활용하여 최종정리단계에서 다시 한번 숙지한다면 보다 더 쉽게 자격을 취득할 수 있을 것이다.

　아무쪼록 전기기능사를 준비하고 있는 모든 분들에게 합격의 영광이 있길 바라며 미래 전력산업의 주인공으로 우수한 전기기술자로 거듭나기를 바란다. 또한 이 책이 출간되기까지 도움을 주신 도서출판 예문사에 진심으로 감사드린다.

저 자

교재에 수록된 기호 및 문자 | INFORMATION

1. 전기·자기의 단위

양	기호	단위의 명칭	단위기호	양	기호	단위의 명칭	단위기호
전압(전위, 전위차)	V, U	volt	V	유전율	ε	farad/meter	F/m
기전력	E	volt	V	전기량(전하)	Q	coulomb	C
전류	I	ampere	A	정전용량	C	farad	F
전력(유효전력)	P	watt	W	자체 인덕턴스	L	henry	H
피상전력	P_a	voltampere	VA	상호 인덕턴스	M	henry	H
무효전력	P_r	var	Var	주기	T	second	sec
전력량(에너지)	W	joule, watt second	J, W·s	주파수	f	hertz	Hz
저항률	ρ	ohmmeter	$\Omega \cdot m$	각속도	ω	radian/second	rad/sec
전기저항	R	ohm	Ω	임피던스	Z	ohm	Ω
전도율	σ	mho/meter	$\mho/m$	어드미턴스	Y	mho	$\mho$
자장의 세기	H	ampere-turn/meter	AT/m	리액턴스	X	ohm	Ω
자속	ϕ	weber	Wb	컨덕턴스	G	mho	$\mho$
자속밀도	B	weber/meter^2	Wb/m^2	서셉턴스	B	mho	$\mho$
투자율	μ	henry/meter	H/m	열량	H	calorie	cal
자하	m	weber	Wb	힘	F	newton	N
전장의 세기	E	volt/meter	V/m	토크	T	newton meter	N·m
전속	ψ	coulomb	C	회전속도	N	revolution per minute	rpm
전속밀도	D	coulomb/meter^2	C/m^2	마력	P	horse power	HP

2. 그리스 문자

대문자	소문자	명칭	대문자	소문자	명칭
Δ	δ	델타(delta)	P	ρ	로(rho)
E	ε	엡실론(epsilon)	Σ	σ	시그마(sigma)
H	η	이타(eta)	T	τ	타우(tau)
Θ	θ	세타(theta)	Φ	ϕ	파이(phi)
M	μ	뮤(mu)	Ψ	ψ	프사이(psi)
Π	π	파이(pi)	Ω	ω	오메가(omega)

3. 단위의 배수

기호	읽는 법	양	기호	읽는 법	양
G	giga	10^9	m	milli	10^{-3}
M	mega	10^6	μ	micro	10^{-6}
k	kilo	10^3	n	nano	10^{-9}

차례 | CONTENTS

PART 01 전기이론

CHAPTER 01 직류회로
01 전기의 본질 ·· 2
02 전류와 전압 및 저항 ·· 3
03 전기회로의 회로해석 ·· 11

CHAPTER 02 전류의 열작용과 화학작용
01 전력과 전기회로 측정 ·· 23
02 전류의 화학작용과 열작용 ·· 32

CHAPTER 03 정전기와 콘덴서
01 정전기의 성질 ·· 39
02 정전용량과 정전에너지 ·· 49
03 콘덴서 ·· 54

CHAPTER 04 자기의 성질과 전류에 의한 자기장
01 자석의 자기작용 ·· 60
02 전류에 의한 자기현상과 자기회로 ································ 69

CHAPTER 05 전자력과 전자유도
01 전자력 ·· 78
02 전자유도 ·· 83
03 인덕턴스와 전자에너지 ·· 87

CHAPTER 06 교류회로
01 교류회로의 기초 ·· 96
02 교류전류에 대한 RLC의 작용 ······································ 101
03 RLC 직렬회로 ·· 107
04 RLC 병렬회로 ·· 115

05 공진회로 ·· 121
06 교류전력 ·· 125

CHAPTER 07 3상 교류회로

01 3상 교류 ··· 130
02 3상 회로의 결선 ··· 131
03 3상 교류전력 ·· 134

CHAPTER 08 비정현파와 과도현상

01 비정현파 교류 ·· 141
02 과도현상 ·· 143

PART 02 전기기기

CHAPTER 01 직류기

01 직류발전기의 원리 ·· 148
02 직류발전기의 구조 ·· 150
03 직류발전기의 이론 ·· 154
04 직류발전기의 종류 ·· 159
05 직류발전기의 특성 ·· 160
06 직류전동기의 원리 ·· 165
07 직류전동기의 이론 ·· 165
08 직류전동기의 종류 및 구조 ··· 168
09 직류전동기의 특성 ·· 169
10 직류전동기의 운전 ·· 174
11 직류전동기의 손실 ·· 175
12 직류기의 효율 ·· 176

최신판
전기기능사 필기
|핵심요약집|

김종남 · 송환의 저

예문사

PART 01 전기이론

SECTION 01 직류회로

(1) 전기의 본질

- **자유전자** : 물질 내에서 자유로이 움직일 수 있는 전자
- **전자의 전기량** : 1.602×10^{-19}[C]
- **전자의 질량** : 9.1×10^{-31}[kg]
- **전하** : 대전된 물체가 가지고 있는 전기
- **전기량(전하량)** Q[C] : 전하가 가지고 있는 전기의 양

(2) 전류와 전압 및 저항

- 전류 $I = \dfrac{Q}{t}$ [C/s] ; [A]
- 전압 $V = \dfrac{W}{Q}$ [J/C] ; [V]
- 저항 $R = \rho \dfrac{\ell}{A}$ [Ω]

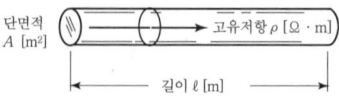

단면적 A [m²] → 고유저항 ρ [Ω·m]
길이 ℓ [m]

고유저항(Specific Resistivity) : ρ [Ω · m]

(3) 전기회로의 회로해석

옴의 법칙 $V = IR$[V]

〈저항의 접속〉

접속	회로	합성저항(R)	전압(V)	전류(I)
직렬	R_1 R_2	$R = R_1 + R_2$	분배	일정
병렬	R_1 R_2	$R = \dfrac{R_1 \times R_2}{R_1 + R_2}$	일정	분배

키르히호프의 법칙(Kirchhoff's Law)
- 제1법칙(전류의 법칙) : Σ유입전류 = Σ유출전류, $\Sigma I = 0$
- 제2법칙(전압의 법칙) : Σ기전력 = Σ전압강하, $\Sigma V = \Sigma IR$

SECTION 02 전류의 열작용과 화학작용

(1) 전력과 전기회로 측정

전력(Electric Power) : P

$$P = VI = I^2R = \frac{V^2}{R} [\text{W}] \ (\because V = IR)$$

전력량 : W

$$W = VQ = VIt = Pt[\text{W} \cdot \text{sec}](1[\text{J}] = 1[\text{W} \cdot \text{sec}])$$

줄의 법칙(Joule's Law)

도체에 흐르는 전류에 의하여 단위 시간 내에 발생하는 열량은 도체의 저항과 전류의 제곱에 비례한다.

줄열 $H = 0.24 I^2 Rt = \dfrac{1}{4.2} I^2 Rt [\text{cal}]$

휘트스톤 브리지 평형 회로

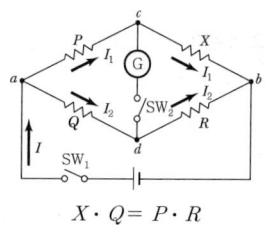

$$X \cdot Q = P \cdot R$$

(2) 전류의 화학 작용과 열작용

패러데이 법칙(Faraday's Law) : 전기 분해의 의해서 전극에 석출되는 물질의 양은 전해액 속을 통과한 전기량과 전기화학당량에 비례한다. $(w = kIt [\text{g}])$

국부작용 : 전극에 이물질로 인하여 기전력이 감소하는 현상

성극(분극)작용 : 전극에 수소기포로 인하여 기전력이 감소하는 현상

SECTION 03 정전기와 콘덴서

(1) 정전기의 성질

대전(Electrification) : 물질이 전자가 부족하거나 남게 된 상태에서 양전기나 음전기를 띠게 되는 현상

쿨롱의 법칙(Coulomb's Law)

$$F = \frac{1}{4\pi\varepsilon} \cdot \frac{Q_1 Q_2}{r^2}[\text{N}] = 9 \times 10^9 \cdot \frac{Q_1 Q_2}{r^2}[\text{N}]$$

유전율 $\varepsilon = \varepsilon_o \varepsilon_s [\text{F/m}]$ (진공 중의 유전율 $\varepsilon_0 = 8.855 \times 10^{-12}\,[\text{F/m}]$)

전기장의 세기(Intensity of Electric Field)

- $E = \dfrac{F}{Q}[\text{N/C}] = \dfrac{1}{4\pi\varepsilon} \cdot \dfrac{Q}{r^2} = 9 \times 10^9 \cdot \dfrac{Q}{r^2} = \dfrac{V}{r}[\text{V/m}]$
- $F = QE[\text{N}]$
- 전기장의 세기는 +1[C]이 있었을 때, 전하 Q와 작용하는 힘의 크기와 방향을 나타낸다.

가우스의 정리 : 전기력선의 총수는 $\dfrac{Q}{\varepsilon}$개이다.

이것으로 전기력선 밀도(=전기장의 세기)를 알 수 있다.

전속 밀도 : $D = \dfrac{Q}{A}[\text{C/m}^2]$

전속 밀도와 전기장의 세기와의 관계

$D = \varepsilon E [\text{C/m}^2]$ (유전체 안에서)

전위 : $Q[\text{C}]$의 전하에서 $r[\text{m}]$ 떨어진 점의 전위 V

$V = Er[\text{V}]$ (균일한 전장 내)

(2) 정전용량과 정전에너지

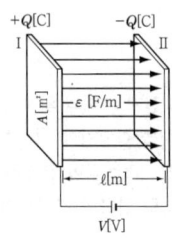

콘덴서의 전하량 $Q = CV[\text{C}]$

평행판 도체의 정전용량 $C = \varepsilon \dfrac{A}{\ell}[\text{F}]$

정전에너지(Electrostatic Energy)

$$W = \dfrac{1}{2}QV = \dfrac{1}{2}\dfrac{Q^2}{C} = \dfrac{1}{2}CV^2[\text{J}]$$

유전체 내의 에너지

정전에너지는 $W = \dfrac{1}{2}\varepsilon E^2\,[\text{J}/\text{m}^3](\because D = \varepsilon E)$

정전 흡인력 $\therefore f \propto V^2$

(3) 콘덴서

〈콘덴서의 접속〉

접속	회로	합성정전용량(C)	전압(V)	전하(Q)
직렬	$C_1\ C_2$	$C = \dfrac{C_1 \times C_2}{C_1 + C_2}$	분배	일정
병렬	C_1 C_2	$C = C_1 + C_2$	일정	분배

SECTION 04 자기의 성질과 전류에 의한 자기장

(1) 자석의 자기작용

쿨롱의 법칙(Coulomb's Law)

$$F = \dfrac{1}{4\pi\mu} \cdot \dfrac{m_1 m_2}{r^2} = 6.33 \times 10^4 \times \dfrac{m_1 m_2}{r^2}[\text{N}]$$

투자율 $\mu = \mu_0 \times \mu_s[\text{H}/\text{m}]$(진공 중의 투자율 $\mu_0 = 4\pi \times 10^{-7}[\text{H}/\text{m}]$)

자장의 세기

$$H = \dfrac{F}{m} = \dfrac{1}{4\pi\mu_0} \cdot \dfrac{m}{r^2} = \dfrac{NI}{\ell}[\text{AT}/\text{m}]$$

$F = mH[\text{N}]$

가우스의 정리 : 자기력선의 총수는 $\dfrac{m}{\mu}$ 개이다.

이것으로 자기력선 밀도(=자기장의 세기)를 알 수 있다.

자속밀도 $B = \dfrac{\phi}{A}[\text{Wb/m}^2]$; [T]

자속밀도와 자장의 세기와의 관계

$B = \mu H = \mu_0 \mu_s H [\text{Wb/m}^2]$

- 비투자율이 큰 물질일수록 자속을 잘 통한다.

기자력

$NI = H \cdot \ell [\text{AT}](\ell : \text{자로의 길이})$

〈전기와 자기의 비교〉

전기	자기
전하 Q[C]	자하 m[Wb]
+, − 분리 가능	N, S 분리 불가
쿨롱의 법칙 $F = \dfrac{1}{4\pi\varepsilon} \cdot \dfrac{Q_1 Q_2}{r^2}[\text{N}]$	쿨롱의 법칙 $F = \dfrac{1}{4\pi\mu} \cdot \dfrac{m_1 m_2}{r^2}[\text{N}]$
유전율 $\varepsilon = \varepsilon_0 \cdot \varepsilon_s$ [F/m]	투자율 $\mu = \mu_0 \cdot \mu_s$ [H/m]
전기장(전장, 전계)	자기장(자장, 자계)
전기장의 세기 $E = \dfrac{1}{4\pi\varepsilon} \cdot \dfrac{Q}{r^2}[\text{V/m}]$	자기장의 세기 $H = \dfrac{1}{4\pi\mu} \cdot \dfrac{m}{r^2}[\text{AT/m}]$
$F = QE[\text{N}]$	$F = mH[\text{N}]$
전기력선	자기력선
가우스의 정리(전기력선의 수) $N = \dfrac{Q}{\varepsilon}$ 개	가우스의 정리(자기력선의 수) $N = \dfrac{m}{\mu}$ 개
전속 ψ(=전하)[C]	자속 ϕ(=자하)[Wb]
전속밀도 $D = \dfrac{Q}{A} = \dfrac{Q}{4\pi r^2}[\text{C/m}^2]$	자속밀도 $B[\text{Wb/m}^2]$ $B = \dfrac{\phi}{A} = \dfrac{Q}{4\pi r^2}[\text{Wb/m}^2]$
전속밀도와 전기장의 세기의 관계 $D = \varepsilon E = \varepsilon_0 \varepsilon_s E [\text{C/m}^2]$	자속밀도와 자기장의 세기의 관계 $B = \mu H = \mu_0 \mu_s H [\text{Wb/m}^2]$

(2) 전류에 의한 자기현상과 자기회로

앙페르의 오른 나사의 법칙
- 전류에 의한 자기장의 방향을 결정

전류에 의한 자기장의 세기
- 앙페르의 주회적분 법칙 $\sum H \Delta \ell = \sum I$
- 비오-사바르의 법칙

$$\Delta H = \frac{I \Delta \ell}{4\pi r^2} \sin\theta \, [\text{AT/m}]$$

무한 직선 전류에 의한 자장 $H = \dfrac{I}{2\pi r} [\text{AT/m}]$

원형 코일 중심의 자장 $H = \dfrac{NI}{2r} [\text{AT/m}]$

〈전기회로와 자기회로 비교〉

전기회로	자기회로
기전력 $V[\text{V}]$	기자력 $F = NI [\text{AT}]$
전류 $I[\text{A}]$	자속 $\phi[\text{Wb}]$
전기저항 $R[\Omega]$	자기저항 $R[\text{AT/Wb}]$
옴의 법칙 $R = \dfrac{V}{I} [\Omega]$	옴의 법칙 $R = \dfrac{NI}{\phi} [\text{AT/Wb}]$

SECTION 05 전자력과 전자유도

(1) 전자력

플레밍의 왼손 법칙 : 직류 전동기의 원리(회전방향)를 결정(엄지 : F, 검지 : B, 중지 : I)

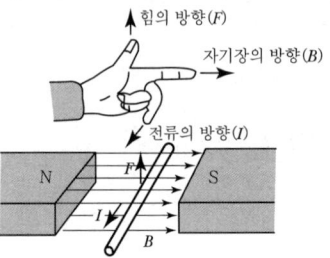

전자력의 크기 $F = BI\ell\sin\theta[\text{N}]$

평행 도체 사이에 작용하는 힘의 방향

- 같은 방향의 전류에 의한 흡인력
- 반대 방향의 전류에 의한 반발력
- 두 도체 사이에 작용하는 힘 $F = \dfrac{2I_1 I_2}{r} \times 10^{-7}[\text{N/m}]$

(2) 전자유도

유도기전력의 방향

렌츠의 법칙(전자유도 법칙) : 전자유도에 의하여 발생한 기전력의 방향은 그 유도전류가 만든 자속이 항상 원래의 자속의 증가 또는 감소를 방해하려는 방향이다.

유도기전력의 크기 : 패러데이 법칙(Faraday's Law)

$$e = -N\frac{\Delta\phi}{\Delta t} = -L\frac{\Delta I}{\Delta t}[\text{V}]\,(- : \text{유도기전력의 방향})$$

변압기의 원리 : 전자유도 법칙

플레밍의 오른손 법칙 : 직류발전기의 유도기전력의 방향을 결정(엄지 : u, 검지 : B, 중지 : e)

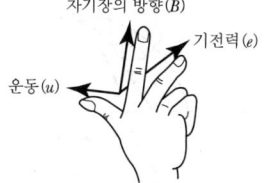

직선 도체에 발생하는 기전력 $e = Blu\sin\theta[\mathrm{V}]$

(3) 인덕턴스와 전자에너지

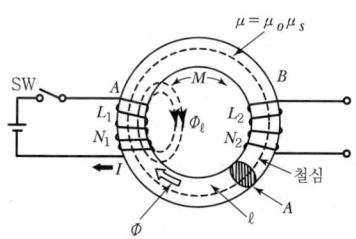

자체 인덕턴스

$$L = \frac{\mu A N^2}{\ell}[\mathrm{H}] \qquad \therefore\ L \propto N^2$$

상호 인덕턴스

$$M = k\sqrt{L_1 L_2}\,[\mathrm{H}],\ \text{결합계수}\ k = \frac{M}{\sqrt{L_1 L_2}}$$

k : 1차 코일과 2차 코일의 자속에 의한 결합의 정도($0 < k \leq 1$)
(누설자속이 없다는 것은 $k = 1$임을 의미한다.)

합성 인덕턴스 $L_O = L_1 + L_2 \pm 2M[\mathrm{H}]$ (+ : 가동, − : 차동)

코일에 축적되는 전자 에너지

$$W = \frac{1}{2}LI^2[\mathrm{J}]$$

$$w = \frac{1}{2}\mu H^2[\mathrm{J/m^3}]\,(\because\ B = \mu H[\mathrm{Wb/m^2}])$$

히스테리시스 곡선(Hysteresis Loop)

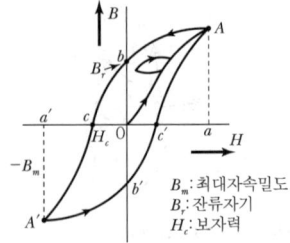

B_m : 최대자속밀도
B_r : 잔류자기
H_c : 보자력

SECTION 06 교류회로

(1) 교류회로의 기초

순시값(기본형) $v = V_m \sin\omega t [V]$, $i = I_m \sin\omega t [A]$

여기서, 각속도 $\omega = 2\pi f [\text{rad/sec}]$

평균값 $V_a = \dfrac{2}{\pi} V_m [V]$

실효값 $V = \dfrac{1}{\sqrt{2}} V_m [V]$ (일반적인 교류의 전압, 전류를 표시)

(2) 교류전류에 대한 RLC 의 작용

구분	기본 회로	
	임피던스	위상
저항(R)만의 회로	R	전압과 전류는 동상이다.
인덕턴스(L)만의 회로	$X_L = \omega L = 2\pi f L$	전류는 전압보다 위상이 $\dfrac{\pi}{2}(=90°)$ 뒤진다.
정전용량(C)만의 회로	$X_C = \dfrac{1}{\omega C} = \dfrac{1}{2\pi f C}$	전류는 전압보다 위상이 $\dfrac{\pi}{2}(=90°)$ 앞선다.

(3) RLC 직렬회로

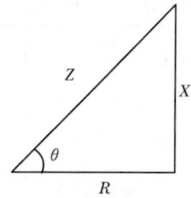

[RLC 직렬회로 암기내용]

〈RLC 직렬회로 요약 정리〉

구분	RLC 직렬회로			
	임피던스	위상각	역률	위상
$R-L$	$\sqrt{R^2+(\omega L)^2}$	$\tan^{-1}\dfrac{\omega L}{R}$	$\dfrac{R}{\sqrt{R^2+(\omega L)^2}}$	전류가 뒤진다.
$R-C$	$\sqrt{R^2+\left(\dfrac{1}{\omega C}\right)^2}$	$\tan^{-1}\dfrac{1}{\omega CR}$	$\dfrac{R}{\sqrt{R^2+\left(\dfrac{1}{\omega C}\right)^2}}$	전류가 앞선다.
$R-L-C$	$\sqrt{R^2+\left(\omega L-\dfrac{1}{\omega C}\right)^2}$	$\tan^{-1}\dfrac{\omega L-\dfrac{1}{\omega C}}{R}$	$\dfrac{R}{\sqrt{R^2+\left(\omega L-\dfrac{1}{\omega C}\right)^2}}$	L이 크면 전류는 뒤진다. C가 크면 전류는 앞선다.

(4) RLC 병렬회로

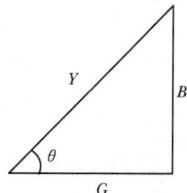

[RLC 병렬회로 암기내용]

⟨RLC 병렬회로 요약 정리⟩

구분	RLC 병렬회로			
	어드미턴스	위상각	역률	위상
$R-L$	$\sqrt{\left(\dfrac{1}{R}\right)^2+\left(\dfrac{1}{\omega L}\right)^2}$	$\tan^{-1}\dfrac{R}{\omega L}$	$\dfrac{\omega L}{\sqrt{R^2+(\omega L)^2}}$	전류가 뒤진다.
$R-C$	$\sqrt{\left(\dfrac{1}{R}\right)^2+(\omega C)^2}$	$\tan^{-1}\omega CR$	$\dfrac{\dfrac{1}{\omega C}}{\sqrt{R^2+\left(\dfrac{1}{\omega C}\right)^2}}$	전류가 앞선다.
$R-L-C$	$\sqrt{\left(\dfrac{1}{R}\right)^2+\left(\dfrac{1}{\omega L}-\omega C\right)^2}$	$\tan^{-1}\dfrac{\dfrac{1}{\omega L}-\omega C}{\dfrac{1}{R}}$	$\dfrac{1}{\sqrt{1+\left(\omega CR-\dfrac{R}{\omega L}\right)^2}}$	L이 크면 전류는 뒤진다. C가 크면 전류는 앞선다.

임피던스 및 어드미턴스

$\dot{Z}$ (임피던스) = R(저항) ± jX(리액턴스)   (+ : 유도성, − : 용량성)

↕ 역수   ↕ 역수   ↕ 역수

$\dot{Y}$ (어드미턴스) = G(컨덕턴스) ∓ jB(서셉턴스)   (+ : 용량성, − : 유도성)

(5) 공진회로

구분	직렬공진	병렬공진
조건	$\omega L = \dfrac{1}{\omega C}$	$\omega C = \dfrac{1}{\omega L}$
공진의 의미	• 허수부가 0이다. • 전압과 전류가 동상이다. • 역률이 1이다. • 임피던스가 최소이다. • 흐르는 전류가 최대이다.	• 허수부가 0이다. • 전압과 전류가 동상이다. • 역률이 1이다. • 어드미턴스가 최소이다. • 흐르는 전류가 최소이다.
전류	$I = \dfrac{V}{R}$	$I = GV$
공진주파수	$f_0 = \dfrac{1}{2\pi\sqrt{LC}}$	$f_0 = \dfrac{1}{2\pi\sqrt{LC}}$

(6) 교류 전력

유효전력 : $P = VI\cos\theta[\text{W}]\,(\cos\theta\ 역률)$: 소비기기, 소비전력

무효전력 : $P_r = VI\sin\theta[\text{Var}]\,(\sin\theta\ 무효율)$

피상전력 : $P_a = VI[\text{VA}]$: 공급기기

역률 : $\cos\theta = \dfrac{P}{P_a}$

SECTION 07 3상 교류회로

대칭 3상 교류의 조건
- 기전력의 크기가 같을 것
- 주파수가 같을 것
- 파형이 같을 것
- 위상차가 각각 $\dfrac{2}{3}\pi[\text{rad}]$일 것

3상 회로의 결선

Y결선 : 스타(성형) 결선	Δ결선 : 델타(삼각) 결선
$V_\ell = \sqrt{3}\,V_P$ (30°, $\dfrac{\pi}{6}$ 위상이 앞섬) $I_\ell = I_P$	$V_\ell = V_P$ $I_\ell = \sqrt{3}\,I_P$ (30°, $\dfrac{\pi}{6}$ 위상이 뒤짐)

부하 Y↔Δ 변환 $Z_\Delta = 3Z_Y$

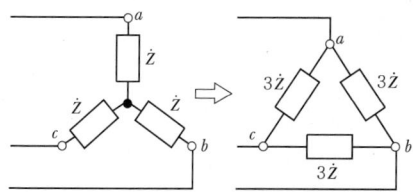

V결선

이용률 $\dfrac{\sqrt{3}\,P_1}{2P_1} = 86.6\%$

출력비 $\dfrac{\sqrt{3}\,P_1}{3P_1} = 57.7\%$

3상 전력

유효전력 : $P = \sqrt{3}\, V_\ell I_\ell \cos\theta\,[\mathrm{W}]$

무효전력 : $P = \sqrt{3}\, V_\ell I_\ell \sin\theta\,[\mathrm{Var}]$

피상전력 : $P_a = \sqrt{3}\, V_\ell I_\ell\,[\mathrm{VA}]$

SECTION 08 비정현파와 과도현상

비정현파 = 직류분 + 기본파 + 고조파

정현파의 파형률 및 파고율

$$파형률 = \frac{실횻값}{평균값} = \frac{\pi}{2\sqrt{2}} = 1.111$$

$$파고율 = \frac{최댓값}{실횻값} = \sqrt{2} = 1.414$$

시정수

RL 직렬회로 $\tau = \dfrac{L}{R}$

RC 직렬회로 $\tau = RC$

PART 02 전기기기

SECTION 01 직류기

(1) 직류발전기의 원리 : 플레밍의 오른손 법칙

(2) 직류발전기의 구조 : 계자, 전기자, 정류자 구성

1) **계자** : 철손(히스테리시스손과 와류손)을 줄이기 위해 규소강판을 성층
2) **전기자** : 전기자 철심과 도체
3) **공극** : 공극이 넓으면 효율이 낮아짐
4) **정류자** : 가장 중요 부분 교류를 직류로 변환
5) **브러시** : 정류자면에 접촉하여 전기자 권선과 외부회로를 연결하는 것 → 전기 흑연 브러시(가장 많이 사용)
6) **전기자 권선법**
   ① 중권(병렬권 $I\uparrow$) : $P = a$, 균압결선 필요
   ② 파권(직렬권 $V\uparrow$) : $a = 2$ (a : 병렬회로수, P : 극수)

(3) 직류발전기의 이론

1) **유도기전력** $E = \dfrac{p}{a} \phi Z \dfrac{N}{60}$ [V] (Z : 전기자 총 도체수)
2) **전기자 반작용** : 부하전류에 의한 기자력이 주자속 분포에 영향을 주는 작용
   ① 전기자 반작용에 나타나는 현상
     • 중성축 이동(편자작용) : 브러시에 불꽃을 발생
     • 자속이 감소되어 유도기전력이 감소(감자작용)
   ② 전자기 반작용을 없애는 방법
     • 보상권선 설치(가장 유효한 방법)
     • 보극 설치(경감법)
     • 브러시 위치를 전기적 중성점으로 이동

2) **정류를 좋게 하는 방법**
   ① 저항 정류 : 접촉저항이 큰 브러시 사용
   ② 전압 정류 : 보극 설치(또 다른 역할)
   ③ 정류 : 전기자 코일에 유도되는 교류를 직류로 변환

(4) 직류발전기의 종류

1) 여자 방식에 따른 분류

영구자석G / 타여자G / 자여자G

2) 계자권선의 접속방법에 의한 분류

① 직권G : 계자권선과 전기자를 직렬연결
② 분권G : 계자권선과 전기자를 병렬연결
③ 복권G : 분권 + 직권 / 가동과 차동

(5) 직류발전기의 특성

① 무부하 포화곡선 : 계자전류 I_f - 유도기전력 E
② 부하 포화곡선 : 계자전류 I_f - 단자전압 V
③ 외부 특성곡선 : 부하전류 I - 단자전압 V

1) **타여자발전기** : 전압강하가 적고, 전압을 광범위하게 조정하는 용도
2) **분권발전기**

① 잔류자기가 반드시 있어야 함(전압의 확립)
② 전압변동률이 적음
③ 운전 중 무부하가 되면 계자권선에 큰전류가 흘러서 계자권선 고전압 유기됨(권선소손)

3) **직권발전기** : 무부하 상태에서는 발전 불가능
4) **복권발전기** : 차동복권발전기 - 수하특성으로 용접기용 전원으로 사용

(6) 직류발전기의 운전

1) **기동법** : 계자저항을 최대로 하고 운전 시작
2) **전압 조정** : $E = \dfrac{p}{a} \phi Z \dfrac{N}{60}$[V]에서 자속을 조정
3) **병렬운전 조건**

① 유도기전력이 같을 것
② 외부특성곡선이 일치할 것
③ 수하특성일 것 → 직권, 복권G : 수하특성이 없으므로 균압모선 사용

(7) 직류전동기의 원리 : 플레밍의 왼손 법칙

(8) 직류전동기의 이론

- 회전수 : $N = \dfrac{V - r_a I_a}{K\phi}$
- 토크 : $T \propto \phi \cdot I_a$
- 기계적 출력 : $P_o = 2\pi \dfrac{N}{60} T$[W]

(9) **직류전동기의 종류 및 구조** : 직류발전기와 똑같다.

(10) **직류전동기의 특성**

1) **타여자전동기** : 운전 중 계자전류가 0이 되면 위험속도가 되므로 계자회로에 퓨즈 사용 금지
2) **분권전동기** : 정속도 특성
3) **직권전동기**
   ① 운전 중 무부하가 되면, 회전속도가 상승하여 위험하므로 무부하 운전이나 벨트 운전 금지
   ② 부하 증가에 따라서 속도가 급격히 상승하는 특성이므로 기동이 잦은 부하에 적합
4) **복권전동기** : 분권과 직권의 중간특성

(11) **직류전동기의 운전**

1) **기동** : 기동전류를 낮추기 위해 전기자에 직렬로 기동저항 연결 → 기동 시 기동저항은 최대, 계자저항은 최소로 하여 기동토크 유지
2) **속도제어** : $N = K \dfrac{V - I_a R_a}{\phi}$
   ① 계자제어 : 자속 ϕ을 계자저항으로 조정 → 정출력제어
   ② 저항제어 : R_a 값을 조정(전력소모와 속도조정범위 좁음)
   ③ 전압제어 : V 값을 조정(워드 레오나드 방식) → 정토크제어
3) **제동**
   ① 발전제동 : 제동 시 발전된 전력을 저항으로 소비
   ② 회생제동 : 발전된 전력을 다시 전원으로 환원
   ③ 역전제동(플러깅) : 역회전으로 제동 → 급정지에 사용

(12) **직류기의 손실**

1) **동손(P_c)** : 부하전류에 의한 권선에서 생기는 줄열
2) **철손(P_i)** : 히스테리시스손 + 와류손

(13) **직류기 효율**

발전기, 변압기 규약효율 $\eta_G = \dfrac{출력}{출력 + 손실} \times 100 [\%]$

전동기 규약효율 $\eta_M = \dfrac{입력 - 손실}{입력} \times 100 [\%]$

SECTION 02 동기기

(1) 동기발전기의 원리
1) 회전전기자형 : 플레밍의 오른손 법칙
2) 회전계자형 : 렌츠의 전자유도법칙(주로 사용됨)
3) 동기속도 $N_s = \dfrac{120f}{P}$ [rpm] (P : 극수)

(2) 동기발전기의 구조
1) 회전계자형 : 고정자 → 전기자, 회전자 → 계자
2) 수소냉각 : 전폐 냉각형으로 냉각매체로 수소를 사용
   ① 밀도가 공기의 약 7[%]이므로 풍손이 1/10으로 감소
   ② 열전도율이 공기의 약 6.7배로 출력 25[%] 정도 증대
   ③ 불활성 기체, 소음이 적어짐(전폐형)
   ④ 단점으로 설비 비용이 높아짐
3) 전기자 권선법
   ① 분포권 : 1극 1상당 슬롯수가 2개 이상인 것
      기전력의 파형이 좋아지고, 열이 분산됨
   ② 단절권 : 코일간격을 자극간격보다 작게 하는 것
      파형이 좋아지고, 동량이 적어짐
   ③ 권선계수=분포계수×단절계수

(3) 동기발전기의 이론
1) 유도기전력 $E = 4.44fN\phi$ [V]
2) 전기자 반작용 : 부하전류에 의한 자속이 주자속에 영향을 주는 작용
   ① 교차자화작용 : 저항부하, 주자속과 부하전류에 의한 자속이 직각
   ② 감자작용 : 리액터부하, 부하전류에 의한 자속이 주자속을 감소시키는 작용
   ③ 증자작용 : 콘덴서부하, 부하전류에 의한 자속이 주자속을 증가시키는 작용
      → 자기여자현상
3) 동기발전기의 출력
   $P_s = \dfrac{VE}{x_s}\sin\delta$ [W] (E : 기전력, V : 단자전압, δ : V의 부하각)

(4) 동기발전기의 특성

1) 단락비 : 무부하 포화곡선과 3상 단락곡선에서 구함 → 동기 임피던스의 역수
2) 단락비가 큰 발전기
   ① 전기자 반작용이 작아서 전압 변동률도 작다.
   ② 공극이 큼 : 중량이 무겁고, 비싸다. 기계적 안정성 확보
   ③ 기계에 여유가 있으며 과부하내량이 크다.

(5) 동기발전기의 병렬운전

① 기전력의 크기가 같을 것
② 기전력의 위상이 같을 것(동기검정기로 확인)
③ 기전력의 주파수가 같을 것
④ 기전력의 파형이 같을 것

(6) 난조의 발생과 대책

1) 난조 : 부하가 갑자기 변하면 동기화력에 의해 진동이 발생하여 계속 진동하는 현상
2) 원인 → 방지법
   - 조속기 감도가 예민한 경우 → 조속기를 둔하게 함
   - 원동기에 고조파 토크가 포함 → 고조파 토크를 제거함
   - 전기자저항이 큰 경우 → 전기자저항을 작게 함
3) 방지법 : 제동권선을 설치

(7) 동기전동기 원리 : 회전자계에 의한 자기적인 이끌림

(8) 위상특성곡선(V 곡선)

동기전동기에 여자전류를 가변하여, 전류의 위상차를 변화시킬 수 있다. 전력계통에서 동기조상기로 이용
① 부족여자 : 지상 전류가 증가하여 리액터의 역할
② 과여자 : 진상 전류가 증가하여 콘덴서 역할

(9) 동기전동기의 기동법

동기전동기는 동기속도로 회전하고 있을 때만 토크를 발생하므로 기동토크는 0이다.
① 자기 시동법 : 기동권선을 이용함 → 기동방법이 복잡함
② 타 기동법 : 유도전동기를 사용할 경우 극수가 2극 작은 것 사용 → 기동용 전동기가 더 빨라야 하기 때문

(10) 동기전동기의 특징

1) 장점
   ① 속도 불변
   ② 역률을 조정할 수 있다. → 동기조상기
   ③ 공극이 넓으므로 기계적으로 견고하다.

2) 단점
   ① 직류 전원 장치가 필요하고, 가격이 비싸다.
   ② 난조가 발생하기 쉽다.

SECTION 03 변압기

(1) 변압기의 원리 : 전자유도작용(렌츠의 법칙)

(2) 변압기의 구조 : 규소강판을 성층한 철심에 2개의 권선

1) **변압기의 분류** : 내철형, 외철형, 권철심형
2) **변압기의 재료** : 규소강판을 성층하여 사용 → 철손 감소
3) **권선법**
   ① 직권 : 철심에 직접 권선을 감는 방법(주상변압기)
   ② 형권 : 권형에 코일을 감은 방법. 중대형
4) **부싱** : 기기의 구출선을 외함에 끌어내는 절연단자(콤파운드 부싱이 주로 사용)

(3) 변압기유

1) 구비조건
   ① 절연내력이 클 것
   ② 비열이 클 것
   ③ 인화점이 높고, 응고점이 낮을 것
   ④ 절연재료와 화학작용을 일으키지 않을 것
   ⑤ 고온에서도 산화하지 않을 것

2) **변압기유의 열화방지 대책**
   ① 브리더 → 산소와 습기 차단
   ② 콘서베이터 → 질소로 봉입
   ③ 부흐홀츠 계전기 → 기름 흐름이나 기포 감지
   ④ 차동계전기, 비율차동계전기(변압기 내부고장 검출)

(4) 변압기의 이론

1) 권수비

$$a = \frac{N_1}{N_2} = \frac{V_1}{V_2} = \frac{I_2}{I_1}$$

$$a^2 = \frac{Z_{12}}{Z_{21}} = \frac{1차를\ 2차로\ 환산한\ Z}{2차를\ 1차로\ 환산한\ Z}$$

2) 변압기 여자전류가 비정현파(첨두파)가 되는 현상

변압기 철심의 자기포화현상과 히스테리시스 현상

(5) 변압기의 특성

1) 전압 변동률

$$\varepsilon = \frac{V_{2O} - V_{2n}}{V_{2n}} \times 100[\%] \fallingdotseq p\cos\theta + q\sin\theta\,[\%]$$

$$\varepsilon_{\max} = \sqrt{p^2 + q^2}\,[\%]\,(p:\%저항강하,\ q:\%리액턴스강하)$$

2) 손실

① 무부하손(철손) : $P_i = P_h + P_e$
- 히스테리시스손 : $P_h \propto f B_m^{1.6}$ [W/kg] (50[%] 이상)
- 맴돌이손(와류손) : $P_e \propto (tfB_m)^2$ [W/kg]

② 부하손(동손) : $P_c = (r_1 + a^2 r_2) \cdot I_1^2$ [W]

3) 규약효율

$$\eta = \frac{출력}{출력 + 손실} \times 100[\%]$$

4) 최대 효율 조건 : 철손과 동손이 같을 때의 부하

(6) 변압기의 극성 : 감극성과 가극성 중 감극성이 표준

(7) 단상 변압기로 3상 결선

1) $\Delta - \Delta$ 결선
   ① 제3고조파가 발생하지 않음
   ② V결선 운전 가능
   ③ 중성점 접지를 할 수 없음

2) Y-Y결선
　　① 중성점을 접지
　　② 절연이 용이
　　③ 제3고조파 발생

3) Δ-Y결선 : 승압용 변압기

4) Y-Δ결선 : 강압용 변압기

5) V-V결선

$$\text{출력비} = \frac{P_V}{P_\Delta} = \frac{\sqrt{3}\,P}{3P} = 0.577$$

$$\text{이용률} = \frac{\sqrt{3}\,P}{2P} = 0.866$$

(8) 병렬운전 조건

　① 극성이 같을 것
　② 정격전압이 같을 것
　③ 백분율 임피던스 강하가 같을 것
　④ r/x 비율이 같을 것

(9) 3상 변압기군의 병렬운전 조건

　("Δ"나 "Y"가 짝수이면 가능, 홀수이면 불가능)

(10) 변압기의 시험

1) 온도시험 : 반환부하법, 단락시험법

2) 절연내력시험
　　① 변압기유 절연파괴 전압시험
　　② 가압시험(절연저항 확인)
　　③ 유도시험(층간절연 확인)
　　④ 충격전압시험(절연파괴 확인)

(11) 특수 변압기

1) 3권선 변압기 : 1개의 철심에 3권선이 감겨 있는 변압기
　　① 선로조상기
　　② 구내전력 공급용

③ 전력계통의 연계용
2) **단권 변압기** : 권선 하나의 도중에 탭을 만들어 사용한 것
3) **계기용 변성기** : 높은 전압과 전류를 측정하기 위한 변압기
   ① 계기용 변압기(PT) : 전압 측정용(2차 측 110V)
   ② 계기용 변류기(CT) : 전류 측정용(2차 측 5A)
      ⇒ 2차 측 개방 시 고압이 유기되어 위험함
4) **누설변압기** : 용접용 변압기에 이용

SECTION 04 유도전동기

(1) 유도전동기 원리 : 아라고 원판

회전자계의 속도 $N_s = \dfrac{120f}{P}[\text{rpm}]$

(2) 3상 유도전동기의 구조

1) **고정자** : 프레임, 철심, 권선(대부분이 2층권)
2) **회전자** : 규소강판을 성층하여 제작
   ① 농형 회전자 : 회전자 둘레의 홈에 구리 막대를 넣어서 원통 모양으로 접속한 것. 축 방향에 비뚤어져 있는데, 소음 발생을 억제하는 효과
   ② 권선형 회전자 : 회전자 둘레의 홈에 3상 권선을 넣어서 결선한 것. 슬립 링을 통해 기동저항기와 연결하여 기동전류 감소와 속도조정 용이
3) **공극** : 공극이 크면 기계적으로 안전하지만, 역률이 낮아짐

(3) 3상 유도전동기의 이론

1) **회전수와 슬립**
   ① 슬립은 동기속도와 회전자 속도의 차에 대한 비

   슬립 $S = \dfrac{N_s - N}{N_s} = 1 - \dfrac{N}{N_s}$

   ② 슬립 $s=1$이면 정지상태이고, $s=0$이면 동기속도로 회전
2) **2차 회로 주파수**
   $f_{2s} = s\,f_1[\text{Hz}]$

3) 전력의 변환

$$P_2 : P_{c2} : P_o = 1 : S : (1-S)$$

$$\eta_2 = \frac{P_o}{P_2} \qquad \eta = \frac{P_o}{P_1}$$

4) 토크

$$P_o = \omega T = 2\pi \cdot \frac{N}{60} T [\text{W}]$$

$$T = \frac{60}{2\pi} \cdot \frac{P_o}{N} [\text{N} \cdot \text{m}]$$

(4) 비례추이

권선형 유도전동기에서 2차 저항의 변화에 따라 슬립이 비례해서 변화하는 것

$$\frac{r_2}{S} = \frac{mr_2}{mS} = \frac{r_2 + R}{S'}$$

(5) 기동 방법

1) 농형 유도전동기의 기동법

① 전전압 기동 : 소용량에 채용 → 직입기동

② 리액터 기동 : 소용량에 채용

③ Y$-\Delta$기동법 : 중용량에 쓰이며, 기동전류가 1/3로 감소하지만, 기동토크도 1/3로 감소

④ 기동보상기법 : 대용량 전동기에 채용

2) 권선형 유도 전동기의 기동법(2차 저항법)

2차 회로에 가변 저항를 접속하고 비례추이의 원리에 의하여 큰 토크로 기동하고 기동전류도 억제

(6) 속도 제어

1) **2차 저항 가감법** : 권선형 유도 전동기에서 비례추이를 이용

2) **주파수 변환법** : 주파수를 변화시켜 동기속도를 바꾸는 방법(VVVF제어)

3) **극수 변환법** : 권선의 접속을 바꾸어 극수를 바꾸면 단계적이지만 속도를 바꿀 수 있다.

4) **2차 여자제어** : 2차 저항제어를 발전시킨 형태로 저항에 의한 전압강하 대신에 반대의 전압을 가하여 전압강하가 일어나도록 한 것으로 효율이 좋음

(7) 제동법

발전제동/역상제동(플러깅)/회생제동/단상제동 /직류제동

(8) 단상 유도전동기

※ 기동토크의 크기에 따라 성능이 결정됨
※ 기동토크가 큰 순서 : 반발형 → 콘덴서형 → 분상형 → 셰이딩형

1) **분상 기동형** : 기동권선은 주권선보다 가는 코일을 적은 권수로 감은 형태로 기동
2) **콘덴서 전동기**
   ① 콘덴서 기동형 : 기동권선에 직렬로 콘덴서를 넣은 형태로 큰 시동토크를 얻을 수 있음
   ② 영구 콘덴서형 : 가격이 싸고, 선풍기, 냉장고, 세탁기 등에 사용
3) **셰이딩 코일형** : 고정자에 일부에 틈을 만들어 여기에 셰이딩 코일이라는 동대로 만든 단락 코일을 끼워 넣은 형태. 극소형 기기로 회전방향을 바꿀 수 없음
4) **반발형 전동기** : 회전자에 정류자를 갖고 있고 브러시를 단락하면 기동 시에 큰 토크가 생김

SECTION 05 정류기 및 제어기기

(1) 반도체

1) **PN접합과 정류** : PN접합 반도체는 정류작용을 함
2) **온도특성** : 소자의 온도를 높이면, 순·역방향 전류가 증가하는 성질이 있음

(2) 단상 정류회로

① 반파 정류 평균치 $V_a = \frac{1}{\pi} V_m = \frac{\sqrt{2}}{\pi} V \, [\text{V}]$

② 전파 정류 평균치 $V_a = \frac{2}{\pi} V_m = \frac{2\sqrt{2}}{\pi} V \, [\text{V}]$

(3) 맥동률 : 정류된 직류 속에 포함되어 있는 교류성분의 정도

① 맥동률이 작을수록 좋은 직류파형
② 맥동률이 작은 순서
3상 전파 정류 → 3상 반파 정류 → 단상 전파 정류 → 단상 반파 정류

(4) SCR(사이리스터)

① PNPN의 4층 구조를 기본구조로 하는 반도체 소자
② 순방향 전압을 가한 상태에서 게이트에 전압을 걸면 통전

(5) 트라이액(TRIAC)

2개의 SCR를 역병렬로 연결한 것

(6) GTO : 초퍼제어에 사용

(7) 전력 변환기

① 컨버터 회로(교류 → 직류 전력 변환기)
② 초퍼 회로(직류 → 직류 전력 변환기)
③ 인버터(직류 → 교류 전력 변환기)

PART 03 전기설비

SECTION 01 배선재료 및 공구

(1) 전선 및 케이블

1) 전선

① 전선의 구비조건
- 도전율이 크고, 기계적 강도가 클 것
- 신장률이 크고, 내구성이 있을 것
- 비중(밀도)이 작고, 가선이 용이할 것
- 가격이 저렴하고, 구입이 쉬울 것

② 연선
- 총 소선수 : $N = 3n(n+1)+1$
- 연선의 바깥지름 : $D = (2n+1)d$

2) 절연전선의 종류와 약호

명칭	기호	비고
450/750[V] 일반용 단심 비닐절연전선	60227 KS IEC 01	70[℃]
450/750[V] 일반용 유연성 단심 비닐절연전선	60227 KS IEC 02	70[℃]
300/500[V] 기기 배선용 단심 비닐절연전선	60227 KS IEC 05	70[℃]
300/500[V] 기기 배선용 유연성 단심 비닐절연전선	60227 KS IEC 06	70[℃]
300/500[V] 기기 배선용 단심 비닐절연전선	60227 KS IEC 07	90[℃]
300/500[V] 기기 배선용 유연성 단심 비닐절연전선	60227 KS IEC 08	90[℃]
450/750[V] 저독성 난연 폴리올레핀 절연전선	450/750 V HFIO	70[℃]
450/750[V] 저독성 난연 가교폴리올레핀 절연전선	450/750 V HFIX	90[℃]
300/500[V] 내열성 실리콘 고무절연전선	60245 KS IEC 03	180[℃]
750[V] 내열성 단선, 연선 고무절연전선	60245 KS IEC 04	110[℃]
750[V] 내열성 유연성 고무절연전선	60245 KS IEC 0	110[℃]
옥외용 비닐절연전선	OW	70[℃]
인입용 비닐절연전선 2개 꼬임	DV 2R	70[℃]
인입용 비닐절연전선 3개 꼬임	DV 3R	70[℃]
6/10[kV] 고압인하용 가교 폴리에틸렌 절연전선	6/10 kV PDC	90[℃]
6/10[kV] 고압인하용 가교 EP고무 절연전선	6/10 kV PDP	90[℃]

3) 허용전류

전선의 허용전류는 도체의 굵기, 절연체 종류에 따른 허용온도, 배선공사 방식, 주위 온도, 복수회로 집합에 따른 보정 등을 고려하여 결정한다.

(2) 배선재료 및 기구

1) 플러그

명칭	용도
멀티 탭	하나의 콘센트에 2~3가지의 기구를 사용
테이블 탭	코드의 길이가 짧을 때 연장하여 사용

2) 과전류 차단기

① 과전류 차단기의 시설 금지 장소
- 접지공사의 접지도체
- 다선식 전로의 중성선
- 변압기 중성점 접지공사를 한 저압 가공전선로의 접지 측 전선

② 과전류 차단기로 저압전로에 사용되는 배선용 차단기의 동작특성
- 산업용 배선용 차단기

정격전류의 구분	트립 동작시간	정격전류의 배수	
		부동작 전류	동작 전류
63[A] 이하	60분	1.05배	1.3배
63[A] 초과	120분	1.05배	1.3배

- 주택용 배선용 차단기(일반인이 접촉할 우려가 있는 장소)

정격전류의 구분	트립 동작시간	정격전류의 배수	
		부동작 전류	동작 전류
63[A] 이하	60분	1.13배	1.45배
63[A] 초과	120분	1.13배	1.45배

3) 누전 차단기(ELB)

① 누전이 발생했을 때 이를 감지하고, 자동적으로 차단하는 장치
② 설치 대상
- 금속제 외함을 가지는 사용전압 50[V]를 초과하는 저압의 기계기구로서 사람이 쉽게 접촉할 우려가 있는 전로

- 주택의 인입구
- 특고압, 고압 또는 저압전로와 변압기에 의하여 결합되는 사용전압 400[V] 초과의 저압전로
- 발전기에서 공급하는 사용전압 400[V] 초과의 저압전로

(3) 전기공사용 공구

1) 게이지
   ① 마이크로미터 : 전선의 굵기, 철판, 구리판 등의 두께를 측정하는 것
   ② 와이어 게이지 : 전선의 굵기를 측정하는 것
   ③ 버니어 캘리퍼스 : 둥근 물건의 외경이나 파이프 등의 내경과 깊이를 측정하는 것

2) 공구
   ① 와이어 스트리퍼 : 절연 전선의 피복 절연물을 벗기는 자동공구
   ② 토치 램프 : 전선 접속의 납땜과 합성 수지관의 가공에 열을 가할 때 사용하는 것
   ③ 펌프 플라이어 : 금속관 공사의 로크너트를 죌 때 사용
   ④ 플레셔 툴 : 솔리더스 커넥터 또는 솔더리스 터미널을 압착하는 공구
   ⑤ 벤더 및 히키 : 금속관을 구부리는 공구
   ⑥ 오스터 : 금속관 끝에 나사를 내는 공구
   ⑦ 녹아웃 펀치 : 캐비닛에 구멍을 뚫을 때 필요한 공구
   ⑧ 리머 : 금속관을 쇠톱이나 커터로 끊은 다음, 관 안에 날카로운 것을 다듬는 공구
   ⑨ 드라이브이트 : 화약의 폭발력을 이용하여 철근 콘크리트에 드라이브이트 핀을 박을 때 사용
   ⑩ 홀소 : 녹아웃 펀치와 같은 용도로 배·분전반 등의 캐비닛에 구멍을 뚫을 때 사용
   ⑪ 피시테이프 : 전선관에 전선을 넣을 때 사용되는 평각 강철선
   ⑫ 철망 그립 : 여러 가닥의 전선을 전선관에 넣을 때 사용하는 공구

(4) 전선접속

〈전선의 접속 요건〉

- 접속 시 전기적 저항을 증가시키지 않는다.
- 접속부위의 기계적 강도를 20% 이상 감소시키지 않는다.
- 접속점의 절연이 약화되지 않도록 테이핑 또는 와이어 커넥터로 절연한다.
- 전선의 접속은 박스 안에서 하고, 접속점에 장력이 가해지지 않도록 한다.

1) 직선 접속
　① 단선의 직선 접속
　　• 6[mm²] 이하의 가는 단선 : 트위스트 접속
　　• 3.2[mm] 이상의 굵은 단선 : 브리타니아 접속
　② 연선의 접속
　　• 권선 접속 : 접속선을 사용하여 접속
　　• 단권 접속 : 소손 자체를 감아서 접속하는 방법
　　• 복권 접속 : 소선 자체를 전부 한꺼번에 감는 방법
2) 종단 접속
　쥐꼬리 접속(박스 안에 가는 전선을 접속할 때)

(5) 납땜과 테이프

1) 납땜 : 슬리브나 커넥터를 쓰지 않고 전선을 접속했을 때에는 반드시 납땜
2) 테이프
　① 면 테이프 : 가제 테이프에 검은색 점착성의 고무 혼합물을 양면에 함침시킨 것
　② 고무 테이프 : 테이프를 2.5배로 늘려가면서 테이프 폭이 반 정도가 겹치도록 감는다.
　③ 비닐 테이프 : 테이프 폭의 반씩 겹치게 하고, 다시 반대방향으로 감아서 4겹 이상 감는다.
　④ 리노 테이프 : 점착성은 없으나 절연성, 내온성 및 내유성이 있으므로 연피 케이블 접속에는 반드시 사용
　⑤ 자기 융착 테이프 : 내오존성, 내수성, 내약품성, 내온성이 우수해서 오래도록 열화하지 않기 때문에 비닐 외장 케이블 및 클로로프렌 외장 케이블의 접속에 사용된다.

SECTION 02 옥내배선공사

(1) 애자 공사

1) 애자는 절연성, 난연성 및 내수성이 있는 재질을 사용
2) 지지점 간의 거리는 2[m] 이하
3) 전선의 이격거리

구분	400[V] 이하	400[V] 초과
전선 상호 간의 거리	6[cm] 이상	6[cm] 이상
전선과 조영재와의 거리	2.5[cm] 이상	4.5[cm] 이상(건조 2.5[cm] 이상)

(2) 케이블 트렁킹 시스템

1) 합성수지 몰드 공사
홈의 폭과 깊이가 3.5[cm] 이하, 두께는 2[mm] 이상
(사람이 쉽게 접촉될 우려가 없을 때 폭 5[cm] 이하, 두께 1[mm] 이상)

2) 금속 몰드 공사
지지점의 거리 1.5[m] 이하

3) 금속 트렁킹 공사
금속 본체와 커버가 별도로 구성되어 커버를 개폐할 수 있는 금속 덕트 공사를 말한다.

(3) 합성수지관 공사

1) 합성수지관의 특징
① 절연성과 내부식성이 우수하고, 재료가 가볍기 때문에 시공이 편리
② 관이 비자성체이므로 접지할 필요가 없고, 피뢰기·피뢰침의 접지선 보호에 적당
③ 열에 약할 뿐 아니라, 충격 강도가 떨어지는 결점

2) 합성수지관의 종류
① 경질비닐 전선관
  - 관의 굵기를 안지름의 크기에 가까운 짝수로써 표시
  - 지름 14~100[mm]로 10종(14, 16, 22, 28, 36, 42, 54, 70, 82, 100[mm])
  - 한 본의 길이는 4[m]로 제작
② 폴리에틸렌 전선관(PE관) : 배관작업에 토치램프로 가열할 필요가 없다.
③ 합성수지제 가요전선관(CD관)
  - 가요성이 뛰어나므로 굴곡된 배관작업에 공구가 불필요하며 배관작업이 용이
  - 관의 내면이 파부형이므로 마찰계수가 적어 굴곡이 많은 배관 시에도 전선의 인입이 용이

3) 합성수지관의 시공
① 관의 지지점 간의 거리는 1.5[m] 이하
② 단선은 지름 10[mm^2](알루미늄선은 16[mm^2]) 이하를 사용
③ 관 접속 시 들어가는 관의 길이는 관 바깥지름의 1.2배 이상(접착제를 사용할 때는 0.8배 이상)
④ 합성수지관의 굵기는 케이블 또는 절연도체의 내부 단면적이 합성수지관 단면적의 1/3을 초과하지 않도록 하는 것이 바람직하다.

(4) 금속관 공사

1) 금속전선관의 특징
① 전선이 기계적으로 완전히 보호된다.
② 단락 사고, 접지 사고 등에 있어서 화재의 우려가 적다.
③ 접지 공사를 완전히 하면 감전의 우려가 없다.
④ 방습 장치를 할 수 있으므로, 전선을 내수적으로 시설할 수 있다.
⑤ 전선이 노후되었을 경우나 배선 방법을 변경할 경우에 전선의 교환이 쉽다.

2) 금속전선관 종류

구분	후강 전선관	박강 전선관
관의 호칭	안지름의 크기에 가까운 짝수	바깥지름의 크기에 가까운 홀수
관의 종류 [mm]	16, 22, 28, 36, 42, 54, 70, 82, 92, 104(10종류)	15, 19, 25, 31, 39, 51, 63, 75 (8종류)
특징	두께가 2.3[mm] 이상으로 두꺼운 금속관	두께가 1.2[mm] 이상으로 얇은 금속관

① 한 본의 길이 : 3.66[m]
② 관의 두께와 공사
  • 콘크리트에 매설하는 경우 : 1.2[mm] 이상
  • 기타의 경우 : 1[mm] 이상

3) 금속전선관의 시공
① 지지점 간의 거리는 2[m] 이하
② 전선은 단면적 6[mm^2](알루미늄선은 16[mm^2]) 이하 사용
③ 교류회로에서는 1회로의 전선 모두를 동일관 내에 넣는 것이 원칙
④ 금속전선관의 굵기는 케이블 또는 절연도체의 내부 단면적이 금속전선관 단면적의 1/3을 초과하지 않도록 하는 것이 바람직하다.

4) 금속전선관 시공용 부품
① 로크 너트 : 전선관과 박스를 죄기 위하여 사용
② 절연 부싱 : 전선의 절연 피복을 보호하기 위하여 금속관 끝에 취부
③ 엔트러스 캡 : 저압 가공 인입선의 인입구에 사용
④ 유니언 커플링 : 관 상호 접속용으로 관이 고정되어 있을 때 사용
⑤ 노멀 벤드 : 매입 배관의 직각 굴곡 부분에 사용
⑥ 유니버설 엘보 : 노출 배관 공사에서 관을 직각으로 굽히는 곳에 사용
⑦ 링리듀서 : 박스의 녹아웃 지름이 관 지름보다 클 때 사용

5) 금속전선관의 접지
① 전선관은 누선에 의한 사고를 방지하기 위하여 접지공사를 해야 한다.
② 사용전압이 400[V] 이하인 다음의 경우에는 접지공사를 생략할 수 있다.
- 관의 길이가 4[m] 이하인 것을 건조한 장소에 시설하는 경우
- 건조한 장소 또는 사람이 쉽게 접촉할 우려가 없는 장소에 사용전압이 직류 300[V] 또는 교류 대지전압 150[V] 이하로 관의 길이가 8[m] 이하인 것을 시설하는 경우

[5] 금속제 가요전선관 공사

1) 금속제 가요전선관 공사의 특징
잦은 증설 배선, 안전함과 전동기 사이의 배선, 엘리베이터, 기차나 전차 안의 배선 등의 시설

2) 금속제 가요전선관의 종류
① 제1종 금속제 가요전선관 : 플렉시블 콘디트
② 제2종 금속제 가요전선관 : 플리커 튜브
③ 호칭 : 안지름에 가까운 홀수

3) 시공
가요전선관의 굵기는 케이블 또는 절연도체의 내부 단면적이 가요전선관 단면적의 1/3을 초과하지 않도록 하는 것이 바람직하다.

4) 부속품
① 가요전선관 상호의 접속 : 스플릿 커플링
② 가요전선관과 금속관의 접속 : 콤비네이션 커플링
③ 가요전선관과 박스와의 접속 : 스트레이트 박스 커넥터, 앵글 박스 커넥터

[6] 케이블 덕팅 시스템

1) 금속 덕트 공사
① 폭 4[cm] 이상, 두께 1.2[mm] 이상인 철판으로 제작
② 지지점 간의 거리는 3[m] 이하
③ 덕트의 끝부분은 막는다.
④ 전선은 단면적의 총합이 금속 덕트 내 단면적의 20[%] 이하
(전광사인 장치, 출퇴표시등, 기타 이와 유사한 장치 또는 제어회로 등의 배선에 사용하는 전선만을 넣는 경우에는 50[%] 이하)

2) 버스 덕트 공사

나도체를 절연물로 지지하고, 강판 또는 알루미늄으로 만든 덕트 내에 수용한 것

3) 플로어 덕트 공사

마루 밑에 매입하는 배선용의 덕트로 마루 위로 전선 인출을 목적으로 하는 것

[7] 케이블 공사

1) 케이블을 구부리는 경우 굴곡부의 곡률 반지름

① 연피가 없는 케이블 : 케이블 바깥 지름의 5배 이상으로 한다.
② 연피가 있는 케이블 : 케이블 바깥 지름의 12배 이상으로 한다.

2) 케이블 지지점 간의 거리

① 조영재의 아랫면 또는 옆면으로 시설할 경우 : 2[m] 이하(단, 캡타이어 케이블은 1[m])
② 조영재의 수직으로 붙이고 사람이 접촉할 우려가 없는 경우 : 6[m] 이하

 SECTION 03 전선 및 기계기구의 보안공사

[1] 전압의 종류

1) 전압은 저압, 고압, 특고압의 세 가지로 구분

저압	교류 1[kV] 이하, 직류 1.5[kV] 이하
고압	교류 1[kV] 초과~7[kV] 이하 직류 1.5[kV] 초과~7[kV] 이하
특고압	7[kV] 초과

2) 전선의 식별

상(문자)	색상	상(문자)	색상
L1	갈색	N	청색
L2	흑색	보호도체(PE)	녹색-노란색
L3	회색		

3) 허용 전압강하

설비의 유형	조명[%]	기타[%]
저압으로 수전하는 경우	3	5
고압 이상으로 수전하는 경우	6	8

(2) 간선

1) 간선을 과전류로부터 보호하기 위해 과전류 차단기를 설치한다.
2) 과부하에 대해 케이블(전선)을 보호하기 위해 아래의 조건을 충족해야 한다.

$I_B \leq I_n \leq I_Z$ 및 $I_2 \leq 1.45 \times I_Z$

여기서, I_B : 회로의 설계전류

I_n : 보호장치의 정격전류

I_Z : 케이블의 허용전류

I_2 : 보호장치가 유효한 동작을 보장하는 전류

(3) 분기회로

건물종류 및 부분	표준부하밀도[VA/m²]
공장, 공회당, 사원, 교회, 극장, 영화관, 연회장 등	10
기숙사, 여관, 호텔, 병원, 학교, 음식점, 다방, 대중목욕탕	20
사무실, 은행, 상점, 이발소, 미용원	30
주택, 아파트	40
계단, 복도, 세면장, 창고	5
강당, 관람석	10

(4) 변압기 용량 산정

1) 부하 설비 용량 산정

$$수용률 = \frac{최대수용전력}{총\ 부하설비용량\ 합계} \times 100[\%]$$

$$부등률 = \frac{각\ 부하의\ 최대수용전력의\ 합계}{합성\ 최대수용전력}$$

$$부하율 = \frac{부하의\ 평균전력}{최대수용전력} \times 100[\%]$$

2) 변압기 용량 산정

(합성)최대수용전력을 변압기 용량으로 산정

(5) 전로의 절연

1) 저압전로의 절연

① 절연저항 측정이 곤란한 경우에는 저항성분의 누설전류가 1[mA] 이하
② 저압전로의 절연성능

전로의 사용전압[V]	DC 시험전압[V]	절연저항
SELV 및 PELV	250	0.5[MΩ] 이상
FELV, 500[V] 이하	500	1.0[MΩ] 이상
500[V] 초과	1,000	1.0[MΩ] 이상

2) 고압, 특고압 전로 및 기기의 절연

① 고압 및 특고압 전로의 절연내력 시험전압
- 시험전압을 전로와 대지 간에 10분간 연속적으로 가하여 견디어야 한다.
  (다만, 케이블 시험에서는 시험전압 2배의 직류전압을 10분간 가하여 시험)

구분	시험전압 배율	시험 최저전압[V]
7[kV] 이하	1.5	500

(6) 접지공사

1) 접지의 목적

① 누설 전류로 인한 감전을 방지
② 고저압 혼촉 사고 시 높은 전류를 대지로 흐르게 하기 위함
③ 뇌해로 인한 전기설비나 전기기기 등을 보호하기 위함
④ 전로에 지락 사고 발생 시 보호계전기를 신속하고, 확실하게 작동하도록 하기 위함
⑤ 이상 전압이 발생하였을 때 대지전압을 억제하여 절연강도를 낮추기 위함

2) 접지시스템의 구분 및 종류

① 구분 : 계통접지, 보호접지, 피뢰시스템 접지
② 시설종류 : 단독접지, 공통접지, 통합접지

3) 계통접지 분류

① TN-S 방식 : 계통 전체에 걸쳐서 중성선(N)과 보호도체(PE)를 분리 시설

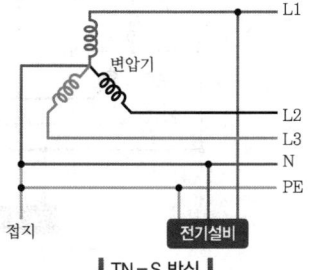

| TN-S 방식 |

② TN-C 방식 : 계통 전체에 걸쳐서 중성선(N)과 보호도체(PE)의 기능을 하나의 도체(PEN) 시설

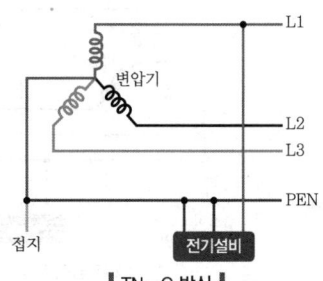

| TN-C 방식 |

③ TN-C-S 방식 : 계통의 일부분에서 중선선+보호도체(PEN)를 사용하거나, 중성선과 별도의 보호도체(PE)를 사용하는 방식

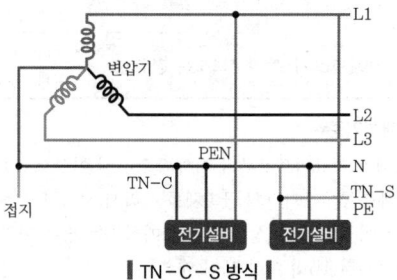

| TN-C-S 방식 |

④ TT 방식 : 보호도체(PE)를 전력계통으로부터 끌어오지 않고 기기 자체를 단독 접지하는 방식

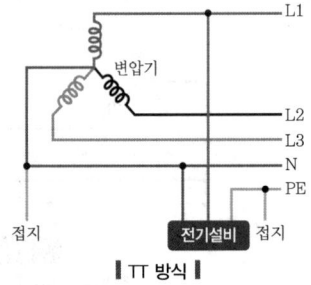

┃ TT 방식 ┃

⑤ IT 방식 : 전력계통은 비접지로 하거나 임피던스를 삽입하여 접지하고 설비의 노출도전성 부분은 개별 접지하는 방식

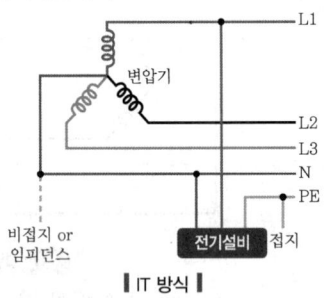

┃ IT 방식 ┃

4) 접지도체의 단면적

접지도체에 큰 고장전류가 흐르지 않을 경우	• 구리 : 6[mm²] 이상 • 철제 : 50[mm²] 이상
접지도체에 피뢰시스템이 접속되는 경우	• 구리 : 16[mm²] 이상 • 철제 : 50[mm²] 이상

5) 접지극의 매설기준

① 접지도체는 지표면으로부터 지하 0.75[m] 이상으로 매설
② 접지도체를 철주, 기타의 금속체를 따라서 시설하는 경우에는 접지극을 철주의 밑면으로부터 0.3[m] 이상의 깊이에 매설하는 경우 이외에는 접지극을 지중에서 그 금속체로부터 1[m] 이상 떼어 매설

③ 수도관을 접지극으로 사용 : 지중에 매설되어 있고 대지와의 전기저항값이 3[Ω] 이하
④ 철골 등 금속제를 접지극으로 사용 : 대지와의 사이에 전기저항값이 2[Ω] 이하

(7) 피뢰기 설치공사

1) 피뢰기가 구비해야 할 성능
① 이상전압이 침입할 때 파고값을 감소시키기 위해 방전특성을 가질 것
② 이상전압 방전완료 이후 속류를 차단하여 절연의 자동 회복능력을 가질 것
③ 방전개시 이후 이상전류 통전 시의 단자전압을 일정전압 이하로 억제할 것
④ 반복 동작에 대하여 특성이 변화하지 않을 것

2) 피뢰기의 구비조건
① 충격방전개시 전압이 낮을 것
② 제한전압이 낮을 것
③ 뇌전류 방전능력이 클 것
④ 속류차단을 확실하게 할 수 있을 것
⑤ 반복동작이 가능하고, 구조가 견고하며 특성이 변화하지 않을 것

3) 피뢰기의 시설장소
① 발전소, 변전소 또는 이에 준하는 장소의 가공전선 인입구 및 인출구
② 가공전선로에 접속하는 특고압 배전용 변압기의 고압 측 및 특고압 측
③ 고압 또는 특고압 가공전선로로부터 공급을 받는 수용장소의 인입구
④ 가공전선로와 지중전선로가 접속되는 곳

 04 가공인입선 및 배전선 공사

(1) 가공인입선 공사

1) 가공인입선
① 가공 전선로의 지지물에서 분기하여 다른 지지물을 거치지 아니하고 수용 장소의 붙임점에 이르는 가공 전선을 말한다.
② 인입선
  • 지름 2.6[mm](경간 15[m] 이하는 2[mm])의 경동선을 사용할 것
  • 옥외용 비닐전선(OW), 인입용 절연전선(DV) 또는 케이블일 것

- 길이는 50[m] 이하로 할 것(고압 및 특고압 길이는 30[m]를 표준)

2) 연접인입선

① 한 수용 장소의 인입선에서 분기하여 다른 지지물을 거치지 아니하고 다른 수용가의 인입구에 이르는 부분의 전선을 말한다.

② 시설 제한 규정
- 인입선에서의 분기하는 점에서 100[m]를 넘지 않도록 한다.
- 폭 5[m]를 넘는 도로를 횡단 금지
- 옥내 관통 금지
- 고압 연접인입선은 시설 금지

(2) 건주, 장주 및 가선

1) 건주

① 지지물을 땅에 세우는 공정

② 전주가 땅에 묻히는 깊이
- 전주의 길이 15[m] 이하 : 전주 길이의 1/6 이상
- 전주의 길이 15[m] 초과 : 2.5[m] 이상
- 철근 콘크리트 전주로서 길이가 14[m] 이상 20[m] 이하이고, 설계하중이 6.8[kN] 초과 9.8[kN] 이하인 것은 위의 ①, ②의 깊이에 30[cm]을 가산

2) 지선

① 지선의 시공
- 지선의 안전율은 2.5 이상, 허용 인장하중의 최저는 4.31[kN]으로 한다.
- 지선에 연선을 사용할 경우, 소선(素線) 3가닥 이상으로 지름 2.6[mm] 이상의 금속선을 사용한다.
- 지중부분 및 지표상 30[cm]까지의 부분에는 내식성이 있는 것 또는 아연도금을 한 철봉을 사용하고 쉽게 부식되지 아니하는 근가에 견고하게 붙여야 한다.
- 도로를 횡단하는 지선의 높이는 지표상 5[m] 이상으로 한다.

② 지선의 종류
- 보통지선 : 일반적인 것으로 전주길이의 약 1/2 거리에 지선용 근가를 매설하여 설치
- 수평지선 : 보통지선을 시설할 수 없을 때 전주와 전주 간, 또는 전주와 지주 간에 설치
- 공동지선 : 두 개의 지지물에 공동으로 시설하는 지선

- Y지선 : 다단 완금일 경우, 장력이 클 경우, H주일 경우에 보통지선을 2단으로 설치하는 것
- 궁지선 : 장력이 적고 타 종류의 지선을 시설할 수 없는 경우에 설치

3) 장주
지지물에 전선 그 밖의 기구를 고정시키기 위하여 완금, 완목, 애자 등을 장치하는 공정
① 완금 고정 : I볼트, U볼트, 암밴드를 사용하여 고정
② 암타이 : 완금이 상하로 움직이는 것을 방지
③ 암타이 밴드 : 암타이를 고정

4) 래크(Rack) 배선
저압선의 경우에 전주에 수직방향으로 애자를 설치하는 배선

5) 주상 기구의 설치
① 주상 변압기 설치 : 행거 밴드를 사용하여 고정
② 변압기의 보호
- 컷아웃 스위치(COS) : 변압기의 1차 측에 시설하여 변압기의 단락을 보호
- 캐치 홀더 : 변압기의 2차 측에 시설하여 변압기를 보호

③ 구분개폐기 : 전력계통의 사고 발생 시에 구분개폐를 위해 2km 이하마다 설치

6) 가선 공사
① 합성 연선 : 두 종류 이상의 금속선을 꼬아 만든 전선으로 강심 알루미늄 연선 (ACSR)
② 중공연선 : 초고압 송전 선로에서는 코로나의 발생을 방지하기 위하여 단면적은 증가시키지 않고 전선의 바깥지름만 필요한 만큼 크게 만든 전선
③ 가공전선의 높이

구분	저압[m]	고압[m]	특고압[m]	
			35[kV] 이하	35~160[kV]
도로 횡단	6	6	6	–
철도 궤도 횡단	6.5	6.5	6.5	6.5
횡단보도교 위	3.5	3.5	4	5
기타	5	5	5	6

④ 가공인입선의 높이

구분	저압 인입선[m]	고압 및 특고압인입선[m]
도로 횡단	5	6
철도 궤도 횡단	6.5	6.5
기타	4	5

(3) 배전반 공사

1) 폐쇄식 배전반(큐비클형)
점유면적이 좁고 운전, 보수에 안전하므로 공장, 빌딩 등에 많이 사용

2) 배전반 설치 기기
① 차단기(CB)

구분	특징
유입차단기(OCB)	절연유를 이용
자기차단기(MBB)	자계를 주어 아크전압을 증대시켜, 냉각하여 소호작용
공기차단기(ABB)	압축공기를 이용
진공차단기(VCB)	진공도가 높은 상태에서 아크가 분산되는 원리를 이용
가스차단기(GCB)	불활성인 6불화유황(SF6) 가스를 사용
기중차단기(ACB)	자연공기 내에서 자연소호에 의한 소호방식

② 계기용 변성기(MOF, PCT)
- 계기용 변류기(CT)
  - 전류를 측정하기 위한 변압기로 2차 전류는 5[A]가 표준이다.
  - 2차 측을 개방하면, 매우 높은 기전력이 유기되므로 2차 측을 절대로 개방해서는 안 된다.
- 계기용 변압기(PT)
  - 전압을 측정하기 위한 변압기로 2차 측 정격전압은 110[V]가 표준이다.
  - 변성기 용량은 2차 회로의 부하를 말하며 2차 부담이라고 한다.

(4) 분전반 공사

1) 배선 기구 시설
① 점멸용 스위치는 전압 측 전선에 시설
② 리셉터클에 전압 측 전선은 중심 접촉면에, 접지 측 전선을 속 베이스에 연결

(5) 보호계전기

1) 보호계전기의 종류 및 기능

명칭	기능
과전류계전기(O.C.R)	일정값 이상의 전류가 흘렀을 때 동작
과전압계전기(O.V.R)	일정값 이상의 전압이 걸렸을 때 동작
부족전압계전기(U.V.R)	전압이 일정값 이하로 떨어졌을 경우에 동작
비율차동계전기	고장에 의하여 생긴 불평형의 전류차가 기준치 이상으로 되었을 때 동작
선택계전기	2회선 중에 고장이 발생하는가를 선택하는 계전기
방향계전기	고장점의 방향을 아는 데 사용하는 계전기
거리계전기	고장점까지의 전기적 거리에 비례하여 한시로 동작하는 계전기
지락 과전류계전기	지락보호용으로 과전류계전기의 동작전류를 작게 한 계전기
지락 방향계전기	지락 과전류계전기에 방향성을 준 계전기
지락 회선선택계전기	지락보호용으로 선택계전기의 동작전류를 작게 한 계전기

2) 동작시한에 의한 분류

명칭	기능
순한시 계전기	동작시간이 0.3초 이내인 계전기
정한시 계전기	일정 시한으로 동작하는 계전기
반한시 계전기	동작 시한이 동작 전류의 값이 커질수록 짧아지는 계전기
반한시 – 정한시 계전기	어느 한도까지는 반한시성이고, 그 이상에서는 정한시성의 특성

SECTION 05 특수장소 및 전기응용시설 공사

(1) 특수장소의 배선

구분		금속관	케이블	합성수지관	금속제 가요전선관	덕트	애자	비고
먼지	폭발성	O	O	×	×	×	×	콘센트 및 플러그를 사용금지 기구는 5턱 이상의 나사 조임접속
	가연성	O	O	O	×	×	×	
	불연성	O	O	O	O	O	O	합성수지관(두께 2[mm] 이상)
가연성 가스		O	O	×	×	×	×	
위험물		O	O	O	×	×	×	합성수지관(두께 2[mm] 이상)
화약류		O	O	×	×	×	×	300[V] 이하 조명배선만 가능
부식성 가스		O	O	O	O (2종만)	×	O	
습기 있는 장소		O	O	O	O (2종만)	×	×	
전시회, 쇼 및 공연장		O	O	O	×	×	×	400[V] 이하 합성수지 전선관(두께 2[mm] 이상) 전용개폐기 및 과전류차단기를 설치
광산, 터널, 갱도		O	O	O	O	×	O	

(2) 조명배선

1) 조명기구의 배광에 의한 분류

조명방식	직접조명	반직접조명	전반확산조명	반간접조명	간접조명
상향광속[%]	0~10	10~40	40~60	60~90	90~100
하향광속[%]	100~90	90~60	60~40	40~10	10~0

2) 조명기구의 배치

① 광원 상호 간 간격 : $S \leq 1.5H$

② 벽과 광원 사이의 간격

벽측 사용 안 할 때 : $S_0 \leq \dfrac{H}{2}$, 벽측 사용할 때 : $S_0 \leq \dfrac{H}{3}$

CHAPTER 02 동기기

01 동기발전기의 원리 ·················· 180
02 동기발전기의 구조 ·················· 182
03 동기발전기의 이론 ·················· 185
04 동기발전기의 특성 ·················· 186
05 동기발전기의 운전 ·················· 188
06 동기전동기의 원리 ·················· 194
07 동기전동기의 이론 ·················· 195
08 동기전동기의 운전 ·················· 196
09 동기전동기의 특징 ·················· 197

CHAPTER 03 변압기

01 변압기의 원리 ························ 201
02 변압기의 구조 ························ 202
03 변압기유 ······························ 203
04 변압기의 이론 ························ 208
05 변압기의 특성 ························ 213
06 변압기의 결선 ························ 218
07 변압기 병렬운전 ···················· 224
08 특수 변압기 ·························· 224

CHAPTER 04 유도전동기

01 유도전동기의 원리 ·················· 228
02 유도전동기의 구조 ·················· 230
03 유도전동기의 이론 ·················· 233
04 유도전동기의 특성 ·················· 239
05 유도전동기의 운전 ·················· 240
06 단상 유도전동기 ···················· 246

CHAPTER 05 정류기 및 제어기기

01 정류용 반도체 소자 ··· 250
02 각종 정류회로 및 특성 ··· 251
03 제어 정류기 ·· 254
04 사이리스터의 응용회로 ··· 256
05 제어기 및 제어장치 ·· 257

PART 03 전기설비

CHAPTER 01 배선재료 및 공구

01 전선 및 케이블 ··· 268
02 배선재료 및 기구 ··· 275
03 전기공사용 공구 ··· 284
04 전선접속 ··· 289

CHAPTER 02 옥내배선공사

01 애자 공사 ··· 298
02 케이블 트렁킹 시스템 ··· 299
03 합성수지관 공사 ··· 300
04 금속관 공사 ·· 305
05 금속제 가요전선관 공사 ··· 310
06 케이블 덕팅 시스템 ·· 311
07 케이블 공사 ·· 314

CHAPTER 03 전선 및 기계기구의 보안공사

01 전압 ··· 318
02 간선 ··· 321

03 분기회로 ·· 322
04 변압기 용량산정 ·· 326
05 전로의 절연 ··· 327
06 접지시스템 ··· 330
07 피뢰기 설치공사 ·· 338

CHAPTER 04 가공인입선 및 배전선 공사

01 가공인입선 공사 ·· 343
02 건주, 장주 및 가선 ·· 344
03 배전반공사 ··· 354
04 분전반공사 ··· 356
05 보호계전기 ··· 357

CHAPTER 05 특수장소 및 전기응용시설 공사

01 특수장소의 배선 ·· 363
02 조명배선 ··· 366

APPENDIX

과년도 출제문제

01 2019년 제1회 ·· 380
02 2019년 제2회 ·· 394
03 2019년 제3회 ·· 409
04 2019년 제4회 ·· 424

05 2020년 제1회 ·· 440
06 2020년 제2회 ·· 455
07 2020년 제3회 ·· 471
08 2020년 제4회 ·· 485

차례 | CONTENTS

09 2021년 제1회 ………………………………………… 501
10 2021년 제2회 ………………………………………… 516
11 2021년 제3회 ………………………………………… 531
12 2021년 제4회 ………………………………………… 547

13 2022년 제1회 ………………………………………… 563
14 2022년 제2회 ………………………………………… 578
15 2022년 제3회 ………………………………………… 592
16 2022년 제4회 ………………………………………… 607

17 2023년 제1회 ………………………………………… 623
18 2023년 제2회 ………………………………………… 639
19 2023년 제3회 ………………………………………… 653
20 2023년 제4회 ………………………………………… 668

21 2024년 제1회 ………………………………………… 683
22 2024년 제2회 ………………………………………… 700
23 2024년 제3회 ………………………………………… 716
24 2024년 제4회 ………………………………………… 731

25 2025년 제1회 ………………………………………… 747
26 2025년 제2회 ………………………………………… 764
27 2025년 제3회 ………………………………………… 780

별책 | 핵심요약집

| 일러두기 |

2016년 제5회 기능사 필기시험부터는 CBT(Computer-Based Training) 방식으로 시행되어, 수험생 개개인별로 상이하게 문제가 출제되었으며 시험문제는 비공개입니다. 본 기출문제 풀이는 수험생의 기억에 의해 출제문제를 재구성한 것입니다.

PART 01

전기이론

CHAPTER 01 직류회로
CHAPTER 02 전류의 열작용과 화학작용
CHAPTER 03 정전기와 콘덴서
CHAPTER 04 자기의 성질과 전류에 의한 자기장
CHAPTER 05 전자력과 전자유도
CHAPTER 06 교류회로
CHAPTER 07 3상 교류회로
CHAPTER 08 비정현파와 과도현상

CHAPTER 01 직류회로

SECTION 01 전기의 본질

1. 물질과 전기

1) 물질의 구성

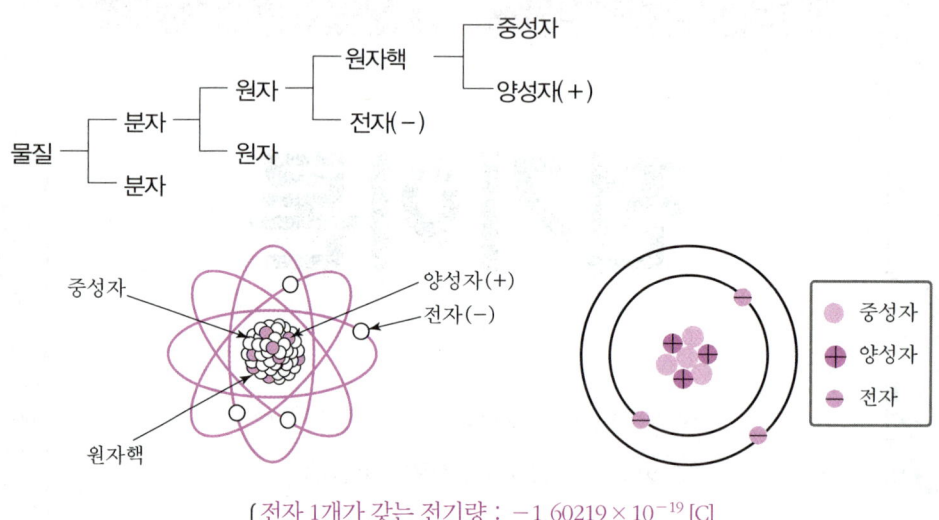

$$\begin{cases} \text{전자 1개가 갖는 전기량} : -1.60219 \times 10^{-19} \text{[C]} \\ \text{양성자 1개가 갖는 전기량} : +1.60219 \times 10^{-19} \text{[C]} \end{cases}$$

| 원자의 모형과 구조 |

2) 자유전자(Free Electron)

① 원자핵과의 결합력이 약해 외부의 자극에 의하여 쉽게 원자핵의 구속력을 이탈할 수 있는 전자이다.
② 자유전자의 이동이나 증감에 의해 전기적인 현상들이 발생한다.

> **TIP** 자유전자는 물질 내부를 자유롭게 움직일 수 있다.

2. 전기의 발생

① 중성 상태(a) : 양성자와 전자 수가 동일
② 양전기 발생(b) : 자유전자가 물질 바깥으로 나감

③ 음전기 발생(c) : 자유전자가 물질 내부로 들어옴
④ 대전(Electrification) : 물질이 전자가 부족하거나 남게 된 상태에서 양전기나 음전기를 띠게 되는 현상

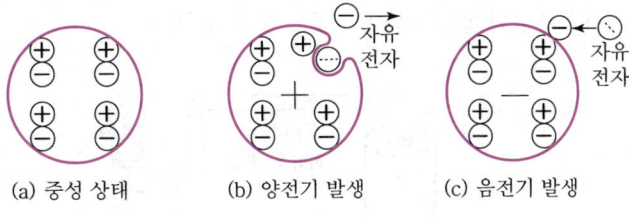

(a) 중성 상태   (b) 양전기 발생   (c) 음전기 발생

┃전기의 발생┃

3. 전하와 전기량

① 전하(Electric Charge) : 어떤 물체가 대전되었을 때 이 물체가 가지고 있는 전기

> **TIP** 전자 1개의 전기량이 매우 작으므로 대전될 때 움직이는 무수히 많은 전자들의 전기량의 총합을 말한다.

② 전기량(Quantity of Electricity) : 전하가 가지고 있는 전기의 양
- 전기량의 기호 : Q
- 전기량의 단위 : 쿨롱(Coulomb, 기호[C])
- 1[C]은 $1/(1.60219 \times 10^{-19}) ≒ 6.24 \times 10^{18}$개의 전자의 과부족으로 생기는 전기량이다.

SECTION 02 전류와 전압 및 저항

1. 전류

1) 전류(Electric Current)

전기회로에서 에너지가 전송되려면 전하의 이동이 있어야 한다. 이 전하의 이동을 전류라고 한다.
① 전류의 기호 : I
② 전류의 단위 : 암페어(Ampere, 기호[A])
③ 어떤 도체의 단면을 t[sec] 동안 Q[C]의 전하가 이동할 때 통과하는 전하의 양으로 정의한다.

$$I = \frac{Q}{t}[\text{C/sec}] ; [\text{A}]$$

따라서 1[A]는 1[sec] 동안에 1[C]의 전기량이 이동할 때 전류의 크기이다.

2) 전류의 방향

전자는 음(−)극에서 양(+)극으로 이동하고, 전류는 양(+)극에서 음(−)극으로 흐른다.

> **TIP** 과거 전자의 존재 사실을 모를 때 과학자들이 전류의 방향을 정하였으나, 이후에 전자의 존재 사실을 발견하고 전류의 방향이 반대인 것을 알게 되었다.

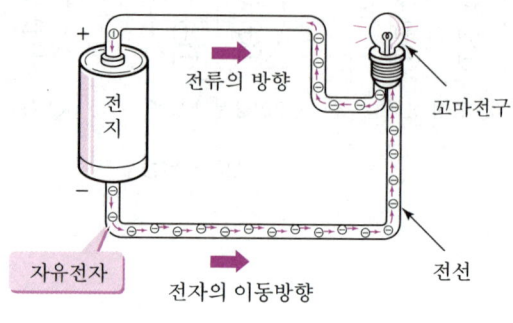

┃ 전류의 방향 ┃

2. 전압

1) 전압(Electric Voltage) 또는 전위차

① 전류를 흐르게 하는 전기적인 에너지의 차이, 즉 전기적인 압력의 차를 말한다.
② 전기회로에 있어서 임의의 한 점의 전기적인 높이를 그 점의 전위라 한다.
③ 두 점 사이의 전위의 차를 전압으로 나타내며, 전류는 높은 전위에서 낮은 전위로 흐른다.

> **TIP** 전기적인 위치에너지를 전위로 표현한다. 즉, 높은 곳에 떨어지는 물체가 바닥에 닿을 때 센 압력이 발생하는 것으로 이해하면 된다.

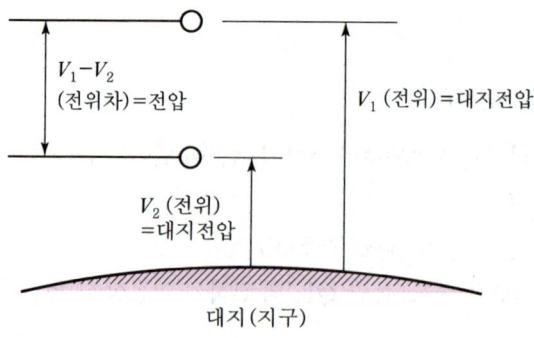

┃ 수위차(수압)와 전위차(전압)의 관계 ┃

2) 전압의 크기

① 전압의 기호 : V
② 전압의 단위 : 볼트(Volt, 기호[V])

③ 어떤 도체에 Q[C]의 전기량이 이동하여 W[J]의 일을 하였다면 이때의 전압 V[V]는 다음과 같이 나타낸다.

$$V = \frac{W}{Q}[\text{J/C}] ; [\text{V}]$$

3) 기전력(emf : Electromotive Force)

① 전위차를 만들어 주는 힘을 기전력이라 한다. 이때 힘은 화학작용, 전자유도작용 등이 있다.
② 기전력의 기호 : E
③ 기전력의 단위 : 볼트(Volt, 기호[V]) – 전압과 동일

3. 저항

1) 전기저항(Electric Resistance)과 고유저항(Specific Resistivity)

① 전기저항 : R(옴(Ohm), 기호[Ω])
  - 전류의 흐름을 방해하는 성질의 크기
  - 도체의 단면적을 A, 길이를 l이라 하고, 물질에 따라 결정되는 비례상수를 ρ라 하면

$$R = \rho \frac{l}{A} [\Omega]$$

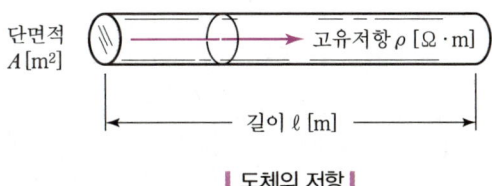

| 도체의 저항 |

② 고유저항 : ρ [Ω · m]
  길이 1[m], 단면적 1[m²]인 물체의 저항을 나타내며 물질에 따라 정해진 값이 된다. ρ를 물질의 고유저항 또는 저항률이라 한다.

2) 컨덕턴스(Conductance)와 전도율(Conductivity)

① 컨덕턴스 : G(모(mho), 기호[℧]) ; 지멘스(Siemens), 기호[S])
  - 전류가 흐르기 쉬운 정도를 나타내는 전기적인 양
  - 저항의 역수

$$R = \frac{1}{G}[\Omega], \quad G = \frac{1}{R}[\text{℧}]$$

② 전도율 : σ
  - 단위 : [℧/m] = [Ω⁻¹/m] = [S/m]

- 고유저항과 전도율의 역수 관계

$$\sigma = \frac{1}{\rho}$$

3) 여러 가지 물질의 고유저항

① **도체** : 전기가 잘 통하는 $10^{-4}\,[\Omega \cdot m]$ 이하의 고유저항을 갖는 물질(도전재료)
② **부도체** : 전기가 거의 통하지 않는 $10^{6}\,[\Omega \cdot m]$ 이상의 고유저항을 갖는 물질(절연재료)
③ **반도체** : 도체와 부도체의 양쪽 성질을 갖는 $10^{-4} \sim 10^{6}\,[\Omega \cdot m]$의 고유저항을 갖는 물질(규소(Si), 게르마늄(Ge))

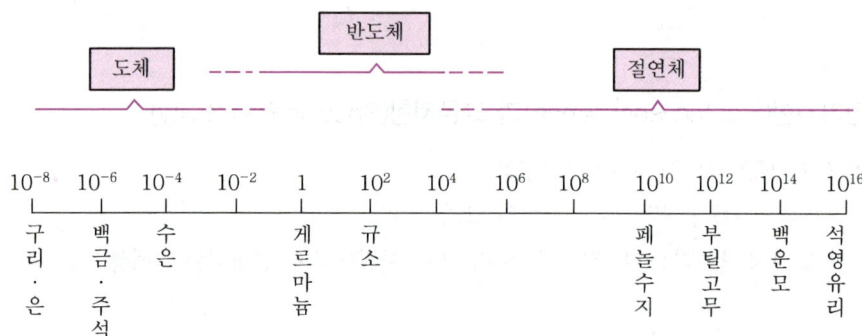

| 여러 가지 물질의 고유저항 |

CHAPTER 01 핵심 기출문제

01 원자핵의 구속력을 벗어나서 물질 내에서 자유로이 이동할 수 있는 것은?
2015
2018
2023
① 중성자　　　② 양자　　　③ 분자　　　④ 자유전자

02 다음 중 가장 무거운 것은?
2013
2020
① 양성자의 질량과 중성자의 질량의 합　　② 양성자의 질량과 전자의 질량의 합
③ 원자핵의 질량과 전자의 질량의 합　　　④ 중성자의 질량과 전자의 질량의 합

> **해설**
> - 양성자의 질량 : 1.673×10^{-27} [kg]
> - 중성자의 질량 : 1.675×10^{-27} [kg]
> - 전자의 질량 : 9.11×10^{-31} [kg]
> - 원자핵의 질량 : 중성자와 양성자 질량의 합

03 어떤 물질이 정상 상태보다 전자 수가 많아져 전기를 띠는 현상을 무엇이라 하는가?
2014
2019
2022
2024
① 충전　　　② 방전　　　③ 대전　　　④ 분극

> **해설**
> 대전(Electrification) : 물질에 전자가 부족하거나 남게 된 상태에서 양전기나 음전기를 띠게 되는 현상

04 1[Ah]는 몇 [C]인가?
2009
2011
2013
2020
① 1,200　　　② 2,400　　　③ 3,600　　　④ 4,800

> **해설**
> $Q = It$ [C]이므로, 1[Ah] = 1[A] × 3,600[sec] = 3,600[C]

05 Q[C]의 전기량이 도체를 이동하면서 한 일을 W[J]이라 했을 때 전위차 V[V]를 나타내는 관계식으로 옳은 것은?
2015
2024

① $V = QW$　　　　　　　　② $V = \dfrac{W}{Q}$

③ $V = \dfrac{Q}{W}$　　　　　　　　④ $V = \dfrac{1}{QW}$

> **해설**
> 전위차 $V = \dfrac{W}{Q}$

정답 01 ④　02 ③　03 ③　04 ③　05 ②

06 2[C]의 전하에 5[V] 전압을 가하였더니 전하가 이동하였다면, 두 점을 이동할 때 일은 몇 [J]인가?

① 0.4[J] ② 2.5[J]
③ 10[J] ④ 20[J]

해설
$V = \dfrac{W}{Q}$ 에서 일의 양은 $W = VQ = 5 \times 2 = 10[J]$

07 다음 중 1[V]와 같은 값을 갖는 것은?

① 1[J/C] ② 1[Wb/m]
③ 1[Ω/m] ④ 1[A·sec]

해설
전위 $V = \dfrac{W}{Q}[J/C]$

08 10[eV]는 몇 [J]인가?

① $1.602 \times 10^{-19}[J]$ ② $1 \times 10^{-10}[J]$
③ 1[J] ④ $1.602 \times 10^{-18}[J]$

해설
$W = QV[J]$ 이므로, $10[eV] = 1.602 \times 10^{-19}[C] \times 10[V] = 1.602 \times 10^{-18}[J]$ 이다.

09 100[V]의 전위차로 가속된 전자의 운동 에너지는 몇 [J]인가?

① $1.6 \times 10^{-20}[J]$ ② $1.6 \times 10^{-19}[J]$
③ $1.6 \times 10^{-18}[J]$ ④ $1.6 \times 10^{-17}[J]$

해설
전자의 에너지 $W = eV = 1.602 \times 10^{-19} \times 100 = 1.602 \times 10^{-17}[J]$

10 전류를 계속 흐르게 하려면 전압을 연속적으로 만들어 주는 어떤 힘이 필요하게 되는데, 이 힘을 무엇이라 하는가?

① 자기력 ② 전자력
③ 기전력 ④ 전기장

해설
기전력(EMF ; ElectroMotive Force)
대전체에 전지를 연결하여 전위차를 일정하게 유지시켜주면 계속하여 전류를 흘릴 수 있게 된다. 여기서 전지와 같이 전위차를 만들어 주는 힘을 기전력이라 한다.

정답 06 ③ 07 ① 08 ④ 09 ④ 10 ③

11 다음 중 전기저항을 나타내는 식은?

① $R = \rho \dfrac{\ell}{2\pi r}$ ② $R = \rho \dfrac{\ell}{2r}$

③ $R = \rho \dfrac{\ell}{\pi^2 r}$ ④ $R = \rho \dfrac{\ell}{r^2}$

해설
전기저항 $R = \rho \dfrac{\ell}{A} = \rho \dfrac{\ell}{\pi^2 r}$ 이다.

12 도체의 전기저항에 대한 설명으로 옳은 것은?

① 길이와 단면적에 비례한다.
② 길이와 단면적에 반비례한다.
③ 길이에 비례하고 단면적에 반비례한다.
④ 길이에 반비례하고 단면적에 비례한다.

해설
전기저항 $R = \rho \dfrac{\ell}{A}$ 이므로, 길이에 비례하고 단면적에 반비례한다.

13 길이 1[m]인 도선의 저항값이 20[Ω]이었다. 이 도선을 고르게 2[m]로 늘렸을 때 저항값은?

① 10[Ω] ② 40[Ω] ③ 80[Ω] ④ 140[Ω]

해설
$R = \rho \dfrac{\ell}{A}$, 즉 저항과 길이는 비례관계이다.
길이가 2배로 늘어나면, 저항도 2배로 증가한다.

14 어떤 도체의 길이를 2배로 하고 단면적을 $\dfrac{1}{3}$로 했을 때의 저항은 원래 저항의 몇 배가 되는가?

① 3배 ② 4배 ③ 6배 ④ 9배

해설
$R = \rho \dfrac{\ell}{A}$ 이므로, $R = \rho \dfrac{2 \times \ell}{\dfrac{1}{3}A} = \rho \dfrac{\ell}{A} \times 6$ 이 된다.

15 도선의 길이를 2배로 늘리면 저항은 처음의 몇 배가 되는가?(단, 도선의 체적은 일정함)

① 2배 ② 4배 ③ 8배 ④ 16배

정답 11 ③ 12 ③ 13 ② 14 ③ 15 ②

> **해설**
> - 체적은 단면적×길이이다.
> - 체적을 일정하게 하고 길이를 n배로 늘리면 단면적은 $\frac{1}{n}$배로 감소한다.
> - $R = \rho \frac{\ell}{A}$
>
> $\therefore R' = \rho \frac{2\ell}{\frac{A}{2}} = 2^2 \cdot \rho \frac{\ell}{A} = 2^2 R = 4R$

16 [2018, 2020]
가장 일반적인 저항기로 세라믹 봉에 탄소계의 저항제를 구워 붙이고, 여기에 나선형으로 홈을 파서 원하는 저항값을 만든 저항기는?

① 금속 피막 저항기 ② 탄소 피막 저항기
③ 가변 저항기 ④ 어레이 저항기

> **해설**
>
> | 탄소 피막 저항기 | | 저항체로 탄소계 재료를 사용 |
> |---|---|---|
> | 금속 피막 저항기 | | 저항체로 니켈, 크롬 등을 사용 |

17 [2015, 2019, 2024]
전기 전도도가 좋은 순서대로 도체를 나열한 것은?

① 은 → 구리 → 금 → 알루미늄
② 구리 → 금 → 은 → 알루미늄
③ 금 → 구리 → 알루미늄 → 은
④ 알루미늄 → 금 → 은 → 구리

> **해설**
> 각 금속의 [%]전도율
> - 은 : 109[%]
> - 금 : 72[%]
> - 구리 : 100[%]
> - 알루미늄 : 63[%]

18 [2011, 2015, 2018, 2020]
다음 중 저항값이 클수록 좋은 것은?

① 접지저항 ② 절연저항
③ 도체저항 ④ 접촉저항

> **해설**
> **절연저항**
> 절연된 두 물체 간에 전압을 가했을 때에 표면과 내부를 작은 누설전류가 흐르는데 이때의 전압과 전류의 비를 말한다. 즉, 누설전류가 작아야 좋으므로 절연저항은 큰 것이 좋다.

정답 16 ② 17 ① 18 ②

SECTION 03 전기회로의 회로해석

1. 옴의 법칙(Ohm's Law)

저항에 흐르는 전류의 크기는 저항에 인가한 전압에 비례하고, 전기저항에 반비례한다.

$$I = \frac{V}{R}[\text{A}], \quad V = IR[\text{V}]$$

TIP 전기공학에서 가장 중요한 공식

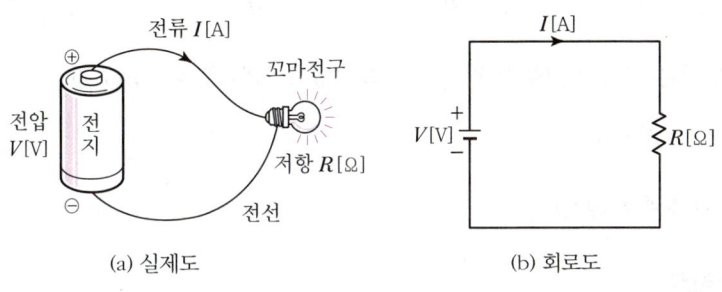

(a) 실제도   (b) 회로도

| 전기회로도 |

2. 저항의 접속

1) 직렬접속회로

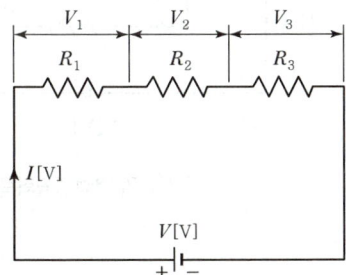

| 저항의 직렬접속회로 |

① 합성저항(R_o) : $R_o = R_1 + R_2 + R_3 [\Omega]$

TIP 저항은 전류의 흐름을 방해하는 성질이므로, 직렬접속 시에는 전류가 흐르면서 모든 저항을 통해 방해를 받으므로, 합성저항은 각 저항값을 합한 값이 된다.

② 전류(I)

$$I = \frac{V}{R_o} = \frac{V}{R_1 + R_2 + R_3}[\text{A}]$$

③ 직렬접속회로에 있어서 각 저항에 흐르는 전류의 세기는 같다.

④ 각 저항 양단의 전압 V_1, V_2, V_3[V]는 옴의 법칙에 의하여 다음과 같다.

$$V_1 = R_1 I \text{ [V]}$$
$$V_2 = R_2 I \text{ [V]}$$
$$V_3 = R_3 I \text{ [V]}$$

⑤ 각 저항에 나타나는 전압은 각 저항값에 비례하여 분배된다.

$$V_1 = \frac{R_1}{R_o} V \text{ [V]}, \quad V_2 = \frac{R_2}{R_o} V \text{ [V]}, \quad V_3 = \frac{R_3}{R_o} V \text{ [V]}$$

⑥ N개의 같은 크기의 저항이 직렬로 접속되었을 때의 합성저항(R_S)

$$R_S = N \cdot R \text{ [}\Omega\text{]}$$

1개의 저항에 N배이다.

2) 병렬접속회로

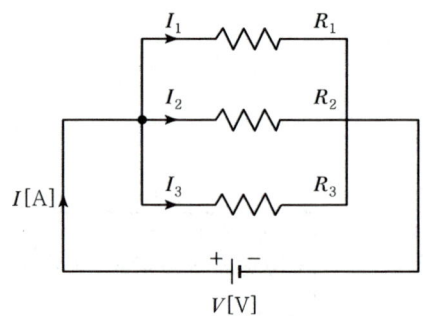

┃ 저항의 병렬접속회로 ┃

① 합성저항(R)

$$\frac{1}{R_o} = \frac{1}{R_1} + \frac{1}{R_2} + \frac{1}{R_3} \qquad R_o = \frac{1}{\frac{1}{R_1} + \frac{1}{R_2} + \frac{1}{R_3}} \text{ [}\Omega\text{]}$$

> **TIP** 저항의 병렬접속 시에는 병렬로 연결된 저항이 많을수록 전류가 흐를 수 있는 경로가 늘어나므로 전류의 흐름에 도움이 된다. 따라서, 병렬회로 수의 증가는 컨덕턴스(저항의 역수) 값의 증가를 의미한다.

② 저항 R_1, R_2, R_3에 흐르는 전류는 각 저항의 크기에 반비례하여 흐른다.

$$I_1 = \frac{V}{R_1} \text{[A]}, \quad I_2 = \frac{V}{R_2} \text{[A]}, \quad I_3 = \frac{V}{R_3} \text{[A]}$$

③ 병렬접속회로에 있어서 각 저항 양단에 나타나는 전압은 같다.

④ 각 분로에 흐르는 전류비는 저항값에 반비례하여 흐르고 각 분로에 흐르는 전류는 다음과 같다.

$$I_1 = \frac{R}{R_1}I[\text{A}], \quad I_2 = \frac{R}{R_2}I[\text{A}], \quad I_3 = \frac{R}{R_3}I[\text{A}]$$

⑤ N개의 같은 크기의 저항이 병렬로 접속되었을 때의 합성저항(R_P)

$$R_P = \frac{R}{N}[\Omega]$$

1개의 저항에 $\frac{1}{N}$ 배이다.

3) 직 · 병렬접속회로

① 그림(a)에서 a-b 사이의 병렬회로의 합성저항(R_{ab})

$$R_{ab} = \cfrac{1}{\cfrac{1}{R_1} + \cfrac{1}{R_2}} = \frac{R_1 R_2}{R_1 + R_2}[\Omega]$$

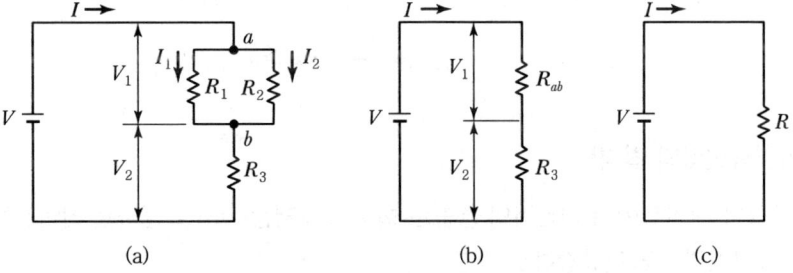

| 저항의 직 · 병렬접속회로 |

② 그림(b)에서 R_{ab}와 R_3의 직렬회로에 있어서의 합성저항

$$R = R_{ab} + R_3 = \frac{R_1 R_2}{R_1 + R_2} + R_3 [\Omega]$$

③ 그림(c)에서의 전전류 $I[\text{A}]$

$$I = \frac{V}{R}[\Omega]$$

3. 키르히호프의 법칙(Kirchhoff's Law)

1) 제1법칙(전류의 법칙)

① 회로의 접속점(Node)에서 볼 때, 접속점에 흘러들어오는 전류의 합은 흘러나가는 전류의 합과 같다($\sum$ 유입전류 = $\sum$ 유출전류).

> TIP 즉, 접속점에 들어오는 전류와 나가는 전류가 같다.

② $I_1 + I_2 = I_3$, $I_1 + I_2 - I_3 = 0$, $\sum I = 0$

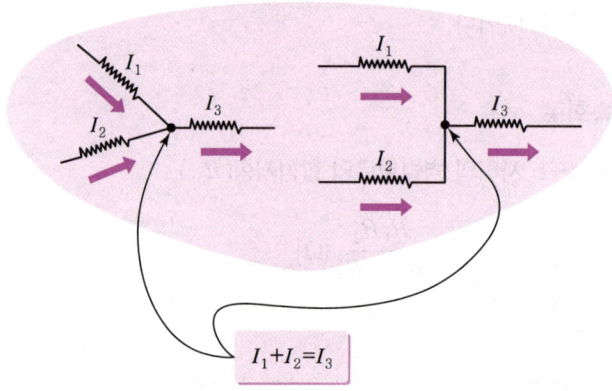

┃키르히호프의 제1법칙┃

2) 제2법칙(전압의 법칙)

① 임의의 폐회로에서 기전력의 총합은 회로소자(저항)에서 발생하는 전압강하의 총합과 같다($\sum$ 기전력 = $\sum$ 전압강하).

② $E_1 - E_2 + E_3 = IR_1 + IR_2 + IR_3 + IR_4$, $\sum E = \sum IR$

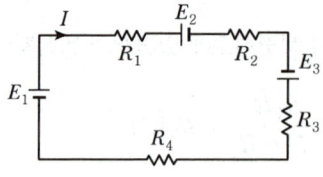

┃키르히호프의 제2법칙┃

4. 전지의 접속

1) 전지의 직렬접속

기전력 $E[\text{V}]$, 내부저항 $r[\Omega]$인 전지 n개를 직렬접속하고 여기에 부하저항 $R[\Omega]$을 접속하였을 때, 부하에 흐르는 전류는

$$I = \frac{nE}{R+nr}[\text{A}]$$

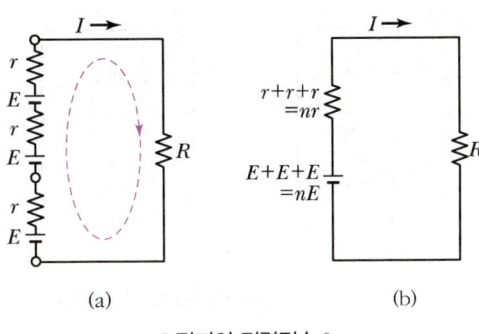

∥ 전지의 직렬접속 ∥

 기전력이 증가하지만, 내부저항도 증가한다.

2) 전지의 병렬접속

기전력 $E[\text{V}]$, 내부저항 $r[\Omega]$인 전지 N조를 병렬접속하고 여기에 부하저항 $R[\Omega]$을 접속하였을 때 부하에 흐르는 전류는

$$I = \frac{E}{\frac{r}{N}+R}[\text{A}]$$

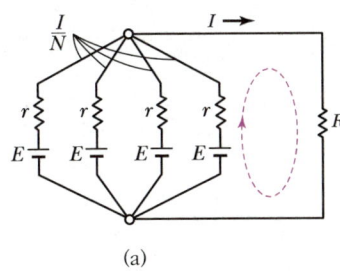

∥ 전지의 병렬접속 ∥

 기전력이 변함이 없지만, 내부저항은 감소한다.

3) 전지의 직 · 병렬접속

기전력 $E[\text{V}]$, 내부저항 $r[\Omega]$인 전지 n개를 직렬로 접속하고 이것을 다시 병렬로 N조를 접속하였을 때 부하저항 $R[\Omega]$에 흐르는 전류는

$$I = \frac{nE}{\frac{nr}{N} + R} = \frac{E}{\frac{r}{N} + \frac{R}{n}}$$

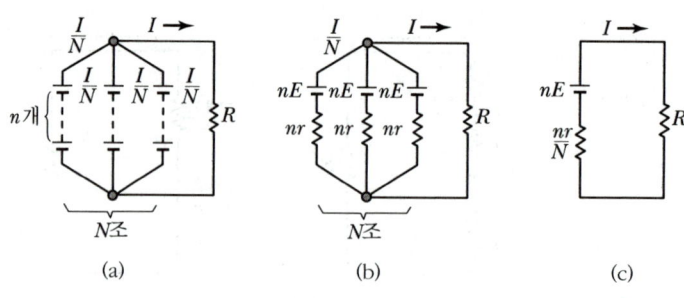

| 같은 전지의 직 · 병렬접속 |

TIP 기전력이 증가하고, 내부저항도 어느 정도 감소한다.

CHAPTER 01 핵심 기출문제

01 R_1, R_2, R_3의 저항 3개를 직렬접속했을 때의 합성저항값은?

2012
2016
2020

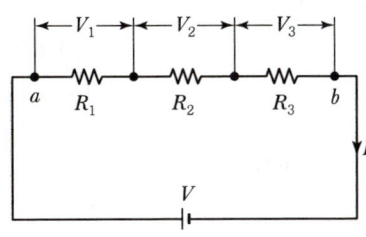

① $R = R_1 + R_2 \cdot R_3$
② $R = R_1 \cdot R_2 + R_3$
③ $R = R_1 \cdot R_2 \cdot R_3$
④ $R = R_1 + R_2 + R_3$

02 저항 2[Ω]과 3[Ω]을 직렬로 접속했을 때의 합성 컨덕턴스는?

2009
2010
2018
2020

① 0.2[℧]   ② 1.5[℧]   ③ 5[℧]   ④ 6[℧]

해설
$R = 2 + 3 = 5[\Omega]$, $G = \frac{1}{5} = 0.2[℧]$

03 2개의 저항 R_1, R_2를 병렬접속하면 합성저항은?

2014
2020
2021

① $\dfrac{1}{R_1 + R_2}$
② $\dfrac{R_1}{R_1 + R_2}$
③ $\dfrac{R_1 R_2}{R_1 + R_2}$
④ $\dfrac{R_2}{R_1 + R_2}$

해설
병렬 합성저항은 $\dfrac{1}{R_0} = \dfrac{1}{R_1} + \dfrac{1}{R_2}$ 이므로,
정리하면, 병렬 합성저항 $R_0 = \dfrac{R_1 R_2}{R_1 + R_2}$ 이다.

04 4[Ω], 6[Ω], 8[Ω]의 3개 저항을 병렬 접속할 때 합성저항은 약 몇 [Ω]인가?

2009
2017
2021
2023

① 1.8   ② 2.5
③ 3.6   ④ 4.5

정답 01 ④   02 ①   03 ③   04 ①

> **해설**
> 서로 다른 세 개의 저항이 병렬로 접속된 경우
> $R = \dfrac{1}{\dfrac{1}{R_1}+\dfrac{1}{R_2}+\dfrac{1}{R_3}}[\Omega] = \dfrac{1}{\dfrac{1}{4}+\dfrac{1}{6}+\dfrac{1}{8}}[\Omega] \fallingdotseq 1.846[\Omega]$

05 3[Ω]의 저항이 5개, 7[Ω]의 저항이 3개, 114[Ω]의 저항이 1개 있다. 이들을 모두 직렬로 접속할 때의 합성저항은 몇 [Ω]인가?

① 120 ② 130
③ 150 ④ 160

> **해설**
> $R_0 = 3 \times 5 + 7 \times 3 + 114 \times 1 = 150[\Omega]$

06 10[Ω] 저항 5개를 가지고 얻을 수 있는 가장 작은 합성저항값은?

① 1[Ω] ② 2[Ω]
③ 4[Ω] ④ 5[Ω]

> **해설**
> 모든 저항을 병렬로 연결할 때 가장 작은 합성저항을 얻을 수 있다.
> $\therefore R = \dfrac{10[\Omega]}{5개} = 2[\Omega]$

07 그림과 같은 회로 AB에서 본 합성저항은 몇 [Ω]인가?

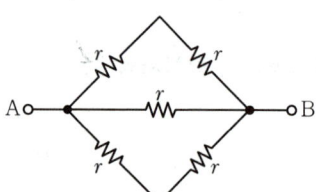

① $\dfrac{r}{2}$ ② r ③ $\dfrac{3}{2}r$ ④ $2r$

> **해설**
>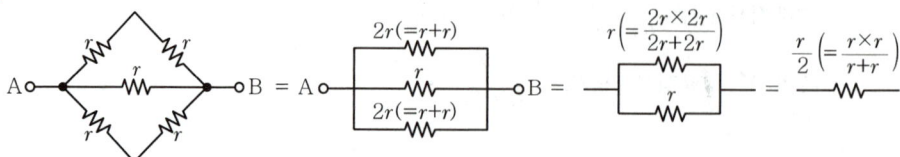

정답 05 ③ 06 ② 07 ①

08 그림과 같이 R_1, R_2, R_3의 저항 3개가 직병렬 접속되었을 때 합성저항은?

2014
2021
2023

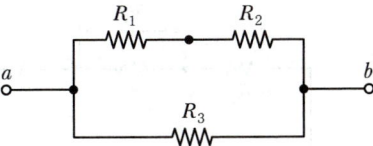

① $R = \dfrac{(R_1+R_2)R_3}{R_1+R_2+R_3}$
② $R = \dfrac{(R_2+R_3)R_1}{R_1+R_2+R_3}$
③ $R = \dfrac{(R_1+R_3)R_2}{R_1+R_2+R_3}$
④ $R = \dfrac{R_1 R_2 R_3}{R_1+R_2+R_3}$

해설
R_1과 R_2는 직렬 연결이고, 이들과 R_3는 병렬 연결이다.

09 동일한 저항 4개를 접속하여 얻을 수 있는 최대 저항값은 최소 저항값의 몇 배인가?

2016
2021

① 2
② 4
③ 8
④ 16

해설
- 직렬접속일 때 합성저항이 최대이므로 직렬합성저항은 $4R$
- 병렬접속일 때 합성저항이 최소이므로 병렬합성저항은 $\dfrac{R}{4}$

$\therefore \dfrac{4R}{\dfrac{R}{4}} = 16$배

10 그림과 같이 회로의 저항값이 $R_1 > R_2 > R_3 > R_4$일 때 전류가 최소로 흐르는 저항은?

2015
2017
2024

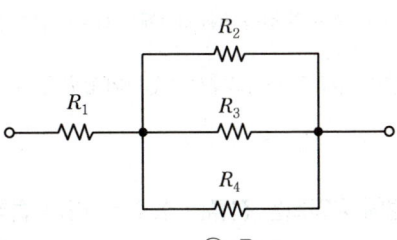

① R_1
② R_2
③ R_3
④ R_4

해설
R_1에는 전체 전류가 흘러가므로 가장 큰 전류가 흐르며, 병렬로 연결된 저항 중에 가장 큰 저항에 최소의 전류가 흐르게 된다. 따라서, R_2의 전류가 가장 작다.

정답 08 ① 09 ④ 10 ②

11

R_1, R_2, R_3의 저항이 직렬 연결된 회로에 전압 V를 가할 경우 저항 R_2에 걸리는 전압은?

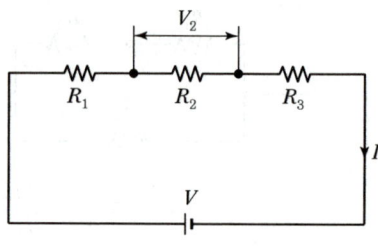

① $\dfrac{VR_1}{R_1+R_2+R_3}$ ② $\dfrac{VR_2}{R_1+R_2+R_3}$

③ $\dfrac{VR_3}{R_1+R_2+R_3}$ ④ $\dfrac{V(R_1+R_2+R_3)}{R_2}$

해설

합성저항 $R_0 = R_1 + R_2 + R_3$

전전류 $I = \dfrac{V}{R_0} = \dfrac{V}{R_1+R_2+R_3}$

∴ R_2에 걸리는 전압 $V_2 = IR_2 = \dfrac{VR_2}{R_1+R_2+R_3}$

12

"회로의 접속점에서 볼 때, 접속점에 흘러들어오는 전류의 합은 흘러나가는 전류의 합과 같다."라고 정의되는 법칙은?

① 키르히호프의 제1법칙 ② 키르히호프의 제2법칙
③ 플레밍의 오른손 법칙 ④ 앙페르의 오른나사 법칙

해설

키르히호프의 법칙
- 제1법칙(전류의 법칙) : 회로의 접속점(Node)에서 볼 때, 접속점에 흘러들어오는 전류의 합은 흘러나가는 전류의 합과 같다.
- 제2법칙(전압의 법칙) : 임의의 폐회로에서 기전력의 총합은 회로소자(저항)에서 발생하는 전압강하의 총합과 같다.

13

회로망의 임의의 접속점에 유입되는 전류는 $\sum I = 0$ 라는 법칙은?

① 쿨롱의 법칙 ② 패러데이의 법칙
③ 키르히호프의 제1법칙 ④ 키르히호프의 제2법칙

해설

- 키르히호프의 제1법칙 : 회로 내의 임의의 접속점에서 들어가는 전류와 나오는 전류의 대수합은 0이다.
- 키르히호프의 제2법칙 : 회로 내의 임의의 폐회로에서 한쪽 방향으로 일주하면서 취할 때 공급된 기전력의 대수합은 각 지로에서 발생한 전압강하의 대수합과 같다.

정답 11 ② 12 ① 13 ③

14 임의의 폐회로에서 키르히호프의 제2법칙을 가장 잘 나타낸 것은?

① 기전력의 합＝합성저항의 합 ② 기전력의 합＝전압강하의 합
③ 전압강하의 합＝합성저항의 합 ④ 합성저항의 합＝회로전류의 합

해설

키르히호프의 제2법칙
회로 내의 임의의 폐회로에서 한쪽 방향으로 일주하면서 취할 때 공급된 기전력의 대수합은 각 지로에서 발생한 전압강하의 대수합과 같다.

15 그림과 같은 회로에서 전류 I는?

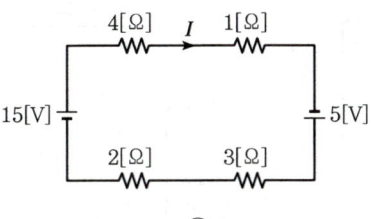

① 1   ② 2   ③ 3   ④ 4

해설

키르히호프 제2법칙을 적용하면,
[기전력의 합]＝[전압강하의 합]이므로
$15 - 5 = 4I + 1I + 3I + 2I$ 에서
전류 $I = 1$[A]이다.

16 기전력 E, 내부저항 r인 전지 n개를 직렬로 연결하여 이것에 외부저항 R을 직렬 연결하였을 때 흐르는 전류 I[A]는?

① $I = \dfrac{E}{nr + R}$[A] ② $I = \dfrac{nE}{r + R}$[A]

③ $I = \dfrac{nE}{r + Rn}$[A] ④ $I = \dfrac{nE}{nr + R}$[A]

해설

전지의 직렬접속
기전력 E[V], 내부저항 r[Ω]인 전지 n개를 직렬접속하고 여기에 부하 저항 R[Ω]을 접속하였을 때, 부하에 흐르는 전류는

$I = \dfrac{nE}{R + nr}$[A]

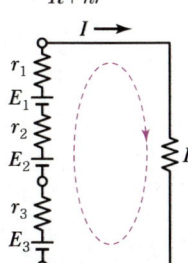 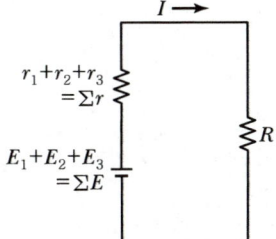

정답 14 ② 15 ① 16 ④

17

기전력 1.5[V], 내부저항 0.2[Ω]인 전지 5개를 직렬로 연결하고 이를 단락하였을 때의 단락전류 [A]는?

① 1.5
② 4.5
③ 7.5
④ 15

해설

전지의 직렬접속에서 기전력 E[V], 내부저항 r[Ω]인 전지 n개를 직렬접속하고 단락하였을 때, 흐르는 단락전류는 $I = \dfrac{nE}{nr}$[A]이다.

따라서, 단락전류 $I = \dfrac{5 \times 1.5}{5 \times 0.2} = 7.5$[A]

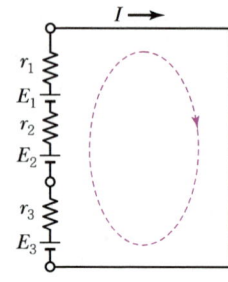
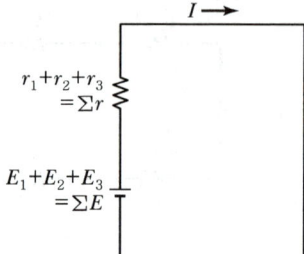

정답 17 ③

CHAPTER 02 전류의 열작용과 화학작용

SECTION 01 전력과 전기회로 측정

1. 전력과 전력량

1) 전력(Electric Power)

① 전력의 기호 : P

② 전력의 단위 : 와트[W]

③ 1[sec] 동안에 변환 또는 전송되는 전기에너지

$$P = \frac{W}{t}[\text{J/sec}], [\text{W}], 1[\text{W}] = 1[\text{J/sec}]$$

④ $R[\Omega]$의 저항에 $V[\text{V}]$의 전압을 가하여 $I[\text{A}]$의 전류가 흘렀을 때의 전력

$$P = VI = I^2R = \frac{V^2}{R}[\text{W}] \,(\because V = IR)$$

2) 전력량

① 전력량의 기호 : W

② 전력량의 단위 : 와트 세크[W·sec]

③ 어느 일정시간 동안의 전기에너지가 한 일의 양

$$W = Pt[\text{J}], [\text{W}\cdot\text{sec}]$$

 공식도 중요하지만, 단위도 자주 출제됨

④ 전력량의 실용단위([Wh] 또는 [kWh])

$$1[\text{kWh}] = 10^3[\text{Wh}] = 3.6 \times 10^6[\text{W}\cdot\text{sec}] = 3.6 \times 10^6[\text{J}]$$

($\because$ 1[Wh]=3,600[W·sec])

2. 줄의 법칙

1) 줄의 법칙(Joule's Law)

① 도체에 흐르는 전류에 의하여 단위시간 내에 발생하는 열량은 도체의 저항과 전류의 제곱에 비례한다.

> **TIP** 전류에 의해 발생되는 열(온도)에 관한 것은 모두 줄의 법칙으로 해결된다.

② 저항 $R[\Omega]$에 $I[A]$의 전류를 $t[\sec]$ 동안 흘릴 때 발생한 열을 줄열이라 하고, 일반적으로 열량의 단위는 칼로리(calorie, 기호 [cal])라는 단위를 많이 사용한다.

$$H = \frac{1}{4.186} I^2 Rt \fallingdotseq 0.24 I^2 Rt [\text{cal}]$$

> **TIP** 전기에너지가 열에너지로 변환될 때 24[%]만 유효하게 변환되는 것을 의미한다. 즉, 전기를 이용하여 열을 발생하는 장치(인덕션, 드라이기, 다리미 등)는 효율이 좋을 수 없다.

2) 열량의 단위환산

① $1[J] = 0.24[\text{cal}]$

② $1[\text{kWh}] = 860[\text{kcal}]$

3. 전류와 전압 및 저항의 측정

1) 분류기(Shunt)

전류계의 측정 범위 확대를 위해 전류계의 병렬로 접속하는 저항기

① 배율 : $n = \dfrac{I_0}{I_A} = \left(1 + \dfrac{R_A}{R_s}\right)$

② 분류저항 : $R_s = \dfrac{R_A}{n-1} [\Omega]$

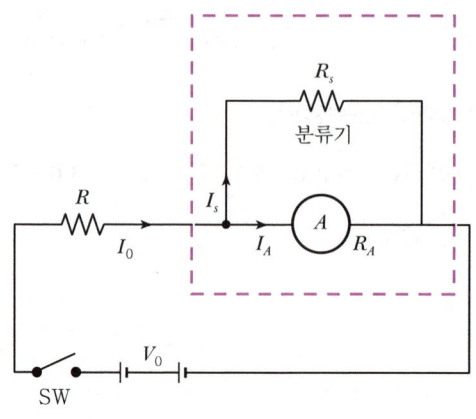

| 분류기 회로 |

2) 배율기(Multiplier)

전압계의 측정범위 확대를 위해 전압계와 직렬로 접속하는 저항기

① 배율 : $m = \dfrac{V_0}{V} = \left(1 + \dfrac{R_m}{R_v}\right)$

② 배율저항 : $R_m = R_v(m-1)\,[\Omega]$

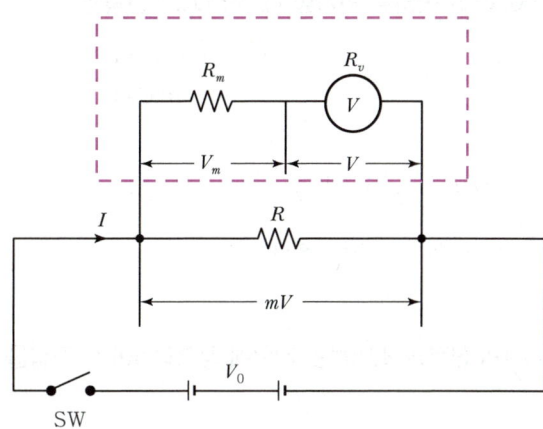

▎배율기 회로 ▎

3) 휘트스톤 브리지(Wheatstone Bridge)

저항을 측정하기 위해 4개의 저항과 검류계(Galvano Meter) G를 그림과 같이 브리지로 접속한 회로를 휘트스톤 브리지 회로라 한다.

> **TIP** 아주 작은 저항을 정밀하게 측정할 때 주로 이용된다.

① X가 미지의 저항이라 할 때 나머지 저항을 가감하여 I_g가 0이 되었을 때를 휘트스톤 브리지 평형이라 한다.

② 브리지가 평형일 때 $a-c$ 사이와 $a-d$ 사이의 전압강하는 같게 되므로 다음과 같은 관계가 성립된다.

$$I_1 P = I_2 Q,\ I_1 X = I_2 R$$

$$\dfrac{I_2}{I_1} = \dfrac{P}{Q} = \dfrac{X}{R}$$

③ 브리지의 평형조건 $PR = QX$가 성립된다.

$$X = \dfrac{P}{Q} R\,[\Omega]$$

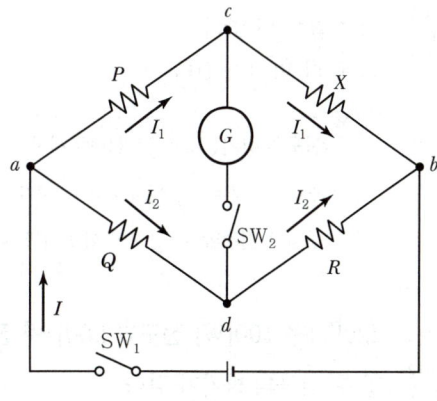

▎휘트스톤 브리지 회로 ▎

CHAPTER 02 핵심 기출문제

01 4[Ω]의 저항에 200[V]의 전압을 인가할 때 소비되는 전력은?
2015
2023
① 20[W] ② 400[W]
③ 2.5[kW] ④ 10[kW]

해설
소비전력 $P = VI = I^2R = \dfrac{V^2}{R}$[W]이므로,
$P = \dfrac{V^2}{R} = \dfrac{200^2}{4} = 10,000$[W] $= 10$[kW]이다.

02 정격전압에서 1[kW]의 전력을 소비하는 저항에 정격의 90[%] 전압을 가했을 때, 전력은 몇 [W]가 되는가?
2014
2022
① 630[W] ② 780[W]
③ 810[W] ④ 900[W]

해설
전력 $P = \dfrac{V^2}{R} = 1,000$[W]에서
따라서 $P' = \dfrac{(0.9V)^2}{R} = 0.81\dfrac{V^2}{R} = 0.81 \times 1,000 = 810$[W]

03 같은 전구를 직렬로 접속했을 때와 병렬로 접속했을 때 어느 것이 더 밝겠는가?
2017
2022
2024
① 직렬이 더 밝다. ② 병렬이 더 밝다.
③ 둘 다 밝기가 같다. ④ 직렬이 병렬보다 2배 더 밝다.

해설
전구의 밝기는 소비전력으로 계산할 수 있으므로,
소비전력 $P = \dfrac{V^2}{R}$ 에서 $P \propto \dfrac{1}{R}$ 이다.
병렬로 연결할 때 전구의 합성저항이 직렬일 때보다 작으므로, 병렬로 연결할 때 전구의 밝기가 더 밝다.

04 220[V]용 100[W] 전구와 200[W] 전구를 직렬로 연결하여 220[V]의 전원에 연결하면?
2012
2017
2019
2023
① 두 전구의 밝기가 같다. ② 100[W]의 전구가 더 밝다.
③ 200[W]의 전구가 더 밝다. ④ 두 전구 모두 안 켜진다.

정답 01 ④ 02 ③ 03 ② 04 ②

해설
- $P = \dfrac{V^2}{R}$ 에서, $P \propto \dfrac{1}{R}$ 이므로
  100[W] 전구의 저항이 200[W] 전구의 저항보다 더 크다.($\therefore R_{100[W]} > R_{200[W]}$)
- 직렬접속 시 전류는 같으므로 $I^2 R_{100[W]} > I^2 R_{200[W]}$ 이다.
  즉, 전력이 큰 100[W] 전구가 더 밝다.

05 같은 저항 4개를 그림과 같이 연결하여 $a - b$ 간에 일정 전압을 가했을 때 소비전력이 가장 큰 것은 어느 것인가?
2013
2022

①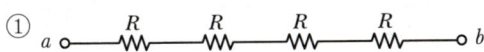

②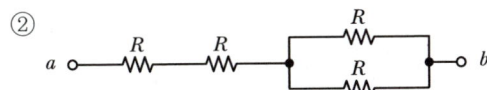

③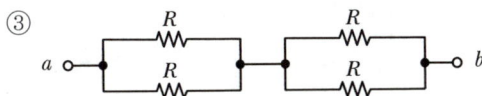

④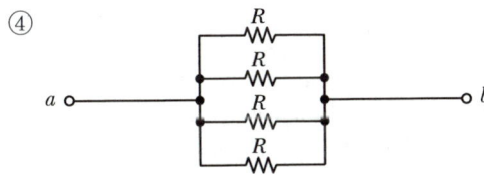

해설
- 전력 $P = \dfrac{V^2}{R}$[W]의 관계식에서 전압이 일정하므로, 전력과 저항은 반비례한다.
- 각 보기의 합성저항을 계산하면, ① $4R$, ② $0.4R$, ③ R, ④ $0.25R$이므로, 합성저항이 가장 작은 ④가 소비전력이 가장 크다.

06 20분간에 876,000[J]의 일을 할 때 전력은 몇 [kW]인가?
2011
2013
2015
2019
2022

① 0.73　　　② 7.3　　　③ 73　　　④ 730

해설
전력 $P = \dfrac{W}{t} = \dfrac{876,000}{20 \times 60} = 730[W] = 0.73[kW]$

07 전력과 전력량에 관한 설명으로 틀린 것은?
2016
2018
2024
① 전력은 전력량과 다르다.
② 전력량은 와트로 환산된다.
③ 전력량은 칼로리 단위로 환산된다.
④ 전력은 칼로리 단위로 환산할 수 없다.

정답　05 ④　06 ①　07 ②

> **해설**
> 전력 P와 전력량 W의 관계는 $W = P \cdot t$ [W·sec]의 관계가 있으며,
> 전력량과 열량의 관계는 $H = 0.24I^2Rt = 0.24Pt = 0.24W$ [cal]의 관계가 있다.

08 기전력 50[V], 내부저항 5[Ω]인 전원이 있다. 이 전원에 부하를 연결하여 얻을 수 있는 최대전력은?

① 125[W] ② 250[W]
③ 500[W] ④ 1,000[W]

> **해설**
> 내부저항과 부하의 저항이 같을 때 최대전력을 전송한다.
>
>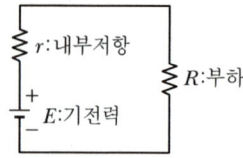
>
> $R = r = 5$[Ω]
> 전체전류 $I = \dfrac{E}{R_{total}} = \dfrac{50}{10} = 5$[A]
> 최대전력 $P_{max} = I^2R = 5^2 \times 5 = 125$[W]

09 다음 중 1[J]과 같은 것은?

① 1[cal] ② 1[W·s]
③ 1[kg·m] ④ 860[N·m]

> **해설**
> 1[W·s]란 1[J]의 일에 해당하는 전력량이다.
> 1[W·s] = 1[J]
> 1[J/s] = 1[W]

10 1[kWh]는 몇 [J]인가?

① 3.6×10^6 ② 860
③ 10^3 ④ 10^6

> **해설**
> [J] = [W·sec]이므로, $1 \times 10^3 \times 60 \times 60 = 3,600 \times 10^3$ [W·sec]이다.

11 줄의 법칙에서 발열량 계산식을 옳게 표시한 것은?

① $H = I^2R$[J] ② $H = I^2R^2t$[J]
③ $H = I^2R^2$[J] ④ $H = I^2Rt$[J]

> **해설**
> 줄의 법칙(Joule's Law) : 전류의 발열작용
> $H = I^2 Rt \text{[J]}$

12 저항이 10[Ω]인 도체에 1[A]의 전류를 10분간 흘렸다면 발생하는 열량은 몇 [kcal]인가?

2015
2017
2019
2020
2021

① 0.62 ② 1.44
③ 4.46 ④ 6.24

> **해설**
> 줄의 법칙에 의한 열량
> $H = 0.24 I^2 Rt = 0.24 \times 1^2 \times 10 \times 10 \times 60 = 1,440\text{[cal]} = 1.44\text{[kcal]}$

13 3[kW]의 전열기를 정격 상태에서 20분간 사용하였을 때의 열량은 몇 [kcal]인가?

2011
2015
2016
2018
2019
2021

① 430 ② 520
③ 610 ④ 860

> **해설**
> 줄의 법칙에 의한 열량
> $H = 0.24 I^2 Rt = 0.24 Pt = 0.24 \times 3 \times 10^3 \times 20 \times 60 = 864,000\text{[cal]} \fallingdotseq 860\text{[kcal]}$

14 10[℃], 5,000[g]의 물을 40[℃]로 올리기 위하여 1[kW]의 전열기를 쓰면 몇 분이 걸리게 되는가?(단, 여기서 효율은 80[%]라고 한다.)

2013
2022

① 약 13분 ② 약 15분
③ 약 25분 ④ 약 50분

> **해설**
> • 5,000[g]의 물을 10[℃]에서 40[℃]로 올리는 데 필요한 열량[cal]은
> $H = Cm\Delta T = 1 \times 5,000 \times (40-10) = 150,000\text{[cal]}$
> 여기서, C : 물의 비열, m : 질량, ΔT : 온도변화
> • $H = 0.24 I^2 Rt \eta = 0.24 Pt \eta$에서 시간 t[sec]는
> $t = \dfrac{H}{0.24P\eta} = \dfrac{150,000}{0.24 \times 1 \times 10^3 \times 0.8} = 781\text{[sec]} = 13.0\text{[min]}$

15 20[℃]의 물 100[L]를 2시간 동안에 40[℃]로 올리기 위하여 사용할 전열기의 용량은 약 몇 [kW] 이면 되겠는가?(단, 이때 전열기의 효율은 60[%]라 한다.)

2009
2024

① 1,929[kW] ② 3,215[kW]
③ 1,938[kW] ④ 3,876[kW]

정답 12 ② 13 ④ 14 ① 15 ①

해설

- 100[L]의 물을 20[℃]에서 40[℃]로 올리는 데 필요한 열량 H[cal]는
  $H = Cm\Delta T = 1 \times 100 \times 10^3 \times (40-20) = 2 \times 10^6$ [cal]
  여기서, C : 물의 비열, m : 질량(1[L]=1,000[g]), ΔT : 온도변화
- $H = 0.24P \cdot t \cdot \eta$에서 전열기의 용량 P[kW]는
  $P = \dfrac{H}{0.24t\eta} = \dfrac{2 \times 10^6}{0.24 \times 2 \times 3,600 \times 0.6} \fallingdotseq 1,929 \times 10^3$ [W] $= 1,929$ [kW]

16 (2013, 2023)

전선에 일정량 이상의 전류가 흘러서 온도가 높아지면 절연물이 열화하여 절연성을 극도로 악화시킨다. 그러므로 도체에는 안전하게 흘릴 수 있는 최대 전류가 있다. 이 전류를 무엇이라 하는가?

① 줄전류
② 불평형전류
③ 평형전류
④ 허용전류

17 (2013, 2019, 2021, 2023)

전류계의 측정범위를 확대시키기 위하여 전류계와 병렬로 접속하는 것은?

① 분류기
② 배율기
③ 검류계
④ 전위차계

해설

- 분류기(Shunt) : 전류계의 측정범위를 확대시키기 위해 전류계와 병렬로 접속하는 저항기

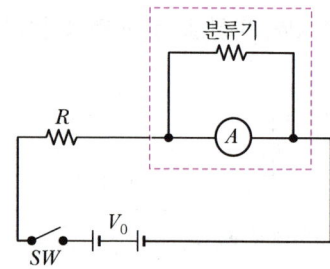

- 배율기(Multiplier) : 전압계의 측정범위를 확대시키기 위해 전압계와 직렬로 접속하는 저항기

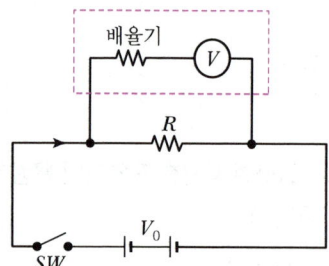

정답 16 ④ 17 ①

18 그림의 브리지 회로에서 평형 조건식이 올바른 것은?

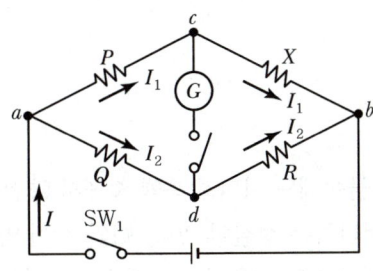

① $PX = QX$
② $PQ = RX$
③ $PX = QR$
④ $PR = QX$

해설

휘트스톤 브리지(Wheatstone Bridge)
브리지의 평형조건 $PR = QX$, $X = \dfrac{P}{Q}R \, [\Omega]$

19 다음 중 저저항측정에 사용되는 브리지는?

① 휘트스톤 브리지
② 빈 브리지
③ 맥스웰 브리지
④ 켈빈 더블 브리지

해설

저항측정
- 저저항측정 : 켈빈 더블 브리지
- 중저항측정 : 휘트스톤 브리지
- 고저항측정 : 메거(Megger)

정답 18 ④ 19 ④

SECTION 02 전류의 화학작용과 열작용

1. 전류의 화학작용

1) 전해액(Electrolyte)

산, 염기, 염류의 물질을 물속에 녹이면 수용액 중에서 양전기를 띤 양이온(Cation)과 음전기를 띤 음이온(Anion)으로 전리하는 성질이 있다. 이와 같이 양이온과 음이온으로 나누어지는 물질을 전해질이라 하고, 전해질의 수용액을 전해액이라 한다.

2) 전기분해(Electrolysis)

산, 염기 또는 염류 등의 수용액에 직류를 통해 전해액을 화학적으로 분해하여 양, 음극판 위에 분해 생성물을 석출하는 현상

① 황산구리의 전기분해 : $CuSO_4 \rightarrow Cu^{2+}$(음극으로) $+ SO_4^{2-}$(양극으로)
② 전리(Ionization) : 황산구리($CuSO_4$)처럼 물에 녹아 양이온(+ion)과 음이온(−ion)으로 분리되는 현상

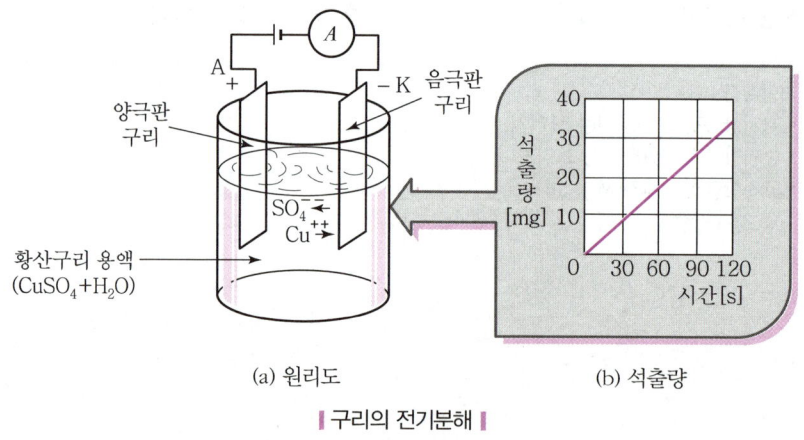

(a) 원리도   (b) 석출량

│ 구리의 전기분해 │

3) 패러데이 법칙(Faraday's Law)

① 전기분해의 의해서 전극에 석출되는 물질의 양은 전해액을 통과한 전기량에 비례한다.
② 총 전기량이 같으면 물질의 석출량은 그 물질의 화학당량(원자량/원자가)에 비례한다.

$$w = kQ = kIt \, [g]$$

여기서, k(전기화학당량) : 1[C]의 전하에서 석출되는 물질의 양

2. 전지

- 1차 전지(Primary Cell) : 반응이 불가역적이며 재생할 수 없는 전지
- 2차 전지(Secondary Cell) : 외부에서 에너지를 주면 반응이 가역적이 되는 전지

1) 납축전지(Lead Storage Battery)

① 양극 : 이산화납(PbO_2)

② 음극 : 납(Pb)

③ 전해액 : 묽은 황산(H_2SO_4) – 비중 1.23~1.26으로 사용한 것

> **TIP** 화학식도 기억할 것

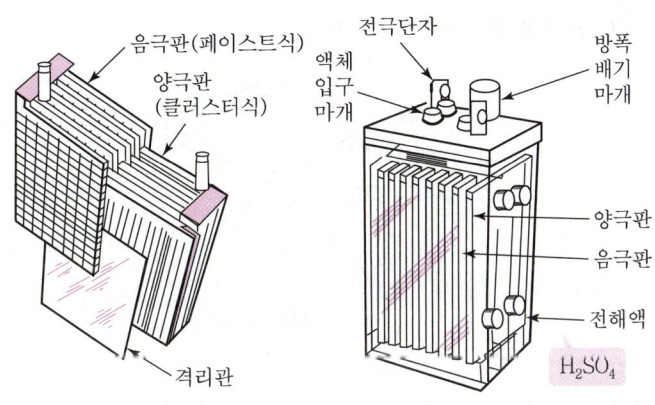

▎납축전지▎

④ 납축전지의 화학방정식

$$PbO_2 + 2H_2SO_4 + Pb \underset{충전}{\overset{방전}{\rightleftarrows}} PbSO_4 + 2H_2O + PbSO_4$$
$$(양극) \qquad (음극) \qquad\qquad (양극) \qquad\qquad (음극)$$

⑤ 축전지의 기전력
- 기전력 : 약 2[V]
- 방전 종기 전압 : 1.8[V]

⑥ 축전지의 용량 = 방전전류(I) × 방전시간(t)[Ah]

2) 국부작용과 분극작용

① **국부작용** : 전지에 포함되어 있는 불순물에 의해 전극과 불순물이 국부적인 하나의 전지를 이루어 전지 내부에서 순환하는 전류가 생겨 화학변화가 일어나 기전력을 감소시키는 현상
- 방지법 : 전극에 수은 도금, 순도가 높은 재료 사용

② 분극작용(Polarization Effect) : 전지에 전류가 흐르면 양극에 수소가스가 생겨 이온의 이동을 방해하여 기전력을 감소시키는 현상
- 감극제(Depolarizer) : 분극(성극) 작용에 의한 기체를 제거하여 전극의 작용을 활발하게 유지시키는 산화물을 말한다.

3. 열과 전기

1) 제벡 효과(Seebeck Effect)

① 서로 다른 금속 A, B를 그림과 같이 접속하고 접속점을 서로 다른 온도로 유지하면 기전력이 생겨 일정한 방향으로 전류가 흐른다. 이러한 현상을 열전 효과 또는 제벡 효과라 한다.
② 열전 온도계, 열전형 계기에 이용된다.

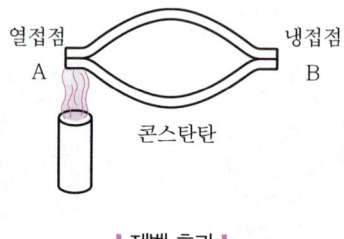

| 제벡 효과 |

2) 펠티에 효과(Peltier Effect)

① 서로 다른 두 종류의 금속을 접속하고 한쪽 금속에서 다른 쪽 금속으로 전류를 흘리면 열의 발생 또는 흡수가 일어나는 현상을 말한다.
② 흡열은 전자 냉동, 발열은 전자 온풍기에 이용된다.

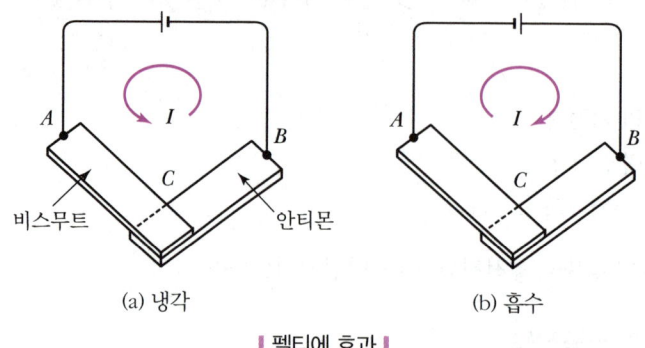

| 펠티에 효과 |

CHAPTER 02 핵심 기출문제

01 "같은 전기량에 의해서 여러 가지 화합물이 전해될 때 석출되는 물질의 양은 그 물질의 화학당량에 비례한다." 이 법칙은?
2011
2020
2023
① 렌츠의 법칙　　　　　　　　② 패러데이의 법칙
③ 앙페르의 법칙　　　　　　　④ 줄의 법칙

　해설
　　패러데이의 법칙(Faraday's Law)
　　$w = kQ = kIt$ [g]
　　여기서, k(전기화학당량) : 1[C]의 전하에서 석출되는 물질의 양

02 전기분해를 통하여 석출된 물질의 양은 통과한 전기량 및 화학당량과 어떤 관계인가?
2009
2015
2018
2019
2020
2024
① 전기량과 화학당량에 비례한다.
② 전기량과 화학당량에 반비례한다.
③ 전기량에 비례하고 화학당량에 반비례한다.
④ 전기량에 반비례하고 화학당량에 비례한다.

　해설
　　패러데이의 법칙(Faraday's Law)
　　$w = kQ = kIt$ [g]
　　여기서, k(전기화학당량) : 1[C]의 전하에서 석출되는 물질의 양

03 알칼리 축전지의 대표적인 축전지로 널리 사용되고 있는 2차 전지는?
2016
2018
2021
2024
① 망간전지　　　　　　　　　② 산화은 전지
③ 페이퍼 전지　　　　　　　　④ 니켈－카드뮴 전지

　해설
　　• 1차 전지는 재생할 수 없는 전지를 말하고, 2차 전지는 재생 가능한 전지를 말한다.
　　• 2차 전지 중에서 니켈－카드뮴 전지가 통신기기, 전기차 등에서 사용되고 있다.

04 황산구리 용액에 10[A]의 전류를 60분간 흘린 경우 이때 석출되는 구리의 양은?(단, 구리의 전기화학당량은 0.3293×10^{-3} [g/C]임)
2010
2016
2019
2020
2022
2023
① 약 1.97[g]　　② 약 5.93[g]　　③ 약 7.82[g]　　④ 약 11.86[g]

　해설
　　$w = KQ = KIt$ [g]
　　$w = 0.3293 \times 10^{-3} \times 10 \times 60 \times 60 = 11.86$ [g]

정답　01 ②　02 ①　03 ④　04 ④

05 1차 전지로 가장 많이 사용되는 것은?
① 니켈-카드뮴전지
② 연료전지
③ 망간건전지
④ 납축전지

해설
1차 전지는 재생할 수 없는 전지를 말하고, 2차 전지는 재생 가능한 전지를 말한다.

06 묽은 황산(H_2SO_4) 용액에 구리(Cu)와 아연(Zn)판을 넣으면 전지가 된다. 이때 양극(+)에 대한 설명으로 옳은 것은?
① 구리판이며 수소 기체가 발생한다.
② 구리판이며 산소 기체가 발생한다.
③ 아연판이며 산소 기체가 발생한다.
④ 아연판이며 수소 기체가 발생한다.

해설
볼타전지에서 양극은 구리판, 음극은 아연판이며, 분극작용에 의해 양극에 수소기체가 발생한다.

07 황산구리($CuSO_4$)의 전해액에 2개의 동일한 구리판을 넣고 전원을 연결하였을 때 구리판의 변화를 옳게 설명한 것은?
① 2개의 구리판 모두 얇아진다.
② 2개의 구리판 모두 두터워진다.
③ 양극 쪽은 얇아지고, 음극 쪽은 두터워진다.
④ 양극 쪽은 두터워지고, 음극 쪽은 얇아진다.

08 납축전지의 전해액으로 사용되는 것은?
① H_2SO_4
② $2H_2O$
③ PbO_2
④ $PbSO_4$

해설
납축전지의 전해액은 묽은 황산(H_2SO_4)을 사용한다.

09 다음 설명의 (㉠), (㉡)에 들어갈 내용으로 알맞은 것은?

2차 전지의 대표적인 것으로 납축전지가 있다. 전해액으로 비중 약 (㉠) 정도의 (㉡)을 사용한다.

① ㉠ 1.15~1.21, ㉡ 묽은 황산
② ㉠ 1.25~1.36, ㉡ 질산
③ ㉠ 1.01~1.15, ㉡ 질산
④ ㉠ 1.23~1.26, ㉡ 묽은 황산

해설
납축전지는 묽은 황산(비중 1.2~1.3) 용액에 납(Pb)판과 이산화납(PbO_2)판을 넣으면 이산화납에 (+), 납에 (-)의 전압이 나타난다.

정답 05 ③ 06 ① 07 ③ 08 ① 09 ④

10. 납축전지가 완전히 방전되면 음극과 양극은 무엇으로 변하는가?

① PbSO₄ ② PbO₂
③ H₂SO₄ ④ Pb

해설
납축전지의 방전·충전 방정식은 아래와 같다.

양극 전해액 음극   (방전)   양극   전해액   음극
PbO₂ + 2H₂SO₄ + Pb   ⇌   PbSO₄ + 2H₂O + PbSO₄
                    (충전)

11. 기전력 1.2[V], 용량 20[Ah]인 전지 5개를 직렬로 연결하였을 때 기전력은 6[V]이다. 이때 전지의 용량은?

① 4[Ah]   ② 20[Ah]
③ 100[Ah] ④ 400[Ah]

해설
전지를 직렬로 연결하면 기전력은 증가하지만, 전지의 용량은 증가하지 않고 1개의 용량과 같다.

12. 전지(Battery)에 관한 사항이다. 감극제(Depolarizer)는 어떤 작용을 막기 위해 사용되는가?

① 분극작용   ② 방전
③ 순환전류   ④ 전기분해

해설
- 분극작용 : 전지에 전류가 흐르면 양극에 수소 가스가 생겨 기전력이 감소하는 현상
- 감극제 : 분극작용을 막기 위해서는 수소를 어떤 화학 약품으로 화합시켜 수소가스를 없애야 하는데, 이 목적에 쓰이는 것을 감극제라 한다.

13. 종류가 다른 두 금속을 접합하여 폐회로를 만들고 두 접합점의 온도를 다르게 하면 이 폐회로에 기전력이 발생하여 전류가 흐르게 되는 현상을 지칭하는 것은?

① 줄의 법칙(Joule's Law)   ② 톰슨 효과(Thomson Effect)
③ 펠티에 효과(Peltier Effect) ④ 제벡 효과(Seebeck Effect)

해설
제벡 효과(Seebeck Effect)
- 서로 다른 금속 A, B를 그림과 같이 접속하고 접속점을 서로 다른 온도로 유지하면 기전력이 생겨 일정한 방향으로 전류가 흐른다. 이러한 현상을 열전 효과 또는 제벡 효과라 한다.
- 열전 온도계, 열전형 계기에 이용된다.

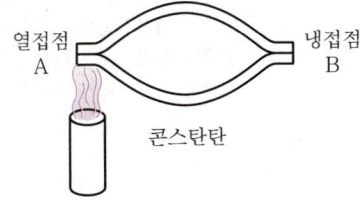

정답 10 ① 11 ② 12 ① 13 ④

14. 두 금속을 접속하여 여기에 전류를 통하면, 줄열 외에 그 접점에 열의 발생 또는 흡수가 일어나는 현상은?

① 펠티에 효과
② 제벡 효과
③ 홀 효과
④ 줄 효과

해설

펠티에 효과(Peltier Effect)
- 서로 다른 두 종류의 금속을 접속하고 한쪽 금속에서 다른 쪽 금속으로 전류를 흘리면 열의 발생 또는 흡수가 일어나는 현상을 말한다.
- 흡열은 전자 냉동, 발열은 전자 온풍기에 이용된다.

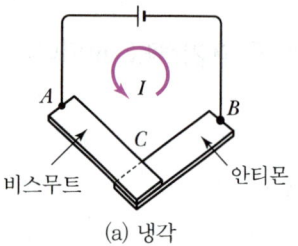
(a) 냉각

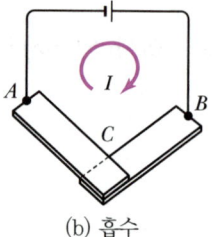
(b) 흡수

15. 서로 다른 종류의 안티몬과 비스무트의 두 금속을 접속하여 여기에 전류를 통하면, 그 접점에서 열의 발생 또는 흡수가 일어난다. 줄열과 달리 전류의 방향에 따라 열의 흡수와 발생이 다르게 나타나는 이 현상은?

① 펠티에 효과
② 제벡 효과
③ 제3금속의 법칙
④ 열전 효과

16. 다음이 설명하는 것은?

> 금속 A와 B로 만든 열전쌍과 접점 사이에 임의의 금속 C를 연결해도 C의 양 끝 접점의 온도를 똑같이 유지하면 회로의 열기전력은 변화하지 않는다.

① 제벡 효과
② 톰슨 효과
③ 제3금속의 법칙
④ 펠티에 법칙

해설
- 제3금속의 법칙 : 열전쌍의 접점에 임의의 금속 C를 넣어도 C와 두 금속 접점의 온도가 같은 경우에는 회로의 열기전력은 변화하지 않는다.
- 제벡 효과 : 서로 다른 금속 A, B를 접속하고 접속점을 서로 다른 온도로 유지하면 기전력이 생겨 일정한 방향으로 전류가 흐른다.

정답 14 ① 15 ① 16 ③

CHAPTER 03 정전기와 콘덴서

SECTION 01 정전기의 성질

1. 정전기의 발생

1) 대전(Electrification)과 마찰전기(Frictional Electricity)

플라스틱 책받침을 옷에 문지른 다음 머리에 대면 머리카락이 달라붙는다. 이것은 책받침이 마찰에 의하여 전기를 띠기 때문인데, 이를 대전현상이라 하고, 이때 마찰에 의해 생긴 전기를 마찰전기라고 한다.

(a) 마찰전기의 발생

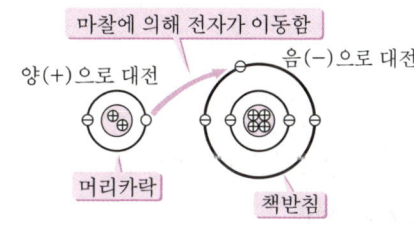
(b) 대전현상

| 마찰전기 |

2) 전하(Electric Charge)

대전체가 가지는 전기량

3) 정전기(Static Electricity)

대전체에 있는 전기는 물체에 정지되어 있음

4) 마찰전기계열(Tribo Electric Series)

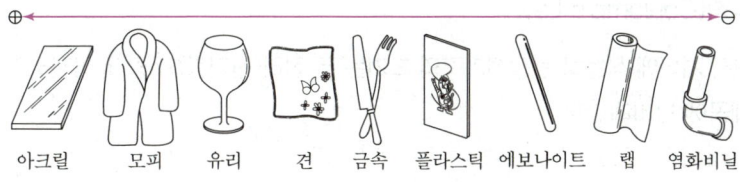

| 마찰전기계열 |

2. 정전유도와 정전차폐

1) 정전유도(Electrostatic Induction)

그림과 같이 도체에 대전체를 가까이 하면 대전체에 가까운 쪽에서는 대전체와 다른 종류의 전하가 나타나며 반대쪽에는 같은 종류의 전하가 나타나는 현상

2) 정전차폐(Electrostatic Shielding)

그림과 같이 박검전기의 원판 위에 금속 철망을 씌우고 양(+)의 대전체를 가까이 했을 경우에는 정전유도 현상이 생기지 않는데, 이와 같은 작용을 정전차폐라고 한다.

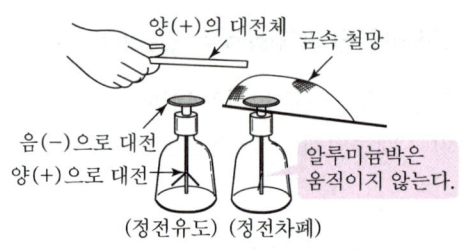

▎정전유도와 정전차폐 ▎

3. 정전기력(Electrostatic Force)

1) 정전기력

음, 양의 전하가 대전되어 생기는 현상으로 정전기에 의하여 작용하는 힘
① 흡인력 : 다른 종류의 전하 사이에 작용하는 힘
② 반발력 : 같은 종류의 전하 사이에 작용하는 힘

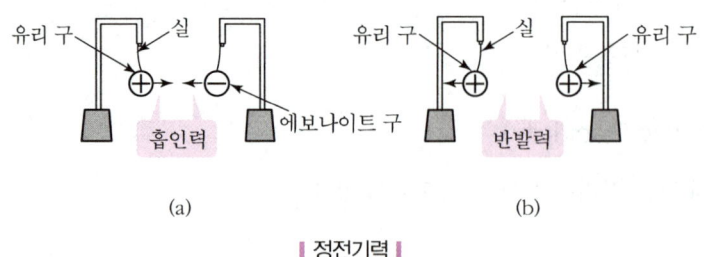

▎정전기력 ▎

2) 쿨롱의 법칙(Coulomb's Law)

① 두 점전하 사이에 작용하는 정전기력의 크기는 두 전하(전기량)의 곱에 비례하고, 전하 사이의 거리의 제곱에 반비례한다.

② 두 점전하 Q_1, Q_2 [C]이 r[m] 떨어져 있을 때 진공 중에서의 정전기력의 크기 F는

$$F = \frac{1}{4\pi\varepsilon_0} \cdot \frac{Q_1 Q_2}{r^2} \text{[N]}$$

- ε_0 : 진공 중의 유전율(Dielectric Constant), 단위[F/m]

    $\varepsilon_0 = 8.855 \times 10^{-12}$ [F/m]

- $\dfrac{1}{4\pi\varepsilon_0} ≒ 9 \times 10^9 = k$

    여기서, k : 힘이 미치는 공간의 매질과 단위계에 따라 정해지는 상수

3) 유전율(Dielectric Constant)

① 유전율(ε) : 전기장이 얼마나 그 매질에 영향을 미치는지, 그 매질에 의해 얼마나 영향을 받는지를 나타내는 물리적 단위로서, 매질이 저장할 수 있는 전하량으로 볼 수도 있음

$$\varepsilon = \varepsilon_0 \cdot \varepsilon_s \text{ [F/m]}$$

> TIP 유전율을 가진 물질을 유전체라고 하고, 대부분의 유전체는 절연체이다. 따라서, 유전율을 절연성의 정도로 이해해도 무방하다.

② 진공 중의 유전율(ε_0)

$$\varepsilon_0 = 8.855 \times 10^{-12} \text{ [F/m]}$$

③ 비유전율(ε_s) : 진공 중의 유전율에 대해 매질의 유전율이 가지는 상대적인 비

$$\varepsilon_s = \frac{\varepsilon}{\varepsilon_0} \text{ (진공 중의 } \varepsilon_s = 1, \text{ 공기 중의 } \varepsilon_s ≒ 1\text{)}$$

4. 전기장

1) 전기장의 세기(Intensity of Electric Field)

① 전기장 : 전기력이 작용하는 공간(전계, 전장이라고 한다.)
② 전기장의 세기 : 전기장 내에 이 전기장의 크기에 영향을 미치지 않을 정도의 미소 전하를 놓았을 때 이 전하에 작용하는 힘의 방향을 전기장의 방향으로 하고, 작용하는 힘의 크기를 단위 양전하 +1[C]에 대한 힘의 크기로 환산한 것을 전기장의 세기로 정한다.
③ 전기장의 세기의 단위 : [V/m], [N/C]
④ Q[C]의 전하로부터 r[m]의 거리에 있는 P점에서의 전기장의 크기 E [V/m]는 다음과 같다.

$$E = \frac{1}{4\pi\varepsilon} \cdot \frac{Q}{r^2} \text{ [V/m]}$$

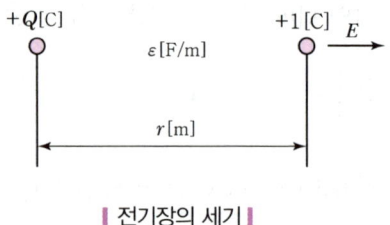

▮ 전기장의 세기 ▮

⑤ 전기장의 세기 $E[\text{V/m}]$의 장소에 $Q[\text{C}]$의 전하를 놓으면 이 전하가 받는 정전기력 $F[\text{N}]$은 다음과 같다.

$$F = QE[\text{N}]$$

2) 전기력선(Line of Electric Force)

전기장에 의해 정전기력이 작용하는 것을 설명하기 위해 전기력선이라는 작용선을 가상한다.

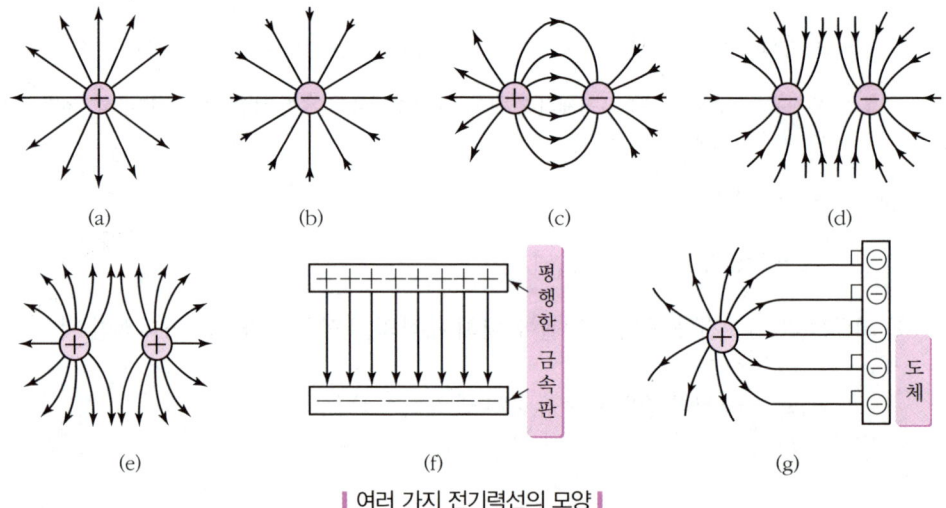

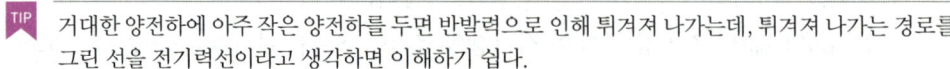

▮ 여러 가지 전기력선의 모양 ▮

[전기력선의 성질]

① 전기력선은 양전하 표면에서 나와 음전하 표면에서 끝난다.

> **TIP** 거대한 양전하에 아주 작은 양전하를 두면 반발력으로 인해 튀겨져 나가는데, 튀겨져 나가는 경로를 그린 선을 전기력선이라고 생각하면 이해하기 쉽다.

② 전기력선은 접선방향이 그 점에서의 전장의 방향이다.
③ 전기력선은 수축하려는 성질이 있으며 같은 전기력선은 반발한다.
④ 전기력선은 등전위면과 직교한다.
⑤ 전기력선은 수직한 단면적의 전기력선 밀도가 그 곳의 전장의 세기를 나타낸다.
⑥ 전기력선은 도체 표면에 수직으로 출입하며 도체 내부에는 전기력선이 없다.
⑦ 전기력선은 서로 교차하지 않는다.

3) 가우스의 정리(Gauss Theorem)

임의의 폐곡면 내에 전체 전하량 $Q[\text{C}]$이 있을 때 이 폐곡면을 통해서 나오는 전기력선의 총수는 $\dfrac{Q}{\varepsilon}$개이다.

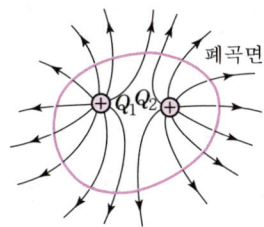

▎가우스의 정리 ▎

5. 전속과 전속밀도

1) 전속(Dielectric Flux)

① 주위 매질의 종류(유전율 e)에 관계없이 $Q[\text{C}]$의 전하에서 Q개의 역선이 나온다고 가상한 선

> **TIP** 도체 내부에는 전기력선이 없다고 정하고 있지만, 절연체(유전체) 내부에는 전기력선이 존재한다고 가정하고 그 전기력선을 전속이라 표현한다.

② 전속의 기호 : ψ(Psi)

③ 전속의 단위 : 쿨롱(Coulomb, [C])

④ 전속의 성질
- 전속은 양전하에서 나와 음전하에서 끝난다.
- 전속이 나오는 곳 또는 끝나는 곳에는 전속과 같은 전하가 있다.
- 전속은 도체에 출입하는 경우 그 표면에 수직이 된다.

2) 전속밀도(Dielectric Flux Density)

① 단위 면을 지나는 전속

② 전속밀도의 기호 : D

③ 전속밀도의 단위 : [C/m²]

④ $Q[\text{C}]$의 점전하를 중심으로 반지름 $r[\text{m}]$의 구 표면 1[m²]를 지나는 전속 D

$$D = \frac{Q}{A} = \frac{Q}{4\pi r^2} \ [\text{C/m}^2]$$

3) 전속밀도와 전기장과의 관계

$$D = \varepsilon E = \varepsilon_0 \varepsilon_s E \ [\text{C/m}^2] \quad (\because E = \frac{Q}{4\pi \varepsilon r^2}[\text{V/m}])$$

6. 전위

1) 전위

$Q\,[\mathrm{C}]$의 전하에서 $r\,[\mathrm{m}]$ 떨어진 점의 전위 V는

$$V = Er = \frac{Q}{4\pi\varepsilon r}\,[\mathrm{V}]$$

2) 전위차

단위전하를 B점에서 A점으로 옮기는 데 필요한 일의 양으로 단위는 전하가 한 일의 의미로 [J/C] 또는 [V]를 사용한다.

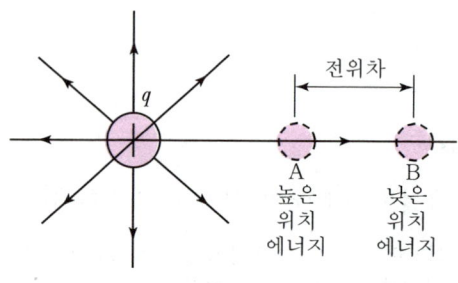

▍전위차▍

3) 등전위면(Equipotential Surface)

① 전장 내에서 전위가 같은 각 점을 포함한 면을 말한다.
② 등전위면과 전기력선은 수직으로 만난다.
③ 등전위면끼리는 만나지 않는다.

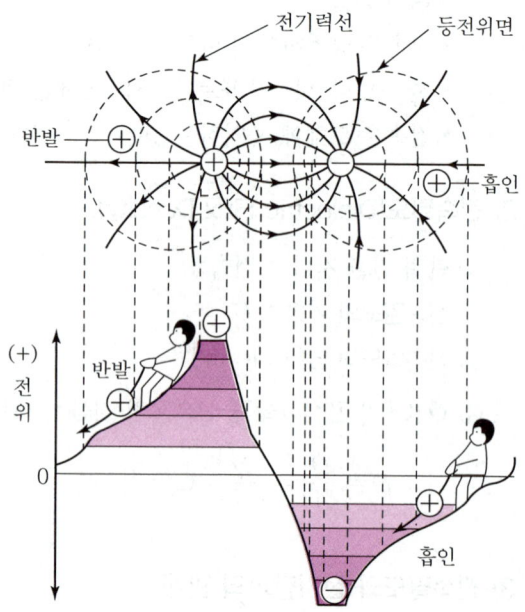

▍전기력선과 등전위면▍

CHAPTER 03 핵심 기출문제

01 일반적으로 절연체를 서로 마찰시키면 이들 물체는 전기를 띠게 된다. 이와 같은 현상은?
2009
2014
2020
2024
① 분극 ② 정전
③ 대전 ④ 코로나

해설
대전
두 물질이 마찰할 때 한 물질 중의 전자가 다른 물질로 이동하여 양(+)이나 음(−) 전기를 띠게 되는 현상

02 정상상태에서의 원자를 설명한 것으로 틀린 것은?
2016
2024
① 양성자와 전자의 극성은 같다.
② 원자는 전체적으로 보면 전기적으로 중성이다.
③ 원자를 이루고 있는 양성자의 수는 전자의 수와 같다.
④ 양성자 1개가 지니는 전기량은 전자 1개가 지니는 전기량과 크기가 같다.

해설
양성자와 전자의 극성은 반대이고, 정상상태일 때의 원자는 양성자와 전자의 수가 같아서 전기적인 중성상태이다.

03 정전기 발생 방지책으로 틀린 것은?
2013
2017
2022
① 대전 방지제의 사용 ② 접지 및 보호구의 착용
③ 배관 내 액체의 흐름 속도 제한 ④ 대기의 습도를 30[%] 이하로 하여 건조함을 유지

해설
정전기 재해 방지대책
• 대전방지 접지 및 본딩
• 대전물체의 차폐
• 배관 내 액체의 유속제한
• 대전방지제 사용
• 가습
• 제전기에 의한 대전방지 등

04 전하의 성질에 대한 설명 중 옳지 않은 것은?
2011
2018
2023
① 같은 종류의 전하는 흡인하고 다른 종류의 전하끼리는 반발한다.
② 대전체에 들어 있는 전하를 없애려면 접지시킨다.
③ 대전체의 영향으로 비대전체에 전기가 유도된다.
④ 전하는 가장 안정한 상태를 유지하려는 성질이 있다.

해설
같은 종류의 전하는 반발하고 다른 종류의 전하끼리는 흡인한다.

정답 01 ③ 02 ① 03 ④ 04 ①

05 그림과 같이 대전된 에보나이트 막대를 박검전기의 금속판에 닿지 않도록 가깝게 가져갔을 때 금박이 열렸다면 다음 같은 현상을 무엇이라 하는가?(단, A는 원판, B는 박, C는 에보나이트 막대이다.)

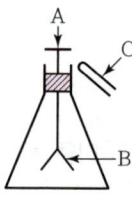

① 대전　　　② 마찰전기　　　③ 정전유도　　　④ 정전차폐

해설
정전유도
에보나이트 막대를 원판에 가까이 하면 에보나이트에 가까운 쪽(A : 원판)에서는 에보나이트와 다른 종류의 전하가 나타나며 반대쪽(B : 박)에는 같은 종류의 전하가 나타나는 현상

06 진공 중에서 10^{-4}[C]과 10^{-8}[C]의 두 전하가 10[m]의 거리에 놓여 있을 때, 두 전하 사이에 작용하는 힘[N]은?

① 9×10^2　　② 1×10^4　　③ 9×10^{-5}　　④ 1×10^{-8}

해설
쿨롱의 법칙에서 정전력 $F = \dfrac{1}{4\pi\varepsilon}\dfrac{Q_1 Q_2}{r^2}$[N]이다.

이때, 진공에서는 $\varepsilon_s = 1$이고, $\varepsilon_0 = 8.855 \times 10^{-12}$이므로, $F = 9 \times 10^9 \times \dfrac{10^{-4} \times 10^{-8}}{10^2} = 9 \times 10^{-5}$[N]이다.

07 진공 중의 두 점전하 Q_1[C], Q_2[C]가 거리 r[m] 사이에서 작용하는 정전력[N]의 크기를 옳게 나타낸 것은?

① $9 \times 10^9 \times \dfrac{Q_1 Q_2}{r^2}$　　② $6.33 \times 10^4 \times \dfrac{Q_1 Q_2}{r^2}$

③ $9 \times 10^9 \times \dfrac{Q_1 Q_2}{r}$　　④ $6.33 \times 10^4 \times \dfrac{Q_1 Q_2}{r}$

해설
쿨롱의 법칙에서 정전력 $F = \dfrac{1}{4\pi\varepsilon}\dfrac{Q_1 Q_2}{r^2}$[N]이다. 이때, 진공에서 $\varepsilon_s = 1$이고, $\varepsilon_0 = 8.855 \times 10^{-12}$이다.

08 쿨롱의 법칙에서 2개의 점전하 사이에 작용하는 정전력의 크기는?
① 두 전하의 곱에 비례하고 거리에 반비례한다.
② 두 전하의 곱에 반비례하고 거리에 비례한다.
③ 두 전하의 곱에 비례하고 거리의 제곱에 비례한다.
④ 두 전하의 곱에 비례하고 거리의 제곱에 반비례한다.

정답 05 ③　06 ③　07 ①　08 ④

> **해설**
> 쿨롱의 법칙 $F = \dfrac{1}{4\pi\varepsilon}\dfrac{Q_1 Q_2}{r^2}$ [N]이다.

09 유전율의 단위는?
<small>2017 2021 2022</small>

① F/m ② V/m ③ C/m² ④ H/m

> **해설**
> ②는 전기장의 세기, ④는 투자율의 단위이다.

10 다음 중 비유전율이 가장 작은 것은?
<small>2018 2019 2022 2024</small>

① 공기 ② 종이 ③ 산화티탄 ④ 운모

> **해설**
> **비유전율** : 공기(1.0), 종이(2~2.5), 산화티탄(88~183), 운모(5~9)

11 비유전율이 9인 물질의 유전율은 약 얼마인가?
<small>2009 2018 2022</small>

① 80×10^{-12} [F/m] ② 80×10^{-6} [F/m]
③ 1×10^{-12} [F/m] ④ 1×10^{-6} [F/m]

> **해설**
> 유전율 $\varepsilon = \varepsilon_0 \times \varepsilon_s = 8.855 \times 10^{-12} \times 9 = 80 \times 10^{-12}$

12 전기장(電氣場)에 대한 설명으로 옳지 않은 것은?
<small>2009 2012 2021</small>

① 대전된 무한장 원통의 내부 전기장은 0이다.
② 대전된 구(球)의 내부 전기장은 0이다.
③ 대전된 도체 내부의 전하 및 전기장은 모두 0이다.
④ 도체 표면의 전기장은 그 표면에 평행이다.

> **해설**
> 전기장은 전기력선에 접선방향이며, 전기력선은 도체 표면에 수직이다.

13 전기력선의 성질 중 맞지 않는 것은?
<small>2013 2019 2020</small>

① 전기력선은 양(+)전하에서 나와 음(−)전하에서 끝난다.
② 전기력선의 접선방향이 전장의 방향이다.
③ 전기력선은 도중에 만나거나 끊어지지 않는다.
④ 전기력선은 등전위면과 교차하지 않는다.

> **해설**
> 전기력선은 등전위면과 수직으로 교차한다.

정답 09 ① 10 ① 11 ① 12 ④ 13 ④

14 진공 중에 놓여 있는 점전하 8×10^{-6}[C]로부터 거리가 각각 1[m], 2[m]인 A, B점에서의 전속밀도는 몇 [$\mu C/m^2$]인가?

① A : 5.12, B : 1.28
② A : 2.56, B : 0.64
③ A : 1.28, B : 0.32
④ A : 0.64, B : 0.16

해설

점전하가 있으면 점전하를 중심으로 반지름 r[m]의 구 표면을 Q[C]의 전속이 균일하게 분포하여 지나가므로 구 표면의 전속밀도 $D = \dfrac{Q}{4\pi r^2}$[C/m²]이다.

∴ A점의 전속밀도 $D = \dfrac{8 \times 10^{-6}}{4\pi \times 1^2} = 0.64 \times 10^{-6}$[C/m²] $= 0.64[\mu C/m^2]$

B점의 전속밀도 $D = \dfrac{8 \times 10^{-6}}{4\pi \times 2^2} = 0.16 \times 10^{-6}$[C/m²] $= 0.16[\mu C/m^2]$

15 그림과 같이 공기 중에 놓인 2×10^{-8}[C]의 전하에서 2[m] 떨어진 점 P와 1[m] 떨어진 점 Q의 전위차는?

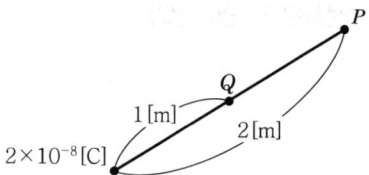

① 80[V]
② 90[V]
③ 100[V]
④ 110[V]

해설

Q[C]의 전하에서 r[m] 떨어진 점의 전위 P와 r_0[m] 떨어진 점의 전위 Q와의 전위차

$$V_d = \frac{Q}{4\pi\varepsilon}\left(\frac{1}{r} - \frac{1}{r_0}\right) = \frac{2 \times 10^{-8}}{4\pi \times 8.855 \times 10^{-12} \times 1}\left(\frac{1}{1} - \frac{1}{2}\right) = 90[V]$$

정답 14 ④ 15 ②

SECTION 02 정전용량과 정전에너지

1. 정전용량(Electrostatic Capacity) : 커패시턴스(Capacitance)

① 콘덴서가 전하를 축적할 수 있는 능력을 표시하는 양
② 단위 : 패럿(Farad, 기호[F])을 사용
③ 정전용량 C : 콘덴서에 축적되는 전하 $Q[C]$는 전압 $V[V]$에 비례하는데, 그 비례 상수를 C라 하면 다음과 같은 식이 성립한다.

$$Q = CV\,[\text{C}]$$

④ 1[F] : 1[V]의 전압을 가하여 1[C]의 전하를 축적하는 경우의 정전용량
⑤ 실용화 단위

$$1[\mu\text{F}] = 10^{-6}[\text{F}],\ 1[\text{pF}] = 10^{-12}[\text{F}]$$

2. 정전용량의 계산

1) 구도체의 정전용량

① 반지름 $r[\text{m}]$의 구도체 $Q[\text{C}]$의 전하를 줄 때 구도체의 전위 V

$$V = \frac{Q}{4\pi\varepsilon r}\,[\text{V}]$$

② 구도체의 정전용량 C

$$C = \frac{Q}{V} = 4\pi\varepsilon r\,[\text{F}]$$

2) 평행판 도체의 정전용량

① 절연물 내의 전기장의 세기

$$E = \frac{V}{\ell}\,[\text{V/m}]$$

② 절연물 내의 전속밀도

$$D = \frac{Q}{A}\,[\text{C/m}^2]$$

③ 평행판 도체의 정전용량

$$C = \frac{Q}{V} = \frac{D \cdot A}{E \cdot \ell} = \frac{D}{E} \cdot \frac{A}{\ell} \, [\text{F}]$$

④ D/E의 값을 비례상수 ε으로 나타내면

$$C = \varepsilon \frac{A}{\ell} \, [\text{F}]$$

TIP 대부분의 콘덴서가 평행판 도체 형태이므로 이 공식이 자주 사용됨

$(D = \varepsilon \cdot E \, [\text{C/m}^2])$

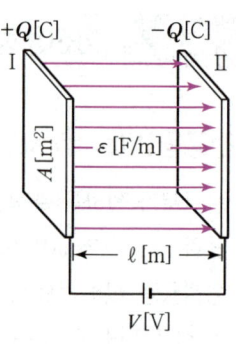

▎평행판 콘덴서▕

3. 유전체 내의 정전 에너지

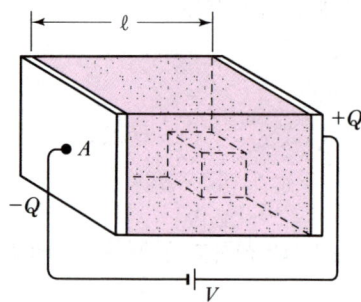

▎유전체 내의 에너지▕

① 정전 에너지(Electrostatic Energy)

콘덴서에 전압 $V[\text{V}]$가 가해져서 $Q[\text{C}]$의 전하가 축적되어 있을 때 축적되는 에너지

$$W = \frac{1}{2}QV = \frac{1}{2}CV^2 = \frac{1}{2}\frac{Q^2}{C} \, [\text{J}] \quad (\because Q = CV)$$

② 정전용량 $C = \dfrac{\varepsilon A}{\ell} \, [\text{F}]$

전기장의 세기 $E = \dfrac{V}{\ell} \, [\text{V/m}]$

$$W = \frac{1}{2}\frac{\varepsilon A}{\ell}(E\ell)^2 = \frac{1}{2}\varepsilon E^2 A\ell \, [\text{J}]$$

③ 위 식에서 $A\ell$은 유전체의 체적이므로 유전체 $1[\text{m}^3]$ 안에 저장되는 정전에너지

$$w = \frac{W}{A\ell} = \frac{1}{2}\varepsilon E^2 = \frac{1}{2}ED = \frac{1}{2}\frac{D^2}{\varepsilon} \, [\text{J/m}^3]$$

4. 정전 흡입력

그림과 같이 전극이 $\Delta\ell$만큼 이동하면, 이때 일은

$$W = F \cdot \Delta\ell [\text{J}]$$

증가한 체적만큼 새로 발생된 정전에너지는 같으므로,

$$F \cdot \Delta\ell = \frac{1}{2}\varepsilon E^2 \times A \cdot \Delta\ell$$

$$\therefore F = \frac{1}{2}\varepsilon E^2 A [\text{N}]$$

단위면적 내의 정전흡인력 F_o는

$$F_o = \frac{1}{2}\varepsilon E^2 [\text{N/m}^2]$$

$$\therefore F = \frac{1}{2}\varepsilon \left(\frac{V}{\ell}\right)^2 [\text{N/m}^2] \left(\because E = \frac{V}{\ell}[\text{V/m}]\right)$$

① 정전흡인력은 전압의 제곱에 비례한다.
② 정전흡인력을 이용한 것에는 정전전압계와 정전집진장치 등이 있다.

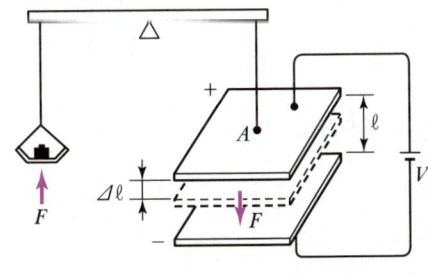

| 정전 흡인력 |

CHAPTER 03 핵심 기출문제

01 정전에너지 W [J]를 구하는 식으로 옳은 것은?(단, C 는 콘덴서 용량[μF], V 는 공급전압[V]이다.)

2015
2017
2019
2021
2023

① $W = \frac{1}{2}CV^2$
② $W = \frac{1}{2}CV$
③ $W = \frac{1}{2}C^2V$
④ $W = 2CV^2$

해설
정전에너지
$W = \frac{1}{2}CV^2$ [J]

02 어떤 콘덴서 C[F]에 W[J]의 정전에너지가 저장되었을 때, 인가한 전압[V]은?

2020
2021
2022

① $\sqrt{\frac{W}{2C}}$
② $\sqrt{2WC}$
③ $\sqrt{\frac{2W}{C}}$
④ $\sqrt{\frac{WC}{2}}$

해설
정전에너지 $W = \frac{1}{2}CV^2$[J]이므로
전압 $V = \sqrt{\frac{2W}{C}}$ [V]이다.

03 100[μF]의 콘덴서에 1,000[V]의 전압을 가하여 충전한 뒤 저항을 통하여 방전시키면 저항에 발생하는 열량은 몇 [cal]인가?

2009
2024

① 3
② 5
③ 12
④ 43

해설
정전 에너지는 저항을 통해 모두 방전되므로 정전 에너지는 저항에서 소비된 에너지와 같다.
$W = \frac{1}{2}CV^2 = \frac{1}{2} \times 100 \times 10^{-6} \times 1{,}000^2 = 50$ [J]
$H = 0.24 \times W = 0.24 \times 50 = 12$ [cal]

정답 01 ① 02 ③ 03 ③

04 전계의 세기 50[V/m], 전속밀도 100[C/m²]인 유전체의 단위 체적에 축적되는 에너지는?

2012
2018
2023

① 2[J/m³]
② 250[J/m³]
③ 2,500[J/m³]
④ 5,000[J/m³]

해설

유전체 내의 에너지 $W = \frac{1}{2}DE = \frac{1}{2}\varepsilon E^2 = \frac{1}{2}\frac{D^2}{\varepsilon}$ [J/m³]이므로,

따라서, $W = \frac{1}{2} \times 100 \times 50 = 2,500$ [J/m³]이다.

05 정전흡인력에 대한 설명 중 옳은 것은?

2010
2012
2022
2024

① 정전흡인력은 전압의 제곱에 비례한다.
② 정전흡인력은 극판 간격에 비례한다.
③ 정전흡인력은 극판 면적의 제곱에 비례한다.
④ 정전흡인력은 쿨롱의 법칙으로 직접 계산한다.

해설

정전흡인력 $f = \frac{1}{2}\varepsilon E^2 = \frac{1}{2}\varepsilon\left(\frac{V}{\ell}\right)^2$ [N/m²]

따라서, 정전흡인력은 전압의 제곱에 비례한다.

정답 04 ③ 05 ①

SECTION 03 콘덴서

1. 콘덴서의 구조

1) 콘덴서(Condenser)

두 도체 사이에 유전체를 넣어 절연하여 전하를 축적할 수 있게 한 장치

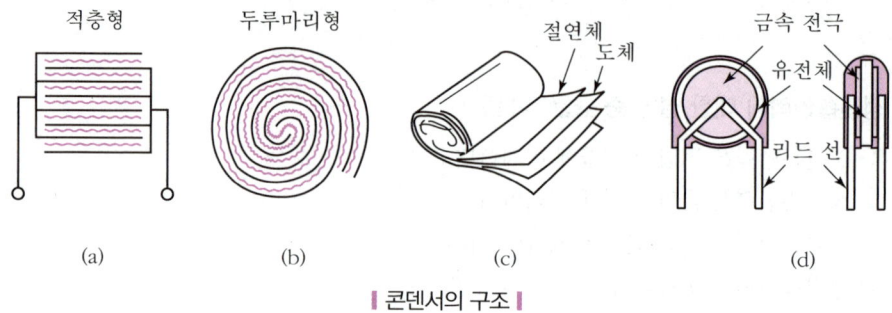

┃ 콘덴서의 구조 ┃

2) 콘덴서의 성질

① 절연 파괴(Dielectric Breakdown) : 콘덴서 양단에 가하는 전압을 점차 높여서 어느 정도 전압에 도달하게 되면 유전체의 절연이 파괴되어 통전되는 상태
② 콘덴서의 내압(With-stand Voltage) : 콘덴서가 어느 정도의 전압까지 견딜 수 있는가 나타내는 값

2. 콘덴서의 종류

1) 가변 콘덴서

전극은 고정전극과 가변 전극으로 되어 있고 가변 전극을 회전하면 전극판의 상대 면적이 변하므로 정전용량이 변하는 공기 가변 콘덴서(바리콘)가 대표적이다.

2) 고정 콘덴서

① 마일러 콘덴서 : 얇은 폴리에스테르 필름을 유전체로 하여 양면에 금속박을 대고 원통형으로 감은 것으로, 내열성, 절연저항이 양호
② 마이카 콘덴서 : 운모와 금속박막으로 됨. 온도 변화에 의한 용량 변화가 작고 절연저항이 높은 우수한 특성(표준 콘덴서)
③ 세라믹 콘덴서 : 비유전율이 큰 티탄산바륨 등이 유전체, 가격 대비 성능이 우수, 가장 많이 사용
④ 전해 콘덴서 : 전기분해하여 금속의 표면에 산화피막을 만들어 유전체로 이용. 소형으로 큰 정전용량을 얻을 수 있으나, 극성을 가지고 있으므로 교류회로에는 사용할 수 없다.

3. 콘덴서의 접속

1) 직렬접속

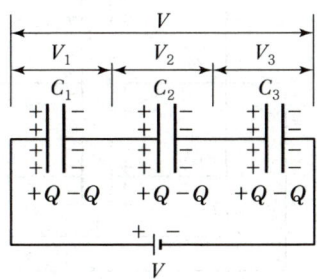

┃ 콘덴서의 직렬접속 ┃

① 각 콘덴서에 가해지는 전압

$$V_1 = \frac{Q}{C_1}[\text{V}], \quad V_2 = \frac{Q}{C_2}[\text{V}], \quad V_3 = \frac{Q}{C_3}[\text{V}]$$

② 각 콘덴서에 가해진 전압의 합은 전원전압과 같다.

$$V = V_1 + V_2 + V_3$$
$$= \frac{Q}{C_1} + \frac{Q}{C_2} + \frac{Q}{C_3}[\text{V}]$$
$$= Q\left(\frac{1}{C_1} + \frac{1}{C_2} + \frac{1}{C_3}\right)[\text{V}]$$

③ 위 식에서 합성 정전용량을 구하면

$$C = \frac{Q}{V} = \frac{1}{\frac{1}{C_1} + \frac{1}{C_2} + \frac{1}{C_3}}[\text{F}]$$

TIP 콘덴서를 직렬로 연결하면, 합성 정전용량은 감소한다.

④ 각 콘덴서에 가해진 전압의 비는 각 콘덴서의 정전용량에 반비례한다.

$$V_1 = \frac{C}{C_1}V[\text{V}], \quad V_2 = \frac{C}{C_2}V[\text{V}], \quad V_3 = \frac{C}{C_3}V[\text{V}]$$

2) 병렬접속

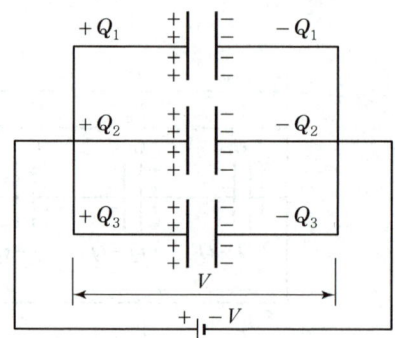

┃ 콘덴서의 병렬접속 ┃

① 각 콘덴서에 축적되는 전하

$$Q_1 = C_1 V \,[\text{C}]$$
$$Q_2 = C_2 V \,[\text{C}]$$
$$Q_3 = C_3 V \,[\text{C}]$$

② 회로 전체에 축적되는 전하 $Q[\text{C}]$은 각 콘덴서에 축적되는 전하의 합과 같다.

$$\begin{aligned} Q &= Q_1 + Q_2 + Q_3 \\ &= C_1 V + C_2 V + C_3 V \,[\text{C}] \\ &= V(C_1 + C_2 + C_3)\,[\text{C}] \end{aligned}$$

③ 위 식에서 합성 정전용량을 구하면

$$C = \frac{Q}{V} = C_1 + C_2 + C_3 \,[\text{F}]$$

> **TIP** 콘덴서를 병렬로 연결하면, 합성 정전용량은 증가한다.

④ 각 콘덴서에는 동일한 전압이 가해진다.

CHAPTER 03 핵심 기출문제

01 비유전율이 큰 산화티탄 등을 유전체로 사용한 것으로 극성이 없으며 가격에 비해 성능이 우수하여 널리 사용되고 있는 콘덴서의 종류는?

① 마일러 콘덴서　　　　　　　　② 마이카 콘덴서
③ 전해 콘덴서　　　　　　　　　④ 세라믹 콘덴서

해설

콘덴서의 종류
① 마일러 콘덴서 : 얇은 폴리에스테르 필름을 유전체로 하여 양면에 금속박을 대고 원통형으로 감은 것으로, 내열성, 절연저항이 양호하다.
② 마이카 콘덴서 : 운모와 금속박막으로 되어 있다. 온도 변화에 의한 용량 변화가 작고 절연저항이 높은 우수한 특성을 가지며, 표준 콘덴서이다.
③ 전해 콘덴서 : 전기분해하여 금속의 표면에 산화피막을 만들어 유전체로 이용한다. 소형으로 큰 정전용량을 얻을 수 있으나, 극성을 가지고 있으므로 교류회로에는 사용할 수 없다.
④ 세라믹 콘덴서 : 비유전율이 큰 티탄산바륨 등이 유전체로, 가격 대비 성능이 우수하며, 가장 많이 사용된다.

02 용량을 변화시킬 수 있는 콘덴서는?

① 바리콘　　　　　　　　　　　　② 마일러 콘덴서
③ 전해 콘덴서　　　　　　　　　④ 세라믹 콘덴서

해설

바리콘
공기를 유전체로 하고, 회전축에 부착한 반원형 회전판을 움직여서 고정판과의 대응 면적을 변화시켜 정전용량을 가감할 수 있도록 되어 있다.

03 2[F], 4[F], 6[F]의 콘덴서 3개를 병렬로 접속했을 때의 합성 정전용량은 몇 [F]인가?

① 1.5　　　　② 4　　　　③ 8　　　　④ 12

해설

$C = C_1 + C_2 + C_3 = 2 + 4 + 6 = 12[\mu F]$

04 정전용량 C_1, C_2를 병렬로 접속하였을 때의 합성 정전용량은?

① $C_1 + C_2$　　　　　　　　　　② $\dfrac{1}{C_1 + C_2}$

③ $\dfrac{1}{C_1} + \dfrac{1}{C_2}$　　　　　　　　　　④ $\dfrac{C_1 C_2}{C_1 + C_2}$

정답　01 ④　02 ①　03 ④　04 ①

> **해설**
> - $C_1 + C_2$: 병렬접속 합성 정전용량
> - $\dfrac{C_1 C_2}{C_1 + C_2}$: 직렬접속 합성 정전용량

05

30[μF]과 40[μF]의 콘덴서를 병렬로 접속한 후 100[V] 전압을 가했을 때 전 전하량은 몇 [C]인가?

① 17×10^{-4}
② 34×10^{-4}
③ 56×10^{-4}
④ 70×10^{-4}

> **해설**
> - 콘덴서가 병렬접속이므로, 합성 정전용량 $C = C_1 + C_2 = 30 + 40 = 70[\mu F]$
> - 전 전하량 $Q = CV = 70 \times 10^{-6} \times 100 = 70 \times 10^{-4}[C]$

06

다음 회로의 합성 정전용량 [μF]은?

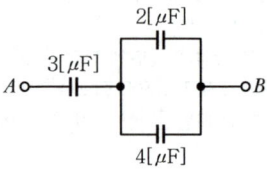

① 5 ② 4 ③ 3 ④ 2

> **해설**
> - 2[μF]과 4[μF]의 병렬 합성 정전용량 = 6[μF]
> - 3[μF]과 6[μF]의 직렬 합성 정정용량 = $\dfrac{3 \times 6}{3 + 6} = 2[\mu F]$

07

동일한 용량의 콘덴서 5개를 병렬로 접속하였을 때의 합성용량을 C_p라고 하고, 5개를 직렬로 접속하였을 때의 합성용량을 C_s라 할 때 C_p와 C_s의 관계는?

① $C_p = 5C_s$
② $C_p = 10C_s$
③ $C_p = 25C_s$
④ $C_p = 50C_s$

> **해설**
> - 병렬로 접속 시 합성용량 : $C_p = 5C$
> - 직렬로 접속 시 합성용량 : $C_s = \dfrac{C}{5}$ (즉, $C_p = 5C_s$)
> - $\therefore C_p = 5 \times (5C_s) = 25C_s$

정답 05 ④ 06 ④ 07 ③

08 정전용량이 같은 콘덴서 10개가 있다. 이것을 병렬 접속할 때의 값은 직렬 접속할 때의 값보다 어떻게 되는가?

2013
2019
2022

① $\frac{1}{10}$ 로 감소한다.　　　　　　② $\frac{1}{100}$ 로 감소한다.

③ 10배로 증가한다.　　　　　　　　④ 100배로 증가한다.

해설
- 병렬로 접속 시 합성 정전용량 $C_P = 10C$
- 직렬로 접속 시 합성 정전용량 $C_S = \dfrac{C}{10}$

따라서 $\dfrac{C_P}{C_S} = \dfrac{10C}{\dfrac{C}{10}} = 100$ 이므로, $C_P = 100 C_S$ 이다.

09 정전용량이 같은 콘덴서 2개를 병렬로 연결하였을 때의 합성 정전용량은 직렬로 접속하였을 때의 몇 배인가?

2013
2014
2022

① $\dfrac{1}{4}$　　　　　　　　　　　② $\dfrac{1}{2}$

③ 2　　　　　　　　　　　　　　④ 4

해설
- 병렬 접속 시 합성 정전용량 $C_P = 2C$
- 직렬 접속 시 합성 정전용량 $C_S = \dfrac{C}{2}$

따라서 $\dfrac{C_P}{C_S} = \dfrac{2C}{\dfrac{C}{2}} = 4$ 배이다.

정답 08 ④　09 ④

CHAPTER 04 자기의 성질과 전류에 의한 자기장

SECTION 01 자석의 자기작용

1. 자기현상과 자기유도

1) 자기현상
① **자기**(Magnetism) : 자석이 쇠를 끌어당기는 성질의 근원
② **자하**(Magnetic Charge) : 자석이 가지는 자기량, 기호는 m, 단위는 웨버(Weber, [Wb])
③ **자기현상** : 자석의 중심을 실로 매달면 자석의 양끝이 남극과 북극을 가리키는 현상

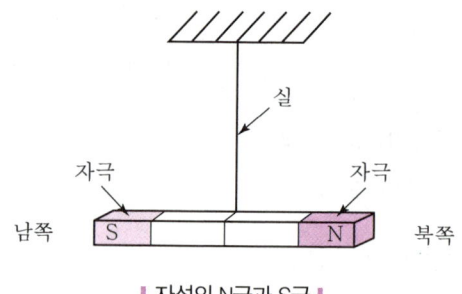

| 자석의 N극과 S극 |

2) 자기유도
① **자화**(Magnetization) : 자석에 쇳조각을 가까이 하면 쇳조각이 자석이 되는 현상
② **자기유도**(Magnetic Induction) : 쇳조각이 자석에 의하여 자화되는 현상

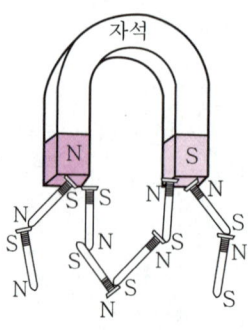

| 자기유도 |

③ 자성체의 종류

㉠ 강자성체(Ferromagnetic Substance) : 철(Fe), 니켈(Ni), 코발트(Co), 망간(Mn)

> **TIP** 강자성체는 자석에 붙는 성질이 있는 금속이고, 약자성체는 자석에 안 붙는 금속으로 생각하면 이해가 쉽다.

- 자기 유도에 의해 강하게 자화되어 쉽게 자석이 되는 물질

㉡ 약자성체(비자성체)
- 반자성체(Diamagnetic Substance) : 구리(Cu), 아연(Zn), 비스무트(Bi), 납(Pb)
  - 강자성체와는 반대로 자화되는 물질
- 상자성체(Paramagnetic Substance) : 알루미늄(Al), 산소(O), 백금(Pt)
  - 강자성체와 같은 방향으로 자화되는 물질

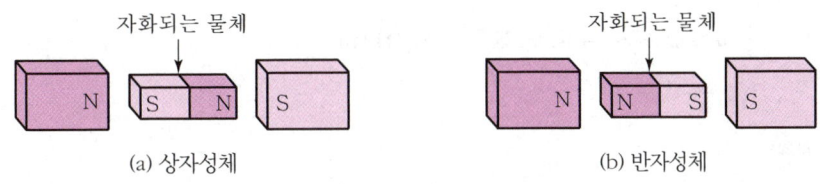

| 상자성체와 반자성체의 자화 |

2. 자석 사이에 작용하는 힘

1) 쿨롱의 법칙(Coulomb's Law)

① 두 자극 사이에 작용하는 힘은 두 자극의 세기의 곱에 비례하고, 두 자극 사이의 거리의 제곱에 반비례한다.

② 두 자극 m_1[Wb], m_2[Wb]를 r[m] 거리에 두었을 때, 두 사이에 작용하는 힘 F는

$$F = \frac{1}{4\pi\mu_0} \times \frac{m_1 m_2}{r^2} \text{ [N]}$$

- μ_0 : 진공 중의 투자율(Vacuum Permeability), 단위[H/m]

  $\mu_0 = 4\pi \times 10^{-7}$ [H/m]

- $\dfrac{1}{4\pi\mu_0} \fallingdotseq 6.33 \times 10^4 = k$

  여기서, k : 힘이 미치는 공간의 매질과 단위계에 따라 정해지는 상수

2) 투자율(Permeability)

① 진공 중의 투자율(μ_0)

> **TIP** 투자율의 크기에 따라 자석에 붙는 정도가 달라진다. 즉, 투자율이 큰 금속이 자석에 잘 붙는다.

$$\mu_0 = 4\pi \times 10^{-7} [\text{H/m}]$$

② 비투자율(μ_s)
- 진공 중의 투자율에 대한 매질 투자율의 비를 나타낸다.
- 물질의 자성상태를 나타낸다.
 상자성체 : $\mu_s > 1$, 강자성체 : $\mu_s \gg 1$, 반자성체 : $\mu_s < 1$

③ 투자율(μ) : 자속이 통하기 쉬운 정도

$$\mu = \mu_0 \cdot \mu_s = 4\pi \times 10^{-7} \cdot \mu_s [\text{H/m}]$$

3. 자기장

1) 자기장의 세기(Intensity of Magnetic Field)

① **자기장**(Magnetic Field) : 자력이 미치는 공간(자계, 정자장, 자장이라고 한다.)

② **자기장의 세기** : 자기장 내에 이 자기장의 크기에 영향을 미치지 않을 정도의 미소 자하를 놓았을 때 이 자하에 작용하는 힘의 방향을 자기장의 방향으로 하고, 작용하는 힘의 크기를 단위 자하 +1[Wb]에 대한 힘의 크기로 환산한 것을 자기장의 세기로 정한다.

③ **자기장의 세기의 단위** : [AT/m], [N/Wb]

④ 진공 중에 있는 m[Wb]의 자극에서 r[m] 떨어진 점 P점에서의 자기장의 세기 H는

$$H = \frac{1}{4\pi\mu_0} \cdot \frac{m}{r^2} [\text{AT/m}]$$

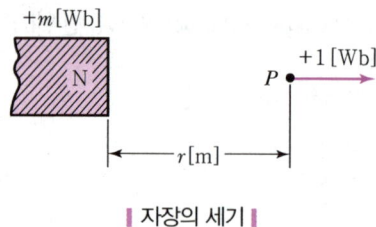

| 자장의 세기 |

⑤ 자기장의 세기 H[AT/m]가 되는 자기장 안에 m[Wb]의 자극을 두었을 때 이것에 작용하는 힘 F[N]

$$F = mH [\text{N}]$$

2) 자기력선(Line of Magnetic Force) 또는 자력선

자기장의 세기와 방향을 선으로 나타낸 것

[자력선의 성질]

① 자력선은 N극에서 나와 S극에서 끝난다.

> 거대한 N극 주위에 아주 작은 크기의 N극을 두면, 작은 크기의 N극이 튕겨져 날아가는데, 그 날아가는 경로를 그린 것으로 생각하면 이해하기 쉽다.

② 자력선 그 자신은 수축하려고 하며 같은 방향과의 자력선끼리는 서로 반발하려고 한다.
③ 임의의 한 점을 지나는 자력선의 접선방향이 그 점에서의 자기장의 방향이다.
④ 자기장 내의 임의의 한 점에서의 자력선 밀도는 그 점의 자기장의 세기를 나타낸다.
⑤ 자력선은 서로 만나거나 교차하지 않는다.

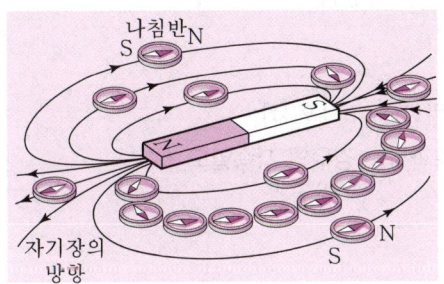 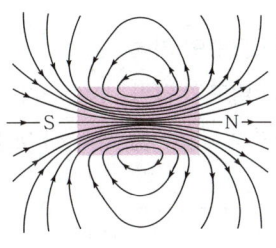

∥ 자석에 의한 자력선 ∥

3) 가우스의 정리(Gauss Theorem)

임의의 폐곡면 내의 전체 자하량 m[Wb]가 있을 때 이 폐곡면을 통해서 나오는 자기력선의 총수는 $\dfrac{m}{\mu}$ 개이다.

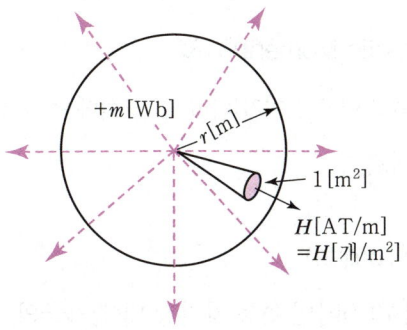

∥ 점 자극에서 나오는 자력선의 수 ∥

4. 자속과 자속밀도

1) 자속(Magnetic Flux)

① 자성체 내에서 주위 매질의 종류(투자율 μ)에 관계없이 m[Wb]의 자하에서 m개의 역선이 나온다고 가정하여 이것을 자속이라 한다.

> **TIP** 자성체 외부에는 자기력선이 발생하고, 내부에는 자속이 있다고 이해하면 된다.

② 자속의 기호 : ϕ(Phi)
③ 자속의 단위 : 웨버(Weber, [Wb])

2) 자속밀도(Magnetic Flux Density)

① 자속의 방향에 수직인 단위면적 1[m²]을 통과하는 자속

> **TIP** 자속밀도가 자석의 세기를 표현하는 크기이다.

② 자속밀도의 기호 : B
③ 자속밀도의 단위 : [Wb/m²], 테슬라(Tesla, 기호 [T])
④ 단면적 A [m²]를 자속 ϕ[Wb]가 통과하는 경우의 자속밀도 B

$$B = \frac{\phi}{A} = \frac{\phi}{4\pi r^2} \, [\text{Wb/m}^2]$$

3) 자속밀도와 자기장의 세기와의 관계

① 투자율 μ인 물질에서 자속밀도와 자기장의 세기와의 관계

$$B = \mu H = \mu_0 \mu_s H \, [\text{Wb/m}^2]$$

② 비투자율이 큰 물질일수록 자속은 잘 통한다.

5. 자기 모멘트와 토크

1) 자기 모멘트(Magnetic Moment) : M

자극의 세기가 m [Wb]이고 길이가 ℓ [m]인 자석에서 자극의 세기와 자속의 길이의 곱은

$$M = m\ell \, [\text{Wb} \cdot \text{m}]$$

2) 회전력 또는 토크(Torque)

자기장의 세기 H [AT/m]인 평등 자기장 내에 자극의 세기 m [Wb]의 자침을 자기장의 방향과 θ의 각도로 놓았을 때 회전하려는 힘

$$T = 2 \times \frac{\ell}{2} \times f_2 = mH\ell \sin\theta \, [\text{N} \cdot \text{m}] = MH \sin\theta \, [\text{N} \cdot \text{m}]$$

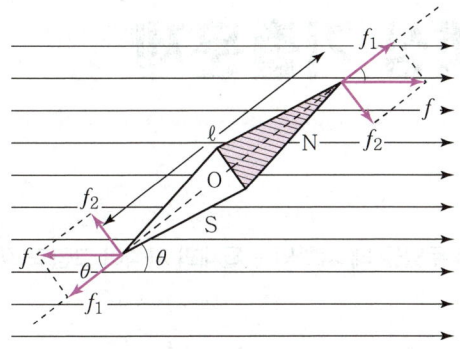

| 자장 내의 자침에 작용하는 토크 |

▼ 전기와 자기의 비교

전기	자기
전하 Q[C]	자하 m[Wb]
$+$, $-$ 분리 가능	N, S 분리 불가
쿨롱의 법칙 $F = \dfrac{1}{4\pi\varepsilon} \dfrac{Q_1 Q_2}{r^2}$ [N]	쿨롱의 법칙 $F = \dfrac{1}{4\pi\mu} \dfrac{m_1 m_2}{r^2}$ [N]
유전율 $\varepsilon = \varepsilon_0 \cdot \varepsilon_s$ [F/m]	투자율 $\mu = \mu_0 \cdot \mu_s$ [H/m]
전기상(선상, 선계)	자기상(사상, 사계)
전기장의 세기 $E = \dfrac{1}{4\pi\varepsilon} \dfrac{Q}{r^2}$ [V/m]	자기장의 세기 $H = \dfrac{1}{4\pi\mu} \dfrac{m}{r^2}$ [AT/m]
$F = QE$ [N]	$F = mH$ [N]
전기력선	자기력선
가우스의 정리(전기력선의 수) $N = \dfrac{Q}{\varepsilon}$ 개	가우스의 정리(자기력선의 수) $N = \dfrac{m}{\mu}$ 개
전속 ψ(=전하)[C]	자속 ϕ(=자하)[Wb]
전속밀도 $D = \dfrac{Q}{A} = \dfrac{Q}{4\pi r^2}$ [C/m^2]	자속밀도 $B = \dfrac{\phi}{A} = \dfrac{\phi}{4\pi r^2}$ [Wb/m^2]
전속밀도와 전기장의 세기의 관계 $D = \varepsilon E = \varepsilon_0 \varepsilon_s E$ [C/m^2]	자속밀도와 자기장의 세기의 관계 $B = \mu H = \mu_0 \mu_s H$ [Wb/m^2]

CHAPTER 04 핵심 기출문제

01 자극 가까이에 물체를 두었을 때 자화되는 물체와 자석이 그림과 같은 방향으로 자화되는 자성체는?

2016
2017
2018
2019
2020
2021

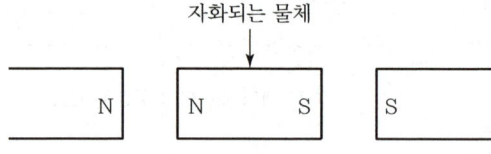

① 상자성체
② 반자성체
③ 강자성체
④ 비자성체

해설
① 상자성체 : 자석에 자화되어 약하게 끌리는 물체
② 반자성체 : 자석에 자화가 반대로 되어 약하게 반발하는 물체
③ 강자성체 : 자석에 자화되어 강하게 끌리는 물체

02 다음 중 반자성체는?

2010
2021
2023

① 안티몬
② 알루미늄
③ 코발트
④ 니켈

해설
㉠ 강자성체(Ferromagnetic Substance) : 철(Fe), 니켈(Ni), 코발트(Co), 망간(Mn)
㉡ 약자성체(비자성체)
 • 반자성체(Diamagnetic Substance) : 구리(Cu), 아연(Zn), 비스무트(Bi), 납(Pb), 안티몬(Sb)
 • 상자성체(Paramagnetic Substance) : 알루미늄(Al), 산소(O), 백금(Pt)

03 진공의 투자율 μ_0[H/m]는?

2019
2022
2024

① 6.33×10^4
② 8.55×10^{-12}
③ $4\pi \times 10^{-7}$
④ 9×10^9

해설
진공의 투자율 : $\mu_0 = 4\pi \times 10^{-7}$[H/m]

정답 01 ② 02 ① 03 ③

04 진공 중에서 같은 크기의 두 자극을 1[m] 거리에 놓았을 때, 그 작용하는 힘은?(단, 자극의 세기는 1[Wb]이다.)

① 6.33×10^4[N] ② 8.33×10^4[N]
③ 9.33×10^5[N] ④ 9.09×10^9[N]

해설

작용하는 힘 $F = \dfrac{1}{4\pi\mu} \cdot \dfrac{m_1 m_2}{r^2}$[N]이고,

여기서, $\mu = \mu_0 \cdot \mu_s$, 진공 중의 투자율 $\mu_0 = 4\pi \times 10^{-7}$[H/m], 비투자율 $\mu_s = 1$이므로,

$F = 6.33 \times 10^4 \cdot \dfrac{1 \times 1}{1^2} = 6.33 \times 10^4$[N]이다.

05 진공 중에 두 자극 m_1, m_2를 r[m]의 거리에 놓았을 때 작용하는 힘 F의 식으로 옳은 것은?

① $F = \dfrac{1}{4\pi\mu_0} \times \dfrac{m_1 m_2}{r}$[N] ② $F = \dfrac{1}{4\pi\mu_0} \times \dfrac{m_1 m_2}{r^2}$[N]

③ $F = 4\pi\mu_0 \times \dfrac{m_1 m_2}{r}$[N] ④ $F = 4\pi\mu_0 \times \dfrac{m_1 m_2}{r^2}$[N]

해설

쿨롱의 법칙

$F = \dfrac{1}{4\pi\mu_0} \times \dfrac{m_1 m_2}{r^2}$[N]

06 공기 중에서 $+m$[Wb]의 자극으로부터 나오는 자력선의 총 수를 나타낸 것은?

① m ② $\dfrac{\mu_0}{m}$ ③ $\dfrac{m}{\mu_0}$ ④ $\mu_0 m$

해설

가우스의 정리(Gauss Theorem)

임의의 폐곡면 내의 전체 자하량 m[Wb]가 있을 때 이 폐곡면을 통해서 나오는 자기력선의 총수는 $\dfrac{m}{\mu}$ 개이다.

공기 중이므로 $\mu_s = 1$, 즉 자력선의 총수는 $\dfrac{m}{\mu_0}$ 개이다.

07 1[Wb/m²]인 자속밀도는 몇 Gauss인가?

① $\dfrac{10}{\pi}$ ② $4\pi \times 10^{-4}$ ③ 10^{-4} ④ 10^{-8}

해설

자속밀도를 나타내는 CGS 단위로 1G(Gauss) = 10^{-4}[Wb/m²]이다.

정답 04 ① 05 ② 06 ③ 07 ③

08 공심 솔레노이드의 내부 자계의 세기가 500[AT/m]일 때 자속밀도[Wb/m²]는 약 얼마인가?

2019
2022
2023
2024

① 6.28×10^{-2}
② 6.28×10^{-3}
③ 6.28×10^{-4}
④ 6.28×10^{-5}

해설

자속밀도 $B = \mu H$이고, 공심(=공기 중)에서 비투자율 $\mu_s = 1$이므로
$B = 4\pi \times 10^{-7} \times 1 \times 500 = 6.28 \times 10^{-4} [\text{Wb/m}^2]$

09 자극의 세기가 m, 길이가 ℓ인 막대자석의 자기모멘트 M을 나타낸 것은?

2022
2024

① $\dfrac{m}{\ell}$
② $\dfrac{\ell}{m}$
③ $m\ell$
④ $\dfrac{1}{2}m\ell$

해설

자기모멘트(Magnetic Moment)는 $M = m\ell [\text{Wb} \cdot \text{m}]$으로 계산하며, 막대자석의 세기와 길이의 곱으로 회전체가 회전을 시작할 때 순간 반응 정도를 나타낸다고 이해하면 쉽다.

정답 08 ③ 09 ③

SECTION 02 전류에 의한 자기현상과 자기회로

1. 전류에 의한 자기현상

1) 앙페르의 오른나사 법칙(Ampere's Right-handed Screw Rule)

① 전류에 의하여 생기는 자기장의 자력선의 방향을 결정

② 직선 전류에 의한 자기장의 방향 : 전류가 흐르는 방향으로 오른나사를 진행시키면 나사가 회전하는 방향으로 자력선이 생긴다.

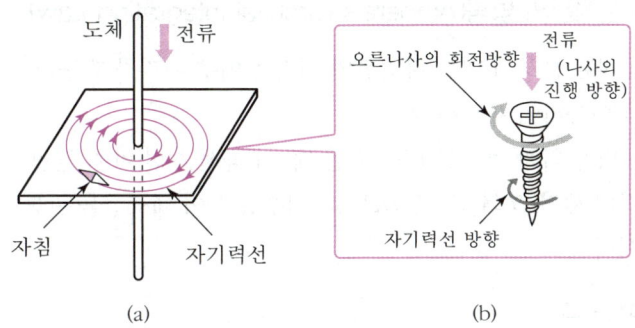

┃ 직선 전류에 의한 자력선의 방향 ┃

③ 코일에 의한 자기장의 방향 : 오른나사를 전류의 방향으로 회전시키면 나사가 진행하는 방향이 자력선의 방향이 되고, 오른손 네 손가락을 전류의 방향으로 하면 엄지손가락의 방향이 자력선의 방향이 된다.

┃ 환상전류에 의한 자력선의 방향 ┃

2) 비오-사바르의 법칙(Biot-Savart's Law)

① 도체의 미소 부분 전류에 의해 발생되는 자기장의 세기를 알아내는 법칙이다.

② 도선에 $I[A]$의 전류를 흘릴 때 도선의 미소부분 $\Delta\ell$에서 $r[m]$ 떨어지고 $\Delta\ell$과 이루는 각도가 θ인 점 P에서 $\Delta\ell$에 의한 자장의 세기 $\Delta H[AT/m]$는

$$\Delta H = \frac{I \Delta \ell}{4\pi r^2} \sin\theta \, [AT/m]$$

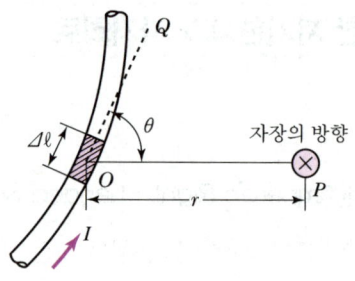

| 비오-사바르 법칙 |

3) 앙페르의 주회적분의 법칙(Ampere's Circuital Integrating Law)

① 대칭적인 전류 분포에 대한 자기장의 세기를 매우 편리하게 구할 수 있으며, 비오-사바르의 법칙을 이용하여 유도된다.
② 자기장 내의 임의의 폐곡선 C를 취할 때, 이 곡선을 한 바퀴 돌면서 이 곡선 $\Delta \ell$과 그 부분의 자기장의 세기 H의 곱, 즉 $H\Delta \ell$의 대수합은 이 폐곡선을 관통하는 전류의 대수합과 같다는 것이다.

$$\sum H\Delta \ell = \Delta I$$

③ 전류의 방향
  ⊗ : 전류가 정면으로 흘러들어감(화살 날개)
  ⊙ : 전류가 정면으로 흘러나옴(화살촉)

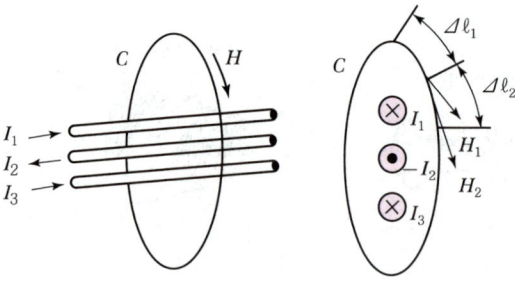

| 앙페르의 주회적분 법칙 |

4) 무한장 직선 전류에 의한 자기장

무한 직선 도체에 $I[\mathrm{A}]$의 전류가 흐를 때 전선에서 $r[\mathrm{m}]$ 떨어진 점의 자기장의 세기 $H[\mathrm{AT/m}]$는,

$$H = \frac{I}{2\pi r} [\mathrm{AT/m}]$$

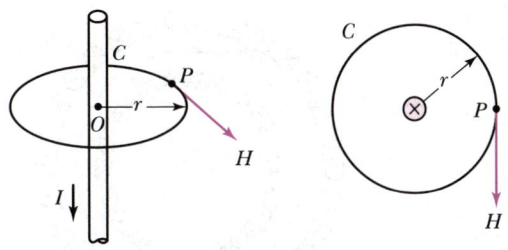

┃ 무한장 직선 도체에 의한 자기장의 세기 ┃

5) 원형 코일 중심의 자기장

반지름이 $r[\mathrm{m}]$이고 감은 횟수가 N회인 원형 코일에 $I[\mathrm{A}]$의 전류를 흘릴 때 코일 중심 O에 생기는 자기장의 세기 $H[\mathrm{AT/m}]$는,

$$H = \frac{NI}{2r} [\mathrm{AT/m}]$$

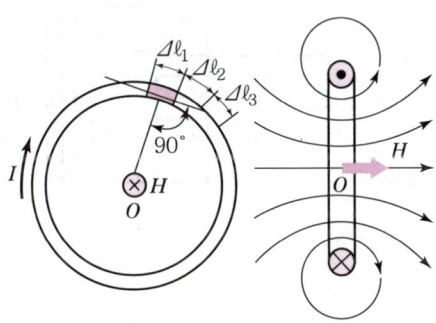

┃ 원형 코일 중심의 자기장의 세기 ┃

6) 환상 솔레노이드에 의한 자장

감은 권수가 N, 반지름이 $r[\mathrm{m}]$인 환상 솔레노이드에 $I[\mathrm{A}]$의 전류를 흘릴 때 솔레노이드 내부에 생기는 자장의 세기 $H[\mathrm{AT/m}]$는,

$$H = \frac{NI}{\ell} = \frac{NI}{2\pi r} [\mathrm{AT/m}] \qquad \text{(단, } \ell \text{은 자로의 평균 길이[m])}$$

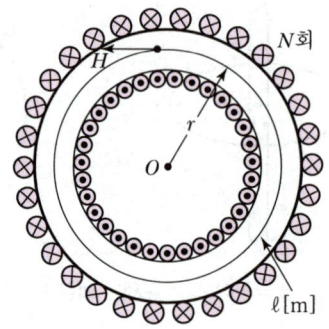

┃환상 솔레노이드에 의한 자기장의 세기┃

2. 자기회로

1) 자기회로(Magnetic Circuit)

자속이 통과하는 폐회로

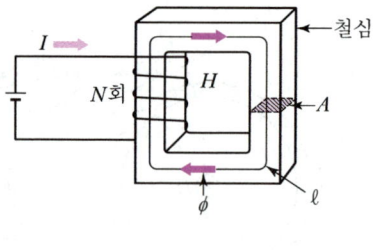

┃자기회로┃

2) 기자력(Magnetic Motive Force)

자속을 만드는 원동력

$$F = NI \,[\text{AT}]$$

여기서, N : 코일의 감은 횟수[T]
I : 코일에 흐르는 전류[A]

3) 자기저항(Reluctance)

자속의 발생을 방해하는 성질의 정도로, 자로의 길이 ℓ[m]에 비례하고 단면적 A[m²]에 반비례한다.

$$R = \frac{\ell}{\mu A} \,[\text{AT/Wb}]$$

> **TIP** 자기저항과 전기저항은 다른 것이고, 단위를 주의 깊게 봐야 한다.

▼ 전기회로와 자기회로 비교

전기회로	자기회로
기전력 V[V]	기자력 $F = NI$[AT]
전류 I[A]	자속 ϕ[Wb]
전기저항 R[Ω]	자기저항 R[AT/Wb]
옴의 법칙 $R = \dfrac{V}{I}$[Ω]	옴의 법칙 $R = \dfrac{NI}{\phi}$[AT/Wb]

CHAPTER 04 핵심 기출문제

01 전류에 의해 발생되는 자기장에서 자력선의 방향을 간단하게 알아내는 법칙은?

2009
2012
2013
2015
2017
2018
2020
2021

① 오른나사 법칙 ② 플레밍의 왼손 법칙
③ 주회적분 법칙 ④ 줄의 법칙

해설
① 앙페르의 오른나사 법칙 : 전류에 의하여 발생하는 자기장의 방향을 결정
② 플레밍의 왼손 법칙 : 전자력의 방향을 결정
③ 앙페르의 주회적분 법칙 : 전류에 의하여 발생하는 자기장의 세기를 결정
④ 줄의 법칙 : 전류가 부하에 흘러서 발생되는 열량을 결정

02 "전류의 방향과 자장의 방향은 각각 나사의 진행방향과 회전방향에 일치한다."와 관계있는 법칙은?

2015
2017
2023

① 플레밍의 왼손 법칙 ② 앙페르의 오른나사 법칙
③ 플레밍의 오른손 법칙 ④ 키르히호프의 법칙

해설
앙페르의 오른나사 법칙
전류에 의하여 발생하는 자기장의 방향을 결정

03 비오 – 사바르(Biot – Savart)의 법칙과 가장 관계가 깊은 것은?

2009
2013
2023
2024

① 전류가 만드는 자장의 세기 ② 전류와 전압의 관계
③ 기전력과 자계의 세기 ④ 기전력과 자속의 변화

해설
비오 – 사바르 법칙
전류의 방향에 따른 자기장의 세기 정의
$\Delta H = \dfrac{I\Delta \ell}{4\pi r^2}\sin\theta [\text{AT/m}]$

04 전류에 의한 자기장의 세기를 구하는 비오 – 사바르의 법칙을 옳게 나타낸 것은?

2012
2014
2019
2020
2021
2024

① $\Delta H = \dfrac{I\Delta\ell \sin\theta}{4\pi r^2}[\text{AT/m}]$ ② $\Delta H = \dfrac{I\Delta\ell \sin\theta}{4\pi r}[\text{AT/m}]$

③ $\Delta H = \dfrac{I\Delta\ell \cos\theta}{4\pi r}[\text{AT/m}]$ ④ $\Delta H = \dfrac{I\Delta\ell \cos\theta}{4\pi r^2}[\text{AT/m}]$

정답 01 ① 02 ② 03 ① 04 ①

> 해설

비오-사바르 법칙
도선에 $I[A]$의 전류를 흘릴 때 도선의 미소부분 $\Delta\ell$에서 $r[m]$ 떨어지고 $\Delta\ell$과 이루는 각도가 θ인 점 P에서 $\Delta\ell$에 의한 자장의 세기 $\Delta H[AT/m]$는
$$\Delta H = \frac{I\Delta\ell\sin\theta}{4\pi r^2}[AT/m]$$

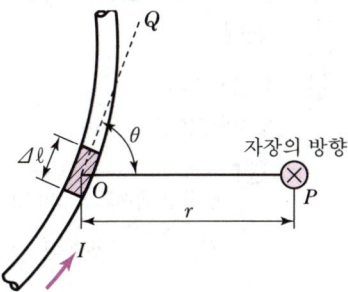

05
2009 2011 2013 2016 2017 2018 2019 2021 2023 2024

반지름 5[cm], 권수 100회인 원형 코일에 15[A]의 전류가 흐르면 코일 중심의 자장의 세기는 몇 [AT/m]인가?

① 750
② 3,000
③ 15,000
④ 22,500

> 해설

원형 코일의 자기장
$$H = \frac{NI}{2r} = \frac{100 \times 15}{2 \times 5 \times 10^{-2}} = 15,000[AT/m]$$

06
2009 2023

환상 솔레노이드 내부의 자기장의 세기에 관한 설명으로 옳은 것은?

① 자장의 세기는 권수에 반비례한다.
② 자장의 세기는 권수, 전류, 평균 반지름과는 관계가 없다.
③ 자장의 세기는 전류에 반비례한다.
④ 자장의 세기는 전류에 비례한다.

> 해설

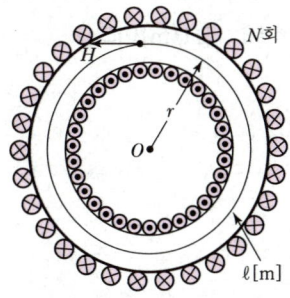

환상 솔레노이드에 의한 자기장의 세기
$$H = \frac{NI}{\ell} = \frac{NI}{2\pi r}[AT/m] (단, \ell은 자로의 평균 길이[m])$$

> 정답 05 ③ 06 ④

07 길이 2[m]의 균일한 자로에 8,000회의 도선을 감고 10[mA]의 전류를 흘릴 때 자로의 자장의 세기는?

① 4[AT/m] ② 16[AT/m]
③ 40[AT/m] ④ 160[AT/m]

> 해설
> 무한장 솔레노이드의 내부 자장의 세기 $H = nI$ [AT/m](단, n은 1[m]당 권수)
> $H = \dfrac{8,000}{2} \times 10 \times 10^{-3} = 40$[AT/m]

08 단면적 5[cm²], 길이 1[m], 비투자율 10^3인 환상 철심에 600회의 권선을 감고 이것에 0.5[A]의 전류를 흐르게 한 경우 기자력은?

① 100[AT] ② 200[AT]
③ 300[AT] ④ 400[AT]

> 해설
> 기자력 $F = NI = 600 \times 0.5 = 300$[AT]

09 자기회로의 길이 ℓ[m], 단면적 A[m²], 투자율 μ[H/m]일 때 자기저항 R[AT/Wb]을 나타낸 것은?

① $R = \dfrac{\mu\ell}{A}$ [AT/Wb] ② $R = \dfrac{A}{\mu\ell}$ [AT/Wb]

③ $R = \dfrac{\mu A}{\ell}$ [AT/Wb] ④ $R = \dfrac{\ell}{\mu A}$ [AT/Wb]

10 막대모양의 철심이 있다. 단면적 0.25[m²], 길이 31.4[cm]이며 철심의 비투자율이 200이다. 이 철심의 자기저항은 약 몇 [AT/Wb]인가?(단, μ_0는 $4\pi \times 10^{-7}$[H/m]이다.)

① 10,000 ② 2,500
③ 3,140 ④ 5,000

> 해설
> 자기저항 $R = \dfrac{\ell}{\mu A}$ [AT/Wb]이므로,
> $R = \dfrac{31.4 \times 10^{-2}}{4\pi \times 10^{-7} \times 200 \times 0.25} = 4,997.47$[AT/Wb]

정답 07 ③ 08 ③ 09 ④ 10 ④

11 자기저항의 단위는?

① [AT/m]   ② [Wb/AT]
③ [AT/Wb]   ④ [Ω/AT]

해설

자기저항(Reluctance) : R

$R = \dfrac{\ell}{\mu A} = \dfrac{NI}{\phi}$ [AT/Wb]

12 자기저항 2,000[AT/Wb], 기자력 5,000[AT]인 자기회로의 자속[Wb]은?

① 2.5   ② 25
③ 4   ④ 0.4

해설

자기저항 $R = \dfrac{NI}{\phi}$ 이므로,

자속 $\phi = \dfrac{NI}{R} = \dfrac{5,000}{2,000} = 2.5$ [Wb]이다.

정답 11 ③   12 ①

CHAPTER 05 전자력과 전자유도

SECTION 01 전자력

1. 전자력의 방향과 크기

1) 전자력의 방향

플레밍의 왼손 법칙(Fleming's Left-hand Rule)

> **TIP** 전자력은 전류+자장+력(힘)의 합성어로 생각하면 암기하기 쉽다.

① 전동기의 회전방향을 결정
② 엄지손가락 : 힘의 방향(F)
③ 집게손가락 : 자장의 방향(B)
④ 가운뎃손가락 : 전류의 방향(I)

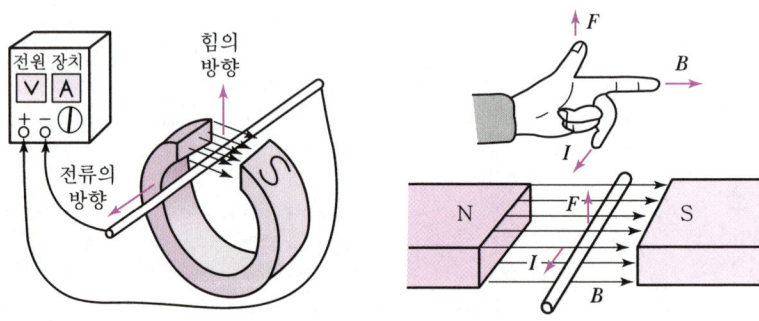

| 플레밍의 왼손 법칙 |

2) 전자력의 크기

자속밀도 B[Wb/m²]의 평등 자장 내에 자장과 직각방향으로 ℓ[m]의 도체를 놓고 I[A]의 전류를 흘리면 도체가 받는 힘 F[N]은

$$F = BI\ell \sin\theta \text{[N]}$$

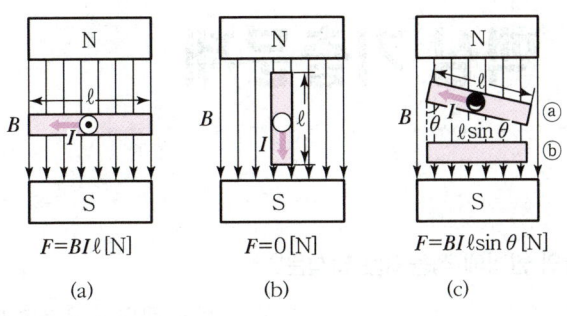

| 도체와 자기장 사이의 각과 전자력 |

2. 평행 도체 사이에 작용하는 힘

1) 힘의 방향

① 각각의 도체에는 전류의 방향에 의하여 왼손 법칙에 따른 힘이 작용한다.
② 반대방향일 때 : 반발력
③ 동일방향일 때 : 흡인력

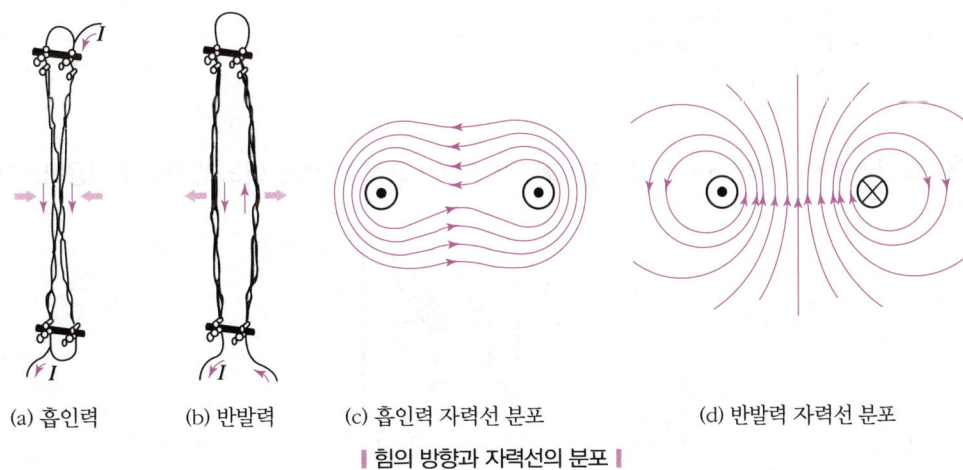

| 힘의 방향과 자력선의 분포 |

2) 힘의 크기

평행한 두 도체가 r [m]만큼 떨어져 있고 각 도체에 흐르는 전류가 I_1 [A], I_2 [A]라 할 때 두 도체 사이에 작용하는 힘 F는

$$F = \frac{2 I_1 I_2}{r} \times 10^{-7} \text{[N/m]}$$

CHAPTER 05 핵심 기출문제

01 다음 중 전동기의 원리에 적용되는 법칙은?

① 렌츠의 법칙 ② 플레밍의 오른손 법칙
③ 플레밍의 왼손 법칙 ④ 옴의 법칙

해설
플레밍의 왼손 법칙은 자기장 내에 있는 도체에 전류를 흘리면 힘이 작용하는 법칙으로 전동기의 원리가 된다.

02 플레밍의 왼손 법칙에서 전류의 방향을 나타내는 손가락은?

① 약지 ② 중지 ③ 검지 ④ 엄지

해설
전자력의 방향 : 플레밍의 왼손 법칙(Fleming's Left-hand Rule)
- 전동기의 회전 방향을 결정
- 엄지손가락 : 힘의 방향(F)
- 검지손가락 : 자장의 방향(B)
- 중지손가락 : 전류의 방향(I)

03 그림과 같이 자극 사이에 있는 도체에 전류(I)가 흐를 때 힘은 어느 방향으로 작용하는가?

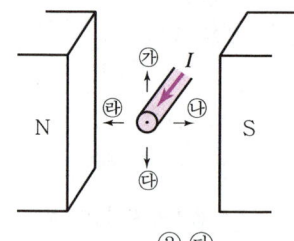

① 가 ② 나 ③ 다 ④ 라

해설
플레밍의 왼손 법칙에 따라 중지-전류, 검지-자장, 엄지-힘의 방향이 된다.

04 공기 중에서 자속밀도 3[Wb/m²]의 평등 자장 속에 길이 10[cm]의 직선 도선을 자장의 방향과 직각으로 놓고 여기에 4[A]의 전류를 흐르게 하면 이 도선이 받는 힘은 몇 [N]인가?

① 0.5 ② 1.2
③ 2.8 ④ 4.2

해설
플레밍의 왼손 법칙에 의한 전자력 $F = BI\ell\sin\theta = 3 \times 4 \times 10 \times 10^{-2} \times \sin 90° = 1.2$[N]

정답 01 ③ 02 ② 03 ① 04 ②

05
평등자계 $B[\text{Wb/m}^2]$ 속을 $V[\text{m/s}]$의 속도를 가진 전자가 움직일 때 받는 힘(N)은?

① $B^2 eV$
② $\dfrac{eV}{B}$
③ BeV
④ $\dfrac{BV}{e}$

해설
자기장 내에 작용하는 전자력 $F=B\ell I[\text{N}]$이고,
전류 $I=\dfrac{Q}{t}=\dfrac{e}{t}$이므로,
대입하면 $F=B\ell\dfrac{e}{t}=Be\dfrac{\ell}{t}=BeV[\text{N}]$이다.
여기서, $V=\dfrac{\ell}{t}[\text{m/s}]$이다.

06
서로 가까이 나란히 있는 두 도체에 전류가 반대방향으로 흐를 때 각 도체 간에 작용하는 힘은?

① 흡인한다.
② 반발한다.
③ 흡인과 반발을 되풀이한다.
④ 처음에는 흡인하다가 나중에는 반발한다.

해설
평행 도체 사이에 작용하는 힘의 방향
- 각각의 도체에는 전류의 방향에 의하여 왼손 법칙에 따른 힘이 작용한다.
- 반대 방향일 때 : 반발력
- 동일 방향일 때 : 흡인력

07
평행한 왕복 도체에 흐르는 전류에 대한 작용력은?

① 흡인력
② 반발력
③ 회전력
④ 작용력이 없다.

해설
평행 도체 사이에 작용하는 힘의 방향은 반대방향일 때 반발력, 동일 방향일 때 흡인력이 작용하므로 왕복도체인 경우 반대방향으로 반발력이 작용한다.

08
공기 중에 5[cm] 간격을 유지하고 있는 2개의 평행 도선에 각각 10[A]의 전류가 동일한 방향으로 흐를 때 도선에 1[m]당 발생하는 힘의 크기[N]는?

① 4×10^{-4}
② 2×10^{-5}
③ 4×10^{-5}
④ 2×10^{-4}

정답 05 ③ 06 ② 07 ② 08 ①

> 해설

평행한 두 도체 사이에 작용하는 힘 $F = \dfrac{2I_1 I_2}{r} \times 10^{-7} [\text{N/m}]$ 이므로,

$F = \dfrac{2 \times 10 \times 10}{5 \times 10^{-2}} \times 10^{-7} = 4 \times 10^{-4} [\text{N/m}]$ 이다.

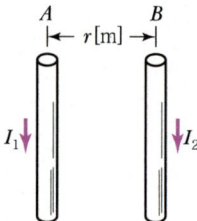

09

2017
2018
2019
2022

거리 1[m]의 평행도체에 같은 전류가 흐를 때 작용하는 힘이 $4 \times 10^{-7} [\text{N/m}]$일 때 흐르는 전류의 크기는?

① 2 ② $\sqrt{2}$ ③ 4 ④ 1

> 해설

평행한 두 도체 사이에 작용하는 힘 $F = \dfrac{2I_1 I_2}{r} \times 10^{-7} [\text{N/m}]$ 이므로,

$4 \times 10^{-7} = \dfrac{2 \times I^2}{1} \times 10^{-7}$에서 전류 $I = \sqrt{2} [\text{A}]$이다.

정답 09 ②

SECTION 02 전자유도

1. 자속 변화에 의한 유도기전력

1) 유도기전력의 방향 : 렌츠의 법칙(Lenz's Law)

전자유도에 의하여 발생한 기전력의 방향은 그 유도전류가 만든 자속이 항상 원래의 자속의 증가 또는 감소를 방해하려는 방향이다.

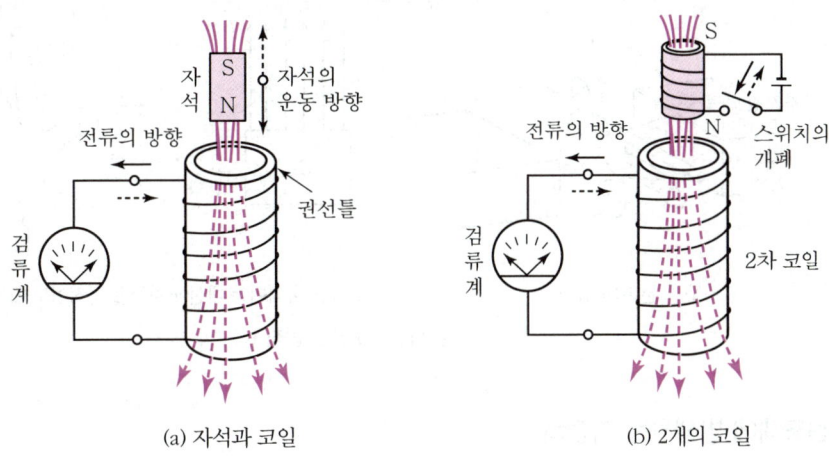

(a) 자석과 코일　　　　(b) 2개의 코일

┃유도기전력의 방향┃

2) 유도기전력의 크기 : 패러데이 법칙(Faraday's Law)

유도기전력의 크기는 단위시간 1[sec] 동안에 코일을 쇄교하는 자속의 변화량과 코일의 권수의 곱에 비례한다.

$$e = -N\frac{\Delta\phi}{\Delta t} [\text{V}]$$

여기서, 음(−)의 부호 : 유도기전력의 방향을 나타냄
$\Delta\phi$: 자속의 변화율

TIP 자속이 변화할 때 발생하는 기전력

2. 도체운동에 의한 유도기전력

1) 유도기전력 방향 : 플레밍의 오른손 법칙(Fleming's Right-hand Rule)

① 발전기의 유도기전력의 방향을 결정
② 엄지손가락 : 도체의 운동 방향(u)
③ 집게손가락 : 자속의 방향(B)
④ 가운데손가락 : 유도기전력의 방향(e)

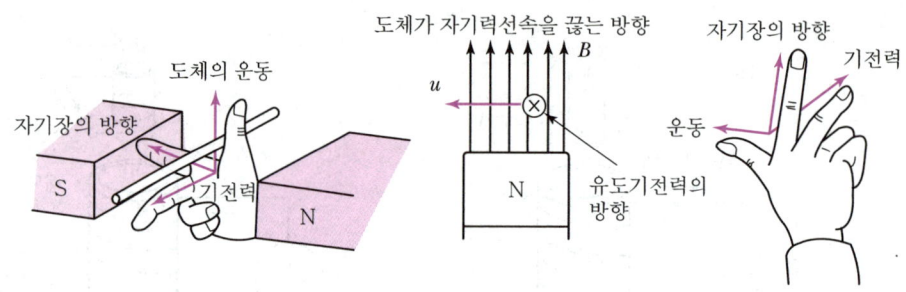

(a) 오른손의 법칙 (b) 도체를 움직이는 대신에 자극을 움직여도 기전력이 발생한다.

| 플레밍의 오른손 법칙 |

2) 직선도체에 발생하는 기전력

(a)와 같이 자속밀도 B[Wb/m²]의 평등 자장 내에서 길이 ℓ[m]인 도체를 자장과 직각 방향으로 u [m/sec]의 일정한 속도로 운동하는 경우 도체에 유기된 기전력 e[V]는

$$e = B\ell u \sin\theta [V]$$

 도체가 운동할 때 발생하는 기전력

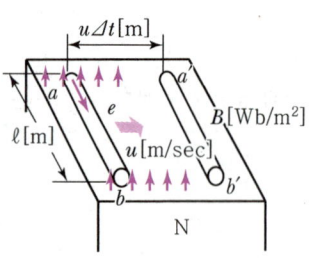 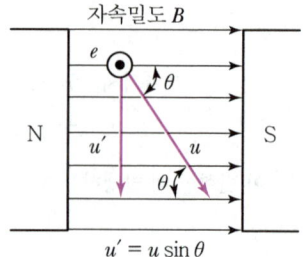

(a) 직선 도체와 자기장의 방향이 직각일 경우   (b) 직선 도체와 자기장의 방향이 θ일 경우

| 직선 도체에 발생하는 기전력 |

CHAPTER 05 핵심 기출문제

01 다음에서 나타내는 법칙은?

2016
2019
2020
2023

> 유도기전력은 자신이 발생 원인이 되는 자속의 변화를 방해하려는 방향으로 발생한다.

① 줄의 법칙
② 렌츠의 법칙
③ 플레밍의 법칙
④ 패러데이의 법칙

해설
렌츠의 법칙(Lenz's Law)
유도기전력의 방향은 코일(리액터)을 지나는 자속이 증가될 때에는 자속을 감소시키는 방향으로, 자속이 감소될 때는 자속을 증가시키는 방향으로 발생한다.

02 다음은 어떤 법칙을 설명한 것인가?

2016
2020

> 전류가 흐르려고 하면 코일은 전류의 흐름을 방해한다. 또, 전류가 감소하면 이를 계속 유지하려고 하는 성질이 있다.

① 쿨롱의 법칙
② 렌츠의 법칙
③ 패러데이의 법칙
④ 플레밍의 왼손 법칙

해설
코일에 흐르는 전류를 변화시키면 코일의 내부를 지나는 자속도 변화하므로 렌츠의 법칙에 따라 자속의 변화를 방해하려는 방향으로 유도기전력이 발생하여 전류의 변화를 방해하게 된다.

03 권수가 150인 코일에서 2초간에 1[Wb]의 자속이 변화한다면, 코일에 발생되는 유도기전력의 크기는 몇 [V]인가?

2011
2013
2015
2018
2019
2020
2021

① 50
② 75
③ 10
④ 150

해설
유도기전력 $e = -N\dfrac{\Delta\phi}{\Delta t} = -150 \times \dfrac{1}{2} = -75[\text{V}]$

정답 01 ② 02 ② 03 ②

04 패러데이의 전자유도 법칙에서 유도기전력의 크기는 코일을 지나는 (㉠)의 매초 변화량과 코일의 (㉡)에 비례한다. ㉠과 ㉡에 알맞은 내용은?

① ㉠ 자속, ㉡ 굵기
② ㉠ 자속, ㉡ 권수
③ ㉠ 전류, ㉡ 권수
④ ㉠ 전류, ㉡ 굵기

해설

$$e = -N\frac{\Delta\phi}{\Delta t}$$

여기서, N : 권수, ϕ : 자속[Wb], t : 시간[sec]

정답 04 ②

SECTION 03 인덕턴스와 전자에너지

1. 인덕턴스

1) 자체 인덕턴스

> **TIP** 자체 인덕턴스는 자기가 만든 자속이 돌아서 다시 코일로 들어올 때 자속의 증가를 방해하는 방향으로 기전력이 발생하여 전류의 증가나 감소를 방해하는 정도를 나타낸다. 즉, 인덕턴스 값이 크면, 전류의 변화를 방해하는 정도가 커지게 된다.

① 코일의 자체 유도능력 정도를 나타내는 값으로 단위는 헨리(Henry, 기호[H])이다.

② **자체 인덕턴스(Self-inductance)**: 감은 횟수 N회의 코일에 흐르는 전류 I가 Δt[sec] 동안에 ΔI[A]만큼 변화하여 코일과 쇄교하는 자속 ϕ가 $\Delta \phi$[Wb]만큼 변화하였다면 자체 유도 기전력은 다음과 같이 된다.

$$e = -N\frac{\Delta \phi}{\Delta t}[\text{V}] = -L\frac{\Delta I}{\Delta t}[\text{V}]$$

여기서, L : 비례상수로 자체 인덕턴스

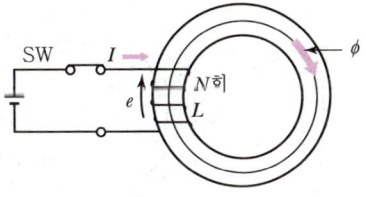

| 자체 유도 |

③ 위 식에서 $N\phi = LI$이므로 자체 인덕턴스는

$$L = \frac{N\phi}{I}[\text{H}]$$

④ 1[H] : 1[sec] 동안에 전류의 변화가 1[A]일 때 1[V]의 전압이 발생하는 코일 자체 인덕턴스 용량을 나타낸다.

⑤ 환상 솔레노이드의 자체 인덕턴스
  • 자기회로의 자속 ϕ는

$$\phi = BA = \mu HA = \frac{\mu ANI}{\ell}[\text{Wb}]$$

  • 환상 코일의 자체 인덕턴스 L은

$$L = \frac{N\phi}{I} = \frac{\mu AN^2}{\ell} = \frac{\mu_0 \mu_s AN^2}{\ell}[\text{H}]$$

$$\therefore L \propto N^2$$

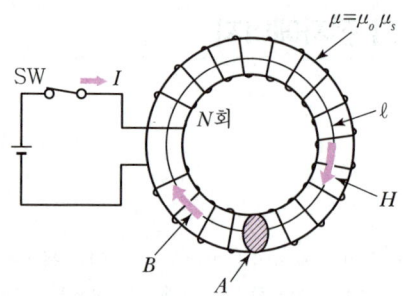

| 환상 솔레노이드의 자체 인덕턴스 |

2) 상호 인덕턴스(Mutual Inductance)

① 상호 유도(Mutual Induction) : 하나의 자기회로에 1차 코일과 2차 코일을 감고 1차 코일에 전류를 변화시키면 2차 코일에도 전압이 발생하는 현상(A코일 : 1차 코일, B : 2차 코일)

> **TIP** 상호 인덕턴스는 상대 쪽 코일이 만든 자속이 자기 코일로 들어올 때 자속의 증가를 방해하는 방향으로 기전력이 발생하여 전류의 증가나 감소를 방해하는 정도를 나타낸다.

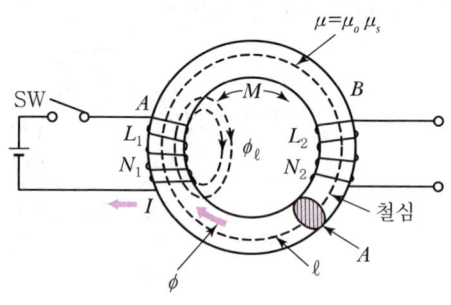

| 상호 유도 |

② Δt[sec] 동안에 ΔI_1[A]만큼 변화했다면 2차 코일에 발생하는 전압 e_2는

$$e_2 = -M\frac{\Delta I_1}{\Delta t}[\text{V}] = -N_2\frac{\Delta \phi}{\Delta t}[\text{V}]$$

③ 위 식에서 $N_2\phi = MI_1$이므로 상호 인덕턴스는

$$M = \frac{N_2\phi}{I_1}[\text{H}]$$

④ 환상 솔레노이드의 상호 인덕턴스
- 1차 코일에 의한 자속

$$\phi = BA = \mu HA = \mu\frac{AN_1I_1}{\ell}[\text{Wb}]$$

- 상호 인덕턴스

$$M = \frac{N_2\phi}{I_1} = \frac{\mu A N_1 N_2}{\ell} \,[\text{H}]$$

3) 자체 인덕턴스와 상호 인덕턴스와의 관계

① $L_1 = \dfrac{\mu A N_1^{\,2}}{\ell}\,[\text{H}]$, $L_2 = \dfrac{\mu A N_2^{\,2}}{\ell}\,[\text{H}]$, $M = \dfrac{\mu A N_1 N_2}{\ell}\,[\text{H}]$

$$M = k\sqrt{L_1 L_2}\,[\text{H}]$$

② 결합계수 $k = \dfrac{M}{\sqrt{L_1 L_2}}$

여기서, k : 1차 코일과 2차 코일의 자속에 의한 결합의 정도($0 < k \leq 1$)

> **TIP** 결합계수 $k=0$일 때는 양쪽 코일이 만든 자속이 서로 완전 관련이 없을 때이고, $k=1$일 때는 양쪽 코일의 자속이 누설된 양이 없이 완전히 전달될 때이다.

2. 인덕턴스의 접속

1) 가동접속

$$L_{ab} = L_1 + L_2 + 2M\,[\text{H}]$$

> **TIP** 가동접속은 양쪽 코일이 만든 자속이 서로 같은 방향일 때, 차동접속은 자속의 방향이 서로 반대 방향일 때이다.

2) 차동접속

$$L_{ab} = L_1 + L_2 - 2M\,[\text{H}]$$

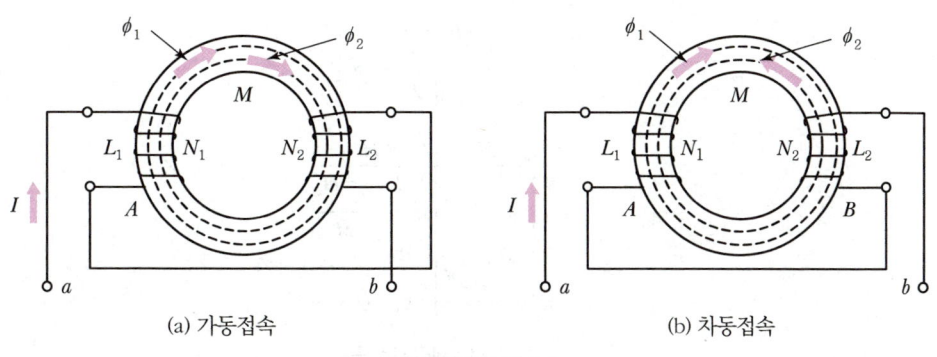

(a) 가동접속   (b) 차동접속

❘ 인덕턴스의 접속 ❘

3. 전자에너지

1) 코일에 축적되는 전자에너지

자체 인덕턴스 L에 전류 i를 $t[\sec]$ 동안 0에서 1[A]까지 일정한 비율로 증가시켰을 때 코일 L에 공급되는 에너지 W는

$$W = \frac{Pt}{2} = \frac{VIt}{2} = \frac{1}{2}L\frac{I}{t}It = \frac{1}{2}LI^2 \, [\text{J}]$$

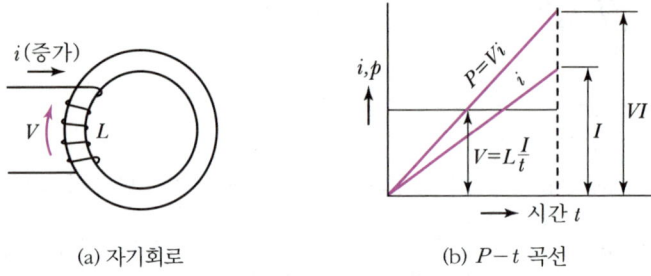

(a) 자기회로   (b) $P-t$ 곡선

| 코일에 축적되는 에너지 |

2) 단위부피에 축적되는 에너지

$$w = \frac{W}{A\ell} = \frac{1}{2}BH = \frac{1}{2}\mu H^2 = \frac{1}{2}\frac{B^2}{\mu} \, [\text{J/m}^3]$$

4. 히스테리시스 곡선과 손실

1) 히스테리시스 곡선

철심 코일에서 전류를 증가시키면 자장의 세기 H는 전류에 비례하여 증가하지만 밀도 B는 자장에 비례하지 않고 그림의 $B-H$곡선과 같이 포화현상과 자기이력현상(이전의 자화 상태가 이후의 자화 상태에 영향을 주는 현상) 등이 일어나는데 이와 같은 특성을 히스테리시스 곡선이라 한다.

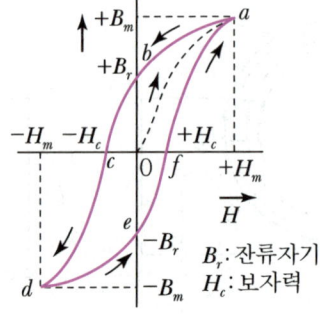

| 히스테리시스 곡선 |

2) 히스테리시스 손실

① 코일의 흡수 에너지가 히스테리시스 곡선 내의 넓이만큼의 에너지가 철심 내에서 열에너지로 잃어버리는 손실

② 히스테리시스 손실(Hysteresis Loss) : P_h

$$P_h = \eta_h f B_m^{1.6} \, [\text{W/m}^3]$$

여기서, η_h : 히스테리시스 상수
f : 주파수[Hz]
B_m : 최대 자속밀도[Wb/m²]

CHAPTER 05 핵심 기출문제

01 자체 인덕턴스가 100[H]가 되는 코일에 전류를 1초 동안 0.1[A]만큼 변화시켰다면 유도기전력 [V]은?

① 1[V] ② 10[V] ③ 100[V] ④ 1,000[V]

해설

유도기전력 $e = -L\dfrac{\Delta I}{\Delta t} = -100 \times \dfrac{0.1}{1} = -10[\text{V}]$

02 어느 코일에 전류를 1초 동안 0.1[A]만큼 변화시켰더니, 코일에 유도기전력 10[V]이 발생하였다. 자체 인덕턴스[H]는?

① 1[H] ② 10[H] ③ 100[H] ④ 1,000[H]

해설

유도기전력 $e = -L\dfrac{\Delta I}{\Delta t}$ 에서,

$L = -\dfrac{e\Delta t}{\Delta I} = -\dfrac{10 \times 1}{0.1} = -100[\text{H}]$

여기서, (−)는 유도기전력이 발생하는 방향을 의미하므로 인덕턴스 값에는 의미가 없다.

03 권선수 100회 감은 코일에 2[A]의 전류가 흘렀을 때 50×10^{-3}[Wb]의 자속이 코일에 쇄교되었다면 자기 인덕턴스는 몇 [H]인가?

① 1.0 ② 1.5 ③ 2.0 ④ 2.5

해설

자기 인덕턴스 $L = \dfrac{N\phi}{I} = \dfrac{100 \times 50 \times 10^{-3}}{2} = 2.5[\text{H}]$

04 단면적 4[cm²], 자기 통로의 평균 길이 50[cm], 코일 감은 횟수 1,000회, 비투자율 2,000인 환상 솔레노이드가 있다. 이 솔레노이드의 자체 인덕턴스는?(단, 진공 중의 투자율 μ_0는 $4\pi \times 10^{-7}$임)

① 약 2[H] ② 약 20[H]
③ 약 200[H] ④ 약 2,000[H]

해설

단면적 $4[\text{cm}^2] = 4 \times 10^{-4}[\text{m}^2]$, 길이 $50[\text{cm}] = 50 \times 10^{-2}[\text{m}]$

$L = \dfrac{\mu_0 \mu_s A}{\ell}N^2 = \dfrac{4\pi \times 10^{-7} \times 2,000 \times (4 \times 10^{-4})}{50 \times 10^{-2}} \times 1,000^2 \fallingdotseq 2[\text{H}]$

정답 01 ② 02 ③ 03 ④ 04 ①

05 환상 솔레노이드에 감겨진 코일의 권회수를 3배로 늘리면 자체 인덕턴스는 몇 배로 되는가?

① 3 ② 9 ③ $\dfrac{1}{3}$ ④ $\dfrac{1}{9}$

해설

자체 인덕턴스 $L = \dfrac{\mu A N^2}{\ell}$[H]의 관계가 있으므로,

권회수 N을 3배로 늘리면, 자체 인덕턴스는 9배가 된다.

06 단면적 A[m²], 자로의 길이 ℓ[m], 투자율(μ), 권수 N회인 환상 철심의 자체 인덕턴스[H]는?

① $\dfrac{\mu A N^2}{\ell}$ ② $\dfrac{A\ell N^2}{4\pi\mu}$ ③ $\dfrac{4\pi A N^2}{\ell}$ ④ $\dfrac{\mu \ell N^2}{A}$

해설

자체 인덕턴스 $L = \dfrac{\mu A N^2}{\ell}$[H]

07 두 코일이 있다. 한 코일에 매초 전류가 150[A]의 비율로 변할 때 다른 코일에 60[V]의 기전력이 발생하였다면, 두 코일의 상호 인덕턴스는 몇 [H]인가?

① 0.4[H] ② 2.5[H] ③ 4.0[H] ④ 25[H]

해설

$e_1 = M\dfrac{\Delta I_2}{\Delta t}$ 에서 $M = e_1 \dfrac{\Delta t}{\Delta I_2} = 60 \times \dfrac{1}{150} = 0.4$[H]

08 코일이 접속되어 있을 때, 누설자속이 없는 이상적인 코일 간의 상호 인덕턴스는?

① $M = \sqrt{L_1 + L_2}$ ② $M = \sqrt{L_1 - L_2}$

③ $M = \sqrt{L_1 L_2}$ ④ $M = \sqrt{\dfrac{L_1}{L_2}}$

해설

누설자속이 없으므로 결합계수 $k = 1$
따라서, $M = k\sqrt{L_1 L_2} = \sqrt{L_1 L_2}$

09 자체 인덕턴스가 각각 L_1, L_2[H]의 두 원통 코일이 서로 직교하고 있다. 두 코일 사이의 상호 인덕턴스[H]는?

① $L_1 + L_2$ ② $L_1 L_2$
③ 0 ④ $\sqrt{L_1 L_2}$

해설

코일이 서로 직교하면 쇄교자속이 없으므로 결합계수 $k=0$이다. 즉, 상호 인덕턴스 $M = k\sqrt{L_1 L_2}$이므로, $M = 0$이다.

정답 05 ② 06 ① 07 ① 08 ③ 09 ③

10 자체 인덕턴스가 각각 160[mH], 250[mH]의 두 코일이 있다. 두 코일 사이의 상호 인덕턴스가 150[mH]이면 결합계수는?

① 0.5 ② 0.62 ③ 0.75 ④ 0.86

> **해설**
> 결합계수 $k = \dfrac{M}{\sqrt{L_1 L_2}} = \dfrac{150}{\sqrt{160 \times 250}} = 0.75$

11 상호 유도 회로에서 결합계수 k는?(단, M은 상호 인덕턴스, L_1, L_2는 자기 인덕턴스이다.)

① $k = M\sqrt{L_1 L_2}$
② $k = \sqrt{M \cdot L_1 L_2}$
③ $k = \dfrac{M}{\sqrt{L_1 L_2}}$
④ $k = \sqrt{\dfrac{L_1 L_2}{M}}$

> **해설**
> 상호 인덕턴스 $M = k\sqrt{L_1 L_2}$ (여기서, k : 결합계수)
> 결합계수 $k = \dfrac{M}{\sqrt{L_1 L_2}}$

12 자체 인덕턴스 L_1, L_2, 상호 인덕턴스 M인 두 코일을 같은 방향으로 직렬 연결한 경우 합성 인덕턴스는?

① $L_1 + L_2 + M$
② $L_1 + L_2 - M$
③ $L_1 + L_2 + 2M$
④ $L_1 + L_2 - 2M$

> **해설**
> • 가동 접속 시(같은 방향 연결) 합성 인덕턴스 : $L_1 + L_2 + 2M$
> • 차동 접속 시(반대 방향 연결) 합성 인덕턴스 : $L_1 + L_2 - 2M$

13 자기 인덕턴스가 각각 L_1과 L_2인 2개의 코일이 직렬로 가동접속되었을 때, 합성 인덕턴스를 나타낸 식은?(단, 자기력선에 의한 영향을 서로 받는 경우이다.)

① $L = L_1 + L_2 - M$
② $L = L_1 + L_2 - 2M$
③ $L = L_1 + L_2 + M$
④ $L = L_1 + L_2 + 2M$

> **해설**
> 두 코일이 가동접속되어 있으므로, 합성 인덕턴스는 $L = L_1 + L_2 + 2M$이다.

14 두 코일의 자체 인덕턴스를 L_1[H], L_2[H]라 하고 상호 인덕턴스를 M이라 할 때, 두 코일을 자속이 동일한 방향과 역방향이 되도록 하여 직렬로 각각 연결하였을 경우, 합성 인덕턴스의 큰 쪽과 작은 쪽의 차는?

① M ② $2M$ ③ $4M$ ④ $8M$

> **정답** 10 ③ 11 ③ 12 ③ 13 ④ 14 ③

해설
가동 접속 시(같은 방향연결) 합성 인덕턴스 $L_1 + L_2 + 2M$,
차동 접속 시(반대 방향연결) 합성 인덕턴스 $L_1 + L_2 - 2M$이므로
따라서, $(L_1 + L_2 + 2M) - (L_1 + L_2 - 2M) = 4M$이다.

15 자체 인덕턴스 40[mH]의 코일에 10[A]의 전류가 흐를 때 저장되는 에너지는 몇 [J]인가?

① 2　　　　　　　　　　　② 3
③ 4　　　　　　　　　　　④ 8

해설
전자에너지 $W = \dfrac{1}{2}LI^2 = \dfrac{1}{2} \times 40 \times 10^{-3} \times 10^2 = 2[J]$

16 자체 인덕턴스 2[H]의 코일에 25[J]의 에너지가 저장되어 있다면 코일에 흐르는 전류는?

① 2[A]　　　　　　　　　② 3[A]
③ 4[A]　　　　　　　　　④ 5[A]

해설
전자에너지 $W = \dfrac{1}{2}LI^2[J]$이므로, $I = \sqrt{\dfrac{2W}{L}} = \sqrt{\dfrac{2 \times 25}{2}} = 5[A]$

17 다음 설명의 (㉠), (㉡)에 들어갈 내용으로 옳은 것은?

> 히스테리시스 곡선에서 종축과 만나는 점은 (㉠)이고, 횡축과 만나는 점은 (㉡)이다.

① ㉠ 보자력, ㉡ 잔류자기　　　② ㉠ 잔류자기, ㉡ 보자력
③ ㉠ 자속밀도, ㉡ 자기저항　　④ ㉠ 자기저항, ㉡ 자속밀도

해설
히스테리시스 곡선(Hysteresis Loop)

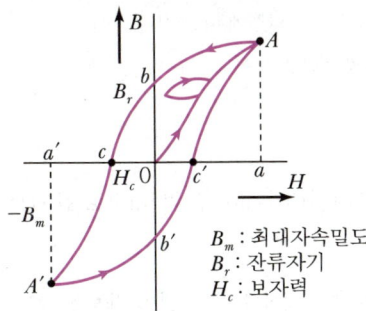

B_m : 최대자속밀도
B_r : 잔류자기
H_c : 보자력

정답 15 ① 16 ④ 17 ②

CHAPTER 06 교류회로

SECTION 01 교류회로의 기초

1. 정현파 교류

1) 정현파 교류의 발생

그림 (a)와 같이 자기장 내에서 도체가 회전운동을 하면 플레밍의 오른손 법칙에 의해 유도기전력이 도체의 위치(각 θ)에 따라서 그림 (b)와 같은 파형이 발생한다. 길이 ℓ[m], 반지름 r[m]인 4각형 도체를 자속밀도 B[Wb/m^2]인 평등 자기장 속에서 u[m/sec]로 회전시킬 때 도체에 발생하는 기전력 v[V]는

$$v = 2B\ell u \sin\theta = V_m \sin\theta [V] \; (\because V_m = 2B\ell u)$$

(단, θ는 자장에 직각인 방향측과 코일의 방향이 이루는 각)

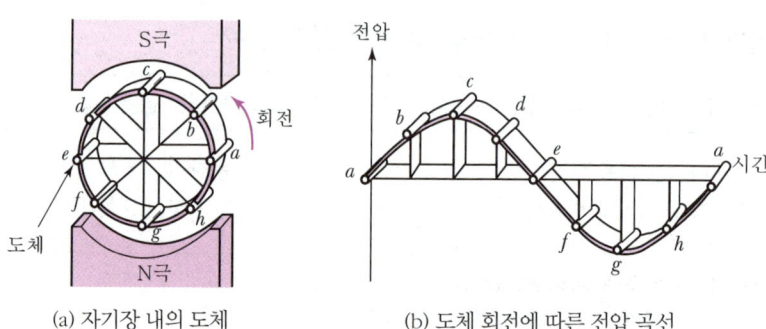

(a) 자기장 내의 도체   (b) 도체 회전에 따른 전압 곡선

| 정현파 교류의 발생 |

2) 각도의 표시

① 전기회로를 다룰 때에는 1회전한 각도를 2π라디안(Radian, 단위 [rad]로 표기)으로 하는 호도법을 사용한다.

> **TIP** 각도는 60분법(30도, 60도)을 사용하여 10진법인 수와 계산을 할 수 없어, 새로운 각도 개념을 도입한 것이 호도법이다.

② 호도법은 호의 길이로 각도를 나타내는 방법으로 그림과 같이 호의 길이를 ℓ, 반지름을 r이라고 할 때, 각도 θ를 다음 식으로 나타낸다.

$$\theta = \frac{\ell}{r} [\text{rad}]$$

여기서, 반지름 r 을 단위길이 1로 하면 각도 θ 는 원주의 길이 ℓ 과 값이 같아짐을 알 수 있다.

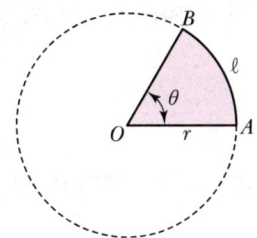

| 호도법의 표시 |

▼ 각도와 라디안 표시

도수법°	0°	1°	30°	45°	60°	90°	180°	270°	360°
호도법[rad]	0	$\dfrac{\pi}{180}$	$\dfrac{\pi}{6}$	$\dfrac{\pi}{4}$	$\dfrac{\pi}{3}$	$\dfrac{\pi}{2}$	π	$\dfrac{3\pi}{2}$	2π

3) 각속도(Angular Velocity)

① 각속도의 기호 : ω

> **TIP** 각이 변하는 속도를 의미한다.

② 각속도의 단위 : 라디안 퍼 세크[rad/sec]

③ 회전체가 1초 동안에 회전한 각도

$$\omega = \frac{\theta}{t} [\text{rad/sec}]$$

2. 주파수와 위상

1) 주기와 주파수

① 주파수(Frequency) : f
- 1[sec] 동안에 반복되는 사이클(Cycle)의 수
- 단위 : 헤르츠(Hertz, 기호[Hz])

$$f = \frac{1}{T} [\text{Hz}]$$

② 주기(Period) : T
- 교류의 파형이 1사이클의 변화에 필요한 시간
- 단위 : 초[sec]

$$T = \frac{1}{f} [\text{sec}]$$

2) 사인파 교류의 각주파수 : ω

① 1[sec] 동안에 n회전을 하면 n사이클의 교류가 발생

$$\omega = 2\pi n = 2\pi f = \frac{2\pi}{T}[\text{rad/sec}]$$

② 코일이 1[sec] 동안에 θ[rad]만큼 운동했다고 하면

$$\theta = \omega t [\text{rad}]$$

3) 정현파 교류 전압 및 전류

$$v = V_m \sin\theta = V_m \sin\omega t = V_m \sin 2\pi ft = V_m \sin\frac{2\pi}{T}t[\text{V}]$$

$$i = I_m \sin\theta = I_m \sin\omega t = I_m \sin 2\pi ft = I_m \sin\frac{2\pi}{T}t[\text{A}]$$

> **TIP** 교류는 파형이 있는 형태이므로, 파형의 크기(최댓값), 모양(sin), 변화되는 속도(각속도), 파형의 시작 시점(t)을 알아야 파형을 그릴 수 있다. 이 4가지 정보를 한 번에 표현한 것을 기본적인 표현방법이라고 이해하면 쉽다.

4) 위상차(Phase Difference)

주파수가 동일한 2개 이상의 교류 사이의 시간적인 차이

> **TIP** 위상은 파형(상)이 시작하는 위치이고, 위상차는 각 파형(상)의 시작 위치의 차이이다.

$$v_a = V_m \sin\omega t[\text{V}]$$

$$v_b = V_m \sin(\omega t - \theta)[\text{V}]$$

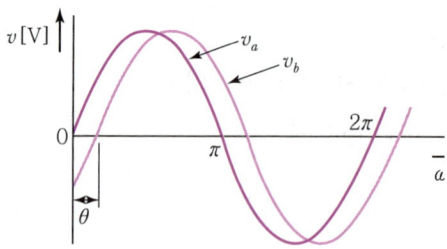

| 교류전압의 위상차(v_a 기준) |

① v_a는 v_b보다 θ만큼 앞선다. (Lead)
② v_b는 v_a보다 θ만큼 뒤진다. (Lag)

3. 정현파 교류의 표시

1) 순시값과 최댓값

① 순시값(Instantaneous Value) : 교류는 시간에 따라 변하고 있으므로 임의의 순간에서 전압 또는 전류의 크기(v, i)

$$v = V_m \sin\omega t [V]$$

$$i = I_m \sin\omega t [A]$$

② 최댓값(Maximum Value) : 교류의 순시값 중에서 가장 큰 값(V_m, I_m)

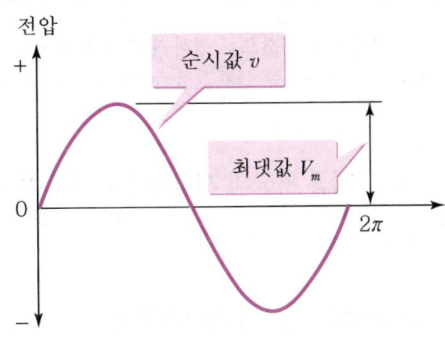

∥ 순시값과 최댓값 ∥

2) 평균값(Average Value) : V_a, I_a

정현파 교류의 1주기를 평균하면 0이 되므로, 반주기를 평균한 값

$$V_a = \frac{2}{\pi} V_m \fallingdotseq 0.637 V_m [V]$$

$$I_a = \frac{2}{\pi} I_m \fallingdotseq 0.637 I_m [A]$$

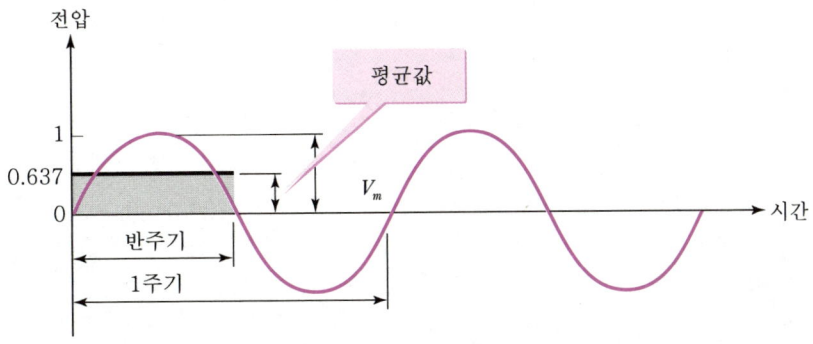

∥ 정현파 교류의 평균값 ∥

3) 실횻값(Effective Value) : V, I

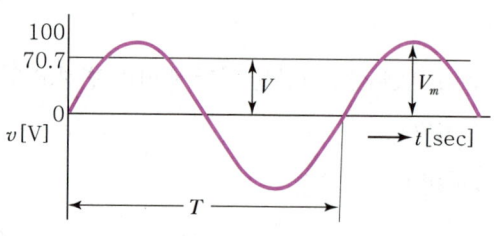

▎정현파 교류의 실횻값 ▎

① 교류의 크기를 직류와 동일한 일을 하는 교류의 크기로 바꿔 나타냈을 때의 값

 직류의 전압, 전류의 크기는 평균값으로 정하기 때문에 교류도 평균값으로 전력이나 전력량을 계산하면 실제 일한 양과 달라서 교류는 실횻값을 도입하게 되었다. 즉, 직류는 평균값을, 교류는 실횻값을 모든 공식에 대입하면 된다.

② 교류의 실횻값 : 순시값의 제곱 평균의 제곱근 값(RMS : Root Mean Square Value)

$$V = \sqrt{v^2 \text{의 평균}}$$

③ 교류의 실횻값 V[V]와 최댓값 V_m[V] 사이의 관계

$$V = \frac{1}{\sqrt{2}} V_m \fallingdotseq 0.707 V_m [\text{V}]$$

$$I = \frac{1}{\sqrt{2}} I_m \fallingdotseq 0.707 I_m [\text{A}]$$

SECTION 02 교류전류에 대한 RLC의 작용

1. 저항(R)만의 회로

$R[\Omega]$만의 회로에 교류전압 $v = V_m \sin\omega t$[V]를 인가했을 경우

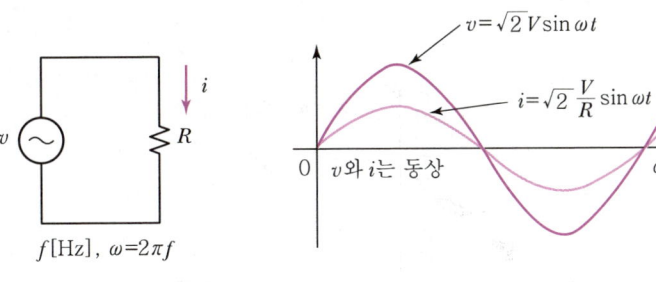

(a) 저항 R만의 회로 (b) 전압과 전류의 파형

┃ 저항만의 회로 ┃

1) 순시전류(i)

$$i = \frac{v}{R} = \frac{V_m}{R}\sin\omega t = \sqrt{2}\,\frac{V}{R}\sin\omega t = \sqrt{2}\,I\sin\omega t = I_m \sin\omega t \,[\text{A}]$$

2) 전압, 전류의 실횻값

$$I = \frac{V}{R}[\text{A}]$$

3) 전압과 전류의 위상

전압과 전류는 동상이다.

2. 인덕턴스(L)만의 회로

L[H]만의 회로에 교류 전류 $i = I_m \sin\omega t$[A]를 인가했을 경우

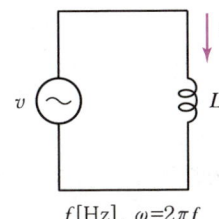 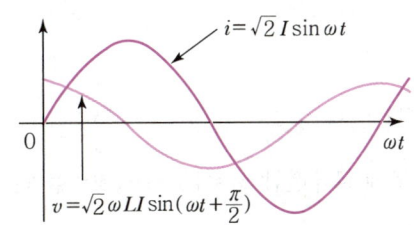

(a) 인덕턴스 L만의 회로 (b) 전압과 전류의 파형

┃ L만의 회로 ┃

1) 유도 리액턴스(Inductive Reactance) : X_L

코일에 전류가 흐르는 것을 방해하는 요소이며 주파수에 비례한다.

> **TIP** 교류에서의 저항 역할이라고 생각하면 쉽다.

$$X_L = \omega L = 2\pi f L \, [\Omega]$$

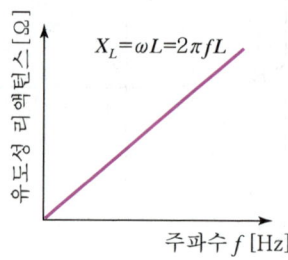

▎유도성 리액턴스와 주파수 관계 ▎

2) 인덕턴스 L 양단의 전압(v)

$$v = L\frac{di}{dt} = L\frac{d}{dt}(\sqrt{2}\,I\sin\omega t) = \sqrt{2}\,\omega LI\cos\omega t$$
$$= \sqrt{2}\,\omega LI\sin\left(\omega t + \frac{\pi}{2}\right) = V_m\sin\left(\omega t + \frac{\pi}{2}\right)[\mathrm{V}]$$

3) 전압, 전류의 실횻값

$$I = \frac{V}{X_L} = \frac{V}{\omega L}\,[\mathrm{A}]$$

4) 전압과 전류의 위상

① 전압은 전류보다 위상이 $\frac{\pi}{2}(=90°)$ 앞선다.

② 전류는 전압보다 위상이 $\frac{\pi}{2}(=90°)$ 뒤진다.

3. 정전용량(C)만의 회로

C[F]만의 회로에 교류전압 $v = V_m\sin\omega t$[V]를 인가했을 경우

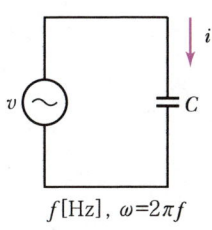
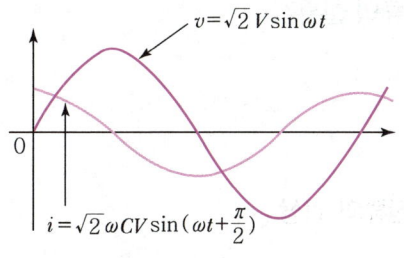

(a) 콘덴서 C만의 회로   (b) 전압과 전류의 파형

┃ C만의 회로 ┃

1) 용량성 리액턴스(Capactive Reactance) : X_C

저항과 같이 전류를 제어하며 주파수에 반비례한다.

> **TIP** 교류에서의 저항 역할이라고 생각하면 쉽다.

$$X_C = \frac{1}{\omega C} = \frac{1}{2\pi f C}[\Omega]$$

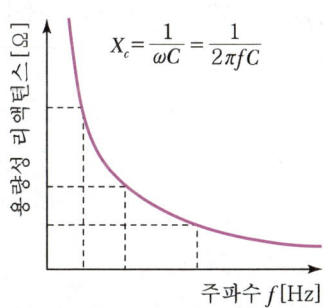

┃ 용량성 리액턴스와 주파수 관계 ┃

2) 콘덴서에 축척되는 전하(q)

$q = Cv = \sqrt{2}\,CV\sin\omega t[\text{C}]$

3) 콘덴서에 유입되는 전류(i)

$i = \dfrac{dq}{dt} = \dfrac{d}{dt}(\sqrt{2}\,CV\sin\omega t) = \sqrt{2}\,\omega CV\cos\omega t$

$= \sqrt{2}\,\omega CV\sin\left(\omega t + \dfrac{\pi}{2}\right) = \sqrt{2}\,I\sin\left(\omega t + \dfrac{\pi}{2}\right)[\text{A}]$

4) 전압, 전류의 실횻값

$$I = \frac{V}{X_C} = \frac{V}{(1/\omega C)} = \omega CV \, [\text{A}]$$

5) 전압과 전류의 위상

① 전류는 전압보다 위상이 $\frac{\pi}{2}(=90°)$ 앞선다.

② 전압는 전류보다 위상이 $\frac{\pi}{2}(=90°)$ 뒤진다.

▼ 기본 회로 요약 정리

구분	기본 회로			
	임피던스	위상각	역률	위상
R	R	0	1	전압과 전류는 동상이다.
L	$X_L = \omega L = 2\pi f L$	90°	0	전류는 전압보다 위상이 $\frac{\pi}{2}(=90°)$ 뒤진다.
C	$X_C = \dfrac{1}{\omega C} = \dfrac{1}{2\pi f C}$	90°	0	전류는 전압보다 위상이 $\frac{\pi}{2}(=90°)$ 앞선다.

CHAPTER 06 핵심 기출문제

01 회전자가 1초에 30회전을 하면 각속도는?
2011
2024
① 30π[rad/s]　　　　　　② 60π[rad/s]
③ 90π[rad/s]　　　　　　④ 120π[rad/s]

해설

각속도 $\omega = \dfrac{\theta}{t}$[rad/s]

1회전 시 $\theta = 2\pi$[rad]이므로 30회전 시 $\theta = 30 \times 2\pi = 60\pi$[rad]

$\omega = \dfrac{60\pi}{1} = 60\pi$[rad/s]

02 $e = 100\sin\left(314t - \dfrac{\pi}{6}\right)$[V]인 파형의 주파수는 약 몇 [Hz]인가?
2011
2012
2014　① 40　　　　　　　　　　② 50
2015　③ 60　　　　　　　　　　④ 80
2019
2023

해설

교류 순시값의 표시방법에서 $e = V_m \sin \omega t$이고 $\omega = 2\pi f$이므로,

주파수 $f = \dfrac{314}{2\pi} = 50$[Hz]

03 다음 전압과 전류의 위상차는 어떻게 되는가?
2011
2012
2019
2024

$$v = \sqrt{2}\,V\sin\left(\omega t - \dfrac{\pi}{3}\right)\text{[V]},\ i = \sqrt{2}\,I\sin\left(\omega t - \dfrac{\pi}{6}\right)\text{[A]}$$

① 전류가 $\dfrac{\pi}{3}$ 만큼 앞선다.　　② 전압이 $\dfrac{\pi}{3}$ 만큼 앞선다.

③ 전압이 $\dfrac{\pi}{6}$ 만큼 앞선다.　　④ 전류가 $\dfrac{\pi}{6}$ 만큼 앞선다.

해설

전압의 위상은 $\dfrac{\pi}{3}$[rad]이고, 전류의 위상은 $\dfrac{\pi}{6}$[rad]이므로, 전류는 전압보다 $\dfrac{\pi}{6}$[rad] 앞선다.

정답　01 ②　02 ②　03 ④

04 최댓값 V_m[V]인 사인파 교류에서 평균값 V_a[V]값은?

① $0.557 V_m$ ② $0.637 V_m$
③ $0.707 V_m$ ④ $0.866 V_m$

해설
$$V_a = \frac{2}{\pi} V_m \fallingdotseq 0.637 V_m$$

05 인덕턴스 0.5[H]에 주파수가 60[Hz]이고 전압이 220[V]인 교류전압이 가해질 때 흐르는 전류는 약 몇 [A]인가?

① 0.59 ② 0.87
③ 0.97 ④ 1.17

해설
$$\text{전류 } I = \frac{V}{X_L} = \frac{V}{2\pi fL} = \frac{220}{2\pi \times 60 \times 0.5} = 1.17[\text{A}]$$

정답 04 ② 05 ④

SECTION 03 RLC 직렬회로

1. RL 직렬회로

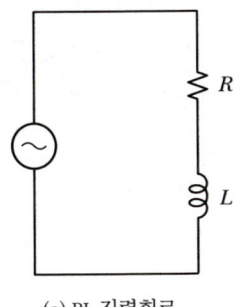
(a) RL 직렬회로

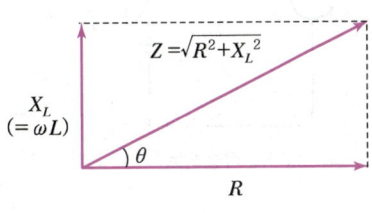
(b) 임피던스 평면

| RL 직렬회로 |

1) 임피던스(Z)

$$\dot{Z} = R + jX_L = R + j\omega L[\Omega]$$

$$|\dot{Z}| = \sqrt{R^2 + X_L^2} = \sqrt{R^2 + (\omega L)^2}\,[\Omega]$$

2) 전전류(I)의 크기

$$I = \frac{V}{\sqrt{R^2 + X_L^2}} = \frac{V}{\sqrt{R^2 + (\omega L)^2}}\,[A]$$

3) 전압과 전류의 위상차

$$\theta = \tan^{-1}\frac{X_L}{R} = \tan^{-1}\frac{\omega L}{R}$$

(V가 I보다 θ만큼 앞선다.)

4) 역률

$$\cos\theta = \frac{R}{Z} = \frac{R}{\sqrt{R^2 + (X_L)^2}} = \frac{R}{\sqrt{R^2 + (\omega L)^2}}$$

2. RC 직렬회로

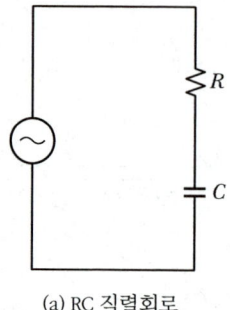
(a) RC 직렬회로

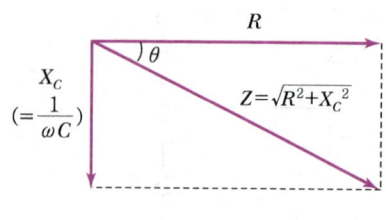
(b) 임피던스 평면

| RC 직렬회로 |

1) 임피던스(Z)

$$\dot{Z} = R - jX_C = R - j\frac{1}{\omega C} [\Omega]$$

$$|\dot{Z}| = \sqrt{R^2 + X_C^2} = \sqrt{R^2 + \left(\frac{1}{\omega C}\right)^2} [\Omega]$$

2) 전전류(I)의 크기

$$I = \frac{V}{\sqrt{R^2 + X_C^2}} = \frac{V}{\sqrt{R^2 + \left(\frac{1}{\omega C}\right)^2}} [A]$$

3) 전압과 전류의 위상차

$$\theta = \tan^{-1}\frac{X_C}{R} = \tan^{-1}\frac{1}{\omega CR}$$

(V가 I보다 θ만큼 뒤진다.)

4) 역률

$$\cos\theta = \frac{R}{Z} = \frac{R}{\sqrt{R^2 + X_C^2}} = \frac{R}{\sqrt{R^2 + \left(\frac{1}{\omega C}\right)^2}}$$

3. RLC 직렬회로

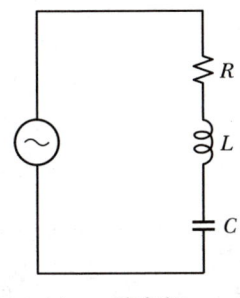
(a) RLC 직렬회로

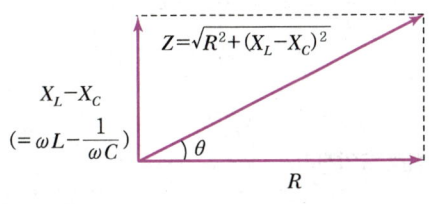
(b) 임피던스 평면

┃RLC 직렬회로┃

1) 임피던스(Z)

$$\dot{Z} = R + j(X_L - X_C) = R + j\left(\omega L - \frac{1}{\omega C}\right)[\Omega]$$

$$|\dot{Z}| = \sqrt{R^2 + (X_L - X_C)^2} = \sqrt{R^2 + \left(\omega L - \frac{1}{\omega C}\right)^2}[\Omega]$$

2) 선전류(I)의 크기

$$I = \frac{V}{\sqrt{R^2 + (X_L - X_C)^2}} = \frac{V}{\sqrt{R^2 + \left(\omega L - \frac{1}{\omega C}\right)^2}}[A]$$

3) 전압과 전류의 위상차

$$\theta = \tan^{-1}\frac{X}{R} = \tan^{-1}\frac{\omega L - \frac{1}{\omega C}}{R}$$

① $\omega L > \frac{1}{\omega C}$: 유도성 회로

② $\omega L < \frac{1}{\omega C}$: 용량성 회로

③ $\omega L = \frac{1}{\omega C}$: 무유도성 회로(전압과 전류의 위상이 동상이다.)

4) 역률

$$\cos\theta = \frac{R}{Z} = \frac{R}{\sqrt{R^2 + \left(\omega L - \frac{1}{\omega C}\right)^2}}$$

▼ RLC 직렬회로 요약정리

구분	RLC 직렬회로			
	임피던스	위상각	역률	위상
$R-L$	$\sqrt{R^2+(\omega L)^2}$	$\tan^{-1}\frac{\omega L}{R}$	$\frac{R}{\sqrt{R^2+(\omega L)^2}}$	전류가 뒤진다.
$R-C$	$\sqrt{R^2+\left(\frac{1}{\omega C}\right)^2}$	$\tan^{-1}\frac{1}{\omega CR}$	$\frac{R}{\sqrt{R^2+\left(\frac{1}{\omega C}\right)^2}}$	전류가 앞선다.
$R-L-C$	$\sqrt{R^2+\left(\omega L-\frac{1}{\omega C}\right)^2}$	$\tan^{-1}\frac{\omega L-\frac{1}{\omega C}}{R}$	$\frac{R}{\sqrt{R^2+\left(\omega L-\frac{1}{\omega C}\right)^2}}$	L이 크면 전류는 뒤진다. C가 크면 전류는 앞선다.

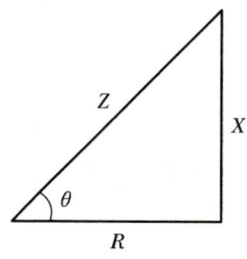

│ RLC 직렬회로 암기내용 │

TIP 이 삼각형을 활용하여 암기하면 기억하기 쉽다.

CHAPTER 06 핵심 기출문제

01 RL 직렬회로에서 임피던스(Z)의 크기를 나타내는 식은?
2014 2019 2024

① $R^2 + X_L^2$
② $R^2 - X_L^2$
③ $\sqrt{R^2 + X_L^2}$
④ $\sqrt{R^2 - X_L^2}$

해설
아래 그림과 같이 복소평면을 이용한 임피던스 삼각형에서 임피던스 $Z = \sqrt{R^2 + X_L^2}\,[\Omega]$이다.

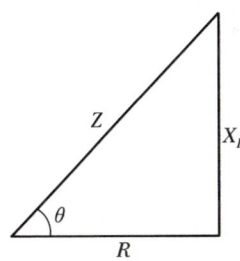

02 $R = 8[\Omega]$, $L = 19.1[\text{mH}]$의 직렬회로에 5[A]가 흐르고 있을 때 인덕턴스(L)에 걸리는 단자 전압의 크기는 약 몇 [V]인가?(단, 주파수는 60[Hz]이다.)
2015 2024

① 12
② 25
③ 29
④ 36

해설
유도 리액턴스 $X_L = 2\pi f L = 2\pi \times 60 \times 19.1 \times 10^{-3} = 7.2[\Omega]$
인덕턴스에 걸리는 전압강하 $V_L = I X_L = 5 \times 7.2 = 36[\text{V}]$

03 RL 직렬회로에 교류전압 $v = V_m \sin\theta\,[\text{V}]$를 가했을 때 회로의 위상각 θ를 나타낸 것은?
2009 2015 2017 2018 2020 2024

① $\theta = \tan^{-1}\dfrac{R}{\omega L}$

② $\theta = \tan^{-1}\dfrac{\omega L}{R}$

③ $\theta = \tan^{-1}\dfrac{1}{R\omega L}$

④ $\theta = \tan^{-1}\dfrac{R}{\sqrt{R^2 + (\omega L)^2}}$

정답 01 ③ 02 ④ 03 ②

> **해설**
>
> RL 직렬회로는 아래 벡터도와 같으므로, 위상각 $\theta = \tan^{-1}\dfrac{\omega L}{R}$이다.

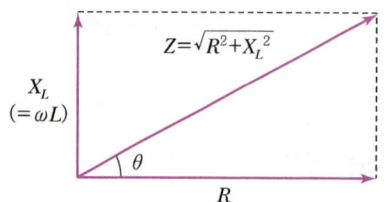

04 저항 8[Ω]과 유도 리액턴스 6[Ω]이 직렬로 접속된 회로에 200[V]의 교류전압을 인가하는 경우 흐르는 전류[A]와 역률[%]은 각각 얼마인가?
2009
2023
2024

① 20[A], 80[%] ② 10[A], 60[%]
③ 20[A], 60[%] ④ 10[A], 80[%]

> **해설**
> - $\dot{Z} = R + jX_L$, $|Z| = \sqrt{R^2 + X_L^2} = \sqrt{8^2 + 6^2} = 10[\Omega]$
> - $I = \dfrac{V}{Z} = \dfrac{200}{10} = 20[A]$
> - $\cos\theta = \dfrac{R}{|\dot{Z}|} = \dfrac{8}{10} = 0.8 (=80[\%])$

05 저항 8[Ω]과 코일이 직렬로 접속된 회로에 200[V]의 교류 전압을 가하면, 20[A]의 전류가 흐른다. 코일의 리액턴스는 몇 [Ω]인가?
2015
2023

① 2 ② 4
③ 6 ④ 8

> **해설**
> 아래 회로도와 같이 RL 직렬회로로 계산하면,
>
> 임피던스 $Z = \dfrac{V}{I} = \dfrac{200}{20} = 10[\Omega]$
> 임피던스 $Z = \sqrt{R^2 + X_L^2}$이므로,
> $10 = \sqrt{8^2 + X_L^2}$에서 X_L를 계산하면, $X_L = 6[\Omega]$이다.

06 저항과 코일이 직렬 연결된 회로에서 직류 220[V]를 인가하면 20[A]의 전류가 흐르고, 교류 220[V]를 인가하면 10[A]의 전류가 흐른다. 이 코일의 리액턴스[Ω]는?
2013
2024

① 약 19.05[Ω] ② 약 16.06[Ω]
③ 약 13.06[Ω] ④ 약 11.04[Ω]

정답 04 ① 05 ③ 06 ①

> 해설

- 저항과 코일의 직렬회로에서 직류전압을 가하면, 코일의 리액턴스 $X_L = 0[\Omega]$이므로, $I = \dfrac{V}{R}$에서, 저항 $R = \dfrac{V}{I} = \dfrac{220}{20} = 11[\Omega]$이다.

- 교류 220[V]를 가할 때, 전류 $I = \dfrac{V}{Z} = \dfrac{V}{\sqrt{R^2 + X_L^2}}$이므로, $10 = \dfrac{220}{\sqrt{11^2 + X_L^2}}$에서 유도 리액턴스 $X_L = 19.05[\Omega]$이다.

07

RLC 직렬회로에서 임피던스 Z의 크기를 나타내는 식은?

2022
2023

① $R^2 + (X_L - X_C)^2$
② $R^2 - (X_L - X_C)^2$
③ $\sqrt{R^2 + (X_L - X_C)^2}$
④ $\sqrt{R^2 - (X_L - X_C)^2}$

> 해설

아래 그림과 같이 복소평면을 이용한 임피던스 삼각형에서
임피던스 $Z = \sqrt{R^2 + (X_L - X_C)^2}$ [Ω]이다.

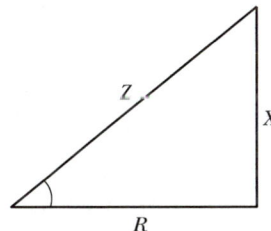

08

$R = 10[\Omega]$, $X_L = 15[\Omega]$, $X_C = 15[\Omega]$의 직렬회로에 100[V]의 교류전압을 인가할 때 흐르는 전류[A]는?

2011
2017
2019
2021
2022

① 6
② 8
③ 10
④ 12

> 해설

$Z = \sqrt{R^2 + (X_L - X_C)^2} = \sqrt{10^2 + (15-15)^2} = 10[\Omega]$
$I = \dfrac{V}{Z} = \dfrac{100}{10} = 10[A]$

정답 07 ③ 08 ③

09

$R=4[\Omega]$, $X_L=8[\Omega]$, $X_C=5[\Omega]$가 직렬로 연결된 회로에 100[V]의 교류를 가했을 때 흐르는 ㉠ 전류와 ㉡ 임피던스는?

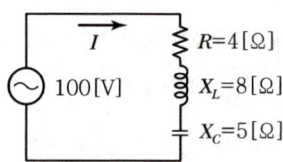

① ㉠ 5.9[A], ㉡ 용량성　　② ㉠ 5.9[A], ㉡ 유도성
③ ㉠ 20[A], ㉡ 용량성　　④ ㉠ 20[A], ㉡ 유도성

해설
- $\dot{Z} = 4 + j(8-5) = 4 + j3$
  $|\dot{Z}| = \sqrt{4^2+3^2} = 5$, $I = \dfrac{V}{|\dot{Z}|} = \dfrac{100}{5} = 20[A]$
- $X_L > X_C$ 이므로 유도성이다.

10

$Z_1 = 5 + j3[\Omega]$과 $Z_2 = 7 - j3[\Omega]$이 직렬 연결된 회로에 $V = 36[V]$를 가한 경우의 전류[A]는?

① 1[A]　　② 3[A]
③ 6[A]　　④ 10[A]

해설
- 합성 임피던스 $Z_0 = Z_1 + Z_2 = 5 + j3 + 7 - j3 = 12[\Omega]$
- 전류 $I = \dfrac{36}{12} = 3[A]$

정답 09 ④　10 ②

SECTION 04 RLC 병렬회로

> **NOTICE** RLC 병렬회로는 기출문제가 많이 나오는 편은 아니나, 향후 기사나 산업기사 준비에 필요한 사항이니 기본적인 사항을 공부하시기 바랍니다.

1. 어드미턴스(Admittance)

1) 어드미턴스

임피던스의 역수로 기호는 Y, 단위는 [℧]을 사용한다.

① RLC 직렬회로

각 회로 소자에 흐르는 전류가 동일하기 때문에 임피던스를 이용하여 연산하는 것이 편리

② RLC 병렬회로

각 회로 소자에 걸리는 전압이 동일하기 때문에 어드미턴스를 이용하여 연산하는 것이 편리

2) 임피던스의 어드미턴스 변환

$\dot{Z} = R \pm jX[\Omega]$이라면, 어드미턴스 $\dot{Y}$ 는

$$\dot{Y} = \frac{1}{Z} = \frac{1}{R \pm jX} = \frac{R}{R^2 + X^2} \mp j\frac{X}{R^2 + X^2} = G \mp jB [℧]$$

① 실수부

컨덕턴스(Conductance) $G = \dfrac{R}{R^2 + X^2} [℧]$

② 허수부

서셉턴스(Susceptance) $B = \dfrac{X}{R^2 + X^2} [℧]$

2. RL 병렬회로

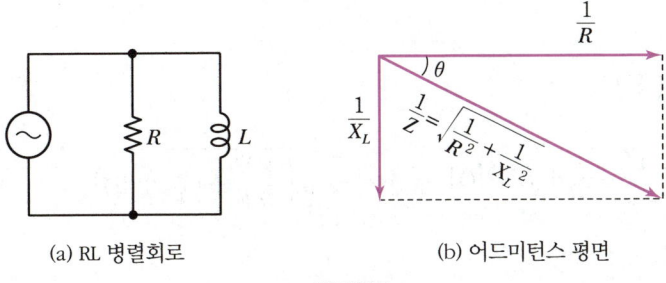

(a) RL 병렬회로 (b) 어드미턴스 평면

| RL 병렬회로 |

1) 어드미턴스(Y)

$$\dot{Y} = \frac{1}{R} - j\frac{1}{\omega L}[\mho] \qquad |\dot{Y}| = \sqrt{\left(\frac{1}{R}\right)^2 + \left(\frac{1}{\omega L}\right)^2}[\mho]$$

2) 전전류(I)의 크기

$$I = V \cdot \sqrt{\left(\frac{1}{R}\right)^2 + \left(\frac{1}{X_L}\right)^2} = V \cdot \sqrt{\left(\frac{1}{R}\right)^2 + \left(\frac{1}{\omega L}\right)^2}[A]$$

3) 전압과 전류의 위상차

$$\theta = \tan^{-1}\frac{R}{\omega L} \qquad (I\text{가 } V\text{보다 } \theta\text{만큼 뒤진다.})$$

4) 역률

$$\cos\theta = \frac{G}{Y} = \frac{\frac{1}{R}}{\sqrt{\left(\frac{1}{R}\right)^2 + \left(\frac{1}{X_L}\right)^2}} = \frac{\frac{1}{R}}{\sqrt{\left(\frac{1}{R}\right)^2 + \left(\frac{1}{\omega L}\right)^2}} = \frac{1}{\sqrt{1 + \left(\frac{R}{\omega L}\right)^2}}$$

3. RC 병렬회로

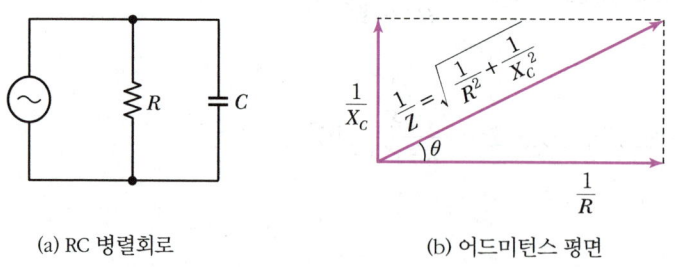

(a) RC 병렬회로 (b) 어드미턴스 평면

| RC 병렬회로 |

1) 어드미턴스(Y)

$$\dot{Y} = \frac{1}{R} + j\frac{1}{X_c} = \frac{1}{R} + j\omega C[\mho] \qquad |\dot{Y}| = \sqrt{\left(\frac{1}{R}\right)^2 + (\omega C)^2}[\mho]$$

2) 전전류(I)의 크기

$$I = V \cdot \sqrt{\left(\frac{1}{R}\right)^2 + \left(\frac{1}{X_C}\right)^2} = V \cdot \sqrt{\left(\frac{1}{R}\right)^2 + (\omega C)^2} \, [\text{A}]$$

3) 전압과 전류의 위상차

$$\theta = \tan^{-1} \omega CR \quad (I \text{가 } V \text{보다 } \theta \text{만큼 앞선다.})$$

4) 역률

$$\cos\theta = \frac{G}{Y} = \frac{\frac{1}{R}}{\sqrt{\left(\frac{1}{R}\right)^2 + \left(\frac{1}{X_C}\right)^2}} = \frac{\frac{1}{R}}{\sqrt{\left(\frac{1}{R}\right)^2 + (\omega C)^2}} = \frac{1}{\sqrt{1 + (\omega CR)^2}}$$

4. RLC 병렬회로

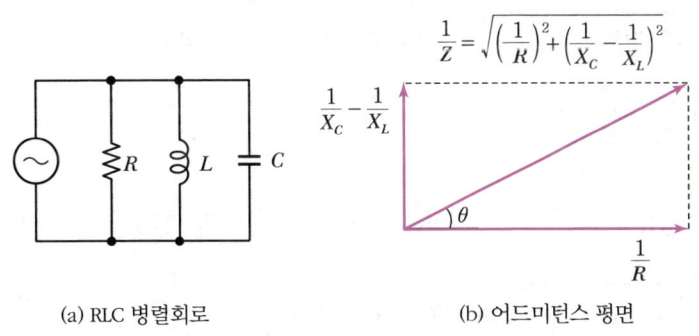

(a) RLC 병렬회로 (b) 어드미턴스 평면

┃ RLC 병렬회로 ┃

1) 어드미턴스(Y)

$$\dot{Y} = \frac{1}{R} + j\left(\frac{1}{X_C} - \frac{1}{X_L}\right) = \frac{1}{R} + j\left(\omega C - \frac{1}{\omega L}\right) [\mho]$$

$$|\dot{Y}| = \sqrt{\left(\frac{1}{R}\right)^2 + \left(\omega C - \frac{1}{\omega L}\right)^2} \, [\mho]$$

2) 전전류(I)의 크기

$$I = V \cdot \sqrt{\left(\frac{1}{R}\right)^2 + \left(\frac{1}{X_C} - \frac{1}{X_L}\right)^2} = V \cdot \sqrt{\left(\frac{1}{R}\right)^2 + \left(\omega C - \frac{1}{\omega L}\right)^2} \,[\text{A}]$$

3) 전압과 전류의 위상차

$$\theta = \tan^{-1} R \cdot \left(\omega C - \frac{1}{\omega L}\right)$$

4) 역률

$$\cos\theta = \frac{G}{Y} = \frac{\frac{1}{R}}{\sqrt{\left(\frac{1}{R}\right)^2 + \left(\omega C - \frac{1}{\omega L}\right)^2}} = \frac{1}{\sqrt{1 + \left(\omega CR - \frac{R}{\omega L}\right)^2}}$$

▼ RLC 병렬회로 요약정리

구분	RLC 병렬회로			
	어드미턴스	위상각	역률	위상
$R-L$	$\sqrt{\left(\frac{1}{R}\right)^2 + \left(\frac{1}{\omega L}\right)^2}$	$\tan^{-1}\frac{R}{\omega L}$	$\dfrac{1}{\sqrt{1 + \left(\frac{R}{\omega L}\right)^2}}$	전류가 뒤진다.
$R-C$	$\sqrt{\left(\frac{1}{R}\right)^2 + (\omega C)^2}$	$\tan^{-1}\omega CR$	$\dfrac{1}{\sqrt{1 + (\omega CR)^2}}$	전류가 앞선다.
$R-L-C$	$\sqrt{\left(\frac{1}{R}\right)^2 + \left(\omega C - \frac{1}{\omega L}\right)^2}$	$\tan^{-1}R \cdot \left(\omega C - \frac{1}{\omega L}\right)$	$\dfrac{1}{\sqrt{1 + \left(\omega CR - \frac{R}{\omega L}\right)^2}}$	L이 크면 전류는 뒤진다. C가 크면 전류는 앞선다.

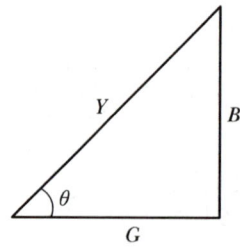

| RLC 병렬회로 암기내용 |

 이 삼각형을 활용하여 암기하면 기억하기 쉽다.

CHAPTER 06 핵심 기출문제

01 RL 병렬회로에서 합성 임피던스는 어떻게 표현되는가?

① $\dfrac{R}{R^2 + X_L^2}$ ② $\dfrac{X_L}{\sqrt{R^2 + X_L^2}}$

③ $\dfrac{R + X_L}{R^2 + X_L^2}$ ④ $\dfrac{R \cdot X_L}{\sqrt{R^2 + X_L^2}}$

해설

$\dot{Y} = \dfrac{1}{R} - j\dfrac{1}{X_L}$

$Z = \dfrac{1}{Y} = \dfrac{1}{\sqrt{\left(\dfrac{1}{R}\right)^2 + \left(\dfrac{1}{X_L}\right)^2}} = \dfrac{R \cdot X_L}{\sqrt{R^2 + X_L^2}} \; [\Omega]$

02 6[Ω]의 저항과, 8[Ω]의 용량성 리액턴스의 병렬회로가 있다. 이 병렬회로의 임피던스는 몇 [Ω]인가?

① 1.5   ② 2.6   ③ 3.8   ④ 4.8

해설

병렬회로의 임피던스 $\dfrac{1}{Z} = \sqrt{\dfrac{1}{R^2} + \dfrac{1}{X_c^2}}$ 이므로,

$\dfrac{1}{Z} = \sqrt{\dfrac{1}{6^2} + \dfrac{1}{8^2}} = \dfrac{5}{24}$

따라서 임피던스 $Z = 4.8[\Omega]$이다.

03 그림과 같이 RL 병렬회로에서 $R = 25[\Omega]$, $\omega L = \dfrac{100}{3}[\Omega]$일 때, 200[V]의 전압을 가하면 코일에 흐르는 전류 $I_L[A]$은?

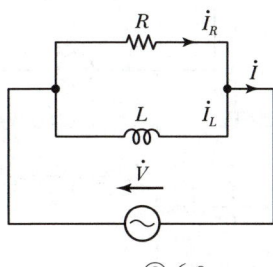

① 3.0   ② 4.8   ③ 6.0   ④ 8.2

정답   01 ④   02 ④   03 ③

> **해설**
> RL 병렬회로에서 R과 L에 동일한 전압이 인가되므로, 각각의 전류의 크기는 서로 영향을 주지 않는다.
> 따라서, L에 흐르는 전류 $I_L = \dfrac{V}{X_L} = \dfrac{V}{\omega L} = \dfrac{200}{\frac{100}{3}} = 6[\text{A}]$ 이다.

04 RC 병렬회로의 역률 $\cos\theta$는?

① $\dfrac{\frac{1}{R}}{\sqrt{R^2+\left(\frac{1}{\omega C}\right)^2}}$ ② $\dfrac{1}{\sqrt{1+\left(\frac{R}{\omega C}\right)^2}}$

③ $\dfrac{R}{\sqrt{R+(\omega C)^2}}$ ④ $\dfrac{1}{\sqrt{1+(\omega CR)^2}}$

> **해설**
> 역률 $\cos\theta = \dfrac{G}{Y} = \dfrac{\frac{1}{R}}{\sqrt{\left(\frac{1}{R}\right)^2+\left(\frac{1}{X_C}\right)^2}} = \dfrac{\frac{1}{R}}{\sqrt{\left(\frac{1}{R}\right)^2+(\omega C)^2}} = \dfrac{1}{\sqrt{1+(\omega CR)^2}}$

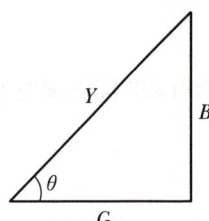

05 그림의 브리지 회로에서 평형이 되었을 때의 C_x는?

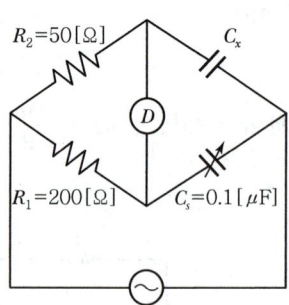

① $0.1[\mu\text{F}]$ ② $0.2[\mu\text{F}]$ ③ $0.3[\mu\text{F}]$ ④ $0.4[\mu\text{F}]$

> **해설**
> 평형조건은 $R_2 \times \dfrac{1}{\omega C_s} = R_1 \times \dfrac{1}{\omega C_x}$ 이므로
> $C_x = \dfrac{R_1}{R_2} \times C_s = \dfrac{200}{50} \times 0.1 = 0.4[\mu\text{F}]$

정답 04 ④ 05 ④

SECTION 05 공진회로

> **TIP** 유도 리액턴스와 용량 리액턴스가 포함된 교류회로에서 전원의 주파수가 변할 때 특정 주파수에서 유도 리액턴스와 용량 리액턴스가 같아질 때가 발생하는데, 이때 유도 리액턴스와 용량 리액턴스가 회로에서 없어진 것처럼 동작하기 때문에 공진이라 한다.

1. 직렬공진

1) 직렬공진의 조건

$$\dot{Z} = R + j\left(\omega L - \frac{1}{\omega C}\right)[\Omega] \text{에서}$$

$$\omega L - \frac{1}{\omega C} = 0 \; ; \; \omega L = \frac{1}{\omega C} \cdots\cdots \text{(공진조건)}$$

① 공진 시 임피던스(Z)

$$Z = R[\Omega] \; ; \text{(최소)}$$

② 공진전류(I_o)

$$I_o = \frac{V}{Z} = \frac{V}{R}[\text{A}] \; ; \text{(최대)}$$

2) 공진 주파수(Resonance Frequency)

① 공진 각주파수(ω_o)

$$\omega_o L = \frac{1}{\omega_o C} \rightarrow \omega_o^2 = \frac{1}{LC} \text{이므로}$$

$$\therefore \omega_o = \frac{1}{\sqrt{LC}}[\text{rad/sec}]$$

② 공진 주파수(f_o)

$$f_o = \frac{1}{2\pi\sqrt{LC}}[\text{Hz}] \quad (\because \omega_o = 2\pi f_0)$$

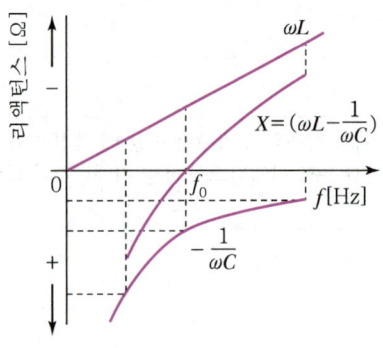 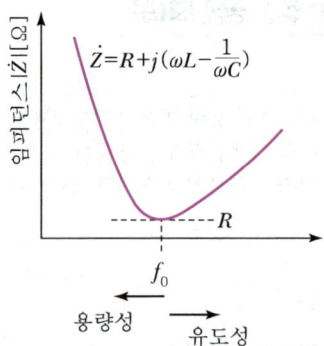

| 직렬공진 주파수 특성 |

2. 병렬공진

1) 병렬공진의 조건

$$\dot{Y} = \frac{1}{R} + j\left(\omega C - \frac{1}{\omega L}\right)[\mho]$$ 에서

$\omega C - \frac{1}{\omega L} = 0$; $\omega C = \frac{1}{\omega L}$ …… (공진조건)

① 공진 시 어드미턴스(Y)

$Y = \frac{1}{R}[\mho]$; (최소) → 임피던스 $Z = \frac{1}{Y}[\Omega]$ 이므로 최대

② 공진 전류(I_o)

$I_o = VY = \frac{V}{R}[A]$; (최소)

2) 공진 주파수(Resonance Frequency)

① 공진 각주파수(ω_o)

(공진 조건)에서 $\omega_o^2 = \frac{1}{LC}$ 이므로

∴ $\omega_o = \frac{1}{\sqrt{LC}}$ [rad/sec]

② 공진 주파수(f_o)

$$f_o = \frac{1}{2\pi\sqrt{LC}}[Hz] \quad (\because \omega_o = 2\pi f_0)$$

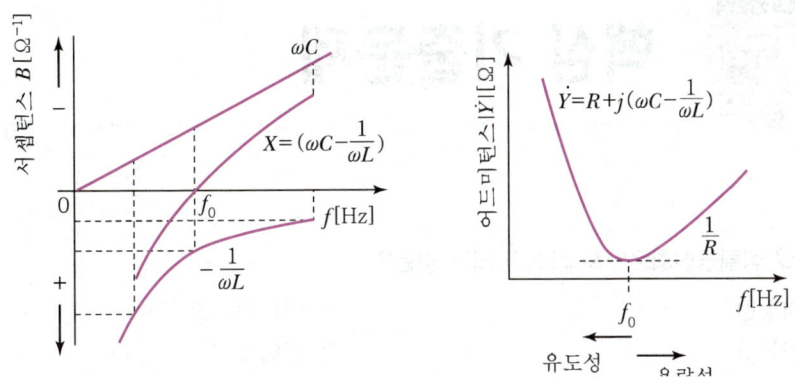

| 병렬공진 주파수 특성 |

▼ 공진회로 요약정리

구분	직렬공진	병렬공진
조건	$\omega L = \dfrac{1}{\omega C}$	$\omega C = \dfrac{1}{\omega L}$
공진의 의미	• 허수부가 0이다. • 전압과 전류가 동상이다. • 역률이 1이다. • 임피던스가 최소이다. • 흐르는 전류가 최대이다.	• 허수부가 0이다. • 전압과 전류가 동상이다. • 역률이 1이다. • 어드미턴스가 최소이다. • 흐르는 전류가 최소이다.
전류	$I = \dfrac{V}{R}$	$I = GV$
공진 주파수	$f_0 = \dfrac{1}{2\pi\sqrt{LC}}$	$f_0 = \dfrac{1}{2\pi\sqrt{LC}}$

CHAPTER 06 핵심 기출문제

01 RLC 직렬공진회로에서 최소가 되는 것은?
2011
2019
① 저항값 ② 임피던스값
③ 전류값 ④ 전압값

해설
직렬공진 시 임피던스 $Z = \sqrt{R^2 + \left(\omega L - \frac{1}{\omega C}\right)^2}$ 에서 $\omega L = \frac{1}{\omega C}$ 이므로 $Z = R[\Omega]$으로 최소가 된다.
전류 $I = \frac{V}{Z}$ 이므로 전류는 최대가 된다.

02 RLC 직렬회로에서 최대 전류가 흐르기 위한 조건은?
2017
2018
2022
① $L = C$ ② $\omega LC = 1$
③ $\omega^2 LC = 1$ ④ $(\omega LC)^2 = 1$

해설
RLC 직렬회로에서 공진 시 $\omega L = \frac{1}{\omega C}$ 이므로, 임피던스 Z가 최소가 되고, 전류는 최대가 된다.
따라서, 공진 조건은 $\omega^2 LC = 1$이다.

03 RLC 직렬회로에서 전압과 전류가 동상이 되기 위한 조건은?
2013
2019
① $L = C$ ② $\omega LC = 1$
③ $\omega^2 LC = 1$ ④ $(\omega LC)^2 = 1$

해설
직렬공진 시 임피던스 $Z = \sqrt{R^2 + \left(\omega L - \frac{1}{\omega C}\right)^2}$ 에서 $\omega L = \frac{1}{\omega C}$ 이므로 $Z = R[\Omega]$으로 전압과 전류의 위상이 동상이 된다. 따라서, 공진 조건은 $\omega^2 LC = 1$이다.

04 RLC 병렬공진회로에서 공진 주파수는?
2015
2024
① $\frac{1}{\pi\sqrt{LC}}$ ② $\frac{1}{\sqrt{LC}}$ ③ $\frac{2\pi}{\sqrt{LC}}$ ④ $\frac{1}{2\pi\sqrt{LC}}$

해설
- 공진조건 $\frac{1}{X_C} = \frac{1}{X_L}$, $\omega C = \frac{1}{\omega L}$ 이므로
- 공진 주파수 $f_o = \frac{1}{2\pi\sqrt{LC}}$ 이다.

정답 01 ② 02 ③ 03 ③ 04 ④

SECTION 06 교류전력

- **순시전력** : 교류회로에서는 전압과 전류의 크기가 시간에 따라 변화하므로 전압과 전류의 곱도 시간에 따라 변화하는데, 이 값을 순시전력이라 한다.
- **유효전력** : 교류회로에서 순시전력을 1주기 평균한 값으로 전력, 평균전력이라고도 한다.

1. 교류전력

1) 저항 부하의 전력

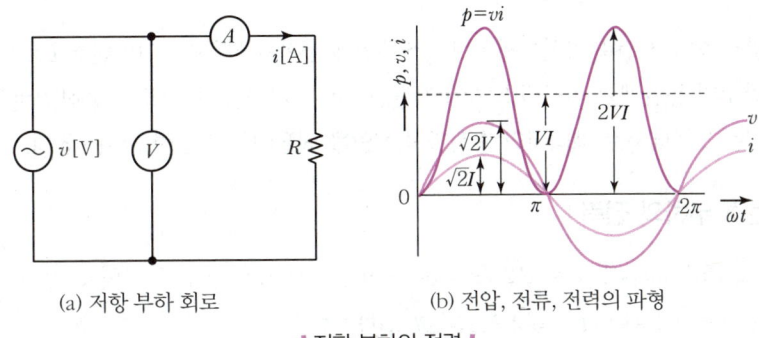

(a) 저항 부하 회로　　(b) 전압, 전류, 전력의 파형

| 저항 부하의 전력 |

① 저항 R만인 부하회로에서의 교류전력 P는 순시전력을 평균한 값이다.

$$P = V \cdot I \, [\text{W}]$$

② 저항 $R[\Omega]$ 부하의 전력은 전압의 실횻값과 전류의 실횻값을 곱한 것과 같다.

2) 정전용량(C) 부하의 전력

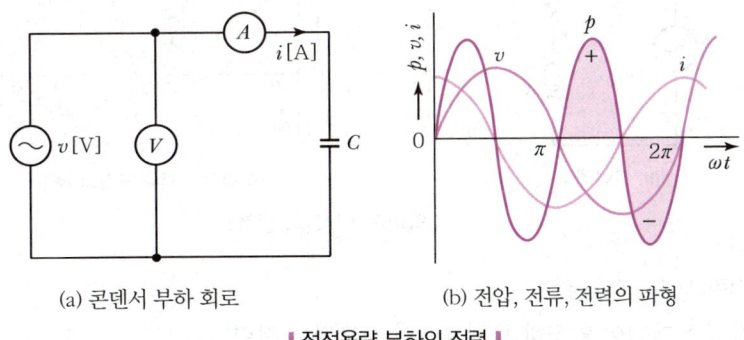

(a) 콘덴서 부하 회로　　(b) 전압, 전류, 전력의 파형

| 정전용량 부하의 전력 |

① 그림 (b)의 순시 전력 곡선에서 +반주기 동안에는 전원에너지가 정전용량 C로 이동하여 충전되고, -반주기 동안에는 정전용량 C에 저장된 에너지가 전원 쪽으로 이동하면서 방전된다.

② 정전용량 C에서는 에너지의 충전과 방전만을 되풀이하며 전력소비는 없다.

3) 인덕턴스(L) 부하의 전력

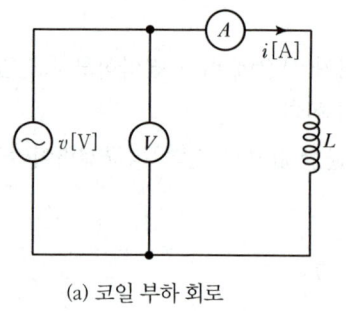

(a) 코일 부하 회로

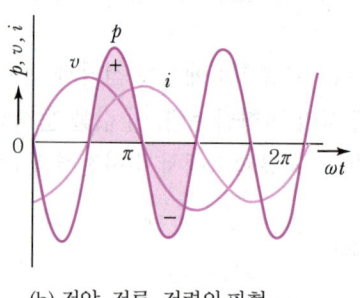

(b) 전압, 전류, 전력의 파형

┃ 인덕턴스 부하의 전력 ┃

① 그림 (b)의 순시전력 곡선에서 +반주기 동안에는 전원에너지가 인덕턴스 L로 이동하여 충전되고, -반주기 동안에는 인덕턴스 L에 저장된 에너지가 전원 쪽으로 이동하면서 방전된다.
② 인덕턴스 L에서는 에너지의 충전과 방전만을 되풀이하며 전력소비는 없다.

4) 임피던스 부하의 전력

$v = \sqrt{2}\,V\sin\omega t\,[\text{V}]$, $i = \sqrt{2}\,I\sin(\omega t - \theta)\,[\text{A}]$가 흐르면 순시전력 P는

$P = vi = \sqrt{2}\,V\sin\omega t \cdot \sqrt{2}\,I\sin(\omega t - \theta)$
$\quad = 2VI\sin\omega t \cdot \sin(\omega t - \theta)$
$\quad = VI\cos\theta - VI\cos(2\omega t - \theta)\,[\text{W}]$
$(\because VI\cos\theta(2\omega t - \theta)$의 평균값은 $0)$

$\therefore P = VI\cos\theta\,[\text{W}]$

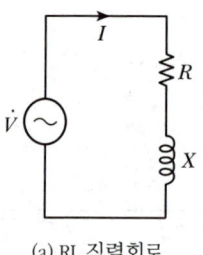

(a) RL 직렬회로

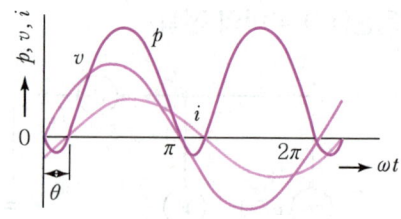

(b) 전압, 전류, 전력의 파형

┃ 임피던스 부하의 전력 ┃

① 유효전력(Active Power)
- 시간에 관계없이 일정하며 회로에서 소모되는 전력
- 소비전력, 평균전력이라고도 한다.

$P = VI\cos\theta\,[\text{W}][\text{와트}]$

② 무효전력(Reactive Power)

$$P_r = VI\sin\theta\,[\text{Var}][바]$$

③ 피상전력(Apparent Power)
- 회로에 가해지는 전압과 전류의 곱으로 표시
- 겉보기 전력이라고도 한다.

$$P_a = VI\,[\text{VA}][볼트\ 암페어]$$

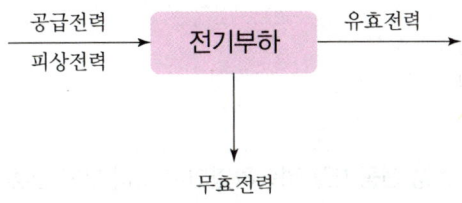

TIP 피상전력은 공급전력으로, 유효전력은 유효하게 변환된 전력으로, 무효전력은 변환되지 못한 전력으로 이해하면 된다.

2. 역률

1) 역률(Power Factor)

- 피상전력과 유효전력과의 비

$$역률(p.f) = \cos\theta = \frac{유효전력}{피상전력} = \frac{P}{P_a}$$

(단, θ는 전압과 전류의 위상차)

2) 무효율(Reactive Factor)

- 피상전력과 무효전력과의 비

$$무효율 = \sin\theta = \frac{무효전력}{피상전력} = \frac{P_r}{P_a} = \sqrt{1 - \cos^2\theta}$$

CHAPTER 06 핵심 기출문제

01 유효전력의 식으로 옳은 것은?(단, E는 전압, I는 전류, θ는 위상각이다.)
2015 2019 2022 2024

① $EI\cos\theta$　　　　② $EI\sin\theta$
③ $EI\tan\theta$　　　　④ EI

> **해설**
> ② 무효전력의 식
> ④ 피상전력의 식

02 단상 전압 220[V]에 소형 전동기를 접속하였더니 2.5[A]의 전류가 흘렀다. 이때의 역률이 75[%]이었다. 이 전동기의 소비전력[W]은?
2011 2024

① 187.5[W]　　　　② 412.5[W]
③ 545.5[W]　　　　④ 714.5[W]

> **해설**
> $P = VI\cos\theta = 220 \times 2.5 \times 0.75 = 412.5[W]$

03 교류회로에서 무효전력의 단위는?
2014 2023

① [W]　　　　② [VA]
③ [Var]　　　　④ [V/m]

> **해설**
> ① 유효전력의 단위
> ② 피상전력의 단위

04 교류에서 무효전력[Var]을 나타내는 식은?
2019 2022

① VI　　　　② $VI\cos\theta$
③ $VI\sin\theta$　　　　④ $VI\tan\theta$

> **해설**
> • 피상전력 VI[VA]
> • 유효전력 $VI\cos\theta$[W]
> • 무효전력 $VI\sin\theta$[Var]

정답 01 ①　02 ②　03 ③　04 ③

05 피상전력에 대한 실제 유효한 전력의 비를 무엇이라 하는가?

2009
2017
2023

① 역률
② 무효율
③ 효율
④ 유효율

해설
역률 $\cos\theta = \dfrac{유효전력}{피상전력} = \dfrac{VI\cos\theta}{VI}$ 이다.

06 교류회로에서 전압과 전류의 위상차를 θ[rad]라 할 때 $\cos\theta$는?

2010
2021

① 전압 변동률
② 왜곡률
③ 효율
④ 역률

정답 05 ① 06 ④

CHAPTER 07 3상 교류회로

SECTION 01 3상 교류

1. 3상 교류의 발생

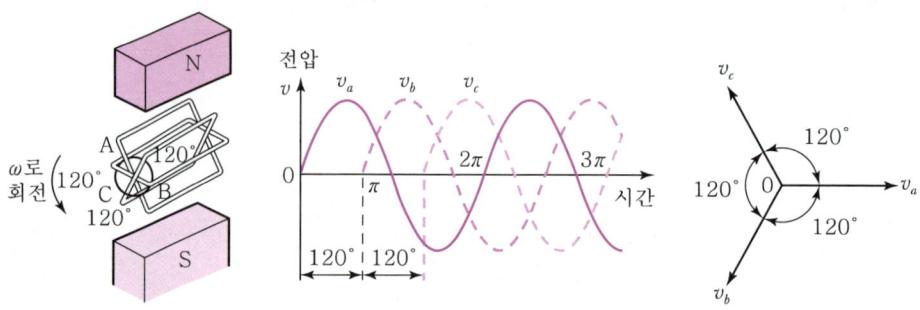

| 3상 교류의 발생 **|**

① 3상 교류는 크기와 주파수가 같고 위상만 120°씩 서로 다른 단상교류로 구성된다.

② 상 회전순(Phase Rotation)
  - $v_a \to v_b \to v_c$
  - v_a(a상, 제1상), v_b(b상, 제2상), v_c(c상, 제3상)

③ 대칭 3상 교류와 비대칭 3상 교류로 구분된다.

2. 대칭 3상 교류(Symmetrical Three Phase AC)

① 각 기전력의 크기가 같고, 서로 $\frac{2}{3}\pi$[rad]만큼씩의 위상차가 있는 교류를 대칭 3상 교류라 한다.

② 대칭 3상 교류의 조건
  - 기전력의 크기가 같을 것
  - 주파수가 같을 것
  - 파형이 같을 것
  - 위상차가 각각 $\frac{2}{3}\pi$[rad]일 것

SECTION 02 3상 회로의 결선

1. Y결선(Y-connection) : 성형 결선

> **TIP** 전압이 커지고, 전류는 그대로이다.

1) 상전압, 선간전압, 상전류

① 상전압(Phase Voltage) : $\dot{V}_a, \dot{V}_b, \dot{V}_c$

② 선간전압(Line Voltage) : $\dot{V}_{ab}, \dot{V}_{bc}, \dot{V}_{ca}$

③ 상전류(Phase Current), 선전류(Line Current) : $\dot{I}_a, \dot{I}_b, \dot{I}_c$

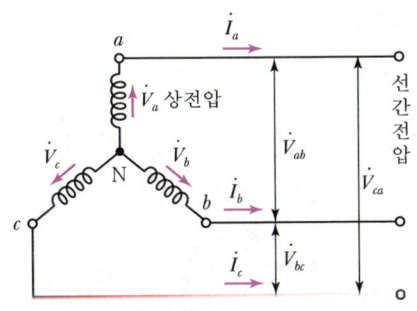
(a) 상전압과 선간전압

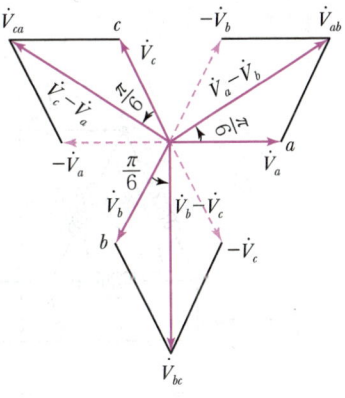
(b) 벡터도

┃ Y결선의 상전압과 선간전압 ┃

2) 상전압(V_p)과 선간전압(V_ℓ)의 관계

$$V_{ab} = 2V_a \cos \frac{\pi}{6} = \sqrt{3}\, V_a [\text{V}]$$

$$V_\ell = \sqrt{3}\, V_p \angle \frac{\pi}{6} [\text{V}]$$

위상은 $\frac{\pi}{6}$[rad](=30°)만큼 앞선다.

3) 상전류(I_p)와 선전류(I_ℓ)의 관계

$$I_\ell = I_p [\text{A}]$$

4) 평형 3상 회로의 중성선(Neutral Line)

전류가 흐르지 않는다.

$\dot{I}_a + \dot{I}_b + \dot{I}_c = 0[A]$

2. △결선(△-connection) : 3각 결선

> **TIP** 전압은 변하지 않고, 전류가 커진다.

1) 상전압(V_p)과 선간전압(V_ℓ)의 관계

$\dot{V}_{ab} = \dot{V}_a$ [V], $\dot{V}_{bc} = \dot{V}_b$ [V], $\dot{V}_{ca} = \dot{V}_c$ [V]

$$V_\ell = V_p$$

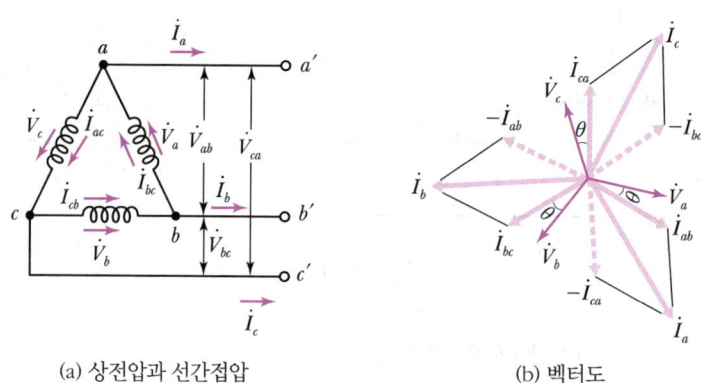

(a) 상전압과 선간전압   (b) 벡터도

| △결선의 상전압과 선간전압 |

2) 상전류(I_p)와 선전류(I_ℓ)의 관계

$I_a = 2I_{ab}\cos\dfrac{\pi}{6} = \sqrt{3}\,I_{ab}$[A]

$$I_\ell = \sqrt{3}\,I_p \angle -\dfrac{\pi}{6}\,[A]$$

위상은 $\dfrac{\pi}{6}$[rad]만큼 뒤진다.

3. 부하 Y ↔ Δ 변환(평형부하인 경우)

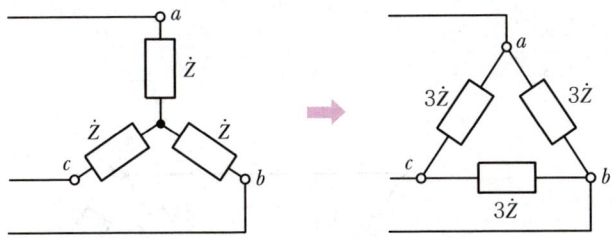

(a) Y → Δ 등가변환

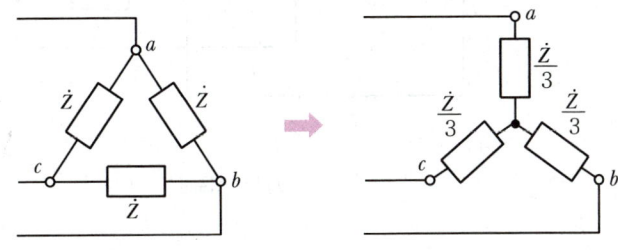

(b) Δ → Y 등가변환

| 평형부하의 Δ → Y 및 Y → Δ 등가변환 |

1) Y → Δ 변환

$$Z_\Delta = 3Z_Y$$

2) Δ → Y 변환

$$Z_Y = \frac{1}{3}Z_\Delta$$

4. V결선

1) 출력

$$P = \sqrt{3}\,VI\cos\theta\,[\text{W}]$$

2) 변압기의 이용률

$$U = \frac{V결선 시 용량}{변압기\ 2대의\ 용량} = \frac{\sqrt{3}\,VI}{2VI} ≒ 0.867$$

3) 출력비

$$출력비 = \frac{P_V(V결선\ 시\ 출력)}{P_\Delta(\Delta결선\ 시\ 출력)} = \frac{\sqrt{3}\ VI}{3\ VI} \fallingdotseq 0.577$$

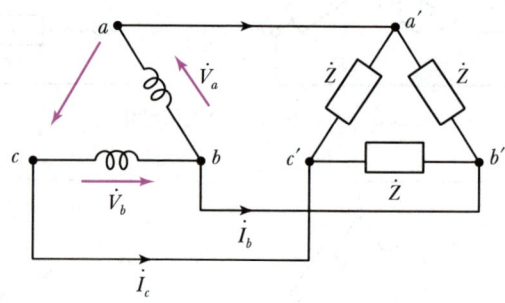

┃V결선 회로┃

SECTION 03 3상 교류전력

 TIP 단상전력이 3개인 것인데, 선간전압, 선전류로 표현한 것이다.

1. 3상 전력

1) 유효전력

$$P = 3V_P I_P \cos\theta = \sqrt{3}\ V_\ell I_\ell \cos\theta\ [\text{W}]$$

2) 무효전력

$$P_r = 3V_P I_P \sin\theta = \sqrt{3}\ V_\ell I_\ell \sin\theta\ [\text{Var}]$$

3) 피상전력

$$P_a = 3V_P I_P = \sqrt{3}\ V_\ell I_\ell\ [\text{VA}]$$

2. 3상 전력의 측정

1) 1전력계법

1대의 단상 전력계로 3상 평형부하의 전력을 측정할 수 있는 방법

① 3상 전력 : W 전력계 지시값을 P_p라 하면

$$P = 3P_p \,[\text{W}]$$

② Δ 결선 회로에서는 직접 사용할 수 없음

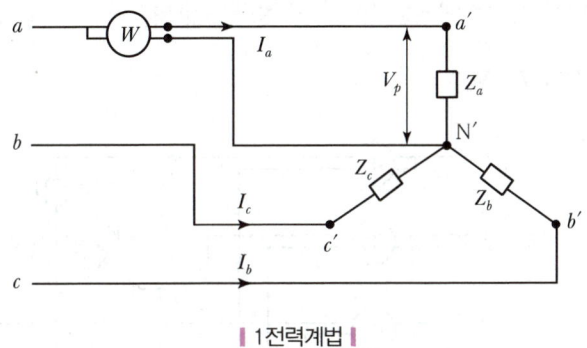

| 1전력계법 |

2) 2전력계법

단상전력계 2대를 접속하여 3상 전력을 측정하는 방법

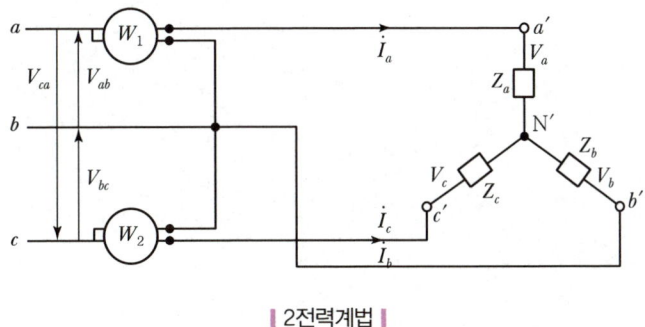

| 2전력계법 |

두 개의 전력계 W_1 과 W_2를 결선하고 각각의 지시값을 P_1, P_2라 하면

① 유효전력

$$P = P_1 + P_2 \,[\text{W}]$$

② 무효전력

$$P_r = \sqrt{3}\,(P_1 - P_2)\,[\text{Var}]$$

③ 피상전력

$$P_a = \sqrt{P^2 + P_r^{\,2}}\,[\text{VA}]$$

④ 역률

$$\cos\theta = \frac{P_1 + P_2}{2\sqrt{P_1^{\,2} + P_2^{\,2} - P_1 P_2}}$$

3) 3전력계법

단상전력계 3대를 접속하여 3상 전력을 측정하는 방법

$$P = P_a + P_b + P_c\,[\text{W}]$$

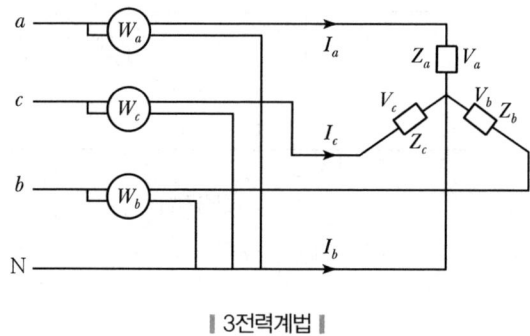

| 3전력계법 |

CHAPTER 07 핵심 기출문제

01 대칭 3상 교류에서 기전력 및 주파수가 같을 경우 각 상 간의 위상차는 얼마인가?
2010
2023
① π ② $\dfrac{\pi}{2}$ ③ $\dfrac{2\pi}{3}$ ④ 2π

해설

대칭 3상 교류의 조건
- 기전력의 크기가 같을 것
- 파형이 같을 것
- 주파수가 같을 것
- 위상차가 각각 $\dfrac{2}{3}\pi$[rad]일 것

02 평형 3상 교류회로에서 Y결선할 때 선간전압(V_ℓ)과 상전압(V_p)의 관계는?
2009
2014
2015
2017
2023
① $V_\ell = V_p$ ② $V_\ell = \sqrt{2}\, V_p$
③ $V_\ell = \sqrt{3}\, V_p$ ④ $V_\ell = \dfrac{1}{\sqrt{3}} V_p$

해설

Y결선 : 성형 결선	Δ결선 : 삼각 결선
$V_\ell = \sqrt{3}\, V_P \left(\dfrac{\pi}{6}\text{ 위상이 앞섬}\right)$	$V_\ell = V_P$
$I_\ell = I_P$	$I_\ell = \sqrt{3}\, I_P \left(\dfrac{\pi}{6}\text{ 위상이 뒤짐}\right)$

03 Y – Y 평형회로에서 상전압 V_P가 100[V], 부하 $Z = 8 + j6$[Ω]이면 선전류 I_ℓ의 크기는 몇 [A]
2013
인가?
① 2 ② 5
③ 7 ④ 10

해설

아래 그림과 같은 회로이므로

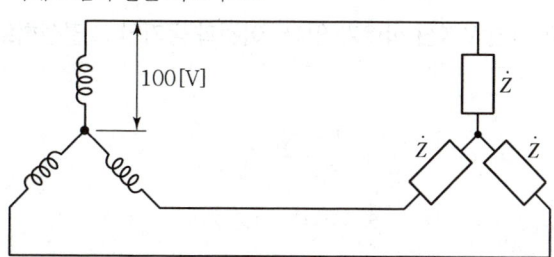

정답 01 ③ 02 ③ 03 ④

- 한 상의 임피던스 $Z=\sqrt{R^2+X^2}=\sqrt{8^2+6^2}=10[\Omega]$
- 한 상에 흐르는 전류 상전류 $I_P=\dfrac{V_P}{Z}=\dfrac{100}{10}=10[A]$
- Y결선에서 선전류와 상전류는 같으므로, $I_\ell=I_P=10[A]$

04
2015 2016 2021 2023 2024

전원과 부하가 다 같이 △결선된 3상 평형회로가 있다. 상전압이 200[V], 부하 임피던스가 $Z=6+j8[\Omega]$인 경우 선전류는 몇 [A]인가?

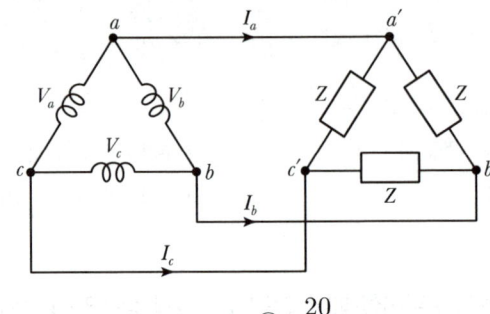

① 20
② $\dfrac{20}{\sqrt{2}}$
③ $20\sqrt{3}$
④ $10\sqrt{3}$

해설
- 한 상의 부하 임피던스 $Z=\sqrt{R^2+X^2}=\sqrt{6^2+8^2}=10[\Omega]$
- 상전류 $I_p=\dfrac{V_p}{Z}=\dfrac{200}{10}=20[A]$
- △결선에서 선전류 $I_\ell=\sqrt{3}\cdot I_p=\sqrt{3}\times 20=20\sqrt{3}[A]$

05
2009 2017 2021

평형 3상 교류회로의 Y 회로로부터 △ 회로로 등가 변환하기 위해서는 어떻게 하여야 하는가?

① 각 상의 임피던스를 3배로 한다.
② 각 상의 임피던스를 $\sqrt{3}$으로 한다.
③ 각 상의 임피던스를 $\dfrac{1}{\sqrt{3}}$로 한다.
④ 각 상의 임피던스를 $\dfrac{1}{3}$로 한다.

해설
- $Y \to \Delta$ 변환 : $Z_\Delta = 3Z_Y$
- $\Delta \to Y$ 변환 : $Z_Y = \dfrac{1}{3}Z_\Delta$

06
2010 2023

세 변의 저항 $R_a=R_b=R_c=15[\Omega]$인 Y결선 회로가 있다. 이것과 등가인 △결선회로의 각 변의 저항은 몇 [Ω]인가?

① $\dfrac{15}{\sqrt{3}}[\Omega]$
② $\dfrac{15}{3}[\Omega]$
③ $15\sqrt{3}[\Omega]$
④ $45[\Omega]$

정답 04 ③　05 ①　06 ④

> **해설**
> $Y \to \Delta$ 변환
> $R_\Delta = 3R_Y$
> $R_\Delta = 3 \cdot R_Y = 3 \times 15 = 45[\Omega]$

07 그림과 같은 평형 3상 Δ 회로를 등가 Y결선으로 환산하면 각 상의 임피던스는 몇 [Ω]이 되는가? (단, $Z = 12[\Omega]$이다.)

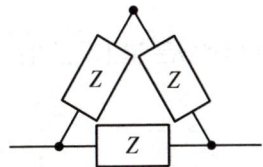

① 48[Ω] ② 36[Ω]
③ 4[Ω]   ④ 3[Ω]

> **해설**
> $\Delta \to Y$ 변환할 때, $Z_Y = \frac{1}{3}Z_\Delta = \frac{1}{3} \times 12 = 4[\Omega]$이다.

08 평형 3상 교류회로에서 Δ부하의 한 상의 임피던스가 Z_Δ일 때, 등가 변환한 Y부하의 한 상의 임피던스 Z_Y는 얼마인가?

① $Z_Y = \sqrt{3}\,Z_\Delta$ ② $Z_Y = 3Z_\Delta$
③ $Z_Y = \frac{1}{\sqrt{3}}Z_\Delta$ ④ $Z_Y = \frac{1}{3}Z_\Delta$

> **해설**
> • $Y \to \Delta$ 변환 $Z_\Delta = 3Z_Y$
> • $\Delta \to Y$ 변환 $Z_Y = \frac{1}{3}Z_\Delta$

09 용량이 250[kVA] 단상 변압기 3대를 Δ결선으로 운전 중 1대가 고장나서 V결선으로 운전하는 경우 출력은 약 몇 [kVA]인가?

① 144[kVA] ② 353[kVA]
③ 433[kVA] ④ 525[kVA]

> **해설**
> $P_v = \sqrt{3}\,VI = \sqrt{3} \times 250 = 433[kVA]$

정답 07 ③ 08 ④ 09 ③

10 1대의 출력이 100[kVA]인 단상 변압기 2대로 V결선하여 3상 전력을 공급할 수 있는 최대전력은 몇 [kVA]인가?

① 100
② $100\sqrt{2}$
③ $100\sqrt{3}$
④ 200

해설
V결선 시 출력 $P_V = \sqrt{3}P = 100\sqrt{3}$

11 변압기 2대를 V결선했을 때의 이용률은 몇 [%]인가?

① 57.7[%]
② 70.7[%]
③ 86.6[%]
④ 100[%]

해설
V결선의 이용률 $\dfrac{\sqrt{3}P}{2P} = 0.866 = 86.6[\%]$

12 전압 220[V], 전류 10[A], 역률 0.8인 3상 전동기 사용 시 소비전력은?

① 약 1.5[kW]
② 약 3.0[kW]
③ 약 5.2[kW]
④ 약 7.1[kW]

해설
3상 유효전력 $P = \sqrt{3}\,V_\ell I_\ell \cos\theta = \sqrt{3} \times 220 \times 10 \times 0.8 = 3,048[W] ≒ 3[kW]$

13 1상의 $R = 12[\Omega]$, $X_L = 16[\Omega]$을 직렬로 접속하여 선간전압 200[V]의 대칭 3상 교류 전압을 가할 때의 역률은?

① 60[%]
② 70[%]
③ 80[%]
④ 90[%]

해설
$\dot{Z} = R + jX_L = 12 + j16[\Omega]$
$|\dot{Z}| = \sqrt{R^2 + X^2} = \sqrt{12^2 + 16^2} = 20[\Omega]$
따라서, $\cos\theta = \dfrac{R}{Z} = \dfrac{12}{20} = 0.6$

정답 10 ③ 11 ③ 12 ② 13 ①

CHAPTER 08 비정현파와 과도현상

SECTION 01 비정현파 교류

1. 비정현파

정현파 외에 다른 모양의 주기를 가지는 모든 주기파를 비정현파라 한다. 예를 들면, 제어회로에서 많이 사용되는 펄스파나 삼각파, 사각파 등이 일정 주기를 가지는 파형일 때 이들은 비정현파라 한다.

2. 비정현파 교류의 해석

푸리에 급수의 전개

$$v = V_0 + \sqrt{2}\,V_{m1}\sin(\omega t + \theta_1) + \sqrt{2}\,V_{m2}\sin(2\omega t + \theta_2) +$$
$$\cdots + \sqrt{2}\,V_{mn}\sin(n\omega t + \theta_n)$$
$$= V_0 + \sum_{n=1}^{\infty} \sqrt{2}\,V_{mn}\sin(n\omega t + \theta_n)$$
$$= 직류분 + 기본파 + 고조파$$

여기서, 제1항(V_0) : 시간에 관계없이 일정한 값으로 직류분
제2항($\sqrt{2}\,V_{m1}\sin(\omega t + \theta_1)$) : 비정현파 교류 v와 같은 주기를 가지므로 기본파
제3항 이후의 항 : 주파수가 기본 주파수의 정수배의 정현파 교류로 고조파

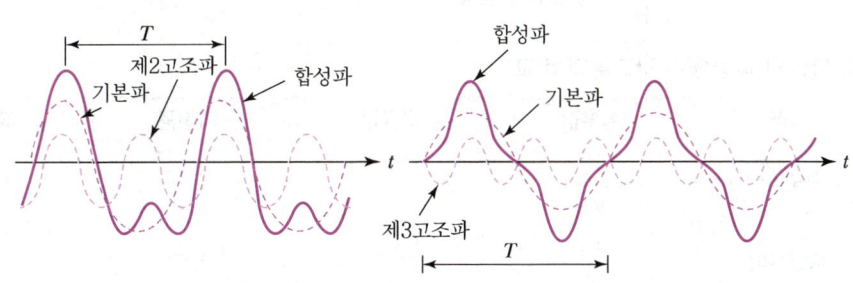

| 기본파와 제2고조파의 합 | | 기본파와 제3고조파의 합 |

3. 비정현파의 실횻값

$$V_{rms} = \sqrt{각\ 파의\ 실횻값의\ 제곱의\ 합} = \sqrt{V_0^{\,2} + V_1^{\,2} + V_2^{\,2} + \cdots\cdots + V_n^{\,2}}$$

4. 비정현파의 전력 및 역률의 계산

$v = V_1\sin\omega t + V_2\sin 2\omega t + V_3\sin 3\omega t + \cdots\cdots$

$i = I_1\sin(\omega t + \theta_1) + I_2\sin(2\omega t + \theta_2) + I_3\sin(3\omega t + \theta_3) + \cdots\cdots$ 인 경우

① 유효전력 $P = V_1I_1\cos\theta_1 + V_2I_2\cos\theta_2 + V_3I_3\cos\theta_3\cdots\cdots$

② 무효전력 $P_r = V_1I_1\sin\theta_1 + V_2I_2\sin\theta_2 + V_3I_3\sin\theta_3\cdots\cdots$

③ 피상전력 $P_a = \sqrt{V_1^{\,2} + V_2^{\,2} + V_3^{\,3}\cdots}\sqrt{I_1^{\,2} + I_2^{\,2} + I_3^{\,3}\cdots}$

④ 역률 $\cos\theta = \dfrac{P}{P_a} = \dfrac{V_1I_1\cos\theta_1 + V_2I_2\cos\theta_2 + V_3I_3\cos\theta_3\cdots}{\sqrt{V_1^{\,2} + V_2^{\,2} + V_3^{\,2}\cdots}\sqrt{I_1^{\,2} + I_2^{\,2} + I_3^{\,2}\cdots}}$

5. 일그러짐률(Distortion Factor)

비정현파에서 기본파에 대하여 고조파 성분이 어느 정도 포함되어 있는가를 나타내는 정도(=왜형률)

$$\varepsilon = \dfrac{각\ 고조파의\ 실횻값}{기본파의\ 실횻값} = \dfrac{\sqrt{V_2^{\,2} + V_3^{\,2} + \cdots\cdots}}{V_1}$$

6. 정현파의 파형률 및 파고율

① 파형률

$$파형률 = \dfrac{실횻값}{평균값} = \dfrac{\pi}{2\sqrt{2}} = 1.111$$

② 파고율

$$파고율 = \dfrac{최댓값}{실횻값} = \sqrt{2} = 1.414$$

③ 각종 파형의 파형률과 파고율의 비교

파형	실횻값	평균값	파형률	파고율
정현파	$\dfrac{V_m}{\sqrt{2}}$	$\dfrac{2V_m}{\pi}$	1.11	1.414
정현반파	$\dfrac{V_m}{2}$	$\dfrac{V_m}{\pi}$	1.57	2
삼각파	$\dfrac{V_m}{\sqrt{3}}$	$\dfrac{V_m}{2}$	1.15	1.73
구형반파	$\dfrac{V_m}{\sqrt{2}}$	$\dfrac{V_m}{2}$	1.41	1.41
구형파	V_m	V_m	1	1

SECTION 02 과도현상

1. 과도현상
L과 C를 포함한 전기회로에서 순간적인 스위치 작용에 의하여 L, C 성질에 의한 에너지 축적으로 정상상태에 이르는 동안 변화하는 현상. 즉 정상상태로부터 다른 정상상태로 변화하는 과정

2. 성질
① R만의 회로에서는 과도현상이 일어나지 않는다. 즉, 과도전류는 없다.
② 시간적 변화를 가질 수 있는 소자. 즉, L과 C 소자에서 과도현상은 발생한다.
③ 과도현상은 시정수가 클수록 오래 지속된다.
④ 시정수는 특성근의 절댓값의 역이다. 즉, e^{-1}이 되는 t의 값이다.

▼ 과도현상 기본정리

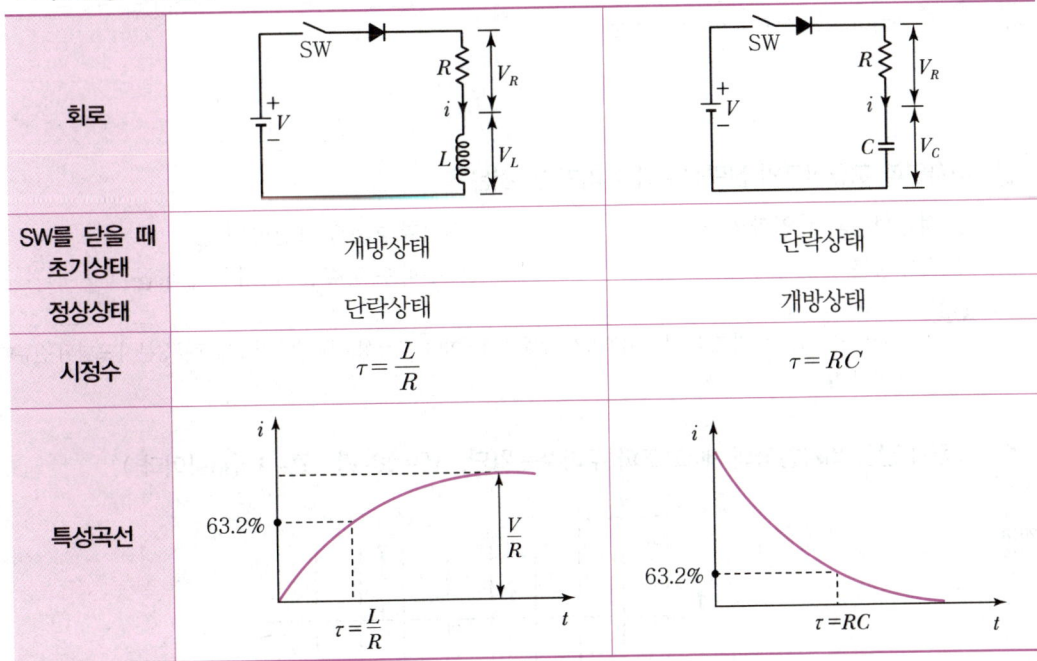

CHAPTER 08 핵심 기출문제

01 비정현파가 아닌 것은?

① 삼각파　　② 사각파　　③ 사인파　　④ 펄스파

해설
비정현파는 직류분, 기본파(사인파), 고조파가 합성된 파형으로, 사인파는 비정현파의 구성요소이다.

02 비사인파의 일반적인 구성이 아닌 것은?

① 삼각파　　　　　　② 고조파
③ 기본파　　　　　　④ 직류분

해설
비사인파 = 직류분 + 기본파 + 고조파

03 비사인파 교류회로의 전력성분과 거리가 먼 것은?

① 맥류성분과 사인파의 곱　　② 직류성분과 사인파의 곱
③ 직류성분　　　　　　　　　④ 주파수가 같은 두 사인파의 곱

해설
비사인파는 직류분, 기본파, 여러 고조파가 합성된 파형이며, 맥류성분은 이미 직류에 교류성분이 포함된 전류파형을 말한다.

04 그림과 같은 비사인파의 제3고조파 주파수는?(단, $V = 20[V]$, $T = 10[ms]$이다.)

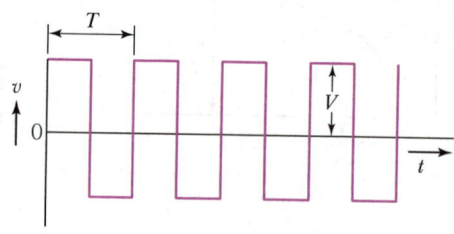

① 100[Hz]　　　　　　② 200[Hz]
③ 300[Hz]　　　　　　④ 400[Hz]

해설
제3고조파는 기본파에 주파수가 3배이므로,
제3고조파 주파수 $f_3 = 3f_1 = \dfrac{3}{T} = \dfrac{3}{10 \times 10^{-3}} = 300[Hz]$

정답　01 ③　02 ①　03 ①　04 ③

05 비정현파의 실횻값을 나타낸 것은?

① 최대파의 실횻값
② 각 고조파의 실횻값의 합
③ 각 고조파의 실횻값의 합의 제곱근
④ 각 고조파의 실횻값의 제곱의 합의 제곱근

해설
비정현파 교류의 실횻값은 직류분(V_0)과 기본파(V_1) 및 고조파($V_2, V_3, \cdots V_n$)의 실횻값의 제곱의 합을 제곱근한 것이다.

$$V = \sqrt{V_0^2 + V_1^2 + V_2^2 + \cdots + V_n^2} \ [V]$$

06 어느 회로의 전류가 다음과 같을 때, 이 회로에 대한 전류의 실횻값은?

$$i = 3 + 10\sqrt{2}\sin\left(\omega t - \frac{\pi}{6}\right) - 5\sqrt{2}\sin\left(3\omega t - \frac{\pi}{3}\right)[A]$$

① 11.6[A]
② 23.2[A]
③ 32.2[A]
④ 48.3[A]

해설
비정현파 교류의 실횻값은 직류분(I_0)과 기본파(I_1) 및 고조파($I_2, I_3, \cdots I_n$)의 실횻값의 제곱의 합을 제곱근한 것이다.

$$I = \sqrt{I_0^2 + I_1^2 + I_3^2} = \sqrt{3^2 + 10^2 + 5^2} = 11.58[A]$$

07 다음 중 파형률을 나타낸 것은?

① $\dfrac{실횻값}{평균값}$
② $\dfrac{최댓값}{실횻값}$
③ $\dfrac{평균값}{실횻값}$
④ $\dfrac{실횻값}{최댓값}$

해설
파형률 $= \dfrac{실횻값}{평균값}$, 파고율 $= \dfrac{최댓값}{실횻값}$

08 RL 직렬회로의 시정수 τ[s]는?

① $\dfrac{R}{L}$[s]
② $\dfrac{L}{R}$[s]
③ RL[s]
④ $\dfrac{1}{RL}$[s]

해설
시정수(시상수) : 전류가 흐르기 시작해서 정상전류의 63.2[%]에 도달하기까지의 시간

$$\tau = \frac{L}{R}\ [s]$$

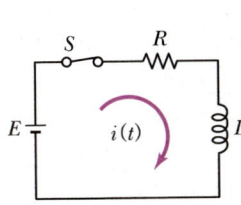
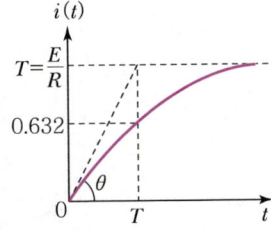

정답 05 ④ 06 ① 07 ① 08 ②

PART 02

전기기기

CHAPTER 01 직류기
CHAPTER 02 동기기
CHAPTER 03 변압기
CHAPTER 04 유도전동기
CHAPTER 05 정류기 및 제어기기

[학습 전에 알아두어야 할 사항]
각종 전기기기의 전기적·기계적 특성을 이해하기 위해서 원리, 구조, 이론, 특성, 운용의 순서로 각 기기의 주요 골자를 중심으로 공부하기를 바라며, 그 다음에 기타 사항에 대하여 공부를 하는 것이 효과적인 방법입니다.

CHAPTER 01 직류기

■ **개요**

발전기는 기계에너지에서 전기에너지를 발생시키는 것이고, 전동기는 전기에너지를 기계에너지로 변환시키는 기계를 말한다.

직류발전기와 직류전동기를 통틀어서 직류기라 말하고, 직류발전기는 직류를 생산하는 장치로서, 현재 상용화되어 있는 교류를 직류로 쉽게 변환할 수 있는 정류기 등이 있으므로 별로 사용하지 않으며, 직류전동기는 속도 및 토크 특성이 우수하여 전동용공구와 같은 특수용도로 사용되고 있다.

SECTION 01 직류발전기의 원리

1. 원리

자극 N, S 사이의 자기장 내에서 도체를 수직방향으로 움직이면 기전력이 발생하는 플레밍의 오른손 법칙의 원리로 만들어진다.

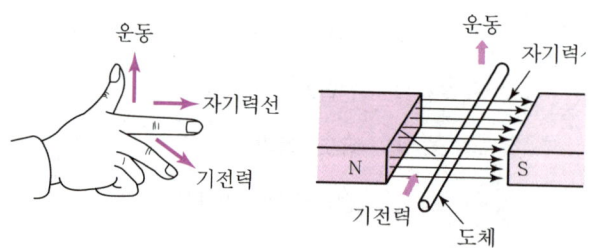

2. 교류발전기의 원리

① 발전기 코일 내에서 발생된 전압은 교류전압이다. 이 전압을 슬립링 S_1, S_2와 브러시 B_1, B_2를 통해 외부 회로와 접속하면 교류발전기가 된다. 직류발전기는 교류전압을 정류과정을 거쳐 직류전압으로 발생시키는 것이다.

 TIP 교류발전기와 직류발전기의 중요 차이점은 유도된 기전력을 외부회로와 연결할 때 브러시를 사용하면 교류발전기이고, 정류자를 사용하면 직류발전기가 된다.

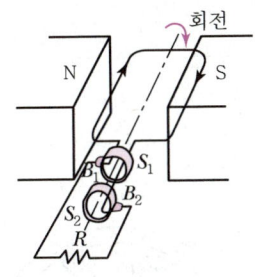 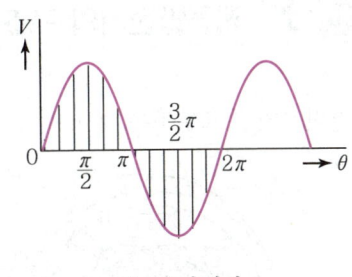

(a) 교류발전기의 구성 요소 　　　　　(b) 출력 파형

┃ 교류발전기의 원리 ┃

② 자기장 내에서 도체를 회전운동을 시키면 플레밍의 오른손 법칙에 따라 기전력이 유도되는데, 반 바퀴를 회전할 때마다 전압의 방향이 바뀌게 된다.

3. 직류발전기의 원리

① 코일의 왼쪽과 오른쪽 도체에 브러시 B_1, B_2를 접속시키면, 오른쪽은 양(+)극성, 왼쪽은 음(-)극성으로 직류전압이 발생한다. 이 2개의 금속편 C_1, C_2을 정류자편이라 하고, 그 원통모양을 정류자라고 한다.

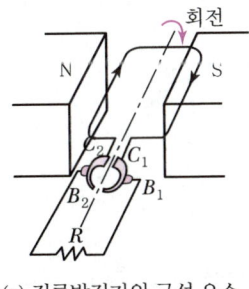 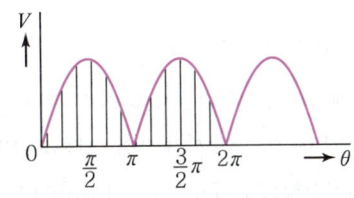

(a) 직류발전기의 구성 요소 　　　　　(b) 출력 파형

┃ 직류발전기의 원리 ┃

② 직류발전기를 실용화하여 사용하기 위해서는 코일의 도체수와 정류자 편수를 늘리면, 맥동률이 작아지고, 평균전압이 높아지며, 좋은 품질의 직류전압을 얻을 수 있게 된다.

SECTION 02 직류발전기의 구조

직류발전기의 주요부분은 계자, 전기자, 정류자로 구성된다.

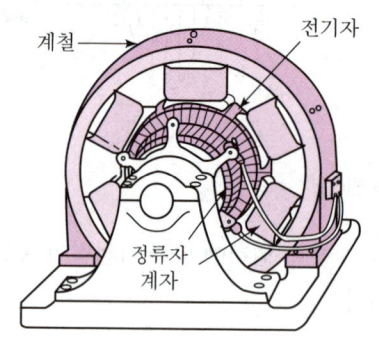
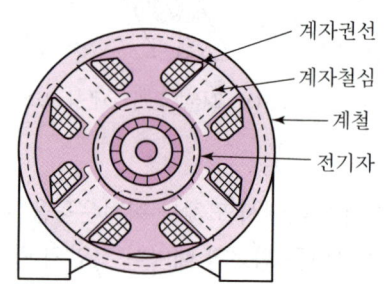

1. 계자(Field Magnet)

자속을 만들어 주는 부분
① 계자권선, 계자철심, 자극 및 계철로 구성
② **계자철심** : 히스테리시스손과 와류손을 적게 하기 위해 규소강판을 성층해서 만든다.

2. 전기자(Armature)

계자에서 만든 자속으로부터 기전력을 유도하는 부분
① 전기자철심, 전기자권선, 정류자 및 축으로 구성
② **전기자철심** : 규소강판 성층하여 만든다.

3. 정류자(Commutator)

교류를 직류로 변환하는 부분

4. 공극(Air Gab)

계자철심의 자극편과 전기자 철심 표면 사이 부분
① 공극이 크면 자기저항이 커져서 효율이 떨어진다.

> **TIP** 공극의 자기저항은 철심의 1,000배 이상이다.

② 공극이 작으면 기계적 안정성이 나빠진다.

5. 브러시

정류자면에 접촉하여 전기자 권선과 외부회로를 연결하는 것
① 접속저항이 적당하고, 마멸성이 적으며, 기계적으로 튼튼할 것
② 종류
- 탄소질 브러시 : 소형기, 저속기
- 흑연질 브러시 : 대전류, 고속기
- 전기 흑연질 브러시 : 접촉저항이 크고, 가장 우수(각종 기계 사용)
- 금속 흑연질 브러시 : 저전압, 대전류

6. 전기자 권선법

기전력이 유도되는 전기자 도체를 결선하는 방식에 따라서 출력전압, 전류의 크기를 변화시킬 수 있다.

1) 중권

극수와 같은 병렬회로수로 하면($a = P$), 전지의 **병렬접속**과 같이 되므로 저전압, 대전류가 얻어진다.

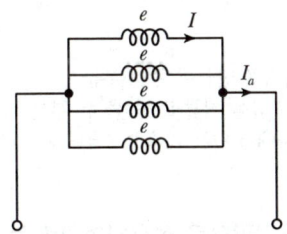

2) 파권

극수와 관계없이 병렬회로수를 항상 2개($a = 2$)로 하면, 전지의 **직렬접속**과 같이 되므로 대전압, 저전류가 얻어진다.

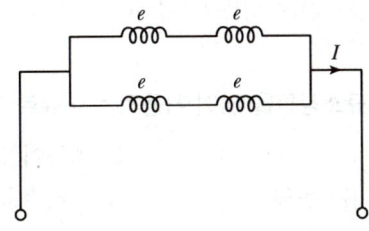

CHAPTER 01 핵심 기출문제

01 직류발전기에서 자속을 만드는 부분은 어느 것인가?
2024
① 정류자　　　　　　　　　② 계자 철심
③ 회전자　　　　　　　　　④ 공극

해설
- 정류자(Commutator) : 교류를 직류로 변환하는 부분
- 계자(Field Magnet) : 자속을 만들어 주는 부분
- 전기자(Armature) : 계자에서 만든 자속으로부터 기전력을 유도하는 부분

02 직류발전기에서 브러시와 접촉하여 전기자 권선에 유도되는 교류기전력을 정류해서 직류로 만드는 부분은?
2012
2017
2018
2019
① 계자　　　　　　　　　② 정류자
③ 슬립링　　　　　　　　④ 전기자

해설
직류발전기의 주요부분
- 계자(Field Magnet) : 자속을 만들어 주는 부분
- 정류자(Commutator) : 교류를 직류로 변환하는 부분
- 전기자(Armature) : 계자에서 만든 자속으로부터 기전력을 유도하는 부분

03 직류기의 전기자 철심을 규소강판으로 성층하여 만드는 이유는?
2010
2011
2012
2014
2018
2019
① 가공하기 쉽다.　　　　　② 가격이 염가이다.
③ 철손을 줄일 수 있다.　　④ 기계손을 줄일 수 있다.

해설
- 규소강판 사용 : 히스테리시스손 감소
- 성층철심 사용 : 와류손(맴돌이 전류손) 감소
- 철손 = 히스테리시스손 + 와류손(맴돌이 전류손)

04 전기기기의 철심 재료로 규소강판을 많이 사용하는 이유로 가장 적당한 것은?
2013
2016
2018
2020
2021
2023
① 와류손을 줄이기 위해　　　　② 맴돌이 전류를 없애기 위해
③ 히스테리시스손을 줄이기 위해　④ 구리손을 줄이기 위해

해설
- 규소강판 사용 : 히스테리시스손 감소
- 성층철심 사용 : 와류손(맴돌이 전류손) 감소

정답 01 ②　02 ②　03 ③　04 ③

05 전기기계에 있어 와전류손(Eddy Current Loss)을 감소하기 위한 적합한 방법은?

① 규소강판에 성층철심을 사용한다.
② 보상권선을 설치한다.
③ 교류전원을 사용한다.
④ 냉각 압연한다.

해설
- 규소강판 사용 : 히스테리시스손 감소
- 성층철심 사용 : 와전류손(맴돌이 전류손) 감소

06 직류발전기 전기자의 주된 역할은?

① 기전력을 유도한다.
② 자속을 만든다.
③ 정류작용을 한다.
④ 회전자와 외부회로를 접속한다.

해설
전기자(Armature)
계자에서 만든 자속으로부터 기전력을 유도하는 부분

07 정류자와 접촉하여 전기자 권선과 외부회로를 연결시켜 주는 것은?

① 전기자　　　　　　　② 계자
③ 브러시　　　　　　　④ 공극

08 직류기의 전자가 권선을 중권으로 할 때 옳지 않은 것은?

① 전기자 병렬 회로수는 극수와 같다.
② 브러시 수는 항상 2개이다.
③ 전압이 낮고 비교적 큰 전류의 기기에 적합하다.
④ 균압결선이 필요하다.

해설
중권과 파권의 비교

비교항목	중권	파권
전기자 병렬 회로수	극수와 같음	항상 2임
브러시 수	극수와 같음	2개
전압, 전류 특성	저전압, 대전류가 이루어짐	고전압, 저전류가 이루어짐
균압결선	균압결선 필요	균압결선 불필요

정답 05 ① 06 ① 07 ③ 08 ②

SECTION 03 직류발전기의 이론

1. 유도기전력

$$E = \frac{P}{a} Z \phi \frac{N}{60} \text{[V]}$$

여기서, P : 극수 Z : 전기자 도체수
 a : 병렬 회로수 $N\text{[rpm]}$: 회전수
 $\phi\text{[wb]}$: 계자자속

2. 전기자 반작용

① 직류발전기에 부하를 접속하면 전기자 전류의 기자력이 주자속에 영향을 미치는 작용을 말한다.

② 전기자 반작용으로 생기는 현상
 • 브러시에 불꽃 발생
 • 중성축 이동(편자작용)
 • 감자작용으로 유도기전력 감소

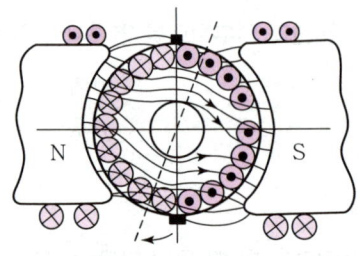

③ 전기자 반작용 없애는 방법
 • 브러시 위치를 전기적 중성점인 회전방향으로 이동
 • 보극 : 경감법으로 중성축에 설치
 • 보상권선 : 가장 확실한 방법으로 주자극 표면에 설치

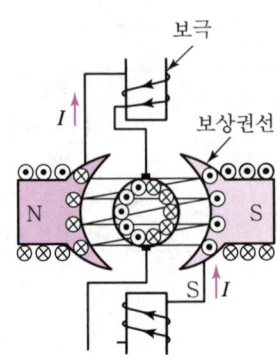

3. 정류

① 정류자와 브러시의 작용으로 교류를 직류로 변환하는 작용

② 리액턴스 전압

전기자 코일에 자기 인덕턴스에 의한 역기전력을 말하며, 코일 안의 전류의 변화를 방해하는 작용

③ 정류를 좋게 하는 방법(리액턴스 전압에 의한 영향을 적게 하는 방법)
- 저항정류 : 접촉저항이 큰 브러시 사용
- 전압정류 : 보극 설치

CHAPTER 01 핵심 기출문제

01
2009 2011 2016 2017 2018 2019 2020 2022 2023

6극 전기자 도체수 400, 매극 자속수 0.01[Wb], 회전수 600[rpm]인 파권 직류기의 유기 기전력은 몇 [V]인가?

① 120
② 140
③ 160
④ 180

해설

$E = \dfrac{P}{a} Z\phi \dfrac{N}{60}$ [V]에서 파권($a=2$)이므로, $E = \dfrac{6}{2} \times 400 \times 0.01 \times \dfrac{600}{60} = 120$[V]이다.

02
2015 2021

직류발전기 전기자 반작용의 영향에 대한 설명으로 틀린 것은?

① 브러시 사이에 불꽃을 발생시킨다.
② 주자속이 찌그러지거나 감소된다.
③ 전기자 전류에 의한 자속이 주자속에 영향을 준다.
④ 회전방향과 반대 방향으로 자기적 중성축이 이동된다.

해설

직류발전기는 회전방향과 같은 방향으로 자기적 중성축이 이동된다.

03
2010 2012 2013

직류발전기의 전기자 반작용에 의하여 나타나는 현상은?

① 코일이 자극의 중성축에 있을 때도 브러시 사이에 전압을 유기시켜 불꽃을 발생한다.
② 주자속 분포를 찌그러뜨려 중성축을 고정시킨다.
③ 주자속을 감소시켜 유도 전압을 증가시킨다.
④ 직류 전압이 증가한다.

해설

㉠ 전기자 반작용 : 직류발전기에 부하를 접속하면 전기자 권선에 흐르는 전류의 기자력이 주자속에 영향을 미치는 작용
㉡ 전기자 반작용으로 생기는 현상
  • 브러시에 불꽃 발생
  • 중성축 이동(편자작용)
  • 감자작용으로 유도기전력 감소

정답 01 ① 02 ④ 03 ①

04 직류발전기에서 전기자 반작용을 없애는 방법으로 옳은 것은?

① 브러시 위치를 전기적 중성점이 아닌 곳으로 이동시킨다.
② 보극과 보상권선을 설치한다.
③ 브러시의 압력을 조정한다.
④ 보극은 설치하되 보상권선은 설치하지 않는다.

해설

전기자 반작용을 없애는 방법
- 브러시 : 위치를 전기적 중성점인 회전방향으로 이동
- 보극 : 경감법으로 중성축에 설치
- 보상권선 : 가장 확실한 방법으로 주자극 표면에 설치

05 보극이 없는 직류전동기에 전기자 반작용을 줄이기 위해 브러시를 어떠한 방향으로 이동시키는가?

① 주자극의 N극 방향
② 회전방향과 반대 방향
③ 회전방향과 같은 방향
④ 주자극의 S극 방향

해설

전기자 반작용에 의한 전기적 중성축 이동

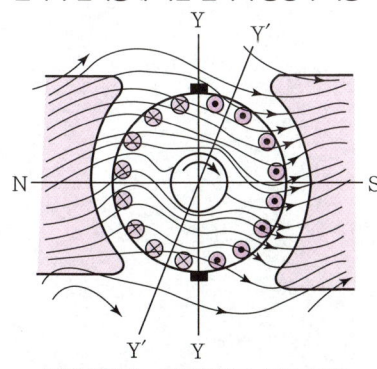
직류발전기 : 회전방향과 동일 방향

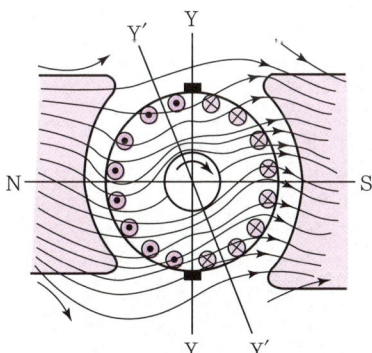
직류전동기 : 회전방향과 반대 방향

06 직류발전기에서 전압 정류의 역할을 하는 것은?

① 보극
② 탄소 브러시
③ 전기자
④ 리액턴스 코일

해설

정류를 좋게 하는 방법
- 저항 정류 : 접촉저항이 큰 브러시 사용
- 전압 정류 : 보극 설치

정답 04 ② 05 ② 06 ①

07 직류기에 있어서 불꽃 없는 정류를 얻는 데 가장 유효한 방법은?
2010
① 보극과 탄소브러시
② 탄소브러시와 보상권선
③ 보극과 보상권선
④ 자기포화와 브러시 이동

해설
정류를 좋게 하는 방법
- 저항정류 : 접촉저항이 큰 브러시 사용
- 전압정류 : 보극 설치

정답 07 ①

SECTION 04 직류발전기의 종류

1. 여자방식에 따른 분류

① **자석발전기** : 계자를 영구자석을 사용하는 방법

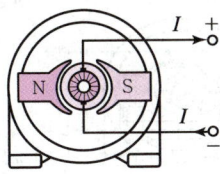

② **타여자발전기** : 여자전류를 다른 전원을 사용하는 방법

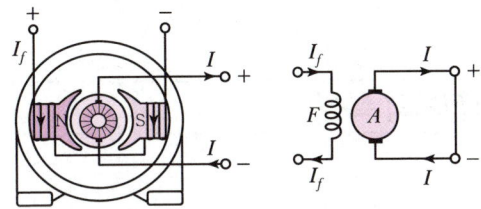

③ **자여자발전기**
- 발전기에서 발생한 기전력에 의하여 계자전류를 공급하는 방법
- 전기자 권선과 계자권선의 연결방식에 따라 분권, 직권, 복권발전기가 있다.

2. 계자권선의 접속방법에 따른 분류

① **직권발전기** : 계자권선과 전기자를 직렬로 연결한 것

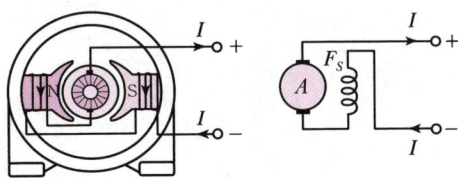

② **분권발전기** : 계자권선과 전기자를 병렬로 연결한 것

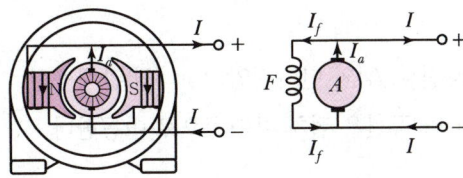

③ 복권발전기 : 분권 계자권선과 직권 계자권선 두 가지를 가지고 있는 것
- 위치에 따른 분류 : 내분권, 외분권
- 자속방향에 따른 분류 : 가동복권(분권과 직권이 같은 방향), 차동복권(다른 방향)

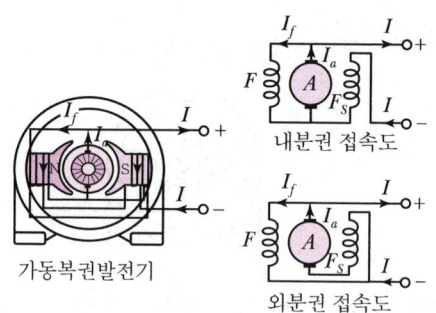

가동복권발전기
내분권 접속도
외분권 접속도

SECTION 05 직류발전기의 특성

1. 특성곡선

발전기 특성을 보기 쉽도록 곡선으로 나타낸 것

① 무부하 특성곡선
- 무부하 시에 계자전류(I_f)와 유도기전력(E)과의 관계곡선
- 전압이 낮은 부분에서는 유도기전력이 계자전류에 정비례하여 증가하지만, 전압이 높아짐에 따라 철심의 자기포화 때문에 전압의 상승 비율은 매우 완만해진다.

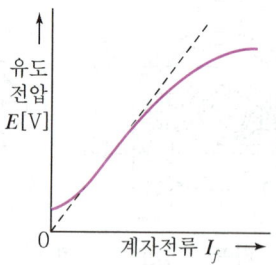

② 부하특성곡선
- 정격부하 시에 계자전류(I_f)와 단자전압(V)과의 관계곡선
- 부하가 증가함에 따라 곡선은 점차 아래쪽으로 이동한다.

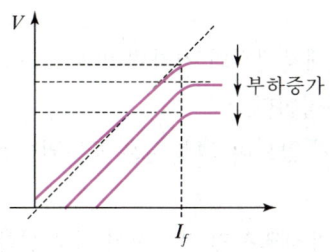

③ 외부특성곡선

정격부하 시에 부하전류(I)와 단자전압(V)과의 관계곡선으로 발전기의 특성을 이해하는 데 가장 좋다.

2. 발전기별 특성

① 타여자발전기

부하전류의 증감에도 별도의 여자전원을 사용하므로, 자속의 변화가 없어서 전압강하가 적고, 전압을 광범위하게 조정하는 용도에 적합하다.

② 분권발전기
- 전압의 확립 : 자기여자에 의한 발전으로 약간의 잔류자기로 단자전압이 점차 상승하는 현상으로 잔류자기가 없으면 발전이 불가능하다.
- 역회전 운전금지 : 잔류자기가 소멸되어 발전이 불가능해진다.
- 운전 중 무부하 상태가 되면($I=0$), 계자권선에 큰 전류가 흘러서($I_a = I_f$) 계자권선에 고전압 유기되어 권선소손의 우려가 있다.($I_a = I_f + I$)
- 타여자발전기와 같이 전압의 변화가 적으므로 정전압 발전기라고 한다.

③ 직권발전기
- 무부하 상태에서는($I=0$) 전압의 확립이 일어나지 않으므로 발전불가능하다.
 ($I = I_a = I_f = 0$)
- 부하전류 증가에 따라 계자전류도 같이 상승하고, 부하증가에 따라 단자전압이 비례하여 상승하므로 일반적인 용도로는 사용할 수 없다.

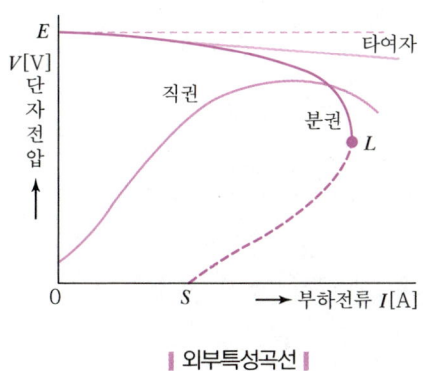

| 외부특성곡선 |

④ 복권발전기
- 가동복권 : 직권과 분권계자권선의 기자력이 서로 합쳐지도록 한 것으로, 부하증가에 따른 전압감소를 보충하는 특성이다.
  평복권과 과복권발전기가 있으며, 과복권은 평복권발전기보다 직권계자 기자력을 크게 만든 것이다.
- 차동복권 : 직권과 분권계자권선의 기자력이 서로 상쇄되게 한 것으로, **부하증가에 따라 전압이 현저하게 감소하는 수하특성**을 가진다. 이러한 특성은 **용접기용 전원으로 적합**하다.

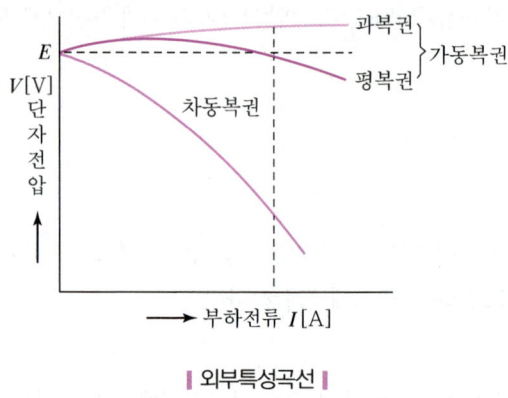

❙ 외부특성곡선 ❙

CHAPTER 01 핵심 기출문제

01 계자권선이 전기자와 접속되어 있지 않은 직류기는?
2012 2016 2020 2021 2023

① 직권기 ② 분권기
③ 복권기 ④ 타여자기

해설

타여자기의 접속도

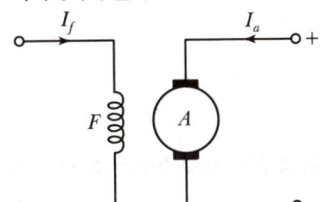

A : 전기자
F : 계자권선
I_a : 전기자전류
I_f : 계자전류

02 타여자 발전기와 같이 전압 변동률이 적고 자여자이므로 다른 여자 전원이 필요 없으며, 계자저항기를 사용하여 전압 조정이 가능하므로 전기화학용 전원, 전지의 충전용, 동기기의 여자용으로 쓰이는 발전기는?
2009 2013 2017 2019 2024

① 분권발전기 ② 직권발전기
③ 과복권발전기 ④ 차동복권발전기

해설
타여자발전기와 같이 부하에 따른 전압의 변화가 적으므로 정전압발전기라고 한다.

03 전기자저항 0.1[Ω], 전기자전류 104[A], 유도기전력 110.4[V]인 직류 분권발전기의 단자전압은 몇 [V]인가?
2009 2012 2017 2018 2019 2020 2022 2024

① 98 ② 100
③ 102 ④ 105

해설
직류 분권발전기는 다음 그림과 같으므로,

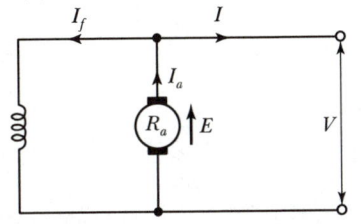

$V = E - R_a I_a = 110.4 - 0.1 \times 104 = 100[V]$

정답 01 ④ 02 ① 03 ②

04 급전선의 전압강하 보상용으로 사용되는 것은?

① 분권기 ② 직권기
③ 과복권기 ④ 차동복권기

해설
과복권발전기는 부하와 발전기 사이가 멀어서 배전선의 저항에 의한 큰 전압강하가 생기는 경우에 쓰인다.

05 부하의 저항을 어느 정도 감소시켜도 전류는 일정하게 되는 수하특성을 이용하여 정전류를 만드는 곳이나 아크용접 등에 사용되는 직류발전기는?

① 직권발전기 ② 분권발전기
③ 가동복권발전기 ④ 차동복권발전기

해설
차동복권발전기는 수하특성을 가지므로 용접기용 전원으로 적합하다.

06 복권발전기의 병렬운전을 안전하게 하기 위해서 두 발전기의 전기자와 직권권선의 접촉점에 연결해야 하는 것은?

① 균압선 ② 집전환
③ 안정저항 ④ 브러시

해설
직권, 복권발전기
수하특성을 가지지 않아, 두 발전기 중 한쪽의 부하가 증가할 때, 그 발전기의 전압이 상승하여 부하분담이 적절히 되지 않으므로, 직권계자에 균압모선을 연결하여 전압상승을 같게 하면 병렬운전을 할 수 있다.

07 직류 분권발전기의 병렬운전의 조건에 해당하지 않는 것은?

① 극성이 같을 것
② 단자전압이 같을 것
③ 외부특성곡선이 수하특성일 것
④ 균압모선을 접속할 것

해설
직류 분권발전기의 병렬운전의 조건
- 극성이 같을 것
- 정격전압이 일치할 것(＝단자전압이 같을 것)
- 백분율 부하전류의 외부특성곡선이 일치할 것
- 외부특성곡선이 수하특성일 것

정답 04 ③ 05 ④ 06 ① 07 ④

SECTION 06 직류전동기의 원리

자기장 중에 있는 코일에 정류자 C_1, C_2를 접속시키고, 브러시 B_1, B_2를 통해서 직류전압을 가해 주면 코일은 플레밍의 왼손 법칙에 따라 시계방향으로 회전하게 된다.

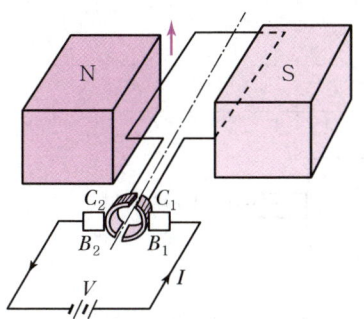 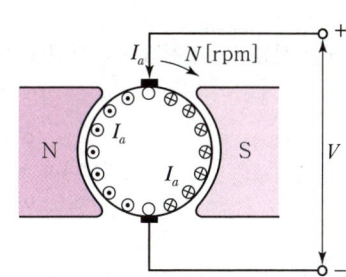

SECTION 07 직류전동기의 이론

1. 회전수(N)

① 직류전동기 역기전력과 전기자전류의 식을 정리하면 다음과 같다.

$$N = K_1 \frac{V - I_a R_a}{\phi} \,[\text{rpm}]$$

여기서, K_1 : 전동기의 변하지 않는 상수

② 직류전동기의 회전속도는 단자전압에 비례하고, 자속에 반비례한다.

2. 토크(T)

① 플레밍의 왼손 법칙으로부터 전동기의 축에 대한 토크(T)를 구하면 다음과 같다.

$$T = K_2 \phi I_a \,[\text{N} \cdot \text{m}]$$

여기서, K_2 : 전동기의 변하지 않는 상수

② 토크는 전기자 전류(I_a)와 자속(ϕ)의 곱에 비례한다.

3. 기계적 출력(P_o)

① 전동기는 전기에너지가 기계에너지로 변환되는 장치이므로, 기계적인 동력으로 변환되는 전력은 다음과 같다.

$$P_o = 2\pi \frac{N}{60} T [\text{W}]$$

> **TIP** 모든 전동기의 기계적 출력 계산공식은 동일하다.

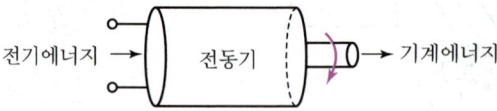

② 모든 전동기는 위의 식과 같이 출력(P_o)은 토크와 회전수의 곱에 비례한다.

CHAPTER 01 핵심 기출문제

01 다음 중 토크(회전력)의 단위는?
2010
2022
① [rpm]   ② [W]
③ [N·m]   ④ [N]

해설
전동기의 토크(Torque : 회전력)의 단위 [N·m], [kg·m]
$1[kg \cdot m] = 9.8[N \cdot m]$

02 직류전동기의 출력이 50[kW], 회전수가 1,800[rpm]일 때 토크는 약 몇 [kg·m]인가?
2014
2019
① 12   ② 23
2021
③ 27   ④ 31

해설
$T = \dfrac{60}{2\pi} \dfrac{P_o}{N} [N \cdot m]$ 이고,

$T = \dfrac{1}{9.8} \dfrac{60}{2\pi} \dfrac{P_o}{N} [kg \cdot m]$ 이므로,

$T = \dfrac{1}{9.8} \dfrac{60}{2\pi} \dfrac{50 \times 10^3}{1,800} \simeq 27[kg \cdot m]$ 이다.

03 6극 중권의 직류전동기가 있다. 자속이 0.04[Wb]이고, 전기자 도체수가 284, 부하전류가 60[A],
2024
토크가 108.48[N·m], 회전수가 800[rpm]일 때 출력[W]은?
① 8,544   ② 9,010
③ 9,088   ④ 9,824

해설
직류전동기의 출력 $P_0 = E_c I_a = 2\pi \dfrac{N}{60} T[W]$이며, 주어진 조건에 따라 어느 공식을 적용하여도 가능하다.

$P_0 = E_c I_a = \dfrac{P}{a} \phi Z \dfrac{N}{60} I_a = \dfrac{6}{6} \times 0.04 \times 284 \times \dfrac{800}{60} \times 60 = 9,088[W]$

$P_0 = 2\pi \dfrac{N}{60} T[W] = 2\pi \times \dfrac{800}{60} \times 108.48 = 9,088[W]$

정답 01 ③ 02 ③ 03 ③

SECTION 08 직류전동기의 종류 및 구조

1. 구조
직류발전기는 직류전동기로 사용할 수 있기 때문에 구조와 종류는 발전기와 동일하다.

2. 종류
여자방식에 따라 타여자, 자여자전동기로 분류되며, 계자권선과 전기자권선의 접속방법에 따라 분권, 직권, 복권전동기로 분류된다.

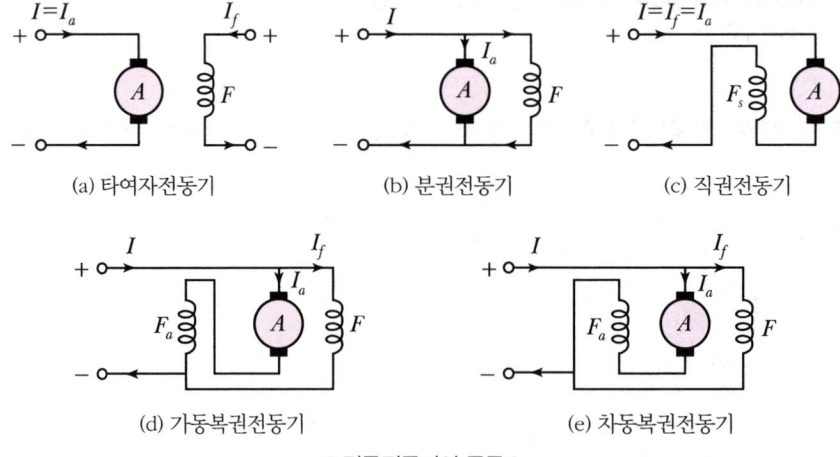

| 직류전동기의 종류 |

SECTION 09 직류전동기의 특성

전동기의 특성을 이해하기 위해서는 부하 변화에 회전수와 토크가 어떻게 변화되는가를 아는 것이 중요하다.
- 속도특성 : 부하전류 I와 회전수 N의 관계
- 토크특성 : 부하전류 I와 토크 T의 관계

1. 타여자전동기

① 속도특성

$$N = K \frac{V - I_a R_a}{\phi} \, [\text{rpm}]$$

- 자속이 일정하고, 전기자저항 R_a가 매우 작으므로 부하 변화에 전기자 전류 I_a가 변해도 정속도 특성을 가진다.
- 주의할 점은 계자전류가 0이 되면, 속도가 급격히 상승하여 위험하기 때문에 계자회로에 퓨즈를 넣어서는 안 된다.

② 토크특성

$$T = K_2 \, \phi \, I_a \, [\text{N} \cdot \text{m}]$$

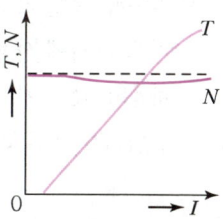

타여자이므로 부하 변동에 의한 자속의 변화가 없으며, 부하 증가에 따라 전기자 전류가 증가하므로 **토크는 부하전류에 비례**하게 된다.

2. 분권전동기

① 속도 및 토크특성

전기자와 계자권선이 병렬로 접속되어 있어서 단자전압이 일정하면, 부하전류에 관계없이 자속이 일정하므로 **타여자전동기와 거의 동일한 특성**을 가진다.

② 타여자전동기와 분권전동기는 속도조정이 쉽고, 정속도의 특성이 좋으나, 거의 동일한 특성의 3상 유도전동기가 있으므로 별로 사용하지 않는다.

3. 직권전동기

① 속도특성

$$N = K_1 \frac{V - I_a(R_a + R_s)}{\phi} [\text{rpm}]$$

- 부하에 따라 자속이 비례하므로, 부하의 변화에 따라 속도가 반비례하게 된다.
- 부하가 감소하여 무부하가 되면, 회전속도가 급격히 상승하여 위험하게 되므로 벨트운전이나 무부하운전을 피하는 것이 좋다.

② 토크특성

$$T = K_2 \phi I_a [\text{N} \cdot \text{m}]$$

전기자와 계자권선이 직렬로 접속되어 있어서 자속이 전기자 전류에 비례하므로, $T \propto I_a^2$ 가 된다.

③ 부하 변동이 심하고, 큰 기동토크가 요구되는 전동차, 크레인, 전기 철도에 적합하다.

4. 복권전동기

① **가동복권전동기** : 분권전동기와 직권전동기의 중간 특성을 가지고 있어, 크레인, 공작기계, 공기 압축기에 사용된다.
② **차동복권전동기** : 직권계자 자속과 분권계자 자속이 서로 상쇄되는 구조로 과부하의 경우에는 위험속도가 되고, 토크 특성도 좋지 않으므로 거의 사용하지 않는다.

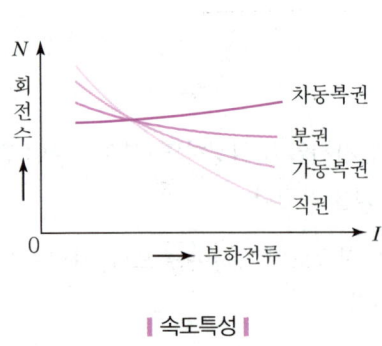

| 속도특성 |

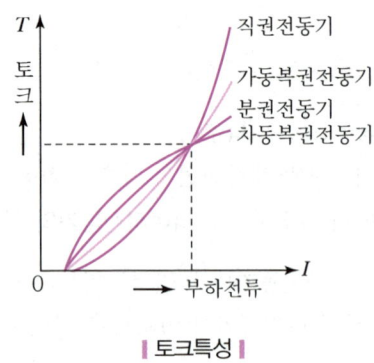

| 토크특성 |

CHAPTER 01 핵심 기출문제

01 다음 그림의 전동기는 어떤 전동기인가?
2015
2024

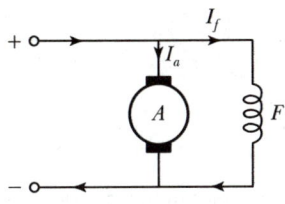

① 직권전동기 ② 타여자전동기
③ 분권전동기 ④ 복권전동기

02 속도를 광범위하게 조정할 수 있으므로 압연기나 엘리베이터 등에 사용되는 직류전동기는?
2012
2020
2023
① 직권전동기 ② 분권전동기
③ 타여자전동기 ④ 가동복권전동기

해설
타여자전동기는 속도를 광범위하게 조정할 수 있으므로 압연기나 엘리베이터 등에 사용되고, 일그너 방식 또는 워드 레오나드 방식의 속도제어장치를 사용하는 경우에 주 전동기로 사용된다.

03 분권전동기에 대한 설명으로 틀린 것은?
2010
2019
2020
2021
2024
① 토크는 전기자전류의 제곱에 비례한다.
② 부하전류에 따른 속도 변화가 거의 없다.
③ 계자회로에 퓨즈를 넣어서는 안 된다.
④ 계자권선과 전기자권선이 전원에 병렬로 접속되어 있다.

해설
전기자와 계자권선이 병렬로 접속되어 있어서 단자전압이 일정하면, 부하전류에 관계없이 자속이 일정하므로 타여자전동기와 거의 동일한 특성을 가진다.

04 직류 분권전동기의 회전방향을 바꾸기 위해 일반적으로 무엇의 방향을 바꾸어야 하는가?
2014
2019
2022
① 전원 ② 주파수
③ 계자저항 ④ 전기자전류

해설
회전방향을 바꾸려면, 계자권선이나 전기자권선 중 어느 한쪽의 접속을 반대로 하면 되는데, 일반적으로 전기자권선의 접속을 바꾸어주면 역회전한다. 즉, 전기자에 흐르는 전류의 방향을 바꾸어 주면 된다.

정답 01 ③ 02 ③ 03 ① 04 ④

05 다음 그림에서 직류 분권전동기의 속도특성곡선은?

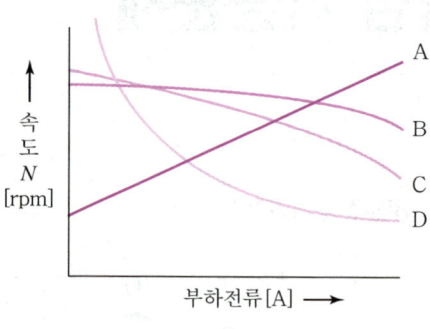

① A   ② B   ③ C   ④ D

해설

분권전동기
전기자와 계자권선이 병렬로 접속되어 있어서 단자전압이 일정하면, 부하전류에 관계없이 자속이 일정하므로 정속도 특성을 가진다.

06 직류 직권전동기의 회전수(N)와 토크(τ)의 관계는?

① $\tau \propto \dfrac{1}{N}$ ② $\tau \propto \dfrac{1}{N^2}$

③ $\tau \propto N$ ④ $\tau \propto N^{\frac{3}{2}}$

해설

$N \propto \dfrac{1}{I_a}$ 이고, $\tau \propto I_a^2$ 이므로 $\tau \propto \dfrac{1}{N^2}$ 이다.

07 직류 직권전동기의 회전수를 $\dfrac{1}{2}$로 하면 토크는 기존 토크에 비해 몇 배가 되는가?

① 기존 토크에 비해 0.5배가 된다.
② 기존 토크에 비해 2배가 된다.
③ 기존 토크에 비해 4배가 된다.
④ 기존 토크에 비해 16배가 된다.

해설

직류 직권전동기는 전기자와 계자권선이 직렬로 접속되어 있어서 자속이 전기자 전류에 비례하므로,
$T = K_2 \phi I_a \propto I_a^2$, $N = K_1 \dfrac{V - I_a R_a}{\phi} \propto \dfrac{1}{I_a}$ 가 된다. (여기서, $I_a R_a$는 R_a가 매우 작으므로 무시한다.)

따라서, $T \propto \dfrac{1}{N^2}$ 이므로, 회전수를 $\dfrac{1}{2}$로 하면 토크는 4배가 된다.

정답 05 ② 06 ② 07 ③

08 직류 직권전동기에서 벨트를 걸고 운전하면 안 되는 가장 큰 이유는?

① 벨트가 벗어지면 위험 속도에 도달하므로
② 손실이 많아지므로
③ 직결하지 않으면 속도 제어가 곤란하므로
④ 벨트의 마멸 보수가 곤란하므로

해설
$N = K_1 \dfrac{V - I_a R_a}{\phi}$ [rpm]에서 직류 직권전동기는 벨트가 벗어지면 무부하 상태가 되어, 여자 전류가 거의 0이 된다. 이때 자속이 최소가 되므로 위험 속도가 된다.

09 기중기, 전기 자동차, 전기 철도와 같은 곳에 가장 많이 사용되는 전동기는?

① 가동복권전동기
② 차동복권전동기
③ 분권전동기
④ 직권전동기

해설
직권전동기
부하 변동이 심하고, 큰 기동토크가 요구되는 전동차, 크레인, 전기 철도에 적합하다.

정답 08 ① 09 ④

SECTION 10 직류전동기의 운전

1. 기동

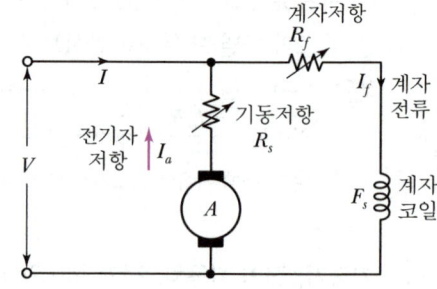

① 기동 시 정격전류의 10배 이상의 전류가 흐르므로 전동기의 손상 및 전원계통에 전압강하의 영향을 주므로 기동전류를 저감하는 대책이 필요하다.
② 전기자에 직렬로 저항을 삽입하여 기동 시 직렬저항(기동저항)을 최대로 하여 정격전류의 2배 이내로 기동을 하며, 토크를 유지하기 위해 계자저항을 최소로 하여 기동한다.

2. 속도제어

다음 식에 의해서 속도제어를 한다.

$$N = K_1 \frac{V - I_a R_a}{\phi} \text{[rpm]}$$

① 계자제어(ϕ)
- 계자권선에 직렬로 저항을 삽입하여 계자전류를 변화시켜 자속을 조정한다.
- 광범위하게 속도를 조정할 수 있고, 정출력 가변속도에 적합하다.

② 저항제어(R_a)
- 전기자권선에 직렬로 저항을 삽입하여 속도를 조정한다.
- 전력손실이 생기고 속도 조정의 폭이 좁아서 별로 사용하지 않는다.

③ 전압제어(V)
- 직류전압 V를 조정하여 속도를 조정한다.
- 워드 레오나드 방식(M-G-M법), 일그너 방식이 있으나, 설치비용이 많이 든다.

3. 직류전동기의 제동

① 발전제동 : 제동 시에 전원을 개방하여 발전기로 이용하여 발전된 전력을 제동용 저항에 열로 소비시키는 방법이다.
② 회생제동 : 제동 시에 전원을 개방하지 않고 발전기로 이용하여 발전된 전력을 다시 전원으로 돌려보내는 방식이다.
③ 역상제동(플러깅) : 제동 시에 **전동기를 역회전**으로 접속하여 제동하는 방법이다.

4. 역회전

① 직류전동기는 전원의 극성을 바꾸게 되면, 계자권선과 전기자권선의 전류방향이 동시에 바뀌게 되므로 회전방향이 바뀌지 않는다.
② 회전방향을 바꾸려면, 계자권선이나 전기자권선 중 어느 한쪽의 접속을 반대로 하면 되는데, 일반적으로 전기자권선의 접속을 바꾸어 역회전시킨다.

SECTION 11 직류전동기의 손실

1. 동손(P_c)

부하전류(전기자 전류) 및 여자전류에 의한 권선에서 생기는 줄열로 발생하는 손실을 말하며, 저항손이라고도 한다.

2. 철손(P_i)

철심에서 생기는 히스테리시스손과 와류손을 말한다.

① **히스테리시스손(P_h)** : 철심의 재질에서 생기는 손실로 다음과 같다.

$$P_h \propto fB_m^{1.6}$$

여기서, B_m : 최대자속밀도

② **와류손(P_e)** : 자속에 의해 철심의 맴돌이 전류에 의해서 생기는 손실로 다음과 같다.

$$P_e \propto (tfB_m)^2$$

여기서, t : 철심의 두께

3. 기타 손실

① **기계손** : 회전 시에 생기는 손실로 마찰손, 풍손
② **표유 부하손** : 철손, 기계손, 동손을 제외한 손실

SECTION 12 직류기의 효율

1. 효율

① 기계의 입력과 출력의 백분율의 비로서 나타낸다.

$$\eta = \frac{출력}{입력} \times 100[\%]$$

② **규약효율** : 발전기나 전동기는 규정된 방법에 의하여 각 손실을 측정 또는 산출하고 입력 또는 출력을 구하여 효율을 계산하는 방법

$$발전기 효율\ \eta_G = \frac{출력}{출력 + 손실} \times 100[\%]$$

$$전동기 효율\ \eta_M = \frac{입력 - 손실}{입력} \times 100[\%]$$

> **TIP** 발전기의 출력이 전기이고, 전동기의 입력이 전기이다. 규약효율은 전기를 기준으로 한다.

③ 최대 효율 조건

$$철손(P_i) = 동손(P_c)$$

2. 전압 변동률

발전기 정격부하일 때의 전압(V_n)과 무부하일 때의 전압(V_o)이 변동하는 비율

$$\varepsilon = \frac{V_o - V_n}{V_n} \times 100[\%]$$

3. 속도 변동률

전동기의 정격회전수(N_n)에서 무부하일 때의 회전속도(N_o)가 변동하는 비율

$$\varepsilon = \frac{N_o - N_n}{N_n} \times 100[\%]$$

CHAPTER 01 핵심 기출문제

01 직류전동기를 기동할 때 전기자전류를 제한하는 가감저항기를 무엇이라 하는가?
2017
2020
① 단속기 ② 제어기 ③ 가속기 ④ 기동기

해설 직류전동기의 기동전류를 제한하기 위해 전기자에 직렬로 기동저항을 연결한다.

02 직류전동기의 속도제어 방법이 아닌 것은?
2012
2015
2018
2020
2023
① 전압제어 ② 계자제어 ③ 저항제어 ④ 플러깅제어

해설 직류전동기의 속도제어법
- 계자제어 : 정출력 제어
- 저항제어 : 전력손실이 크며, 속도제어의 범위가 좁다.
- 전압제어 : 정토크 제어

03 직류 분권전동기에서 운전 중 계자권선의 저항이 증가하면 회전속도는 어떻게 되는가?
2010
2015
2018
2021
① 감소한다.
② 증가한다.
③ 일정하다.
④ 증가하다가 계자저항이 무한대가 되면 감소한다.

해설 $N = K_1 \dfrac{V - I_a R_a}{\phi}$ [rpm] 이므로 계자저항을 증가시키면 계자전류가 감소하여 자속이 감소하므로, 회전수는 증가한다.

04 직류전동기의 속도제어법 중 전압제어법으로서 제철소의 압연기, 고속 엘리베이터의 제어에 사용되는 방법은?
2011
2018
① 워드 레오나드 방식 ② 정지 레오나드 방식
③ 일그너 방식 ④ 크래머 방식

해설 일그너 방식
타여자 직류전동기 운전방식의 하나로, 그 전원설비인 유도전동 직류발전기에 큰 플라이휠과 슬립 조정기를 붙이고 직류전동기의 부하가 급변할 때에도 전원보다는 거의 일정한 전력을 공급하며 그 전력의 과부족은 플라이휠로 처리할 수 있게 한 방식을 말한다.

정답 01 ④ 02 ④ 03 ② 04 ③

05 직류전동기의 속도제어 방법 중 속도제어가 원활하고 정토크 제어가 되며 운전 효율이 좋은 것은?

① 계자제어
② 병렬 저항제어
③ 직렬 저항제어
④ 전압제어

해설

직류전동기의 속도제어법
- 계자제어 : 정출력 제어
- 저항제어 : 전력손실이 크며, 속도제어의 범위가 좁다.
- 전압제어 : 정토크 제어

06 직류전동기의 규약효율을 표시하는 식은?

① $\dfrac{출력}{출력+손실} \times 100[\%]$
② $\dfrac{출력}{입력} \times 100[\%]$
③ $\dfrac{입력-손실}{입력} \times 100[\%]$
④ $\dfrac{출력}{출력+손실} \times 100[\%]$

해설

- 발전기 규약효율 $\eta_G = \dfrac{출력}{출력+손실} \times 100[\%]$
- 전동기 규약효율 $\eta_M = \dfrac{입력-손실}{입력} \times 100[\%]$

07 전기기계의 효율 중 발전기의 규약 효율 η_G 는?(단, 입력 P, 출력 Q, 손실 L로 표현한다.)

① $\eta_G = \dfrac{P-L}{P} \times 100[\%]$
② $\eta_G = \dfrac{P-L}{P+L} \times 100[\%]$
③ $\eta_G = \dfrac{Q}{P} \times 100[\%]$
④ $\eta_G = \dfrac{Q}{Q+L} \times 100[\%]$

해설

- 발전기 규약효율 $\eta_G = \dfrac{출력}{출력+손실} \times 100[\%]$
- 전동기 규약효율 $\eta_M = \dfrac{입력-손실}{입력} \times 100[\%]$

08 발전기를 정격전압 220[V]로 운전하다가 무부하로 운전하였더니, 단자전압이 253[V]가 되었다. 이 발전기의 전압 변동률 ε[%]은?

① 15[%]
② 25[%]
③ 35[%]
④ 45[%]

해설

$\varepsilon = \dfrac{V_o - V_n}{V_n} \times 100[\%]$ 이므로

$\varepsilon = \dfrac{253 - 220}{220} \times 100[\%] = 15[\%]$

정답 05 ④ 06 ③ 07 ④ 08 ①

09 정격전압 230[V], 정격전류 28[A]에서 직류전동기의 속도가 1,680[rpm]이다. 무부하에서의 속도가 1,733[rpm]이라고 할 때 속도 변동률[%]은 약 얼마인가?

① 6.1 ② 5.0
③ 4.6 ④ 3.2

해설

$\varepsilon = \dfrac{N_o - N_n}{N_n} \times 100[\%]$ 이므로

$\varepsilon = \dfrac{1,733 - 1,680}{1,680} \times 100 = 3.2[\%]$

10 직류전동기에서 전부하 속도가 1,500[rpm], 속도 변동률이 3[%]일 때 무부하 회전속도는 몇 [rpm]인가?

① 1,455 ② 1,410
③ 1,545 ④ 1,590

해설

$\varepsilon = \dfrac{N_0 - N_n}{N_n} \times 100[\%]$ 이므로,

$\varepsilon = \dfrac{N_0 - 1,500}{1,500} \times 100 = 3[\%]$ 에서

무부하 회전속도 $N_0 = 1,545[rpm]$ 이다.

11 입력으로 펄스신호를 가해주고 속도를 입력펄스의 주파수에 의해 조절하는 전동기는?

① 전기동력계 ② 서보전동기
③ 스테핑 전동기 ④ 권선형 유도전동기

해설

스테핑 모터(Stepping Motor)
- 입력 펄스 신호에 따라 일정한 각도로 회전하는 전동기이다.
- 기동 및 정지 특성이 우수하다.
- 특수 기계의 속도, 거리, 방향 등의 정확한 제어가 가능하다.

정답 09 ④ 10 ③ 11 ③

CHAPTER 02 동기기

■ 개요

동기기는 정상상태에서 일정한 속도로 회전하는 발전기와 전동기를 말한다.
동기발전기는 전력계통의 발전소에서 운전되는 교류발전기로 사용되며, 전력설비 가운데 가장 중요한 부분이다.
동기전동기는 정속도 전동기로서 사용되며, 전력계통에서 동기조상기로도 사용된다.

SECTION 01 동기발전기의 원리

1. 원리

자속과 도체가 서로 상쇄하여 기전력을 발생하는 플레밍의 오른손 법칙은 같으나 정류자 대신 슬립링을 사용하여 교류 기전력을 그대로 출력한다.

2. 회전전기자형

계자를 고정해 두고 전기자가 회전하는 형태로 소형기기에 채용된다.

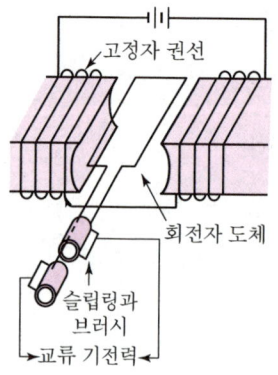 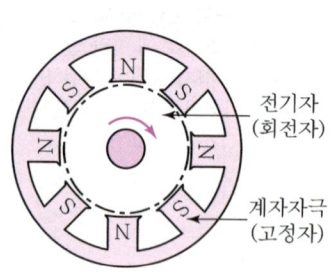

| 회전전기자형 |

3. 회전계자형

전기자를 고정해 두고 계자를 회전시키는 형태로 중·대형기기에 일반적으로 채용된다.

> TIP 일반적인 동기발전기는 회전계자형이다.

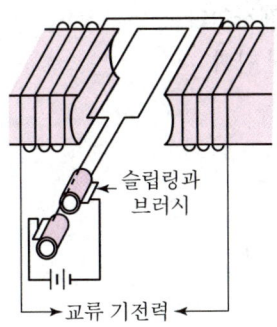
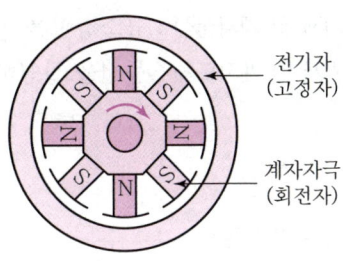

| 회전계자형 |

4. 회전자속도(동기속도)

회전자속도(동기속도) N_s, 주파수 f, 발전기 극수 P와의 관계는 아래 그림과 같이 2극 발전기가 1회전할 때, 교류파형은 1사이클이 나오므로 다음과 같다.

$$N_s = \frac{120f}{P}\,[\text{rpm}]$$

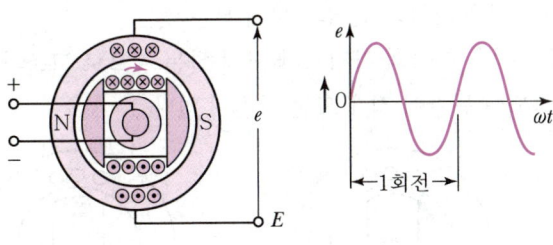

| 2극 발전기 |

> TIP 수력발전의 수차발전기는 물의 용량 및 낙차에 따라 6~48극과 같은 저속도 운전을 위한 다극기를 사용하고, 화력이나 원자력발전의 터빈 발전기는 고속도로 회전하는 발전기로 2극기가 많이 쓰인다.

SECTION 02 동기발전기의 구조

1. 구조

주로 회전계자형이므로 고정자가 전기자이고, 회전자가 계자이다.
① 전기자 및 계자철심 : 규소강판을 성층하여 철손을 적게 한다.
② 전기자 및 계자도체 : 동선을 절연하여 권선으로 만든다.

2. 전기자권선법

① 집중권, 분포권
  - 집중권 : 1극 1상당 슬롯 수가 한 개인 권선법
  - 분포권 : 1극 1상당 슬롯 수가 2개 이상인 권선법으로 **기전력의 파형이 좋아지고**, 전기자 동손에 의한 열을 골고루 분포시켜 과열을 방지하는 장점이 있다.

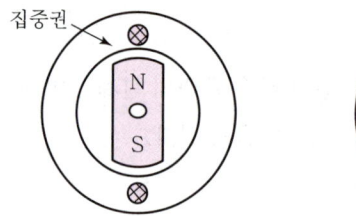
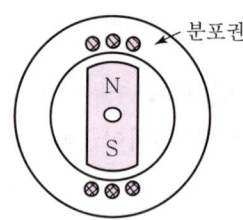

② 전절권, 단절권
  - 전절권 : 코일의 간격을 자극의 간격과 같게 하는 것
  - 단절권 : 코일의 간격을 자극의 간격보다 작게 하는 것으로 고조파 제거로 **파형이 좋아지고**, 코일 단부가 단축되어 동량이 적게 드는 장점이 있다.

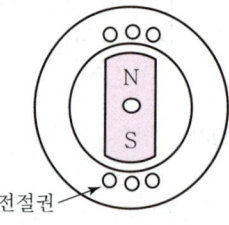
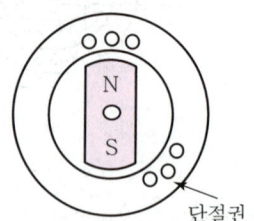

③ 유도기전력을 정현파에 근접하게 하기 위하여 실제로는 분포권과 단절권을 혼합하여 쓴다.
④ **권선계수** : 분포계수와 단절계수의 곱
  - 분포계수 : 분포권을 채용하면, 집중권에 비해 기전력이 감소하게 되는데, 감소하는 비율로서 보통 0.955 이상이 된다.
  - 단절계수 : 단절권을 채용하면, 전절권에 비해 기전력이 감소하게 되는데, 감소하는 비율로서 보통 0.914 이상이 된다.

CHAPTER 02 핵심 기출문제

01 전기자를 고정시키고 자극 N, S를 회전시키는 동기발전기는?
2019
2021
① 회전계자형 ② 직렬저항형
③ 회전전기자형 ④ 회전정류자형

해설
- 회전전기자형 : 계자를 고정해 두고 전기자가 회전하는 형태
- 회전계자형 : 전기자를 고정해 두고 계자를 회전시키는 형태

02 동기발전기를 회전계자형으로 하는 이유가 아닌 것은?
2014
2017
2018
2022
2024
① 고전압에 견딜 수 있게 전기자 권선을 절연하기가 쉽다.
② 전기자 단자에 발생한 고전압을 슬립링 없이 간단하게 외부회로에 인가할 수 있다.
③ 기계적으로 튼튼하게 만드는 데 용이하다.
④ 전기자가 고정되어 있지 않아 제작비용이 저렴하다.

해설
회전계자형
전기자를 고정해 두고 계자를 회전시키는 형태로 중·대형기기에 일반적으로 채용된다.

03 주파수 60[Hz]를 내는 발전용 원동기인 터빈 발전기의 최고 속도는 얼마인가?
2012
2016
2020
① 1,800[rpm] ② 2,400[rpm]
③ 3,600[rpm] ④ 4,800[rpm]

해설
$N = \dfrac{120f}{P} = \dfrac{120 \times 60}{2} = 3,600[\text{rpm}]$

04 주파수 60[Hz]의 동기전동기가 4극일 때 동기속도는 몇 [rpm]인가?
2010
2012
2019
2021
2022
2024
① 3,600 ② 1,800
③ 1,200 ④ 900

해설
동기전동기는 동기속도로 회전하므로,
동기속도 $N_s = \dfrac{120f}{P} = \dfrac{120 \times 60}{4} = 1,800[\text{rpm}]$

정답 01 ① 02 ④ 03 ③ 04 ②

05 60[Hz], 20,000[kVA]의 발전기의 회전수가 900[rpm]이라면 이 발전기의 극수는 얼마인가?

① 8극 ② 12극
③ 14극 ④ 16극

해설

동기속도 $N_s = \dfrac{120f}{P}$ [rpm]이므로

$P = \dfrac{120 \times 60}{900} = 8$극이다.

06 6극 36슬롯 3상 동기 발전기의 매극 매상당 슬롯수는?

① 2 ② 3
③ 4 ④ 5

해설

매극 매상당의 홈수 = $\dfrac{홈수}{극수 \times 상수} = \dfrac{36}{6 \times 3} = 2$

07 동기기의 전기자 권선법이 아닌 것은?

① 2층 분포권 ② 단절권
③ 중권 ④ 전절권

해설

동기기는 주로 분포권, 단절권, 2층권, 중권이 쓰이고 결선은 Y결선으로 한다.

정답 05 ① 06 ① 07 ④

SECTION 03 동기발전기의 이론

1. 유도기전력

패러데이의 전자유도법칙에 의한 실횻값으로 다음과 같다.

$$E = 4.44fN\phi \,[\text{V}]$$

여기서, N : 1상의 권선수

2. 전기자 반작용

발전기에 부하전류에 의한 기자력이 주자속에 영향을 주는 작용

① 교차자화작용 : 동기발전기에 저항 부하를 연결하면, 기전력과 전류가 동위상이 된다. 이때 전기자전류에 의한 기자력과 주자속이 직각이 되는 현상
② 감자작용 : 동기발전기에 리액터 부하를 연결하면, 전류가 기전력보다 90° 늦은 위상이 된다. 전기자 전류에 의한 자속이 주자속을 감소시키는 방향으로 작용하여 유도기전력이 작아지는 현상
③ 증자작용 : 동기발전기에 콘덴서 부하를 연결하면, 전류가 기전력보다 90° 앞선 위상이 된다. 전기자 전류에 의한 자속이 주자속을 증가시키는 방향으로 작용한다. 유도기전력이 증가하게 되는데, 이런 현상을 동기발전기의 자기여자작용이라고도 한다.

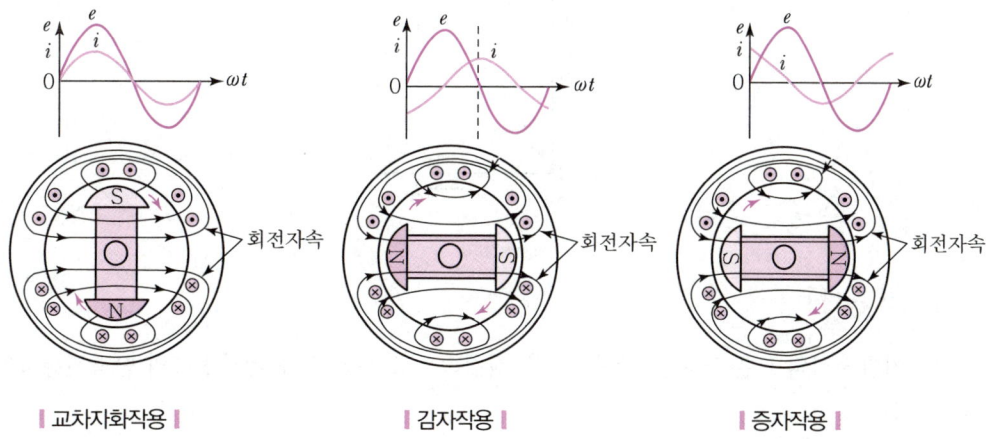

| 교차자화작용 | | 감자작용 | | 증자작용 |

3. 동기발전기의 출력(P_s)

① 동기발전기 1상분의 출력 P_s는 다음과 같이 구해진다.

$$P_s = \frac{VE}{x_s}\sin\delta\,[\text{W}]$$

여기서, X_s : 동기 리액턴스

② 동기발전기는 내부 임피던스에 의해 유도기전력(E)과 단자전압(V)의 위상차가 생기게 되는데, 이 위상각 δ를 부하각이라 한다.

SECTION 04 동기발전기의 특성

1. 무부하 포화곡선

① 무부하 시에 유도기전력(E)과 계자전류(I_f)의 관계곡선
② 전압이 낮은 부분에서는 유도기전력이 계자전류에 정비례하여 증가하지만, 전압이 높아짐에 따라 철심의 자기포화 때문에 전압의 상승비율은 매우 완만해진다.

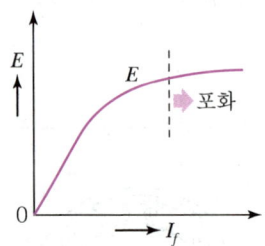

2. 3상 단락곡선

① 동기발전기의 모든 단자를 단락시키고 정격속도로 운전할 때 계자전류와 단락전류와의 관계곡선
② 거의 직선으로 상승한다.

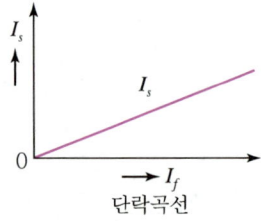

단락곡선

3. 단락비

단락비의 크기는 기계의 특성을 나타내는 표준

① 무부하 포화곡선과 3상 단락곡선에서 단락비 K_s는 다음과 같이 표시된다.

$$K_s = \frac{\text{무부하에서 정격전압을 유지하는 데 필요한 계자전류}(I_{fs})}{\text{정격전류와 같은 단락전류를 흘려주는 데 필요한 계자전류}(I_{fn})} = \frac{100}{\%Z_s}$$

여기서, $\%Z_s$: %동기 임피던스

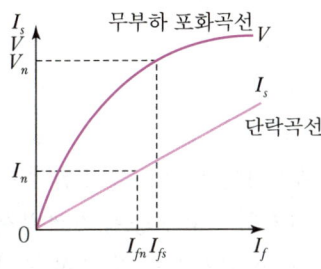

② 단락비에 따른 발전기의 특징

단락비가 큰 동기기(철기계)	단락비가 작은 동기기(동기계)
전기자 반작용이 작고, 전압 변동률이 작다.	전기자 반작용이 크고, 전압 변동률이 크다.
공극이 크고 과부하 내량이 크다.	공극이 좁고 안정도가 낮다.
기계의 중량이 무겁고 효율이 낮다.	기계의 중량이 가볍고 효율이 좋다.

 단락비가 큰 발전기가 대부분 좋은 특성을 가지고 있다.

4. 전압 변동률

발전기 정격부하일 때의 전압(V_n)과 무부하일 때의 전압(V_o)이 변동하는 비율

$$\varepsilon = \frac{V_o - V_n}{V_n} \times 100 [\%]$$

SECTION 05 동기발전기의 운전

1. 병렬운전 조건

① 기전력의 크기가 같을 것 → 다르면, 무효 순환 전류(무효 횡류)가 흐른다.
② 기전력의 위상이 같을 것 → 다르면, 순환 전류(유효 횡류)가 흐른다.
③ 기전력의 주파수가 같을 것
④ 기전력의 파형이 같을 것 → 다르면, 고조파 순환 전류가 흐른다.

2. 난조의 발생과 대책

① 난조

부하가 갑자기 변하면 속도 재조정을 위한 진동이 발생하게 된다. 일반적으로는 그 진폭이 점점 적어지나, 진동주기가 동기기의 고유진동에 가까워지면 공진작용으로 진동이 계속 증대하는 현상. 이런 현상의 정도가 심해지면 동기 운전을 이탈하게 되는데, 이것을 동기이탈이라 한다.

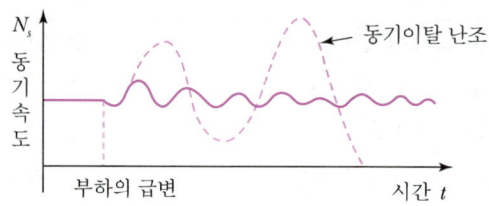

② 발생하는 원인
- 조속기의 감도가 지나치게 예민한 경우
- 원동기에 고조파 토크가 포함된 경우
- 전기자 저항이 큰 경우

③ 난조방지법
- 발전기에 제동권선을 설치한다(가장 좋은 방법).
- 원동기의 조속기가 너무 예민하지 않도록 한다.
- 송전계통을 연계하여 부하의 급변을 피한다.
- 회전자에 플라이휠 효과를 준다.

CHAPTER 02 핵심 기출문제

01 동기발전기에서 역률각이 90도 늦을 때의 전기자 반작용은?

2015
2016
2018
2020
2024

① 증자작용　　　　　　　　② 편자작용
③ 교차작용　　　　　　　　④ 감자작용

해설
동기발전기의 전기자 반작용
- 뒤진 전기자 전류 : 감자작용
- 앞선 전기자 전류 : 증자작용

02 동기발전기에서 전기자 전류가 무부하 유도기전력보다 $\pi/2$[rad] 앞서 있는 경우에 나타나는 전기자 반작용은?

2011
2013
2014
2017
2022
2024

① 증자작용　　　　　　　　② 감자작용
③ 교차자화작용　　　　　　④ 직축반작용

해설
동기발전기의 전기자 반작용
- 뒤진 전기자 전류 : 감자작용
- 앞선 전기자 전류 : 증자작용

03 3상 동기전동기의 출력(P)을 부하각으로 나타낸 것은?(단, V는 1상의 단자전압, E는 역기전력, x_s는 동기 리액턴스, δ는 부하각이다.)

2011
2014

① $P = 3\,VE\sin\delta\,[\text{W}]$

② $P = \dfrac{3\,VE\sin\delta}{x_s}\,[\text{W}]$

③ $P = \dfrac{3\,VE\cos\delta}{x_s}\,[\text{W}]$

④ $P = 3\,VE\cos\delta\,[\text{W}]$

해설
동기전동기의 1상분 출력은 $P_{1\phi} = \dfrac{VE\sin\delta}{x_s}$[W]이므로,

3상 출력은 $P_{3\phi} = 3 \times P_{1\phi} = \dfrac{3\,VE\sin\delta}{x_s}$[W]이다.

정답 01 ④　02 ①　03 ②

04 동기발전기의 무부하 포화곡선에 대한 설명으로 옳은 것은?

2009
2017
2024

① 정격전류와 단자전압의 관계이다.　　② 정격전류와 정격전압의 관계이다.
③ 계자전류와 정격전압의 관계이다.　　④ 계자전류와 단자전압의 관계이다.

해설

동기발전기의 특성곡선
- 3상단락곡선 : 계자전류와 단락전류
- 무부하 포화곡선 : 계자전류와 단자전압
- 부하 포화곡선 : 계자전류와 단자전압
- 외부특성곡선 : 부하전류와 단자전압

05 단락비가 큰 동기기는?

2012
2016
2018
2020
2021
2023
2024

① 안정도가 높다.　　② 기계가 소형이다.
③ 전압 변동률이 크다.　　④ 전기자 반작용이 크다.

해설

공극이 넓은 동기발전기는 철기계로 전압 변동이 작다.

단락비가 큰 동기기(철기계) 특징
- 전기자 반작용이 작고, 전압 변동률이 작다.
- 공극이 크고 과부하 내량이 크다.
- 기계의 중량이 무겁고 효율이 낮다.
- 안정도가 높다.

06 정격이 1,000[V], 500[A], 역률 90[%]의 3상 동기발전기의 단락전류 I_s[A]는?(단, 단락비는 1.3으로 하고, 전기자저항은 무시한다.)

2015
2020
2021

① 450　　② 550　　③ 650　　④ 750

해설

단락비 $K_s = \dfrac{I_s}{I_n}$ 이고, 정격전류 $I_n = 500$[A], 단락비 $K_s = 1.3$이므로

단락전류 $I_s = I_n \times K_s = 500 \times 1.3 = 650$[A]

07 단락비가 1.2인 동기발전기의 %동기 임피던스는 약 몇 %인가?

2013
2017
2022
2024

① 68　　② 83　　③ 100　　④ 120

해설

단락비 $K_s = \dfrac{100}{\%Z_s}$ 이므로,

$1.2 = \dfrac{100}{\%Z_s}$ 에서 %동기 임피던스 $\%Z_s = 83.33$[%]이다.

정답 04 ④　05 ①　06 ③　07 ②

08 동기발전기의 병렬운전에 필요한 조건이 아닌 것은?

2010 2012 2016 2018 2019 2020 2021 2023

① 기전력의 주파수가 같을 것 ② 기전력의 크기가 같을 것
③ 기전력의 용량이 같을 것 ④ 기전력의 위상이 같을 것

해설

병렬운전조건
- 기전력의 크기가 같을 것
- 기전력의 위상이 같을 것
- 기전력의 주파수가 같을 것
- 기전력의 파형이 같을 것

09 동기발전기의 병렬운전에서 기전력의 크기가 다를 경우 나타나는 현상은?

2015 2016 2017 2019 2023 2024

① 주파수가 변한다. ② 동기화 전류가 흐른다.
③ 난조현상이 발생한다. ④ 무효순환전류가 흐른다.

해설

병렬운전조건 중 기전력의 크기가 다르면, 무효횡류(무효순환전류)가 흐른다.

10 2대의 동기발전기가 병렬운전하고 있을 때 동기화 전류가 흐르는 경우는?

2012 2016 2019 2021

① 기전력의 크기에 차가 있을 때
② 기전력의 위상에 차가 있을 때
③ 부하분담에 차가 있을 때
④ 기전력의 파형에 차가 있을 때

해설

병렬운전조건 중 기전력의 위상이 서로 다르면 순환전류(유효횡류 또는 동기화 전류)가 흐르며, 위상이 앞선 발전기는 부하의 증가를 가져와서 회전속도가 감소하게 되고, 위상이 뒤진 발전기는 부하의 감소를 가져와서 발전기의 속도가 상승하게 된다.

11 동기 임피던스 5[Ω]인 2대의 3상 동기 발전기의 유도기전력에 100[V]의 전압 차이가 있다면 무효 순환전류는?

2010 2013 2014 2019 2020

① 10[A] ② 15[A] ③ 20[A] ④ 25[A]

해설

병렬운전조건 중 기전력의 크기가 다르면, 무효순환전류(무효횡류)가 흐르므로,

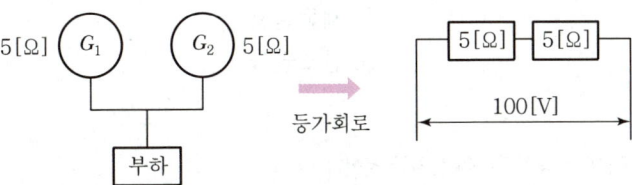

등가회로로 변환하여 무효순환전류를 계산하면, $I_r = \dfrac{100}{5+5} = 10[A]$이다.

정답 08 ③ 09 ④ 10 ② 11 ①

12 병렬운전 중인 두 동기 발전기의 유도기전력이 2,000[V], 위상차 60[°], 동기 리액턴스 100[Ω]이다. 유효순환전류[A]는?

① 5　　　　② 10　　　　③ 15　　　　④ 20

해설

병렬운전조건 중 위상차가 발생하면, 유효순환전류(유효횡류)가 흐르므로,

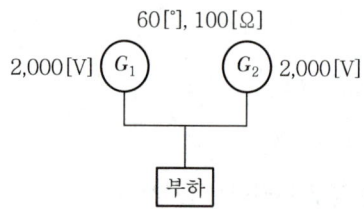

유효순환전류를 계산하면, $I_c = \dfrac{2E\sin\dfrac{\delta}{2}}{2Z_s} = \dfrac{2\times 2{,}000 \times \sin\dfrac{60°}{2}}{2\times 100} = 10[A]$ 이다.

13 8극 900[rpm]의 교류발전기와 병렬운전하는 극수 6의 동기발전기의 회전수[rpm]는?

① 750　　　　② 900　　　　③ 1,000　　　　④ 1,200

해설

병렬운전 조건 중 주파수가 같아야 하는 조건이 있으므로,

$N_s = \dfrac{120f}{P}$ 에서 8극의 발전기의 주파수는 $f = \dfrac{8\times 900}{120} = 60[Hz]$ 이고,

6극 발전기의 회전수는 $N_s = \dfrac{120f}{P} = \dfrac{120\times 60}{6} = 1{,}200[\text{rpm}]$ 이다.

14 34극 60[MVA], 역률 0.8, 60[Hz], 22.9[kV] 수차발전기의 전부하 손실이 1,600[kW]이면 전부하 효율[%]은?

① 90　　　　② 95　　　　③ 97　　　　④ 99

해설

효율 $\eta = \dfrac{\text{출력}}{\text{입력}} \times 100 = \dfrac{\text{출력}}{\text{출력}+\text{손실}} \times 100 = \dfrac{60\times 0.8}{60\times 0.8 + 1.6} \times 100 ≒ 97[\%]$

15 동기기에서 난조(Hunting)를 방지하기 위한 것은?

① 계자권선　　　　② 제동권선
③ 전기자권선　　　　④ 난조권선

해설

제동권선
- 동기기 자극면에 홈을 파고 농형권선을 설치한 것이다.
- 동기속도 전후로 진동하는 것이 난조이므로, 속도가 변화할 때 제동권선이 자속을 끊어 제동력을 발생시켜 난조를 방지한다.
- 동기전동기에는 기동토크를 발생, 기동권선의 역할을 한다.

정답 12 ②　13 ④　14 ③　15 ②

16 병렬운전 중인 동기발전기의 난조를 방지하기 위하여 자극 면에 유도전동기의 농형권선과 같은 권선을 설치하는데 이 권선의 명칭은?

2013
2017
2018
2022

① 계자권선　　　　　　　　　② 제동권선
③ 전기자권선　　　　　　　　④ 보상권선

해설

제동권선 목적
- 발전기 : 난조(Hunting) 방지
- 전동기 : 기동작용

---

17 3상 동기기에 제동 권선을 설치하는 주된 목적은?

2011
2015
2020
2022
2023
2024

① 출력 증가　　　　　　　　　② 효율 증가
③ 역률 개선　　　　　　　　　④ 난조 방지

해설

제동권선 목적
- 발전기 : 난조(Hunting) 방지
- 전동기 : 기동작용

---

18 동기발전기의 돌발 단락 전류를 주로 제한하는 것은?

2009
2011
2017
2018
2019
2021
2024

① 권선 저항　　　　　　　　　② 동기 리액턴스
③ 누설 리액턴스　　　　　　　④ 역상 리액턴스

해설

동기발전기의 지속 단락 전류와 돌발 단락 전류의 제한
- 지속 단락 전류 : 동기 리액턴스 X_s로 제한되며 정격전류의 1~2배 정도이다.
- 돌발 단락 전류 : 누설 리액턴스 X_ℓ로 제한되며, 대단히 큰 전류이지만 수 [Hz] 후에 전기자 반작용이 나타나므로 지속 단락 전류로 된다.

정답 16 ②　17 ④　18 ③

SECTION 06 동기전동기의 원리

1. 원리

① 3상 교류가 만드는 회전자기장의 자극과 계자의 자극이 자력으로 결합되어 회전하는 현상

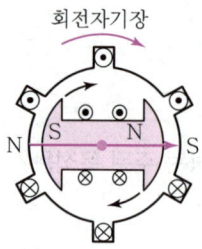

② 회전자기장 : 고정자 철심에 감겨 있는 3개조의 권선에 3상 교류를 가해 줌으로써 전기적으로 회전하는 회전자기장을 만들 수 있다.

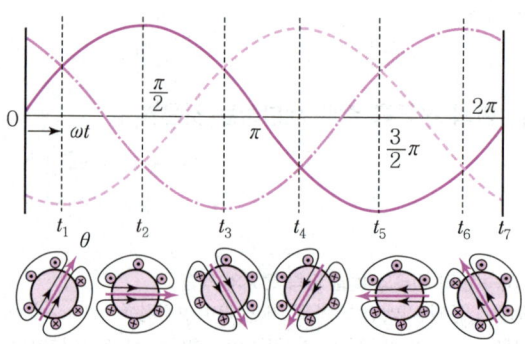

| 회전자기장의 발생 |

2. 회전속도(N)

동기발전기의 교류주파수에 의해 만들어진 회전자기장 속도 N_s와 같은 속도로 회전하게 된다.

$$N = N_s \left(= \frac{120f}{P} \right) [\text{rpm}]$$

SECTION 07 동기전동기의 이론

1. 위상특성곡선

동기전동기에 단자전압을 일정하게 하고, 회전자의 계자전류를 변화시키면, 고정자의 전압과 전류의 위상이 변하게 된다.

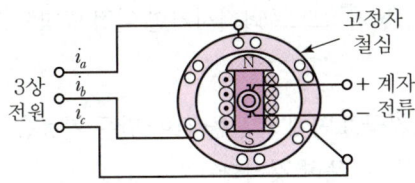

① 여자가 약할 때(부족여자) : I가 V보다 지상(뒤짐)
② 여자가 강할 때(과여자) : I가 V보다 진상(앞섬)
③ 여자가 적합할 때 : I와 V가 동위상이 되어 역률이 100[%]

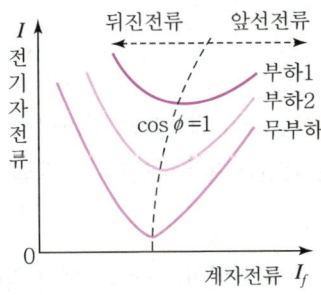

2. 동기조상기

전력계통의 전압조정과 역률 개선을 하기 위해 계통에 접속한 무부하의 동기전동기를 말한다.

① **부족여자로 운전** : 지상 무효 전류가 증가하여 **리액터** 역할로 자기여자에 의한 전압상승을 방지
② **과여자로 운전** : 진상 무효 전류가 증가하여 **콘덴서** 역할로 역률을 개선하고 전압강하를 감소

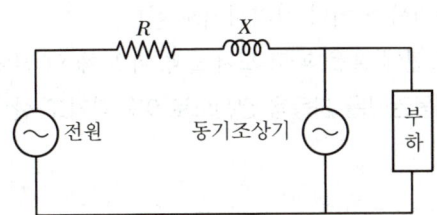

SECTION 08 동기전동기의 운전

1. 기동특성

① 기동 시 고정자 권선의 회전자기장은 동기속도 N_s로 빠르게 회전하고, 정지되어 있는 회전자는 관성이 커서 바로 반응하지 못하기 때문에 기동토크가 발생되지 않아 회전하지 못하고 계속 정지하게 된다. 회전자를 동기속도로 회전시키면 일정 방향의 토크가 발생하여 회전하게 된다.

② 기동법
- 자기 기동법 : 회전자 자극표면에 권선을 감아 만든 기동용 권선을 이용하여 기동하는 것으로, 유도전동기의 원리를 이용한 것이다.
- 타 기동법 : 유도전동기나 직류전동기로 동기속도까지 회전시켜 주전원에 투입하는 방식으로 유도전동기를 사용할 경우 극수가 2극 적은 것을 사용한다.
- 저주파 기동법 : 낮은 주파수에서 시동하여 서서히 높여가면서 동기속도가 되면, 주전원에 동기 투입하는 방식

2. 운전특성

① 전동기에 부하가 있는 경우, 회전자가 뒤쪽으로 밀리면서 회전자기장과 각도를 유지하면서 회전을 계속하는데, 이 각도를 부하각 $\delta[°]$라 한다.

② 부하가 증가하면, 부하각 δ도 커지게 되며, $\frac{\pi}{2}[\text{rad}]$에서 최대토크 T_m이 발생하게 되고, $\pi[\text{rad}]$보다 커지게 되면 역방향의 토크가 발생되어 회전자가 정지하게 되는데, 이를 동기이탈이라고 한다.

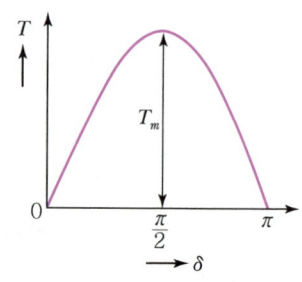

3. 동기전동기의 난조

① 전동기의 부하가 급격하게 변동하면, 동기속도로 주변에서 회전자가 진동하는 현상이다. 난조가 심하면 전원과의 동기를 벗어나 정지하기도 한다.

② **방지책** : 회전자 자극표면에 홈을 파고 도체를 넣어 도체 양 끝에 2개의 단락고리로 접속한 제동권선을 설치한다. 제동권선은 기동용 권선으로 이용되기도 한다.

SECTION 09 동기전동기의 특징

1. 동기전동기의 장점

① 부하의 변화에 속도가 불변이다.
② **역률**을 임의적으로 조정할 수 있다.
③ 공극이 넓으므로 기계적으로 견고하다.
④ 공급전압의 변화에 대한 토크 변화가 작다.
⑤ 전부하 시에 효율이 양호하다.

2. 동기전동기의 단점

① 여자를 필요로 하므로 **직류전원장치**가 필요하고, 가격이 비싸다.
② 취급이 복잡하다(기동 시).
③ 난조가 발생하기 쉽다.

CHAPTER 02 핵심 기출문제

01 동기조상기를 부족여자로 운전하면 어떻게 되는가?

2009 2010 2016 2018 2021 2022 2024

① 콘덴서로 작용한다.
② 리액터로 작용한다.
③ 여자 전압의 이상 상승이 발생한다.
④ 일부 부하에 대하여 뒤진 역률을 보상한다.

해설
동기조상기는 조상설비로 사용할 수 있다.
- 여자가 약할 때(부족여자) : I가 V보다 지상(뒤짐) : 리액터 역할
- 여자가 강할 때(과여자) : I가 V보다 진상(앞섬) : 콘덴서 역할

02 그림은 동기기의 위상특성곡선을 나타낸 것이다. 전기자 전류가 가장 작게 흐를 때의 역률은?

2010 2012 2017 2018 2019 2022 2024

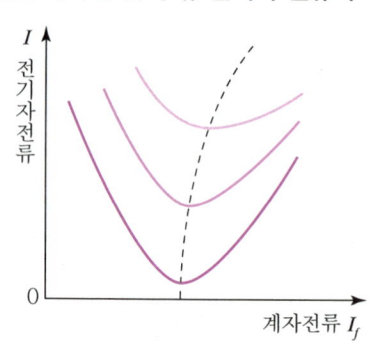

① 1
② 0.9[진상]
③ 0.9[지상]
④ 0

해설
위상특성곡선(V곡선)에서 전기자 전류가 최소일 때 역률이 100[%]이다.

03 동기조상기가 전력용 콘덴서보다 우수한 점은?

2010 2017 2022

① 손실이 적다.
② 보수가 쉽다.
③ 지상 역률을 얻는다.
④ 가격이 싸다.

해설
- 동기조상기 : 진상, 지상 역률을 얻을 수 있다.
- 전력용 콘덴서 : 진상 역률만을 얻을 수 있다.

정답 01 ② 02 ① 03 ③

04 다음 중 제동권선에 의한 기동토크를 이용하여 동기전동기를 기동시키는 방법은?

① 저주파 기동법 ② 고주파 기동법
③ 기동전동기법 ④ 자기기동법

해설
동기전동기의 자기(자체) 기동법
- 회전자 자극표면에 기동권선을 설치하여 기동 시에 농형 유도전동기로 동작시켜 기동시키는 방법
- 계자권선을 개방하고 전기자에 전원을 가하면 전기자 회전자장에 의해 높은 전압이 유기되어 계자회로가 소손될 염려가 있으므로 저항을 통해 단락시켜 놓고 기동한다.
- 전기자에 처음부터 전 전압을 가하면 큰 기동전류가 흘러 전기자를 과열시키거나 전압강하가 심하게 발생하므로 전 전압의 30~50[%]로 기동한다.
- 기동토크가 적기 때문에 무부하 또는 경부하로 기동시켜야 하는 단점이 있다.

05 동기전동기의 자기 기동에서 계자권선을 단락하는 이유는?

① 기동이 쉽다.
② 기동권선으로 이용한다.
③ 고전압이 유도된다.
④ 전기자 반작용을 방지한다.

해설
문제 4번 해설 참조

06 동기전동기의 용도가 아닌 것은?

① 분쇄기 ② 압축기
③ 송풍기 ④ 크레인

해설
동기전동기는 비교적 저속도, 중·대용량인 시멘트공장 분쇄기, 압축기, 송풍기 등에 이용된다. 크레인과 같이 부하 변화가 심하거나 잦은 기동을 하는 부하는 직류 직권전동기가 적합하다.

07 동기전동기의 특징과 용도에 대한 설명으로 잘못된 것은?

① 진상, 지상의 역률 조정이 된다.
② 속도 제어가 원활하다.
③ 시멘트 공장의 분쇄기 등에 사용된다.
④ 난조가 발생하기 쉽다.

해설
동기전동기는 정속도 전동기이다.

정답 04 ④ 05 ③ 06 ④ 07 ②

08 동기전동기에 대한 설명으로 틀린 것은?

2011
2012
2013
2015
2024

① 정속도 전동기이고, 저속도에서 특히 효율이 좋다.
② 역률을 조정할 수 있다.
③ 난조가 일어나기 쉽다.
④ 직류 여자기가 필요하지 않다.

해설

동기전동기의 장점
- 부하의 변화에 속도가 불변이다.
- 역률을 임의적으로 조정할 수 있다.
- 공극이 넓으므로 기계적으로 견고하다.
- 공급전압의 변화에 대한 토크 변화가 작다.
- 전부하 시에 효율이 양호하다.

동기전동기의 단점
- 여자를 필요로 하므로 직류 전원 장치가 필요하고, 가격이 비싸다.
- 취급이 복잡하다.(기동 시)
- 난조가 발생하기 쉽다.

정답 08 ④

CHAPTER 03 변압기

■ **개요**

변압기는 전압으로 변환하는 정지기이다.
전압을 높게 하면, 대전력을 송전하기에 유리하며, 손실이 낮아지며 경제적이다.
발전된 전력을 높은 전압으로 승압하여 송전하고, 송전된 전력은 변전소에서 다시 전압을 낮추어 각 수용가에 배전되며, 주상변압기에서 다시 전압을 낮추어 가정에 공급된다.

SECTION 01 변압기의 원리

1. 변압기의 원리 : 전자유도작용

1차 권선에 교류전압을 공급하면 자속이 발생하여 철심을 지나 2차 권선과 쇄교하면서 기전력을 유도하는 작용

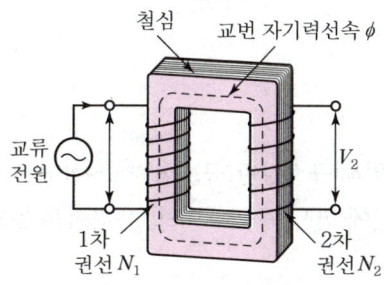

2. 변압기의 용도

1차 측을 전원 측이라 하고, 2차 측을 부하 측이라 하는데, 변압기는 권선수에 따라서 2차 측의 전압을 변화시키는 기기로서 주파수는 변화시킬 수 없다.

SECTION 02 변압기의 구조

1. 변압기의 구조

변압기는 자기회로인 규소강판을 성층한 철심에 전기회로인 2개의 권선이 서로 쇄교되는 구조로 되어 있다.

2. 변압기의 형식

① **내철형** : 철심이 안쪽에 있고, 권선은 양쪽의 철심각에 감겨져 있는 구조
② **외철형** : 권선이 철심의 안쪽에 감겨져 있고, 권선은 철심이 둘러싸고 있는 구조
③ **권철심형** : 규소강판을 성층하지 않고, 권선 주위에 방향성 규소강대를 나선형으로 감아서 만드는 구조(주상변압기에 사용)

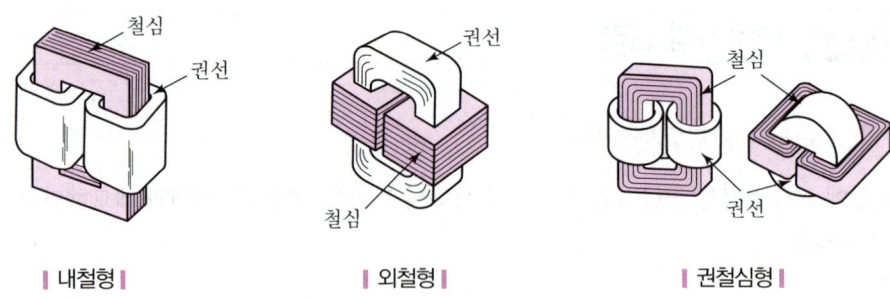

| 내철형 | | 외철형 | | 권철심형 |

3. 변압기의 재료

① **철심** : 철손을 적게 하기 위해 규소강판(규소함량 3~4[%], 0.35[mm])을 성층하여 사용
② **도체** : 권선의 도체는 동선에 면사, 종이테이프, 유리섬유 등으로 피복한 것을 사용
③ **절연**
  - 변압기의 절연은 철심과 권선 사이의 절연, 권선 상호 간의 절연, 권선의 층간 절연으로 구분된다.
  - 절연체는 절연물의 최고사용온도로 분류된다.

4. 권선법

① **직권** : 철심에 절연을 하고 저압권선을 감고 절연을 한 다음, 고압권선을 감는 방법으로 철심과 권선 사이, 권선과 권선 사이의 공극이 적어서 특성이 좋지만, 중·대용량기에서는 권선의 절연처리와 제작이 어려워 소형기에서만 주로 사용된다.
② **형권** : 목제 권형 또는 절연통에 코일을 감아서 절연한 다음 철심과 조립하는 형태로 중·대형의 변압기에 채용된다.

5. 부싱

① **부싱** : 전기기기의 구출선을 외함에서 끌어내는 절연단자
② **종류** : 절연처리의 방법에 따라 단일형 부싱, 콤파운드부싱, 유입부싱, 콘덴서부싱 등으로 분류되고, 콤파운드부싱은 80[kV] 이하의 주상변압기, 계기용변압기에 주로 쓰인다.

SECTION 03 변압기유

1. 변압기유의 사용목적

① **온도상승** : 변압기에 부하전류가 흐르면 변압기 내부에는 철손과 동손에 의해 변압기의 온도가 상승하여 내부에 절연물을 변질시킬 우려가 있다.
② **목적** : 변압기권선의 절연과 냉각작용을 위해 사용한다.

2. 변압기유의 구비조건

① 절연 내력이 클 것
② 비열이 커서 냉각효과가 클 것
③ 인화점이 높고, 응고점이 낮을 것
④ 고온에서도 산화하지 않을 것
⑤ 절연재료와 화학작용을 일으키지 않을 것

3. 변압기유의 열화방지대책

① **브리더** : 변압기의 호흡작용이 브리더를 통해서 이루어지도록 하여 공기 중의 습기를 흡수한다.
② **콘서베이터** : 공기가 변압기 외함 속으로 들어갈 수 없게 하여 기름의 열화를 방지한다. 특히 콘서베이터 유면 위에 공기와의 접촉을 막기 위해 **질소로 봉입**한다.

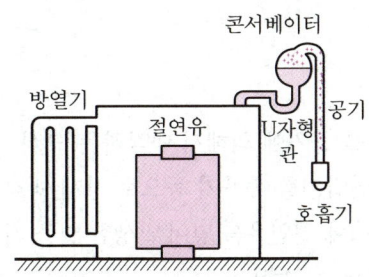

③ 부흐홀츠 계전기

변압기 내부 고장으로 인한 절연유의 온도상승 시 발생하는 유증기를 검출하여 경보 및 차단하기 위한 계전기로 변압기 탱크와 콘서베이터 사이에 설치한다.

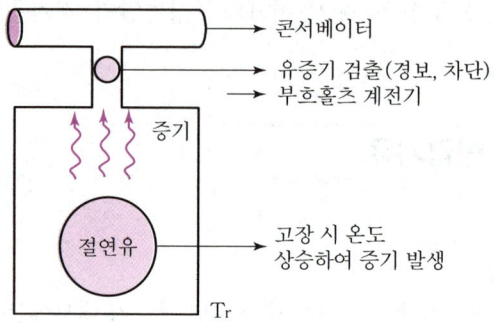

④ 차동계전기

변압기 내부 고장 발생 시 1·2차 측에 설치한 CT 2차 전류의 차에 의하여 계전기를 동작시키는 방식

⑤ 비율차동계전기
- 변압기 내부 고장 발생 시 1·2차 측에 설치한 CT 2차 측의 억제 코일에 흐르는 전류차가 일정비율 이상이 되었을 때 계전기가 동작하는 방식
- 주로 변압기 단락보호용으로 사용된다.

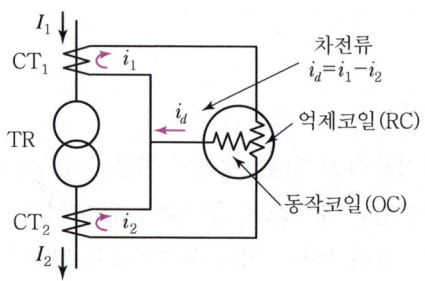

4. 변압기의 냉각방식

① **건식자냉식** : 철심 및 권선을 공기에 의해서 냉각하는 방식
② **건식풍냉식** : 건식자냉식 변압기를 송풍기 등으로 강제 냉각하는 방식
③ **유입자냉식** : 변압기 외함 속에 절연유를 넣어 발생한 열을 기름의 대류작용으로 외함 및 방열기에 전달하여 대기로 발산시키는 방식
④ **유입풍냉식** : 유입자냉식 변압기에 방열기를 설치함으로써 냉각효과를 더욱 증가시키는 방식
⑤ **유입송유식** : 변압기 외함 내에 들어 있는 기름을 펌프를 이용하여 외부에 있는 냉각장치로 보내어 냉각시켜서 다시 내부로 공급하는 방식

CHAPTER 03 핵심 기출문제

01 다음 중 변압기의 원리와 관계있는 것은?
2014 2022 2023 2024
① 전기자 반작용 ② 전자유도 작용
③ 플레밍의 오른손 법칙 ④ 플레밍의 왼손 법칙

해설
전자유도 작용
변압기 1차 권선에 교류전압에 의한 자속이 철심을 지나 2차 권선과 쇄교하면서 기전력을 유도하는 작용

02 형권 변압기 용도 중 맞는 것은?
2017 2019 2020
① 소형 변압기 ② 중형 변압기
③ 중대형 변압기 ④ 대형 변압기

해설
형권 변압기
목재 권형 또는 절연통 위에 감은 코일을 절연 처리를 한 다음 조립하는 것으로 주로 중대형 변압기에 많이 사용된다.

03 변압기유가 구비해야 할 조건 중 맞는 것은?
2013 2015 2016 2017 2018 2019 2020 2021 2022 2023
① 절연내력이 작고 산화하지 않을 것
② 비열이 작아서 냉각효과가 클 것
③ 인화점이 높고 응고점이 낮을 것
④ 절연재료나 금속에 접촉할 때 화학작용을 일으킬 것

해설
변압기유의 구비조건
- 절연내력이 클 것
- 비열이 커서 냉각효과가 클 것
- 인화점이 높고, 응고점이 낮을 것
- 고온에서도 산화하지 않을 것
- 절연재료와 화학작용을 일으키지 않을 것
- 점성도가 작고 유동성이 풍부할 것

04 변압기의 콘서베이터의 사용 목적은?
2010 2022
① 일정한 유압의 유지 ② 과부하로부터의 변압기 보호
③ 냉각 장치의 효과를 높임 ④ 변압 기름의 열화 방지

해설
콘서베이터
공기가 변압기 외함 속으로 들어갈 수 없게 하여 기름의 열화를 방지한다.

정답 01 ② 02 ③ 03 ③ 04 ④

05 변압기유의 열화방지를 위해 쓰이는 방법이 아닌 것은?

① 방열기
② 브리더
③ 콘서베이터
④ 질소 봉입

해설
변압기유의 열화방지대책
- 브리더 : 습기를 흡수
- 콘서베이터 : 공기와의 접촉을 차단하기 위해 설치하며, 유면 위에 질소 봉입
- 부흐홀츠 계전기 : 기포나 기름의 흐름을 감지

06 부흐홀츠 계전기로 보호되는 기기는?

① 변압기
② 유도전동기
③ 직류발전기
④ 교류발전기

해설
부흐홀츠 계전기
변압기 내부 고장으로 인한 절연유의 온도 상승 시 발생하는 가스(기포) 또는 기름의 흐름에 의해 동작하는 계전기

07 부흐홀츠 계전기의 설치 위치로 가장 적당한 곳은?

① 변압기 주 탱크 내부
② 콘서베이터 내부
③ 변압기 고압 측 부싱
④ 변압기 주 탱크와 콘서베이터 사이

해설
변압기의 탱크와 콘서베이터의 연결관 사이에 설치한다.

08 일종의 전류 계전기로 보호대상 설비에 유입되는 전류와 유출되는 전류의 차에 의해 동작하는 계전기는?

① 차동계전기
② 전류계전기
③ 주파수계전기
④ 재폐로계전기

해설
차동계전기
주로 변압기의 내부 고장 검출용으로 사용되며, 1·2차 측에 설치한 CT 2차 전류의 차에 의하여 계전기를 동작시키는 방식이다.

09 변압기 내부 고장 보호에 쓰이는 계전기로서 가장 적당한 것은?

① 차동계전기
② 접지계전기
③ 과전류계전기
④ 역상계전기

정답 05 ① 06 ① 07 ④ 08 ① 09 ①

> **해설**
> **차동계전기**
> 변압기 내부 고장 발생 시 고·저압 측에 설치한 CT 2차 전류의 차에 의하여 계전기를 동작시키는 방식으로 현재 가장 많이 쓰인다.

10 고장에 의하여 생긴 불평형의 전류차가 평형 전류의 어떤 비율 이상으로 되었을 때 동작하는 것으로, 변압기 내부 고장의 보호용으로 사용되는 계전기는?
2010
2013
2016

① 과전류계전기　　② 방향계전기　　③ 비율차동계전기　　④ 역상계전기

> **해설**
> **비율차동계전기**
> - 변압기 내부 고장 발생 시 1·2차 측에 설치한 CT 2차 측의 억제 코일에 흐르는 전류차가 일정비율 이상이 되었을 때 계전기가 동작하는 방식
> - 주로 변압기 단락 보호용으로 사용된다.

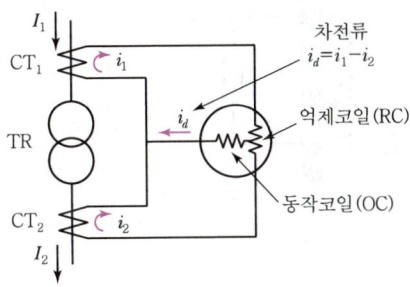

11 변압기, 동기기 등의 층간 단락 등의 내부 고장 보호에 사용되는 계전기기는?
2010
2015
2016
2019
2020
2023
2024

① 차동계전기　　② 접지계전기　　③ 과전압계전기　　④ 역상계전기

> **해설**
> **차동계전기**
> 변압기 내부 고장 발생 시 고·저압 측에 설치한 CT 2차 전류의 차에 의하여 계전기를 동작시키는 방식으로 현재 가장 많이 쓰인다.

12 설비가 간단하고 취급이나 보수가 쉬워서 주상용 변압기에서 사용하는 냉각방식은?
2018
2021
2023

① 건식풍냉식　　② 유입자냉식　　③ 유입풍냉식　　④ 유입송유식

> **해설**
> **변압기의 냉각방식**
> - 건식풍냉식 : 건식자냉식 변압기를 송풍기 등으로 강제 냉각하는 방식
> - 유입자냉식 : 변압기 외함 속에 절연유를 넣어 발생한 열을 기름의 대류작용으로 외함 및 방열기에 전달하여 대기로 발산시키는 방식
> - 유입풍냉식 : 유입자냉식 변압기에 방열기를 설치함으로써 냉각효과를 더욱 증가시키는 방식
> - 유입송유식 : 변압기 외함 내에 들어 있는 기름을 펌프를 이용하여 외부에 있는 냉각장치로 보내어 냉각시켜서 다시 내부로 공급하는 방식

정답 10 ③　11 ①　12 ②

SECTION 04 변압기의 이론

1. 권수비

1차 측의 전압(V_1)과 전류(I_1), 2차 측의 전압(V_2)과 전류(I_2)는 1차 권선수(N_1)와 2차 권선수(N_2)의 비(권수비 a)에 의해 다음과 같이 구해진다.

$$a = \frac{N_1}{N_2} = \frac{V_1}{V_2} = \frac{I_2}{I_1}$$

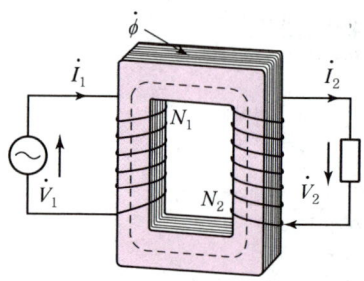

2. 등가회로

실제 변압기의 회로는 독립된 2개의 전기회로가 하나의 자기회로로 결합되어 있지만, 전자유도 작용에 의하여 1차 쪽의 전력이 2차 쪽으로 전달되므로 변압기 회로를 하나의 전기회로로 변환시키면 회로가 간단해지며 전기적 특성을 알아보는 데 편리하다.

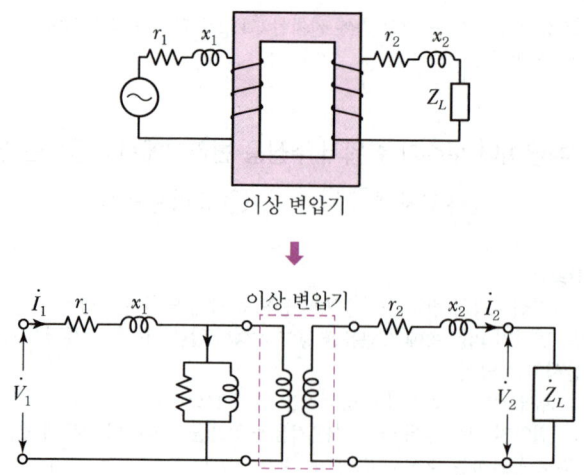

① 1차 측에서 본 등가회로

2차 측의 전압, 전류 및 임피던스를 1차 측으로 환산하여 등가회로를 만들 수 있다.

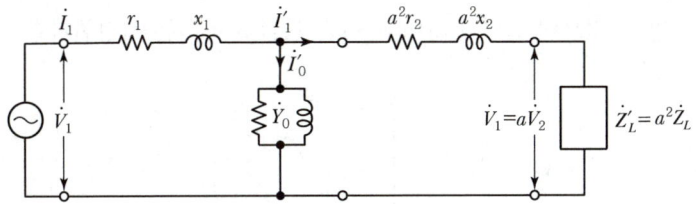

② 2차 측에서 본 등가회로

1차 측을 2차 측으로 환산하여 등가회로를 만들 수 있다.

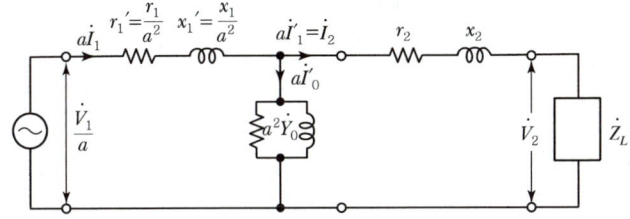

③ 간이 등가회로

실제 변압기에서 1차 임피던스에 의한 전압강하가 매우 작고, 여자전류도 작으므로, 여자 어드미턴스를 전원 쪽으로 옮겨서 계산하여도 오차가 거의 없으므로, 변압기 특성을 계산하는 데 많이 사용한다.

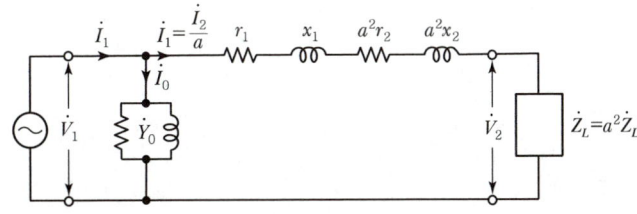

④ 1, 2차 전압, 전류, 임피던스 환산

구분	2차를 1차로 환산	1차를 2차로 환산
전압	$V_1 = aV_2$	$V_2 = \dfrac{V_1}{a}$
전류	$I_1 = \dfrac{I_2}{a}$	$I_2 = aI_1$
저항	$r'_2 = a^2 r_2$	$r'_1 = \dfrac{r_1}{a^2}$
리액턴스	$x'_2 = a^2 x_2$	$x'_1 = \dfrac{x_1}{a^2}$
임피던스	$Z'_2 = a^2 Z_2$	$Z'_1 = \dfrac{Z_1}{a^2}$

3. 여자전류

변압기 철심에는 자기포화현상과 히스테리시스 현상으로 인해 자속 ϕ를 만드는 여자전류 i_o는 정현파가 될 수 없으며 그림과 같이 제3고조파를 포함하는 비정현파가 된다.

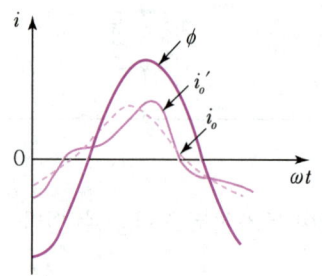

CHAPTER 03 핵심 기출문제

01 권수비 30의 변압기의 1차에 6,600[V]를 가할 때 2차 전압은 몇 [V]인가?

① 220
② 380
③ 420
④ 660

해설
$$V_2 = \frac{V_1}{a} = \frac{6,600}{30} = 220[V]$$

02 1차 전압 13,200[V], 2차 전압 220[V]인 단상 변압기의 1차에 6,000[V]의 전압을 가하면 2차 전압은 몇 [V]인가?

① 100
② 200
③ 50
④ 250

해설
권수비 $a = \dfrac{V_1}{V_2} = \dfrac{13,200}{220} = 60$ 이므로,

2차 전압 $V_2' = \dfrac{V_1'}{a} = \dfrac{6,000}{60} = 100[V]$ 이다.

03 1차 전압 3,300[V], 2차 전압 220[V]인 변압기의 권수비(Turn Ratio)는 얼마인가?

① 15
② 220
③ 3,300
④ 7,260

해설
권수비 $a = \dfrac{V_1}{V_2} = \dfrac{N_1}{N_2} = \dfrac{3,300}{220} = 15$

04 1차 권수 6,000, 2차 권수 200인 변압기의 전압비는?

① 10
② 30
③ 60
④ 90

해설
전압비 $a = \dfrac{V_1}{V_2} = \dfrac{N_1}{N_2} = \dfrac{6,000}{200} = 30$

정답 01 ① 02 ① 03 ① 04 ②

05 변압기의 권수비가 60일 때 2차 측 저항이 0.1[Ω]이다. 이것을 1차로 환산하면 몇 [Ω]인가?

① 310
② 360
③ 390
④ 410

해설

권수비 $a = \sqrt{\dfrac{r_1}{r_2}}$, $r_1 = a^2 \times r_2 = 60^2 \times 0.1 = 360\,[\Omega]$

06 변압기의 자속에 관한 설명으로 옳은 것은?

① 전압과 주파수에 반비례한다.
② 전압과 주파수에 비례한다.
③ 전압에 반비례하고 주파수에 비례한다.
④ 전압에 비례하고 주파수에 반비례한다.

해설

유도기전력
$E = 4.44 \cdot f \cdot N \cdot \phi_m$

$\phi_m \propto E$, $\phi_m \propto \dfrac{1}{f}$

정답 05 ② 06 ④

SECTION 05 변압기의 특성

1. 전압 변동률

$$\varepsilon = \frac{V_{2O} - V_{2n}}{V_{2n}} \times 100 [\%]$$

여기서, V_{2O} : 무부하 2차 전압
V_{2n} : 정격 2차 전압

2. 전압 변동률 계산

$$\varepsilon = p\cos\theta + q\sin\theta [\%]$$

① **%저항강하**(p)

정격전류가 흐를 때 권선저항에 의한 전압강하의 비율을 퍼센트로 나타낸 것

② **%리액턴스강하**(q)

정격전류가 흐를 때 리액턴스에 의한 전압강하의 비율을 퍼센트로 나타낸 것

③ **%임피던스 강하** $\%Z$ (= 전압 변동률의 최댓값 $\varepsilon_{\max}$)

$$\%Z = \varepsilon_{\max} = \sqrt{p^2 + q^2}$$

④ **단락전류**

$$I_s = \frac{100}{\%Z} I_n$$

여기서, I_n : 정격전류

3. 임피던스 전압, 임피던스 와트

① **임피던스 전압**(V_s) : 변압기 2차 측을 단락한 상태에서 1차 측에 정격전류(I_{1n})가 흐르도록 1차 측에 인가하는 전압 → 변압기 내의 임피던스 강하 측정

② **임피던스 와트**(P_s) : 임피던스 전압을 인가한 상태에서 발생하는 와트(동손) → 변압기 내의 부하손 측정

4. 변압기의 손실

① 무부하손 : 거의 철손으로 되어 있다.($P_i = P_h + P_e$) → 무부하시험으로 측정

- 히스테리시스손(철손의 약 80[%])

$$P_h = k_h f B_m^{1.6} [\text{W/kg}]$$

- 맴돌이 전류손(와류손)

$$P_e = k_e (tfB_m)^2 [\text{W/kg}]$$

여기서, B_m : 최대자속밀도
t : 강판두께
f : 주파수
k_h, k_e : 상수

② 부하손 : 거의 대부분이 동손(P_c)으로 되어 있다. → 단락시험으로 측정

$$P_c = (r_1 + a^2 r_2) \cdot I_1^2 [\text{W}]$$

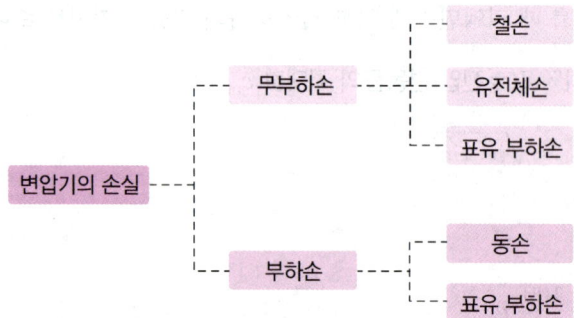

5. 효율

① 규약효율

$$\eta = \frac{\text{출력}[\text{kW}]}{\text{출력}[\text{kW}] + \text{손실}[\text{kW}]} \times 100[\%]$$

② 전부하 효율

$$\eta = \frac{V_{2n} I_{2n} \cos\theta}{V_{2n} I_{2n} \cos\theta + P_i + P_c} \times 100[\%]$$

③ 임의의 부하의 효율 : 정격출력의 $\frac{1}{m}$ 부하의 효율

$$\eta_{\frac{1}{m}} = \frac{\frac{1}{m}V_{2n}I_{2n}\cos\theta}{\frac{1}{m}V_{2n}I_{2n}\cos\theta + P_i + \left(\frac{1}{m}\right)^2 P_c} \times 100[\%]$$

④ 최대 효율 조건
- 전부하 시

  철손(P_i) = 동손(P_c)

- $\frac{1}{m}$ 부하 시

  $$\frac{1}{m} = \sqrt{\frac{P_i}{P_c}}$$

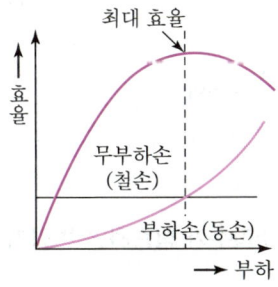

⑤ 전일 효율(η_d) : 변압기의 부하는 항상 변화하므로 하루 중의 평균효율

$$\eta_d = \frac{1일\ 중\ 출력량[kWh]}{1일\ 중\ 입력량[kWh]} \times 100[\%]$$

$$= \frac{1일\ 중\ 출력량}{1일\ 중\ 출력량 + 손실량} \times 100[\%]$$

$$= \frac{V_2 I_2 \cos\theta \times T}{V_2 I_2 \cos\theta \times T + 24P_i + T \times P_c} \times 100[\%]$$

CHAPTER 03 핵심 기출문제

01 변압기의 퍼센트 저항강하 2[%], 리액턴스 강하 3[%], 부하역률 80[%], 늦음일 때 전압 변동률은 몇 [%]인가?

2013
2014
2016
2020

① 1.6
② 2.0
③ 3.4
④ 4.6

해설

$\varepsilon = p\cos\theta + q\sin\theta = 2 \times 0.8 + 3 \times 0.6 = 3.4[\%]$
여기서, $\sin\theta = \sin(\cos^{-1} 0.8) = 0.6$

02 어떤 변압기에서 임피던스 강하가 5[%]인 변압기가 운전 중 단락되었을 때 그 단락전류는 정격전류의 몇 배인가?

2014
2019
2021

① 5
② 20
③ 50
④ 200

해설

단락비 $k_s = \dfrac{I_s}{I_n} = \dfrac{100}{[\%]Z} = \dfrac{100}{5} = 20$이다.

즉, 단락전류는 $I_s = 20I_n$으로 정격전류의 20배가 된다.

03 일정 전압 및 일정 파형에서 주파수가 상승하면 변압기 철손은 어떻게 변하는가?

2009
2010
2011
2017
2023
2024

① 증가한다.
② 감소한다.
③ 불변이다.
④ 어떤 기간 동안 증가한다.

해설

- 철손=히스테리시스손+와류손
  $\propto f \cdot B_m^{1.6} + (t \cdot f \cdot B_m)^2$ 이다.
- 유도기전력 $E = 4.44 \cdot f \cdot N \cdot \psi_m = 4.44 \cdot f \cdot N \cdot A \cdot B_m$ 에서,
  일정 전압이므로 $f \propto \dfrac{1}{B_m}$ 이다.
- 따라서, 주파수가 상승하면 와류손은 변하지 않으나, 히스테리시스손은 감소하므로 철손은 감소한다.

정답 01 ③ 02 ② 03 ②

04 변압기의 규약효율을 나타내는 식은?

① $\dfrac{입력[kW]}{입력[kW] - 전체\ 손실[kW]} \times 100[\%]$

② $\dfrac{출력[kW]}{출력[kW] + 전체\ 손실[kW]} \times 100[\%]$

③ $\dfrac{출력[kW]}{입력[kW] - 철손[kW] - 동손[kW]} \times 100[\%]$

④ $\dfrac{입력[kW] - 철손[kW] - 동손[kW]}{입력[kW]} \times 100[\%]$

해설
변압기의 규약효율
$\eta = \dfrac{출력[kW]}{출력[kW] + 손실[kW]} \times 100[\%]$

05 변압기의 효율이 가장 좋을 때의 조건은?

① 철손 = 동손 ② 철손 = $\dfrac{1}{2}$ 동손

③ 동손 = $\dfrac{1}{2}$ 철손 ④ 동손 = 2철손

해설
변압기는 철손과 동손이 같을 때 최대 효율이 된다.

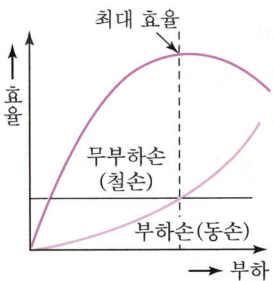

06 변압기 철심에는 철손을 적게 하기 위하여 철이 몇 [%]인 강판을 사용하는가?

① 약 50~55[%]   ② 약 60~70[%]
③ 약 76~86[%]   ④ 약 96~97[%]

해설
변압기 철심의 규소 함유량은 4[%] 정도이다.

정답 04 ② 05 ① 06 ④

SECTION 06 변압기의 결선

1. 변압기의 극성

변압기의 극성에는 2차 권선을 감는 방향에 따라 감극성과 가극성의 두 가지가 있으며, 우리나라에서는 감극성을 표준으로 하고 있다.

① 감극성인 경우 $V = V_1 - V_2$
② 가극성인 경우 $V = V_1 + V_2$

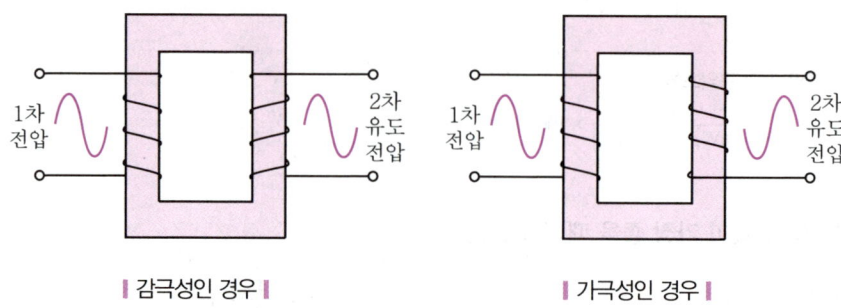

| 감극성인 경우 |　　　　| 가극성인 경우 |

2. 단상 변압기로 3상 결선방식

① $\Delta - \Delta$ 결선
- 변압기 외부에 제3고조파가 발생하지 않아 통신장애가 없다.
- 변압기 3대 중 1대가 고장이 나도 나머지 2대로 V결선이 가능하다.
- 중성점을 접지할 수 없어 지락사고 시 보호가 곤란하다.
- 선로전압과 권선전압이 같으므로 60[kV] 이하의 배전용 변압기에 사용된다.

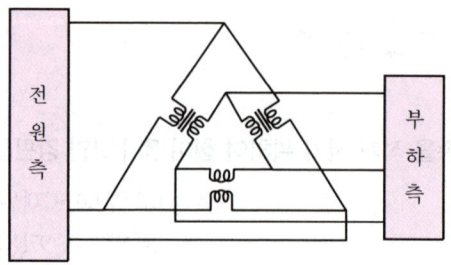

② Y-Y결선
- 중성점을 접지할 수 있어서 보호계전방식의 채용이 가능하다.
- 권선전압이 선간전압의 $\frac{1}{\sqrt{3}}$이므로 절연이 용이하다.
- 선로에 제3고조파를 포함한 전류가 흘러 통신장애를 일으킨다.
- 이 결선법은 3권선 변압기에서 Y-Y-△의 송전 전용으로 주로 사용한다.

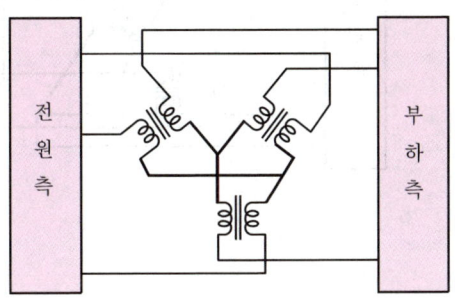

③ △-Y결선
- 2차 측 선간전압이 변압기 권선전압의 $\sqrt{3}$ 배가 된다.
- 발전소용 변압기와 같이 **승압용 변압기**에 주로 사용한다.

④ Y-△결선
- 변압기 1차 권선에 선간전압의 $\frac{1}{\sqrt{3}}$ 배의 전압이 유도되고, 2차 권선에는 1차 전압에 $\frac{1}{a}$ 배의 전압이 유도된다.
- 수전단 변전소의 변압기와 같이 **강압용 변압기**에 주로 사용한다.

⑤ V-V결선
- △-△결선으로 3상 변압을 하는 경우, 1대의 변압기가 고장이 나면 제거하고 남은 2대의 변압기를 이용하여 3상 변압을 계속하는 방식
- V결선의 3상 출력

$$P_V = \sqrt{3}\,P$$

여기서, P : 단상 변압기 1대의 출력[kVA]

- △결선과 V결선의 출력비

$$\frac{P_V}{P_\triangle} = \frac{\sqrt{3}\,P}{3P} = 0.577 = 57.7[\%]$$

- V결선한 변압기의 이용률

$$이용률 = \frac{\sqrt{3}\,P}{2P} = 0.866 = 86.6[\%]$$

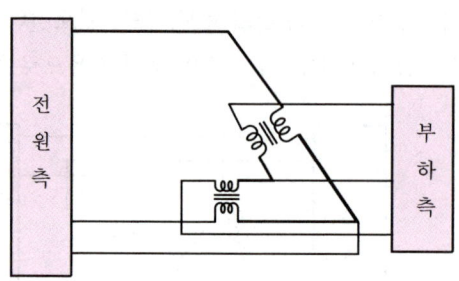

3. 3상 변압기

① 단상 변압기 3대를 철심으로 조합시켜서 하나의 철심에 1차 권선과 2차 권선을 감은 변압기

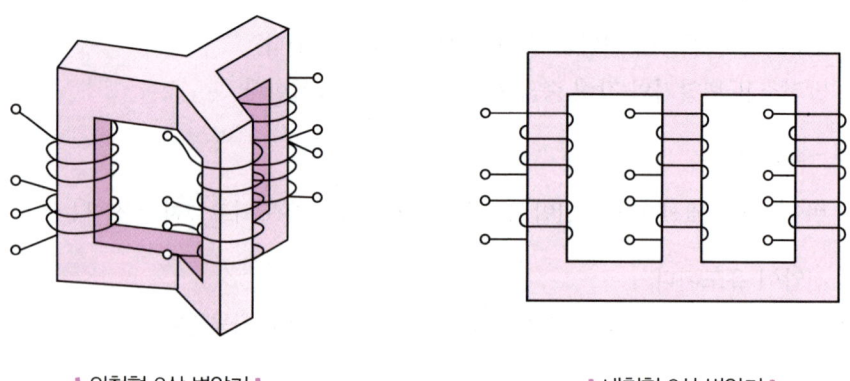

| 외철형 3상 변압기 | | 내철형 3상 변압기 |

② 3상 변압기의 장점
- 철심재료가 적게 들고, 변압기 유량도 적게 들어 경제적이고 효율이 높다.
- 발전기와 변압기를 조합하는 단위방식에서 결선이 쉽다.
- 전압 조정을 위한 탭 변환장치 채용에 유리하다.

③ 3상 변압기의 단점
- V결선으로 운전할 수 없다.
- 예비기가 필요할 때 단상 변압기는 1대만 있으면 되지만, 3상 변압기는 1세트가 있어야 하므로 비경제적이다.

4. 상수 변환

① 3상 교류를 2상 교류로 변환
- 스코트(Scott) 결선(T결선)
- 우드브리지(Wood Bridge) 결선
- 메이어(Meyer) 결선

② 3상 교류를 6상 교류로 변환 : 대용량 직류변환에 이용
- 2차 2중 Y결선
- 2차 2중 Δ 결선
- 대각 결선
- 포크(Fork) 결선

CHAPTER 03 핵심 기출문제

01 수전단 발전소용 변압기 결선에 주로 사용하고 있으며 한쪽은 중성점을 접지할 수 있고 다른 한쪽은 제3고조파에 의한 영향을 없애주는 장점을 가지고 있는 3상 결선방식은?

2013
2017
2020

① Y−Y
② Δ−Δ
③ Y−Δ
④ V

해설

Y−Δ결선
- 변압기 1차 권선에 선간전압의 $\frac{1}{\sqrt{3}}$ 배의 전압이 유도되고, 2차 권선에는 1차 전압에 $\frac{1}{a}$ 배의 전압이 유도된다.
- 수전단 변전소의 변압기와 같이 강압용 변압기에 주로 사용한다.
- 1차 측 Y결선은 중성점접지가 가능하고, 2차 측 Δ결선은 제3고조파를 제거한다.

02 변압기를 Δ−Y결선(Delta−star Connection)한 경우에 대한 설명으로 옳지 않은 것은?

2009
2017
2019

① 1차 선간전압 및 2차 선간전압의 위상차는 60°이다.
② 제3고조파에 의한 장해가 적다.
③ 1차 변전소의 승압용으로 사용된다.
④ Y결선의 중성점을 접지할 수 있다.

해설

Δ−Y결선 특징
- 2차 측 선간전압이 변압기 권선의 전압에 30° 앞서고, $\sqrt{3}$ 배가 된다.
- 발전소용 변압기와 같이 승압용 변압기에 주로 사용한다.

03 낮은 전압을 높은 전압으로 승압할 때 일반적으로 사용되는 변압기의 3상 결선방식은?

2015
2019
2021
2024

① Δ−Δ
② Δ−Y
③ Y−Y
④ Y−Δ

해설

- Δ−Y : 승압용 변압기
- Y−Δ : 강압용 변압기

04 변압기의 결선에서 제3고조파를 발생시켜 통신선에 유도장해를 일으키는 3상 결선은?

2016
2020

① Y−Y
② Δ−Δ
③ Y−Δ
④ Δ−Y

정답 01 ③ 02 ① 03 ② 04 ①

> **해설**
> Y-Y결선은 선로에 제3고조파를 포함한 전류가 흘러 통신상애를 일으켜, 거의 사용되지 않으나, Y-Y-Δ의 송전 전용으로 사용한다.

05 3상 전원에서 한 상에 고장이 발생하였다. 이때 3상 부하에 3상 전력을 공급할 수 있는 결선방법은?

2009
2017
2018
2024

① Y 결선
② Δ 결선
③ 단상결선
④ V 결선

> **해설**
> V-V결선
> 단상 변압기 3대로 Δ-Δ결선 운전 중 1대의 변압기 고장 시 V-V결선으로 계속 3상 전력을 공급하는 방식

06 변압기 V결선의 특징으로 틀린 것은?

2012
2015
2020
2023

① 고장 시 응급처치 방법으로도 쓰인다.
② 단상 변압기 2대로 3상 전력을 공급한다.
③ 부하 증가가 예상되는 지역에 시설한다.
④ V결선 시 출력은 Δ결선 시 출력과 그 크기가 같다.

> **해설**
> Δ결선 시 출력과 V결선 시 출력의 출력비 $\dfrac{P_V}{P_\Delta} = \dfrac{\sqrt{3}P}{3P} = 0.577 = 57.7[\%]$ 이다.

07 3상 전원에서 2상 전원을 얻기 위한 변압기의 결선 방법은?

2011
2017
2023

① V
② Δ
③ Y
④ T

> **해설**
> 3상 교류를 2상 교류로 변환
> • 스코트(Scott) 결선(T결선)
> • 우드 브리지(Wood Bridge) 결선
> • 메이어(Meyer) 결선

정답 05 ④ 06 ④ 07 ④

SECTION 07 변압기 병렬운전

1. 병렬운전조건

① 각 변압기의 극성이 같을 것(같지 않으면 2차 권선에 매우 큰 순환 전류가 흘러서 변압기 권선이 소손된다.)

② 각 변압기의 권수비가 같고, 1차 및 2차의 정격전압이 같을 것(같지 않으면 2차 권선에 큰 순환전류가 흘러서 권선이 과열된다.)

③ 각 변압기의 %임피던스 강하가 같을 것, 즉 각 변압기의 임피던스가 정격용량에 반비례할 것(같지 않으면 부하부담이 부적당하게 된다.)

④ 각 변압기의 $\frac{r}{x}$ 비가 같을 것(같지 않으면 위상차가 발생하여 동손이 증가한다.)

2. 3상 변압기군의 병렬운전

① 3상 변압기군를 병렬로 결선하여 송전하는 경우에는 각 군(群)의 3상 결선방식에 따라서 가능한 것과 불가능한 것이 있는데, 그 이유는 결선방식에 따라서 2차 전압의 위상이 달라지기 때문이다.

② 3상 변압기군의 병렬운전의 결선 조합

병렬운전 가능		병렬운전 불가능
$\Delta-\Delta$와 $\Delta-\Delta$ Y−Y와 Y−Y Y−Δ와 Y−Δ	Δ−Y와 Δ−Y $\Delta-\Delta$와 Y−Y Δ−Y와 Y−Δ	$\Delta-\Delta$와 Δ−Y Y−Y와 Δ−Y

> **TIP** 결선방법이 짝수로 된 것은 가능하고, 홀수로 된 것은 불가능하다.

SECTION 08 특수 변압기

1. 단권 변압기

① 권선 하나의 도중에 탭(Tab)를 만들어 사용한 것으로, 경제적이고 특성도 좋다.

② 보통 변압기와 단권 변압기의 비교
- 권선이 가늘어도 되며, 자로가 단축되어 재료를 절약할 수 있다.
- 동손이 감소되어 효율이 좋다.
- 공통선로를 사용하므로 누설자속이 없어 전압 변동률이 작다.
- 고압 측 전압이 높아지면 저압 측에서도 고전압을 받게 되므로 위험이 따른다.

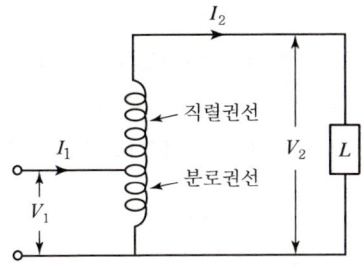

③ 자기용량과 부하용량의 비
- 단권변압기 용량(자기용량) = $(V_2 - V_1)I_2$
- 부하용량(2차 출력) = $V_2 I_2$

$$\therefore \frac{자기용량}{부하용량} = \frac{(V_2 - V_1)I_2}{V_2 I_2} = \frac{V_2 - V_1}{V_2}$$

2. 3권선 변압기

① 1개의 철심에 3개의 권선이 감겨 있는 변압기
② 용도
- 3차 권선에 콘덴서를 접속하여 1차 측 역률을 개선하는 선로조상기로 사용할 수 있다.
- 3차 권선으로부터 발전소나 변전소이 구내전력을 공급할 수 있다.
- 두 개의 권선을 1차로 하여 서로 다른 계통의 전력을 받아 나머지 권선을 2차로 하여 전력을 공급할 수도 있다.

3. 계기용 변성기

교류고전압회로의 전압과 전류를 측정하려고 하는 경우에 전압계나 전류계를 직접 회로에 접속하지 않고 계기용 변성기를 통해서 연결한다. 이렇게 하면 계기회로를 선로전압으로부터 절연하므로 위험이 적고 비용이 절약된다.

① 계기용 변압기(PT)
- 전압을 측정하기 위한 변압기로 2차 측 정격전압은 110[V]가 표준이다.
- 변성기 용량은 2차 회로의 부하를 말하며 2차 부담이라고 한다.

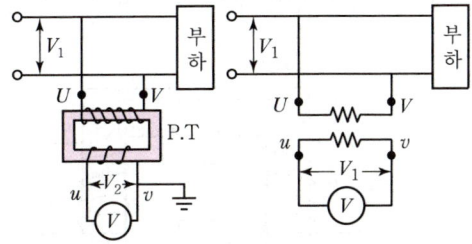

| 계기용 변압기(PT) |

② 계기용 변류기(CT)
- 전류를 측정하기 위한 변압기로 2차 전류는 5[A]가 표준이다.
- 계기용 변류기는 2차 전류를 낮게 하게 위하여 권수비가 매우 작으므로 2차 측이 개방되면, 2차 측에 매우 높은 기전력이 유기되어 위험하므로 2차 측을 절대로 개방해서는 안 된다.

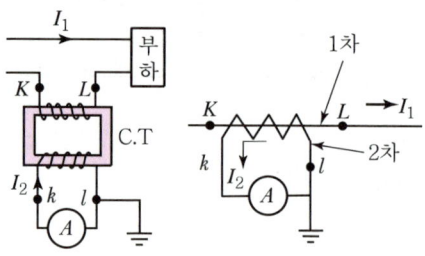

| 계기용 변류기(CT) |

4. 부하 시 전압조정 변압기

부하 변동에 따른 선로의 전압강하나 1차 전압이 변동해도 2차 전압을 일정하게 유지하고자 하는 경우에 전원을 차단하지 않고 부하를 연결한 상태에서 1차 측 탭을 설치하여 전압을 조정하는 변압기이다.

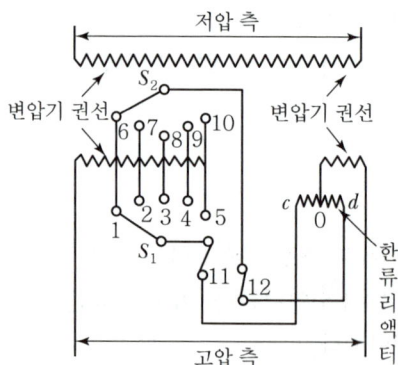

5. 누설 변압기

네온관 점등용 변압기나 아크 용접용 변압기에 이용되며 누설자속을 크게 한 변압기로 정전류 변압기라고도 한다.

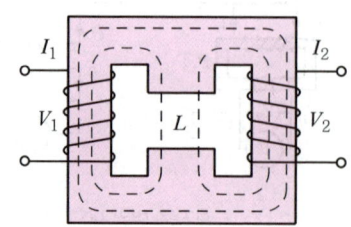

CHAPTER 03 핵심 기출문제

01 3상 변압기의 병렬운전 시 병렬운전이 불가능한 결선 조합은?
2013 2019 2020 2023

① $\Delta-\Delta$와 $Y-Y$
② $\Delta-\Delta$와 $\Delta-Y$
③ $\Delta-Y$와 $\Delta-Y$
④ $\Delta-\Delta$와 $\Delta-\Delta$

해설

변압기군의 병렬운전 조합

병렬운전 가능		병렬운전 불가능
$\Delta-\Delta$와 $\Delta-\Delta$	$\Delta-Y$와 $\Delta-Y$	$\Delta-\Delta$와 $\Delta-Y$
$Y-Y$와 $Y-Y$	$\Delta-\Delta$와 $Y-Y$	$Y-Y$와 $\Delta-Y$
$Y-\Delta$와 $Y-\Delta$	$\Delta-Y$와 $Y-\Delta$	

02 변류기 개방 시 2차 측을 단락하는 이유는?
2010 2018 2023 2024

① 2차 측 절연보호
② 2차 측 과전류보호
③ 측정오차 방지
④ 1차 측 과전류방지

해설

계기용 변류기는 2차 전류를 낮게 하기 위하여 권수비가 매우 작으므로 2차 측을 개방하면, 2차 측에 매우 높은 기전력이 유기되어 위험하다.

03 주상변압기의 고압 측에 여러 개의 탭을 설치하는 이유는?
2014 2015 2021 2024

① 선로 고장 대비
② 선로 전압 조정
③ 선로 역률 개선
④ 선로 과부하 방지

해설

주상변압기의 1차 측의 5개의 탭을 이용하여 선로거리에 따른 전압강하를 보상하여 2차 측의 출력전압을 규정에 맞도록 조정한다.

04 변압기 절연내력시험 중 권선의 층간 절연시험은?
2013 2023

① 충격전압시험
② 무부하시험
③ 가압시험
④ 유도시험

해설

- 변압기 절연내력시험 : 변압기유의 절연파괴 전압시험, 가압시험, 유도시험, 충격전압시험
- 유도시험 : 변압기나 그 외의 기기는 층간절연을 시험하기 위하여, 권선의 단자 사이에 상호유도전압의 2배 전압을 유도시켜서 유도절연시험을 한다.

정답 01 ② 02 ① 03 ② 04 ④

CHAPTER 04 유도전동기

■ **개요**

유도전동기는 각종 전동기 중에서 범용으로 가장 많이 쓰이고 있는 전동기로서 공장용에서부터 가정용에 이르기까지 전체 전동기 사용 분야의 90[%] 이상이다.
3상 유도전동기는 공작기계, 양수펌프 등과 같이 큰 기계장치를 움직이는 동력으로 사용되고 있고, 단상 유도전동기는 선풍기, 냉장고 등과 같이 작은 동력을 필요로 하는 곳에 주로 사용되고 있다. 유도전동기가 산업 및 가정용으로 널리 이용되고 있는 것은 교류전원만을 필요로 하므로 전원을 쉽게 얻을 수 있으며, 구조가 간단하고, 가격이 싸며, 취급과 운전이 쉬우므로 다른 전동기에 비해 편리하게 사용할 수 있기 때문이다.

SECTION 01 유도전동기의 원리

1. 기본원리

① **아라고의 원판** : 알루미늄 원판의 중심축으로 회전할 수 있도록 만든 원판에 주변을 따라 자석을 회전시키면 원판이 전자유도작용에 의하여 같은 방향으로 회전하는 원리

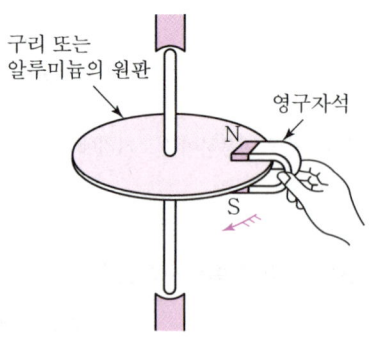

② **플레밍의 법칙** : 플레밍의 오른손 법칙에 따라 원판의 기전력의 방향을 구하면 원판의 중심으로 향하는 맴돌이 전류가 흐른다. 다음에 이 맴돌이 전류의 방향과 자속과의 방향에서 플레밍의 왼손 법칙을 적용하여 원판의 회전방향을 구하면 자속의 회전방향과 같은 것을 알 수 있다. 이와 같이 원판은 자석의 회전방향과 같은 방향으로 약간 늦게 회전한다.

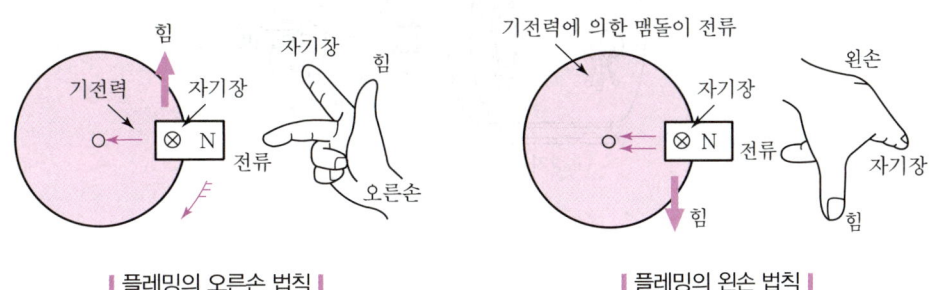

| 플레밍의 오른손 법칙 | | 플레밍의 왼손 법칙 |

2. 회전 자기장

자석을 기계적으로 회전하는 대신 고정자 철심에 감겨 있는 3개조의 권선에 3상 교류를 가해 줌으로써 전기적으로 회전하는 회전 자기장을 만들 수 있다.

> **TIP** 아라고의 원판에서 자석의 회전을 회전 자기장으로 대체한다.

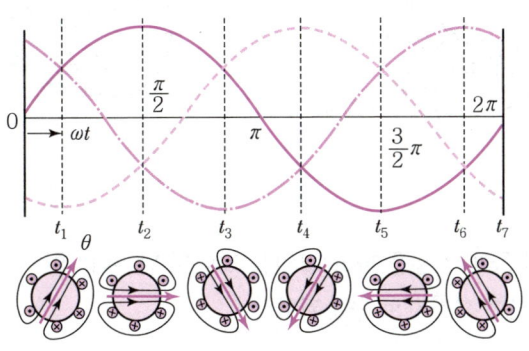

| 회전 자기장의 발생 |

3. 동기속도

회전 자기장이 회전하는 속도는 극수 P와 전원의 주파수 f에 의해 정해지고 이를 동기속도 N_s라 한다.

$$N_s = \frac{120f}{P} [\text{rpm}]$$

SECTION 02 유도전동기의 구조

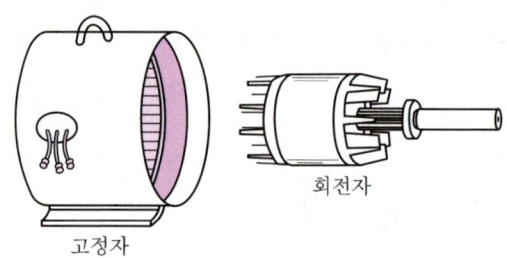
고정자 회전자

1. 고정자

① **고정자 프레임** : 전동기 전체를 지탱하는 것으로, 내부에 고정자 철심을 부착한다.
② **고정자 철심** : 두께 0.35~0.5[mm]의 규소강판을 성층하여 만든다.
③ **고정자 권선** : 대부분이 2층권으로 되어 있고, 1극 1상 슬롯 수는 거의 2~3개이다.

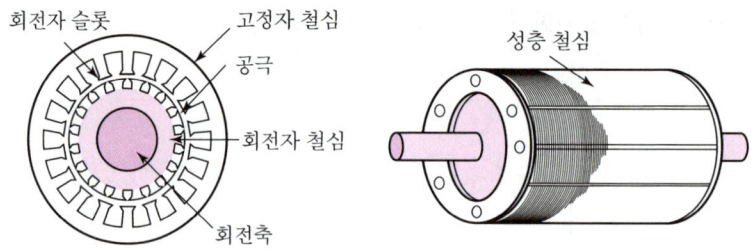

2. 회전자

규소강판을 성층하여 둘레에 홈을 파고 코일을 넣어서 만든다. 홈 안에 끼워진 코일의 종류에 따라 농형 회전자와 권선형 회전자로 구분된다.

① **농형 회전자**
- 회전자 둘레의 홈에 원형이나, 다른 모양의 구리 막대를 넣어서 양 끝을 구리로 단락고리(End Ring)에 붙여 전기적으로 접속하여 만든 것이다.
- 회전자 구조가 간단하고 튼튼하여 운전 성능은 좋으나, 기동 시에 큰 기동 전류가 흐를 수 있다.
- 회전자 둘레의 홈은 축방향에 평행하지 않고 비뚤어져 있는데, 이것은 소음발생을 억제하는 효과가 있다.

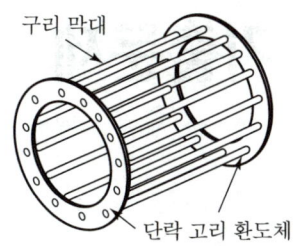

② 권선형 회전자
- 회전자 둘레의 홈에 3상 권선을 넣어서 결선한 것이다.
- 회전자 내부 권선의 결선은 슬립 링(Slip Ring)에 접속하고, 브러시를 통해 바깥에 있는 기동저항기와 연결한다.
- 회전자의 구조가 복잡하고 농형에 비해 운전이 어려우나 기동저항기를 이용하여 기동전류를 감소시킬 수 있고, 속도 조정도 자유로이 할 수 있다.

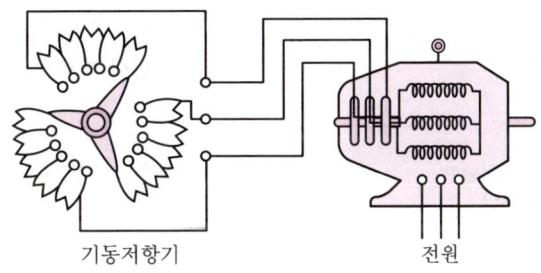

3. 공극

① 공극이 넓으면 : 기계적으로 안전하지만, 전기적으로는 자기저항이 커지므로 여자 전류가 커지고 전동기의 역률이 떨어진다.
② 공극이 좁으면 : 기계적으로 약간의 불평형이 생겨도 진동과 소음의 원인이 되고, 전기적으로는 누설 리액턴스가 증가하여 전동기의 순간 최대 출력이 감소하고 철손이 증가한다.

CHAPTER 04 핵심 기출문제

01 유도전동기가 많이 사용되는 이유가 아닌 것은?

2015
2018
2023

① 값이 저렴 ② 취급이 어려움
③ 전원을 쉽게 얻음 ④ 구조가 간단하고 튼튼함

해설
유도전동기는 구조가 튼튼하고, 가격이 싸며, 취급과 운전이 쉬워 다른 전동기에 비해 매우 편리하게 사용할 수 있다.

02 농형 회전자에 비뚤어진 홈을 쓰는 이유는?

2012
2018
2022

① 출력을 높인다. ② 회전수를 증가시킨다.
③ 소음을 줄인다. ④ 미관상 좋다.

해설
비뚤어진 홈
- 기동 특성을 개선한다.
- 파형을 좋게 한다.
- 소음을 경감시킨다.

03 다음은 3상 유도전동기 고정자 권선의 결선도를 나타낸 것이다. 맞는 사항을 고르면?

2019
2023
2024

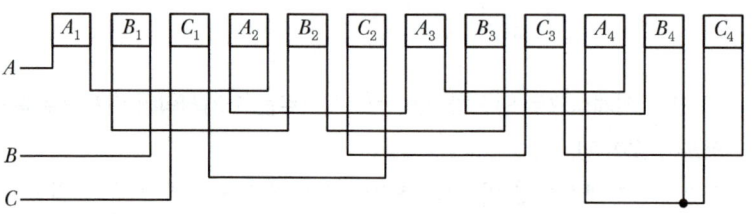

① 3상 2극, Y결선 ② 3상 4극, Y결선 ③ 3상 2극, △결선 ④ 3상 4극, △결선

해설
권선이 3개(A, B, C)로 3상이며, 각 권선의(A_1, A_2, A_3, A_4, …) 전류 방향이 변화하므로 4극, 각 권선의 끝(A_4, B_4, C_4)이 접속되어 있으므로 Y결선이다.

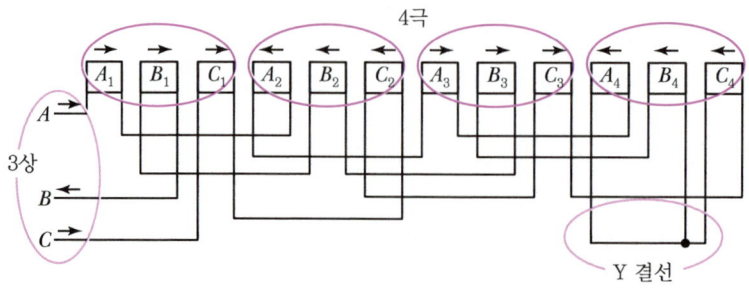

정답 01 ② 02 ③ 03 ②

SECTION 03 유도전동기의 이론

1. 회전수와 슬립

① 슬립(Slip) : 회전자가 토크를 발생하기 위해서는 회전자기장의 회전속도(동기속도 N_s)와 회전자속도 N의 차이로 회전자에 기전력이 발생하여 회전하게 되는데, 동기속도 N_s와 회전자속도 N의 차에 대한 비를 슬립이라 한다.

$$슬립\ S = \frac{동기속도-회전자속도}{동기속도} = \frac{N_s - N}{N_s} = 1 - \frac{N}{N_s}$$

② 회전자가 정지상태이면 슬립 $S=1$이고, 동기속도로 회전한다면 슬립 $S=0$이 된다.
③ 일반적인 슬립은 소형인 경우에는 5~10[%], 중·대형인 경우에는 2.5~5[%]이다.

2. 전력의 변환

① 유도전동기는 동기속도와 회전자속도의 차이에 의해서 발생한 회전자 기전력으로 회전력을 갖게 되고, 그 기전력의 크기가 회전력의 크기를 좌우하게 된다. 이것은 슬립이 전동기의 전력변화의 중요한 요소가 됨을 의미하고 있다.

② 전력의 흐름 : 유도전동기에서 공급되는 1차 입력(P_1)의 대부분은 2차 입력(P_2)이 되고, 2자 입력(P_2)에서 주로 회전자동손(P_{2c})을 뺀 나머지는 기계적 출력(P_o)으로 된다.

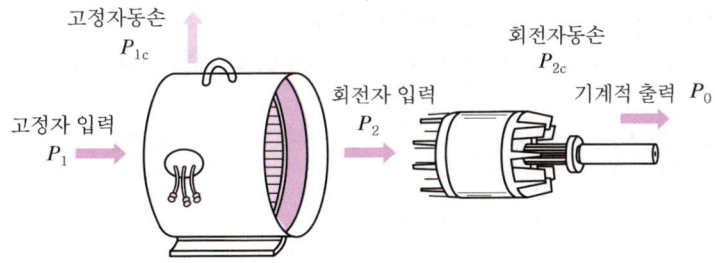

③ 유도전동기와 변압기의 관계

유도전동기는 변압기와 같이 1차 권선과 2차 권선이 있고, 전자유도작용으로 전력을 2차 권선에 공급하는 회전기계이다. 유도전동기의 2차 권선은 전자유도적으로 전력을 공급받아 토크를 발생하여 전기적 에너지를 기계적 에너지로 변환한다.

④ 기계적 출력 P_o

　기계적 출력(P_o) = 2차 입력(P_2) − 2차 동손(P_{2c})이므로
　슬립의 관계식으로 표시하면 다음과 같다.

$$P_2 : P_{2c} : P_o = 1 : S : (1-S)$$

⑤ 전체 효율 및 2차 효율

$$\eta = \frac{P_o}{P_1} \qquad \eta_2 = \frac{P_o}{P_2} = (1-S)$$

3. 토크

토크는 기계적 출력으로부터 구할 수 있다.

$P_o = \omega T = 2\pi \cdot \dfrac{N}{60} T \,[\text{W}]$ 에서

$$T = \frac{60}{2\pi} \cdot \frac{P_o}{N} \,[\text{N} \cdot \text{m}]$$
$$= \frac{1}{9.8} \cdot \frac{60}{2\pi} \cdot \frac{P_o}{N} \,[\text{kg} \cdot \text{m}]$$

4. 동기와트

① 2차 입력으로서 토크를 표시하는 것을 말한다.
② 위의 토크 식에 $P_o = (1-S)P_2$와 $N = (1-S)N_s$ 식을 대입하여 정리하면 다음과 같이 된다.

$$T = \frac{60}{2\pi \cdot N_s} \cdot P_2 \,[\text{N} \cdot \text{m}]$$

CHAPTER 04 핵심 기출문제

01 유도전동기의 동기속도 N_s, 회전속도 N일 때 슬립은?

2013
2021
2023

① $s = \dfrac{N_s - N}{N}$ ② $s = \dfrac{N - N_s}{N}$ ③ $s = \dfrac{N_s - N}{N_s}$ ④ $s = \dfrac{N_s + N}{N}$

해설

슬립 $s = \dfrac{\text{동기속도} - \text{회전자속도}}{\text{동기속도}} = \dfrac{N_s - N}{N_s}$

02 유도전동기의 동기속도가 1,200[rpm]이고, 회전수가 1,176[rpm]일 때 슬립은?

2009
2010
2014
2017
2019
2024

① 0.06   ② 0.04   ③ 0.02   ④ 0.01

해설

슬립 $s = \dfrac{N_s - N}{N_s}$ 이므로, $s = \dfrac{1,200 - 1,176}{1,200} = 0.02$ 이다.

03 50[Hz], 6극인 3상 유도전동기의 전 부하에서 회전수가 955[rpm]일 때 슬립[%]은?

2014
2016
2018

① 4   ② 4.5   ③ 5   ④ 5.5

해설

- 동기속도 $N_s = \dfrac{120f}{P} = \dfrac{120 \times 50}{6} = 1,000\,[\text{rpm}]$
- 슬립 $s = \dfrac{N_s - N}{N_s} \times 100 = \dfrac{1,000 - 955}{1,000} \times 100 = 4.5\,[\%]$

04 유도전동기에서 슬립이 0이라는 것은 어느 것과 같은가?

2009
2018
2024

① 유도전동기가 동기속도로 회전한다.
② 유도전동기가 정지상태이다.
③ 유도전동기가 전부하 운전상태이다.
④ 유도 제동기의 역할을 한다.

해설

$s = \dfrac{N_s - N}{N_s}$ 이므로, $s = 0$일 때 $N_s = N$이다.
따라서, 회전속도가 동기속도와 같을 때이다.

정답 01 ③   02 ③   03 ②   04 ①

05 슬립 4[%]인 유도전동기에서 동기속도가 1,200[rpm]일 때 전동기의 회전속도[rpm]는?

① 697　　　　② 1,051　　　　③ 1,152　　　　④ 1,321

해설

$s = \dfrac{N_s - N}{N_s}$ 이므로 $0.04 = \dfrac{1,200 - N}{1,200}$ 에서 $N = 1,152[\text{rpm}]$이다.

06 3상 380[V], 60[Hz], 4P, 슬립 5[%], 55[kW]인 유도전동기가 있다. 회전자속도는 몇 [rpm]인가?

① 1,200　　　　② 1,526　　　　③ 1,710　　　　④ 2,280

해설

- 동기속도 $N_s = \dfrac{120f}{P} = \dfrac{120 \times 60}{4} = 1,800[\text{rpm}]$
- 슬립 $s = \dfrac{N_s - N}{N_s}$ 에서 회전자 속도 $N = N_s - S N_s = 1,800 - 1,800 \times 0.05 = 1,710[\text{rpm}]$

07 단상 유도전동기의 정회전 슬립이 s이면 역회전 슬립은?

① $1 - s$　　　　② $1 + s$　　　　③ $2 - s$　　　　④ $2 + s$

해설

정회전 시 회전속도를 N이라 하면, 역회전 시 회전속도는 $-N$이라 할 수 있다.

정회전 시 $s = \dfrac{N_s - N}{N_s}$, $N = (1-s)N_s$

역회전 시 $s' = \dfrac{N_s - (-N)}{N_s} = \dfrac{N_s + N}{N_s} = \dfrac{N_s + (1-s)N_s}{N_s} = 2 - s$

08 슬립 $s = 5[\%]$, 2차 저항 $r_2 = 0.1[\Omega]$인 유도전동기의 등가저항 $R[\Omega]$은 얼마인가?

① 0.4　　　　② 0.5　　　　③ 1.9　　　　④ 2.0

해설

$R = r_2 \left(\dfrac{1-s}{s} \right) = 0.1 \times \left(\dfrac{1 - 0.05}{0.05} \right) = 1.9[\Omega]$

09 3상 유도전동기의 1차 입력 60[kW], 1차 손실 1[kW], 슬립 3[%]일 때 기계적 출력[kW]은?

① 57　　　　② 75　　　　③ 95　　　　④ 100

해설

$P_2 : P_{2c} : P_o = 1 : S : (1-S)$ 이므로

$P_2 = $ 1차 입력 $-$ 1차 손실 $= 60 - 1 = 59[\text{kW}]$

$P_o = (1-S)P_2 = (1-0.03) \times 59 ≒ 57[\text{kW}]$

정답　05 ③　06 ③　07 ③　08 ③　09 ①

10
회전자 입력 10[kW], 슬립 4[%]인 3상 유도전동기의 2차 동손은 몇 [kW]인가?

① 9.6 ② 4 ③ 0.4 ④ 0.2

해설

$P_2 : P_{2c} : P_o = 1 : S : (1-S)$ 이므로
$P_2 : P_{2c} = 1 : S$ 에서 P_{2c}로 정리하면,
$P_{2c} = S \cdot P_2 = 0.04 \times 10 = 0.4[kW]$ 이 된다.

11
동기와트 P_2, 출력 P_0, 슬립 s, 동기속도 N_S, 회전속도 N, 2차 동손 P_{2c}일 때 2차 효율 표기로 틀린 것은?

① $1-s$ ② $\dfrac{P_{2c}}{P_2}$ ③ $\dfrac{P_0}{P_2}$ ④ $\dfrac{N}{N_S}$

해설

$P_2 : P_0 = 1 : (1-s)$ 에서

2차 효율 $\eta_2 = \dfrac{P_0}{P_2} = 1-s = \dfrac{N}{N_s}$ 이다.

12
220[V]/60[Hz], 4극의 3상 유도전동기가 있다. 슬립 5[%]로 회전할 때 출력 17[kW]를 낸다면, 이때의 토크는 몇 [N · m]인가?

① 56.2[N · m] ② 95.5[N · m]
③ 191[N · m] ④ 935.8[N · m]

해설

$T = \dfrac{60}{2\pi} \dfrac{P_o}{N}[N \cdot m]$ 이므로,

$T = \dfrac{60}{2\pi} \dfrac{17 \times 10^3}{1,710} \approx 95[N \cdot m]$ 이다.

여기서, $s = \dfrac{N_s - N}{N_s}$ 에서 N을 구하면, $0.05 = \dfrac{1,800 - N}{1,800}$ ∴ $N = 1,710[rpm]$

($\because N_s = \dfrac{120f}{P} = \dfrac{120 \times 60}{4} = 1,800[rpm]$)

13
유도전동기의 슬립을 측정하는 방법으로 옳은 것은?

① 전압계법 ② 전류계법
③ 평형 브리지법 ④ 스트로보법

해설

슬립 측정 방법
- 회전계법
- 직류 밀리볼트계법
- 수화기법
- 스트로보법

정답 10 ③ 11 ② 12 ② 13 ④

14 유도전동기가 회전하고 있을 때 생기는 손실 중에서 구리손이란?

① 브러시의 마찰손　　　　② 베어링의 마찰손
③ 표유 부하손　　　　　　④ 1차, 2차 권선의 저항손

해설
구리손은 저항 중에 전류가 흘러서 발생하는 줄열로 인한 손실로서 저항손이라고도 한다.

15 3상 유도전동기의 정격전압을 V_n[V], 출력을 P[kW], 1차 전류를 I_1[A], 역률을 $\cos\theta$라 하면 효율을 나타내는 식은?

① $\dfrac{P \times 10^3}{3 V_n I_1 \cos\theta} \times 100\%$　　　② $\dfrac{3 V_n I_1 \cos\theta}{P \times 10^3} \times 100\%$

③ $\dfrac{P \times 10^3}{\sqrt{3}\, V_n I_1 \cos\theta} \times 100\%$　　　④ $\dfrac{\sqrt{3}\, V_n I_1 \cos\theta}{P \times 10^3} \times 100\%$

해설
효율 $\eta = \dfrac{출력}{입력} \times 100[\%]$이므로,

출력 $P[\text{kW}] = P \times 10^3[\text{W}]$

입력은 정격전압 V_n[V]이 선간전압을 나타내므로 $\sqrt{3}\, V_n I_1 \cos\theta$[W]가 된다.

정답 14 ④　15 ③

SECTION 04 유도전동기의 특성

1. 슬립과 토크의 관계

① 슬립 S에 의한 토크 특성은 변압기와 같은 방법으로 유도전동기를 등가회로로 구성하여 관계식을 구하면 다음과 같다.

$$T = \frac{PV_1^2}{4\pi f} \cdot \frac{\dfrac{r'_2}{S}}{\left(r_1 + \dfrac{r'_2}{S}\right)^2 + (x_1 + x'_2)^2} \; [\text{N} \cdot \text{m}]$$

따라서, 슬립 S가 일정하면, 토크는 공급전압 V_1의 제곱에 비례한다.

② 위의 식에서 슬립에 대한 토크 변화를 곡선으로 표현한 것이 아래 속도특성곡선이다.

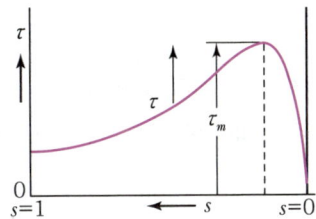

③ 최대토크(정동 토크) T_m : 정격부하상태 토크의 160[%] 이상이다.

2. 비례추이

① 토크는 위의 식에서 $\dfrac{r'_2}{S}$ 의 함수가 되어 r'_2를 m배 하면 슬립 S도 m배로 변화하여 토크는 일정하게 유지된다. 이와 같이 슬립은 2차 저항을 바꿈에 따라 여기에 비례해서 변화하는 것을 말한다.

② 2차 회로의 저항을 변화시킬 수 있는 권선형 유도전동기의 경우에는 이러한 성질을 속도 제어에 이용할 수 있다. r'_2에 외부저항 R를 연결하여, 2차 저항값을 변화시켜 속도를 제어할 수 있게 된다.

$$\frac{r_2 + R}{S'} = \frac{mr_2}{mS} = \frac{r'_2}{S}$$

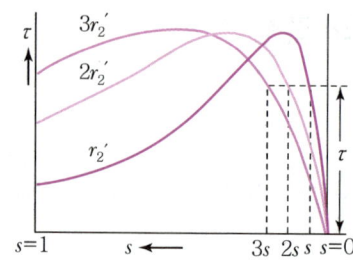

③ 비례추이를 이용하여 기동토크를 크게 할 수 있으며, 1차 전류, 역률, 1차 입력도 비례추이 성질을 가지지만, 2차 동손, 전체출력, 전체효율, 2차 효율은 비례추이의 성질이 없다.

SECTION 05 유도전동기의 운전

1. 기동법

기동전류가 정격전류의 5배 이상의 큰 전류가 흘러 권선을 가열시킬 뿐 아니라 전원 전압을 강하시켜 전원계통에 나쁜 영향을 주기 때문에 기동전류를 낮추기 위한 방법이 필요하다.

① 농형 유도전동기의 기동법
- 전전압 기동 : 6[kW] 이하의 소용량에 쓰이며, 기동전류는 정격정류의 600[%] 정도가 흐르게 되어 큰 전원설비가 필요하다.
- 리액터 기동법 : 전동기의 전원 측에 직렬 리액터(일종의 교류 저항)를 연결하여 기동하는 방법이다. 중·대용량의 전동기에 채용할 수 있으며, 다른 기동법이 곤란한 경우나 기동 시 충격을 방지할 필요가 있을 때 적합하다.
- Y−Δ기동법 : 10~15[kW] 이하의 중용량 전동기에 쓰이며, 이 방법은 고정자권선을 Y로 하여 상전압을 줄여 기동전류를 줄이고 나중에 Δ로 하여 운전하는 방식이다.
  기동전류는 정격전류의 1/3로 줄어들지만, 기동토크도 1/3로 감소한다.
- 기동보상기법 : 15[kW] 이상의 전동기나 고압전동기에 사용되며, 단권변압기를 써서 공급전압을 낮추어 기동시키는 방법으로 기동전류를 1배 이하로 낮출 수가 있다.

② 권선형 유도전동기의 기동법(2차 저항법)
  2차 회로에 가변 저항기를 접속하고 비례추이의 원리에 의하여 큰 기동토크를 얻고 기동전류도 억제할 수 있다.

2. 속도 제어

① 주파수 제어법
- 공급전원에 주파수를 변화시켜 동기속도를 바꾸는 방법이다.
- VVVF 제어 : 주파수를 가변하면 $\phi \propto \dfrac{V}{f}$ 와 같이 자속이 변하기 때문에 자속을 일정하게 유지하기 위해 전압과 주파수를 비례하게 가변시키는 제어법을 말한다.

② 1차 전압제어
전압의 2승에 비례하여 토크는 변화하므로 이것을 이용해서 속도를 바꾸는 제어법으로 전력전자소자를 이용하는 방법이 최근에 널리 이용되고 있다.

③ 극수 변환에 의한 속도 제어
고정자권선의 접속을 바꾸어 극수를 바꾸면 단계적이지만 속도를 바꿀 수 있다.

④ 2차 저항제어
권선형 유도전동기에 사용되는 방법으로 비례추이를 이용하여 외부저항을 삽입하여 속도를 제어한다.

⑤ 2차 여자제어
2차 저항제어를 발전시킨 형태로 저항에 의한 전압강하 대신에 반대의 전압을 가하여 전압강하가 일어나도록 한 것으로 효율이 좋아진다.

3. 제동법

① 발전제동
제동 시 전원으로 분리한 후 직류전원을 연결하면 계자에 고정자속이 생기고 회전자에 교류기전력이 발생하여 제동력이 생긴다. 직류제동이라고도 한다.

② 역상제동(플러깅)
운전 중인 유도전동기에 회전방향과 반대방향의 토크를 발생시켜서 급속하게 정지시키는 방법이다.

③ 회생제동
제동 시 전원에 연결시킨 상태로 외력에 의해서 동기속도 이상으로 회전시키면 유도발전기가 되어 발생된 전력을 전원으로 반환하면서 제동하는 방법이다.

④ 단상제동
권선형 유도전동기에서 2차 저항이 클 때 전원에 단상전원을 연결하면 제동토크가 발생한다.

CHAPTER 04 핵심 기출문제

01 유도전동기의 공급 전압이 $\frac{1}{2}$로 감소하면 토크는 처음의 몇 배가 되는가?

① $\frac{1}{2}$ ② $\frac{1}{4}$

③ $\frac{1}{8}$ ④ $\frac{1}{\sqrt{2}}$

해설
$T \propto V_1^2$ 이므로, 토크는 $\frac{1}{4}$ 배가 된다.

02 다음은 유도전동기에 기계적 부하를 걸었을 때 출력에 따른 속도, 토크, 효율, 슬립 등의 변화를 나타낸 출력특성곡선 그림이다. 슬립을 나타내는 곡선은?

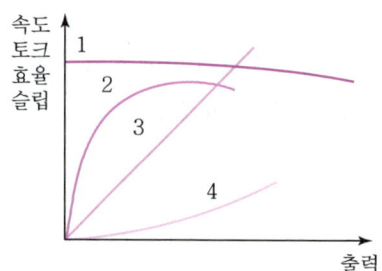

① 1 ② 2 ③ 3 ④ 4

해설
1 : 속도, 2 : 효율, 3 : 토크, 4 : 슬립

03 다음 중 비례추이의 성질을 이용할 수 있는 전동기는 어느 것인가?

① 직권전동기 ② 단상 동기전동기
③ 권선형 유도전동기 ④ 농형 유도전동기

해설
권선형 유도전동기
비례추이의 성질을 이용하여 기동토크를 크게 할 수 있고, 속도 제어에도 이용할 수 있다.

정답 01 ② 02 ④ 03 ③

04 3상 유도전동기의 2차 저항을 2배로 하면 그 값이 2배로 되는 것은?

① 슬립　　　② 토크　　　③ 전류　　　④ 역률

해설

비례추이

토크는 $\dfrac{r_2'}{S}$의 함수가 되어 r_2'를 m배 하면 슬립 S도 m배로 변화하나 토크는 일정하게 유지된다. 이와 같이 슬립은 2차 저항을 바꿈에 따라 비례해서 변화하는 것을 말한다.

05 3상 유도전동기에서 2차 측 저항을 2배로 하면 그 최대 토크는 어떻게 되는가?

① 변하지 않는다.　　　② 2배로 된다.

③ $\sqrt{2}$배로 된다.　　　④ $\dfrac{1}{2}$배로 된다.

해설

슬립과 토크 특성곡선에서 알 수 있듯이 2차 저항을 변화시켜도 최대 토크는 변화하지 않는다.

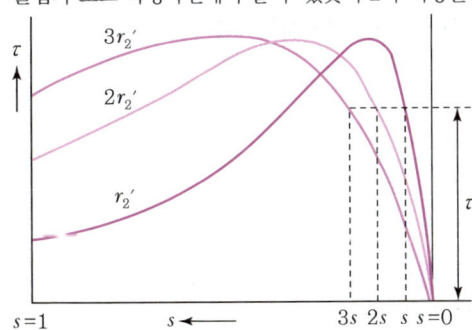

06 3상 유도전동기의 원선도를 그리려면 등가회로의 정수를 구할 때 몇 가지 시험이 필요하다. 이에 해당하지 않는 것은?

① 무부하 시험　　　② 고정자 권선의 저항 측정
③ 회전수 측정　　　④ 구속시험

해설

3상 유도전동기의 원선도
- 유도전동기의 특성을 실부하 시험을 하지 않아도, 등가회로를 기초로 한 헤일랜드(Heyland)의 원선도에 의하여 전부하 전류, 역률, 효율, 슬립, 토크 등을 구할 수 있다.
- 원선도 작성에 필요한 시험 : 저항 측정, 무부하 시험, 구속시험

07 유도전동기의 Y−Δ기동 시 기동토크와 기동전류는 전전압 기동 시의 몇 배가 되는가?

① $1/\sqrt{3}$　　　② $\sqrt{3}$　　　③ $1/3$　　　④ 3

해설

Y−Δ기동법
기동전류와 기동토크가 전부하의 1/3로 줄어든다.

정답　04 ①　05 ①　06 ③　07 ③

08 5.5[kW], 200[V] 유도전동기의 전전압 기동 시의 기동전류가 150[A]이었다. 여기에 Y−Δ 기동 시 기동전류는 몇 [A]가 되는가?

① 50   ② 70   ③ 87   ④ 95

해설
Y결선으로 기동 시 기동전류가 $\frac{1}{3}$배로 감소하므로, 기동전류는 $150 \times \frac{1}{3} = 50$[A]이다.

09 농형 유도전동기의 기동법이 아닌 것은?

① 기동보상기에 의한 기동법   ② 2차 저항기법
③ 리액터 기동법   ④ Y−Δ 기동법

해설
2차 저항법은 권선형 유도전동기의 기동법에 속한다.

10 3상 권선형 유도전동기의 기동 시 2차 측에 저항을 접속하는 이유는?

① 기동토크를 크게 하기 위해
② 회전수를 감소시키기 위해
③ 기동전류를 크게 하기 위해
④ 역률을 개선하기 위해

해설
권선형 유도전동기의 기동법 중 2차 측에 저항을 접속하는 2차 저항법은 비례추이의 원리에 의하여 큰 기동토크를 얻고 기동전류도 억제하여 기동시키는 방법이다.

11 권선형 유도전동기의 회전자에 저항을 삽입하였을 경우 틀린 사항은?

① 기동전류가 감소된다.   ② 기동전압이 증가한다.
③ 역률이 개선된다.   ④ 기동토크가 증가한다.

해설
권선형 유도전동기의 기동법 중 2차 측에 저항을 접속하는 2차 저항법은 비례추이의 원리에 의하여 큰 기동토크를 얻고 기동전류도 억제하여 기동시키는 방법이다.

12 3상 유도전동기의 속도제어방법 중 인버터(Inverter)를 이용한 속도제어법은?

① 극수변환법   ② 전압제어법
③ 초퍼 제어법   ④ 주파수 제어법

해설
인버터
직류를 교류로 변환하는 장치로서 주파수를 변환시켜 전동기 속도제어와 형광등의 고주파 점등이 가능하다.

정답 08 ① 09 ② 10 ① 11 ② 12 ④

13 다음 중 유도전동기의 속도제어에 사용되는 인버터 장치의 약호는?

2009
2012
2021

① CVCF ② VVVF ③ CVVF ④ VVCF

해설
- CVCF(Constant Voltage Constant Frequency) : 일정 전압, 일정 주파수가 발생하는 교류전원 장치
- VVVF(Variable Voltage Variable Frequency) : 가변전압, 가변주파수가 발생하는 교류전원 장치로서 주파수 제어에 의한 유도전동기 속도제어에 많이 사용된다.

14 유도전동기의 회전자에 슬립 주파수의 전압을 공급하여 속도제어를 하는 방법은?

2010
2012
2018
2019

① 주파수 변환법 ② 2차 여자법
③ 극수변환법 ④ 2차 저항법

해설
2차 여자법
권선형 유도전동기에 사용되는 방법으로 2차 회로에 적당한 크기의 전압을 외부에서 가하여 속도제어하는 방법이다.

15 다음 제동방법 중 급정지하는 데 가장 좋은 제동방법은?

2015
2016
2017
2018
2019
2022
2024

① 발전제동 ② 회생제동 ③ 역상제동 ④ 단상제동

해설
역상제동(역전제동, 플러깅)
전동기를 급정지시키기 위해 제동 시 전동기를 역회전으로 접속하여 제동하는 방법이다.

16 3상 유도전동기의 회전방향을 바꾸기 위한 방법으로 가장 옳은 것은?

2011
2013
2017
2019
2022

① $\Delta - Y$ 결선
② 전원의 주파수를 바꾼다.
③ 전동기에 가해지는 3개의 단자 중 어느 2개의 단자를 서로 바꾸어 준다.
④ 기동보상기를 사용한다.

해설
①, ④ 기동법, ② 속도제어법

17 전동기의 제동에서 전동기가 가지는 운동에너지를 전기에너지로 변화시키고 이것을 전원에 변환하여 전력을 회생시킴과 동시에 제동하는 방법은?

2010
2014
2019

① 발전제동(Dynamic Braking) ② 역전제동(Plugging Braking)
③ 맴돌이전류제동(Eddy Current Braking) ④ 회생제동(Regenerative Braking)

해설
회생제동
전동기의 유도기전력을 전원 전압보다 높게 하여 전동기가 갖는 운동에너지를 전기에너지로 변화시켜 전원으로 반환하는 방식

정답 13 ② 14 ② 15 ③ 16 ③ 17 ④

SECTION 06 단상 유도전동기

1. 단상 유도전동기의 특징

① 고정자 권선에 단상교류가 흐르면 축방향으로 크기가 변화하는 교변자계가 생길 뿐이라서 기동토크가 발생하지 않아 기동할 수 없다. 따라서 별도의 기동용 장치를 설치하여야 한다.
② 동일한 정격의 3상 유도전동기에 비해 역률과 효율이 매우 나쁘고, 중량이 무거워서 1마력 이하의 가정용과 소동력용으로 많이 사용되고 있다.

> **TIP** 단상 유도전동기는 기동토크를 얼마나 크게 만들 수 있느냐가 성능기준이 된다.

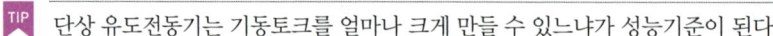

2. 기동장치에 의한 분류

① 분상 기동형

기동권선은 운전권선보다 가는 코일을 사용하며 권수를 적게 감아서 권선저항을 크게 만들어 주권선과의 전류 위상차를 생기게 하여 기동하게 된다.

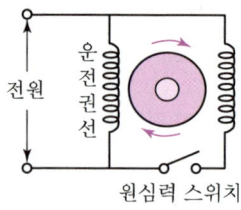

② 콘덴서 기동형

기동권선에 직렬로 콘덴서를 넣고, 권선에 흐르는 기동전류를 앞선 전류로 하고 운전권선에 흐르는 전류와 위상차를 갖도록 한 것이다. 기동 시 위상차가 2상식에 가까우므로 기동특성을 좋게 할 수 있고, 시동전류가 적고, **시동토크가 큰 특징**을 갖고 있다.

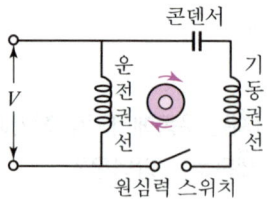

③ 영구 콘덴서형

- 콘덴서 기동형은 기동 시에만 콘덴서를 연결하지만, 영구 콘덴서형 전동기는 기동에서 운전까지 콘덴서를 삽입한 채 운전한다.
- 원심력 스위치가 없어서 가격도 싸므로 큰 기동토크를 요구하지 않는 선풍기, 냉장고, 세탁기 등에 널리 사용된다.

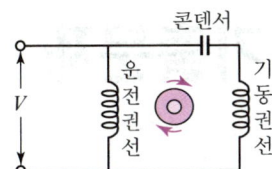

④ 셰이딩 코일형
- 고정자에 돌극을 만들고 여기에 셰이딩 코일이라는 동대로 만든 단락 코일을 끼워 넣는다. 이 코일이 이동자계를 만들어 그 방향으로 회전한다.
- 슬립이나 속도 변동이 크고 효율이 낮아, 극히 소형 전동기에 한해 사용되고 있다.

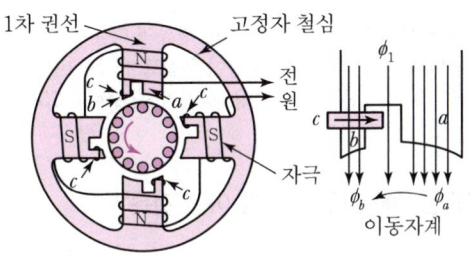

⑤ 반발 기동형
회전자에 직류전동기 같이 전기자 권선과 정류자를 갖고 있고 브러시를 단락하면 기동 시에 큰 기동토크를 얻을 수 있는 전동기이다.

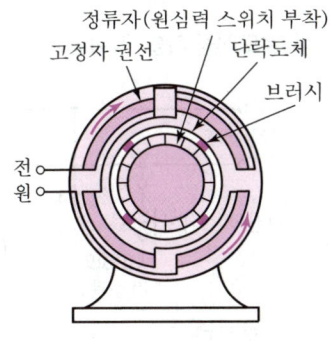

CHAPTER 04 핵심 기출문제

01 선풍기, 가정용 펌프, 헤어 드라이기 등에 주로 사용되는 전동기는?
2015
2020
① 단상 유도전동기   ② 권선형 유도전동기
③ 동기전동기   ④ 직류 직권전동기

해설

단상 유도전동기
단상 유도전동기는 전부하 전류에 대한 무부하 전류의 비율이 대단히 크고, 역률과 효율 등이 동일한 정격의 3상 유도전동기에 비해 대단히 나쁘며, 중량이 무겁고 가격도 비싸다. 그러나 단상 전원으로 간단하게 사용될 수 있는 편리한 점이 있어 가정용, 소공업용, 농사용 등 주로 0.75[kW] 이하의 소출력용으로 많이 사용된다.

02 단상 유도전동기 기동장치에 의한 분류가 아닌 것은?
2013
2024
① 분상 기동형   ② 콘덴서 기동형
③ 셰이딩 코일형 ④ 회전계자형

해설

단상 유도전동기 기동장치에 의한 분류
분상 기동형, 콘덴서 기동형, 셰이딩 코일형, 반발 기동형, 반발 유도전동기, 모노사이클릭형 전동기

03 그림과 같은 분상 기동형 단상 유도전동기를 역회전시키기 위한 방법이 아닌 것은?
2012
2015
2017
2018
2019
2021

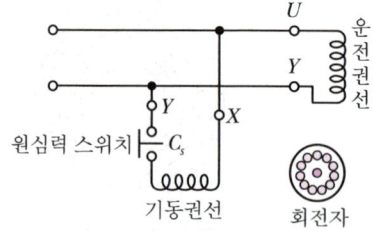

① 원심력 스위치를 개로 또는 폐로한다.
② 기동권선이나 운전권선의 어느 한 권선의 단자접속을 반대로 한다.
③ 기동권선의 단자접속을 반대로 한다.
④ 운전권선의 단자접속을 반대로 한다.

해설

단상 유도전동기를 역회전시키기 위해서는 기동권선이나 운전권선 중 어느 한 권선의 단자접속을 반대로 한다.

정답 01 ① 02 ④ 03 ①

04 역률과 효율이 좋아서 가정용 선풍기, 전기세탁기, 냉장고 등에 주로 사용되는 것은?

① 분상 기동형 전동기 ② 콘덴서 기동형 전동기
③ 반발 기동형 전동기 ④ 셰이딩 코일형 전동기

해설
콘덴서 기동형 전동기는 다른 단상 유도전동기에 비해 역률과 효율이 좋다.

05 다음 중 단상 유도전동기의 기동방법 중 기동토크가 가장 큰 것은?

① 분상 기동형 ② 반발 유도형
③ 콘덴서 기동형 ④ 반발 기동형

해설
기동토크가 큰 순서
반발 기동형 → 콘덴서 기동형 → 분상 기동형 → 셰이딩 코일형

06 단상 유도전동기의 반발 기동형(A), 콘덴서 기동형(B), 분상 기동형(C), 셰이딩 코일형(D)일 때 기동토크가 큰 순서는?

① A－B－C－D ② A－D－B－C
③ A－C－D－B ④ A－B－D－C

해설
기동토크가 큰 순서
반발 기동형 → 콘덴서 기동형 → 분상 기동형 → 셰이딩 코일형

07 단상 유도전동기 중 역회전이 안 되는 전동기는?

① 분상 기동형 ② 셰이딩 코일형
③ 콘덴서 기동형 ④ 반발 기동형

해설
셰이딩 코일형 유도전동기는 고정자에 돌극을 만들고 여기에 셰이딩 코일을 감아서 기동토크가 발생하여 회전하는 원리로 구조상 회전방향을 바꿀 수 없다.

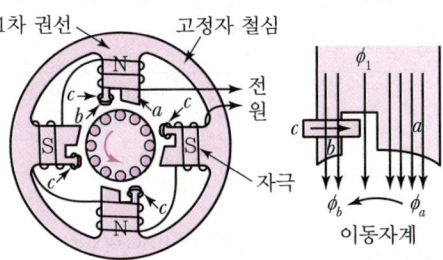

정답 04 ② 05 ④ 06 ① 07 ②

CHAPTER 05 정류기 및 제어기기

■ 개요

전기기기는 대부분 주파수 60[Hz], 전압 220[V]인 상용전원을 공급받아 동작하게 만들어진다. 그러나, 최근 다양한 성능을 가진 전기기기가 특정한 동작을 하도록 제어하는 데 상용전원과 다른 크기의 주파수와 전압의 조정이 필요하며, 특히 직류전원이 필요할 수도 있다. 이와 같이 전원의 형태를 변화시켜주는 장치를 전력변환기라 하며, 전력용 반도체 소자를 적절히 조합해서 만들어진다.

SECTION 01 정류용 반도체 소자

1. 반도체

고유 저항값 $10^{-4} \sim 10^6 [\Omega m]$을 가지는 물질로서, 실리콘(Si), 게르마늄(Ge), 셀렌(Se), 산화동(Cu_2O) 등이 있다.

2. 진성 반도체

실리콘(Si)이나 게르마늄(Ge) 등과 같이 불순물이 섞이지 않은 순수한 반도체

3. 불순물 반도체

진성 반도체에 3가 또는 5가 원자를 소량으로 혼입한 반도체로 하면 진성 반도체와 다른 전기적 성질이 나타낸다. 불순물 반도체에는 N형과 P형 반도체가 있다.

구분	첨가 불순물	명칭	반송자
N형 반도체	5가 원자 [인(P), 비소(As), 안티몬(Sb)]	도너(Donor)	과잉전자
P형 반도체	3가 원자 [붕소(B), 인디움(In), 알루미늄(Al)]	억셉터(Acceptor)	정공

4. PN 접합 반도체의 정류작용

1) 정류작용

전압의 방향에 따라 전류를 흐르게 하거나 흐르지 못하게 하는 정류특성을 가진다.

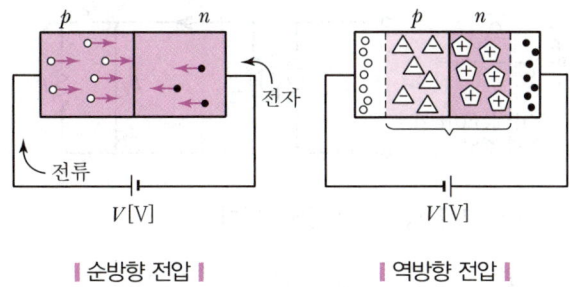

| 순방향 전압 | | 역방향 전압 |

2) 정류곡선

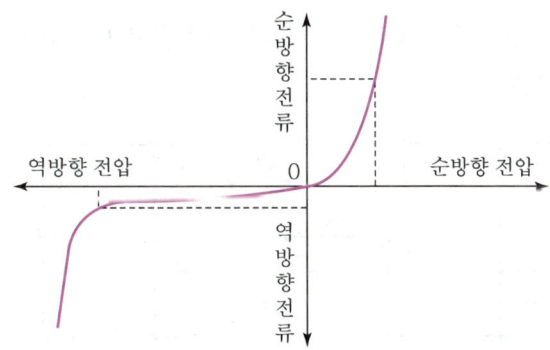

SECTION 02 각종 정류회로 및 특성

1. 다이오드

① 교류를 직류로 변환하는 대표적인 정류소자
② 다이오드의 극성과 기호

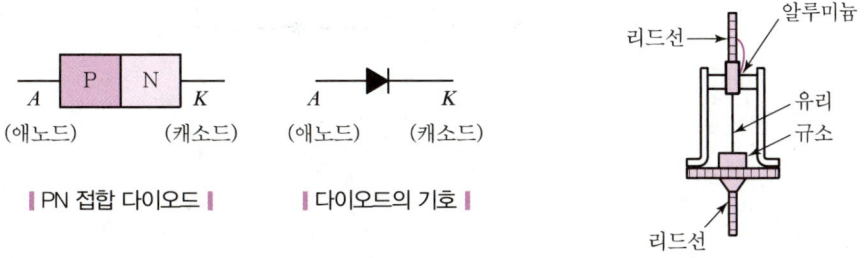

| PN 접합 다이오드 | | 다이오드의 기호 |

2. 단상 정류회로

1) 단상 반파 정류회로

① 입력 전압의 (+) 반주기만 통전하여(순방향 전압) 반파만 출력된다.

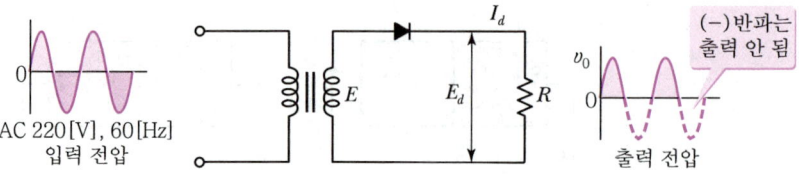

② 출력전압은 사인파 교류 평균값의 반이 된다.

$$E_d = \frac{1}{2\pi}\int_0^\pi \sqrt{2}\,E\sin\theta\,d\theta = \frac{\sqrt{2}}{\pi}E = 0.45E \rightarrow I_d = \frac{E_d}{R}$$

2) 단상 전파 정류회로

① 입력 전압의 (+) 반주기 동안에는 D_1, D_4 통전하고, (−) 반주기 동안에는 D_2, D_3 통전하여 전파 출력된다.

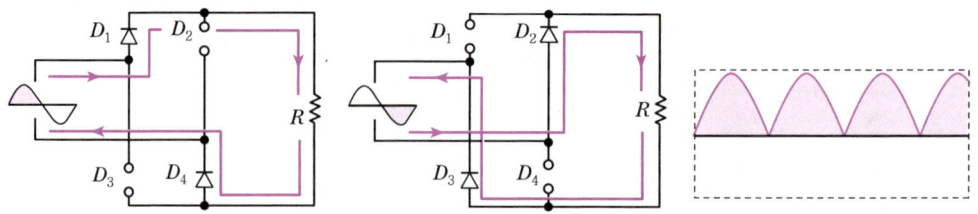

② 출력전압은 사인파 교류 평균값이 된다.

$$E_d = 2 \times \frac{1}{2\pi}\int_0^\pi \sqrt{2}\,E\sin\theta\,d\theta = \frac{2\sqrt{2}}{\pi}E = 0.9E \rightarrow I_d = \frac{E_d}{R}$$

③ 다이오드 2개를 사용한 전파 정류회로는 아래와 같고, 출력전압은 위의 경우와 동일하다.

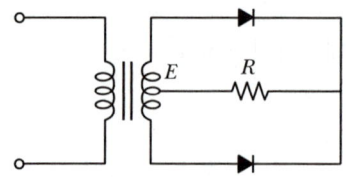

3. 3상 정류회로

1) 3상 반파 정류회로

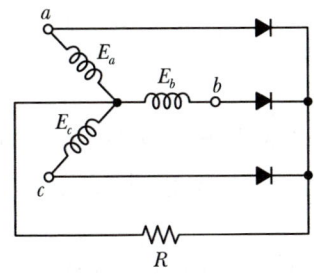 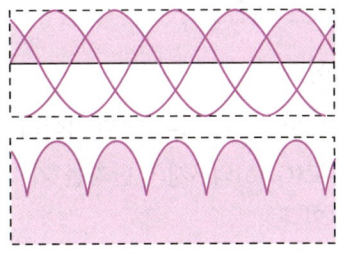

① 직류 전압의 평균값

$$E_d = 1.17E$$

② 직류 전류의 평균값

$$I_d = 1.17 \frac{E}{R}$$

2) 3상 전파 정류회로

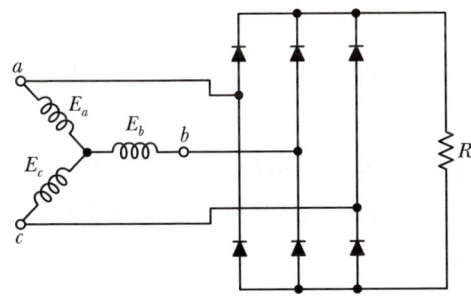 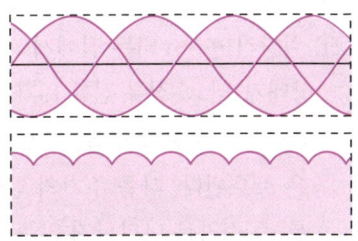

① 직류 전압의 평균값

$$E_d = 1.35E$$

② 직류 전류의 평균값

$$I_d = 1.35 \frac{E}{R}$$

4. 맥동률

① 정류된 직류에 포함되는 교류성분의 정도로서, 맥동률이 작을수록 직류의 품질이 좋아진다.
② 정류회로 중 3상 전파 정류회로가 맥동률이 가장 작다.

SECTION 03 제어 정류기

1. 사이리스터(SCR)

1) 특성

① PNPN의 4층 구조로 된 사이리스터의 대표적인 소자로서 양극(Anode), 음극(Cathode) 및 게이트(Gate)의 3개의 단자를 가지고 있다. 게이트에 흐르는 작은 전류로 큰 전력을 제어할 수 있다.

② 용도 : 교류의 위상 제어를 필요로 하는 조광 장치, 전동기의 속도 제어에 사용된다.

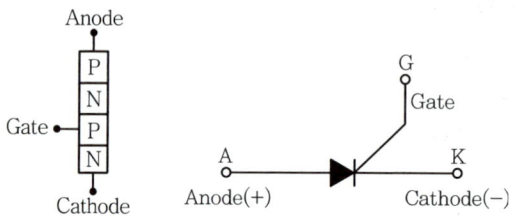

┃사이리스터의 구조 및 기호┃

2) 동작원리

① 위상각 $\theta = \alpha$ 되는 점에서 SCR의 게이트에 트리거 펄스를 가해 주면 그때부터 SCR은 통전 상태가 되고, 직류 전류 i_d가 흐르기 시작한다.

$\theta = \pi$에서 전압이 음($-$)으로 되면, SCR에는 역으로 전류가 흐를 수 없어서 이때부터 SCR은 소호된다. 다음 주기의 전압이 양($+$)으로 되고, 게이트에 신호가 가해지기 전까지는 직류 측 전압은 나타나지 않는다.

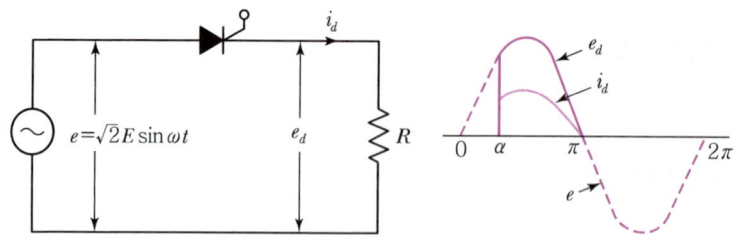

② 제어 정류 작용

게이트에 의하여 점호 시간을 조정할 수 있으므로 단순히 교류를 직류로 변환할 뿐만 아니라, 점호 시간을 변화함으로써 출력전압을 제어할 수 있다.

2. 전력용 반도체 소자의 기호와 특성 및 용도

명칭	기호	특성곡선	동작특성	용도
SCR (역저지 3단자 사이리스터)			순방향으로 전류가 흐를 때 게이트 신호에 의해 스위칭하며, 역방향은 흐르지 못한다.	직류 및 교류 제어용 소자
TRIAC (쌍방향성 3단자 사이리스터)			사이리스터 2개를 역병렬로 접속한 것과 등가, 양방향으로 전류가 흐르기 때문에 교류 스위치로 사용	교류 제어용
GTO (게이트 턴 오프 스위치)			게이트에 역방향으로 전류를 흘리면 자기소호하는 사이리스터	직류 및 교류 제어용 소자
DIAC (대칭형 3층 다이오드)			다이오드 2개를 역병렬로 접속한 것과 등가로 게이트 트리거 펄스용으로 사용	트리거 펄스 발생 소자
IGBT			게이트에 전압을 인가했을 때만 컬렉터 전류가 흐른다.	고속 인버터, 고속 초퍼 제어소자

SECTION 04 사이리스터의 응용회로

1. 단상 반파 정류회로

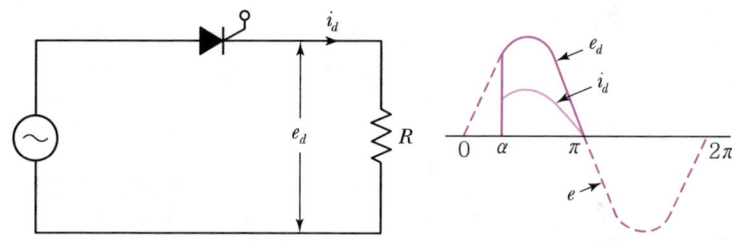

$$E_d = \frac{1}{2\pi}\int_\alpha^\pi \sqrt{2}\,E\sin\omega t\,d(\omega t) = \frac{\sqrt{2}\,E}{2\pi}[-\cos\omega t]_\alpha^\pi$$

$$= \frac{\sqrt{2}}{\pi}E\left(\frac{1+\cos\alpha}{2}\right) = 0.45E\left(\frac{1+\cos\alpha}{2}\right)$$

2. 단상 전파 정류회로

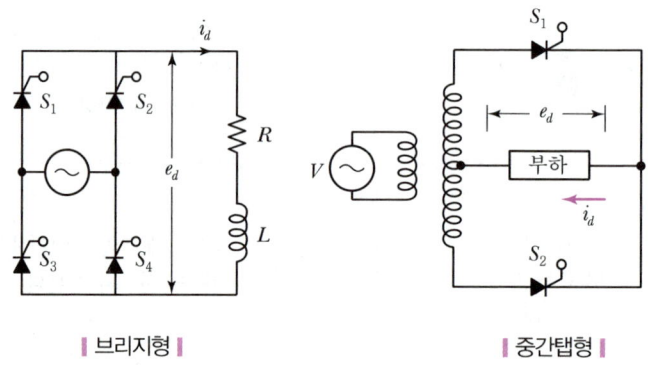

| 브리지형 | | 중간탭형 |

① 저항만의 부하

$$E_d = \frac{1}{\pi}\int_\alpha^\pi \sqrt{2}\,E\sin\omega t\,d(\omega t) = \frac{\sqrt{2}\,E}{\pi}[-\cos\omega t]_\alpha^\pi$$

$$= \frac{\sqrt{2}}{\pi}E(1+\cos\alpha) = 0.45E(1+\cos\alpha)$$

② 유도성 부하

$$E_d = \frac{2\sqrt{2}}{\pi}E\cos\alpha = 0.9E\cos\alpha$$

3. 3상 반파 정류회로

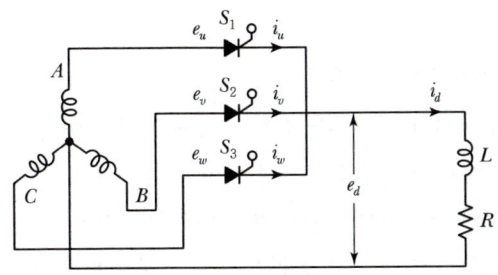

$$E_d = \frac{3\sqrt{6}}{2\pi}E\cos\alpha = 1.17E\cos\alpha \text{(유도성 부하)}$$

4. 3상 전파 정류회로

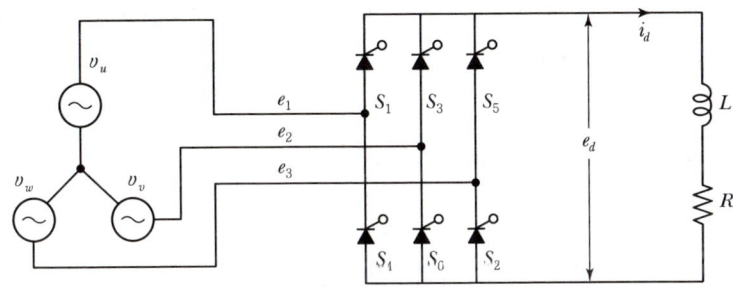

$$E_d = \frac{3\sqrt{2}}{\pi}E\cos\alpha = 1.35E\cos\alpha \text{(유도성 부하)}$$

SECTION 05 제어기 및 제어장치

1. 컨버터 회로(AC – AC Converter ; 교류변환)

1) 교류 전력 제어장치

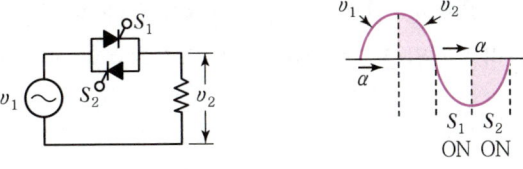

❙ 단상 교류 전력 제어 ❙

① 주파수의 변화는 없고, 전압의 크기만을 바꾸어 주는 교류 – 교류 전력 제어장치이다.
② 사이리스터의 제어각 α를 변화시킴으로써 부하에 걸리는 전압의 크기를 제어한다.

③ 전동기의 속도제어, 전등의 조광용으로 쓰이는 디머(Dimmer), 전기담요, 전기밥솥 등의 온도 조절 장치로 많이 이용되고 있다.

2) 사이클로 컨버터(Cyclo Converter)

① 주파수 및 전압의 크기까지 바꾸는 교류 – 교류 전력 제어장치이다.
② 주파수 변환 방식에 따라 직접식과 간접식이 있다.
- 간접식 : 정류기와 인버터를 결합시켜서 변환하는 방식
- 직접식 : 교류에서 직접 교류로 변환시키는 방식으로 사이클로 컨버터라고 한다.

2. 초퍼 회로(DC – DC Converter ; 직류변환)

① 초퍼(Chopper)는 직류를 다른 크기의 직류로 변환하는 장치이다.
② 전압을 낮추는 강압형 초퍼와 전압을 높이는 승압형 초퍼가 있다.
③ 주로 SCR, GTO, 파워 트랜지스터 등이 이용되나, SCR은 정류회로가 부착되어야 하고 신뢰성 등의 문제가 있어 별로 이용되지 않고 있다.

3. 인버터 회로(DC – AC Converter ; 역변환)

1) 인버터의 원리

① 직류를 교류로 변환하는 장치를 인버터(Inverter) 또는 역변환 장치라고 한다.

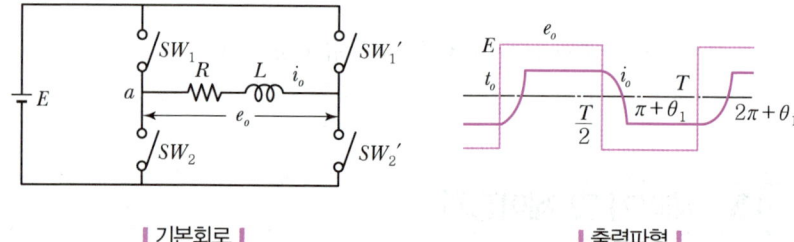

| 기본회로 | | 출력파형 |

② $t = t_0$에서 스위치 SW_1과 $SW_2{'}$를 동시에 ON하면 a점의 전위가 +로 되어 a점에서 b점으로 전류가 흐르고, $t = \dfrac{T}{2}$에서 SW_1과 $SW_2{'}$를 OFF하고 $SW_1{'}$, SW_2를 ON하면 b점의 전위가 +로 되어 b점에서 a점으로 전류가 흐르게 된다. 이러한 동작을 주기 T마다 반복하면 부하 저항에 걸리는 전압은 그림 (b)와 같은 직사각형파 교류를 얻을 수 있다.

2) 종류

① 단상 인버터
② 3상 인버터
- 전압형 인버터
- 전류형 인버터

CHAPTER 05 핵심 기출문제

01 반도체 내에서 정공은 어떻게 생성되는가?
2019
2023
① 결합전자의 이탈
② 자유전자의 이동
③ 접합 불량
④ 확산 용량

해설
정공
진성반도체(4가 원자)에 불순물(3가 원자)을 약간 첨가하면 공유 결합을 해서 전자 1개의 공석이 생성되는데 이를 정공이라 한다. 즉, 결합전자의 이탈에 의하여 생성된다.

02 P형 반도체의 전기 전도의 주된 역할을 하는 반송자는?
2013
2020
2022
① 전자
② 정공
③ 가전자
④ 5가 불순물

해설
불순물 반도체

구분	첨가 불순물	명칭	반송자
N형 반도체	5가 원자[인(P), 비소(As), 인디몬(Sb)]	도너(Donor)	과잉전자
P형 반도체	3가 원자[붕소(B), 인디움(In), 알루미늄(Al)]	억셉터(Acceptor)	정공

03 권선 저항과 온도와의 관계는?
2013
2017
2018
2020
① 온도와는 무관하다.
② 온도가 상승함에 따라 권선 저항은 감소한다.
③ 온도가 상승함에 따라 권선 저항은 증가한다.
④ 온도가 상승함에 따라 권선 저항은 증가와 감소를 반복한다.

해설
일반적인 금속도체는 온도 증가에 따라 저항이 증가한다.

04 PN 접합 다이오드의 대표적인 작용으로 옳은 것은?
2016
2020
① 정류작용
② 변조작용
③ 증폭작용
④ 발진작용

해설
PN 접합 다이오드 또는 다이오드(Diode, D)
PN 접합 양단에 가해지는 전압의 방향에 따라 전류를 흐르게 하거나 흐르지 못하게 하는 작용을 정류작용이라고 하며, 이 성질을 이용한 반도체 소자가 다이오드이다.

정답 01 ① 02 ② 03 ③ 04 ①

05 다이오드를 사용한 정류회로에서 다이오드를 여러 개 직렬로 연결하여 사용하는 경우의 설명으로 가장 옳은 것은?

① 다이오드를 과전류로부터 보호할 수 있다.
② 다이오드를 과전압으로부터 보호할 수 있다.
③ 부하출력의 맥동률을 감소시킬 수 있다.
④ 낮은 전압 전류에 적합하다.

> **해설**
> 역방향 전압이 직렬로 연결된 각 다이오드에 분배되어 인가되어 과전압에 대한 보호가 가능하다.

06 반파 정류회로에서 변압기 2차 전압의 실효치를 $E[V]$라 하면 직류 전류 평균치는?(단, 정류기의 전압강하는 무시한다.)

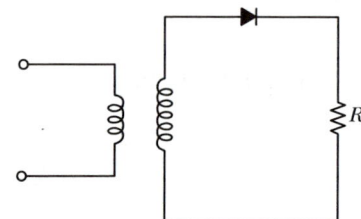

① $\dfrac{E}{R}$
② $\dfrac{1}{2} \cdot \dfrac{E}{R}$
③ $\dfrac{2\sqrt{2}}{\pi} \cdot \dfrac{E}{R}$
④ $\dfrac{\sqrt{2}}{\pi} \cdot \dfrac{E}{R}$

> **해설**
> • 단상반파 출력전압 평균값 $E_d = \dfrac{\sqrt{2}}{\pi} E[V]$
> • 직류 전류 평균값 $I_d = \dfrac{E_d}{R} = \dfrac{\sqrt{2}}{\pi} \cdot \dfrac{E}{R}[A]$

07 단상 전파 정류회로에서 교류 입력이 100[V]이면 직류 출력은 약 몇 [V]인가?

① 45 ② 67.5 ③ 90 ④ 135

> **해설**
> 단상 전파 정류회로의 출력 평균전압 $V_a = 0.9V = 0.9 \times 100 = 90[V]$

08 상전압 300[V]의 3상 반파 정류회로의 직류 전압[V]은?

① 350 ② 283 ③ 200 ④ 171

> **해설**
> $E_d = 1.17V = 1.17 \times 300 ≒ 350[V]$

정답 05 ② 06 ④ 07 ③ 08 ①

09 3상 전파 정류회로에서 출력전압의 평균전압값은?(단, V는 선간전압의 실횻값)

① 0.45 V[V] ② 0.9 V[V]
③ 1.17 V[V] ④ 1.35 V[V]

해설
- 3상 반파 정류회로 $V_d = 1.17V$
- 3상 전파 정류회로 $V_d = 1.35V$

10 주로 정전압 다이오드로 사용되는 것은?

① 터널 다이오드 ② 제너 다이오드
③ 쇼트키베리어 다이오드 ④ 바렉터 다이오드

해설
제너 다이오드

A ──▶|── B
Anode(+) Anode(−)

- 역방향으로 특정전압(항복전압)을 인가 시에 전류가 급격하게 증가하는 현상을 이용하여 만든 PN접합 다이오드이다.
- 정류회로의 정전압(전압 안정회로)에 많이 이용한다.

11 다음 사이리스터 중 3단자 형식이 아닌 것은?

① SCR ② GTO
③ DIAC ④ TRIAC

해설
- 3단자 소자 : SCR, GTO, TRIAC 등
- 2단자 소자 : DIAC, SSS, Diode 등

12 실리콘 제어 정류기(SCR)에 대한 설명으로 적합하지 않은 것은?

① 정류 작용을 할 수 있다. ② P−N−P−N 구조로 되어 있다.
③ 정방향 및 역방향의 제어 특성이 있다. ④ 인버터 회로에 이용될 수 있다.

해설
SCR
순방향으로 전류가 흐를 때 게이트 신호에 의해 스위칭하며, 역방향은 흐르지 못하도록 하는 역저지 3단자 소자이다.

13 실리콘 제어 정류기(SCR)의 게이트(G)는?

① P형 반도체 ② N형 반도체
③ PN형 반도체 ④ NP형 반도체

정답 09 ④ 10 ② 11 ③ 12 ③ 13 ①

해설

SCR 구조

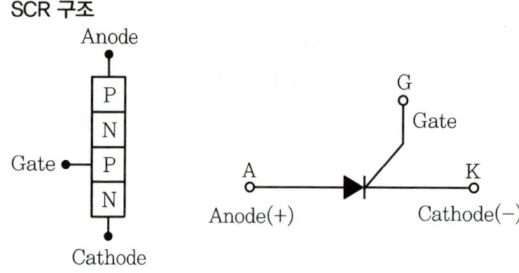

14 트라이액(Triac) 기호는?
2011
2017
2018
2022

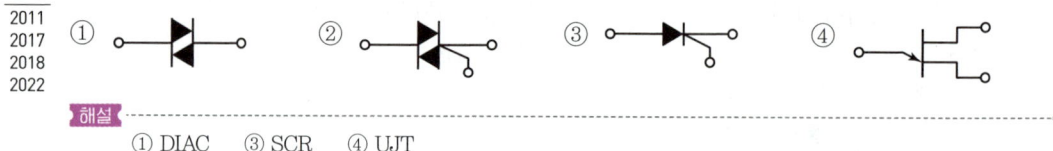

해설
① DIAC ③ SCR ④ UJT

15 SCR 2개를 역병렬로 접속한 그림과 같은 기호의 명칭은?
2009
2016
2018
2020
2021
2024

① SCR ② TRIAC ③ GTO ④ UJT

16 교류회로에서 양방향 점호(ON) 및 소호(OFF)를 이용하며, 위상제어를 할 수 있는 소자는?
2010
2011
2018
2023
① TRIAC ② SCR ③ GTO ④ IGBT

해설

명칭	기호	동작특성	용도
SCR (역저지 3단자 사이리스터)		순방향으로 전류가 흐를 때 게이트 신호에 의해 스위칭하며, 역방향은 흐르지 못한다.	직류 및 교류 제어용 소자
TRIAC (쌍방향성 3단자 사이리스터)		사이리스터 2개를 역병렬로 접속한 것과 등가, 양방향으로 전류가 흐르기 때문에 교류 스위치로 사용	교류 제어용
GTO (게이트 턴 오프 스위치)		게이트에 역방향으로 전류를 흘리면 자기소호하는 사이리스터	직류 및 교류 제어용 소자
IGBT		게이트에 전압을 인가했을 때만 컬렉터 전류가 흐른다.	고속 인버터, 고속 초퍼 제어소자

정답 14 ② 15 ② 16 ①

17 다음 중 턴오프(소호)가 가능한 소자는?

① GTO   ② TRIAC
③ SCR   ④ LASCR

해설
GTO
게이트 신호가 양(+)이면 도통되고, 음(-)이면 자기소호하는 사이리스터이다.

18 다음 중 전력 제어용 반도체 소자가 아닌 것은?

① LED   ② TRIAC
③ GTO   ④ IGBT

해설
LED(Light Emitting Diode)
발광 다이오드. Ga(갈륨), P(인), As(비소)를 재료로 하여 만들어진 반도체. 다이오드의 특성을 가지고 있으며, 전류를 흐르게 하면 붉은색, 녹색, 노란색으로 빛을 발한다.

19 대전류·고전압의 전기량을 제어할 수 있는 자기소호형 소자는?

① FET   ② Diode
③ Triac   ④ IGBT

해설

명칭	기호	동작특성	용도	비고
IGBT	(C, G, E 단자 기호)	게이트에 전압을 인가했을 때만 컬렉터 전류가 흐른다.	고속 인버터, 고속 초퍼 제어소자	대전류·고전압 제어 가능

20 단상 전파 사이리스터 정류회로에서 부하가 큰 인덕턴스가 있는 경우, 점호각이 60°일 때의 정류전압은 약 몇 [V]인가?(단, 전원 측 전압의 실횻값은 100[V]이고, 직류 측 전류는 연속이다.)

① 141   ② 100
③ 85   ④ 45

해설
전류가 연속하는 경우 $E_d = \dfrac{2\sqrt{2}\,E}{\pi}\cos\alpha = \dfrac{2\sqrt{2}\times 100}{\pi}\cos(60°) = 45[V]$

정답 17 ① 18 ① 19 ④ 20 ④

21 그림은 트랜지스터의 스위칭 작용에 의한 직류전동기의 속도제어 회로이다. 전동기의 속도가 $N = K\dfrac{V - I_a R_a}{\Phi}$ [rpm]이라고 할 때, 이 회로에서 사용한 전동기의 속도제어법은?

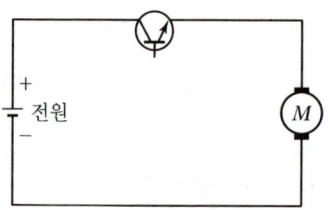

① 전압제어법
② 계자제어법
③ 저항제어법
④ 주파수제어법

해설
트랜지스터의 스위칭 작용에 의해 인가되는 전압이 제어되고 있으므로 전압제어법에 해당된다.

22 그림과 같은 전동기 제어회로에서 전동기 M의 전류 방향으로 올바른 것은?(단, 전동기의 역률은 100[%]이고, 사이리스터의 점호각은 0°라고 본다.)

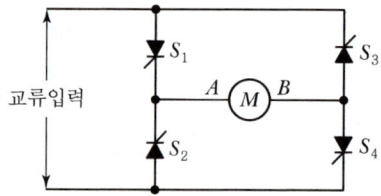

① 항상 "A"에서 "B"의 방향
② 항상 "B"에서 "A"의 방향
③ 입력의 반주기마다 "A"에서 "B"의 방향, "B"에서 "A"의 방향
④ S_1과 S_4, S_2와 S_3의 동작 상태에 따라 "A"에서 "B"의 방향, "B"에서 "A"의 방향

해설
교류입력(정현파)의 (+) 반주기에는 S_1과 S_4, (−) 반주기에는 S_2와 S_3가 동작하여 "A"에서 "B"의 방향으로 직류전류가 흐른다.

23 반도체 사이리스터에 의한 전동기의 속도 제어 중 주파수 제어는?

① 초퍼 제어
② 인버터 제어
③ 컨버터 제어
④ 브리지 정류 제어

해설
인버터
직류를 교류로 변환하는 장치로서 주파수를 변환시켜 전동기 속도제어와 형광등의 고주파 점등이 가능하다.

24 교류전동기를 직류전동기처럼 속도 제어하려면 가변 주파수의 전원이 필요하다. 주파수 f_1에서 직류로 변환하지 않고 바로 주파수 f_2로 변환하는 변환기는?

① 사이클로 컨버터
② 주파수원 인버터
③ 전압·전류원 인버터
④ 사이리스터 컨버터

해설
어떤 주파수의 교류 전력을 다른 주파수의 교류 전력으로 변환하는 것을 주파수 변환이라고 하며, 직접식과 간접식이 있다. 간접식은 정류기와 인버터를 결합시켜서 변환하는 방식이고, 직접식은 교류에서 직접 교류로 변환시키는 방식으로 사이클로 컨버터라고 한다.

25 인버터의 용도로 가장 적합한 것은?

① 교류-직류 변환
② 직류-교류 변환
③ 교류-증폭교류 변환
④ 직류-증폭직류 변환

해설
인버터 : 직류를 교류로 변환하는 장치로서 주파수를 변환시키는 장치

26 그림은 전동기 속도제어 회로이다. [보기]에서 ⓐ와 ⓑ를 순서대로 나열한 것은?

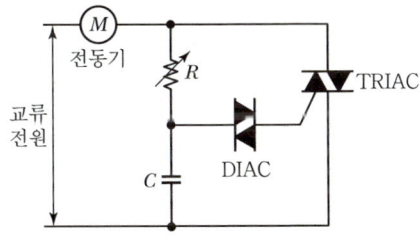

전동기를 기동할 때는 저항 R를 (ⓐ), 전동기를 운전할 때는 저항 R를 (ⓑ)로 한다.

① ⓐ 최대, ⓑ 최대
② ⓐ 최소, ⓑ 최소
③ ⓐ 최대, ⓑ 최소
④ ⓐ 최소, ⓑ 최대

해설
TRIAC을 사용하여 점호각를 아래 그림과 같이 $\theta_1 > \theta_2 > \theta_3$ 제어하여 출력 전류나 전압을 제어하는 제어정류 회로이다. RC 직렬회로의 시상수($\tau = RC$)를 조정하여 DIAC를 통해 트리거 펄스로 TRIAC를 점호하게 된다. 기동 시 점호각을 크게 하여 서서히 단계적으로 줄여 가면 부드러운 기동이 가능하다.
즉, 기동 시 R를 최대로 하면, 시상수가 커지므로 점호각이 최대로 되고, 서서히 R를 감소시켜 운전 시에는 R를 최소로 하여 시상수를 작게 하여 점호각을 최소로 만든다.

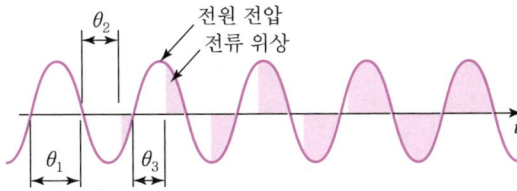

정답 24 ① 25 ② 26 ③

PART 03

전기설비

- **CHAPTER 01** 배선재료 및 공구
- **CHAPTER 02** 옥내배선공사
- **CHAPTER 03** 전선 및 기계기구의 보안공사
- **CHAPTER 04** 가공인입선 및 배전선 공사
- **CHAPTER 05** 특수장소 및 전기응용시설 공사

CHAPTER 01 배선재료 및 공구

SECTION 01 전선 및 케이블

1. 전선

1) 전선의 구비조건

① 도전율이 크고, 기계적 강도가 클 것
② 신장률이 크고, 내구성이 있을 것
③ 비중(밀도)이 작고, 가선이 용이할 것
④ 가격이 저렴하고, 구입이 쉬울 것

2) 단선과 연선

① 단선 : 전선의 도체가 한 가닥으로 이루어진 전선
② 연선 : 여러 가닥의 소선을 꼬아 합쳐서 된 전선

- 총 소선 수 : $N = 3n(n+1) + 1$
- 연선의 바깥지름 : $D = (2n+1)d$

여기서, n : 중심 소선을 뺀 층수
d : 소선의 지름

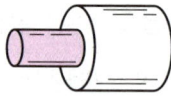 

| 단선 | | 연선 |

2. 전선의 종류와 용도

1) 전선 분류

절연전선, 코드, 케이블로 나눌 수가 있고, 사용되는 도체로는 구리(동), 알루미늄, 철(강) 등이 있으며, 절연체로는 합성수지, 고무, 섬유 등이 사용된다.

2) 절연전선의 종류 및 약호

명칭	기호	비고
450/750[V] 일반용 단심 비닐절연전선	60227 KS IEC 01	70[℃]
450/750[V] 일반용 유연성 단심 비닐절연전선	60227 KS IEC 02	70[℃]
300/500[V] 기기 배선용 단심 비닐절연전선	60227 KS IEC 05	70[℃]
300/500[V] 기기 배선용 유연성 단심 비닐절연전선	60227 KS IEC 06	70[℃]
300/500[V] 기기 배선용 단심 비닐절연전선	60227 KS IEC 07	90[℃]
300/500[V] 기기 배선용 유연성 단심 비닐절연전선	60227 KS IEC 08	90[℃]
450/750[V] 저독성 난연 폴리올레핀 절연전선	450/750 V HFIO	70[℃]
450/750[V] 저독성 난연 가교폴리올레핀 절연전선	450/750 V HFIX	90[℃]
300/500[V] 내열성 실리콘 고무절연전선	60245 KS IEC 03	180[℃]
750[V] 내열성 단선, 연선 고무절연전선	60245 KS IEC 04	110[℃]
750[V] 내열성 유연성 고무절연전선	60245 KS IEC 0	110[℃]
옥외용 비닐절연전선	OW	70[℃]
인입용 비닐절연전선 2개 꼬임	DV 2R	70[℃]
인입용 비닐절연전선 3개 꼬임	DV 3R	70[℃]
6/10[kV] 고압인하용 가교 폴리에틸렌 절연전선	6/10 kV PDC	90[℃]
6/10[kV] 고압인하용 가교 EP고무 절연전선	6/10 kV PDP	90[℃]

3) 코드

① 코드선 : 전기기구에 접속하여 사용하는 이동용 전선으로 아주 얇은 동선을 원형 배치를 하여 절연 피복한 전선
② 특징 : 소선의 굵기가 아주 얇아서 전선 자체가 부드러우나, 기계적 강도가 약함
③ 용도 : 가요성이 좋아 주로 가전제품에 사용되며, 특히 전기면도기, 헤어드라이기, 전기다리미 등에 적합하나, 기계적 강도가 약하여 일반적인 옥내배선용으로는 사용하지 못한다.
④ 코드의 종류 및 기호

명칭	기호	비고
300/300[V] 평형 금사 코드	60227 KS IEC 41	70[℃]
300/300[V] 실내 장식 전등 기구용 코드	60227 KS IEC 43	70[℃]
300/300[V] 연질 비닐 시스 코드	60227 KS IEC 52	70[℃]
300/500[V] 범용 비닐 시스 코드	60227 KS IEC 53	70[℃]
300/300[V] 편조 고무 코드	60245 KS IEC 51	60[℃]
300/500[V] 범용 고무 시스 코드	60245 KS IEC 53	60[℃]

4) 케이블

① 전력 케이블
- 전선을 1차 절연물로 절연하고, 2차로 외장한 전선
  - 예 가교폴리에틸렌 절연 비닐시스 케이블은 1차로 가교폴리에틸렌으로 절연하고, 2차로 비닐로 외장을 한 케이블
- 특징 : 절연전선보다 절연성 및 안정성이 높아서, 높은 전압이나 전류가 많이 흐르는 배선에 사용한다.
- 케이블의 종류와 약호

명칭	기호	비고
0.6/1[kV] 비닐절연 비닐시스 케이블	0.6/1 kV VV	70[℃]
0.6/1[kV] 가교 폴리에틸렌 절연 비닐시스 전력 케이블	0.6/1 kV CV	90[℃]
0.6/1[kV] 가교 폴리에틸렌 절연 저독성 난연 폴리올레핀시스 전력 케이블	0.6/1 kV HFCO	90[℃]
0.6/1[kV] 가교 폴리에틸렌 절연 비닐시스 제어 케이블	0.6/1 kV CCV	90[℃]
0.6/1[kV] EP 고무절연 비닐시스 케이블	0.6/1 kV PV	90[℃]
고무 시스 용접용 케이블	60245 KS IEC 81	
500[V] 무기질 절연 케이블(경부하급)	−	
22.9[kV] 난연성 동심중성선 전력 케이블	22.9 kV FR CNCO−W	90[℃]
22.9[kV] 수트리억제 충실 전력 케이블	22.9 kV TR CNCE−W	90[℃]
22.9[kV] 수트리억제 충실알루미늄 전력 케이블	22.9 kV TR CNCE−W/AL	90[℃]
22.9[kV] 난연성 할로겐프리 폴리올레핀 수밀형 시스 전력 케이블	22.9 kV FR−CO−W	90[℃]

② 캡타이어 케이블
- 도체 위에 고무 또는 비닐로 절연하고, 천연고무혼합물(캡타이어)로 외장을 한 케이블
- 용도로 공장, 농사, 무대 등과 같은 장소에 이동용 전기기계에 사용
- 종류 및 분류

명칭	기호	비고
0.6/1[kV] 비닐절연 비닐 캡타이어 케이블	0.6/1 kV VCT	70[℃]
0.6/1[kV] EP 고무절연 클로로프렌 캡타이어 케이블	0.6/1 kV PNCT	90[℃]

3. 허용전류

① 전선에 흐르는 전류의 줄열로 절연체 절연이 약화되기 때문에 전선에 흐르는 한계전류를 말한다. 단, 주위 온도는 30[℃] 이하이다.

구리도체의 공칭단면적 [mm²]	450/750[V] 일반용 단심 비닐 절연전선(NR) (도체허용온도 70[℃], 단상, 단위 [A])	0.6/1[kV] 가교 폴리에틸렌 절연 비닐시스 케이블(CV1) (도체허용온도 90[℃], 단상, 단위 [A])
1.5	14.5	19
2.5	19.5	26
4	26	35
6	34	45
10	46	61
16	61	81
25	80	106
35	99	131
50	119	158
70	151	200
95	182	241
120	210	278

🔌 KS C IEC60364-5-52에 의한 공사방법 중 단열성 벽면에 매입한 전선관 내의 절연전선 및 단심케이블 배선공사 방식

② 전선의 허용전류는 도체의 굵기, 절연체 종류에 따른 허용온도, 배선공사 방식, 주위온도, 복수회로 집합에 따른 보정 등을 고려하여 결정한다.

CHAPTER 01 핵심 기출문제

01 전선의 재료로서 구비해야 할 조건이 아닌 것은?
2015 2018 2023 2024
① 기계적 강도가 클 것
② 가요성이 풍부할 것
③ 고유저항이 클 것
④ 비중이 작을 것

해설
전선의 구비조건
- 도전율이 크고, 기계적 강도가 클 것
- 신장률이 크고, 내구성이 있을 것
- 비중(밀도)이 작고, 가선이 용이할 것
- 가격이 저렴하고, 구입이 쉬울 것

02 전기저항이 작고, 부드러운 성질이 있어 구부리기가 용이하므로 주로 옥내 배선에 사용하는 구리선의 명칭은?
2018 2019 2024
① 연동선
② 경동선
③ 합성연선
④ 중공연선

해설
① 연동선 : 경동선의 제조과정과 동일하게 상온에서 가공된 동선을 400℃로 다시 가열하여 서서히 식혀서 만든 전선으로 도전율은 상승하지만, 경도는 낮아지고 연한 특성을 가진다.
② 경동선 : 구리를 900℃로 가열하여 압연해서 만들어 냉각된 후에 상온에서 다이스로 원하는 굵기의 와이어로 만든 전선으로 도전율은 연동선에 97% 특성을 가진다.
③ 합성연선 : 2종 이상의 금속선을 꼬아서 만든 전선으로 강심 알루미늄 연선 등이 있다.
④ 중공연선 : 도체의 중심 부분에는 소선이 없고 외곽 부분에만 소선이 있는 전선으로 송전선로의 코로나 발생을 방지하기 위해 만든 전선이다.

03 연선 결정에 있어서 중심 소선을 뺀 층수가 2층이다. 소선의 총수 N은 얼마인가?
2014 2016 2018 2023
① 45
② 39
③ 19
④ 9

해설
총 소선 수 : $N = 3n(n+1) + 1 = 3 \times 2 \times (2+1) + 1 = 19$

04 인입용 비닐절연전선의 공칭단면적이 8[mm²] 되는 연선의 구성은 소선의 지름이 1.2[mm]일 때 소선 수는 몇 가닥으로 되어 있는가?
2014 2024
① 3
② 4
③ 6
④ 7

해설
- 소선 한 가닥의 단면적 : $\pi \times \left(\dfrac{1.2}{2}\right)^2 = 1.13 [\text{mm}^2]$
- 소선 수 $= \dfrac{\text{연선 전체 단면적}}{\text{소선 한 가닥의 단면적}} = \dfrac{8}{1.13} ≒ 7$가닥

정답 01 ③ 02 ① 03 ③ 04 ④

05 나전선 등의 금속선에 속하지 않는 것은?
① 경동선 ② 연동선
③ 강합금선 ④ 동복강선

해설
나전선의 종류
경동선, 연동선, 동합금선, 알루미늄 합금선, 동복강선, 알루미늄 피복강선, 알루미늄 도금강선, 아연도금 강선, 인바선(Invar)

06 옥외용 비닐절연전선의 기호는?
① VV ② DV
③ OW ④ 60227 KS IEC 01

해설
① VV : 0.6/1[kV] 비닐절연 비닐시스 케이블
② DV : 인입용 비닐절연전선
④ 60227 KS IEC 01 : 450/750[V] 일반용 단심 비닐절연전선

07 인입용 비닐절연전선을 나타내는 기호는?
① OW ② EV ③ DV ④ NV

해설

명칭	기호	비고
인입용 비닐절연전선 2개 꼬임	DV 2R	70[℃]
인입용 비닐절연전선 3개 꼬임	DV 3R	70[℃]

08 저압회로에 사용하는 비닐절연 비닐시스 케이블의 기호로 맞는 것은?
① 0.6/1 kV VV ② 0.6/1 kV CV
③ 0.6/1 kV HFCO ④ 0.6/1 kV CCV

해설

명칭	기호	비고
0.6/1[kV] 비닐절연 비닐시스 케이블	0.6/1 kV VV	70[℃]
0.6/1[kV] 가교 폴리에틸렌 절연 비닐시스 전력 케이블	0.6/1 kV CV	90[℃]
0.6/1[kV] 가교 폴리에틸렌 절연 저독성 난연 폴리올레핀시스 전력 케이블	0.6/1 kV HFCO	90[℃]
0.6/10[kV] 가교 폴리에틸렌 절연 비닐시스 제어 케이블	0.6/1 kV CCV	90[℃]

09 0.6/1[kV] 가교 폴리에틸렌 절연 비닐시스 전력 케이블의 기호는?
① 0.6/1 kV VV ② 0.6/1 kV CV
③ 0.6/1 kV HFCO ④ 0.6/1 kV CCV

정답 05 ③ 06 ③ 07 ③ 08 ① 09 ②

> **해설**

명칭	기호	비고
0.6/1[kV] 비닐절연 비닐시스 케이블	0.6/1 kV VV	70[℃]
0.6/1[kV] 가교 폴리에틸렌 절연 비닐시스 전력 케이블	0.6/1 kV CV	90[℃]
0.6/1[kV] 가교 폴리에틸렌 절연 저독성 난연 폴리올레핀시스 전력 케이블	0.6/1 kV HFCO	90[℃]
0.6/10[kV] 가교 폴리에틸렌 절연 비닐시스 제어 케이블	0.6/1 kV CCV	90[℃]

10 (2019, 2022)
전선의 약호 중 "H"라고 표기되어 있다. 무엇을 나타내는 약호인가?

① 경알루미늄선
② 연동선
③ 경동선
④ 반경동선

> **해설**
> 전선의 약호
> ① 경알루미늄선 : HAL
> ② 연동선 : A
> ③ 경동선 : H
> ④ 반경동선 : HA

11 (2018, 2021, 2024)
절연전선의 피복에 "15kV NRV"라고 표기되어 있다. 여기서 "NRV"는 무엇을 나타내는 약호인가?

① 형광등 전선
② 고무절연 폴리에틸렌시스 네온 전선
③ 고무절연 비닐시스 네온 전선
④ 폴리에틸렌 절연 비닐시스 네온 전선

> **해설**
> 전선의 약호[N : 네온, R : 고무, E : 폴리에틸렌, C : 클로로프렌, V : 비닐]
> • NRV : 고무절연 비닐시스 네온 전선
> • NRC : 고무절연 클로로프렌시스 네온 전선
> • NEV : 폴리에틸렌 절연 비닐시스 네온 전선

12 (2016, 2022)
저압 옥내배선 공사를 할 때 연동선을 사용할 경우 전선의 최소 굵기[mm²]는?

① 1.5
② 2.5
③ 4
④ 6

> **해설**
> 저압 옥내배선의 전선의 굵기
> • 단면적이 2.5[mm²] 이상의 연동선
> • 400[V] 이하의 전광표시장치와 같은 제어회로 단면적 1.5[mm²] 이상의 연동선

정답 10 ③ 11 ③ 12 ②

SECTION 02 배선재료 및 기구

배선기구란 전선을 연결하기 위한 전기기구라고 말할 수 있는데, 다음과 같이 크게 나눌 수 있다.
- 전선을 통해서 흘러가는 전류의 흐름을 제어하기 위한 스위치류
- 전기장치를 상호 연결해주는 콘센트와 플러그류와 소켓
- 전기를 안전하게 사용하게 해주는 장치류

1. 개폐기

1) 개폐기 설치장소

① 부하전류를 개폐할 필요가 있는 장소
② 인입구
③ 퓨즈의 전원 측(퓨즈 교체 시 감전을 방지)

2) 개폐기의 종류

구분	특징	용도
나이프 스위치	대리석이나 베크라이트판 위에 고정된 칼과 칼받이의 접촉에 의해 전류의 흐름을 제어한다.	일반용에는 사용할 수 없고, 전기실과 같이 취급자만 출입하는 장소의 배전반이나 분전반에 사용한다.
커버 나이프 스위치	나이프 스위치에 절연제 커버를 설치한 스위치	옥내배선의 인입 또는 분기 개폐기로 사용되며, 전기회로에 이상이 생겨 퓨즈의 용량 이상 전류가 흐르게 되면, 퓨즈가 용단되어 전기의 흐름을 차단하는 역할을 한다.
안전(세프티) 스위치	나이프 스위치를 금속제의 함 내부에 장치하고, 외부에서 핸들을 조작하여 개폐할 수 있도록 만든 것이다.	전류계나 표시등을 부착한 것도 있으며, 전등과 전열기구 및 저압전동기의 주개폐기로 사용된다.
전자개폐기	전자석의 힘으로 개폐조작을 하는 전자 접속기와 과전류를 감지하기 위한 열동계전기를 조합한 것을 말한다.	전동기의 자동조작, 원격조작에 이용된다.

2. 점멸 스위치

전등이나 소형 전기기구 등에 전류의 흐름을 개폐하는 옥내배선기구

명칭	용도
매입 텀블러 스위치	스위치 박스에 고정하고 플레이트로 덮은 구조이며, 토글형과 파동형의 2종이 있다.
연용 매입 텀블러 스위치	2, 3개를 연용하여 고정테에 조립하여 사용할 수 있으며, 표시램프나 콘센트와 조합하여 사용
버튼 스위치	버튼을 눌러서 점멸하는 것으로 매입형과 노출형이 있다.
코드 스위치	중간 스위치라고도 하며, 전기담요, 전기방석 등의 코드 중간에 사용
펜던트 스위치	형광등 또는 소형 전기기구의 코드 끝에 매달아 사용하는 스위치
일광 스위치	정원등, 방범등 및 가로등을 주위의 밝기에 의하여 자동적으로 점멸하는 스위치
타임 스위치	시계기구를 내장한 스위치로 지정한 시간에 점멸을 할 수 있게 된 것과 일정시간 동안 동작할 수 있게 된 것이 있다.
조광 스위치	조명의 밝기를 조절할 수 있는 스위치로서, 로터리 스위치라고도 한다.
리모컨 스위치	리모컨으로 램프를 점멸할 수 있는 스위치
인체 감지센서	사람이 램프에 근접하면 센서에 의해 동작하는 것으로, 복도나 현관의 램프에 사용

3. 콘센트와 플러그 및 소켓

1) 콘센트

① 전기기구의 플러그를 꽂아 사용하는 배선기구를 말한다.
② 형태에 따라 노출형과 매입형이 있으며, 용도에 따라 방수용, 방폭형 등이 있다.

2) 플러그

① 전기기구의 코드 끝에 접속하여 콘센트에 꽂아 사용하는 배선기구를 말한다.
② 감전예방을 위한 접지극이 있는 접지 플러그와 접지극이 없는 플러그로 크게 나눌 수 있다.

명칭	용도
코드접속기	코드를 서로 접속할 때 사용한다.
멀티 탭	하나의 콘센트에 2~3가지의 기구를 사용할 때 쓴다.
테이블 탭	코드의 길이가 짧을 때 연장하여 사용한다.
아이언 플러그	전기다리미, 온탕기 등에 사용한다.

> **TIP** 멀티 탭과 테이블 탭은 다른 것이다. 흔히 멀티 탭이라고 말하는 것의 정확한 용어는 테이블 탭이다.

3) 소켓

① 전선의 끝에 접속하여 백열전구나 형광등 전구를 끼워 사용하는 기구를 말한다.
② 키소켓, 키리스소켓, 리셉터클, 방수소켓, 분기소켓 등이 있다.

4. 과전류 차단기와 누전 차단기

1) 과전류 차단기

① 역할

전기회로에 큰 사고 전류가 흘렀을 때 자동적으로 회로를 차단하는 장치로 배선용 차단기와 퓨즈가 있다. 배선 및 접속기기의 파손을 막고 전기화재를 예방한다.

② 과전류 차단기의 시설 금지 장소
- 접지공사의 접지도체
- 다선식 전로의 중성선
- 변압기 중성점 접지공사를 한 저압 가공전선로의 접지 측 전선

③ 과전류 차단기의 정격용량
- 단상 : 정격차단용량 = 정격전압 × 정격차단전류
- 3상 : 정격차단용량 = $\sqrt{3}$ × 정격전압 × 정격차단전류

④ 과전류 차단기로 저압전로에 사용되는 배선용 차단기의 동작특성
- 산업용 배선용 차단기

정격전류의 구분	트립 동작시간	정격전류의 배수(모든 극에 통전)	
		부동작 전류	동작 전류
63[A] 이하	60분	1.05배	1.3배
63[A] 초과	120분	1.05배	1.3배

- 주택용 배선용 차단기(일반인이 접촉할 우려가 있는 장소)

정격전류의 구분	트립 동작시간	정격전류의 배수(모든 극에 통전)	
		부동작 전류	동작 전류
63[A] 이하	60분	1.13배	1.45배
63[A] 초과	120분	1.13배	1.45배

⑤ 과전류 차단기용 퓨즈

㉠ 과전류에 의해 발생되는 열(줄열)로 퓨즈가 녹아(용단) 전로를 끊어지게 하여 자동적으로 보호하는 장치이다.

ⓒ 저압전로에 사용하는 퓨즈

정격전류의 구분	시간	정격전류의 배수	
		불용단 전류	용단 전류
4[A] 이하	60분	1.5배	2.1배
4[A] 초과 16[A] 미만	60분	1.5배	1.9배
16[A] 이상 63[A] 이하	60분	1.25배	1.6배
63[A] 초과 160[A] 이하	120분	1.25배	1.6배
160[A] 초과 400[A] 이하	180분	1.25배	1.6배
400[A] 초과	240분	1.25배	1.6배

ⓒ 고압전로에 사용하는 퓨즈
- 비포장 퓨즈는 정격전류 1.25배에 견디고, 2배의 전류로는 2분 안에 용단되어야 한다.
- 포장 퓨즈는 정격전류 1.3배에 견디고, 2배의 전류로는 120분 안에 용단되어야 한다.

ⓒ 퓨즈의 종류와 용도는 다음과 같다.

구분	명칭	용도
비포장 퓨즈	실퓨즈	납과 주석의 합금으로 만든 것으로 정격전류 5[A] 이하의 것이 많으며, 안전기, 단극 스위치 등에 사용
	훅퓨즈 (판퓨즈)	실 퓨즈와 같은 재료의 판 모양 퓨즈양단에 단자 고리가 있어 나사 조임을 쉽게 할 수 있는 것으로 정격전류 10-600[A]까지 있으며 나이프 스위치에 사용
포장 퓨즈	통형퓨즈 (원통퓨즈)	파이버 또는 베클라이트로 만든 원통 안에 실 퓨즈를 넣고 양단에 동 또는 황동으로 캡을 씌운 것으로 정격전류 60[A] 이하에 사용
	통형퓨즈 (칼날단자)	통형 퓨즈와 같은 재료로 원통 내부에 판퓨즈를 넣고 칼날형의 단자를 양단에 접속한 것으로 정격전류 75-600[A]의 것에 사용
	플러그퓨즈	자기 또는 특수유리제의 나사식 통 안에 아연재료로 된 퓨즈를 넣어 나사식으로 돌리어 고정하는 것으로 충전 중에도 바꿀 수 있다.
	텅스텐퓨즈	유리관 안에 텅스텐선을 넣고 연동선이 리드를 뺀 구조로, 정격전류는 0.2[A]의 미소전류로 계기의 내부배선 보호용으로 사용
	유리관퓨즈	유리관 안에 실퓨즈를 넣고 양단에 캡을 씌운 것으로 정격전류는 0.1-10[A]까지 있으며 TV 등 가정용 전기기구의 전원 보호용으로 사용
포장 퓨즈	온도퓨즈 (서모퓨즈)	주위온도에 의하여 용단되는 퓨즈로 100, 110, 120[℃]에서 동작하며 주로 난방기구(담요, 장판)의 보호용으로 사용
	전동기용 퓨즈	기동전류와 같이 단시간의 과전류에 동작하지 않고 사용 중 과전류에 의하여 회로를 차단하는 특성을 가진 퓨즈로 정격전류 2-16[A]까지 있으며 전동기의 과전류 보호용으로 사용

2) 누전 차단기(ELB)

① **역할** : 옥내배선회로에 누전이 발생했을 때 이를 감지하고, 자동적으로 회로를 차단하는 장치로서 감전사고 및 화재를 방지할 수 있는 장치이다.

② 설치 대상
- 금속제 외함을 가지는 사용전압 50[V]를 초과하는 저압의 기계기구로서 사람이 쉽게 접촉할 우려가 있는 전로
- 주택의 인입구
- 특고압, 고압 또는 저압전로와 변압기에 의하여 결합되는 사용전압 400[V] 초과의 저압전로
- 발전기에서 공급하는 사용전압 400[V] 초과의 저압전로

③ 설치 예외대상
- 기계기구를 발전소, 변전소, 개폐소 등에 시설하는 경우
- 기계기구를 건조한 곳에 시설하는 경우
- 대지전압 150[V] 이하인 기계기구를 물기가 있는 곳 이외에 시설하는 경우
- 이중절연구조의 기계기구를 시설하는 경우
- 절연변압기(2차 측 300[V] 이하)의 부하 측의 전로에 접지하지 않은 경우
- 기계기구가 고무, 합성수지, 기타 절연물로 피복된 경우
- 기계기구가 유도전동기의 2차 측 전로에 접속되는 경우

CHAPTER 01 핵심 기출문제

01 조명용 백열전등을 호텔 또는 여관 객실의 입구에 설치할 때나 일반주택 및 아파트 각 실의 현관에 설치할 때 사용되는 스위치는?

① 타임 스위치 ② 누름 버튼 스위치
③ 토글 스위치 ④ 로터리 스위치

해설
숙박업소 객실 입구에는 1분, 주택·아파트 현관 입구에는 3분 이내 소등하는 타임 스위치를 시설해야 한다.

02 조명용 백열전등을 일반주택 및 아파트 각 호실에 설치할 때 현관등은 최대 몇 분 이내에 소등되는 타임 스위치를 시설하여야 하는가?

① 1 ② 2
③ 3 ④ 4

해설
- 호텔, 여관 객실 입구 : 1분 이내 소등
- 일반주택, 아파트 현관 : 3분 이내 소등

03 전등 1개를 2개소에서 점멸하고자 할 때 3로 스위치는 최소 몇 개 필요한가?

① 4개 ② 3개
③ 2개 ④ 1개

해설
2개소 점멸회로는 아래와 같으므로, 3로 스위치가 2개 필요하다.

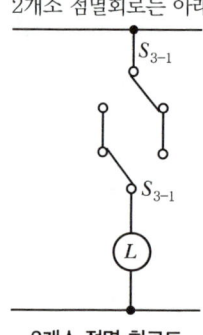

2개소 점멸 회로도

정답 01 ① 02 ③ 03 ③

04 한 개의 전등을 두 곳에서 점멸할 수 있는 배선으로 옳은 것은?

① 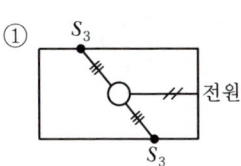   ②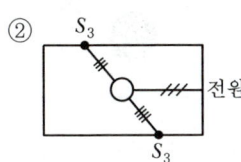

③ 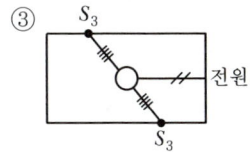   ④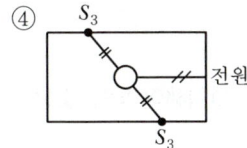

해설

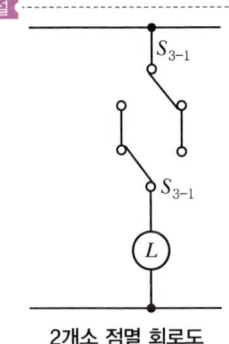
2개소 점멸 회로도

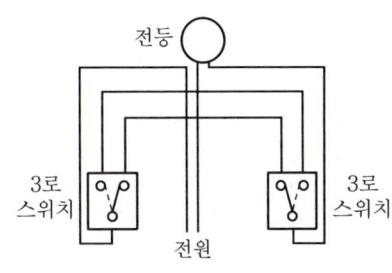
2개소 점멸 배선도

05 전등 1개를 3개소에서 점멸하고자 할 때 필요한 3로 스위치와 4로 스위치는 각각 몇 개인가?

① 3로 스위치 1개, 4로 스위치 2개
② 3로 스위치 2개, 4로 스위치 1개
③ 3로 스위치 3개, 4로 스위치 1개
④ 3로 스위치 1개, 4로 스위치 3개

해설

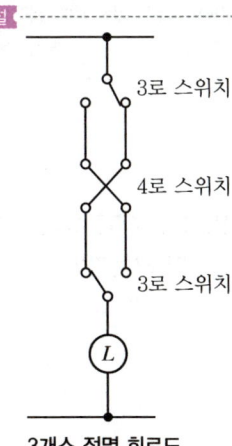
3개소 점멸 회로도

정답 04 ① 05 ②

06 전기 배선용 도면을 작성할 때 사용하는 콘센트 도면기호는?
2014
2024

① ◐   ② ●   ③ ○   ④ ▫

해설
② 비상조명등
③ 접지형 보안등
④ 점검구

07 과전류 차단기를 꼭 설치해야 되는 것은?
2017
2018
2019
2021
2023

① 접지공사의 접지선
② 저압 옥내 간선의 전원 측 선로
③ 다선식 선로의 중성선
④ 전로의 일부에 접지공사를 한 저압 가공 전로의 접지 측 전선

해설
과전류 차단기의 시설 금지 장소
• 접지공사의 접지도체
• 다선식 전로의 중성선
• 변압기 중성점 접지공사를 한 저압 가공전선로의 접지 측 전선

08 정격전류가 30[A]인 저압전로의 과전류 차단기를 산업용 배선용 차단기로 사용하는 경우 정격전류의 1.3배의 전류가 통과하였을 경우 몇 분 이내에 자동적으로 동작하여야 하는가?
2020
2024

① 1분   ② 2분
③ 60분   ④ 120분

해설
과전류 차단기로 저압전로에 사용되는 배선용 차단기의 동작특성

산업용 배선용 차단기

정격전류의 구분	트립 동작시간	정격전류의 배수(모든 극에 통전)	
		부동작 전류	동작 전류
63[A] 이하	60분	1.05배	1.3배
63[A] 초과	120분	1.05배	1.3배

09 과전류 차단기로서 저압전로에 사용되는 산업용 배선용 차단기에 있어서 정격전류가 100[A]인 회로에 130[A]의 전류가 흘렀을 때 몇 분 이내에 자동적으로 동작하여야 하는가?
2022
2023

① 1분   ② 2분
③ 60분   ④ 120분

해설
문제 8번 해설 참조

정답 06 ① 07 ② 08 ③ 09 ④

10 전기난방기구인 전기담요나 전기장판의 보호용으로 사용되는 퓨즈는?
① 플러그 퓨즈 ② 온도 퓨즈
③ 절연 퓨즈 ④ 유리관 퓨즈

해설

온도 퓨즈
주위 온도가 어느 온도 이상으로 높아지면 용단하는 퓨즈. 전열기구의 보안이나 방화문의 폐쇄 등에 사용한다.

11 사람이 쉽게 접촉하는 장소에 설치하는 누전차단기의 사용전압 기준은 몇 [V] 초과인가?
① 50 ② 150 ③ 400 ④ 600

해설

누전 차단기(ELB) 설치 대상
- 금속제 외함을 가지는 사용전압 50[V]를 초과하는 저압의 기계기구로서 사람이 쉽게 접촉할 우려가 있는 전로
- 주택의 인입구
- 특고압, 고압 또는 저압전로와 변압기에 의하여 결합되는 사용전압 400[V] 초과의 저압전로
- 발전기에서 공급하는 사용전압 400[V] 초과의 저압전로

12 전기설비기술기준에서 저압전로 중 절연부분의 전선과 대지 사이 및 전선의 심선 상호 간의 절연저항은 사용전압에 대한 누설전류가 최대공급전류의 얼마를 초과하지 않도록 해야 하는가?
① $\dfrac{1}{1,000}$ ② $\dfrac{1}{2,000}$ ③ $\dfrac{1}{3,000}$ ④ $\dfrac{1}{4,000}$

해설

누설전류 ≤ $\dfrac{최대공급전류}{2,000}$

13 다음 설명의 (①), (②)에 들어갈 내용으로 알맞은 것은?

> 건조한 장소에 저압용 개별 기계기구에 전기를 공급하는 전로에 인체감전보호용 누전차단기 중 정격감도전류가 (㉠) 이하, 동작시간이 (㉡)초 이하의 전류동작형을 시설하는 경우에는 접지공사를 생략할 수 있다.

① ㉠ 15[mA], ㉡ 0.02초 ② ㉠ 30[mA], ㉡ 0.02초
③ ㉠ 15[mA], ㉡ 0.03초 ④ ㉠ 30[mA], ㉡ 0.03초

해설

물기 있는 장소 이외의 장소에 시설하는 저압용의 개별 기계기구에 전기를 공급하는 전로에 인체감전보호용 누전차단기(정격감도전류가 30[mA] 이하, 동작시간이 0.03초 이하의 전류동작형에 한한다)를 시설하는 경우에 접지공사를 생략할 수 있다.

정답 10 ② 11 ① 12 ② 13 ④

SECTION 03 전기공사용 공구

1. 게이지

① **마이크로미터(Micrometer)** : 전선의 굵기, 철판, 구리판 등의 두께를 측정하는 것이다.
② **와이어 게이지(Wire Guage)** : 전선의 굵기를 측정하는 것으로, 측정할 전선을 홈에 끼워서 맞는 곳의 숫자로 전선의 굵기를 측정한다.

③ **버니어 캘리퍼스(Vernier Calipers)** : 둥근 물건의 외경이나 파이프 등의 내경과 깊이를 측정하는 것이며, 부척에 의하여 1/10[mm] 또는 1/20[mm]까지 측정할 수 있다.

2. 공구

① **펜치(Cutting Plier)**
  ㉠ 전선의 절단, 전선의 접속, 전선 바인드 등에 사용하는 것으로 전기 공사에 절대적으로 필요한 것이다.
  ㉡ 펜치의 크기
   - 150[mm] : 소기구의 전선 접속
   - 175[mm] : 옥내 일반 공사
   - 200[mm] : 옥외 공사

② **와이어 스트리퍼(Wire Striper)** : 절연전선의 피복 절연물을 벗기는 자동공구로서, 도체의 손상 없이 정확한 길이의 피복 절연물을 쉽게 처리할 수 있다.

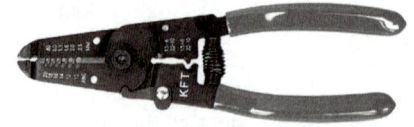

③ **토치램프(Torchlamp)** : 전선 접속의 납땜과 합성수지관의 가공에 열을 가할 때 사용하는 것으로, 가솔린용과 가스용으로 나뉜다.
④ **파이어 포트(Fire Pot)** : 납땜 인두를 가열하거나 납땜 냄비를 올려 놓아 납물을 만드는 데 사용되는 일종의 화로로서, 목탄용과 가솔린용이 있다.
⑤ **클리퍼(Cliper)** : 보통 22[mm^2] 이상의 굵은 전선을 절단할 때 사용하는 가위로서 굵은 전선을 펜치로 절단하기 힘들 때 클리퍼나 쇠톱을 사용한다.

⑥ 펌프 플라이어(Pump Plier) : 금속관 공사의 로크너트를 죌 때 사용하고, 때로는 전선의 슬리브 접속에 있어서 펜치와 같이 사용한다.

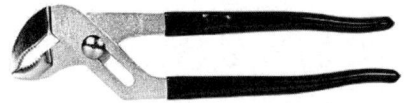

⑦ 프레셔 툴(Pressure Tool) : 솔더리스(Solderless) 커넥터 또는 솔더리스 터미널을 압착하는 것이다.
⑧ 벤더(Bender) 및 히키(Hickey) : 금속관을 구부리는 공구로서 금속관의 크기에 따라 여러 가지 치수가 있다.
⑨ 파이프 바이스(Pipe Vise) : 금속관을 절단할 때에나 금속관에 나사를 죌 때 파이프를 고정시키는 것이다.
⑩ 파이프 커터(Pipe Cutter) : 금속관을 절단할 때 사용하는 것으로, 굵은 금속관을 파이프 커터로 70[%] 정도 끊고 나머지는 쇠톱으로 자르면 작업시간이 단축된다.
⑪ 오스터(Oster) : 금속관 끝에 나사를 내는 공구로서, 손잡이가 달린 래칫(Ratchet)과 나사살의 다이스(Dise)로 구성된다.
⑫ 녹아웃 펀치(Knock Out Punch) : 배전반, 분전반 등의 배관을 변경하거나, 이미 설치되어 있는 캐비닛에 구멍을 뚫을 때 필요한 공구이다.

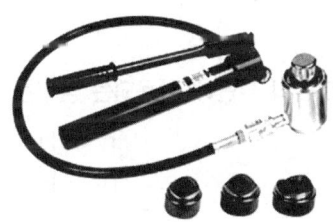

⑬ 파이프 렌치(Pipe Wrench) : 금속관을 커플링으로 접속할 때 금속관과 커플링을 물고 죄는 공구이다.
⑭ 리머(Reamer) : 금속관을 쇠톱이나 커터로 끊은 다음, 관 안에 날카로운 것을 다듬는 공구이다.
⑮ 드라이브이트(Driveit) : 화약의 폭발력을 이용하여 철근 콘크리트 등의 단단한 조영물에 드라이브이트 핀을 박을 때 사용하는 것으로 취급자는 보안상 훈련을 받아야 한다.
⑯ 홀소(Hole Saw) : 녹아웃 펀치와 같은 용도로 배·분전반 등의 캐비닛에 구멍을 뚫을 때 사용된다.

⑰ 피시 테이프(Fish Tape) : 전선관에 전선을 넣을 때 사용되는 평각 강철선이다.
⑱ 철망 그립(Pulling Grip) : 여러 가닥의 전선을 전선관에 넣을 때 사용하는 공구이다.

CHAPTER 01 핵심 기출문제

01 다음 중 전선의 굵기를 측정할 때 사용되는 것은?
2009
2020
2024
① 와이어 게이지 ② 파이어 포트
③ 스패너 ④ 프레셔 툴

해설
① 와이어 게이지(Wire Gauge) : 전선의 굵기를 측정하는 것
② 파이어 포트(Fire Pot) : 납물을 만드는 데 사용되는 일종의 화로
③ 스패너(Spanner) : 너트를 죄는 데 사용하는 것
④ 프레셔 툴(Pressure Tool) : 솔더리스(Solderless) 커넥터 또는 솔더리스 터미널을 압착하는 것

02 옥내배선 공사에서 절연전선의 피복을 벗길 때 사용하면 편리한 공구는?
2016
2019
2023
① 드라이버 ② 플라이어
③ 압착 펜치 ④ 와이어 스트리퍼

해설
와이어 스트리퍼 : 전선의 피복을 벗기는 공구

03 펜치로 절단하기 힘든 굵은 전선의 절단에 사용되는 공구는?
2012
2014
2015
2018
2019
2020
2021
① 파이프 렌치 ② 파이프 커터
③ 클리퍼 ④ 와이어 게이지

해설
클리퍼(Clipper)
굵은 전선을 절단하는 데 사용하는 가위

04 금속전선관 공사에 필요한 공구가 아닌 것은?
2017
2019
① 파이프 바이스 ② 스트리퍼
③ 리머 ④ 오스터

해설
와이어 스트리퍼(Wire Striper)
절연전선의 피복절연물을 벗기는 자동공구

정답 01 ① 02 ④ 03 ③ 04 ②

05 금속관을 절단할 때 사용되는 공구는?

① 오스터
② 녹아웃 펀치
③ 파이프 커터
④ 파이프 렌치

해설
① 오스터 : 금속관 끝에 나사를 내는 공구
② 녹아웃 펀치 : 배전반, 분전반 등의 캐비닛에 구멍을 뚫을 때 필요한 공구
④ 파이프 렌치 : 금속관과 커플링을 물고 죄는 공구

06 다음 중 금속관 공사에서 나사내기에 사용하는 공구는?

① 토치램프
② 벤더
③ 리머
④ 오스터

07 금속관을 가공할 때 절단된 내부를 매끈하게 하기 위하여 사용하는 공구의 명칭은?

① 리머
② 프레셔 툴
③ 오스터
④ 녹아웃 펀치

해설
리머(Reamer) : 금속관을 쇠톱이나 커터로 끊은 다음, 관 안에 날카로운 것을 다듬는 공구이다.

08 피시 테이프(Fish Tape)의 용도는?

① 전선을 테이핑하기 위하여 사용
② 전선관의 끝마무리를 위해서 사용
③ 전선관에 전선을 넣을 때 사용
④ 합성수지관을 구부릴 때 사용

해설
피시 테이프(Fish Tape) : 전선관에 전선을 넣을 때 사용되는 평각 강철선이다.

09 큰 건물의 공사에서 콘크리트에 구멍을 뚫어 드라이브 핀을 경제적으로 고정하는 공구는?

① 스패너
② 드라이브이트
③ 오스터
④ 녹아웃 펀치

해설
② 드라이브이트 : 화약의 폭발력을 이용하여 철근 콘크리트 등의 단단한 조영물에 드라이브이트 핀을 박을 때 사용하는 공구
③ 오스터 : 금속관 끝에 나사를 내는 공구
④ 녹아웃 펀치 : 배전반, 분전반 등의 배관을 변경하거나, 이미 설치되어 있는 캐비닛에 구멍을 뚫을 때 필요한 공구

정답 05 ③ 06 ④ 07 ① 08 ③ 09 ②

10 절연전선으로 가선된 배전 선로에서 활선상태인 경우 전선의 피복을 벗기는 것은 매우 곤란한 작업이다. 이런 경우 활선상태에서 전선의 피복을 벗기는 공구는?

2011
2020
2021
2023

① 전선 피박기
② 애자 커버
③ 와이어 통
④ 데드 앤드 커버

해설
활선장구의 종류
① 전선 피박기 : 활선 상태에서 전선의 피복을 벗기는 공구
③ 와이어 통 : 활선을 움직이거나 작업권 밖으로 밀어낼 때 사용하는 절연봉
④ 데드 앤드 커버 : 현수애자나 데드 엔드 클램프 접촉에 의한 감전사고를 방지하기 위해 사용

11 배전반 및 분전반과 연결된 배관을 변경하거나 이미 설치되어 있는 캐비닛에 구멍을 뚫을 때 필요한 공구는?

2014
2022

① 오스터
② 클리퍼
③ 토치램프
④ 녹아웃 펀치

해설
녹아웃 펀치 : 캐비닛에 구멍을 뚫을 때 필요한 공구

정답 10 ① 11 ④

SECTION 04 전선접속

1. 전선의 피복 벗기기

① 절연 피복을 벗기는 데는 펜치를 사용하지 않고 반드시 칼 또는 와이어 스트리퍼를 사용해야 한다.
② 고무절연선 및 비닐 절연선은 연필 모양으로 피복을 벗겨야 한다. 벗길 때 칼을 직각으로 대고 벗기는 것은 좋지 않다.
③ 동관 단자나 압착 단자에 전선을 접속할 때에는 전선의 피복을 도체와 직각으로 벗기는 것이 좋다.

2. 전선의 접속방법

[전선의 접속요건]
- 접속 시 전기적 저항을 증가시키지 않는다.
- 접속부위의 기계적 강도를 20[%] 이상 감소시키지 않는다.
- 접속점의 절연이 약화되지 않도록 테이핑 또는 와이어 커넥터로 절연한다.
- 전선의 접속은 박스 안에서 하고, 접속점에 장력이 가해지지 않도록 한다.

1) 직선 접속

① 단선의 직선 접속
- 트위스트 직선 접속 : 6[mm²] 이하의 가는 단선은 그림과 같이 트위스트 접속(Twist Joint, Union Splice)으로 한다.

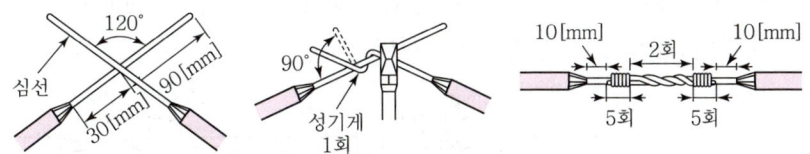

| 트위스트 직선 접속 |

- 브리타니아 직선 접속 : 3.2[mm] 이상의 굵은 단선의 접속은 브리타니아 접속(Britania Joint)으로 한다.

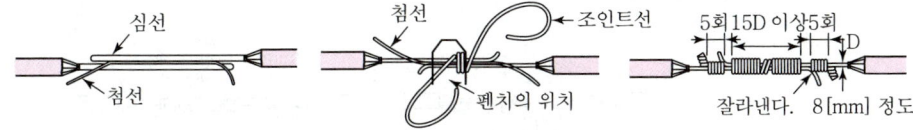

| 브리타니아 직선 접속 |

② 연선의 직선 접속
- 권선 직선 접속 : 단선의 브리타니아 접속과 같은 방법으로 접속선을 사용하여 접속하는 방법이다.

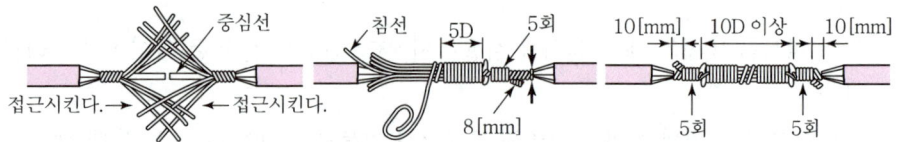

┃ 권선 직선 접속 ┃

- 단권 직선 접속 : 소손 자체를 감아서 접속하는 방법이다.

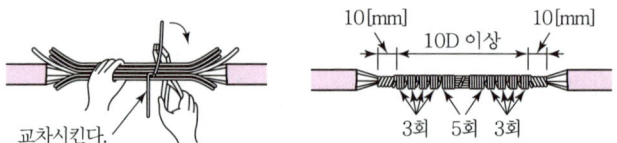

┃ 단권 직선 접속 ┃

- 복권 직선 접속 : 소선 자체를 감아서 접속하는 방법으로, 단권 접속에 있어서 소선을 하나씩 감았던 것을 그림과 같이 소선 전부를 한꺼번에 감는다.

┃ 복권 직선 접속 ┃

2) 분기 접속

① 단선의 분기 접속
- 트위스트 분기 접속 : 단선의 분기 접속에 있어서 굵기가 6[mm²] 이하의 가는 전선은 그림과 같이 트위스트 분기 접속으로 한다.

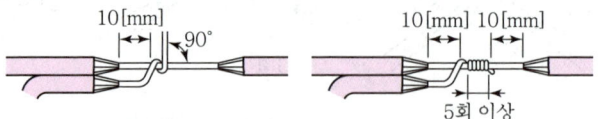

┃ 트위스트 분기 접속 ┃

- 브리타니아 분기 접속 : 3.2[mm] 이상의 굵은 단선의 분기 접속은 그림과 같이 브리타니아 분기 접속으로 한다.

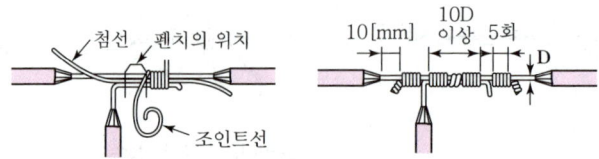

┃ 브리타니아 분기 접속 ┃

② 연선의 분기 접속
- 권선 분기 접속 : 첨선과 접속선을 사용하여 접속하는 방법이다.

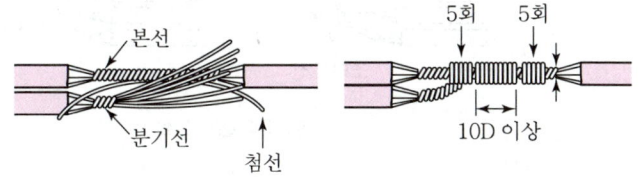

∥ 권선 분기 접속 ∥

- 단권 분기 접속 : 소선 자체를 이용하는 접속방법이다.

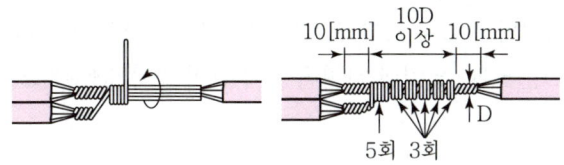

∥ 단권 분기 접속 ∥

- 분할 권선 분기 접속 : 첨선과 접속선을 써서 분할 접속하는 방법이다.
- 분할 단권 분기 접속 : 소선 자체를 분할하여 접속하는 방법이다.
- 분할 복권 분기 접속 : 소선을 분할하여 여러 소선을 한꺼번에 감아서 접속하는 방법이다.

3) 쥐꼬리 접속

① 박스 안에 가는 전선을 접속할 때에는 쥐꼬리 접속으로 한다.
② **접속방법** : 같은 굵기 단선접속, 다른 굵기 단선접속, 연선 쥐꼬리 접속이 있다.

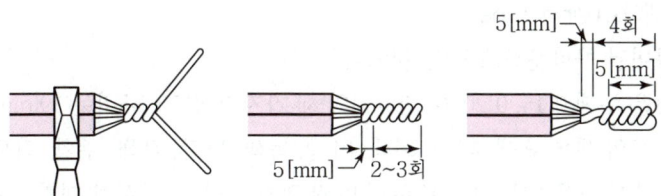

∥ 같은 굵기 단선접속 ∥

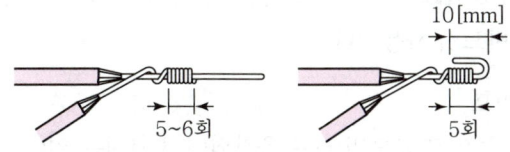

∥ 다른 굵기 단선접속 ∥

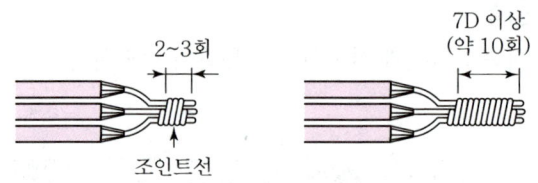

| 연선 쥐꼬리 접속 |

3. 납땜과 테이프

1) 납땜

① 슬리브나 커넥터를 쓰지 않고 전선을 접속했을 때에는 반드시 납땜을 하여야 한다.
② 땜납(Solcer)은 50[%] 납이라 하여 주석과 납이 각각 50[%]씩으로 된 것을 사용한다.

2) 테이프

① 면 테이프(Black Tape) : 건조한 목면 테이프, 즉 가제 테이프(Gaze Tape)에 검은색 점착성의 고무 혼합물을 양면에 함침시킨 것으로 접착성이 강하다.

② 고무 테이프(Rubber Tape)
- 절연성 혼합물을 압연하여 이를 가황한 다음, 그 표면에 고무풀을 칠한 것으로, 서로 밀착되지 않도록 적당한 격리물을 사이에 넣어 같이 감은 것이다.
- 절연전선 접속부의 도체 부분과 이에 접한 고무절연 피복 위에 테이프를 2.5배로 늘려가면서 테이프 폭이 반 정도가 겹치도록 감아 나간다. 이때 고무 테이프의 두께는 고무절연 피복의 두께 이상이 되도록 한다.

③ 비닐 테이프(Vinyl Tape)
- 염화비닐 콤파운드로 만든 것이다.
- 규격은 두께 0.15, 0.20, 0.25[mm]의 세 가지가 있고, 나비는 19[mm]이다.
- 테이프의 색은 흑색, 흰색, 회색, 파랑, 녹색, 노랑, 갈색, 주황, 적색의 9종류이다.
- 테이프를 감을 때는 테이프 폭의 반씩 겹치게 하고, 다시 반대방향으로 감아서 4겹 이상 감은 후 끝낸다.

④ 리노 테이프(Lino Tape) : 점착성은 없으나 절연성, 내온성 및 내유성이 있으므로 연피 케이블 접속에는 반드시 사용된다.

⑤ 자기 융착 테이프
- 약 2배 정도 늘이고 감으면 서로 융착되어 벗겨지는 일이 없다.
- 내오존성, 내수성, 내약품성, 내온성이 우수해서 오래도록 열화하지 않기 때문에 비닐 외장 케이블 및 클로로프렌 외장 케이블의 접속에 사용된다.

4. 슬리브 및 커넥터 접속

1) 슬리브 접속

① 전선 접속용 슬리브(Sleeve)는 S자형과 관형이 있다.
② 납땜할 필요는 없으나 테이프를 완전히 감아야 한다.

2) 링 슬리브 접속

전선을 나란히 하여 링 슬리브의 압착 홈에 넣고 압착 펜치로 압착한다.

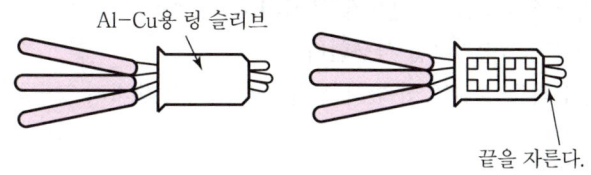

| 링 슬리브 접속 |

3) 와이어 커넥터 접속

① 박스 안에서 쥐꼬리 접속에 사용되며, 납땜과 테이프 감기가 필요 없다.
② 외피는 자기 소화성 난연 재질이고, 내부에 나선 스프링이 도체를 압착하도록 되어 있다.

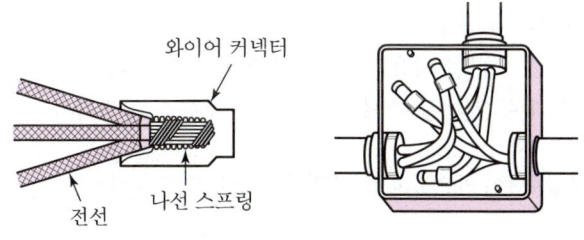

| 와이어 커넥터 접속 |

5. 전선과 단자의 접속

① **동관 단자 접속** : 홈에 납물과 전선을 동시에 넣어 냉각시키면 된다.
② **압착 단자 접속** : 동관 단자와 같이 시공에 시간과 노력이 많이 드는 결점을 보충하기 위해 납땜이 필요 없는 압착 단자를 사용한다.

CHAPTER 01 핵심 기출문제

01 전선의 접속에 대한 설명으로 틀린 것은?
2009 2015 2017 2018 2023
① 접속 부분의 전기저항을 20[%] 이상 증가되도록 한다.
② 접속 부분의 인장강도를 80[%] 이상 유지되도록 한다.
③ 접속 부분에 전선접속기구를 사용한다.
④ 알루미늄 전선과 구리선의 접속 시 전기적인 부식이 생기지 않도록 한다.

해설
전선의 접속 조건
• 접속 시 전기적 저항을 증가시키지 않는다.
• 접속부위의 기계적 강도를 20[%] 이상 감소시키지 않는다.
• 접속점의 절연이 약화되지 않도록 테이핑 또는 와이어 커넥터로 절연한다.
• 전선의 접속은 박스 안에서 하고, 접속점에 장력이 가해지지 않도록 한다.

02 전선을 접속할 경우의 설명으로 틀린 것은?
2015 2019 2020 2021 2024
① 접속 부분의 전기저항이 증가되지 않아야 한다.
② 전선의 세기를 80[%] 이상 감소시키지 않아야 한다.
③ 접속 부분은 접속 기구를 사용하거나 납땜을 하여야 한다.
④ 알루미늄 전선과 동선을 접속하는 경우, 전기적 부식이 생기지 않도록 해야 한다.

해설
전선의 세기를 20[%] 이상 감소시키지 않아야 한다. 즉, 전선의 세기를 80[%] 이상 유지해야 한다.

03 다음 그림과 같은 전선 접속법의 명칭으로 알맞게 짝지어진 것은?
2017 2023 2024

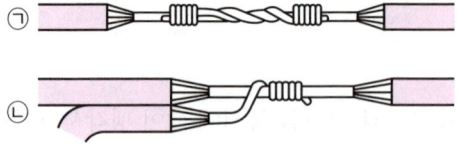

① ㉠ 직선 접속, ㉡ 분기 접속
② ㉠ 일자 접속, ㉡ Y형 접속
③ ㉠ 직선 접속, ㉡ T형 접속
④ ㉠ 일자 접속, ㉡ 분기 접속

해설
㉠ 단선의 직선 접속 : 트위스트 직선 접속
㉡ 단선의 분기 접속 : 트위스트 분기 접속

정답 01 ① 02 ② 03 ①

04 동전선의 직선 접속(트위스트 조인트)은 몇 [mm²] 이하의 전선이어야 하는가?

2013
2014　① 2.5　　　② 6　　　③ 10　　　④ 16
2017
2018
2019　해설
2022　　트위스트 접속은 단면적 6[mm²] 이하의 가는 단선의 직선 접속에 적용된다.

---

05 다음 중 단선의 브리타니아 직선 접속에 사용되는 것은?

2009
2017　① 조인트선　　② 파라핀선　　③ 바인드선　　④ 에나멜선
2022
　해설
　　조인트선에는 1.0~1.2[mm] 연동 나선이 사용된다.

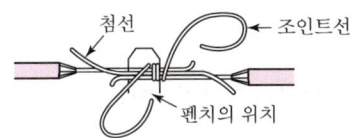

---

06 옥내배선의 접속함이나 박스 내에서 접속할 때 주로 사용하는 접속법은?

2009
2015　① 슬리브 접속　　　　　② 쥐꼬리 접속
2017
2020　③ 트위스트 접속　　　　④ 브리타니아 접속
2021
2023　해설
　　• 단선의 직선 접속 : 트위스트 접속, 브리타니아 접속, 슬리브 접속
　　• 단선의 종단 접속 : 쥐꼬리 접속, 링 슬리브 접속

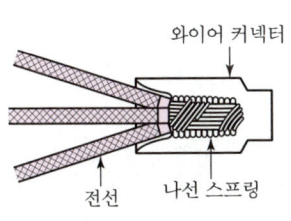 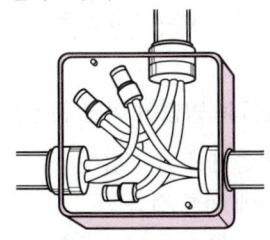

---

07 정션 박스 내에서 절연전선을 쥐꼬리 접속한 후 접속과 절연을 위해 사용되는 재료는?

2011
2012　① 링형 슬리브　　② S형 슬리브　　③ 와이어 커넥터　　④ 터미널 러그
2014
2015　해설
2024　　**와이어 커넥터**
　　정션 박스 내에서 쥐꼬리 접속 후 사용되며, 납땜과 테이프 감기가 필요 없다.

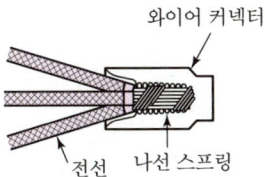

정답　04 ②　05 ①　06 ②　07 ③

08 연피케이블의 접속에 반드시 사용되는 테이프는?
① 고무 테이프 ② 비닐 테이프
③ 리노 테이프 ④ 자기융착 테이프

해설
리노 테이프
접착성은 없으나 절연성, 내온성, 내유성이 있어서 연피케이블 접속 시 사용한다.

09 접착력은 떨어지나 절연성, 내온성, 내유성이 좋아 연피케이블의 접속에 사용되는 테이프는?
① 고무 테이프 ② 리노 테이프
③ 비닐 테이프 ④ 자기 융착 테이프

해설
리노 테이프
접착성은 없으나 절연성, 내온성, 내유성이 있어서 연피케이블 접속 시 사용한다.

10 S형 슬리브를 사용하여 전선을 접속하는 경우의 유의사항이 아닌 것은?
① 전선은 연선만 사용이 가능하다.
② 전선의 끝은 슬리브의 끝에서 조금 나오는 것이 좋다.
③ 슬리브는 전선의 굵기에 적합한 것을 사용한다.
④ 도체는 샌드페이퍼 등으로 닦아서 사용한다.

해설
S형 슬리브는 단선, 연선 어느 것에도 사용할 수 있다.

11 동전선의 접속방법에서 종단접속방법이 아닌 것은?
① 비틀어 꽂는 형의 전선접속기에 의한 접속
② 종단 겹침용 슬리브(E형)에 의한 접속
③ 직선 맞대기용 슬리브(B형)에 의한 압착접속
④ 직선 겹침용 슬리브(P형)에 의한 접속

해설
동(구리) 전선의 접속
- 비틀어 꽂는 형의 전선접속기에 의한 접속
- 종단 겹침용 슬리브(E형)에 의한 접속
- 직선 맞대기용 슬리브(B형)에 의한 압착접속
- 동선 압착단자에 의한 접속

정답 08 ③ 09 ② 10 ① 11 ④

12 구리전선과 전기 기계기구 단자를 접속하는 경우에 진동 등으로 인하여 헐거워질 염려가 있는 곳에는 어떤 것을 사용하여 접속하여야 하는가?

2010
2012
2016
2017
2018
2019
2020
2022
2023
2024

① 평와셔 2개를 끼운다.
② 스프링 와셔를 끼운다.
③ 코드 패스너를 끼운다.
④ 정 슬리브를 끼운다.

> **해설**
> 진동 등의 영향으로 헐거워질 우려가 있는 경우에는 스프링 와셔 또는 더블 너트를 사용하여야 한다.

13 알루미늄 전선의 접속방법으로 적합하지 않은 것은?

2014
2023

① 직선 접속　　　　② 분기 접속
③ 종단 접속　　　　④ 트위스트 접속

> **해설**
> 트위스트 접속은 단선(동) 전선의 직선 접속방법이다.

14 코드 상호 간 또는 캡타이어 케이블 상호 간을 접속하는 경우 가장 많이 사용되는 기구는?

2017
2019
2022

① T형 접속기　　　　② 코드 접속기
③ 와이어 커넥터　　　④ 박스용 커넥터

> **해설**
> ② 코드 접속기 : 코드 상호, 캡타이어 케이블 상호, 케이블 상호 접속 시 사용
> ③ 와이어 커넥터 : 주로 단선의 종단 접속 시 사용

정답 12 ②　13 ④　14 ②

CHAPTER 02 옥내배선공사

▼ 공사방법의 분류

종류	공사방법
전선관 시스템	합성수지관 공사, 금속관 공사, 가요전선관 공사
케이블 트렁킹 시스템	합성수지 몰드 공사, 금속 몰드 공사, 금속 트렁킹 공사*
케이블 덕팅 시스템	플로어 덕트 공사, 셀룰러 덕트 공사, 금속 덕트 공사**
애자 공사	애자 공사
케이블 트레이 시스템	케이블 트레이 공사
케이블 공사	고정하지 않는 방법, 직접 고정하는 방법, 지지선 방법

* 금속 트렁킹 공사 : 금속 본체와 커버가 별도로 구성되어 커버를 개폐할 수 있는 금속 덕트 공사
** 금속 덕트 공사 : 본체와 커버 구분 없이 하나로 구성된 금속 덕트 공사

SECTION 01 애자 공사

1. 애자 공사의 특징

① 전선을 지지하여 전선이 조영재(벽면이나 천장면) 및 기타 접촉할 우려가 없도록 배선하는 것이다.
② 애자는 절연성, 난연성 및 내수성이 있는 재질을 사용한다.

2. 애자의 종류

① 애자의 높이와 크기에 따라 소놉, 중놉, 대놉, 특대놉
② 재질에 따라 사기, PVC, 에폭시 등이 있다.

3. 애자 공사의 시공법

① 전선은 절연전선을 사용해야 한다. 다만, 아래의 경우에는 노출장소에 한해 나전선을 사용할 수 있다.
- 열로 인한 영향을 받는 장소
- 전선의 피복 절연물이 부식하는 장소
- 취급자 이외의 사람이 출입할 수 없도록 설비한 장소

② 조영재의 아래 면이나 옆면에 시설하고 애자의 **지지점 간의 거리는 2[m]** 이하이다.

③ 절연전선과 애자를 묶기 위한 바인드선은 0.9~1.6[mm]의 구리 또는 철의 심선에 절연 혼합물을 피복한 선을 사용한다.

④ 시공 전선의 이격거리

구분	400[V] 이하	400[V] 초과
전선 상호 간의 거리	6[cm] 이상	6[cm] 이상
전선과 조영재와의 거리	2.5[cm] 이상	4.5[cm] 이상(건조한 곳은 2.5[cm] 이상)

SECTION 02 케이블 트렁킹 시스템

1. 케이블 트렁킹 시스템의 종류

1) 합성수지 몰드 공사

① 합성수지 몰드 공사의 특징

매립 배선이 곤란한 경우에 노출 배선이며, 접착테이프와 나사못 등으로 고정시키고 절연전선 등을 넣어 배선하는 방법이다.

② 합성수지 몰드 공사의 시공법
- 옥내의 건조한 노출 장소와 점검할 수 있는 은폐장소에 한하여 시공할 수 있다.
- 전선은 절연전선을 사용하며 몰드 내에서는 접속점을 만들지 않는다.

2) 금속 몰드 공사

① 금속 몰드 공사의 특징

콘크리트 건물 등의 노출 공사용으로 쓰이며, 금속전선관 공사와 병용하여 점멸 스위치, 콘센트 등의 배선기구의 인하용으로 사용된다.

② 금속 몰드 공사의 시공법
- 옥내의 외상을 받을 우려가 없는 건조한 노출장소와 점검할 수 있는 은폐장소에 한하여 시공할 수 있다.
- 사용전압은 400[V] 이하로 옥내의 건조한 장소로 전개된 장소 또는 점검할 수 있는 은폐장소에 한하여 시설할 수 있고, 전선은 절연전선을 사용하며 몰드 내에서는 접속점을 만들지 않는다.
- 몰드에 넣는 전선수는 10본 이하로 한다.
- 조영재에 부착할 경우 1.5[m] 이하마다 고정하고, 금속몰드 및 기타 부속품에는 접지공사를 하여야 한다.

3) 금속 트렁킹 공사

① 금속 트렁킹 공사의 특징

금속 본체와 커버가 별도로 구성되어 커버를 개폐할 수 있는 금속 덕트 공사를 말한다.

② 금속 트렁킹 공사의 시공법
- 전선은 절연전선(옥외용 비닐절연전선 제외)을 사용하며, 트렁킹 안에는 접속점을 만들지 않는다.
- 금속 트렁킹에 넣은 전선의 단면적(절연피복의 단면적을 포함)의 합계는 덕트의 내부 단면적의 20[%](전광표시장치·출퇴표시등은 50[%]) 이하로 한다.
- 금속 트렁킹 안의 전선을 외부로 인출하는 부분은 금속 트렁킹의 관통부분에서 전선이 손상될 우려가 없도록 시설해야 한다.

SECTION 03 합성수지관 공사

1. 합성수지관의 특징

① 염화비닐 수지로 만든 것으로, 금속관에 비하여 가격이 싸다.
② 절연성과 내부식성이 우수하고, 재료가 가볍기 때문에 시공이 편리하다.
③ 관자체가 비자성체이므로 접지할 필요가 없고, 피뢰기·피뢰침의 접지선 보호에 적당하다.
④ 열에 약할 뿐 아니라, 충격 강도가 떨어지는 결점이 있다.

2. 합성수지관의 종류

1) 경질비닐 전선관

① 특징
- 기계적 충격이나 중량물에 의한 압력 등 외력에 견디도록 보완된 전선관
- 딱딱한 형태이므로 구부리거나 하는 가공방법은 토치램프로 가열하여 가공

② 호칭
- 관의 굵기를 안지름의 크기에 가까운 짝수로써 표시
- 지름 14~100[mm]로 10종(14, 16, 22, 28, 36, 42, 54, 70, 82, 100[mm])
- 한 본의 길이는 4[m]로 제작

2) 폴리에틸렌 전선관(PF관)

① 특징
- 경질에 비해 연한 성질이 있어 배관작업에 토치램프로 가열할 필요가 없다.
- 경질에 비해 외부 압력에 견디는 성질이 약한 편이다.

② 호칭
- 관의 굵기를 안지름의 크기에 가까운 짝수로써 표시(14, 16, 22, 28, 36, 42[mm])
- 한 가닥 길이가 100~6[m]로서 롤(Roll) 형태로 제작

3) 콤바인 덕트관(합성수지제 가요전선관, CD관)

① 특징
- 무게가 가벼워 어려운 현장 여건에서도 운반 및 취급이 용이
- 금속관에 비해 결로현상이 적어 영하의 온도에서도 사용 가능
- PE 및 단연성 PVC로 되어 있기 때문에 내약품성이 우수하고 내후, 내식성도 우수
- 가요성이 뛰어나므로 굴곡된 배관작업에 공구가 불필요하며 배관작업이 용이
- 관의 내면이 파부형이므로 마찰계수가 적어 굴곡이 많은 배관 시에도 전선의 인입이 용이

② 호칭
- 관의 굵기를 안지름의 크기에 가까운 짝수로써 표시(14, 16, 22, 28, 36, 42[mm])
- 한 가닥 길이가 100~50[m]로서 롤(Roll) 형태 제작

3. 합성수지관 공사의 시공법

① 합성수지관은 전개된 장소 등 대부분의 곳에서 시공할 수 있지만, **이중천장(반자 속 포함) 내부 및 중량물의 압력 또는 심한 기계적 충격을 받는 장소에서 시설해서는 안 된다**(콘크리트 매입은 제외).
② 관의 지지점 간의 거리는 1.5[m] 이하로 하고, 관과 박스의 접속점 및 관 상호 간의 접속점 등에서는 가까운 곳(0.3[m] 이내)에 지지점을 시설하여야 한다.
③ 전선은 절연전선을 사용하며, 단선은 단면적 10[mm^2](알루미늄선은 16[mm^2]) 이하를 사용하며, 그 이상일 경우는 연선을 사용한다.
④ 관 안에서는 전선의 접속점이 없어야 한다.
⑤ 콤바인 덕트관(CD관)은 직접 콘크리트에 매입하여 시설하거나 옥내 전개된 장소에 시설하는 경우 이외에는 불연성 마감재 내부, 전용의 불연성 관 또는 덕트에 넣어 시설해야 한다.
⑥ 스위치 접속 및 전선 접속을 위한 박스와 전선관의 접속 방법은 그림과 같다.

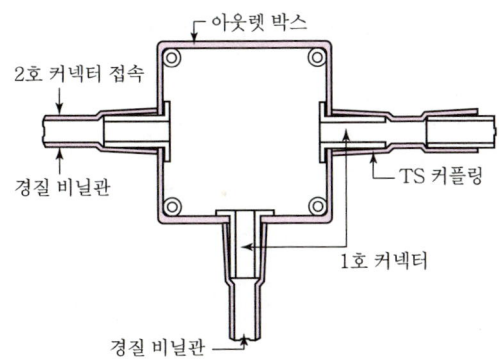

⑦ 관 상호 접속은 커플링을 이용하여 다음과 같다.

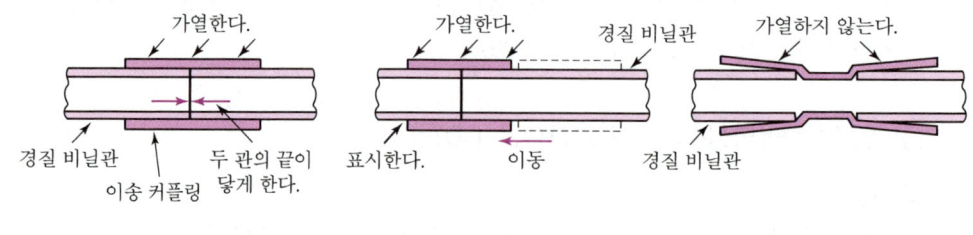

| 꽂임 접속 | 이송 접속 | TS 커플링 접속 |

이송커플링	양쪽 관을 같은 길이로 맞닿게 하여 연결한다.
TS 커플링	커플링 양쪽 입구 지름이 중앙부보다 크게 되어 있다.

- 커플링에 들어가는 관의 길이는 관 바깥지름의 1.2배 이상으로 한다. 단, **접착제를 사용할 때는 0.8배 이상**으로 한다.
- 관 상호 접속점의 양쪽 관 가까운 곳(0.3[m] 이내)에 관을 고정해야 한다.
- 옥외 등 온도차가 큰 장소에 노출 배관을 할 때에는 신축 커플링(3C)을 사용한다. 신축커플링에는 접착제를 사용하지 않는다.

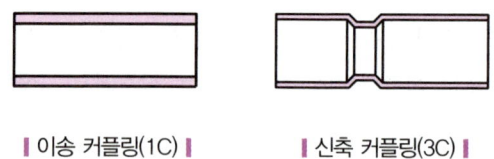

| 이송 커플링(1C) | 신축 커플링(3C) |

4. 합성수지관의 굵기 선정

① 합성수지관의 배선에는 절연전선을 사용해야 한다.
② 절연전선은 **단면적 10[mm²]**(알루미늄선은 16[mm²]) 이하의 단선을 사용하며, 그 이상일 경우는 연선을 사용하며, 전선에 접속점이 없도록 해야 한다.
③ 합성수지관의 굵기는 케이블 또는 절연도체의 내부 단면적이 합성수지관 단면적의 1/3을 초과하지 않도록 하는 것이 바람직하다. (KEC 개정)

CHAPTER 02 핵심 기출문제

01 애자 사용 공사에 사용하는 애자가 갖추어야 할 성질과 가장 거리가 먼 것은?
2009
2010
2021
① 절연성　　　　　　　　　　　② 난연성
③ 내수성　　　　　　　　　　　④ 내유성

해설
애자는 절연성, 난연성 및 내수성이 있는 재질을 사용한다.

02 애자 사용 공사를 건조한 장소에 시설하고자 한다. 사용전압이 400[V] 이하인 경우 전선과 조영재
2016
2024 사이의 이격거리는 최소 몇 [cm] 이상이어야 하는가?

① 2.5[cm] 이상　　　　　　　　② 4.5[cm] 이상
③ 6[cm] 이상　　　　　　　　　④ 12[cm] 이상

해설

구분	400[V] 이하	400[V] 초과
전선 상호 간의 거리	6[cm] 이상	6[cm] 이상
전선과 조영재의 거리	2.5[cm] 이상	4.5[cm] 이상(건조한 곳은 2.5[cm] 이상)

03 애자 사용 공사에서 전선 상호 간의 간격은 몇 [cm] 이상으로 하는 것이 가장 바람직한가?
2009
2010
2012　① 4　　　　　　　　　　　　② 5
2017　③ 6　　　　　　　　　　　　④ 8
2019
2020 **해설**
2021
2023 문제 2번 해설 참조
2024

04 다음 (　) 안에 들어갈 내용으로 알맞은 것은?
2014
2019
2021 사람의 접촉 우려가 있는 합성수지제 몰드는 홈의 폭 및 깊이가 (㉠)[cm] 이하로 두께는 (㉡)[mm] 이상의 것
이어야 한다.

① ㉠ 3.5, ㉡ 1　　② ㉠ 5, ㉡ 1　　③ ㉠ 3.5, ㉡ 2　　④ ㉠ 5, ㉡ 2

해설
합성수지 몰드는 홈의 폭 및 깊이가 3.5[cm] 이하로 두께는 2[mm] 이상일 것. 다만, 사람이 쉽게 접촉할 우려
가 없도록 시설하는 경우에는 폭이 5[cm] 이하, 두께 1[mm] 이상의 것을 사용할 수 있다.

정답　01 ④　02 ①　03 ③　04 ③

05 합성수지관 배선에서 경질비닐 전선관의 굵기에 해당하지 않는 것은?(단, 관의 호칭을 말한다.)

① 14　　② 16　　③ 18　　④ 22

해설

경질비닐 전선관(Hi-Pipe)의 호칭
- 관의 굵기를 안지름의 크기에 가까운 짝수로써 표시
- 지름 14~100[mm]으로 10종(14, 16, 22, 28, 36, 42, 54, 70, 82, 100[mm])

06 경질비닐 전선관 1본의 표준 길이는?

① 3[m]　　② 3.6[m]　　③ 4[m]　　④ 4.6[m]

해설
- 경질비닐 전선관 1본은 4[m]
- 금속전선관 1본은 3.6[m]

07 합성수지관 공사에서 관의 지지점 간 거리는 최대 몇 [m]인가?

① 1　　② 1.2　　③ 1.5　　④ 2

해설
- 합성수지관의 지지점 간의 거리는 1.5[m] 이하로 하고, 관과 박스의 접속점 및 관 상호 간의 접속점 등에서는 가까운 곳(0.3[m] 이내)에 지지점을 시설하여야 한다.
- 금속전선관 노출 배관 시 조영재에 따라 지지점 간의 거리는 2[m] 이하로 고정시킨다.
- 합성수지제 가요관은 합성수지관과 같다.
- 금속제 가요전선관의 지지점 간의 거리는 1[m] 이하마다 새들을 써서 고정시킨다.

08 접착제를 사용하여 합성수지관을 삽입해 접속할 경우 관의 깊이는 합성수지관 외경의 최소 몇 배인가?

① 0.8배　　② 1.2배　　③ 1.5배　　④ 1.8배

해설

합성수지관 관 상호 접속방법
- 커플링에 들어가는 관의 길이는 관 바깥지름의 1.2배 이상으로 한다.
- 접착제를 사용하는 경우에는 0.8배 이상으로 한다.

09 합성수지관 상호 및 관과 박스는 접속 시에 삽입하는 깊이를 관 바깥지름의 몇 배 이상으로 하여야 하는가?(단, 접착제를 사용하지 않은 경우이다.)

① 0.2　　② 0.5　　③ 1　　④ 1.2

해설

합성수지관 상호 및 관과 박스 접속방법
- 커플링에 들어가는 관의 길이는 관 바깥지름의 1.2배 이상으로 한다.
- 접착제를 사용하는 경우에는 0.8배 이상으로 한다.

정답 05 ③　06 ③　07 ③　08 ①　09 ④

SECTION 04 금속관 공사

1. 금속전선관의 특징

① 노출된 장소, 은폐 장소, 습기, 물기 있는 곳, 먼지가 있는 곳 등 어느 장소에서나 시설할 수 있고, 가장 완전한 공사방법으로 공장이나 빌딩에서 주로 사용된다.

② 다른 공사방법에 비하여 다음과 같은 특징이 있으므로 가장 많이 이용된다.
- 전선이 기계적으로 완전히 보호된다.
- 단락사고, 접지사고 등에 있어서 화재의 우려가 적다.
- 접지공사를 완전히 하면 감전의 우려가 없다.
- 방습 장치를 할 수 있으므로, 전선을 내수적으로 시설할 수 있다.
- 전선이 노후되었을 경우나 배선 방법을 변경할 경우에 전선의 교환이 쉽다.

③ 금속관 공사의 시설 방법
- 매입 배관 공사 : 콘크리트 또는 흙벽 속에 시설
- 노출 배관 공사 : 벽면, 천장면 따라 시설하거나 천장에 매달아 시설

2. 금속전선관의 종류

① **후강 전선관** : 두께가 2.3[mm] 이상으로 두꺼운 금속관
② **박강 전선관** : 두께가 1.2[mm] 이상으로 얇은 금속관

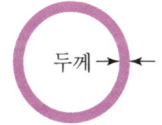

구분	후강 전선관	박강 전선관
관의 호칭	안지름의 크기에 가까운 짝수	바깥지름의 크기에 가까운 홀수
관의 종류[mm]	16, 22, 28, 36, 42, 54, 70, 82, 92, 104(10종류)	19, 25, 31, 39, 51, 63, 75(7종류)
관의 두께	2.3~3.5[mm]	1.6~2.0[mm]
한 본의 길이	3.66[m]	3.66[m]

③ 관의 두께와 공사
- 콘크리트에 매설하는 경우 : 1.2[mm] 이상
- 기타의 경우 : 1[mm] 이상

3. 금속전선관의 시공

① 관의 절단과 나사 내기
- 금속관의 절단 : 파이프 바이스에 고정시키고 파이프 커터 또는 쇠톱으로 절단하고, 절단한 내면을 리머로 다듬어 전선의 피복이 손상되지 않도록 한다.
- 나사내기 : 오스터로 필요한 길이만큼 나사를 낸다.

② 금속전선관 가공
- 히키(벤더)를 사용하여 관이 심하게 변형되지 않도록 구부려야 하며, 구부러지는 관의 안쪽 반지름은 관 안지름의 6배 이상으로 구부려야 한다.
- 금속관의 굵기가 36[mm] 이상이 되면, 노멀 벤드와 커플링을 이용하여 시설한다.

③ 노출 배관 시 조영재에 따라 지지점 간의 거리는 2[m] 이하로 고정시킨다.

④ 관 상호 접속은 커플링을 이용하며, 금속전선관을 돌릴 수 없을 때에는 보내기 커플링 및 유니언 커플링을 사용하여 접속한다.

| 커플링 접속방법 |

⑤ 전선관과 박스 접속 : 전선관의 나사가 내어져 있는 끝을 구멍(녹아웃)에 끼우고, 부싱과 로크너트를 써서 전기적, 기계적으로 완전히 접속한다. 녹아웃 크기가 클 때는 링리듀서를 사용한다.

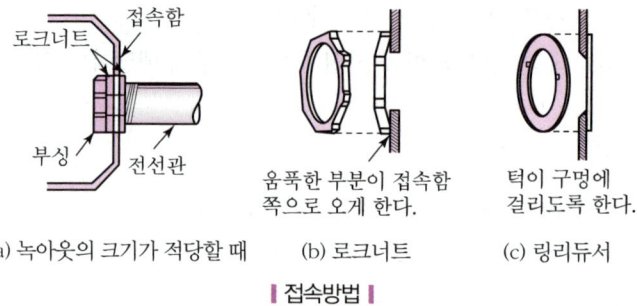

| 접속방법 |

4. 금속전선관 시공용 부품

① 로크너트 : 전선관과 박스를 잘 죄기 위하여 사용
② 절연 부싱 : 전선의 절연 피복을 보호하기 위하여 금속관 끝에 취부하여 사용
③ 엔트런스 캡 : 저압 가공 인입선의 인입구에 사용

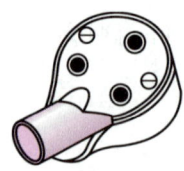

| 엔트런스 캡 |

④ 터미널 캡 : 저압 가공 인입선에서 금속관 공사로 옮겨지는 곳 또는 금속관 공사로부터 전선을 뽑아 전동기 단자 부분에 접속할 때 사용
⑤ 플로어 박스 : 바닥 밑에 매입 배선을 할 때

⑥ 유니언 커플링 : 금속관 상호 접속용으로 관이 고정되어 있을 때 사용
⑦ 노멀 벤드 : 매입 배관의 직각 굴곡 부분에 사용
⑧ 유니버설 엘보 : 노출 배관 공사에서 관을 직각으로 굽히는 곳에 사용
⑨ 리머 : 절단한 전선관을 매끄럽게 하는 데 사용
⑩ 링리듀서 : 아웃렛 박스의 녹아웃 지름이 관 지름보다 클 때 관을 박스에 고정시키기 위하여 쓰는 재료
⑪ 새들 : 금속관을 노출 공사에 쓸 때에 관을 조영재에 부착하는 재료
⑫ 접지 클램프 : 금속관 접지공사 시 사용하는 재료

5. 금속전선관의 굵기 선정

① 금속전선관의 배선에는 절연전선을 사용해야 한다.
② 절연전선은 단면적 10[mm^2](알루미늄선은 16[mm^2]) 이하의 단선을 사용하며, 그 이상일 경우는 연선을 사용하며, 전선에 접속점이 없도록 해야 한다.
③ 교류회로에서는 1회로의 전선 모두를 동일관 내에 넣는 것을 원칙으로 한다.
④ 교류회로에서 전선을 병렬로 여러 가닥 입선하는 경우에 관 내에 **왕복전류의 합계가 "0"이 되도록 하여야 한다.**
⑤ 금속전선관의 굵기는 케이블 또는 절연도체의 내부 단면적이 금속전선관 단면적의 1/3을 초과하지 않도록 하는 것이 바람직하다. `KEC 개정`

6. 금속전선관의 접지

① 전선관은 누선에 의한 사고를 방지하기 위하여 접지공사를 해야 한다.
② 사용전압이 400[V] 이하인 다음의 경우에는 접지공사를 생략할 수 있다.
- 관의 길이가 4[m] 이하인 것을 건조한 장소에 시설하는 경우
- 건조한 장소 또는 사람이 쉽게 접촉할 우려가 없는 장소에 사용전압이 직류 300[V] 또는 교류 대지전압 150[V] 이하로 관의 길이가 8[m] 이하인 것을 시설하는 경우

CHAPTER 02 핵심 기출문제

01 후강 전선관의 관 호칭은 (㉠) 크기로 정하여 (㉡)로 표시하는데, ㉠과 ㉡에 들어갈 내용으로 옳은 것은?

2015 2018 2020 2022 2024

① ㉠ 안지름 ㉡ 홀수
② ㉠ 안지름 ㉡ 짝수
③ ㉠ 바깥지름 ㉡ 홀수
④ ㉠ 바깥지름 ㉡ 짝수

해설
- 후강 전선관 : 안지름의 크기에 가까운 짝수
- 박강 전선관 : 바깥지름의 크기에 가까운 홀수

02 금속전선관 공사에서 사용되는 후강 전선관의 규격이 아닌 것은?

2013 2014 2016 2021 2024

① 16   ② 28   ③ 36   ④ 50

해설

구분	후강 전선관
관의 호칭	안지름의 크기에 가까운 짝수
관의 종류[mm]	16, 22, 28, 36, 42, 54, 70, 82, 92, 104(10종류)
관의 두께	2.3~3.5[mm]

03 박강 전선관의 표준 굵기가 아닌 것은?

2017 2018 2020 2022

① 15[mm]   ② 17[mm]   ③ 25[mm]   ④ 39[mm]

해설
박강 전선관 호칭
- 바깥지름의 크기에 가까운 홀수로 호칭한다.
- 15, 19, 25, 31, 39, 51, 63, 75[mm](8종류)이다.

04 금속관 공사에서 금속관을 콘크리트에 매설할 경우 관의 두께는 몇 [mm] 이상의 것이어야 하는가?

2011 2017 2022

① 0.8[mm]   ② 1.0[mm]   ③ 1.2[mm]   ④ 1.5[mm]

해설
금속관의 두께와 공사
- 콘크리트에 매설하는 경우 : 1.2[mm] 이상
- 기타의 경우 : 1[mm] 이상

정답 01 ② 02 ④ 03 ② 04 ③

05 저압 가공 인입선의 인입구에 사용하며 금속관 공사에서 끝부분의 빗물 침입을 방지하는 데 적당한 것은?

① 플로어 박스　② 엔트런스 캡　③ 부싱　④ 터미널 캡

해설

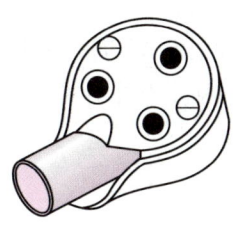

엔트런스 캡

06 금속전선관 공사에서 금속관과 접속함을 접속하는 경우 녹아웃 구멍이 금속관보다 클 때 사용하는 부품은?

① 록너트(로크너트)　② 부싱　③ 새들　④ 링리듀서

07 금속관 공사를 할 경우 케이블 손상 방지용으로 사용하는 부품은?

① 부싱　② 엘보　③ 커플링　④ 로크너트

해설

부싱 : 전선의 절연피복을 보호하기 위하여 금속관 끝에 취부하여 사용한다.

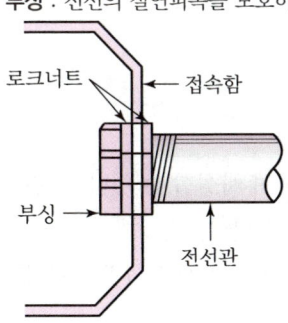

08 금속전선관 내의 절연전선을 넣을 때는 절연전선의 피복을 포함한 총 단면적이 금속관 내부 단면적의 약 몇 [%] 이하가 바람직한가?

① 20　② 25　③ 33　④ 50

해설

금속전선관의 굵기는 케이블 또는 절연도체의 내부 단면적이 금속전선관 단면적의 1/3을 초과하지 않도록 하는 것이 바람직하다.

정답　05 ②　06 ④　07 ①　08 ③

SECTION 05 금속제 가요전선관 공사

1. 금속제 가요전선관의 특징

① 연강대에 아연 도금을 하고, 이것을 약 반 폭씩 겹쳐서 나선 모양으로 만들어 가요성이 풍부하고, 길게 만들어져서 관 상호 접속하는 일이 적고 자유롭게 배선할 수 있는 전선관이다.
② 작은 증설 배선, 안전함과 전동기 사이의 배선, 엘리베이터, 기차나 전차 안의 배선 등의 시설에 적당하다.

2. 금속제 가요전선관의 종류

① 제1종 금속제 가요전선관
플렉시블 콘딧(Flexible Conduit)이라고 하며, 전면을 아연 도금한 파상 연강대가 빈틈없이 나선형으로 감겨져 있으므로 유연성이 풍부하다. 방수형과 비방수형, 고장력형이 있다.

② 제2종 금속제 가요전선관
플리카 튜브(Plica Tube)라고 하며, 아연도금한 강대와 강대 사이에 별개의 파이버를 조합하여 감아서 만든 것으로 내면과 외면이 매끈하고 기밀성, 내열성, 내습성, 내진성, 기계적 강도가 우수하며, 절단이 용이하다. 방수형과 비방수형이 있다.

③ 금속제 가요전선관의 호칭
전선관의 굵기는 안지름으로 정하는데 10, 12, 15, 17, 24, 30, 38, 50, 63, 76, 83, 101[mm]로 제작된다.

3. 금속제 가요전선관의 시공

① 건조하고 전개된 장소와 점검할 수 있는 은폐장소에 한하여 시설할 수 있다. 다만, 무게의 압력 또는 심한 기계적 충격을 받을 우려가 있는 장소는 피해야 한다.
② 가요전선관의 굵기는 케이블 또는 절연도체의 내부 단면적이 가요전선관 단면적의 1/3을 초과하지 않도록 하는 것이 바람직하다. (KEC 개정)
③ 금속제 가요전선관의 부속품은 아래와 같다.
- 가요전선관 상호의 접속 : 스플릿 커플링
- 가요전선관과 금속관의 접속 : 콤비네이션 커플링
- 가요전선관과 박스와의 접속 : 스트레이트 박스 커넥터, 앵글 박스 커넥터

④ 전선은 절연전선으로 단면적 10[mm^2](알루미늄선은 16[mm^2])를 초과하는 것은 연선을 사용해야 하며, 관 내에서는 전선의 접속점을 만들어서는 안 된다.

4. 금속제 가요전선관의 접지

① 금속제 가요전선관 및 부속품에는 접지공사를 해야 한다.
② 금속제 가요전선관은 금속전선관에 비해 전기저항이 크고 굴곡으로 인하여 전기저항의 변화가 심하므로 접지효과를 충분하게 하기 위하여 나연동선을 접지선으로 하여 배관의 안쪽에 삽입 또는 첨가한다.

SECTION 06 케이블 덕팅 시스템

1. 덕트의 특징

강판제를 이용하여 사각 틀을 만들고, 그 안에 절연전선, 케이블, 동바 등을 넣어서 배선하는 것이다.

2. 덕트의 종류

1) 금속 덕트 공사

① 강판제의 덕트 내에 다수의 전선을 정리하여 사용하는 것으로, 주로 공장, 빌딩 등에서 다수의 전선을 수용하는 부분에 사용되며, 다른 전선관 공사에 비해 경제적이고 외관도 좋으며 배선의 증설 및 변경 등이 용이하다.
② 금속 덕트는 폭 4[cm] 이상, 두께 1.2[mm] 이상인 철판으로 견고하게 제작하고, 내면은 아연도금 또는 에나멜 등으로 피복한다.

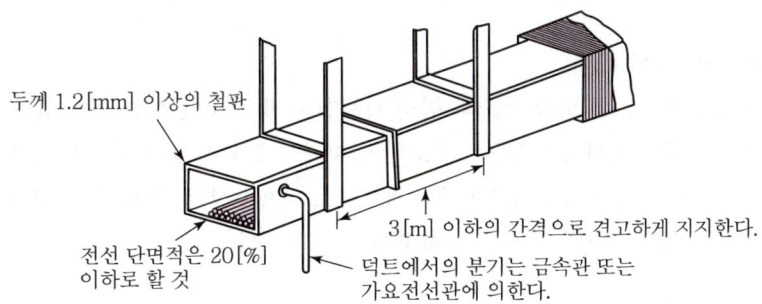

두께 1.2[mm] 이상의 철판
전선 단면적은 20[%] 이하로 할 것
3[m] 이하의 간격으로 견고하게 지지한다.
덕트에서의 분기는 금속관 또는 가요전선관에 의한다.

③ 금속 덕트 배선의 시공
- 옥내에서 건조한 노출 장소와 점검 가능한 은폐 장소에 시설할 수 있다.
- 지지점 간의 거리는 3[m] 이하로 견고하게 지지하고, 뚜껑이 쉽게 열리지 않도록 하며, 덕트의 끝부분은 막는다.
- 절연전선을 사용하고, 덕트 내에서는 전선이 접속점을 만들어서는 안 된다.
- 덕트의 외함 및 부속품에는 접지공사를 해야 한다.

④ 전선과 전선관의 단면적 관계
- 금속 덕트에 수용하는 전선은 절연물을 포함하는 단면적의 총합이 금속 덕트 내 단면적의 20[%] 이하가 되도록 한다.
- 전광사인 장치, 출퇴표시등, 기타 이와 유사한 장치 또는 제어회로 등의 배선에 사용하는 전선만을 넣는 경우에는 50[%] 이하로 할 수 있다.
- 전선수는 30가닥 이하로 하는 것이 좋다.

2) 버스 덕트 공사

① 절연 모선을 금속제 함에 넣는 것으로 빌딩, 공장 등의 저압 대용량의 배선설비 또는 이동 부하에 전원을 공급하는 수단이며, 신뢰도가 높고, 배선이 간단하여 보수가 쉽고, 시공이 용이하다.

② 구리 또는 알루미늄으로 된 나도체를 난연성, 내열성, 내습성이 풍부한 절연물로 지지하고, 절연한 도체를 강판 또는 알루미늄으로 만든 덕트 내에 수용한 것이다.

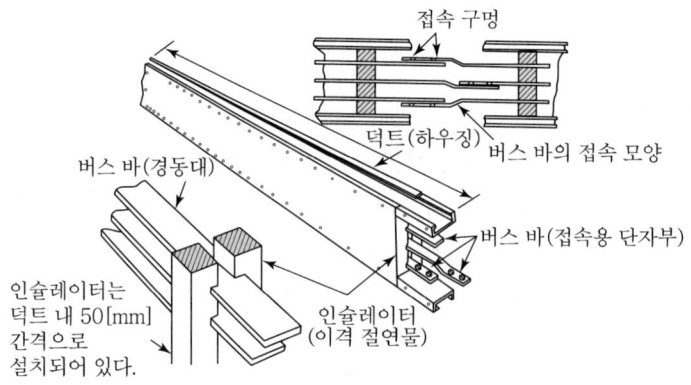

③ 버스 덕트 배선 시공
- 옥내에서 건조한 노출 장소와 점검 가능한 은폐 장소에 시설할 수 있다.
- 덕트는 3[m] 이하의 간격으로 견고하게 지지하고, 내부에 먼지가 들어가지 못하도록 한다.
- 도체는 덕트 내에서 0.5[m] 이하의 간격으로 비흡수성의 절연물로 견고하게 지지해야 한다.
- 덕트의 외함 및 부속품에는 접지공사를 해야 한다.

3) 플로어 덕트 공사

① 마루 밑에 매입하는 배선용의 덕트로 마루 위로 전선인출을 목적으로 하는 것
② 사무용 빌딩에서 전화 및 전기배선 시설을 위해 사용하며, 사무기기의 위치가 변경될 때 쉽게 전기를 끌어 쓸 수 있는 융통성이 있으므로 사무실, 은행, 백화점 등의 실내 공간이 크고 조명, 콘센트, 전화 등의 배선이 분산된 장소에 적합하다.

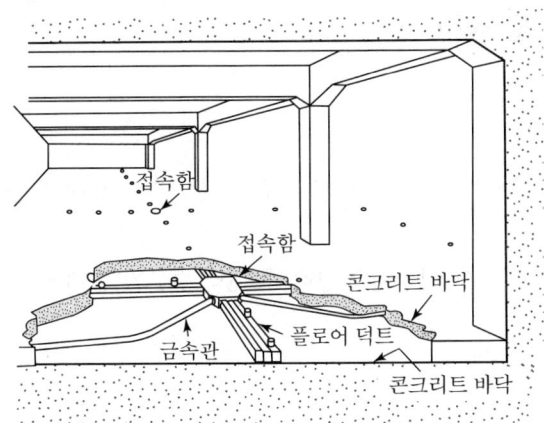

③ 플로어 덕트 배선의 시공
- 옥내의 건조한 콘크리트 바닥에 매입할 경우에 한하여 시설한다.
- 플로어 덕트 배선에 사용되는 전선은 절연전선으로 **단면적 10[mm²]**(알루미늄선은 16[mm²]) 이하를 사용하고 초과하는 경우에는 연선을 사용해야 되고, 관 내에서는 전선의 접속점을 만들어서는 안 된다.
- **사용전압은 400[V]** 이하로 옥내의 건조한 콘크리트 바닥 등 내부에 매입할 경우 시설할 수 있다.
- 덕트의 외함 및 부속품에는 접지공사를 해야 한다.

SECTION 07 케이블 공사

1. 케이블 배선의 특징

① 절연전선보다는 안정성이 뛰어나므로 빌딩, 공장, 변전소, 주택 등 다방면으로 많이 사용되고 있다.

② 다른 배선 방식에 비하여 시공이 간단하여, 전력 수요가 증대되는 곳에서 주로 사용된다.

2. 케이블 배선의 종류

저압 배선용으로 주로 연피케이블, 비닐 외장케이블, 클로로프렌 외장케이블, 폴리에틸렌 외장케이블 등이 사용된다.

3. 케이블 배선의 시공

① 중량물의 압력 또는 심한 기계적 충격을 받을 우려가 있는 장소에서는 사용해서는 안 된다.
   단, 케이블을 금속관 또는 합성수지관 등으로 방호하는 경우에는 사용 가능하다.

② 케이블을 구부리는 경우 굴곡부의 곡률 반지름
   - 연피가 없는 케이블 : 케이블 바깥지름의 5배 이상으로 한다.
   - 연피가 있는 케이블 : 케이블 바깥지름의 12배 이상으로 한다.

③ 케이블 지지점 간의 거리
   - 조영재의 아랫면 또는 옆면으로 시설할 경우 : 2[m] 이하(단, 캡타이어 케이블은 1[m])
   - 조영재의 수직으로 붙이고 사람이 접촉할 우려가 없는 경우 : 6[m] 이하

④ 케이블 상호의 접속과 케이블과 기구단자를 접속하는 경우에는 캐비닛, 박스 등의 내부에서 한다.

CHAPTER 02 핵심 기출문제

01 가요전선관과 금속관 상호 접속에 쓰이는 것은?
2010
2020
① 스플릿 커플링
② 콤비네이션 커플링
③ 스트레이트 박스 커넥터
④ 앵글 박스 커넥터

> **해설**
> • 가요전선관 상호의 접속 : 스플릿 커플링
> • 가요전선관과 금속관의 접속 : 콤비네이션 커플링
> • 가요전선관과 박스와의 접속 : 스트레이트 박스 커넥터, 앵글 박스 커넥터

02 노출장소 또는 점검 가능한 은폐장소에서 제2종 가요전선관을 시설하고 제거하는 것이 자유로운 경우의 곡률반지름은 안지름의 몇 배 이상으로 하여야 하는가?
2017
2023
2024
① 2
② 3
③ 5
④ 6

> **해설**
> 가요전선관 곡률 반지름
> • 자유로운 경우 : 전선관 안시듬의 3배 이상
> • 부자유로운 경우 : 전선관 안지름의 6배 이상

03 금속 덕트 배선에서 금속 덕트를 조영재에 붙이는 경우 지지점 간의 거리는?
2010
2024
① 0.3[m] 이하
② 0.6[m] 이하
③ 2.0[m] 이하
④ 3.0[m] 이하

04 금속 덕트 공사에 관한 사항이다. 다음 중 금속 덕트의 시설로서 옳지 않은 것은?
2009
2016
2020
① 덕트 끝부분은 열어 놓을 것
② 덕트를 조영재에 붙이는 경우에는 덕트의 지지점 간의 거리를 3[m] 이하로 하고 견고하게 붙일 것
③ 덕트의 뚜껑은 쉽게 열리지 않도록 시설할 것
④ 덕트 상호 간은 견고하고 또한 전기적으로 완전하게 접속할 것

> **해설**
> 덕트의 말단은 막아야 한다.

정답 01 ② 02 ② 03 ④ 04 ①

05
금속 덕트에 전광표시장치·출퇴표시등 또는 제어회로 등의 배선에 사용하는 전선만을 넣을 경우 금속 덕트의 크기는 전선의 피복절연물을 포함한 단면적의 총합계가 금속 덕트 내 단면적의 몇 [%] 이하가 되도록 선정하여야 하는가?

① 20[%]
② 30[%]
③ 40[%]
④ 50[%]

해설
- 금속 덕트에 수용하는 전선은 절연물을 포함하는 단면적의 총합이 금속 덕트 내 단면적의 20[%] 이하가 되도록 한다.
- 전광사인 장치, 출퇴표시등, 기타 이와 유사한 장치 또는 제어회로 등의 배선에 사용하는 전선만을 넣는 경우에는 50[%] 이하로 할 수 있다.

06
다음 중 버스 덕트가 아닌 것은?

① 플로어 버스 덕트
② 피더 버스 덕트
③ 트롤리 버스 덕트
④ 플러그인 버스 덕트

해설

버스 덕트의 종류

명칭	비고
피더 버스 덕트	도중에 부하를 접속하지 않는 것
플러그인 버스 덕트	도중에서 부하를 접속할 수 있도록 꽂음 구멍이 있는 것
트롤리 버스 덕트	도중에서 이동부하를 접속할 수 있도록 트롤리 접속식 구조로 한 것

07
플로어 덕트 배선의 사용전압은 몇 [V] 미만으로 제한되는가?

① 220
② 400
③ 600
④ 700

해설
사람 등과 접촉할 우려가 높은 플로어 덕트 배선 및 흥행장의 전기배선은 사용전압이 400[V] 미만이다.

08
플로어 덕트 공사의 설명 중 옳지 않은 것은?

① 덕트 상호 간 접속은 견고하고 전기적으로 완전하게 접속하여야 한다.
② 덕트의 끝부분은 막는다.
③ 덕트 및 박스 기타 부속품은 물이 고이는 부분이 없도록 시설하여야 한다.
④ 플로어 덕트는 바닥에 시설하므로 접지공사를 생략할 수 있다.

해설
플로어 덕트에 접지공사를 하여야 한다.

정답 05 ④ 06 ① 07 ② 08 ④

09 진열장 안에 400[V] 미만인 저압 옥내배선 시 외부에서 보기 쉬운 곳에 사용하는 전선은 단면적이 몇 [mm²] 이상의 코드 또는 캡타이어 케이블이어야 하는가?

① 0.75[mm²] ② 1.25[mm²]
③ 2[mm²]   ④ 3.5[mm²]

해설
이동전선은 단면적 0.75[mm²] 이상의 코드 또는 캡타이어 케이블을 용도에 따라 선정하여야 한다.

10 콘크리트 직매용 케이블 배선에서 일반적으로 케이블을 구부릴 때는 피복이 손상되지 않도록 그 굴곡부 안쪽의 반경은 케이블 외경의 몇 배 이상으로 하여야 하는가?

① 2배   ② 3배
③ 5배   ④ 12배

해설
케이블을 구부리는 경우 굴곡부의 곡률 반지름
- 연피가 없는 케이블 : 곡률반지름은 케이블 바깥지름의 5배 이상
- 연피가 있는 케이블 : 곡률반지름은 케이블 바깥지름의 12배 이상

11 케이블 공사에 의한 저압 옥내배선에서 케이블을 조영재의 아랫면 또는 옆면에 따라 붙이는 경우에는 전선의 지지점 간 거리는 몇 [m] 이하이어야 하는가?

① 0.5   ② 1
③ 1.5   ④ 2

해설
케이블 공사의 지지점 간의 거리
- 조영재의 아랫면 또는 옆면으로 시설할 경우 : 2[m] 이하(단, 캡타이어 케이블은 1[m])
- 조영재의 수직으로 붙이고 사람이 접촉할 우려가 없는 경우 : 6[m] 이하

12 다음과 같은 그림기호의 명칭은?

① 노출 배선   ② 바닥 은폐 배선
③ 지중 매설 배선   ④ 천장 은폐 배선

해설
옥내배선 심벌
- 천장 은폐 배선 ─────────
- 바닥 은폐 배선 ─ ─ ─ ─ ─
- 노출 배선   ·············
- 지중 매설 배선 ─ · ─ · ─
- 바닥면 노출 배선 ─ ·· ─ ·· ─

정답 09 ① 10 ③ 11 ② 12 ④

CHAPTER 03 전선 및 기계기구의 보안공사

SECTION 01 전압

1. 전압의 종류

① 전압은 저압, 고압, 특고압의 세 가지로 구분 (KEC 개정)

저압	• 교류 1[kV] 이하	• 직류 1.5[kV] 이하
고압	• 교류 1[kV] 초과~7[kV] 이하	• 직류 1.5[kV] 초과~7[kV] 이하
특고압	• 7[kV] 초과	

> **TIP** 새로 제정된 KEC에서 전압범위가 바뀌었으므로 출제 가능성이 높다.

② 전압을 표현하는 용어
- 공칭전압 : 전선로를 대표하는 선간전압
- 정격전압 : 실제로 사용하는 전압 또는 전기기구 등에 사용되는 전압
- 대지전압 : 측정점과 대지 사이의 전압

2. 전기 방식

전력을 적절하게 전송하기 위한 여러 가지 방식의 종류와 특징은 다음과 같다.

전기방식	결선도	장점 및 단점	사용처
단상 2선식		• 구성이 간단하다. • 부하의 불평형이 없다. • 소요 동량이 크다. • 전력손실이 크다. • 대용량부하에 부적합하다.	주택 등 소규모 수용가에 적합하며, 220[V]를 사용한다.
단상 3선식		• 부하를 110/200[V] 동시 사용한다. • 부하의 불평형이 있다. • 소요 동량이 2선식의 37.5[%]이다. • 중성선 단선 시 이상전압이 발생한다.	공장의 전등, 전열용으로 사용되며 빌딩이나 주택에서는 거의 사용하지 않는다.
3상 3선식		• 2선식에 비해 동량이 적고, 전압강하 등이 개선된다. • 동력부하에 적합하다. • 소요 동량이 2선식의 75[%]이다.	빌딩에서는 거의 사용되지 않고 있으며 주로 공장 동력용으로 사용된다.

전기방식	결선도	장점 및 단점	사용처
3상 4선식		• 경제적인 방식이다. • 중성선 단선 시 이상전압이 발생한다. • 단상과 3상 부하를 동시 사용할 수 있다. • 부하의 불평형이 있다. • 소요 동량이 2선식의 33.3[%]이다.	대용량의 상가, 빌딩은 물론 공장 등에서 가장 많이 사용된다.

3. 전선의 식별 (KEC 개정)

상(문자)	색상
L1	갈색
L2	흑색
L3	회색
N	청색
보호도체(PE)	녹색 – 노란색

TIP 새로 제정된 KEC에서 색상이 바뀌었으므로 출제 가능성이 높다.

색상 식별이 종단 및 연결 지점만 표시하는 경우에는 도색, 밴드, 색 테이프 등의 방법으로 표시해야 한다.

4. 전압강하의 제한

① 허용 전압강하

설비의 유형	조명[%]	기타[%]
저압으로 수전하는 경우	3	5
고압 이상으로 수전하는 경우	6	8

- 고압 이상의 경우에도 최종회로 내의 전압강하가 저압의 전압강하 값을 넘지 않도록 하는 것이 바람직하다.
- 배선설비가 100[m]를 넘는 부분의 전압강하는 미터당 0.005[%] 증가할 수 있으나, 증가분은 0.5[%]를 넘지 않아야 한다.

② 큰 전압강하를 허용하는 경우
- 기동 시간 중의 전동기
- 돌입전류가 큰 기타 기기

③ 전압강하를 고려하지 않는 경우
- 과도 과전압
- 비정상적인 사용으로 인한 전압 변동

CHAPTER 03 핵심 기출문제

01 전압의 구분에서 고압에 대한 설명으로 가장 옳은 것은?
2024
① 직류는 1.5[kV], 교류는 1[kV] 이하인 것
② 직류는 1.5[kV], 교류는 1[kV] 이상인 것
③ 직류는 1.5[kV], 교류는 1[kV]를 초과하고, 7[kV] 이하인 것
④ 7[kV]를 초과하는 것

해설
전압의 종류
- 저압 : 교류는 1[kV] 이하, 직류는 1.5[kV] 이하
- 고압 : 교류는 1[kV] 초과~7[kV] 이하, 직류는 1.5[kV] 초과~7[kV] 이하
- 특고압 : 7[kV]를 넘는 것

02 전압의 구분에서 저압 직류전압은 몇 [V] 이하인가?
2017
2019
2024
① 400　　② 600　　③ 750　　④ 900

해설
문제 1번 해설 참조

03 다선식 옥내배선인 경우 N상(중성선)의 색별 표시는?
2020
2023
① 갈색　　② 흑색　　③ 회색　　④ 청색

해설

상(문자)	색상
L1	갈색
L2	흑색
L3	회색
N	청색
보호도체(PE)	녹색-노란색

04 다선식 옥내배선인 경우 보호도체(PE)의 색별 표시는?
2021
2023
① 갈색　　② 흑색　　③ 회색　　④ 녹색-노란색

해설
문제 3번 해설 참조

정답　01 ③　02 ③　03 ④　04 ④

SECTION 02 간선

1. 간선의 개요

① 간선 : 전선로에서 전등, 콘센트, 전동기 등의 설비에 전기를 보낼 때 구역을 정하여 큰 용량의 배선으로 배전하기 위한 전선

② 한 개의 간선에 많은 분기회로가 포함되어 있으므로 전력 공급 면에서 간선이 분기회로보다 큰 용량이다.

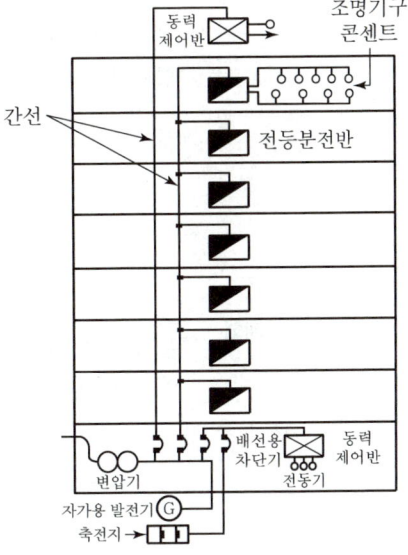

2. 간선의 종류

1) 사용목적에 따른 분류

① 전등 간선 : 조명기구, 콘센트, 사무용 기기 등에 전력을 공급하는 간선

② 동력 간선
- 에어컨, 공기조화기, 급·배수 펌프, 엘리베이터 등의 동력설비에 전력을 공급하는 간선
- 승강기용 동력간선은 다른 용도의 부하와 접속시키지 않는다.

③ 특수용 간선 : 중요도가 높은 특수기기 및 장비에 전력을 공급하는 간선

2) 간선의 보호

① 과전류 보호 장치
- 간선을 과전류로부터 보호하기 위해 과전류 차단기를 시설한다.
- 과부하에 대해 케이블(전선)을 보호하기 위해 아래의 조건을 충족해야 한다. (KEC 개정)

$$I_B \leq I_n \leq I_Z \text{ 및 } I_2 \leq 1.45 \times I_Z$$

여기서, I_B : 회로의 설계전류
I_n : 보호장치의 정격전류
I_Z : 케이블의 허용전류
I_2 : 보호장치가 유효한 동작을 보장하는 전류

> TIP 새로 제정된 KEC에서 바뀐 부분으로 출제 가능성이 높다.

- 과부하 보호장치 설치위치

원칙	전로 중 도체의 단면적, 특성, 설치방법, 구성의 변경으로 도체의 허용전류값이 줄어드는 곳에 설치
예외	분기회로(S_2)의 과부하 보호장치(P_2)가 분기회로에 대한 단락보호가 이루어지는 경우, 임의의 거리에 설치 분기회로(S_2)의 과부하 보호장치(P_2)가 분기회로에 대한 단락의 위험과 화재 및 인체에 대한 위험성이 최소화되도록 시설된 경우, 분기점(O)으로부터 3[m] 이내에 설치
생략	• 분기회로의 전원 측에 설치된 보호장치에 의해 분기회로에 발생하는 과부하에 대해 유효하게 보호되는 경우 • 부하에 설치된 과부하 보호장치가 유효하게 동작하여 과부하 전류가 분기회로에 전달되지 않도록 조치한 경우 • 통신회로용, 제어회로용, 신호회로용 및 이와 유사한 설비

② **지락 보호 장치** : 지락사고 시 자동적으로 전로를 차단하여 간선을 보호한다.
③ **단락 보호 장치** : 간선의 전선이나 전기부하에서 생기는 단락사고 시 단락 전류를 차단하여 간선을 보호한다.

SECTION 03 분기회로

1. 분기회로의 정의

① 간선으로부터 분기하여 과전류 차단기를 거쳐 각 부하에 전력을 공급하는 배선을 말한다. 즉 모든 부하는 분기회로에 의하여 전력을 공급받고 있는 것이다.
② **사용목적** : 고장 발생 시 고장범위를 될 수 있는 한 줄여 신속한 복귀와 경제적 손실을 줄이기 위해 분기회로를 시설한다.

③ 분기회로의 종류

분기회로의 과전류 차단기는 배선용 차단기 또는 퓨즈를 사용하는데, 조명용, 전열용, 에어컨용 등으로 부하의 종류별로 분류한다.

2. 부하의 산정

배선을 설계하기 위한 전등 및 소형 전기 기계기구의 부하용량 산정은 아래 표에 표시하는 건물의 종류 및 그 부분에 해당하는 표준부하에 바닥 면적을 곱한 값을 구하고 여기에 가산하여야 할 [VA] 수를 더한 값으로 계산한다.

부하설비용량 = 표준부하밀도 × 바닥면적 + 부분부하밀도 × 바닥면적 + 가산부하[VA]

부하구분	건물종류 및 부분	표준부하밀도[VA/m²]
표준부하	공장, 공회당, 사원, 교회, 극장, 영화관, 연회장 등	10
	기숙사, 여관, 호텔, 병원, 학교, 음식점, 다방, 대중목욕탕	20
	사무실, 은행, 상점, 이발소, 미용원	30
	주택, 아파트	40
부분부하	계단, 복도, 세면장, 창고	5
	강당, 관람석	10
가산부하	주택, 아파트	세대당 500~1,000[VA]
	상점 진열장	길이 1[m]마다 300[VA]
	옥외광고등, 전광사인, 무대조명, 특수 전등 등	실[VA] 수

3. 분기회로의 시공

① 전선도체의 굵기는 허용전류, 전압강하 및 기계적 강도를 고려하여 선정한다.
② 다선식(단상 3선식, 3상 3선식, 3상 4선식) 분기회로는 부하의 불평형을 고려한다.

4. 분기회로 구성 시 주의사항

① 전등과 콘센트는 전용의 분기회로로 구분하는 것을 원칙으로 한다.
② 분기회로의 길이는 전압강하와 시공을 고려하여 약 30[m] 이하로 한다.
③ 정확한 부하 산정이 어려울 경우에는 사무실, 상점, 대형 건물에서 36[m²]마다 1회로로 구분하고, 복도나 계단은 70[m²]마다 1회로로 적용한다.
④ 복도와 계단 및 습기가 있는 장소의 전등 수구는 별도의 회로로 한다.

CHAPTER 03 핵심 기출문제

01 저압옥내 분기회로에 개폐기 및 과전류 차단기를 분기회로의 과부하 보호장치가 분기회로에 대한 단락의 위험과 화재 및 인체에 대한 위험성이 최소화되도록 시설된 경우, 분기점으로부터 몇 [m] 이하에 시설하여야 하는가?

① 3
② 5
③ 8
④ 12

해설

분기회로(S_2)의 과부하 보호장치(P_2)가 분기회로에 대한 단락의 위험과 화재 및 인체에 대한 위험성이 최소화되도록 시설된 경우, 분기점(O)으로부터 3[m] 이내에 설치한다.

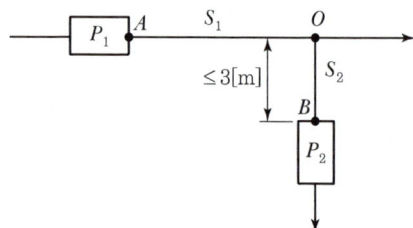

02 어느 가정집이 40[W] LED등 10개, 1[kW] 전자레인지 1개, 100[W] 컴퓨터 세트 2대, 1[kW] 세탁기 1대를 사용하고, 하루 평균 사용 시간이 LED등 5시간, 전자레인지 30분, 컴퓨터 5시간, 세탁기 1시간이라면 1개월(30일)간의 사용 전력량[kWh]은?

① 115
② 135
③ 155
④ 175

해설

각 부하별 사용 전력량을 계산하여 합하여 구한다.
- LED등 : 0.04[kW]×10개×5시간×30일=60[kWh]
- 전자레인지 : 1[kW]×1개×0.5시간×30일=15[kWh]
- 컴퓨터 세트 : 0.1[kW]×2대×5시간×30일=30[kWh]
- 세탁기 : 1[kW]×1대×1시간×30일=30[kWh]

따라서, 총 사용 전력량=60+15+30+30=135[kWh]

정답 01 ① 02 ②

03 주택, 아파트에서 사용하는 표준부하[VA/m²]는?

① 10
② 20
③ 30
④ 40

해설

건물의 표준부하

부하구분	건물종류 및 부분	표준부하밀도[VA/m²]
표준부하	공장, 공회당, 사원, 교회, 극장, 영화관, 연회장 등	10
	기숙사, 여관, 호텔, 병원, 학교, 음식점, 다방, 대중목욕탕	20
	사무실, 은행, 상점, 이발소, 미용원	30
	주택, 아파트	40

04 배선설계를 위한 전동 및 소형 전기기계기구의 부하용량 산정 시 건축물의 종류에 대응한 표준부하에서 원칙적으로 표준부하를 20[VA/m²]으로 적용하여야 하는 건축물은?

① 교회, 극장
② 학교, 음식점
③ 은행, 상점
④ 아파트, 미용원

해설

문제 3번 해설 참조

05 분기회로 구성 시 주의사항이 아닌 것은?

① 전등과 콘센트는 전용의 분기회로로 구분하는 것을 원칙으로 한다.
② 복도나 계단은 가능하면 구분하여 별도의 회로로 한다.
③ 습기가 있는 장소의 전등 수구는 별도의 회로로 한다.
④ 분기회로의 길이는 건물 내에서 제한을 두지 않는다.

해설

분기회로의 길이는 전압강하와 시공을 고려하여 약 30[m] 이하로 한다.

정답 03 ④ 04 ② 05 ④

SECTION 04 변압기 용량산정

1. 부하 설비 용량산정

모든 부하 설비가 전부 상시 사용되는 것이 아니며, 사용시각이 항상 일정하지 않다. 그러므로 각 부하마다 추산한 설비용량에 수용률, 부등률, 부하율 등을 고려해서 최대수용전력을 산정한다. 여기에 장래의 부하 증설계획과 여유분 등을 감안하여 변압기 용량을 결정하게 된다.

① **수용률** : 수용장소에 설비된 전 용량에 대하여 **실제 사용하고 있는 부하의 최대 전력 비율**을 말한다. 전력소비기기가 동시에 사용되는 정도를 나타내는 척도이며, 보통 1보다 작다.

$$수용률 = \frac{최대수용전력}{총\ 부하설비용량\ 합계} \times 100[\%]$$

② **부등률** : 한 배전용 변압기에 접속된 수용가의 부하는 **최대수용전력을 나타내는 시각이 서로 다른 것이 보통**이다. 이 다른 정도를 부등률로 나타낸다. 보통 1보다 큰 값을 나타낸다.

$$부등률 = \frac{각\ 부하의\ 최대수용전력의\ 합계}{합성최대수용전력}$$

③ **부하율** : 전기설비가 어느 정도 **유효하게 사용되는가**를 나타내며 부하율이 높을수록 설비가 효율적으로 사용되는 것이다.

$$부하율 = \frac{부하의\ 평균전력}{최대수용전력} \times 100[\%]$$

2. 변압기 용량산정

① 각 부하별로 최대수용전력을 산출하고 이에 부하역률과 부하증가를 고려하여 변압기의 총용량을 결정한다.

$$변압기\ 용량 = \frac{총\ 부하설비용량 \times 수용률}{부등률} \times 여유율$$

> **TIP** 변압기 용량은 최대수용전력으로 정한다.

② 여유율은 일반적으로 10[%] 정도의 여유를 둔다.

SECTION 05 전로의 절연

1. 전로의 절연의 필요성

① 누설전류로 인하여 화재 및 감전사고 등의 위험 방지
② 전력 손실 방지
③ 지락전류에 의한 통신선에 유도 장해 방지

2. 저압전로의 절연저항

① 정전이 어려운 경우 등 절연저항 측정이 곤란한 경우에는 저항성분의 누설전류가 1[mA] 이하이면 그 전로의 절연성능은 적합한 것으로 본다.

② 저압전로의 절연성능
- 전기 사용 장소의 사용전압이 저압인 전로의 전선 상호 간 및 전로와 대지 사이의 절연저항은 개폐기 또는 과전류 차단기로 쉽게 구분할 수 있는 전로마다 다음 표에서 정한 값 이상이어야 한다. 다만, 전선 상호 간의 절연저항은 기계기구를 쉽게 분리하기가 곤란한 분기회로의 경우 기기 접속 전에 측정할 수 있다.
- 측정치 영향이나 손상을 받을 수 있는 SPD(서지보호장치) 등 기기는 측정 전에 분리시켜야 하고, 분리가 어려운 경우 시험전압을 250[V] DC로 낮추어 측정해서 절연저항이 1[MΩ] 이상이어야 한다. (KEC 개정)

전로의 사용전압[V]	DC 시험전압[V]	절연저항
SELV 및 PELV	250	0.5[MΩ] 이상
FELV, 500[V] 이하	500	1.0[MΩ] 이상
500[V] 초과	1,000	1.0[MΩ] 이상

> 특별저압(Extra Low Voltage : 2차 전압이 AC 50[V], DC 120[V] 이하)으로 SELV(비접지회로) 및 PELV(접지회로)는 1차와 2차가 전기적으로 절연된 회로, FELV는 1차와 2차가 전기적으로 절연되지 않은 회로이다.

> TIP 새로 제정된 KEC에서 바뀐 내용이므로 출제 가능성이 높다.

3. 고압, 특고압 전로 및 기기의 절연

> TIP 사용전압이 높아지면 그 절연저항이 상대적으로 낮아지므로 저압 전로에서와 같은 절연저항값은 의미가 없게 된다. 따라서, 고압이나 특고압 전로에서는 절연저항값의 측정보다는 절연내력 시험을 통해서 절연상태를 점검한다.

1) 고압 및 특별고압 전로의 절연내력 시험전압

① 절연내력 시험은 아래 표에서 정한 시험전압을 전로와 대지 간에 10분간 연속적으로 가하여 견디어야 한다. 다만, 케이블 시험에서는 표에서 정한 시험전압 2배의 직류전압을 10분간 가하여 시험을 한다.

구분		시험전압 배율	시험 최저전압[V]
중성점 비접지식	7[kV] 이하	1.5	500
	7[kV] 초과 25[kV] 이하	1.25	10,500
	25[kV] 초과	1.25	
중성점 접지식	7[kV] 이하	1.5	500
	7[kV] 초과 25[kV] 이하	0.92	
	25[kV] 초과 60[kV] 이하	1.25	
	60[kV] 초과	1.1	75,000
	60[kV] 초과(직접 접지식)	0.72	
	170[kV] 초과	0.64	

② 시험전압 인가 장소
- 회전기 : 권선과 대지 사이
- 변압기 : 권선과 다른 권선 사이, 권선과 철심 사이, 권선과 외함 사이
- 전기기구 : 충전부와 대지 사이

CHAPTER 03 핵심 기출문제

01 어느 수용가의 설비용량이 각각 1[kW], 2[kW], 3[kW], 4[kW]인 부하설비가 있다. 그 수용률이 60[%]인 경우 그 최대수용전력은 몇 [kW]인가?
2009
2020
① 3 ② 6 ③ 30 ④ 60

해설

수용률 = $\dfrac{\text{최대수용전력}}{\text{수용설비용량}}$ 이므로, 최대수용전력 = $(1+2+3+4) \times 0.6 = 6$[kW]이다.

---

02 다음은 절연저항에 대한 설명이다. 괄호 안에 들어갈 내용으로 알맞은 것은?
2021

> 특별저압 : 2차 전압이 AC (㉠)[V], DC (㉡)[V] 이하인 SELV(비접지회로) 및 PELV(접지회로)는 1차와 2차가 전기적으로 절연된 회로, FELV는 1차와 2차가 전기적으로 절연되지 않은 회로이다.

① ㉠ 50, ㉡ 100 ② ㉠ 40, ㉡ 100
③ ㉠ 50, ㉡ 120 ④ ㉠ 40, ㉡ 122

해설

특별저압(Extra Low Voltage)은 2차 전압이 AC 50[V], DC 120[V] 이하이다.

---

03 최대사용전압이 70[kV]인 중성점 직접접지식 전로의 절연내력 시험전압은 몇 [V]인가?
2011
2018
2022
① 35,000[V] ② 42,000[V]
③ 44,800[V] ④ 50,400[V]

해설

고압 및 특별고압 전로의 절연내력 시험전압

구분		시험전압 배율	시험 최저전압[V]
중성점 비접지식	7[kV] 이하	1.5	500
	7[kV] 초과 25[kV] 이하	1.25	10,500
	25[kV] 초과	1.25	
중성점 접지식	7[kV] 이하	1.5	500
	7[kV] 초과 25[kV] 이하	0.92	
	25[kV] 초과 60[kV] 이하	1.25	
	60[kV] 초과	1.1	75,000
	60[kV] 초과(직접 접지식)	0.72	
	170[kV] 초과	0.64	

위 표에서 배율을 적용하면, 70[kV] × 0.72 = 50.4[kV]이다.

정답 01 ② 02 ③ 03 ④

SECTION 06 접지시스템 (KEC 개정)

• NOTICE • 새로 제정된 KEC에서 접지시스템은 전면 개정되어 출제 가능성이 높습니다.

1. 접지의 목적

① 전기 설비의 절연물의 열화 또는 손상되었을 때 흐르는 누설 전류로 인한 감전을 방지
② 높은 전압과 낮은 전압이 혼촉사고가 발생했을 때 사람에게 위험을 주는 높은 전류를 대지로 흐르게 하기 위함
③ 뇌해로 인한 전기설비나 전기기기 등을 보호하기 위함
④ 전로에 지락사고 발생 시 보호계전기를 신속하고, 확실하게 작동하도록 하기 위함
⑤ 전기기기 및 전로에서 이상 전압이 발생하였을 때 대지전압을 억제하여 절연강도를 낮추기 위함

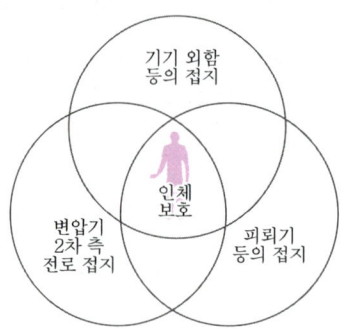

2. 접지시스템의 구분 및 종류

① **구분** : 계통접지, 보호접지, 피뢰시스템 접지
② **시설 종류** : 단독접지, 공통접지, 통합접지

3. 계통접지 분류

 TIP 계통접지에서 사용되는 문자의 정의
① 제1문자 : 전원계통과 대지의 관계
  • T(Terra, 땅, 대지) : 전력계통을 대지에 직접 접지하는 방식
  • I(Insulation, 절연) : 전력계통을 대지로부터 절연시키거나 임피던스를 삽입하여 접지하는 방식
② 제2문자 : 전기설비의 노출도전부와 대지의 관계
  • T(Terra, 땅, 대지) : 노출도전부를 대지에 직접 접속하는 방식(전원계통의 접지와는 무관)
  • N(Neutral, 중성선) : 노출도전부를 중성선에 접속하는 방식
③ 제3문자 : 중성선(N)과 보호도체(PE)의 관계
  • S(Separator, 분리) : 중성선과 보호도체를 분리 시설
  • C(Combine, 결합) : 중성선과 보호도체를 겸용 시설(PEN 도체)

1) **TN-S 방식** : 계통 전체에 걸쳐서 중성선(N)과 보호도체(PE)를 분리하여 설치
   ① 일반적인 부하설비의 분기회로에 적용되며, 누전차단기 설치 가능
   ② 보호도체와 중성선이 독립되어 있어 보호도체에는 부하전류가 흐르지 않아 전산센터, 병원, 정보통신설비 등 노이즈에 예민한 설비가 있는 곳에 사용 시 유리

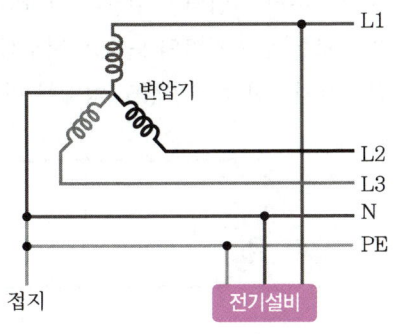

┃TN-S 방식┃

2) **TN-C 방식** : 계통 전체에 걸쳐서 중성선(N)과 보호도체(PE)의 기능을 하나의 도체(PEN)에 설치
   ① 고장 시 고장전류가 PEN 도체를 통해 흐르므로 누전차단기 설치 불가능
   ② 하나의 도체로 중성선과 보호도체를 겸용하여 경제적이나 안전상 일반적으로 사용하지 않는 방식

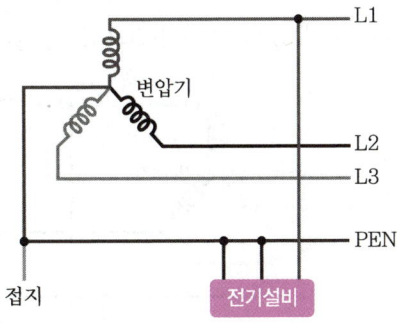

┃TN-C 방식┃

3) TN-C-S 방식 : 계통의 일부분에서 중성선+보호도체(PEN)를 사용하거나, 중성선과 별도의 보호도체(PE)를 사용하는 방식

① 전원부는 TN-C 방식, 간선계통에서 중성선과 보호도체를 분리하여 TN-S 계통으로 하는 방식
② 일반적인 저압 배전선으로부터 인입되는 수용가 설비의 인입점에서 PEN 도체를 중성선과 보호도체로 분리시키고 모든 부하기기의 노출 도전부를 보호도체에 접속하면 누전차단기를 설치할 수 있고, 전기자기적합성의 영향도 억제할 필요가 있는 전원회로에 적용

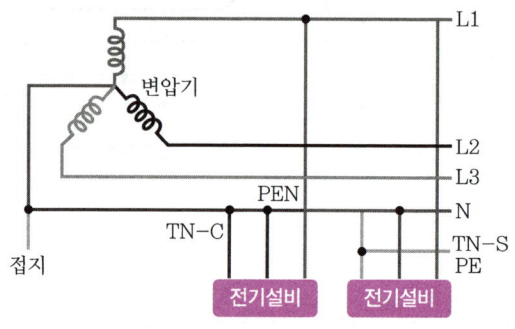

| TN-C-S 방식 |

4) TT 방식 : 보호도체(PE)를 전력계통으로부터 끌어오지 않고 기기 자체를 단독 접지하는 방식

① 주상변압기 접지선과 각 수용가의 접지선이 따로 있는 상태
② 개별기기 접지방식으로 누전차단기(ELB)로 보호 가능
③ 2개의 전압을 사용하기 위해 중성선(N)이 필요함

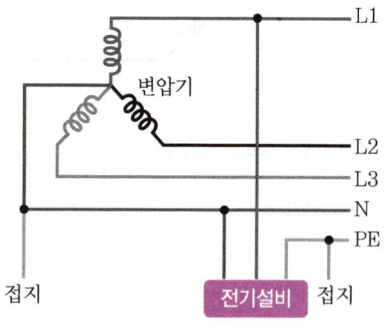

| TT 방식 |

5) IT 방식 : 전력계통은 비접지로 하거나 임피던스를 삽입하여 접지하고 설비의 노출 도전성 부분은 개별 접지하는 방식

① 지락 고장 시 상당히 작은 고장전류가 흐르므로 전원의 자동차단이 요구되지 않음
② 일반적으로 전원 공급의 연속성이 요구되는 병원, 플랜트 등의 설비에 적용

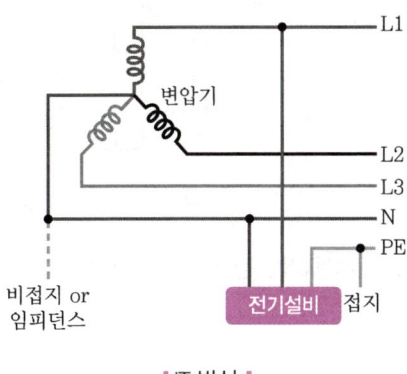

| IT 방식 |

4. 접지시스템의 시설

1) 접지시스템 구성요소

접지극, 접지도체, 보호도체 및 기타 설비로 구성

2) 접지극의 시설 및 접지저항

① 접지극 시설
- 콘크리트에 매입된 기초 접지극
- 토양에 매설된 기초 접지극
- 토양에 수직 또는 수평으로 직접 매설된 금속전극(봉, 전선, 테이프, 배관, 판 등)
- 케이블의 금속외장 및 그 밖의 금속피복
- 지중 금속구조물(배관 등)
- 대지에 매설된 철근콘크리트의 용접된 금속 보강재(강화콘크리트는 제외)

② 접지극의 매설
- 접지극은 매설하는 토양을 오염시키지 않아야 하며, 가능한 한 다습한 부분에 설치한다.
- 접지극은 **지표면으로부터 지하 0.75[m] 이상**으로 하되 동결 깊이를 감안하여 매설 깊이를 정해야 한다.
- 접지도체를 철주, 기타의 금속체를 따라서 시설하는 경우에는 접지극을 **철주의 밑면으로**부터 0.3[m] 이상의 깊이에 매설하는 경우 이외에는 접지극을 지중에서 그 **금속체로부터 1[m] 이상** 떼어 매설하여야 한다.

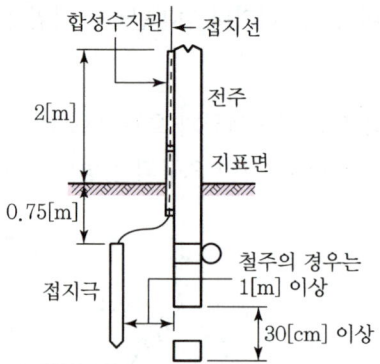

③ 접지극 접속 : 발열성 용접, 압착접속, 클램프 또는 그 밖의 적절한 기계적 접속장치로 접속

④ 수도관 등을 접지극으로 사용하는 경우 : 지중에 매설되어 있고 대지와의 전기저항값이 3[Ω] 이하일 경우 가능

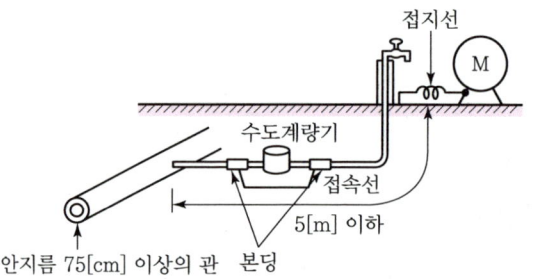

⑤ 건축물·구조물의 철골, 기타의 금속제를 접지극으로 사용하는 경우 : 대지와의 사이에 전기저항값이 2[Ω] 이하일 경우 가능

5. 접지도체

① 접지도체의 단면적

접지도체에 큰 고장전류가 흐르지 않을 경우	• 구리 : 6[mm²] 이상 • 철제 : 50[mm²] 이상
접지도체에 피뢰시스템이 접속되는 경우	• 구리 : 16[mm²] 이상 • 철제 : 50[mm²] 이상

② 접지도체는 지하 0.75[m]부터 지표상 2[m]까지 부분은 합성수지관 또는 이와 동등 이상의 절연효과와 강도를 가지는 몰드로 덮어야 한다(두께 2[mm] 미만의 합성수지제 전선관 및 가연성 콤바인 덕트관은 제외).

6. 보호도체의 최소 단면적

선도체의 단면적 S ([mm²], 구리)	보호도체의 재질이 선도체와 같은 경우 최소 단면적([mm²], 구리)
$S \leq 16$	S
$16 < S \leq 35$	16
$S > 35$	$S/2$

7. 주 접지단자

주 접지단자는 다음의 도체들을 접속하여야 한다.
① 등전위본딩도체
② 접지도체
③ 보호도체
④ 기능성 접지도체

8. 전기수용가 접지

1) 저압수용가 인입구 접지

수용장소 인입구 부근에서 다음의 것을 접지극으로 사용하여 변압기 중성점 접지를 한 저압전선로의 중성선 또는 접지 측 전선에 추가로 접지공사를 할 수 있다.
① 지중에 매설되어 있고 대지와의 전기저항값이 3[Ω] 이하의 값을 유지하고 있는 금속제 수도관로
② 대지 사이의 전기저항값이 2[Ω] 이하인 값을 유지하는 건물의 철골

2) 주택 등 저압수용장소 접지

① 계통접지가 TN-C-S 방식인 경우 : 중성선 겸용 보호도체(PEN)는 고정 전기설비에만 사용할 수 있고, 그 도체의 단면적이 구리는 10[mm²] 이상, 알루미늄은 16[mm²] 이상이어야 하며, 그 계통의 최고전압에 대하여 절연되어야 한다.
② 감전보호용 등전위본딩을 하여야 한다.

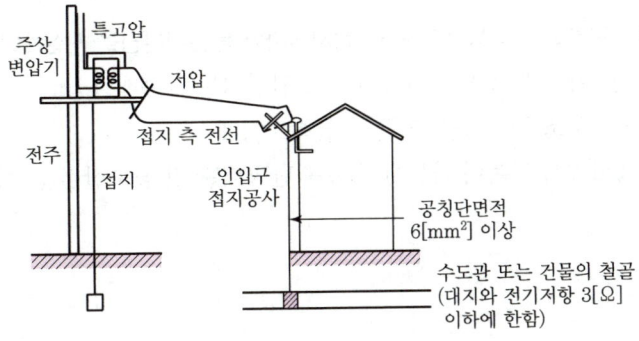

9. 변압기 중성점 접지

1) 중성점 접지저항값

일반적으로 변압기의 고압·특고압 측 전로 1선 지락전류로 150을 나눈 값과 같은 저항값 이하 (전로의 1선 지락전류는 실측값에 의한다.)

2) 공통접지 및 통합접지

① **공통접지**: 고압 및 특고압과 저압 전기설비의 접지극이 서로 근접하여 시설되어 있는 변전소 또는 이와 유사한 곳
② **통합접지**: 전기설비의 접지계통·건축물의 피뢰설비·전자통신설비 등의 접지극을 공용 (낙뢰에 의한 과전압 등으로부터 전기전자기기 등을 보호하기 위해 서지보호장치를 설치하여야 한다.)

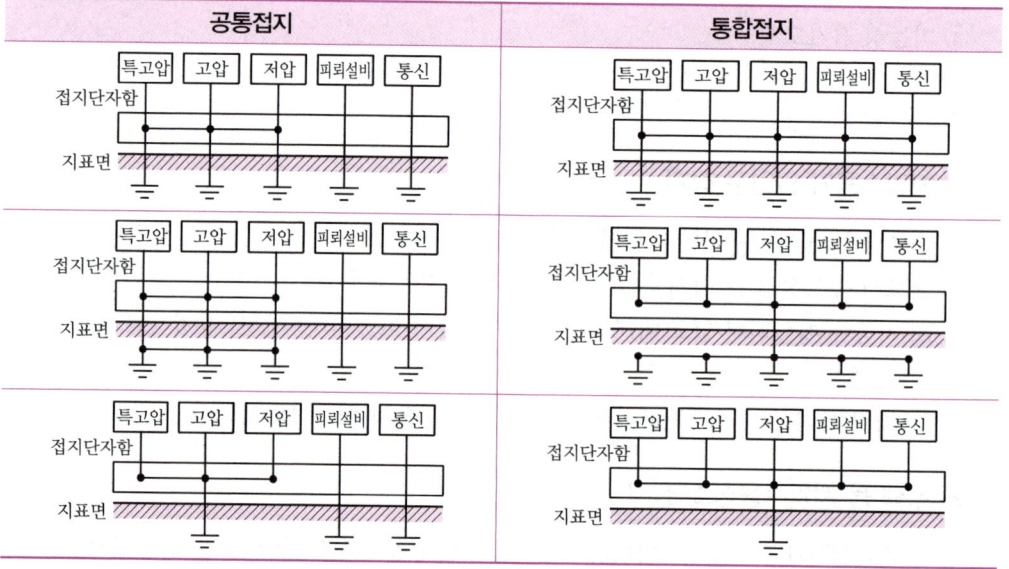

10. 감전보호용 등전위본딩

1) 등전위본딩의 적용

① 건축물·구조물에서 접지도체, 주 접지단자와 등전위본딩을 시설해야 하는 곳
  - 수도관·가스관 등 외부에서 내부로 인입되는 금속배관
  - 건축물·구조물의 철근, 철골 등 금속보강재
  - 일상생활에서 접촉이 가능한 금속제 난방배관 및 공조설비 등 계통외도전부

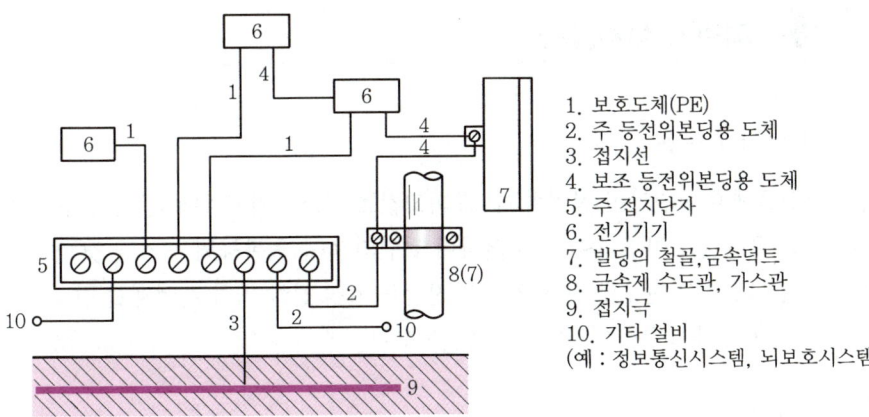

② 주 접지단자에 보호 등전위본딩 도체, 접지도체, 보호도체, 기능성 접지도체를 접속하여야 한다.

2) 보호 등전위본딩 시설

① 건축물 · 구조물의 외부에서 내부로 들어오는 각종 금속제 배관
- 1개소에 집중하여 인입하고, 인입구 부근에서 서로 접속하여 등전위본딩 바에 접속한다.
- 수도관 · 가스관의 경우 내부로 인입된 최초의 밸브 후단에서 등전위본딩을 하여야 한다.
- 건축물 · 구조물의 철근, 철골 등 금속보강재는 등전위본딩을 하여야 한다.

3) 보호 등전위본딩 도체

① 주 접지단자에 접속하기 위한 등전위본딩 도체
  ㉠ 설비 내에 있는 가장 큰 보호접지도체 단면적의 1/2 이상의 단면적을 가져야 하고 다음의 단면적 이상이어야 한다.
  - 구리 도체 : 6[mm²]
  - 알루미늄 도체 : 16[mm²]
  - 강철 도체 : 50[mm²]

  ㉡ 주 접지단자에 접속하기 위한 보호 본딩 도체의 단면적은 구리 도체 2[mm²] 또는 다른 재질의 동등한 단면적을 초과할 필요는 없다.

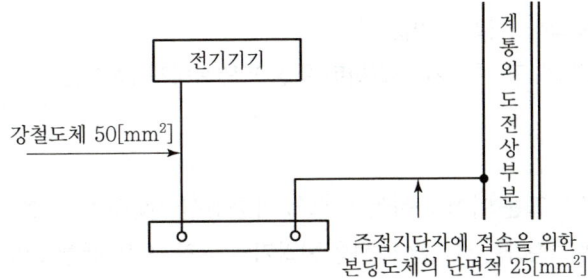

SECTION 07 피뢰기 설치공사

1. 피뢰기가 구비해야 할 성능

① 전기시설물에 이상전압이 침입할 때 그 파고값을 감소시키기 위해 방전특성을 가질 것
② 이상전압 방전완료 이후 속류를 차단하여 절연의 자동 회복능력을 가질 것
③ 방전개시 이후 이상전류 통전 시의 단자전압을 일정 전압 이하로 억제할 것
④ 반복 동작에 대하여 특성이 변화하지 않을 것

2. 피뢰기의 정격

① 정격전압 : 전압을 선로단자와 접지단자에 인가한 상태에서 동작책무를 반복 수행할 수 있는 정격 주파수의 상용주파전압 최고한도(실효치)를 말한다.

계통구분	피뢰기 정격전압의 예	
	공칭전압[kV]	정격전압[kV]
유효접지계통	345	288
	154	138
	22.9	18
비유효접지계통	22	24
	6.6	7.5

② 공칭 방전전류 : 보통 수전설비에 사용하는 피뢰기의 방전전류는 154[kV]계통에서는 10[kA]로 22.9[kV]계통에서는 5[kA]나 10[kA]를 사용한다.
③ 제한전압 : 피뢰기 방전 시 단자 간에 남게 되는 충격전압의 파고치로서 방전 중에 피뢰기 단자 간에 걸리는 전압을 말한다.

3. 피뢰기의 구비조건

① 충격방전개시 전압이 낮을 것
② 제한 전압이 낮을 것
③ 뇌전류 방전능력이 클 것
④ 속류차단을 확실하게 할 수 있을 것
⑤ 반복동작이 가능하고, 구조가 견고하며 특성이 변화하지 않을 것

4. 피뢰기의 시설장소

① 발전소, 변전소 또는 이에 준하는 장소의 가공전선 인입구 및 인출구
② 가공전선로에 접속하는 특고압 배전용 변압기의 고압 측 및 특별고압 측
③ 고압 또는 특별고압 가공전선로로부터 공급을 받는 수용장소의 인입구
④ 가공전선로와 지중전선로가 접속되는 곳

CHAPTER 03 핵심 기출문제

01 접지하는 목적이 아닌 것은?
2009
2011
2016
2019
2020
① 이상 전압의 발생
② 전로의 대지전압의 저하
③ 보호 계전기의 동작확보
④ 감전의 방지

해설
접지의 목적
- 누설 전류로 인한 감전을 방지
- 뇌해로 인한 전기설비를 보호
- 전로에 지락사고 발생 시 보호계전기를 확실하게 작동
- 이상 전압이 발생하였을 때 대지전압을 억제하여 절연강도를 낮추기 위함

02 변압기 중성점에 접지공사를 하는 이유는?
2016
2020
2021
① 전류 변동의 방지
② 전압 변동의 방지
③ 전력 변동의 방지
④ 고저압 혼촉 방지

해설
접지공사는 높은 전압과 낮은 전압이 혼촉 사고가 발생했을 때 사람에게 위험을 주는 높은 전류를 대지로 흐르게 하기 위함이다.

03 저압전로의 보호도체 및 중성선의 접속방식에 따른 계통접지에 해당하지 않는 것은?
2020
① TT계통
② TI계통
③ TN계통
④ IT계통

해설
저압전로의 보호도체 및 중성선의 접속 방식에 따른 분류
- TT계통
- IT계통
- TN계통

04 접지시스템의 구성 요소에 해당하지 않는 것은?
2021
① 접지극
② 계통도체
③ 보호도체
④ 접지도체

해설
접지시스템은 접지극, 접지도체, 보호도체 및 기타 설비로 구성한다.

정답 01 ① 02 ④ 03 ② 04 ②

05 고압 이상의 전기설비에서 시설되는 접지극은 지표면으로부터 지하 몇 [m] 이상으로 매설하여야 하는가?

① 0.5
② 0.75
③ 1.0
④ 1.5

해설
접지극은 지표면으로부터 지하 0.75[m] 이상으로 하되 동결 깊이를 감안하여 매설 깊이를 정해야 한다.

06 접지공사에서 접지선을 철주, 기타 금속체를 따라 시설하는 경우 접지극은 지중에서 그 금속체로부터 몇 [cm] 이상 띄어 매설하는가?

① 30
② 60
③ 75
④ 100

해설
접지도체를 철주, 기타의 금속체를 따라서 시설하는 경우에는 접지극을 철주의 밑면으로부터 0.3[m] 이상의 깊이에 매설하는 경우 이외에는 접지극을 지중에서 그 금속체로부터 1[m] 이상 떼어 매설하여야 한다.

07 지중에 매설되어 있는 수도관 등을 접지극으로 사용하는 경우에 전기저항의 최댓값은 얼마인가?

① 2[Ω]
② 3[Ω]
③ 4[Ω]
④ 5[Ω]

해설
수도관 등을 접지극으로 사용하는 경우
지중에 매설되어 있고 대지와의 전기저항값이 3[Ω] 이하의 값을 유지하고 있는 금속제 수도관로가 접지극으로 사용이 가능하다.

08 접지도체에 큰 고장전류가 흐르지 않을 경우에 접지도체는 단면적 몇 [mm²] 이상의 구리선을 사용하여야 하는가?

① 2.5[mm²]
② 6[mm²]
③ 10[mm²]
④ 16[mm²]

해설
접지도체의 단면적

접지도체에 큰 고장전류가 흐르지 않을 경우	• 구리 : 6[mm²] 이상 • 철제 : 50[mm²] 이상
접지도체에 피뢰시스템이 접속되는 경우	• 구리 : 16[mm²] 이상 • 철제 : 50[mm²] 이상

정답 05 ② 06 ④ 07 ② 08 ②

09 상도체 및 보호도체의 재질이 구리일 경우, 상도체의 단면적이 10[mm²]일 때 보호도체의 최소 단면적은?
2022

① 2.5[mm²]   ② 6[mm²]
③ 10[mm²]   ④ 16[mm²]

> **해설**
> 상도체의 단면적이 $S \leq 16$이고, 상도체 및 보호도체의 재질이 같을 경우 보호도체의 최소 단면적은 상도체의 단면적과 같다.

10 변압기 고압 측 전로의 1선 지락전류가 5[A]일 때 접지저항의 최댓값은?(단, 혼촉에 의한 대지전압은 150[V]이다.)
2022

① 25[Ω]   ② 30[Ω]
③ 35[Ω]   ④ 40[Ω]

> **해설**
> 1선 지락전류가 5[A]이므로 $\frac{150}{5} = 30[\Omega]$

11 접지저항 측정방법으로 가장 적당한 것은?
2015
2017
2019
2020
2021

① 절연저항계   ② 전력계
③ 교류의 전압, 전류계   ④ 콜라우시 브리지

> **해설**
> **콜라우시 브리지**
> 저저항 측정용 계기로 접지저항, 전해액의 저항 측정에 사용된다.

12 전압 22.9[kV-Y] 이하의 배전선로에서 수전하는 설비의 피뢰기 정격전압은 몇 [kV]로 적용하는가?
2010
2021
2022

① 18[kV]   ② 24[kV]
③ 144[kV]   ④ 288[kV]

> **해설**
> **피뢰기의 정격전압**
> 전압을 선로단자와 접지단자에 인가한 상태에서 동작책무를 반복 수행할 수 있는 정격 주파수의 상용주파전압 최고한도(실효치)를 말한다.
>
> | 계통구분 | 피뢰기 정격전압의 예 ||
> |---|---|---|
> | | 공칭전압[kV] | 정격전압[kV] |
> | 유효접지계통 | 345 | 288 |
> | | 154 | 138 |
> | | 22.9 | 18 |
> | 비유효접지계통 | 22 | 24 |
> | | 6.6 | 7.5 |

정답 09 ③ 10 ② 11 ④ 12 ①

13 피뢰기의 약호는?
① LA ② PF ③ SA ④ COS

> **해설**
> ① LA : 피뢰기
> ② PF : 전력용 퓨즈
> ③ SA : 서지흡수기
> ④ COS : 컷아웃 스위치

14 다음의 심벌 명칭은 무엇인가?

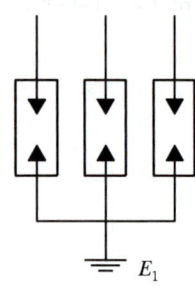

① 파워퓨즈 ② 단로기
③ 피뢰기   ④ 고압 컷아웃 스위치

정답 13 ① 14 ③

CHAPTER 04 가공인입선 및 배전선 공사

SECTION 01 가공인입선 공사

1. 가공인입선

① 가공전선로의 지지물에서 분기하여 다른 지지물을 거치지 아니하고 수용 장소의 붙임점에 이르는 가공전선을 말한다. 가공인입선에는 저압 가공인입선과 고압 가공인입선이 있다.

② 인입선
- 지름 2.6[mm](경간 15[m] 이하는 2[mm])의 경동선 또는 이와 동등 이상의 세기 및 굵기의 것일 것
- 전선은 옥외용 비닐전선(OW), 인입용 절연전선(DV) 또는 케이블일 것
- 저압 인입선의 길이는 50[m] 이하로 할 것
- 고압 및 특고압 인입선의 길이는 30[m]를 표준(불가피한 경우 50[m] 이하)

③ 전선의 높이는 다음에 의할 것

구분	저압[m]	고압[m]	특고압[m]	
			35[kV] 이하	35~160[kV]
도로 횡단	5	6	6	–
철도 궤도 횡단	6.5	6.5	6.5	6.5
횡단보도교 위	3	3.5	4	5
기타	4	5	5	6

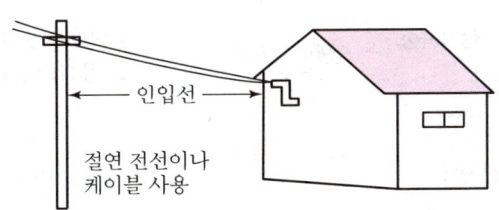

저압 인입선 굵기 : 지름 2.6[mm] 이상 경동선(경간 15[m] 이하인 경우 2.0[mm] 가능)
고압 인입선 굵기 : 지름 5.0[mm] 이상 경동선

2. 연접인입선

① 한 수용 장소의 인입선에서 분기하여 다른 지지물을 거치지 아니하고 다른 수용가의 인입구에 이르는 부분의 전선을 말한다.

② 시설 제한 규정
- 인입선에서의 분기하는 점에서 100[m]를 넘는 지역에 이르지 않아야 한다.
- 폭 5[m]를 넘는 도로를 횡단하지 않아야 한다.
- 연접인입선은 옥내를 관통하면 안 된다.
- 고압 연접인입선은 시설할 수 없다.

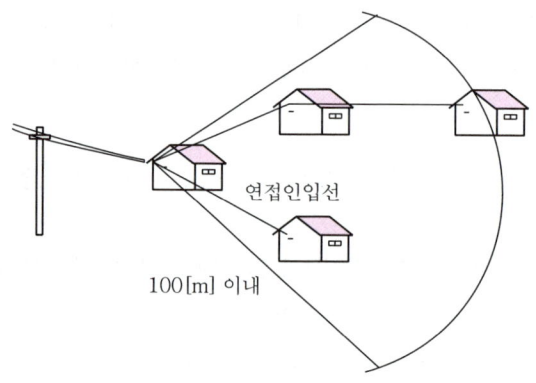

SECTION 02 건주, 장주 및 가선

1. 건주

① 지지물을 땅에 세우는 공정

② 전주가 땅에 묻히는 깊이

전장 \ 설계하중	6.8[kN] 이하	6.8[kN] 초과 9.8[kN] 이하	9.81[kN] 초과 14.72[kN] 이하
14[m] 미만	전장 × $\frac{1}{6}$ 이상	−	−
14[m] 이상~15[m] 이하		전장 × $\frac{1}{6}$ + 0.3 이상	전장 × $\frac{1}{6}$ + 0.5 이상
15[m] 초과~16[m] 이하	2.5[m] 이상	2.8[m] 이상	3[m] 이상
16[m] 초과~18[m] 이하	2.8[m] 이상	−	
18[m] 초과~20[m] 이하			3.2[m] 이상

③ 도로의 경사면 또는 논과 같이 지반이 약한 곳은 표준 근입(깊이)에 0.3[m]를 가산하거나, 근가를 사용하여 보강한다.

2. 지선

1) 지선의 설치

① 전주의 강도를 보강하고 전주가 기우는 것을 방지하며, 선로의 신뢰도를 높이기 위해서 설치
② 지형상 지선을 설치하기 곤란한 경우에는 지주를 설치
③ 전선을 끝맺는 경우, 불평형 장력이 작용하는 경우, 선로의 방향이 바뀌는 경우의 전주에 설치
④ 폭풍에 견딜 수 있도록 5기마다 1기의 비율로 선로 방향으로 전주 양측에 설치

2) 지선의 시공

① 지선의 안전율은 2.5 이상, 허용 인장하중의 최저는 4.31[kN]으로 한다.
② 지선에 연선을 사용할 경우, 소선(素線) 3가닥 이상으로 지름 2.6[mm] 이상의 금속선을 사용한다.
③ 지중부분 및 지표상 30[cm]까지의 부분에는 내식성이 있는 것 또는 아연도금을 한 철봉을 사용하고 쉽게 부식되지 아니하는 근가에 견고하게 붙여야 한다.
④ 도로를 횡단하는 지선의 높이는 지표상 5[m] 이상으로 한다.

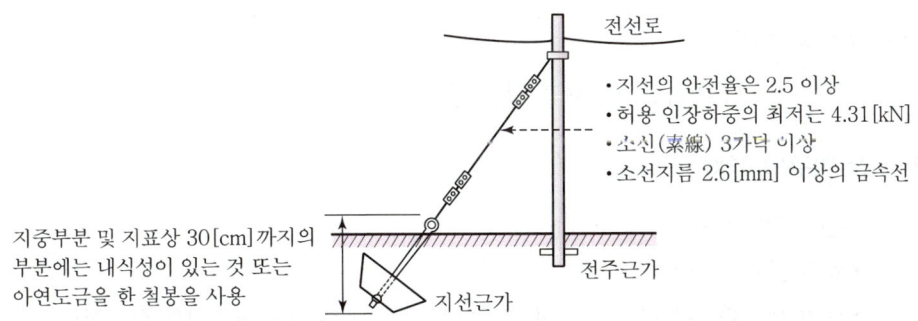

3) 지선의 종류

① 보통지선 : 일반적인 것으로 전주길이의 약 1/2 거리에 지선용 근가를 매설하여 설치
② 수평지선 : 보통지선을 시설할 수 없을 때 전주와 전주 간, 또는 전주와 지주 간에 설치
③ 공동지선 : 두 개의 지지물에 공동으로 시설하는 지선
④ Y지선 : 다단 완금일 경우, 장력이 클 경우, H주일 경우에 보통지선을 2단으로 설치하는 것
⑤ 궁지선 : 장력이 적고 타 종류의 지선을 시설할 수 없는 경우에 설치하는 것으로 A형, R형이 있다.

3. 장주

지지물에 전선 그 밖의 기구를 고정시키기 위하여 완금, 완목, 애자 등을 장치하는 공정

1) 완금의 설치

① 지지물에 전선을 설치하기 위하여 완금을 사용한다.

② 완금의 종류 : 경(ㅁ형)완금, ㄱ형 완금

③ 완금의 길이

(단위 : [mm])

전선의 조수	특고압	고압	저압
2	1,800	1,400	900
3	2,400	1,800	1,400

④ 완금 고정 : 전주의 말구에서 25[cm] 되는 곳에 I볼트, U볼트, 암밴드를 사용하여 고정

⑤ 암타이 : 완금이 상하로 움직이는 것을 방지

⑥ 암타이 밴드 : 암타이를 고정

2) 래크(Rack) 배선

저압선의 경우에 완금을 설치하지 않고 전주에 수직방향으로 애자를 설치하는 배선

3) 주상 기구의 설치

① 주상 변압기 설치
- 행거 밴드를 사용하여 고정
- 행거 밴드를 사용하기 곤란한 경우에는 변대를 만들어 변압기를 설치한다.
- 변압기 1차 측 인하선은 고압 절연전선 또는 클로로프렌 외장 케이블을 사용하고, 2차 측은 옥외 비닐 절연선(OW) 또는 비닐 외장 케이블을 사용한다.

② 변압기의 보호
- 컷아웃 스위치(COS) : 변압기의 1차 측에 시설하여 변압기의 단락을 보호
- 캐치홀더 : 변압기의 2차 측에 시설하여 변압기를 보호

③ 구분개폐기 : 전력계통의 수리, 화재 등의 사고 발생 시에 구분개폐를 위해 2[km] 이하마다 설치

4. 가선 공사

1) 전선의 종류

① 단금속선
- 구리, 알루미늄, 철 등과 같은 한 종류의 금속선만으로 된 전선
- 종류 : 경동선, 경알루미늄선, 철선, 강선 등

② 합금선
- 장경간 등 특수한 곳에 사용하기 위해 구리 또는 알루미늄에 다른 금속을 배합한 전선
- 종류 : 규동선, 카드뮴 - 구리선, 열처리 경화 구리 합금선 등

③ 쌍금속선
- 두 종류의 금속을 융착시켜 만든 전선으로 장경간 배전선로용에 쓰인다.
- 구리복 강선, 알루미늄복 강선

④ 합성 연선
- 두 종류 이상의 금속선을 꼬아 만든 전선
- 종류 : 강심 알루미늄 연선(ACSR)

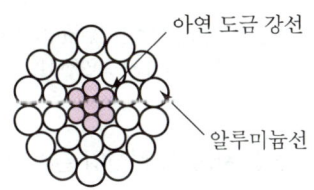

⑤ 중공연선
200[kV] 이상의 초고압 송전 선로에서는 코로나의 발생을 방지하기 위하여 단면적은 증가시키지 않고 전선의 바깥지름만 필요한 만큼 크게 만든 전선

2) 가공전선의 높이

구분	저압[m]	고압[m]	특고압[m] 35[kV] 이하	특고압[m] 35~160[kV]
도로 횡단	6	6	6	-
철도 궤도 횡단	6.5	6.5	6.5	6.5
횡단보도교 위	3.5	3.5	4	5
기타	5	5	5	6

CHAPTER 04 핵심 기출문제

01 가공전선로의 지지물에서 다른 지지물을 거치지 아니하고 수용장소의 인입선 접속점에 이르는 가공전선을 무엇이라 하는가?

2015
2017
2019
2020
2023
2024

① 연접인입선 ② 가공인입선
③ 구내전선로 ④ 구내인입선

해설
가공인입선
가공전선로의 지지물에서 다른 지지물을 거치지 아니하고 수용장소의 인입선 접속점에 이르는 가공전선

02 OW전선을 사용하는 저압 구내 가공인입전선으로 전선의 길이가 15[m]를 초과하는 경우 그 전선의 지름은 몇 [mm] 이상을 사용하여야 하는가?

2013
2024

① 1.6 ② 2.0 ③ 2.6 ④ 3.2

해설
가공인입선은 지름 2.6[mm](경간 15[m] 이하는 2[mm])의 경동선 또는 이와 동등 이상의 세기 및 굵기를 사용하며, 전선은 옥외용 비닐전선(OW), 인입용 절연전선(DV) 또는 케이블을 사용하여야 한다.

03 저압 구내 가공인입선으로 DV전선 사용 시 전선의 길이가 15[m] 이하인 경우 사용할 수 있는 최소 굵기는 몇 [mm] 이상인가?

2014
2023
2024

① 1.5 ② 2.0 ③ 2.6 ④ 4.0

해설
저압 가공인입선의 인입용 비닐절연전선(DV)는 인장강도 2.30[kN] 이상의 것 또는 지름 2.6[mm] 이상. 단, 경간이 15[m] 이하인 경우는 인장강도 1.25[kN] 이상의 것 또는 지름 2[mm] 이상

04 일반적으로 저압 가공인입선이 도로를 횡단하는 경우 노면상 설치 높이는 몇 [m] 이상이어야 하는가?

2009
2010
2014
2020
2021
2023

① 3[m] ② 4[m] ③ 5[m] ④ 6.5[m]

해설
인입선의 높이

구분	저압인입선[m]	고압 및 특고압인입선[m]
도로 횡단	5	6
철도 궤도 횡단	6.5	6.5
기타	4	5

정답 01 ② 02 ③ 03 ② 04 ③

05
저압 인입선 공사 시 저압 가공인입선의 철도 또는 궤도를 횡단하는 경우 레일면상에서 몇 [m] 이상 시설하여야 하는가?

① 3　　　② 4　　　③ 5.5　　　④ 6.5

해설
문제 4번 해설 참조

06
고압 가공인입선이 일반적인 도로 횡단 시 설치 높이는?

① 3[m] 이상　　　② 3.5[m] 이상　　　③ 5[m] 이상　　　④ 6[m] 이상

해설
문제 4번 해설 참조

07
저압 가공인입선이 횡단보도교 위에 시설되는 경우 노면상 몇 [m] 이상의 높이에 설치되어야 하는가?

① 3　　　② 4　　　③ 5　　　④ 6

해설

저압 가공인입선의 높이

구분	저압 인입선[m]
도로횡단	5
철도 궤도 횡단	6.5
횡단보도교	3
기타	4

08
가공인입선 중 수용장소의 인입선에서 분기하여 다른 수용장소의 인입구에 이르는 전선을 무엇이라 하는가?

① 소주인입선　　　② 연접인입선
③ 본주인입선　　　④ 인입간선

해설
① 소주인입선 : 인입간선의 전선로에서 분기한 소주에서 수용가에 이르는 전로
③ 본주인입선 : 인입간선의 전선로에서 수용가에 이르는 전로
④ 인입간선 : 배선선로에서 분기된 인입전선로

09
저압 연접 인입선은 인입선에서 분기하는 점으로부터 몇 [m]를 넘지 않는 지역에 시설하고 폭 몇 [m]를 넘는 도로를 횡단하지 않아야 하는가?

① 50[m], 4[m]　　　② 100[m], 5[m]
③ 150[m], 6[m]　　　④ 200[m], 8[m]

정답　05 ④　06 ④　07 ①　08 ②　09 ②

> **해설**
> 연접 인입선 시설 제한 규정
> - 인입선에서 분기하는 점에서 100[m]를 넘는 지역에 이르지 않아야 한다.
> - 너비 5[m]를 넘는 도로를 횡단하지 않아야 한다.
> - 연접 인입선은 옥내를 통과하면 안 된다.
> - 지름 2.6[mm]의 경동선 또는 이와 동등 이상의 세기 및 굵기의 것일 것

10 저압 연접 인입선의 시설과 관련된 설명으로 잘못된 것은?

2009 2011 2013 2014 2015 2017 2018 2019 2021

① 옥내를 통과하지 아니할 것
② 전선의 굵기는 1.5[mm²] 이하일 것
③ 폭 5[m]를 넘는 도로를 횡단하지 아니할 것
④ 인입선에서 분기하는 점으로부터 100[m]를 넘는 지역에 미치지 아니할 것

> **해설**
> 문제 9번 해설 참조

11 전주의 길이가 15[m] 이하인 경우 땅에 묻히는 깊이는 전장의 얼마 이상인가?

2011 2013 2015 2016 2017 2019 2020 2021 2022 2024

① 1/8 이상
② 1/6 이상
③ 1/4 이상
④ 1/3 이상

> **해설**
> 전주가 땅에 묻히는 깊이
> - 전주의 길이 15[m] 이하 : 1/6 이상
> - 전주의 길이 15[m] 초과 : 2.5[m] 이상
> - 철근콘크리트 전주로서 길이가 14[m] 이상 20[m] 이하이고, 설계하중이 6.8[kN] 초과 9.8[kN] 이하인 것은 30[cm]를 가산한다.

12 논이나 기타 지반이 약한 곳에 건주 공사 시 전주의 넘어짐을 방지하기 위해 시설하는 것은?

2013 2020

① 완금
② 근가
③ 완목
④ 행거밴드

> **해설**
> 근가 : 전주의 넘어짐을 방지하기 위해 시설한다.

13 가공전선로의 지지물에 하중이 가하여지는 경우에 그 하중을 받는 지지물의 기초의 안전율은 일반적으로 얼마 이상이어야 하는가?

2010 2016 2021 2022

① 1.5
② 2.0
③ 2.5
④ 4.0

> **해설**
> 가공전선로의 지지물에 하중이 가하여지는 경우에 그 하중을 받는 지지물의 기초의 안전율은 2 이상이어야 한다.

정답 10 ② 11 ② 12 ② 13 ②

14
고압 가공전선로의 지지물로 철탑을 사용하는 경우 경간은 몇 [m] 이하이어야 하는가?

① 150　　② 300　　③ 500　　④ 600

해설
고압 가공 전선로 경간의 제한
- 목주, A종 철주 또는 A종 철근콘크리트주 : 150[m]
- B종 철주 또는 B종 철근콘크리트주 : 250[m]
- 철탑 : 600[m]

15
고압 가공전선로의 지지물 중 지선을 사용해서는 안 되는 것은?

① 목주　　② 철탑
③ A종 철주　　④ A종 철근콘크리트주

해설
철탑은 자체적으로 기울어지는 것을 방지하기 위해 높이에 비례하여 밑면의 넓이를 확보하도록 만들어진다.

16
가공전선로의 지선에 사용되는 애자는?

① 노브애자　　② 인류애자
③ 현수애자　　④ 구형애자

해설
① 노브애자 : 옥내배선에 사용하는 애자
② 인류애자 : 인입선에 사용하는 애자
③ 현수애자 : 가공전선로에서 전선을 잡아당겨 지지하는 애자
④ 구형애자 : 지선의 중간에 사용하는 애자로 지선애자라고도 한다.

17
가공전선로의 지지물에 시설하는 지선의 시설에서 맞지 않는 것은?

① 지선의 안전율은 2.5 이상일 것
② 지선의 안전율은 2.5 이상일 경우에 허용 인장하중의 최저는 4.31[kN]으로 할 것
③ 소선의 지름이 1.6[mm] 이상의 동선을 사용한 것일 것
④ 지선에 연선을 사용할 경우에는 소선 3가닥 이상의 연선일 것

해설
지선의 시공
- 지선의 안전율 2.5 이상, 허용 인장하중 최저 4.31[kN]
- 지선을 연선으로 사용할 경우, 3가닥 이상으로 2.6[mm] 이상의 금속선 사용

18
도로를 횡단하여 시설하는 지선의 높이는 지표상 몇 [m] 이상이어야 하는가?

① 5[m]　　② 6[m]　　③ 8[m]　　④ 10[m]

해설
지선은 도로 횡단 시 높이는 5[m] 이상이다.

정답 14 ④　15 ②　16 ④　17 ③　18 ①

19 배전용 기구인 COS(컷아웃 스위치)의 용도로 알맞은 것은?

① 배전용 변압기의 1차 측에 시설하여 변압기의 단락 보호용으로 쓰인다.
② 배전용 변압기의 2차 측에 시설하여 변압기의 단락 보호용으로 쓰인다.
③ 배전용 변압기의 1차 측에 시설하여 배전 구역 전환용으로 쓰인다.
④ 배전용 변압기의 2차 측에 시설하여 배전 구역 전환용으로 쓰인다.

해설
주로 변압기의 1차 측의 각 상에 설치하여 내부의 퓨즈가 용단되면 스위치의 덮개가 중력에 의해 개방되어 퓨즈의 용단 여부를 쉽게 눈으로 식별할 수 있게 한 구조로 단락사고 시 사고전류의 차단 역할을 한다.

20 가공전선의 지지물에 승탑 또는 승강용으로 사용하는 발판 볼트 등은 지표상 몇 [m] 미만에 시설하여서는 안 되는가?

① 1.2   ② 1.5   ③ 1.6   ④ 1.8

해설
가공전선로의 지지물에 취급자가 오르고 내리는 데 사용하는 발판 볼트 등을 지표상 1.8[m] 미만에 시설하여서는 아니 된다.

21 전선로의 직선부분을 지지하는 애자는?

① 핀애자   ② 지지애자
③ 가지애자   ④ 구형애자

해설
③ 가지애자 : 전선로의 방향을 변경할 때 사용
④ 구형애자 : 지선의 중간에 사용하여 감전을 방지

22 래크(Rack) 배선은 어떤 곳에 사용되는가?

① 고압 가공선로   ② 고압 지중선로
③ 저압 지중선로   ④ 저압 가공선로

해설
래크(Rack) 배선
저압 가공배전선로에서 전선을 수직으로 애자를 설치하는 배선

23 저·고압 가공전선이 도로를 횡단하는 경우 지표상 몇 [m] 이상으로 시설하여야 하는가?

① 4[m]   ② 6[m]   ③ 8[m]   ④ 10[m]

해설
저고압 가공 전선의 높이
- 도로 횡단 : 6[m]
- 철도 궤도 횡단 : 6.5[m]
- 기타 : 5[m]

정답 19 ①   20 ④   21 ①   22 ④   23 ②

24. 저압 가공전선과 고압 가공전선을 동일 지지물에 시설하는 경우 상호 이격거리는 몇 [cm] 이상이어야 하는가?
① 20[cm]　② 30[cm]　③ 40[cm]　④ 50[cm]

해설
저고압 가공전선 등의 병가
- 저압 가공전선을 고압 가공전선의 아래로 하고 별개의 완금류에 시설할 것
- 저압 가공전선과 고압 가공전선 사이의 이격거리는 50[cm] 이상일 것

25. 가공전선에 케이블을 사용하는 경우에는 케이블은 조가용선에 행거를 사용하여 조가한다. 사용전압이 고압일 경우 그 행거의 간격은?
① 50[cm] 이하　② 50[cm] 이상　③ 75[cm] 이하　④ 75[cm] 이상

해설
가공케이블의 시설 시 케이블은 조가용선에 행거로 시설하여야 하며, 사용전압이 고압인 때에는 행거의 간격을 50[cm] 이하로 시설하여야 한다.

26. 가공케이블 시설 시 조가용선에 금속테이프 등을 사용하여 케이블 외장을 견고하게 붙여 조가하는 경우 나선형으로 금속테이프를 감는 간격은 몇 [cm] 이하를 확보하여 감아야 하는가?
① 50　② 30　③ 20　④ 10

해설
조가용선을 케이블에 접촉시켜 그 위에 쉽게 부식하지 아니하는 금속테이프 등을 나선상으로 감는 경우에는 간격을 20[cm] 이하로 유지해야 한다.

27. 지중전선로 시설 방식이 아닌 것은?
① 직접매설식　② 관로식
③ 트리식　④ 암거식

해설
① 직접매설식 : 대지 중에 케이블을 직접 매설하는 방식
② 관로식 : 맨홀과 맨홀 사이에 만든 관로에 케이블을 넣는 방식
④ 암거식 : 터널 내에 케이블을 부설하는 방식

28. 지중전선을 직접매설식에 의하여 시설하는 경우 차량, 기타 중량물의 압력을 받을 우려가 있는 장소의 매설 깊이[m]는?
① 0.6[m] 이상　② 1.0[m] 이상
③ 1.5[m] 이상　④ 2.0[m] 이상

해설
직접매설식 케이블의 매설 깊이
- 차량 등 중량물의 압력을 받을 우려가 있는 장소 : 1.0[m] 이상
- 기타 장소 : 0.6[m] 이상

정답 24 ④　25 ①　26 ③　27 ③　28 ②

SECTION 03 배전반공사

 배전반은 전기를 배전하는 설비로 차단기, 계폐기, 계전기, 계기 등을 한 곳에 집중하여 시설한 것이다. 일반적으로 인입된 전기가 배전반에서 배분되어 각 분전반으로 통하게 된다.

1. 배전반의 종류

1) 라이브 프런트식 배전반
① 종류 : 수직형
② 대리석, 철판 등으로 만들고 개폐기가 표면에 나타나 있다.

2) 데드 프런트식 배전반(Dead Front Board)
① 종류 : 수직형, 벤치형, 포스트형, 조합형
② 반표면은 각종 기계와 개폐기의 조작 핸들만이 나타나고, 모든 충전 부분은 배전반 이면에 장치한다.

3) 폐쇄식 배전반
① 종류 : 조립형, 장갑형
② 데드 프런트식 배전반의 옆면 및 뒷면을 폐쇄하여 만든다.
③ 일반적으로 큐비클형(Cubicle Type)이라고도 한다.
④ 점유 면적이 좁고 운전, 보수에 안전하므로 공장, 빌딩 등의 전기실에 많이 사용된다.

2. 배전반공사

배전반, 변압기 등 설치 시 최소 이격거리는 다음 표를 참조하여 충분한 면적을 확보하여야 한다.

부위별 기기별	앞면 또는 조작·계측면	뒷면 또는 점검면	열 상호 간 (점검하는 면)	기타의 면
특별고압반	1,700	800	1,400	–
고압배전반	1,500	600	1,200	–
저압배전반	1,500	600	1,200	–
변압기 등	1,500	600	1,200	300

3. 배전반 설치 기기

1) 차단기(CB)

구분	구조 및 특징
유입차단기(OCB)	전로를 차단할 때 발생한 아크를 절연유를 이용하여 소멸시키는 차단기이다.
자기차단기(MBB)	아크와 직각으로 자계를 주어 아크를 소호실로 흡입시키어 아크전압을 증대시키고, 냉각하여 소호작용을 하도록 된 구조이다.
공기차단기(ABB)	개방할 때 접촉자가 떨어지면서 발생하는 아크를 압축공기를 이용하여 소호하는 차단기이다.
진공차단기(VCB)	진공도가 높은 상태에서는 절연내력이 높아지고 아크가 분산되는 원리를 이용하여 소호하고 있는 차단기이다.
가스차단기(GCB)	절연내력이 높고, 불활성인 6불화유황(SF_6) 가스를 고압으로 압축하여 소호매질로 사용한다.
기중차단기(ACB)	자연공기 내에서 회로를 차단할 때 접촉자가 떨어지면서 자연소호에 의한 소호방식을 가지는 차단기로 교류 600[V] 이하 또는 직류차단기로 사용된다.

2) 개폐기

장치	기능
고장구분자동개폐기 (A.S.S)	한 개 수용가의 사고가 다른 수용가에 피해를 최소화하기 위한 방안으로 대용량 수용가에 한하여 설치한다.
자동부하전환개폐기 (ALTS)	이중 전원을 확보하여 주전원 정전 시 예비전원으로 자동 절환하여 수용가가 항상 일정한 전원 공급을 받을 수 있는 장치이다.
선로개폐기(L.S)	책임분계점에서 보수 점검 시 전로를 구분하기 위한 개폐기로 시설하고 반드시 무부하 상태로 개방하여야 하며 이는 단로기와 같은 용도로 사용한다.
단로기(D.S)	공칭전압 3.3[kV] 이상 전로에 사용되며 기기의 보수 점검 시 또는 회로 접속변경을 하기 위해 사용하지만 부하전류 개폐는 할 수 없는 기기이다.
컷아웃 스위치(C.O.S)	변압기 1차 측 각 상마다 취부하여 변압기의 보호와 개폐를 위한 것이다.
부하개폐기(L.B.S)	수·변전설비의 인입구 개폐기로 많이 사용되고 있으며 전력퓨즈 용단 시 결상을 방지하는 목적으로 사용하고 있다.
기중부하개폐기(I.S)	수전용량 300[kVA] 이하에서 인입개폐기로 사용한다.

3) 계기용 변성기(MOF, PCT)

교류 고전압회로의 전압과 전류를 측정할 때 계기용 변성기를 통해서 전압계나 전류계를 연결하면, 계기회로를 선로전압으로부터 절연하므로 위험이 적고 비용이 절약된다.

① 계기용 변류기(CT)
- 전류를 측정하기 위한 변압기로 2차 전류는 5[A]가 표준이다.
- 계기용 변류기는 2차 전류를 낮게 하게 위하여 권수비가 매우 작으므로 2차 측이 개방되면, 2차 측에 매우 높은 기전력이 유기되어 위험하므로 2차 측을 절대로 개방해서는 안 된다.

② 계기용 변압기(PT)
- 전압을 측정하기 위한 변압기로 2차 측 정격전압은 110[V]가 표준이다.
- 변성기 용량은 2차 회로의 부하를 말하며 2차 부담이라고 한다.

SECTION 04 분전반공사

 분전반은 배전반에서 분배된 전선에서 각 부하로 배선하는 전선을 분기하는 설비로서, 차단기, 개폐기 등을 설치한다.

1. 분전반의 종류

① **나이프식 분전반** : 철제 캐비닛에 나이프 스위치와 모선(Bus)을 장치한 것이다.
② **텀블러식 분전반** : 철제 캐비닛에 개폐기와 차단기를 각각 텀블러 스위치와 훅 퓨즈, 통형 퓨즈 또는 플러그 퓨즈를 사용하여 장치한 것이다.
③ **브레이크식 분전반** : 철제 캐비닛에 배선용 차단기를 이용한 분전반으로 열동계전기 또는 전자 코일로 만든 차단기 유닛을 장치한 것이다.

2. 분전반공사

① 일반적으로, 분전반은 철제 캐비닛 안에 나이프 스위치, 텀블러 스위치 또는 배선용 차단기를 설치하며, 내열 구조로 만든 것이 많이 사용되고 있다.
② 분전반의 설치위치는 부하의 중심 부근이고, 각 층마다 하나 이상을 설치하나 회로수가 6 이하 인 경우에는 2개 층을 담당한다.

3. 배선기구 시설

① 전등 점멸용 스위치는 반드시 전압 측 전선에 시설하여야 한다.
② 소켓, 리셉터클 등에 전선을 접속할 때에는 전압 측 전선을 중심 접촉면에, 접지 측 전선을 베이스에 연결하여야 한다.

- 전원공급용 변압기의 2차 측 한 단자를 접지공사를 하여야 한다. 이 접지된 전선을 접지 측 전선이라 하고, 다른 전선을 전압 측 전선이라 한다.
- 전기부하가 꺼진 상태라 해도 전압 측 전선에는 전압이 걸려 있으므로 전등 교체 시 누전사고를 방지하기 위해 스위치와 리셉터클의 중심접촉면은 전압 측 전선에 연결한다.

SECTION 05 보호계전기

1. 보호계전기의 종류 및 기능

명칭	기능
과전류계전기(O.C.R)	일정 값 이상의 전류가 흘렀을 때 동작하며, 과부하계전기라고도 한다.
과전압계전기(O.V.R)	일정 값 이상의 전압이 걸렸을 때 동작하는 계전기이다.
부족전압계전기(U.V.R)	전압이 일정 값 이하로 떨어졌을 경우에 동작하는 계전기이다.
비율차동계전기	고장에 의하여 생긴 불평형의 전류차가 기준치 이상으로 되었을 때 동작하는 계전기이다. 변압기 내부 고장 검출용으로 주로 사용된다.
선택계전기	병행 2회선 중 한쪽의 회선에 고장이 생겼을 때, 어느 회선에 고장이 발생하는가를 선택하는 계전기이다.
방향계전기	고장점의 방향을 아는 데 사용하는 계전기이다.
거리계전기	계전기가 설치된 위치로부터 고장점까지의 전기적 거리에 비례하여 한시로 동작하는 계전기이다.
지락 과전류계전기	지락보호용으로 사용하도록 과전류계전기의 동작전류를 작게 한 계전기이다.
지락 방향계전기	지락 과전류계전기에 방향성을 준 계전기이다.
지락 회선선택계전기	지락보호용으로 사용하도록 선택계전기의 동작전류를 작게 한 계전기이다.

2. 동작시한에 의한 분류

명칭	기능
순한시 계전기	동작시간이 0.3초 이내인 계전기로 0.05초 이하의 계전기를 고속도 계전기라 한다.
정한시 계전기	최소 동작값 이상의 구동 전기량이 주어지면, 일정 시한으로 동작하는 계전기이다.
반한시 계전기	동작 시한이 구동 전기량, 즉 동작 전류의 값이 커질수록 짧아지는 계전기
반한시 – 정한시 계전기	어느 한도까지의 구동 전기량에서는 반한시성이고, 그 이상의 전기량에서는 정한시성의 특성을 가지는 계전기이다.

CHAPTER 04 핵심 기출문제

01 분전반 및 배전반은 어떤 장소에 설치하는 것이 바람직한가?
2011 2013 2014 2015 2018 2019 2021 2023
① 전기회로를 쉽게 조작할 수 있는 장소
② 개폐기를 쉽게 개폐할 수 없는 장소
③ 은폐된 장소
④ 이동이 심한 장소

> 해설
> 전기부하의 중심 부근에 위치하면서, 스위치 조작을 안정적으로 할 수 있는 곳에 설치하여야 한다.

02 점유 면적이 좁고 운전, 보수에 안전하므로 공장, 빌딩 등의 전기실에 많이 사용되는 배전반은 어떤 것인가?
2017 2018 2020 2022 2023 2024
① 데드 프런트형
② 수직형
③ 큐비클형
④ 라이브 프런트형

> 해설
> 폐쇄식 배전반을 일반적으로 큐비클형이라고 한다. 점유 면적이 좁고 운전, 보수에 안전하므로 공장, 빌딩 등의 전기실에 많이 사용된다.

03 배전반을 나타내는 그림 기호는?
2012 2016 2018 2023

① (흰색 삼각형 직사각형)
② (X자 표시 직사각형)
③ (검은색 나비형 직사각형)
④ (S 표시 직사각형)

> 해설
> ① 분전반
> ② 배전반
> ③ 제어반
> ④ 개폐기

04 수전설비의 저압 배전반은 배전반 앞에서 계측기를 판독하기 위하여 앞면과 최소 몇 [m] 이상 유지하는 것을 원칙으로 하는가?
2010 2020 2021
① 0.6[m]
② 1.2[m]
③ 1.5[m]
④ 1.7[m]

정답 01 ① 02 ③ 03 ② 04 ③

> **해설**
> 변압기, 배전반 등 설치 시 최소 이격거리는 다음 표를 참조하여 충분한 면적을 확보하여야 한다.
> (단위 : [mm])

부위별 기기별	앞면 또는 조작·계측면	뒷면 또는 점검면	열 상호 간 (점검하는 면)	기타의 면
특별고압반	1,700	800	1,400	–
고압배전반	1,500	600	1,200	–
저압배전반	1,500	600	1,200	–
변압기 등	1,500	600	1,200	300

05 교류차단기에 포함되지 않는 것은?
(2014 2016 2024)

① GCB ② HSCB
③ VCB ④ ABB

> **해설**
> 차단기의 종류·약호
>
> | 명칭 | 약호 | 명칭 | 약호 |
> |---|---|---|---|
> | 유입차단기 | OCB | 가스차단기 | GCB |
> | 자기차단기 | MBB | 공기차단기 | ABB |
> | 기중차단기 | ACB | 진공차단기 | VCB |

06 가스 절연 개폐기나 가스 차단기에 사용 되는 가스인 SF_6의 성질이 아닌 것은?
(2010 2013 2020 2023)

① 같은 압력에서 공기의 2.5~3.5배의 절연내력이 있다.
② 무색, 무취, 무해가스이다.
③ 가스 압력 3~4[kgf/cm²]에서 절연내력은 절연유 이상이다.
④ 소호 능력은 공기보다 2.5배 정도 낮다.

> **해설**
> 6불화유황(SF_6) 가스는 공기보다 절연내력이 높고, 불활성 기체이다.

07 수변전설비 중에서 동력설비 회로의 역률을 개선할 목적으로 사용되는 것은?
(2014 2016 2018 2023)

① 전력퓨즈 ② MOF
③ 지락계전기 ④ 진상용 콘덴서

> **해설**
> 진상용 콘덴서는 전압과 전류의 위상차를 감소시켜 역률을 개선한다.

정답 05 ② 06 ④ 07 ④

08. 수변전설비에서 전력퓨즈의 용단 시 결상을 방지하는 목적으로 사용하는 것은?

① 자동고장구분개폐기
② 선로개폐기
③ 부하개폐기
④ 기중부하개폐기

해설

장치	기능
자동고장구분개폐기 (A.S.S)	한 개 수용가의 사고가 다른 수용가에 피해를 최소화하기 위한 방안으로 대용량 수용가에 한하여 설치한다.
선로개폐기 (L.S)	책임분계점에서 보수 점검 시 전로를 구분하기 위한 개폐기로 시설하고 반드시 무부하 상태로 개방하여야 하며 이는 단로기와 같은 용도로 사용한다.
부하개폐기 (L.B.S)	수·변전설비의 인입구 개폐기로 많이 사용되고 있으며, 전력퓨즈 용단 시 결상을 방지하는 목적으로 사용하고 있다.
기중부하개폐기 (I.S)	수전용량 300[kVA] 이하에서 인입개폐기로 사용한다.

09. 고압 이상에서 기기의 점검, 수리 시 무전압, 무전류 상태로 전로에서 단독으로 전로를 접속 또는 분리하는 것을 주목적으로 사용되는 수·변전기기는?

① 기중부하 개폐기
② 단로기
③ 전력퓨즈
④ 컷아웃 스위치

해설

단로기(DS)
개폐기의 일종으로 기기의 점검, 측정, 시험 및 수리를 할 때 회로를 열어 놓거나 회로 변경 시에 사용

10. 특고압 수전설비의 결선기호와 명칭으로 잘못된 것은?

① CB - 차단기
② DS - 단로기
③ LA - 피뢰기
④ LF - 전력퓨즈

해설

PF - 전력퓨즈

11. 수변전설비 구성기기의 계기용 변압기(PT) 설명으로 맞는 것은?

① 높은 전압을 낮은 전압으로 변성하는 기기이다.
② 높은 전류를 낮은 전류로 변성하는 기기이다.
③ 회로에 병렬로 접속하여 사용하는 기기이다.
④ 부족전압 트립코일의 전원으로 사용된다.

해설

PT(계기용 변압기)
고전압을 저전압으로 변압하여 계전기나 계측기에 전원 공급

정답 08 ③ 09 ② 10 ④ 11 ①

12 수・변전설비의 고압회로에 걸리는 전압을 표시하기 위해 전압계를 시설할 때 고압회로와 전압계 사이에 시설하는 것은?

① 관통형 변압기
② 계기용 변류기
③ 계기용 변압기
④ 권선형 변류기

해설
계기용 변압기 2차 측에 전압계를 시설하고, 계기용 변류기 2차 측에는 전류계를 시설한다.

13 수・변전설비에서 계기용 변류기(CT)의 설치 목적은?

① 고전압을 저전압으로 변성
② 지락전류 측정
③ 선로전류 조정
④ 대전류를 소전류로 변성

해설
계기용 변류기
대전류를 측정하기 위해 낮은 전류로 변성하기 위한 변압기로 2차 전류는 5[A]가 표준이다.

14 고압전로에 지락사고가 생겼을 때 지락전류를 검출하는 데 사용하는 것은?

① CT
② ZCT
③ MOF
④ PT

해설
① CT(계기용 변류기) : 대전류를 수전류로 변류하여 계전기나 계측기에 전원을 공급
② ZCT(영상변류기) : 지락 영상전류 검출
③ MOF(계기용 변성기) : 전력량계 산출을 위해 PT와 CT를 하나의 함 속에 넣은 것
④ PT(계기용 변압기) : 고전압을 저전압으로 변압하여 계전기나 계측기에 전원 공급

15 분전반에 대한 설명으로 틀린 것은?

① 배선과 기구는 모두 전면에 배치하였다.
② 두께 1.5[mm] 이상의 난연성 합성수지로 제작하였다.
③ 강판제의 분전함은 두께 1.2[mm] 이상의 강판으로 제작하였다.
④ 배선은 모두 분전반 이면으로 하였다.

16 일정 값 이상의 전류가 흘렀을 때 동작하는 계전기는?

① OCR
② OVR
③ UVR
④ GR

해설
① OCR : 과전류계전기
② OVR : 과전압계전기
③ UVR : 부족전압계전기
④ GR : 접지계전기

정답 12 ③ 13 ④ 14 ② 15 ④ 16 ①

17 자가용 전기설비의 보호계전기의 종류가 아닌 것은?

① 과전류계전기 ② 과전압계전기
③ 부족전압계전기 ④ 부족전류계전기

해설

보호계전기의 기능상 분류
과전류계전기, 과전압계전기, 부족전압계전기, 거리계전기, 전력계전기, 차동계전기, 선택계전기, 비율차동계전기, 방향계전기, 탈조보호계전기, 주파수계전기, 온도계전기, 역상계전기, 한시계전기

18 최소 동작 전류값 이상이면 일정한 시간에 동작하는 한시 특성을 갖는 계전기는?

① 정한시 계전기 ② 반한시 계전기
③ 순한시 계전기 ④ 반한시 – 정한시 계전기

해설

보호계전기 동작시한에 의한 분류

종류	동작특성
순한시 계전기	동작시간이 0.3초 이내인 계전기
정한시 계전기	최소 동작값 이상의 구동 전기량이 주어지면, 일정 시한으로 동작하는 계전기
반한시 계전기	동작 시한이 구동 전기량, 즉 동작 전류의 값이 커질수록 짧아지는 계전기
반한시 – 정한시 계전기	어느 한도까지의 구동 전기량에서는 반한시성이고, 그 이상의 전기량에서는 정한시성의 특성을 가지는 계전기

정답 17 ④ 18 ①

CHAPTER 05 특수장소 및 전기응용시설 공사

SECTION 01 특수장소의 배선

 폭연성 분진, 가연성 가스나 연소하기 쉬운 위험한 물질, 화약류를 저장하는 장소를 특수장소라 하며, 이 특수장소의 전기배선이 점화원이 되어 위험할 수 있으므로 안정성을 더욱 고려하여야 한다.

1. 먼지가 많은 장소의 공사

1) 폭연성 분진 또는 화약류 분말이 존재하는 곳

① 폭연성(먼지가 쌓인 상태에서 착화된 때에 폭발할 우려가 있는 것) 또는 화약류 분말이 존재하는 곳의 전기 설비가 발화원이 되어 폭발할 우려가 있는 곳에 시설하는 저압 옥내 배선은 금속전선관 공사 또는 케이블 공사에 의하여 시설하여야 한다.

② 이동 전선은 0.6/1[kV] EP 고무절연 클로로프렌 캡타이어 케이블을 사용하고, 모든 전기기계기구는 분진 방폭 특수방진구조의 것을 사용하고, 콘센트 및 플러그를 사용해서는 안 된다.

③ 관 상호 및 관과 박스 기타의 부속품이나 풀박스 또는 전기기계기구는 5턱 이상의 나사 조임으로 접속하는 방법, 기타 이와 동등 이상의 효력이 있는 방법에 의할 것

2) 가연성 분진이 존재하는 곳

① 소맥분, 전분, 유황 기타의 가연성의 먼지로서 공중에 떠다니는 상태에서 착화하였을 때, 폭발의 우려가 있는 곳의 저압 옥내 배선은 합성수지관 배선, 금속전선관 배선, 케이블 배선에 의하여 시설한다.

② 이동 전선은 0.6/1[kV] EP 고무절연 클로로프렌 캡타이어 케이블 또는 0.6/1[kV] 비닐절연 비닐캡타이어 케이블을 사용하고, 분진 방폭 보통방진구조의 것을 사용하고, 손상 받을 우려가 없도록 시설한다.

3) 불연성 먼지가 많은 곳

① 정미소, 제분소, 시멘트 공장 등과 같은 먼지가 많아서 전기 공작물의 열방산을 방해하거나, 절연성을 열화시키거나, 개폐 기구의 기능을 떨어뜨릴 우려가 있는 곳의 저압 옥내 배선은 애자 사용 공사, 합성수지관 공사(두께 2[mm] 이상), 금속전선관 공사, 금속제 가요전선관 공사, 금속 덕트 공사, 버스 덕트 공사 또는 케이블 공사에 의하여 시설한다.

② 전선과 기계 기구와는 진동에 의하여 헐거워지지 않도록 기계적, 전기적으로 완전히 접속하고, 온도 상승의 우려가 있는 곳은 방진장치를 한다.

2. 가연성 가스가 존재하는 곳의 공사

① 가연성 가스 또는 인화성 물질의 증기가 새거나 체류하여 전기 설비가 발화원이 되어 폭발할 우려가 있는 곳(프로판 가스 등의 가연성 액화 가스를 다른 용기에 옮기거나 나누는 등의 작업을 하는 곳, 에탄올, 메탄올 등의 인화성 액체를 옮기는 곳 등)의 장소에서는 금속전선관 공사 또는 케이블 공사에 의하여 시설하여야 한다.
② 이동용 전선은 접속점이 없는 0.6/1[kV] EP 고무절연 클로로프렌 캡타이어 케이블을 사용하여야 한다.
③ 전기기계기구는 설치한 장소에 존재할 우려가 있는 폭발성 가스에 대하여 충분한 방폭 성능을 가지는 것을 사용하여야 한다.
④ 전선과 전기기계기구의 접속은 진동에 풀리지 않도록, 너트와 스프링 와셔 등을 사용하여 전기적으로는 완전하게 접속하여야 한다.

3. 위험물이 있는 곳의 공사

① 셀룰로이드, 성냥, 석유 등 타기 쉬운 위험한 물질을 제조하거나 저장하는 곳은 합성수지관 공사(두께 2[mm] 이상), 금속전선관 공사 또는 케이블 공사에 의하여 시설한다.
② 이동 전선은 0.6/1[kV] EP 고무절연 클로로프렌 캡타이어 케이블 또는 0.6/1[kV] 비닐절연 비닐 캡타이어 케이블을 사용한다.
③ 불꽃 또는 아크가 발생될 우려가 있는 개폐기, 과전류 차단기, 콘센트, 코드접속기, 전동기 또는 온도가 현저하게 상승될 우려가 있는 가열장치, 저항기 등의 전기기계기구는 전폐구조로 하여 위험물에 착화될 우려가 없도록 시설하여야 한다.

4. 화약류 저장소의 위험장소

① 화약류 저장소 안에는 전기설비를 시설하지 아니하는 것이 원칙으로 되어 있다. 다만, 백열 전등, 형광등 또는 이들에 전기를 공급하기 위한 전기설비만을 금속전선관 공사 또는 케이블 공사에 의하여 다음과 같이 시설할 수 있다.
② 전로의 대지 전압은 300[V] 이하로 한다.
③ 전기기계기구는 전폐형으로 한다.
④ 화약류 저장소 이외의 곳에 전용 개폐기 및 과전류 차단기를 시설하여 취급자 이외의 사람이 조작할 수 없도록 시설하고, 또한 지락 차단 장치 또는 지락 경보 장치를 시설한다.
⑤ 전용 개폐기 또는 과전류 차단기에서 화약류 저장소의 인입구까지는 케이블을 사용하여 지중 전로로 한다.

5. 부식성 가스 등이 있는 장소

① 산류, 알칼리류, 염소산칼리, 표백분, 염료, 또는 인조비료의 제조공장, 제련소, 전기도금공장, 개방형 축전지실 등 부식성 가스 등이 있는 장소의 저압 배선에는 애자 사용 배선, 금속전선관 배선, 합성수지관 배선, 2종 금속제 가요전선관, 케이블 배선으로 시공하여야 한다.
② 이동전선은 필요에 따라서 방식도료를 칠하여야 한다.
③ 개폐기, 콘센트 및 과전류 차단기를 시설하여서는 안 된다.
④ 전동기와 전력장치 등은 내부에 부식성 가스 또는 용액이 침입할 우려가 없는 구조의 것을 사용한다.

6. 습기가 많은 장소

① 습기가 많은 장소(물기가 있는 장소)의 저압 배선은 금속전선관 배선, 합성수지 전선관 배선, 2종 금속제 가요전선관 배선, 케이블 배선으로 시공하여야 한다.
② 조명기구의 플랜지 내에는 전선의 접속점이 없도록 한다.
③ 개폐기, 콘센트 또는 과전류 차단기를 시설하여야 하는 경우에는 내부에 습기가 스며들 우려가 없는 구조의 것을 사용하여야 한다.
④ 전동기 등의 동력장치는 방수형을 사용하여야 한다.
⑤ 전기기계기구에 전기를 공급하는 전로에는 누전차단기를 설치하여야 한다.

7. 전시회, 쇼 및 공연장

① 무대, 무대마루 밑, 오케스트라 박스, 영사실, 기타의 사람이나 무대 도구가 접촉할 우려가 있는 곳에 시설하는 저압 옥내 배선, 전구선 또는 이동 전선은 사용 전압이 400[V] 이하이어야 한다.
② 무대 밑 배선은 금속전선관 배선, 합성수지 전선관 배선(두께 2[mm] 이상), 케이블 배선으로 시공하여야 한다.
③ 무대마루 밑에 시설하는 전구선은 300/300[V] 편조 고무코드 또는 0.6/1[kV] EP 고무절연 클로로프렌 캡타이어 케이블을 사용한다.
④ 무대, 무대 밑, 오케스트라 박스 및 영사실에서 사용하는 전등 등의 부하에 공급하는 전로에는 이들의 전로에 전용개폐기 및 과전류 차단기를 설치하여야 한다.

8. 광산, 터널 및 갱도

① 사람이 상시 통행하는 터널 내의 배선은 저압에 한하여 애자 사용, 금속전선관, 합성수지관, 금속제 가요전선관, 케이블 배선으로 시공하여야 한다.
② 터널의 인입구 가까운 곳에 전용의 개폐기를 시설하여야 한다.
③ 광산, 갱도 내의 배선은 저압 또는 고압에 한하고, 케이블 배선으로 시공하여야 한다.

아래의 표에서 각 특수장소에서 시설 가능한 공사방법은 다음과 같다.

구분		금속관	케이블	합성수지관	금속제 가요전선관	덕트	애자	비고
먼지	폭발성	○	○	×	×	×	×	
	가연성	○	○	○	×	×	×	
	불연성	○	○	○	○	○	○	
가연성 가스		○	○	×	×	×	×	
위험물		○	○	○	×	×	×	
화약류		○	○	×	×	×	×	300[V] 이하 조명배선만 가능
부식성 가스		○	○	○	○ (2종만 가능)	×	○	
습기 있는 장소		○	○	○	○ (2종만 가능)	×	×	
전시회, 쇼 및 공연장		○	○	○	×	×	×	400[V] 이하
광산, 터널, 갱도		○	○	○	○	○	○	

💡 위 표에서 알 수 있듯이 금속관, 케이블, 합성수지관 배선공사는 거의 모든 장소의 전기공사에 사용할 수 있으나, 합성수지관이 열에 약한 특성으로 인해 폭발성 먼지, 가연성 가스, 화약류보관장소의 배선은 할 수 없음을 기억한다.

SECTION 02 조명배선

1. 조명의 용어

용어	기호[단위]	정의
광속	F[lm] 루멘	광원으로 나오는 복사속을 눈으로 보아 빛으로 느끼는 크기를 나타낸 것
광도	I[cd] 칸델라	광원이 가지고 있는 빛의 세기
조도	E[lx] 럭스	어떤 물체에 광속이 입사하여 그 면은 밝게 빛나는 정도로 밝음을 의미함
휘도	B[sb] 스틸브	광원이 빛나는 정도
광속 발산도	R[rlx] 래드럭스	물체의 어느 면에서 반사되어 발산하는 광속
광색	[K] 켈빈	점등 중에 있는 램프의 겉보기 색상을 말하며 그 정도를 색온도로 표시 색온도가 높으면 빛은 청색을 띠고 낮을수록 적색을 띤 빛으로 나타난다.
연색성		조명된 피사체의 색 재현 충실도를 나타내는 광원의 성질 (빛이 색에 미치는 효과)

2. 광원의 종류와 용도

종류		크기[W]	구조	특징	적합장소
전구	일반백열전구	10~200	온도 복사의 발광원리를 이용한 것	가격이 싸고, 취급이 간단	국부조명, 보안용
	반사용 전구	40~500		취급이 간단하고 고광도	국부조명, 먼지 많은 곳
	할로겐 전구	100~150		소형, 고효율	전반, 국부조명
형광등	형광등	4~40	방전에 의하여 생긴 자외선이 형광 방전관 내벽에 칠한 형광물질을 자극해서 빛을 발생시키는 것	고효율, 저휘도, 긴 수명	낮은 천장의 전반조명, 국부조명
	고연색형광등	20~40		연색성 좋고, 고효율	연색성이 중시되는 장소
고압 수은등		40~2,000	유리구 내에 들어 있는 수증기의 방전현상을 이용한 것	고효율, 광속이 크고, 수명이 길다.	높은 천장의 전반조명용
메탈 할라이드등		250~2,000	고압 수은등의 발광관 내에 할로겐 화합물을 넣은 것	고효율, 광속이 크다.	연색성이 중요한 장소, 전반조명(높은 천장)
고압 나트륨등		70~1,000	발광관 내에 금속나트륨 증기가 봉입된 것	고효율, 광속이 크다.	연색성이 필요치 않은 장소, 투시성이 우수하여 도로, 터널, 안개지역

3. 조명 방식

1) 기구의 배치에 의한 분류

조명 방식	특징
전반조명	작업면 전반에 균등한 조도를 가지게 하는 방식, 광원을 일정한 높이와 간격으로 배치하며, 일반적으로 사무실, 학교, 공장 등에 채용된다.
국부조명	작업면의 필요한 장소만 고조도로 하기 위한 방식으로 그 장소에 조명기구를 밀집하여 설치하거나 스탠드 등을 사용한다. 이 방식은 밝고 어둠의 차이가 커서 눈부심을 일으키고 눈이 피로하기 쉬운 결점이 있다.
전반 국부 병용 조명	전반조명에 의하여 시각 환경을 좋게 하고, 국부조명을 병용해서 필요한 장소에 고 조도를 경제적으로 얻는 방식으로 병원 수술실, 공부방, 기계공작실 등에 채용된다.

2) 조명기구의 배광에 의한 분류

조명 방식	직접 조명	반직접 조명	전반 확산 조명	반간접 조명	간접 조명
상향 광속	0~10[%]	10~40[%]	40~60[%]	60~90[%]	90~100[%]
조명기구					
하향 광속	100~90[%]	90~60[%]	60~40[%]	40~10[%]	10~0[%]

3) 건축화 조명

건축구조나 표면마감이 조명기구의 일부가 되는 것으로 건축디자인과 조명과의 조화를 도모하는 조명 방식이다.

4. 조명기구의 배치 결정

1) 광원의 높이

광원의 높이가 너무 높으면 조명률이 나빠지고, 너무 낮으면 조도의 분포가 불균일하게 됨

① 직접 조명일 때 : $H = \frac{2}{3}H_o$ (천장과 조명 사이의 거리는 $\frac{H_o}{3}$)

② 간접 조명일 때 : $H = H_o$ (천장과 조명 사이의 거리는 $\frac{H_o}{5}$)

여기서, H_o : 작업면에서 천장까지의 높이

2) 광원의 간격

실내 전체의 명도차가 없는 조명이 되도록 기구 배치한다.

① 광원 상호 간 간격 : $S \leq 1.5H$

② 벽과 광원 사이의 간격

- 벽측 사용 안 할 때 : $S_0 \leq \frac{H}{2}$

- 벽측 사용할 때 : $S_0 \leq \frac{H}{3}$

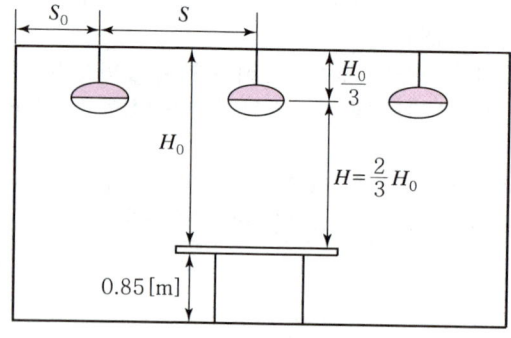

| 직접 조명방식에서 전등의 높이와 간격 |

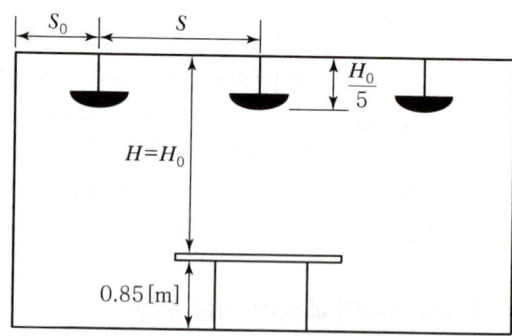

| 간접 조명방식에서 전등의 높이와 간격 |

5. 조명의 계산

1) 광속의 결정

$$총 \ 광속 \ N \times F = \frac{E \times A}{U \times M} [\text{lm}]$$

여기서, E : 평균 조도 A : 실내의 면적 U : 조명률
M : 보수율 N : 소요 등수 F : 1등당 광속

2) 조명률(U) 결정

광원에서 방사된 총 광속 중 작업면에 도달하는 광속의 비율을 말하며, 실지수, 조명기구의 종류, 실내면의 반사율, 감광보상률에 따라 결정된다.

3) 실지수의 결정

조명률을 구하기 위해서는 어떤 특성을 가진 방인가를 나타내는 실지수를 알아야 하는데, 실지수는 실의 크기 및 형태를 나타내는 척도로서 실의 폭, 길이, 작업면 위의 광원의 높이 등의 형태를 나타내는 수치로 다음 식으로 나타낸다.

$$실지수 = \frac{X \cdot Y}{H(X+Y)}$$

여기서, X : 방의 가로 길이
Y : 방의 세로 길이
H : 작업면으로부터 광원의 높이

4) 반사율

조명률에 대하여 천장, 벽, 바닥의 반사율이 각각 영향을 주지만 이들 중 천장의 영향이 가장 크고, 벽면, 바닥 순서이다.

5) 감광보상률(D)

램프와 조명기구 최초설치 후 시간이 지남에 따라 광속의 감퇴, 조명기구와 실내 반사면에 붙은 먼지 등으로 광속이 감소 정도를 예상하여 소요 광속에 여유를 두는 정도를 말한다.

6) 보수율(M)

감광보상률의 역수로 소요되는 평균조도를 유지하기 위한 조도 저하에 대한 보상계수라고 볼 수 있다.

CHAPTER 05 핵심 기출문제

01 화약류의 분말이 전기설비가 발화원이 되어 폭발할 우려가 있는 곳에 시설하는 저압 옥내 배선의 공사방법으로 가장 알맞은 것은?

① 금속관 공사
② 애자 사용 공사
③ 버스 덕트 공사
④ 합성수지 몰드 공사

해설

폭연성 분진 또는 화약류 분말이 존재하는 곳의 배선
- 저압 옥내 배선은 금속전선관 공사 또는 케이블 공사에 의하여 시설
- 케이블 공사는 개장된 케이블 또는 미네랄 인슐레이션 케이블을 사용
- 이동 전선은 0.6/1[kV] EP 고무절연 클로로프렌 캡타이어 케이블을 사용

02 폭발성 분진이 있는 위험장소에 금속관 배선에 의할 경우 관 상호 및 관과 박스 기타의 부속품이나 풀박스 또는 전기기계기구는 몇 턱 이상의 나사 조임으로 접속하여야 하는가?

① 2턱
② 3턱
③ 4턱
④ 5턱

해설

폭연성 분진 또는 화약류 분말이 존재하는 곳의 배선
- 저압 옥내 배선은 금속전선관 공사 또는 케이블 공사에 의하여 시설하여야 한다.
- 이동 전선은 접속점이 없는 0.6/1[kV] EP 고무절연 클로로프렌 캡타이어 케이블을 사용하고 또한 손상을 받을 우려가 없도록 시설할 것
- 관 상호 및 관과 박스 기타의 부속품이나 풀박스 또는 전기기계기구는 5턱 이상의 나사 조임으로 접속하는 방법, 기타 이와 동등 이상의 효력이 있는 방법에 의할 것

03 폭연성 분진이 존재하는 곳의 금속관 공사 시 전동기에 접속하는 부분에서 가요성을 필요로 하는 부분의 배선에는 방폭형의 부속품 중 어떤 것을 사용하여야 하는가?

① 플렉시블 피팅
② 분진 플렉시블 피팅
③ 분진 방폭형 플렉시블 피팅
④ 안전 증가 플렉시블 피팅

해설

전동기에 접속하는 부분에서 가요성을 필요로 하는 부분의 배선에는 방폭형의 부속품 중 분진 방폭형 플렉시블 피팅을 사용한다.

정답 01 ① 02 ④ 03 ③

04 소맥분, 전분, 기타 가연성의 분진이 존재하는 곳의 저압 옥내배선 공사방법 중 적당하지 않은 것은?

2009
2011
2014
2017
2019
2021
2122
2023

① 애자 사용 공사
② 합성수지관 공사
③ 케이블 공사
④ 금속관 공사

해설
가연성 분진이 존재하는 곳
가연성의 먼지로서 공중에 떠다니는 상태에서 착화하였을 때, 폭발의 우려가 있는 곳의 저압 옥내 배선은 합성수지관 배선, 금속전선관 배선, 케이블 배선에 의하여 시설한다.

05 소맥분, 전분, 기타 가연성 분진이 존재하는 곳의 저압 옥내배선 공사방법에 해당되는 것으로 짝지어진 것은?

2015
2021

① 케이블 공사, 애자 사용 공사
② 금속관 공사, 콤바인 덕트관, 애자 사용 공사
③ 케이블 공사, 금속관 공사, 애자 사용 공사
④ 케이블 공사, 금속관 공사, 합성수지관 공사

해설
가연성 분진이 존재하는 곳
가연성의 먼지로서 공중에 떠다니는 상태에서 착화하였을 때, 폭발의 우려가 있는 곳의 저압 옥내 배선은 합성수지관 배선, 금속전선관 배선, 케이블 배선에 의하여 시설한다.

06 불연성 먼지가 많은 장소에 시설할 수 없는 옥내배선 공사방법은?

2009
2014
2019
2020

① 금속관 공사
② 금속제 가요전선관 공사
③ 두께가 1.2[mm]인 합성수지관 공사
④ 애자 사용 공사

해설
불연성 먼지가 많은 곳은 애자 사용 공사, 합성수지관 공사(두께 2[mm] 이상), 금속전선관 공사, 금속제 가요전선관 공사, 금속 덕트 공사, 버스 덕트 공사 또는 케이블 공사에 의하여 시설한다.

07 가연성 가스가 새거나 체류하여 전기설비가 발화원이 되어 폭발할 우려가 있는 곳에 있는 저압 옥내 전기설비의 시설방법으로 가장 적합한 것은?

2010
2011
2012
2018
2019

① 애자 사용 공사
② 가요전선관 공사
③ 셀룰러 덕트 공사
④ 금속관 공사

해설
가연성 가스가 존재하는 곳의 공사
금속전선관 공사, 케이블 공사(캡타이어 케이블 제외)에 의하여 시설한다.

정답 04 ① 05 ④ 06 ③ 07 ④

08 위험물 등이 있는 곳에서의 저압 옥내배선 공사방법이 아닌 것은?

① 케이블 공사 ② 합성수지관 공사
③ 금속관 공사 ④ 애자 사용 공사

해설
위험물이 있는 곳의 공사
금속전선관 공사, 합성수지관 공사(두께 2[mm] 이상), 케이블 공사에 의하여 시설한다.

09 성냥을 제조하는 공장의 공사방법으로 적당하지 않은 것은?

① 금속관 공사 ② 케이블 공사
③ 합성수지관 공사 ④ 금속 몰드 공사

해설
위험물이 있는 곳의 공사
금속전선관 공사, 합성수지관 공사(두께 2[mm] 이상), 케이블 공사에 의하여 시설한다. 금속관 공사, 케이블 공사 및 합성수지관 공사는 모든 장소에서 시설이 가능하다. 단, 합성수지관 공사는 열에 약한 특성으로 폭발성 먼지, 가연성 가스, 화약류 보관장소의 배선을 할 수 없다.

10 화약고의 배선공사 시 개폐기 및 과전류 차단기에서 화약고 인입구까지는 어떤 배선공사에 의하여 시설하여야 하는가?

① 합성수지관 공사로 지중선로 ② 금속관 공사로 지중선로
③ 합성수지 몰드 지중선로 ④ 케이블 사용 지중선로

해설
화약류 저장소의 위험장소
전용 개폐기 또는 과전류 차단기에서 화약고의 인입구까지는 케이블을 사용하여 지중 전로로 한다.

11 화약류 저장소에서 백열전등이나 형광등 또는 이들에 전기를 공급하기 위한 전기설비를 시설하는 경우 전로의 대지전압은?

① 100[V] 이하 ② 150[V] 이하
③ 220[V] 이하 ④ 300[V] 이하

해설
화약류 저장소
전로의 대지전압은 300[V] 이하로 한다.

12 화약고 등의 위험장소에서 전기설비 시설에 관한 내용으로 옳은 것은?

① 전로의 대지전압은 400[V] 이하일 것
② 전기기계 · 기구는 전폐형을 사용할 것
③ 화약고 내의 전기설비는 화약고 장소에 전용개폐기 및 과전류 차단기를 시설할 것
④ 개폐기 및 과전류 차단기에서 화약고 인입구까지의 배선은 케이블 배선으로 노출로 시설할 것

정답 08 ④ 09 ④ 10 ④ 11 ④ 12 ②

> **해설**
> 화약고 등의 위험장소에는 원칙적으로 전기설비를 시설하지 못하지만, 다음의 경우에는 시설한다.
> - 전로의 대지전압이 300[V] 이하로 전기기계 · 기구(개폐기, 차단기 제외)는 전폐형으로 사용한다.
> - 금속전선관 또는 케이블 배선에 의하여 시설한다.
> - 전용 개폐기 및 과전류 차단기는 화약류 저장소 이외의 곳에 시설한다.
> - 전용 개폐기 또는 과전류 차단기에서 화약고의 인입구까지는 케이블을 사용하여 지중 전로로 한다.

13 부식성 가스 등이 있는 장소에 전기설비를 시설하는 방법으로 적합하지 않은 것은?

2010
2013
2017
2023

① 애자 사용 배선 시 부식성 가스의 종류에 따라 절연전선인 DV전선을 사용한다.
② 애자 사용 배선에 의한 경우에는 사람이 쉽게 접촉될 우려가 없는 노출장소에 한한다.
③ 애자 사용 배선 시 부득이 나전선을 사용하는 경우에는 전선과 조영재와의 거리를 4.5[cm] 이상으로 한다.
④ 애자 사용 배선 시 전선의 절연물이 상해를 받는 장소는 나전선을 사용할 수 있으며, 이 경우는 바닥 위 2.5[cm] 이상 높이에 시설한다.

> **해설**
> DV전선을 제외한 절연전선을 사용하여야 한다.

14 무대 · 무대마루 및 오케스트라 박스 · 영사실, 기타 사람이나 무대 도구가 접촉할 우려가 있는 장소에 시설하는 저압 옥내 배선, 전구선 또는 이동전선은 최고 사용 전압이 몇 [V] 이하이어야 하는가?

2016
2017
2018
2020
2021
2022
2023
2024

① 100[V]
② 200[V]
③ 300[V]
④ 400[V]

> **해설**
> **전시회, 쇼 및 공연장**
> 저압 옥내 배선, 전구선 또는 이동 전선은 사용전압이 400[V] 이하이어야 한다.

15 터널 · 갱도 기타 이와 유사한 장소에서 사람이 상시 통행하는 터널 내의 배선방법으로 적절하지 않은 것은?(단, 사용전압은 저압이다.)

2016
2018

① 라이팅덕트 배선
② 금속제 가요전선관 배선
③ 합성수지관 배선
④ 애자 사용 배선

> **해설**
> **광산, 터널 및 갱도**
> 사람이 상시 통행하는 터널 내의 배선은 저압에 한하여 애자 사용, 금속전선관, 합성수지관, 금속제 가요전선관, 케이블 배선으로 시공하여야 한다.

정답 13 ① 14 ④ 15 ①

16 다음 [보기] 중 금속관, 애자, 합성수지 및 케이블 공사가 모두 가능한 특수 장소를 옳게 나열한 것은?

2013
2017
2019

㉠ 화약고 등의 위험 장소	㉡ 부식성 가스가 있는 장소
㉢ 위험물 등이 존재하는 장소	㉣ 불연성 먼지가 많은 장소
㉤ 습기가 많은 장소	

① ㉠, ㉡, ㉢   ② ㉡, ㉢, ㉣
③ ㉡, ㉣, ㉤   ④ ㉠, ㉣, ㉤

해설
㉠ 화약고 등의 위험 장소 : 금속관, 케이블 공사 가능
㉡ 부식성 가스가 있는 장소 : 금속관, 케이블, 합성수지, 애자 사용 공사 가능
㉢ 위험물 등이 존재하는 장소 : 금속관, 케이블, 합성수지관 공사 가능
㉣ 불연성 먼지가 많은 장소 : 금속관, 케이블, 합성수지, 애자 사용 공사 가능
㉤ 습기가 많은 장소 : 금속관, 케이블, 합성수지관, 애자 사용 공사(은폐장소 제외) 가능

17 조명공학에서 사용되는 칸델라[cd]는 무엇의 단위인가?

2016
2020
2022

① 광도   ② 조도
③ 광속   ④ 휘도

해설

용어	기호[단위]	정의
광도	I [cd] 칸델라	광원이 가지고 있는 빛의 세기
조도	E [lx] 럭스	광속이 입사하여 그 면이 밝게 빛나는 정도
광속	F [lm] 루멘	광원에서 나오는 복사속을 눈으로 보아 빛으로 느끼는 크기
휘도	B [rlx] 래드럭스	광원이 빛나는 정도

18 실내 전체를 균일하게 조명하는 방식으로 광원을 일정한 간격으로 배치하며 공장, 학교, 사무실 등에서 채용되는 조명 방식은?

2012
2024

① 국부조명   ② 전반조명
③ 직접 조명   ④ 간접 조명

해설
조명기구의 배치에 의한 분류

조명 방식	특징
전반조명	작업면 전반에 균등한 조도를 가지게 하는 방식으로 광원을 일정한 높이와 간격으로 배치하며, 일반적으로 사무실, 학교, 공장 등에 채용된다.
국부조명	작업면의 필요한 장소만 고조도로 하기 위한 방식으로 그 장소에 조명기구를 밀집하여 설치하거나 스탠드 등을 사용한다. 이 방식은 밝고 어둠의 차이가 커서 눈부심을 일으키고 눈이 피로하기 쉬운 결점이 있다.
전반 국부 병용 조명	전반조명에 의하여 시각 환경을 좋게 하고, 국부조명을 병용해서 필요한 장소에 고조도를 경제적으로 얻는 방식으로 병원 수술실, 공부방, 기계공작실 등에 채용된다.

정답 16 ③   17 ①   18 ②

19 완전 확산면은 어느 방향에서 보아도 무엇이 동일한가?

① 광속 ② 휘도
③ 조도 ④ 광도

해설 완전 확산면은 모든 방향으로 동일한 휘도(광원이 빛나는 정도)를 가진 반사면 또는 투과면을 말한다.

20 조명기구를 배광에 따라 분류하는 경우 특정한 장소만을 고조도로 하기 위한 조명기구는?

① 직접 조명기구 ② 전반확산 조명기구
③ 광천장 조명기구 ④ 반직접 조명기구

해설 조명기구 배광에 의한 분류

조명 방식	직접 조명	반직접 조명	전반 확산조명	반간접 조명	간접 조명
상향 광속	0~10[%]	10~40[%]	40~60[%]	60~90[%]	90~100[%]
조명기구					
하향 광속	100~90[%]	90~60[%]	60~40[%]	40~10[%]	10~0[%]

21 천장에 작은 구멍을 뚫어 그 속에 등기구를 매입시키는 방식으로 건축의 공간을 유효하게 하는 조명 방식은?

① 코브 방식 ② 코퍼 방식
③ 밸런스 방식 ④ 다운라이트 방식

해설
① 코브 조명 : 벽이나 천장면에 플라스틱, 목재 등을 이용하여 광원을 감추는 방식
② 코퍼 조명 : 천장면에 환형, 사각형 등의 형상으로 기구를 취부한 방식
③ 밸런스 조명 : 벽면조명으로 벽면에 나무나 금속판을 시설하여 그 내부에 램프를 설치하는 방식
④ 다운라이트 조명 : 천장에 작은 구멍을 뚫어 그 속에 등기구를 매입시키는 방식

22 평균 구면 광도 I[cd]의 전등에서 발산되는 전광속 수[lm]는?

① $4\pi I$ ② $2\pi I$ ③ πI ④ $4\pi r^2$

해설 광도 I는 광원에서 어느 방향으로 향하는 단위 입체각 ω당 발산 광속 F를 의미한다.
즉, $I = \dfrac{F}{\omega}$이므로, 구면의 전광속 $F = \omega I = 4\pi I$[lm]이다.
여기서, $\omega = 4\pi$는 폐곡면 전체의 입체각을 의미한다.

정답 19 ② 20 ① 21 ④ 22 ①

23. 조명기구의 용량 표시에 관한 사항이다. 다음 중 F40의 설명으로 알맞은 것은?

① 수은등 40[W]
② 나트륨등 40[W]
③ 메탈 할라이드등 40[W]
④ 형광등 40[W]

해설
"F"는 형광등을 뜻한다.

24. 실링 직접부착등을 시설하고자 한다. 배선도에 표기할 그림기호로 옳은 것은?

① ─(N)
② (CL 원형 기호)
③ (CL)
④ (R)

해설
① 나트륨등(벽부형)
② 옥외 보안등
④ 리셉터클

25. 전자접촉기 2개를 이용하여 유도전동기 1대를 정·역운전하고 있는 시설에서 전자접촉기 2대가 동시에 여자되어 상간 단락되는 것을 방지하기 위하여 구성하는 회로는?

① 자기유지회로
② 순차제어회로
③ Y-Δ 기동 회로
④ 인터록 회로

해설
인터록 회로
상대동작 금지회로로서 선행동작 우선회로와 후행동작 우선회로가 있다.

26. 전동기의 정·역 운전을 제어하는 회로에서 2개의 전자 개폐기의 작동이 동시에 일어나지 않도록 하는 회로는?

① Y-Δ 회로
② 자기유지 회로
③ 촌동회로
④ 인터록 회로

27. 저압전로 중의 전동기 과부하 보호장치로 전자접촉기를 사용할 경우 반드시 함께 부착해야 하는 것은 무엇인가?

① 단로기
② 과부하계전기
③ 전력퓨즈
④ 릴레이

해설
과부하계전기
전자접촉기와 조합하여 일정값 이상의 전류가 흘렀을 때 동작하며, 과전류계전기라고도 한다. 열동형 과부하계전기(THR) 및 전자식 과부하계전기(EOCR, EOL) 등이 있다.

정답 23 ④ 24 ③ 25 ④ 26 ④ 27 ②

28. 그림의 전자계전기 구조는 어떤 형의 계전기인가?

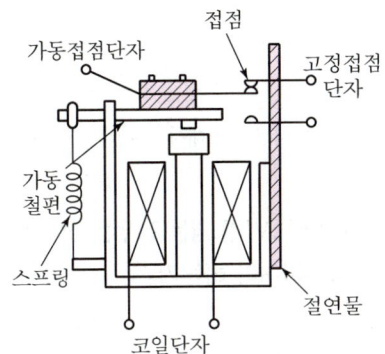

① 힌지형　　② 플런저형　　③ 가동코일형　　④ 스프링형

해설
① 힌지(Hinge)형 : 도어(문)와 같은 형태
② 플런저(Plunger)형 : 왕복운동(피스톤)과 같은 형태

29. 엘리베이터 장치를 시설할 때 승강기 내에서 사용하는 전등 및 전기기계기구에 사용할 수 있는 최대 전압은?

① 110[V] 이하　　② 220[V] 이하　　③ 400[V] 이하　　④ 440[V] 이하

해설
엘리베이터 및 덤웨이터 등의 승강로 안의 저압 옥내배선 등의 시설은 사용전압을 400[V] 이하로 시설하여야 한다.

30. 저압크레인 또는 호이스트 등의 트롤리선을 애자 사용 공사에 의하여 옥내의 노출장소에 시설하는 경우 트롤리선의 바닥에서의 최소 높이는 몇 [m] 이상으로 설치하는가?

① 2　　② 2.5　　③ 3　　④ 3.5

해설
이동기중기·자동청소기 그 밖에 이동하며 사용하는 저압의 전기기계기구에 전기를 공급하기 위하여 사용하는 저압 접촉전선을 애자 사용 공사에 의하여 옥내의 전개된 장소에 시설하는 경우에는 전선의 바닥에서의 높이는 3.5[m] 이상으로 하고 사람이 접촉할 우려가 없도록 시설하여야 한다.

31. 지중 또는 수중에 시설하는 양극과 피방식체 간의 전기부식 방지 시설에 대한 설명으로 틀린 것은?

① 사용전압은 직류 60[V] 초과일 것
② 지중에 매설하는 양극은 75[cm] 이상의 깊이일 것
③ 수중에 시설하는 양극과 그 주위 1[m] 안의 임의의 점과의 전위차는 10[V]를 넘지 않을 것
④ 지표에서 1[m] 간격의 임의의 2점 간의 전위차가 5[V]를 넘지 않을 것

해설
전기부식용 전원 장치로부터 양극 및 피방식체까지의 전로의 사용전압은 직류 60[V] 이하일 것

정답 28 ①　29 ③　30 ④　31 ①

32 교통신호등의 제어장치로부터 신호등의 전구까지의 전로에 사용하는 전압은 몇 [V] 이하인가?

① 60
② 100
③ 300
④ 440

해설
교통신호등 제어장치의 2차 측 배선의 최대사용전압은 300[V] 이하이어야 한다.

33 교통신호등 회로의 사용전압이 몇 [V]를 넘는 경우는 전로에 지락이 생겼을 경우 자동적으로 전로를 차단하는 누전차단기를 시설하여야 하는가?

① 50
② 100
③ 150
④ 200

해설
한국전기설비규정에 의해 교통신호등 회로의 사용전압이 150[V]를 넘는 경우에는 전로에 지락이 생겼을 경우 자동적으로 전로를 차단하는 누전차단기를 시설할 것

34 목장의 전기 울타리에 사용하는 경동선의 지름은 최소 몇 [mm] 이상이어야 하는가?

① 1.6
② 2.0
③ 2.6
④ 3.2

해설
전기 울타리의 시설
- 전선은 인장강도 1.38[kN] 이상의 것 또는 지름 2[mm] 이상의 경동선일 것
- 전선과 이를 지지하는 기둥 사이의 이격거리는 2.5[cm] 이상일 것

정답 32 ③ 33 ③ 34 ②

부록 APPENDIX

과년도 출제문제

2019년 제1회
2019년 제2회
2019년 제3회
2019년 제4회

2020년 제1회
2020년 제2회
2020년 제3회
2020년 제4회

2021년 제1회
2021년 제2회
2021년 제3회
2021년 제4회

2022년 제1회
2022년 제2회
2022년 제3회
2022년 제4회

2023년 제1회
2023년 제2회
2023년 제3회
2023년 제4회

2024년 제1회
2024년 제2회
2024년 제3회
2024년 제4회

2025년 제1회
2025년 제2회
2025년 제3회

[학습 전에 알아두어야 할 사항]
전기기능사 필기시험은 CBT(Computer - Based Training) 방식으로 시행되어, 수험생 개개인별로 문제가 다르게 출제되며, 시험문제는 비공개입니다.
본 기출문제 풀이는 시험에 응시한 수험생의 기억에 의해 재구성한 것입니다.

CHAPTER 01 2019년 제1회

01 R_1, R_2, R_3의 저항이 직렬 연결된 회로에 전압 V를 가할 경우 저항 R_2에 걸리는 전압은?

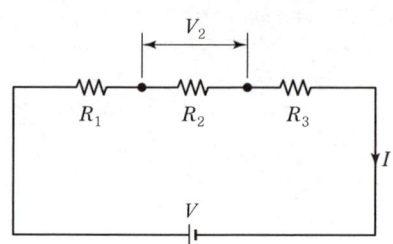

① $\dfrac{VR_1}{R_1+R_2+R_3}$
② $\dfrac{VR_2}{R_1+R_2+R_3}$
③ $\dfrac{VR_3}{R_1+R_2+R_3}$
④ $\dfrac{V(R_1+R_2+R_3)}{R_2}$

해설
합성저항 $R_0 = R_1 + R_2 + R_3$
전전류 $I = \dfrac{V}{R_0} = \dfrac{V}{R_1+R_2+R_3}$
R_2에 걸리는 전압 $V_2 = IR_2 = \dfrac{VR_2}{R_1+R_2+R_3}$

02 진공 중에서 자기장의 세기가 500[AT/m]일 때 자속밀도[Wb/m²]는?

① 3.98×10^8
② 6.28×10^{-2}
③ 3.98×10^4
④ 6.28×10^{-4}

해설
자속밀도 $B = \mu H$이므로,
$B = 4\pi \times 10^{-7} \times 500 = 6.28 \times 10^{-4}$ [Wb/m²]

03 다음 중 화학당량을 구하는 계산식은?

① $\dfrac{원자량}{원자가}$
② $\dfrac{분자량}{분자가}$
③ $\dfrac{원자가}{원자량}$
④ $\dfrac{분자가}{분자량}$

해설
화학당량 $= \dfrac{원자량}{원자가}$

정답 01 ② 02 ④ 03 ①

04 고유저항 $1.69 \times 10^{-8}[\Omega \cdot m]$, 길이 $1,000[m]$, 지름 $2.6[mm]$ 전선의 저항$[\Omega]$은?

① 3.18   ② 0.79   ③ 6.5×10^{-3} ④ 2.1×10^{-3}

해설

전기저항 $R = \rho \dfrac{\ell}{A} = 1.69 \times 10^{-8} \times \dfrac{1000}{\pi \left(\dfrac{2.6 \times 10^{-3}}{2}\right)^2} = 3.18[\Omega]$

05 전전류 10[A]가 흐르는 회로에 2[Ω], 4[Ω], 6[Ω]의 저항이 병렬 연결되어 있을 때 2[Ω]에 흐르는 전류는?

① 3.33   ② 0.83   ③ 10.9   ④ 5.45

해설

합성저항 $R_0 = \dfrac{1}{\dfrac{1}{2} + \dfrac{1}{4} + \dfrac{1}{6}} = 1.09[\Omega]$

전압 $V = I_0 R_0 = 10 \times 1.09 = 10.9[V]$

2[Ω]에 흐르는 전류 $I = \dfrac{V}{R} = \dfrac{10.9}{2} = 5.45[A]$

06 1[Wb/m²]인 자속밀도는 몇 [Gauss]인가?

① $\dfrac{10}{\pi}$ ② $4\pi \times 10^{-4}$ ③ 10^4 ④ 10^8

해설

자속밀도를 나타내는 CGS 단위로 $1[G(Gauss)] = 10^{-4}[Wb/m^2]$이다.

07 500[Ω]의 저항에 1[A]의 전류가 1분간 흐를 때 이 저항에서 발생하는 열량은?

① 60[cal]   ② 120[cal]   ③ 1,200[cal]   ④ 7,200[cal]

해설

$H = 0.24 I^2 Rt = 0.24 \times 1^2 \times 500 \times 1 \times 60 = 7,200[cal]$

08 100[V]의 교류 전원에 선풍기를 접속하고 입력과 전류를 측정하였더니 500[W], 7[A]였다. 이 선풍기의 역률은?

① 0.61   ② 0.71   ③ 0.81   ④ 0.91

해설

$P = VI\cos\theta[W]$이므로, $\cos\theta = \dfrac{P}{VI}$

따라서, $\cos\theta = \dfrac{500}{100 \times 7} = 0.71$이다.

정답 04 ① 05 ④ 06 ③ 07 ④ 08 ②

09 전류계의 측정범위를 확대시키기 위하여 전류계와 병렬로 접속하는 것은?

① 분류기　　② 배율기　　③ 검류계　　④ 전위차계

해설

- 분류기(Shunt) : 전류계의 측정범위를 확대시키기 위해 전류계와 병렬로 접속하는 저항기

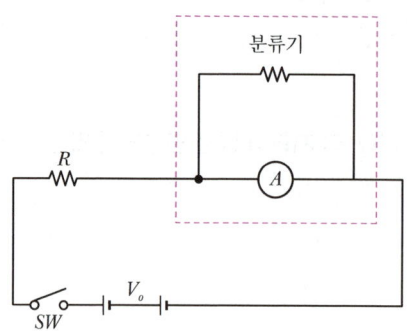

- 배율기(Multiplier) : 전압계의 측정범위를 확대시키기 위해 전압계와 직렬로 접속하는 저항기

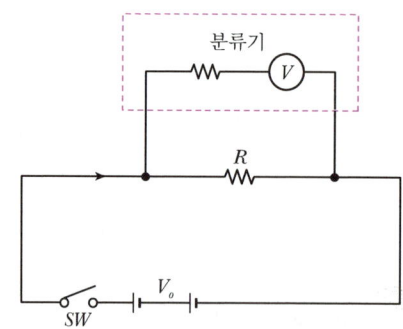

10 공기 중에 3×10^{-5}[C], 8×10^{-5}[C]의 두 전하를 2[m]의 거리에 놓을 때 그 사이에 작용하는 힘은?

① 2.7[N]　　② 5.4[N]　　③ 10.8[N]　　④ 24[N]

해설

$$F = \frac{1}{4\pi\varepsilon} \times \frac{Q_1 Q_2}{r^2} = 9 \times 10^9 \times \frac{Q_1 Q_2}{r^2}$$
$$= 9 \times 10^9 \times \frac{(3 \times 10^{-5}) \times (8 \times 10^{-5})}{2^2}$$
$$= 5.4[N]$$

11 전기장의 세기에 관한 단위는?

① [H/m]　　② [F/m]　　③ [AT/m]　　④ [V/m]

해설

① [H/m] : 투자율 단위
② [F/m] : 유전율 단위
③ [AT/m] : 자기장의 세기 단위

정답　09 ①　10 ②　11 ④

12 평균 반지름이 r[m]이고, 감은 횟수가 N인 환상 솔레노이드에 전류 I[A]가 흐를 때 내부의 자기장의 세기 H[AT/m]는?

① $H = \dfrac{NI}{2\pi r}$ ② $H = \dfrac{NI}{2r}$ ③ $H = \dfrac{2\pi r}{NI}$ ④ $H = \dfrac{2r}{NI}$

해설
환상 솔레노이드에 의한 자기장의 세기는 $H = \dfrac{NI}{2\pi r}$ 이다.

13 자체 인덕턴스가 40[mH]와 90[mH]인 두 개의 코일이 있다. 두 코일 사이에 누설자속이 없다고 하면 상호 인덕턴스는?

① 50[mH]   ② 60[mH]   ③ 65[mH]   ④ 130[mH]

해설
상호 인덕턴스 $M = k\sqrt{L_1 L_2}$ 이고, 누설자속이 없을 때 결합계수 $k = 1$이므로,
$M = 1 \times \sqrt{40 \times 90} = 60$[mH]

14 자체 인덕턴스 2[H]의 코일에 25[J]의 에너지가 저장되어 있다면 코일에 흐르는 전류는?

① 2[A]   ② 3[A]   ③ 4[A]   ④ 5[A]

해설
전자에너지 $W = \dfrac{1}{2}LI^2$[J]이므로,
$I = \sqrt{\dfrac{2W}{L}} = \sqrt{\dfrac{2 \times 25}{2}} = 5$[A]

15 $e = 100\sqrt{2}\sin\left(100\pi t - \dfrac{\pi}{3}\right)$[V]인 정현파 교류전압의 주파수는 얼마인가?

① 50[Hz]   ② 60[Hz]   ③ 100[Hz]   ④ 314[Hz]

해설
순시값 $e = V_m \sin\omega t$[V]이고, $\omega = 2\pi f$이므로,
따라서 $100\pi = 2\pi f$에서 $f = 50$[Hz]이다.

16 최댓값이 200[V]인 사인파 교류의 평균값은?

① 약 70.7[V]   ② 약 100[V]
③ 약 127.3[V]   ④ 약 141.4[V]

해설
평균값 $V_a = \dfrac{2}{\pi}V_m$이므로
$V_a = \dfrac{2}{\pi} \times 200 ≒ 127.3$[V]

정답 12 ① 13 ② 14 ④ 15 ① 16 ③

17 다음 중 비투자율이 가장 큰 물질은?

① 구리　　　　　　　　　　② 염화니켈
③ 페라이트　　　　　　　　 ④ 초합금

해설
① 구리 : 0.99999
② 염화니켈 : 1.00004
③ 페라이트 : 1,000
④ 초합금 : 1,000,000

18 거리 1[m]의 평행도체에 같은 전류가 흐를 때 작용하는 힘이 4×10^{-7}[N/m]일 때 흐르는 전류의 크기는?

① 2　　　　② $\sqrt{2}$　　　　③ 4　　　　④ 1

해설
평행한 두 도체 사이에 작용하는 힘 $F = \dfrac{2I_1 I_2}{r} \times 10^{-7}$[N/m]이므로,
$4 \times 10^{-7} = \dfrac{2 \times I^2}{1} \times 10^{-7}$에서 전류 $I = \sqrt{2}$[A]이다.

19 200[V], 500[W]의 전열기를 220[V] 전원에 사용하였다면 이때의 전력은?

① 400[W]　　　　　　　　　② 500[W]
③ 550[W]　　　　　　　　　④ 605[W]

해설
전열기의 저항은 일정하므로,
$R = \dfrac{V_1^2}{P} = \dfrac{200^2}{500} = 80$[Ω]
$\therefore P = \dfrac{V_2^2}{R} = \dfrac{220^2}{80} = 605$[W]

20 비정현파가 아닌 것은?

① 삼각파　　② 사각파　　③ 사인파　　④ 펄스파

해설
• 비정현파는 직류분, 기본파(사인파), 고조파가 합성된 파형이다.
• 사인파는 비정현파의 구성요소이다.

21 전기자저항 0.1[Ω], 전기자전류 104[A], 유도기전력 110.4[V]인 직류 분권발전기의 단자전압 [V]은?

① 110　　　　② 106　　　　③ 102　　　　④ 100

정답　17 ④　18 ②　19 ④　20 ③　21 ④

> **해설**
> 직류 분권발전기는 다음 그림과 같으므로,

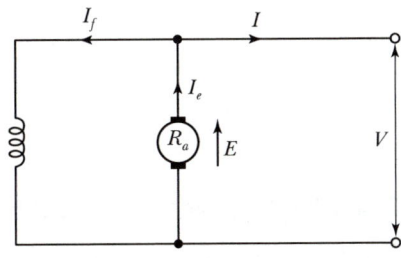

$$V = E - R_a I_a = 110.4 - 0.1 \times 104 = 100[\text{V}]$$

22 분권전동기에 대한 설명으로 옳지 않은 것은?

① 토크는 전기자전류의 자승에 비례한다.
② 부하전류에 따른 속도 변화가 거의 없다.
③ 계자회로에 퓨즈를 넣어서는 안 된다.
④ 계자권선과 전기자권선이 전원에 병렬로 접속되어 있다.

> **해설**
> 전기자와 계자권선이 병렬로 접속되어 있어서 단자전압이 일정하면, 부하전류에 관계없이 자속은 일정하므로 타여자전동기와 거의 동일한 특성을 가진다. 또한, 계자전류가 0이 되면, 속도가 급격히 상승하여 위험하기 때문에 계자회로에 퓨즈를 넣어서는 안 된다.

23 부흐홀츠 계전기의 설치 위치로 가장 적당한 것은?

① 변압기 주 탱크 내부
② 콘서베이터 내부
③ 변압기 고압 측 부싱
④ 변압기 주 탱크와 콘서베이터 사이

> **해설**
> 변압기의 탱크와 콘서베이터의 연결관 사이에 설치한다.

24 변압기의 1차 권횟수 80[회], 2차 권횟수 320[회]일 때 2차 측의 전압이 100[V]이면 1차 전압 [V]은?

① 15　　　　　② 25　　　　　③ 50　　　　　④ 100

> **해설**
> 권수비 $a = \dfrac{V_2}{V_1} = \dfrac{320}{80} = 4$ 이므로,
> 따라서, $V_1' = \dfrac{V_2'}{a} = \dfrac{100}{4} = 25[\text{V}]$ 이다.

정답 22 ①　23 ④　24 ②

25 낮은 전압을 높은 전압으로 승압할 때 일반적으로 사용되는 변압기의 3상 결선방식은?

① $\Delta-\Delta$　　　　　　　　② $\Delta-Y$
③ $Y-Y$　　　　　　　　　④ $Y-\Delta$

해설
$\Delta-Y$: 승압용 변압기, $Y-\Delta$: 강압용 변압기

26 다음은 3상 유도전동기 고정자 권선의 결선도를 나타낸 것이다. 맞는 사항을 고르면?

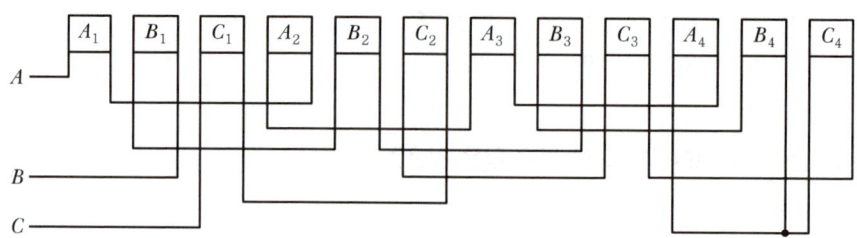

① 3상 2극, Y결선　　　　　② 3상 4극, Y결선
③ 3상 2극, Δ결선　　　　　④ 3상 4극, Δ결선

해설
권선이 3개(A, B, C)로 3상이며, 각 권선(A_1, A_2, A_3, A_4, $\cdots$)의 전류방향이 변화하므로 4극, 각 권선의 끝(A_4, B_4, C_4)이 접속되어 있으므로 Y결선이다.

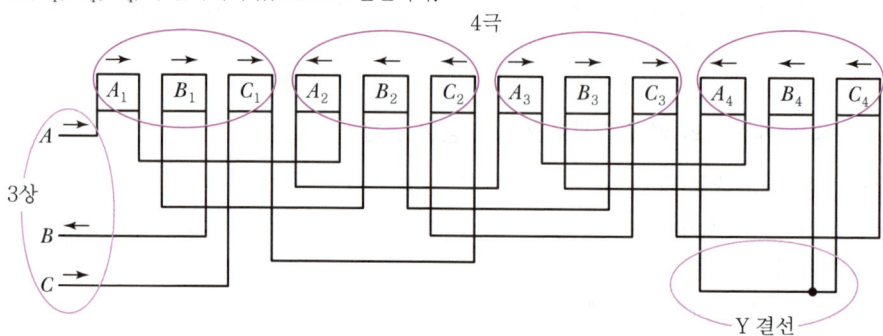

27 3상 유도전동기의 원선도를 그리는 데 필요하지 않은 것은?

① 저항 측정　　　　　　　② 무부하 시험
③ 구속 시험　　　　　　　④ 슬립 측정

해설
3상 유도전동기의 원선도
- 유도전동기의 특성을 실부하 시험을 하지 않아도, 등가회로를 기초로 한 헤일랜드(Heyland)의 원선도에 의하여 전부하 전류, 역률, 효율, 슬립, 토크 등을 구할 수 있다.
- 원선도 작성에 필요한 시험 : 저항 측정, 무부하시험, 구속시험

정답 25 ②　26 ②　27 ④

28 단상 유도전동기의 기동 방법 중 기동 토크가 가장 큰 것은?

① 분상 기동형　　　　　　② 반발 유도형
③ 콘덴서 기동형　　　　　④ 반발 기동형

> **해설**
> 기동 토크가 큰 순서
> 반발기동형 → 콘덴서 기동형 → 분상기동형 → 셰이딩 코일형

29 다음 중 전력 제어용 반도체 소자가 아닌 것은?

① LED　　　　　　　　　② TRIAC
③ GTO　　　　　　　　　④ IGBT

> **해설**
> LED(Light Emitting Diode)
> 발광 다이오드. Ga(갈륨), P(인), As(비소)를 재료로 하여 만들어진 반도체. 다이오드의 특성을 가지고 있으며, 전류를 흐르게 하면 붉은색, 녹색, 노란색 빛을 발한다.

30 20[kVA]의 단상 변압기 2대를 사용하여 V-V결선으로 하고 3상 전원을 얻고자 한다. 이때 여기에 접속시킬 수 있는 3상 부하의 용량은 약 몇 [kVA]인가?

① 34.6　　② 44.6　　③ 54.6　　④ 66.6

> **해설**
> V결선 3상 용량 $P_v = \sqrt{3}\,P = \sqrt{3} \times 20 = 34.6[\text{kVA}]$

31 동기기의 전기자 권선법이 아닌 것은?

① 전절권　　　　　　　　② 분포권
③ 2층권　　　　　　　　　④ 중권

> **해설**
> 동기기는 주로 분포권, 단절권, 2층권, 중권이 쓰이고 결선은 Y결선으로 한다.

32 직류 발전기에서 브러시와 접촉하여 전기자 권선에 유도되는 교류기전력을 정류해서 직류로 만드는 부분은?

① 계자　　　　　　　　　② 정류자
③ 슬립링　　　　　　　　④ 전기자

> **해설**
> 직류 발전기의 주요부분
> • 계자(Field Magnet) : 자속을 만들어 주는 부분
> • 전기자(Armature) : 계자에서 만든 자속으로부터 기전력을 유도하는 부분
> • 정류자(Commutator) : 교류를 직류로 변환하는 부분

정답　28 ④　29 ①　30 ①　31 ①　32 ②

33 동기 발전기의 병렬운전 중 기전력의 위상차가 생기면 어떤 현상이 나타나는가?

① 전기자반작용이 발생한다.　　② 동기화 전류가 흐른다.
③ 단락사고가 발생한다.　　　　④ 무효 순환전류가 흐른다.

> **해설**
> 병렬운전 조건 중 기전력의 위상이 서로 다르면 동기화 전류가 흐르며, 위상이 앞선 발전기는 부하의 증가를 가져와서 회전속도가 감소하게 되고, 위상이 뒤진 발전기는 부하의 감소를 가져와서 발전기의 속도가 상승하게 된다.

34 6극, 1,200[rpm] 동기 발전기로 병렬운전하는 극수 4의 교류발전기의 회전수는 몇 [rpm]인가?

① 3,600　　② 2,400　　③ 1,800　　④ 1,200

> **해설**
> 병렬운전 조건 중 주파수가 같아야 하는 조건이 있으므로,
> - $N_s = \dfrac{120f}{P}$ 이므로, $f = \dfrac{P \cdot N_s}{120} = \dfrac{6 \times 1{,}200}{120} = 60[\text{Hz}]$ 이다.
> - 4극 발전기의 회전수 $N_s = \dfrac{120 \times 60}{4} = 1{,}800[\text{rpm}]$

35 3상 유도전동기의 2차 입력에 대한 기계적 출력비는?

① $\dfrac{N_S}{N} \times 100[\%]$　　② $\dfrac{N}{N_S} \times 100[\%]$

③ $\dfrac{N_S - N}{N} \times 100[\%]$　　④ $\dfrac{N_S - N}{N_S} \times 100[\%]$

> **해설**
> $P_2 : P_{2c} : P_o = 1 : S : (1-S)$ 이므로
> $\dfrac{P_0}{P_2} = 1 - S = 1 - \left(\dfrac{N_S - N}{N_S}\right) = \dfrac{N}{N_S} \times 100[\%]$

36 반도체 내에서 정공은 어떻게 생성되는가?

① 결합전자의 이탈　　② 자유전자의 이동
③ 접합 불량　　　　　④ 확산 용량

> **해설**
> **정공**
> 진성반도체(4가 원자)에 불순물(3가 원자)을 약간 첨가하면 공유 결합을 해서 전자 1개의 공석이 생성되는데, 이를 정공이라 한다. 즉, 결합전자의 이탈에 의하여 생성된다.

37 단상 유도전동기 중 역회전이 안 되는 전동기는?

① 분상 기동형　　② 셰이딩 코일형
③ 콘덴서 기동형　④ 반발 기동형

정답　33 ②　34 ③　35 ②　36 ①　37 ②

> **해설**
> 셰이딩 코일형 유도전동기는 고정자에 돌극을 만들고 여기에 셰이딩 코일을 감아서 기동토크가 발생하여 회전하는 원리로 구조상 회전방향을 바꿀 수 없다.

38 형권 변압기 용도 중 맞는 것은?

① 소형 변압기
② 중형 변압기
③ 중대형 변압기
④ 대형 변압기

> **해설**
> **형권 변압기**
> 목재 권형 또는 절연통 위에 감은 코일을 절연처리한 다음 조립하는 것으로, 중대형 변압기에 많이 사용된다.

39 직류 발전기의 병렬운전 조건이 아닌 것은?

① 전압이 같을 것
② 극성이 같을 것
③ 수하특성을 가질 것
④ 용량이 같을 것

> **해설**
> 각 발전기의 외부특성곡선을 정격부하전류의 백분율로 표시하여 특성이 일치할 경우 용량은 같지 않아도 된다.

40 전기자를 고정시키고 자극 N, S를 회전시키는 동기발전기는?

① 회전계자법
② 직렬저항형
③ 회전전기자법
④ 회전정류자형

> **해설**
> • 회전전기자형 : 계자를 고정해 두고 전기자가 회전하는 형태
> • 회전계자형 : 전기자를 고정해 두고 계자를 회전시키는 형태

41 저압배전선로에서 전선을 수직으로 지지하는 데 사용되는 장주용 자재명은?

① 경완철
② 래크
③ LP애자
④ 현수애자

> **해설**
> **래크(Rack) 배선**
> 저압선의 경우에 완금을 설치하지 않고 전주에 수직방향으로 애자를 설치하는 배선

정답 38 ③ 39 ④ 40 ① 41 ②

42 접지저항 측정방법으로 가장 적당한 것은?

① 절연저항계
② 전력계
③ 교류의 전압, 전류계
④ 콜라우시 브리지

해설
콜라우시 브리지
저저항 측정용 계기로 접지저항, 전해액의 저항 측정에 사용된다.

43 수·변전 설비의 고압회로에 걸리는 전압을 표시하기 위해 전압계를 시설할 때 고압회로와 전압계 사이에 시설하는 것은?

① 관통형 변압기
② 계기용 변류기
③ 계기용 변압기
④ 권선형 변류기

해설
계기용 변압기 2차 측에 전압계를 시설하고, 계기용 변류기 2차 측에는 전류계를 시설한다.

44 [KEC 반영] 배전선로 지지물에 시설하는 전주외등 배선의 절연전선 단면적은 몇 [mm²] 이상이어야 하는가?

① 2.0[mm²]
② 2.5[mm²]
③ 6[mm²]
④ 16[mm²]

해설
대지전압 300[V] 이하의 형광등, 고압방전등, LED등 등을 배전선로의 지지물 등에 시설하는 경우에 배선은 단면적 2.5[mm²] 이상의 절연전선 또는 이와 동등 이상의 절연성능이 있는 것을 사용한다.

45 [KEC 반영] 인입용 비닐절연전선을 나타내는 기호는?

① OW
② EV
③ DV
④ NV

해설

명칭	기호	비고
인입용 비닐절연전선 2개 꼬임	DV 2R	70[℃]
인입용 비닐절연전선 3개 꼬임	DV 3R	70[℃]

46 조명용 백열전등을 호텔 또는 여관 객실의 입구에 설치할 때나 일반주택 및 아파트 각 실의 현관에 설치할 때 사용되는 스위치는?

① 타임 스위치
② 누름 버튼 스위치
③ 토글 스위치
④ 로터리 스위치

47 코드 상호 간 또는 캡타이어 케이블 상호 간을 접속하는 경우 가장 많이 사용되는 기구는?

① T형 접속기
② 코드 접속기
③ 와이어 커넥터
④ 박스용 커넥터

정답 42 ④ 43 ③ 44 ② 45 ③ 46 ① 47 ②

> **해설**
> • 코드접속기 : 코드 상호, 캡타이어 케이블 상호, 케이블 상호 접속 시 사용
> • 와이어 커넥터 : 주로 단선의 종단 접속 시 사용

48 금속관을 절단할 때 사용되는 공구는?

① 오스터
② 녹 아웃 펀치
③ 파이프 커터
④ 파이프 렌치

> **해설**
> ① 오스터 : 금속관 끝에 나사를 내는 공구
> ② 녹 아웃 펀치 : 배전반, 분전반 등의 캐비닛에 구멍을 뚫을 때 필요한 공구
> ④ 파이프 렌치 : 금속관과 커플링을 물고 죄는 공구

49 연피가 있는 케이블을 구부리는 경우에 그 굴곡부의 곡률반경은 원칙적으로 케이블이 완성품 외경의 몇 배 이상이어야 하는가?

① 4
② 6
③ 8
④ 12

> **해설**
> 케이블을 구부리는 경우 굴곡부의 곡률 반지름
> • 연피가 없는 케이블 : 곡률반지름은 케이블 바깥지름의 5배 이상
> • 연피가 있는 케이블 : 곡률반지름은 케이블 바깥지름의 12배 이상

50 과부하 보호장치의 동작전류는 케이블 허용전류의 몇 배 이하여야 하는가?

① 1.1배
② 1.25배
③ 1.45배
④ 2.5배

> **해설**
> 과부하전류로부터 케이블을 보호하기 위한 조건은 아래와 같다.
> 보호장치가 규약시간 이내에 유효하게 동작을 보장하는 전류 ≤ 1.45 × 전선의 허용전류

51 다음의 심벌 명칭은 무엇인가?

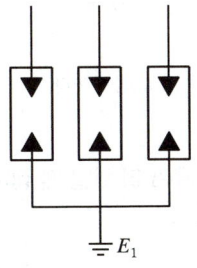

① 파워퓨즈
② 단로기
③ 피뢰기
④ 고압 컷아웃 스위치

정답 48 ③ 49 ④ 50 ③ 51 ③

52 고압 가공 인입선이 일반적인 도로 횡단 시 설치 높이는?

① 3[m] 이상 ② 3.5[m] 이상
③ 5[m] 이상 ④ 6[m] 이상

해설
인입선의 높이

구분	저압 인입선[m]	고압 및 특고압 인입선[m]
도로 횡단	5	6
철도 궤도 횡단	6.5	6.5
기타	4	5

53 전자접촉기 2개를 이용하여 유도전동기 1대를 정·역운전하고 있는 시설에서 전자접촉기 2대가 동시에 여자되어 상간 단락되는 것을 방지하기 위하여 구성하는 회로는?

① 자기유지회로 ② 순차제어회로
③ Y-Δ 기동 회로 ④ 인터록 회로

해설
인터록 회로
상대동작 금지회로로서 선행동작 우선회로와 후행동작 우선회로가 있다.

54 완전 확산면은 어느 방향에서 보아도 무엇이 동일한가?

① 광속 ② 휘도
③ 조도 ④ 광도

해설
완전 확산면은 모든 방향으로 동일한 휘도(광원이 빛나는 정도)를 가진 반사면 또는 투과면을 말한다.

55 금속전선관 공사에 필요한 공구가 아닌 것은?

① 파이프 바이스 ② 스트리퍼
③ 리머 ④ 오스터

해설
와이어 스트리퍼
절연전선의 피복절연물을 벗기는 자동 공구이다.

56 변압기 고압 측 전로의 1선 지락전류가 5[A]일 때 접지저항의 최댓값은?(단, 혼촉에 의한 대지 전압은 150[V]이다.)

① 25[Ω] ② 30[Ω] ③ 35[Ω] ④ 40[Ω]

해설
1선 지락전류가 5[A]이므로 $\frac{150}{5}=30[\Omega]$

정답 52 ④ 53 ④ 54 ② 55 ② 56 ②

57 다음 중 전선의 접속방법에 해당하지 않는 것은?

① 슬리브 접속
② 직접 접속
③ 트위스트 접속
④ 커넥터 접속

58 다음 ( ) 안에 들어갈 내용으로 알맞은 것은?

> 사람의 접촉 우려가 있는 합성수지제 몰드는 홈의 폭 및 깊이가 (㉠)[cm] 이하로 두께는 (㉡)[mm] 이상의 것이어야 한다.

① ㉠ 3.5, ㉡ 1
② ㉠ 5, ㉡ 1
③ ㉠ 3.5, ㉡ 2
④ ㉠ 5, ㉡ 2

해설
합성수지 몰드는 홈의 폭 및 깊이가 3.5[cm] 이하의 것일 것. 다만, 사람이 쉽게 접촉할 우려가 없도록 시설하는 경우에는 폭 5[cm] 이하의 것을 사용할 수 있다(두께는 1.2±0.2[mm]일 것).

59 가연성 가스가 새거나 체류하여 전기설비가 발화원이 되어 폭발할 우려가 있는 곳에 있는 저압 옥내 전기설비의 시설 방법으로 가장 적합한 것은?

① 애자 사용 공사
② 가요전선관 공사
③ 셀룰러 덕트 공사
④ 금속관 공사

해설
가연성 가스가 존재하는 곳의 공사
금속전선관 공사, 케이블 공사(캡타이어 케이블 제외)에 의하여 시설한다.

60 접지도체에 큰 고장전류가 흐르지 않을 경우에 접지도체는 단면적 몇 [mm²] 이상의 구리선을 사용하여야 하는가?

① 2.5[mm²]
② 6[mm²]
③ 10[mm²]
④ 16[mm²]

해설
접지도체의 단면적

접지도체에 큰 고장전류가 흐르지 않을 경우	• 구리 : 6[mm²] 이상 • 철제 : 50[mm²] 이상
접지도체에 피뢰시스템이 접속되는 경우	• 구리 : 16[mm²] 이상 • 철제 : 50[mm²] 이상

정답 57 ② 58 ③ 59 ④ 60 ②

CHAPTER 02 2019년 제2회

01 RLC 직렬회로에서 전압과 전류가 동상이 되기 위한 조건은?

① $L = C$
② $\omega LC = 1$
③ $\omega^2 LC = 1$
④ $(\omega LC)^2 = 1$

해설
직렬공진 시 임피던스 $Z = \sqrt{R^2 + \left(\omega L - \dfrac{1}{\omega C}\right)^2}$ 에서 $\omega L = \dfrac{1}{\omega C}$ 이므로, $Z = R[\Omega]$으로 전압과 전류의 위상이 동상이 된다. 따라서 공진 조건은 $\omega^2 LC = 1$이다.

02 전기 전도도가 좋은 순서대로 도체를 나열한 것은?

① 은 → 구리 → 금 → 알루미늄
② 구리 → 금 → 은 → 알루미늄
③ 금 → 구리 → 알루미늄 → 은
④ 알루미늄 → 금 → 은 → 구리

해설
각 금속의 %전도율
은 109[%], 구리 100[%], 금 72[%], 알루미늄 63[%]

03 유효전력의 식으로 옳은 것은?(단, E는 전압, I는 전류, θ는 위상각이다.)

① $EI\cos\theta$
② $EI\sin\theta$
③ $EI\tan\theta$
④ EI

해설
② 무효전력, ④ 피상전력

04 공기 중에서 $+m$[Wb]의 자극으로부터 나오는 자력선의 총수를 나타낸 것은?

① m
② $\dfrac{\mu_0}{m}$
③ $\dfrac{m}{\mu_0}$
④ $\mu_0 m$

해설
가우스의 정리(Gauss Theorem)
임의의 폐곡면 내의 전체 자하량 m[Wb]가 있을 때 이 폐곡면을 통해서 나오는 자기력선의 총수는 $\dfrac{m}{\mu}$ 개이다.
공기 중이므로 $\mu_s = 1$, 즉 자력선의 총수는 $\dfrac{m}{\mu_0}$ 개이다.

정답 01 ③ 02 ① 03 ① 04 ③

05 기전력 1.5[V], 내부저항 0.2[Ω]인 전지 5개를 직렬로 연결하고 이를 단락하였을 때의 단락전류 [A]는?

① 1.5 ② 4.5 ③ 7.5 ④ 15

> **해설**
> 전지의 직렬 접속에서 기전력 E[V], 내부저항 r[Ω]인 전지 n개를 직렬 접속하고 단락하였을 때, 흐르는 단락전류는 $I = \dfrac{nE}{nr}$[A]이다. 따라서, 단락전류 $I = \dfrac{5 \times 1.5}{5 \times 0.2} = 7.5$[A]

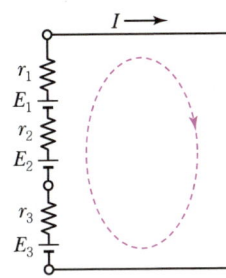
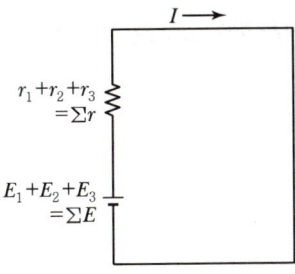

06 다음 중 자속을 만드는 힘은?

① 자기력 ② 전기력
③ 전자력 ④ 기자력

> **해설**
> 자기회로에 기자력을 주면 자로에 자속이 흐른다.

07 0.2[℧]의 컨덕턴스 2개를 직렬로 접속하여 3[A]의 전류를 흘리려면 몇 [V]의 전압을 공급하면 되는가?

① 12 ② 15 ③ 30 ④ 45

> **해설**
> 컨덕턴스 $G = \dfrac{1}{R}$이므로, 저항 $R = \dfrac{1}{0.2} = 5$[Ω]이다.
> 따라서, 전압 $V = I \cdot R = 3 \times (5+5) = 30$[V]

08 키르히호프의 법칙을 이용하여 방정식을 세우는 방법으로 잘못된 것은?

① 키르히호프의 제1법칙을 회로망의 임의의 한 점에 적용한다.
② 각 폐회로에서 키르히호프의 제2법칙을 적용한다.
③ 각 회로의 전류를 문자로 나타내고 방향을 가정한다.
④ 계산결과 전류가 +로 표시된 것은 처음에 정한 방향과 반대방향임을 나타낸다.

> **해설**
> 처음 정한 방향은 +표시하고 반대방향은 -표시한다.

정답 05 ③ 06 ④ 07 ③ 08 ④

09 2분간에 876,000[J]의 일을 하였다. 그 전력은 얼마인가?

① 7.3[kW] ② 29.2[kW]
③ 73[kW]   ④ 438[kW]

> **해설**
> 전력 $P = \dfrac{W}{t} = \dfrac{876,000}{2 \times 60} = 7,300[W] = 7.3[kW]$

10 줄의 법칙에서 발열량 계산식을 옳게 표시한 것은?

① $H = I^2R[J]$ ② $H = I^2R^2t[J]$
③ $H = I^2R^2[J]$ ④ $H = I^2Rt[J]$

> **해설**
> 줄의 법칙(Joule's Law)
> $H = I^2Rt[J]$

11 황산구리 용액에 10[A]의 전류를 60분간 흘린 경우 석출되는 구리의 양은?(단, 구리의 전기화학당량은 0.3293×10^{-3}[g/C]임)

① 약 1.97[g] ② 약 5.93[g]
③ 약 7.82[g] ④ 약 11.86[g]

> **해설**
> $w = KQ = KIt$[g] 에서
> $w = 0.3293 \times 10^{-3} \times 10 \times 60 \times 60 = 11.86$[g]

12 진공의 투자율 μ_0[H/m]는?

① 6.33×10^4 ② 8.55×10^{-12}
③ $4\pi \times 10^{-7}$ ④ 9×10^9

> **해설**
> 진공의 투자율 : $\mu_0 = 4\pi \times 10^{-7}$[H/m]

13 다음 중 전기저항을 나타내는 식은?

① $R = \rho\dfrac{\ell}{2\pi r}$ ② $R = \rho\dfrac{\ell}{2r}$
③ $R = \rho\dfrac{\ell}{\pi r^2}$ ④ $R = \rho\dfrac{\ell}{r^2}$

> **해설**
> 전기저항 $R = \rho\dfrac{\ell}{A} = \rho\dfrac{\ell}{\pi r^2}$ 이다.

정답 09 ① 10 ④ 11 ④ 12 ③ 13 ③

14 정전에너지 W[J]를 구하는 식으로 옳은 것은?(단, C는 콘덴서 용량[μF], V는 공급전압[V]이다.)

① $W = \dfrac{1}{2}CV^2$
② $W = \dfrac{1}{2}CV$
③ $W = \dfrac{1}{2}C^2V$
④ $W = 2CV^2$

해설
정전에너지 $W = \dfrac{1}{2}CV^2$[J]

15 정전용량이 같은 콘덴서 10개가 있다. 이것을 병렬접속할 때의 값은 직렬접속할 때의 값과 비교해 어떻게 되는가?

① $\dfrac{1}{10}$로 감소한다.
② $\dfrac{1}{100}$로 감소한다.
③ 10배로 증가한다.
④ 100배로 증가한다.

해설
병렬접속 시 합성 정전용량 $C_P = 10C$
직렬접속 시 합성 정전용량 $C_S = \dfrac{C}{10}$
따라서 $\dfrac{C_P}{C_S} = \dfrac{10C}{\dfrac{C}{10}} = 100$이므로, $C_P = 100C_S$이다.

16 반지름 50[cm], 권수 10[회]인 원형 코일에 0.1[A]의 전류가 흐를 때, 이 코일 중심의 자계의 세기 H는?

① 1[AT/m]
② 2[AT/m]
③ 3[AT/m]
④ 4[AT/m]

해설
원형 코일 중심의 자장의 세기 $H = \dfrac{NI}{2r} = \dfrac{10 \times 0.1}{2 \times 50 \times 10^{-2}} = 1$[AT/m]

17 자체 인덕턴스 100[H]가 되는 코일에 전류를 1초 동안 0.1[A]만큼 변화시켰다면 유도기전력[V]은?

① 1[V]
② 10[V]
③ 100[V]
④ 1,000[V]

해설
유도기전력 $e = -L\dfrac{\Delta I}{\Delta t} = -100 \times \dfrac{0.1}{1} = -10$[V]

정답 14 ① 15 ④ 16 ① 17 ②

18 다음 설명의 (㉠), (㉡)에 들어갈 내용으로 옳은 것은?

> 히스테리시스 곡선에서 종축과 만나는 점은 (㉠)이고, 횡축과 만나는 점은 (㉡)이다.

① ㉠ 보자력, ㉡ 잔류자기
② ㉠ 잔류자기, ㉡ 보자력
③ ㉠ 자속밀도, ㉡ 자기저항
④ ㉠ 자기저항, ㉡ 자속밀도

해설

히스테리시스 곡선(Hysteresis Loop)

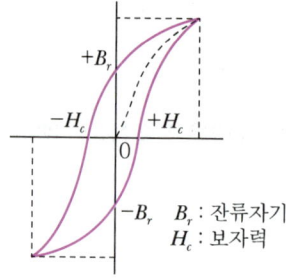

B_r : 잔류자기
H_c : 보자력

19 다음 전압과 전류의 위상차는 어떻게 되는가?

$$v = \sqrt{2}\,V\sin\left(\omega t - \frac{\pi}{3}\right)[\text{V}],\ i = \sqrt{2}\,I\sin\left(\omega t - \frac{\pi}{6}\right)[\text{A}]$$

① 전류가 $\frac{\pi}{3}$ 만큼 앞선다.
② 전압이 $\frac{\pi}{3}$ 만큼 앞선다.
③ 전압이 $\frac{\pi}{6}$ 만큼 앞선다.
④ 전류가 $\frac{\pi}{6}$ 만큼 앞선다.

해설

전압의 위상은 $\frac{\pi}{3}$[rad]이고, 전류의 위상은 $\frac{\pi}{6}$[rad]이므로, 전류는 전압보다 $\frac{\pi}{6}$[rad] 앞선다.

20 RL 직렬회로에서 임피던스(Z)의 크기를 나타내는 식은?

① $R^2 + X_L^2$
② $R^2 - X_L^2$
③ $\sqrt{R^2 + X_L^2}$
④ $\sqrt{R^2 - X_L^2}$

해설

다음 그림과 같이 복소평면을 이용한 임피던스 삼각형에서 임피던스 $Z = \sqrt{R^2 + X_L^2}$ [Ω]이다.

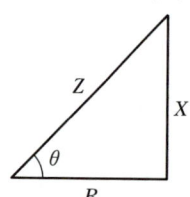

21 직류기의 전기자 철심을 규소강판으로 성층하여 만드는 이유는?

① 가공하기 쉽다.
② 가격이 염가이다.
③ 철손을 줄일 수 있다.
④ 기계손을 줄일 수 있다.

해설
- 규소강판 사용 : 히스테리시스손 감소
- 성층철심 사용 : 와류손(맴돌이 전류손) 감소
- 철손＝히스테리시스손＋와류손(맴돌이 전류손)

22 직류발전기에서 전압 정류의 역할을 하는 것은?

① 보극
② 탄소 브러시
③ 전기자
④ 리액턴스 코일

해설
정류를 좋게 하는 방법
- 저항 정류 : 접촉저항이 큰 브러시 사용
- 전압 정류 : 보극 설치

23 복권발전기의 병렬운전을 안전하게 하기 위해서 두 발전기의 전기자와 직권권선의 접촉점에 연결해야 하는 것은?

① 균압선
② 집전환
③ 안정저항
④ 브러시

해설
직권, 복권 발전기
수하특성을 가지지 않아 두 발전기 중 한쪽의 부하가 증가할 때 그 발전기의 전압이 상승하여 부하분담이 적절히 되지 않으므로, 직권계자에 균압모선을 연결하여 전압상승을 같게 하면 병렬운전을 할 수 있다.

24 직류전동기의 출력이 50[kW], 회전수가 1,800[rpm]일 때 토크는 약 몇 [kg·m]인가?

① 12
② 23
③ 27
④ 31

해설
$T = \dfrac{60}{2\pi} \dfrac{P_o}{N}[\text{N}\cdot\text{m}]$ 이고, $T = \dfrac{1}{9.8} \dfrac{60}{2\pi} \dfrac{P_o}{N}[\text{kg}\cdot\text{m}]$ 이므로,

$T = \dfrac{1}{9.8} \dfrac{60}{2\pi} \dfrac{50 \times 10^3}{1,800} \approx 27[\text{kg}\cdot\text{m}]$ 이다.

정답 21 ③ 22 ① 23 ① 24 ③

25 발전기를 정격전압 220[V]로 전부하 운전하다가 무부하로 운전하였더니 단자전압이 242[V]가 되었다. 이 발전기의 전압 변동률[%]은?

① 10
② 14
③ 20
④ 25

해설

전압 변동률 $\varepsilon = \dfrac{V_o - V_n}{V_n} \times 100[\%]$ 이므로

$\varepsilon = \dfrac{242 - 220}{220} \times 100[\%] = 10[\%]$

26 6극 36슬롯 3상 동기 발전기의 매극 매상당 슬롯 수는?

① 2
② 3
③ 4
④ 5

해설

매극 매상당의 홈수 $= \dfrac{\text{홈수}}{\text{극수} \times \text{상수}} = \dfrac{36}{6 \times 3} = 2$

27 동기발전기에서 비돌극기의 출력이 최대가 되는 부하각(Power Angle)은?

① 0°
② 45°
③ 90°
④ 180°

해설

동기발전기의 출력은 $P = \dfrac{VE}{X_s} \sin\delta [W]$으로, 부하각 $\delta = 90°$일 때 $\sin\delta = 1$이 되므로 최대가 된다.

28 34극 60[MVA], 역률 0.8, 60[Hz], 22.9[kV] 수차발전기의 전부하 손실이 1,600[kW]이면 전부하 효율[%]은?

① 90
② 95
③ 97
④ 99

해설

발전기의 규약효율 $= \dfrac{\text{출력}}{\text{출력} + \text{손실}} \times 100 = \dfrac{60 \times 0.8}{60 \times 0.8 + 1.6} \times 100 = 96.8[\%]$

29 동기기에서 사용되는 절연재료로 B종 절연물의 온도상승한도는 약 몇 [℃]인가?(단, 기준온도는 공기 중에서 40[℃]이다.)

① 65
② 75
③ 90
④ 120

정답 25 ① 26 ① 27 ③ 28 ③ 29 ③

> **해설**
> 절연체는 절연물의 최고사용온도로 분류된다.
>
> | 절연물의 종류 | 최고허용온도[℃] |
> |---|---|
> | Y종 | 90 |
> | A종 | 105 |
> | E종 | 120 |
> | B종 | 130 |
> | F종 | 155 |
> | H종 | 180 |
> | C종 | 180 이상 |
>
> 따라서, B종 절연물의 최고허용온도는 130[℃]이므로 기준온도 40[℃]를 빼면 B종 절연물의 온도상승한도는 90[℃]가 된다.

30 다음 중 변압기의 1차 측이란?

① 고압 측   ② 저압 측   ③ 전원 측   ④ 부하 측

> **해설**
> 변압기 1차 측을 전원 측, 2차 측을 부하 측이라 한다.

31 변압기, 동기기 등의 층간 단락 등의 내부 고장 보호에 사용되는 계전기는?

① 차동계전기   ② 접지계전기
③ 과전압계전기   ④ 역상계전기

> **해설**
> **차동계전기**
> 고장에 의하여 생긴 불평형의 전류차가 기준치 이상으로 되었을 때 동작하는 계전기로서 변압기 내부 고장 검출용으로 사용된다.

32 변압기의 정격출력으로 맞는 것은?

① 정격 1차 전압 × 정격 1차 전류
② 정격 1차 전압 × 정격 2차 전류
③ 정격 2차 전압 × 정격 1차 전류
④ 정격 2차 전압 × 정격 2차 전류

> **해설**
> 변압기의 정격출력 = 정격 2차 전압 × 정격 2차 전류

33 3상 변압기의 병렬운전 시 병렬운전이 불가능한 결선 조합은?

① $\Delta - \Delta$와 $Y - Y$ ② $\Delta - \Delta$와 $\Delta - Y$
③ $\Delta - Y$와 $\Delta - Y$ ④ $\Delta - \Delta$와 $\Delta - \Delta$

정답 30 ③ 31 ① 32 ④ 33 ②

> 해설

변압기군의 병렬운전 조합

병렬운전 가능		병렬운전 불가능
$\Delta-\Delta$와 $\Delta-\Delta$ $Y-Y$와 $Y-Y$ $Y-\Delta$와 $Y-\Delta$	$\Delta-Y$와 $\Delta-Y$ $\Delta-\Delta$와 $Y-Y$ $\Delta-Y$와 $Y-\Delta$	$\Delta-\Delta$와 $\Delta-Y$ $Y-Y$와 $\Delta-Y$

34 다음 설명 중 틀린 것은?

① 3상 유도 전압조정기의 회전자 권선은 분로권선이고, Y결선으로 되어 있다.
② 디프 슬롯형 전동기는 냉각효과가 좋아 기동 정지가 빈번한 중·대형 저속기에 적당하다.
③ 누설 변압기가 네온사인이나 용접기의 전원으로 알맞은 이유는 수하특성 때문이다.
④ 계기용 변압기의 2차 표준은 110/220[V]로 되어 있다.

> 해설
> 계기용 변압기의 2차 표준은 110[V]로 되어 있다.

35 회전수 1,728[rpm]인 유도전동기의 슬립[%]은?(단, 동기속도는 1,800[rpm]이다.)

① 2　　② 3
③ 4　　④ 5

> 해설
> $s = \dfrac{N_s - N}{N_s} \times 100 [\%] = \dfrac{1,800 - 1,728}{1,800} \times 100 = 4 [\%]$

36 50[kW]의 농형 유도전동기를 기동하려고 할 때 다음 중 가장 적당한 기동 방법은?

① 분상기동법　　② 기동보상기법
③ 권선형기동법　　④ 2차 저항기동법

> 해설
> ㉠ 농형 유도전동기의 기동법
>   • 전전압기동법 : 보통 6[kW] 이하
>   • 리액터기동법 : 보통 6[kW] 이하
>   • $Y-\Delta$기동법 : 보통 10~15[kW] 이하
>   • 기동보상기법 : 보통 15[kW] 이상
> ㉡ 권선형 유도전동기의 기동법 : 2차 저항법

37 전동기의 제동에서 전동기가 가지는 운동에너지를 전기에너지로 변화시키고 이것을 전원에 변환하여 전력을 회생시킴과 동시에 제동하는 방법은?

① 발전제동(Dynamic Braking)　　② 역전제동(Plugging Braking)
③ 맴돌이전류제동(Eddy Current Braking)　　④ 회생제동(Regenerative Braking)

> 정답　34 ④　35 ③　36 ②　37 ④

> **[해설]**
> 회생제동
> 전동기의 유도기전력을 전원 전압보다 높게 하여 전동기가 갖는 운동에너지를 전기에너지로 변환시켜 전원으로 반환하는 방식

38 역률과 효율이 좋아서 가정용 선풍기, 전기세탁기, 냉장고 등에 주로 사용되는 것은?

① 분상 기동형 전동기
② 콘덴서 기동형 전동기
③ 반발 기동형 전동기
④ 셰이딩 코일형 전동기

> **[해설]**
> 콘덴서 기동형 전동기는 다른 단상 유도전동기에 비해 역률과 효율이 좋다.

39 병렬운전 중인 동기 임피던스 5[Ω]인 2대의 3상 동기발전기의 유도기전력에 200[V]의 전압 차이가 있다면 무효순환전류[A]는?

① 5
② 10
③ 20
④ 40

> **[해설]**
> 병렬운전조건 중 기전력의 크기가 다르면, 무효순환전류(무효 횡류)가 흐르므로,
>
>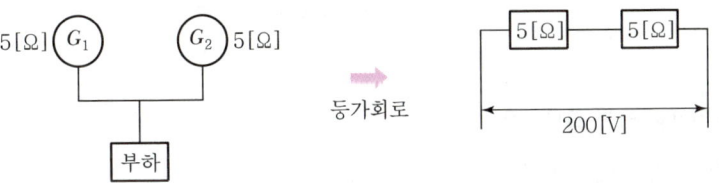
>
> 등가회로로 변환하여 무효 순환 전류를 계산하면, $I_r = \dfrac{200}{5+5} = 20[A]$ 이다.

40 다음 중 턴오프(소호)가 가능한 소자는?

① GTO
② TRIAC
③ SCR
④ LASCR

> **[해설]**
> GTO
> 게이트 신호가 양(+)이면 도통되고, 음(−)이면 자기소호하는 사이리스터이다.

41 전선 기호가 0.6/1 kV VV인 케이블의 종류로 옳은 것은?

① 0.6/1[kV] 비닐절연 비닐시스 케이블
② 0.6/1[kV] 가교 폴리에틸렌 절연 비닐시스 전력 케이블
③ 0.6/1[kV] EP 고무절연 비닐시스 케이블
④ 0.6/1[kV] 가교 폴리에틸렌 절연 비닐시스 제어 케이블

정답 38 ② 39 ③ 40 ① 41 ①

> **해설**
>
> 케이블의 종류와 약호
>
> | 명칭 | 기호 | 비고 |
> |---|---|---|
> | 0.6/1[kV] 비닐절연 비닐시스 케이블 | 0.6/1 kV VV | 70[℃] |
> | 0.6/1[kV] 가교 폴리에틸렌 절연 비닐시스 전력 케이블 | 0.6/1 kV CV | 90[℃] |
> | 0.6/1[kV] EP 고무절연 비닐시스 케이블 | 0.6/1 kV PV | 90[℃] |
> | 0.6/1[kV] 가교 폴리에틸렌 절연 비닐시스 제어 케이블 | 0.6/1 kV CCV | 90[℃] |

42 아래의 그림 기호가 나타내는 것은?

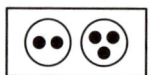

① 비상 콘센트
② 형광등
③ 점멸기
④ 접지저항 측정용 단자

43 다음 중 금속관 공사에서 나사내기에 사용하는 공구는?

① 토치램프
② 벤더
③ 리머
④ 오스터

44 피시 테이프(Fish Tape)의 용도는?

① 전선을 테이핑하기 위해 사용
② 전선관의 끝마무리를 위해 사용
③ 전선관에 전선을 넣을 때 사용
④ 합성수지관을 구부릴 때 사용

> **해설**
>
> 피시 테이프(Fish Tape)
> 전선관에 전선을 넣을 때 사용되는 평각 강철선이다.

45 동전선의 직선접속(트위스트 조인트)은 몇 [mm²] 이하의 전선이어야 하는가?

① 2.5
② 6
③ 10
④ 16

> **해설**
>
> 트위스트 접속은 단면적 6[mm²] 이하의 가는 단선의 직선접속에 적용된다.

정답 42 ① 43 ④ 44 ③ 45 ②

46. 전압의 구분에서 저압 직류전압은 몇 [V] 이하인가?

① 600
② 750
③ 1,500
④ 7,000

해설

전압의 종류
- 저압 : 교류는 1[kV] 이하, 직류는 1.5[kV] 이하
- 고압 : 교류는 1[kV] 초과~7[kV] 이하
  직류는 1.5[kV] 초과~7[kV] 이하
- 특고압 : 7[kV]를 넘는 것

47. 저압옥내 분기회로에 개폐기 및 과전류 차단기를 분기회로의 과부하 보호장치가 분기회로에 대한 단락의 위험과 화재 및 인체에 대한 위험성이 최소화되도록 시설된 경우, 분기점으로부터 몇 [m] 이하에 시설하여야 하는가?

① 3
② 5
③ 8
④ 12

해설

분기회로(S_2)의 과부하 보호장치(P_2)가 분기회로에 대한 단락의 위험과 화재 및 인체에 대한 위험성이 최소화되도록 시설된 경우, 분기점(O)으로부터 3[m] 이내에 설치한다.

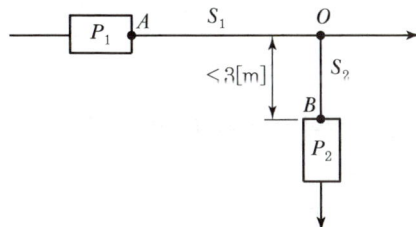

48. 전원의 한 점을 직접 접지하고 설비의 노출 도전부는 전원의 접지전극과 전기적으로 독립적인 접지극에 접속시키는 계통접지 방식은?

① TN
② TT
③ IT
④ TN-S

해설

TT방식
전원의 한 점을 직접 접지하고 설비의 노출 도전부는 전원의 접지전극과 전기적으로 독립적인 접지극에 접속시키는 방식

49 저압 연접인입선의 시설 방법으로 틀린 것은?

① 인입선에서 분기되는 점에서 150[m]를 넘지 않도록 할 것
② 일반적으로 인입선 접속점에서 인입구장치까지의 배선은 중도에 접속점을 두지 않도록 할 것
③ 폭 5[m]를 넘는 도로를 횡단하지 않도록 할 것
④ 옥내를 통과하지 않도록 할 것

> **해설**
> 연접 인입선 시설 제한 규정
> • 인입선에서 분기하는 점에서 100[m]를 넘는 지역에 이르지 않아야 한다.
> • 너비 5[m]를 넘는 도로를 횡단하지 않아야 한다.
> • 옥내를 통과하면 안 된다.
> • 고압 연접 인입선은 시설할 수 없다.

50 고압 가공전선로의 지지물로 철탑을 사용하는 경우 경간은 몇 [m] 이하로 제한하는가?

① 150　　② 300
③ 500　　④ 600

> **해설**
> 고압 가공전선로 경간의 제한
> • 목주, A종 철주 또는 A종 철근콘크리트주 : 150[m]
> • B종 철주 또는 B종 철근콘크리트주 : 250[m]
> • 철탑 : 600[m]

51 토지의 상황이나 기타 사유로 인하여 보통지선을 시설할 수 없을 때 전주와 전주 간 또는 전주와 지주 간에 시설할 수 있는 지선은?

① 보통지선　　② 수평지선
③ Y지선　　　④ 궁지선

> **해설**
> ③ Y지선 : 다단 완금일 경우, 장력이 클 경우, H주일 경우에 보통지선을 2단으로 설치하는 것
> ④ 궁지선 : 장력이 적고 타 종류의 지선을 시설할 수 없는 경우에 설치하는 것

52 저압 2조의 전선을 설치할 때, 크로스 완금의 표준 길이[mm]는?

① 900　　② 1,400
③ 1,800　　④ 2,400

> **해설**
> 완금의 표준 길이
>
> | 전선 조수 | 특고압(7[kV] 초과) | 고압(600[V] 초과 7[kV] 이하) | 저압(600[V] 이하) |
> |---|---|---|---|
> | 2 | 1,800 | 1,400 | 900 |
> | 3 | 2,400 | 1,800 | 1,400 |

정답 49 ①　50 ④　51 ②　52 ①

53 가공케이블 시설 시 조가용선에 금속테이프 등을 사용하여 케이블 외장을 견고하게 붙여 조가하는 경우 나선형으로 금속테이프를 감는 간격은 몇 [cm] 이하를 확보하여 감아야 하는가?

① 50
② 30
③ 20
④ 10

해설
조가용선을 케이블에 접촉시켜 그 위에 쉽게 부식하지 아니하는 금속 테이프 등을 나선상으로 감는 경우에는 간격을 20[cm] 이하로 유지해야 한다.

54 아래 심벌이 나타내는 것은?

① 저항
② 진상용 콘덴서
③ 유입 개폐기
④ 변압기

55 고압전로에 지락사고가 생겼을 때 지락전류를 검출하는 데 사용하는 것은?

① CT
② ZCT
③ MOF
④ PT

해설
① CT(계기용 변류기) : 대전류를 소전류로 변류하여 계전기나 계측기에 전원을 공급
② ZCT(영상변류기) : 지락 영상전류 검출
③ MOF(계기용 변성기) : 전력량계 산출을 위해 PT와 CT를 하나의 함 속에 넣은 것
④ PT(계기용 변압기) : 고전압을 저전압으로 변압하여 계전기나 계측기에 전원 공급

56 폭발성 분진이 있는 위험장소의 금속관 공사에 있어서 관 상호 및 관과 박스 기타의 부속품이나 풀박스 또는 전기기계기구는 몇 턱 이상의 나사 조임으로 시공하여야 하는가?

① 2턱
② 3턱
③ 4턱
④ 5턱

해설
폭연성 분진 또는 화약류 분말이 존재하는 곳의 배선
- 저압 옥내 배선은 금속전선관 공사 또는 케이블 공사에 의하여 시설하여야 한다.
- 이동 전선은 0.6/1[kV] 고무절연 클로로프렌 캡타이어 케이블을 사용한다.
- 모든 전기기계기구는 분진 방폭 특수방진구조의 것을 사용하고, 콘센트 및 플러그를 사용해서는 안 된다.
- 관 상호 및 관과 박스 기타의 부속품이나 풀박스 또는 전기기계기구는 5턱 이상의 나사 조임으로 접속하는 방법, 기타 이와 동등 이상의 효력이 있는 방법에 의할 것

정답 53 ③ 54 ② 55 ② 56 ④

57 불연성 먼지가 많은 장소에 시설할 수 없는 옥내 배선공사 방법은?

① 금속관 공사
② 금속제 가요전선관 공사
③ 두께가 1.2[mm]인 합성수지관 공사
④ 애자 사용 공사

해설
불연성 먼지가 많은 곳
애자 사용 공사, 합성수지관 공사(두께 2[mm] 이상), 금속전선관 공사, 금속제 가요전선관 공사, 금속 덕트 공사, 버스 덕트 공사 또는 케이블 공사에 의하여 시설한다.

58 조명기구를 배광에 따라 분류하는 경우 특정한 장소만을 고조도로 하기 위한 조명기구는?

① 직접 조명기구
② 전반확산 조명기구
③ 광천장 조명기구
④ 반직접 조명기구

해설
배광에 의한 조명기구 분류

조명 방식	직접 조명	반직접 조명	전반확산 조명	반간접 조명	간접 조명
상향 광속	0~10[%]	10~40[%]	40~60[%]	60~90[%]	90~100[%]
조명기구					
하향 광속	100~90[%]	90~60[%]	60~40[%]	40~10[%]	0~10[%]

59 옥외용 비닐절연전선의 기호는?

① VV
② DV
③ OW
④ 60227 KS IEC 01

해설
① 0.6/1[kV] 비닐절연 비닐시스 케이블
② 인입용 비닐절연전선
④ 450/750[V] 일반용 단심 비닐절연전선

60 접지도체는 지하 0.75[m]부터 지표상 2[m]까지의 부분은 어떠한 전선관으로 덮어야 하는가?

① 합성수지관
② 금속관
③ 금속 트렁킹
④ 금속 몰드

해설
접지도체는 지하 0.75[m]부터 지표상 2[m]까지 부분은 합성수지관(두께 2[mm] 미만의 합성수지제 전선관 및 가연성 콤바인 덕트관은 제외한다) 또는 이와 동등 이상의 절연효과와 강도를 가지는 몰드로 덮어야 한다.

정답 57 ③ 58 ① 59 ③ 60 ①

CHAPTER 03 2019년 제3회

01 교류에서 무효전력 P_r[Var]은?

① VI ② $VI\cos\theta$ ③ $VI\sin\theta$ ④ $VI\tan\theta$

해설
무효전력 $P_r = VI\sin\theta$[Var]

02 RL 직렬회로의 시정수 τ[s]는?

① $\dfrac{R}{L}$[s]   ② $\dfrac{L}{R}$[s]   ③ RL[s]   ④ $\dfrac{1}{RL}$[s]

해설
시정수(시상수) : 전류가 흐르기 시작해서 정상전류의 63.2[%]에 도달하기까지의 시간

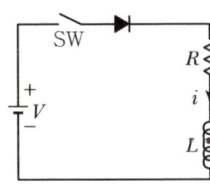
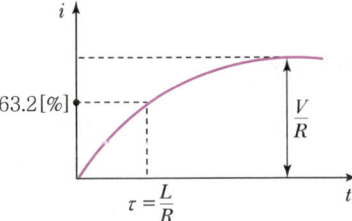

03 정현파 교류의 왜형률(Distortion)은?

① 0   ② 0.1212   ③ 0.2273   ④ 0.4834

해설
왜형률 = $\dfrac{\sqrt{V_2^2 + V_3^2 + V_4^2 + \cdots + V_n^2}}{V_1}$

여기서, V_2, V_3, V_4, … : 고조파
　　　　V_1 : 기본파
정현파에는 고조파가 없으므로 왜형률은 0이다.

04 0.2[℧]의 컨덕턴스 2개를 직렬로 접속하여 3[A]의 전류를 흘리려면 몇 [V]의 전압을 공급하면 되는가?

① 12   ② 15   ③ 30   ④ 45

해설
컨덕턴스 $G = \dfrac{1}{R}$ 이므로, 저항 $R = \dfrac{1}{0.2} = 5[\Omega]$ 이다.
따라서, 전압 $V = IR = 3 \times (5+5) = 30[V]$

정답 01 ③ 02 ② 03 ① 04 ③

05 그림과 같이 I[A]의 전류가 흐르고 있는 도체의 미소부분 $\Delta \ell$의 전류에 의해 이 부분이 r[m] 떨어진 점 P의 자기장 ΔH[A/m]는?

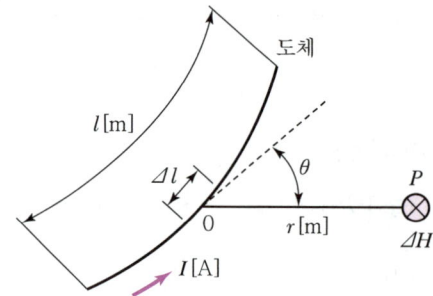

① $\Delta H = \dfrac{I^2 \Delta \ell \sin\theta}{4\pi r^2}$ 　　② $\Delta H = \dfrac{I \Delta \ell^2 \sin\theta}{4\pi r}$

③ $\Delta H = \dfrac{I^2 \Delta \ell \sin\theta}{4\pi r}$ 　　④ $\Delta H = \dfrac{I \Delta \ell \sin\theta}{4\pi r^2}$

> 해설
> 비오-사바르 법칙

06 다음 중 비유전율이 가장 작은 것은?

① 공기　　② 종이
③ 염화비닐　　④ 운모

> 해설
> 비유전율
> 공기(1.0), 종이(2~2.5), 염화비닐(5~9), 운모(4.5~7.5)

07 히스테리시스 곡선의 횡축과 종축은 각각 무엇을 나타내는가?

① 자기장의 세기와 자속밀도　　② 투자율과 자속밀도
③ 투자율과 잔류자기　　④ 자기장의 세기와 보자력

> 해설
> 히스테리시스 곡선(Hysteresis Loop)
>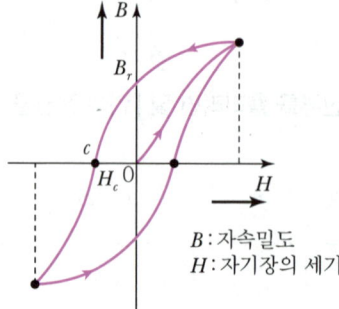
> B : 자속밀도
> H : 자기장의 세기

정답 05 ④　06 ①　07 ①

08 $R=4[\Omega]$, $\omega L=3[\Omega]$의 직렬회로에 $V=100\sqrt{2}\sin\omega t+30\sqrt{2}\sin 3\omega t[V]$의 전압을 가할 때 전력은 약 몇 [W]인가?

① 1,170[W] ② 1,563[W] ③ 1,637[W] ④ 2,116[W]

해설
기본파에 대한 임피던스를 Z_1, 제3고조파에 대한 임피던스를 Z_3라 하면
$Z_1=\sqrt{R^2+(\omega L)^2}=\sqrt{4^2+3^2}=5[\Omega]$
$Z_3=\sqrt{R^2+(3\omega L)^2}=\sqrt{4^2+(3\times 3)^2}=\sqrt{97}[\Omega]$이고,
기본파에 대한 전류의 실횻값을 I_1, 제3고조파에 대한 전류의 실횻값을 I_3라 하면
$I_1=\dfrac{V_1}{Z_1}=\dfrac{100}{5}=20[A]$, $I_3=\dfrac{V_3}{Z_3}=\dfrac{30}{\sqrt{97}}[A]$이므로,
$P=V_1I_1\cos\theta_1+V_2I_2\cos\theta_2=100\times 20\times\dfrac{4}{\sqrt{3^2+4^2}}+30\times\dfrac{30}{\sqrt{97}}\times\dfrac{4}{\sqrt{4^2+9^2}}=1,637[W]$

09 전기분해를 통하여 석출된 물질의 양은 통과한 전기량 및 화학당량과 어떤 관계인가?

① 전기량과 화학당량에 비례한다. ② 전기량과 화학당량에 반비례한다.
③ 전기량에 비례하고 화학당량에 반비례한다. ④ 전기량에 반비례하고 화학당량에 비례한다.

해설
패러데이의 법칙(Faraday's Law)
$w=kQ=kIt$ [g]
여기서, k(전기 화학당량) : 1[C]의 전하에서 석출되는 물질의 양

10 진공 중에 $m_1=4\times 10^{-5}[Wb]$, $m_2=6\times 10^{-3}[Wb]$, $r=10[cm]$이면, 두 자극 m_1, m_2 사이에 작용하는 힘은 약 몇 [N]인가?

① 1.52 ② 2.4 ③ 24 ④ 152

해설
쿨롱의 법칙에서, $F=\dfrac{1}{4\pi\mu}\dfrac{m_1m_2}{r^2}=\dfrac{1}{4\pi\times 4\pi\times 10^{-7}\times 1}\dfrac{4\times 10^{-5}\times 6\times 10^{-3}}{(10\times 10^{-2})^2}=1.52[N]$

11 자극 가까이에 물체를 두었을 때 자화되는 물체와 자석이 그림과 같은 방향으로 자화되는 자성체는?

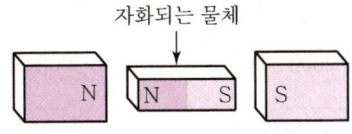

① 상자성체 ② 반자성체 ③ 강자성체 ④ 비자성체

해설
① 상자성체 : 자석에 자화되어 약하게 끌리는 물체
② 반자성체 : 자석에 자화가 반대로 되어 약하게 반발하는 물체
③ 강자성체 : 자석에 자화되어 강하게 끌리는 물체

정답 08 ③ 09 ① 10 ① 11 ②

12 전자 냉동기는 어떤 효과를 응용한 것인가?

① 제벡 효과 ② 톰슨 효과
③ 펠티에 효과 ④ 줄효과

> **해설**
> **펠티에 효과(Peltier Effect)**
> 서로 다른 두 종류의 금속을 접속하고 한쪽 금속에서 다른 쪽 금속으로 전류를 흘리면 열의 발생 또는 흡수가 일어나는 현상을 말한다.

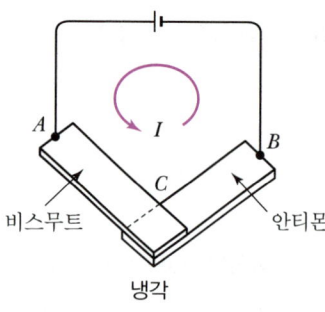
냉각

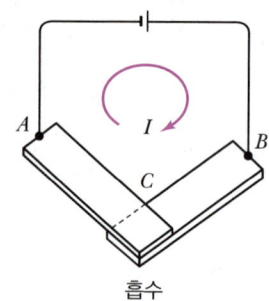
흡수

13 $R=10[\Omega]$, $X_L=15[\Omega]$, $X_C=15[\Omega]$의 직렬회로에 100[V]의 교류전압을 인가할 때 흐르는 전류[A]는?

① 6   ② 8   ③ 10   ④ 12

> **해설**
> $Z = \sqrt{R^2 + (X_L - X_C)^2} = \sqrt{10^2 + (15-15)^2} = 10[\Omega]$
> $I = \dfrac{V}{Z} = \dfrac{100}{10} = 10[A]$

14 그림과 같은 비사인파의 제3고조파 주파수는?(단, $V=20[V]$, $T=10[ms]$이다.)

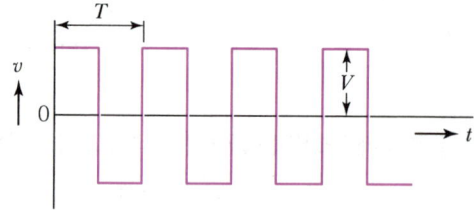

① 100[Hz]   ② 200[Hz]   ③ 300[Hz]   ④ 400[Hz]

> **해설**
> 제3고조파는 주파수가 기본파의 3배이므로,
> 제3고조파 주파수 $f_3 = 3f_1 = \dfrac{3}{T} = \dfrac{3}{10 \times 10^{-3}} = 300[Hz]$

정답 12 ③ 13 ③ 14 ③

15 전기력선의 성질 중 맞지 않는 것은?

① 전기력선은 양(+)전하에서 나와 음(-)전하에서 끝난다.
② 전기력선의 접선방향이 전장의 방향이다.
③ 전기력선은 도중에 만나거나 끊어지지 않는다.
④ 전기력선은 등전위면과 교차하지 않는다.

해설
전기력선은 등전위면과 수직으로 교차한다.

16 220[V]용 100[W] 전구와 200[W] 전구를 직렬로 연결하여 220[V]의 전원에 연결하면?

① 두 전구의 밝기가 같다. ② 100[W]의 전구가 더 밝다.
③ 200[W]의 전구가 더 밝다. ④ 두 전구 모두 안 켜진다.

해설
- $P = \dfrac{V^2}{R} = P \times \dfrac{1}{R}$ 에서, $P \propto \dfrac{1}{R}$ 이므로
  100[W] 전구의 저항이 200[W] 전구의 저항보다 더 크다. ($R_{100W} > R_{200W}$)
- 직렬접속 시 전류는 같으므로 $I^2 R_{100W} > I^2 R_{200W}$ 이다.
  즉, 전력이 큰 100[W] 전구가 더 밝다.

17 그림의 병렬공진회로에서 공진 주파수 f_0[Hz]는?

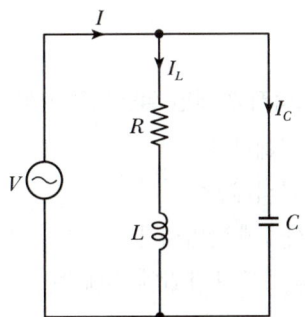

① $f_0 = \dfrac{1}{2\pi} \sqrt{\dfrac{R}{L} - \dfrac{1}{LC}}$
② $f_0 = \dfrac{1}{2\pi} \sqrt{\dfrac{L^2}{R^2} - \dfrac{1}{LC}}$
③ $f_0 = \dfrac{1}{2\pi} \sqrt{\dfrac{1}{LC} - \dfrac{L}{R}}$
④ $f_0 = \dfrac{1}{2\pi} \sqrt{\dfrac{1}{LC} - \dfrac{R^2}{L^2}}$

해설
- $\dot{I_L} = \dfrac{\dot{V}}{R+j\omega L} = (\dfrac{R}{R^2+\omega^2 L^2} - j\dfrac{\omega L}{R^2+\omega^2 L^2})\dot{V}$[A]
- $\dot{I_C} = j\omega C \dot{V}$[A]
- $\dot{I} = \dot{I_L} + \dot{I_C} = \dfrac{R}{R^2+\omega^2 L^2} + j(\omega C - \dfrac{\omega L}{R^2+\omega^2 L^2}) \dot{V}$[A]

정답 15 ④ 16 ② 17 ④

- 병렬공진 시 허수 항은 0이 되므로 $\omega C = \dfrac{\omega L}{R^2 + \omega^2 L^2}$
- ω로 정리하면, $\omega = \sqrt{\dfrac{1}{LC} - \dfrac{R^2}{L^2}}$
- 공진 주파수 $f_0 = \dfrac{1}{2\pi}\sqrt{\dfrac{1}{LC} - \dfrac{R^2}{L^2}}$

18 단면적 5[cm²], 길이 1[m], 비투자율 10³인 환상 철심에 600회의 권선을 감고 이것에 0.5[A]의 전류를 흐르게 한 경우 기자력은?

① 100[AT] ② 200[AT] ③ 300[AT] ④ 400[AT]

해설
기자력 $F = NI = 600 \times 0.5 = 300$[AT]

19 선간전압 210[V], 선전류 10[A]의 Y결선 회로가 있다. 상전압과 상전류는 각각 약 얼마인가?

① 121[V], 5.77[A] ② 121[V], 10[A]
③ 210[V], 5.77[A] ④ 210[V], 10[A]

해설

Y결선 : 성형 결선	Δ결선 : 삼각 결선
$V_\ell = \sqrt{3}\,V_P$	$V_\ell = V_P$
$I_\ell = I_P$	$I_\ell = \sqrt{3}\,I_P$

20 자기인덕턴스에 축적되는 에너지에 대한 설명으로 가장 옳은 것은?

① 자기인덕턴스 및 전류에 비례한다.
② 자기인덕턴스 및 전류에 반비례한다.
③ 자기인덕턴스와 전류의 제곱에 반비례한다.
④ 자기인덕턴스에 비례하고 전류의 제곱에 비례한다.

해설
전자에너지 $W = \dfrac{1}{2}LI^2$[J]의 관계가 있다.

21 동기 발전기의 돌발 단락 전류를 주로 제한하는 것은?

① 누설 리액턴스 ② 동기 임피던스
③ 권선 저항   ④ 동기 리액턴스

해설
동기 발전기의 지속 단락 전류와 돌발 단락 전류 제한
- 지속 단락 전류 : 동기 리액턴스 X_s로 제한되며 정격전류의 1~2배 정도이다.
- 돌발 단락 전류 : 누설 리액턴스 X_l로 제한되며, 대단히 큰 전류이지만 수[Hz] 후에 전기자 반작용이 나타나므로 지속 단락 전류로 된다.

정답 18 ③ 19 ② 20 ④ 21 ①

22 3상 유도전동기의 회전 방향을 바꾸려면?

① 전원의 극수를 바꾼다.
② 전원의 주파수를 바꾼다.
③ 3상 전원 3선 중 두 선의 접속을 바꾼다.
④ 기동 보상기를 이용한다.

해설
3상 유도전동기의 회전방향을 바꾸기 위해서는 상회전 순서를 바꾸어야 하는데, 3상 전원 3선 중 두 선의 접속을 바꾼다.

23 동기전동기의 전기자 전류가 최소일 때 역률은?

① 0.5
② 0.707
③ 0.866
④ 1.0

해설
동기전동기는 아래 그림과 같은 위상특성곡선을 가지고 있으므로, 어떤 부하에서도 전기자 전류가 최소일 때는 역률이 1.0이 된다.

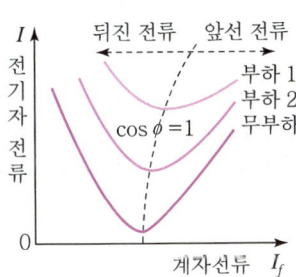

24 극수가 4극, 주파수가 60[Hz]인 동기기의 매분 회전수는 몇 [rpm]인가?

① 600
② 1,200
③ 1,600
④ 1,800

해설
동기기는 동기속도로 회전하므로 동기속도 $N_s = \dfrac{120f}{P} = \dfrac{120 \times 60}{4} = 1,800 [\text{rpm}]$

25 전기기계의 철심을 성층하는 가장 적절한 이유는?

① 기계손을 적게 하기 위해서
② 표유 부하손을 적게 하기 위하여
③ 히스테리시스손을 적게 하기 위하여
④ 와류손을 적게 하기 위하여

해설
• 규소강판 사용 : 히스테리시스손 감소
• 성층철심 사용 : 와류손(맴돌이 전류손) 감소

정답 22 ③ 23 ④ 24 ④ 25 ④

26 동기기를 병렬운전할 때 순환전류가 흐르는 원인은?

① 기전력의 저항이 다른 경우
② 기전력의 위상이 다른 경우
③ 기전력의 전류가 다른 경우
④ 기전력의 역률이 다른 경우

해설
병렬운전조건 중 기전력의 위상이 서로 다르면 순환전류(유효 횡류)가 흐르며, 위상이 앞선 발전기는 부하의 증가를 가져와서 회전속도가 감소하게 되고, 위상이 뒤진 발전기는 부하의 감소를 가져와서 발전기의 속도가 상승하게 된다.

27 동기전동기의 자기 기동법에서 계자권선을 단락하는 이유는?

① 기동이 쉽다.
② 기동권선으로 이용한다.
③ 고전압 유도에 의한 절연파괴 위험을 방지한다.
④ 전기자 반작용을 방지한다.

해설
동기전동기의 기동법
- 자기(자체) 기동법 : 회전 자극 표면에 기동권선을 설치하여 기동 시에는 농형 유도전동기로 동작시켜 기동시키는 방법으로, 계자권선을 열어 둔 채로 전기자에 전원을 가하면 권선수가 많은 계자회로가 전기자 회전자계를 끊고 높은 전압을 유기하여 계자회로가 소손될 염려가 있으므로 반드시 계자회로는 저항을 통해 단락시켜 놓고 기동시켜야 한다.
- 타기동법 : 기동용 전동기를 연결하여 기동시키는 방법

28 직류 전동기의 규약 효율을 표시하는 식은?

① $\dfrac{출력}{출력+손실}\times 100[\%]$
② $\dfrac{출력}{입력}\times 100[\%]$
③ $\dfrac{입력-손실}{입력}\times 100[\%]$
④ $\dfrac{출력}{출력-손실}\times 100[\%]$

해설
- 발전기 규약효율 $\eta_G = \dfrac{출력}{출력+손실}\times 100[\%]$
- 전동기 규약효율 $\eta_M = \dfrac{입력-손실}{입력}\times 100[\%]$

29 동기기의 전기자 권선법이 아닌 것은?

① 전절권
② 분포권
③ 2층권
④ 중권

해설
동기기는 주로 분포권, 단절권, 2층권, 중권이 쓰이고 결선은 Y결선으로 한다.

정답 26 ② 27 ③ 28 ③ 29 ①

30 그림은 전력제어 소자를 이용한 위상제어 회로이다. 전동기의 속도를 제어하기 위해서 '가' 부분에 사용되는 소자는?

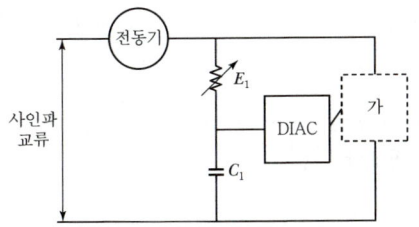

① 전력용 트랜지스터
② 제너 다이오드
③ 트라이액
④ 레귤레이터 78XX 시리즈

해설
그림은 양방향 트리거 소자인 다이액으로 트리거 신호를 발생시켜 트라이액을 구동하는 전파위상제어 회로이다.

31 그림과 같은 분상 기동형 단상 유도전동기를 역회전시키기 위한 방법이 아닌 것은?

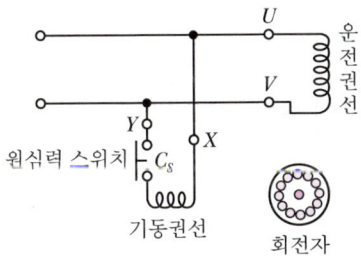

① 원심력 스위치를 개로 또는 폐로한다.
② 기동권선이나 운전권선의 어느 한 권선의 단자접속을 반대로 한다.
③ 기동권선의 단자접속을 반대로 한다.
④ 운전권선의 단자접속을 반대로 한다.

해설
단상 유도전동기를 역회전시키기 위해서는 기동권선이나 운전권선의 어느 한 권선의 단자접속을 반대로 한다.

32 농형 유도전동기의 기동법이 아닌 것은?

① 2차 저항기법
② Y−Δ 기동법
③ 전전압 기동법
④ 기동보상기에 의한 기동법

해설
농형 유도전동기의 기동법
- 전전압 기동법 : 보통 6[kW] 이하
- 리액터 기동법 : 보통 6[kW] 이하
- Y−Δ 기동법 : 보통 10~15[kW] 이하
- 기동 보상기법 : 보통 15[kW] 이상

정답 30 ③ 31 ① 32 ①

33 역률과 효율이 좋아서 가정용 선풍기, 전기세탁기, 냉장고 등에 주로 사용되는 것은?

① 분상 기동형 전동기 ② 반발 기동형 전동기
③ 콘덴서 기동형 전동기 ④ 셰이딩 코일형 전동기

> **해설**
> **영구 콘덴서 기동형**
> 원심력 스위치가 없어서 가격이 싸고, 보수할 필요가 없으므로 큰 기동토크를 요구하지 않는 선풍기, 냉장고, 세탁기 등에 널리 사용된다.

34 변압기의 권수비가 60일 때 2차 측 저항이 0.1[Ω]이다. 이것을 1차로 환산하면 몇 [Ω]인가?

① 310 ② 360 ③ 390 ④ 410

> **해설**
> 권수비 $a = \sqrt{\dfrac{r_1}{r_2}}$, $r_1 = a^2 \times r_2 = 60^2 \times 0.1 = 360[\Omega]$

35 계자권선이 전기자에 병렬로만 접속된 직류기는?

① 타여자기 ② 직권기 ③ 분권기 ④ 복권기

> **해설**
> 분권기 : 계자권선과 전기자권선이 병렬 접속된 직류기

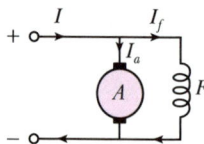

36 인버터(Inverter)란?

① 교류를 직류로 변환 ② 직류를 교류로 변환
③ 교류를 교류로 변환 ④ 직류를 직류로 변환

> **해설**
> • 인버터 : 직류를 교류로 바꾸는 장치
> • 컨버터 : 교류를 직류로 바꾸는 장치
> • 초퍼 : 직류를 다른 전압의 직류로 바꾸는 장치

37 어떤 변압기에서 임피던스 강하가 5[%]인 변압기가 운전 중 단락되었을 때 그 단락전류는 정격전류의 몇 배인가?

① 5 ② 20 ③ 50 ④ 200

> **해설**
> 단락비 $k_s = \dfrac{I_s}{I_n} = \dfrac{100}{\%Z} = \dfrac{100}{5} = 20$이다. 즉, 단락전류는 $I_s = 20 I_n$으로 정격전류의 20배가 된다.

> **정답** 33 ③ 34 ② 35 ③ 36 ② 37 ②

38 1차 전압 3,300[V], 2차 전압 220[V]인 변압기의 권수비(Turn Ratio)는 얼마인가?

① 15 ② 220 ③ 3,300 ④ 7,260

해설

권수비 $a = \dfrac{V_1}{V_2} = \dfrac{N_1}{N_2} = \dfrac{3,300}{220} = 15$

39 변압기를 Δ-Y결선(Delta-star Connection)한 경우에 대한 설명으로 옳지 않은 것은?

① 1차 선간전압 및 2차 선간전압의 위상차는 60°이다.
② 제3고조파에 의한 장해가 적다.
③ 1차 변전소의 승압용으로 사용된다.
④ Y결선의 중성점을 접지할 수 있다.

해설

Δ-Y결선 특징
- 2차 측 선간전압이 변압기 권선의 전압에 30° 앞서고, $\sqrt{3}$ 배가 된다.
- 발전소용 변압기와 같이 승압용 변압기에 주로 사용한다.

40 무부하 시 유도전동기는 역률이 낮지만 부하가 증가하면 역률이 높아지는 이유로 가장 알맞은 것은?

① 전압이 떨어지므로 ② 효율이 좋아지므로
③ 전류가 증가하므로 ④ 2차 측의 저항이 증가하므로

해설

유도전동기는 무부하 시 무효전류인 무부하 전류가 많이 흐르므로 역률이 낮다. 부하가 증가하여 부하전류가 증가하면, 무부하전류보다 부하전류가 커지므로 역률이 높아진다.

41 절연전선을 동일 금속 덕트 내에 넣을 경우 금속 덕트의 크기는 전선의 피복절연물을 포함한 단면적의 총합계가 금속 덕트 내 단면적의 몇 [%] 이하가 되도록 선정하여야 하는가?(단, 제어회로 등의 배선에 사용하는 전선만을 넣는 경우이다.)

① 30[%] ② 40[%] ③ 50[%] ④ 60[%]

해설

- 금속 덕트에 수용하는 전선은 절연물을 포함하는 단면적의 총합이 금속 덕트 내 단면적의 20[%] 이하가 되도록 한다.
- 전광사인 장치, 출퇴표시등, 기타 이와 유사한 장치 또는 제어회로 등의 배선에 사용하는 전선만을 넣는 경우에는 50[%] 이하로 할 수 있다.

42 도로를 횡단하여 시설하는 지선의 높이는 지표상 몇 [m] 이상이어야 하는가?

① 5[m] ② 6[m] ③ 8[m] ④ 10[m]

해설

지선의 도로 횡단 시 높이는 5[m] 이상이다.

정답 38 ① 39 ① 40 ③ 41 ③ 42 ①

43 진동이 심한 전기기계 · 기구의 단자에 전선을 접속할 때 사용되는 것은?

① 커플링　　② 압착단자
③ 링 슬리브　　④ 스프링 와셔

> **해설**
> 진동 등의 영향으로 헐거워질 우려가 있는 경우에는 스프링 와셔 또는 더블 너트를 사용하여야 한다.

44 소맥분, 전분, 기타 가연성의 분진이 존재하는 곳의 저압 옥내 배선 공사방법 중 적당하지 않은 것은?

① 애자 사용 공사　　② 합성수지관 공사
③ 케이블 공사　　④ 금속관 공사

> **해설**
> 가연성 분진이 존재하는 곳
> 가연성의 먼지로서 공중에 떠다니는 상태에서 착화하였을 때, 폭발의 우려가 있는 곳의 저압 옥내 배선은 합성수지관 배선, 금속전선관 배선, 케이블 배선에 의하여 시설한다.

45 금속관에 나사를 내기 위한 공구는?

① 오스터　　② 토치램프　　③ 펜치　　④ 유압식 벤더

46 (KEC 반영) 지중에 매설되어 있는 수도관 등을 접지극으로 사용하는 경우에 전기저항의 최댓값은 얼마인가?

① $2[\Omega]$　　② $3[\Omega]$　　③ $4[\Omega]$　　④ $5[\Omega]$

> **해설**
> 수도관 등을 접지극으로 사용하는 경우
> 지중에 매설되어 있고 대지와의 전기저항이 $3[\Omega]$ 이하의 값을 유지하고 있는 금속제 수도관로가 접지극으로 사용이 가능하다.

47 (KEC 반영) 전선의 명칭 중 "450/750[V]"라고 표기되어 있다. 무엇을 나타내는 것인가?

① 선간전압/상전압　　② 직류전압/교류전압
③ 상전압/선간전압　　④ 교류전압/직류전압

> **해설**
> 전선의 명칭에서 나오는 450/750[V]는 3상4선식 회로에서 사용범위를 정하는 상전압(상-중성선)/선간전압(상-상)의 전압을 의미한다.

48 링리듀서의 용도는?

① 박스 내의 전선 접속에 사용
② 노크 아웃 직경이 접속하는 금속관보다 큰 경우 사용
③ 노크 아웃 구멍을 막는 데 사용
④ 노크 너트를 고정하는 데 사용

> **정답** 43 ④　44 ①　45 ①　46 ②　47 ③　48 ②

> [해설]
> **링리듀서**
> 아웃렛 박스의 노크 아웃 지름이 관 지름보다 클 때 관을 박스에 고정시키기 위하여 쓰는 재료이다.

49 다음 그림 기호 중 천장 은폐배선은?

① ─────────   ② ─ ─ ─ ─ ─
③ ·············   ④ ──────●──────

> [해설]
> **옥내배선 심벌**
> • 천장 은폐 배선   ─────────
> • 바닥 은폐 배선   ─ ─ ─ ─ ─
> • 노출 배선   ·············
> • 지중 매설 배선   ─ · ─ · ─
> • 바닥면 노출 배선 ─ ·· ─ ·· ─

50 과전류 차단기를 꼭 설치해야 되는 것은?
_{KEC 반영}

① 접지공사의 접지선
② 저압 옥내 간선의 전원 측 선로
③ 다선식 선로의 중성선
④ 진로의 일부에 접지공사를 한 저압 가공 전로의 접지 측 전선

> [해설]
> **과전류 차단기의 시설 금지 장소**
> • 접지공사의 접지도체
> • 다선식 전로의 중성선
> • 변압기 중성점 접지공사를 한 저압 가공전선로의 접지 측 전선

51 굵은 전선을 절단할 때 사용하는 전기공사용 공구는?

① 프레셔툴   ② 녹 아웃 펀치
③ 파이프 커터   ④ 클리퍼

> [해설]
> **클리퍼(Clipper)** : 굵은 전선을 절단하는 데 사용하는 가위

52 구부리기가 쉬워서 주로 옥내배선에 사용되는 전선은?

① 연동선   ② 경동선
③ 아연도강선   ④ 알루미늄합금선

> [해설]
> 동선 중 옥내배선에는 연동선, 옥외배선에는 경동선을 주로 사용한다.

정답 49 ① 50 ② 51 ④ 52 ①

53 피시 테이프(Fish Tape)의 용도로 옳은 것은?

① 전선을 테이핑하기 위하여 사용된다.
② 전선관의 끝마무리를 위해서 사용된다.
③ 배관에 전선을 넣을 때 사용된다.
④ 합성수지관을 구부릴 때 사용된다.

> **해설**
> 피시 테이프(Fish Tape) : 전선관에 전선을 넣을 때 사용되는 평각 강철선이다.

54 다음 ( ) 안에 알맞은 내용은?

> 고압 및 특고압용 기계기구의 시설에 있어 고압은 지표상 (㉠) 이상(시가지에 시설하는 경우), 특고압은 지표상 (㉡) 이상의 높이에 설치하고 사람이 접촉될 우려가 없도록 시설하여야 한다.

① ㉠ 3.5[m], ㉡ 4[m] 　　② ㉠ 4.5[m], ㉡ 5[m]
③ ㉠ 5.5[m], ㉡ 6[m] 　　④ ㉠ 5.5[m], ㉡ 7[m]

> **해설**
> • 고압용 기계기구의 시설 : 지표상 4.5[m](시가지 외에는 4[m]) 이상의 높이에 시설하고 또한 사람이 쉽게 접촉할 우려가 없도록 시설하여야 한다.
> • 특고압용 기계기구의 시설 : 지표상 5[m] 이상의 높이에 시설하고 또한 사람이 쉽게 접촉할 우려가 없도록 시설하여야 한다.

55 가공전선로의 지지물에서 다른 지지물을 거치지 아니하고 수용장소의 인입선 접속점에 이르는 가공전선을 무엇이라 하는가?

① 연접인입선　　　　　② 가공인입선
③ 구내전선로　　　　　④ 구내인입선

> **해설**
> **가공인입선**
> 가공전선로의 지지물에서 다른 지지물을 거치지 아니하고 수용장소의 인입선 접속점에 이르는 가공전선

56 (KEC 반영) 한국전기설비규정에 의하여 가공전선에 케이블을 사용하는 경우 케이블은 조가용선에 행거로 시설하여야 한다. 이 경우 사용전압이 고압인 때에는 그 행거의 간격은 몇 [cm] 이하로 시설하여야 하는가?

① 50　　　　　　　　② 60
③ 70　　　　　　　　④ 80

> **해설**
> 가공케이블의 시설 시 케이블은 조가용선에 행거로 시설하여야 하며, 사용전압이 고압인 때에는 행거의 간격을 50[cm] 이하로 시설하여야 한다.

정답 53 ③　54 ②　55 ②　56 ①

57 배전선로 보호를 위하여 설치하는 보호 장치는?

① 기중 차단기　　② 진공 차단기
③ 자동 재폐로 차단기　　④ 누전 차단기

해설
배전선로 보호장치
자동 재폐로 차단기, 자동 구간 개폐기, 선로용 퓨즈, 자동 루프 스위치 등이 있다.

58 분전반 및 배전반은 어떤 장소에 설치하는 것이 바람직한가?

① 전기회로를 쉽게 조작할 수 있는 장소
② 개폐기를 쉽게 개폐할 수 없는 장소
③ 은폐된 장소
④ 이동이 심한 장소

해설
분전반 및 배전반은 전기부하의 중심 부근에 위치하면서, 스위치 조작을 안정적으로 할 수 있는 곳에 설치하여야 한다.

59 건물의 모서리(직각)에서 가요전선관을 박스에 연결할 때 필요한 접속기는?

① 스트레이트 박스 커넥터　　② 앵글 박스 커넥터
③ 플렉시블 커플링　　④ 콤비네이션 커플링

해설
가요전선관과 박스와의 접속 : 스트레이트 박스 커넥터, 앵글 박스 커넥터

스트레이트 박스 커넥터　　앵글 박스 커넥터

60 전주의 길이별 땅에 묻히는 표준깊이에 관한 사항이다. 전주의 길이가 16[m]이고, 설계하중이 6.8[kN] 이하의 철근콘크리트주를 시설할 때 땅에 묻히는 표준깊이는 최소 얼마 이상이어야 하는가?

① 1.2[m]　　② 1.4[m]　　③ 2.0[m]　　④ 2.5[m]

해설
전주가 땅에 묻히는 깊이
- 전주의 길이 15[m] 이하 : 1/6 이상
- 전주의 길이 15[m] 초과 : 2.5[m] 이상
- 철근콘크리트 전주로서 길이가 14[m] 이상 20[m] 이하이고, 설계하중이 6.8[kN] 초과 9.8[kN] 이하인 것은 30[cm]를 가산한다.

정답　57 ③　58 ①　59 ②　60 ④

CHAPTER 04 2019년 제4회

01 발전기의 유도 전압의 방향을 나타내는 법칙은?

① 플레밍의 오른손 법칙
② 플레밍의 왼손 법칙
③ 렌츠의 법칙
④ 암페어의 오른나사 법칙

해설

플레밍의 오른손 법칙(Fleming's Right-hand Rule)
- 발전기의 유도기전력의 방향을 결정
- 엄지손가락 : 도체의 운동 방향
- 집게손가락 : 자속의 방향
- 가운데손가락 : 유도기전력의 방향

02 정전용량 C_1, C_2를 병렬로 접속하였을 때의 합성 정전용량은?

① $C_1 + C_2$
② $\dfrac{1}{C_1 + C_2}$
③ $\dfrac{1}{C_1} + \dfrac{1}{C_2}$
④ $\dfrac{C_1 C_2}{C_1 + C_2}$

해설

- $C_1 + C_2$: 병렬접속 합성 정전용량
- $\dfrac{C_1 C_2}{C_1 + C_2}$: 직렬접속 합성 정전용량

03 니켈의 원자가는 2이고 원자량은 58.70이다. 이때 화학당량의 값은?

① 29.35
② 58.70
③ 60.70
④ 117.4

해설

화학당량 $= \dfrac{\text{원자량}}{\text{원자가}} = \dfrac{58.7}{2} = 29.35$

04 기전력이 120[V], 내부저항(r)이 15[Ω]인 전원이 있다. 여기에 부하저항(R)을 연결하여 얻을 수 있는 최대전력[W]은?(단, 최대전력 전달조건은 $r = R$이다.)

① 100
② 140
③ 200
④ 240

정답 01 ① 02 ① 03 ① 04 ④

해설

내부저항과 부하의 저항이 같을 때 최대전력을 전송하므로,
부하저항 $R = r = 15[\Omega]$이다.

전체전류 $I_0 = \dfrac{E}{R_0} = \dfrac{120}{30} = 4[A]$

최대전력 $P = I_0^2 R = 4^2 \times 15 = 240[W]$

05 자체 인덕턴스 2[H]의 코일에 25[J]의 에너지가 저장되어 있다면 코일에 흐르는 전류는?

① 2[A] ② 3[A]
③ 4[A] ④ 5[A]

해설

전자에너지 $W = \dfrac{1}{2}LI^2[J]$이므로, $I = \sqrt{\dfrac{2W}{L}} = \sqrt{\dfrac{2 \times 25}{2}} = 5[A]$

06 50회 감은 코일과 쇄교하는 자속이 0.5[sec] 동안 0.1[Wb]에서 0.2[Wb]로 변화하였다면 기전력의 크기는?

① 5[V] ② 10[V]
③ 12[V] ④ 15[V]

해설

유도기전력 $e = -N\dfrac{\Delta\phi}{\Delta t} = -50 \times \dfrac{0.1}{0.5} = -10[V]$

07 회로에서 a, b 간의 합성저항은?

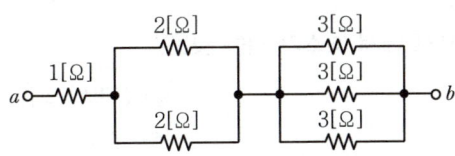

① 1[Ω] ② 2[Ω]
③ 3[Ω] ④ 4[Ω]

해설

합성저항 $R_o = 1 + \dfrac{2}{2} + \dfrac{3}{3} = 3[\Omega]$

정답 05 ④ 06 ② 07 ③

08 회로망의 임의의 접속점에 유입되는 전류는 $\Sigma I = 0$이라는 법칙은?

① 쿨롱의 법칙
② 패러데이의 법칙
③ 키르히호프의 제1법칙
④ 키르히호프의 제2법칙

> **해설**
> - 키르히호프의 제1법칙 : 회로 내의 임의의 접속점에서 들어가는 전류와 나오는 전류의 대수합은 0이다.
> - 키르히호프의 제2법칙 : 회로 내의 임의의 폐회로에서 한쪽 방향으로 일주하면서 취할 때 공급된 기전력의 대수합은 각 지로에서 발생한 전압강하의 대수합과 같다.

09 상호 유도 회로에서 결합계수 k는?(단, M은 상호 인덕턴스, L_1, L_2는 자기 인덕턴스이다.)

① $k = M\sqrt{L_1 L_2}$
② $k = \sqrt{M \cdot L_1 L_2}$
③ $k = \dfrac{M}{\sqrt{L_1 L_2}}$
④ $k = \sqrt{\dfrac{L_1 L_2}{M}}$

> **해설**
> - 상호 인덕턴스 $M = k\sqrt{L_1 L_2}$
> - 결합계수 $k = \dfrac{M}{\sqrt{L_1 L_2}}$

10 다음 중 파형률을 나타낸 것은?

① $\dfrac{\text{실횻값}}{\text{평균값}}$
② $\dfrac{\text{최댓값}}{\text{실횻값}}$
③ $\dfrac{\text{평균값}}{\text{실횻값}}$
④ $\dfrac{\text{실횻값}}{\text{최댓값}}$

> **해설**
> - 파형률 $= \dfrac{\text{실횻값}}{\text{평균값}}$
> - 파고률 $= \dfrac{\text{최댓값}}{\text{실횻값}}$

11 $R-L-C$ 직렬공진회로에서 최소가 되는 것은?

① 저항값
② 임피던스값
③ 전류값
④ 전압값

> **해설**
> 직렬공진 시 임피던스 $Z = \sqrt{R^2 + \left(\omega L - \dfrac{1}{\omega C}\right)^2}$에서 $\omega L = \dfrac{1}{\omega C}$이므로 $Z = R[\Omega]$으로 최소가 된다. 전류 $I = \dfrac{V}{Z}$이므로 전류는 최대가 된다.

정답 08 ③ 09 ③ 10 ① 11 ②

12 비사인파의 일반적인 구성이 아닌 것은?

① 삼각파　　② 고조파　　③ 기본파　　④ 직류분

> **해설**
> 비사인파＝직류분＋기본파＋고조파

13 다음 중 자기력선(Line of Magnetic Force)에 대한 설명으로 옳지 않은 것은?

① 자석의 N극에서 시작하여 S극에서 끝난다.
② 자기장의 방향은 그 점을 통과하는 자기력선의 방향으로 표시한다.
③ 자기력선은 상호 간에 교차한다.
④ 자기장의 크기는 그 점에 있어서의 자기력선의 밀도를 나타낸다.

> **해설**
> **자력선의 성질**
> - 자력선은 N극에서 나와 S극에서 끝난다.
> - 자력선 그 자신은 수축하려고 하며 같은 방향과의 자력선끼리는 서로 반발하려고 한다.
> - 임의의 한 점을 지나는 자력선의 접선 방향이 그 점에서의 자기장의 방향이다.
> - 자기장 내의 임의의 한 점에서의 자력선 밀도는 그 점의 자기장의 세기를 나타낸다.
> - 자력선은 서로 만나거나 교차하지 않는다.

14 다음에서 나타내는 법칙은?

> 유도기전력은 자신이 발생 원인이 되는 자속의 변화를 방해하려는 방향으로 발생한다.

① 줄의 법칙　　　　　　　② 렌츠의 법칙
③ 플레밍의 법칙　　　　　④ 패러데이의 법칙

> **해설**
> **렌츠의 법칙**
> 유도기전력의 방향은 코일(리액터)을 지나는 자속이 증가될 때에는 자속을 감소시키는 방향으로, 자속이 감소될 때는 자속을 증가시키는 방향으로 발생한다.

15 두 개의 자체 인덕턴스를 직렬로 접속하여 합성 인덕턴스를 측정하였더니 95[mH]이었다. 한쪽 인덕턴스를 반대로 접속하여 측정하였더니 합성 인덕턴스가 15[mH]로 되었다. 두 코일의 상호 인덕턴스는?

① 20[mH]　　② 40[mH]　　③ 80[mH]　　④ 160[mH]

> **해설**
> - 가동 접속 시 합성 인덕턴스 $L_a = L_1 + L_2 + 2M = 95$[mH]
> - 차동 접속 시 합성 인덕턴스 $L_s = L_1 + L_2 - 2M = 15$[mH]
> - $L_a - L_s = 4M = 95 - 15 = 80$[mH]
> - $M = \dfrac{80}{4} = 20$[mH]

정답 12 ① 13 ③ 14 ② 15 ①

16 어떤 물질이 정상 상태보다 전자의 수가 많거나 적어져서 전기를 띠는 현상을 무엇이라 하는가?

① 방전　　　② 분극　　　③ 대전　　　④ 충전

> **해설**
> 대전(Electrification)
> 물질이 전자가 부족하거나 남게 된 상태에서 양전기나 음전기를 띠게 되는 현상

17 △결선으로 된 부하에 각 상의 전류가 10[A]이고 각 상의 저항이 4[Ω], 리액턴스가 3[Ω]이면 전체 소비전력은 몇 [W]인가?

① 2,000　　　② 1,800　　　③ 1,500　　　④ 1,200

> **해설**
> 3상의 소비전력은 단상의 소비전력의 3배이고, 소비전력[W]은 저항에서만 발생하므로,
> 단상의 소비전력 $P_{1\phi} = I_p^2 R = 10^2 \times 4 = 400$[W]이다. 따라서 3상의 소비전력은 1,200[W]이다.

18 그림에서 평형조건이 맞는 식은?

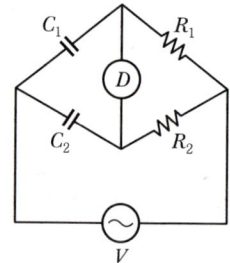

① $C_1 R_1 = C_2 R_2$　　　② $C_1 R_2 = C_2 R_1$

③ $C_1 C_2 = R_1 R_2$　　　④ $\dfrac{1}{C_1 C_2} = R_1 R_2$

> **해설**
> 평형조건은 $R_2 \times \dfrac{1}{\omega C_1} = R_1 \times \dfrac{1}{\omega C_2}$ 이므로
> 정리하면, $C_1 R_1 = C_2 R_2$

19 비유전율이 큰 산화티탄 등을 유전체로 사용한 것으로 극성이 없으며 가격에 비해 성능이 우수하여 널리 사용되고 있는 콘덴서의 종류는?

① 전해 콘덴서　　　② 세라믹 콘덴서
③ 마일러 콘덴서　　　④ 마이카 콘덴서

> **해설**
> 콘덴서의 종류
> ① 전해 콘덴서 : 전기분해하여 금속의 표면에 산화피막을 만들어 유전체로 이용한다. 소형으로 큰 정전용량을 얻을 수 있으나, 극성을 가지고 있으므로 교류회로에는 사용할 수 없다.

정답 16 ③　17 ④　18 ①　19 ②

② 세라믹 콘덴서 : 비유전율이 큰 티탄산바륨 등이 유전체로, 가격 대비 성능이 우수하며, 가장 많이 사용된다.
③ 마일러 콘덴서 : 얇은 폴리에스테르 필름을 유전체로 하여 양면에 금속박을 대고 원통형으로 감은 것으로, 내열성, 절연저항이 양호하다.
④ 마이카 콘덴서 : 운모와 금속박막으로 되어 있다. 온도 변화에 의한 용량 변화가 작고 절연저항이 높은 우수한 특성을 가지며, 표준 콘덴서이다.

20 공기 중 자장의 세기 20[AT/m]인 곳에 8×10^{-3}[Wb]의 자극을 놓으면 작용하는 힘[N]은 얼마인가?

① 0.16 ② 0.32 ③ 0.43 ④ 0.56

해설
$F = mH = 8 \times 10^{-3} \times 20 = 0.16$[N]

21 주상변압기 철심용 규소강판의 두께는 보통 몇 [mm] 정도를 사용하는가?

① 0.01 ② 0.05 ③ 0.35 ④ 0.85

해설
철손을 적게 하기 위해 규소강판(규소함량 3~4[%], 0.35[mm])을 성층하여 사용한다.

22 유도전동기에 기계적 부하를 걸었을 때 출력에 따라 속도, 토크, 효율, 슬립이 변화를 나타낸 출력특성곡선에서 슬립을 나타내는 곡선은?

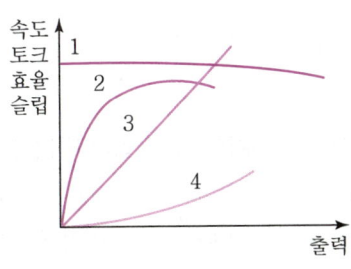

① 1 ② 2 ③ 3 ④ 4

해설
1 : 속도, 2 : 효율, 3 : 토크, 4 : 슬립

23 3상 100[kVA], 13,200/200[V] 변압기의 저압 측 선전류의 유효분은 약 몇 [A]인가?(단, 역률은 80[%]이다.)

① 100 ② 173 ③ 230 ④ 260

해설
• 저압 측 선전류 $I_2 = \dfrac{P_a}{\sqrt{3}\, V_2}$

• 저압 측 선전류의 유효분 $I_{2p} = I_2 \cos\theta = \dfrac{P_a}{\sqrt{3}\, V_2} \cos\theta = \dfrac{100 \times 10^3}{\sqrt{3} \times 200} \times 0.8 \fallingdotseq 230$[A]

정답 20 ① 21 ③ 22 ④ 23 ③

24 3상 유도전동기에서 2차 측 저항을 2배로 하면 그 최대토크는 어떻게 되는가?

① 변하지 않는다.
② 2배로 된다.
③ $\sqrt{2}$ 배로 된다.
④ $\frac{1}{2}$ 배로 된다.

해설
슬립과 토크 특성곡선에서 알 수 있듯이 2차 저항을 변화시켜도 최대토크는 변화하지 않는다.

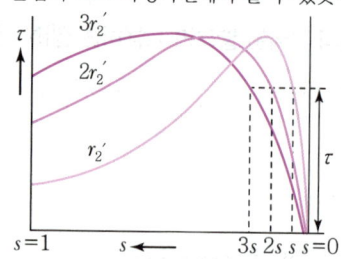

25 직류 분권발전기의 전기자 총도체수 220, 매극의 자속수 0.01[Wb], 극수 6, 회전수 1,500[rpm]일 때 유기기전력은 몇 [V]인가?(단, 전기자권선은 파권이다.)

① 60 ② 120 ③ 165 ④ 240

해설
$E = \frac{P}{a} Z\phi \frac{N}{60}$ [V]에서 파권($a=2$)이므로,
$E = \frac{6}{2} \times 220 \times 0.01 \times \frac{1,500}{60} = 165$ [V]이다.

26 실리콘 제어 정류기(SCR)에 대한 설명으로 적합하지 않은 것은?

① 정류 작용을 할 수 있다.
② P-N-P-N 구조로 되어 있다.
③ 정방향 및 역방향의 제어 특성이 있다.
④ 인버터 회로에 이용될 수 있다.

해설
SCR
순방향으로 전류가 흐를 때 게이트 신호에 의해 스위칭하며, 역방향은 흐르지 못하도록 하는 역저지 3단자 소자이다.

27 농형 유도전동기의 기동법이 아닌 것은?

① Y-△ 기동법
② 기동보상기에 의한 기동법
③ 2차 저항기법
④ 전전압 기동법

해설
2차 저항기법은 권선형 유도전동기의 기동법에 속한다.

28 다음 제동 방법 중 급정지하는 데 가장 좋은 제동방법은?

① 발전제동 ② 회생제동 ③ 역상제동 ④ 단상제동

정답 24 ① 25 ③ 26 ③ 27 ③ 28 ③

> **해설**
> 역상제동(역전제동, 플러깅)
> 전동기를 급정지시키기 위해 제동 시 전동기를 역회전으로 접속하여 제동하는 방법이다.

29 직류 분권전동기의 회전방향을 바꾸기 위해 일반적으로 무엇의 방향을 바꾸어야 하는가?
① 전원　　　　　　　　② 주파수
③ 계자저항　　　　　　④ 전기자전류

> **해설**
> 회전방향을 바꾸려면, 계자권선이나 전기자권선 중 어느 한쪽의 접속을 반대로 하면 되는데, 일반적으로 전기자권선의 접속을 바꾸어주면 역회전한다. 즉, 전기자에 흐르는 전류의 방향을 바꾸어 주면 된다.

30 220[V]/60[Hz], 4극의 3상 유도전동기가 있다. 슬립 5[%]로 회전할 때 출력 17[kW]를 낸다면, 이 때의 토크는 약[N·m]인가?
① 56.2[N·m]　　　　② 95.5[N·m]
③ 191[N·m]　　　　　④ 935.8[N·m]

> **해설**
> $T = \dfrac{60}{2\pi} \dfrac{P_o}{N}$[N·m]이므로, $T = \dfrac{60}{2\pi} \dfrac{17 \times 10^3}{1,710} \approx 95$[N·m]이다.
> 여기서, $s = \dfrac{N_s - N}{N_s}$에서 N을 구하면,
> $0.05 = \dfrac{1,800 - N}{1,800}$
> $N = 1,710$[rpm]
> $\left(\because N_s = \dfrac{120f}{P} = \dfrac{120 \times 60}{4} = 1,800[\text{rpm}]\right)$

31 출력 10[kW], 슬립 4[%]로 운전되는 3상 유도전동기의 2차 동손은 약 몇 [W]인가?
① 250　　② 315　　③ 417　　④ 620

> **해설**
> $P_2 : P_{2c} : P_o = 1 : S : (1-S)$ 이므로
> $P_{2c} : P_o = S : (1-S)$ 에서 P_{c2} 에 대해 정리하면,
> $P_{2c} = \dfrac{S \cdot P_o}{(1-S)} = \dfrac{0.04 \times 10 \times 10^3}{(1-0.04)} = 417$[W] 가 된다.

32 변압기 2대를 V결선했을 때의 이용률은 몇 [%]인가?
① 57.7[%]　　② 70.7[%]　　③ 86.6[%]　　④ 100[%]

> **해설**
> V결선의 이용률 $\dfrac{\sqrt{3}P}{2P} = 0.866 = 86.6[\%]$

정답 29 ④　30 ②　31 ③　32 ③

33 동기조상기를 과여자로 사용하면?

① 리액터로 작용
② 저항손의 보상
③ 일반부하의 뒤진 전류 보상
④ 콘덴서로 작용

> **해설**
> 동기조상기는 조상설비로 사용할 수 있다.
> • 여자가 약할 때(부족여자) : I가 V보다 지상(뒤짐) → 리액터 역할
> • 여자가 강할 때(과여자) : I가 V보다 진상(앞섬) → 콘덴서 역할

34 유도전동기의 회전자에 슬립 주파수의 전압을 공급하여 속도 제어를 하는 것은?

① 2차 저항법
② 2차 여자법
③ 자극수 변환법
④ 인버터 주파수 변환법

> **해설**
> **2차 여자법**
> 권선형 유도전동기에 사용되는 방법으로 2차 회로에 적당한 크기의 전압을 외부에서 가하여 속도 제어하는 방법이다.

35 1차 전압이 13,200[V], 2차 전압 220[V]인 단상 변압기의 1차에 6,000[V]의 전압을 가하면 2차 전압은 몇 [V]인가?

① 100
② 200
③ 1,000
④ 2,000

> **해설**
> 권수비 $a = \dfrac{V_1}{V_2} = \dfrac{13,200}{220} = 60$이므로,
> 따라서 $V_2' = \dfrac{V_1'}{a} = \dfrac{6,000}{60} = 100$[V]이다.

36 동기발전기의 병렬운전에 필요한 조건이 아닌 것은?

① 기전력의 주파수가 같을 것
② 기전력의 크기가 같을 것
③ 기전력의 회전수가 같을 것
④ 기전력의 위상이 같을 것

> **해설**
> **동기발전기의 병렬운전 조건**
> • 기전력의 크기가 같을 것
> • 기전력의 위상이 같을 것
> • 기전력의 주파수가 같을 것
> • 기전력의 파형이 같을 것

정답 33 ④ 34 ② 35 ① 36 ③

37 다음 그림에 대한 설명으로 틀린 것은?

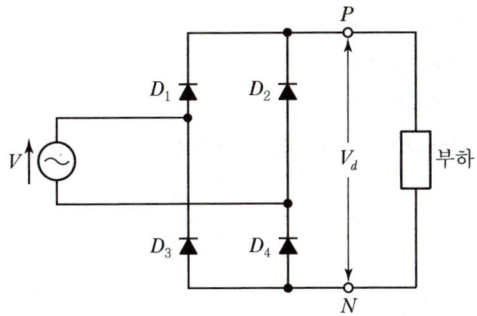

① 브리지(Bridge) 회로라고도 한다.
② 실제의 정류기로 널리 사용된다.
③ 반파 정류회로라고도 한다.
④ 전파 정류회로라고도 한다.

> 해설
> 단상 전파 정류회로이다.

38 동기전동기의 자기 기동법에서 계자권선을 단락하는 이유는?

① 기동이 쉽다.
② 기동권선으로 이용한다.
③ 고전압 유도에 의한 절연파괴 위험을 방지한다.
④ 전기자 반작용을 방지한다.

> 해설
> **동기전동기의 자기(자체) 기동법**
> 회전 자극 표면에 기동권선을 설치하여 기동 시에는 농형 유도전동기로 동작시켜 기동시키는 방법으로, 계자권선을 열어 둔 채로 전기자에 전원을 가하면 권선 수가 많은 계자회로가 전기자 회전 자계를 끊고 높은 전압을 유기하여 계자회로가 소손될 염려가 있으므로 반드시 계자회로는 저항을 통해 단락시켜 놓고 기동시켜야 한다.

39 전압 변동률이 작고 자여자이므로 다른 전원이 필요 없으며, 계자저항기를 사용한 전압조정이 가능하므로 전기화학용, 전지의 충전용 발전기로 가장 적합한 것은?

① 타여자발전기
② 직류 복권발전기
③ 직류 분권발전기
④ 직류 직권발전기

> 해설
> 자여자발전기 중 분권발전기는 타여자발전기와 같이 부하 변화에 전압 변동률이 작다.

정답 37 ③ 38 ③ 39 ③

40 변압기유가 구비해야 할 조건 중 맞는 것은?

① 절연 내력이 작고 산화하지 않을 것
② 비열이 작아서 냉각 효과가 클 것
③ 인화점이 높고 응고점이 낮을 것
④ 절연재료나 금속에 접촉할 때 화학작용을 일으킬 것

해설
변압기유의 구비 조건
- 절연내력이 클 것
- 비열이 커서 냉각 효과가 클 것
- 인화점이 높고, 응고점이 낮을 것
- 고온에서도 산화하지 않을 것
- 절연 재료와 화학 작용을 일으키지 않을 것
- 점성도가 작고 유동성이 풍부할 것

41 다음 심벌의 명칭은 어느 것인가?

① 전류제한기
② 지진감지기
③ 전압제한기
④ 역률제한기

42 지중 또는 수중에 시설하는 양극과 피방식체 간의 전기부식 방지 시설에 대한 설명으로 틀린 것은?

① 사용전압은 직류 60[V] 초과일 것
② 지중에 매설하는 양극은 75[cm] 이상의 깊이일 것
③ 수중에 시설하는 양극과 그 주위 1[m] 안의 임의의 점과의 전위차는 10[V]를 넘지 않을 것
④ 지표에서 1[m] 간격의 임의의 2점 간의 전위차가 5[V]를 넘지 않을 것

해설
전기부식용 전원 장치로부터 양극 및 피방식체까지의 전로의 사용전압은 직류 60[V] 이하일 것

43 옥내배선 공사에서 절연전선의 피복을 벗길 때 사용하면 편리한 공구는?

① 드라이버
② 플라이어
③ 압착 펜치
④ 와이어 스트리퍼

해설
와이어 스트리퍼
전선의 피복을 벗기는 공구

44 다음 [보기] 중 금속관, 애자, 합성수지 및 케이블 공사가 모두 가능한 특수 장소를 옳게 나열한 것은?

㉠ 화약고 등의 위험 장소	㉡ 부식성 가스가 있는 장소
㉢ 위험물 등이 존재하는 장소	㉣ 불연성 먼지가 많은 장소
㉤ 습기가 많은 장소	

① ㉠, ㉡, ㉢   ② ㉡, ㉢, ㉣
③ ㉡, ㉣, ㉤   ④ ㉠, ㉣, ㉤

해설
- ㉠ 화약고 등의 위험 장소 : 금속관, 케이블 공사 가능
- ㉡ 부식성 가스가 있는 장소 : 금속관, 케이블, 합성수지, 애자 사용 공사 가능
- ㉢ 위험물 등이 존재하는 장소 : 금속관, 케이블, 합성수지관 공사 가능
- ㉣ 불연성 먼지가 많은 장소 : 금속관, 케이블, 합성수지, 애자 사용 공사 가능
- ㉤ 습기가 많은 장소 : 금속관, 케이블, 합성수지관, 애자 사용 공사(은폐장소 제외) 가능

45 철근콘크리트주가 원형의 것인 경우 갑종 풍압하중[Pa]은?(단, 수직 투영면적 1[m^2]에 대한 풍압임)

① 588[Pa]   ② 882[Pa]   ③ 1,039[Pa]   ④ 1,412[Pa]

해설
가공 전선로에 사용하는 지지물의 강도 계산에 적용하는 풍압하중 3종
- 갑종 풍압하중

풍압을 받는 구분			구성재의 수직 투영면적 1[m^2]에 대한 풍압
철주	원형의 것		588[Pa]
	삼각형 또는 마름모형의 것		1,412[Pa]
	강관에 의하여 구성되는 4각형의 것		1,117[Pa]
철근콘크리트주	원형의 것		588[Pa]
	기타의 것		882[Pa]
철탑	단주(완철류는 제외함)	원형의 것	588[Pa]
		기타의 것	1,117[Pa]
	강관으로 구성되는 것(단주는 제외함)		1,255[Pa]
	기타의 것		2,157[Pa]

- 을종 풍압하중 : 전선 기타의 가섭선 주위에 두께 6[mm], 비중 0.9의 빙설이 부착된 상태에서 수직 투영면적 372[Pa](다도체를 구성하는 전선은 333[Pa]), 그 이외의 것은 갑종 풍압의 2분의 1을 기초로 하여 계산한 것
- 병종 풍압하중 : 갑종 풍압의 2분의 1을 기초로 하여 계산한 것

정답   44 ③   45 ①

46 옥외용 비닐절연전선의 기호는?

① VV
② DV
③ OW
④ 60227 KS IEC 01

> **해설**
> ① 0.6/1[kV] 비닐절연 비닐시스 케이블
> ② 인입용 비닐절연전선
> ④ 450/750[V] 일반용 단심 비닐절연전선

47 전선 접속에 관한 설명으로 틀린 것은?

① 접속부분의 전기저항을 증가시켜서는 안 된다.
② 전선의 세기를 20[%] 이상 유지해야 한다.
③ 접속부분은 납땜을 한다.
④ 절연을 원래의 절연효력이 있는 테이프로 충분히 한다.

> **해설**
> **전선의 접속 조건**
> • 접속 시 전기적 저항을 증가시키지 않는다.
> • 접속부위의 기계적 강도를 20[%] 이상 감소시키지 않는다.
> • 접속점의 절연이 약화되지 않도록 테이핑 또는 와이어 커넥터로 절연한다.
> • 전선의 접속은 박스 안에서 하고, 접속점에 장력이 가해지지 않도록 한다.

48 다음 중 접지의 목적으로 알맞지 않은 것은?

① 감전의 방지
② 전로의 대지전압 상승
③ 보호 계전기의 동작 확보
④ 이상전압 억제

> **해설**
> **접지의 목적**
> • 누설 전류로 인한 감전을 방지
> • 뇌해로 인한 전기설비를 보호
> • 전로에 지락사고 발생 시 보호계전기를 확실하게 작동
> • 이상 전압이 발생하였을 때 대지전압을 억제하여 절연강도를 낮추기 위함

49 일반적으로 학교 건물이나 은행 건물 등의 간선의 수용률은 얼마인가?

① 50[%]
② 60[%]
③ 70[%]
④ 80[%]

> **해설**
> **간선의 수용률**
>
> | 건물의 종류 | 수용률 | |
> | --- | --- | --- |
> | | 10[kVA] 이하 | 10[kVA] 초과 |
> | 주택, 아파트, 기숙사, 여관, 호텔, 병원 | 100[%] | 50[%] |
> | 사무실, 은행, 학교 | 100[%] | 70[%] |

정답 46 ③ 47 ② 48 ② 49 ③

50 전등 한 개를 2개소에서 점멸하고자 할 때 옳은 배선은?

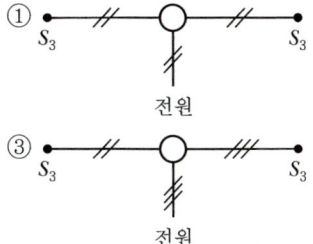
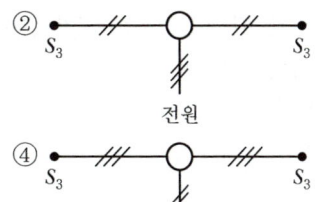

해설

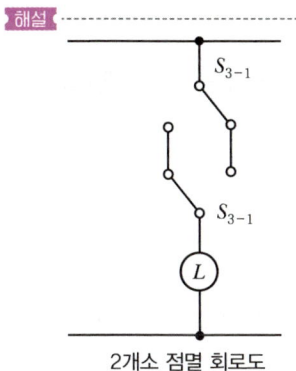
2개소 점멸 회로도

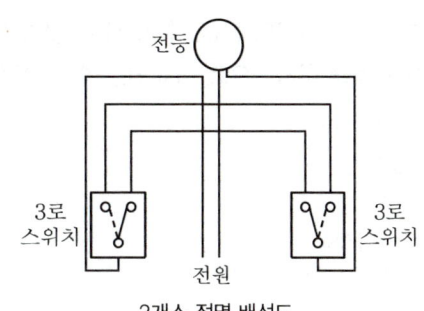
2개소 점멸 배선도

51 가공전선로의 지지물에 시설하는 지선의 안전율은 얼마 이상이어야 하는가?

① 3.5   ② 3.0   ③ 2.5   ④ 1.0

해설
지선의 시공
- 지선의 안전율 2.5 이상, 허용 인장하중 최저 4.31[kN]
- 지선을 연선으로 사용할 경우, 3가닥 이상으로 2.6[mm] 이상의 금속선 사용

52 도로를 횡단하여 시설하는 지선의 높이는 지표상 몇 [m] 이상이어야 하는가?

① 5[m]   ② 6[m]   ③ 8[m]   ④ 10[m]

해설
지선은 도로 횡단 시 높이는 5[m] 이상이다.

53 전선의 허용전류가 60[A]일 때, 과부하 보호장치의 유효한 동작전류는 약 몇 [A] 이하여야 하는가? (KEC 반영)

① 41[A]   ② 87[A]   ③ 93[A]   ④ 104[A]

해설
과부하전류로부터 전선을 보호하기 위해서는 '과부하 보호장치의 유효한 동작을 보장하는 전류 ≤ 1.45 × 전선의 허용전류'의 조건이 있다.

정답 50 ④ 51 ③ 52 ① 53 ②

54 통합접지시스템은 여러 가지 설비 등의 접지극을 공용하는 것으로, 해당되는 설비가 아닌 것은? [KEC 반영]

① 건축물의 철근, 철골 등 금속보강재 설비
② 건축물의 피뢰설비
③ 전자통신설비
④ 전기설비의 접지계통

해설

통합접지
전기설비의 접지계통·건축물의 피뢰설비·전자통신설비 등의 접지극을 공용

55 고압 이상에서 기기의 점검, 수리 시 무전압, 무전류 상태로 전로에서 단독으로 전로의 접속 또는 분리하는 것을 주목적으로 사용되는 수·변전기기는?

① 기중부하 개폐기
② 단로기
③ 전력퓨즈
④ 컷아웃 스위치

해설

단로기(DS)
개폐기의 일종으로 기기의 점검, 측정, 시험 및 수리를 할 때 회로를 열어 놓거나 회로 변경 시에 사용

56 애자 사용 배선공사 시 사용할 수 없는 전선은?

① 고무 절연전선
② 폴리에틸렌 절연전선
③ 플루오르 수지 절연전선
④ 인입용 비닐절연전선

해설

애자 사용 배선공사는 절연전선을 사용하여야 하나, 인입용 비닐절연전선을 제외한다.

57 가공전선의 지지물에 승탑 또는 승강용으로 사용하는 발판 볼트 등은 지표상 몇 [m] 미만에 시설하여서는 안 되는가?

① 1.2[m]   ② 1.5[m]   ③ 1.6[m]   ④ 1.8[m]

해설

가공전선로의 지지물에 취급자가 오르고 내리는 데 사용하는 발판 볼트 등을 지표상 1.8[m] 미만에 시설하여서는 아니 된다.

58 금속관을 절단할 때 사용되는 공구는?

① 오스터
② 녹 아웃 펀치
③ 파이프 커터
④ 파이프 렌치

해설

① 금속관 끝에 나사를 내는 공구
② 배전반, 분전반 등의 캐비닛에 구멍을 뚫을 때 필요한 공구
④ 금속관과 커플링을 물고 죄는 공구

정답 54 ① 55 ② 56 ④ 57 ④ 58 ③

59 애자 사용 공사에서 전선 상호 간의 간격은 몇 [cm] 이하로 하는 것이 가장 바람직한가?

① 4   ② 5   ③ 6   ④ 8

해설

구분	400[V] 이하	400[V] 초과
전선 상호 간의 거리	6[cm] 이상	6[cm] 이상
전선과 조영재와의 거리	2.5[cm] 이상	4.5[cm] 이상(건조한 곳은 2.5[cm] 이상)

60 가공 인입선 중 수용장소의 인입선에서 분기하여 다른 수용장소의 인입구에 이르는 전선을 무엇이라 하는가?

① 소주인입선   ② 연접인입선
③ 본주인입선   ④ 인입간선

해설
① 소주인입선 : 인입간선의 전선로에서 분기한 소주에서 수용가에 이르는 전선로
③ 본주인입선 : 인입간선의 전선로에서 수용가에 이르는 전선로
④ 인입간선 : 배선선로에서 분기된 인입전선로

정답 59 ③ 60 ②

CHAPTER 05 2020년 제1회

01 전하량의 단위는?
① [C]
② [W]
③ [W·s]
④ [Wb]

> 해설
> ② 전력, ③ 전력량, ④ 자속의 단위

02 1[Ah]는 몇 [C]인가?
① 7,200
② 3,600
③ 1,200
④ 60

> 해설
> 전하량 $Q = It$[C]이므로, 1[Ah] = 1[A] × 3,600[sec] = 3,600[C]

03 2[Ω]의 저항과 3[Ω]의 저항을 직렬로 접속할 때 합성 컨덕턴스는 몇 [℧]인가?
① 5
② 2.5
③ 1.5
④ 0.2

> 해설
> $R = 2+3 = 5[\Omega]$, $G = \frac{1}{5} = 0.2[\mho]$

04 저항의 크기를 결정하는 요소가 아닌 것은?
① 전선의 길이
② 전선의 단면적
③ 전선의 종류
④ 전선의 모양

> 해설
> 저항의 크기 $R = \rho \frac{\ell}{A}[\Omega]$으로 결정된다.
> 여기서, ℓ은 전선의 길이, A는 전선의 단면적이며,
> ρ는 고유저항으로 도체의 종류(재질)에 따라 달라진다.

05 2[Ω]의 저항과 3[Ω]의 저항을 병렬 접속했을 때의 전류는 직렬 접속할 때의 전류의 몇 배인가?
① 6
② 4.17
③ 0.16
④ 0.24

정답 01 ① 02 ② 03 ④ 04 ④ 05 ②

> **해설**
> 병렬 합성저항 $R_p = \dfrac{2\times 3}{2+3} = \dfrac{6}{5} = 1.2[\Omega]$, 직렬 합성저항 $R_s = 2+3 = 5[\Omega]$이며,
> 전류 $I = \dfrac{V}{R}$이므로, 전압이 일정할 때 전류와 저항은 반비례한다.
> 따라서 $\dfrac{\text{병렬 접속전류}}{\text{직렬 접속전류}} = \dfrac{\text{직렬 합성저항}}{\text{병렬 합성저항}} = \dfrac{5}{1.2} = 4.17$배이다.

06 전기분해에 의해서 석출되는 물질의 양은 전해액을 통과한 총 전기량과 같으면, 그 물질의 화학당량에 비례한다. 이것을 무슨 법칙이라 하는가?

① 줄의 법칙
② 플레밍의 법칙
③ 키르히호프의 법칙
④ 패러데이의 법칙

> **해설**
> 패러데이의 법칙(Faraday's Law)
> $w = kQ = kIt$ [g]

07 전속밀도의 단위는?

① [V/m]
② [V/m²]
③ [C/m]
④ [C/m²]

> **해설**
> 전속밀도
> 단위면적을 지나는 전속

08 평균 길이 40[cm]의 환상 철심에 200회의 코일을 감고, 여기에 5[A]의 전류를 흘렸을 때 철심 내의 자기장의 세기는 몇 [AT/m]인가?

① 25×10^2[AT/m]
② 2.5×10^2[AT/m]
③ 200[AT/m]
④ 8,000[AT/m]

> **해설**
> $H = \dfrac{NI}{2\pi r} = \dfrac{NI}{l} = \dfrac{200 \times 5}{40 \times 10^{-2}} = 2,500$[AT/m]

09 일반적으로 절연체를 서로 마찰시키면 이들 물체는 전기를 띠게 된다. 이와 같은 현상은?

① 분극(Polarization)
② 대전(Electrification)
③ 정전(Electrostatic)
④ 코로나(Corona)

> **해설**
> 대전(Electrification)과 마찰전기(Frictional Electricity)
> 플라스틱 책받침을 옷에 문지른 다음 머리에 대면 머리카락이 달라붙는다. 이것은 책받침이 마찰에 의하여 전기를 띠기 때문인데, 이를 대전 현상이라 하고, 이때 마찰에 의해 생긴 전기를 마찰전기라고 한다.

정답 06 ④ 07 ④ 08 ① 09 ②

10 그림과 같이 I[A]의 전류가 흐르고 있는 도체의 미소부분 $\Delta\ell$의 전류에 의해 이 부분이 r[m] 떨어진 점 P의 자기장 ΔH[A/m]는?

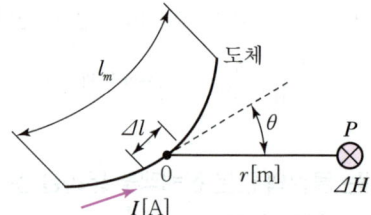

① $\Delta H = \dfrac{I^2 \Delta\ell \sin\theta}{4\pi r^2}$
② $\Delta H = \dfrac{I \Delta\ell^2 \sin\theta}{4\pi r}$
③ $\Delta H = \dfrac{I^2 \Delta\ell \sin\theta}{4\pi r}$
④ $\Delta H = \dfrac{I \Delta\ell \sin\theta}{4\pi r^2}$

> **해설**
> 비오-사바르 법칙

11 무한장 솔레노이드의 내부 자기장의 세기의 관계로 옳은 것은?

① 자기장의 세기는 권수에 비례한다.
② 자기장의 세기는 단위 길이당 권수에 비례한다.
③ 자기장의 세기는 전류에 반비례한다.
④ 자기장의 세기는 전류 제곱에 비례한다.

> **해설**
> 무한장 솔레노이드의 내부 자장의 세기 $H = nI$[AT/m] (단, n은 1[m]당 권수)

12 단면적 5[cm²], 길이 1[m], 비투자율 10^3인 환상 철심에 600회의 권선을 감고 이것에 0.5[A]의 전류를 흐르게 한 경우 기자력은?

① 100[AT]
② 200[AT]
③ 300[AT]
④ 400[AT]

> **해설**
> 기자력 $F = NI = 600 \times 0.5 = 300$[AT]

13 다음은 어떤 법칙을 설명한 것인가?

> 전류가 흐르려고 하면 코일은 전류의 흐름을 방해한다. 또 전류가 감소하면 이를 계속 유지하려고 하는 성질이 있다.

① 쿨롱의 법칙
② 렌츠의 법칙
③ 패러데이의 법칙
④ 플레밍의 왼손 법칙

정답 10 ④ 11 ② 12 ③ 13 ②

> **해설**
> 코일에 흐르는 전류를 변화시키면 코일의 내부를 지나는 자속도 변화하므로 렌츠의 법칙에 따라 자속의 변화를 방해하려는 방향으로 유도기전력이 발생하여 전류의 변화를 방해하게 된다.

14 자체 인덕턴스가 100[H]의 코일에 전류를 1초 동안 0.1[A]만큼 변화시켰다면 유도기전력[V]은?

① 1[V] ② 10[V] ③ 100[V] ④ 1,000[V]

> **해설**
> 유도기전력 $e = -L\dfrac{\Delta I}{\Delta t} = -100 \times \dfrac{0.1}{1} = -10[\text{V}]$

15 자체 인덕턴스가 50[mH], 80[mH], 상호 인덕턴스가 60[mH]인 코일 2개를 가동접속했을 때 합성 인덕턴스는?

① 10 ② 130 ③ 190 ④ 250

> **해설**
> 두 코일이 가동접속되어 있으므로, 합성 인덕턴스는 $L = L_1 + L_2 + 2M$ 이다.
> 따라서 $L = 50 + 80 + 2 \times 60 = 250[\text{mH}]$ 이다.

16 $R=3[\Omega]$, $X=4[\Omega]$이 직렬인 회로에 교류전압이 15[V]를 인가했을 때 흐르는 전류의 크기는?

① 2.14 ② 3 ③ 3.75 ④ 5

> **해설**
> - 임피던스 $Z = \sqrt{R^2 + X_L^2} = \sqrt{3^2 + 4^2} = 5[\Omega]$
> - 전류 $I = \dfrac{V}{Z} = \dfrac{15}{5} = 3[\text{A}]$

17 정전용량 $C[\mu\text{F}]$의 콘덴서에 충전된 전하가 $q = \sqrt{2}\,Q\sin\omega t[\text{C}]$와 같이 변화하도록 하였다면 이때 콘덴서에 흘러들어가는 전류의 값은?

① $i = \sqrt{2}\,\omega Q\sin\omega t$
② $i = \sqrt{2}\,\omega Q\cos\omega t$
③ $i = \sqrt{2}\,\omega Q\sin(\omega t - 60°)$
④ $i = \sqrt{2}\,\omega Q\cos(\omega t - 60°)$

> **해설**
> 전류 i는 단위시간당 이동하는 전하량이므로,
> 전류 $i = \dfrac{\Delta q}{\Delta t} = \dfrac{\Delta(\sqrt{2}\,Q\sin\omega t)}{\Delta t} = \sqrt{2}\,\omega Q\cos\omega t$

18 피상전력의 식으로 옳은 것은?(단, E는 전압, I는 전류, θ는 위상각이다.)

① $EI\cos\theta$ ② $EI\sin\theta$ ③ $EI\tan\theta$ ④ EI

> **해설**
> ① 유효전력, ② 무효전력

정답 14 ② 15 ④ 16 ② 17 ② 18 ④

19 저항 세 개를 Δ접속했을 때 한 상의 저항이 30[Ω]이다. 이를 등가 변환한 Y 부하의 한 상의 저항값은?

① 10　　　　　② 30　　　　　③ 60　　　　　④ 90

해설
- Y → Δ 변환 $R_\Delta = 3R_Y$
- Δ → Y 변환 $R_Y = \dfrac{1}{3}R_\Delta = \dfrac{1}{3} \times 30 = 10[\Omega]$

20 그림과 같은 회로에서 3[Ω]에 흐르는 전류 I는?

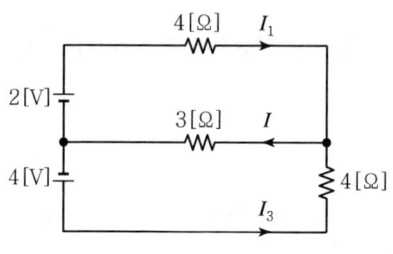

① 0.3　　　　　② 0.6　　　　　③ 0.9　　　　　④ 1.2

해설
키르히호프 제1법칙을 적용하면, $I = I_1 + I_2$이다.
아래 그림과 같이 접속점의 전압을 V라고 정하면,

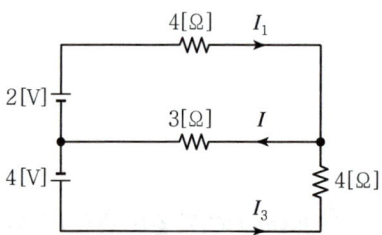

각 지로에 흐르는 전류는 $I_1 = \dfrac{2-V}{4}$, $I = \dfrac{V}{3}$, $I_3 = \dfrac{4-V}{4}$ 이다.
각 전류의 계산식을 $I = I_1 + I_2$에 대입하면,
$\dfrac{V}{3} = \dfrac{2-V}{4} + \dfrac{4-V}{4}$에서 $V = \dfrac{9}{5}[V]$이다.

따라서, $I = \dfrac{\frac{9}{5}}{3} = 0.6[A]$이다.

21 복권 발전기의 병렬운전을 안전하게 하기 위해서 두 발전기의 전기자와 직권 권선의 접촉점에 연결해야 하는 것은?

① 균압선　　　　　　　　② 집전환
③ 안정저항　　　　　　　④ 브러시

정답　19 ①　20 ②　21 ①

> **해설**
> **직권 · 복권 발전기**
> 수하특성을 가지지 않아, 두 발전기 중 한쪽의 부하가 증가할 때, 그 발전기의 전압이 상승하여 부하분담이 적절히 되지 않으므로, 직권계자에 균압모선을 연결하여 전압상승을 같게 하면 병렬운전을 할 수 있다.

22 전기자저항 0.1[Ω], 전기자전류 104[A], 유도기전력 110.4[V]인 직류 분권발전기의 단자전압은 몇 [V]인가?

① 98 ② 100 ③ 102 ④ 105

> **해설**
> 직류 분권발전기는 다음 그림과 같으므로,
>
>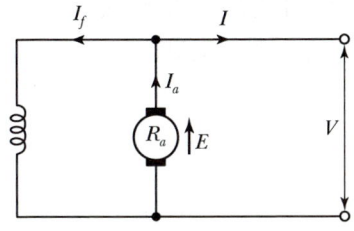
>
> $V = E - R_a I_a = 110.4 - 0.1 \times 104 = 100[V]$

23 직류 분권전동기의 회전수(N)와 토크(τ)와의 관계는?

① $\tau \propto \dfrac{1}{N}$ ② $\tau \propto \dfrac{1}{N^2}$

③ $\tau \propto N$ ④ $\tau \propto N^{\frac{3}{2}}$

> **해설**
> $N \propto \dfrac{1}{I_a}$ 이고, $\tau \propto I_a$ 이므로 $\tau \propto \dfrac{1}{N}$ 이다.

24 전기기계의 효율 중 발전기의 규약효율 η_G는 몇 [%]인가?(단, P는 입력, Q는 출력, L은 손실이다.)

① $\eta_G = \dfrac{P-L}{P} \times 100[\%]$ ② $\eta_G = \dfrac{P-L}{P+L} \times 100[\%]$

③ $\eta_G = \dfrac{Q}{P} \times 100[\%]$ ④ $\eta_G = \dfrac{Q}{Q+L} \times 100[\%]$

> **해설**
> · 발전기 규약효율 $\eta_G = \dfrac{출력}{출력 + 손실} \times 100[\%]$
> · 전동기 규약효율 $\eta_M = \dfrac{입력 - 손실}{입력} \times 100[\%]$

정답 22 ② 23 ① 24 ④

25 정격이 1,000[V], 500[A], 역률 90[%]의 3상 동기발전기의 단락전류 I_s[A]는?(단, 단락비는 1.3으로 하고, 전기자저항은 무시한다.)

① 450　　② 550　　③ 650　　④ 750

> **해설**
> 단락비 $K_s = \dfrac{I_s}{I_n}$ 이고, 정격전류 $I_n = 500$[A], 단락비 $K_s = 1.3$이므로
> 단락전류 $I_s = I_n \times K_s = 500 \times 1.3 = 650$[A]

26 단락비가 큰 동기발전기에서 단락비가 작아졌을 때 증가하는 것은?

① 전기자 반작용, 전압 변동률
② 전기자 반작용, 기계의 중량
③ 전압 변동률, 기계의 중량
④ 기계의 중량, 안정도

> **해설**
> **단락비가 큰 동기기(철기계) 특징**
> • 전기자 반작용이 작고, 전압 변동률이 작다.
> • 공극이 크고 과부하 내량이 크다.
> • 기계의 중량이 무겁고 효율이 낮다.
> • 안정도가 높다.

27 동기발전기의 병렬운전에 필요한 조건이 아닌 것은?

① 기전력의 주파수가 같을 것
② 기전력의 크기가 같을 것
③ 기전력의 용량이 같을 것
④ 기전력의 위상이 같을 것

> **해설**
> **병렬운전조건**
> • 기전력의 크기가 같을 것
> • 기전력의 위상이 같을 것
> • 기전력의 주파수가 같을 것
> • 기전력의 파형이 같을 것

28 변압기유로 쓰이는 절연유에 요구되는 성질이 아닌 것은?

① 점도가 클 것
② 비열이 커 냉각효과가 클 것
③ 절연재료 및 금속재료에 화학작용을 일으키지 않을 것
④ 인화점이 높고 응고점이 낮을 것

> **해설**
> **변압기유의 구비 조건**
> • 절연내력이 클 것
> • 인화점이 높고, 응고점이 낮을 것
> • 절연재료와 화학작용을 일으키지 않을 것
> • 비열이 커서 냉각 효과가 클 것
> • 고온에서도 산화하지 않을 것
> • 점성도가 작고 유동성이 풍부할 것

정답　25 ③　26 ①　27 ③　28 ①

29 변압기 V결선의 특징으로 틀린 것은?

① 고장 시 응급처치 방법으로도 쓰인다.
② 단상 변압기 2대로 3상 전력을 공급한다.
③ 부하 증가가 예상되는 지역에 시설한다.
④ V결선 시 출력은 Δ결선 시 출력과 그 크기가 같다.

> **해설**
> Δ결선 시 출력과 V결선 시 출력의 출력비 $\dfrac{P_V}{P_\Delta} = \dfrac{\sqrt{3}P}{3P} = 0.577 = 57.7[\%]$ 이다.

30 1대의 출력이 100[kVA]인 단상 변압기 2대로 V결선하여 3상 전력을 공급할 수 있는 최대전력은 몇 [kVA]인가?

① 100
② $100\sqrt{2}$
③ $100\sqrt{3}$
④ 200

> **해설**
> V결선 시 출력 $P_{vr} = \sqrt{3}p = 100\sqrt{3}$

31 변압기, 동기기 등의 층간 단락 등의 내부 고장 보호에 사용되는 계전기는?

① 차동계전기
② 접지계전기
③ 과전압계전기
④ 역상계전기

> **해설**
> **차동계전기**
> 고장에 의하여 생긴 불평형의 전류차가 기준치 이상으로 되었을 때 동작하는 계전기이다. 변압기 내부 고장 검출용으로 주로 사용된다.

32 선택 지락 계전기의 용도는?

① 단일회선에서 접지전류의 대소의 선택
② 단일회선에서 접지전류의 방향의 선택
③ 단일회선에서 접지사고 지속시간의 선택
④ 다회선에서 접지고장 회선의 선택

> **해설**
> • 지락회선 선택계전기 : 지락 보호용으로 사용하도록 선택계전기의 동작전류를 작게 한 계전기이다.
> • 선택계전기 : 병행 2회선 중 한쪽의 회선에 고장이 생겼을 때, 고장 회선을 선택하는 계전기이다.

정답 29 ④ 30 ③ 31 ① 32 ④

33 수·변전 설비의 고압회로에 걸리는 전압을 표시하기 위해 전압계를 시설할 때 고압회로와 전압계 사이에 시설하는 것은?

① 관통형 변압기
② 계기용 변류기
③ 계기용 변압기
④ 권선형 변류기

해설
계기용 변압기 2차 측에 전압계를 시설하고, 계기용 변류기 2차 측에는 전류계를 시설한다.

34 3상 권선형 유도전동기의 설명에 대해서 틀린 것은?

① 2차 저항법으로 속도를 제어한다.
② 중·소용량에 사용된다.
③ 비례추이의 원리에 의해 큰 기동토크를 얻을 수 있다.
④ 2차 저항법으로 역률이 개선된다.

해설
권선형 유도전동기는 회원자에 저항을 삽입하여 기동전류는 제한, 기동토크를 증가, 역률이 개선되는 점이 있어서 대형 다상 유도전동기에 채용된다.

35 슬립 4[%]인 유도전동기의 등가부하저항은 2차 저항의 몇 배인가?

① 5
② 19
③ 20
④ 24

해설
- 유도전동기는 변압기와 같은 등가회로로 해석할 수 있는데, 다만 유도전동기는 회전기계이므로 2차권선의 기전력과 주파수는 슬립에 따라 변하게 된다.
- 등가회로에서 유도전동기의 기계적 출력을 등가 부하저항의 소비전력으로 환산하여 구하면 다음과 같이 된다.
  등가 부하저항 $R = r_2\left(\dfrac{1-s}{s}\right) = r_2\left(\dfrac{1-0.04}{0.04}\right) = 24r_2$ 되므로, 24배이다.

36 3상 유도전동기의 원선도를 그리는 데 필요하지 않은 것은?

① 저항 측정
② 무부하 시험
③ 구속 시험
④ 슬립 측정

해설
3상 유도전동기의 원선도
- 유도전동기의 특성을 실부하 시험을 하지 않아도, 등가회로를 기초로 한 헤일랜드(Heyland)의 원선도에 의하여 전부하 전류, 역률, 효율, 슬립, 토크 등을 구할 수 있다.
- 원선도 작성에 필요한 시험 : 저항 측정, 무부하 시험, 구속 시험

37 단상 유도전동기의 기동 방법 중 기동 토크가 가장 큰 것은?

① 반발 기동형
② 분상 기동형
③ 반발 유도형
④ 콘덴서 기동형

정답 33 ③ 34 ② 35 ④ 36 ④ 37 ①

> **해설**
> 기동 토크가 큰 순서
> 반발 기동형 → 콘덴서 기동형 → 분상 기동형 → 셰이딩 코일형

38 실리콘 제어 정류기(SCR)에 대한 설명으로 적합하지 않은 것은?

① 정류 작용을 할 수 있다.
② P-N-P-N 구조로 되어 있다.
③ 정방향 및 역방향의 제어 특성이 있다.
④ 인버터 회로에 이용될 수 있다.

> **해설**
> SCR
> 순방향으로 전류가 흐를 때 게이트 신호에 의해 스위칭하며, 역방향은 흐르지 못하도록 하는 역저지 3단자 소자이다.

39 SCR 2개를 역병렬로 접속한 그림과 같은 기호의 명칭은?

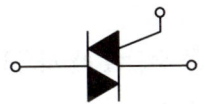

① SCR   ② TRIAC   ③ GTO   ④ UJT

> **해설**
>
> | 명칭 | 기호 | 명칭 | 기호 |
> |---|---|---|---|
> | SCR | | GTO | |
> | TRIAC | | UJT | |

40 동기전동기의 자기 기동에서 계자권선을 단락하는 이유는?

① 기동이 쉽다.   ② 기동권선으로 이용한다.
③ 고전압이 유도된다.   ④ 전기자 반작용을 방지한다.

> **해설**
> 동기전동기의 기동법
> • 자기(자체) 기동법 : 회전 자극 표면에 기동권선을 설치하여 기동 시에는 농형 유도전동기로 동작시켜 기동시키는 방법으로, 계자권선을 열어 둔 채로 전기자에 전원을 가하면 권선 수가 많은 계자회로가 전기자 회전 자계를 끊고 높은 전압을 유기하여 계자회로가 소손될 염려가 있으므로 반드시 계자회로는 저항을 통해 단락시켜 놓고 기동시켜야 한다.
> • 타기동법 : 기동용 전동기를 연결하여 기동시키는 방법

정답 38 ③ 39 ② 40 ②

41 전선을 접속할 경우의 설명으로 틀린 것은?

① 접속 부분의 전기저항이 증가되지 않아야 한다.
② 전선의 세기를 80[%] 이상 감소시키지 않아야 한다.
③ 접속 부분은 접속 기구를 사용하거나 납땜을 하여야 한다.
④ 알루미늄 전선과 동선을 접속하는 경우, 전기적 부식이 생기지 않도록 해야 한다.

> **해설**
> 전선의 세기를 20[%] 이상 감소시키지 않아야 한다. 즉, 전선의 세기를 80[%] 이상 유지해야 한다.

42 전선의 굵기를 측정하는 공구는?

① 권척　　② 메거　　③ 와이어 게이지　　④ 와이어 스트리퍼

> **해설**
> • 권척 : 줄자
> • 메거 : 절연저항을 계기
> • 와이어 게이지 : 전선의 굵기를 측정하는 계기
> • 와이어 스트리퍼 : 전선의 피복을 벗기는 공구

43 펜치로 절단하기 힘든 굵은 전선을 절단할 때 사용하는 공구는?

① 스패너　　② 프레셔 툴　　③ 파이프 바이스　　④ 클리퍼

> **해설**
> 클리퍼(Clipper)
> 굵은 전선을 절단하는 데 사용하는 가위

44 옥외 절연부분의 전선과 대지 사이의 절연저항은 사용전압에 대한 누설전류가 최대공급전류의 얼마를 초과하지 않도록 해야 하는가?

① $\dfrac{최대공급전류}{1,000}$　　② $\dfrac{최대공급전류}{2,000}$

③ $\dfrac{최대공급전류}{3,000}$　　④ $\dfrac{최대공급전류}{4,000}$

> **해설**
> 누설전류 ≤ $\dfrac{최대공급전류}{2,000}$

45 사람이 쉽게 접촉하는 장소에 설치하는 누전차단기의 사용전압 기준은 몇 [V] 초과인가?
(KEC 반영)

① 50　　② 110　　③ 150　　④ 220

> **해설**
> 누전차단기(ELB) 설치기준
> • 사용 전압이 50[V]를 초과하는 저압의 금속제 외함을 가지는 기계기구로서 사람이 쉽게 접촉할 우려가 있는 장소에 시설하는 것에 전기를 공급하는 전로
> • 주택의 인입구 등 누전차단기 설치를 요하는 전로

정답　41 ②　42 ③　43 ④　44 ②　45 ①

46 계통 전체에 대해 중성선과 보호도체의 기능을 동일도체로 겸용한 PEN 도체를 사용하는 계통접지 방식은?

① TN
② TN-C-S
③ TN-C
④ TN-S

해설
TN-C 방식
계통 전체에 대해 중성선과 보호도체의 기능을 동일도체로 겸용한 PEN 도체를 사용한다.

47 전등 1개를 2개소에서 점멸하고자 할 때 3로 스위치는 최소 몇 개 필요한가?

① 4개
② 3개
③ 2개
④ 1개

해설
2개소 점멸회로는 아래와 같으므로, 3로 스위치가 2개 필요하다.

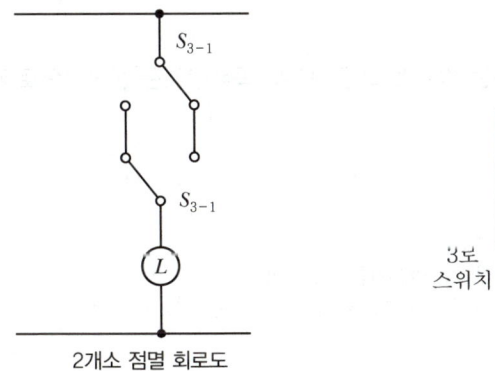

2개소 점멸 회로도

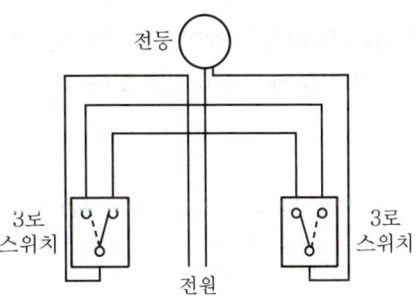

2개소 점멸 배선도

48 다음 중 금속전선관의 호칭을 맞게 기술한 것은?

① 박강, 후강 모두 안지름으로 [mm]로 나타낸다.
② 박강은 안지름, 후강은 바깥지름으로 [mm]로 나타낸다.
③ 박강은 바깥지름, 후강은 안지름으로 [mm]로 나타낸다.
④ 박강, 후강 모두 바깥지름으로 [mm]로 나타낸다.

해설
• 후강 전선관 : 안지름의 크기에 가까운 짝수
• 박강 전선관 : 바깥지름의 크기에 가까운 홀수

정답 46 ③ 47 ③ 48 ③

49 합성수지관 배선에서 경질비닐 전선관의 굵기에 해당하지 않는 것은?(단, 관의 호칭을 말한다.)

① 14　　　② 16　　　③ 18　　　④ 22

> **해설**
> 경질비닐 전선관(HI-Pipe)의 호칭
> • 관의 굵기를 안지름의 크기에 가까운 짝수로써 표시
> • 지름 14~100[mm]로 10종(14, 16, 22, 28, 36, 42, 54, 70, 82, 100[mm])

50 저압크레인 또는 호이스트 등의 트롤리선을 애자 사용 공사에 의하여 옥내의 노출장소에 시설하는 경우 트롤리선의 바닥에서의 최소 높이는 몇 [m] 이상으로 설치하는가?

① 2　　　② 2.5　　　③ 3　　　④ 3.5

> **해설**
> 이동기중기·자동청소기 그 밖에 이동하며 사용하는 저압의 전기기계기구에 전기를 공급하기 위하여 사용하는 저압 접촉전선을 애자 사용 공사에 의하여 옥내의 전개된 장소에 시설하는 경우에는 전선의 바닥에서의 높이는 3.5[m] 이상으로 하고 사람이 접촉할 우려가 없도록 시설하여야 한다.

51 (KEC 반영) 알루미늄 피복이 있는 케이블을 구부리는 경우에 그 굴곡부의 곡률반경은 원칙적으로 케이블이 완성품 외경의 몇 배 이상이어야 하는가?

① 4　　　② 6　　　③ 8　　　④ 12

> **해설**
> 케이블을 구부리는 경우 굴곡부의 곡률반지름
> • 연피가 없는 케이블 : 곡률반지름은 케이블 바깥지름의 5배 이상
> • 연피(알루미늄 피복)가 있는 케이블 : 곡률반지름은 케이블 바깥지름의 12배 이상

52 불연성 먼지가 많은 장소에 시설할 수 없는 옥내 배선 공사방법은?

① 금속관 공사
② 금속제 가요전선관 공사
③ 두께가 1.2[mm]인 합성수지관 공사
④ 애자 사용 공사

> **해설**
> 불연성 먼지가 많은 곳
> 애자 사용 공사, 합성수지관 공사(두께 2[mm] 이상), 금속전선관 공사, 금속제 가요전선관 공사, 금속 덕트 공사, 버스 덕트 공사 또는 케이블 공사에 의하여 시설한다.

53 고압 가공 인입선이 일반적인 도로 횡단 시 설치 높이는?

① 3[m] 이상　　　② 3.5[m] 이상
③ 5[m] 이상　　　④ 6[m] 이상

정답 49 ③　50 ④　51 ④　52 ③　53 ④

해설

인입선의 높이

구분	저압 인입선[m]	고압 및 특고압 인입선[m]
도로 횡단	5	6
철도 궤도 횡단	6.5	6.5
기타	4	5

54 수전 설비의 저압 배전반은 배전반 앞에서 계측기를 판독하기 위하여 앞면과 최소 몇 [m] 이상 유지하는 것을 원칙으로 하는가?

① 0.6　　② 1.2　　③ 1.5　　④ 1.7

해설

변압기, 배전반 등 설치 시 최소 이격거리는 다음 표를 참조하여 충분한 면적을 확보하여야 한다.

[단위 : mm]

구분	앞면 또는 조작·계측면	뒷면 또는 점검면	열 상호 간 (점검하는 면)	기타의 면
특고압반	1,700	800	1,400	-
고압배전반	1,500	600	1,200	-
저압배전반	1,500	600	1,200	-
변압기 등	1,500	600	1,200	300

55 가스 절연 개폐기나 가스 차단기에 사용되는 가스인 SF_6의 성질이 아닌 것은?

① 같은 압력에서 공기의 2.5~3.5배의 절연내력이 있다.
② 무색, 무취, 무해 가스이다.
③ 가스 압력이 3~4[kgf/cm²]에서는 절연내력은 절연유 이상이다.
④ 소호 능력은 공기보다 2.5배 정도 낮다.

해설

6불화유황(SF_6) 가스는 공기보다 절연내력이 높고, 불활성 기체이다.

56 구광원의 광속(F)[lm]을 구하는 계산식은?(여기서, 광도는 I[cd]이다.)

① $F = \pi I$　　② $F = \pi^2 I$
③ $F = 4\pi I$　　④ $F = 4\pi I^2$

해설

- 구광원(백열전구) 광속 $F = 4\pi I$
- 평면광원(면광원) 광속 $F = \pi I$
- 원통광원(형광등) 광속 $F = \pi^2 I$

정답　54 ③　55 ④　56 ③

57 배전선로 지지물에 시설하는 전주외등 배선의 절연전선 단면적은 몇 [mm²] 이상이어야 하는가?

① 2.0[mm²]　　　　　　　　② 2.5[mm²]
③ 6[mm²]　　　　　　　　　④ 16[mm²]

> **해설**
> 대지전압 300[V] 이하의 형광등, 고압방전등, LED등 등을 배전선로의 지지물 등에 시설하는 경우에 배선은 단면적 2.5[mm²] 이상의 절연전선 또는 이와 동등 이상의 절연성능이 있는 것을 사용한다.

58 지선의 중간에 넣는 애자는?

① 저압 핀 애자　　　　　　② 구형애자
③ 인류애자　　　　　　　　④ 내장애자

> **해설**
> 지선애자
> 구형애자, 말굽애자, 옥애자라고 한다. 지선의 중간에 넣어 감전을 방지한다.

59 배전용 기구인 COS(컷아웃 스위치)의 용도로 알맞은 것은?

① 배전용 변압기의 1차 측에 시설하여 변압기의 단락 보호용으로 쓰인다.
② 배전용 변압기의 2차 측에 시설하여 변압기의 단락 보호용으로 쓰인다.
③ 배전용 변압기의 1차 측에 시설하여 배전 구역 전환용으로 쓰인다.
④ 배전용 변압기의 2차 측에 시설하여 배전 구역 전환용으로 쓰인다.

> **해설**
> 주로 변압기의 1차 측의 각 상에 설치하여 내부의 퓨즈가 용단되면 스위치의 덮개가 중력에 의해 개방되어 퓨즈의 용단 여부를 쉽게 눈으로 식별할 수 있게 한 구조로 단락사고 시 사고전류의 차단 역할을 한다.

60 가요전선관과 금속관 상호 접속에 쓰이는 것은?

① 스플릿 커플링　　　　　　② 콤비네이션 커플링
③ 스트레이트 복스커넥터　　④ 앵글 복스커넥터

> **해설**
> • 가요전선관 상호의 접속 : 스플릿 커플링
> • 가요전선관과 금속관의 접속 : 콤비네이션 커플링
> • 가요전선관과 박스와의 접속 : 스트레이트 박스 커넥터, 앵글 박스 커넥터

정답 57 ②　58 ②　59 ①　60 ②

CHAPTER 06 2020년 제2회

01 다음 중 유전체 1[m³] 안에 저장되는 정전에너지 W [J/m³]를 구하는 식으로 옳지 않은 것은?(단, D는 전속밀도[C/m²], E는 전기장의 세기[V/m]이다.)

① $\frac{1}{2}DE$
② $\frac{1}{2}\varepsilon E^2$
③ $\frac{1}{2}\varepsilon D^2$
④ $\frac{1}{2}\frac{D^2}{\varepsilon}$

해설
유전체 내의 에너지 $W = \frac{1}{2}DE = \frac{1}{2}\varepsilon E^2 = \frac{1}{2}\frac{D^2}{\varepsilon}$ [J/m³]이다.

02 코일이 접속되어 있을 때, 누설 자속이 없는 이상적인 코일 간의 상호 인덕턴스는?

① $M = \sqrt{L_1 + L_2}$
② $M = \sqrt{L_1 - L_2}$
③ $M = \sqrt{L_1 L_2}$
④ $M = \sqrt{\frac{L_1}{L_2}}$

해설
누설 자속이 없으므로 결합계수 $k = 1$
따라서, $M = k\sqrt{L_1 L_2} = \sqrt{L_1 L_2}$

03 진공 중에서 같은 크기의 두 자극을 1[m] 거리에 놓았을 때, 그 작용하는 힘은?(단, 자극의 세기는 1[Wb]이다.)

① 6.33×10^4 [N]
② 8.33×10^4 [N]
③ 9.33×10^5 [N]
④ 9.09×10^9 [N]

해설
두 자극 사이에 작용하는 힘 $F = \frac{1}{4\pi\mu} \cdot \frac{m_1 m_2}{r^2}$ [N]이므로,
여기서, $\mu = \mu_0 \cdot \mu_s$
진공 중의 투자율 $\mu_0 = 4\pi \times 10^{-7}$ [H/m]
비투자율 $\mu_s = 1$
$F = 6.33 \times 10^4 \cdot \frac{1 \times 1}{1^2} = 6.33 \times 10^4$ [N]이다.

정답 01 ③ 02 ③ 03 ①

04 1[m]의 평행도체에 1[A]의 같은 전류가 흐를 때 작용하는 힘의 크기[N/m]는?

① 2×10^{-7}
② 2×10^{-9}
③ 4×10^{-7}
④ 4×10^{-9}

해설

평행한 두 도체 사이에 작용하는 힘 $F = \dfrac{2I_1 I_2}{r} \times 10^{-7}[\text{N/m}]$이므로,

$F = \dfrac{2 \times 1 \times 1}{1} \times 10^{-7} = 2 \times 10^{-7}[\text{N/m}]$이다.

05 평형 3상 교류회로에서 Δ부하의 한 상의 임피던스가 Z_Δ일 때, 등가 변환한 Y부하의 한 상의 임피던스 Z_Y는 얼마인가?

① $Z_Y = \sqrt{3}\, Z_\Delta$
② $Z_Y = 3Z_\Delta$
③ $Z_Y = \dfrac{1}{\sqrt{3}} Z_\Delta$
④ $Z_Y = \dfrac{1}{3} Z_\Delta$

해설

- Y → Δ 변환 $Z_\Delta = 3Z_Y$
- Δ → Y 변환 $Z_Y = \dfrac{1}{3} Z_\Delta$

06 양단에 10[V]의 전압이 걸렸을 때 전자 1개가 하는 일의 양은?

① $1.6 \times 10^{-20}[\text{J}]$
② $1.6 \times 10^{-19}[\text{J}]$
③ $1.6 \times 10^{-18}[\text{J}]$
④ $1.6 \times 10^{-17}[\text{J}]$

해설

전자의 에너지 $W = eV = 1.602 \times 10^{-19} \times 10 = 1.602 \times 10^{-18}[\text{J}]$

07 진공 중의 자기회로에서 길이가 1[m]이고, 면적이 1[m²]일 때 자기저항은 약 몇 [AT/Wb]인가?

① 8×10^4
② 8×10^5
③ 8×10^{-9}
④ 8×10^{-8}

해설

자기저항 $R = \dfrac{\ell}{\mu A} = \dfrac{1}{4\pi \times 10^{-7} \times 1} = 8 \times 10^5 [\text{AT/Wb}]$

08 거리가 각각 1[cm], 2[cm]인 A, B점이 있고, 이 점에 전하가 8×10^{-6}[C]일 때, 각각의 전속밀도는 몇 [μC/m²]인가?

① A : 0.6   B : 0.15
② A : 6.37   B : 1.59
③ A : 6,366   B : 1,592
④ A : 12,738   B : 3,184

정답 04 ① 05 ④ 06 ③ 07 ② 08 ③

해설

점전하가 있으면 점전하를 중심으로 반지름 $r[m]$의 구 표면을 $Q[C]$의 전속이 균일하게 분포하여 지나가므로 구 표면의 전속밀도 $D = \dfrac{Q}{4\pi r^2}[C/m^2]$이다.

따라서, A점의 전속밀도 $D = \dfrac{8 \times 10^{-6}}{4\pi \times (10 \times 10^{-2})^2} = 6.37 \times 10^{-3}[C/m^2] = 6,366[\mu C/m^2]$

B점의 전속밀도 $D = \dfrac{8 \times 10^{-6}}{4\pi \times (2 \times 10^{-2})^2} = 1.59 \times 10^{-3}[C/m^2] = 1,592[\mu C/m^2]$이다.

09 회로망의 임의의 접속점에 유입되는 전류가 $\sum I = 0$이라는 법칙은?

① 쿨롱의 법칙 ② 패러데이의 법칙
③ 키르히호프의 제1법칙 ④ 키르히호프의 제2법칙

해설
- 키르히호프의 제1법칙 : 회로 내의 임의의 접속점에서 들어가는 전류와 나오는 전류의 대수합은 0이다.
- 키르히호프의 제2법칙 : 회로 내의 임의의 폐회로에서 한쪽 방향으로 일주하면서 취할 때 공급된 기전력의 대수합은 각 지로에서 발생한 전압강하의 대수합과 같다.

10 다음 중 어드미턴스의 허수부는?

① 임피던스 ② 컨덕턴스 ③ 리액턴스 ④ 서셉턴스

해설
어드미턴스 $\dot{Y} = \dfrac{1}{Z} = G + jB$의 관계이므로,
실수부는 컨덕턴스 G, 허수부는 서셉턴스 B이다.

11 다음 설명의 (㉠), (㉡)에 들어갈 내용으로 옳은 것은?

| 히스테리시스 곡선에서 종축과 만나는 점은 (㉠)이고, 횡축과 만나는 점은 (㉡)이다. |

① ㉠ 보자력, ㉡ 잔류자기 ② ㉠ 잔류자기, ㉡ 보자력
③ ㉠ 자속밀도, ㉡ 자기저항 ④ ㉠ 자기저항, ㉡ 자속밀도

해설

히스테리시스 곡선(Hysteresis Loop)

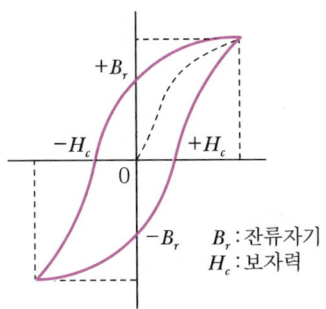

B_r : 잔류자기
H_c : 보자력

정답 09 ③ 10 ④ 11 ②

12 초산은(AgNO₃) 용액에 1[A]의 전류를 2시간 동안 흘렸다. 이때 은의 석출량[g]은?(단, 은의 전기화학당량은 1.1×10^{-3}이다.)

① 5.44　　② 6.08　　③ 7.92　　④ 9.84

> **해설**
> 패러데이의 법칙(Faraday's Law)에서
> 석출량 $w = kQ = kIt$ [g]
> $w = 1.1 \times 10^{-3} \times 1 \times 2 \times 60 \times 60 = 7.92$ [g]

13 두 개의 서로 다른 금속의 접속점에 온도차를 주면 열기전력이 생기는 현상은?

① 홀 효과　　② 줄 효과　　③ 압전기 효과　　④ 제벡 효과

> **해설**
> 제벡 효과(Seebeck Effect)
> • 서로 다른 금속 A, B를 접속하고 접속점을 서로 다른 온도로 유지하면 기전력이 생겨 일정한 방향으로 전류가 흐른다. 이러한 현상을 열전 효과 또는 제벡 효과라 한다.
> • 열전 온도계, 열전형 계기에 이용된다.

14 R_1, R_2, R_3의 저항이 직렬 연결된 회로의 전압 V를 가할 경우 저항 R_2에 걸리는 전압은?

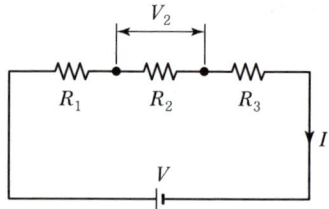

① $\dfrac{VR_1}{R_1 + R_2 + R_3}$　　② $\dfrac{VR_2}{R_1 + R_2 + R_3}$

③ $\dfrac{VR_3}{R_1 + R_2 + R_3}$　　④ $\dfrac{V(R_1 + R_2 + R_3)}{R_2}$

> **해설**
> • 합성저항 $R_0 = R_1 + R_2 + R_3$
> • 전전류 $I = \dfrac{V}{R_0} = \dfrac{V}{R_1 + R_2 + R_3}$
> • R_2에 걸리는 전압 $V_2 = IR_2 = \dfrac{VR_2}{R_1 + R_2 + R_3}$

15 다음 중 중저항 측정에 사용되는 브리지는?

① 휘트스톤 브리지　　② 빈 브리지
③ 맥스웰 브리지　　④ 켈빈 더블 브리지

정답 12 ③　13 ④　14 ②　15 ①

> **해설**
> **저항 측정**
> • 저저항 측정 : 켈빈 더블 브리지
> • 중저항 측정 : 휘트스톤 브리지

16 2[F]의 콘덴서에 25[J]의 에너지가 저장되어 있다면, 콘덴서에 공급된 전압은 몇 [V]인가?

① 2
② 3
③ 4
④ 5

> **해설**
> 콘덴서에 공급된 전압 $V = \sqrt{\dfrac{2W}{C}} = \sqrt{\dfrac{2 \times 25}{2}} = 5[\text{V}]$

17 다음 중 전기저항을 나타내는 식은?

① $R = \rho \dfrac{\ell}{2\pi r}$
② $R = \rho \dfrac{\ell}{2r}$
③ $R = \rho \dfrac{\ell}{\pi^2 r}$
④ $R = \rho \dfrac{\ell}{r^2}$

> **해설**
> 전기저항 $R = \rho \dfrac{\ell}{A} = \rho \dfrac{\ell}{\pi^2 r}$ 이다.

18 비정현파가 아닌 것은?

① 삼각파
② 사각파
③ 사인파
④ 펄스파

> **해설**
> 비정현파는 직류분, 기본파(사인파), 고조파가 합성된 파형으로, 사인파는 비정현파의 구성요소이다.

19 3[μF], 4[μF], 5[μF]의 3개의 콘덴서가 병렬로 연결된 회로의 합성 정전용량은 얼마인가?

① 1.2[μF]
② 3.6[μF]
③ 12[μF]
④ 36[μF]

> **해설**
> 병렬로 연결된 콘덴서의 합성 정전용량은 3 + 4 + 5 = 12[μF]

20 다음 중 전류와 연관이 없는 법칙은?

① 앙페르의 오른나사 법칙
② 비오-사바르의 법칙
③ 앙페르의 주회적분 법칙
④ 렌츠의 법칙

정답 16 ④ 17 ③ 18 ③ 19 ③ 20 ④

> **해설**
> ① 앙페르의 오른나사 법칙 : 전류에 의하여 발생하는 자기장의 방향을 결정
> ② 비오-사바르의 법칙 : 모든 경우에 전류의 방향에 따른 자기장의 세기를 결정
> ③ 앙페르의 주회적분 법칙 : 전류에 의하여 발생하는 자기장의 세기를 결정
> ④ 렌츠의 법칙 : 전자유도현상(자속 변화)에서 유도기전력의 방향을 결정

21 변압기유가 구비해야 할 조건으로 틀린 것은?

① 점도가 낮을 것 ② 인화점이 높을 것
③ 응고점이 높을 것 ④ 절연내력이 클 것

> **해설**
> **변압기유의 구비 조건**
> • 절연내력이 클 것
> • 비열이 커서 냉각 효과가 클 것
> • 인화점이 높고, 응고점이 낮을 것
> • 고온에서도 산화하지 않을 것
> • 절연 재료와 화학 작용을 일으키지 않을 것
> • 점성도가 작고 유동성이 풍부할 것

22 계자권선이 전기자와 접속되어 있지 않은 직류기는?

① 직권기 ② 분권기
③ 복권기 ④ 타여자기

> **해설**
> 타여자기는 계자권선과 전기자권선이 분리되어 있다.
>
>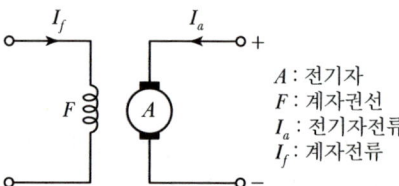
>
> A : 전기자
> F : 계자권선
> I_a : 전기자전류
> I_f : 계자전류

23 1차 전압이 13,200[V], 2차 전압이 220[V]인 단상 변압기의 1차에 6,000[V]의 전압을 가하면 2차 전압은 몇 [V]인가?

① 100 ② 200
③ 1,000 ④ 2,000

> **해설**
> 권수비 $a = \dfrac{V_1}{V_2} = \dfrac{13,200}{220} = 60$ 이므로
> 따라서, $V_2' = \dfrac{V_1'}{a} = \dfrac{6,000}{60} = 100[\text{V}]$ 이다.

정답 21 ③ 22 ④ 23 ①

24 다음 그림 중 브리지 정류회로로 알맞은 것은?

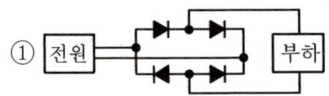 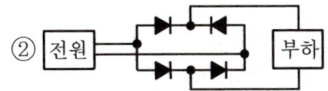

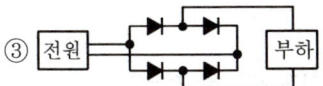 ④ 전원 ─▶│─◀│─ 부하

> 해설
> 교류단상 브리지 정류회로는 다음과 같다.

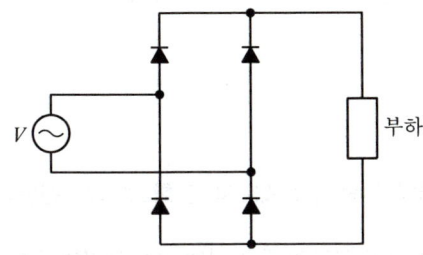

25 직류 직권전동기의 회전수(N)와 토크(τ)와의 관계는?

① $\tau \propto \dfrac{1}{N}$ ② $\tau \propto \dfrac{1}{N^2}$

③ $\tau \propto N$ ④ $\tau \propto N^{\frac{3}{2}}$

> 해설
> $N \propto \dfrac{1}{I_a}$ 이고, $\tau \propto I_a^2$ 이므로 $\tau \propto \dfrac{1}{N^2}$ 이다.

26 부흐홀츠 계전기의 설치 위치로 가장 적당한 곳은?
① 콘서베이터 내부
② 변압기 고압 측 부싱
③ 변압기 주 탱크 내부
④ 변압기 주 탱크와 콘서베이터 사이

> 해설
> **부흐홀츠 계전기**
> 변압기 내부 고장으로 인한 절연유의 온도 상승 시 발생하는 유증기를 검출하여 경보 및 차단하기 위한 계전기로 변압기 탱크와 콘서베이터 사이에 설치한다.

27 주파수 60[Hz]를 내는 발전용 원동기인 터빈 발전기의 최고 속도[rpm]는?
① 1,800   ② 2,400   ③ 3,600   ④ 4,800

정답   24 ④   25 ②   26 ④   27 ③

> **[해설]**
> 동기속도 $N_s = \dfrac{120f}{P}$ 이고, 우리나라의 주파수는 60[Hz]이므로,
> 극수 $P=2$일 때, 최고속도가 나온다.
> 따라서, $N_s = \dfrac{120 \times 60}{2} = 3,600$[rpm]

28 전기기기의 철심 재료로 규소강판을 많이 사용하는 이유로 가장 적당한 것은?

① 와류손을 줄이기 위해 ② 맴돌이 전류를 없애기 위해
③ 히스테리시스손을 줄이기 위해 ④ 구리손을 줄이기 위해

> **[해설]**
> • 규소강판 사용 : 히스테리시스손 감소
> • 성층철심 사용 : 와류손(맴돌이 전류손) 감소

29 그림은 트랜지스터의 스위칭 작용에 의한 직류 전동기의 속도제어 회로이다. 전동기의 속도가 $N = K\dfrac{V - I_a R_a}{\phi}$[rpm]이라고 할 때, 이 회로에서 사용한 전동기의 속도제어법은?

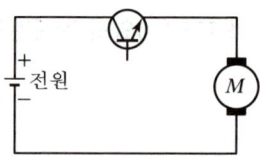

① 전압제어법 ② 계자제어법
③ 저항제어법 ④ 주파수제어법

> **[해설]**
> 트랜지스터의 스위칭 작용에 의해 인가되는 전압이 제어되고 있으므로 전압제어법에 해당된다.

30 직류 분권발전기의 전기자 총도체수 220, 매극의 자속수 0.01[Wb], 극수 6, 회전수 1,500[rpm]일 때 유기기전력은 몇 [V]인가?(단, 전기자권선은 파권이다.)

① 60 ② 120 ③ 165 ④ 240

> **[해설]**
> $E = \dfrac{P}{a} Z\phi \dfrac{N}{60}$ [V]에서 파권($a=2$)이므로,
> $E = \dfrac{6}{2} \times 220 \times 0.01 \times \dfrac{1,500}{60} = 165$[V]이다.

31 30. 220[V]/60[Hz], 4극의 3상 유도전동기가 있다. 슬립 5[%]로 회전할 때 출력 17[kW]를 낸다면, 이때의 토크는 약 [N·m]인가?

① 56.2[N·m] ② 95.5[N·m] ③ 191[N·m] ④ 935.8[N·m]

정답 28 ③ 29 ① 30 ③ 31 ②

> **해설**
>
> $T = \dfrac{60}{2\pi} \dfrac{P_o}{N}[\text{N} \cdot \text{m}]$ 이므로, $T = \dfrac{60}{2\pi} \dfrac{17 \times 10^3}{1,710} \simeq 95[\text{N} \cdot \text{m}]$ 이다.
>
> 여기서, $s = \dfrac{N_s - N}{N_s}$ 에서 N을 구하면,
>
> $0.05 = \dfrac{1,800 - N}{1,800}$
>
> $N = 1,710[\text{rpm}]$
>
> $(\because N_s = \dfrac{120f}{P} = \dfrac{120 \times 60}{4} = 1,800[\text{rpm}])$

32 변압기의 결선에서 제3고조파를 발생시켜 통신선에 유도장해를 일으키는 3상 결선은?

① Y－Y
② Δ－Δ
③ Y－Δ
④ Δ－Y

> **해설**
>
> Y－Y 결선은 선로에 제3고조파를 포함한 전류가 흘러 통신장애를 일으키므로 거의 사용되지 않으나, Y－Y－Δ의 송전 전용으로 사용한다.

33 발전기를 정격전압 220[V]로 전부하 운전하다가 무부하로 운전하였더니 단자전압이 242[V]가 되었다. 이 발전기의 전압 변동률[%]은?

① 10 ② 14 ③ 20 ④ 25

> **해설**
>
> 전압 변동률 $\varepsilon = \dfrac{V_o - V_n}{V_n} \times 100[\%]$ 이므로
>
> $\varepsilon = \dfrac{242 - 220}{220} \times 100[\%] = 10[\%]$

34 슬립 4[%]인 유도전동기에서 동기속도가 1,200[rpm]일 때 전동기의 회전속도[rpm]는?

① 697 ② 1,051 ③ 1,152 ④ 1,321

> **해설**
>
> $s = \dfrac{N_s - N}{N_s}$ 이므로 $0.04 = \dfrac{1,200 - N}{1,200}$ 에서 $N = 1,152[\text{rpm}]$이다.

35 3상 변압기의 병렬운전 시 병렬운전이 불가능한 결선 조합은?

① Δ－Δ와 Y－Y
② Δ－Δ와 Δ－Y
③ Δ－Y와 Δ－Y
④ Δ－Δ와 Δ－Δ

정답 32 ① 33 ① 34 ③ 35 ②

> **해설**
>
> 변압기군의 병렬운전 조합
>
> | 병렬운전 가능 | | 병렬운전 불가능 |
> |---|---|---|
> | Δ-Δ와 Δ-Δ
Y-Y와 Y-Y
Y-Δ와 Y-Δ | Δ-Y와 Δ-Y
Δ-Δ와 Y-Y
Δ-Y와 Y-Δ | Δ-Δ와 Δ-Y
Y-Y와 Δ-Y |

36 병렬운전 중인 동기 임피던스 5[Ω]인 2대의 3상 동기발전기의 유도기전력에 200[V]의 전압 차이가 있다면 무효순환전류[A]는?

① 5 ② 10 ③ 20 ④ 40

> **해설**
>
> 병렬운전조건 중 기전력의 크기가 다르면, 무효 순환 전류(무효 횡류)가 흐르므로,
>
>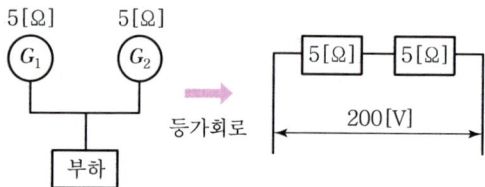
>
> 등가회로로 변환하여 무효 순환 전류를 계산하면, $I_r = \dfrac{200}{5+5} = 20[A]$이다.

37 직류전동기의 속도제어 방법 중 속도제어가 원활하고 정토크 제어가 되며 운전 효율이 좋은 것은?

① 계자제어
② 병렬 저항제어
③ 직렬 저항제어
④ 전압제어

> **해설**
>
> 직류전동기의 속도제어법
> - 계자제어 : 정출력 제어
> - 저항제어 : 전력손실이 크며, 속도제어의 범위가 좁다.
> - 전압제어 : 정토크 제어

38 직류 전동기의 규약효율을 표시하는 식은?

① $\dfrac{출력}{출력+손실} \times 100[\%]$
② $\dfrac{출력}{입력} \times 100[\%]$
③ $\dfrac{입력-손실}{입력} \times 100[\%]$
④ $\dfrac{출력}{출력-손실} \times 100[\%]$

> **해설**
>
> - 발전기 규약효율 $\eta_G = \dfrac{출력}{출력+손실} \times 100[\%]$
> - 전동기 규약효율 $\eta_M = \dfrac{입력-손실}{입력} \times 100[\%]$

정답 36 ③ 37 ④ 38 ③

39. 6극 36슬롯 3상 동기 발전기의 매극 매상당 슬롯 수는?

① 2
② 3
③ 4
④ 5

해설

$$매극\ 매상당의\ 홈수 = \frac{홈수}{극수 \times 상수} = \frac{36}{6 \times 3} = 2$$

40. 다음 중 3상 분권 정류자 전동기는?

① 아트킨손 전동기
② 시라게 전동기
③ 데리 전동기
④ 톰슨 전동기

해설
- 시라게 전동기 : 권선형 유도전동기의 일종으로 회전자에 1차 권선을 둔 3상 분권 정류자 전동기
- 아트킨손 전동기, 데리 전동기, 톰슨 전동기 : 단상 반발전동기의 종류

41. 주 접지단자와 접속되는 도체가 아닌 것은? (KEC 반영)

① 등전위본딩 도체
② 접지도체
③ 피뢰시스템 도체
④ 보호도체

해설
주 접지단자에 보호 등전위본딩 도체, 접지도체, 보호도체, 기능성 접지도체를 접속하여야 한다.

42. 접지저항 측정방법으로 가장 적당한 것은?

① 절연 저항계
② 전력계
③ 교류의 전압, 전류계
④ 콜라우시 브리지

해설
콜라우시 브리지
저저항 측정용 계기로 접지저항, 전해액의 저항 측정에 사용된다.

43. 박강 전선관의 표준 굵기가 아닌 것은?

① 15[mm]
② 17[mm]
③ 25[mm]
④ 39[mm]

해설
박강 전선관 호칭
- 바깥지름의 크기에 가까운 홀수로 호칭한다.
- 15, 19, 25, 31, 39, 51, 63, 75[mm](8종류)이다.

정답 39 ① 40 ② 41 ③ 42 ④ 43 ②

44 [KEC 반영]
과전류 차단기로서 저압전로에 사용되는 산업용 배선용 차단기에 있어서 정격전류가 40[A]인 회로에 1.3배 이상의 전류가 회로에 흘렀을 때 몇 분 이내에 자동적으로 동작하여야 하는가?

① 10분　② 30분　③ 60분　④ 120분

해설

과전류 차단기로 저압전로에 사용되는 배선용 차단기의 동작특성

산업용 배선용 차단기

정격전류의 구분	트립 동작시간	정격전류의 배수 (모든 극에 통전)	
		부동작 전류	동작 전류
63[A] 이하	60분	1.05배	1.3배
63[A] 초과	120분	1.05배	1.3배

45
점유 면적이 좁고 운전, 보수에 안전하므로 공장, 빌딩 등의 전기실에 많이 사용되는 배전반은 어떤 것인가?

① 데드 프런트형　② 수직형
③ 큐비클형　④ 라이브 프런트형

해설

폐쇄식 배전반을 일반적으로 큐비클형이라고 한다. 점유 면적이 좁고 운전, 보수에 안전하므로 공장, 빌딩 등의 전기실에 많이 사용된다.

46
구광원의 광속(F)[lm]을 구하는 계산식은? (여기서, 광도는 I[cd]이다.)

① $F=\pi I$　② $F=\pi^2 I$
③ $F=4\pi I$　④ $F=4\pi I^2$

해설

- 구광원(백열전구) 광속 $F=4\pi I$
- 평면광원(면광원) 광속 $F=\pi I$
- 원통광원(형광등) 광속 $F=\pi^2 I$

47
변압기 중성점에 접지공사를 하는 이유는?

① 전류 변동의 방지　② 전압 변동의 방지
③ 전력 변동의 방지　④ 고저압 혼촉 방지

해설

변압기 중성점에 접지공사를 하는 이유는 높은 전압과 낮은 전압이 혼촉사고가 발생했을 때 사람에게 위험을 주는 높은 전류를 대지로 흐르게 하기 위함이다.

정답 44 ③　45 ③　46 ③　47 ④

48 설계하중 6.8[kN] 이하의 철근 콘크리트 전주의 길이가 12[m]인 지지물을 건주하는 경우 땅에 묻히는 깊이로 가장 옳은 것은?

① 2[m]　　② 1.0[m]　　③ 0.8[m]　　④ 0.6[m]

> **해설**
> 전주가 땅에 묻히는 깊이
> - 전주의 길이 15[m] 이하 : 1/6 이상
> - 전주의 길이 15[m] 초과 : 2.5[m] 이상
> - 철근 콘크리트 전주로서 길이가 14[m] 이상 20[m] 이하이고, 설계하중이 6.8[kN] 초과 9.8[kN] 이하인 것은 30[cm]를 가산한다.
> 즉, $12 \times \dfrac{1}{6} = 2[m]$

49 어느 가정집이 하루에 20시간 동안 이용하는 60[W] 전동기가 10개 있다. 1개월(30일)간의 사용전력량[kWh]은?

① 380　　② 420　　③ 360　　④ 400

> **해설**
> 사용 전력량 : 0.06[kW]×10개×20시간×30일=360[kWh]

50 어느 수용가의 설비용량이 각각 1[kW], 2[kW], 3[kW], 4[kW]인 부하설비가 있다. 그 수용률이 60[%]인 경우 그 최대수용전력은 몇 [kW]인가?

① 3　　② 6　　③ 30　　④ 60

> **해설**
> 수용률 = $\dfrac{최대수용전력}{수용설비용량}$ 이므로, 최대수용전력=(1+2+3+4)×0.6=6[kW]이다.

51 박스 내에서 가는 전선을 접속할 때에는 어떤 방법으로 접속하는가?

① 트위스트 접속　　② 쥐꼬리 접속
③ 브리타니아 접속　　④ 슬리브 접속

> **해설**
> - 단선의 직선 접속 : 트위스트 접속, 브리타니아 접속, 슬리브 접속
> - 단선의 종단 접속 : 쥐꼬리 접속, 링 슬리브 접속
>
>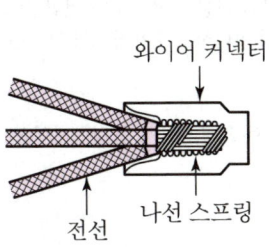
>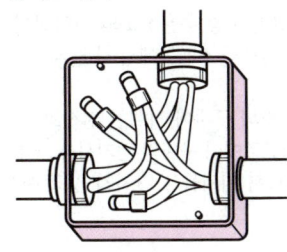

정답 48 ① 49 ③ 50 ② 51 ②

52 화약류의 분말이 전기설비가 발화원이 되어 폭발할 우려가 있는 곳에 시설하는 저압 옥내 배선의 공사 방법으로 가장 알맞은 것은?

① 금속관 공사
② 애자 사용 공사
③ 버스 덕트 공사
④ 합성수지 몰드 공사

해설

폭연성 분진 또는 화약류 분말이 존재하는 곳의 배선
- 저압 옥내 배선은 금속전선관 공사 또는 케이블 공사에 의하여 시설
- 케이블 공사는 개장된 케이블 또는 미네랄 인슈레이션 케이블을 사용
- 이동 전선은 0.6/1kV EP 고무절연 클로로프렌 캡타이어 케이블을 사용

53 전선 기호가 0.6/1 kV VV인 케이블의 종류로 옳은 것은?

① 0.6/1[kV] 비닐절연 비닐시스 케이블
② 0.6/1[kV] 가교 폴리에틸렌 절연 비닐시스 전력 케이블
③ 0.6/1[kV] EP 고무절연 비닐시스 케이블
④ 0.6/1[kV] 비닐절연 비닐캡타이어 케이블

해설

케이블의 종류와 기호

명칭	기호	비고
0.6/1[kV] 비닐절연 비닐시스 케이블	0.6/1 kV VV	70[℃]
0.6/1[kV] 가교 폴리에틸렌 절연 비닐시스 전력 케이블	0.6/1 kV CV	90[℃]
0.6/1[kV] EP 고무절연 비닐시스 케이블	0.6/1 kV PV	90[℃]
0.6/1[kV] 비닐절연 비닐캡타이어 케이블	0.6/1 kV VCT	70[℃]

54 가공전선로의 지지물에서 다른 지지물을 거치지 아니하고 수용장소의 인입선 접속점에 이르는 가공 전선을 무엇이라 하는가?

① 연접인입선
② 가공인입선
③ 구내전선로
④ 구내인입선

해설

① 연접인입선 : 가공 인입선 중 수용장소의 인입선에서 분기하여 다른 수용장소의 인입구에 이르는 전선
② 가공인입선 : 가공전선로의 지지물에서 다른 지지물을 거치지 아니하고 수용장소의 인입선 접속점에 이르는 가공전선
③ 구내전선로 : 수용장소의 구내에 시설한 전선로
④ 구내인입선 : 구내전선로에서 구내의 전기사용 장소로 인입하는 가공전선 및 동일구내의 전기사용 장소 상호 간의 가공전선으로서 지지물을 거치지 않고 시설되는 것

정답 52 ① 53 ① 54 ②

55 [KEC 반영] 한국전기설비규정에 의한 고압 가공전선로 철탑의 경간은 몇 [m] 이하로 제한하고 있는가?

① 150
② 250
③ 500
④ 600

해설
고압 가공전선로 경간의 제한
- 목주, A종 철주 또는 A종 철근콘크리트주 : 150[m]
- B종 철주 또는 B종 철근콘크리트주 : 250[m]
- 철탑 : 600[m]

56 구리 전선과 전기 기계기구 단자를 접속하는 경우에 진동 등으로 인하여 헐거워질 염려가 있는 곳에는 어떤 것을 사용하여 접속하여야 하는가?

① 정 슬리브를 끼운다.
② 평와셔 2개를 끼운다.
③ 코드 패스너를 끼운다.
④ 스프링 와셔를 끼운다.

해설
진동 등의 영향으로 헐거워질 우려가 있는 경우에는 스프링 와셔 또는 더블 너트를 사용하여야 한다.

57 저압 연접 인입선은 인입선에서 분기하는 점으로부터 몇 [m]를 넘지 않는 지역에 시설하고 폭 몇 [m]를 넘는 도로를 횡단하지 않아야 하는가?

① 50[m], 4[m]
② 100[m], 5[m]
③ 150[m], 6[m]
④ 200[m], 8[m]

해설
연접 인입선 시설 제한 규정
- 인입선에서 분기하는 점에서 100[m]를 넘는 지역에 이르지 않아야 한다.
- 너비 5[m]를 넘는 도로를 횡단하지 않아야 한다.
- 연접 인입선은 옥내를 통과하면 안 된다.
- 지름 2.6[mm]의 경동선 또는 이와 동등 이상의 세기 및 굵기의 것일 것

58 플로어 덕트 부속품 중 박스의 플러그 구멍을 메우는 것의 명칭은?

① 덕트 서포트
② 아이언 플러그
③ 덕트 플러그
④ 인서트 마커

해설
① 덕트 서포트 : 덕트를 지지할 때 사용하는 부속품으로 높낮이 조절볼트를 이용하여 덕트를 수평 조절하여 처짐을 방지
② 아이언 플러그 : 박스의 플러그 구멍을 메우는 부속품
④ 인서트 마커 : 인서트 스터드에 나사로 돌려 박고, 중앙에 표시용의 작은 나사를 갖는 부속품

정답 55 ④ 56 ④ 57 ② 58 ②

59 접지공사에서 접지선을 철주, 기타 금속체를 따라 시설하는 경우 접지극은 지중에서 그 금속체로부터 몇 [cm] 이상 띄어 매설하는가?

① 30
② 60
③ 75
④ 100

> **해설**
> 접지도체를 철주, 기타의 금속체를 따라서 시설하는 경우에는 접지극을 철주의 밑면으로부터 0.3[m] 이상의 깊이에 매설하는 경우 이외에는 접지극을 지중에서 그 금속체로부터 1[m] 이상 떼어 매설하여야 한다.

60 다선식 옥내배선인 경우 N상(중성선)의 색별 표시는?

① 갈색
② 흑색
③ 회색
④ 청색

> **해설**
>
> | 상(문자) | 색상 |
> |---|---|
> | L1 | 갈색 |
> | L2 | 흑색 |
> | L3 | 회색 |
> | N | 청색 |
> | 보호도체(PE) | 녹색-노란색 |

정답 59 ④ 60 ④

CHAPTER 07 2020년 제3회

01 플레밍의 왼손 법칙에서 전류의 방향을 나타내는 손가락은?
① 엄지 ② 검지
③ 중지 ④ 약지

해설 플레밍의 왼손 법칙에서 중지-전류, 검지-자장, 엄지-힘의 방향이 된다.

02 공기 중에서 자속밀도 3[Wb/m²]의 평등 자장 속에 길이 10[cm]의 직선 도선을 자장의 방향과 직각으로 놓고 여기에 4[A]의 전류를 흐르게 하면 이 도선이 받는 힘은 몇 [N]인가?
① 0.5 ② 1.2 ③ 2.8 ④ 4.2

해설 플레밍의 왼손 법칙에 의한 전자력 $F = BIl\sin\theta = 3 \times 4 \times 10 \times 10^{-2} \times \sin 90° = 1.2[N]$

03 저항이 10[Ω]인 도체에 1[A]의 전류를 10분간 흘렸을 때 발생하는 열량은 몇 [kcal]인가?
① 0.62 ② 1.44 ③ 4.46 ④ 6.24

해설 줄의 법칙에 의한 열량 $H = 0.24I^2Rt = 0.24 \times 1^2 \times 10 \times 10 \times 60 = 1,440[cal] = 1.44[kcal]$

04 자체 인덕턴스가 각각 160[mH], 250[mH]인 두 코일이 있다. 두 코일 사이의 상호 인덕턴스가 150[mH]이면 결합계수는?
① 0.5 ② 0.62 ③ 0.75 ④ 0.86

해설 결합계수 $k = \dfrac{M}{\sqrt{L_1 L_2}} = \dfrac{150}{\sqrt{160 \times 250}} = 0.75$

05 자기장의 세기 단위로 옳은 것은?
① [H/m] ② [F/m]
③ [AT/m] ④ [V/m]

해설
① 투자율 단위
② 유전율 단위
④ 전기장의 세기 단위

정답 01 ③ 02 ② 03 ② 04 ③ 05 ③

06 어떤 도체의 길이를 1[m]에서 2[m]로 했을 때의 저항은 원래 저항의 몇 배가 되는가?

① 2배　　② 4배　　③ 6배　　④ 8배

> **해설**
> 단면적에 대한 제시 조건이 없으므로, 단면적은 변화가 없는 것으로 계산하면,
> $R = \rho \dfrac{l}{A}$ 이므로, $R = \rho \dfrac{2 \times l}{A} = \rho \dfrac{l}{A} \times 2$ 가 된다.

07 단면적 $A[\text{m}^2]$, 자로의 길이 $l[\text{m}]$, 투자율 μ, 권수 N회인 환상 철심의 자체 인덕턴스[H]는?

① $\dfrac{\mu A N^2}{l}$　　② $\dfrac{A l N^2}{4\pi \mu}$　　③ $\dfrac{4\pi A N^2}{l}$　　④ $\dfrac{\mu l N^2}{A}$

> **해설**
> 자체 인덕턴스 $L = \dfrac{\mu A N^2}{l}$[H]

08 두 금속을 접속하여 여기에 전류를 흘리면, 줄열 외에 그 접점에서 열의 발생 또는 흡수가 일어나는 현상은?

① 줄 효과　　② 홀 효과
③ 제벡 효과　　④ 펠티에 효과

> **해설**
> **펠티에 효과(Peltier Effect)**
> 서로 다른 두 종류의 금속을 접속하고 한쪽 금속에서 다른 쪽 금속으로 전류를 흘리면 열의 발생 또는 흡수가 일어나는 현상을 말한다.

09 그림과 같이 RL 병렬회로에서 $R = 25[\Omega]$, $\omega L = \dfrac{100}{3}[\Omega]$일 때, 200[V]의 전압을 가하면 코일에 흐르는 전류 I_L[A]은?

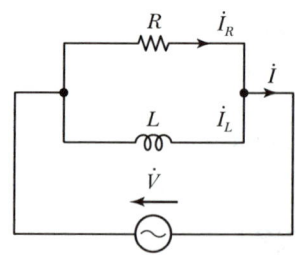

① 3.0　　② 4.8　　③ 6.0　　④ 8.2

> **해설**
> RL 병렬회로에서 R과 L에 동일한 전압이 인가되므로, 각각의 전류의 크기는 서로 영향을 주지 않는다.
> 따라서, L에 흐르는 전류 $I_L = \dfrac{V}{X_L} = \dfrac{V}{\omega L} = \dfrac{200}{\frac{100}{3}} = 6$[A]이다.

정답　06 ①　07 ①　08 ④　09 ③

10 RL 직렬회로에 교류전압 $v = V_m \sin\theta$[V]를 가했을 때 회로의 위상각 θ를 나타낸 것은?

① $\theta = \tan^{-1}\dfrac{R}{\omega L}$ ② $\theta = \tan^{-1}\dfrac{\omega L}{R}$

③ $\theta = \tan^{-1}\dfrac{1}{R\omega L}$ ④ $\theta = \tan^{-1}\dfrac{R}{\sqrt{R^2+(\omega L)^2}}$

해설

RL 직렬회로는 아래 벡터도와 같으므로, 위상각 $\theta = \tan^{-1}\dfrac{\omega L}{R}$ 이다.

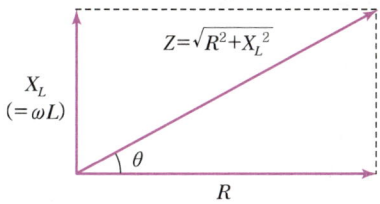

11 권수가 150인 코일에서 2초간에 1[Wb]의 자속이 변화한다면, 코일에 발생되는 유도기전력의 크기는 몇 [V]인가?

① 50 ② 75 ③ 100 ④ 150

해설

유도기전력 $e = -N\dfrac{\Delta\phi}{\Delta t} = -150 \times \dfrac{1}{2} = -75$[V]

12 전기분해를 통하여 석출된 물질의 양은 통과한 전기량 및 화학당량과 어떤 관계인가?

① 전기량과 화학당량에 비례한다.
② 전기량과 화학당량에 반비례한다.
③ 전기량에 비례하고 화학당량에 반비례한다.
④ 전기량에 반비례하고 화학당량에 비례한다.

해설

패러데이의 법칙(Faraday's Law)
$w = kQ = kIt$[g]
여기서, k(전기화학당량) : 1[C]의 전하에서 석출되는 물질의 양

13 자체 인덕턴스 40[mH]의 코일에 10[A]의 전류가 흐를 때 저장되는 에너지는 몇 [J]인가?

① 2 ② 3 ③ 4 ④ 8

해설

전자에너지 $W = \dfrac{1}{2}LI^2 = \dfrac{1}{2} \times 40 \times 10^{-3} \times 10^2 = 2$[J]

정답 10 ② 11 ② 12 ① 13 ①

14 다음 중 큰 값일수록 좋은 것은?

① 접지저항　　② 절연저항　　③ 도체저항　　④ 접촉저항

> **해설**
> **절연저항**
> 절연된 두 물체 간에 전압을 가했을 때에 표면과 내부를 작은 누설전류가 흐르는데 이때의 전압과 전류의 비를 말한다. 즉, 누설전류가 작아야 좋으므로 절연저항은 큰 것이 좋다.

15 쿨롱의 법칙에서 2개의 점전하 사이에 작용하는 정전력의 크기는?

① 두 전하의 곱에 비례하고 거리에 반비례한다.
② 두 전하의 곱에 반비례하고 거리에 비례한다.
③ 두 전하의 곱에 비례하고 거리의 제곱에 비례한다.
④ 두 전하의 곱에 비례하고 거리의 제곱에 반비례한다.

> **해설**
> 쿨롱의 법칙 $F = \dfrac{1}{4\pi\varepsilon} \dfrac{Q_1 Q_2}{r^2}$ [N]

16 금속의 표면에 산화피막을 만들어 유전체로 이용하며 원통형으로 된 콘덴서의 종류는?

① 전해 콘덴서　　② 세라믹 콘덴서
③ 마일러 콘덴서　　④ 마이카 콘덴서

> **해설**
> **콘덴서의 종류**
> ① 전해 콘덴서 : 전기분해하여 금속의 표면에 산화피막을 만들어 유전체로 이용한다. 소형으로 큰 정전용량을 얻을 수 있으나, 극성을 가지고 있으므로 교류회로에는 사용할 수 없다.
> ② 세라믹 콘덴서 : 비유전율이 큰 티탄산바륨 등이 유전체로, 가격 대비 성능이 우수하며, 가장 많이 사용된다.
> ③ 마일러 콘덴서 : 얇은 폴리에스테르 필름을 유전체로 하여 양면에 금속박을 대고 원통형으로 감은 것으로, 내열성, 절연저항이 양호하다.
> ④ 마이카 콘덴서 : 운모와 금속박막으로 되어 있다. 온도 변화에 의한 용량 변화가 작고 절연저항이 높은 우수한 특성을 가지며, 표준 콘덴서이다.

17 자극 가까이에 물체를 두었을 때 자화되는 물체와 자석이 그림과 같은 방향으로 자화되는 자성체는?

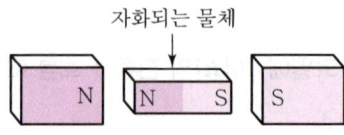

① 상자성체　　② 반자성체　　③ 강자성체　　④ 비자성체

> **해설**
> • 상자성체 : 자석에 자화되어 약하게 끌리는 물체
> • 반자성체 : 자석에 자화가 반대로 되어 약하게 반발하는 물체
> • 강자성체 : 자석에 자화되어 강하게 끌리는 물체

정답 14 ②　15 ④　16 ①　17 ②

18 다음에서 나타내는 법칙은?

> 유도기전력은 자신이 발생 원인이 되는 자속의 변화를 방해하려는 방향으로 발생한다.

① 줄의 법칙 ② 렌츠의 법칙
③ 플레밍의 법칙 ④ 패러데이의 법칙

해설
렌츠의 법칙
유도기전력의 방향은 코일(리액터)을 지나는 자속이 증가될 때는 자속을 감소시키는 방향으로, 자속이 감소될 때는 자속을 증가시키는 방향으로 발생한다.

19 2개의 저항 R_1, R_2를 병렬 접속하면 합성저항은?

① $\dfrac{R_1 + R_2}{R_1 R_2}$ ② $R_1 + R_2$ ③ $R_1 R_2$ ④ $\dfrac{R_1 R_2}{R_1 + R_2}$

해설
병렬 합성저항은 $\dfrac{1}{R_0} = \dfrac{1}{R_1} + \dfrac{1}{R_2}$ 이므로, $R_0 = \dfrac{R_1 R_2}{R_1 + R_2}$ 이다.

20 다음 중 가장 무거운 것은?

① 양성자의 질량과 중성자의 질량의 합 ② 양성자의 질량과 전자의 질량의 합
③ 원자핵의 질량과 전자의 질량의 합 ④ 중성자의 질량과 전자의 질량의 합

해설
- 양성자의 질량 : 1.673×10^{-27} [kg]
- 중성자의 질량 : 1.675×10^{-27} [kg]
- 전자의 질량 : 9.11×10^{-31} [kg]
- 원자핵의 질량 : 중성자와 양성자 질량의 합

21 변압기유의 구비조건으로 옳은 것은?

① 절연내력이 클 것 ② 인화점이 낮을 것
③ 응고점이 높을 것 ④ 비열이 작을 것

해설
변압기유의 구비조건
- 절연내력이 클 것
- 비열이 커서 냉각 효과가 클 것
- 인화점이 높을 것
- 응고점이 낮을 것
- 절연재료 및 금속에 접촉하여도 화학작용을 일으키지 않을 것
- 고온에서 석출물이 생기거나 산화하지 않을 것

정답 18 ② 19 ④ 20 ③ 21 ①

22 동기기에 제동권선을 설치하는 이유로 옳은 것은?

① 역률 개선
② 출력 증가
③ 전압 조정
④ 난조 방지

해설
제동권선 목적
- 발전기 : 난조(Hunting) 방지
- 전동기 : 기동작용

23 선풍기, 가정용 펌프, 헤어 드라이기 등에 주로 사용되는 전동기는?

① 단상 유도전동기
② 권선형 유도전동기
③ 동기전동기
④ 직류 직권전동기

해설
단상 유도전동기
단상 유도전동기는 전부하 전류에 대한 무부하 전류의 비율이 대단히 크고, 역률과 효율 등이 동일한 정격의 3상 유도전동기에 비해 대단히 나쁘며, 중량이 무겁고 가격이 비싸다. 그러나 단상 전원으로 간단하게 사용될 수 있는 편리한 점이 있어 가정용, 소공업용, 농사용 등 주로 0.75[kW] 이하의 소출력용으로 많이 사용된다.

24 전기기계의 효율 중 발전기의 규약효율 η_G는 몇 [%]인가?(단, P는 입력, Q는 출력, L은 손실이다.)

① $\eta_G = \dfrac{P-L}{P} \times 100 [\%]$
② $\eta_G = \dfrac{P-L}{P+L} \times 100 [\%]$
③ $\eta_G = \dfrac{Q}{P} \times 100 [\%]$
④ $\eta_G = \dfrac{Q}{Q+L} \times 100 [\%]$

해설
- 발전기 규약효율 $\eta_G = \dfrac{출력}{출력 + 손실} \times 100 [\%]$
- 전동기 규약효율 $\eta_M = \dfrac{입력 - 손실}{입력} \times 100 [\%]$

25 변압기, 동기기 등의 층간 단락 등의 내부 고장 보호에 사용되는 계전기는?

① 차동계전기
② 접지계전기
③ 과전압계전기
④ 역상계전기

해설
차동계전기
고장에 의하여 생긴 불평형의 전류차가 기준치 이상으로 되었을 때 동작하는 계전기이다. 변압기의 내부 고장 검출용으로 주로 사용된다.

정답 22 ④ 23 ① 24 ④ 25 ①

26 직류 직권전동기의 회전속도가 $\frac{1}{3}$로 감소했을 때 토크는 처음에 비해 어떻게 되는가?

① 3배가 된다.
② 9배가 된다.
③ $\frac{1}{3}$로 줄어든다.
④ $\frac{1}{9}$로 줄어든다.

해설
$N \propto \frac{1}{I_a}$이고, $\tau \propto I_a^2$이므로 $\tau \propto \frac{1}{N^2}$이다.

27 3상 교류발전기의 기전력에 대하여 90° 늦은 전류가 통할 때의 반작용 기자력은?

① 자극축과 일치하고 감자작용
② 자극축보다 90° 빠른 증자작용
③ 자극축보다 90° 늦은 감자작용
④ 자극축과 직교하는 교차자화작용

해설
3상 동기발전기의 전기자 반작용
- 기전력에 대하여 90° 늦은 전기자 전류 : 자극축과 일치하고 감자작용
- 기전력에 대하여 90° 앞선 전기자 전류 : 자극축과 일치하고 증자작용
- 동상 전기자 전류 : 자극축과 직교하는 교차자화작용

28 변압기 V결선의 특징으로 틀린 것은?

① 고장 시 응급처치 방법으로도 쓰인다.
② 단상 변압기 2대로 3상 전력을 공급한다.
③ 부하 증가가 예상되는 지역에 시설한다.
④ V결선 시 출력은 Δ결선 시 출력과 그 크기가 같다.

해설
V결선 시 출력은 Δ결선 시 출력의 57.7[%]이다.

29 부흐홀츠 계전기의 설치 위치는?

① 콘서베이터 내부
② 변압기 주 탱크 내부
③ 변압기의 고압 측 부싱
④ 변압기 본체와 콘서베이터 사이

해설
변압기의 탱크와 콘서베이터의 연결관 사이에 설치한다.

정답 26 ② 27 ① 28 ④ 29 ④

30 다음 중 자기소호 기능이 가장 좋은 소자는?

① SCR ② GTO ③ TRIAC ④ LASCR

해설
GTO
게이트 신호가 양(+)이면 도통되고, 음(-)이면 자기 소호하는 사이리스터이다.

31 6극 직류 파권발전기의 전기자 도체 수가 300, 매극 자속이 0.02[Wb], 회전 수가 900[rpm]일 때 유도기전력[V]은?

① 90 ② 110 ③ 220 ④ 270

해설
유도기전력 $E = \dfrac{P}{a} Z\phi \dfrac{N}{60}$ [V]에서 파권($a=2$)이므로,

$E = \dfrac{6}{2} \times 300 \times 0.02 \times \dfrac{900}{60} = 270$ [V]이다.

32 동기발전기의 병렬운전조건이 아닌 것은?

① 유도기전력의 크기가 같을 것
② 동기발전기의 용량이 같을 것
③ 유도기전력의 위상이 같을 것
④ 유도기전력의 주파수가 같을 것

해설
병렬운전조건
- 기전력의 크기가 같을 것
- 기전력의 위상이 같을 것
- 기전력의 주파수가 같을 것
- 기전력의 파형이 같을 것

33 단락비가 큰 동기발전기에 대한 설명으로 틀린 것은?

① 단락 전류가 크다.
② 동기 임피던스가 작다.
③ 전기자 반작용이 크다.
④ 공극이 크고 전압 변동률이 작다.

해설
단락비가 큰 동기기(철기계)의 특징
- 전기자 반작용이 작고, 전압 변동률이 작다.
- 공극이 크고 과부하 내량이 크다.
- 기계의 중량이 무겁고 효율이 낮다.
- 안정도가 높다.
- 단락전류가 크다.
- 동기 임피던스가 작다.

정답 30 ② 31 ④ 32 ② 33 ③

34 단상 유도전동기의 기동방법 중 기동토크가 가장 큰 것은?

① 반발기동형
② 분상기동형
③ 반발유도형
④ 콘덴서기동형

해설
기동 토크가 큰 순서
반발기동형 → 콘덴서기동형 → 분상기동형 → 셰이딩코일형

35 동기전동기의 자기 기동법에서 계자권선을 단락하는 이유는?

① 기동이 쉽다.
② 기동권선으로 이용한다.
③ 고전압 유도에 의한 절연파괴 위험을 방지한다.
④ 전기자 반작용을 방지한다.

해설
동기전동기의 자기(자체) 기동법
회전 자극 표면에 기동권선을 설치하여 기동 시에는 농형 유도전동기로 동작시켜 기동시키는 방법으로, 계자권선을 열어 둔 채로 전기자에 전원을 가하면 권선 수가 많은 계자회로가 전기자 회전 자계를 끊고 높은 전압을 유기하여 계자회로가 소손될 염려가 있으므로 반드시 계자회로는 저항을 통해 단락시켜 놓고 기동시켜야 한다.

36 동기전동기의 특징과 용도에 대한 설명으로 잘못된 것은?

① 진상, 지상의 역률 조정이 된다.
② 속도 제어가 원활하다.
③ 시멘트 공장의 분쇄기 등에 사용된다.
④ 난조가 발생하기 쉽다.

해설
동기전동기는 정속도 전동기이다.

37 동기조상기에 대한 설명으로 옳지 않은 것은?

① 여자가 강할 때 콘덴서 역할을 한다.
② 여자가 강할 때 뒤진 역률을 보상한다.
③ 여자가 약할 때 리액터 역할을 한다.
④ 여자가 약할 때 저항손을 보상한다.

해설
동기조상기는 조상설비로 사용할 수 있다.
- 여자가 약할 때(부족여자) : I가 V보다 지상(뒤짐) : 리액터 역할
- 여자가 강할 때(과여자) : I가 V보다 진상(앞섬) : 콘덴서 역할

정답 34 ① 35 ③ 36 ② 37 ④

38 권선저항과 온도와의 관계는?

① 온도와는 무관하다.
② 온도가 상승함에 따라 권선저항은 감소한다.
③ 온도가 상승함에 따라 권선저항은 증가한다.
④ 온도가 상승함에 따라 권선저항은 증가와 감소를 반복한다.

해설 일반적인 금속도체는 온도 증가에 따라 저항이 증가한다.

39 유도전동기의 Y−Δ기동 시 기동토크와 기동전류는 전전압 기동 시의 몇 배가 되는가?

① $1/\sqrt{3}$　　② $\sqrt{3}$　　③ 1/3　　④ 3

해설 Y−Δ기동법 : 기동전류와 기동토크가 전부하의 1/3로 줄어든다.

40 슬립이 4[%]인 유도전동기에서 동기속도가 1,200[rpm]일 때 전동기의 회전속도[rpm]는?

① 697　　② 1,051　　③ 1,152　　④ 1,321

해설 $s = \dfrac{N_s - N}{N_s}$ 이므로 $0.04 = \dfrac{1,200 - N}{1,200}$ 에서 $N = 1,152[\text{rpm}]$이다.

41 애자 사용 공사에서 전선 상호 간의 간격은 몇 [cm] 이하로 하는 것이 가장 바람직한가?

① 4　　② 5　　③ 6　　④ 8

해설 시공 전선의 이격거리

구분	400[V] 이하	400[V] 초과
전선 상호 간의 거리	6[cm] 이상	6[cm] 이상
전선과 조영재와의 거리	2.5[cm] 이상	4.5[cm] 이상(건조한 곳은 2.5[cm] 이상)

42 화약류의 분말이 전기설비가 발화원이 되어 폭발할 우려가 있는 곳에 시설하는 저압 옥내 배선의 공사방법으로 가장 알맞은 것은?

① 금속관 공사
② 애자 사용 공사
③ 버스 덕트 공사
④ 합성수지 몰드 공사

해설 폭연성 분진 또는 화약류 분말이 존재하는 곳의 배선
- 저압 옥내 배선은 금속전선관 공사 또는 케이블 공사에 의하여 시설
- 케이블 공사는 개장된 케이블 또는 미네랄 인슈레이션 케이블을 사용
- 이동 전선은 0.6/1[kV] EP 고무절연 클로로프렌 캡타이어 케이블을 사용

정답 38 ③　39 ③　40 ③　41 ③　42 ①

43 금속관 끝에 나사를 내는 공구는?

① 오스터
② 녹 아웃 펀치
③ 파이프 커터
④ 파이프 렌치

해설
- 녹 아웃 펀치 : 배전반, 분전반 등의 캐비닛에 구멍을 뚫는 공구
- 파이프 커터 : 금속관을 절단하는 공구
- 파이프 렌치 : 금속관과 커플링을 물고 죄는 공구

44 조명기구를 배광에 따라 분류하는 경우 특정한 장소만을 고조도로 하기 위한 조명기구는?

① 직접 조명기구
② 전반확산 조명기구
③ 광천장 조명기구
④ 반직접 조명기구

해설

배광에 따른 조명기구의 분류

조명방식	직접 조명	반직접 조명	전반 확산조명	반간접 조명	간접 조명
상향 광속	0~10[%]	10~40[%]	40~60[%]	60~90[%]	90~100[%]
조명기구					
하향 광속	100~90[%]	90~60[%]	60~40[%]	40~10[%]	10~0[%]

45 옥외용 비닐절연전선의 기호는? (KEC 반영)

① VV
② DV
③ OW
④ 60227 KS IEC 01

해설
① 0.6/1[kV] 비닐절연 비닐시스 케이블
② 인입용 비닐절연전선
④ 450/750[V] 일반용 단심 비닐절연전선

46 전선을 접속할 경우의 설명으로 틀린 것은?

① 접속 부분의 전기저항이 증가되지 않아야 한다.
② 전선의 세기를 80[%] 이상 감소시키지 않아야 한다.
③ 접속 부분은 접속 기구를 사용하거나 납땜을 하여야 한다.
④ 알루미늄 전선과 동선을 접속하는 경우, 전기적 부식이 생기지 않도록 해야 한다.

해설
전선의 세기를 20[%] 이상 감소시키지 않아야 한다. 즉, 전선의 세기를 80[%] 이상 유지해야 한다.

정답 43 ① 44 ① 45 ③ 46 ②

47 사람이 쉽게 접촉하는 장소에 설치하는 누전차단기의 사용전압 기준은 몇 [V] 초과인가?

① 50　　　　　　　　　② 150
③ 400　　　　　　　　　④ 600

해설
누전차단기(ELB) 설치 대상
- 금속제 외함을 가지는 사용전압 50[V]를 초과하는 저압의 기계기구로서 사람이 쉽게 접촉할 우려가 있는 전로
- 주택의 인입구
- 특고압, 고압 또는 저압전로와 변압기에 의하여 결합되는 사용전압 400[V] 초과의 저압전로
- 발전기에서 공급하는 사용전압 400[V] 초과의 저압전로

48 정격전류가 30[A]인 저압전로의 과전류 차단기를 산업용 배선용 차단기로 사용하는 경우 정격전류의 1.3배의 전류가 통과하였을 경우 몇 분 이내에 자동적으로 동작하여야 하는가?

① 1분　　　　　　　　　② 2분
③ 60분　　　　　　　　　④ 120분

해설
과전류 차단기로 저압전로에 사용되는 산업용 배선용 차단기의 동작특성

정격전류의 구분	트립 동작시간	정격전류의 배수 (모든 극에 통전)	
		부동작 전류	동작 전류
63[A] 이하	60분	1.05배	1.3배
63[A] 초과	120분	1.05배	1.3배

49 전원의 한 점을 직접 접지하고 설비의 노출 도전부는 전원의 접지전극과 전기적으로 독립적인 접지극에 접속시키는 계통접지방식은?

① TN　　　　　　　　　② TT
③ IT　　　　　　　　　④ TN-S

해설
TT방식 : 전원의 한 점을 직접 접지하고 설비의 노출 도전부는 전원의 접지전극과 전기적으로 독립적인 접지극에 접속

50 작업면에서 천장까지의 높이가 3[m]일 때 직접 조명일 경우의 광원의 높이는 몇 [m]인가?

① 1　　　② 2　　　③ 3　　　④ 4

해설
직접조명의 경우 광원의 높이는 작업면에서 $\frac{2}{3}H_o$[m]로 한다.
따라서, 광원의 높이 = $\frac{2}{3} \times 3 = 2$[m]이다.

점답 47 ①　48 ③　49 ②　50 ②

51 합성수지관 배선에서 경질비닐 전선관의 굵기에 해당하지 않는 것은?(단, 관의 호칭을 말한다.)

① 14 ② 16 ③ 18 ④ 22

해설
경질비닐 전선관(HI-Pipe)의 호칭
- 관의 굵기를 안지름의 크기에 가까운 짝수로써 표시
- 지름이 14~100[mm]로 10종(14, 16, 22, 28, 36, 42, 54, 70, 82, 100[mm])

52 전주를 건주할 경우 A종 철근콘크리트주의 길이가 10[m]이면 땅에 묻는 표준 깊이는 최저 약 몇 [m]인가?(단, 설계하중이 6.8[kN] 이하이다.)

① 2.5 ② 3.0 ③ 1.7 ④ 2.4

해설
전주가 땅에 묻히는 깊이
- 전주의 길이 15[m] 이하 : 전주 길이의 1/6 이상
- 전주의 길이 15[m] 초과 : 2.5[m] 이상
- 철근콘크리트 전주로서 길이가 14[m] 이상 20[m] 이하이고, 설계하중이 6.8[kN] 초과 9.8[kN] 이하인 것은 30[cm]를 가산한다.

53 금속관 공사를 할 경우 케이블 손상 방지용으로 사용하는 부품은?

① 부싱 ② 엘보 ③ 커플링 ④ 로크너트

해설
부싱
전선의 절연피복을 보호하기 위하여 금속관 끝에 취부하여 사용한다.

54 진동이 심한 전기 기계·기구의 단자에 전선을 접속할 때 사용되는 것은?

① 커플링 ② 압착단자 ③ 링 슬리브 ④ 스프링 와셔

해설
진동 등의 영향으로 헐거워질 우려가 있는 경우에는 스프링 와셔 또는 더블 너트를 사용하여야 한다.

55 다음 중 용어와 약호가 잘못된 것은?

① 피뢰기-LA ② 전력용 퓨즈-LF ③ 서지흡수기-SA ④ 컷아웃 스위치-COS

해설
전력용 퓨즈-PF

정답 51 ③ 52 ③ 53 ① 54 ④ 55 ②

56 조명공학에서 사용되는 칸델라[cd]는 무엇의 단위인가?

① 광도 ② 조도
③ 광속 ④ 휘도

> **해설**
>
> | 용어 | 기호[단위] | 정의 |
> |---|---|---|
> | 광도 | I [cd] 칸델라 | 광원이 가지고 있는 빛의 세기 |
> | 조도 | E [lx] 럭스 | 광속이 입사하여 그 면이 밝게 빛나는 정도 |
> | 광속 | F [lm] 루멘 | 광원에서 나오는 복사속을 눈으로 보아 빛으로 느끼는 크기 |
> | 휘도 | B [rlx] 레드럭스 | 광원이 빛나는 정도 |

57 [KEC 반영] 무대, 무대마루 밑, 오케스트라 박스, 영사실, 기타 사람이나 무대 도구가 접촉할 우려가 있는 장소에 시설하는 저압 옥내배선, 전구선 또는 이동 전선은 최고 사용전압이 몇 [V] 이하이어야 하는가?

① 100 ② 200 ③ 300 ④ 400

> **해설**
>
> 전시회, 쇼 및 공연장
> 저압 옥내배선, 전구선 또는 이동 전선은 사용전압이 400[V] 이하이어야 한다.

58 [KEC 반영] 주 접지단자와 접속되는 도체가 아닌 것은?

① 등전위본딩 도체 ② 접지도체
③ 피뢰시스템 도체 ④ 보호도체

> **해설**
>
> 주 접지단자에 보호 등전위본딩 도체, 접지도체, 보호도체, 기능성 접지도체를 접속하여야 한다.

59 접착력은 떨어지나 절연성, 내온성, 내유성이 좋아 연피케이블의 접속에 사용되는 테이프는?

① 고무 테이프 ② 리노 테이프
③ 비닐 테이프 ④ 자기 융착 테이프

> **해설**
>
> 리노 테이프
> 접착성은 없으나 절연성, 내온성, 내유성이 있어서 연피케이블 접속 시 사용한다.

60 피시 테이프(Fish Tape)의 용도는?

① 전선을 테이핑하기 위해서 사용 ② 전선관의 끝마무리를 위해서 사용
③ 배관에 전선을 넣을 때 사용 ④ 합성수지관을 구부릴 때 사용

> **해설**
>
> 피시 테이프(Fish Tape)
> 전선관에 전선을 넣을 때 사용되는 평각 강철선이다.

정답 56 ① 57 ④ 58 ③ 59 ② 60 ③

CHAPTER 08 2020년 제4회

01 그림과 같이 I[A]의 전류가 흐르고 있는 도체의 미소부분 Δl의 전류에 의해 이 부분이 r[m] 떨어진 점 P의 자기장 ΔH[A/m]는?

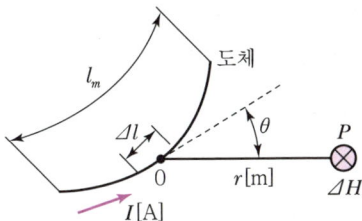

① $\Delta H = \dfrac{I^2 \Delta l \sin\theta}{4\pi r^2}$

② $\Delta H = \dfrac{I \Delta l^2 \sin\theta}{4\pi r}$

③ $\Delta H = \dfrac{I^2 \Delta l \sin\theta}{4\pi r}$

④ $\Delta H = \dfrac{I \Delta l \sin\theta}{4\pi r^2}$

해설

비오-사바르 법칙

전류의 방향에 따른 자기장의 세기 정의 $\Delta H = \dfrac{I \Delta l}{4\pi r^2}\sin\theta$[AT/m]

02 $R-C$ 직렬회로의 시정수 τ[s]는?

① $\dfrac{R}{C}$[s]

② RC[s]

③ $\dfrac{C}{R}$[s]

④ $\dfrac{1}{RC}$[s]

해설

시정수(시상수)

전류가 감소하기 시작해서 63.2[%]에 도달하기까지의 시간

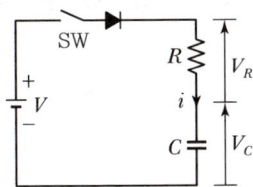 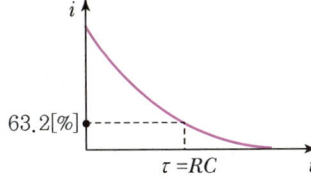

정답 01 ④ 02 ②

03 그림과 같은 회로에서 3[Ω]에 흐르는 전류 I[A]는?

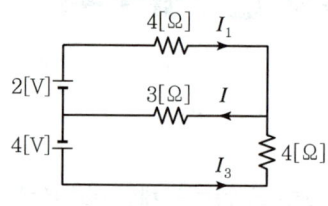

① 0.3   ② 0.6   ③ 0.9   ④ 1.2

해설

키르히호프의 제1법칙을 적용하면, $I = I_1 + I_2$이다.
아래 그림과 같이 접속점의 전압 V를 정하면,

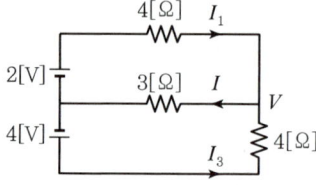

각 지로에 흐르는 전류는 $I_1 = \dfrac{2-V}{4}$, $I = \dfrac{V}{3}$, $I_3 = \dfrac{4-V}{4}$ 이다.

각 전류의 계산식을 $I = I_1 + I_2$에 대입하면,
$\dfrac{V}{3} = \dfrac{2-V}{4} + \dfrac{4-V}{4}$ 에서 $V = \dfrac{9}{5}$[V]이다.

따라서, $I = \dfrac{\frac{9}{5}}{3} = 0.6$[A]이다.

04 다음 중 자기저항의 단위는?

① [A/Wb]   ② [AT/m]   ③ [AT/Wb]   ④ [AT/H]

해설

자기저항(Reluctance)
$R = \dfrac{l}{\mu A} = \dfrac{NI}{\phi}$ [AT/Wb]

05 두 코일의 자체 인덕턴스를 L_1[H], L_2[H]라 하고 상호 인덕턴스를 M이라 할 때, 두 코일을 자속이 동일한 방향과 역방향이 되도록 하여 직렬로 각각 연결하였을 경우, 합성 인덕턴스의 큰 쪽과 작은 쪽의 차는?

① M ② $2M$ ③ $4M$ ④ $8M$

해설

- 가동 접속 시(같은 방향연결) 합성 인덕턴스 : $L_1 + L_2 + 2M$
- 차동 접속 시(반대 방향연결) 합성 인덕턴스 : $L_1 + L_2 - 2M$

따라서, $(L_1 + L_2 + 2M) - (L_1 + L_2 - 2M) = 4M$이다.

정답 03 ②   04 ③   05 ③

06 권수 N인 코일에 I[A]의 전류가 흘러 자속 ϕ[Wb]가 발생할 때의 인덕턴스는 몇 [H]인가?

① $\dfrac{N\phi}{I}$ ② $\dfrac{I\phi}{N}$ ③ $\dfrac{NI}{\phi}$ ④ $\dfrac{\phi}{NI}$

> **해설**
> 자기 인덕턴스 $L = \dfrac{N\phi}{I}$ [H]

07 단면적 5[cm²], 길이 1[m], 비투자율 10^3인 환상 철심에 600회의 권선을 감고 이것에 0.5[A]의 전류를 흐르게 한 경우 기자력은?

① 100[AT] ② 200[AT]
③ 300[AT] ④ 400[AT]

> **해설**
> 기자력 $F = NI = 600 \times 0.5 = 300$[AT]

08 단상전력계 2대를 사용하여 2전력계법으로 3상 전력을 측정하고자 한다. 두 전력계의 지시값이 각각 P_1, P_2[W]일 때 3상 전력 P[W]를 구하는 식은?

① $P = \sqrt{3}\,(P_1 \times P_2)$
② $P = P_1 - P_2$
③ $P = P_1 \times P_2$
④ $P = P_1 + P_2$

> **해설**
> 2전력계법에 의한 3상 전력
> • 유효전력 : $P = P_1 + P_2$ [W]
> • 무효전력 : $P_r = \sqrt{3}\,(P_1 - P_2)$ [Var]
> • 피상전력 : $P_a = \sqrt{(P^2 + P_r^2)}$ [VA]

09 황산구리($CuSO_4$) 전해액에 2개의 구리판을 넣고 전원을 연결하였을 때 음극에서 나타나는 현상으로 옳은 것은?

① 변화가 없다.
② 구리판이 두꺼워진다.
③ 구리판이 얇아진다.
④ 수소 가스가 발생한다.

> **해설**
> 황산구리 용액에 전극을 넣고 전류를 흘리면 음극판에 구리가 석출되면서 전극이 두꺼워진다.

정답 06 ① 07 ③ 08 ④ 09 ②

10 2[F]의 콘덴서에 25[J]의 에너지가 저장되어 있다면, 콘덴서에 공급된 전압은 몇 [V]인가?

① 2   ② 3   ③ 4   ④ 5

해설

콘덴서에 공급된 전압 $V = \sqrt{\dfrac{2W}{C}} = \sqrt{\dfrac{2 \times 25}{2}} = 5[V]$

11 N형 반도체의 주 반송자는 어느 것인가?

① 억셉터   ② 전자
③ 도너   ④ 정공

해설

불순물 반도체의 종류

구분	첨가 불순물	명칭	반송자
N형 반도체	5가 원자 [인(P), 비소(As), 안티몬(Sb)]	도너 (Donor)	과잉전자
P형 반도체	3가 원자 [붕소(B), 인듐(In), 알루미늄(Al)]	억셉터 (Acceptor)	정공

12 공기 중에서 $+m$[Wb]의 자극으로부터 나오는 자력선의 총수를 나타낸 것은?

① m ② $\dfrac{\mu_0}{m}$ ③ $\dfrac{m}{\mu_0}$ ④ $\mu_0 m$

해설

가우스의 정리(Gauss Theorem)

임의의 폐곡면 내의 전체 자하량 m[Wb]이 있을 때 이 폐곡면을 통해서 나오는 자기력선의 총수는 $\dfrac{m}{\mu}$개이다.

공기 중이므로 $\mu_s = 1$, 즉 자력선의 총수는 $\dfrac{m}{\mu_0}$개이다.

13 다음 회로의 합성 정전용량[μF]은?

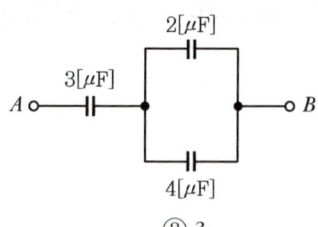

① 5   ② 4   ③ 3   ④ 2

해설

- 2[μF]과 4[μF]의 병렬합성 정전용량 : 6[μF]
- 3[μF]과 6[μF]의 직렬합성 정정용량 : $\dfrac{3 \times 6}{3+6} = 2[\mu F]$

정답 10 ④ 11 ② 12 ③ 13 ④

14 전류에 의해 만들어지는 자기장의 자기력선 방향을 간단하게 알아내는 방법은?

① 플레밍의 왼손 법칙　　② 렌츠의 자기유도 법칙
③ 앙페르의 오른나사 법칙　　④ 패러데이의 전자유도 법칙

> **해설**
> **앙페르의 오른나사 법칙**
> - 전류에 의하여 생기는 자기장의 자력선의 방향을 결정한다.
> - 직선 전류에 의한 자기장의 방향 : 전류가 흐르는 방향으로 오른나사를 진행시키면 나사가 회전하는 방향으로 자력선이 생긴다.

15 공기 중에 10[μC]과 20[μC]을 1[m] 간격으로 놓을 때 발생되는 정전력[N]은?

① 1.8　　② 2.2
③ 4.4　　④ 6.3

> **해설**
> 쿨롱의 법칙에서 정전력 $F = \frac{1}{4\pi\varepsilon}\frac{Q_1 Q_2}{r^2}$[N]이고,
> 공기나 진공에서는 $\varepsilon_s = 1$이고, $\varepsilon_0 = 8.855 \times 10^{-12}$이다.
> 따라서, 정전력 $F = \frac{1}{4\pi \times 8.855 \times 10^{-12} \times 1} \times \frac{10 \times 10^{-6} \times 20 \times 10^{-6}}{1^2} = 1.8$[N]

16 "회로의 접속점에서 볼 때, 접속점에 흘러 들어오는 전류의 합은 흘러 나가는 전류의 합과 같다."라고 정의되는 법칙은?

① 키르히호프의 제1법칙　　② 키르히호프의 제2법칙
③ 플레밍의 오른손 법칙　　④ 앙페르의 오른나사 법칙

> **해설**
> ① 키르히호프의 제1법칙 : 회로 내의 임의의 접속점에서 들어가는 전류와 나오는 전류의 대수합은 0이다.
> ② 키르히호프의 제2법칙 : 회로 내의 임의의 폐회로에서 한쪽 방향으로 일주하면서 취할 때 공급된 기전력의 대수합은 각 지로에서 발생한 전압강하의 대수합과 같다.
> ③ 플레밍의 오른손 법칙 : 자기장 내에 있는 도체가 움직일 때 기전력의 방향과 크기가 결정된다.
> ④ 앙페르의 오른나사 법칙 : 전류에 의해 만들어지는 자기장의 자력선 방향이 결정된다.

17 비사인파 교류회로의 전력에 대한 설명으로 옳은 것은?

① 전압의 제3고조파와 전류의 제3고조파 성분 사이에서 소비전력이 발생한다.
② 전압의 제2고조파와 전류의 제3고조파 성분 사이에서 소비전력이 발생한다.
③ 전압의 제3고조파와 전류의 제5고조파 성분 사이에서 소비전력이 발생한다.
④ 전압의 제6고조파와 전류의 제7고조파 성분 사이에서 소비전력이 발생한다.

> **해설**
> 비사인파의 유효전력(소비전력)은 주파수가 같은 전압과 전류에 의한 유효전력의 대수의 합이다. 따라서, 전압과 전류가 같은 고조파에서 유효전력이 발생한다.

정답 14 ③　15 ①　16 ①　17 ①

18 PN 접합 다이오드의 대표적인 작용으로 옳은 것은?

① 정류작용 ② 변조작용
③ 증폭작용 ④ 발진작용

> **해설**
> **PN 접합 다이오드 또는 다이오드(Diode, D)**
> PN 접합 양단에 가해지는 전압의 방향에 따라 전류를 흐르게 하거나 흐르지 못하게 하는 작용을 정류작용이라고 하며, 이 성질을 이용한 반도체 소자가 다이오드이다.

19 $R_1[\Omega]$, $R_2[\Omega]$, $R_3[\Omega]$의 저항 3개를 직렬 접속했을 때의 합성저항$[\Omega]$은?

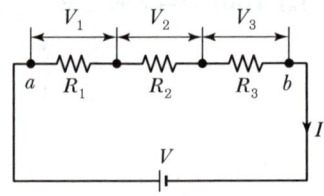

① $R = \dfrac{R_1 \cdot R_2 \cdot R_3}{R_1 + R_2 + R_3}$ ② $R = \dfrac{R_1 + R_2 + R_3}{R_1 \cdot R_2 \cdot R_3}$

③ $R = R_1 \cdot R_2 \cdot R_3$ ④ $R = R_1 + R_2 + R_3$

> **해설**
> 저항의 직렬 연결 시 합성저항은 모두 합하여 구한다.

20 그림과 같은 RL 병렬회로의 위상각 θ는?

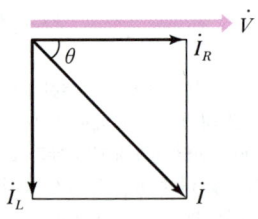

① $\tan^{-1} \dfrac{\omega L}{R}$ ② $\tan^{-1} \omega RL$

③ $\tan^{-1} \dfrac{R}{\omega L}$ ④ $\tan^{-1} \dfrac{1}{\omega RL}$

> **해설**
> 위상각 $\theta = \tan^{-1} \dfrac{I_L}{I_R} = \tan^{-1} \dfrac{\frac{V}{X_L}}{\frac{V}{R}} = \tan^{-1} \dfrac{R}{X_L} = \tan^{-1} \dfrac{R}{\omega L}$

정답 18 ① 19 ④ 20 ③

21 20[kVA]의 단상 변압기 2대를 사용하여 V-V 결선으로 하고 3상 전원을 얻고자 한다. 이때 여기에 접속시킬 수 있는 3상 부하의 용량은 약 몇 [kVA]인가?

① 34.6
② 44.6
③ 54.6
④ 66.6

> **해설**
> V결선 3상 용량 $P_v = \sqrt{3}\,P = \sqrt{3} \times 20 = 34.6[\text{kVA}]$

22 동기기의 전기자 권선법이 아닌 것은?

① 2층 분포권
② 단절권
③ 중권
④ 전절권

> **해설**
> 동기기는 주로 분포권, 단절권, 2층권, 중권이 쓰이고 결선은 Y결선으로 한다.

23 단상 유도전동기의 기동방법 중 기동토크가 가장 큰 것은?

① 분상기동형
② 반발유도형
③ 콘덴서기동형
④ 반발기동형

> **해설**
> **기동토크가 큰 순서**
> 반발기동형 → 콘덴서기동형 → 분상기동형 → 셰이딩코일형

24 분권전동기에 대한 설명으로 옳지 않은 것은?

① 토크는 전기자전류의 자승에 비례한다.
② 부하전류에 따른 속도 변화가 거의 없다.
③ 계자회로에 퓨즈를 넣어서는 안 된다.
④ 계자권선과 전기자권선이 전원에 병렬로 접속되어 있다.

> **해설**
> 전기자와 계자권선이 병렬로 접속되어 있어서 단자전압이 일정하면, 부하전류에 관계없이 자속이 일정하므로 타여자전동기와 거의 동일한 특성을 가진다. 또한 계자전류가 0이 되면 속도가 급격히 상승하여 위험하기 때문에 계자회로에 퓨즈를 넣어서는 안 된다.

25 유도전동기에서 원선도 작성 시 필요하지 않은 시험은?

① 무부하 시험
② 구속 시험
③ 저항 측정
④ 슬립 측정

> **해설**
> **원선도 작성에 필요한 시험**
> 저항 측정, 무부하 시험, 구속 시험

정답 21 ① 22 ④ 23 ④ 24 ① 25 ④

26 2극 3,600[rpm]인 동기발전기와 병렬운전하려는 12극 발전기의 회전 수는?

① 600[rpm] ② 3,600[rpm]
③ 7,200[rpm] ④ 21,600[rpm]

해설
병렬운전 조건 중 주파수가 같아야 하는 조건이 있으므로,
- $N_s = \dfrac{120f}{P}$ 에서 2극의 발전기의 주파수 $f = \dfrac{2 \times 3,600}{120} = 60[\text{Hz}]$
- 12극 발전기의 회전 수 $N_s = \dfrac{120f}{P} = \dfrac{120 \times 60}{12} = 600[\text{rpm}]$

27 변압기의 규약효율은?

① $\dfrac{출력}{입력} \times 100[\%]$　　② $\dfrac{출력}{출력 + 손실} \times 100[\%]$

③ $\dfrac{출력}{입력 - 손실} \times 100[\%]$　　④ $\dfrac{입력 + 손실}{입력} \times 100[\%]$

해설
$\eta_{Tr} = \dfrac{출력}{출력 + 손실} \times 100[\%] = \dfrac{입력 - 손실}{입력} \times 100[\%]$

28 인버터(Inverter)란?

① 교류를 직류로 변환　　② 직류를 교류로 변환
③ 교류를 교류로 변환　　④ 직류를 직류로 변환

해설
- 인버터 : 직류를 교류로 바꾸는 장치
- 컨버터 : 교류를 직류로 바꾸는 장치
- 초퍼 : 직류를 다른 전압의 직류로 바꾸는 장치

29 직류발전기의 자극 수가 6, 전기자 총도체 수가 400, 회전 수가 600[rpm], 전기자에 유기되는 기전력이 120[V]일 때 매 극당 자속은 몇 [Wb]인가?(단, 전기자권선은 파권이다.)

① 0.1 ② 0.01
③ 0.3 ④ 0.03

해설
$E = \dfrac{P}{a} Z\phi \dfrac{N}{60}$ [V] 에서 파권($a = 2$)이므로,

$120 = \dfrac{6}{2} \times 400 \times \phi \times \dfrac{600}{60}$ 에서 자속은 0.01[Wb]이다.

정답 26 ① 27 ② 28 ② 29 ②

30 정격전압 230[V], 정격전류 28[A]에서 직류전동기의 속도가 1,680[rpm]이다. 무부하에서의 속도가 1,733[rpm]이라고 할 때 속도 변동률[%]은 약 얼마인가?

① 6.1　　② 5.0　　③ 4.6　　④ 3.2

> **해설**
> $\varepsilon = \dfrac{N_o - N_n}{N_n} \times 100[\%]$ 이므로,
> $\varepsilon = \dfrac{1,733 - 1,680}{1,680} \times 100 = 3.2[\%]$ 이다.

31 속도를 광범위하게 조정할 수 있으므로 압연기나 엘리베이터 등에 사용되는 직류전동기는?

① 직권전동기　　② 분권전동기
③ 타여자전동기　　④ 가동복권전동기

> **해설**
> 타여자전동기는 속도를 광범위하게 조정할 수 있으므로 압연기나 엘리베이터 등에 사용되고, 일그너 방식 또는 워드 레오나드 방식의 속도 제어 장치를 사용하는 경우에 주 전동기로 사용된다.

32 직류전동기를 기동할 때 전기자전류를 제한하는 가감저항기를 무엇이라 하는가?

① 단속기　　② 제어기
③ 가속기　　④ 기동기

> **해설**
> 직류전동기의 기동전류를 제한하기 위해 전기자에 직렬로 기동저항을 연결한다.

33 직류전동기의 속도제어법이 아닌 것은?

① 전압제어법　　② 계자제어법
③ 저항제어법　　④ 주파수제어법

> **해설**
> **직류전동기의 속도제어법**
> • 계자제어 : 정출력 제어
> • 저항제어 : 전력손실이 크며, 속도제어의 범위가 좁다.
> • 전압제어 : 정토크 제어

34 형권 변압기의 용도 중 맞는 것은?

① 소형 변압기　　② 중형 변압기
③ 중대형 변압기　　④ 대형 변압기

> **해설**
> **형권 변압기**
> 목재 권형 또는 절연통 위에 감은 코일을 절연 처리를 한 다음 조립하는 것으로 주로 중대형 변압기에 많이 사용된다.

정답 30 ④　31 ③　32 ④　33 ④　34 ③

35 권수비가 30인 변압기의 1차에 6,600[V]를 가할 때 2차 전압은 몇 [V]인가?

① 220
② 380
③ 420
④ 660

> **해설**
> $V_2 = \dfrac{V_1}{a} = \dfrac{6,600}{30} = 220[\text{V}]$

36 변압기의 자속에 관한 설명으로 옳은 것은?

① 전압과 주파수에 반비례한다.
② 전압과 주파수에 비례한다.
③ 전압에 반비례하고 주파수에 비례한다.
④ 전압에 비례하고 주파수에 반비례한다.

> **해설**
> 유도기전력 $E = 4.44 \cdot f \cdot N \cdot \phi_m$
> $\phi_m \propto E$, $\phi_m \propto \dfrac{1}{f}$

37 변압기에서 퍼센트 저항강하가 3[%], 리액턴스 강하가 4[%]일 때 역률 0.8(지상)에서의 전압변동률은?

① 2.4[%]
② 3.6[%]
③ 4.8[%]
④ 6[%]

> **해설**
> $\varepsilon = p\cos\theta + q\sin\theta = 3 \times 0.8 + 4 \times 0.6 = 4.8[\%]$
> 여기서, $\sin\theta = \sin\cos^{-1}0.8 = 0.6$

38 변압기유로 쓰이는 절연유에 요구되는 성질이 아닌 것은?

① 점도가 클 것
② 비열이 커서 냉각 효과가 클 것
③ 절연재료 및 금속재료에 화학작용을 일으키지 않을 것
④ 인화점이 높고 응고점이 낮을 것

> **해설**
> **변압기유의 구비조건**
> - 절연내력이 클 것
> - 비열이 커서 냉각 효과가 클 것
> - 인화점이 높고, 응고점이 낮을 것
> - 고온에서도 산화하지 않을 것
> - 절연재료와 화학작용을 일으키지 않을 것
> - 점성도가 작고 유동성이 풍부할 것

정답 35 ① 36 ④ 37 ③ 38 ①

39 수전단 발전소용 변압기 결선에 주로 사용하고 있으며 한쪽은 중성점을 접지할 수 있고 다른 한쪽은 제3고조파에 의한 영향을 없애주는 장점을 가지고 있는 3상 결선방식은?

① Y−Y
② $\Delta - \Delta$
③ Y−Δ
④ V

해설

Y−Δ결선
- 변압기 1차 권선에 선간전압의 $\frac{1}{\sqrt{3}}$ 배의 전압이 유도되고, 2차 권선에는 1차 전압의 $\frac{1}{a}$ 배의 전압이 유도된다.
- 수전단 변전소의 변압기와 같이 강압용 변압기에 주로 사용한다.
- 1차 측 Y결선은 중성점접지가 가능하고, 2차 측 Δ결선은 제3고조파를 제거한다.

40 주파수가 60[Hz]인 3상 4극의 유도전동기가 있다. 슬립이 3[%]일 때 이 전동기의 회전 수는 몇 [rpm]인가?

① 1,200
② 1,526
③ 1,746
④ 1,800

해설

$s = \frac{N_s - N}{N_s}$ 이므로 $0.03 = \frac{1,800 - N}{1,800}$ 에서 $N = 1,746[rpm]$이다.

여기서, $N_s = \frac{120f}{P} = \frac{120 \times 60}{4} = 1,800[rpm]$

41 인입용 비닐절연전선을 나타내는 기호는?

① OW
② EV
③ DV
④ NV

해설

명칭	기호	비고
인입용 비닐절연전선 2개 꼬임	DV 2R	70[℃]
인입용 비닐절연전선 3개 꼬임	DV 3R	70[℃]

42 금속관 공사에서 금속전선관의 나사를 낼 때 사용하는 공구는?

① 밴더
② 커플링
③ 로크너트
④ 오스터

43 지중전선로를 직접매설식에 의하여 차량, 기타 중량물의 압력을 받을 우려가 있는 장소에 시설하는 경우 매설 깊이는 몇 [m] 이상이어야 하는가?

① 0.6[m]
② 1.0[m]
③ 1.2[m]
④ 1.6[m]

해설

직접매설식 케이블의 매설 깊이
- 차량 등 중량물의 압력을 받을 우려가 있는 장소 : 1.0[m] 이상
- 기타 장소 : 0.6[m] 이상

정답 39 ③ 40 ③ 41 ③ 42 ④ 43 ②

44 공연장에 사용하는 저압 전기설비 중 이동전선의 사용전압은 몇 [V] 이하이어야 하는가?

① 100　　　　　　　　　　② 200
③ 400　　　　　　　　　　④ 600

해설
전시회, 쇼 및 공연장
- 무대, 무대마루 밑, 오케스트라 박스, 영사실, 기타의 사람이나 무대 도구가 접촉할 우려가 있는 곳
- 저압 옥내배선, 전구선 또는 이동전선은 사용전압이 400[V] 이하

45 저압전로의 보호도체 및 중성선의 접속방식에 따른 계통접지에 해당하지 않는 것은?

① TT 계통　　　　　　　　② TI 계통
③ TN 계통　　　　　　　　④ IT 계통

해설
저압전로의 보호도체 및 중성선의 접속방식에 따른 분류

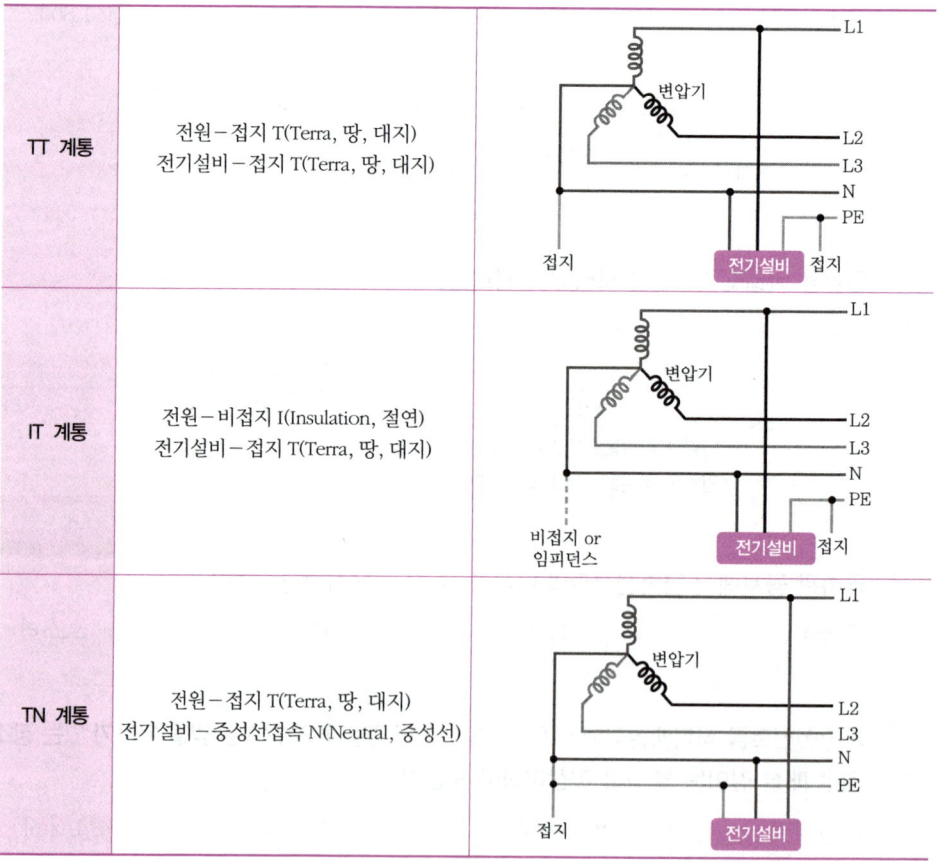

TT 계통	전원 – 접지 T(Terra, 땅, 대지) 전기설비 – 접지 T(Terra, 땅, 대지)
IT 계통	전원 – 비접지 I(Insulation, 절연) 전기설비 – 접지 T(Terra, 땅, 대지)
TN 계통	전원 – 접지 T(Terra, 땅, 대지) 전기설비 – 중성선접속 N(Neutral, 중성선)

정답 44 ③　45 ②

46 일반적으로 저압 가공 인입선이 도로를 횡단하는 경우 노면상 설치 높이는 몇 [m] 이상이어야 하는가?

① 3[m]　　② 4[m]
③ 5[m]　　④ 6.5[m]

해설 인입선의 높이

구분	저압[m]	고압[m]	특고압[m] 35[kV] 이하	특고압[m] 35~160[kV]
도로횡단	5	6	6	—
철도 궤도 횡단	6.5	6.5	6.5	6.5
횡단보도교 위	3	3.5	4	5
기타	4	5	5	6

47 분기회로의 과부하 보호장치가 분기회로에 대한 단락의 위험과 화재 및 인체에 대한 위험성을 최소화하도록 시설된 경우, 옥내간선과의 분기점에서 몇 [m] 이하의 곳에 시설하여야 하는가?

① 3　　② 4　　③ 5　　④ 8

해설 과부하 보호장치의 설치위치

원칙	전로 중 도체의 단면적, 특성, 설치방법, 구성의 변경으로 도체의 허용전류값이 줄어드는 곳에 설치
	분기회로(S_2)의 과부하 보호장치(P_2)가 분기회로에 대한 단락보호가 이루어지는 경우 임의의 거리에 설치 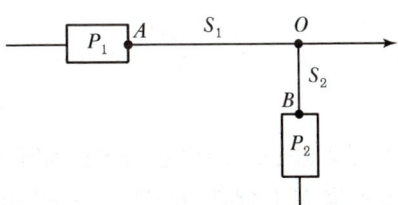
예외	분기회로(S_2)의 과부하 보호장치(P_2)가 분기회로에 대한 단락의 위험과 화재 및 인체에 대한 위험성을 최소화하도록 시설된 경우, 분기점(O)으로부터 3[m] 이내에 설치 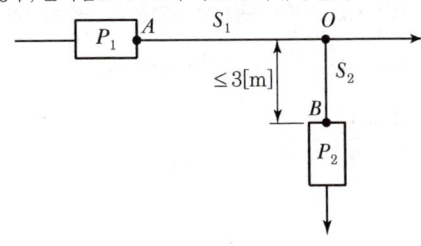

정답 46 ③　47 ①

48 절연전선으로 가선된 배전선로에서 활선 상태인 경우 전선의 피복을 벗기는 것은 매우 곤란한 작업이다. 이런 경우 활선 상태에서 전선의 피복을 벗기는 공구는?

① 전선 피박기 ② 애자커버
③ 와이어 통 ④ 데드 엔드 커버

> **해설**
> 활선장구의 종류
> • 와이어 통 : 활선을 움직이거나 작업권 밖으로 밀어낼 때 사용하는 절연봉
> • 전선 피박기 : 활선 상태에서 전선의 피복을 벗기는 공구
> • 데드 엔드 커버 : 현수애자나 데드 엔드 클램프 접촉에 의한 감전사고를 방지하기 위해 사용

49 논이나 기타 지반이 약한 곳에 건주 공사 시 전주의 넘어짐을 방지하기 위해 시설하는 것은?

① 완금 ② 근가 ③ 완목 ④ 행거밴드

> **해설**
> 근가
> 전주의 넘어짐을 방지하기 위해 시설한다.

50 가공 전선로의 지지물에 시설하는 지선의 인장하중은 몇 [kN] 이상이어야 하는가?

① 440 ② 220 ③ 4.31 ④ 2.31

> **해설**
> 지선의 시공
> • 지선의 안전율 2.5 이상, 허용 인장하중 최저 4.31[kN]
> • 지선을 연선으로 사용할 경우, 3가닥 이상으로 2.6[mm] 이상의 금속선 사용

51 [KEC 반영] 정격전류가 50[A]인 저압전로의 산업용 배선용 차단기를 사용하는 경우 정격전류의 1.3배의 전류가 통과하였을 경우 몇 분 이내에 자동적으로 동작하여야 하는가?

① 30분 ② 60분 ③ 90분 ④ 120분

> **해설**
> 과전류 차단기로 저압전로에 사용되는 산업용 배선용 차단기의 동작특성
>
> | 정격전류의 구분 | 트립 동작시간 | 정격전류의 배수(모든 극에 통전) | |
> |---|---|---|---|
> | | | 부동작 전류 | 동작 전류 |
> | 63[A] 이하 | 60분 | 1.05배 | 1.3배 |
> | 63[A] 초과 | 120분 | 1.05배 | 1.3배 |

52 조명용 백열전등을 호텔 또는 여관 객실의 입구에 설치하거나 일반주택 및 아파트 각 실의 현관에 설치할 때 사용되는 스위치는?

① 타임 스위치 ② 누름 버튼 스위치
③ 토글 스위치 ④ 로터리 스위치

정답 48 ① 49 ② 50 ③ 51 ② 52 ①

53 전선로의 직선부분을 지지하는 애자는?

① 핀애자 ② 지지애자
③ 가지애자 ④ 구형애자

> **해설**
> • 가지애자 : 전선로의 방향을 변경할 때 사용
> • 구형애자 : 지선의 중간에 사용하여 감전 방지

54 합성수지관을 새들 등으로 지지하는 경우 지지점 간의 거리는 몇 [m] 이하인가?

① 1.5 ② 2.0
③ 2.5 ④ 3.0

> **해설**
> 합성수지관의 지지점 간의 거리는 1.5[m] 이하로 한다.

55 다음 중 금속 덕트 공사의 시설방법 중 틀린 것은?

① 덕트 상호 간은 견고하고 또한 전기적으로 완전하게 접속할 것
② 덕트 지지점 간의 거리는 3[m] 이하로 할 것
③ 덕트의 끝부분은 열어 둘 것
④ 저압 옥내배선의 덕트에 접지공사를 할 것

> **해설**
> 덕트의 말단은 막아야 한다.

56 (KEC 반영) 과부하전류에 대해 전선을 보호하기 위한 조건 중 가장 큰 전류는?

① 보호장치의 정격전류
② 회로의 설계전류
③ 전선의 허용전류
④ 보호장치의 동작전류

> **해설**
> 전선을 과전류로부터 보호하기 위해서는 전선의 허용전류보다 보호장치의 정격전류 및 동작전류, 회로의 설계전류가 작아야 한다.

57 접지전극의 매설 깊이는 몇 [m] 이상인가?

① 0.6 ② 0.65
③ 0.7 ④ 0.75

정답 53 ① 54 ① 55 ③ 56 ③ 57 ④

> **해설**
> 접지공사의 접지극은 지하 75[cm] 이상 되는 깊이로 매설할 것

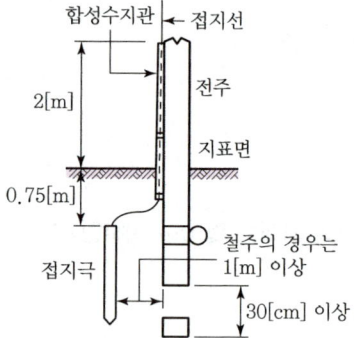

58 다음 중 접지의 목적으로 알맞지 않은 것은?

① 감전의 방지 ② 전로의 대지전압 상승
③ 보호계전기의 동작 확보 ④ 이상전압 억제

> **해설**
> **접지의 목적**
> • 누설 전류로 인한 감전 방지
> • 뇌해로 인한 전기설비 보호
> • 전로에 지락사고 발생 시 보호계전기를 확실하게 작동
> • 이상전압이 발생하였을 때 대지전압을 억제하여 절연강도를 낮추기 위함

59 보호계전기의 기능상 분류로 틀린 것은?

① 차동계전기 ② 거리계전기 ③ 저항계전기 ④ 주파수계전기

> **해설**
> **보호계전기의 기능상의 분류**
> 과전류계전기, 과전압계전기, 부족전압계전기, 거리계전기, 전력계전기, 차동계전기, 선택계전기, 비율차동계전기, 방향계전기, 탈조보호계전기, 주파수계전기, 온도계전기, 역상계전기, 한시계전기

60 저압 가공 인입선의 인입구에 사용하며 금속관 공사에서 끝부분의 빗물 침입을 방지하는 데 적당한 것은?

① 플로어 박스 ② 엔트런스 캡 ③ 부싱 ④ 터미널 캡

> **해설**
>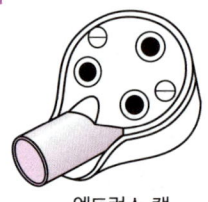
> 엔트런스 캡

정답 58 ② 59 ③ 60 ②

CHAPTER 09 2021년 제1회

01 자체 인덕턴스 40[mH]의 코일에 10[A]의 전류가 흐를 때 저장되는 에너지는 몇 [J]인가?

① 2
② 3
③ 4
④ 8

해설
전자에너지 $W = \frac{1}{2}LI^2 = \frac{1}{2} \times 40 \times 10^{-3} \times 10^2 = 2[J]$

02 공기 중에 5[cm] 간격을 유지하고 있는 2개의 평행 도선에 각각 10[A]의 전류가 동일한 방향으로 흐를 때 도선에 1[m]당 발생하는 힘의 크기[N]는?

① 4×10^{-4}
② 2×10^{-5}
③ 4×10^{-5}
④ 2×10^{-4}

해설
평행한 두 도체 사이에 작용하는 힘 F는 $F = \frac{2I_1 I_2}{r} \times 10^{-7}[N/m]$이므로,
$F = \frac{2 \times 10 \times 10}{5 \times 10^{-2}} \times 10^{-7} = 4 \times 10^{-4}[N/m]$이다.

03 공기 중에서 자속밀도 3[Wb/m²]의 평등 자장 속에 길이 10[cm]의 직선 도선을 자장의 방향과 직각으로 놓고 여기에 4[A]의 전류를 흐르게 하면 이 도선이 받는 힘은 몇 [N]인가?

① 0.5
② 1.2
③ 2.8
④ 4.2

해설
플레밍의 왼손 법칙에 의한 전자력 $F = BIl\sin\theta = 3 \times 4 \times 10 \times 10^{-2} \times \sin 90° = 1.2[N]$

04 다음 중 전기력선의 성질로 틀린 것은?

① 전기력선은 양전하에서 나와 음전하에서 끝난다.
② 전기력선의 접선 방향이 그 점의 전장 방향이다.
③ 전기력선의 밀도는 전기장의 크기를 나타낸다.
④ 전기력선은 서로 교차한다.

해설
전기력선은 서로 교차하지 않는다.

정답 01 ① 02 ① 03 ② 04 ④

05 3[kW]의 전열기를 정격 상태에서 20분간 사용하였을 때의 열량은 몇 [kcal]인가?

① 430　　　② 520　　　③ 610　　　④ 860

해설　줄의 법칙에 의한 열량
$H = 0.24 I^2 R t = 0.24 P t = 0.24 \times 3 \times 10^3 \times 20 \times 60 = 864{,}000 [\text{cal}] = 864 [\text{kcal}]$

06 다음 중 파고율은?

① $\dfrac{\text{실횻값}}{\text{평균값}}$　　　② $\dfrac{\text{평균값}}{\text{실횻값}}$

③ $\dfrac{\text{최댓값}}{\text{실횻값}}$　　　④ $\dfrac{\text{실횻값}}{\text{최댓값}}$

해설　파고율 $= \dfrac{\text{최댓값}}{\text{실횻값}}$, 파형률 $= \dfrac{\text{실횻값}}{\text{평균값}}$

07 RC 병렬회로의 역률 $\cos\theta$는?

① $\dfrac{\dfrac{1}{R}}{\sqrt{R^2 + \left(\dfrac{1}{\omega C}\right)^2}}$　　　② $\dfrac{1}{\sqrt{1 + \left(\dfrac{R}{\omega C}\right)^2}}$

③ $\dfrac{R}{\sqrt{R + (\omega C)^2}}$　　　④ $\dfrac{1}{\sqrt{1 + (\omega C R)^2}}$

해설　역률 $\cos\theta = \dfrac{G}{Y} = \dfrac{\dfrac{1}{R}}{\sqrt{\left(\dfrac{1}{R}\right)^2 + \left(\dfrac{1}{X_C}\right)^2}} = \dfrac{\dfrac{1}{R}}{\sqrt{\left(\dfrac{1}{R}\right)^2 + (\omega C)^2}} = \dfrac{1}{\sqrt{1 + (\omega C R)^2}}$

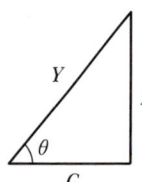

08 비사인파의 일반적인 구성이 아닌 것은?

① 순시파　　　② 고조파
③ 기본파　　　④ 직류분

해설　비사인파는 직류분, 기본파, 여러 고조파가 합성된 파형을 말한다.

정답　05 ④　06 ③　07 ④　08 ①

09 기전력 1.5[V], 내부저항 0.15[Ω]인 전지 10개를 직렬로 접속한 전원에 저항 4.5[Ω]의 전구를 접속하면 전구에 흐르는 전류는 몇 [A]가 되겠는가?

① 0.25 ② 2.5 ③ 5 ④ 7.5

> 해설
> $I = \dfrac{nE}{nr+R} = \dfrac{10 \times 1.5}{(10 \times 0.15)+4.5} = 2.5[A]$

10 그림과 같은 회로 AB에서 본 합성저항은 몇 [Ω]인가?

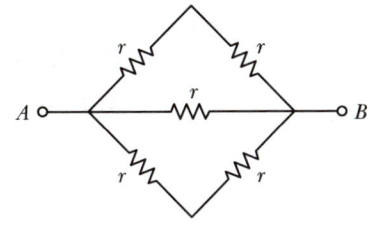

① $\dfrac{r}{2}$ ② r ③ $\dfrac{3}{2}r$ ④ $2r$

> 해설
>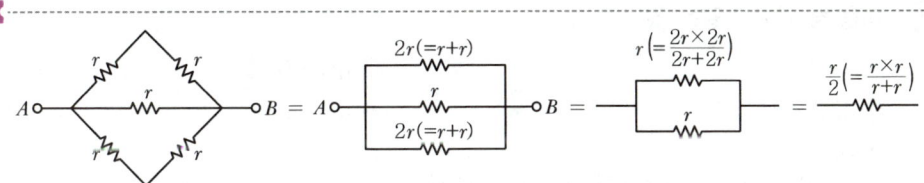

11 다음 설명의 (㉠), (㉡)에 들어갈 내용으로 알맞은 것은?

> 2차 전지의 대표적인 것으로 납축전지가 있다. 전해액으로 비중 약 (㉠) 정도의 (㉡)을 사용한다.

① ㉠ 1.15~1.21, ㉡ 묽은 황산
② ㉠ 1.25~1.36, ㉡ 질산
③ ㉠ 1.01~1.15, ㉡ 질산
④ ㉠ 1.23~1.26, ㉡ 묽은 황산

> 해설
> 납축전지는 묽은 황산(비중 : 1.2~1.3) 용액에 납(Pb)판과 이산화납(PbO₂)판을 넣으면 이산화납에 (+), 납에 (-)의 전압이 나타난다.

12 자기저항 2,000[AT/Wb], 기자력 5,000[AT]인 자기회로의 자속[Wb]은?

① 2.5 ② 25 ③ 4 ④ 0.4

> 해설
> 자기저항 $R = \dfrac{NI}{\phi}$ 이므로, 자속 $\phi = \dfrac{NI}{R} = \dfrac{5,000}{2,000} = 2.5[Wb]$ 이다.

정답 09 ② 10 ① 11 ④ 12 ①

13 50회 감은 코일과 쇄교하는 자속이 0.5[sec] 동안 0.1[Wb]에서 0.2[Wb]로 변화하였다면 기전력의 크기는?

① 5[V]
② 10[V]
③ 12[V]
④ 15[V]

해설
유도기전력 $e = -N\dfrac{\Delta\phi}{\Delta t} = -50 \times \dfrac{0.1}{0.5} = -10[V]$

14 투자율 μ의 단위는?

① [AT/m]
② [Wb/m²]
③ [AT/Wb]
④ [H/m]

해설
① 자기장의 세기
② 자속밀도
③ 자기저항

15 다음 중 1[J]과 같은 것은?

① 1[cal]
② 1[W·s]
③ 1[kg·m]
④ 1[N·m]

해설
1[W·s]란 1[J]의 일에 해당하는 전력량이다.

16 비유전율이 큰 산화티탄 등을 유전체로 사용한 것으로 극성이 없으며 가격에 비해 성능이 우수하여 널리 사용되고 있는 콘덴서의 종류는?

① 마일러 콘덴서
② 마이카 콘덴서
③ 전해 콘덴서
④ 세라믹 콘덴서

해설
콘덴서의 종류
① 마일러 콘덴서 : 얇은 폴리에스테르 필름을 유전체로 하여 양면에 금속박을 대고 원통형으로 감은 것으로, 내열성, 절연저항이 양호하다.
② 마이카 콘덴서 : 운모와 금속박막으로 되어 있다. 온도 변화에 의한 용량 변화가 작고 절연저항이 높은 우수한 특성을 가지며, 표준 콘덴서이다.
③ 전해 콘덴서 : 전기분해하여 금속의 표면에 산화피막을 만들어 유전체로 이용한다. 소형으로 큰 정전용량을 얻을 수 있으나, 극성을 가지고 있으므로 교류회로에는 사용할 수 없다.
④ 세라믹 콘덴서 : 비유전율이 큰 티탄산바륨 등이 유전체로, 가격 대비 성능이 우수하며, 가장 많이 사용된다.

정답 13 ② 14 ④ 15 ② 16 ④

17 $R = 4[\Omega]$, $X_L = 8[\Omega]$, $X_C = 5[\Omega]$이 직렬로 연결된 회로에 100[V]의 교류를 가했을 때 흐르는 ㉠ 전류와 ㉡ 임피던스는?

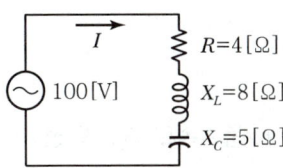

① ㉠ 5.9[A], ㉡ 용량성　　② ㉠ 5.9[A], ㉡ 유도성
③ ㉠ 20[A], ㉡ 용량성　　④ ㉠ 20[A], ㉡ 유도성

해설
$\dot{Z} = 4 + j(8-5) = 4 + j3$
$|\dot{Z}| = \sqrt{4^2 + 3^2} = 5$
$I = \dfrac{V}{|\dot{Z}|} = \dfrac{100}{5} = 20[A]$
$X_L > X_C$이므로 유도성이다.

18 임의의 폐회로에서 키르히호프의 제2법칙을 가장 잘 나타낸 것은?

① 기전력의 합 = 합성저항의 합
② 기전력의 합 = 전압강하의 합
③ 전압강하의 합 = 합성저항의 합
④ 합성저항의 합 = 회로전류의 합

해설
키르히호프의 제2법칙
회로 내의 임의의 폐회로에서 한쪽 방향으로 일주하면서 취할 때 공급된 기전력의 대수합은 각 지로에서 발생한 전압강하의 대수합과 같다.

19 평균 반지름이 10[cm]이고 감은 횟수 10회의 원형코일에 20[A]의 전류를 흐르게 하면 코일 중심의 자기장 세기는?

① 10[AT/m]　　② 20[AT/m]
③ 1,000[AT/m]　　④ 2,000[AT/m]

해설
원형코일 중심의 자기장 세기 $H = \dfrac{NI}{2r} = \dfrac{10 \times 20}{2 \times 10 \times 10^{-2}} = 1,000[AT/m]$

20 평균값이 220[V]인 교류전압의 실횻값은 약 몇 [V]인가?

① 156　　② 245
③ 311　　④ 346

정답　17 ④　18 ②　19 ③　20 ②

> [해설]
> - 최댓값 $V_m = \dfrac{\pi}{2} \cdot V_a = \dfrac{\pi}{2} \times 220 \fallingdotseq 346[\text{V}]$
> - 실횻값 $V = \dfrac{1}{\sqrt{2}} V_m = \dfrac{1}{\sqrt{2}} \times 346 \fallingdotseq 245[\text{V}]$

21 동기와트 P_2, 출력 P_0, 슬립 s, 동기속도 N_S, 회전속도 N, 2차 동손 P_{2c}일 때 2차 효율 표기로 틀린 것은?

① $1-s$ ② $\dfrac{P_{2c}}{P_2}$ ③ $\dfrac{P_0}{P_2}$ ④ $\dfrac{N}{N_S}$

> [해설]
> $P_2 : P_{2c} : P_0 = 1 : s : (1-s)$이므로 2차 효율 $\eta_2 = \dfrac{P_0}{P_2} = 1-s = \dfrac{N}{N_S}$이다.

22 유도전동기가 회전하고 있을 때 생기는 손실 중에서 구리손이란?

① 브러시의 마찰손 ② 베어링의 마찰손
③ 표유 부하손 ④ 1차, 2차 권선의 저항손

> [해설]
> 구리손은 저항 중에 전류가 흘러서 발생하는 줄열로 인한 손실로서 저항손이라고도 한다.

23 동기발전기의 돌발 단락 전류를 주로 제한하는 것은?

① 누설 리액턴스 ② 동기 임피던스
③ 권선 저항 ④ 동기 리액턴스

> [해설] 동기발전기의 지속 단락 전류와 돌발 단락 전류 제한
> - 지속 단락 전류 : 동기 리액턴스 X_s로 제한되며 정격전류의 1~2배 정도이다.
> - 돌발 단락 전류 : 누설 리액턴스 X_l로 제한되며, 대단히 큰 전류이지만 수[Hz] 후에 전기자 반작용이 나타나므로 지속 단락 전류로 된다.

24 유도전동기의 동기속도 N_s, 회전속도 N일 때 슬립은?

① $s = \dfrac{N_s - N}{N}$ ② $s = \dfrac{N - N_s}{N}$
③ $s = \dfrac{N_s - N}{N_s}$ ④ $s = \dfrac{N_s + N}{N}$

> [해설]
> 슬립 $s = \dfrac{\text{동기속도} - \text{회전속도}}{\text{동기속도}} = \dfrac{N_s - N}{N_s}$

정답 21 ② 22 ④ 23 ① 24 ③

25 변압기 2대를 V결선했을 때의 이용률은 몇 [%]인가?

① 57.7[%]   ② 70.7[%]
③ 86.6[%]   ④ 100[%]

> **해설**
> V결선의 이용률 $\dfrac{\sqrt{3}P}{2P} = 0.866 = 86.6[\%]$

26 정속도 전동기로 공작기계 등에 주로 사용되는 전동기는?

① 직류 분권전동기   ② 직류 직권전동기
③ 직류 차동복권전동기   ④ 단상 유도전동기

> **해설**
> **직류 분권전동기**
> 전기자와 계자권선이 병렬로 접속되어 있어서 단자전압이 일정하면, 부하전류에 관계없이 자속이 일정하므로 정속도 특성을 가진다.

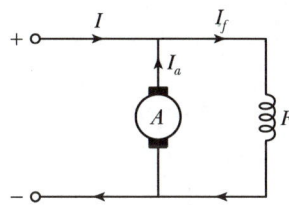

27 변압기유가 구비해야 할 조건으로 틀린 것은?

① 점도가 낮을 것   ② 인화점이 높을 것
③ 응고점이 높을 것   ④ 절연내력이 클 것

> **해설**
> **변압기유의 구비 조건**
> - 절연내력이 클 것
> - 비열이 커서 냉각 효과가 클 것
> - 인화점이 높고, 응고점이 낮을 것
> - 고온에서도 산화하지 않을 것
> - 절연 재료와 화학 작용을 일으키지 않을 것
> - 점성도가 작고 유동성이 풍부할 것

28 3단자 소자가 아닌 것은?

① SCR   ② SSS
③ GTO   ④ TRIAC

정답 25 ③ 26 ① 27 ③ 28 ②

명칭	기호
SCR (역저지 3단자 사이리스터)	
SSS (양방향성 대칭형 스위치)	
GTO (게이트 턴 오프 스위치)	
TRIAC (쌍방향성 3단자 사이리스터)	

29 동기 검정기로 알 수 있는 것은?

① 전압의 크기　　　　② 전압의 위상
③ 전류의 크기　　　　④ 주파수

> **[해설]**
> **동기 검정기**
> 두 계통의 전압 위상을 측정 또는 표시하는 계기

30 3상 동기 발전기의 병렬운전 조건이 아닌 것은?

① 전압의 크기가 같을 것　　　② 회전수가 같을 것
③ 주파수가 같을 것　　　　　 ④ 전압 위상이 같을 것

> **[해설]**
> **병렬운전 조건**
> • 기전력(전압)의 크기가 같을 것　• 기전력의 위상이 같을 것
> • 기전력의 주파수가 같을 것　　 • 기전력의 파형이 같을 것

31 동기전동기의 자기 기동법에서 계자권선을 단락하는 이유는?

① 기동이 용이
② 기동권선으로 이용
③ 고전압 유도에 의한 절연 파괴 위험 방지
④ 전기자 반작용 방지

> **[해설]**
> **동기전동기의 기동법**
> • 자기(자체) 기동법 : 회전 자극 표면에 기동권선을 설치하여 기동 시에는 농형 유도전동기로 동작시켜 기동시키는 방법으로, 계자권선을 열어 둔 채로 전기자에 전원을 가하면 권선수가 많은 계자회로가 전기자 회전 자계를 끊고 높은 전압을 유기하여 계자회로가 소손될 염려가 있으므로 반드시 계자회로는 저항을 통해 단락시켜 놓고 기동시켜야 한다.
> • 타기동법 : 기동용 전동기를 연결하여 기동시키는 방법이다.

정답 29 ②　30 ②　31 ③

32 동기전동기의 용도로 적당하지 않은 것은?

① 분쇄기　　② 압축기　　③ 송풍기　　④ 크레인

> 해설
> 동기전동기는 비교적 저속도, 중·대용량인 시멘트공장 분쇄기, 압축기, 송풍기 등에 이용된다. 크레인과 같이 부하 변화가 심하거나 잦은 기동을 하는 부하는 직류 직권 전동기가 적합하다.

33 1차 전압 3,300[V], 2차 전압 220[V]인 변압기의 권수비(Turn Ratio)는 얼마인가?

① 15　　② 220　　③ 3,300　　④ 7,260

> 해설
> 권수비 $a = \dfrac{V_1}{V_2} = \dfrac{N_1}{N_2} = \dfrac{3,300}{220} = 15$

34 변압기유의 열화 방지를 위한 방법이 아닌 것은?

① 부싱　　　　　　　② 브리더
③ 콘서베이터　　　　④ 질소 봉입

> 해설
> **변압기유의 열화 방지 대책**
> - 브리더 : 습기를 흡수
> - 콘서베이터 : 공기와의 접촉을 차단하기 위해 설치
> - 질소 봉입 : 콘서베이터 유면 위에 질소 봉입

35 낮은 전압을 높은 전압으로 승압할 때 일반적으로 사용하는 변압기의 3상 결선 방식은?

① $\Delta-\Delta$　　② $\Delta-Y$　　③ $Y-Y$　　④ $Y-\Delta$

> 해설
> $\Delta-Y$: 승압용 변압기, $Y-\Delta$: 강압용 변압기

36 전원과 부하가 다 같이 Δ결선된 3상 평형회로가 있다. 상전압이 200[V], 부하 임피던스가 $Z = 6 + j8[\Omega]$인 경우 선전류는 몇 [A]인가?

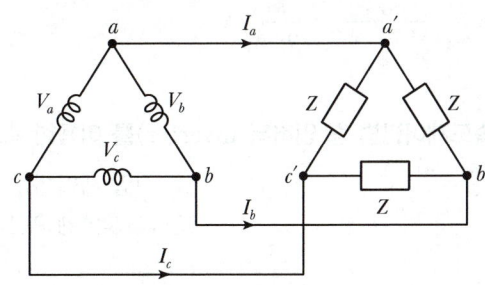

① 20　　② $\dfrac{20}{\sqrt{2}}$　　③ $20\sqrt{3}$　　④ $10\sqrt{3}$

정답　32 ④　33 ①　34 ①　35 ②　36 ③

> **해설**
> - 한 상의 부하 임피던스가 $Z = \sqrt{R^2 + X^2} = \sqrt{6^2 + 8^2} = 10[\Omega]$
> - 상전류 $I_p = \dfrac{V_p}{Z} = \dfrac{200}{10} = 20[A]$
> - Δ결선에서 선전류 $I_\ell = \sqrt{3} \cdot I_p = \sqrt{3} \times 20 = 20\sqrt{3}[A]$

37 100[V], 10[A], 전기자저항 1[Ω], 회전수 1,800[rpm]인 전동기의 역기전력은 몇 [V]인가?

① 90   ② 100   ③ 110   ④ 186

> **해설**
> 역기전력 $E_c = V - I_a R_a = 100 - 10 \times 1 = 90[V]$

38 반파 정류회로에서 변압기 2차 전압의 실효치를 $E[V]$라 하면 직류전류 평균치는?(단, 정류기의 전압강하는 무시한다.)

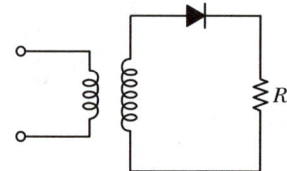

① $\dfrac{E}{R}$ ② $\dfrac{1}{2} \cdot \dfrac{E}{R}$ ③ $\dfrac{2\sqrt{2}}{\pi} \cdot \dfrac{E}{R}$ ④ $\dfrac{\sqrt{2}}{\pi} \cdot \dfrac{E}{R}$

> **해설**
> - 단상반파 출력전압 평균값 $E_d = \dfrac{\sqrt{2}}{\pi} E[V]$
> - 직류전류 평균값 $I_d = \dfrac{E_d}{R} = \dfrac{\sqrt{2}}{\pi} \cdot \dfrac{E}{R}[A]$

39 6극 36슬롯 3상 동기발전기의 매극 매상당 슬롯수는?

① 2   ② 3   ③ 4   ④ 5

> **해설**
> 매극 매상당의 홈수 $= \dfrac{홈수}{극수 \times 상수} = \dfrac{36}{6 \times 3} = 2$

40 3상 유도전동기의 속도제어방법 중 인버터(Inverter)를 이용한 속도 제어법은?

① 극수 변환법   ② 전압 제어법
③ 초퍼 제어법   ④ 주파수 제어법

> **해설**
> **인버터**
> 직류를 교류로 변환하는 장치로서 주파수를 변환시켜 전동기 속도제어와 형광등의 고주파 점등이 가능하다.

정답 37 ①   38 ④   39 ①   40 ④

41 금속관을 절단할 때 사용하는 공구는?

① 오스터
② 녹아웃 펀치
③ 파이프 커터
④ 파이프 렌치

> 해설
> ① 금속관 끝에 나사를 내는 공구
> ② 배전반, 분전반 등의 캐비닛에 구멍을 뚫을 때 필요한 공구
> ④ 금속관과 커플링을 물고 죄는 공구

42 고압 가공 전선로의 지지물로 철탑을 사용하는 경우 경간은 몇 [m] 이하이어야 하는가?

① 150
② 300
③ 500
④ 600

> 해설
> 고압 가공 전선로 경간의 제한
> • 목주, A종 철주 또는 A종 철근콘크리트주 : 150[m]
> • B종 철주 또는 B종 철근콘크리트주 : 250[m]
> • 철탑 : 600[m]

43 일반적으로 저압 가공 인입선이 도로를 횡단하는 경우 노면상 설치 높이는 몇 [m] 이상이어야 하는가?

① 3[m]
② 4[m]
③ 5[m]
④ 6.5[m]

> 해설
> 인입선의 높이
>
> | 구분 | 저압[m] | 고압[m] | 특고압[m] 35[kV] 이하 | 특고압[m] 35~160[kV] |
> |---|---|---|---|---|
> | 도로횡단 | 5 | 6 | 6 | – |
> | 철도 궤도 횡단 | 6.5 | 6.5 | 6.5 | 6.5 |
> | 횡단보도교 위 | 3 | 3.5 | 4 | 5 |
> | 기타 | 4 | 5 | 5 | 6 |

44 옥외용 비닐절연전선의 기호는?

① VV
② DV
③ OW
④ 60227 KS IEC 01

> 해설
> ① 0.6/1[kV] 비닐절연 비닐시스 케이블
> ② 인입용 비닐절연전선
> ④ 450/750[V] 일반용 단심 비닐절연전선

정답 41 ③ 42 ④ 43 ③ 44 ③

45 지중에 매설되어 있는 금속제 수도관로는 대지와의 전기저항값이 얼마 이하로 유지되어야 접지극으로 사용할 수 있는가?

① 1[Ω]　　② 3[Ω]　　③ 4[Ω]　　④ 5[Ω]

해설
금속제 수도관을 접지극으로 사용할 경우 3[Ω] 이하의 접지저항을 가지고 있어야 한다.
[참고] 건물의 철골 등 금속체를 접지극으로 사용할 경우 2[Ω] 이하의 접지저항을 가지고 있어야 한다.

46 교통신호등의 제어장치로부터 신호등의 전구까지의 전로에 사용하는 전압은 몇 [V] 이하인가?

① 60　　② 100　　③ 300　　④ 440

해설
교통신호등 회로는 300[V] 이하로 시설하여야 한다.

47 합성수지관 상호 및 관과 박스는 접속 시에 삽입하는 깊이를 관 바깥지름의 몇 배 이상으로 하여야 하는가?(단, 접착제를 사용하지 않는다.)

① 0.8　　② 1.2　　③ 2.0　　④ 2.5

해설
합성수지관 상호 및 관과 박스 접속방법
- 커플링에 들어가는 관의 길이는 관 바깥지름의 1.2배 이상으로 한다.
- 접착제를 사용하는 경우에는 0.8배 이상으로 한다.

48 다음 중 지중전선로의 매설 방법이 아닌 것은?

① 관로식　　② 암거식
③ 직접매설식　　④ 행거식

해설
① 관로식 : 맨홀과 맨홀 사이에 만든 관로에 케이블을 넣는 방식
② 암거식 : 터널 내에 케이블을 부설하는 방식
③ 직접매설식 : 대지 중에 케이블을 직접 매설하는 방식

49 다선식 옥내 배선인 경우 보호도체(PE)의 색별 표시는?

① 갈색　　② 흑색　　③ 회색　　④ 녹색 – 노란색

해설

상(문자)	색상
L1	갈색
L2	흑색
L3	회색
N	청색
보호도체(PE)	녹색 – 노란색

정답 45 ②　46 ③　47 ②　48 ④　49 ④

50 다음 중 과전류 차단기를 시설하는 곳은?

① 간선의 전원 측 전선
② 접지공사의 접지선
③ 다선식 전로의 중성선
④ 접지공사를 한 저압 가공 전선로의 접지 측 전선

> 해설
> **과전류 차단기의 시설 금지 장소**
> • 접지공사의 접지선
> • 다선식 전로의 중성선
> • 변압기 중성점 접지공사를 한 저압 가공 전선로의 접지 측 전선

51 변압기 2차 측에 접지공사를 하는 이유는?

① 전류 변동의 방지
② 전압 변동의 방지
③ 전력 변동의 방지
④ 고저압 혼촉 방지

> 해설
> 높은 전압과 낮은 전압이 혼촉사고가 발생했을 때 사람에게 위험을 주는 높은 전류를 대지로 흐르게 하기 위함이다.

52 금속전선관 공사에서 사용하는 후강 전선관의 규격이 아닌 것은?

① 16
② 28
③ 36
④ 50

> 해설
>
> | 구분 | 후강 전선관 |
> |---|---|
> | 관의 호칭 | 안지름의 크기에 가까운 짝수 |
> | 관의 종류[mm] | 16, 22, 28, 36, 42, 54, 70, 82, 92, 104(10종류) |
> | 관의 두께 | 2.3~3.5[mm] |

53 연피케이블 접속에 반드시 사용하는 테이프는?

① 고무 테이프
② 비닐 테이프
③ 리노 테이프
④ 자기융착 테이프

> 해설
> **리노 테이프**
> 접착성은 없으나 절연성, 내온성, 내유성이 있어서 연피케이블 접속 시 사용한다.

54 애자 사용 공사에서 전선 상호 간의 간격은 몇 [cm] 이하로 하는 것이 가장 바람직한가?

① 4
② 5
③ 6
④ 8

정답 50 ① 51 ④ 52 ④ 53 ③ 54 ③

구분	400[V] 이하	400[V] 초과
전선 상호 간의 거리	6[cm] 이상	6[cm] 이상
전선과 조영재와의 거리	2.5[cm] 이상	4.5[cm] 이상 (건조한 곳은 2.5[cm] 이상)

55 화약고에 시설하는 전기설비에서 전로의 대지전압은 몇 [V] 이하로 하여야 하는가?

① 100[V] ② 150[V] ③ 300[V] ④ 400[V]

> **해설**
> 화약류 저장소의 위험장소 : 전로의 대지전압을 300[V] 이하로 한다.

56 분전반 및 배전반은 어떤 장소에 설치하는 것이 바람직한가?

① 전기회로를 쉽게 조작할 수 있는 장소
② 개폐기를 쉽게 개폐할 수 없는 장소
③ 은폐된 장소
④ 이동이 심한 장소

> **해설**
> 전기부하의 중심 부근에 위치하면서, 스위치 조작을 안정적으로 할 수 있는 곳에 설치하여야 한다.

57 교류 배전반에서 전류가 많이 흘러 전류계를 직접 주회로에 연결할 수 없을 때 사용하는 기기는?

① 전류 제한기
② 계기용 변압기
③ 계기용 변류기
④ 전류계용 절환 개폐기

> **해설**
> 계기용 변류기(CT) : 대전류를 소전류로 변류하여 계전기나 계측기에 전원을 공급

58 애자 사용 공사에 사용하는 애자가 갖추어야 할 성질과 가장 거리가 먼 것은?

① 절연성
② 난연성
③ 내수성
④ 내유성

> **해설**
> 애자는 절연성, 난연성 및 내수성이 있는 재질을 사용한다.

59 한국전기설비규정에서 가공 전선로의 지지물에 하중이 가하여지는 경우에 그 하중을 받는 지지물의 기초 안전율은 얼마 이상인가?

① 0.5 ② 1 ③ 1.5 ④ 2

> **해설**
> 가공 전선로의 지지물에 하중이 가하여지는 경우에 그 하중을 받는 지지물의 기초 안전율은 2 이상이어야 한다.

정답 55 ③ 56 ① 57 ③ 58 ④ 59 ④

60 과부하 보호장치의 동작전류는 케이블 허용전류의 몇 배 이하여야 하는가?

① 1.1배
② 1.25배
③ 1.45배
④ 2.5배

해설
과부하전류로부터 케이블을 보호하기 위한 조건은 아래와 같다.
보호장치가 규약시간 이내에 유효하게 동작을 보장하는 전류 ≤ 1.45 × 전선의 허용전류

정답 60 ③

CHAPTER 10 2021년 제2회

01 전기회로의 전류와 자기회로의 요소 중 서로 대칭되는 것은?

① 기자력
② 자속
③ 투자율
④ 자기저항

해설

전기회로와 자기회로의 대칭 관계

전기회로	자기회로
기전력 V[V]	기자력 $F = NI$ [AT]
전류 I[A]	자속 ϕ[Wb]
전기저항 R[Ω]	자기저항 R[AT/Wb]
옴의 법칙 $R = \dfrac{V}{I}$[Ω]	옴의 법칙 $R = \dfrac{NI}{\phi}$[AT/Wb]

02 3개의 저항 R_1, R_2, R_3를 병렬 접속하면 합성저항은?

① $\dfrac{1}{R_1 + R_2 + R_3}$

② $R_1 + R_2 + R_3$

③ $\dfrac{1}{R_1} + \dfrac{1}{R_2} + \dfrac{1}{R_3}$

④ $\dfrac{1}{\dfrac{1}{R_1} + \dfrac{1}{R_2} + \dfrac{1}{R_3}}$

해설

병렬 합성저항은 $\dfrac{1}{R_0} = \dfrac{1}{R_1} + \dfrac{1}{R_2} + \dfrac{1}{R_3}$ 이다.

정답 01 ② 02 ④

03 그림과 같이 공기 중에 놓인 2×10^{-8}[C]의 전하에서 2[m] 떨어진 점 P와 1[m] 떨어진 점 Q와의 전위차는?

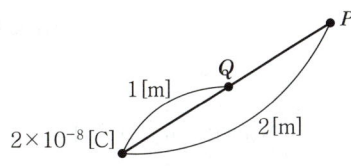

① 80[V]   ② 90[V]   ③ 100[V]   ④ 110[V]

해설

Q[C]의 전하에서 r[m] 떨어진 점의 전위 P와 r_0[m] 떨어진 점의 전위 Q와의 전위차

$$V_d = \frac{Q}{4\pi\varepsilon}\left(\frac{1}{r} - \frac{1}{r_0}\right) = \frac{2 \times 10^{-8}}{4\pi \times 8.855 \times 10^{-12} \times 1}\left(\frac{1}{1} - \frac{1}{2}\right) = 90[V]$$

04 두 자극 사이에 작용하는 힘의 크기를 나타내는 법칙은?

① 쿨롱의 법칙   ② 렌츠의 법칙
③ 앙페르의 오른나사 법칙   ④ 패러데이 법칙

해설

② 렌츠의 법칙 : 유도기전력은 자신의 발생 원인이 되는 자속의 변화를 방해하려는 방향으로 발생한다.
③ 앙페르의 오른나사 법칙 : 전류의 방향을 오른나사가 진행하는 방향으로 하면, 이때 발생하는 자기장의 방향은 오른나사의 회전 방향이 된다.
④ 패러데이 법칙 : 유도기전력의 크기는 코일을 지나는 자속의 매초 변화량과 코일의 권수에 비례한다.

05 다음 중 용량을 변화시킬 수 있는 콘덴서는?

① 바리콘   ② 마일러 콘덴서
③ 전해 콘덴서   ④ 세라믹 콘덴서

해설

바리콘
공기를 유전체로 하고, 회전축에 부착한 반원형 회전판을 움직여서 고정판과의 대응 면적을 변화시켜 정전 용량을 가감할 수 있도록 되어 있다.

06 납축전지가 완전히 방전되면 음극과 양극은 무엇으로 변하는가?

① $PbSO_4$ ② PbO_2 ③ H_2SO_4 ④ Pb

해설

납축전지의 방전 · 충전 방정식은 아래와 같다.

양극	전해액	음극	(방전)	양극	전해액	음극
PbO_2	+ $2H_2SO_4$	+ Pb	⇌ (충전)	$PbSO_4$	+ $2H_2O$	+ $PbSO_4$

정답   03 ②   04 ①   05 ①   06 ①

07 1[eV]는 몇 [J]인가?

① 1.602×10^{-19}[J]   ② 1×10^{-10}[J]
③ 1[J]   ④ 1.16×10^4[J]

해설
$W = QV$[J]이므로,
$1[\text{eV}] = 1.602 \times 10^{-19}[\text{C}] \times 1[\text{V}] = 1.602 \times 10^{-19}[\text{J}]$이다.

08 길이 2[m]의 균일한 자로에 8,000회의 도선을 감고 10[mA]의 전류를 흘릴 때 다음 중 자로의 자장 세기는?

① 4[AT/m]   ② 16[AT/m]
③ 40[AT/m]   ④ 160[AT/m]

해설
무한장 솔레노이드의 내부 자장의 세기 $H = nI$[AT/m](단, n은 1[m]당 권수)
$H = \dfrac{8,000}{2} \times 10 \times 10^{-3} = 40$[AT/m]

09 다음 중 전동기의 원리에 적용되는 법칙은?

① 렌츠의 법칙   ② 플레밍의 오른손 법칙
③ 플레밍의 왼손 법칙   ④ 옴의 법칙

해설
- 플레밍의 오른손 법칙 : 발전기
- 플레밍의 왼손 법칙 : 전동기

10 임의의 도체를 일정 전위의 도체로 완전 포위하면 외부 전계의 영향을 완전히 차단시킬 수 있는데 이것을 무엇이라 하는가?

① 홀 효과   ② 정전차폐
③ 핀치 효과   ④ 전자차폐

해설
그림과 같이 박 검전기의 원판 위에 금속 철망을 씌우면, (+) 대전체를 가까이 해도 정전유도 현상이 생기지 않는데, 이와 같은 작용을 정전차폐라 한다.

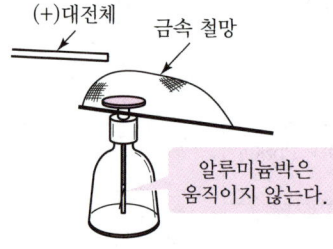

정답 07 ① 08 ③ 09 ③ 10 ②

11 반파 정류회로에서 변압기 2차 전압의 실효치를 E[V]라 하면 직류전류 평균치는?(단, 정류기의 전압강하는 무시한다.)

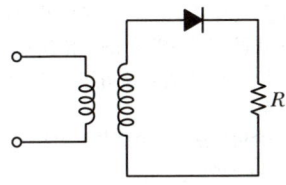

① $\dfrac{E}{R}$ ② $\dfrac{1}{2} \cdot \dfrac{E}{R}$

③ $\dfrac{2\sqrt{2}}{\pi} \cdot \dfrac{E}{R}$ ④ $\dfrac{\sqrt{2}}{\pi} \cdot \dfrac{E}{R}$

해설
- 단상반파 출력전압 평균값 $E_d = \dfrac{\sqrt{2}}{\pi} E$ [V]
- 직류전류 평균값 $I_d = \dfrac{E_d}{R} = \dfrac{\sqrt{2}}{\pi} \cdot \dfrac{E}{R}$ [A]

12 다음 중 1[J]과 같은 것은?
① 1[cal]
② 1[W · s]
③ 1[kg · m]
④ 1[N · m]

13 패러데이의 전자유도 법칙에서 유도기전력의 크기는 코일을 지나는 (㉠)의 매초 변화량과 코일의 (㉡)에 비례한다. (㉠), (㉡)에 들어갈 내용으로 알맞은 것은?
① ㉠ 자속, ㉡ 굵기
② ㉠ 자속, ㉡ 권수
③ ㉠ 전류, ㉡ 권수
④ ㉠ 전류, ㉡ 굵기

해설
$e = -N\dfrac{\Delta \phi}{\Delta t}$
여기서, N : 권수, ϕ : 자속[Wb], t : 시간[sec]

14 비유전율이 큰 산화티탄 등을 유전체로 사용한 것으로 극성이 없으며 가격에 비해 성능이 우수하여 널리 사용되고 있는 콘덴서의 종류는?
① 전해 콘덴서
② 세라믹 콘덴서
③ 마일러 콘덴서
④ 마이카 콘덴서

정답 11 ④ 12 ② 13 ② 14 ②

> **해설**
>
> **콘덴서의 종류**
> ① 전해 콘덴서 : 전기분해하여 금속의 표면에 산화피막을 만들어 유전체로 이용한다. 소형으로 큰 정전용량을 얻을 수 있으나, 극성을 가지고 있으므로 교류회로에는 사용할 수 없다.
> ② 세라믹 콘덴서 : 비유전율이 큰 티탄산바륨 등이 유전체로, 가격 대비 성능이 우수하며, 가장 많이 사용된다.
> ③ 마일러 콘덴서 : 얇은 폴리에스테르 필름을 유전체로 하여 양면에 금속박을 대고 원통형으로 감은 것으로, 내열성, 절연저항이 양호하다.
> ④ 마이카 콘덴서 : 운모와 금속박막으로 되어 있다. 온도 변화에 의한 용량 변화가 작고 절연저항이 높은 우수한 특성을 가지며, 표준 콘덴서이다.

15 다음 중 반자성체는?

① 안티몬　　　　　　② 알루미늄
③ 코발트　　　　　　④ 니켈

> **해설**
> ㉠ 강자성체(Ferromagnetic Substance) : 철(Fe), 니켈(Ni), 코발트(Co), 망간(Mn)
> ㉡ 약자성체(비자성체)
> 　• 반자성체(Diamagnetic Substance) : 구리(Cu), 아연(Zn), 비스무트(Bi), 납(Pb), 안티몬(Sb)
> 　• 상자성체(Paramagnetic Substance) : 알루미늄(Al), 산소(O), 백금(Pt)

16 투자율 μ의 단위는?

① [AT/m]　　　　　　② [Wb/m²]
③ [AT/Wb]　　　　　　④ [H/m]

> **해설**
> ① 자기장의 세기
> ② 자속밀도
> ③ 자기저항

17 $R = 4[\Omega]$, $X_L = 8[\Omega]$, $X_C = 5[\Omega]$의 직렬회로에 $100[V]$의 교류전압을 인가할 때 흐르는 전류 [A]는?

① 2　　　　② 4　　　　③ 8　　　　④ 10

> **해설**
> $Z = \sqrt{R^2 + (X_L - X_C)^2} = \sqrt{4^2 + (8-5)^2} = 5[\Omega]$
> $I = \dfrac{V}{Z} = \dfrac{100}{5} = 2[A]$

18 $v = 8\sqrt{2}\sin\left(\omega t + \dfrac{\pi}{6}\right)$의 교류전압을 페이저(Phasor) 형식으로 맞게 변환한 것은?

① $4 - 4\sqrt{3}\,j$　　　　　　② $4 + 4\sqrt{3}\,j$
③ $4j - 4\sqrt{3}$　　　　　　④ $4j + 4\sqrt{3}$

정답　15 ①　16 ④　17 ①　18 ④

> **해설**
>
> $v = 8\sqrt{2}\sin\left(\omega t + \dfrac{\pi}{6}\right)$에서 실횻값 8[V], 위상차는 $\dfrac{\pi}{6}$[rad]이므로,
>
> 극좌표 형식은 $v = V\angle\theta = 8\angle 30°$이고,
>
> 복소수 형식은 $v = V\cos\theta + Vj\sin\theta = 8\cos 30° + 8j\sin 30° = 4\sqrt{3} + 4j$[V]이다.
>
> **[참고]** 페이저(Phasor) : 시간에 대한 진폭, 위상, 주기가 불변인 정현파 함수를 복소수 형태로 변환하여 복잡한 삼각함수 연산을 간단히 계산할 수 있는 표시 형식이다. 표시 형식은 극좌표 형식, 복소수 형식, 지수함수 형식이 있다.

19 그림과 같은 회로에서 전류 I는?

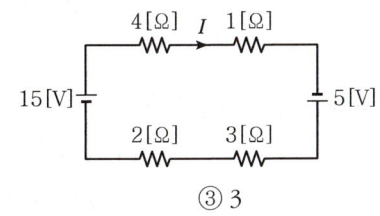

① 1   ② 2   ③ 3   ④ 4

> **해설**
>
> 키르히호프 제2법칙을 적용하면, [기전력의 합]=[전압강하의 합]이므로
> $15 - 5 = 4I + 1I + 3I + 2I$에서 전류 $I = 1$[A]이다.

20 다음 중 선형 소자가 아닌 것은?

① 코일   ② 저항   ③ 진공관   ④ 콘덴서

> **해설**
>
> 선형 소자란 전류-전압 응답그래프가 선형 형태를 나타내는 소자를 말하며, 대표적인 선형 소자는 저항, 코일(인덕터), 콘덴서가 있다.
>
>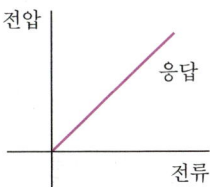

21 변압기의 병렬운전 조건에 해당하지 않은 것은?

① 극성이 같을 것
② 용량이 같을 것
③ 권수비가 같을 것
④ 저항과 리액턴스 비가 같을 것

> **해설**
>
> **변압기의 병렬운전 조건**
> - 변압기의 극성이 같을 것
> - 변압기의 권비가 같고, 1차 및 2차 정격전압이 같을 것
> - 변압기의 백분율 임피던스 강하가 같을 것
> - 변압기의 저항과 리액턴스 비가 같을 것

정답   19 ①   20 ③   21 ②

22 N형 반도체를 만들기 위해서 첨가하는 것은?

① 붕소(B) ② 인디움(In)
③ 알루미늄(Al) ④ 인(P)

> **해설**
> 불순물 반도체
>
> | 구분 | 첨가 불순물 | 명칭 | 반송자 |
> |---|---|---|---|
> | N형 반도체 | 5가 원자
[인(P), 비소(As), 안티몬(Sb)] | 도너
(Donor) | 과잉전자 |
> | P형 반도체 | 3가 원자
[붕소(B), 인디움(In), 알루미늄(Al)] | 억셉터
(Acceptor) | 정공 |

23 부흐홀츠 계전기의 설치 위치로 가장 적당한 곳은?

① 콘서베이터 내부 ② 변압기 고압 측 부싱
③ 변압기 주 탱크 내부 ④ 변압기 주 탱크와 콘서베이터 사이

> **해설**
> **부흐홀츠 계전기** : 변압기 내부 고장으로 인한 절연유의 온도 상승 시 발생하는 유증기를 검출하여 경보 및 차단하기 위한 계전기로 변압기 탱크와 콘서베이터 사이에 설치한다.

24 3상 농형 유도전동기의 Y−Δ 기동 시 기동전류를 전전압기동 시와 비교하면?

① 전전압기동전류의 1/3로 된다. ② 전전압기동전류의 $\sqrt{3}$ 배로 된다.
③ 전전압기동전류의 3배로 된다. ④ 전전압기동전류의 9배로 된다.

> **해설**
> **Y−Δ 기동법** : 고정자권선을 Y로 하여 상전압과 기동전류를 줄이고 나중에 Δ로 하여 운전하는 방식으로 기동전류는 정격전류의 1/3로 줄어들지만, 기동토크도 1/3로 감소한다.

25 동기기의 전기자 권선법이 아닌 것은?

① 전절권 ② 분포권 ③ 2층권 ④ 중권

> **해설**
> 동기기는 주로 분포권, 단절권, 2층권, 중권이 쓰이고 결선은 Y결선으로 한다.

26 2대의 동기발전기가 병렬운전하고 있을 때 동기화 전류가 흐르는 경우는?

① 기전력의 크기에 차가 있을 때 ② 기전력의 위상에 차가 있을 때
③ 부하분담에 차가 있을 때 ④ 기전력의 파형에 차가 있을 때

> **해설**
> 병렬운전 조건 중 기전력의 위상이 서로 다르면 순환전류(유효횡류 또는 동기화 전류)가 흐르며, 위상이 앞선 발전기는 부하의 증가를 가져와 회전속도가 감소하게 되고, 위상이 뒤진 발전기는 부하의 감소를 가져와 발전기의 속도가 상승하게 된다.

정답 22 ④ 23 ④ 24 ① 25 ① 26 ②

27 동기전동기의 자극 간 거리는?

① π
② 2π
③ $\frac{1}{2}π$
④ 고정자의 전기각에 따라 다름

해설

동기전동기의 회전원리는 고정자의 회전자속에 의해 회전자가 견인되는 원리이므로, 회전자의 자극 간의 거리는 고정자 권선의 전기각과 같아야 한다.

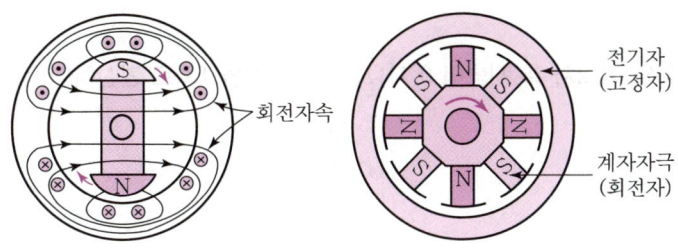

[참고] 전기각은 N극과 S극 사이를 180°로 계산하며, 기계각(실제 각도)과는 다르다.

28 전기자를 고정시키고 자극 N, S를 회전시키는 동기발전기는?

① 회전계자법
② 직렬저항형
③ 회전전기자법
④ 회전정류자형

해설
- 회전전기자형 : 계자를 고정해 두고 전기자가 회전하는 형태
- 회전계자형 : 전기자를 고정해 두고 계자를 회전시키는 형태

29 철심에 권선을 감고 전류를 흘려서 공극(Air Gap)에 필요한 자속을 만드는 것은?

① 정류자
② 계자
③ 회전자
④ 전기자

해설
- 정류자(Commutator) : 교류를 직류로 변환하는 부분
- 계자(Field Magnet) : 자속을 만들어 주는 부분
- 전기자(Armature) : 계자에서 만든 자속으로부터 기전력을 유도하는 부분

30 단자전압 100[V], 전기자전류 10[A], 전기자저항 1[Ω], 회전수 1,800[rpm]인 직류 복권 전동기의 역기전력은 몇 [V]인가?

① 90
② 100
③ 110
④ 186

해설

역기전력 $E_c = V - I_a R_a = 100 - 10 \times 1 = 90[V]$

정답 27 ④ 28 ① 29 ② 30 ①

31 변압기 권선비가 1 : 1일 때, Δ-Y 결선에서 2차 상전압과 1차 상전압의 비율은?

① $\sqrt{3}$
② 1
③ $\dfrac{1}{\sqrt{3}}$
④ 3

해설
권선비가 1 : 1일 때 Δ-Y결선은 변압기 2차 권선에 $\dfrac{1}{\sqrt{3}}$배의 전압이 유도되므로, $\dfrac{2차\ 상전압}{1차\ 상전압} = \dfrac{1}{\sqrt{3}}$배이다.

32 변압기의 권수비가 60일 때 2차 측 저항이 0.1[Ω]이다. 이것을 1차로 환산하면 몇 [Ω]인가?

① 310
② 360
③ 390
④ 410

해설
권수비 $a = \sqrt{\dfrac{r_1}{r_2}}$, $r_1 = a^2 \times r_2 = 60^2 \times 0.1 = 360[\Omega]$

33 냉각 설비가 간단하고 취급이나 보수가 용이하여 주상 변압기와 같은 소형의 배전용 변압기에 주로 채용하는 냉각 방식은?

① 건식 자냉식
② 건식 풍냉식
③ 유입 자냉식
④ 유입 풍냉식

해설
유입 자냉식 : 변압기 외함 속에 절연유를 넣고 그 속에 권선과 철심을 넣어 변압기에서 발생한 열을 기름의 대류작용으로 외함에 전달하여 열을 대기로 발산시키는 방식

34 다음 중 자기소호 기능이 있는 소자는?

① SCR
② GTO
③ TRIAC
④ LASCR

해설
GTO(게이트 턴 오프 스위치) : 게이트 신호가 양(+)이면 도통되고, 음(-)이면 자기소호하는 사이리스터이다.

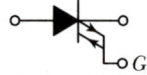

35 다음 중 유도전동기의 속도제어에 사용되는 인버터 장치의 약호는?

① CVCF
② VVVF
③ CVVF
④ VVCF

정답 31 ③ 32 ② 33 ③ 34 ② 35 ②

> **해설**
> - CVCF(Constant Voltage Constant Frequency) : 일정 전압, 일정 주파수가 발생하는 교류전원 장치
> - VVVF(Variable Voltage Variable Frequency) : 가변 전압, 가변 주파수가 발생하는 교류전원 장치로서 주파수 제어에 의한 유도전동기 속도제어에 많이 사용된다.

36 슬립 $S=5[\%]$, 2차 저항 $r_2=0.1[\Omega]$인 유도전동기의 등가저항 $R[\Omega]$은 얼마인가?

① 0.4
② 0.5
③ 1.9
④ 2.0

> **해설**
> $$R=r_2\left(\frac{1-s}{s}\right)=0.1\times\left(\frac{1-0.05}{0.05}\right)=1.9[\Omega]$$

37 발전기를 정격전압 220[V]로 전부하 운전하다가 무부하로 운전하였더니 단자전압이 242[V]가 되었다. 이 발전기의 전압 변동률[%]은?

① 10
② 14
③ 20
④ 25

> **해설**
> 전압 변동률 $\varepsilon=\dfrac{V_o-V_n}{V_n}\times100[\%]$이므로,
> $\varepsilon=\dfrac{242-220}{220}\times100[\%]=10[\%]$

38 극수가 4극, 주파수가 60[Hz]인 동기기의 매분 회전수는 몇 [rpm]인가?

① 600
② 1,200
③ 1,600
④ 1,800

> **해설**
> 동기기는 동기속도로 회전하므로 동기속도 $N_S=\dfrac{120f}{P}=\dfrac{120\times60}{4}=1,800[\text{rpm}]$

39 동기와트 P_2, 출력 P_0, 슬립 s, 동기속도 N_S, 회전속도 N, 2차 동손 P_{2c}일 때 2차 효율 표기로 틀린 것은?

① $1-s$
② $\dfrac{P_{2c}}{P_2}$
③ $\dfrac{P_0}{P_2}$
④ $\dfrac{N}{N_S}$

> **해설**
> $P_2:P_{2c}:P_0=1:s:(1-s)$이므로
> 2차 효율 $\eta_2=\dfrac{P_0}{P_2}=1-s=\dfrac{N}{N_S}$이다.

정답 36 ③ 37 ① 38 ④ 39 ②

40 변압기의 철심 재료로 규소강판을 많이 사용하는데, 규소 함유량은 몇 [%]인가?

① 1[%]   ② 2[%]   ③ 4[%]   ④ 8[%]

해설
변압기 철심에는 히스테리시스손이 적은 규소강판을 사용하는데, 규소 함유량은 4~4.5[%]이다.

41 전선을 접속하는 방법으로 틀린 것은?

① 전기저항이 증가되지 않아야 한다.
② 전선의 세기는 30[%] 이상 감소시키지 않아야 한다.
③ 접속 부분은 와이어 커넥터 등 접속 기구를 사용하거나 납땜을 한다.
④ 알루미늄을 접속할 때는 고시된 규격에 맞는 접속관 등의 접속 기구를 사용한다.

해설
전선의 접속 조건
- 접속 시 전기적 저항을 증가시키지 않는다.
- 접속 부위의 기계적 강도를 20[%] 이상 감소시키지 않는다.
- 접속점의 절연이 약화되지 않도록 테이핑 또는 와이어 커넥터로 절연한다.
- 전선의 접속은 박스 안에서 하고, 접속점에 장력이 가해지지 않도록 한다.

42 지중에 매설되어 있는 금속제 수도관로는 대지와의 전기저항값이 얼마 이하로 유지되어야 접지극으로 사용할 수 있는가?

① 1[Ω]   ② 3[Ω]   ③ 4[Ω]   ④ 5[Ω]

해설
금속제 수도관을 접지극으로 사용할 경우 3[Ω] 이하의 접지저항을 가지고 있어야 한다.
[참고] 건물의 철골 등 금속체를 접지극으로 사용할 경우 2[Ω] 이하의 접지저항을 가지고 있어야 한다.

43 전기 울타리용 전원 장치에 전원을 공급하는 전로의 사용전압은 몇 [V] 이하이어야 하는가?

① 150[V]   ② 200[V]   ③ 250[V]   ④ 400[V]

해설
전기 울타리의 시설
- 전로의 사용전압은 250[V] 이하일 것
- 전선은 인장강도 1.38[kN] 이상의 것 또는 지름 2[mm] 이상의 경동선일 것
- 전선과 이를 지지하는 기둥 사이의 이격 거리는 2.5[cm] 이상일 것

44 화약류 저장소의 백열전등이나 형광등 또는 이들에 전기를 공급하기 위한 전기설비를 시설하는 경우 전로의 대지전압[V]은?

① 100[V] 이하   ② 150[V] 이하
③ 220[V] 이하   ④ 300[V] 이하

해설
화약류 저장소의 위험장소: 전로의 대지전압을 300[V] 이하로 한다.

정답 40 ③ 41 ② 42 ② 43 ③ 44 ④

45 저압 크레인 또는 호이스트 등의 트롤리선을 애자 사용 공사에 의하여 옥내의 노출장소에 시설하는 경우 트롤리선은 바닥에서 최소 몇 [m] 이상으로 설치하는가?

① 2 ② 2.5 ③ 3 ④ 3.5

> **해설**
> 이동 기중기・자동 청소기 그 밖에 이동하며 사용하는 저압의 전기기계기구에 전기를 공급하기 위하여 사용하는 저압 접촉 전선을 애자 사용 공사에 의하여 옥내의 전개된 장소에 시설하는 경우 전선의 바닥에서의 높이는 3.5[m] 이상으로 하고 사람이 접촉할 우려가 없도록 시설하여야 한다.

46 인입용 비닐절연전선을 나타내는 기호는?

① OW ② EV ③ DV ④ NV

> **해설**
>
> | 명칭 | 기호 | 비고 |
> |---|---|---|
> | 인입용 비닐절연전선 2개 꼬임 | DV 2R | 70[℃] |
> | 인입용 비닐절연전선 3개 꼬임 | DV 3R | 70[℃] |

47 수전 설비의 저압 배전반은 배전반 앞에서 계측기를 판독하기 위하여 앞면과 최소 몇 [m] 이상 유지하는 것을 원칙으로 하는가?

① 0.6 ② 1.2 ③ 1.5 ④ 1.7

> **해설**
> 변압기, 배진반 등의 설치 시 최소 이격 거리는 다음 표를 참조하여 충분한 면적을 확보히여야 한다.
>
> [단위 : mm]
>
> | 구분 | 앞면 또는 조작・계측면 | 뒷면 또는 점검면 | 열 상호 간 (점검하는 면) | 기타의 면 |
> |---|---|---|---|---|
> | 특고압반 | 1,700 | 800 | 1,400 | - |
> | 고압배전반 | 1,500 | 600 | 1,200 | - |
> | 저압배전반 | 1,500 | 600 | 1,200 | - |
> | 변압기 등 | 1,500 | 600 | 1,200 | 300 |

48 애자 사용 공사에서 전선 상호 간의 간격은 몇 [cm] 이하로 하는 것이 가장 바람직한가?

① 4 ② 5 ③ 6 ④ 8

> **해설**
>
> | 구분 | 400[V] 이하 | 400[V] 초과 |
> |---|---|---|
> | 전선 상호 간의 거리 | 6[cm] 이상 | 6[cm] 이상 |
> | 전선과 조영재와의 거리 | 2.5[cm]이상 | 4.5[cm] 이상 (건조한 곳은 2.5[cm] 이상) |

정답 45 ④ 46 ③ 47 ③ 48 ③

49 조명용 백열전등을 호텔 또는 여관 객실의 입구에 설치할 때나 일반주택 및 아파트 각 실의 현관에 설치할 때 사용되는 스위치는?

① 타임 스위치
② 누름 버튼 스위치
③ 토글 스위치
④ 로터리 스위치

50 금속관을 가공할 때 절단된 내부를 매끈하게 하기 위하여 사용하는 공구의 명칭은?

① 리머
② 프레셔 툴
③ 오스터
④ 녹아웃 펀치

> **해설**
> **리머(Reamer)**
> 금속관을 쇠톱이나 커터로 끊은 다음, 관 안의 날카로운 것을 다듬는 공구이다.

51 전선로의 직선 부분을 지지하는 애자는?

① 핀애자
② 지지애자
③ 가지애자
④ 구형애자

> **해설**
> • 가지애자 : 전선로의 방향을 변경할 때 사용
> • 구형애자 : 지선의 중간에 사용하여 감전을 방지

52 소맥분, 전분, 기타 가연성의 분진이 존재하는 곳의 저압 옥내 배선 공사방법 중 적당하지 않은 것은?

① 애자 사용 공사
② 합성수지관 공사
③ 케이블 공사
④ 금속관 공사

> **해설**
> **가연성 분진이 존재하는 곳**
> 가연성의 먼지가 공중에 떠다니는 상태에서 착화하였을 때 폭발의 우려가 있는 곳의 저압 옥내 배선은 합성수지관 배선, 금속전선관 배선, 케이블 배선에 의하여 시설한다.

53 경질 합성수지 전선관 1본의 표준 길이는?

① 3[m]
② 3.6[m]
③ 4[m]
④ 4.6[m]

> **해설**
> • 경질 합성수지 전선관 1본 : 4[m]
> • 금속전선관 1본 : 3.6[m]

정답 49 ① 50 ① 51 ① 52 ① 53 ③

54 저압 전선로 중 절연 부분의 전선과 대지 사이의 절연 저항은 사용전압에 대한 누설전류가 최대공급 전류의 얼마를 초과하지 않도록 해야 하는가?

① $\dfrac{최대공급전류}{1,000}$ ② $\dfrac{최대공급전류}{2,000}$

③ $\dfrac{최대공급전류}{3,000}$ ④ $\dfrac{최대공급전류}{4,000}$

해설

누설전류 ≤ $\dfrac{최대공급전류}{2,000}$

55 다음 설명의 (㉠), (㉡)에 들어갈 내용으로 알맞은 것은?

> 건조한 장소의 저압용 개별 기계기구에 전기를 공급하는 전로의 인체감전보호용 누전 차단기 중 정격감도전류가 (㉠) 이하, 동작 시간이 (㉡)초 이하의 전류 동작형을 시설하는 경우에는 접지공사를 생략할 수 있다.

① ㉠ 15[mA], ㉡ 0.02초 ② ㉠ 30[mA], ㉡ 0.02초
③ ㉠ 15[mA], ㉡ 0.03초 ④ ㉠ 30[mA], ㉡ 0.03초

해설

물기 있는 장소 이외의 장소에 시설하는 저압용 개별 기계기구에 전기를 공급하는 전로에 인체감전보호용 누전 차단기(정격감도전류가 30[mA] 이하, 동작 시간이 0.03초 이하의 전류 동작형에 한한다)를 시설하는 경우에 접지공사를 생략할 수 있다.

56 철근콘크리트주의 길이가 12[m]이고, 설계하중이 6.8[kN] 이하일 때, 땅에 묻히는 표준 깊이는 몇 [m]이어야 하는가?

① 2[m] ② 2.3[m]
③ 2.5[m] ④ 2.7[m]

해설

전주가 땅에 묻히는 깊이
- 전주의 길이 15[m] 이하 : 1/6 이상
- 전주의 길이 15[m] 초과 : 2.5[m] 이상
- 철근콘크리트 전주로서 길이가 14[m] 이상 20[m] 이하이고, 설계하중이 6.8[kN] 초과 9.8[kN] 이하인 것은 30[cm]를 가산한다.

57 가공 전선로의 지지물에 시설하는 지선의 인장하중은 몇 [kN] 이상이어야 하는가?

① 440 ② 220
③ 4.31 ④ 2.31

해설

지선의 시공
- 지선의 안전율 2.5 이상, 허용 인장하중 최저 4.31[kN]
- 지선을 연선으로 사용할 경우, 3가닥 이상으로 2.6[mm] 이상의 금속선 사용

정답 54 ② 55 ④ 56 ① 57 ③

58 콘크리트 직매용 케이블 배선에서 일반적으로 케이블을 구부릴 때는 피복이 손상되지 않도록 그 굴곡부 안쪽의 반경은 케이블 외경의 몇 배 이상으로 하여야 하는가?(단, 단심이 아닌 경우이다.)

① 2배　　　　　　　　　　② 3배
③ 5배　　　　　　　　　　④ 12배

> **해설**
> 케이블을 구부리는 경우 굴곡부의 곡률 반지름
> • 연피가 없는 케이블 : 곡률 반지름은 케이블 바깥지름의 5배 이상
> • 연피가 있는 케이블 : 곡률 반지름은 케이블 바깥지름의 12배 이상

59 저·고압 가공 전선이 도로를 횡단하는 경우 지표상 몇 [m] 이상으로 시설하여야 하는가?

① 4[m]　　　　　　　　　② 6[m]
③ 8[m]　　　　　　　　　④ 10[m]

> **해설**
> 저·고압 가공 전선의 높이
> • 도로 횡단 : 6[m]
> • 철도 궤도 횡단 : 6.5[m]
> • 기타 : 5[m]

60 다음 심벌의 명칭은 무엇인가?

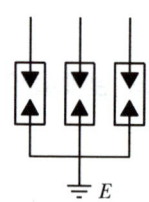

① 파워퓨즈　　　　　　　　② 단로기
③ 피뢰기　　　　　　　　　④ 고압 컷아웃 스위치

정답　58 ③　59 ②　60 ③

CHAPTER 11 2021년 제3회

01 전력량 1[Wh]와 그 의미가 같은 것은?

① 1[C]
② 1[J]
③ 3,600[C]
④ 3,600[J]

해설
전력량 1[W·s]은 1[J]의 일에 해당하는 전력량이므로, 1[Wh]=1×60×60[W·s]=3,600[J]

02 R_1, R_2, R_3의 저항 3개를 직렬 접속했을 때 R_2에 가해지는 전압 V_2[V]은?

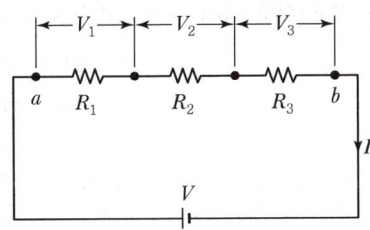

① $V_2 = \dfrac{R_1}{R_1+R_2+R_3}V$
② $V_2 = \dfrac{R_2}{R_1+R_2+R_3}V$
③ $V_2 = \dfrac{R_3}{R_1+R_2+R_3}V$
④ $V_2 = \dfrac{R_1+R_3}{R_1+R_2+R_3}V$

해설
전압 $V_2 = IR_2$이므로, 전전류 $I = \dfrac{V}{R_1+R_2+R_3}$이다.

따라서, $V_2 = \dfrac{R_2}{R_1+R_2+R_3}V$이다.

03 평균 반지름이 10[cm]이고 감은 횟수 10회의 원형코일에 20[A]의 전류를 흐르게 하면 코일 중심의 자기장의 세기는?

① 10[AT/m]
② 20[AT/m]
③ 1,000[AT/m]
④ 2,000[AT/m]

해설
원형코일 중심의 자기장의 세기 $H = \dfrac{NI}{2r} = \dfrac{10 \times 20}{2 \times 10 \times 10^{-2}} = 1,000$[AT/m]

정답 01 ④ 02 ② 03 ③

04 다음 중 어드미턴스의 실수부는?

① 임피던스　　② 컨덕턴스　　③ 리액턴스　　④ 서셉턴스

> **해설**
> 어드미턴스 $\dot{Y}=\dfrac{1}{Z}=G+jB$의 관계이므로, 실수부는 컨덕턴스 G, 허수부는 서셉턴스 B이다.

05 교류의 파형률이란?

① $\dfrac{최댓값}{실횻값}$　　② $\dfrac{평균값}{실횻값}$　　③ $\dfrac{실횻값}{평균값}$　　④ $\dfrac{실횻값}{최댓값}$

> **해설**
> 파형률 $=\dfrac{실횻값}{평균값}$

06 알칼리 축전지의 대표적인 축전지로 널리 사용되고 있는 2차 전지는?

① 망간전지　　　　　　　② 산화은 전지
③ 페이퍼 전지　　　　　 ④ 니켈-카드뮴 전지

> **해설**
> - 1차 전지는 재생할 수 없는 전지를 말하고, 2차 전지는 재생 가능한 전지를 말한다.
> - 2차 전지 중에서 니켈-카드뮴 전지가 통신기기, 전기차 등에서 사용되고 있다.

07 동일한 저항 4개를 접속하여 얻을 수 있는 최대 저항값은 최소 저항값의 몇 배인가?

① 2　　　　② 4　　　　③ 8　　　　④ 16

> **해설**
> - 직렬접속일 때 합성저항이 최대이므로 직렬 합성저항은 $4R$
> - 병렬접속일 때 합성저항이 최소이므로 병렬 합성저항은 $\dfrac{R}{4}$
>
> 따라서, $\dfrac{4R}{\dfrac{R}{4}}=16$배

08 L_1, L_2 두 코일이 접속되어 있을 때, 누설 자속이 없는 이상적인 코일 간의 상호 인덕턴스는?

① $M=\sqrt{L_1+L_2}$　　　　　② $M=\sqrt{L_1-L_2}$
③ $M=\sqrt{L_1L_2}$　　　　　　④ $M=\sqrt{\dfrac{L_1}{L_2}}$

> **해설**
> 누설자속이 없으므로 결합계수 $k=1$
> 따라서, $M=k\sqrt{L_1L_2}=\sqrt{L_1L_2}$

정답　04 ②　05 ③　06 ④　07 ④　08 ③

09 비유전율이 큰 산화티탄 등을 유전체로 사용한 것으로 극성이 없으며 가격에 비해 성능이 우수하여 널리 사용되고 있는 콘덴서의 종류는?

① 전해 콘덴서
② 세라믹 콘덴서
③ 마일러 콘덴서
④ 마이카 콘덴서

> **해설**
> **콘덴서의 종류**
> ① 전해 콘덴서 : 전기분해하여 금속의 표면에 산화피막을 만들어 유전체로 이용한다. 소형으로 큰 정전용량을 얻을 수 있으나, 극성을 가지고 있으므로 교류회로에는 사용할 수 없다.
> ② 세라믹 콘덴서 : 비유전율이 큰 티탄산바륨 등이 유전체로, 가격 대비 성능이 우수하며, 가장 많이 사용된다.
> ③ 마일러 콘덴서 : 얇은 폴리에스테르 필름을 유전체로 하여 양면에 금속박을 대고 원통형으로 감은 것으로, 내열성, 절연저항이 양호하다.
> ④ 마이카 콘덴서 : 운모와 금속박막으로 되어 있다. 온도 변화에 의한 용량 변화가 작고 절연저항이 높은 우수한 특성을 가지며, 표준 콘덴서이다.

10 $m_1 = 4 \times 10^{-5}$[Wb], $m_2 = 6 \times 10^{-3}$[Wb], $r = 10$[cm]이면, 두 자극 m_1, m_2 사이에 작용하는 힘은 약 몇 [N]인가?

① 1.52 ② 2.4 ③ 24 ④ 152

> **해설**
> 쿨롱의 법칙 $F = \dfrac{1}{4\pi\mu} \dfrac{m_1 m_2}{r^2} = \dfrac{1}{4\pi \times 4\pi \times 10^{-7} \times 1} \dfrac{4 \times 10^{-5} \times 6 \times 10^{-3}}{(10 \times 10^{-2})^2} = 1.52$[N]

11 정전에너지 W[J]를 구하는 식으로 옳은 것은?(단, C는 콘덴서 용량[F], V는 공급전압[V]이다.)

① $W = \dfrac{1}{2}CV^2$
② $W = \dfrac{1}{2}CV$
③ $W = \dfrac{1}{2}C^2V$
④ $W = 2CV^2$

> **해설**
> 정전에너지 $W = \dfrac{1}{2}CV^2$[J]

12 전류에 의해 만들어지는 자기장의 자기력선 방향을 간단하게 알아내는 방법은?

① 플레밍의 왼손 법칙
② 렌츠의 자기유도 법칙
③ 앙페르의 오른나사 법칙
④ 패러데이의 전자유도 법칙

> **해설**
> **앙페르의 오른나사 법칙**
> • 전류에 의하여 생기는 자기장의 자력선의 방향을 결정한다.
> • 직선 전류에 의한 자기장의 방향 : 전류가 흐르는 방향으로 오른나사를 진행시키면 나사가 회전하는 방향으로 자력선이 생긴다.

정답 09 ② 10 ① 11 ① 12 ③

13 권수가 150인 코일에서 2초간에 1[Wb]의 자속이 변화한다면, 코일에 발생되는 유도기전력의 크기는 몇 [V]인가?

① 50　　　　　② 75
③ 100　　　　 ④ 150

해설
유도기전력 $e = -N\dfrac{\Delta\phi}{\Delta t} = -150 \times \dfrac{1}{2} = -75[\text{V}]$

14 10[eV]는 몇 [J]인가?

① $1.602 \times 10^{-19}[\text{J}]$　　② $1 \times 10^{-10}[\text{J}]$
③ 1[J]　　　　　　　　　　④ $1.602 \times 10^{-18}[\text{J}]$

해설
$W = QV[\text{J}]$이므로, $10[\text{eV}] = 1.602 \times 10^{-19}[\text{C}] \times 10[\text{V}] = 1.602 \times 10^{-18}[\text{J}]$이다.

15 평행한 두 도선 간의 전자력은?

① 거리 r에 비례한다.　　　② 거리 r에 반비례한다.
③ 거리 r^2에 비례한다.　　 ④ 거리 r^2에 반비례한다.

해설
평행한 두 도선에 작용하는 힘 $F = \dfrac{2I_1 I_2}{r} \times 10^{-7}[\text{N/m}]$

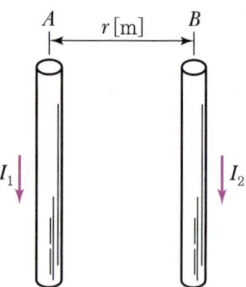

16 전류계의 측정범위를 확대시키기 위하여 전류계와 병렬로 접속하는 것은?

① 분류기　　　　② 배율기
③ 검류계　　　　④ 전위차계

정답　13 ②　14 ④　15 ②　16 ①

> 해설

- 분류기(Shunt) : 전류계의 측정범위를 확대시키기 위해 전류계와 병렬로 접속하는 저항기

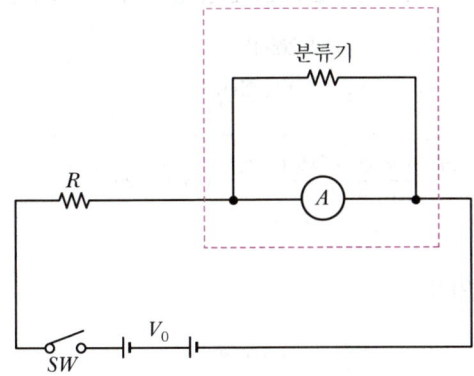

- 배율기(Multiplier) : 전압계의 측정범위를 확대시키기 위해 전압계와 직렬로 접속하는 저항기

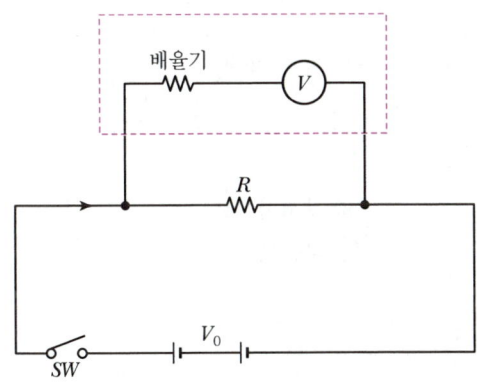

17 도면과 같이 공기 중에 놓인 2×10^{-8}[C]의 전하에서 2[m] 떨어진 점 P와 1[m] 떨어진 점 Q와의 전위차는 몇 [V]인가?

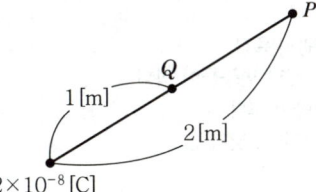

① 80[V] ② 90[V]
③ 100[V] ④ 110[V]

> 해설

점전하일 때 전위차 $V = \dfrac{Q}{4\pi\varepsilon}\left(\dfrac{1}{r_1} - \dfrac{1}{r_2}\right) = 2 \times 10^{-8} \times 9 \times 10^9 \left(\dfrac{1}{1} - \dfrac{1}{2}\right) = 90$[V]

정답 17 ②

18 단면적 4[cm²], 자기 통로의 평균 길이 50[cm], 코일 감은 횟수 1,000회, 비투자율 2,000인 환상 솔레노이드가 있다. 이 솔레노이드의 자체 인덕턴스는?(단, 진공 중의 투자율 μ_0는 $4\pi \times 10^{-7}$임)

① 약 2[H]
② 약 20[H]
③ 약 200[H]
④ 약 2,000[H]

해설

자체 인덕턴스 $L = \dfrac{\mu_0 \mu_s A}{l} N^2 = \dfrac{4\pi \times 10^{-7} \times 2,000 \times (4 \times 10^{-4})}{50 \times 10^{-2}} \times 1,000^2 \fallingdotseq 2[\text{H}]$

19 1[Wb/m²]인 자속밀도는 몇 [Gauss]인가?

① $\dfrac{10}{\pi}$
② $4\pi \times 10^{-4}$
③ 10^4
④ 10^{-8}

해설

자속밀도를 나타내는 CGS 단위로 $1[\text{G(Gauss)}] = 10^{-4}[\text{Wb/m}^2]$이다.

20 비사인파의 일반적인 구성이 아닌 것은?

① 삼각파
② 고조파
③ 기본파
④ 직류분

해설

비사인파 = 직류분 + 기본파 + 고조파

21 단락비가 큰 동기 발전기에 대한 설명으로 틀린 것은?

① 단락 전류가 크다.
② 동기 임피던스가 작다.
③ 전기자 반작용이 크다.
④ 공극이 크고 전압 변동률이 작다.

해설

단락비가 큰 동기기(철기계)의 특징
• 전기자 반작용이 작고, 전압 변동률이 작다.
• 공극이 크고 과부하 내량이 크다.
• 기계의 중량이 무겁고 효율이 낮다.
• 안정도가 높다.
• 단락전류가 크다.
• 동기 임피던스가 작다.

22 계자권선이 전기자와 접속되어 있지 않은 직류기는?

① 직권기
② 분권기
③ 복권기
④ 타여자기

정답 18 ① 19 ③ 20 ① 21 ③ 22 ④

해설

타여자기의 접속도

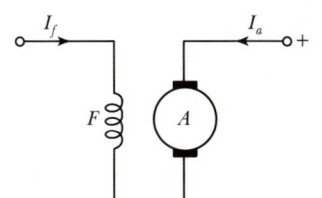

a : 전기자
f : 계자권선
I_a : 전기자전류
I_f : 계자전류

23 대전류·고전압의 전기량을 제어할 수 있는 자기소호형 소자는?

① FET   ② Diode   ③ Triac   ④ IGBT

해설

명칭	기호	동작특성	용도	비고
IGBT	C, G, E	게이트에 전압을 인가했을 때만 컬렉터 전류가 흐른다.	고속 인버터, 고속 초퍼 제어소자	대전류·고전압 제어 가능

24 동기조상기의 계자를 부족여자로 하여 운전하면?

① 콘덴서로 작용   ② 뒤진역률 보상
③ 리액터로 작용   ④ 저항손의 보상

해설

동기조상기는 조상설비로 사용할 수 있다.
- 여자가 약할 때(부족여자) : I가 V보다 지상(뒤짐) : 리액터 역할
- 여자가 강할 때(과여자) : I가 V보다 진상(앞섬) : 콘덴서 역할

25 전기기기의 철심 재료로 규소강판을 많이 사용하는 이유로 가장 적당한 것은?

① 와류손을 줄이기 위해   ② 맴돌이 전류를 없애기 위해
③ 히스테리시스손을 줄이기 위해   ④ 구리손을 줄이기 위해

해설
- 규소강판 사용 : 히스테리시스손 감소
- 성층철심 사용 : 와류손(맴돌이 전류손) 감소

26 3상 유도전동기의 속도제어방법 중 인버터(Inverter)를 이용한 속도제어법은?

① 극수 변환법   ② 전압 제어법
③ 초퍼 제어법   ④ 주파수 제어법

해설

인버터
직류를 교류로 변환하는 장치로서 주파수를 변환시켜 전동기 속도제어와 형광등의 고주파 점등이 가능하다.

정답 23 ④ 24 ③ 25 ③ 26 ④

27 직류 전동기의 규약효율을 표시하는 식은?

① $\dfrac{출력}{출력+손실}\times 100[\%]$ ② $\dfrac{출력}{입력}\times 100[\%]$

③ $\dfrac{입력-손실}{입력}\times 100[\%]$ ④ $\dfrac{출력}{출력-손실}\times 100[\%]$

해설
- 발전기 규약효율 $\eta_G = \dfrac{출력}{출력+손실}\times 100[\%]$
- 전동기 규약효율 $\eta_M = \dfrac{입력-손실}{입력}\times 100[\%]$

28 3상 유도전동기의 2차 저항을 2배로 하면 그 값이 2배로 되는 것은?

① 슬립 ② 토크
③ 전류 ④ 역률

해설
비례추이 : 토크는 $\dfrac{r_2'}{S}$ 의 함수가 되어 r_2'를 m배 하면 슬립 S도 m배로 변화하나 토크는 일정하게 유지된다. 이와 같이 슬립은 2차 저항을 바꿈에 따라 여기에 비례해서 변화하는 것을 말한다.

29 정격속도로 운전하는 무부하 분권발전기의 계자저항이 60[Ω], 계자전류가 1[A], 전기자저항이 0.5[Ω]라 하면 유도기전력은 약 몇 [V]인가?

① 30.5 ② 50.5 ③ 60.5 ④ 80.5

해설
직류 분권발전기는 다음 그림과 같으므로,

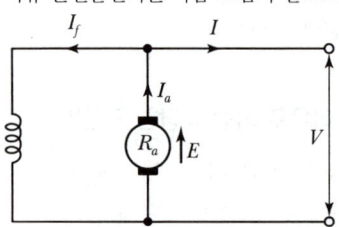

$E = I_a(R_a+R_f) = 1\times(60+0.5) = 60.5[\text{V}]$ (∵ 무부하 시 부하전류 $I=0$)

30 직류 분권전동기에서 운전 중 계자권선의 저항을 증가하면 회전속도의 값은?

① 감소한다. ② 증가한다.
③ 일정하다. ④ 관계없다.

해설
$N = K_1 \dfrac{V-I_a R_a}{\phi}$ [rpm]이므로 계자저항을 증가시키면 계자전류가 감소하여 자속이 감소하므로, 회전수는 증가한다.

정답 27 ③ 28 ① 29 ③ 30 ②

31 직류 발전기 전기자 반작용의 영향에 대한 설명으로 틀린 것은?

① 브러시 사이에 불꽃을 발생시킨다.
② 주 자속이 찌그러지거나 감소된다.
③ 전기자전류에 의한 자속이 주 자속에 영향을 준다.
④ 회전방향과 반대방향으로 자기적 중성축이 이동된다.

해설
직류 발전기는 회전방향과 같은 방향으로 자기적 중성축이 이동된다.

32 정격이 1,000[V], 500[A], 역률 90[%]의 3상 동기발전기의 단락전류 I_s[A]는?(단, 단락비는 1.3으로 하고, 전기자저항은 무시한다.)

① 450　　② 550　　③ 650　　④ 750

해설
단락비 $K_s = \dfrac{I_s}{I_n}$이고, 정격전류 I_n=500[A], 단락비 K_s=1.3이므로
단락전류 $I_s = I_n \times K_s = 500 \times 1.3 = 650$[A]

33 그림과 같은 분상 기동형 단상 유도전동기를 역회전시키기 위한 방법이 아닌 것은?

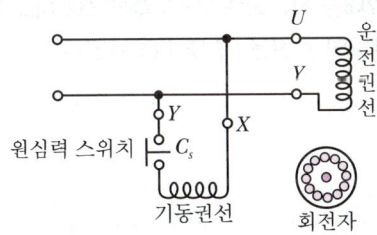

① 원심력 스위치를 개로 또는 폐로한다.
② 기동권선이나 운전권선의 어느 한 권선의 단자접속을 반대로 한다.
③ 기동권선의 단자접속을 반대로 한다.
④ 운전권선의 단자접속을 반대로 한다.

해설
회전방향을 바꾸려면, 운전권선이나 기동권선 중 어느 한쪽의 접속을 반대로 하면 된다.

34 주상변압기의 고압 측에 여러 개의 탭을 설치하는 이유는?

① 선로 고장 대비　　② 선로 전압 조정
③ 선로 역률 개선　　④ 선로 과부하 방지

해설
주상변압기의 1차 측의 5개의 탭을 이용하여 선로거리에 따른 전압강하를 보상하여 2차 측의 출력전압을 규정에 맞도록 조정한다.

정답　31 ④　32 ③　33 ①　34 ②

35 어떤 변압기에서 임피던스 강하가 5[%]인 변압기가 운전 중 단락되었을 때 그 단락전류는 정격전류의 몇 배인가?

① 5
② 20
③ 50
④ 200

해설

단락비 $k_s = \dfrac{I_s}{I_n} = \dfrac{100}{\%Z} = \dfrac{100}{5} = 20$이다. 즉, 단락전류는 $I_s = 20I_n$으로 정격전류의 20배가 된다.

36 3상 유도전동기의 1차 입력 60[kW], 1차 손실 1[kW], 슬립 3[%]일 때 기계적 출력은 약 몇 [kW]인가?

① 57
② 75
③ 95
④ 100

해설

$P_2 : P_{2c} : P_o = 1 : S : (1-S)$이므로
$P_2 = $ 1차 입력 $-$ 1차 손실 $= 60 - 1 = 59$[kW]
$P_o = (1-S)P_2 = (1-0.03) \times 59 \fallingdotseq 57$[kW]

37 20[kVA]의 단상 변압기 2대를 사용하여 V-V결선으로 하고 3상 전원을 얻고자 한다. 이때 여기에 접속시킬 수 있는 3상 부하의 용량은 약 몇 [kVA]인가?

① 34.6
② 44.6
③ 54.6
④ 66.6

해설

V결선 3상 용량 $P_v = \sqrt{3}P = \sqrt{3} \times 20 = 34.6$[kVA]

38 동기발전기의 돌발 단락 전류를 주로 제한하는 것은?

① 누설 리액턴스
② 동기 임피던스
③ 권선 저항
④ 동기 리액턴스

해설

동기발전기의 지속 단락 전류와 돌발 단락 전류 제한
- 지속 단락 전류 : 동기 리액턴스 X_s로 제한되며, 정격전류의 1~2배 정도이다.
- 돌발 단락 전류 : 누설 리액턴스 X_l로 제한되며, 대단히 큰 전류이지만 수 [Hz] 후에 전기자 반작용이 나타나므로 지속 단락 전류로 된다.

39 전압을 일정하게 유지하기 위해서 이용되는 다이오드는?

① 발광 다이오드
② 포토 다이오드
③ 제너 다이오드
④ 배리스터 다이오드

정답 35 ② 36 ① 37 ① 38 ① 39 ③

> **해설**
>
> 제너 다이오드
>
> A ―▶|― B
> (+)   (−)
>
> - 역방향으로 특정 전압(항복전압)을 인가 시에 전류가 급격하게 증가하는 현상을 이용하여 만든 PN접합 다이오드이다.
> - 정류회로의 정전압(전압 안정회로)에 많이 이용한다.

40 철심에 권선을 감고 전류를 흘려서 공극(Air Gap)에 필요한 자속을 만드는 것은?

① 정류자 ② 계자 ③ 회전자 ④ 전기자

> **해설**
> - 정류자(Commutator) : 교류를 직류로 변환하는 부분
> - 계자(Field Magnet) : 자속을 만들어 주는 부분
> - 전기자(Armature) : 계자에서 만든 자속으로부터 기전력을 유도하는 부분

41 (KEC 반영) 전시회, 쇼 및 공연장의 저압 옥내배선, 전구선 또는 이동전선의 사용전압은 최대 몇 [V] 이하인가?

① 400 ② 440 ③ 450 ④ 750

> **해설**
> 전시회, 쇼 및 공연장 : 저압 옥내배선, 전구선 또는 이동전선은 사용전압이 400[V] 이하이어야 한다.

42 합성수지관 공사에서 관의 지지점 간 거리는 최대 몇 [m]인가?

① 1 ② 1.2 ③ 1.5 ④ 2

> **해설**
> 합성수지관의 지지점 간의 거리는 1.5[m] 이하로 하고, 관과 박스의 접속점 및 관 상호 간의 접속점 등에서는 가까운 곳(0.3[m] 이내)에 지지점을 시설하여야 한다.

43 지지물에 전선 그 밖의 기구를 고정시키기 위하여 완금, 완목, 애자 등을 장치하는 것을 무엇이라고 하는가?

① 건주 ② 가선 ③ 장주 ④ 경간

> **해설**
> 장주 : 지지물에 전선 그 밖의 기구를 고정시키기 위하여 완금, 완목, 애자 등을 장치하는 공정

44 배전선로 공사에서 충전되어 있는 활선을 움직이거나 작업권 밖으로 밀어낼 때, 또는 활선을 다른 장소로 옮길 때 사용하는 활선공구는?

① 피박기 ② 활선 커버
③ 데드 엔드 커버 ④ 와이어 통

> **정답** 40 ② 41 ① 42 ③ 43 ③ 44 ④

| 해설 |
> 활선(전류가 흐르고 있는 전선)장구의 종류
> - 와이어 통 : 활선을 움직이거나 작업권 밖으로 밀어낼 때 사용하는 절연봉
> - 전선 피박기 : 활선 상태에서 전선의 피복을 벗기는 공구
> - 데드 엔드 커버 : 현수애자나 데드 엔드 클램프 접촉에 의한 감전사고를 방지하기 위해 사용

45 (KEC 반영) 연피케이블을 직접매설식에 의하여 차량, 기타 중량물의 압력을 받을 우려가 있는 장소에 시설하는 경우 매설 깊이는 몇 [m] 이상이어야 하는가?

① 0.6[m] ② 1.0[m] ③ 1.2[m] ④ 1.6[m]

| 해설 |
> 직접매설식 케이블의 매설 깊이
> - 차량 등 중량물의 압력을 받을 우려가 있는 장소 : 1.0[m] 이상
> - 기타 장소 : 0.6[m] 이상

46 배전반 및 분전반의 설치장소로 적합하지 않은 곳은?

① 접근이 어려운 장소
② 전기회로를 쉽게 조작할 수 있는 장소
③ 개폐기를 쉽게 개폐할 수 있는 장소
④ 안정된 장소

| 해설 |
> 전기부하의 중심 부근에 위치하면서, 스위치 조작을 안정적으로 할 수 있는 곳에 설치하여야 한다.

47 소맥분, 전분, 기타 가연성 분진이 존재하는 곳의 저압 옥내 배선 공사방법에 해당되는 것으로 짝지어진 것은?

① 케이블 공사, 애자 사용 공사
② 금속관 공사, 콤바인 덕트관, 애자 사용 공사
③ 케이블 공사, 금속관 공사, 애자 사용 공사
④ 케이블 공사, 금속관 공사, 합성수지관 공사

| 해설 |
> 가연성 분진이 존재하는 곳
> 가연성의 먼지로서 공중에 떠다니는 상태에서 착화하였을 때, 폭발의 우려가 있는 곳의 저압 옥내 배선은 합성수지관 배선, 금속전선관 배선, 케이블 배선에 의하여 시설한다.

48 굵은 전선이나 케이블을 절단할 때 사용되는 공구는?

① 클리퍼 ② 펜치
③ 나이프 ④ 플라이어

| 해설 |
> 클리퍼(Clipper) : 굵은 전선을 절단하는 데 사용하는 가위

| 정답 | 45 ② 46 ① 47 ④ 48 ①

49 저압 연접 인입선 시설에서 제한 사항이 아닌 것은?

① 인입선의 분기점에서 100[m]를 넘는 지역에 미치지 아니할 것
② 폭 5[m]를 넘는 도로를 횡단하지 말 것
③ 다른 수용가의 옥내를 관통하지 말 것
④ 지름 2.0[mm] 이하의 경동선을 사용하지 말 것

> **해설**
> 연접 인입선 시설 제한 규정
> - 인입선에서 분기하는 점에서 100[m]를 넘는 지역에 이르지 않아야 한다.
> - 너비 5[m]를 넘는 도로를 횡단하지 않아야 한다.
> - 연접 인입선은 옥내를 통과하면 안 된다.
> - 지름 2.6[mm]의 경동선 또는 이와 동등 이상의 세기 및 굵기의 것이어야 한다.

50 수변전설비 구성기기의 계기용 변압기(PT)에 대한 설명으로 맞는 것은?

① 높은 전압을 낮은 전압으로 변성하는 기기이다.
② 높은 전류를 낮은 전류로 변성하는 기기이다.
③ 회로에 병렬로 접속하여 사용하는 기기이다.
④ 부족전압 트립코일의 전원으로 사용된다.

> **해설**
> PT(계기용 변압기)
> 고전압을 저전압으로 변압하여 계전기나 계측기에 전원 공급

51 실링 직접부착등을 시설하고자 한다. 배선도에 표기할 그림기호로 옳은 것은?

① ⊢(N)   ② ✕   ③ (CL)   ④ (R)

> **해설**
> ① 나트륨등(벽부형)
> ② 옥외 보안등
> ④ 리셉터클

52 다음 ( ) 안에 들어갈 내용으로 알맞은 것은?

| 사람의 접촉 우려가 있는 합성수지제 몰드는 홈의 폭 및 깊이가 (㉠)[cm] 이하로 두께는 (㉡)[mm] 이상의 것이어야 한다. |

① ㉠ 3.5, ㉡ 1   ② ㉠ 5, ㉡ 1
③ ㉠ 3.5, ㉡ 2   ④ ㉠ 5, ㉡ 2

> **해설**
> 합성수지 몰드는 홈의 폭 및 깊이가 3.5[cm] 이하의 것일 것. 다만, 사람이 쉽게 접촉할 우려가 없도록 시설하는 경우에는 폭 5[cm] 이하의 것을 사용할 수 있다(두께는 1.2±0.2[mm]일 것).

정답 49 ④ 50 ① 51 ③ 52 ③

53 전등 한 개를 2개소에서 점멸하고자 할 때 옳은 배선은?

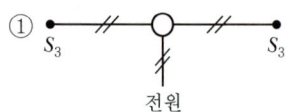 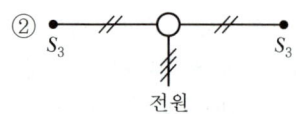

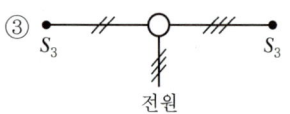 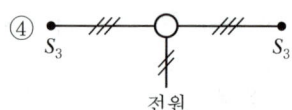

> [해설]
>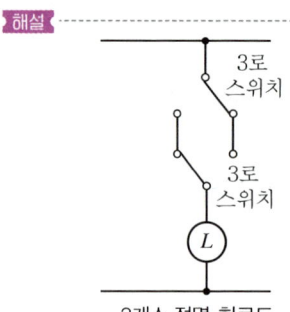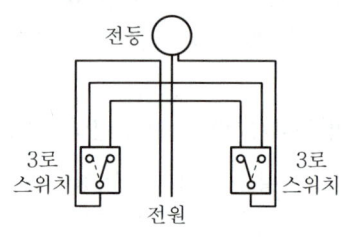
> 2개소 점멸 회로도   2개소 점멸 배선도

54 한국전기설비규정(KEC)에서 정하는 옥내배선의 보호도체(PE)의 색별표시는?

① 갈색   ② 흑색
③ 녹색 – 노란색   ④ 녹색 – 적색

> [해설]
>
> | 상(문자) | 색상 |
> |---|---|
> | L1 | 갈색 |
> | L2 | 흑색 |
> | L3 | 회색 |
> | N | 청색 |
> | 보호도체(PE) | 녹색 – 노란색 |

55 옥내배선의 접속함이나 박스 내에서 접속할 때 주로 사용하는 접속법은?

① 슬리브 접속   ② 쥐꼬리 접속
③ 트위스트 접속   ④ 브리타니아 접속

> [정답] 53 ④ 54 ③ 55 ②

> **해설**
> - 단선의 직선 접속 : 트위스트 접속, 브리타니아 접속, 슬리브 접속
> - 단선의 종단 접속 : 쥐꼬리 접속, 링 슬리브 접속

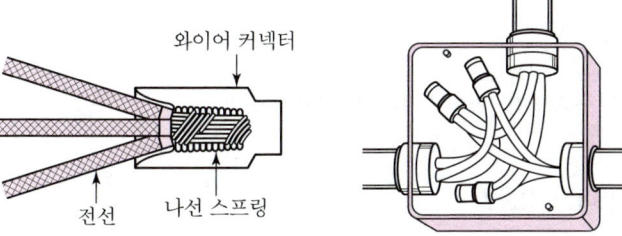

56 다음 케이블의 약호에서 0.6/1 kV CV의 명칭은 무엇인가?
KEC 반영

① 0.6/1[kV] 비닐절연 비닐시스 케이블
② 0.6/1[kV] 가교 폴리에틸렌 절연 비닐시스 전력 케이블
③ 0.6/1[kV] 가교 폴리에틸렌 절연 저독성 난연 폴리올레핀시스 전력 케이블
④ 0.6/1[kV] 가교 폴리에틸렌 절연 비닐시스 제어 케이블

> **해설**
>
> | 명칭 | 기호 |
> | --- | --- |
> | 0.6/1[kV] 비닐절연 비닐시스 케이블 | 0.6/1 kV VV |
> | 0.6/1[kV] 가교 폴리에틸렌 절연 비닐시스 전력 케이블 | 0.6/1 kV CV |
> | 0.6/1[kV] 가교 폴리에틸렌 절연 저독성 난연 폴리올레핀시스 전력 케이블 | 0.6/1 kV HFCO |
> | 0.6/1[kV] 가교 폴리에틸렌 절연 비닐시스 제어 케이블 | 0.6/1 kV CCV |

57 다음은 절연저항에 대한 설명이다. 괄호 안에 들어갈 내용으로 알맞은 것은?

> 특별저압 : 2차 전압이 AC (㉠)[V], DC (㉡)[V] 이하인 SELV(비접지회로) 및 PELV(접지회로)는 1차와 2차가 전기적으로 절연된 회로, FELV는 1차와 2차가 전기적으로 절연되지 않은 회로이다.

① ㉠ 50, ㉡ 100
② ㉠ 40, ㉡ 100
③ ㉠ 50, ㉡ 120
④ ㉠ 40, ㉡ 122

> **해설**
> 특별저압(Extra Low Voltage)은 2차 전압이 AC 50[V], DC 120[V] 이하이다.

58 피뢰기의 구비조건으로 틀린 것은?

① 충격방전개시 전압이 높을 것
② 제한 전압이 낮을 것
③ 속류차단을 확실하게 할 수 있을 것
④ 방전내량이 클 것

정답 56 ② 57 ③ 58 ①

> **해설**
> **피뢰기의 구비조건**
> • 충격방전개시 전압이 낮을 것
> • 제한 전압이 낮을 것
> • 뇌전류 방전능력이 클 것
> • 속류차단을 확실하게 할 수 있을 것
> • 반복동작이 가능하고, 구조가 견고하며 특성이 변화하지 않을 것

59 접지시스템의 구성요소가 아닌 것은?
① 접지극
② 접지도체
③ 보호도체
④ 소호도체

> **해설**
> 접지시스템은 접지극, 접지도체, 보호도체 및 기타 설비로 구성된다.

60 조명기구를 배광에 따라 분류하는 경우 특정한 장소만을 고조도로 하기 위한 조명기구는?
① 직접 조명기구
② 전반확산 조명기구
③ 광천장 조명기구
④ 반직접 조명기구

> **해설**
> 조명기구 배광에 의한 분류
>
> | 조명 방식 | 직접 조명 | 반직접 조명 | 전반확산 조명 | 반간접 조명 | 간접 조명 |
> |---|---|---|---|---|---|
> | 상향 광속 | 0~10[%] | 10~40[%] | 40~60[%] | 60~90[%] | 90~100[%] |
> | 조명기구 | | | | | |
> | 하향 광속 | 100~90[%] | 90~60[%] | 60~40[%] | 40~10[%] | 10~0[%] |

정답 59 ④ 60 ①

CHAPTER 12　2021년 제4회

01 R_1, R_2, R_3의 저항 3개를 아래와 같이 직병렬로 접속했을 때의 합성저항 R은?

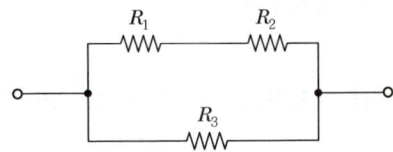

① $R = \dfrac{R_1 + R_2 + R_3}{(R_1 + R_2)R_3}$　　② $R = \dfrac{(R_1 + R_2)R_3}{R_1 + R_2 + R_3}$

③ $R = R_1 \cdot R_2 \cdot R_3$　　④ $R = R_1 + R_2 + R_3$

해설
R_1와 R_2 저항은 직렬연결이고, 이들과 R_3 저항은 병렬연결이므로, $R = \dfrac{(R_1 + R_2)R_3}{(R_1 + R_2) + R_3}$ 이다.

02 그림의 브리지 회로에서 평형 조건식이 올바른 것은?

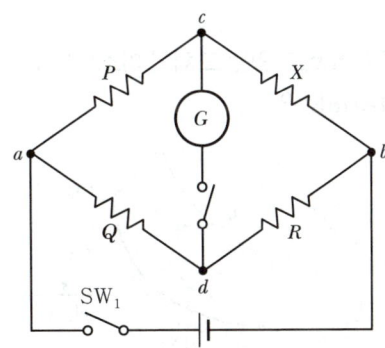

① $PX = QX$　　② $PQ = RX$
③ $PX = QR$　　④ $PR = QX$

해설
휘트스톤 브리지(Wheatstone Bridge)
브리지의 평형조건 $PR = QX$, $X = \dfrac{P}{Q}R[\Omega]$

정답　01 ②　02 ④

03 두 개의 서로 다른 금속의 접속점에 온도차를 주면 열기전력이 생기는 현상은?

① 홀 효과
② 줄 효과
③ 압전기 효과
④ 제벡 효과

해설

제벡 효과(Seebeck Effect)
- 서로 다른 금속 A, B를 접속하고 접속점을 서로 다른 온도로 유지하면 기전력이 생겨 일정한 방향으로 전류가 흐른다. 이러한 현상을 열전 효과 또는 제벡 효과라 한다.
- 열전 온도계, 열전형 계기에 이용된다.

04 자극 가까이에 물체를 두었을 때 자화되는 물체와 자석이 그림과 같은 방향으로 자화되는 자성체는?

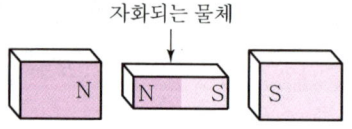

① 상자성체
② 반자성체
③ 강자성체
④ 비자성체

해설
① 상자성체 : 자석에 자화되어 약하게 끌리는 물체
② 반자성체 : 자석에 자화가 반대로 되어 약하게 반발하는 물체
③ 강자성체 : 자석에 자화되어 강하게 끌리는 물체

05 그림과 같이 I[A]의 전류가 흐르고 있는 도체의 미소부분 Δl의 전류에 의해 이 부분이 r[m] 떨어진 점 P의 자기장 ΔH[A/m]는?

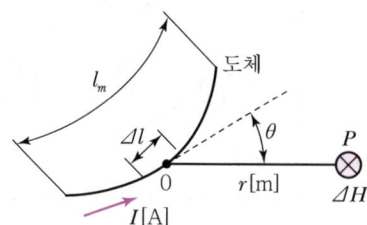

① $\Delta H = \dfrac{I^2 \Delta l \sin\theta}{4\pi r^2}$
② $\Delta H = \dfrac{I \Delta l^2 \sin\theta}{4\pi r}$
③ $\Delta H = \dfrac{I^2 \Delta l \sin\theta}{4\pi r}$
④ $\Delta H = \dfrac{I \Delta l \sin\theta}{4\pi r^2}$

해설

비오-사바르 법칙
$\Delta H = \dfrac{I \Delta l \sin\theta}{4\pi r^2}$

06 유전율의 단위는?

① [F/m]   ② [V/m]   ③ [C/m²]   ④ [H/m]

> 해설
> ② 전기장의 세기, ④ 투자율의 단위

07 권수 200회의 코일에서 5[A]의 전류가 흘러서 0.025[Wb]의 자속이 코일을 지난다고 하면, 이 코일의 자체 인덕턴스는 몇 [H]인가?

① 2   ② 1   ③ 0.5   ④ 0.1

> 해설
> $L = \dfrac{N\phi}{I} = \dfrac{200 \times 0.025}{5} = 1 [\text{H}]$

08 그림과 같은 RC 병렬회로에서 합성 임피던스는 어떻게 표현되는가?

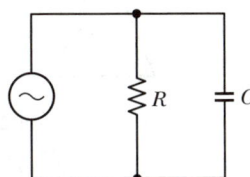

① $Z = \sqrt{R^2 + (\omega C)^2}$

② $Z = \sqrt{\left(\dfrac{1}{R}\right)^2 + (\omega C)^2}$

③ $Z = \dfrac{1}{\sqrt{\left(\dfrac{1}{R}\right)^2 + \left(\dfrac{1}{\omega C}\right)^2}}$

④ $Z = \dfrac{1}{\sqrt{\left(\dfrac{1}{R}\right)^2 + (\omega C)^2}}$

> 해설
> $\dot{Y} = \dfrac{1}{R} + j\dfrac{1}{X_C}$
> $Z = \dfrac{1}{Y} = \dfrac{1}{\sqrt{\left(\dfrac{1}{R}\right)^2 + \left(\dfrac{1}{X_C}\right)^2}} = \dfrac{1}{\sqrt{\left(\dfrac{1}{R}\right)^2 + (\omega C)^2}} [\Omega]$
> 여기서, $X_C = \dfrac{1}{\omega C}$

09 비정현파가 아닌 것은?

① 삼각파   ② 사각파
③ 사인파   ④ 펄스파

> 해설
> 비정현파는 직류분, 기본파(사인파), 고조파가 합성된 파형으로, 사인파는 비정현파의 구성요소이다.

정답 06 ① 07 ② 08 ④ 09 ③

10 다음 중 비선형 소자는?

① 저항   ② 인덕턴스
③ 다이오드   ④ 커패시턴스

> 해설
> • 선형 소자 : 전압과 전류가 비례하는 소자
> • 비선형 소자 : 전압과 전류가 비례관계로 표시될 수 없는 소자

11 그림과 같이 대전된 에보나이트 막대를 박검전기의 금속판에 닿지 않도록 가깝게 가져갔을 때 금박이 열렸다면 이와 같은 현상을 무엇이라 하는가?(단, A는 원판, B는 박, C는 에보나이트 막대이다.)

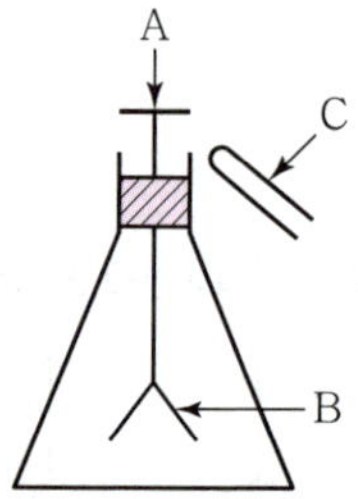

① 대전   ② 마찰전기
③ 정전유도   ④ 정전차폐

> 해설
> 정전유도
> 에보나이트 막대를 원판에 가까이 하면 에보나이트에 가까운 쪽(A : 원판)에서는 에보나이트와 다른 종류의 전하가 나타나며 반대쪽(B : 박)에는 같은 종류의 전하가 나타나는 현상

12 100[Ω]의 저항이 3개, 50[Ω]의 저항이 2개, 30[Ω]의 저항이 2개가 있다. 이들을 모두 직렬로 접속할 때의 합성저항은 몇 [Ω]인가?

① 180   ② 360
③ 460   ④ 580

> 해설
> 합성저항 $R_0 = 100 \times 3 + 50 \times 2 + 30 \times 2 = 460[\Omega]$

13 2[Ω]의 저항에 3[A]의 전류가 1분간 흐를 때 이 저항에서 발생하는 열량은?

① 약 4[cal]   ② 약 86[cal]
③ 약 259[cal]   ④ 약 1,080[cal]

> 해설
> 줄의 법칙에 의한 열량 $H = 0.24 I^2 R t = 0.24 \times 3^2 \times 2 \times 1 \times 60 = 259.2[cal]$

정답 10 ③ 11 ③ 12 ③ 13 ③

14 공기 중에 3×10^{-5}[C], 8×10^{-5}[C]의 두 전하를 2[m]의 거리에 놓을 때 그 사이에 작용하는 힘은?

① 2.7[N]　　② 5.4[N]　　③ 10.8[N]　　④ 24[N]

해설
$$F = \frac{1}{4\pi\epsilon} \times \frac{Q_1 Q_2}{r^2} = 9 \times 10^9 \times \frac{Q_1 Q_2}{r^2}$$
$$= 9 \times 10^9 \times \frac{(3 \times 10^{-5}) \times (8 \times 10^{-5})}{2^2}$$
$$= 5.4[N]$$

15 평형 3상 교류회로의 Y회로로부터 Δ회로로 등가 변환하기 위해서는 어떻게 하여야 하는가?

① 각 상의 임피던스를 3배로 한다.
② 각 상의 임피던스를 $\sqrt{3}$로 한다.
③ 각 상의 임피던스를 $\frac{1}{\sqrt{3}}$로 한다.
④ 각 상의 임피던스를 $\frac{1}{3}$로 한다.

해설
- Y → Δ 변환 : $Z_\Delta = 3Z_Y$
- Δ → Y 변환 : $Z_Y = \frac{1}{3}Z_\Delta$

16 길이 10[cm]의 도선이 자속밀도 1[Wb/m²]의 평등 자장 안에서 자속과 수직방향으로 3초 동안에 12[m] 이동하였다. 이때 유도되는 기전력은 몇 [V]인가?

① 0.1　　② 0.2　　③ 0.3　　④ 0.4

해설
속도 $v = \frac{12}{3} = 4$[m/s], $\sin 90° = 1$이므로 $e = Blv\sin\theta = 1 \times (10 \times 10^{-2}) \times 4 \times 1 = 0.4$[V]

17 다음 중 자기저항의 단위는?

① [A/Wb]　　② [AT/m]
③ [AT/Wb]　　④ [AT/H]

해설
자기저항(Reluctance, R)
$R = \frac{\ell}{\mu A} = \frac{NI}{\phi}$ [AT/Wb]

정답　14 ②　15 ①　16 ④　17 ③

18 200[μF]의 콘덴서를 충전하는 데 9[J]의 일이 필요하였다. 충전전압은 몇 [V]인가?

① 200　　② 300　　③ 450　　④ 900

해설

$$V = \sqrt{\frac{2W}{C}} = \sqrt{\frac{2 \times 9}{200 \times 10^{-6}}} = \sqrt{9 \times 10^4} = 300[V]$$

19 전기장(Electric Field)에 대한 설명으로 옳지 않은 것은?

① 대전(帶電)된 무한장 원통의 내부 전기장은 0이다.
② 대전된 구(球)의 내부 전기장은 0이다.
③ 대전된 도체 내부의 전하(電荷) 및 전기장은 모두 0이다.
④ 도체 표면의 전기장은 그 표면에 평행이다.

해설
도체 표면의 전기장은 그 표면에 수직이다.

20 교류회로에서 전압과 전류의 위상차를 θ[rad]이라 할 때 cosθ는 회로의 무엇인가?

① 전압 변동률　　② 파형률
③ 효율　　④ 역률

해설
역률 $\cos\theta = \dfrac{유효전력}{피상전력}$ 이고, θ는 전압과 전류의 위상차이다.

21 워드 레오나드 속도제어는?

① 저항제어　　② 계자제어
③ 전압제어　　④ 직·병렬제어

해설
전압제어 : 워드 레오나드 방식(M-G-M법), 일그너 방식, 초퍼 제어방식, 직·병렬 제어방식이 있다.

22 분권전동기에 대한 설명으로 옳지 않은 것은?

① 토크는 전기자전류의 자승에 비례한다.
② 부하전류에 따른 속도 변화가 거의 없다.
③ 계자회로에 퓨즈를 넣어서는 안 된다.
④ 계자권선과 전기자권선이 전원에 병렬로 접속되어 있다.

해설
전기자권선과 계자권선이 병렬로 접속되어 있어서 단자전압이 일정하면, 부하전류에 관계없이 자속이 일정하므로 타여자전동기와 거의 동일한 특성을 가진다. 또한, 계자전류가 0이 되면, 속도가 급격히 상승하여 위험하기 때문에 계자회로에 퓨즈를 넣어서는 안 된다.

정답 18 ②　19 ④　20 ④　21 ③　22 ①

23 직류전동기의 규약 효율을 표시하는 식은?

① $\dfrac{출력}{출력+손실}\times 100[\%]$ ② $\dfrac{출력}{입력}\times 100[\%]$

③ $\dfrac{입력-손실}{입력}\times 100[\%]$ ④ $\dfrac{출력}{출력-손실}\times 100[\%]$

해설
- 발전기 규약효율 $\eta_G = \dfrac{출력}{출력+손실}\times 100[\%]$
- 전동기 규약효율 $\eta_M = \dfrac{입력-손실}{입력}\times 100[\%]$

24 다음 그림의 변압기 등가회로는 어떤 회로인가?

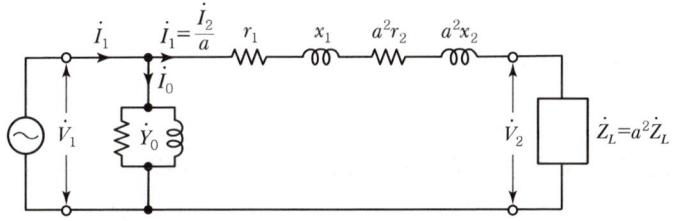

① 1차를 1차로 환산한 등가회로
② 1차를 2차로 환산한 등가회로
③ 2차를 1차로 환산한 등가회로
④ 2차를 2차로 환산한 등가회로

해설
2차 측의 전압, 전류 및 임피던스를 1차 측으로 환산한 등가회로에 여자 어드미턴스(Y_0)를 전원 쪽으로 옮겨놓은 간이 등가회로이다.

25 변압기의 철심 재료로 규소강판을 많이 사용하는데, 철의 함유량은 몇 [%]인가?

① 99[%] ② 96[%]
③ 92[%] ④ 89[%]

해설
변압기 철심에는 히스테리시스손이 작은 규소강판을 사용하는데, 규소 함유량은 4~4.5[%]이므로, 철의 함유량은 95.4~96[%]이다.

26 변압기유가 구비해야 할 조건은?

① 절연내력이 클 것 ② 인화점이 낮을 것
③ 응고점이 높을 것 ④ 비열이 작을 것

정답 23 ③ 24 ③ 25 ② 26 ①

> **해설**
> **변압기유의 구비 조건**
> - 절연내력이 클 것
> - 비열이 커서 냉각 효과가 클 것
> - 인화점이 높고, 응고점이 낮을 것
> - 고온에서도 산화하지 않을 것
> - 절연 재료와 화학 작용을 일으키지 않을 것
> - 점성도가 작고 유동성이 풍부할 것

27 용량이 250[kVA]인 단상 변압기 3대를 △결선으로 운전 중 1대가 고장 나서 V결선으로 운전하는 경우 출력은 약 몇 [kVA]인가?

① 144[kVA] ② 353[kVA]
③ 433[kVA] ④ 525[kVA]

> **해설**
> $P_v = \sqrt{3}\ VI = \sqrt{3} \times 250 = 433[\text{kVA}]$

28 단상 유도전동기의 기동 방법 중 기동 토크가 가장 큰 것은?

① 분상 기동형 ② 반발 유도형
③ 콘덴서 기동형 ④ 반발 기동형

> **해설**
> **기동 토크가 큰 순서**
> 반발 기동형 → 콘덴서 기동형 → 분상 기동형 → 셰이딩 코일형

29 교류전동기를 기동할 때 그림과 같은 기동 특성을 가지는 전동기는?(단, 곡선 (1)~(5)는 기동 단계에 대한 토크 특성곡선이다.)

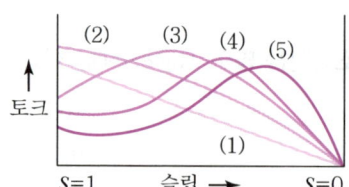

① 반발 유도전동기
② 2중 농형 유도전동기
③ 3상 분권 정류자전동기
④ 3상 권선형 유도전동기

> **해설**
> 그림은 토크의 비례 추이 곡선으로 3상 권선형 유도전동기와 같이 2차 저항을 조절할 수 있는 기기에서 응용할 수 있다.

정답 27 ③ 28 ④ 29 ④

30 N형 반도체를 만들기 위해서 첨가하는 것은?

① 붕소(B)　　　　　　　　② 인디움(In)
③ 알루미늄(Al)　　　　　　④ 인(P)

해설

불순물 반도체

구분	첨가 불순물	명칭	반송자
N형 반도체	5가 원자 [인(P), 비소(As), 안티몬(Sb)]	도너 (Donor)	과잉전자
P형 반도체	3가 원자 [붕소(B), 인디움(In), 알루미늄(Al)]	억셉터 (Acceptor)	정공

31 SCR 2개를 역병렬로 접속한 그림과 같은 기호의 명칭은?

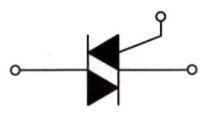

① SCR　　② TRIAC　　③ GTO　　④ UJT

해설
TRIAC은 양방향 3단자 소자이다.

32 VVVF(Variable Voltage Variable Frequency)는 어떤 전동기의 속도제어에 사용되는가?

① 동기전동기　　　　　　② 유도전동기
③ 직류 분권전동기　　　　④ 직류 타여자전동기

해설
VVVF는 가변전압, 가변주파수를 발생하는 교류전원 장치로서 주파수 제어에 의한 유도전동기 속도제어에 많이 사용된다.

33 그림과 같은 전동기 제어회로에서 전동기 M의 전류 방향으로 올바른 것은?(단, 전동기의 역률은 100[%]이고, 사이리스터의 점호각은 0°라고 본다.)

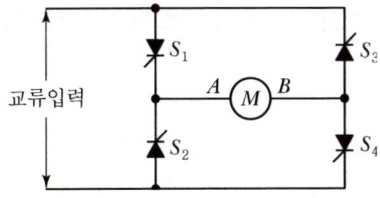

① 항상 A에서 B의 방향
② 항상 B에서 A의 방향
③ 입력의 반주기마다 A에서 B의 방향, B에서 A의 방향
④ S_1과 S_4, S_2와 S_3의 동작 상태에 따라 A에서 B의 방향, B에서 A의 방향

정답　30 ④　31 ②　32 ②　33 ①

> **해설**
> 교류입력(정현파)의 (+) 반주기에는 S_1과 S_4, (−) 반주기에는 S_2와 S_3가 동작하여 A에서 B의 방향으로 직류전류가 흐른다.

34 교류전동기를 직류전동기처럼 속도제어하려면 가변 주파수의 전원이 필요하다. 주파수 f_1에서 직류로 변환하지 않고 바로 주파수 f_2로 변환하는 변환기는?

① 사이클로 컨버터 ② 주파수원 인버터
③ 전압·전류원 인버터 ④ 사이리스터 컨버터

> **해설**
> 어떤 주파수의 교류 전력을 다른 주파수의 교류 전력으로 변환하는 것을 주파수 변환이라고 하며, 직접식과 간접식이 있다. 간접식은 정류기와 인버터를 결합시켜서 변환하는 방식이고, 직접식은 교류에서 직접 교류로 변환시키는 방식으로 사이클로 컨버터라고 한다.

35 1차 권수 6,000, 2차 권수 200인 변압기의 전압비는?

① 10 ② 30 ③ 60 ④ 90

> **해설**
> 전압비
> $$a = \frac{V_1}{V_2} = \frac{N_1}{N_2} = \frac{6{,}000}{200} = 30$$

36 부흐홀츠 계전기의 설치 위치로 가장 적당한 것은?

① 변압기 주 탱크 내부
② 콘서베이터 내부
③ 변압기 고압 측 부싱
④ 변압기 주 탱크와 콘서베이터 사이

> **해설**
> 변압기의 탱크와 콘서베이터의 연결관 사이에 설치한다.

37 6극, 1,200[rpm]인 동기발전기로 병렬운전하는 극수 4의 교류발전기의 회전수는 몇 [rpm]인가?

① 3,600 ② 2,400 ③ 1,800 ④ 1,200

> **해설**
> 병렬운전 조건 중 주파수가 같아야 하는 조건이 있으므로,
> • $N_s = \frac{120f}{P}$ 이므로, $f = \frac{P \cdot N_s}{120} = \frac{6 \times 1{,}200}{120} = 60$[Hz]이다.
> • 4극 발전기의 회전수 $N_s = \frac{120 \times 60}{4} = 1{,}800$[rpm]

정답 34 ① 35 ② 36 ④ 37 ③

38 직류기에서 브러시의 역할은?

① 기전력 유도
② 자속 생성
③ 정류 작용
④ 전기자권선과 외부회로 접속

해설
브러시의 역할
정류자면에 접촉하여 전기자권선과 외부회로를 연결하는 것

39 직류전동기의 출력이 50[kW], 회전수가 1,800[rpm]일 때 토크는 약 몇 [kg·m]인가?

① 12 ② 23 ③ 27 ④ 31

해설
$T = \dfrac{60}{2\pi} \dfrac{P_o}{N}[\text{N}\cdot\text{m}]$ 이고, $T = \dfrac{1}{9.8}\dfrac{60}{2\pi}\dfrac{P_o}{N}[\text{kg}\cdot\text{m}]$ 이므로,
$T = \dfrac{1}{9.8}\dfrac{60}{2\pi}\dfrac{50\times 10^3}{1,800} \simeq 27[\text{kg}\cdot\text{m}]$ 이다.

40 자동제어 장치의 특수 전기기기로 사용되는 전동기는?

① 전기동력계
② 3상 유도전동기
③ 직류 스테핑 모터
④ 초동기전동기

해설
스테핑 모터(Stepping Motor)
- 입력 펄스 신호에 따라 일정한 각도로 회전하는 전동기이다.
- 기동 및 정지 특성이 우수하다.
- 특수 기계의 속도, 거리, 방향 등의 정확한 제어가 가능하다.
- 공작기계, 수치제어장치, 로봇 등, 서보기구(Servomechanism)에 사용된다.

41 지중에 매설되어 있는 금속제 수도관로는 접지공사의 접지극으로 사용할 수 있다. 이때 수도관로는 대지와의 전기저항치가 얼마 이하여야 하는가?

① 1[Ω] ② 2[Ω] ③ 3[Ω] ④ 4[Ω]

해설
금속제 수도관을 접지극으로 사용할 경우 3[Ω] 이하의 접지저항을 가지고 있을 것
[참고] 건물의 철골 등 금속체를 접지극으로 사용할 경우 : 2[Ω] 이하의 접지저항을 가지고 있을 것

42 고압 가공 인입선이 일반적인 도로 횡단 시 설치 높이는?

① 3[m] 이상
② 3.5[m] 이상
③ 5[m] 이상
④ 6[m] 이상

정답 38 ④ 39 ③ 40 ③ 41 ③ 42 ④

> **해설**

인입선의 높이

구분	저압 인입선[m]	고압 및 특고압인입선[m]
도로 횡단	5	6
철도 궤도 횡단	6.5	6.5
기타	4	5

43 한국전기설비규정(KEC)에서 정하는 옥내배선의 보호도체(PE)의 색별표시는?

① 갈색
② 흑색
③ 녹색 – 노란색
④ 녹색 – 적색

> **해설**

상(문자)	색상
L1	갈색
L2	흑색
L3	회색
N	청색
보호도체(PE)	녹색 – 노란색

44 펜치로 절단하기 힘든 굵은 전선의 절단에 사용되는 공구는?

① 파이프 렌치
② 파이프 커터
③ 클리퍼
④ 와이어 게이지

> **해설**
>
> 클리퍼(Clipper) : 굵은 전선을 절단하는 데 사용하는 가위

45 절연전선의 피복에 "15kV NRV"라고 표기되어 있다. 여기서 "NRV"는 무엇을 나타내는 약호인가?

① 형광등 전선
② 고무절연 폴리에틸렌 시스 네온 전선
③ 고무절연 비닐 시스 네온 전선
④ 폴리에틸렌 절연비닐 시스 네온 전선

> **해설**
>
> 전선의 약호[N : 네온, R : 고무, E : 폴리에틸렌, C : 클로로프렌, V : 비닐]
> • NRV : 고무절연 비닐 시스 네온 전선
> • NRC : 고무절연 클로로프렌 시스 네온 전선
> • NEV : 폴리에틸렌 절연비닐 시스 네온 전선

> **정답** 43 ③ 44 ③ 45 ③

46 전선을 접속할 경우의 설명으로 틀린 것은?

① 접속 부분의 전기 저항이 증가되지 않아야 한다.
② 전선의 세기를 80[%] 이상 감소시키지 않아야 한다.
③ 접속 부분은 접속 기구를 사용하거나 납땜을 하여야 한다.
④ 알루미늄 전선과 동선을 접속하는 경우, 전기적 부식이 생기지 않도록 해야 한다.

해설
전선의 세기를 20[%] 이상 감소시키지 않아야 한다. 즉, 전선의 세기를 80[%] 이상 유지해야 한다.

47 조명용 백열전등을 호텔 또는 여관 객실의 입구에 설치할 때나 일반주택 및 아파트 각 실의 현관에 설치할 때 사용되는 스위치는?

① 타임 스위치
② 누름 버튼 스위치
③ 토글 스위치
④ 로터리 스위치

해설
숙박업소 객실 입구에는 1분, 주택·아파트 현관 입구에는 3분 이내 소등하는 타임 스위치를 시설해야 한다.

48 합성수지관 배선에서 경질비닐 전선관의 굵기에 해당하지 않는 것은?(단, 관의 호칭을 말한다.)

① 14
② 16
③ 18
④ 22

해설
경질비닐 전선관(HI-Pipe)의 호칭
- 관의 굵기를 안지름의 크기에 가까운 짝수로써 표시
- 지름 14~100[mm]으로 10종(14, 16, 22, 28, 36, 42, 54, 70, 82, 100[mm])

49 금속관 절단구에 대한 다듬기에 쓰이는 공구는?

① 리머
② 홀소
③ 프레셔 툴
④ 파이프 렌치

해설
리머(Reamer)
금속관을 쇠톱이나 커터로 끊은 다음, 관 안에 날카로운 것을 다듬는 공구이다.

50 폭연성 분진이 존재하는 곳의 금속관 공사 시 전동기에 접속하는 부분에서 가요성을 필요로 하는 부분의 배선에는 방폭형의 부속품 중 어떤 것을 사용하여야 하는가?

① 플렉시블 피팅
② 분진 플렉시블 피팅
③ 분진 방폭형 플렉시블 피팅
④ 안전 증가 플렉시블 피팅

해설
전동기에 접속하는 부분에서 가요성을 필요로 하는 부분의 배선에는 방폭형의 부속품 중 분진 방폭형 플렉시블 피팅을 사용한다.

정답 46 ② 47 ① 48 ③ 49 ① 50 ③

51 옥외 절연부분의 전선과 대지 사이의 절연저항은 사용전압에 대한 누설전류가 최대공급전류의 얼마를 초과하지 않도록 해야 하는가?

① $\dfrac{최대공급전류}{1,000}$ ② $\dfrac{최대공급전류}{2,000}$

③ $\dfrac{최대공급전류}{3,000}$ ④ $\dfrac{최대공급전류}{4,000}$

해설

누설전류 ≤ $\dfrac{최대공급전류}{2,000}$

52 철근콘크리트주의 길이가 12[m]이고, 설계하중이 6.8[kN] 이하일 때, 땅에 묻히는 표준깊이는 몇 [m]이어야 하는가?

① 2[m]   ② 2.3[m]   ③ 2.5[m]   ④ 2.7[m]

해설

전주가 땅에 묻히는 깊이
- 전주의 길이 15[m] 이하 : 1/6 이상
- 전주의 길이 15[m] 초과 : 2.5[m] 이상
- 철근콘크리트 전주로서 길이가 14[m] 이상 20[m] 이하이고, 설계하중이 6.8[kN] 초과 9.8[kN] 이하인 것은 30[cm]를 가산한다.

53 전선로의 직선부분을 지지하는 애자는?

① 핀애자   ② 지지애자
③ 가지애자   ④ 구형애자

해설
- 가지애자 : 전선로의 방향을 변경할 때 사용
- 구형애자 : 지선의 중간에 사용하여 감전을 방지

54 전압 22.9[kV-Y] 이하의 배전선로에서 수전하는 설비의 피뢰기 정격전압은 몇[kV]로 적용하는가?

① 18[kV]   ② 24[kV]   ③ 144[kV]   ④ 288[kV]

해설

피뢰기의 정격전압 : 전압을 선로단자와 접지단자에 인가한 상태에서 동작책무를 반복 수행할 수 있는 정격 주파수의 상용주파전압 최고한도(실효치)를 말한다.

계통구분	피뢰기 정격전압의 예	
	공칭전압[kV]	정격전압[kV]
유효접지계통	345	288
	154	144
	22.9	18
비유효접지계통	22	24
	6.6	7.5

정답 51 ②   52 ①   53 ①   54 ①

55 가연성 분진(소맥분, 전분, 유황, 기타 가연성 먼지 등)으로 인하여 폭발할 우려가 있는 저압 옥내 설비 공사로 적절하지 않은 것은?

① 케이블 공사
② 금속관 공사
③ 합성수지관 공사
④ 플로어 덕트 공사

해설
가연성 분진이 존재하는 곳
가연성의 먼지로서 공중에 떠다니는 상태에서 착화하였을 때, 폭발의 우려가 있는 곳의 저압 옥내 배선은 합성수지관 배선, 금속전선관 배선, 케이블 배선에 의하여 시설한다.

56 지중 또는 수중에 시설하는 양극과 피방식체 간의 전기부식 방지시설에 대한 설명으로 틀린 것은?

① 사용 전압은 직류 60[V] 초과일 것
② 지중에 매설하는 양극은 75[cm] 이상의 깊이일 것
③ 수중에 시설하는 양극과 그 주위 1[m] 안의 임의의 점과의 전위차는 10[V]를 넘지 않을 것
④ 지표에서 1[m] 간격의 임의의 2점 간의 전위차가 5[V]를 넘지 않을 것

해설
전기부식용 전원 장치로부터 양극 및 피방식체까지의 전로의 사용전압은 직류 60[V] 이하일 것

57 전기울타리용 전원장치에 전원을 공급하는 전로의 사용전압은 몇 [V] 이하이어야 하는가?

① 150[V]
② 200[V]
③ 250[V]
④ 400[V]

해설
전기울타리의 시설
• 전로의 사용전압은 250[V] 이하일 것
• 전선은 인장강도 1.38[kN] 이상의 것 또는 지름 2[mm] 이상의 경동선일 것
• 전선과 이를 지지하는 기둥 사이의 이격 거리는 2.5[cm] 이상일 것

58 고압전기회로의 전기사용량을 적산하기 위한 계기용 변압변류기의 약자는?

① ZPCT
② MOF
③ DCS
④ DSPF

해설
계기용 변압변류기(MOF, PCT)

59 수·변전설비의 인입구 개폐기로 많이 사용되고 있으며 전력 퓨즈의 용단 시 결상을 방지하는 목적으로 사용되는 개폐기는?

① 부하개폐기
② 선로개폐기
③ 자동 고장 구분 개폐기
④ 기중부하개폐기

정답 55 ④ 56 ① 57 ③ 58 ② 59 ①

해설

장치	기능
고장구분자동개폐기(A.S.S)	한 개 수용가의 사고가 다른 수용가에 피해를 최소화하기 위한 방안으로 대용량 수용가에 한하여 설치한다.
선로개폐기(L.S)	책임분계점에서 보수 점검 시 전로를 구분하기 위한 개폐기로 시설하고 반드시 무부하 상태로 개방하여야 하며 이는 단로기와 같은 용도로 사용한다.
부하개폐기(L.B.S)	수·변전설비의 인입구 개폐기로 많이 사용되고 있으며 전력퓨즈 용단 시 결상을 방지하는 목적으로 사용하고 있다.
기중부하개폐기(I.S)	수전용량 300[kVA] 이하에서 인입개폐기로 사용한다.

60 접지저항 측정방법으로 가장 적당한 것은?

① 절연저항계
② 전력계
③ 교류의 전압, 전류계
④ 콜라우시 브리지

해설

콜라우시 브리지
저저항 측정용 계기로 접지저항, 전해액의 저항 측정에 사용된다.

정답 60 ④

CHAPTER 13 2022년 제1회

01 진공 중에 두 자극이 m_1, m_2이고, 사이의 거리가 r이라고 할 때 두 자극에 작용하는 힘 F를 나타내는 공식으로 옳은 것은?(단, k는 상수이다.)

① $F = k\dfrac{m_1 m_2}{r^2}$　　　　　② $F = k\dfrac{m_1 m_2}{r}$

③ $F = k\dfrac{m_1^2 m_2^2}{r^2}$　　　　　④ $F = k\dfrac{m_1^2 m_2^2}{r}$

해설
쿨롱의 법칙 $F = \dfrac{1}{4\pi\mu}\dfrac{m_1 m_2}{r^2}[\text{N}]$

02 2[C]의 전하에 5[V] 전압을 가하였더니 전하가 이동하였다면, 두 점을 이동할 때 일은 몇 [J]인가?

① 0.4[J]　　② 2.5[J]　　③ 10[J]　　④ 20[J]

해설
$V = \dfrac{W}{Q}$ 에서 일의 양은 $W = VQ = 5 \times 2 = 10[\text{J}]$

03 유전율의 단위는?

① [F/m]　　② [V/m]　　③ [C/m²]　　④ [H/m]

해설
② 전기장의 세기
④ 투자율

04 정전용량이 10[μF]인 콘덴서 2개를 병렬로 연결하였을 때의 합성 정전용량은 직렬로 접속하였을 때의 몇 배인가?

① $\dfrac{1}{4}$　　② $\dfrac{1}{2}$　　③ 2　　④ 4

해설
병렬접속 시 합성 정전용량 $C_P = 2C = 2 \times 10 = 20[\mu\text{F}]$
직렬접속 시 합성 정전용량 $C_S = \dfrac{C}{2} = \dfrac{10}{2} = 5[\mu\text{F}]$
따라서, $\dfrac{C_P}{C_S} = \dfrac{20}{5} = 4$배

정답 01 ①　02 ③　03 ①　04 ④

05 중첩의 원리를 이용하여 회로망을 해석할 때, 전압원과 전류원의 해석으로 옳은 것은?

① 전압원은 단락하고, 전류원은 개방한다.
② 전압원은 개방하고, 전류원은 단락한다.
③ 전압원, 전류원 모두 단락한다.
④ 전압원, 전류원 모두 개방한다.

> **해설**
> 전원을 개별적으로 작용시키기 위해 다른 전원의 전압원은 단락하고, 전류원은 개방하여 해석한다.

06 5[Wh]는 몇 [J]인가?

① 720 　　② 1,800 　　③ 7,200 　　④ 18,000

> **해설**
> $1[J]=1[W\cdot sec]$이므로, $5[Wh]=5[W]\times 3{,}600[sec]=18{,}000[J]$

07 20[℃]의 물 5[ℓ]를 90[℃]로 올리는 데, 1[kW] 전열기를 사용하여 30분 걸렸다면, 이때 전열기의 효율은 약 몇 [%]인가?

① 81[%] 　　② 71[%] 　　③ 68[%] 　　④ 48[%]

> **해설**
> 물의 온도 변화에 대한 계산식과 줄열의 계산식은 다음과 같다.
> $H = Cm\Delta T = 0.24 Pt\eta$ [cal]
> 여기서, C : 물의 비열, m : 질량($1[\ell]=1{,}000[g]$), ΔT : 온도변화, t : 시간[s], η : 전열기 효율
> $\eta = \dfrac{Cm\Delta T}{0.24Pt} = \dfrac{1\times 5{,}000 \times (90-20)}{0.24 \times 1{,}000 \times 30 \times 60} = 81.02[\%]$

08 같은 저항 4개를 그림과 같이 연결하여 $a-b$ 간에 일정 전압을 가했을 때 소비전력이 가장 큰 것은 어느 것인가?

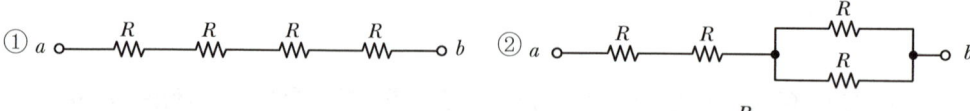

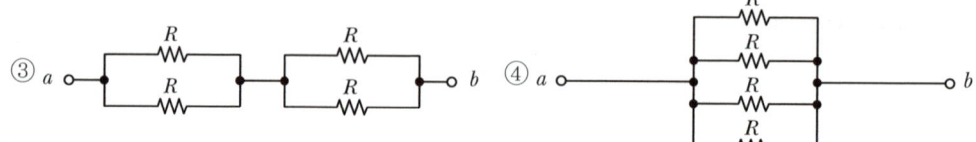

> **해설**
> - 전력 $P = \dfrac{V^2}{R}$[W]의 관계식에서 전압이 일정하므로, 전력과 저항은 반비례한다.
> - 각 보기의 합성저항을 계산하면,
>   ①은 $4R$, ②는 $0.4R$, ③은 R, ④는 $0.25R$이므로, 합성저항이 가장 작은 ④가 소비전력이 가장 크다.

정답　05 ①　06 ④　07 ①　08 ④

09 묽은 황산(H_2SO_4) 용액에 구리(Cu)와 아연(Zn)판을 넣으면 전지가 된다. 이때 양극(+)에 대한 설명으로 옳은 것은?

① 구리판이며 수소기체가 발생한다.
② 구리판이며 산소기체가 발생한다.
③ 아연판이며 산소기체가 발생한다.
④ 아연판이며 수소기체가 발생한다.

해설
볼타전지에서 양극은 구리판, 음극은 아연판이며, 분극작용에 의해 양극에 수소기체가 발생한다.

10 그림과 같이 대전된 에보나이트 막대를 박검전기의 금속판에 닿지 않도록 가깝게 가져갔을 때 금박이 열렸다면 다음과 같은 현상을 무엇이라 하는가?(단, A는 원판, B는 박, C는 에보나이트 막대이다.)

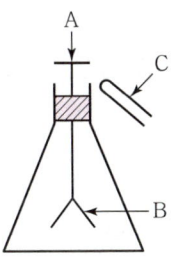

① 대전
② 마찰전기
③ 정전유도
④ 정전차폐

해설
정전유도
에보나이트 막대를 원판에 가까이 하면 에보나이트에 가까운 쪽(A : 원판)에서는 에보나이트와 다른 종류의 전하가 나타나며 반대쪽(B : 박)에는 같은 종류의 전하가 나타나는 현상

11 자기회로의 길이 ℓ[m], 단면적 A[m²], 투자율 μ[H/m]일 때 자기저항 R[AT/Wb]을 나타낸 것은?

① $R = \dfrac{\mu\ell}{A}$ [AT/Wb]
② $R = \dfrac{A}{\mu\ell}$ [AT/Wb]
③ $R = \dfrac{\mu A}{\ell}$ [AT/Wb]
④ $R = \dfrac{\ell}{\mu A}$ [AT/Wb]

해설
자기저항은 자속이 자로를 지날 때 발생하는 저항으로 길이에 비례하고, 단면적에 반비례하며 투자율에 반비례한다.

정답 09 ① 10 ③ 11 ④

12 자극의 세기가 m, 길이가 ℓ인 막대자석의 자기모멘트 M을 나타낸 것은?

① $\dfrac{m}{\ell}$ ② $\dfrac{\ell}{m}$ ③ $m\ell$ ④ $\dfrac{1}{2}m\ell$

> **해설**
> 자기모멘트(Magnetic Moment) : $M = m\ell\,[\text{Wb}\cdot\text{m}]$
> 자기모멘트는 자석의 힘과 축과의 길이의 곱으로, 회전체가 회전을 시작할 때 순간반응도로 이해하면 쉽다.

13 환상 솔레노이드에 감겨진 코일의 권회수를 3배로 늘리면 자체 인덕턴스는 몇 배로 되는가?

① 3   ② 9   ③ $\dfrac{1}{3}$ ④ $\dfrac{1}{9}$

> **해설**
> 자체 인덕턴스 $L = \dfrac{\mu A N^2}{\ell}\,[\text{H}]$의 관계가 있으므로, 권회수 N을 3배로 늘리면, 자체 인덕턴스는 9배가 된다.

14 어느 코일에 전류를 1초 동안 0.1[A]만큼 변화시켰더니, 코일에 유도기전력 10[V]가 발생하였다. 자체 인덕턴스[H]는?

① 1[H]   ② 10[H]   ③ 100[H]   ④ 1,000[H]

> **해설**
> 유도기전력 $e = -L\dfrac{\Delta I}{\Delta t}$에서, $L = -\dfrac{e\Delta t}{\Delta I} = -\dfrac{10 \times 1}{0.1} = -100[\text{H}]$
> 여기서, (−)는 유도기전력이 발생하는 방향을 의미하므로 인덕턴스값에는 의미가 없다.

15 단상 100[V]에서 1[kW]의 전력을 소비하는 전열기의 저항이 10[%] 감소하면 전열기의 소비전력은 약 몇 [kW]인가?

① 10,000[kW]   ② 5,500[kW]   ③ 2,200[kW]   ④ 1,111[kW]

> **해설**
> 원래의 전열기 저항은
> $R = \dfrac{V_1^2}{P} = \dfrac{100^2}{1,000} = 10[\Omega]$
> 감소된 전열기 저항은 $10 \times 0.9 = 9[\Omega]$
> 따라서, 소비전력은 $P = \dfrac{V^2}{R} = \dfrac{100^2}{9} = 1,111[\text{kW}]$

16 저항 3[Ω], 유도 리액턴스 4[Ω]의 RL직렬회로에 교류전압 100[V]를 가했을 때 회로의 전류와 위상각은 얼마인가?

① 25[A], 36.8[°]   ② 20[A], 53.1[°]   ③ 25[A], 53.1[°]   ④ 20[A], 36.8[°]

> **해설**
> • 임피던스 $Z = \sqrt{R^2 + X_L^2} = \sqrt{3^2 + 4^2} = 5[\Omega]$

정답 12 ③ 13 ② 14 ③ 15 ④ 16 ②

- 전류 $I = \dfrac{V}{Z} = \dfrac{100}{5} = 20[A]$

- RL직렬회로는 아래 벡터도와 같으므로, 위상각 $\theta = \tan^{-1}\dfrac{\omega L}{R} = \tan^{-1}\dfrac{4}{3} = 53.1[°]$

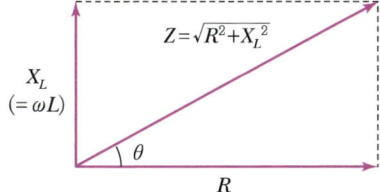

17 1[eV]는 몇 [J]인가?

① $1.602 \times 10^{-19}[J]$ ② $1 \times 10^{-10}[J]$
③ $1[J]$ ④ $1.16 \times 10^{4}[J]$

해설
$W = QV[J]$이므로, $1[eV] = 1.602 \times 10^{-19}[C] \times 1[V] = 1.602 \times 10^{-19}[J]$이다.

18 그림과 같은 회로에서 전류 I는?

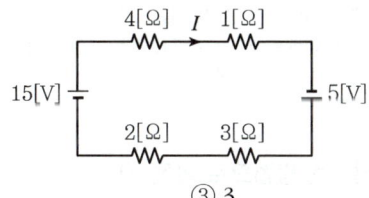

① 1   ② 2   ③ 3   ④ 4

해설
키르히호프 제2법칙을 적용하면, [기전력의 합]=[전압강하의 합]이므로
$15 - 5 = 4I + 1I + 3I + 2I$에서 전류 $I = 1[A]$이다.

19 다음 회로에서 $10[\Omega]$에 걸리는 전압은 몇 [V]인가?

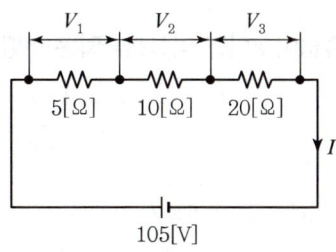

① 2[V]   ② 10[V]   ③ 20[V]   ④ 30[V]

해설
전전류 $I = \dfrac{V}{R} = \dfrac{105}{5+10+20} = 3[A]$
따라서, $V_2 = 3[A] \times 10[\Omega] = 30[V]$이다.

정답 17 ① 18 ① 19 ④

20 1[kW]의 전력을 소비하는 저항에 90[%]의 전압을 사용하였다면 이때의 전력은?

① 1,234[W] ② 1,111[W]
③ 900[W]   ④ 810[W]

해설
전열기의 저항은 일정하고, 전압만 변하였으므로
$$P = \frac{V^2}{R} = \frac{(0.9[V])^2}{R} = 0.81\frac{V^2}{R}[W]$$
따라서, $0.81 \times 1[kW] = 0.81[kW] = 810[W]$이다.

21 변압기 외함 속에 절연유를 넣어 발생한 열을 기름의 대류작용으로 외함 및 방열기에 전달하여 대기로 발산시키는 냉각방식은?

① 건식풍냉식   ② 유입자냉식
③ 유입풍냉식   ④ 유입송유식

해설
변압기의 냉각방식
- 건식풍랭식 : 건식자랭식 변압기를 송풍기 등으로 강제 냉각하는 방식
- 유입자랭식 : 변압기 외함 속에 절연유를 넣어 발생한 열을 기름의 대류작용으로 외함 및 방열기에 전달하여 대기로 발산시키는 방식
- 유입풍랭식 : 유입자랭식 변압기에 방열기를 설치함으로써 냉각효과를 더욱 증가시키는 방식
- 유입송유식 : 변압기 외함 내에 들어 있는 기름을 펌프를 이용하여 외부에 있는 냉각장치로 보낸 후 냉각시켜서 다시 내부로 공급하는 방식

22 유도전동기의 슬립을 측정하는 방법으로 옳은 것은?

① 전압계법   ② 전류계법
③ 평형브리지법   ④ 스트로보법

해설
슬립 측정방법
회전계법, 직류 밀리볼트계법, 수화기법, 스트로보법

23 단상유도전동기의 정회전슬립이 s이면 역회전슬립은 어떻게 되는가?

① $1-s$ ② $2-s$
③ $1+s$ ④ $2+s$

해설
정회전 시 회전속도를 N이라 하면, 역회전 시 회전속도는 $-N$이라 할 수 있다.
정회전 시 $s = \dfrac{N_s - N}{N_s}$, $N = (1-s)N_s$
역회전 시 $s' = \dfrac{N_s - (-N)}{N_s} = \dfrac{N_s + N}{N_s} = \dfrac{N_s + (1-s)N_s}{N_s} = 2-s$

정답 20 ④ 21 ② 22 ④ 23 ②

24 역률이 좋아 가정용 선풍기, 세탁기, 냉장고 등에 주로 사용되는 것은?

① 분상기동형 ② 콘덴서 기동형
③ 반발기동형 ④ 셰이딩 코일형

해설
영구콘덴서 기동형
원심력 스위치가 없어서 가격도 저렴하고, 보수할 필요가 없으므로 큰 기동토크를 요구하지 않는 선풍기, 냉장고, 세탁기 등에 널리 사용된다.

25 다음 그림에서 직류 분권전동기의 속도특성곡선은?

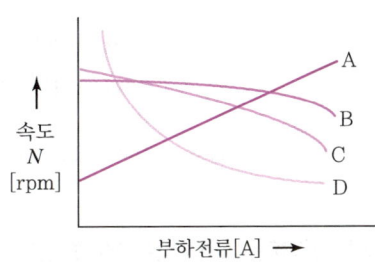

① A ② B ③ C ④ D

해설
분권전동기
전기자와 계자권선이 병렬로 접속되어 있어서 단자전압이 일정하면, 부하전류에 관계없이 자속이 일정하므로 정속도 특성을 갖는다.

26 직류전동기에서 전부하 속도가 1,500[rpm], 속도 변동률이 3[%]일 때 무부하 회전속도는 몇 [rpm]인가?

① 1,455 ② 1,410 ③ 1,545 ④ 1,590

해설
$\varepsilon = \dfrac{N_0 - N_n}{N_n} \times 100[\%]$ 이므로,

$\varepsilon = \dfrac{N_0 - 1,500}{1,500} \times 100 = 3[\%]$ 에서

무부하 회전속도 $N_0 = 1,545[\text{rpm}]$ 이다.

27 직류 분권전동기의 회전방향을 바꾸기 위해서는 일반적으로 무엇의 방향을 바꾸어야 하는가?

① 전원 ② 주파수 ③ 계자저항 ④ 전기자전류

해설
회전방향을 바꾸려면, 계자권선이나 전기자권선 중 어느 한쪽의 접속을 반대로 하면 되는데, 일반적으로 전기자권선의 접속을 바꾸어 주면 역회전한다. 즉, 전기자에 흐르는 전류의 방향을 바꾸어 주면 된다.

정답 24 ② 25 ② 26 ③ 27 ④

28 변압기의 콘서베이터 사용 목적은?

① 일정한 유압의 유지
② 과부하로부터의 변압기 보호
③ 냉각장치의 효과를 높임
④ 변압 기름의 열화 방지

해설
콘서베이터
공기가 변압기 외함 속으로 들어갈 수 없게 하여 기름의 열화를 방지한다.

29 수변전설비의 고압회로에 걸리는 전압을 표시하기 위해 전압계를 시설할 때 고압회로와 전압계 사이에 시설하는 것은?

① 수전용 변압기
② 계기용 변류기
③ 계기용 변압기
④ 권선형 변류기

해설
계기용 변압기 2차 측에 전압계를 시설하고, 계기용 변류기 2차 측에는 전류계를 시설한다.

30 1차 전압이 13,200[V], 2차 전압이 220[V]인 단상 변압기의 1차에 6,000[V]의 전압을 가하면 2차 전압은 몇 [V]인가?

① 100
② 200
③ 1,000
④ 2,000

해설
권수비 $a = \dfrac{V_1}{V_2} = \dfrac{13,200}{220} = 60$이므로,

따라서, $V_2' = \dfrac{V_1'}{a} = \dfrac{6,000}{60} = 100[V]$이다.

31 60[Hz]의 동기전동기가 2극일 때 동기속도는 몇 [rpm]인가?

① 7,200
② 4,800
③ 3,600
④ 2,400

해설
동기속도 $N_s = \dfrac{120f}{P}[rpm]$이므로

$N_s = \dfrac{120 \times 60}{2} = 3,600[rpm]$이다.

32 동기조상기의 계자를 부족여자로 하여 운전하면?

① 콘덴서로 작용
② 뒤진역률보상
③ 리액터로 작용
④ 저항손의 보상

해설
동기조상기는 조상설비로 사용할 수 있다.
- 여자가 약할 때(부족여자) : I가 V보다 지상(뒤짐) – 리액터 역할
- 여자가 강할 때(과여자) : I가 V보다 진상(앞섬) – 콘덴서 역할

정답 28 ④ 29 ③ 30 ① 31 ③ 32 ③

33 그림은 동기기의 위상특성곡선을 나타낸 것이다. 전기자전류가 가장 작게 흐를 때의 역률은?

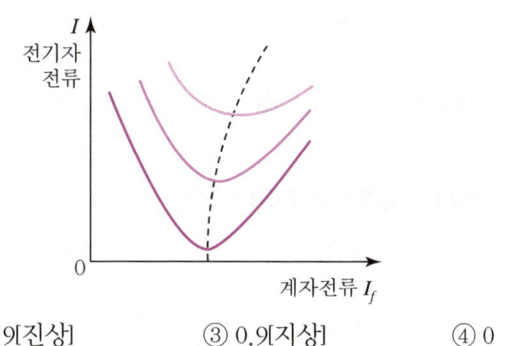

① 1 ② 0.9[진상] ③ 0.9[지상] ④ 0

> [해설]
> 위상특성곡선(V곡선)에서 전기자전류가 최소일 때의 역률은 100[%]이다.

34 다음 그림과 같은 분권발전기에서 계자전류(I_f) 6[A], 전기자전류(I_a) 100[A] 부하전류(I)는 몇 [A]인가?

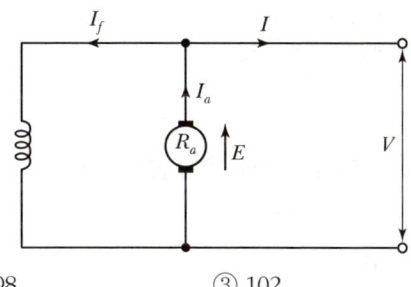

① 94 ② 98 ③ 102 ④ 106

> [해설]
> $I_a = I + I_f$ 이므로, $100 = I + 6$ 에서 부하전류 $I = 94$[A]이다.

35 실리콘제어 정류기(SCR)의 게이트(G)는?

① P형 반도체 ② N형 반도체
③ PN형 반도체 ④ NP형 반도체

> [해설]
> SCR 구조
>
>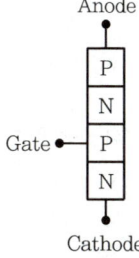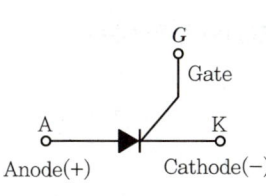

정답 33 ① 34 ① 35 ①

36 단상 전파 정류회로에서 교류입력이 100[V]이면 직류출력은 약 몇 [V]인가?

① 45　　　② 67.5　　　③ 90　　　④ 135

해설
단상 전파 정류회로의 출력 평균전압 $V_a = 0.9V = 0.9 \times 100 = 90[\text{V}]$

37 반도체 소자 중에서 사이리스터가 아닌 것은?

① SCR　　　② LED　　　③ SUS　　　④ TRIAC

해설
② LED는 발광 다이오드이다.

명칭	기호
SCR (역저지 3단자 사이리스터)	
SUS (역저지 4단자 사이리스터)	
TRIAC (쌍방향성 3단자 사이리스터)	

38 직류기의 전자가 권선을 중권으로 할 때 옳지 않은 것은?

① 전기자 병렬 회로수는 극수와 같다.
② 브러시 수는 항상 2개이다.
③ 전압이 낮고 비교적 큰 전류의 기기에 적합하다.
④ 균압결선이 필요하다.

해설
중권과 파권의 비교

비교항목	중권	파권
전기자 병렬 회로수	극수와 같음	항상 2임
브러시 수	극수와 같음	2개
전압, 전류 특성	저전압, 대전류가 이루어짐	고전압, 저전류가 이루어짐
균압결선	균압결선 필요	균압결선 불필요

39 직류 분권전동기의 회전수(N)와 토크(τ)와의 관계는?

① $\tau \propto \dfrac{1}{N}$　　② $\tau \propto \dfrac{1}{N^2}$　　③ $\tau \propto N$　　④ $\tau \propto N^{\frac{3}{2}}$

해설
$N \propto \dfrac{1}{I_a}$ 이고, $\tau \propto I_a$ 이므로 $\tau \propto \dfrac{1}{N}$ 이다.

정답 36 ③　37 ②　38 ②　39 ①

40 전기자저항 0.1[Ω], 전기자전류 104[A], 유도기전력 110.4[V]인 직류 분권발전기의 단자전압은 몇 [V]인가?

① 98 ② 100 ③ 102 ④ 105

해설
직류 분권발전기는 다음 그림과 같으므로,

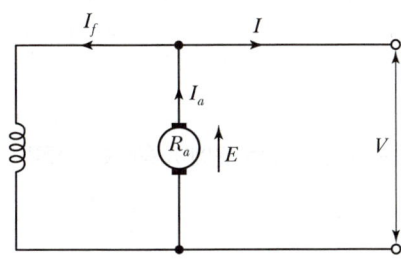

$V = E - R_a I_a = 110.4 - 0.1 \times 104 = 100[V]$

41 화약고에 시설하는 전기설비에서 전로의 대지전압은 몇 [V] 이하로 하여야 하는가?

① 100[V] ② 150[V] ③ 300[V] ④ 400[V]

해설
화약류 저장소의 위험장소 : 전로의 대지전압은 300[V] 이하로 한다.

42 전기울타리 시설에 관한 설명으로 틀린 것은?

① 전로의 사용전압은 250[V] 이하일 것
② 전선은 인장강도 1.38[kN] 이상의 것 또는 지름 2[mm] 이상의 경동선일 것
③ 전선과 이를 지지하는 기둥 사이의 이격거리는 2[cm] 이상일 것
④ 전선과 다른 시설물 또는 수목과의 이격거리는 30[cm] 이상일 것

해설
전기울타리의 전선과 이를 지지하는 기둥 사이의 이격거리는 2.5[cm] 이상일 것

43 부식성 가스 등이 있는 장소에 전기설비를 시설하는 방법으로 적합하지 않은 것은?

① 애자 사용 배선 시 부식성 가스의 종류에 따라 절연전선인 DV전선을 사용한다.
② 애자 사용 배선에 의한 경우에는 사람이 쉽게 접촉될 우려가 없는 노출장소에 한한다.
③ 애자 사용 배선 시 부득이 나전선을 사용하는 경우에는 전선과 조영재와의 거리를 4.5[cm] 이상으로 한다.
④ 애자 사용 배선 시 전선의 절연물이 상해를 받는 장소는 나전선을 사용할 수 있으며, 이 경우는 바닥 위 2.5[cm] 이상 높이에 시설한다.

해설
DV전선을 제외한 절연전선을 사용하여야 한다.

정답 40 ④ 41 ③ 42 ③ 43 ①

44 접지극에 대한 설명 중 바람직하지 못한 것은?

① 구리 판상을 사용하는 경우에는 500 × 500[mm] 이상이어야 한다.
② 구리 원형 단선을 사용하는 경우에는 지름 15[mm] 이상이어야 한다.
③ 구리 피복강 원형 단선을 사용하는 경우에는 지름 14[mm] 이상이어야 한다.
④ 스테인리스강 원형 단선을 사용하는 경우에는 지름 20[mm] 이상이어야 한다.

> **해설**
> 스테인리스강 원형 단선을 사용하는 경우에는 지름 15[mm] 이상이어야 한다.

45 기구단자에 전선접속 시 진동 등으로 헐거워지는 염려가 있는 곳에 사용하는 것은?

① 스프링와셔 ② 2중볼트 ③ 삼각볼트 ④ 접속기

> **해설**
> 진동 등의 영향으로 헐거워질 우려가 있는 경우에는 스프링와셔 또는 더블너트를 사용하여야 한다.

46 박강 전선관의 표준굵기가 아닌 것은?

① 15[mm] ② 17[mm] ③ 25[mm] ④ 39[mm]

> **해설**
> 박강 전선관의 호칭
> • 바깥지름의 크기에 가까운 홀수로 호칭한다.
> • 15, 19, 25, 31, 39, 51, 63, 75[mm](8종류)이다.

47 마그네슘 분말이 존재하는 장소의 전기설비가 발화원이 되어 폭발할 우려가 있는 곳에서의 저압 옥내배선 전기설비 공사에 대한 내용 중 옳지 않은 것은?

① 금속관 공사
② 미네랄 인슐레이션 케이블 공사
③ 이동전선은 0.6/1kV EP 고무절연 클로로프렌 캡타이어 케이블을 사용
④ 애자 사용 공사

> **해설**
> 폭연성 분진(마그네슘, 알루미늄, 티탄, 지르코늄 등)의 먼지가 쌓여 있는 상태에서 불이 붙었을 때에 폭발할 우려가 있는 곳 또는 화약류의 분말이 전기설비가 발화원이 되어 폭발할 우려가 있는 곳에 시설하는 저압 옥내 전기설비는 금속관 공사 또는 케이블 공사(캡타이어 케이블 제외)에 의해 시설하여야 한다.
> 이동전선은 0.6/1kV EP 고무절연 클로로프렌 캡타이어 케이블을 사용하고, 모든 전기기계기구는 분진방폭 특수방진구조의 것을 사용하며, 콘센트 및 플러그를 사용해서는 안 된다.

48 후강 전선관의 관 호칭은 (㉠) 크기로 정하여 (㉡)로 표시하는데, ㉠과 ㉡에 들어갈 내용으로 옳은 것은?

① ㉠ 안지름 ㉡ 홀수
② ㉠ 안지름 ㉡ 짝수
③ ㉠ 바깥지름 ㉡ 홀수
④ ㉠ 바깥지름 ㉡ 짝수

> **정답** 44 ④ 45 ① 46 ② 47 ④ 48 ②

> **해설**
> - 후강 전선관 : 안지름 크기에 가까운 짝수
> - 박강 전선관 : 바깥지름 크기에 가까운 홀수

49 600[V] 이하의 저압회로에 사용하는 비닐절연 비닐시스 케이블의 기호로 맞는 것은?

① 0.6/1kV VV
② 0.6/1kV PV
③ 0.6/1kV VCT
④ 0.6/1kV CV

> **해설**
> ① 0.6/1kV VV : 0.6/1kV 비닐절연 비닐시스 케이블
> ② 0.6/1kV PV : 0.6/1kV EP 고무절연 비닐시스 케이블
> ③ 0.6/1kV VCT : 0.6/1kV 비닐절연 비닐 캡타이어 케이블
> ④ 0.6/1kV CV : 0.6/1kV 가교 폴리에틸렌 절연 비닐시스 케이블

50 지중에 매설되어 있는 금속제 수도관로는 접지공사의 접지극으로 사용할 수 있다. 이때 수도관로는 대지와의 전기저항치가 얼마 이하여야 하는가?

① 1[Ω]
② 2[Ω]
③ 3[Ω]
④ 4[Ω]

> **해설**
> 금속제 수도관을 접지극으로 사용할 경우 3[Ω] 이하의 접지저항을 가지고 있을 것
> [참고] 건물의 철골 등 금속제를 접지극으로 사용할 경우 : 2[Ω] 이하의 접지저항을 가지고 있을 것

51 고압배전선의 주상변압기 2차 측에 실시하는 중성점 접지공사의 접지저항값을 구하는 계산식은? (단, 1초 초과 2초 이내 전로를 자동으로 차단하는 장치가 시설되어 있다.)

① 변압기 고압·특고압 측 전로 1선 지락전류로 150을 나눈 값
② 변압기 고압·특고압 측 전로 1선 지락전류로 300을 나눈 값
③ 변압기 고압·특고압 측 전로 1선 지락전류로 400을 나눈 값
④ 변압기 고압·특고압 측 전로 1선 지락전류로 600을 나눈 값

> **해설**
> 변압기 2차 측 중성점 접지저항
>
> | 구분 | 접지저항 |
> | --- | --- |
> | 일반적인 경우 | $\dfrac{150}{I_g}$ |
> | 2초 이내 전로 차단장치 시설 | $\dfrac{300}{I_g}$ |
> | 1초 이내 전로 차단장치 시설 | $\dfrac{600}{I_g}$ |

정답 49 ① 50 ③ 51 ②

52 다음 중 피뢰시스템에 대한 설명으로 옳지 않은 것은?

① 수뢰부는 풍압에 견딜 수 있어야 한다.
② 전기전자설비가 설치된 지상으로부터 높이가 30[m] 이상인 건축물·구조물에 적용한다.
③ 접지극은 지표면에서 0.75[m] 이상 깊이로 배설하여야 한다.
④ 뇌전류를 대지로 방전시키기 위한 접지극시스템을 설치해야 한다.

> 해설
> 전기전자설비가 설치된 지상으로부터 높이가 20[m] 이상인 건축물·구조물에 적용한다.

53 가공전선로의 지지물에 하중이 가하여지는 경우에 그 하중을 받는 지지물의 기초 안전율은 일반적으로 얼마 이상이어야 하는가?

① 1.5　　② 2.0　　③ 2.5　　④ 4.0

> 해설
> 가공전선로의 지지물에 하중이 가하여지는 경우에 그 하중을 받는 지지물의 기초 안전율은 2 이상이어야 한다.

54 다음 중 터널 안 전선로의 시설방법으로 옳지 않은 것은?

① 저압전선은 지름 2.6[mm] 이상의 경동선 절연전선을 사용했다.
② 철도·궤도 전용터널 저압전선의 높이를 레일면상 2.5[m] 이상 유지했다.
③ 사람이 상시 통행하는 터널 내 배선이 저압일 때 케이블 배선으로 시공했다.
④ 애자 사용 공사에 의해 시설하고, 노면상 2.0[m] 이상 시설했다.

> 해설
> 애자 사용 공사에 의해 시설하고, 노면상 2.5[m] 이상 시설해야 한다.

55 다음 중 형광등용 안전기의 심벌은?

① T-B　　② T-R　　③ T-N　　④ T-F

> 해설
> ① T-B : 벨 변압기
> ② T-R : 리모콘 변압기
> ③ T-N : 네온 변압기

56 다음 중 단선의 브리타니아직선접속에 사용되는 것은?

① 조인트선　　② 파라핀선　　③ 바인드선　　④ 에나멜선

> 해설
> 조인트선에는 1.0~1.2[mm]의 연동나선이 사용된다.

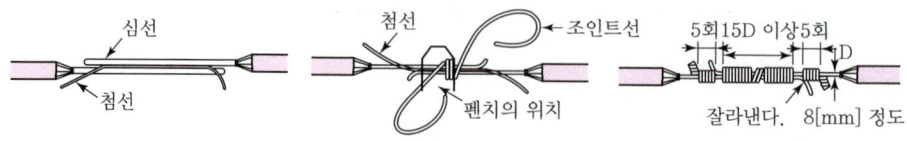

정답　52 ②　53 ②　54 ④　55 ④　56 ①

57 진열장 안에 400[V] 미만인 저압 옥내배선 시 외부에서 보기 쉬운 곳에 사용하는 전선은 단면적이 몇 [mm²] 이상인 코드 또는 캡타이어 케이블이어야 하는가?

① 0.75[mm²]　　② 1.25[mm²]　　③ 2[mm²]　　④ 3.5[mm²]

> **해설**
> 옥내에 시설하는 저압의 이동전선
> • 400[V] 이상 : 0.6/1kV EP 고무절연 클로로프렌 캡타이어 케이블, 단면적이 0.75[mm²] 이상
> • 400[V] 미만 : 고무코드 또는 0.6/1kV EP 고무절연 클로로프렌 캡타이어 케이블, 단면적이 0.75[mm²] 이상

58 다음 괄호 안에 들어갈 내용으로 옳은 것은?

> 단선의 직선접속에서 트위스트접속은 (㉠) 이하의 가는 단선, 브리타니아전선은 (㉡) 이상의 굵은 단선을 접속하는 데 적합하다.

① ㉠ 4[mm²]　㉡ 2.6[mm]　　② ㉠ 6[mm²]　㉡ 3.2[mm]
③ ㉠ 8[mm²]　㉡ 4.6[mm]　　④ ㉠ 10[mm²]　㉡ 6.0[mm]

> **해설**
> • 단선의 굵기가 6[mm²] 이하인 전선의 직선접속 : 트위스트접속
> • 단선의 굵기가 3.2[mm] 이상인 굵은 전선의 직선접속 : 브리타니아접속

59 나전선 등의 금속선에 속하지 않는 것은?

① 경동선(지름 12[mm] 이하의 것)
② 연동선
③ 동합금선(단면적 35[mm²] 이하의 것)
④ 경알루미늄선(단면적 35[mm²] 이하의 것)

> **해설**
> 나전선의 종류
> 경동선(지름 12[mm] 이하), 연동선, 동합금선(단면적 25[mm²] 이하), 경알루미늄선(단면적 35[mm²] 이하), 알루미늄합금선(단면적 35[mm²] 이하), 아연도강선, 아연도철선(방청도금한 철선 포함)

60 전선 약호에서 MI가 나타내는 것은?

① 폴리에틸렌 절연 비닐시스 케이블
② 비닐절연 네온전선
③ 미네랄 인슐레이션 케이블
④ 연피케이블

> **해설**
> ① 폴리에틸렌 절연 비닐시스 케이블 : EV
> ② 비닐절연 네온전선 : NV

정답 57 ①　58 ②　59 ③　60 ③

CHAPTER 14 2022년 제2회

01 다음 중 비유전율이 가장 작은 것은?
① 공기
② 종이
③ 염화비닐
④ 운모

해설
비유전율 : 공기(1.0), 종이(2~2.5), 염화비닐(5~9), 운모(4.5~7.5)

02 다음 중 1차 전지가 아닌 것은?
① 망간전지
② 산화은 전지
③ 페이퍼 전지
④ 니켈-카드뮴 전지

해설
- 1차 전지는 재생할 수 없는 전지를 말하고, 2차 전지는 재생 가능한 전지를 말한다.
- 2차 전지 중에서 니켈-카드뮴 전지가 통신기기, 전기차 등에서 사용되고 있다.

03 자체 인덕턴스가 L_1, L_2인 두 코일을 같은 방향으로 직렬 연결한 경우 합성 인덕턴스는?(단, 두 코일은 서로 직교하고 있다.)
① $L_1 + L_2$
② $\sqrt{L_1 L_2}$
③ $L_1 \times L_2$
④ 0

해설
- 두 코일이 같은 방향으로 직렬 연결이므로 합성 인덕턴스 : $L_1 + L_2 + 2M$
- 코일이 서로 직교하면 쇄교자속이 없으므로 결합계수 $k=0$이다. 즉, 상호 인덕턴스 : $M=0$
따라서, 합성 인덕턴스 : $L_1 + L_2$

04 정전흡인력은 인가한 전압의 몇 제곱에 비례하는가?
① 2
② $\dfrac{1}{2}$
③ 4
④ $\dfrac{1}{4}$

해설
정전흡인력 $f = \dfrac{1}{2}\varepsilon E^2 = \dfrac{1}{2}\varepsilon \left(\dfrac{V}{l}\right)^2 [\text{N/m}^2]$
따라서, 정전흡인력은 전압의 제곱에 비례한다.

정답 01 ① 02 ④ 03 ① 04 ①

05 24[V]의 전원전압에 의하여 6[A]의 전류가 흐르는 전기회로의 컨덕턴스는 몇 [℧]인가?

① 0.25 ② 0.4 ③ 2.5 ④ 4

해설
- 회로의 저항 $R = \dfrac{24}{6} = 4[\Omega]$
- 컨덕턴스 $G = \dfrac{1}{R} = \dfrac{1}{4} = 0.25[\text{℧}]$

06 비유전율 9인 유전체의 유전율은 약 몇 [F/m]인가?

① 60×10^{-12} ② 80×10^{-12} ③ 113×10^{-7} ④ 80×10^{-7}

해설
유전율 $\varepsilon = \varepsilon_0 \times \varepsilon_s = 8.85 \times 10^{-12} \times 9 = 80 \times 10^{-12}[\text{F/m}]$

07 최댓값 V_m[V]인 사인파 교류에서 평균값 V_a[V]값은?

① $0.557 V_m$ ② $0.637 V_m$ ③ $0.707 V_m$ ④ $0.866 V_m$

해설
$V_a = \dfrac{2}{\pi} V_m \fallingdotseq 0.637 V_m$

08 정전용량이 같은 콘덴서 10개가 있다. 이것을 병렬 접속할 때의 값은 직렬 접속할 때의 값보다 어떻게 되는가?

① $\dfrac{1}{10}$로 감소한다. ② $\dfrac{1}{100}$로 감소한다.
③ 10배로 증가한다. ④ 100배로 증가한다.

해설
- 병렬로 접속 시 합성 정전용량 $C_P = 10C$
- 직렬로 접속 시 합성 정전용량 $C_S = \dfrac{C}{10}$

따라서 $\dfrac{C_P}{C_S} = \dfrac{10C}{\dfrac{C}{10}} = 100$이므로, $C_P = 100 C_S$이다.

09 인덕턴스 0.5[H]에 주파수가 60[Hz]이고 전압이 220[V]인 교류전압이 가해질 때 흐르는 전류는 약 몇 [A]인가?

① 0.59 ② 0.87 ③ 0.97 ④ 1.17

해설
전류 $I = \dfrac{V}{X_L} = \dfrac{V}{2\pi f L} = \dfrac{220}{2\pi \times 60 \times 0.5} = 1.168 \fallingdotseq 1.17[\text{A}]$

정답 05 ① 06 ② 07 ② 08 ④ 09 ④

10 10[℃], 5,000[g]의 물을 40[℃]로 올리기 위하여 1[kW]의 전열기를 쓰면 몇 분이 걸리게 되는가?(단, 여기서 효율은 80[%]라고 한다.)

① 약 13분   ② 약 15분   ③ 약 25분   ④ 약 50분

해설
- 5,000[g]의 물을 10[℃]에서 40[℃]로 올리는 데 필요한 열량[cal]은
  $H = Cm\Delta T = 1 \times 5,000 \times (40-10) = 150,000$[cal]
  여기서, C : 물의 비열, m : 질량, ΔT = 온도변화
- $H = 0.24I^2Rt\eta = 0.24Pt\eta$에서 시간 t[sec]는
  $t = \dfrac{H}{0.24P\eta} = \dfrac{150,000}{0.24 \times 1 \times 10^3 \times 0.8} = 781$[sec] $= 13.0$[min]

11 진공 중에서 자기장의 세기가 500[AT/m]일 때 자속밀도[Wb/m²]는?

① 3.98×10^8 ② 6.28×10^{-2} ③ 3.98×10^4 ④ 6.28×10^{-4}

해설
자속밀도 $B = \mu H$이므로,
$B = 4\pi \times 10^{-7} \times 500 = 6.28 \times 10^{-4}$[Wb/m²]

12 어느 가정집이 하루에 20시간 동안 이용하는 60[W] 전등이 10개 있다. 1개월(30일)간의 사용 전력량[kWh]은?

① 380   ② 420   ③ 360   ④ 400

해설
사용 전력량
0.06[kW] × 10개 × 20시간 × 30일 = 360[kWh]

13 교류에서 무효전력[Var]을 나타내는 식은?

① VI ② $VI\cos\theta$ ③ $VI\sin\theta$ ④ $VI\tan\theta$

해설
- 피상전력 : VI[VA]
- 유효전력 : $VI\cos\theta$[W]
- 무효전력 : $VI\sin\theta$[Var]

14 기전력 1.5[V], 내부저항 0.15[Ω]인 전지 10개를 직렬로 접속한 전원에 저항 4.5[Ω]의 전구를 접속하면 전구에 흐르는 전류는 몇 [A]가 되겠는가?

① 0.25   ② 2.5   ③ 5   ④ 7.5

해설
$I = \dfrac{nE}{nr+R} = \dfrac{10 \times 1.5}{(10 \times 0.15) + 4.5} = 2.5$[A]

정답 10 ①   11 ④   12 ③   13 ③   14 ②

15 RLC 직렬회로에서 임피던스 Z의 크기를 나타내는 식은?

① $R^2+(X_L-X_C)^2$
② $R^2-(X_L-X_C)^2$
③ $\sqrt{R^2+(X_L-X_C)^2}$
④ $\sqrt{R^2-(X_L-X_C)^2}$

해설 아래 그림과 같이 복소평면을 이용한 임피던스 삼각형에서
임피던스 $Z=\sqrt{R^2+(X_L-X_C)^2}\ [\Omega]$이다.

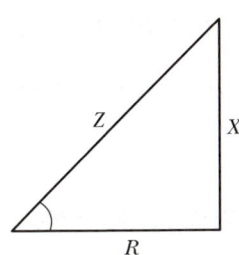

16 3[Ω]의 저항이 5개, 7[Ω]의 저항이 3개, 114[Ω]의 저항이 1개 있다. 이들을 모두 직렬로 접속할 때의 합성저항은 몇 [Ω]인가?

① 120 ② 130 ③ 150 ④ 160

해설 $R_0 = 3\times5+7\times3+114\times1 = 150[\Omega]$

17 그림과 같이 자극 사이에 있는 도체에 전류(I)가 흐를 때 힘은 어느 방향으로 작용하는가?

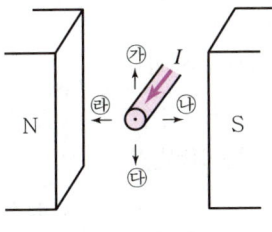

① 가 ② 나 ③ 다 ④ 라

해설 플레밍의 왼손 법칙에 따라 중지-전류, 검지-자장, 엄지-힘의 방향이 된다.

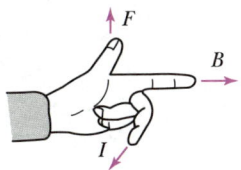

정답 15 ③ 16 ③ 17 ①

18 다음이 설명하는 것은?

> 금속 A와 B로 만든 열전쌍과 접점 사이에 임의의 금속 C를 연결해도 C의 양 끝의 접점의 온도를 똑같이 유지하면 회로의 열기전력은 변화하지 않는다.

① 제벡 효과 ② 톰슨 효과
③ 제3금속의 법칙 ④ 펠티에 법칙

해설
- 제3금속의 법칙 : 열전쌍의 접점에 임의의 금속 C를 넣어도 C와 두 금속 접점의 온도가 같은 경우에는 회로에 열기전력은 변화하지 않는다.
- 제벡 효과 : 서로 다른 금속 A, B를 접속하고 접속점을 서로 다른 온도로 유지하면 기전력이 생겨 일정한 방향으로 전류가 흐른다.

19 가장 일반적인 저항기로 세라믹 봉에 탄소계의 저항제를 구워 붙이고, 여기에 나선형으로 홈을 파서 원하는 저항값을 만든 저항기는?

① 금속 피막 저항기 ② 탄소 피막 저항기
③ 가변 저항기 ④ 어레이 저항기

20 황산구리 용액에 10[A]의 전류를 60분간 흘린 경우 이때 석출되는 구리의 양은?(단, 구리의 전기화학당량은 0.3293×10^{-3}[g/C]임)

① 약 1.97[g] ② 약 5.93[g]
③ 약 7.82[g] ④ 약 11.86[g]

해설
석출되는 구리의 양 $w = KQ = KIt$[g]
$w = 0.3293 \times 10^{-3} \times 10 \times 60 \times 60 = 11.86$[g]

21 농형 회전자에 비뚤어진 홈을 쓰는 이유는?

① 출력을 높인다. ② 회전수를 증가시킨다.
③ 소음을 줄인다. ④ 미관상 좋다.

해설
비뚤어진 홈을 쓰는 이유
- 소음을 경감시킨다.
- 기동 특성을 개선한다.
- 파형을 좋게 한다.

22 3상 동기기에 제동권선을 설치하는 주된 목적은?

① 출력 증가 ② 효율 증가
③ 역률 개선 ④ 난조 방지

정답 18 ③ 19 ② 20 ④ 21 ③ 22 ④

> **해설**
>
> **제동권선 목적**
> • 발전기 : 난조(Hunting) 방지
> • 전동기 : 기동작용

23 P형 반도체의 전기 전도의 주된 역할을 하는 반송자는?

① 전자　　　　② 정공　　　　③ 가전자　　　　④ 5가 불순물

> **해설**
>
> **불순물 반도체**
>
> | 구분 | 첨가 불순물 | 명칭 | 반송자 |
> |---|---|---|---|
> | N형 반도체 | 5가 원자 : 인(P), 비소(As), 안티몬(Sb) | 도너(Donor) | 과잉전자 |
> | P형 반도체 | 3가 원자 : 붕소(B), 인디움(In), 알루미늄(Al) | 억셉터(Acceptor) | 정공 |

24 트라이액(TRIAC)의 기호는?

① 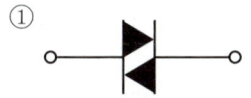　　　　②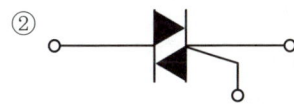

③ 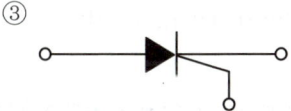　　　　④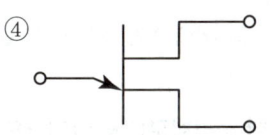

> **해설**
>
> ① DIAC　　　② TRIAC
> ③ SCR　　　④ UJT

25 직류기에서 브러시의 역할은?

① 기전력 유도　　　　② 자속 생성
③ 정류 작용　　　　　④ 전기자 권선과 외부회로 접속

> **해설**
>
> **브러시의 역할**
> 정류자면에 접촉하여 전기자 권선과 외부회로를 연결하는 것

26 동기 발전기를 계통에 접속하여 병렬운전할 때 관계없는 것은?

① 전류　　　　② 전압　　　　③ 위상　　　　④ 주파수

> **해설**
>
> **병렬운전조건**
> • 기전력의 크기가 같을 것　　• 기전력의 위상이 같을 것
> • 기전력의 주파수가 같을 것　• 기전력의 파형이 같을 것

정답 23 ② 24 ② 25 ④ 26 ①

27 계기용 변압기의 2차 측 단자에 접속하여야 할 것은?

① O.C.R   ② 전압계   ③ 전류계   ④ 전열부하

> **해설**
> - 계기용 변압기 : 전압의 변성 → 전압계 접속
> - 계기용 변류기 : 전류의 변성 → 전류계 접속

28 3상 전파 정류회로에서 출력전압의 평균전압값은?(단, [V]는 선간전압의 실횻값)

① 0.45[V]   ② 0.9[V]   ③ 1.17[V]   ④ 1.35[V]

> **해설**
> - 3상 반파 정류회로 : $V_d = 1.17[V]$
> - 3상 전파 정류회로 : $V_d = 1.35[V]$

29 다음 중 변압기의 원리와 가장 관계가 있는 것은?

① 전자유도작용   ② 표피작용
③ 전기자 반작용   ④ 편자작용

> **해설**
> **전자유도작용**
> 1차 권선에 교류전압에 의한 자속이 철심을 지나 2차 권선과 쇄교하면서 기전력을 유도한다.

30 다이오드를 사용한 정류회로에서 다이오드를 여러 개 직렬로 연결하여 사용하는 경우의 설명으로 가장 옳은 것은?

① 다이오드를 과전류로부터 보호할 수 있다.
② 다이오드를 과전압으로부터 보호할 수 있다.
③ 부하출력의 맥동률을 감소시킬 수 있다.
④ 낮은 전압 전류에 적합하다.

> **해설**
> 역방향 전압이 직렬로 연결된 각 다이오드에 분배 및 인가되어 과전압에 대한 보호가 가능하다.

31 일종의 전류계전기로 보호 대상 설비에 유입되는 전류와 유출되는 전류의 차에 의해 동작하는 계전기는?

① 차동계전기   ② 전류계전기
③ 주파수계전기   ④ 재폐로계전기

> **해설**
> **차동계전기**
> 주로 변압기의 내부 고장 검출용으로 사용되며, 1 · 2차 측에 설치한 CT 2차 전류의 차에 의하여 계전기를 동작시키는 방식이다.

정답 27 ② 28 ④ 29 ① 30 ② 31 ①

32 인버터(Inverter)란?

① 교류를 직류로 변환   ② 직류를 교류로 변환
③ 교류를 교류로 변환   ④ 직류를 직류로 변환

> 해설
> - 인버터 : 직류를 교류로 바꾸는 장치
> - 컨버터 : 교류를 직류로 바꾸는 장치
> - 초퍼 : 직류를 다른 전압의 직류로 바꾸는 장치

33 다음 제동 방법 중 급정지하는 데 가장 좋은 제동방법은?

① 발전제동   ② 회생제동
③ 역상제동   ④ 단상제동

> 해설
> **역상제동(역전제동, 플러깅)**
> 전동기를 급정지시키기 위해 제동 시 전동기를 역회전으로 접속하여 제동하는 방법이다.

34 1대의 출력이 100[kVA]인 단상 변압기 2대로 V결선하여 3상 전력을 공급할 수 있는 최대전력은 몇 [kVA]인가?

① 100   ② $100\sqrt{2}$
③ $100\sqrt{3}$ ④ 200

> 해설
> **V결선 시 출력**
> $P_v = \sqrt{3}$, $P = 100\sqrt{3}$

35 그림은 동기기의 위상특성곡선을 나타낸 것이다. 전기자 전류가 가장 작게 흐를 때의 역률은?

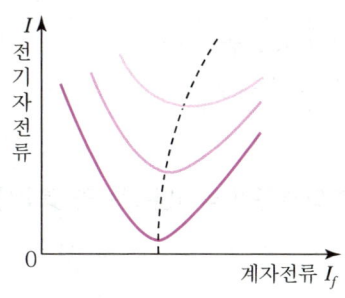

① 1   ② 0.9[진상]   ③ 0.9[지상]   ④ 0

> 해설
> 위상특성곡선(V곡선)에서 전기자 전류가 최소일 때 역률이 100%이다.

정답 32 ② 33 ③ 34 ③ 35 ①

36 단상 유도전동기 중 역회전이 안 되는 전동기는?

① 분상 기동형 ② 셰이딩 코일형
③ 콘덴서 기동형 ④ 반발 기동형

해설
셰이딩 코일형 유도전동기는 고정자에 돌극을 만들고 여기에 셰이딩 코일을 감았을 때 기동토크가 발생하여 회전하는 원리로 구조상 회전방향을 바꿀 수 없다.

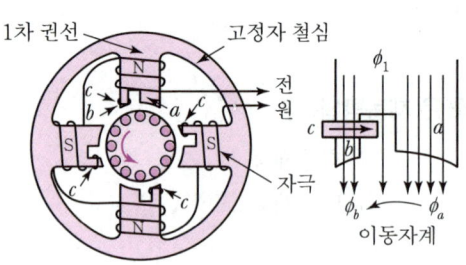

37 부하의 저항을 어느 정도 감소시켜도 전류는 일정하게 되는 수하특성을 이용하여 정전류를 만드는 곳이나 아크용접 등에 사용되는 직류발전기는?

① 직권발전기 ② 분권발전기
③ 가동복권발전기 ④ 차동복권발전기

해설
차동복권발전기는 수하특성을 가지므로 용접기용 전원으로 적합하다.

38 주파수 60[Hz]의 전원에 2극의 동기전동기를 연결하면 회전수는 몇 [rpm]인가?

① 3,600 ② 1,800
③ 60 ④ 12

해설
동기전동기는 동기속도로 회전하므로,
동기속도 $N_s = \dfrac{120f}{P} = \dfrac{120 \times 60}{2} = 3,600[\text{rpm}]$

39 단락비가 1.2인 동기발전기의 %동기 임피던스는 약 몇 [%]인가?

① 68 ② 83
③ 100 ④ 120

해설
단락비 $K_s = \dfrac{100}{\%Z_s}$ 이므로, $1.2 = \dfrac{100}{\%Z_s}$ 에서 %동기 임피던스 $\%Z_s = 83.33[\%]$ 이다.

정답 36 ② 37 ④ 38 ① 39 ②

40 다음 중 토크(회전력)의 단위는?

① rpm ② W ③ N·m ④ N

> **해설**
> 전동기의 토크(Torque, 회전력)의 단위 : [N·m], [kg·m]
> ※ 1[kg·m]=9.8[N·m]

41 고압 가공인입선이 케이블 이외의 것으로 전선 아래쪽에 위험 표시를 한 경우에 지표상 몇 [m] 이상으로 설치할 수 있는가?

① 3.5 ② 4.5 ③ 5.5 ④ 6.5

> **해설**
> 고압 가공인입선의 높이
>
> | 구분 | 고압 인입선[m] | 구분 | 고압 인입선[m] |
> | --- | --- | --- | --- |
> | 도로 횡단 | 6 | 횡단보도교 | 3.5 |
> | 철도 궤도 횡단 | 6.5 | 기타 | 5(위험표시 3.5) |

42 고압 가공전선로의 지지물로 철탑을 사용하는 경우 경간은 몇 [m] 이하로 제한하는가?

① 150 ② 300 ③ 500 ④ 600

> **해설**
> 고압 가공전선로 경간의 제한
> - 목주, A종 철주 또는 A종 철근콘크리트주 : 150[m]
> - B종 철주 또는 B종 철근콘크리트주 : 250[m]
> - 철탑 : 600[m]

43 배전반 및 분전반과 연결된 배관을 변경하거나 이미 설치되어 있는 캐비닛에 구멍을 뚫을 때 필요한 공구는?

① 오스터 ② 클리퍼 ③ 토치램프 ④ 녹아웃 펀치

> **해설**
> ① 오스터 : 금속관 끝에 나사를 내는 공구로서 손잡이가 달린 래칫과 나사살의 다이스로 구성된다.
> ② 클리퍼 : 보통 22[mm²] 이상의 굵은 전선을 절단할 때 사용하는 가위로 굵은 전선을 펜치로 절단하기 힘들 때 클리퍼나 쇠톱을 사용한다.
> ③ 토치램프 : 전선 접속의 납땜과 합성수지관의 가공 시 열을 가할 때 사용하는 것으로 가솔린용과 가스용으로 나뉜다.

44 전압 22.9[kV-y] 이하의 배전선로에서 수전하는 설비의 피뢰기 정격전압은 몇 [kV]로 적용하는가?

① 18[kV] ② 24[kV] ③ 144[kV] ④ 288[kV]

정답 40 ③ 41 ① 42 ④ 43 ④ 44 ①

> **해설**
>
> **피뢰기의 정격전압**
> 전압을 선로단자와 접지단자에 인가한 상태에서 동작책무를 반복 수행할 수 있는 정격 주파수의 상용주파전압 최고한도(실효치)를 말한다.
>
> | 계통구분 | 피뢰기 정격전압의 예 ||
> |---|---|---|
> | | 공칭전압[kV] | 정격전압[kV] |
> | 유효접지계통 | 345 | 288 |
> | | 154 | 144 |
> | | 22.9 | 18 |
> | 비유효접지계통 | 22 | 24 |
> | | 6.6 | 7.5 |

45
조명용 백열전등을 일반주택 및 아파트 각 호실에 설치할 때 현관등은 최대 몇 분 이내에 소등되는 타임 스위치를 시설하여야 하는가?

① 1　　② 2　　③ 3　　④ 4

> **해설**
> - 호텔, 여관 객실 입구 : 1분 이내 소등
> - 일반주택, 아파트 현관 : 3분 이내 소등

46
조명공학에서 사용되는 칸델라[cd]는 무엇의 단위인가?

① 광도　　② 조도　　③ 광속　　④ 휘도

> **해설**
>
> | 용어 | 기호[단위] | 정의 |
> |---|---|---|
> | 광도 | I[cd] 칸델라 | 광원이 가지고 있는 빛의 세기 |
> | 조도 | E[lx] 럭스 | 광속이 입사하여 그 면이 밝게 빛나는 정도 |
> | 광속 | F[lm] 루멘 | 광원에서 나오는 복사속을 눈으로 보아 빛으로 느끼는 크기 |
> | 휘도 | B[rlx] 레드럭스 | 광원이 빛나는 정도 |

47
플로어 덕트 공사의 설명 중 옳지 않은 것은?

① 덕트 상호 간 접속은 견고하고 전기적으로 완전하게 접속하여야 한다.
② 덕트의 끝부분은 막는다.
③ 덕트 및 박스 기타 부속품은 물이 고이는 부분이 없도록 시설하여야 한다.
④ 플로어 덕트는 저압 옥내배선공사에 시설할 수 있다.

> **해설**
> 플로어 덕트는 사용전압 400[V] 이하의 건조한 장소에 시설이 가능하다.

정답 45 ③　46 ①　47 ④

48 작업면의 필요한 장소만 고조도로 하기 위한 방식으로 조명기구를 밀집하여 설치하는 조명방식은?

① 국부조명　　② 전반조명　　③ 직접조명　　④ 간접조명

해설

조명기구의 배치에 의한 분류

조명방식	특징
전반조명	작업면 전반에 균등한 조도를 가지게 하는 방식으로 광원을 일정한 높이와 간격으로 배치하며, 일반적으로 사무실, 학교, 공장 등에 채용된다.
국부조명	작업면의 필요한 장소만 고조도로 하기 위한 방식으로 그 장소에 조명기구를 밀집하여 설치하든가 또는 스탠드 등을 사용한다. 이 방식은 밝고 어둠의 차이가 커서 눈부심을 일으키고 눈이 피로하기 쉬운 결점이 있다.
전반 국부 병용 조명	전반 조명에 의하여 시각 환경을 좋게 하고, 국부조명을 병용해서 필요한 장소에 고조도를 경제적으로 얻는 방식으로 병원 수술실, 공부방, 기계공작실 등에 채용된다.

49 전선접속 시 S형 슬리브 사용에 대한 설명으로 틀린 것은?

① 전선의 끝은 슬리브의 끝에서 조금 나오는 것이 바람직하다.
② 슬리브는 전선의 굵기에 적합한 것을 선정한다.
③ 열린 쪽 홈의 측면을 고르게 눌러서 밀착시킨다.
④ 단선은 사용 가능하나 연선접속 시에는 사용 안 한다.

해설
S형 슬리브는 단선, 연선 어느 것에도 사용할 수 있다.

50 지선의 중간에 넣는 애자는?

① 저압 핀 애자　　② 구형애자　　③ 인류애자　　④ 내장애자

해설
지선애자
구형애자, 말굽애자, 옥애자라고 한다. 지선의 중간에 넣어 감전을 방지한다.

51 저압 옥내배선 공사를 할 때 연동선을 사용할 경우 전선의 최소 굵기[mm²]는?

① 1.5　　② 2.5　　③ 4　　④ 6

해설
저압 옥내배선의 전선 굵기
- 단면적이 2.5[mm²] 이상의 연동선
- 400[V] 이하의 전광표시장치와 같은 제어회로 단면적 1.5[mm²] 이상의 연동선

52 전선의 약호 중 "H"라고 표기되어 있다. 무엇을 나타내는 약호인가?

① 경알루미늄선　　② 연동선　　③ 경동선　　④ 반경동선

정답 48 ①　49 ④　50 ②　51 ②　52 ③

> **해설**
> **전선의 약호**
> - 경알루미늄선 : HAL
> - 경동선 : H
> - 연동선 : A
> - 반경동선 : HA

53 다음 중 버스 덕트가 아닌 것은?
① 플로어 버스 덕트
② 피더 버스 덕트
③ 트롤리 버스 덕트
④ 플러그인 버스 덕트

> **해설**
> **버스 덕트의 종류**
>
> | 명칭 | 비고 |
> | --- | --- |
> | 피더 버스 덕트 | 도중에 부하를 접속하지 않는 것 |
> | 플러그인 버스 덕트 | 도중에 부하를 접속할 수 있도록 꽂음 구멍이 있는 것 |
> | 트롤리 버스 덕트 | 도중에 이동부하를 접속할 수 있도록 트롤리 접속식 구조로 한 것 |

54 다음 중 UPS에 대한 뜻으로 알맞은 것은?
① 고장구간 자동개폐기
② 부하개폐기
③ 라인 스위치
④ 무정전 전원 장치

> **해설**
> ① 고장구간 자동개폐기 : ASS
> ② 부하개폐기 : LBS
> ③ 라인 스위치 : LS
> ④ 무정전 전원 장치(Uninterruptible Power Supply) : UPS

55 절연전선을 동일 금속덕트 내에 넣을 경우 금속덕트의 크기는 전선의 피복절연물을 포함한 단면적의 총합계가 금속덕트 내 단면적의 몇 [%] 이하가 되도록 선정하여야 하는가?(단, 제어회로 등의 배선에 사용하는 전선만을 넣는 경우이다.)
① 30
② 40
③ 50
④ 60

> **해설**
> - 금속덕트에 수용하는 전선은 절연물을 포함하는 단면적의 총합이 금속덕트 내 단면적의 20[%] 이하가 되도록 한다.
> - 전광사인 장치, 출퇴표시등, 기타 이와 유사한 장치 또는 제어회로 등의 배선에 사용하는 전선만을 넣는 경우에는 50[%] 이하로 할 수 있다.

56 점유 면적이 좁고 운전, 보수에 안전하므로 공장, 빌딩 등의 전기실에 많이 사용되는 배전반은 어떤 것인가?
① 데드 프런트형
② 수직형
③ 큐비클형
④ 라이브 프런트형

정답 53 ① 54 ④ 55 ③ 56 ③

> **해설**
> 폐쇄식 배전반을 일반적으로 큐비클형이라고 한다. 점유 면적이 좁고 운전, 보수에 안전하므로 공장, 빌딩 등의 전기실에 많이 사용된다.

57 캡타이어 케이블을 조영재에 시설하는 경우 그 지지점 간의 거리는 얼마로 하여야 하는가?

① 1[m] 이하
② 1.5[m] 이하
③ 2.0[m] 이하
④ 2.5[m] 이하

> **해설**
> **케이블 지지점 간의 거리**
> 조영재의 아랫면 또는 옆면에 따라 시설할 경우 : 2[m] 이하(단, 캡타이어 케이블은 1[m])

58 전선에 안전하게 흘릴 수 있는 최대 전류를 무슨 전류라 하는가?

① 과도전류
② 전도전류
③ 허용전류
④ 맥동전류

> **해설**
> **허용전류(Allowable Current)**
> 도체 또는 절연전선 등에 흘릴 수 있는 최대의 전류로 도체 또는 절연물에 대한 최고 허용온도로 정해진다.

59 다음 설명의 (㉠), (㉡)에 들어갈 내용으로 알맞은 것은?

> 건조한 장소에 저압용 개별 기계기구에 전기를 공급하는 전로에 인체감전보호용 누전차단기 중 정격감도전류가 (㉠) 이하, 동작시간이 (㉡)초 이하의 전류동작형을 시설하는 경우에는 접지공사를 생략할 수 있다.

① ㉠ 15[mA] ㉡ 0.02초
② ㉠ 30[mA] ㉡ 0.02초
③ ㉠ 15[mA] ㉡ 0.03초
④ ㉠ 30[mA] ㉡ 0.03초

> **해설**
> 물기 있는 장소 이외의 장소에 시설하는 저압용의 개별 기계기구에 전기를 공급하는 전로에 인체감전보호용 누전차단기(정격감도전류가 30[mA] 이하, 동작시간이 0.03초 이하의 전류동작형에 한한다)를 시설하는 경우에 접지공사를 생략할 수 있다.

60 저압 가공인입선이 횡단보도교 위에 시설되는 경우 노면상 몇 [m] 이상의 높이에 설치되어야 하는가?

① 3
② 4
③ 5
④ 6

> **해설**
> **저압 가공인입선의 높이**
>
> | 구분 | 저압 인입선[m] | 구분 | 저압 인입선[m] |
> |---|---|---|---|
> | 도로 횡단 | 5 | 횡단보도교 | 3 |
> | 철도 궤도 횡단 | 6.5 | 기타 | 4 |

정답 57 ① 58 ③ 59 ④ 60 ①

CHAPTER 15 2022년 제3회

01 어떤 콘덴서 C[F]에 W[J]의 정전에너지가 저장되었을 때, 인가한 전압[V]은?

① $\sqrt{\dfrac{W}{2C}}$ ② $\sqrt{2WC}$ ③ $\sqrt{\dfrac{2W}{C}}$ ④ $\sqrt{\dfrac{WC}{2}}$

해설

정전에너지 $W=\dfrac{1}{2}CV^2$[J]이므로

전압 $V=\sqrt{\dfrac{2W}{C}}$[V]이다.

02 그림과 같은 회로에서 2[Ω]에 흐르는 전류[A]는?

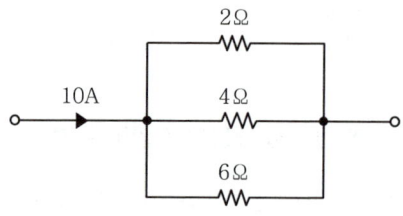

① 1.82   ② 2.73   ③ 4.22   ④ 5.45

해설

2[Ω]에 흐르는 전류는 $I=\dfrac{V}{R}=\dfrac{V}{2}$ 으로 계산되므로

- 합성저항 $\dfrac{1}{R_0}=\dfrac{1}{2}+\dfrac{1}{4}+\dfrac{1}{6}$ 에서 $R_0=1.09$[Ω]
- 전압 $V=IR_0=10\times1.09=10.9$[V]

∴ 2[Ω]에 흐르는 전류 $I=\dfrac{10.9}{2}=5.45$[A]

03 $R=10$[Ω], $X_L=15$[Ω], $X_C=15$[Ω]의 직렬회로에 100[V]의 교류전압을 인가할 때 흐르는 전류[A]는?

① 6   ② 8   ③ 10   ④ 12

해설

$Z=\sqrt{R^2+(X_L-X_C)^2}=\sqrt{10^2+(15-15)^2}=10$[Ω]

$I=\dfrac{V}{Z}=\dfrac{100}{10}=10$[A]

정답 01 ③   02 ④   03 ③

04 진공 중에 4[μC]과 9[μC]의 점전하 사이에 7.2[N]의 힘이 작용했다면, 두 점전하 사이에 거리 [m]는?

① 0.045 ② 0.45 ③ 0.021 ④ 0.21

> **해설**
> 정전기력 $F = 9 \times 10^9 \times \dfrac{Q_1 Q_2}{r^2}$ 이므로
> $7.2 = 9 \times 10^9 \times \dfrac{(4 \times 10^{-6}) \times (9 \times 10^{-6})}{r^2}$ 에서
> 거리 $r = 0.21[m]$이다.

05 묽은 황산(H₂SO₄) 용액에 구리(Cu)와 아연(Zn)판을 넣으면 전지가 된다. 이때 양극(+)에 대한 설명으로 옳은 것은?

① 구리판이며 수소기체가 발생한다. ② 구리판이며 산소기체가 발생한다.
③ 아연판이며 산소기체가 발생한다. ④ 아연판이며 수소기체가 발생한다.

> **해설**
> 볼타전지에서 양극은 구리판, 음극은 아연판이며, 분극작용에 의해 양극에 수소기체가 발생한다.

06 그림과 같이 대전된 에보나이트 막대를 박검전기의 금속판에 닿지 않도록 가깝게 가져갔을 때 금박이 열렸다면 다음 같은 현상을 무엇이라 하는가?(단, A는 원판, B는 박, C는 에보나이트 막대이다.)

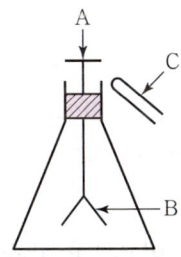

① 대전 ② 마찰전기 ③ 정전유도 ④ 정전차폐

> **해설**
> 정전유도
> 에보나이트 막대를 원판에 가까이 하면 에보나이트에 가까운 쪽(A : 원판)에서는 에보나이트와 다른 종류의 전하가 나타나며 반대쪽(B : 박)에는 같은 종류의 전하가 나타나는 현상을 말한다.

07 RLC 직렬회로에서 최대 전류가 흐르기 위한 조건은?

① $L = C$ ② $\omega LC = 1$ ③ $\omega^2 LC = 1$ ④ $(\omega LC)^2 = 1$

> **해설**
> RLC 직렬회로에서 공진 시 $\omega L = \dfrac{1}{\omega C}$ 이므로, 임피던스 Z가 최소가 되고, 전류는 최대가 된다. 따라서, 공진 조건은 $\omega^2 LC = 1$이다.

정답 04 ④ 05 ① 06 ③ 07 ③

08 임의의 폐회로에서 키르히호프의 제2법칙을 가장 잘 나타낸 것은?

① 기전력의 합＝합성저항의 합
② 기전력의 합＝전압강하의 합
③ 전압강하의 합＝합성저항의 합
④ 합성저항의 합＝회로전류의 합

> **해설**
> **키르히호프의 제2법칙**
> 회로 내의 임의의 폐회로에서 한쪽 방향으로 일주하면서 취할 때 공급된 기전력의 대수합은 각 지로에서 발생한 전압강하의 대수합과 같다.

09 다음 설명의 (㉠), (㉡)에 들어갈 내용으로 알맞은 것은?

> 2차 전지의 대표적인 것으로 납축전지가 있다. 전해액으로 비중 약 (㉠) 정도의 (㉡)을 사용한다.

① ㉠ 1.15～1.21 ㉡ 묽은 황산
② ㉠ 1.25～1.36 ㉡ 질산
③ ㉠ 1.01～1.15 ㉡ 질산
④ ㉠ 1.23～1.26 ㉡ 묽은 황산

> **해설**
> 납축전지는 묽은 황산(비중 1.2～1.3) 용액에 납(Pb)판과 이산화납(PbO_2)판을 넣으면 이산화납에 (＋), 납에 (－)의 전압이 나타난다.

10 전구 2개를 직렬연결했을 때와 병렬연결했을 때 옳은 것은?

① 직렬이 더 밝다.
② 병렬이 더 밝다.
③ 둘 다 밝기가 같다.
④ 직렬이 병렬보다 2배 더 밝다.

> **해설**
> • 전구의 밝기는 소비전력으로 계산할 수 있으므로, 소비전력 $P=\dfrac{V^2}{R}$에서, $P \propto \dfrac{1}{R}$이다.
> • 병렬로 연결할 때 전구의 합성저항이 직렬일 때보다 작으므로, 병렬로 연결할 때 전구의 밝기가 더 밝다.

11 RL병렬회로에서 합성 임피던스는 어떻게 표현되는가?

① $\dfrac{R}{R^2+X_L^2}$
② $\dfrac{X_L}{\sqrt{R^2+X_L^2}}$
③ $\dfrac{R+X_L}{R^2+X_L^2}$
④ $\dfrac{R \cdot X_L}{\sqrt{R^2+X_L^2}}$

> **해설**
> $$\dot{Y}=\dfrac{1}{R}-j\dfrac{1}{X_L}$$
> $$Z=\dfrac{1}{Y}=\dfrac{1}{\sqrt{\left(\dfrac{1}{R}\right)^2+\left(\dfrac{1}{X_L}\right)^2}}=\dfrac{R \cdot X_L}{\sqrt{R^2+X_L^2}}\,[\Omega]$$

정답 08 ② 09 ④ 10 ② 11 ④

12 정전기 발생 방지책으로 틀린 것은?

① 대전방지제의 사용
② 접지 및 보호구의 착용
③ 배관 내 액체의 흐름 속도 제한
④ 대기의 습도를 30% 이하로 하여 건조함을 유지

> **해설**
> **정전기 재해 방지대책**
> • 대전방지 접지 및 본딩
> • 대전물체의 차폐
> • 배관 내 액체의 유속제한
> • 대전방지제 사용
> • 가습
> • 제전기에 의한 대전방지 등

13 거리 1[m]의 평행도체에 같은 전류가 흐를 때 작용하는 힘이 4×10^{-7}[N/m]일 때 흐르는 전류의 크기는?

① 2　　② $\sqrt{2}$　　③ 4　　④ 1

> **해설**
> 평행한 두 도체 사이에 작용하는 힘 $F = \dfrac{2I_1 I_2}{r} \times 10^{-7}$[N/m]이므로
> $4 \times 10^{-7} = \dfrac{2 \times I^2}{1} \times 10^{-7}$에서 전류 $I = \sqrt{2}$[A]이다.

14 1[Wb/m²]인 자속밀도는 몇 Gauss인가?

① $\dfrac{10}{\pi}$　　② $4\pi \times 10^{-4}$　　③ 10^{-4}　　④ 10^{-8}

> **해설**
> 자속밀도를 나타내는 CGS 단위로 1G(Gauss) = 10^{-4}[Wb/m²]이다.

15 유효전력의 식으로 옳은 것은?(단, E는 전압, I는 전류, θ는 위상각이다.)

① $EI\cos\theta$　　② $EI\sin\theta$　　③ $EI\tan\theta$　　④ EI

> **해설**
> ②는 무효전력, ④는 피상전력

16 진공의 투자율 μ_0[H/m]는?

① 6.33×10^4　　② 8.55×10^{-12}　　③ $4\pi \times 10^{-7}$　　④ 9×10^9

> **해설**
> 진공의 투자율 : $\mu_0 = 4\pi \times 10^{-7}$[H/m]

정답 12 ④　13 ②　14 ③　15 ①　16 ③

17 2분간에 876,000[J]의 일을 하였다. 그 전력은 얼마인가?

① 7.3[kW]　　② 29.2[kW]　　③ 73[kW]　　④ 438[kW]

> 해설
> 전력 $P = \dfrac{W}{t} = \dfrac{876,000}{2 \times 60} = 7,300[\text{W}] = 7.3[\text{kW}]$

18 히스테리시스 곡선의 횡축과 종축은 각각 무엇을 나타내는가?

① 자기장의 세기와 자속밀도
② 투자율과 자속밀도
③ 투자율과 잔류자기
④ 자기장의 세기와 보자력

> 해설
> 히스테리시스 곡선(Hysteresis Loop)

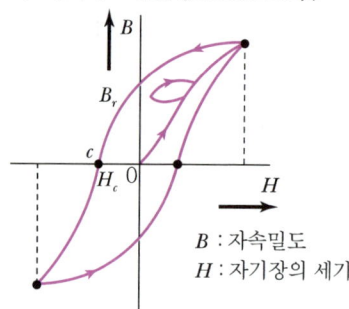

B : 자속밀도
H : 자기장의 세기

19 어떤 물질이 정상 상태보다 전자의 수가 많거나 적어져서 전기를 띠는 현상을 무엇이라 하는가?

① 방전　　② 분극　　③ 대전　　④ 충전

> 해설
> 대전(Electrification)
> 물질이 전자가 부족하거나 남게 된 상태에서 양전기나 음전기를 띠게 되는 현상을 말한다.

20 자기회로의 길이 ℓ[m], 단면적 A[m²], 투자율 μ[H/m]일 때 자기저항 R[AT/Wb]을 나타낸 것은?

① $R = \dfrac{\mu \ell}{A}[\text{AT/Wb}]$　　② $R = \dfrac{A}{\mu \ell}[\text{AT/Wb}]$

③ $R = \dfrac{\mu A}{\ell}[\text{AT/Wb}]$　　④ $R = \dfrac{\ell}{\mu A}[\text{AT/Wb}]$

> 해설
> 자기저항은 자속이 자로를 지날 때 발생하는 저항으로 길이에 비례하고, 단면적에 반비례하며, 투자율에 반비례한다.

정답　17 ①　18 ①　19 ③　20 ④

21 병렬운전 중인 동기발전기의 난조를 방지하기 위하여 자극 면에 유도전동기의 농형권선과 같은 권선을 설치하는데 이 권선의 명칭은?

① 계자권선　　② 제동권선　　③ 전기자권선　　④ 보상권선

> **해설**
> **제동권선 목적**
> • 발전기 : 난조(Hunting) 방지
> • 전동기 : 기동작용

22 슬립 $s = 5[\%]$, 2차 저항 $r_2 = 0.1[\Omega]$인 유도전동기의 등가저항 $R[\Omega]$은 얼마인가?

① 0.4　　② 0.5　　③ 1.9　　④ 2.0

> **해설**
> 유도전동기의 1차 측에서 2차 측으로 공급되는 입력을 P_2로 하고, 2차 철손을 무시하면, 운전 중 2차 주파수 sf_1은 대단히 낮으므로 2차 손실은 2차 저항손뿐이기 때문에, P_2에서 저항손을 뺀 나머지가 유도전동기에서 발생한 기계적 출력 P_o가 된다.
> $$P_o = P_2 - r_2 I_2^2$$
> 여기서 $P_2 = \dfrac{r_2}{s} I_2^2$이므로, 위 식에 대입하면,
> $$P_o = \dfrac{r_2}{s} I_2^2 - r_2 I_2^2 = r_2 \left(\dfrac{1-s}{s}\right) I_2^2 = R I_2^2$$
> 기계적 출력 P_o는 $r_2\left(\dfrac{1-s}{s}\right)$라고 하는 부하를 대표하는 저항의 소비전력으로 나타낼 수 있다.
> 따라서, $R = r_2\left(\dfrac{1-s}{s}\right) = 0.1 \times \left(\dfrac{1-0.05}{0.05}\right) = 1.9[\Omega]$

23 변압기유가 구비해야 할 조건으로 틀린 것은?

① 점도가 낮을 것　　② 인화점이 높을 것
③ 응고점이 높을 것　　④ 절연내력이 클 것

> **해설**
> **변압기유의 구비 조건**
> • 절연내력이 클 것
> • 인화점이 높고, 응고점이 낮을 것
> • 절연 재료와 화학 작용을 일으키지 않을 것
> • 비열이 커서 냉각 효과가 클 것
> • 고온에서도 산화하지 않을 것
> • 점성도가 작고 유동성이 풍부할 것

24 6극 전기자 도체수 400, 매극 자속수 0.01[Wb], 회전수 600[rpm]인 파권 직류기의 유기 기전력은 몇 [V]인가?

① 120　　② 140　　③ 160　　④ 180

> **해설**
> $E = \dfrac{P}{a} Z\phi \dfrac{N}{60} [V]$에서 파권($a = 2$)이므로,
> $E = \dfrac{6}{2} \times 400 \times 0.01 \times \dfrac{600}{60} = 120[V]$이다.

정답　21 ②　22 ③　23 ③　24 ①

25 6극 36슬롯 3상 동기 발전기의 매극 매상당 슬롯수는?

① 2　　　② 3　　　③ 4　　　④ 5

해설

매극 매상당의 홈수 $= \dfrac{\text{홈수}}{\text{극수} \times \text{상수}} = \dfrac{36}{6 \times 3} = 2$

26 동기전동기의 자기 기동법에서 계자권선을 단락하는 이유는?

① 기동이 쉽다.
② 기동권선으로 이용
③ 고전압 유도에 의한 절연파괴 위험 방지
④ 전기자 반작용을 방지한다.

해설

동기전동기의 자기(자체) 기동법
회전 자극 표면에 기동권선을 설치하여 기동 시에는 농형 유도전동기로 동작시켜 기동시키는 방법으로, 계자권선을 열어 둔 채로 전기자에 전원을 가하면 권선수가 많은 계자회로가 전기자 회전 자계를 끊고 높은 전압을 유기하여 계자회로가 소손될 염려가 있으므로 반드시 계자회로는 저항을 통해 단락시켜 놓고 기동시켜야 한다.

27 3상 유도전동기의 1차 입력 60[kW], 1차 손실 1[kW], 슬립 3[%]일 때 기계적 출력[kW]은?

① 57　　　② 75　　　③ 95　　　④ 100

해설

$P_2 : P_{2c} : P_o = 1 : S : (1-S)$ 이므로
$P_2 = $ 1차 입력 $-$ 1차 손실 $= 60-1 = 59$[kW]
$P_o = (1-S)P_2 = (1-0.03) \times 59 ≒ 57$[kW]

28 단상 전파 정류회로에서 $\alpha = 60°$일 때 정류전압은 약 몇 [V]인가?(단, 전원 측 실횻값 전압은 100[V]이다.)

① 15　　　② 22　　　③ 35　　　④ 45

해설

단상 전파 정류회로의 정류전압
$V_d = \dfrac{2\sqrt{2}\,V}{\pi}\cos\alpha = \dfrac{2\sqrt{2} \times 100}{\pi}\cos 60° ≒ 45$[V]

29 3상 동기발전기에서 전기자 전류가 무부하 유도기전력보다 앞선 경우의 전기자 반작용은?

① 횡축반작용　　② 증자작용　　③ 감자작용　　④ 편자작용

해설

동기발전기의 전기자 반작용
- 뒤진 전기자 전류 : 감자작용
- 앞선 전기자 전류 : 증자작용

정답　25 ①　26 ③　27 ①　28 ④　29 ②

30 교류전동기를 기동할 때 그림과 같은 기동 특성을 가지는 전동기는?(단, 곡선 (1)~(5)는 기동 단계에 대한 토크 특성곡선이다.)

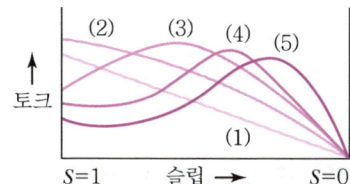

① 반발 유도전동기
② 2중 농형 유도전동기
③ 3상 분권 정류자전동기
④ 3상 권선형 유도전동기

> **해설**
> 그림은 토크의 비례 추이 곡선으로 3상 권선형 유도전동기와 같이 2차 저항을 조절할 수 있는 기기에서 응용할 수 있다.

31 3상 유도전동기의 회전방향을 바꾸기 위한 방법으로 옳은 것은?

① 전원의 전압과 주파수를 바꾸어 준다.
② △-Y결선으로 결선법을 바꾸어 준다.
③ 기동보상기를 사용하여 권선을 바꾸어 준다.
④ 전동기의 1차 권선에 있는 3개의 단자 중 어느 2개의 단자를 서로 바꾸어 준다.

> **해설**
> 3상 유도전동기의 회전방향을 바꾸기 위해서는 상회전 순서를 바꾸어야 하는데, 3상 전원 3선 중 두 선의 접속을 바꾼다.

32 전기자저항 0.1[Ω], 전기자전류 104[A], 유도기전력 110.4[V]인 직류 분권발전기의 단자전압 [V]은?

① 110   ② 106   ③ 102   ④ 100

> **해설**
> 직류 분권 발전기는 다음 그림과 같으므로,
>
>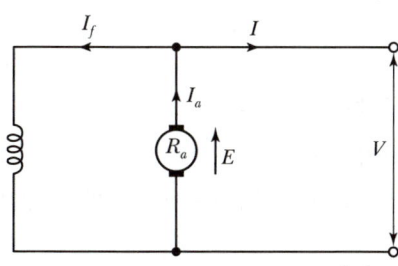
>
> $V = E - R_a I_a = 110.4 - 0.1 \times 104 = 100[V]$

정답 30 ④ 31 ④ 32 ④

33 유도전동기의 슬립을 측정하는 방법으로 옳은 것은?

① 전압계법 ② 전류계법 ③ 평형 브리지법 ④ 스트로보법

해설
슬립 측정 방법
회전계법, 직류 밀리볼트계법, 수화기법, 스트로보법

34 다음 그림에서 직류 분권전동기의 속도특성곡선은?

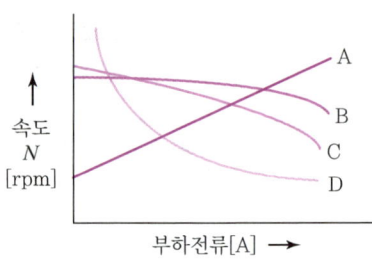

① A ② B ③ C ④ D

해설
분권전동기
전기자와 계자권선이 병렬로 접속되어 있어서 단자전압이 일정하면, 부하전류에 관계없이 자속이 일정하므로 정속도 특성을 가진다.

35 직류 발전기의 규약 효율을 표시하는 식은?

① $\dfrac{출력}{출력+손실}\times 100\%$ ② $\dfrac{출력}{입력}\times 100\%$

③ $\dfrac{입력-손실}{입력}\times 100\%$ ④ $\dfrac{출력}{출력-손실}\times 100\%$

해설
- 발전기 규약효율 $\eta_G = \dfrac{출력}{출력+손실}\times 100[\%]$
- 전동기 규약효율 $\eta_M = \dfrac{입력-손실}{입력}\times 100[\%]$

36 동기발전기를 회전계자형으로 하는 이유가 아닌 것은?

① 고전압에 견딜 수 있게 전기자 권선을 절연하기가 쉽다.
② 전기자 단자에 발생한 고전압을 슬립링 없이 간단하게 외부회로에 인가할 수 있다.
③ 기계적으로 튼튼하게 만드는 데 용이하다.
④ 전기자가 고정되어 있지 않아 제작비용이 저렴하다.

해설
회전계자형
전기자를 고정해 두고 계자를 회전시키는 형태로 중·대형기기에 일반적으로 채용된다.

정답 33 ④ 34 ② 35 ① 36 ④

37 34극 60[MVA], 역률 0.8, 60[Hz], 22.9[kV] 수차발전기의 전부하 손실이 1,600[kW]이면 전부하 효율[%]은?

① 90　　　② 95　　　③ 97　　　④ 99

> **해설**
> 효율 $\eta = \dfrac{출력}{입력} \times 100 = \dfrac{출력}{(출력+손실)} \times 100 = \dfrac{60 \times 0.8}{(60 \times 0.8 + 1.6)} \times 100 ≒ 97[\%]$

38 동기조상기가 전력용 콘덴서보다 우수한 점은?

① 손실이 적다.　　② 보수가 쉽다.
③ 지상 역률을 얻는다.　　④ 가격이 싸다.

> **해설**
> • 동기조상기 : 진상, 지상 역률을 얻을 수 있다.
> • 전력용 콘덴서 : 진상 역률만을 얻을 수 있다.

39 부흐홀츠 계전기의 설치 위치로 가장 적당한 것은?

① 변압기 주 탱크 내부
② 콘서베이터 내부
③ 변압기 고압 측 부싱
④ 변압기 주 탱크와 콘서베이터 사이

> **해설**
> 변압기의 탱크와 콘서베이터의 연결관 사이에 설치한다.

40 역률이 좋아 가정용 선풍기, 세탁기, 냉장고 등에 주로 사용되는 것은?

① 분상 기동형　　② 콘덴서 기동형
③ 반발 기동형　　④ 셰이딩 코일형

> **해설**
> **영구 콘덴서 기동형**
> 원심력 스위치가 없어서 가격도 싸고, 보수할 필요가 없으므로 큰 기동토크를 요구하지 않는 선풍기, 냉장고, 세탁기 등에 널리 사용된다.

41 박강 전선관의 표준 굵기가 아닌 것은?

① 15[mm]　　② 17[mm]　　③ 25[mm]　　④ 39[mm]

> **해설**
> **박강 전선관 호칭**
> • 바깥지름의 크기에 가까운 홀수로 호칭한다.
> • 15, 19, 25, 31, 39, 51, 63, 75[mm] 등 8종류이다.

정답　37 ③　38 ①　39 ④　40 ②　41 ②

42 소맥분, 전분 기타 가연성의 분진이 존재하는 곳의 저압 옥내배선 공사방법 중 적당하지 않은 것은?

① 애자 사용 공사
② 합성수지관 공사
③ 케이블 공사
④ 금속관 공사

해설

가연성 분진이 존재하는 곳
가연성의 먼지로서 공중에 떠다니는 상태에서 착화하였을 때, 폭발의 우려가 있는 곳의 저압 옥내배선은 합성수지관 배선, 금속전선관 배선, 케이블 배선에 의하여 시설한다.

43 접지도체에 피뢰시스템이 접속되는 경우에 접지도체는 단면적 몇 [mm²] 이상의 구리선을 사용하여야 하는가?

① 2.5[mm²]
② 6[mm²]
③ 10[mm²]
④ 16[mm²]

해설

접지도체의 단면적

접지도체에 큰 고장전류가 흐르지 않을 경우	• 구리는 6[mm²] 이상	• 철제는 50[mm²] 이상
접지도체에 피뢰시스템이 접속되는 경우	• 구리는 16[mm²] 이상	• 철제는 50[mm²] 이상

44 설계하중 6.8[kN] 이하의 철근 콘크리트 전주의 길이가 12[m]인 지지물을 건주하는 경우 땅에 묻히는 깊이로 가장 옳은 것은?

① 2[m]
② 1.0[m]
③ 0.8[m]
④ 0.6[m]

해설

전주가 땅에 묻히는 깊이
- 전주의 길이 15[m] 이하 : 1/6 이상
- 전주의 길이 15[m] 이상 : 2.5[m] 이상
- 철근 콘크리트 전주로서 길이가 14[m] 이상 20[m] 이하이고, 설계하중이 6.8[kN] 초과 9.8[kN] 이하인 것은 30[cm]를 가산한다.

즉, $12 \times \dfrac{1}{6} = 2[m]$

45 정격전류가 30[A]인 저압전로의 과전류 차단기를 산업용 배선용 차단기로 사용하는 경우 정격전류의 1.3배의 전류가 통과하였을 경우 몇 분 이내에 자동적으로 동작하여야 하는가?

① 1분
② 2분
③ 60분
④ 120분

해설

산업용 배선용 차단기

정격전류의 구분	트립 동작시간	정격전류의 배수(모든 극에 통전)	
		부동작 전류	동작 전류
63[A] 이하	60분	1.05배	1.3배
63[A] 초과	120분	1.05배	1.3배

정답 42 ① 43 ④ 44 ① 45 ③

46 접착력은 떨어지나 절연성, 내온성, 내유성이 좋아 연피케이블의 접속에 사용되는 테이프는?

① 고무 테이프
② 리노 테이프
③ 비닐 테이프
④ 자기 융착 테이프

> **해설**
> 리노 테이프
> 접착성은 없으나 절연성, 내온성, 내유성이 있어서 연피케이블 접속 시 사용한다.

47 지중에 매설되어 있는 금속제 수도관로는 접지공사의 접지극으로 사용할 수 있다. 이때 수도관로는 대지와의 전기저항치가 얼마 이하이어야 하는가?

① 1[Ω]
② 2[Ω]
③ 3[Ω]
④ 4[Ω]

> **해설**
> 금속제 수도관을 접지극으로 사용할 경우 3[Ω] 이하의 접지저항을 가지고 있을 것
> [참고] 건물의 철골 등 금속체를 접지극으로 사용할 경우 : 2[Ω] 이하의 접지저항을 가지고 있을 것

48 금속관공사에서 금속관을 콘크리트에 매설할 경우 관의 두께는 몇 [mm] 이상의 것이어야 하는가?

① 0.8[mm]
② 1.0[mm]
③ 1.2[mm]
④ 1.5[mm]

> **해설**
> 금속관의 두께와 공사
> • 콘크리트에 매설하는 경우 : 1.2[mm] 이상
> • 기타의 경우 : 1[mm] 이상

49 가공인입선 중 수용장소의 인입선에서 분기하여 다른 수용장소의 인입구에 이르는 전선을 무엇이라 하는가?

① 소주인입선
② 연접인입선
③ 본주인입선
④ 인입간선

> **해설**
> ① 소주인입선 : 인입간선의 전선로에서 분기한 소주에서 수용가에 이르는 전선로
> ③ 본주인입선 : 인입간선의 전선로에서 수용가에 이르는 전선로
> ④ 인입간선 : 배선선로에서 분기된 인입전선로

50 코드 상호 간 또는 캡타이어 케이블 상호 간을 접속하는 경우 가장 많이 사용되는 기구는?

① T형 접속기
② 코드 접속기
③ 와이어 커넥터
④ 박스용 커넥터

> **해설**
> **코드접속기**
> 코드 상호, 캡타이어 케이블 상호, 케이블 상호 접속 시 사용

정답 46 ② 47 ③ 48 ③ 49 ② 50 ②

51 피시 테이프(Fish Tape)의 용도는?

① 전선을 테이핑하기 위해서 사용
② 전선관의 끝마무리를 위해서 사용
③ 배관에 전선을 넣을 때 사용
④ 합성수지관을 구부릴 때 사용

> **해설**
> 피시 테이프(Fish Tape)
> 전선관에 전선을 넣을 때 사용되는 평각강철선이다.

52 가공전선의 지지물에 승탑 또는 승강용으로 사용하는 발판 볼트 등은 지표상 몇 [m] 미만에 시설하여서는 안 되는가?

① 1.2[m]   ② 1.5[m]   ③ 1.6[m]   ④ 1.8[m]

> **해설**
> 가공전선로의 지지물에 취급자가 오르고 내리는 데 사용하는 발판 볼트 등을 지표상 1.8[m] 미만에 시설하여서는 아니 된다.

53 무대, 무대마루 밑, 오케스트라 박스, 영사실, 기타 사람이나 무대 도구가 접촉할 우려가 있는 장소에 시설하는 저압 옥내배선, 전구선 또는 이동전선은 최고 사용 전압이 몇 [V] 이하이어야 하는가?

① 100   ② 200   ③ 300   ④ 400

> **해설**
> 전시회, 쇼 및 공연장
> 저압옥내배선, 전구선 또는 이동전선은 사용전압이 400[V] 이하이어야 한다.

54 상도체 및 보호도체의 재질이 구리일 경우, 상도체의 단면적이 10[mm²]일 때 보호도체의 최소 단면적은 ?

① 2.5[mm²]   ② 6[mm²]   ③ 10[mm²]   ④ 16[mm²]

> **해설**
> 상도체의 단면적이 $S \leq 16$이고, 상도체 및 보호도체의 재질이 같을 경우 보호도체의 최소 단면적은 상도체의 단면적과 같다.

55 금속전선관 내의 절연전선을 넣을 때는 절연전선의 피복을 포함한 총 단면적이 금속관 내부 단면적의 약 몇 [%] 이하가 바람직한가?

① 20   ② 25   ③ 33   ④ 50

> **해설**
> 금속전선관의 굵기는 케이블 또는 절연도체의 내부 단면적이 금속전선관 단면적의 1/3을 초과하지 않도록 하는 것이 바람직하다.

정답 51 ③ 52 ④ 53 ④ 54 ③ 55 ③

56 금속관을 가공할 때 절단된 내부를 매끈하게 하기 위하여 사용하는 공구의 명칭은?

① 리머　　② 프레셔 툴　　③ 오스터　　④ 녹아웃 펀치

> **해설**
> 리머(Reamer)
> 금속관을 쇠톱이나 커터로 끊은 다음, 관 안에 날카로운 것을 다듬는 공구이다.

57 화약고 등의 위험장소에서 전기설비 시설에 관한 내용으로 옳은 것은?

① 전로의 대지전압은 400[V] 이하일 것
② 전기기계기구는 전폐형을 사용할 것
③ 화약고 내의 전기설비는 화약고 장소에 전용개폐기 및 과전류 차단기를 시설할 것
④ 개폐기 및 과전류 차단기에서 화약고 인입구까지의 배선은 케이블 배선으로 노출로 시설할 것

> **해설**
> 화약고 등의 위험장소에는 원칙적으로 전기설비를 시설하지 못하지만, 다음의 경우에는 시설한다.
> • 전로의 대지전압이 300[V] 이하로 전기기계기구(개폐기, 차단기 제외)는 전폐형으로 사용한다.
> • 금속 전선관 또는 케이블 배선에 의하여 시설한다.
> • 전용 개폐기 및 과전류 차단기는 화약류 저장소 이외의 곳에 시설한다.
> • 전용 개폐기 또는 과전류 차단기에서 화약고의 인입구까지는 케이블을 사용하여 지중 전로로 한다.

58 전동기의 정·역 운전을 제어하는 회로에서 2개의 전자 개폐기의 작동이 동시에 일어나지 않도록 하는 회로는?

① Y−Δ 회로　　② 자기유지 회로　　③ 촌동 회로　　④ 인터록 회로

> **해설**
> 인터록 회로
> 상대동작 금지회로로서 선행동작 우선회로와 후행동작 우선회로가 있다.

59 배선설계를 위한 전등 및 소형 전기기계기구의 부하용량 산정 시 건축물의 종류에 대응한 표준부하에서 원칙적으로 표준부하를 20[VA/m²]로 적용하여야 하는 건축물은?

① 교회, 극장　　② 호텔, 병원　　③ 은행, 상점　　④ 아파트, 미용원

> **해설**
> 건물의 표준부하
>
> | 부하구분 | 건축물의 종류 | 표준부하밀도[VA/m²] |
> |---|---|---|
> | 표준부하 | 공장, 공회당, 사원, 교회, 극장, 영화관, 연회장 등 | 10 |
> | | 기숙사, 여관, 호텔, 병원, 학교, 음식점, 다방, 대중목욕탕 등 | 20 |
> | | 사무실, 은행, 상점, 이발소, 미용원 등 | 30 |
> | | 주택, 아파트 등 | 40 |

정답 56 ① 57 ② 58 ④ 59 ②

60 최대사용전압이 70[kV]인 중성점 직접접지식 전로의 절연내력 시험전압은 몇 [V]인가?

① 35,000[V]   ② 42,000[V]   ③ 44,800[V]   ④ 50,400[V]

해설

고압 및 특별고압 전로의 절연내력 시험전압

구분		시험전압 배율	시험 최저전압[V]
중성점 비접지식	7[kV] 이하	1.5	
	7[kV] 초과 25[kV] 이하	1.25	10,500
	25[kV] 초과	1.25	
중성점 접지식	7[kV] 이하	1.5	
	7[kV] 초과 25[kV] 이하	0.92	
	25[kV] 초과 60[kV] 이하	1.25	
	60[kV] 초과	1.1	75,000
	60[kV] 초과(직접 접지식)	0.72	
	170[kV] 초과	0.64	

위 표에서 배율을 적용하면, 70[kV]×0.72＝50.4[kV]이다.

정답 60 ④

CHAPTER 16 2022년 제4회

01 키르히호프의 법칙을 이용하여 방정식을 세우는 방법으로 잘못된 것은?

① 키르히호프의 제1법칙을 회로망의 임의의 한 점에 적용한다.
② 각 폐회로에서 키르히호프의 제2법칙을 적용한다.
③ 각 회로의 전류를 문자로 나타내고 방향을 가정한다.
④ 계산결과 전류가 +로 표시된 것은 처음에 정한 방향과 반대방향임을 나타낸다.

> **해설**
> 처음 정한 방향이 + 표시일 때 반대방향은 − 표시이다.

02 그림과 같이 공기 중에 놓인 2×10^{-8}[C]의 전하에서 4[m] 떨어진 점 P와 2[m] 떨어진 점 Q와의 전위차는?

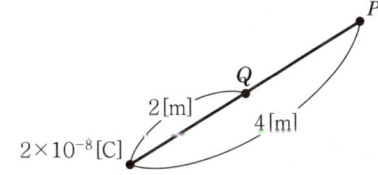

① 35[V] ② 45[V] ③ 55[V] ④ 65[V]

> **해설**
> Q[C]의 전하에서 r[m] 떨어진 점의 전위 P와 r_0[m] 떨어진 점의 전위 Q와의 전위차
> $$V_d = \frac{Q}{4\pi\varepsilon}\left(\frac{1}{r} - \frac{1}{r_0}\right) = \frac{2 \times 10^{-8}}{4\pi \times 8.855 \times 10^{-12} \times 1}\left(\frac{1}{2} - \frac{1}{4}\right) = 45[V]$$

03 물질에 따라 자석에 자화되는 물체를 무엇이라 하는가?

① 비자성체 ② 상자성체
③ 반자성체 ④ 강자성체

> **해설**
> ㉠ 강자성체 : 자석에 자화되어 강하게 끌리는 물체
> ㉡ 약자성체(비자성체)
> • 반자성체 : 자석에 자화가 반대로 되어 약하게 반발하는 물체
> • 상자성체 : 자석에 자화되어 약하게 끌리는 물체

정답 01 ④ 02 ② 03 ④

04 전자 냉동기는 어떤 효과를 응용한 것인가?

① 제벡 효과　　　　　　　② 톰슨 효과
③ 펠티에 효과　　　　　　④ 줄 효과

> **해설**
> **펠티에 효과(Peltier Effect)**
> 서로 다른 두 종류의 금속을 접속하고 한쪽 금속에서 다른 쪽 금속으로 전류를 흘리면 열의 발생 또는 흡수가 일어나는 현상을 말한다.

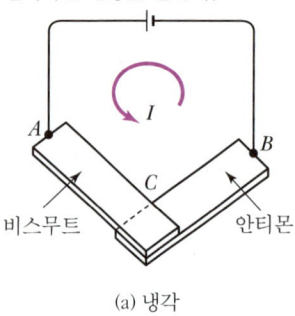
(a) 냉각

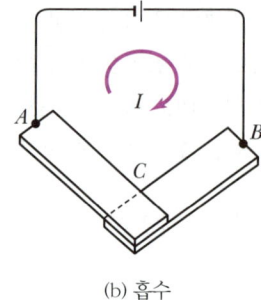
(b) 흡수

05 평균 반지름이 10[cm]이고 감은 횟수 10회의 원형코일에 20[A]의 전류를 흐르게 하면 코일 중심의 자기장의 세기는?

① 10[AT/m]　　② 20[AT/m]　　③ 1,000[AT/m]　　④ 2,000[AT/m]

> **해설**
> 원형코일 중심의 자기장의 세기
> $H = \dfrac{NI}{2r} = \dfrac{10 \times 20}{2 \times 10 \times 10^{-2}} = 1,000[\text{AT/m}]$

06 $R=3[\Omega]$, $L=10.6[\text{mH}]$의 RL 직렬회로에 $V=500[\text{V}]$, $f=60[\text{Hz}]$의 교류전압을 가할 때 전류의 크기는 약 몇 [A]인가?

① 90　　② 100　　③ 110　　④ 120

> **해설**
> - 유도 리액턴스 $X_L = \omega L = 2\pi f L = 2\pi \times 60 \times 10.6 \times 10^{-3} = 4[\Omega]$
> - 임피던스 $Z = \sqrt{R^2 + X_L^2} = \sqrt{3^2 + 4^2} = 5[\Omega]$
> - 전류 $I = \dfrac{V}{Z} = \dfrac{500}{5} = 100[\text{A}]$

07 기전력 1.5[V], 용량 20[AH] 전지 5개를 직렬로 연결하였을 때 기전력은 7.5[V]이다. 이때 전지용량은?

① 4[AH]　　② 20[AH]　　③ 400[AH]　　④ 100[AH]

> **해설**
> 전지를 직렬로 연결하면 기전력은 증가하지만, 전지용량은 증가하지 않고 1개의 용량과 같다.

정답 04 ③　05 ③　06 ②　07 ②

08 전기회로의 전류와 자기회로의 요소 중 서로 대칭되는 것은?

① 기자력   ② 자속   ③ 투자율   ④ 자기저항

해설

전기회로와 자기회로의 대칭 관계

전기회로	자기회로
기전력 V[V]	기자력 $F=NI$[AT]
전류 I[A]	자속 ϕ[Wb]
전기저항 R[Ω]	전기저항 R[AT/Wb]
옴의 법칙 $R=\dfrac{V}{I}$[Ω]	옴의 법칙 $R=\dfrac{NI}{\phi}$[AT/Wb]

09 2전력계법으로 3상 전력을 측정할 때 지시값이 $P_1=200$[W], $P_2=200$[W]일 때 부하전력[W]은?

① 200   ② 400   ③ 600   ④ 800

해설
- 유효전력 $P=P_1+P_2$[W]
- 무효전력 $P_r=\sqrt{3}(P_1-P_2)$[Var]
- 피상전력 $P_a=\sqrt{P^2+P_r^{\,2}}$[VA]

∴ 부하전력=유효전력=200+200=400[W]

10 어떤 교류회로의 순시값이 $v=\sqrt{2}\,V\sin\omega t$[V]인 전압에서 $\omega t=\dfrac{\pi}{6}$[rad]일 때 $100\sqrt{2}$ [V]이면 이 전압의 실횻값[V]은?

① 100   ② $100\sqrt{2}$ ③ 200   ④ $200\sqrt{2}$

해설

$\omega t=\dfrac{\pi}{6}$[rad]일 때 순시전압 $v=\sqrt{2}\,V\sin 60°=\dfrac{\sqrt{2}\,V}{2}$

$\dfrac{\sqrt{2}\,V}{2}=100\sqrt{2}$ 이므로, $V=200$[V]

11 진공 중에 10[μC]과 20[μC]의 점전하를 1[m]의 거리로 놓았을 때 작용하는 힘[N]은?

① 18×10^{-1} ② 2×10^{-1} ③ 9.8×10^{-9} ④ 98×10^{-9}

정답 08 ② 09 ② 10 ③ 11 ①

> **해설**
> 정전기력 $F = 9 \times 10^9 \times \dfrac{Q_1 Q_2}{r^2}$
> $= 9 \times 10^9 \times \dfrac{(10 \times 10^{-6}) \times (20 \times 10^{-6})}{1^2}$
> $= 18 \times 10^{-1} [\text{N}]$

12 비유전율 2.5의 유전체 내부의 전속밀도가 $2 \times 10^{-6} [\text{C/m}^2]$되는 점의 전기장의 세기는 약 몇 [V/m]인가?

① 18×10^4　　② 9×10^4　　③ 6×10^4　　④ 3.6×10^4

> **해설**
> 전기장의 세기 $E = \dfrac{D}{\varepsilon} = \dfrac{D}{\varepsilon_0 \times \varepsilon_s} = \dfrac{2 \times 10^{-6}}{8.855 \times 10^{-12} \times 2.5} = 9 \times 10^4 [\text{V/m}]$

13 교류에서 무효전력[Var]을 나타내는 식은?

① VI　　② $VI\cos\theta$　　③ $VI\sin\theta$　　④ $VI\tan\theta$

> **해설**
> • 피상전력 VI [VA]
> • 유효전력 $VI\cos\theta$ [W]
> • 무효전력 $VI\sin\theta$ [Var]

14 그림과 같은 회로 AB에서 본 합성저항은 몇 [Ω]인가?

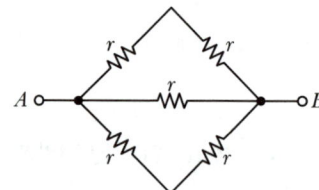

① $\dfrac{r}{2}$　　② r　　③ $\dfrac{3}{2}r$　　④ $2r$

> **해설**
>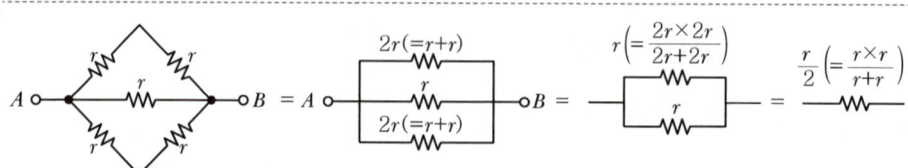

정답 12 ②　13 ③　14 ①

15 비유전율이 큰 산화티탄 등을 유전체로 사용한 것으로 극성이 없으며 가격에 비해 성능이 우수하여 널리 사용되고 있는 콘덴서의 종류는?

① 전해 콘덴서 ② 세라믹 콘덴서
③ 마일러 콘덴서 ④ 마이카 콘덴서

> **해설**
> 콘덴서의 종류
> ① 전해 콘덴서 : 전기분해하여 금속의 표면에 산화피막을 만들어 유전체로 이용한다. 소형으로 큰 정전용량을 얻을 수 있으나, 극성을 가지고 있으므로 교류회로에는 사용할 수 없다.
> ② 세라믹 콘덴서 : 비유전율이 큰 티탄산바륨 등이 유전체로, 가격 대비 성능이 우수하며, 가장 많이 사용된다.
> ③ 마일러 콘덴서 : 얇은 폴리에스테르 필름을 유전체로 하여 양면에 금속박을 대고 원통형으로 감은 것으로, 내열성, 절연저항이 양호하다.
> ④ 마이카 콘덴서 : 운모와 금속박막으로 되어 있다. 온도 변화에 의한 용량 변화가 작고 절연저항이 높은 우수한 특성을 가지며, 표준 콘덴서이다.

16 3상 교류회로의 선간전압이 13,200[V], 선전류 800[A], 역률 80[%] 부하의 소비전력은 약 몇 [MW]인가?

① 4.88 ② 8.45 ③ 14.63 ④ 25.34

> **해설**
> 3상 소비전력 $P = \sqrt{3}\,V_\ell I_\ell \cos\theta = \sqrt{3} \times 13,200 \times 800 \times 0.8 = 14,632,365[W] = 14.63[MW]$

17 자기 인덕턴스가 같은 L_1, L_2[H]의 두 원통 코일이 서로 직교하고 있다. 이 두 코일 간의 상호 인덕턴스는 어떻게 되는가?

① $L_1 + L_2$ ② $\sqrt{L_1 L_2}$ ③ $L_1 \times L_2$ ④ 0

> **해설**
> 코일이 서로 직교하면 쇄교자속이 없으므로 결합계수 $k = 0$이다. 즉, 상호 인덕턴스 $M = 0$

18 2[Ω]의 저항과 3[Ω]의 저항을 직렬로 접속할 때 합성 컨덕턴스는 몇 [℧]인가?

① 5 ② 2.5 ③ 1.5 ④ 0.2

> **해설**
> $R = 2 + 3 = 5[\Omega]$, $G = \dfrac{1}{5} = 0.2[℧]$

19 납축전지가 완전히 방전되면 음극과 양극은 무엇으로 변하는가?

① $PbSO_4$ ② PbO_2 ③ H_2SO_4 ④ Pb

정답 15 ② 16 ③ 17 ④ 18 ④ 19 ①

> **해설**
>
> 납축전지의 방전·충전 방정식은 다음과 같다.
>
> $$\underset{\text{양극}}{PbO_2} + \underset{\text{전해액}}{2H_2SO_4} + \underset{\text{음극}}{Pb} \underset{(\text{충전})}{\overset{(\text{방전})}{\rightleftharpoons}} \underset{\text{양극}}{PbSO_4} + \underset{\text{전해액}}{2H_2O} + \underset{\text{음극}}{PbSO_4}$$

20 그림과 같이 $I[A]$의 전류가 흐르고 있는 도체의 미소부분 $\Delta\ell$의 전류에 의해 이 부분이 $r[m]$ 떨어진 점 P의 자기장 $\Delta H[A/m]$는?

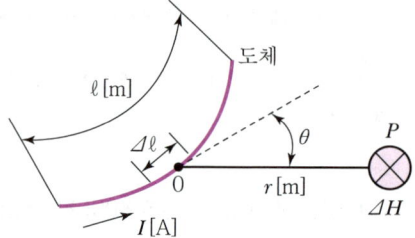

① $\Delta H = \dfrac{I^2 \Delta\ell \sin\theta}{4\pi r^2}$
② $\Delta H = \dfrac{I \Delta\ell^2 \sin\theta}{4\pi r}$
③ $\Delta H = \dfrac{I^2 \Delta\ell \sin\theta}{4\pi r}$
④ $\Delta H = \dfrac{I \Delta\ell \sin\theta}{4\pi r^2}$

> **해설**
>
> 비오 – 사바르 법칙
>
> $\Delta H = \dfrac{I\Delta\ell\sin\theta}{4\pi r^2}$

21 직선으로 운동하는 전동기는?

① 서보 모터
② 리니어 모터
③ 히스테리시스 모터
④ 스테핑 모터

> **해설**
>
> 리니어 모터(Linear Motor)는 선형전동기라는 뜻으로 회전형 전동기의 고정자와 회전자를 축방향으로 잘라서 평평한 평면상에 펼친 것이다.

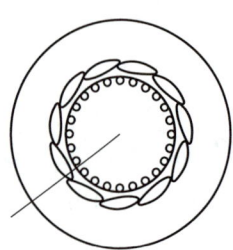 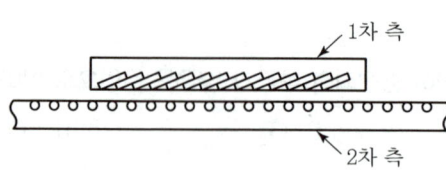

정답 20 ④ 21 ②

22 변압기의 병렬운전 조건이 아닌 것은?

① 각 변압기의 극성이 같을 것
② 각 변압기의 권수비가 같고 1차 및 2차의 정격전압이 같을 것
③ 각 변압기의 백분율 임피던스 강하가 같을 것
④ 각 변압기의 중량이 같을 것

해설
변압기의 병렬운전 조건
- 각 변압기의 극성이 같을 것
- 각 변압기의 권수비가 같고 1차 및 2차의 정격전압이 같을 것
- 각 변압기의 백분율 임피던스 강하가 같을 것
- 각 변압기의 $\frac{r}{x}$ 비가 같을 것

23 변압기의 손실 중 무부하손이 아닌 것은?

① 기계손
② 히스테리시스손
③ 와류손
④ 유전체손

해설
변압기는 정지기이므로, 기계손(마찰손, 풍손)은 발생하지 않는다.

24 고압전동기 철심의 강판 홈(Slot)의 모양은?

① 반폐형
② 개방형
③ 반구형
④ 밀폐형

해설
저압용에는 반폐형, 고압용에는 개방형이 사용된다.

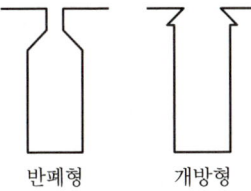

반폐형   개방형

25 직류발전기에서 계자의 주된 역할은?

① 기전력을 유도한다.
② 자속을 만든다.
③ 정류작용을 한다.
④ 정류자면에 접촉한다.

해설
직류 발전기의 주요 부분
- 계자(Field Magnet) : 자속을 만들어 주는 부분
- 전기자(Armature) : 계자에서 만든 자속으로부터 기전력을 유도하는 부분
- 정류자(Commutator) : 교류를 직류로 변환하는 부분

정답 22 ④ 23 ① 24 ② 25 ②

26 60[Hz]의 동기전동기가 2극일 때 동기속도는 몇 [rpm]인가?

① 7,200   ② 4,800   ③ 3,600   ④ 2,400

해설
동기속도 $N_s = \dfrac{120f}{P}$[rpm]이므로
$N_s = \dfrac{120 \times 60}{2} = 3,600$[rpm]이다.

27 동기기의 전기자 권선법이 아닌 것은?

① 2층 분포권   ② 단절권
③ 중권   ④ 전절권

해설
동기기는 주로 분포권, 단절권, 2층권, 중권이 쓰이고 결선은 Y결선으로 한다.

28 3상 전원에서 2상 전원을 얻기 위한 변압기 결선 방법은?

① 대각결선   ② 포크결선
③ 환상결선   ④ 스코트 결선

해설
3상 교류를 2상 교류로 변환
- 스코트(Scott) 결선(T결선)
- 우드브리지(Wood Bridge) 결선
- 메이어(Meyer) 결선

29 6극 36슬롯 3상 동기 발전기의 매극 매상당 슬롯수는?

① 2   ② 3   ③ 4   ④ 5

해설
매극 매상당의 홈수 $= \dfrac{\text{홈수}}{\text{극수} \times \text{상수}} = \dfrac{36}{6 \times 3} = 2$

30 동기기에서 전기자 전류가 기전력보다 90° 만큼 위상이 앞설 때의 전기자 반작용은?

① 교차 자화 작용   ② 감자 작용
③ 편자 작용   ④ 증자 작용

해설
동기기의 전기자 반작용
- 뒤진 전기자 전류 : 감자 작용
- 앞선 전기자 전류 : 증자 작용
- 동상 전기자 전류 : 교차 자화 작용

정답 26 ③ 27 ④ 28 ④ 29 ① 30 ④

31 직류 분권전동기의 토크(τ)와 회전수(N)의 관계를 올바르게 표시한 것은?

① $\tau \propto \dfrac{1}{N}$ ② $\tau \propto \dfrac{1}{N^2}$ ③ $\tau \propto N$ ④ $\tau \propto N^{\frac{3}{2}}$

> 해설
> 분권전동기는 $N \propto \dfrac{1}{I_a}$ 이고, $\tau \propto I_a$ 이므로 $\tau \propto \dfrac{1}{N}$ 이다.

32 역률과 효율이 좋아서 가정용 선풍기, 전기세탁기, 냉장고 등에 주로 사용되는 것은?

① 분상 기동형 전동기 ② 콘덴서 기동형 전동기
③ 반발 기동형 전동기 ④ 셰이딩 코일형 전동기

> 해설
> 콘덴서 기동형 전동기는 다른 단상 유도전동기에 비해 역률과 효율이 좋다.

33 그림과 같은 전동기 제어회로에서 전동기 M의 전류 방향으로 올바른 것은?(단, 전동기의 역률은 100%이고, 사이리스터의 점호각은 0°라고 본다.)

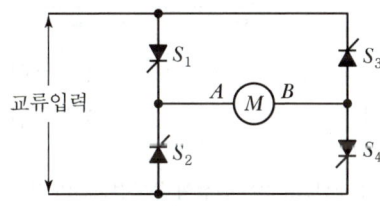

① 항상 "A"에서 "B"의 방향
② 항상 "B"에서 "A"의 방향
③ 입력의 반주기마다 "A"에서 "B"의 방향, "B"에서 "A"의 방향
④ S_1과 S_4, S_2와 S_3의 동작 상태에 따라 "A"에서 "B"의 방향, "B"에서 "A"의 방향

> 해설
> 교류입력(정현파)의 (+) 반주기에는 S_1과 S_4, (−) 반주기에는 S_2와 S_3가 동작하여 "A"에서 "B"의 방향으로 직류전류가 흐른다.

34 변압기의 규약 효율은?

① $\dfrac{출력}{입력}$ ② $\dfrac{출력}{출력 + 손실}$
③ $\dfrac{출력}{입력 + 손실}$ ④ $\dfrac{입력 - 손실}{입력}$

> 해설
> 변압기의 규약효율
> $\eta = \dfrac{출력[kW]}{출력[kW] + 손실[kW]} \times 100[\%]$

정답 31 ① 32 ② 33 ① 34 ②

35 P형 반도체의 전기 전도의 주된 역할을 하는 반송자는?

① 전자　　　② 정공　　　③ 가전자　　　④ 5가 불순물

해설

불순물 반도체

구분	첨가 불순물	명칭	반송자
N형 반도체	5가 원자 [인(P), 비소(As), 안티몬(Sb)]	도너 (Donor)	가전자 (과잉전자)
P형 반도체	3가 원자 [붕소(B), 인디움(In), 알루미늄(Al)]	억셉터 (Acceptor)	정공

36 교류 전동기를 기동할 때 그림과 같은 기동 특성을 가지는 전동기는?(단, 곡선 (1)~(5)는 기동 단계에 대한 토크 특성곡선이다.)

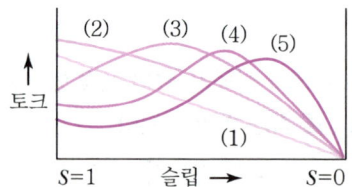

① 반발 유도전동기　　　　　　② 2중 농형 유도전동기
③ 3상 분권 정류자전동기　　　④ 3상 권선형 유도전동기

해설

그림은 토크의 비례 추이 곡선으로 3상 권선형 유도전동기와 같이 2차 저항을 조절할 수 있는 기기에서 응용할 수 있다.

37 다음 중 자기소호 기능이 가장 좋은 소자는?

① SCR　　　② GTO　　　③ TRIAC　　　④ LASCR

해설

GTO
게이트 신호가 양(+)이면 도통되고, 음(−)이면 자기소호하는 사이리스터이다.

38 반파 정류회로에서 변압기 2차 전압의 실효치를 E[V]라 하면 직류 전류 평균치는?(단, 정류기의 전압강하는 무시한다.)

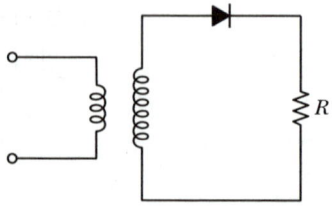

정답　35 ②　36 ④　37 ②　38 ④

① $\dfrac{E}{R}$ ② $\dfrac{1}{2} \cdot \dfrac{E}{R}$ ③ $\dfrac{2\sqrt{2}}{\pi} \cdot \dfrac{E}{R}$ ④ $\dfrac{\sqrt{2}}{\pi} \cdot \dfrac{E}{R}$

해설
- 단상반파 출력전압 평균값 $E_d = \dfrac{\sqrt{2}}{\pi}E[\text{V}]$
- 직류 전류 평균값 $I_d = \dfrac{E_d}{R} = \dfrac{\sqrt{2}}{\pi} \cdot \dfrac{E}{R}[\text{A}]$

39 60[Hz], 4극 유도전동기가 1,700[rpm]으로 회전하고 있다. 이 전동기의 슬립은 약 얼마인가?

① 3.42% ② 4.56% ③ 5.56% ④ 6.64%

해설
동기속도 $N_s = \dfrac{120f}{P} = \dfrac{120 \times 60}{4} = 1,800[\text{rpm}]$

슬립 $s = \dfrac{N_s - N}{N_s}$ 이므로, $s = \dfrac{1,800 - 1,700}{1,800} \times 100 = 5.56[\%]$이다.

40 농형 회전자에 비뚤어진 홈을 쓰는 이유는?

① 출력을 높인다. ② 회전수를 증가시킨다.
③ 소음을 줄인다. ④ 미관상 좋다.

해설
비뚤어진 홈을 쓰는 이유
- 기동 특성을 개선한다.
- 소음을 경감시킨다.
- 파형을 좋게 한다.

41 고압 및 특고압의 전로에 시설하는 피뢰기의 접지저항은 몇 [Ω] 이하인가?

① 2[Ω] ② 3[Ω] ③ 5[Ω] ④ 10[Ω]

해설
피뢰기는 위험한 과전압을 최소화하고 뇌전류를 대지로 방류하기 위해 접지저항 10[Ω] 이하로 하여야 한다.

42 저압크레인 또는 호이스트 등의 트롤리선을 애자 사용 공사에 의하여 옥내의 노출장소에 시설하는 경우 트롤리선의 바닥에서의 최소 높이는 몇 [m] 이상으로 설치하는가?

① 2 ② 2.5 ③ 3 ④ 3.5

해설
이동기중기·자동청소기 그 밖에 이동하며 사용하는 저압의 전기기계기구에 전기를 공급하기 위하여 사용하는 저압 접촉전선을 애자 사용 공사에 의하여 옥내의 전개된 장소에 시설하는 경우에는 전선의 바닥에서의 높이는 3.5[m] 이상으로 하고 사람이 접촉할 우려가 없도록 시설하여야 한다.

정답 39 ③ 40 ③ 41 ④ 42 ④

43 고압배전선의 주상변압기 2차 측에 실시하는 중성점 접지공사의 접지저항값을 구하는 계산식은? (단, 1초 초과 2초 이내 전로를 자동으로 차단하는 장치가 시설되어 있다.)

① 변압기 고압·특고압 측 전로 1선 지락전류로 150을 나눈 값
② 변압기 고압·특고압 측 전로 1선 지락전류로 300을 나눈 값
③ 변압기 고압·특고압 측 전로 1선 지락전류로 400을 나눈 값
④ 변압기 고압·특고압 측 전로 1선 지락전류로 600을 나눈 값

해설

변압기 2차 측 중성점 접지저항

구분	접지저항
일반적인 경우	$\dfrac{150}{I_g}$
2초 이내 전로 차단장치 시설	$\dfrac{300}{I_g}$
1초 이내 전로 차단장치 시설	$\dfrac{600}{I_g}$

44 다음 중 금속전선관의 호칭을 맞게 기술한 것은?

① 박강, 후강 모두 안지름으로 [mm]로 나타낸다.
② 박강은 안지름, 후강은 바깥지름으로 [mm]로 나타낸다.
③ 박강은 바깥지름, 후강은 안지름으로 [mm]로 나타낸다.
④ 박강, 후강 모두 바깥지름으로 [mm]로 나타낸다.

해설
- 후강 전선관 : 안지름의 크기에 가까운 짝수
- 박강 전선관 : 바깥지름의 크기에 가까운 홀수

45 가공 전선로의 지지물에 시설하는 지선의 안전율은 얼마 이상이어야 하는가?

① 3.5   ② 3.0   ③ 2.5   ④ 1.0

해설

지선의 시공
- 지선의 안전율 2.5 이상, 허용 인장하중 최저 4.31[kN]
- 지선을 연선으로 사용할 경우, 3가닥 이상으로 2.6[mm] 이상의 금속선 사용

46 다음 중 덕트공사의 종류가 아닌 것은?

① 금속 덕트공사   ② 버스 덕트공사
③ 케이블 덕트공사   ④ 플로어 덕트공사

해설
케이블 공사는 케이블 트레이 배선공사라 한다.

정답 43 ② 44 ③ 45 ③ 46 ③

47 절연전선 접속 시 접속부분의 전선의 세기는 몇 % 이상 감소하면 안 되는가?

① 20%   ② 10%   ③ 50%   ④ 30%

해설
접속부위의 기계적 강도를 20% 이상 감소시키지 않아야 한다.

48 케이블 공사에서 비닐 외장 케이블을 조영재의 옆면에 따라 붙이는 경우 전선의 지지점 간의 거리는 최대 몇 [m]인가?

① 1.0   ② 1.5   ③ 2.0   ④ 2.5

해설
케이블 지지점 간의 거리
- 조영재의 수직방향으로 시설할 경우 : 2[m] 이하(단, 캡타이어 케이블은 1[m])
- 조영재의 수평방향으로 시설할 경우 : 1[m] 이하

49 금속 전선관 공사에서 사용되는 후강 전선관의 규격이 아닌 것은?

① 16   ② 28   ③ 36   ④ 50

해설

구분	후강 전선관
관의 호칭	안지름의 크기에 가까운 짝수
관의 종류[mm]	16, 22, 28, 36, 42, 54, 70, 82, 92, 104 (10종류)
관의 두께	2.3~3.5[mm]

50 저압 연접 인입선의 시설규정으로 적합한 것은?

① 분기점으로부터 90[m] 지점에 시설
② 6[m] 도로를 횡단하여 시설
③ 수용가 옥내를 관통하여 시설
④ 지름 1.5[mm] 인입용 비닐절연전선을 사용

해설
연접 인입선 시설 제한 규정
- 인입선에서 분기하는 점에서 100[m]를 넘는 지역에 이르지 않아야 한다.
- 너비 5[m]를 넘는 도로를 횡단하지 않아야 한다.
- 연접 인입선은 옥내를 통과하면 안 된다.
- 고압 연접 인입선은 시설할 수 없다.

정답 47 ①   48 ③   49 ④   50 ①

51 화약류 저장소에서 백열전등이나 형광등 또는 이들에 전기를 공급하기 위한 전기설비를 시설하는 경우 전로의 대지전압[V]은?

① 100[V] 이하
② 150[V] 이하
③ 220[V] 이하
④ 300[V] 이하

> **해설**
> 화약류 저장소의 위험장소
> 전로의 대지전압이 300[V] 이하로 한다.

52 최대사용전압이 70[kV]인 중성점 직접접지식 전로의 절연내력 시험전압은 몇 [V]인가?

① 35,000[V]
② 42,000[V]
③ 44,800[V]
④ 50,400[V]

> **해설**
> 고압 및 특별고압 전로의 절연내력 시험전압
>
> | 구분 | | 시험전압 배율 | 시험 최저전압[V] |
> |---|---|---|---|
> | 중성점 비접지식 | 7[kV] 이하 | 1.5 | 500 |
> | | 7[kV] 초과 25[kV] 이하 | 1.25 | 10,500 |
> | | 25[kV] 초과 | 1.25 | |
> | 중성점 접지식 | 7[kV] 이하 | 1.5 | 500 |
> | | 7[kV] 초과 25[kV] 이하 | 0.92 | |
> | | 25[kV] 초과 60[kV] 이하 | 1.25 | |
> | | 60[kV] 초과 | 1.1 | 75,000 |
> | | 60[kV] 초과(직접 접지식) | 0.72 | |
> | | 170[kV] 초과 | 0.64 | |
>
> 위 표에서 배율을 적용하면, 70[kV]×0.72=50.4[kV]이다.

53 마그네슘 분말이 존재하는 전기설비가 발화원이 되어 폭발할 우려가 있는 곳에서 저압 옥내배선의 전기설비 공사 시 옳지 않은 것은?

① 금속관 공사
② 미네랄 인슐레이션 케이블 공사
③ 이동전선은 0.6/1[kV] EP 고무절연 클로로프렌 캡타이어 케이블을 사용
④ 애자 사용 공사

> **해설**
> - 폭연성 분진(마그네슘, 알루미늄, 티탄, 지르코늄 등)의 먼지가 쌓여 있는 상태에서 불이 붙었을 때 폭발할 우려가 있는 곳 또는 화약류의 분말이 전기설비가 발화원이 되어 폭발할 우려가 있는 곳에 시설하는 저압 옥내 전기설비는 금속관 공사 또는 케이블 공사(캡타이어 케이블 제외)에 의해 시설하여야 한다.
> - 이동전선은 0.6/1[kV] EP 고무절연 클로로프렌 캡타이어 케이블을 사용하고, 모든 전기기계기구는 분진 방폭 특수방진구조의 것을 사용하며, 콘센트 및 플러그를 사용해서는 안 된다.

정답 51 ④ 52 ④ 53 ④

54 작업면의 필요한 장소만 고조도로 하기 위한 방식으로 조명기구를 밀집하여 설치하는 조명방식은?

① 국부조명　　　　　　　　② 전반조명
③ 직접조명　　　　　　　　④ 간접조명

해설

조명기구의 배치에 의한 분류

조명방식	특징
전반조명	작업면 전반에 균등한 조도를 가지게 하는 방식으로 광원을 일정한 높이와 간격으로 배치하며, 일반적으로 사무실, 학교, 공장 등에 채용된다.
국부조명	작업면의 필요한 장소만 고조도로 하기 위한 방식으로 그 장소에 조명기구를 밀집하여 설치하든가 또는 스탠드 등을 사용한다. 이 방식은 밝고 어둠의 차이가 커서 눈부심을 일으키고 눈이 피로하기 쉬운 결점이 있다.
전반 국부 병용 조명	전반 조명에 의하여 시각 환경을 좋게 하고, 국부조명을 병용해서 필요한 장소에 고조도를 경제적으로 얻는 방식으로 병원 수술실, 공부방, 기계공작실 등에 채용된다.

55 금속관공사에서 금속관을 콘크리트에 매설할 경우 관의 두께는 몇 [mm] 이상의 것이어야 하는가?

① 0.8[mm]　　　　　　　　② 1.0[mm]
③ 1.2[mm]　　　　　　　　④ 1.5[mm]

해설

금속관의 두께와 공사
- 콘크리트에 매설하는 경우 : 1.2[mm] 이상
- 기타의 경우 : 1[mm] 이상

56 어느 가정집이 40[W] LED등 10개, 1[kW] 전자레인지 1개, 100[W] 컴퓨터 세트 2대, 1[kW] 세탁기 1대를 사용하고, 하루 평균 사용 시간이 LED등은 5시간, 전자레인지 30분, 컴퓨터 5시간, 세탁기 1시간이라면 1개월(30일)간의 사용 전력량[kWh]은?

① 115　　　　② 135　　　　③ 155　　　　④ 175

해설

각 부하별 사용 전력량을 계산하여 합하여 구한다.
- LED등 : $0.04[kW] \times 10개 \times 5시간 \times 30일 = 60[kWh]$
- 전자레인지 : $1[kW] \times 1개 \times 0.5시간 \times 30일 = 15[kWh]$
- 컴퓨터 세트 : $0.1[kW] \times 2대 \times 5시간 \times 30일 = 30[kWh]$
- 세탁기 : $1[kW] \times 1대 \times 1시간 \times 30일 = 30[kWh]$

따라서, 총 사용 전력량 = 60 + 15 + 30 + 30 = 135[kWh]

정답 54 ①　55 ③　56 ②

57 교류 전등 공사에서 금속관 내에 전선을 넣어 연결한 방법 중 옳은 것은?

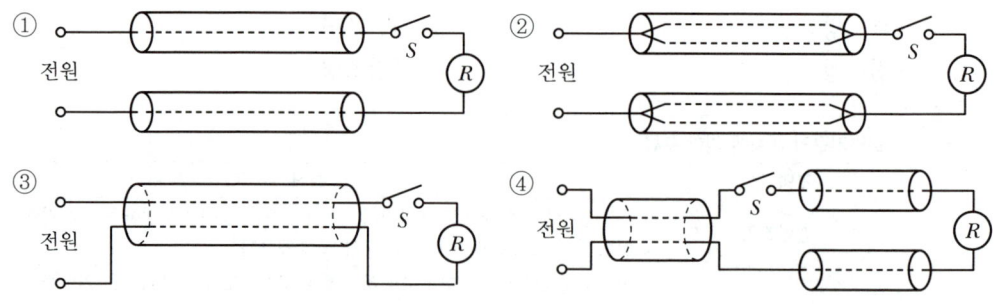

  해설 금속관 공사에서는 교류회로의 왕복선을 같은 관 안에 넣어야 한다.

58 실링 직접부착등을 시설하고자 한다. 배선도에 표기할 그림기호로 옳은 것은?

① ⊢(N)   ② ✕   ③ (CL)   ④ (R)

  해설
  ① 나트륨등(벽부형)
  ② 옥외 보안등
  ④ 리셉터클

59 가공 전선로의 지지물에 지선으로 보강하여서는 안 되는 곳은?

① 목주   ② A종 철근콘크리트주
③ B종 철근콘크리트주   ④ 철탑

  해설 철탑은 자체적으로 기우는 것을 방지하기 위해 높이에 비례하여 밑면의 넓이를 확보하도록 만들어진다.

60 전선의 굵기를 측정하는 공구는?

① 권척   ② 메거
③ 와이어 게이지   ④ 와이어 스트리퍼

  해설
  ① 권척 : 줄자
  ② 메거 : 절연저항을 계기
  ③ 와이어 게이지 : 전선의 굵기를 측정하는 계기
  ④ 와이어 스트리퍼 : 전선의 피복을 벗기는 공구

  정답   57 ③   58 ③   59 ④   60 ③

CHAPTER 17 2023년 제1회

01 대칭 3상 교류에서 기전력 및 주파수가 같을 경우 각 상 간의 위상차는 얼마인가?

① π ② $\dfrac{\pi}{2}$ ③ $\dfrac{2\pi}{3}$ ④ 2π

해설

대칭 3상 교류의 조건
- 기전력의 크기가 같을 것
- 주파수가 같을 것
- 파형이 같을 것
- 위상차가 각각 $\dfrac{2}{3}\pi$[rad]일 것

02 다음 그림과 같이 절연물 위에 +로 대전된 대전체를 놓았을 때 도체의 음전기와 양전기가 분리되는 것은 어떤 현상 때문인가?

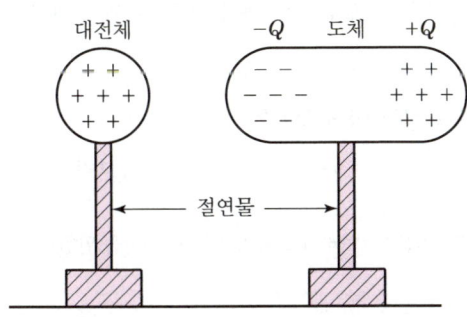

① 대전 ② 마찰전기 ③ 정전유도 ④ 정전차폐

해설

정전유도 : 같은 극성의 전하는 서로 밀어내고, 다른 극성의 전하는 서로 당기는 현상이다.

03 줄(Joule)의 법칙에서 발열량 계산식을 옳게 표시한 것은?

① $H = 0.24I^2Rt$[cal] ② $H = 0.024I^2Rt$[cal]
③ $H = 0.024I^2R$[cal] ④ $H = 0.24I^2R$[cal]

해설

줄의 법칙(Joule's Law)
도체에 흐르는 전류에 의하여 단위 시간 내에 발생하는 열량은 도체의 저항과 전류의 제곱에 비례한다.
$H = 0.24I^2Rt$[cal]

정답 01 ③ 02 ③ 03 ①

04 다음 회로의 합성 정전용량[μF]은?

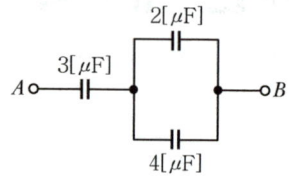

① 5   ② 4   ③ 3   ④ 2

해설
- 2[μF]과 4[μF]의 병렬합성 정전용량 6[μF]
- 3[μF]과 6[μF]의 직렬합성 정전용량 $\dfrac{3\times 6}{3+6}=2[\mu F]$

05 다음 중 파고율은?

① $\dfrac{실횻값}{평균값}$ ② $\dfrac{평균값}{실횻값}$ ③ $\dfrac{최댓값}{실횻값}$ ④ $\dfrac{실횻값}{최댓값}$

해설
- 파고율 $= \dfrac{최댓값}{실횻값}$ (파형이 뾰족한 정도)
- 파형률 $= \dfrac{실횻값}{평균값}$ (파형이 평평한 정도로 클수록 직류에 가깝다.)

06 비사인파의 일반적인 구성이 아닌 것은?

① 순시파   ② 고조파   ③ 기본파   ④ 직류분

해설
비사인파는 직류분, 기본파, 여러 고조파가 합성된 파형을 말한다.

07 히스테리시스 곡선의 횡축과 종축은 각각 무엇을 나타내는가?

① 자기장의 세기와 자속밀도
② 투자율과 자속밀도
③ 투자율과 잔류자기
④ 자기장의 세기와 보자력

해설

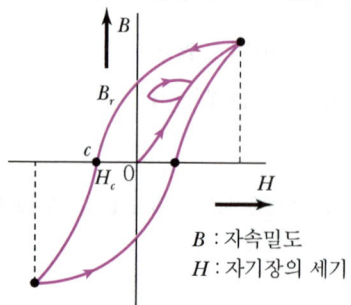

히스테리시스 곡선(Hysteresis Loop)

B : 자속밀도
H : 자기장의 세기

정답 04 ④ 05 ③ 06 ① 07 ①

08 저항 8[Ω]과 유도 리액턴스 6[Ω]이 직렬로 접속된 회로에 200[V]의 교류 전압을 인가하는 경우 흐르는 전류[A]와 역률[%]은 각각 얼마인가?

① 20[A], 80[%] ② 10[A], 60[%] ③ 20[A], 60[%] ④ 10[A], 80[%]

해설
- $\dot{Z} = R + jX_L$, $|Z| = \sqrt{R^2 + X_L^2} = \sqrt{8^2 + 6^2} = 10[\Omega]$
- $I = \dfrac{V}{Z} = \dfrac{200}{10} = 20[A]$
- $\cos\theta = \dfrac{R}{|Z|} = \dfrac{8}{10} = 0.8 (=80\%)$

09 세 변의 저항 $R_a = R_b = R_c = 15[\Omega]$인 Y결선 회로가 있다. 이것과 등가인 △결선회로의 각 변의 저항은 몇 [Ω]인가?

① $\dfrac{15}{\sqrt{3}}[\Omega]$ ② $\dfrac{15}{3}[\Omega]$ ③ $15[\Omega]$ ④ $45[\Omega]$

해설
Y → △ 변환
$R_\Delta = 3R_Y$이므로, $R_\Delta = 3 \cdot R_Y = 3 \times 15 = 45[\Omega]$

10 피상전력에 대한 실제 유효한 전력의 비를 무엇이라 하는가?

① 역률 ② 무효율 ③ 효율 ④ 유효율

해설
역률 $\cos\theta = \dfrac{\text{유효전력}}{\text{피상전력}} = \dfrac{VI\cos\theta}{VI}$ 이다.

11 RLC 직렬공진회로에서 공진 주파수는?

① $\dfrac{1}{\pi\sqrt{LC}}$ ② $\dfrac{1}{\sqrt{LC}}$ ③ $\dfrac{2\pi}{\sqrt{LC}}$ ④ $\dfrac{1}{2\pi\sqrt{LC}}$

해설
공진 조건 $X_L = X_C$, $2\pi fL = \dfrac{1}{2\pi fC}$ 이므로 공진 주파수 $f_o = \dfrac{1}{2\pi\sqrt{LC}}$ 이다.

12 3상 교류를 Y결선하였을 때 선간전압과 상전압, 선전류와 상전류의 관계를 바르게 나타낸 것은?

① 상전압 = $\sqrt{3}$ × 선간전압
② 선간전압 = $\sqrt{3}$ × 상전압
③ 선전류 = $\sqrt{3}$ × 상전류
④ 상전류 = $\sqrt{3}$ × 선전류

정답 08 ① 09 ④ 10 ① 11 ④ 12 ②

> **해설**

Y결선 : 성형 결선	△결선 : 삼각 결선
$V_\ell = \sqrt{3} V_P$ ($\frac{\pi}{6}$ 위상이 앞섬)	$V_\ell = V_P$
$I_\ell = I_P$	$I_\ell = \sqrt{3} I_P$ ($\frac{\pi}{6}$ 위상이 뒤짐)

13 물질에 따라 자석에 무반응하는 물체를 무엇이라 하는가?

① 비자성체　　② 상자성체　　③ 반자성체　　④ 강자성체

> **해설**
> - 강자성체 : 자석에 자화되어 강하게 끌리는 물체
> - 약자성체(실용상 비자성체로 취급)
>   - 반자성체 : 자석에 자화가 반대로 되어 약하게 반발하는 물체
>   - 상자성체 : 자석에 자화되어 약하게 끌리는 물체

14 자기 인덕턴스가 같은 L_1, L_2[H]의 두 원통 코일이 서로 직교하고 있다. 이 두 코일 간의 상호 인덕턴스는 어떻게 되는가?

① $L_1 + L_2$　　② $\sqrt{L_1 L_2}$　　③ $L_1 \times L_2$　　④ 0

> **해설**
> 코일이 서로 직교하면 쇄교자속이 없으므로 결합계수 $k=0$이다. 즉, 상호 인덕턴스 $M=0$

15 진공 중에 놓여 있는 점전하 8×10^{-6}[C]로부터 거리가 각각 1[m], 2[m]인 A, B점에서의 전속밀도는 몇 [μC/m²]인가?

① A : 5.12, B : 1.28　　② A : 2.56, B : 0.64
③ A : 1.28, B : 0.32　　④ A : 0.64, B : 0.16

> **해설**
> 점전하가 있으면 점전하를 중심으로 반지름 r[m]의 구 표면을 Q[C]의 전속이 균일하게 분포하여 지나가므로 구 표면의 전속밀도 $D = \dfrac{Q}{4\pi r^2}$[C/m²]이다.
> ∴ A점의 전속밀도 $D = \dfrac{8 \times 10^{-6}}{4\pi \times 1^2} = 0.64 \times 10^{-6}$[C/m²] $= 0.64[\mu C/m^2]$
> B점의 전속밀도 $D = \dfrac{8 \times 10^{-6}}{4\pi \times 2^2} = 0.16 \times 10^{-6}$[C/m²] $= 0.16[\mu C/m^2]$

16 다음 중 패러데이관(Faraday Tube)의 단위 전위차당 보유 에너지는 몇 [J]인가?

① 1　　② $\dfrac{1}{2}ED$　　③ $\dfrac{1}{2}$　　④ ED

정답　13 ①　14 ④　15 ④　16 ③

> **해설**

패러데이관(Faraday Tube)
- 그림과 같이 전속 1개가 지나가는 관을 의미하므로 관 내에 전속은 전속선 1개로 일정

- 전속선수는 $Q[C]$ 전하에서 $Q[$개$]$의 전속선이 나오고 패러데이관에는 전속 1개가 지나가므로, 양단에는 $+1[C]$, $-1[C]$의 단위 전하가 존재
- 진전하가 없는 곳에서 패러데이관은 연속적

- 패러데이관의 수는 전속수와 같으므로, 패러데이관의 밀도는 전속밀도와 같다.
- 단위 전위차($1[V]$)마다 $\frac{1}{2}[J]$의 에너지를 저장하고 있다.

$$W = \frac{1}{2}QV = \frac{1}{2} \times 1 \times 1 = \frac{1}{2}[J]$$

17 전류계의 측정범위를 확대시키기 위하여 전류계와 병렬로 접속하는 것은?

① 분류기 ② 배율기 ③ 검류계 ④ 전위차계

> **해설**

- 분류기(Shunt) : 전류계의 측정범위를 확대시키기 위해 전류계와 병렬로 접속하는 저항기

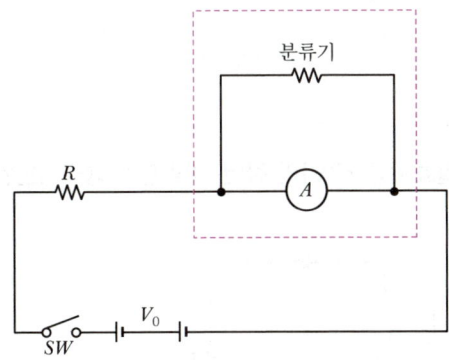

- 배율기(Multiplier) : 전압계의 측정범위를 확대시키기 위해 전압계와 직렬로 접속하는 저항기

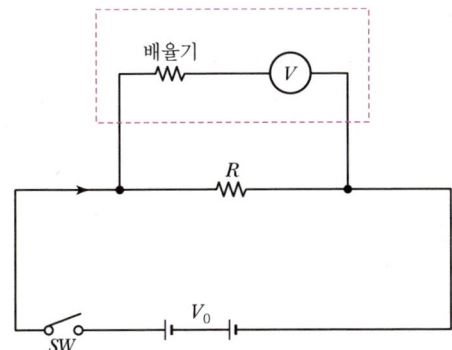

정답 17 ①

18 기전력 1.5[V], 내부저항 0.1[Ω]인 전지 10개를 직렬로 연결하여 2[Ω]의 저항을 가진 전구에 연결할 때 전구에 흐르는 전류는 몇 [A]인가?

① 2 ② 3 ③ 4 ④ 5

> 해설
>
> $$I = \frac{nE}{nr+R} = \frac{10 \times 1.5}{(10 \times 0.1)+2} = 5[A]$$

19 전지(Battery)에 관한 사항이다. 감극제(Depolarizer)는 어떤 작용을 막기 위해 사용되는가?

① 분극작용 ② 방전 ③ 순환전류 ④ 전기분해

> 해설
> - 분극작용 : 전지에 전류가 흐르면 양극에 수소 가스가 생겨 기전력이 감소하는 현상
> - 감극제 : 분극작용을 막기 위해서는 수소를 화학 약품으로 화합시켜 수소가스를 없애야 하는데, 이 목적에 쓰이는 것을 감극제라 한다.

20 어떤 콘덴서의 리액턴스가 1[kHz]에서 50[Ω]이었다면 50[Hz]에서는 약 몇 [Ω]인가?

① 250 ② 1,000 ③ 750 ④ 500

> 해설
> - 콘덴서의 용량 리액턴스 $X_C = \dfrac{1}{2\pi fC}$ 이므로,
> - $C = \dfrac{1}{2\pi f X_C} = \dfrac{1}{2\pi \times 1 \times 10^3 \times 50} = 3.18 \times 10^{-6}[F]$
> - 50[Hz]일 때 용량 리액턴스 $X_C = \dfrac{1}{2\pi \times 50 \times 3.18 \times 10^{-6}} = 1,000.97[\Omega]$

21 반파 정류회로에서 변압기 2차 전압의 실효치를 E[V]라 하면 직류 전류 평균치는?(단, 정류기의 전압강하는 무시한다.)

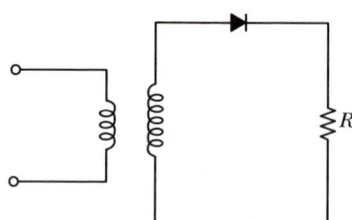

① $\dfrac{E}{R}$ ② $\dfrac{1}{2} \cdot \dfrac{E}{R}$ ③ $\dfrac{2\sqrt{2}}{\pi} \cdot \dfrac{E}{R}$ ④ $\dfrac{\sqrt{2}}{\pi} \cdot \dfrac{E}{R}$

> 해설
> - 단상반파 출력전압 평균값 $E_d = \dfrac{\sqrt{2}}{\pi} E[V]$
> - 직류 전류 평균값 $I_d = \dfrac{E_d}{R} = \dfrac{\sqrt{2}}{\pi} \cdot \dfrac{E}{R}$ [A]

> 정답 18 ④ 19 ① 20 ② 21 ④

22 전기기기의 철심 재료로 규소강판을 많이 사용하는 이유로 가장 적당한 것은?

① 와류손을 줄이기 위해
② 맴돌이 전류를 없애기 위해
③ 히스테리시스손을 줄이기 위해
④ 구리손을 줄이기 위해

해설
- 규소강판 사용 : 히스테리시스손 감소
- 성층철심 사용 : 와류손(맴돌이 전류손) 감소

23 정류자와 접촉하여 전기자 권선과 외부회로를 연결하는 역할을 하는 것은?

① 계자 ② 전기자 ③ 브러시 ④ 계자철심

해설
브러시의 역할 : 정류자 면에 접촉하여 전기자 권선과 외부회로를 연결하는 것

24 동기발전기의 병렬운전 조건이 아닌 것은?

① 기전력의 주파수가 같을 것
② 기전력의 크기가 같을 것
③ 기전력의 위상이 같을 것
④ 발전기의 회전수가 같을 것

해설
병렬운전 조건
- 기전력의 크기가 같을 것
- 기전력의 주파수가 같을 것
- 기전력의 위상이 같을 것
- 기전력의 파형이 같을 것

25 3상 변압기의 병렬운전 시 병렬운전이 불가능한 결선 조합은?

① $\Delta-\Delta$와 $Y-Y$
② $\Delta-\Delta$와 $\Delta-Y$
③ $\Delta-Y$와 $\Delta-Y$
④ $\Delta-\Delta$와 $\Delta-\Delta$

해설
변압기군의 병렬운전 조합

병렬운전 가능		병렬운전 불가능
$\Delta-\Delta$와 $\Delta-\Delta$	$\Delta-Y$와 $\Delta-Y$	$\Delta-\Delta$와 $\Delta-Y$
$Y-Y$와 $Y-Y$	$\Delta-\Delta$와 $Y-Y$	$Y-Y$와 $\Delta-Y$
$Y-\Delta$와 $Y-\Delta$	$\Delta-Y$와 $Y-\Delta$	

26 주파수가 60[Hz]인 3상 2극의 유도전동기가 있다. 슬립이 10[%]일 때 이 전동기의 회전수는 몇 [rpm]인가?

① 1,620 ② 1,800 ③ 3,240 ④ 3,600

해설
$s = \dfrac{N_s - N}{N_s}$ 이므로 $0.1 = \dfrac{3,600 - N}{3,600}$ 에서 $N = 3,240[\text{rpm}]$ 이다.

여기서, $N_s = \dfrac{120f}{P} = \dfrac{120 \times 60}{2} = 3,600[\text{rpm}]$

정답 22 ③ 23 ③ 24 ④ 25 ② 26 ③

27 교류전동기를 직류전동기처럼 속도 제어하려면 가변 주파수의 전원이 필요하다. 주파수 f_1에서 직류로 변환하지 않고 바로 주파수 f_2로 변환하는 변환기는?

① 사이클로 컨버터
② 주파수원 인버터
③ 전압·전류원 인버터
④ 사이리스터 컨버터

해설
어떤 주파수의 교류 전력을 다른 주파수의 교류 전력으로 변환하는 것을 주파수 변환이라고 하며, 직접식과 간접식이 있다. 간접식은 정류기와 인버터를 결합시켜서 변환하는 방식이고, 직접식은 교류에서 직접 교류로 변환시키는 방식으로 사이클로 컨버터라고 한다.

28 3상 전원에서 2상 전원을 얻기 위한 변압기의 결선 방법은?

① V ② △ ③ Y ④ T

해설
3상 교류를 2상 교류로 변환
- 스코트(Scott) 결선(T결선)
- 우드 브리지(Wood Bridge) 결선
- 메이어(Meyer) 결선

29 다음 중 무효전력의 단위는 어느 것인가?

① [W] ② [Var] ③ [kW] ④ [VA]

해설
①, ③ : 유효전력의 단위, ④ : 피상전력의 단위

30 6극 직류 파권 발전기의 전기자 도체수 300, 매극 자속 0.02[Wb], 회전수 900[rpm]일 때 유도기전력[V]은?

① 90 ② 110 ③ 220 ④ 270

해설
유도기전력 $E = \dfrac{P}{a} Z\phi \dfrac{N}{60}$[V]에서 파권($a=2$)이므로,
$E = \dfrac{6}{2} \times 300 \times 0.02 \times \dfrac{900}{60} = 270$[V]이다.

31 주상 변압기의 냉각방식 종류는?

① 건식자냉식
② 유입자냉식
③ 유입풍냉식
④ 유입송유식

해설
변압기의 냉각방식은 건식자냉식, 건식풍냉식, 유입자냉식, 유입풍냉식, 유입송유식 등 있으며, 주상 변압기는 주로 유입자냉식을 채택한다.

정답 27 ① 28 ④ 29 ② 30 ④ 31 ②

32 보극이 없는 직류전동기에 전기자 반작용을 줄이기 위해 브러시를 어떠한 방향으로 이동시키는가?

① 주자극의 N극 방향 ② 회전방향과 반대 방향
③ 회전방향과 같은 방향 ④ 주자극의 S극 방향

> **해설**
> 전기자 반작용에 의한 전기적 중성축 이동

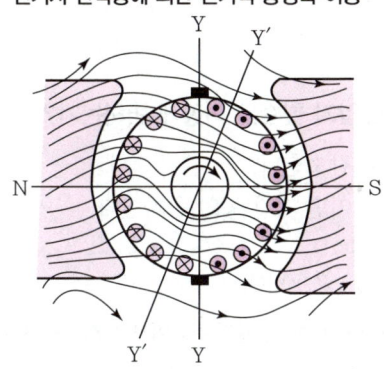
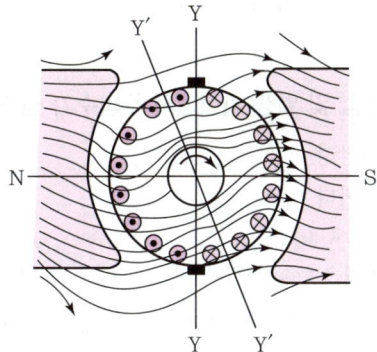

직류발전기 : 회전방향과 동일 방향   직류전동기 : 회전방향과 반대 방향

33 농형 유도전동기가 많이 사용되는 이유가 아닌 것은?

① 기동 시 기동특성이 우수하다. ② 구조가 간단하다.
③ 값이 싸고 튼튼하다 ④ 운전과 사용이 편리하다.

> **해설**
> **농형 유도전동기가 많이 쓰이는 이유**
> • 교류 전원을 쉽게 얻을 수 있다.
> • 구조가 튼튼하고, 가격이 싸다.
> • 취급과 운전이 쉽다.

34 회전변류기의 직류 측 전압을 조정하는 방법이 아닌 것은?

① 직렬 리액턴스에 의한 방법
② 여자 전류를 조정하는 방법
③ 동기 승압기를 사용하는 방법
④ 부하 시 전압 조정변압기를 사용하는 방법

> **해설**
> 회전변류기는 그림과 같이 동기전동기의 전기자 권선에 슬립링을 통하여 교류를 가하면, 전기자에 접속된 정류자에서 직류전압을 얻을 수 있는 기기이다.
> 직류 측의 전압을 변경하려면, 슬립링에 가해지는 교류 측 전압을 변화시켜야 하는데, 그 방법에는 직렬 리액턴스, 유도 전압조정기, 부하 시 전압 조정변압기, 동기 승압기 등이 있다.

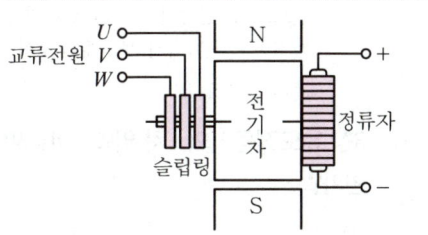

정답 32 ② 33 ① 34 ②

35 슬립이 0.05인 유도전동기의 회전자 회로의 주파수가 3[Hz]일 때, 전원 주파수는?

① 0.15　　　② 0.3　　　③ 60　　　④ 120

해설
회전자 회로의 주파수는 $f_2 = sf_1$[Hz]이므로,
$$f_1 = \frac{f_2}{s} = \frac{3}{0.05} = 60[\text{Hz}]$$

36 일정 전압 및 일정 파형에서 주파수가 상승하면 변압기 철손은 어떻게 변하는가?

① 증가한다.　　　② 감소한다.
③ 불변이다.　　　④ 어떤 기간 동안 증가한다.

해설
- 철손=히스테리시스손+와류손 $\propto f \cdot B_m^{1.6} + (t \cdot f \cdot B_m)^2$이다.
- 유도기전력 $E = 4.44 \cdot f \cdot N \cdot \phi_m = 4.44 \cdot f \cdot N \cdot A \cdot B_m$에서, 일정 전압이므로 $f \propto \frac{1}{B_m}$이다.

따라서, 주파수가 상승하면 와류손은 변하지 않으나, 히스테리시스손은 감소하므로, 철손은 감소한다.

37 직류기에서 정류를 좋게 하는 방법 중 전압 정류의 역할은?

① 보극　　　② 탄소　　　③ 보상권선　　　④ 리액턴스 전압

해설
정류를 좋게 하는 방법
- 저항 정류 : 접촉저항이 큰 브러시 사용
- 전압 정류 : 보극 설치

38 다음 중 제동권선에 의한 기동토크를 이용하여 동기전동기를 기동시키는 방법은?

① 저주파 기동법　　　② 고주파 기동법
③ 기동 전동기법　　　④ 자기 기동법

해설
동기전동기의 자기(자체) 기동법
- 회전자 자극표면에 제동(기동)권선을 설치하여 기동 시에 농형 유도전동기로 동작시켜 기동시키는 방법
- 계자권선을 개방하고 전기자에 전원을 가하면 전기자 회전자장에 의해 높은 전압이 유기되어 계자회로가 소손될 염려가 있으므로 저항을 통해 단락시켜 놓고 기동한다.
- 전기자에 처음부터 전 전압을 가하면 큰 기동전류가 흘러 전기자를 과열시키거나 전압강하가 심하게 발생하므로 전 전압의 30~50%로 기동 한다.
- 기동토크가 적기 때문에 무부하 또는 경부하로 기동시켜야 하는 단점이 있다.

39 3상 유도전동기의 1차 입력 60[kW], 1차 손실 1[kW], 슬립 3[%]일 때 기계적 출력은 약 몇 [kW]인가?

① 57　　　② 75　　　③ 95　　　④ 100

정답 35 ③　36 ②　37 ①　38 ④　39 ①

> 해설

$P_2 : P_{2c} : P_o = 1 : S : (1-S)$ 이므로
$P_2 = $ 1차 입력 $-$ 1차 손실 $= 60 - 1 = 59$[kW]
$P_o = (1-S)P_2 = (1-0.03) \times 59 ≒ 57$[kW]

40 발전기 권선의 층간단락보호에 가장 적합한 계전기는?

① 차동 계전기 ② 방향 계전기
③ 온도 계전기 ④ 접지 계전기

> 해설

차동계전기 : 고장에 의하여 생긴 불평형의 전류차가 기준치 이상으로 되었을 때 동작하는 계전기이다. 변압기 내부 고장 검출용으로 주로 사용된다.

41 다음 그림과 같은 전선 접속법의 명칭으로 알맞게 짝지어진 것은?

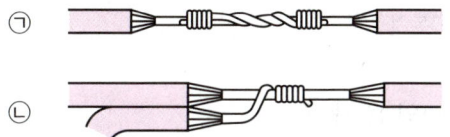

① ㉠ 직선 접속, ㉡ 분기 접속
② ㉠ 일자 접속, ㉡ Y형 접속
③ ㉠ 직선 접속, ㉡ T형 접속
④ ㉠ 일자 접속, ㉡ 분기 접속

> 해설

㉠ 단선의 직선 접속 : 트위스트 직선 접속
㉡ 단선의 분기 접속 : 트위스트 분기 접속

42 한국전기설비규정에 따라 고압 이상의 전기설비와 변압기 중성점 접지에 의하여 시설하는 접지극을 사람이 접촉될 우려가 있는 곳에 시설하는 경우 접지극의 매설 깊이는 몇 [m] 이상인가?

① 0.30 ② 0.45 ③ 0.50 ④ 0.75

> 해설

접지공사의 접지극은 지하 0.75[m] 이상 되는 깊이로 매설할 것

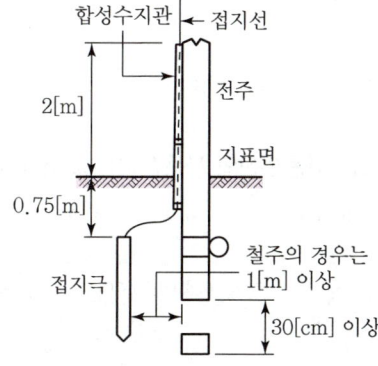

정답 40 ① 41 ① 42 ④

43 보호를 요하는 회로의 전류가 어떤 일정한 값(정정값) 이상으로 흘렀을 때 동작하는 계전기는?

① 과전류계전기
② 과전압계전기
③ 차동계전기
④ 비율차동계전기

해설
과전류계전기(OCR) : 동작기간 중 계전기에 흐르는 전류가 설정값과 같거나 또는 그 이상으로 되었을 때 동작하는 계전기이다.

44 하나의 수용장소의 인입선 접속점에서 분기하여 다른 수용장소의 인입구에 이르는 전선을 무엇이라 하는가?

① 소주인입선
② 연접인입선
③ 본주인입선
④ 인입간선

해설
① 소주인입선 : 인입간선의 전선로에서 분기한 소주에서 수용가에 이르는 전선로
③ 본주인입선 : 인입간선의 전선로에서 수용가에 이르는 전선로
④ 인입간선 : 배선선로에서 분기된 인입전선로

45 피시 테이프(Fish Tape)의 용도는?

① 전선을 테이핑하기 위해서 사용
② 전선관의 끝마무리를 위해서 사용
③ 배관에 전선을 넣을 때 사용
④ 합성수지관을 구부릴 때 사용

해설
피시 테이프(Fish Tape) : 전선관에 전선을 넣을 때 사용되는 평각강철선이다.

46 일반적으로 저압가공 인입선이 도로를 횡단하는 경우 노면상 높이는?

① 4[m] 이상
② 5[m] 이상
③ 6[m] 이상
④ 6.5[m] 이상

해설
인입선의 높이는 다음에 의할 것

구분	저압 인입선[m]	고압 및 특고압 인입선[m]
도로 횡단	5	6
철도 궤도 횡단	6.5	6.5
기타	4	5

47 전시회, 쇼 및 공연장의 저압 옥내배선, 전구선 또는 이동전선의 사용전압은 최대 몇 [V] 이하인가?

① 400
② 440
③ 450
④ 750

해설
전시회, 쇼 및 공연장 : 저압 옥내배선, 전구선 또는 이동전선은 사용전압이 400[V] 이하이어야 한다.

정답 43 ① 44 ② 45 ③ 46 ② 47 ①

48 전등 1개를 3개소에서 점멸하고자 할 때 필요한 3로 스위치와 4로 스위치는 몇 개인가?

① 3로 스위치 1개, 4로 스위치 2개
② 3로 스위치 2개, 4로 스위치 1개
③ 3로 스위치 3개, 4로 스위치 1개
④ 3로 스위치 1개, 4로 스위치 3개

해설

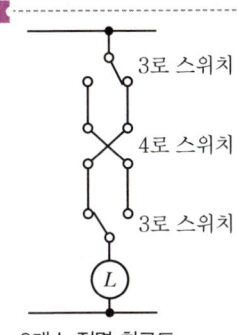

3개소 점멸 회로도

49 분전함에 대한 설명으로 틀린 것은?

① 배선과 기구는 모두 전면에 배치하였다.
② 두께 1.5[mm] 이상의 난연성 합성수지로 제작하였다.
③ 강판제의 분전함은 두께 1.2[mm] 이상의 강판으로 제작하였다.
④ 배선은 모두 분전반 뒷면으로 하였다.

해설
분전반 내 배선은 전면에 한다.

50 절연 전선으로 가선된 배전 선로에서 활선 상태인 경우 전선의 피복을 벗기는 것은 매우 곤란한 작업이다. 이런 경우 활선 상태에서 전선의 피복을 벗기는 공구는?

① 전선피박기 ② 애자커버 ③ 와이어 통 ④ 데드엔드 커버

해설
활선장구의 종류
- 와이어 통 : 활선을 움직이거나 작업권 밖으로 밀어낼 때 사용하는 절연봉
- 전선피박기 : 활선 상태에서 전선의 피복을 벗기는 공구
- 데드엔드 커버 : 현수애자나 데드엔드 클램프 접촉에 의한 감전사고를 방지하기 위해 사용

51 래크(Rack) 배선은 어떤 곳에 사용되는가?

① 고압 가공선로
② 고압 지중선로
③ 저압 지중선로
④ 저압 가공선로

해설
래크(Rack) 배선 : 저압 가공배전선로에서 전선을 수직으로 애자를 설치하는 배선

정답 48 ② 49 ④ 50 ① 51 ④

52 과전류 차단기를 설치하면 차단기 동작 시에 접지 보호가 되지 않기 때문에 차단기의 시설을 제한하고 있는 것으로 틀린 것은?

① 접지공사의 접지도체
② 특고압전로와 저압전로를 결합하는 변압기의 저압 측 중성점에 접지공사를 한 저압 가공전선로의 접지 측 전선
③ 분기선의 전원 측 전선
④ 다선식 전로의 중성선

해설
과전류 차단기의 시설 금지 장소
- 접지공사의 접지선
- 다선식 전로의 중성선
- 접지공사를 한 저압 가공 전로의 접지 측 전선

53 저압 구내 가공인입선으로 인입용 비닐절연전선을 사용하고자 할 때, 전선의 굵기는 최소 몇 [mm] 이상이어야 하는가?(단, 경간이 15[m] 초과인 경우이다.)

① 1.5 ② 2.0 ③ 2.6 ④ 4.0

해설
저압 가공인입선의 인입용 비닐절연전선(DV)은 인장강도 2.30[kN] 이상의 것 또는 지름 2.6[mm] 이상이어야 한다.(단, 경간이 15[m] 이하인 경우는 인장강도 1.25[kN] 이상의 것 또는 지름 2[mm] 이상)

54 다선식 옥내배선인 경우 L1 상의 색별 표시는?

① 갈색 ② 흑색 ③ 회색 ④ 녹색-노란색

해설

상(문자)	색상
L1	갈색
L2	흑색
L3	회색
N	청색
보호도체(PE)	녹색-노란색

55 한국전기설비규정에서 정하는 화약류 저장소 안에 조명기구에 전기를 공급하기 위한 전기설비는 어떤 것에 의하여 시설하여야 하는가?

① 금속덕트 공사
② 합성수지관 공사
③ 금속관 공사
④ 합성수지 몰드 공사

해설
화약고 등의 위험장소에는 원칙적으로 전기설비를 시설하지 못하지만, 다음의 경우에는 시설한다.
- 전로의 대지전압이 300[V] 이하로 전기 기계 기구(개폐기, 차단기 제외)는 전폐형으로 사용한다.
- 금속 전선관 또는 케이블 배선에 의하여 시설한다.

정답 52 ③ 53 ③ 54 ① 55 ③

- 전용 개폐기 및 과전류 차단기는 화약류 저장소 이외의 곳에 시설한다.
- 전용 개폐기 또는 과전류 차단기에서 화약고의 인입구까지는 케이블을 사용하여 지중 전로로 한다.

56 "큐비클형"이라 하며 점유 면적이 적고 운전보수가 안전하여 공장, 빌딩의 전기실에 사용되는 배전반은?

① 오픈식 ② 프론트식 ③ 폐쇄식 ④ 라이브식

해설
폐쇄식 배전반을 일반적으로 큐비클형이라고 한다. 점유 면적이 좁고 운전, 보수에 안전하므로 공장, 빌딩 등의 전기실에 많이 사용된다.

57 한국전기설비규정에 따라 은폐된 장소에 금속제 가요전선관 공사를 하는 경우, 1종 금속제 가요전선관을 사용할 수 있는 장소로 옳은 것은?

① 점검 가능, 건조한 장소
② 점검 가능, 습기가 많은 장소 또는 물기가 있는 장소
③ 점검 불가능, 건조한 장소
④ 점검 불가능, 습기가 많은 장소 또는 물기가 있는 장소

해설
금속제 가요전선관은 2종을 주로 사용하지만, 전개된 장소 또는 점검할 수 있는 은폐된 장소에는 1종 가요전선관를 사용할 수 있으며, 습기가 많은 장소 등에는 비닐 피복 1종 가요전선관을 사용할 수 있다.

58 구리외장 강철(수직부설 원형 강봉)을 접지극으로 사용하는 경우에 지름은 몇 [mm] 이상이어야 하는가?

① 12 ② 8 ③ 15 ④ 20

해설
토양 또는 콘크리트에 매설되는 접지극 최소 굵기

재질	모양	지름 [mm]	단면적 [mm²]
콘크리트매입 강철	원형강선	10	
	강테이프		75
용융 아연도금 강철	강대		90
	수직부설 원형 강봉	16	
	수평부설 원형 강선	10	
	강관	25	
	강연선		70
구리외장 강철	수직부설 원형 강봉	15	
전착된 구리도금 강철	수직부설 원형 강봉	14	
	수평부설 원형 강선	8	
	수평부설 강대		90

정답 56 ③ 57 ① 58 ③

재질	모양	지름 [mm]	단면적 [mm²]
스테인리스 강철	강대		90
	수직부설 원형 강봉	16	
	수평부설 원형 강선	10	
	관	25	
구리	구리대		50
	수평부설 원형 강선		50
	수직부설 원형 강봉	15	
	연선		50
	관	20	

59 다음 중 버스 덕트가 아닌 것은?

① 플로어 버스 덕트
② 피더 버스 덕트
③ 트롤리 버스 덕트
④ 플러그인 버스 덕트

해설

버스 덕트의 종류

명칭	비고
피더 버스 덕트	도중에 부하를 접속하지 않는 것
플러그인 버스 덕트	도중에서 부하를 접속할 수 있도록 꽂음 구멍이 있는 것
트롤리 버스 덕트	도중에서 이동부하를 접속할 수 있도록 트롤리 접속식 구조로 한 것

60 저압 옥내배선 공사에서 전선의 접속이 옳게 이루어진 것은?

① 합성수지 몰드 공사에서 합성수지 몰드 안의 전선에 접속점을 만들었다.
② 금속관 공사에서 금속관 안의 전선에 접속점이 생겼다.
③ 금속몰드 공사에서 박스 안에서 쥐꼬리 접속을 하였다.
④ 합성수지관 공사에서 금속몰드 안의 전선에 접속점을 만들었다.

해설
전선의 접속은 박스 안에서 해야 하며, 전선관 안에서는 접속점이 없도록 해야 한다.

정답 59 ① 60 ③

CHAPTER 18 2023년 제2회

01 전원과 부하가 다 같이 △결선된 3상 평형회로가 있다. 상전압이 200[V], 부하 임피던스가 $Z=6+j8[\Omega]$인 경우 선전류는 몇 [A]인가?

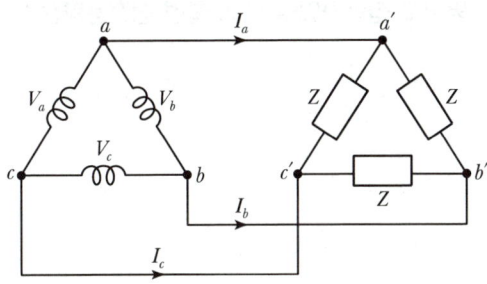

① 20
② $\dfrac{20}{\sqrt{2}}$
③ $20\sqrt{3}$
④ $10\sqrt{3}$

해설
- 한 상의 부하 임피던스가 $Z=\sqrt{R^2+X^2}=\sqrt{6^2+8^2}=10[\Omega]$
- 상전류 $I_p=\dfrac{V_p}{Z}=\dfrac{200}{10}=20[A]$
- △결선에서 선전류 $I_\ell=\sqrt{3}\cdot I_p=\sqrt{3}\times 20=20\sqrt{3}[A]$

02 줄의 법칙에서 발열량 계산식을 옳게 표시한 것은?

① $H=0.24I^2R[cal]$
② $H=0.24I^2R^2t[cal]$
③ $H=0.24I^2R^2[cal]$
④ $H=0.24I^2Rt[cal]$

해설
줄의 법칙(Joule's Law) : 전류의 발열작용
$H=0.24I^2Rt[cal]$

03 자기 인덕턴스가 각각 L_1과 L_2인 2개의 코일이 직렬로 가동접속 되었을 때, 합성 인덕턴스를 나타낸 식은?(단, 자기력선에 의한 영향을 서로 받는 경우이다.)

① $L=L_1+L_2-M$
② $L=L_1+L_2-2M$
③ $L=L_1+L_2+M$
④ $L=L_1+L_2+2M$

해설
두 코일이 가동접속되어 있으므로, 합성 인덕턴스는 $L=L_1+L_2+2M$이다.

정답 01 ③ 02 ④ 03 ④

04 30[μF]과 40[μF]의 콘덴서를 병렬로 접속한 후 100[V] 전압을 가했을 때 전 전하량은 몇 [C]인가?

① 17×10^{-4} ② 34×10^{-4} ③ 56×10^{-4} ④ 70×10^{-4}

해설
- 콘덴서가 병렬 접속이므로, 합성 정전용량 $C = C_1 + C_2 = 30 + 40 = 70[\mu F]$
- 전 전하량 $Q = CV = 70 \times 10^{-6} \times 100 = 70 \times 10^{-4}[C]$

05 정전용량 C_1, C_2를 병렬로 접속하였을 때의 합성 정전용량은?

① $C_1 + C_2$ ② $\dfrac{1}{C_1 + C_2}$ ③ $\dfrac{1}{C_1} + \dfrac{1}{C_2}$ ④ $\dfrac{C_1 C_2}{C_1 + C_2}$

해설
- $C_1 + C_2$: 병렬접속 합성 정전용량
- $\dfrac{C_1 C_2}{C_1 + C_2}$: 직렬접속 합성 정전용량

06 평균 반지름 10[cm], 감은 횟수 10회의 원형 코일에 5[A]의 전류를 흐르게 하면 코일 중심의 자장 세기[AT/m]는?

① 250   ② 500   ③ 750   ④ 1,000

해설
원형 코일 중심의 자기장 세기
$H = \dfrac{NI}{2r} = \dfrac{10 \times 5}{2 \times 10 \times 10^{-2}} = 250[AT/m]$

07 환상 솔레노이드에 감겨진 코일의 권회수를 3배로 늘리면 자체 인덕턴스는 몇 배가 되는가?

① 3   ② 9   ③ $\dfrac{1}{3}$ ④ $\dfrac{1}{9}$

해설
자체 인덕턴스 $L = \dfrac{\mu A N^2}{\ell}[H]$의 관계가 있으므로, 권회수 N을 3배로 늘리면, 자체 인덕턴스는 9배가 된다.

08 전기분해에 의해서 석출되는 물질의 양이 전해액을 통과한 총전기량과 같으면, 그 물질의 화학 당량에 비례한다. 이것을 무슨 법칙이라 하는가?

① 줄의 법칙   ② 플레밍의 법칙
③ 키르히호프의 법칙   ④ 패러데이의 법칙

해설
패러데이의 법칙(Faraday's Law)
$w = kQ = kIt[g]$

정답 04 ④ 05 ① 06 ① 07 ② 08 ④

09 비사인파의 일반적인 구성이 아닌 것은?

① 삼각파 ② 고조파 ③ 기본파 ④ 직류분

해설
비사인파는 직류분+기본파+고조파로 구성된다.

10 $e = 100\sin\left(314t - \dfrac{\pi}{6}\right)$ [V]인 파형의 주파수는 약 몇 [Hz]인가?

① 40 ② 50 ③ 60 ④ 80

해설
교류순시값의 표시방법에서 $e = V_m \sin\omega t$ 이고 $\omega = 2\pi f$ 이므로,
주파수 $f = \dfrac{314}{2\pi} = 50[\text{Hz}]$ 이다.

11 어떤 도체의 길이를 2배로 하고 단면적을 $\dfrac{1}{3}$ 로 했을 때의 저항은 원래 저항의 몇 배가 되는가?

① 3배 ② 4배 ③ 6배 ④ 9배

해설
$R = \rho\dfrac{\ell}{A}$ 이므로, $R = \rho\dfrac{2\times\ell}{\dfrac{1}{3}A} = \rho\dfrac{\ell}{A}\times 6$ 이 된다.

12 4[Ω]의 저항에 200[V]의 전압을 인가할 때 소비되는 전력은?

① 20[W] ② 400[W] ③ 2.5[kW] ④ 10[kW]

해설
소비전력 $P = VI = I^2 R = \dfrac{V^2}{R}$ [W]이므로,
소비전력 $P = \dfrac{200^2}{4} = 10,000[\text{W}] = 10[\text{kW}]$ 이다.

13 6[Ω]의 저항과, 8[Ω]의 용량성 리액턴스의 병렬회로가 있다. 이 병렬회로의 임피던스는 몇 [Ω]인가?

① 1.5 ② 2.6 ③ 3.8 ④ 4.8

해설
병렬회로의 임피던스 $\dfrac{1}{Z} = \sqrt{\dfrac{1}{R^2} + \dfrac{1}{X_c^2}}$ 이므로,
$\dfrac{1}{Z} = \sqrt{\dfrac{1}{6^2} + \dfrac{1}{8^2}} = \dfrac{5}{24}$
따라서, 임피던스 $Z = 4.8[\Omega]$ 이다.

정답 09 ① 10 ② 11 ③ 12 ④ 13 ④

14 평행한 왕복 도체에 흐르는 전류에 대한 작용력은?

① 흡인력   ② 반발력   ③ 회전력   ④ 작용력이 없다.

> **해설**
> 평행 도체 사이에 작용하는 힘의 방향은 반대 방향일 때 반발력, 동일 방향일 때 흡인력이 작용하므로, 왕복 도체인 경우 반대 방향으로 반발력이 작용한다.

15 두 종류의 금속 접합부에 전류를 흘리면 전류의 방향에 따라 줄열 이외의 열의 흡수 또는 발생 현상이 생긴다. 이러한 현상을 무엇이라 하는가?

① 제벡 효과   ② 페란티 효과
③ 펠티에 효과   ④ 초전도 효과

> **해설**
> **펠티에 효과(Peltier Effect)**
> 서로 다른 두 종류의 금속을 접속하고 한쪽 금속에서 다른 쪽 금속으로 전류를 흘리면 열의 발생 또는 흡수가 일어나는 현상을 말한다.

16 전하의 성질에 대한 설명 중 옳지 않은 것은?

① 전하는 가장 안정한 상태를 유지하려는 성질이 있다.
② 같은 종류의 전하끼리는 흡인하고 다른 종류의 전하끼리는 반발한다.
③ 낙뢰는 구름과 지면 사이에 모인 전기가 한꺼번에 방전되는 현상이다.
④ 대전체의 영향으로 비대전체에 전기가 유도된다.

> **해설**
> 전하의 성질 중 같은 종류의 전하끼리는 반발하고, 다른 종류의 전하끼리는 서로 흡인한다.

17 원자핵의 구속력을 벗어나서 물질 내에서 자유로이 이동할 수 있는 것은?

① 중성자   ② 양자   ③ 분자   ④ 자유전자

> **해설**
> **자유전자(Free Electron)**
> 원자핵과의 결합력이 약해 외부의 자극에 의하여 쉽게 원자핵의 구속력을 이탈할 수 있는 전자이다.

18 "전류의 방향과 자장의 방향은 각각 나사의 진행방향과 회전방향에 일치한다"와 관계가 있는 법칙은?

① 플레밍의 왼손 법칙   ② 앙페르의 오른나사 법칙
③ 플레밍의 오른손 법칙   ④ 키르히호프의 법칙

> **해설**
> **앙페르의 오른나사 법칙**
> 전류에 의하여 발생하는 자기장의 방향을 결정

> **정답** 14 ② 15 ③ 16 ② 17 ④ 18 ②

19 비유전율이 큰 산화티탄 등을 유전체로 사용한 것으로 극성이 없으며 가격에 비해 성능이 우수하여 널리 사용되고 있는 콘덴서의 종류는?

① 전해 콘덴서　　　　　　　　② 세라믹 콘덴서
③ 마일러 콘덴서　　　　　　　④ 마이카 콘덴서

> **해설**
> 콘덴서의 종류
> ① 전해 콘덴서 : 전기분해하여 금속의 표면에 산화피막을 만들어 유전체로 이용한다. 소형으로 큰 정전용량을 얻을 수 있으나, 극성을 가지고 있으므로 교류회로에는 사용할 수 없다.
> ② 세라믹 콘덴서 : 비유전율이 큰 티탄산바륨 등이 유전체로, 가격 대비 성능이 우수하며, 가장 많이 사용된다.
> ③ 마일러 콘덴서 : 얇은 폴리에스테르 필름을 유전체로 하여 양면에 금속박을 대고 원통형으로 감은 것으로, 내열성, 절연저항이 양호하다.
> ④ 마이카 콘덴서 : 운모와 금속박막으로 되어 있다. 온도 변화에 의한 용량 변화가 작고 절연저항이 높은 우수한 특성을 가지며, 표준 콘덴서이다.

20 저항 8[Ω]과 코일이 직렬로 접속된 회로에 200[V]의 교류 전압을 가하면, 20[A]의 전류가 흐른다. 코일의 리액턴스는 몇 [Ω]인가?

① 2　　　　　　② 4　　　　　　③ 6　　　　　　④ 8

> **해설**
> 아래 회로도와 같이 R_L 직렬회로로 계산하면,
>
> R　　X_L
>
> • 임피던스 $Z = \dfrac{V}{I} = \dfrac{200}{20} = 10[\Omega]$
> • 임피던스 $Z = \sqrt{R^2 + X_L^2}$ 이므로, $10 = \sqrt{8^2 + X_L^2}$ 에서 X_L를 계산하면, $X_L = 6[\Omega]$이다.

21 동기기의 전기자 권선법이 아닌 것은?

① 전절권　　　　② 분포권　　　　③ 2층권　　　　④ 중권

> **해설**
> 동기기는 주로 분포권, 단절권, 2층권, 중권이 쓰이고 결선은 Y결선으로 한다.

22 3,300/220[V] 변압기의 1차에 20[A]의 전류가 흐르면 2차 전류는 몇 [A]인가?

① $\dfrac{1}{30}$　　　　② $\dfrac{1}{3}$　　　　③ 30　　　　④ 300

> **해설**
> $\dfrac{V_1}{V_2} = \dfrac{I_2}{I_1}$ 에서 $\dfrac{3,300}{220} = \dfrac{I_2}{20}$ 이므로
> $I_2 = 300[A]$이다.

정답 19 ②　20 ③　21 ①　22 ④

23 반도체 사이리스터에 의한 전동기의 속도 제어 중 주파수 제어는?

① 초퍼 제어 ② 인버터 제어 ③ 컨버터 제어 ④ 브리지 정류 제어

> **해설**
> - 초퍼 : 직류를 다른 전압의 직류로 변환하는 장치
> - 인버터 : 직류를 교류로 변환하는 장치로서 주파수를 변환시켜 전동기 속도 제어와 형광등의 고주파 점등이 가능하다.
> - 컨버터 : 교류를 직류로 변환하는 장치
> - 브리지 정류 : 다이오드 4개로 브리지 모양의 회로를 구성하여 교류를 직류로 변환하는 장치

24 동기발전기의 단락비가 크다는 것은?

① 기계가 작아진다. ② 효율이 좋아진다.
③ 전압 변동률이 나빠진다. ④ 전기자 반작용이 작아진다.

> **해설**
> **단락비가 큰 동기기(철기계) 특징**
> - 전기자 반작용이 작고, 전압 변동률이 작다.
> - 공극이 크고 과부하 내량이 크다.
> - 기계의 중량이 무겁고 효율이 낮다.

25 변류기 개방 시 2차 측을 단락하는 이유는?

① 2차 측 절연 보호 ② 2차 측 과전류 보호
③ 측정오차 감소 ④ 변류비 유지

> **해설**
> 계기용 변류기는 2차 전류를 낮게 하기 위하여 권수비가 매우 작으므로 2차 측을 개방하게 되면, 2차 측에 매우 높은 기전력이 유기되어 절연파괴의 위험이 있다. 즉, 2차 측을 절대로 개방해서는 안 된다.

26 60[Hz], 20,000[kVA]의 발전기의 회전수가 900[rpm]이라면 이 발전기의 극수는 얼마인가?

① 8극 ② 12극 ③ 14극 ④ 16극

> **해설**
> 동기속도 $N_s = \dfrac{120f}{P}$[rpm]이므로, 극수 $P = \dfrac{120 \times 60}{900} = 8$극이다.

27 인버터의 용도로 가장 적합한 것은?

① 교류 – 직류 변환 ② 직류 – 교류 변환
③ 교류 – 증폭교류 변환 ④ 직류 – 증폭직류 변환

> **해설**
> - 인버터 : 직류를 교류로 바꾸는 장치
> - 컨버터 : 교류를 직류로 바꾸는 장치
> - 초퍼 : 직류를 다른 전압의 직류로 바꾸는 장치

정답 23 ② 24 ④ 25 ① 26 ① 27 ②

28 유도전동기의 동기속도 N_s, 회전속도 N일 때 슬립은?

① $s = \dfrac{N_s - N}{N}$
② $s = \dfrac{N - N_s}{N}$
③ $s = \dfrac{N_s - N}{N_s}$
④ $s = \dfrac{N_s + N}{N}$

해설

슬립 $s = \dfrac{\text{동기속도} - \text{회전자속도}}{\text{동기속도}} = \dfrac{N_s - N}{N_s}$

29 3상 유도전동기의 원선도를 그리는 데 필요하지 않은 것은?

① 저항 측정
② 무부하 시험
③ 구속 시험
④ 슬립 측정

해설

3상 유도전동기의 원선도
- 유도전동기의 특성을 실부하 시험을 하지 않아도, 등가회로를 기초로 한 헤일랜드(Heyland)의 원선도에 의하여 전부하 전류, 역률, 효율, 슬립, 토크 등을 구할 수 있다.
- 원선도 작성에 필요한 시험 : 저항 측정, 무부하 시험, 구속 시험

30 변압기유의 구비조건으로 옳은 것은?

① 절연 내력이 클 것
② 인화점이 낮을 것
③ 응고점이 높을 것
④ 비열이 작을 것

해설

변압기 기름의 구비조건
- 절연 내력이 클 것
- 비열이 커서 냉각 효과가 클 것
- 인화점이 높을 것
- 응고점이 낮을 것
- 절연 재료 및 금속에 접촉하여도 화학 작용을 일으키지 않을 것
- 고온에서 석출물이 생기거나, 산화하지 않을 것

31 부흐홀츠 계전기로 보호되는 기기는?

① 변압기
② 유도전동기
③ 직류 발전기
④ 교류 발전기

해설

부흐홀츠 계전기
변압기 내부 고장으로 인한 절연유의 온도 상승 시 발생하는 가스(기포) 또는 기름의 흐름에 의해 동작하는 계전기

정답 28 ③ 29 ④ 30 ① 31 ①

32 직류 직권전동기의 벨트 운전을 금지하는 이유는?

① 벨트가 벗어지면 위험속도에 도달한다.
② 손실이 많아진다.
③ 벨트가 마모하여 보수가 곤란하다.
④ 직결하지 않으면 속도제어가 곤란하다.

해설
$N = K \dfrac{V - I_a R_a}{\phi}$ [rpm]에서 직류 직권전동기는 벨트가 벗어지면 무부하 상태가 되어, 여자 전류가 거의 0이 된다. 이때 자속이 최대가 되므로 위험속도가 된다.

33 다음 중 전동기의 원리에 적용되는 법칙은?

① 렌츠의 법칙
② 플레밍의 오른손 법칙
③ 플레밍의 왼손 법칙
④ 옴의 법칙

해설
플레밍의 왼손 법칙은 자기장 내에 있는 도체에 전류를 흘리면 힘이 작용하는 법칙으로 전동기의 원리가 된다.

34 변압기의 효율이 가장 좋을 때의 조건은?

① 철손=동손   ② 철손=1/2동손   ③ 동손=1/2철손   ④ 동손=2철손

해설
변압기는 철손과 동손이 같을 때 최대 효율이 된다.

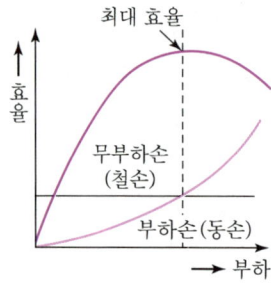

35 직류 전동기의 규약효율을 표시하는 식은?

① $\dfrac{출력}{출력+손실} \times 100 [\%]$
② $\dfrac{출력}{입력} \times 100 [\%]$
③ $\dfrac{입력-손실}{입력} \times 100 [\%]$
④ $\dfrac{입력}{출력+손실} \times 100 [\%]$

해설
• 발전기 규약효율 $\eta_G = \dfrac{출력}{출력+손실} \times 100 [\%]$
• 전동기 규약효율 $\eta_M = \dfrac{입력-손실}{입력} \times 100 [\%]$

정답 32 ① 33 ③ 34 ① 35 ③

36 다음 단상 유도전동기 중 기동 토크가 큰 것부터 옳게 나열한 것은?

| ㉠ 반발 기동형 | ㉡ 콘덴서 기동형 | ㉢ 분상 기동형 | ㉣ 셰이딩 코일형 |

① ㉠ > ㉡ > ㉢ > ㉣
② ㉠ > ㉣ > ㉡ > ㉢
③ ㉠ > ㉢ > ㉣ > ㉡
④ ㉠ > ㉡ > ㉣ > ㉢

해설
기동 토크가 큰 순서
반발 기동형 → 콘덴서 기동형 → 분상 기동형 → 셰이딩 코일형

37 변압기의 절연내력 시험법이 아닌 것은?

① 유도시험
② 가압시험
③ 단락시험
④ 충격전압시험

해설
변압기 절연내력 시험에는 가압시험, 유도시험, 충격전압시험이 있다.

38 동기발전기의 병렬운전에서 기전력의 크기가 다를 경우 나타나는 현상은?

① 주파수가 변한다.
② 동기화 전류가 흐른다.
③ 난조 현상이 발생한다.
④ 무효 순환 전류가 흐른다.

해설
병렬운전조건 중 기전력의 크기가 다르면, 무효 횡류(무효 순환 전류)가 흐른다.

39 직류전동기의 속도제어 방법이 아닌 것은?

① 전압제어
② 계자제어
③ 저항제어
④ 플러깅제어

해설
직류전동기의 속도제어법은 속도식 $N = K \dfrac{V - I_a R_a}{\phi}$ 에 따라 정해진다.
- 전압제어 : 전압 V를 변화시키는 방법으로 정토크 제어
- 계자제어 : 계자전류를 제어하여 자속을 변화시키는 방법으로 정출력 제어
- 저항제어 : 전기자에 직렬로 저항을 넣어서 R_a를 변화시키는 방법으로 전력손실이 크며, 속도제어의 범위가 좁다.

40 유도전동기가 회전하고 있을 때 생기는 손실 중에서 구리손이란?

① 브러시의 마찰손
② 베어링의 마찰손
③ 표유 부하손
④ 1차, 2차 권선의 저항손

해설
구리손은 저항 중에 전류가 흘러서 발생하는 줄열로 인한 손실로서 저항손이라고도 한다.

정답 36 ① 37 ③ 38 ④ 39 ④ 40 ④

41 소맥분, 전분 기타 가연성의 분진이 존재하는 곳의 저압 옥내 배선 공사방법 중 적당하지 않은 것은?

① 애자 사용 공사
② 합성수지관 공사
③ 케이블 공사
④ 금속관 공사

해설
가연성 분진이 존재하는 곳
가연성의 먼지로서 공중에 떠다니는 상태에서 착화하였을 때, 폭발의 우려가 있는 곳의 저압 옥내 배선은 합성수지관 배선, 금속 전선관 배선, 케이블 배선에 의하여 시설한다.

42 옥내배선의 접속함이나 박스 내에서 접속할 때 주로 사용하는 접속법은?

① 슬리브 접속
② 쥐꼬리 접속
③ 트위스트 접속
④ 브리타니아 접속

해설
• 단선의 직선 접속 : 트위스트 접속, 브리타니아 접속, 슬리브 접속
• 단선의 종단 접속 : 쥐꼬리 접속, 링 슬리브 접속

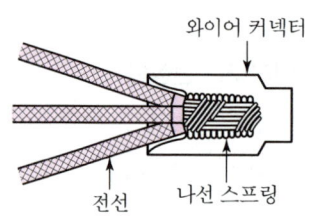
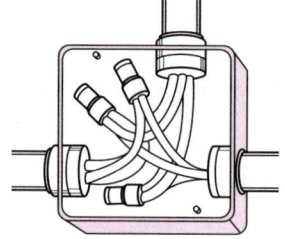

43 전선의 재료로서 구비해야 할 조건이 아닌 것은?

① 기계적 강도가 클 것
② 가요성이 풍부할 것
③ 고유저항이 클 것
④ 비중이 작을 것

해설
전선의 구비조건
• 도전율이 크고, 기계적 강도가 클 것
• 신장률이 크고, 내구성이 있을 것
• 비중(밀도)이 작고, 가선이 용이 할 것
• 가격이 저렴하고, 구입이 쉬울 것

44 전선의 접속에 대한 설명으로 틀린 것은?

① 접속 부분의 전기저항을 20[%] 이상 증가시킨다.
② 접속 부분의 인장강도를 80[%] 이상 유지시킨다.
③ 접속 부분에 전선 접속 기구를 사용한다.
④ 알루미늄전선과 구리선의 접속 시 전기적인 부식이 생기지 않도록 한다.

정답 41 ① 42 ② 43 ③ 44 ①

> **해설**
>
> **전선의 접속조건**
> - 접속 시 전기적 저항을 증가시키지 않는다.
> - 접속부위의 기계적 강도를 20[%] 이상 감소시키지 않는다.
> - 접속점의 절연이 약화되지 않도록 테이핑 또는 와이어 커넥터로 절연한다.
> - 전선의 접속은 박스 안에서 하고, 접속점에 장력이 가해지지 않도록 한다.

45 전기 난방 기구인 전기담요나 전기장판의 보호용으로 사용되는 퓨즈는?

① 플러그퓨즈 ② 온도퓨즈
③ 절연퓨즈 ④ 유리관퓨즈

> **해설**
>
> **온도퓨즈**
> 주위 온도가 어느 온도 이상으로 높아지면 용단하는 퓨즈. 전열 기구의 보안이나 방화문의 폐쇄 등에 사용한다.

46 가공전선로의 지지물에서 다른 지지물을 거치지 아니하고 수용장소의 인입선 접속점에 이르는 가공전선을 무엇이라 하는가?

① 연접인입선 ② 가공인입선
③ 구내전선로 ④ 구내인입선

> **해설**
>
> ① 연접인입선 : 가공 인입선 중 수용장소의 인입선에서 분기하여 다른 수용장소의 인입구에 이르는 전선
> ② 가공인입선 : 가공전선로이 지지물에서 다른 지지물을 거치지 아니하고 수용장소의 인입선 접속점에 이르는 가공전선
> ③ 구내전선로 : 수용장소의 구내에 시설한 전선로
> ④ 구내인입선 : 구내전선로에서 구내의 전기사용 장소로 인입하는 가공전선 및 동일구내의 전기사용 장소 상호 간의 가공전선으로서 지지물을 거치지 않고 시설되는 것

47 배선설계를 위한 전등 및 소형 전기기계기구의 부하용량 산정 시 건축물의 종류에 대응한 표준부하에서 원칙적으로 표준부하를 20[VA/m²]으로 적용하여야 하는 건축물은?

① 교회, 극장 ② 호텔, 병원
③ 은행, 상점 ④ 아파트, 미용원

> **해설**
>
> **건물의 표준부하**
>
> | 부하 구분 | 건축물의 종류 | 표준부하[VA/m²] |
> |---|---|---|
> | 표준부하 | 공장, 공회당, 사원, 교회, 극장, 영화관, 연회장 등 | 10 |
> | | 기숙사, 여관, 호텔, 병원, 학교, 음식점, 다방, 대중목욕탕 | 20 |
> | | 사무실, 은행, 상점, 이발소, 미용원 | 30 |
> | | 주택, 아파트 | 40 |

정답 45 ② 46 ② 47 ②

48 화약고에 시설하는 전기설비에서 전로의 대지전압은 몇 [V] 이하로 하여야 하는가?

① 100[V] ② 150[V] ③ 300[V] ④ 400[V]

해설
화약류 저장소의 위험장소
전로의 대지전압을 300[V] 이하로 한다.

49 다음 중 버스 덕트가 아닌 것은?

① 플로어 버스 덕트 ② 피더 버스 덕트
③ 트롤리 버스 덕트 ④ 플러그인 버스 덕트

해설
버스 덕트의 종류

명칭	비고
피더 버스 덕트	도중에 부하를 접속하지 않는 것
플러그인 버스 덕트	도중에서 부하를 접속할 수 있도록 꽂음 구멍이 있는 것
트롤리 버스 덕트	도중에서 이동부하를 접속할 수 있도록 트롤리 접속식 구조로 한 것

50 큰 건물의 공사에서 콘크리트에 구멍을 뚫어 드라이브 핀을 경제적으로 고정하는 공구는?

① 스패너 ② 드라이브이트 툴
③ 오스터 ④ 녹아웃 펀치

해설
① 스패너 : 너트를 죄는 데 사용하는 것
② 드라이브이트 : 화약의 폭발력을 이용하여 철근 콘크리트 등의 단단한 조형물에 드라이브이트 핀을 박을 때 사용하는 공구
③ 오스터 : 금속관 끝에 나사를 내는 공구
④ 녹아웃 펀치 : 배전반, 분전반 등의 배관을 변경하거나, 이미 설치되어 있는 캐비닛에 구멍을 뚫을 때 필요한 공구

51 저압전로의 산업용 배선용 차단기를 사용하는 경우 정격전류가 40[A]인 회로에 60[A] 전류가 통과하였을 경우 몇 분 이내에 자동적으로 동작하여야 하는가?

① 30분 ② 60분 ③ 90분 ④ 120분

해설
과전류 차단기로 저압전로에 사용되는 배선용 차단기의 동작 특성

정격전류의 구분	트립 동작시간	정격전류의 배수(모든 극에 통전)	
		부동작 전류	동작 전류
63[A] 이하	60분	1.05배	1.3배
63[A] 초과	120분	1.05배	1.3배

정답 48 ③ 49 ① 50 ② 51 ②

52 노출장소 또는 점검 가능한 은폐장소에서 제2종 가요전선관을 시설하고 제거하는 것이 부자유하거나 점검 불가능한 경우의 곡률 반지름은 안지름의 몇 배 이상으로 하여야 하는가?

① 2   ② 3   ③ 5   ④ 6

> **해설**
> 가요전선관 곡률 반지름
> • 자유로운 경우 : 전선관 안지름의 3배 이상
> • 부자유로운 경우 : 전선관 안지름의 6배 이상

53 옥외용 비닐절연전선의 약호(기호)는?

① VV   ② DV   ③ OW   ④ CVV

> **해설**
> ① VV : 비닐절연 비닐시스 케이블
> ② DV : 인입용 비닐절연전선
> ④ CVV : 비닐절연 비닐시스 제어 케이블

54 보호를 요하는 회로의 전류가 어떤 일정한 값(정정값) 이상으로 흘렀을 때 동작하는 계전기는?

① 과전류계전기 ② 과전압계전기
③ 차동계전기   ④ 비율차동계전기

> **해설**
> 과전류계전기(OCR)
> 동작기간 중 계전기에 흐르는 전류가 설정값과 같거나 또는 그 이상으로 되었을 때 동작하는 계전기이다.

55 고압 가공전선이 도로를 횡단하는 경우 전선의 지표상 최소 높이는?

① 2[m]   ② 3[m]   ③ 5[m]   ④ 6[m]

> **해설**
> 저·고압 가공전선의 높이
> • 도로 횡단 : 6[m]
> • 철도 궤도 횡단 : 6.5[m]
> • 기타 : 5[m]

56 접착제를 사용하여 합성수지관을 삽입해 접속할 경우 관의 깊이는 합성수지관 외경의 최소 몇 배인가?

① 0.8배   ② 1.2배   ③ 1.5배   ④ 1.8배

> **해설**
> 합성수지관 관 상호 접속방법
> • 커플링에 들어가는 관의 길이는 관 바깥지름의 1.2배 이상으로 한다.
> • 접착제를 사용하는 경우에는 0.8배 이상으로 한다.

정답 52 ④ 53 ③ 54 ① 55 ④ 56 ①

57 가정용 전등에 사용되는 점멸 스위치를 설치하여야 할 위치에 대한 설명으로 가장 적당한 것은?
① 접지 측 전선에 설치한다.
② 중성선에 설치한다.
③ 부하의 2차 측에 설치한다.
④ 전압 측 전선에 설치한다.

> **해설**
> 스위치를 접지 측 전선에 연결하면 스위치가 꺼진 상태라 해도 전압 측 전선에는 전압이 걸려 있어 전등 교체 시 누전사고가 발생할 수 있으므로 스위치는 전압 측 전선에 연결한다.

58 조명기구의 용량 표시에 관한 사항이다. 다음 중 F40의 설명으로 알맞은 것은?
① 수은등 40[W]
② 나트륨등 40[W]
③ 메탈 할라이드등 40[W]
④ 형광등 40[W]

> **해설**
> "F"는 형광등을 뜻한다.

59 점유 면적이 좁고 운전, 보수에 안전하므로 공장, 빌딩 등의 전기실에 많이 사용되는 배전반은 어떤 것인가?
① 데드 프런트형
② 수직형
③ 큐비클형
④ 라이브 프런트형

> **해설**
> 폐쇄식 배전반을 일반적으로 큐비클형이라고 한다. 점유 면적이 좁고 운전, 보수에 안전하므로 공장, 빌딩 등의 전기실에 많이 사용된다.

60 엘리베이터 장치를 시설할 때 승강기 내에서 사용하는 전등 및 전기기계 기구에 사용할 수 있는 최대 전압은?
① 110[V] 이하
② 220[V] 이하
③ 400[V] 이하
④ 440[V] 이하

> **해설**
> 엘리베이터 및 덤웨이터 등의 승강로 내에 저압 옥내배선 등의 시설은 사용-전압이 400[V] 이하인 저압 옥내배선, 저압 이동전선 등을 사용하여야 한다.

정답 57 ④ 58 ④ 59 ③ 60 ③

CHAPTER 19 2023년 제3회

01 자기회로의 길이 ℓ[m], 단면적 A[m²], 투자율 μ[H/m]일 때 자기저항 R[AT/Wb]을 나타낸 것은?

① $R = \dfrac{\mu \ell}{A}$ [AT/Wb] ② $R = \dfrac{A}{\mu \ell}$ [AT/Wb]

③ $R = \dfrac{\mu A}{\ell}$ [AT/Wb] ④ $R = \dfrac{\ell}{\mu A}$ [AT/Wb]

> 해설
> 자기저항은 자속이 자로를 지날 때 발생하는 저항으로 길이에 비례하고, 단면적에 반비례하며, 투자율에 반비례한다.

02 두 코일이 있다. 한 코일에 매초 전류가 150[A]의 비율로 변할 때 다른 코일에 60[V]의 기전력이 발생하였다면, 두 코일의 상호 인덕턴스는 몇 [H]인가?

① 0.4[H] ② 2.5[H] ③ 4.0[H] ④ 25[H]

> 해설
> $e_1 = M \dfrac{\Delta I_2}{\Delta t}$ 에서
> $M = e_1 \dfrac{\Delta t}{\Delta I_2} = 60 \times \dfrac{1}{150} = 0.4$[H]

03 RLC 직렬공진회로에서 공진 주파수는?

① $\dfrac{1}{\pi \sqrt{LC}}$ ② $\dfrac{1}{\sqrt{LC}}$ ③ $\dfrac{2\pi}{\sqrt{LC}}$ ④ $\dfrac{1}{2\pi \sqrt{LC}}$

> 해설
> 공진 조건 $X_L = X_C$, $2\pi f L = \dfrac{1}{2\pi f C}$ 이므로
> 공진 주파수 $f_o = \dfrac{1}{2\pi \sqrt{LC}}$ 이다.

04 4×10^{-5}[C], 6×10^{-5}[C]의 두 전하가 자유공간에 2[m]의 거리에 있을 때 그 사이에 작용하는 힘은?

① 5.4[N], 흡입력이 작용한다. ② 5.4[N], 반발력이 작용한다.

③ $\dfrac{7}{9}$[N], 흡입력이 작용한다. ④ $\dfrac{7}{9}$[N], 반발력이 작용한다.

정답 01 ④ 02 ① 03 ④ 04 ②

해설

작용하는 힘 $F = \dfrac{1}{4\pi\varepsilon} \times \dfrac{Q_1 Q_2}{r^2} = 9 \times 10^9 \times \dfrac{Q_1 Q_2}{r^2}$

$= 9 \times 10^9 \times \dfrac{(4 \times 10^{-5}) \times (6 \times 10^{-5})}{2^2} = 5.4[\text{N}]$

같은 극성이므로, 반발력이 작용한다.

05 저항 세 개를 △접속했을 때 한 상의 저항이 30[Ω]이다. 이를 등가 변환한 Y부하의 한 상의 저항값은?

① 10 ② 30 ③ 60 ④ 90

해설
- Y → △ 변환 : $R_\Delta = 3R_Y$
- △ → Y 변환 : $R_Y = \dfrac{1}{3}R_\Delta = \dfrac{1}{3} \times 30 = 10[\Omega]$

06 정전에너지 W[J]를 구하는 식으로 옳은 것은?(단, C는 콘덴서 용량[F], V는 공급전압[V]이다.)

① $W = \dfrac{1}{2}CV^2$ ② $W = \dfrac{1}{2}CV$ ③ $W = \dfrac{1}{2}C^2V$ ④ $W = 2CV^2$

해설
정전에너지 $W = \dfrac{1}{2}CV^2$[J]

07 동일한 용량의 콘덴서 5개를 병렬로 접속하였을 때의 합성 용량을 C_P라고 하고, 5개를 직렬로 접속하였을 때의 합성 용량을 C_S라 할 때 C_P와 C_S의 관계는?

① $C_P = 5C_S$ ② $C_P = 10C_S$ ③ $C_P = 25C_S$ ④ $C_P = 50C_S$

해설
- 병렬로 접속 시 합성 용량 : $C_P = 5C$
- 직렬로 접속 시 합성 용량 : $C_S = \dfrac{C}{5}$

∴ $C_P = 5 \times (5C_S) = 25C_S$

08 물질에 따라 자석에 무반응하는 물체를 무엇이라 하는가?

① 비자성체 ② 상자성체 ③ 반자성체 ④ 강자성체

해설
㉠ 강자성체 : 자석에 자화되어 강하게 끌리는 물체
㉡ 약자성체(실용상 비자성체로 취급)
- 반자성체 : 자석에 자화가 반대로 되어 약하게 반발하는 물체
- 상자성체 : 자석에 자화되어 약하게 끌리는 물체

정답 05 ① 06 ① 07 ③ 08 ①

09 그림의 브리지 회로에서 평형 조건식이 올바른 것은?

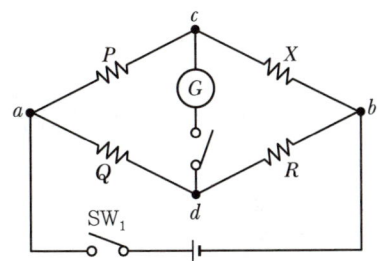

① $PX = QX$ ② $PQ = RX$ ③ $PX = QR$ ④ $PR = QX$

> **해설**
> 휘트스톤 브리지(Wheatstone Bridge)
> 브리지의 평형조건 $PR = QX$, $X = \dfrac{P}{Q}R[\Omega]$

10 전계의 세기 50[V/m], 전속밀도 100[C/m²]인 유전체의 단위 체적에 축적되는 에너지는?

① $2[J/m^3]$ ② $250[J/m^3]$ ③ $2,500[J/m^3]$ ④ $5,000[J/m^3]$

> **해설**
> 유전체 내의 에너지 $W = \dfrac{1}{2}DE = \dfrac{1}{2}\varepsilon E^2 = \dfrac{1}{2}\dfrac{D^2}{\varepsilon}[J/m^3]$ 이므로,
> 따라서, $W = \dfrac{1}{2} \times 100 \times 50 = 2,500[J/m^3]$ 이다.

11 자체 인덕턴스가 각각 L_1, L_2와 상호 인덕턴스 M일 때, 일반적인 자기 결합 상태에서 결합계수는 k는?

① $k < 0$ ② $0 < k < 1$ ③ $k > 0$ ④ $k = 1$

> **해설**
> 두 코일이 누설자속 없이 이상적으로 결합되었을 경우 결합계수 $k = 1$이고, 서로 직교하면 쇄교자속이 없어 결합계수 $k = 0$이다. 일반적인 경우에 결합계수는 $0 < k < 1$의 범위에 있다.

12 황산구리($CuSO_4$)의 전해액에 2개의 동일한 구리판을 넣고 전원을 연결하였을 때 구리판의 변화를 옳게 설명한 것은?

① 2개의 구리판 모두 얇아진다.
② 2개의 구리판 모두 두터워진다.
③ 양극 쪽은 얇아지고, 음극 쪽은 두터워진다.
④ 양극 쪽은 두터워지고, 음극 쪽은 얇아진다.

> **해설**
> 국부작용으로 양극은 얇아지고 음극은 두터워진다.

정답 09 ④   10 ③   11 ②   12 ③

13 다음 중 파고율은?

① $\dfrac{실횻값}{평균값}$ ② $\dfrac{평균값}{실횻값}$

③ $\dfrac{최댓값}{실횻값}$ ④ $\dfrac{실횻값}{최댓값}$

> **해설**
> 파고율 $= \dfrac{최댓값}{실횻값}$, 파형률 $= \dfrac{실횻값}{평균값}$

14 R-L-C 직렬공진 시의 주파수는?

① $\dfrac{1}{\pi\sqrt{LC}}$ ② $\dfrac{1}{\sqrt{LC}}$

③ $\dfrac{2\pi}{\sqrt{LC}}$ ④ $\dfrac{1}{2\pi\sqrt{LC}}$

> **해설**
> 공진 조건 $X_L = X_C$, $2\pi fL = \dfrac{1}{2\pi fC}$ 이므로
> 공진 주파수 $f_o = \dfrac{1}{2\pi\sqrt{LC}}$ 이다.

15 비오-사바르의 법칙은 다음 중 어느 관계를 나타내는가?

① 기자력과 자장의 세기 ② 전위와 자장의 세기
③ 전류와 자장의 세기 ④ 기자력과 자속 밀도

> **해설**
> 비오-사바르 법칙은 전선에 전류가 흐를 때 주변 자장의 세기를 구하는 법칙이다.
> $\Delta H = \dfrac{I\Delta l}{4\pi r^2}\sin\theta [\text{AT/m}]$

16 진공 중의 두 점전하 $Q_1[\text{C}]$, $Q_2[\text{C}]$가 거리 $r[\text{m}]$ 사이에서 작용하는 정전력[N]의 크기를 옳게 나타낸 것은?

① $9\times 10^9 \times \dfrac{Q_1 Q_2}{r^2}$ ② $6.33\times 10^4 \times \dfrac{Q_1 Q_2}{r^2}$

③ $9\times 10^9 \times \dfrac{Q_1 Q_2}{r}$ ④ $6.33\times 10^4 \times \dfrac{Q_1 Q_2}{r}$

> **해설**
> 쿨롱의 법칙에서 정전력 $F = \dfrac{1}{4\pi\varepsilon}\dfrac{Q_1 Q_2}{r^2}[\text{N}]$이다.
> 여기서, 진공에서는 $\varepsilon_s = 1$이고, $\varepsilon_0 = 8.855\times 10^{-12}$이다.

정답 13 ③ 14 ④ 15 ③ 16 ①

17 서로 다른 종류의 안티몬과 비스무트의 두 금속을 접속하여 여기에 전류를 통하면, 그 접점에서 열의 발생 또는 흡수가 일어난다. 줄열과 달리 전류의 방향에 따라 열의 흡수와 발생이 다르게 나타나는 이 현상은?

① 펠티에 효과
② 제벡 효과
③ 제3금속의 효과
④ 열전 효과

해설

펠티에 효과(Peltier Effect)
서로 다른 두 종류의 금속을 접속하고 한쪽 금속에서 다른 쪽 금속으로 전류를 흘리면 열의 발생 또는 흡수가 일어나는 현상을 말한다.

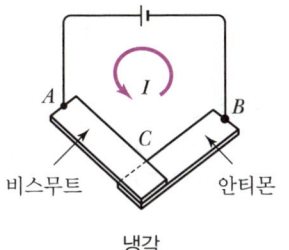
냉각

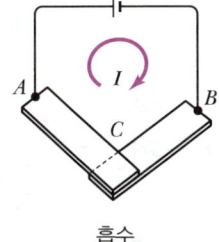
흡수

18 기전력이 120[V], 내부저항(r)이 15[Ω]인 전원이 있다. 여기에 부하저항(R)을 연결하여 얻을 수 있는 최대 전력[W]은?(단, 최대 전력 전달조건은 $r=R$이다.)

① 100
② 140
③ 200
④ 240

해설

내부저항과 부하의 저항이 같을 때 최대전력을 전송하므로, 부하저항 $R=r=15[Ω]$이다.

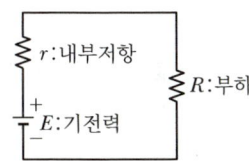

- 전체전류 $I_0 = \dfrac{E}{R_0} = \dfrac{120}{30} = 4[A]$
- 최대전력 $P = I_0^2 R = 4^2 \times 15 = 240[W]$

19 환상 솔레노이드 내부의 자기장의 세기에 관한 설명으로 옳은 것은?

① 자장의 세기는 권수에 반비례한다.
② 자장의 세기는 권수, 전류, 평균 반지름과는 관계가 없다.
③ 자장의 세기는 평균 반지름에 비례한다.
④ 자장의 세기는 전류에 비례한다.

해설

$H = \dfrac{NI}{\ell} = \dfrac{NI}{2\pi r}[AT/m]$ (단, ℓ은 자로의 평균 길이[m])

정답 17 ① 18 ④ 19 ④

20 220[V]용 100[W] 전구와 200[W] 전구를 직렬로 연결하여 220[V]의 전원에 연결하면?

① 두 전구의 밝기가 같다. ② 100[W]의 전구가 더 밝다.
③ 200[W]의 전구가 더 밝다. ④ 두 전구 모두 안 켜진다.

해설
- $P = \dfrac{V^2}{R}$ 에서 $P \propto \dfrac{1}{R}$ 이므로, 100[W] 전구 저항이 200[W] 전구 저항보다 더 크다. ($R_{100[W]} > R_{200[W]}$)
- 직렬접속 시 흐르는 전류는 같으므로 $I^2 R_{100[W]} > I^2 R_{200[W]}$ 이다. 즉, 소비전력이 큰 100[W] 전구가 더 밝다.

21 교류회로에서 양방향 점호(ON) 및 소호(OFF)를 이용하며, 위상제어를 할 수 있는 소자는?

① TRIAC ② SCR ③ GTO ④ IGBT

해설

명칭	기호	동작특성	용도
SCR (역저지 3단자 사이리스터)		순방향으로 전류가 흐를 때 게이트 신호에 의해 스위칭하며, 역방향은 흐르지 못한다.	직류 및 교류 제어용 소자
TRIAC (쌍방향성 3단자 사이리스터)		사이리스터 2개를 역병렬로 접속한 것과 등가, 양방향으로 전류가 흐르기 때문에 교류 스위치로 사용	교류 제어용
GTO (게이트 턴 오프 스위치)		게이트에 역방향으로 전류를 흘리면 자기소호하는 사이리스터	직류 및 교류 제어용 소자
IGBT		게이트에 전압을 인가했을 때만 컬렉터 전류가 흐른다.	고속 인버터, 고속 초퍼 제어소자

22 6극 36슬롯 3상 동기발전기의 매극 매상당 슬롯수는?

① 2 ② 3 ③ 4 ④ 5

해설
$$\text{매극 매상당의 홈수} = \frac{\text{홈수}}{\text{극수} \times \text{상수}} = \frac{36}{6 \times 3} = 2$$

23 3상 변압기의 병렬운전 시 병렬운전이 불가능한 결선 조합은?

① $\Delta - \Delta$ 와 $Y - Y$ ② $\Delta - \Delta$ 와 $\Delta - Y$
③ $\Delta - Y$ 와 $\Delta - Y$ ④ $\Delta - \Delta$ 와 $\Delta - \Delta$

정답 20 ② 21 ① 22 ① 23 ②

> **해설**
>
> 변압기군의 병렬운전 조합
>
> | 병렬운전 가능 | | 병렬운전 불가능 |
> |---|---|---|
> | $\Delta-\Delta$와 $\Delta-\Delta$
$Y-Y$와 $Y-Y$
$Y-\Delta$와 $Y-\Delta$ | $\Delta-Y$와 $\Delta-Y$
$\Delta-\Delta$와 $Y-Y$
$\Delta-Y$와 $Y-\Delta$ | $\Delta-\Delta$와 $\Delta-Y$
$Y-Y$와 $\Delta-Y$ |

24 3상 전원에서 2상 전원을 얻기 위한 변압기의 결선 방법은?

① V   ② Δ ③ Y   ④ T

> **해설**
>
> 3상 교류를 2상 교류로 변환
> - 스코트(Scott) 결선(T결선)
> - 우드 브리지(Wood bridge) 결선
> - 메이어(Meyer) 결선

25 다음 중 변압기의 원리와 가장 관계가 있는 것은?

① 전자유도 작용   ② 표피작용   ③ 전기자 반작용   ④ 편자작용

> **해설**
>
> 전자유도 작용
> 1차 권선에 교류전압에 의한 자속이 철심을 지나 2차 권선과 쇄교하면서 기전력을 유도한다.

26 동기전동기의 용도로 적합하지 않은 것은?

① 송풍기   ② 압축기   ③ 크레인   ④ 분쇄기

> **해설**
>
> - 동기전동기는 비교적 저속도, 중·대용량인 시멘트공장 분쇄기, 압축기, 송풍기 등에 이용된다.
> - 크레인과 같이 부하 변화가 심하거나 잦은 기동을 하는 부하는 직류 직권전동기가 적합하다.

27 직류전동기의 토크가 265[N·m], 회전수가 1,800[rpm]일 때 출력은 약 몇 [kW]인가?

① 5.1   ② 10.2   ③ 50   ④ 100

> **해설**
>
> $T = \dfrac{60}{2\pi} \dfrac{P_o}{N}$[N·m]이고, $P_o = \dfrac{2\pi}{60} TN$[W]이므로,
> $P_o = \dfrac{2\pi}{60} \times 265 \times 1,800 = 49,926$[W] $\simeq 50$[kW]이다.

28 직류 직권전동기의 회전수(N)와 토크(τ)와의 관계는?

① $\tau \propto \dfrac{1}{N}$ ② $\tau \propto \dfrac{1}{N^2}$ ③ $\tau \propto N$ ④ $\tau \propto N^{\frac{3}{2}}$

정답 24 ④ 25 ① 26 ③ 27 ③ 28 ②

> 해설
>
> $N \propto \dfrac{1}{I_a}$ 이고, $\tau \propto I_a{}^2$ 이므로 $\tau \propto \dfrac{1}{N^2}$ 이다.

29 반도체 내에서 정공은 어떻게 생성되는가?

① 결합전자의 이탈
② 자유전자의 이동
③ 접합 불량
④ 확산 용량

> 해설
>
> **정공**
> 진성반도체(4가 원자)에 불순물(3가 원자)을 약간 첨가하면 공유 결합을 해서 전자 1개의 공석이 생성되는데 이를 정공이라 한다. 즉, 결합전자의 이탈에 의하여 생성된다.

30 변압기의 규약 효율은?

① $\dfrac{\text{출력}}{\text{입력}}$
② $\dfrac{\text{출력}}{\text{출력} + \text{손실}}$
③ $\dfrac{\text{출력}}{\text{입력} + \text{손실}}$
④ $\dfrac{\text{입력} - \text{손실}}{\text{입력}}$

> 해설
>
> **변압기의 규약효율**
> $\eta = \dfrac{\text{출력}[kW]}{\text{출력}[kW] + \text{손실}[kW]} \times 100[\%]$

31 단상 유도전동기의 정회전 슬립이 s이면 역회전 슬립은?

① $1-s$
② $1+s$
③ $2-s$
④ $2+s$

> 해설
>
> 정회전 시 회전속도를 N이라 하면, 역회전 시 회전속도는 $-N$이라 할 수 있다.
> - 정회전 시 $s = \dfrac{N_s - N}{N_s}$, $N = (1-s)N_s$
> - 역회전 시 $s' = \dfrac{N_s - (-N)}{N_s} = \dfrac{N_s + N}{N_s} = \dfrac{N_s + (1-s)N_s}{N_s} = 2 - s$

32 동기기의 전기자 권선법이 아닌 것은?

① 전절권
② 분포권
③ 2층권
④ 중권

> 해설
>
> 동기기는 주로 분포권, 단절권, 2층권, 중권이 쓰이고 결선은 Y결선으로 한다.

정답 29 ① 30 ② 31 ③ 32 ①

33 부흐홀츠 계전기의 설치 위치로 가장 적당한 곳은?

① 변압기 주 탱크 내부
② 콘서베이터 내부
③ 변압기 고압 측 부싱
④ 변압기 주 탱크와 콘서베이터 사이

해설
변압기의 탱크와 콘서베이터의 연결관 사이에 설치하여, 절연유의 온도 상승 시 발생하는 유증기를 검출하여 변압기의 내부 고장 보호용으로 사용된다.

34 3상 유도전동기의 원선도를 그리는 데 필요하지 않은 것은?

① 저항 측정
② 무부하 시험
③ 구속 시험
④ 슬립 측정

해설
3상 유도전동기의 원선도
- 유도전동기의 특성을 실부하 시험을 하지 않아도, 등가회로를 기초로 한 헤일랜드(Heyland)의 원선도에 의하여 전부하 전류, 역률, 효율, 슬립, 토크 등을 구할 수 있다.
- 원선도 작성에 필요한 시험 : 저항 측정, 무부하 시험, 구속 시험

35 속도를 광범위하게 조정할 수 있으므로 압연기나 엘리베이터 등에 사용되는 직류전동기는?

① 직권전동기
② 분권전동기
③ 타여자전동기
④ 가동복권전동기

해설
타여자전동기는 속도를 광범위하게 조정할 수 있으므로 압연기나 엘리베이터 등에 사용되고, 일그너 방식 또는 워드 레오나드 방식의 속도제어 장치를 사용하는 경우에 주 전동기로 사용된다.

36 계자권선이 전기자와 접속되어 있지 않은 직류기는?

① 직권기
② 분권기
③ 복권기
④ 타여자기

해설
타여자기는 계자권선과 전기자권선이 분리되어 있다.

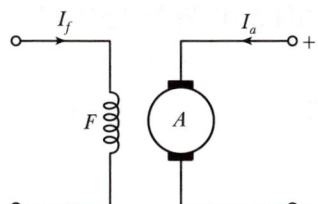

A : 전기자
F : 계자권선
I_a : 전기자전류
I_f : 계자전류

정답 33 ④ 34 ④ 35 ③ 36 ④

37 직류 직권발전기가 정격전압 400[V], 출력 10[kW]로 운전되고 있다. 전기자저항 및 계자저항이 각각 0.1[Ω]일 경우, 유도기전력[V]은?(단, 전류자의 접촉저항은 무시한다.)

① 402.5　　　② 405　　　③ 425　　　④ 450

해설
직권발전기 접속은 아래와 같으므로

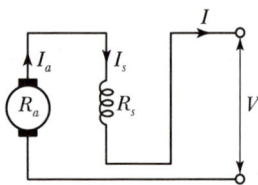

출력 $P = VI$에서 $I = I_s = I_a$이므로

전기자전류 $I_a = \dfrac{P}{V} = \dfrac{10 \times 10^3}{400} = 25$[A]이다.

따라서, 유도기전력 $E = V + I_a(R_a + R_f) = 400 + 25 \times (0.1 + 0.1) = 405$[V]이다.

38 금속 내부를 지나는 자속의 변화로 금속 내부에 생기는 와류손을 작게 하려면 어떻게 하여야 하는가?

① 두꺼운 철판을 사용한다.
② 높은 전류를 가한다.
③ 얇은 철판을 성층하여 사용한다.
④ 냉각 압연한다.

해설
- 규소강판 사용 : 히스테리시스손 감소
- 성층철심 사용 : 와류손(맴돌이 전류손) 감소

39 직류발전기의 자극수는 6, 전기자 총도체수 400, 회전수 600[rpm], 전기자에 유기되는 기전력이 120[V]일 때 매극당 자속은 몇 [Wb]인가?(단, 전기자권선은 파권이다.)

① 0.1[Wb]　　　② 0.01[Wb]　　　③ 0.3[Wb]　　　④ 0.03[Wb]

해설
$E = \dfrac{P}{a} Z \phi \dfrac{N}{60}$[V]에서 파권($a = 2$)이므로,

$120 = \dfrac{6}{2} \times 400 \times \phi \times \dfrac{600}{60}$에서 자속은 0.01[Wb]이다.

40 복권발전기의 병렬운전을 안전하게 하기 위해서 두 발전기의 전기자와 직권권선의 접촉점에 연결해야 하는 것은?

① 균압선　　　② 집전환　　　③ 안정저항　　　④ 브러시

해설
직권, 복권 발전기
수하특성을 가지지 않아, 두 발전기 중 한쪽의 부하가 증가할 때, 그 발전기의 전압이 상승하여 부하분담이 적절히 되지 않으므로, 직권계자에 균압모선을 연결하여 전압상승을 같게 하면 병렬운전을 할 수 있다.

정답 37 ②　38 ③　39 ②　40 ①

41 낙뢰, 수목 접촉, 일시적인 섬락 등 순간적인 사고로 계통에서 분리된 구간을 신속히 계통에 투입시킴으로써 계통의 안정도를 향상시키고 정전 시간을 단축시키기 위해 사용되는 계전기는?

① 차동계전기   ② 과전류계전기
③ 거리계전기   ④ 재폐로계전기

해설

보호계전기의 종류
- 차동계전기 : 고장에 의하여 생긴 불평형의 전류차가 기준치 이상일 때 동작하는 계전기이다. 변압기 내부 고장 검출용으로 주로 사용된다.
- 과전류계전기 : 일정값 이상의 전류가 흘렀을 때 동작하며, 과부하계전기라고도 한다.
- 거리계전기 : 계전기가 설치된 위치로부터 고장점까지의 전기적 거리에 비례하여 한시로 동작하는 계전기이다.

42 정격전류가 50[A]인 저압전로의 산업용 배선용 차단기에 70[A] 전류가 통과하였을 경우 몇 분 이내에 자동적으로 동작하여야 하는가?

① 30분   ② 60분   ③ 90분   ④ 120분

해설

과전류 차단기로 저압전로에 사용되는 배선용 차단기의 동작특성

정격전류의 구분	트립 동작시간	정격전류의 배수(모든 극에 통전)	
		부동작 전류	동작 전류
63[A] 이하	60분	1.05배	1.3배
63[A] 초과	120분	1.05배	1.3배

43 애자 사용 공사에서 전선 상호 간의 간격은 몇 [cm] 이상으로 하는 것이 가장 바람직한가?

① 4   ② 5   ③ 6   ④ 8

해설

구분	400[V] 이하	400[V] 초과
전선 상호 간의 거리	6[cm] 이상	6[cm] 이상
전선과 조영재와의 거리	2.5[cm] 이상	4.5[cm] 이상(건조한 곳은 2.5[cm] 이상)

44 천장에 작은 구멍을 뚫어 그 속에 등기구를 매입시키는 방식으로 건축의 공간을 유효하게 하는 조명 방식은?

① 코브 방식   ② 코퍼 방식   ③ 밸런스 방식   ④ 다운라이트 방식

해설

① 코브 조명 : 벽이나 천장면에 플라스틱, 목재 등을 이용하여 광원을 감추는 방식
② 코퍼 조명 : 천장면에 환형, 사각형 등의 형상으로 기구를 취부한 방식
③ 밸런스 조명 : 벽면조명으로 벽면에 나무나 금속판을 시설하여 그 내부에 램프를 설치하는 방식
④ 다운라이트 조명 : 천장에 작은 구멍을 뚫어 그 속에 등기구를 매입시키는 방식

정답 41 ④   42 ②   43 ③   44 ④

45 전기설비기술기준에서 저압전선로 중 절연부분의 전선과 대지 사이 및 전선의 심선 상호 간의 절연저항은 사용전압에 대한 누설전류가 최대공급전류의 얼마를 초과하지 않도록 해야 하는가?

① $\dfrac{1}{1,000}$ ② $\dfrac{1}{2,000}$ ③ $\dfrac{1}{3,000}$ ④ $\dfrac{1}{4,000}$

해설

누설전류 ≤ $\dfrac{최대공급전류}{2,000}$

46 교통신호등의 제어장치로부터 신호등의 전구까지의 전로에 사용하는 전압은 몇 [V] 이하인가?

① 60   ② 100   ③ 300   ④ 440

해설

교통신호등 제어장치의 2차 측 배선의 최대사용전압은 300[V] 이하이어야 한다.

47 가공인입선 중 수용장소의 인입선에서 분기하여 다른 수용장소의 인입구에 이르는 전선을 무엇이라 하는가?

① 소주인입선   ② 연접인입선
③ 본주인입선   ④ 인입간선

해설

① 소주인입선 : 인입 간선의 전선로에서 분기한 소주에서 수용가에 이르는 전선로
③ 본주인입선 : 인입 간선의 전선로에서 수용가에 이르는 전선로
④ 인입간선 : 배선 선로에서 분기된 인입 전선로

48 화약류 저장장소의 배선공사에서 전용 개폐기에서 화약류 저장소의 인입까지는 어떤 공사를 하여야 하는가?

① 케이블을 사용한 옥측 전선로   ② 금속관을 사용한 지중 전선로
③ 케이블을 사용한 지중 전선로   ④ 금속관을 사용한 옥측 전선로

해설

화약류 저장소의 위험장소
전용 개폐기 또는 과전류 차단기에서 화약고의 인입구까지는 케이블을 사용하여 지중 전로로 한다.

49 구리 전선과 전기 기계기구 단자를 접속하는 경우에 진동 등으로 인하여 헐거워질 염려가 있는 곳에는 어떤 것을 사용하여 접속하여야 하는가?

① 정 슬리브를 끼운다.   ② 평와셔 2개를 끼운다.
③ 코드 패스너를 끼운다.   ④ 스프링 와셔를 끼운다.

해설

진동 등의 영향으로 헐거워질 우려가 있는 경우에는 스프링 와셔 또는 더블 너트를 사용하여야 한다.

정답 45 ② 46 ③ 47 ② 48 ③ 49 ④

50 다음 중 동전선의 접속에서 직선 접속에 해당하는 것은?

① 직선맞대기용 슬리브(B형)에 의한 압착접속
② 비틀어 꽂는 형의 전선접속기에 의한 접속
③ 종단겹침용 슬리브(E형)에 의한 접속
④ 동선 압착단자에 의한 접속

> **해설**
> 전선의 직선 접속은 직선맞대기 접속 또는 C형 슬리브 접속 등이 있다.

51 배전반을 나타내는 그림 기호는?

① (반쪽 검은 사각형)   ② (X 표시 사각형)   ③ (나비 모양 검은 사각형)   ④ S 사각형

> **해설**
> ① 분전반, ② 배전반, ③ 제어반, ④ 개폐기

52 알루미늄전선의 접속방법으로 적합하지 않은 것은?

① 직선접속   ② 분기접속   ③ 종단접속   ④ 트위스트접속

> **해설**
> 트위스트 접속은 단선(동) 전선의 직선접속 방법

53 고압 가공전선이 도로를 횡단하는 경우 전선의 지표상 최소 높이는?

① 2[m]   ② 3[m]   ③ 5[m]   ④ 6[m]

> **해설**
> **저 · 고압 가공 전선의 높이**
> • 도로 횡단 : 6[m]
> • 철도 궤도 횡단 : 6.5[m]
> • 기타 : 5[m]

54 금속관 배관 공사에서 절연 부싱을 사용하는 이유는?

① 박스 내에서 전선의 접속을 방지
② 관이 손상되는 것을 방지
③ 관 단에서 전선의 인입 및 교체 시 발생하는 전선의 손상 방지
④ 관의 입구에서 조영재의 접속을 방지

> **해설**
> 전선의 절연피복을 보호하기 위하여 금속관 끝에 취부하여 사용한다.

정답 50 ① 51 ② 52 ④ 53 ④ 54 ③

55 피시 테이프(Fish Tape)의 용도로 옳은 것은?

① 전선을 테이핑하기 위하여 사용된다.
② 전선관의 끝마무리를 위해서 사용된다.
③ 배관에 전선을 넣을 때 사용된다.
④ 합성수지관을 구부릴 때 사용된다.

해설
피시 테이프(Fish Tape)
전선관에 전선을 넣을 때 사용되는 평각강철선이다.

56 조명용 전등을 일반주택 및 아파트 각 호실에 설치할 때 현관등은 최대 몇 분 이내에 소등되는 타임 스위치를 시설하여야 하는가?

① 1   ② 2   ③ 3   ④ 4

해설
- 호텔, 여관 객실 입구 : 타임 스위치를 설치 1분 이내에 소등
- 일반주택, 아파트 각 호실의 현관 : 3분 이내 소등

57 수·변전 설비의 고압회로에 걸리는 전압을 표시하기 위해 전압계를 시설할 때 고압회로와 전압계 사이에 시설하는 것은?

① 관통형 변압기
② 계기용 변류기
③ 계기용 변압기
④ 권선형 변류기

해설
계기용 변압기 2차 측에 전압계를 시설하고, 계기용 변류기 2차 측에는 전류계를 시설한다.

58 전등 1개를 2개소에서 점멸하고자 할 때 3로 스위치는 최소 몇 개 필요한가?

① 4개   ② 3개   ③ 2개   ④ 1개

해설
2개소 점멸회로는 아래와 같으므로, 3로 스위치가 2개 필요하다.

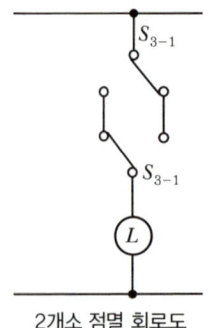
2개소 점멸 회로도

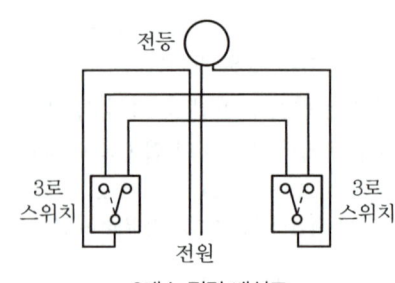
2개소 점멸 배선도

정답 55 ③ 56 ③ 57 ③ 58 ③

59 보호계전기의 종류가 아닌 것은?

① 과전류계전기 ② 과전압계전기
③ 부족전압계전기 ④ 부족전류계전기

> **해설**
> **보호계전기의 종류**
> 과전류계전기, 과전압계전기, 부족전압계전기, 거리계전기, 전력계전기, 차동계전기, 선택계전기, 비율차동계전기, 방향계전기, 탈조보호계전기, 주파수계전기, 온도계전기, 역상계전기, 한시계전기

60 분기회로의 전원 측에서 분기점 사이에 다른 분기회로 또는 콘센트 접속이 없고, 단락의 위험과 화재 및 인체에 대한 위험성을 최소화하도록 시설된 경우, 옥내간선과의 분기점에서 몇 [m] 이하의 곳에 과부하 보호장치를 시설하여야 하는가?

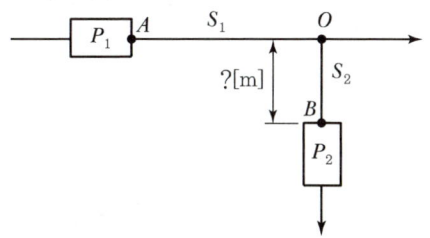

① 3[m]   ② 4[m]   ③ 5[m]   ④ 8[m]

> **해설**
> **분기회로에 과부하 보호장치 설치위치**
> - 원칙 : 전로 중 도체의 단면적, 특성, 설치방법, 구성의 변경으로 도체의 값이 줄어드는 곳에 설치, 즉 분기점(O)에 설치
> - 예외 1 : 분기회로(S_2)의 과부하 보호장치(P_2)가 분기회로에 대한 단락보호가 이루어지는 경우 임의의 거리에 설치
> - 예외 2 : 분기회로(S_2)의 과부하 보호장치(P_2)가 분기회로에 대한 단락의 위험과 화재 및 인체에 대한 위험성을 최소화하도록 시설된 경우, 분기점(O)으로부터 3[m] 이내에 설치

정답 59 ④ 60 ①

CHAPTER 20

2023년 제4회

01 단위 길이당 권수 100회인 무한장 솔레노이드에 10[A]의 전류가 흐를 때 솔레노이드 내부의 자장 [AT/m]은?

① 10
② 100
③ 1,000
④ 10,000

해설
무한장 솔레노이드의 내부 자장의 세기 $H = nI$ [AT/m] (단, n은 1[m]당 권수)
$H = 10 \times 100 = 1,000$ [AT/m]

02 다음 중 반자성체는?

① 구리
② 알루미늄
③ 코발트
④ 니켈

해설
㉠ 강자성체(Ferromagnetic Substance) : 철(Fe), 니켈(Ni), 코발트(Co), 망간(Mn)
㉡ 약자성체(비자성체)
 • 반자성체(Diamagnetic Substance) : 구리(Cu), 아연(Zn), 비스무트(Bi), 납(Pb), 안티몬(Sb)
 • 상자성체(Paramagnetic Substance) : 알루미늄(Al), 산소(O), 백금(Pt)

03 권수 300회의 코일에 6[A]의 전류가 흘러서 0.05[Wb]의 자속이 코일을 지난다고 하면, 이 코일의 자체 인덕턴스는 몇 [H]인가?

① 0.25
② 0.35
③ 2.5
④ 3.5

해설
자체 인덕턴스 $L = \dfrac{N\phi}{I} = \dfrac{300 \times 0.05}{6} = 2.5$ [H]

04 공심 솔레노이드에 자기장의 세기를 4,000[AT/m]를 가한 경우 자속밀도 [Wb/m²]는?

① $3.2\pi \times 10^{-4}$
② $32\pi \times 10^{-4}$
③ $1.6\pi \times 10^{-4}$
④ $16\pi \times 10^{-4}$

해설
자속밀도 $B = \mu H$이므로,
$B = 4\pi \times 10^{-7} \times 4,000 = 16\pi \times 10^{-4}$ [Wb/m²]

정답 01 ③ 02 ① 03 ③ 04 ④

05 RLC 직렬회로에서 임피던스 Z의 크기를 나타내는 식은?

① $R^2+(X_L-X_C)^2$
② $R^2-(X_L-X_C)^2$
③ $\sqrt{R^2+(X_L-X_C)^2}$
④ $\sqrt{R^2-(X_L-X_C)^2}$

〔해설〕
아래 그림과 같이 복소평면을 이용한 임피던스 삼각형에서 임피던스 $Z=\sqrt{R^2+(X_L-X_C)^2}$ [Ω]이다.

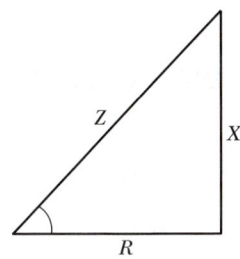

06 3상 교류회로의 선간전압이 13,200[V], 선전류 800[A], 역률 80[%] 부하의 소비전력은 약 몇 [MW]인가?

① 4.88
② 8.45
③ 14.63
④ 25.34

〔해설〕
3상 소비전력
$P=\sqrt{3}\,V_\ell I_\ell \cos\theta$
$=\sqrt{3}\times 13,200\times 800\times 0.8=14,632,365[\text{W}]=14.63[\text{MW}]$

07 진공 속에서 1[m]의 거리를 두고 10^{-3}[Wb]와 10^{-5}[Wb]의 자극이 놓여 있다면 그 사이에 작용하는 힘[N]은?

① $4\pi\times 10^{-5}$[N]
② $4\pi\times 10^{-4}$[N]
③ 6.33×10^{-5}[N]
④ 6.33×10^{-4}[N]

〔해설〕
$F=6.33\times 10^4 \times \dfrac{m_1\times m_2}{r^2}$
$=6.33\times 10^4 \times \dfrac{10^{-3}\times 10^{-5}}{1^2}=6.33\times 10^{-4}[\text{N}]$

08 기전력이 120[V], 내부저항(r)이 15[Ω]인 전원이 있다. 여기에 부하저항(R)을 연결하여 얻을 수 있는 최대 전력[W]은?(단, 최대 전력 전달조건은 $r=R$이다.)

① 100
② 140
③ 200
④ 240

정답 05 ③ 06 ③ 07 ④ 08 ④

> **해설**
> 내부저항과 부하의 저항이 같을 때 최대전력을 전송하므로, 부하저항 $R=r=15[\Omega]$이다.
> - 전체전류 $I_0 = \dfrac{E}{R_0} = \dfrac{120}{30} = 4[A]$
> - 최대전력 $P = I_0^2 R = 4^2 \times 15 = 240[W]$

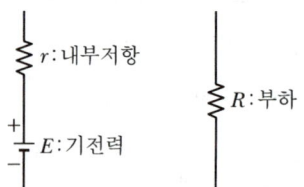

09 초산은($AgNO_3$) 용액에 1[A]의 전류를 2시간 동안 흘렸다. 이때 은의 석출량[g]은?(단, 은의 전기화학당량은 1.1×10^{-3}[g/C]이다.)

① 5.44 ② 6.08 ③ 7.92 ④ 9.84

> **해설**
> 패러데이의 법칙(Faraday's Law)에서,
> 석출량 $w = kQ = kIt$[g]
> $w = 1.1 \times 10^{-3} \times 1 \times 2 \times 60 \times 60 = 7.92$[g]

10 자속밀도가 2[Wb/m²]인 평등 자기장 중에 자기장과 30°의 방향으로 길이 0.5[m]인 도체에 8[A]의 전류가 흐르는 경우 전자력[N]은?

① 8 ② 4 ③ 2 ④ 1

> **해설**
> 플레밍의 왼손 법칙에 의한 전자력(F)
> $F = BI\ell\sin\theta = 2 \times 8 \times 0.5 \times \sin 30° = 4$[N]

11 단면적 A[m²], 자로의 길이 ℓ[m], 투자율 μ, 권수 N회인 환상 철심의 자체 인덕턴스[H]는?

① $\dfrac{\mu A N^2}{\ell}$ ② $\dfrac{A\ell N^2}{4\pi\mu}$ ③ $\dfrac{4\pi A N^2}{\ell}$ ④ $\dfrac{\mu \ell N^2}{A}$

> **해설**
> 자체 인덕턴스 $L = \dfrac{\mu A N^2}{\ell}$ [H]

12 어떤 도체의 길이를 2배로 하고 단면적을 $\dfrac{1}{3}$로 했을 때의 저항은 원래 저항의 몇 배가 되는가?

① 3배 ② 4배 ③ 6배 ④ 9배

> **해설**
> $R = \rho \dfrac{\ell}{A}$ 이므로, $R = \rho \dfrac{2 \times \ell}{\dfrac{1}{3}A} = \rho \dfrac{\ell}{A} \times 6$이 된다.

정답 09 ③ 10 ② 11 ① 12 ③

13 자체 인덕턴스 2[H]의 코일에 25[J]의 에너지가 저장되어 있다면 코일에 흐르는 전류는?

① 2[A]　　　② 3[A]　　　③ 4[A]　　　④ 5[A]

해설

전자에너지 $W = \dfrac{1}{2}LI^2$[J]이므로,

$I = \sqrt{\dfrac{2W}{L}} = \sqrt{\dfrac{2 \times 25}{2}} = 5$[A]

14 다음에서 나타내는 법칙은?

> 유도기전력은 자신이 발생 원인이 되는 자속의 변화를 방해하려는 방향으로 발생한다.

① 줄의 법칙　　　　　　② 렌츠의 법칙
③ 플레밍의 법칙　　　　④ 패러데이의 법칙

해설

렌츠의 법칙
유도기전력의 방향은 코일(리액터)을 지나는 자속이 증가될 때에는 자속을 감소시키는 방향으로, 자속이 감소될 때는 자속을 증가시키는 방향으로 발생한다.

15 그림과 같이 R_1, R_2, R_3의 저항 3개가 직병렬 접속되었을 때 합성저항은?

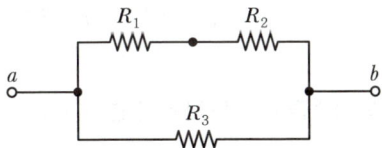

① $R = \dfrac{(R_1 + R_2)R_3}{R_1 + R_2 + R_3}$　　② $R = \dfrac{(R_2 + R_3)R_1}{R_1 + R_2 + R_3}$

③ $R = \dfrac{(R_1 + R_3)R_2}{R_1 + R_2 + R_3}$　　④ $R = \dfrac{R_1 R_2 R_3}{R_1 + R_2 + R_3}$

해설

R_1과 R_2는 직렬연결이고, 이들과 R_3는 병렬연결이다.

16 자기저항의 단위는?

① [AT/m]　　② [Wb/AT]　　③ [AT/Wb]　　④ [Ω/AT]

해설

자기저항(Reluctance, R)

$R = \dfrac{\ell}{\mu A} = \dfrac{NI}{\phi}$ [AT/Wb]

정답　13 ④　14 ②　15 ①　16 ③

17 그림을 테브난 등가회로로 고칠 때 개방전압 V_o와 등가저항 R_o는?

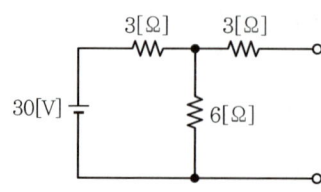

① 20[V], 5[Ω]   ② 30[V], 8[Ω]
③ 15[V], 12[Ω] ④ 10[V], 1.2[Ω]

> **해설**
> **테브난의 정리(Thèvnin's Theorem)**
> • 단자를 개방했을 때 개방전압 $V_o = \dfrac{R_2}{R_1+R_2} \times V = \dfrac{6}{3+6} \times 30 = 20[V]$
> • 30[V]의 전원을 단락하고 단자에서 본 합성 임피던스 $R_o = \dfrac{R_1 \cdot R_2}{R_1+R_2} + R_3 = \dfrac{3 \times 6}{3+6} + 3 = 5[\Omega]$

18 비사인파의 일반적인 구성이 아닌 것은?

① 순시파   ② 고조파
③ 기본파   ④ 직류분

> **해설**
> 비사인파는 직류분, 기본파, 여러 고조파가 합성된 파형을 말한다.

19 두 개의 서로 다른 금속의 접속점에 온도차를 주면 열기전력이 생기는 현상은?

① 홀 효과   ② 줄 효과
③ 압전기 효과 ④ 제벡 효과

> **해설**
> **제벡 효과(Seebeck Effect)**
> • 서로 다른 금속 A, B를 접속하고 접속점을 서로 다른 온도로 유지하면 기전력이 생겨 일정한 방향으로 전류가 흐른다. 이러한 현상을 열전 효과 또는 제벡 효과라 한다.
> • 열전 온도계, 열전형 계기에 이용된다.

20 다음 중 1[J]과 같은 것은?

① 1[cal]   ② 1[W·s]
③ 1[kg·m]   ④ 1[N·m]

> **해설**
> 1[W·s]란 1[J]의 일에 해당하는 전력량이다.

정답 17 ① 18 ① 19 ④ 20 ②

21 직류 직권 전동기에서 벨트를 걸고 운전하면 안 되는 가장 큰 이유는?

① 벨트가 벗어지면 위험 속도에 도달하므로
② 손실이 많아지므로
③ 직결하지 않으면 속도 제어가 곤란하므로
④ 벨트의 마멸 보수가 곤란하므로

해설

$N = K_1 \dfrac{V - I_a R_a}{\phi}$ [rpm]에서 직류 직권전동기는 벨트가 벗어지면 무부하 상태가 되어, 여자 전류가 거의 0이 된다. 이때 자속이 최대가 되므로 위험 속도가 된다.

22 슬립이 일정한 경우 유도전동기의 공급 전압이 $\dfrac{1}{2}$로 감소되면 토크는 처음에 비해 어떻게 되는가?

① 2배가 된다. ② 1배가 된다.
③ 1/2로 줄어든다. ④ 1/4로 줄어든다.

해설

유도전동기의 토크는 전압의 2승에 비례한다.

23 변압기 내부 고장에 대한 보호용으로 가장 많이 사용되는 것은?

① 과전류계전기 ② 차동 임피던스
③ 비율차동계전기 ④ 임피던스 계전기

해설

변압기 내부 고장 보호용 계전기 : 부흐홀츠 계전기, 차동계전기, 비율차동계전기

24 슬립 $s=5[\%]$, 2차 저항 $r_2=0.1[\Omega]$인 유도전동기의 등가저항 $R[\Omega]$은 얼마인가?

① 0.4 ② 0.5 ③ 1.9 ④ 2.0

해설

유도전동기의 1차 측에서 2차 측으로 공급되는 입력을 P_2로 하고, 2차 철손을 무시하면, 운전 중 2차 주파수 sf_1이 대단히 낮으므로 2차 손실은 2차 저항손뿐이기 때문에, P_2에서 저항손을 뺀 나머지가 유도전동기에서 발생한 기계적 출력 P_o가 된다.

$P_o = P_2 - r_2 I_2^2$

여기서 $P_2 = \dfrac{r_2}{s} I_2^2$이므로 위식에 대입하면,

$P_o = \dfrac{r_2}{s} I_2^2 - r_2 I_2^2 = r_2 \left(\dfrac{1-s}{s}\right) I_2^2 = R I_2^2$

기계적 출력 P_o는 $r_2 \left(\dfrac{1-s}{s}\right)$라고 하는 부하를 대표하는 저항의 소비전력으로 나타낼 수 있다.

따라서, $R = r_2 \left(\dfrac{1-s}{s}\right) = 0.1 \times \left(\dfrac{1-0.05}{0.05}\right) = 1.9[\Omega]$

정답 21 ① 22 ④ 23 ③ 24 ③

25 다음 그림에서 직류 분권전동기의 속도특성곡선은?

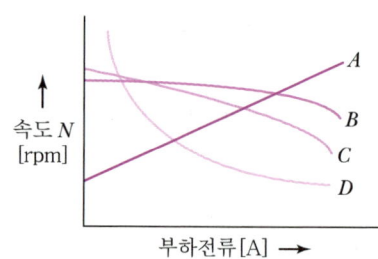

① A   ② B   ③ C   ④ D

> **해설**
> **분권전동기**
> 전기자와 계자권선이 병렬로 접속되어 있어서 단자전압이 일정하면, 부하전류에 관계없이 자속이 일정하므로 정속도 특성을 가진다.

26 6극 직류 파권발전기의 전기자 도체 수 300, 매극 자속 0.02[Wb], 회전수 900[rpm]일 때 유도기전력[V]은?

① 90   ② 110   ③ 220   ④ 270

> **해설**
> 유도기전력 $E = \dfrac{P}{a} Z \phi \dfrac{N}{60}$ [V]에서 파권($a=2$)이므로,
> $E = \dfrac{6}{2} \times 300 \times 0.02 \times \dfrac{900}{60} = 270$[V]이다.

27 직류전동기에서 전부하 속도가 1,500[rpm], 속도 변동률이 3[%]일 때 무부하 회전속도는 몇 [rpm]인가?

① 1,455   ② 1,410   ③ 1,545   ④ 1,590

> **해설**
> $\varepsilon = \dfrac{N_o - N_n}{N_n} \times 100$[%]이므로,
> $\varepsilon = \dfrac{N_0 - 1,500}{1,500} \times 100 = 3$[%]에서
> 무부하 회전속도 $N_0 = 1,545$[rpm]이다.

28 동기발전기의 병렬운전에 필요한 조건이 아닌 것은?

① 기전력의 파형이 같을 것   ② 기전력의 위상이 같을 것
③ 기전력의 주파수가 같을 것   ④ 기전력의 크기가 같을 것

정답   25 ②   26 ④   27 ③   28 ①

> 해설

병렬운전조건
- 기전력의 크기가 같을 것
- 기전력의 위상이 같을 것
- 기전력의 주파수가 같을 것
- 기전력의 파형이 같을 것

29 전기기기의 철심 재료로 규소강판을 많이 사용하는 이유로 가장 적당한 것은?

① 와류손을 줄이기 위해 ② 맴돌이 전류를 없애기 위해
③ 히스테리시스손을 줄이기 위해 ④ 구리손을 줄이기 위해

> 해설
- 규소강판 사용 : 히스테리시스손 감소
- 성층철심 사용 : 와류손(맴돌이 전류손) 감소

30 변압기의 효율이 가장 좋을 때의 조건은?

① 철손＝동손 ② 철손＝1/2동손
③ 동손＝1/2철손 ④ 동손＝2철손

> 해설

변압기는 철손과 동손이 같을 때 최대 효율이 된다.

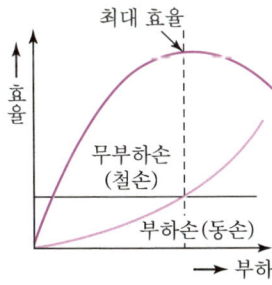

31 직류 전동기의 규약 효율을 표시하는 식은?

① $\dfrac{출력}{출력+손실}\times 100\%$ ② $\dfrac{출력}{입력}\times 100\%$

③ $\dfrac{입력-손실}{입력}\times 100\%$ ④ $\dfrac{출력}{출력-손실}\times 100\%$

> 해설
- 발전기 규약효율 $\eta_G = \dfrac{출력}{출력+손실}\times 100[\%]$
- 전동기 규약효율 $\eta_M = \dfrac{입력-손실}{입력}\times 100[\%]$

> 정답 29 ③ 30 ① 31 ③

32 다음은 3상 유도전동기 고정자 권선의 결선도를 나타낸 것이다. 맞는 사항을 고르면?

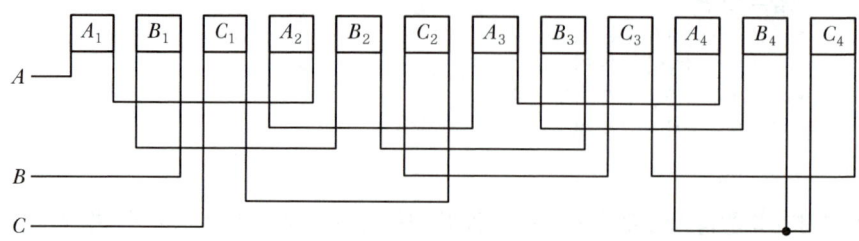

① 3상 2극, Y 결선 ② 3상 4극, Y 결선
③ 3상 2극, Δ 결선 ④ 3상 4극, Δ 결선

> **해설**
> 권선이 3개(A, B, C)로 3상이며, 각 권선의(A_1, A_2, A_3, A_4, …) 전류 방향이 변화하므로 4극, 각 권선의 끝(A_4, B_4, C_4)이 접속되어 있으므로 Y결선이다.

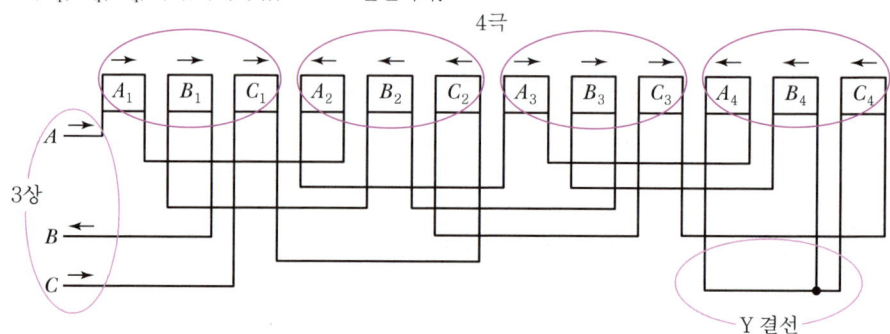

33 3상 동기기에 제동 권선을 설치하는 주된 목적은?

① 출력 증가 ② 효율 증가
③ 역률 개선 ④ 난조 방지

> **해설**
> **제동권선 목적**
> • 발전기 : 난조(Hunting) 방지
> • 전동기 : 기동작용

34 동기 와트 P_2, 출력 P_0, 슬립 s, 동기속도 N_S, 회전속도 N, 2차 동손 P_{2c}일 때 2차 효율 표기로 틀린 것은?

① $1-s$ ② P_{2c}/P_2
③ P_0/P_2 ④ N/N_S

> **해설**
> 2차 효율 $\eta_2 = \dfrac{P_0}{P_2} = 1-s = \dfrac{N}{N_s}$ 이다.

정답 32 ② 33 ④ 34 ②

35 직류 직권전동기의 회전수(N)와 토크(τ)와의 관계는?

① $\tau \propto \dfrac{1}{N}$ ② $\tau \propto \dfrac{1}{N^2}$ ③ $\tau \propto N$ ④ $\tau \propto N^{\frac{3}{2}}$

해설

$N \propto \dfrac{1}{I_a}$ 이고, $\tau \propto I_a{}^2$ 이므로 $\tau \propto \dfrac{1}{N^2}$ 이다.

36 3상 반파 정류회로 입력 전압을 E[V]라고 할 때의 직류 출력전압값은?

① $1.35E$[V]   ② $1.17E$[V]   ③ $0.9E$[V]   ④ $0.45E$[V]

해설

정류회로 비교

구분	직류 출력전압	맥동 주파수
단상 반파 정류회로	$0.45E$	f
단상 전파 정류회로	$0.9E$	$2f$
3상 반파 정류회로	$1.17E$	$3f$
3상 전파 정류회로	$1.35E$	$6f$

37 단상 변압기 2대로 V-V결선하여 3상에서 사용하는 경우, V-V결선의 특징으로 옳지 않은 것은?

① 변압기의 이용률이 86.6[%]로 저하된다.
② 부하 측에 대칭 3상 전압을 공급할 수 있다.
③ 설치방법이 비교적 간단하다.
④ 출력은 $\Delta-\Delta$결선일 때와 동일하다.

해설

V-V결선의 특징

단상 변압기 3대로 Δ 결선으로 운전 중 변압기 1대 고장으로 나머지 2대로 3상 전력을 공급할 수 있는 결선법

- 출력비 : $\dfrac{V}{\Delta} = \dfrac{\sqrt{3}\,P_1}{3P_1} = 57.7[\%]$
- 변압기 이용률 : $\dfrac{\sqrt{3}\,P_1}{2P_1} = 86.6[\%]$

38 3상 유도전동기의 정격전압 V_n[V], 출력을 P[kW], 1차 전류를 I_1[A], 역률을 $\cos\theta$라고 할 때 효율을 나타내는 식은?

① $\dfrac{P \times 10^3}{3V_n I_1 \cos\theta} \times 100[\%]$ ② $\dfrac{3V_n I_1 \cos\theta}{P \times 10^3} \times 100[\%]$

③ $\dfrac{P \times 10^3}{\sqrt{3}\,V_n I_1 \cos\theta} \times 100[\%]$ ④ $\dfrac{\sqrt{3}\,V_n I_1 \cos\theta}{P \times 10^3} \times 100[\%]$

정답 35 ② 36 ② 37 ④ 38 ③

> **해설**
> 효율 $\eta = \dfrac{출력}{입력} \times 100[\%]$ 이므로 출력은 $P[\text{kW}] = P \times 10^3[\text{W}]$, 입력은 정격전압 $V_n[\text{V}]$이 선간전압을 나타내므로 $\sqrt{3}\,V_n I_1 \cos\theta[\text{W}]$가 된다.

39 변류기 개방 시 2차 측을 단락하는 이유는?

① 2차 측 절연보호　　　　　② 2차 측 과전류 보호
③ 측정오차 감소　　　　　　④ 변류비 유지

> **해설**
> 계기용 변류기는 2차 전류를 낮게 하게 위하여 권수비가 매우 작으므로 2차 측을 개방하게 되면, 2차 측에 매우 높은 기전력이 유기되어 절연파괴의 위험이 있다. 즉, 2차 측을 절대로 개방해서는 안 된다.

40 다음 중 UPS에 대한 뜻으로 알맞은 것은?

① 무정전 직류 전원 장치　　　② 상시 교류 전원 장치
③ 상시 직류 전원 장치　　　　④ 무정전 교류 전원 장치

> **해설**
> UPS(Uninterruptible Power Supply)의 사전적 의미는 무정전 전원 장치이나, 부하에 교육 입력 전원의 연속성을 확보하기 위한 장치로 무정전 교류 전원 장치로 해석할 수 있다.

41 분전반 및 배전반은 어떤 장소에 설치하는 것이 바람직한가?

① 전기회로를 쉽게 조작할 수 있는 장소
② 개폐기를 쉽게 개폐할 수 없는 장소
③ 은폐된 장소
④ 이동이 심한 장소

> **해설**
> 전기부하의 중심부근에 위치하면서, 스위치 조작을 안정적으로 할 수 있는 곳에 설치하여야 한다.

42 전선의 접속에 대한 설명으로 틀린 것은?

① 접속 부분의 전기저항을 20[%] 이상 증가되도록 한다.
② 접속 부분의 인장강도를 80[%] 이상 유지되도록 한다.
③ 접속 부분에 전선 접속 기구를 사용한다.
④ 알루미늄전선과 구리선의 접속 시 전기적인 부식이 생기지 않도록 한다.

> **해설**
> **전선의 접속 조건**
> • 접속 시 전기적 저항을 증가시키지 않는다.
> • 접속 부위의 기계적 강도를 20[%] 이상 감소시키지 않는다.
> • 접속점의 절연이 약화되지 않도록 테이핑 또는 와이어 커넥터로 절연한다.
> • 전선의 접속은 박스 안에서 하고, 접속점에 장력이 가해지지 않도록 한다.

정답 39 ①　40 ④　41 ①　42 ①

43 연선 결정에 있어서 중심 소선을 뺀 층수가 3층이다. 전체 소선수는?

① 91 ② 61 ③ 37 ④ 19

해설
총 소선수 $N = 3N(N+1) + 1 = 3 \times 3 \times (3+1) + 1 = 37$

44 옥내배선 공사에서 절연전선의 피복을 벗길 때 사용하면 편리한 공구는?

① 드라이버
② 플라이어
③ 압착 펜치
④ 와이어 스트리퍼

해설
와이어 스트리퍼 : 전선의 피복을 벗기는 공구

45 폭발성 분진이 있는 위험장소에 금속관 배선에 의할 경우 관 상호 및 관과 박스 기타의 부속품이나 풀박스 또는 전기기계기구는 몇 턱 이상의 나사 조임으로 접속하여야 하는가?

① 2턱 ② 3턱 ③ 4턱 ④ 5턱

해설
폭연성 분진 또는 화약류 분말이 존재하는 곳의 배선
- 저압 옥내 배선은 금속전선관 공사 또는 케이블 공사에 의하여 시설하여야 한다.
- 이동 전선은 접속점이 없는 0.6/1kV EP 고무절연 클로로프렌 캡타이어 케이블을 사용하고 또한 손상을 받을 우려가 없도록 시설할 것
- 관 상호 및 관과 박스 기타의 부속품이나 풀박스 또는 전기기계 기구는 5턱 이상의 나사 조임으로 접속하는 방법, 기타 이와 동등 이상의 효력이 있는 방법에 의할 것

46 전압의 구분에서 고압 직류전압의 범위에 속하는 것은?

① 1,500~6,000[V]
② 1,000~7,000[V]
③ 1,500~7,000[V]
④ 1,000~6,000[V]

해설
전압의 종류
- 저압 : 교류는 1,000[V] 이하, 직류는 1,500[V] 이하인 것
- 고압 : 교류는 1,000[V] 초과 7,000[V] 이하
  직류는 1,500[V] 초과 7,000[V] 이하인 것
- 특고압 : 교류, 직류 모두 7,000[V] 초과인 것

47 다음 중 과전류 차단기를 설치하는 곳은?

① 간선의 전원 측 전선
② 접지공사의 접지선
③ 접지공사를 한 저압 가공전선의 접지 측 전선
④ 다선식 전로의 중성선

정답 43 ③ 44 ④ 45 ④ 46 ③ 47 ①

> [해설]
> 과전류 차단기의 시설 금지 장소
> - 접지공사의 접지선
> - 다선식 전로의 중성선
> - 접지공사를 한 저압 가공 전로의 접지 측 전선

48 수변전 설비 중에서 동력설비 회로의 역률을 개선할 목적으로 사용되는 것은?

① 전력 퓨즈
② MOF
③ 지락 계전기
④ 진상용 콘덴서

> [해설]
> - 전력퓨즈 : 전원 측에 설치되며 후단 보호
> - MOF(계기용 변성기) : 계기용 변류기와 변압기를 한 케이스에 종합한 것으로 전력측정용 변성기
> - 지락계전기 : 주로 비접지 선로에서 영상변류기와 조합하여 지락사고 시 동작하는 계전기
> - 진상용 콘덴서 : 전압과 전류의 위상차를 감소시켜 역률을 개선

49 사람이 쉽게 접촉하는 장소에 설치하는 누전차단기의 사용전압 기준은 몇 [V] 초과인가?

① 50
② 110
③ 150
④ 220

> [해설]
> 누전차단기(ELB)의 설치기준
> - 사용 전압이 50[V]를 초과하는 저압의 금속제 외함을 가지는 기계기구로서 사람이 쉽게 접촉할 우려가 있는 장소에 시설하는 것에 전기를 공급하는 전로
> - 주택의 인입구 등 누전차단기 설치를 요하는 전로

50 금속관 절단구에 대한 다듬기에 쓰이는 공구는?

① 리머
② 홀소
③ 프레셔 툴
④ 파이프 렌치

> [해설]
> ① 리머(Reamer) : 금속관을 쇠톱이나 커터로 끊은 다음, 관 안에 날카로운 것을 다듬는 공구
> ② 홀소(Hole Saw) : 원형모양의 톱으로 드릴과 조합하여 구멍을 뚫는 공구
> ③ 프레셔 툴 : 커넥터 또는 터미널을 압착하는 공구
> ④ 파이프 렌치 : 금속관에 커플링 등을 끼울 때 금속관을 잡아주는 공구

51 가스 절연 개폐기나 가스 차단기에 사용되는 가스인 SF_6의 특징으로 틀린 것은?

① 난연성, 불활성 가스이다.
② 무색, 무취, 무독성 가스이다.
③ 소호능력은 공기의 약 $\frac{1}{3}$ 배이다.
④ 절연내역은 공기의 약 2~3배이다.

> [해설]
> 6불화유황(SF_6) 가스는 소호능력(아크 방지 능력)이 공기의 100~200배이고, 절연내력이 공기의 2~3배인 기체로, 화재의 위험이 없고 인체에도 무해한 무색, 무취의 가스이다.

[정답] 48 ④ 49 ① 50 ① 51 ③

52 저압 가공 인입선의 인입구에 사용하며 금속관 공사에서 끝부분의 빗물 침입을 방지하는 데 적당한 것은?

① 플로어 박스　② 엔트런스 캡　③ 부싱　④ 터미널 캡

해설

엔트러스 캡

53 전자접촉기 2개를 이용하여 유도전동기 1대를 정·역운전하고 있는 시설에서 전자접촉기 2대가 동시에 여자되어 상간 단락되는 것을 방지하기 위하여 구성하는 회로는?

① 자기유지회로　② 순차제어회로
③ Y-Δ 기동 회로　④ 인터록 회로

해설

인터록 회로 : 상대동작 금지회로로서 선행동작 우선회로와 후행동작 우선회로가 있다.

54 래크(Rack) 배선은 어떤 곳에 사용되는가?

① 고압 가공선로　② 고압 지중선로
③ 저압 지중선로　④ 저압 가공선로

해설

래크(Rack) 배선 : 저압 가공배전선로에서 전선을 수직으로 애자를 설치하는 배선

55 합성수지관 상호 및 관과 박스는 접속 시에 삽입하는 깊이를 관 바깥지름의 몇 배 이상으로 하여야 하는가?(단, 접착제를 사용하지 않은 경우이다.)

① 0.2　② 0.5　③ 1　④ 1.2

해설

합성수지관 상호 및 관과 박스 접속방법
- 커플링에 들어가는 관의 길이는 관 바깥지름의 1.2배 이상으로 한다.
- 접착제를 사용하는 경우에는 0.8배 이상으로 한다.

56 다음 중 단로기(DS)의 사용 목적으로 맞는 것은?

① 전압의 개폐　② 부하 전류의 차단
③ 단일 회선의 개폐　④ 고장 전류의 차단

해설

단로기(DS)는 개폐기의 일종으로 부하전류 및 고장전류를 차단할 수 없고, 기기의 점검, 측정, 시험 및 수리를 할 때 회로를 열어 놓거나 회로 변경 시에 사용하는 설비로 전압의 개폐가 가능하다.

정답　52 ②　53 ④　54 ④　55 ④　56 ①

57 한국전기설비규정에 의하여 고압 가공인입선이 횡단보도교 위에 시설되는 경우 노면상 몇 [m] 이상의 높이에 설치되어야 하는가?

① 3   ② 3.5   ③ 5   ④ 6

> **해설**
> 가공인입선의 높이는 다음에 의할 것
>
> | 구분 | 저압 인입선[m] | 고압 인입선[m] |
> |---|---|---|
> | 도로 횡단 | 5 | 6 |
> | 철도 궤도 횡단 | 6.5 | 6.5 |
> | 횡단보도교 | 3 | 3.5 |
> | 기타 | 4 | 5 |

58 노출장소 또는 점검 가능한 은폐장소에서 제2종 가요전선관을 시설하고 제거하는 것이 부자유하거나 점검 불가능한 경우의 곡률 반지름은 안지름의 몇 배 이상으로 하여야 하는가?

① 2   ② 3   ③ 5   ④ 6

> **해설**
> 가요전선관 곡률 반지름
> - 자유로운 경우 : 전선관 안지름의 3배 이상
> - 부자유로운 경우 : 전선관 안지름의 6배 이상

59 점유 면적이 좁고 운전, 보수에 안전하므로 공장, 빌딩 등의 전기실에 많이 사용되는 배전반은 어떤 것인가?

① 데드 프런트형   ② 수직형
③ 큐비클형   ④ 라이브 프런트형

> **해설**
> 폐쇄식 배전반을 일반적으로 큐비클형이라고 한다. 점유 면적이 좁고 운전, 보수에 안전하므로 공장, 빌딩 등의 전기실에 많이 사용된다.

60 다선식 옥내배선인 경우 N상의 색별 표시는?

① 백색   ② 청색   ③ 회색   ④ 녹색 – 노란색

> **해설**
>
> | 상(문자) | 색상 |
> |---|---|
> | L1 | 갈색 |
> | L2 | 흑색 |
> | L3 | 회색 |
> | N | 청색 |
> | 보호도체(PE) | 녹색 – 노란색 |

정답 57 ② 58 ④ 59 ③ 60 ②

CHAPTER 21 2024년 제1회

01 양전하와 음전하를 가진 물체를 서로 접속하면 여기에 전하가 이동하여 이들 물체는 전기를 띠게 된다. 이러한 현상을 무엇이라 하는가?

① 방전 ② 전기량 ③ 대전 ④ 코로나

해설
대전(Electrification)
물질에 전자가 부족하거나 남게 된 상태에서 양전기나 음전기를 띠게 되는 현상

02 다음 중 전위의 단위가 아닌 것은?

① [N·m/C] ② [J/C] ③ [V] ④ [V/m]

해설
전기장 내에서 단위 양전하를 옮기는 데 필요한 일의 양을 전위라 하며, 단위는 [V], [N·m/C], [J/C]이다.
[V/m]은 전기장 세기의 단위이다.

03 도체의 전기저항에 대한 설명으로 옳은 것은?

① 길이와 고유저항에 반비례한다.
② 길이와 단면적에 반비례한다.
③ 길이에 반비례하고 단면적에 비례한다.
④ 길이에 비례하고 단면적에 반비례한다.

해설
전기저항 $R = \rho \dfrac{\ell}{A}$ 이므로, 길이와 고유저항에 비례하고 단면적에 반비례한다.

04 20[℃]의 물 100[L]를 2시간 동안에 40[℃]로 올리기 위하여 사용할 전열기의 용량은 약 몇 [kW]면 되겠는가?(단, 이때 전열기의 효율은 60[%]라 한다.)

① 1.929 ② 3.876 ③ 1,929 ④ 3,876

해설
- 100[L]의 물을 20[℃]에서 40[℃]로 올리는 데 필요한 열량
$H = Cm\Delta T = 1 \times 100 \times 10^3 \times (40-20) = 2 \times 10^6 [\text{cal}]$
여기서, C : 물의 비열, m : 질량(1L=1,000g), ΔT =온도 변화
- $H = 0.24 Pt\eta$ 에서 전열기의 용량 P[kW]는
$P = \dfrac{H}{0.24\,t\eta} = \dfrac{2 \times 10^6}{0.24 \times 2 \times 60 \times 60 \times 0.6} = 1{,}929[\text{W}] = 1.929[\text{kW}]$

정답 01 ③ 02 ④ 03 ④ 04 ①

05 묽은 황산(H_2SO_4) 용액에 구리(Cu)와 아연(Zn)판을 넣으면 전지가 된다. 이때 양극(+)에 대한 설명으로 옳은 것은?

① 구리판이며 수소 기체가 발생한다.
② 구리판이며 산소 기체가 발생한다.
③ 아연판이며 산소 기체가 발생한다.
④ 아연판이며 수소 기체가 발생한다.

해설
볼타전지에서 양극은 구리판, 음극은 아연판이며, 분극작용에 의해 양극에 수소기체가 발생한다.

06 그림과 같은 비사인파의 제3고조파 주파수는?(단, $V=20[V]$, $T=10[ms]$이다.)

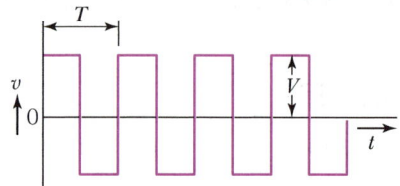

① 100[Hz]   ② 200[Hz]   ③ 300[Hz]   ④ 400[Hz]

해설
제3고조파는 기본파에 주파수가 3배이므로
제3고조파 주파수 $f_3 = 3f_1 = \dfrac{3}{T} = \dfrac{3}{10 \times 10^{-3}} = 300[Hz]$

07 전원과 부하가 다 같이 △결선된 3상 평형회로가 있다. 상전압이 200[V], 부하 임피던스가 $Z = 6 + j8[\Omega]$인 경우 선전류는 몇 [A]인가?

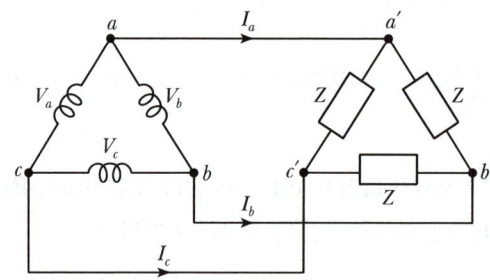

① 20   ② $\dfrac{20}{\sqrt{2}}$ ③ $20\sqrt{3}$ ④ $10\sqrt{3}$

해설
- 한 상의 부하 임피던스 $Z = \sqrt{R^2 + X^2} = \sqrt{6^2 + 8^2} = 10[\Omega]$
- 상전류 $I_p = \dfrac{V_p}{Z} = \dfrac{200}{10} = 20[A]$
- △결선에서 선전류 $I_\ell = \sqrt{3} \cdot I_p = \sqrt{3} \times 20 = 20\sqrt{3}[A]$

정답 05 ① 06 ③ 07 ③

08 비사인파의 일반적인 구성이 아닌 것은?

① 삼각파 ② 고조파
③ 기본파 ④ 직류분

해설
비사인파＝직류분＋기본파＋고조파

09 자기회로의 길이 ℓ[m], 단면적 A[m²], 투자율 μ[H/m]일 때 자기저항 R[AT/Wb]을 나타낸 것은?

① $R = \dfrac{\mu\ell}{A}$ [AT/Wb]   ② $R = \dfrac{A}{\mu\ell}$ [AT/Wb]

③ $R = \dfrac{\mu A}{\ell}$ [AT/Wb]   ④ $R = \dfrac{\ell}{\mu A}$ [AT/Wb]

해설
자기저항은 자속이 자로를 지날 때 발생하는 저항으로, 길이에 비례하고 단면적과 투자율에 각각 반비례한다.

10 그림과 같은 회로 AB에서 본 합성저항은 몇 [Ω]인가?

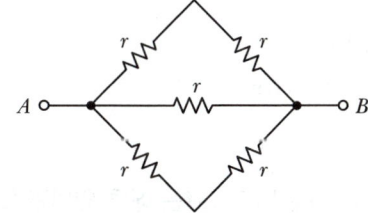

① $\dfrac{r}{2}$ ② r ③ $\dfrac{3}{2}r$ ④ $2r$

해설

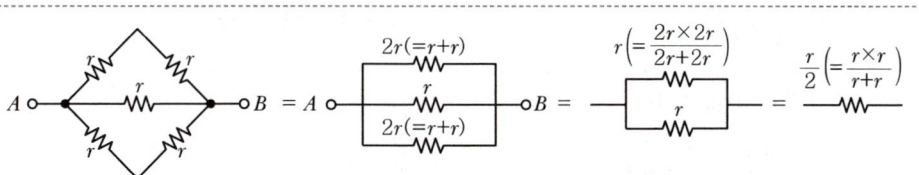

11 전류에 의한 자기장의 세기를 구하는 비오-사바르의 법칙을 옳게 나타낸 것은?

① $\Delta H = \dfrac{I\Delta\ell\sin\theta}{4\pi r^2}$ [AT/m]   ② $\Delta H = \dfrac{I\Delta\ell\sin\theta}{4\pi r}$ [AT/m]

③ $\Delta H = \dfrac{I\Delta\ell\cos\theta}{4\pi r}$ [AT/m]   ④ $\Delta H = \dfrac{I\Delta\ell\cos\theta}{4\pi r^2}$ [AT/m]

정답 08 ① 09 ④ 10 ① 11 ①

> **해설**
> 비오-사바르 법칙
> 도선에 $I[A]$의 전류를 흘릴 때 도선의 미소부분 $\Delta \ell$에서 $r[m]$ 떨어지고 $\Delta \ell$과 이루는 각도가 θ인 점 P에서 $\Delta \ell$에 의한 자장의 세기 $\Delta H = \dfrac{I\Delta \ell \sin\theta}{4\pi r^2}$ [AT/m]

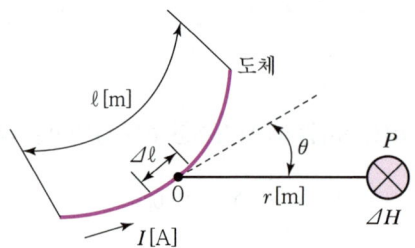

12 평균 반지름이 10[cm]이고 감은 횟수 10회의 원형 코일에 5[A]의 전류를 흐르게 하면 코일 중심의 자장의 세기[AT/m]는?

① 250
② 500
③ 750
④ 1,000

> **해설**
> 원형 코일 중심의 자기장 세기
> $H = \dfrac{NI}{2r} = \dfrac{10 \times 5}{2 \times 10 \times 10^{-2}} = 250$ [AT/m]

13 상호 유도 회로에서 결합계수 k는?(단, M은 상호 인덕턴스, L_1, L_2는 자기 인덕턴스이다.)

① $k = M\sqrt{L_1 L_2}$
② $k = \sqrt{M \cdot L_1 L_2}$
③ $k = \dfrac{M}{\sqrt{L_1 L_2}}$
④ $k = \sqrt{\dfrac{L_1 L_2}{M}}$

> **해설**
> • 상호 인덕턴스 $M = k\sqrt{L_1 L_2}$
> • 결합계수 $k = \dfrac{M}{\sqrt{L_1 L_2}}$

14 전기회로와 자기회로의 대응관계로 옳지 않은 것은?

① 기전력 - 기자력
② 전류밀도 - 자속밀도
③ 전속 - 자속
④ 전기저항 - 자기저항

정답 12 ① 13 ③ 14 ③

> **해설**
> 전기회로와 자기회로의 대응관계

전기회로	자기회로
기전력 V[V]	기자력 $F=NI$[AT]
전류 I[A]	자속 ϕ[Wb]
전기저항 R[Ω]	자기저항 R[AT/Wb]
옴의 법칙 $R=\dfrac{V}{I}$[Ω]	옴의 법칙 $R=\dfrac{NI}{\phi}$[AT/Wb]

15 기전력 1.2[V], 용량 20[Ah]인 전지 5개를 직렬로 연결하였을 때 기전력은 6[V]이다. 이때 전지의 용량은?

① 4[Ah] ② 20[Ah] ③ 400[Ah] ④ 100[Ah]

> **해설**
> 전지를 직렬로 연결하면 기전력은 증가하지만, 전지의 용량은 증가하지 않고 1개의 용량과 같다.

16 RLC 직렬회로에서 임피던스 Z의 크기를 나타내는 식은?

① $R^2 + (X_L - X_C)^2$
② $R^2 - (X_L - X_C)^2$
③ $\sqrt{R^2 + (X_L - X_C)^2}$
④ $\sqrt{R^2 - (X_L - X_C)^2}$

> **해설**
> 아래 그림과 같이 복소평면을 이용한 임피던스 삼각형에서 임피던스 $Z=\sqrt{R^2+(X_L-X_C)^2}$ [Ω]이다.

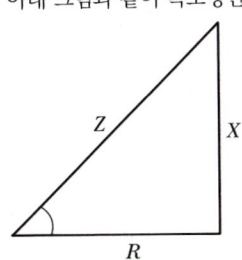

17 다음 중 전류의 발열작용에 의한 전기기구가 아닌 것은?

① 다리미 ② 고주파 가열기 ③ 전기도금 ④ 백열전구

> **해설**
> 전기도금은 전기분해 작용을 이용하여 금속체 표면에 다른 금속 막으로 덮어 씌우는 가공법이다.

정답 15 ②　16 ③　17 ③

18 콘덴서 중에서 온도변화에도 용량의 변화가 적고 극성이 있어 콘덴서 자체의 +의 기호로 전극을 표시하며, 비교적 가격이 비싸지만 온도에 의한 용량변화가 엄격한 회로와 어느 정도 주파수가 높은 회로 등에 사용되는 것은?

① 탄탈 콘덴서   ② 세라믹 콘덴서
③ 바리콘   ④ 마일러 콘덴서

해설

탄탈 콘덴서
극성이 있는 전해 콘덴서의 일종으로 전해 콘덴서의 전해액을 고체로 바꾼 형태이다. 내부에 탄탈륨이라는 유전체를 사용하며, 온도 특성과 주파수 특성이 우수하다. 일반적인 전해 콘덴서 보다 가격이 비싸다.

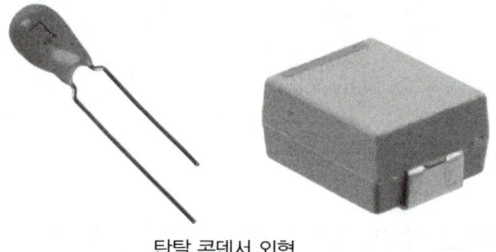

탄탈 콘덴서 외형

19 자극의 세기가 m, 길이가 ℓ인 막대자석의 자기모멘트 M을 나타낸 것은?

① $\dfrac{m}{\ell}$ ② $\dfrac{\ell}{m}$ ③ $m\ell$ ④ $\dfrac{1}{2}m\ell$

해설
자기모멘트(Magnetic Moment)는 $M = m\ell$ [Wb·m]으로 계산하며, 막대자석의 세기와 길이의 곱으로 회전체가 회전을 시작할 때 순간 반응 정도를 나타낸다고 이해하면 쉽다.

20 자기저항 2,000[AT/Wb], 기자력 5,000[AT]인 자기회로의 자속[Wb]은?

① 2.5   ② 25   ③ 4   ④ 0.4

해설
자기저항 $R = \dfrac{NI}{\phi}$ 이므로 자속 $\phi = \dfrac{NI}{R} = \dfrac{5,000}{2,000} = 2.5$ [Wb]이다.

21 직류발전기 전기자의 주된 역할은?

① 기전력을 유도한다.
② 자속을 만든다.
③ 정류작용을 한다.
④ 회전자와 외부회로를 접속한다.

해설

전기자(Armature)
계자에서 만든 자속으로부터 기전력을 유도하는 부분

정답 18 ① 19 ③ 20 ① 21 ①

22 단상 변압기의 2차 무부하 전압이 242[V]이고, 정격부하 시의 2차 단자 전압이 220[V]이다. 이 변압기의 전압변동률[%]은?

① 10
② 14
③ 20
④ 25

해설
전압변동률 $\varepsilon = \dfrac{V_o - V_n}{V_n} \times 100[\%]$ 이므로

$\varepsilon = \dfrac{242 - 220}{220} \times 100[\%] = 10[\%]$

23 부흐홀츠 계전기의 설치 위치로 가장 적당한 것은?

① 변압기 주 탱크 내부
② 콘서베이터 내부
③ 변압기 고압 측 부싱
④ 변압기 주 탱크와 콘서베이터 사이

해설
변압기의 탱크와 콘서베이터의 연결관 사이에 설치한다.

24 동기기의 전기자 권선법이 아닌 것은?

① 전절권
② 분포권
③ 2층권
④ 단절권

해설
동기기에는 주로 분포권, 단절권, 2층권, 중권이 쓰이고 결선은 Y결선으로 한다.

25 변압기의 효율이 가장 좋을 때의 조건은?

① 철손=동손
② 철손=1/2동손
③ 동손=1/2철손
④ 동손=2철손

해설
변압기는 철손과 동손이 같을 때 최대 효율이 된다.

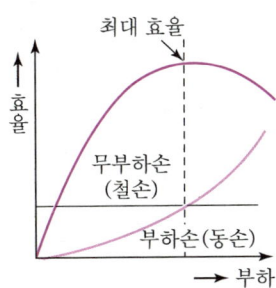

정답 22 ① 23 ④ 24 ① 25 ①

26 다음 그림과 같이 유도전동기에 기계적 부하를 걸었을 때 출력에 따른 속도, 토크, 효율, 슬립 등의 변화를 나타낸 출력특성곡선에서 슬립을 나타내는 곡선은?

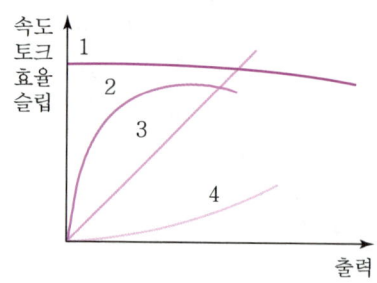

① 1 ② 2 ③ 3 ④ 4

해설
- 1 : 속도
- 2 : 효율
- 3 : 토크
- 4 : 슬립

27 다음 중 인버터(Inverter)의 설명으로 옳은 것은?

① 교류를 직류로 변환   ② 직류를 교류로 변환
③ 교류를 교류로 변환   ④ 직류를 직류로 변환

해설
- 인버터 : 직류를 교류로 바꾸는 장치
- 컨버터 : 교류를 직류로 바꾸는 장치
- 초퍼 : 직류를 다른 전압의 직류로 바꾸는 장치

28 전기자저항 0.1[Ω], 전기자전류 104[A], 유도기전력 110.4[V]인 직류 분권발전기의 단자전압은 몇 [V]인가?

① 98 ② 100 ③ 102 ④ 105

해설
직류 분권발전기는 다음 그림과 같으므로,

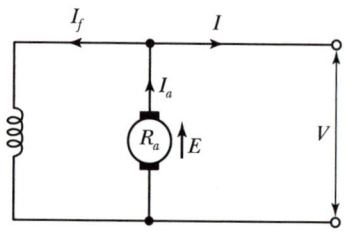

$V = E - R_a I_a = 110.4 - 0.1 \times 104 = 100[\text{V}]$

정답 26 ④ 27 ② 28 ②

29 직류전동기의 규약효율을 표시하는 식은?

① $\dfrac{출력}{출력+손실}\times 100[\%]$ ② $\dfrac{출력}{입력}\times 100[\%]$

③ $\dfrac{입력-손실}{입력}\times 100[\%]$ ④ $\dfrac{출력}{출력-손실}\times 100[\%]$

해설
- 발전기 규약효율 $\eta_G = \dfrac{출력}{출력+손실}\times 100[\%]$
- 전동기 규약효율 $\eta_M = \dfrac{입력-손실}{입력}\times 100[\%]$

30 동기발전기에서 전기자 전류가 무부하 유도기전력보다 $\dfrac{\pi}{2}[rad]$ 앞선 경우의 전기자 반작용은?

① 횡축 반작용 ② 증자 작용
③ 감자 작용   ④ 편자 작용

해설
동기발전기의 전기자 반작용
- 뒤진 전기자 전류 : 감자 작용
- 앞선 전기자 전류 : 증자 작용

31 단락비가 1.2인 동기발전기의 %동기 임피던스는 약 몇 [%]인가?

① 68   ② 83   ③ 100   ④ 120

해설
단락비 $K_s = \dfrac{100}{\%Z_s}$ 이므로 $1.2 = \dfrac{100}{\%Z_s}$ 에서 %동기 임피던스 $\%Z_s = 83.33[\%]$ 이다.

32 그림은 동기기의 위상특성곡선을 나타낸 것이다. 전기자 전류가 가장 작게 흐를 때의 역률은?

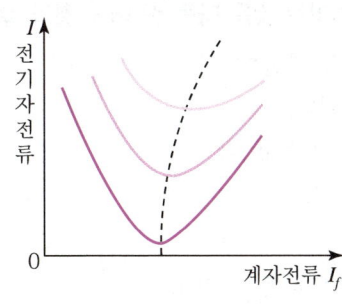

① 1   ② 0.9[진상]   ③ 0.9[지상]   ④ 0

해설
위상특성곡선(V곡선)에서 전기자 전류가 최소일 때 역률은 100[%]이다.

정답 29 ③ 30 ② 31 ② 32 ①

33 SCR 2개를 역병렬로 접속한 그림과 같은 기호의 명칭은?

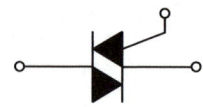

① SCR ② TRIAC ③ GTO ④ UJT

해설

명칭	기호	명칭	기호
SCR		GTO	
TRIAC		UJT	

34 동기발전기의 난조를 방지하는 가장 유효한 방법은?

① 회전자의 관성을 크게 한다.
② 제동권선을 자극 면에 설치한다.
③ 동기 리액턴스를 작게 하고 동기화력을 크게 한다.
④ 자극 수를 적게 한다.

해설
난조의 발생원인 및 방지법
- 부하가 급속히 변하는 경우 → 제동권선 설치(가장 유효)
- 조속기 감도가 지나치게 예민한 경우 → 조속기 감도 조정
- 전기자 저항이 큰 경우 → 전기자 저항을 작게 한다.
- 원동기가 고조파 토크를 포함하는 경우 → 플라이휠(축세륜) 효과를 이용

35 유도전동기에서 슬립이 0이라는 것은 다음 중 어느 것과 같은가?

① 유도전동기가 동기속도로 회전한다.
② 유도전동기가 정지상태이다.
③ 유도전동기가 전부하 운전상태이다.
④ 유도제동기의 역할을 한다.

해설
$s = \dfrac{N_s - N}{N_s}$ 에서 $S=0$이므로 $N_s = N$이다.
따라서 회전속도가 동기속도와 같을 때를 말한다.

정답 33 ② 34 ② 35 ①

36 일정 전압 및 일정 파형에서 주파수가 상승하면 변압기 철손은 어떻게 변하는가?

① 증가한다.　　　　　　　　　② 감소한다.
③ 불변이다.　　　　　　　　　④ 어떤 기간 동안 증가한다.

> **해설**
> - 철손 = 히스테리시스손 + 와류손 $\propto f \cdot B_m^{1.6} + (t \cdot f \cdot B_m)^2$
> - 유도기전력 $E = 4.44 \cdot f \cdot N \cdot \phi_m = 4.44 \cdot f \cdot N \cdot A \cdot B_m$ 에서 일정 전압이므로 $f \propto \dfrac{1}{B_m}$ 이다.
> - 따라서 주파수가 상승하면 와류손은 변하지 않으나, 히스테리시스손은 감소하므로 철손은 감소한다.

37 슬립 $s=5[\%]$, 2차 저항 $r_2=0.1[\Omega]$인 유도전동기의 등가저항 $R[\Omega]$은 얼마인가?

① 0.4　　　　② 0.5　　　　③ 1.9　　　　④ 2.0

> **해설**
> 유도전동기의 1차 측에서 2차 측으로 공급되는 입력을 P_2로 하고, 2차 철손을 무시하면 운전 중 2차 주파수 sf_1은 대단히 낮으므로 2차 손실은 2차 저항손뿐이다. 따라서 P_2에서 저항손을 뺀 나머지가 유도전동기에서 발생한 기계적 출력 P_o가 된다.
> $P_o = P_2 - r_2 I_2^2$
> 여기서 $P_2 = \dfrac{r_2}{s} I_2^2$이므로 위 식에 대입하면
> $P_o = \dfrac{r_2}{s} I_2^2 - r_2 I_2^2 = r_2 \left(\dfrac{1-s}{s} \right) I_2^2 = R I_2^2$
> 기계적 출력 P_o는 $r_2 \left(\dfrac{1-s}{s} \right)$라고 하는 부하를 대표하는 저항의 소비전력으로 나타낼 수 있다.
> 따라서 $R = r_2 \left(\dfrac{1-s}{s} \right) = 0.1 \times \left(\dfrac{1-0.05}{0.05} \right) = 1.9[\Omega]$

38 슬립이 일정한 경우 유도전동기의 공급 전압이 $\dfrac{1}{2}$로 감소하면 토크는 처음에 비해 어떻게 되는가?

① 2배가 된다.　　　　　　　　② 1배가 된다.
③ $\dfrac{1}{2}$로 줄어든다.　　　　　　④ $\dfrac{1}{4}$로 줄어든다.

> **해설**
> 유도전동기의 토크는 전압의 제곱에 비례하므로, 전압이 $\dfrac{1}{2}$로 감소하면 토크는 $\dfrac{1}{4}$로 줄어든다.

39 단상 유도전동기 기동장치에 의한 분류가 아닌 것은?

① 분상기동형　　　　　　　　② 콘덴서 기동형
③ 셰이딩 코일형　　　　　　　④ 회전계자형

> **해설**
> **단상 유도전동기 기동장치에 의한 분류**
> 분상기동형, 콘덴서 기동형, 셰이딩 코일형, 반발기동형, 반발유도전동기, 모노사이클릭형 전동기

정답　36 ②　37 ③　38 ④　39 ④

40 3상 전파 정류회로에서 출력전압의 평균전압값은?(단, [V]는 선간전압의 실횻값)

① 0.45[V] ② 0.9[V] ③ 1.17[V] ④ 1.35[V]

해설

정류회로 직류 출력전압 비교

구분	직류 출력전압
단상 반파 정류회로	0.45[V]
단상 전파 정류회로	0.9[V]
3상 반파 정류회로	1.17[V]
3상 전파 정류회로	1.35[V]

41 노출장소 또는 점검 가능한 은폐장소에서 제2종 가요전선관을 시설하고 제거하는 것이 자유로운 경우의 곡률반지름은 안지름의 몇 배 이상으로 하여야 하는가?

① 2 ② 3 ③ 5 ④ 6

해설

가요전선관의 곡률반지름
- 자유로운 경우 : 전선관 안지름의 3배 이상
- 부자유로운 경우 : 전선관 안지름의 6배 이상

42 접착제를 사용하지 않고 합성수지관 상호 접속 시에 삽입하는 깊이를 관 바깥지름의 몇 배 이상으로 하여야 하는가?

① 0.2 ② 0.5 ③ 1 ④ 1.2

해설

합성수지관 간 상호 접속방법
- 커플링에 들어가는 관의 길이는 관 바깥지름의 1.2배 이상으로 한다.
- 접착제를 사용하는 경우에는 0.8배 이상으로 한다.

43 건축물의 종류에서 은행, 상점, 사무실의 표준부하는 얼마인가?

① 10[VA/m²] ② 20[VA/m²]
③ 30[VA/m²] ④ 40[VA/m²]

해설

건물의 표준부하

부하구분	건축물의 종류	표준부하[VA/m²]
표준부하	공장, 공회당, 사원, 교회, 극장, 영화관, 연회장 등	10
	기숙사, 여관, 호텔, 병원, 학교, 음식점, 다방, 대중목욕탕	20
	사무실, 은행, 상점, 이발소, 미용원	30
	주택, 아파트	40

정답 40 ④ 41 ② 42 ④ 43 ③

44 한국전기설비규정에 따라 저압수용장소에서 계통접지가 TN-C-S 방식인 경우 중성선 겸용 보호도체(PEN)는 고정 전기설비에만 사용할 수 있다. 도체가 알루미늄인 경우 단면적[mm²]은 얼마 이상이어야 하는가?

① 2.5 ② 4 ③ 10 ④ 16

> **해설**
> 한국전기설비규정 142.4.2(주택 등 저압수용장소 접지)에 따라 문제와 같은 조건일 때, 중성선 겸용 보호도체(PEN)는 구리 10[mm²] 이상, 알루미늄 16[mm²] 이상이어야 하며, 그 계통의 최고전압에 대하여 절연되어야 한다.

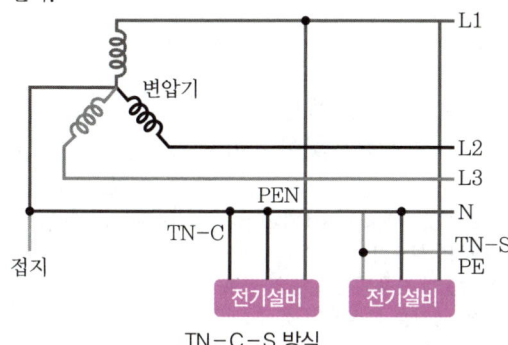

TN-C-S 방식

45 일반적으로 가공선로의 지지물에 취급자가 오르고 내리는 데 사용하는 발판 볼트 등은 지표상 몇 [m] 미만에 시설하여서는 아니 되는가?

① 0.75[m] ② 1.2[m] ③ 1.8[m] ④ 2.0[m]

> **해설**
> 가공전선로의 지지물에 취급자가 오르고 내리는 데 사용하는 발판 볼트 등을 지표상 1.8[m] 미만에 시설하여서는 아니 된다.

46 정격전류가 50[A]인 저압전로의 산업용 배선용 차단기에 70[A] 전류가 통과하였을 경우 몇 분 이내에 자동적으로 동작하여야 하는가?

① 30분 ② 60분 ③ 90분 ④ 120분

> **해설**
> 과전류 차단기로 저압전로에 사용되는 배선용 차단기의 동작특성
>
> | 정격전류의 구분 | 트립 동작시간 | 정격전류의 배수(모든 극에 통전) ||
> |---|---|---|---|
> | | | 부동작 전류 | 동작 전류 |
> | 63[A] 이하 | 60분 | 1.05배 | 1.3배 |
> | 63[A] 초과 | 120분 | 1.05배 | 1.3배 |

정답 44 ④ 45 ③ 46 ②

47 조명용 백열전등을 호텔 또는 여관 객실의 입구에 설치할 때나 일반주택 및 아파트 각 호의 현관에 설치할 때 사용되는 스위치는?

① 타임 스위치　　　　　　② 누름 버튼 스위치
③ 토글 스위치　　　　　　④ 로터리 스위치

> **해설**
> 숙박업소 객실 입구에는 1분 이내, 주택·아파트 각 호실의 현관 입구에는 3분 이내 소등되는 타임 스위치를 시설해야 한다.

48 다음 중 전선의 굵기를 측정하는 것은?

① 프레셔 툴　　　　　　② 스패너
③ 파이어 포트　　　　　　④ 와이어 게이지

> **해설**
> ① 프레셔 툴(Pressure Tool) : 솔더리스(Solderless) 커넥터 또는 솔더리스 터미널을 압착하는 것
> ② 스패너(Spanner) : 너트를 죄는 데 사용하는 것
> ③ 파이어 포트(Fire Pot) : 납물을 만드는 데 사용되는 일종의 화로
> ④ 와이어 게이지(Wire Gauge) : 전선의 굵기를 측정하는 것

49 애자 사용 공사를 건조한 장소에서 시설하고자 한다. 사용전압이 400[V] 이하인 경우 전선과 조영재 사이의 거리는 최소 몇 [cm] 이상이어야 하는가?

① 2.5　　　　② 4.5　　　　③ 6　　　　④ 10

> **해설**
>
> | 구분 | 400[V] 이하 | 400[V] 초과 |
> |---|---|---|
> | 전선 상호 간의 거리 | 6[cm] 이상 | 6[cm] 이상 |
> | 전선과 조영재 사이의 거리 | 2.5[cm] 이상 | 4.5[cm] 이상(건조한 곳은 2.5[cm] 이상) |

50 저압 가공 인입선의 인입구에 사용하며 금속관 공사에서 끝부분의 빗물 침입을 방지하는 데 적당한 것은?

① 플로어 박스　　　　　　② 엔트런스 캡
③ 부싱　　　　　　　　　　④ 터미널 캡

> **해설**
>
>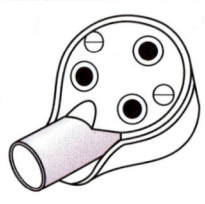
>
> 엔트런스 캡

정답 47 ①　48 ④　49 ①　50 ②

51 전압의 구분에서 고압 직류전압은 몇 [V] 초과 몇 [V] 이하인가?

① 1,500[V] 초과 6,000[V] 이하 ② 1,000[V] 초과 7,000[V] 이하
③ 1,500[V] 초과 7,000[V] 이하 ④ 1,000[V] 초과 6,000[V] 이하

> **해설**
> 전압의 종류
> - 저압 : 교류는 1,000[V] 이하, 직류는 1,500[V] 이하인 것
> - 고압 : 교류는 1,000[V] 초과 7,000[V] 이하
>   직류는 1,500[V] 초과 7,000[V] 이하인 것
> - 특고압 : 교류, 직류 모두 7,000[V] 초과인 것

52 분기회로의 전원 측에서 분기점 사이에 다른 분기회로 또는 콘센트 접속이 없고, 단락의 위험과 화재 및 인체에 대한 위험성을 최소화하도록 시설된 경우, 옥내간선과의 분기점에서 몇 [m] 이하의 곳에 시설하여야 하는가?

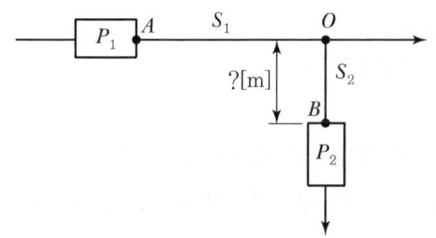

① 3[m] ② 4[m] ③ 5[m] ④ 8[m]

> **해설**
> 분기회로에 과부하 보호장치 설치위치
> - 원칙 : 전로 중 도체의 단면적, 특성, 설치방법, 구성의 변경으로 도체의 값이 줄어드는 곳에 설치, 즉 분기점(O)에 설치
> - 예외 1 : 분기회로(S_2)의 과부하 보호장치(P_2)가 분기회로에 대한 단락보호가 이루어지는 경우 임의의 거리에 설치
> - 예외 2 : 분기회로(S_2)의 과부하 보호장치(P_2)가 분기회로에 대한 단락의 위험과 화재 및 인체에 대한 위험성을 최소화하도록 시설된 경우, 분기점(O)으로부터 3[m] 이내에 설치

53 가공전선로의 지지물에서 다른 지지물을 거치지 아니하고 수용장소의 인입선 접속점에 이르는 가공전선을 무엇이라 하는가?

① 연접인입선 ② 가공인입선 ③ 구내전선로 ④ 구내인입선

> **해설**
> ① 연접인입선 : 가공 인입선 중 수용장소의 인입선에서 분기하여 다른 수용장소의 인입구에 이르는 전선
> ② 가공인입선 : 가공전선로의 지지물에서 다른 지지물을 거치지 아니하고 수용장소의 인입선 접속점에 이르는 가공전선
> ③ 구내전선로 : 수용장소의 구내에 시설한 전선로
> ④ 구내인입선 : 구내전선로에서 구내의 전기사용 장소로 인입하는 가공전선 및 동일구내의 전기사용 장소 상호 간의 가공전선으로서 지지물을 거치지 않고 시설되는 것

정답 51 ③ 52 ① 53 ②

54 지중전선로를 직접매설식에 의하여 차량, 기타 중량물의 압력을 받을 우려가 있는 장소에 시설하는 경우 매설 깊이는 몇 [m] 이상이어야 하는가?

① 0.6[m]   ② 1.0[m]   ③ 1.2[m]   ④ 1.6[m]

> **해설**
> 직접매설식 케이블의 매설 깊이
> • 차량 등 중량물의 압력을 받을 우려가 있는 장소 : 1.0[m] 이상
> • 기타 장소 : 0.6[m] 이상

55 화약류 저장소에서 백열전등이나 형광등 또는 이들에 전기를 공급하기 위한 전기설비를 시설하는 경우 전로의 대지전압[V]은?

① 100[V] 이하   ② 150[V] 이하
③ 220[V] 이하   ④ 300[V] 이하

> **해설**
> 화약류 저장소의 위험장소
> 전로의 대지전압을 300[V] 이하로 한다.

56 저압 구내 가공인입선으로 인입용 비닐절연전선을 사용하고자 할 때, 전선의 굵기는 최소 몇 [mm] 이상이어야 하는가?(단, 전선의 길이가 15[m] 이하인 경우이다.)

① 1.5   ② 2.0   ③ 2.6   ④ 4.0

> **해설**
> 저압 가공인입선의 인입용 비닐절연전선(DV)은 인장강도 2.30[kN] 이상의 것 또는 지름 2.6[mm] 이상. 단, 경간이 15[m] 이하인 경우는 인장강도 1.25[kN] 이상의 것 또는 지름 2[mm] 이상

57 구리 전선과 전기 기계기구 단자를 접속하는 경우에 진동 등으로 인하여 헐거워질 염려가 있는 곳에는 어떤 것을 사용하여 접속하여야 하는가?

① 정 슬리브를 끼운다.   ② 평와셔 2개를 끼운다.
③ 코드 패스너를 끼운다.   ④ 스프링 와셔를 끼운다.

> **해설**
> 진동 등의 영향으로 헐거워질 우려가 있는 경우에는 스프링 와셔 또는 더블 너트를 사용하여야 한다.

58 금속제 후강 전선관의 굵기는 무엇으로 표시하는가?

① 안지름에 가까운 짝수   ② 바깥지름에 가까운 홀수
③ 안지름에 가까운 홀수   ④ 바깥지름에 가까운 짝수

> **해설**
> • 후강 전선관 : 안지름의 길이에 가까운 짝수
> • 박강 전선관 : 바깥지름의 길이에 가까운 홀수

정답 54 ② 55 ④ 56 ② 57 ④ 58 ①

59 점유 면적이 좁고 운전, 보수에 안전하여 공장, 빌딩 등의 전기실에 많이 사용되며, 큐비클(Cubicle)형이라고도 불리는 배전반은?

① 라이브 프런트식 배전반
② 데드 프런트식 배전반
③ 포스트형 배전반
④ 폐쇄식 배전반

해설
폐쇄식 배전반을 일반적으로 큐비클형이라고 한다. 점유 면적이 좁고 운전, 보수에 안전하므로 공장, 빌딩 등의 전기실에 많이 사용된다.

60 전등 1개를 3개소에서 점멸하고자 할 때 필요한 3로 스위치와 4로 스위치는 각각 몇 개인가?

① 3로 스위치 1개, 4로 스위치 2개
② 3로 스위치 2개, 4로 스위치 1개
③ 3로 스위치 3개, 4로 스위치 1개
④ 3로 스위치 1개, 4로 스위치 3개

해설

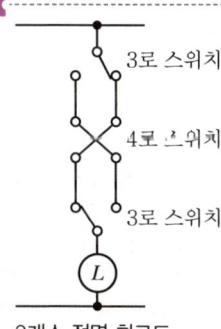

3개소 점멸 회로도

CHAPTER 22 2024년 제2회

01 인덕턴스 0.5[H]에 주파수가 60[Hz]이고 전압이 220[V]인 교류전압이 가해질 때 흐르는 전류는 약 몇 [A]인가?

① 0.59   ② 0.87   ③ 0.97   ④ 1.17

해설

전류 $I = \dfrac{V}{X_L} = \dfrac{V}{2\pi f L} = \dfrac{220}{2\pi \times 60 \times 0.5} = 1.17[\text{A}]$

02 코일에 그림과 같은 방향으로 유도전류가 흘렀을 때 자석의 이동방향은?

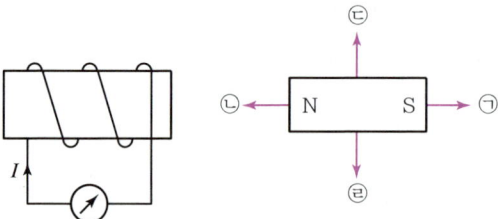

① ㉠의 방향   ② ㉡의 방향   ③ ㉢의 방향   ④ ㉣의 방향

해설

다음 그림과 같이 앙페르의 오른나사 법칙에 의해 오른쪽이 N극이고, 자속의 방향이다. 코일에 유도전류가 흘렀다는 조건에 의해 자석이 먼저 움직이고 코일에 전류가 유도되었기 때문에 렌츠의 법칙에 따라 코일에 흐르는 전류는 자속의 증가를 방해하는 방향으로 발생한다. 따라서 자석의 움직임은 코일에 자속을 증가시키는 방향 즉, 접근하려는 ㉡의 방향이 된다.

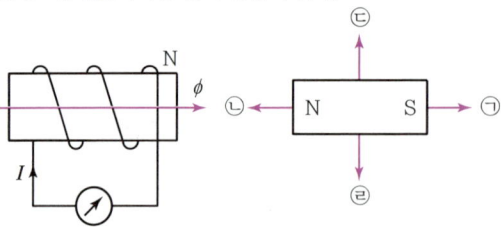

03 공심 솔레노이드의 내부 자계의 세기가 500[AT/m]일 때 자속밀도[Wb/m²]는 약 얼마인가?

① 6.28×10^{-2} ② 6.28×10^{-3} ③ 6.28×10^{-4} ④ 6.28×10^{-5}

해설

자속밀도 $B = \mu H$이고, 공심(=공기 중)에서 비투자율 $\mu_s = 1$이므로
$B = 4\pi \times 10^{-7} \times 1 \times 500 = 6.28 \times 10^{-4} [\text{Wb/m}^2]$

정답 01 ④ 02 ② 03 ③

04 정전흡인력은 인가한 전압의 몇 제곱에 비례하는가?

① 2
② $\frac{1}{2}$
③ 4
④ $\frac{1}{4}$

해설

정전흡인력 $f = \frac{1}{2}\varepsilon E^2 = \frac{1}{2}\varepsilon \left(\frac{V}{l}\right)^2 \text{[N/m}^2\text{]}$

따라서, 정전흡인력은 전압의 제곱에 비례한다.

05 자체 인덕턴스 2[H]의 코일에 25[J]의 에너지가 저장되어 있다면 코일에 흐르는 전류는?

① 2[A]
② 3[A]
③ 4[A]
④ 5[A]

해설

전자에너지 $W = \frac{1}{2}LI^2\text{[J]}$ 이므로

$I = \sqrt{\frac{2W}{L}} = \sqrt{\frac{2 \times 25}{2}} = 5\text{[A]}$

06 전기분해에서 석출된 물질의 양을 W[g], 시간을 t[s], 전류를 I[A]라 할 때 관계식으로 옳은 것은?(단, K는 상수이다.)

① $W = KIt$
② $W = \frac{KI}{t}$
③ $W = \frac{I}{Kt}$
④ $W = \frac{1}{KIt}$

해설

패러데이의 법칙(Faraday's Law)
$w = kQ = kIt$ [g]
여기서, k(전기 화학 당량) : 1[C]의 전하에서 석출되는 물질의 양

07 알칼리 축전지의 대표적인 축전지로 널리 사용되고 있는 2차 전지는?

① 망간 전지
② 산화은 전지
③ 페이퍼 전지
④ 니켈-카드뮴 전지

해설
- 1차 전지는 재생할 수 없는 전지를 말하고, 2차 전지는 재생 가능한 전지를 말한다.
- 2차 전지 중에서 니켈-카드뮴 전지가 통신기기, 전기차 등에서 사용되고 있다.

08 RL 직렬회로에 직류전압 220[V]를 가했더니, 전류가 20[A] 흘렀다. 여기에 교류전압 220[V], 60[Hz]를 인가하였더니, 전류가 10[A] 흘렀다. 유도성 리액턴스[Ω]는?

① 약 19.05[Ω]
② 약 16.06[Ω]
③ 약 13.06[Ω]
④ 약 11.04[Ω]

정답 04 ① 05 ④ 06 ① 07 ④ 08 ①

> **해설**
> - RL 직렬회로에 직류전압을 가하면, 코일의 리액턴스 $X_L = 0[\Omega]$이므로,
> $I = \dfrac{V}{R}$에서, 저항 $R = \dfrac{V}{I} = \dfrac{220}{20} = 11[\Omega]$이다.
> - 교류전압 220[V]를 가할 때, 전류 $I = \dfrac{V}{Z} = \dfrac{V}{\sqrt{R^2 + X_L^{\ 2}}}$이므로,
> $10 = \dfrac{220}{\sqrt{11^2 + X_L^{\ 2}}}$에서 유도 리액턴스 $X_L = 19.05[\Omega]$이다.

09 2[kV]의 전압으로 충전하여 2[J]의 에너지를 축적하는 콘덴서의 정전용량은?

① 0.5[μF]   ② 1[μF]   ③ 2[μF]   ④ 4[μF]

> **해설**
> 정전에너지 $W = \dfrac{1}{2} CV^2$이므로
> 정전용량 $C = \dfrac{2W}{V^2} = \dfrac{2 \times 2}{(2 \times 10^3)^2} = 1 \times 10^{-6} = 1[\mu F]$이다.

10 다음 중 파형률을 나타낸 것은?

① $\dfrac{실횻값}{평균값}$ ② $\dfrac{최댓값}{실횻값}$

③ $\dfrac{평균값}{실횻값}$ ④ $\dfrac{실횻값}{최댓값}$

> **해설**
> 파형률 $= \dfrac{실횻값}{평균값}$, 파고율 $= \dfrac{최댓값}{실횻값}$

11 다음 그림과 같이 평행한 두 도체에 같은 방향의 전류를 흘렸을 때 두 도체 사이에 작용하는 힘은 어떻게 되는가?

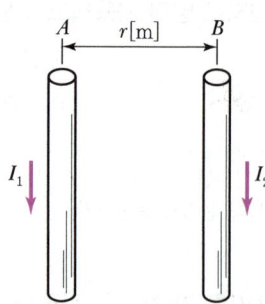

① 반발력이 작용한다.   ② 힘은 0이다.

③ 흡인력이 작용한다.   ④ $\dfrac{I}{2\pi r}$의 힘이 작용한다.

정답 09 ② 10 ① 11 ③

> **해설**
> 평행 도체 사이에 작용하는 힘의 방향
> - 반대 방향일 때 : 반발력
> - 동일 방향일 때 : 흡인력

12 비오-사바르의 법칙은 다음 중 어느 관계를 나타내는가?

① 전류가 만드는 자장의 세기
② 전류와 전압의 관계
③ 기전력과 자계의 세기
④ 기전력과 자속의 변화

> **해설**
> 비오-사바르 법칙은 전선에 전류가 흐를 때 주변 자장의 세기를 구하는 법칙이다.
> $\Delta H = \dfrac{I\Delta l}{4\pi r^2}\sin\theta [\text{AT/m}]$

13 무한장 직선 도체에 전류 $I[\text{A}]$를 통했을 때 $r[\text{m}]$ 떨어진 점의 자기장 세기는 $H[\text{AT/m}]$는?

① $H = \dfrac{NI}{2r}$
② $H = \dfrac{I}{2r}$
③ $H = \dfrac{NI}{2\pi r}$
④ $H = \dfrac{I}{2\pi r}$

> **해설**
> 무한장 직선 전류에 의한 자기장의 세기 $H = \dfrac{I}{2\pi r}[\text{AT/m}]$

14 전력과 전력량에 관한 설명으로 틀린 것은?

① 전력은 전력량을 시간으로 나눈 값이다.
② 전력량은 와트로 환산된다.
③ 전력량은 칼로리 단위로 환산된다.
④ 전력은 칼로리 단위로 환산할 수 없다.

> **해설**
> 전력 P와 전력량 W의 관계는 $W = P \cdot t[\text{W} \cdot \sec]$이며,
> 전력량과 열량의 관계는 $H = 0.24I^2Rt = 0.24Pt = 0.24W[\text{cal}]$이다.

15 $-4 \times 10^{-5}[\text{C}]$, $6 \times 10^{-5}[\text{C}]$의 두 전하가 자유공간에 $2[\text{m}]$의 거리에 있을 때 그 사이에 작용하는 힘은?

① $5.4[\text{N}]$, 흡인력이 작용한다.
② $5.4[\text{N}]$, 반발력이 작용한다.
③ $\dfrac{7}{9}[\text{N}]$, 흡인력이 작용한다.
④ $\dfrac{7}{9}[\text{N}]$, 반발력이 작용한다.

> **해설**
> 작용하는 힘 $F = \dfrac{1}{4\pi\varepsilon} \times \dfrac{Q_1Q_2}{r^2} = 9 \times 10^9 \times \dfrac{Q_1Q_2}{r^2}$
> $= 9 \times 10^9 \times \dfrac{(4 \times 10^{-5}) \times (6 \times 10^{-5})}{2^2} = 5.4[\text{N}]$
> 반대 극성이므로, 흡인력이 작용한다.

정답 12 ① 13 ④ 14 ② 15 ①

16 $R-C$ 직렬회로에서 $R=20[\Omega]$, $C=100[\mu F]$인 경우 시정수 $\tau[s]$는?

① 200×10^3 ② 2×10^{-3}
③ 5×10^{-6} ④ 500

해설

시정수(시상수)
전류가 감소하기 시작해서 63.2%에 도달하기까지의 시간

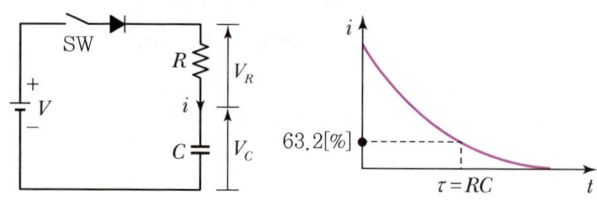

시정수 $\tau = RC = 20 \times 100 \times 10^{-6} = 2 \times 10^{-3}[s]$

17 기전력 1.5[V], 내부저항 0.2[Ω]인 전지 5개를 직렬로 연결하고 이를 단락하였을 때의 단락전류 [A]는?

① 1.5   ② 4.5   ③ 7.5   ④ 15

해설

전지의 직렬 접속에서 기전력 $E[V]$, 내부저항 $r[\Omega]$인 전지 n개를 직렬 접속하고 단락하였을 때, 흐르는 단락 전류는 $I = \dfrac{nE}{nr}[A]$이다. 따라서, 단락전류 $I = \dfrac{5 \times 1.5}{5 \times 0.2} = 7.5[A]$

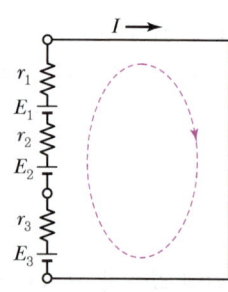 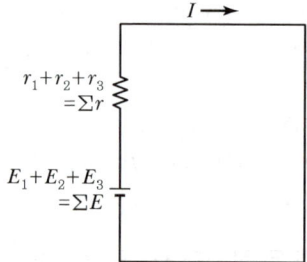

18 저항이 20[Ω]인 도체의 길이를 2배로 늘이면 저항값은?(단, 도체의 체적은 일정함)

① 40[Ω]   ② 60[Ω]   ③ 80[Ω]   ④ 100[Ω]

해설

- 체적은 단면적×길이이다.
- 체적을 일정하게 하고 길이를 n배로 늘리면 단면적은 $\dfrac{1}{n}$배로 감소한다.
- 도체의 저항 $R = \rho \dfrac{\ell}{A} = 20[\Omega]$이고, 변경되는 저항값 $R' = \rho \dfrac{2\ell}{\dfrac{A}{2}} = 2^2 \times \rho \dfrac{\ell}{A} = 4 \times 20 = 80[\Omega]$이다.

정답 16 ② 17 ③ 18 ③

19 공기 중에서 자속밀도 3[Wb/m²]의 평등 자장 속에 길이 10[cm]의 직선 도선을 자장의 방향과 직각으로 놓고 여기에 4[A]의 전류를 흐르게 하면 이 도선이 받는 힘은 몇 [N]인가?

① 0.5 ② 1.2 ③ 2.8 ④ 4.2

해설
플레밍의 왼손 법칙에 의한 전자력 $F = BI\ell\sin\theta = 3 \times 4 \times 10 \times 10^{-2} \times \sin 90° = 1.2[\text{N}]$

20 전기 전도도가 좋은 순서대로 도체를 나열한 것은?

① 은 → 구리 → 금 → 알루미늄
② 구리 → 금 → 은 → 알루미늄
③ 금 → 구리 → 알루미늄 → 은
④ 알루미늄 → 금 → 은 → 구리

해설
각 금속의 %전도율
- 은 : 109%
- 금 : 72%
- 구리 : 100%
- 알루미늄 : 63%

21 변압기의 권수비가 60일 때 2차 측 저항이 0.1[Ω]이다. 이것을 1차로 환산하면 몇 [Ω]인가?

① 310 ② 360 ③ 390 ④ 410

해설
권수비 $a^2 = \dfrac{Z_1}{Z_2}$ 이므로, $r_1 = a^2 \times r_2 = 60^2 \times 0.1 = 360[\Omega]$

22 동기 발전기에서 역률각이 90° 늦을 때의 전기자 반작용은?

① 증자 작용
② 편자 작용
③ 교차 작용
④ 감자 작용

해설
동기 발전기의 전기자 반작용
- 0° 전기자 전류 : 교차 자화작용
- 뒤진 전기자 전류 : 감자 작용
- 앞선 전기자 전류 : 증자 작용

23 34극 60[MVA], 역률 0.8, 60[Hz], 22.9[kV] 수차발전기의 전부하 손실이 1,600[kW]이면 전부하 효율[%]은?

① 90 ② 95 ③ 97 ④ 99

해설
효율 $\eta = \dfrac{출력}{입력} \times 100 = \dfrac{출력}{(출력 + 손실)} \times 100 = \dfrac{60 \times 10^6 \times 0.8}{(60 \times 10^6 \times 0.8 - 1{,}600 \times 10^6)} \times 100 ≒ 97[\%]$

정답 19 ② 20 ① 21 ② 22 ④ 23 ③

24 직류 직권전동기의 회전수를 $\frac{1}{2}$로 하면 토크는 기존 토크에 비해 몇 배가 되는가?

① 기존 토크에 비해 0.5배가 된다.   ② 기존 토크에 비해 2배가 된다.
③ 기존 토크에 비해 4배가 된다.   ④ 기존 토크에 비해 16배가 된다.

해설 직류 직권전동기는 전기자와 계자권선이 직렬로 접속되어 있어서 자속이 전기자 전류에 비례하므로, $T = K_2 \phi I_a \propto I_a^2$, $N = K_1 \dfrac{V - I_a R_a}{\phi} \propto \dfrac{1}{I_a}$가 된다(여기서, $I_a R_a$는 R_a 매우 작으므로 무시한다).
따라서, $T \propto \dfrac{1}{N^2}$이므로, 회전수를 $\dfrac{1}{2}$로 하면 토크는 4배가 된다.

25 3상 유도전동기에서 2차 측 저항을 2배로 하면 그 최대 토크는 어떻게 되는가?

① 변하지 않는다.   ② 2배로 된다.
③ $\sqrt{2}$ 배로 된다.   ④ $\dfrac{1}{2}$ 배로 된다.

해설 슬립과 토크 특성곡선에서 알 수 있듯이 2차 저항을 변화시켜도 최대 토크는 변화하지 않는다.

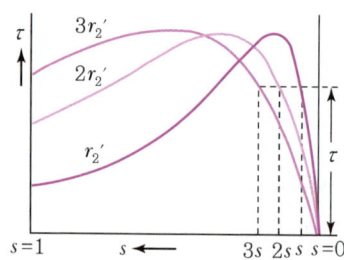

26 6극 36슬롯 3상 동기발전기의 매극 매상당 슬롯수는?

① 2   ② 3   ③ 4   ④ 5

해설 매극 매상당의 홈수 = $\dfrac{홈수}{극수 \times 상수} = \dfrac{36}{6 \times 3} = 2$

27 동기전동기의 자기 기동법에서 계자권선을 단락하는 이유는?

① 기동이 쉽다.
② 기동권선으로 이용
③ 고전압 유도에 의한 절연파괴 위험 방지
④ 전기자 반작용을 방지한다.

정답 24 ③ 25 ① 26 ① 27 ③

> **해설**
> **동기전동기의 자기(자체) 기동법**
> 회전 자극 표면에 기동권선을 설치하여 기동 시에는 농형 유도전동기로 동작시켜 기동시키는 방법으로, 계자권선을 열어 둔 채로 전기자에 전원을 가하면 권선수가 많은 계자회로가 전기자 회전 자계를 끊고 높은 전압을 유기하여 계자회로가 소손될 염려가 있으므로 반드시 계자회로는 저항을 통해 단락시켜 놓고 기동시켜야 한다.

28 반도체 소자 중 3단자 사이리스터가 아닌 것은?

① SCS ② SCR ③ TRIAC ④ GTO

> **해설**
> SCS : 역저지 4단자 사이리스터

29 동기 와트 P_2, 출력 P_0, 슬립 s, 동기속도 N_S, 회전속도 N, 2차 동손 P_{2c}일 때 2차 효율 표기로 틀린 것은?

① $1-s$ ② P_{2c}/P_2 ③ P_0/P_2 ④ N/N_S

> **해설**
> $P_2 : P_{2c} : P_o = 1 : s : (1-s)$ 이므로 2차 효율 $\eta_2 = \dfrac{P_0}{P_2} = 1-s = \dfrac{N}{N_s}$ 이다.

30 3상 전원에서 한 상에 고장이 발생하였다. 이때 3상 부하에 3상 전력을 공급할 수 있는 결선 방법은?

① Y 결선 ② Δ 결선 ③ 단상결선 ④ V 결선

> **해설**
> **V-V결선**
> 단상 변압기 3대로 $\Delta-\Delta$결선 운전 중 1대의 변압기 고장 시 V-V결선으로 계속 3상 전력을 공급하는 방식

31 다음 중 와전류손의 특성으로 알맞은 것은?

① 주파수에 비례한다. ② 최대자속밀도에 비례한다.
③ 주파수의 제곱에 비례한다. ④ 최대자속밀도의 3승에 비례한다.

> **해설**
> 와전류손(와류손) $\propto (t \cdot f \cdot B_m)^2$ 이다.
> 여기서, t는 철판의 두께, f는 주파수, B_m는 최대자속밀도이다.

32 3상 유도전동기의 운전 중 급속 정지가 필요할 때 사용하는 제동방식은?

① 단상제동 ② 회생제동 ③ 발전제동 ④ 역상제동

> **해설**
> **역상제동(플러깅)**
> 전동기를 급정지시키기 위해 제동 시 전동기를 역회전으로 접속하여 제동하는 방법이다.

정답 28 ① 29 ② 30 ④ 31 ③ 32 ④

33 타여자발전기와 같이 전압 변동률이 적고 자여자이므로 다른 여자 전원이 필요 없으며, 계자저항기를 사용하여 전압 조정이 가능하므로 전기화학용 전원, 전지의 충전용, 동기기의 여자용으로 쓰이는 발전기는?

① 분권발전기　　　　　　　　② 직권발전기
③ 과복권발전기　　　　　　　④ 차동복권발전기

> **해설**
> 분권발전기는 타여자발전기와 같이 부하에 따른 전압의 변화가 적으므로 정전압발전기라고 한다.

34 동기속도가 1,200[rpm]인 유도전동기에서 회전속도가 1,152[rpm]일 때 전동기의 슬립[%]은?

① 2　　　　② 3　　　　③ 4　　　　④ 5

> **해설**
> $s = \dfrac{N_s - N}{N_s}$ 이므로 $s = \dfrac{1,200 - 1,152}{1,200} \times 100 = 4[\%]$ 이다.

35 동기기에 제동권선을 설치하는 이유로 옳은 것은?

① 난조방지, 역률개선　　　　② 난조방지, 출력증가
③ 전압조정, 기동작용　　　　④ 난조방지, 기동작용

> **해설**
> **제동권선 목적**
> • 발전기 : 난조(hunting) 방지
> • 전동기 : 기동작용

36 5.5[kW], 200[V] 유도전동기의 전전압 기동 시의 기동전류가 150[A]이었다. 여기에 Y-△ 기동 시 기동전류는 몇 [A]가 되는가?

① 50　　　　② 70　　　　③ 87　　　　④ 95

> **해설**
> Y결선으로 기동 시 기동전류가 $\dfrac{1}{3}$ 배로 감소하므로, 기동전류는 $150 \times \dfrac{1}{3} = 50[A]$ 이다.

37 동기발전기를 회전계자형으로 하는 이유가 아닌 것은?

① 고전압에 견딜 수 있게 전기자 권선을 절연하기가 쉽다.
② 전기자 단자에 발생한 고전압을 슬립링 없이 간단하게 외부회로에 인가할 수 있다.
③ 기계적으로 튼튼하게 만드는 데 용이하다.
④ 전기자가 고정되어 있지 않아 제작비용이 저렴하다.

> **해설**
> **회전계자형**
> 전기자를 고정해 두고 계자를 회전시키는 형태로 중·대형기기에 일반적으로 채용된다.

정답 33 ①　34 ③　35 ④　36 ①　37 ④

38 다음 중 변압기의 원리와 가장 관계가 있는 것은?

① 전자유도 작용 ② 표피작용
③ 전기자 반작용 ④ 편자작용

해설
전자유도 작용
1차 권선에 교류전압에 의한 자속이 철심을 지나 2차 권선과 쇄교하면서 기전력을 유도한다.

39 동기발전기의 무부하 포화곡선에 대한 설명으로 옳은 것은?

① 정격전류와 단자전압의 관계이다.
② 정격전류와 정격전압의 관계이다.
③ 계자전류와 정격전압의 관계이다.
④ 계자전류와 단자전압의 관계이다.

해설
동기발전기의 특성곡선
- 3상단락곡선 : 계자전류와 단락전류
- 무부하 포화곡선 : 계자전류와 단자전압
- 부하 포화곡선 : 계자전류와 단자전압
- 외부특성곡선 : 부하전류와 단자전압

40 6극 중권의 직류전동기가 있다. 자속이 0.04[Wb]이고, 전기자 도체수 284, 부하전류 60[A], 토크 108.48[N·m], 회전수 800[rpm]일 때 출력[W]은?

① 8,544 ② 9,010 ③ 9,088 ④ 9,824

해설
직류전동기의 출력 $P_0 = E_c I_a = 2\pi \dfrac{N}{60} T$ [W]이며, 주어진 조건에 따라 어느 공식을 적용하여도 가능함

- $P_0 = E_c I_a = \dfrac{P}{a}\phi Z \dfrac{N}{60} I_a = \dfrac{6}{6} \times 0.04 \times 284 \times \dfrac{800}{60} \times 60 = 9,088$ [W]
- $P_0 = 2\pi \dfrac{N}{60} T$ [W] $= 2\pi \times \dfrac{800}{60} \times 108.48 = 9,088$ [W]

41 전등 한 개를 2개소에서 점멸하고자 할 때 옳은 배선은?

①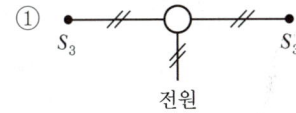
②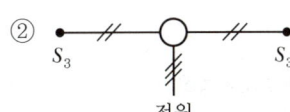
③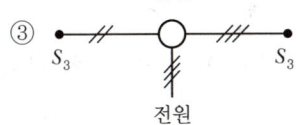
④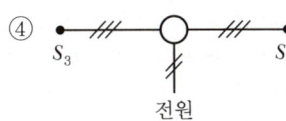

정답 38 ① 39 ④ 40 ③ 41 ④

> 해설

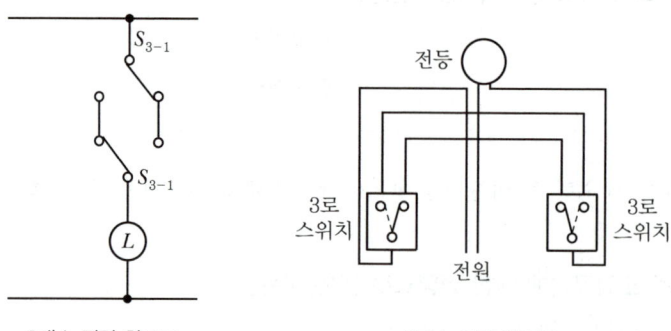

2개소 점멸 회로도   2개소 점멸 배선도

42 옥외용 비닐 절연 전선을 나타내는 약호는?

① OW   ② EV   ③ DV   ④ NV

> 해설
> ②는 폴리에틸렌 절연 비닐시스 케이블
> ③는 인입용 비닐절연전선

43 고압전선과 저압전선이 동일 지지물에 병가로 설치되어 있을 때 저압전선의 위치는?

① 설치위치는 무관하다.
② 먼저 설치한 전선이 위로 위치한다.
③ 고압전선 아래로 위치한다.
④ 고압전선 위로 위치한다.

> 해설
> **저고압 가공전선 등의 병가**
> • 저압 가공전선을 고압 가공전선의 아래로 하고 별개의 완금류에 시설할 것
> • 저압 가공전선과 고압 가공전선 사이의 이격거리는 0.5[m] 이상일 것

44 설계하중 6.8[kN] 이하의 철근 콘크리트 전주의 길이가 12[m]인 지지물을 건주하는 경우 땅에 묻히는 깊이로 가장 옳은 것은?

① 2.0   ② 2.5   ③ 3.0   ④ 3.5

> 해설
> **전주가 땅에 묻히는 깊이**
> • 전주의 길이 15[m] 이하 : 1/6 이상
> • 전주의 길이 15[m] 이상 : 2.5[m] 이상
> • 철근 콘크리트 전주로서 길이가 14[m] 이상 20[m] 이하이고, 설계하중이 6.8[kN] 초과 9.8[kN] 이하인 것은 30[cm] 가산
> 따라서, 땅에 묻히는 깊이 $= 12 \times \dfrac{1}{6} = 2$[m] 이상

정답   42 ①   43 ③   44 ①

45 고압 이상에서 기기의 점검, 수리 시 무전압, 무전류 상태로 전로에서 단독으로 전로의 접속 또는 분리하는 것을 주목적으로 사용되는 수·변전기기는?

① 기중부하 개폐기 ② 단로기
③ 전력퓨즈 ④ 컷아웃 스위치

> **해설**
> **단로기(DS)**
> 개폐기의 일종으로 기기의 점검, 측정, 시험 및 수리를 할 때 회로를 열어 놓거나 회로 변경 시에 사용

46 경질비닐 전선관의 표준 규격품의 길이는?

① 3[m] ② 3.6[m] ③ 4[m] ④ 4.5[m]

> **해설**
> 경질비닐 전선관의 한 본의 길이는 4[m]로 제작한다.

47 가공 전선로의 지지물에 시설하는 지선의 인장하중은 몇 [kN] 이상이어야 하는가?

① 440 ② 220 ③ 4.31 ④ 2.31

> **해설**
> **지선의 시공**
> • 지선의 안전율 : 2.5 이상, 허용 인장하중 : 최저 4.31[kN]
> • 지선을 연선으로 사용할 경우, 3가닥 이상으로 2.6[mm] 이상의 금속선 사용

48 금속관 공사를 할 경우 케이블 손상 방지용으로 사용하는 부품은?

① 부싱 ② 엘보 ③ 커플링 ④ 로크너트

> **해설**
> **부싱**
> 전선의 절연피복을 보호하기 위하여 금속관 끝에 취부하여 사용한다.
>
>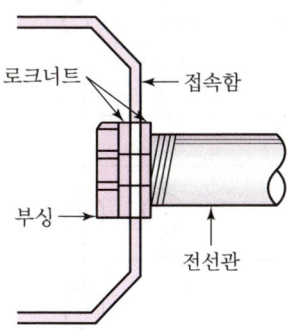

정답 45 ② 46 ③ 47 ③ 48 ①

49 다음 그림과 같은 전선 접속법의 명칭으로 알맞게 짝지어진 것은?

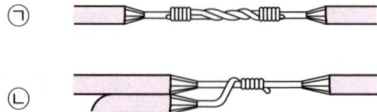

① ㉠ 직선 접속, ㉡ 분기 접속
② ㉠ 일자 접속, ㉡ Y형 접속
③ ㉠ 직선 접속, ㉡ T형 접속
④ ㉠ 일자 접속, ㉡ 분기 접속

> 해설
> ㉠ 단선의 직선 접속 : 트위스트 직선 접속
> ㉡ 단선의 분기 접속 : 트위스트 분기 접속

50 저압전로 중의 전동기 과부하 보호장치로 전자접촉기를 사용할 경우 반드시 함께 부착해야 하는 것은 무엇인가?

① 단로기
② 과부하계전기
③ 전력퓨즈
④ 릴레이

> 해설
> **과부하계전기**
> 전자접촉기와 조합하여 일정값 이상의 전류가 흘렀을 때 동작하며, 과전류계전기라고도 한다. 열동형 과부하계전기(THR) 및 전자식 과부하계전기(EOCR, EOL) 등이 있다.

51 단상 3선식 100/200[V] 회로에 100[V]의 전구 R, 100[V]의 콘센트 C, 200[V]의 전동기 M이 있다. 적절한 결선법은 무엇인가?

①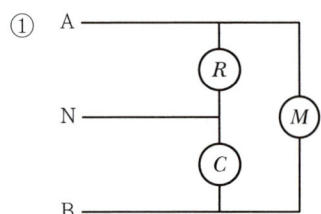
②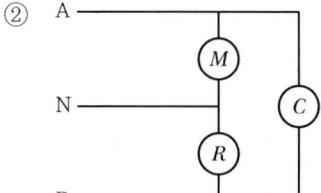
③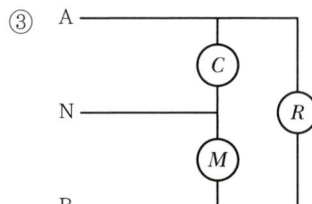
④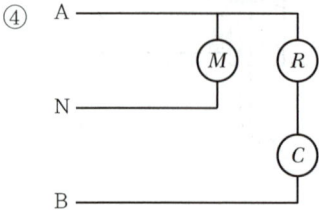

정답 49 ① 50 ② 51 ①

> [해설]
> 다음 그림과 같이 단상 3선식은 2가지 전압을 사용하며, N상-A상(또는 B상)은 V 전압이 발생하고, A상-B상은 2V 전압이 발생한다.

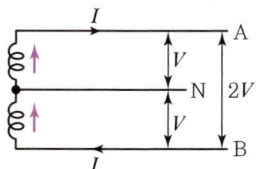

52 최소 동작 전류값 이상이면 일정한 시간에 동작하는 한시 특성을 갖는 계전기는?

① 정한시 계전기 ② 반한시 계전기
③ 순한시 계전기 ④ 반한시 – 정한시 계전기

> [해설]
> **보호계전기 동작시한에 의한 분류**
>
> | 종류 | 동작 특성 |
> |---|---|
> | 순한시 계전기 | 동작시간이 0.3초 이내인 계전기 |
> | 정한시 계전기 | 최소 동작값 이상의 구동 전기량이 주어지면, 일정 시한으로 동작하는 계전기 |
> | 반한시 계전기 | 동작 시한이 구동 전기량 즉, 동작 전류의 값이 커질수록 짧아지는 계전기 |
> | 반한시-정한시 계전기 | 어느 한도까지의 구동 전기량에서는 반한시성이고, 그 이상의 전기량에서는 정한시성의 특성을 가지는 계전기 |

53 접지공사에서 접지극을 철주의 밑면에 시설하는 경우 접지극은 철주의 밑면으로부터 몇 [cm] 이상 떼어 매설하는가?

① 30   ② 60   ③ 75   ④ 100

> [해설]
> **접지극 시설기준**
> - 접지극은 지하 75[cm] 이상으로 매설
> - 접지도체를 철주 기타의 금속체를 따라서 시설하는 경우에는 접지극을 철주의 밑면부터 30[cm] 이상의 깊이에 매설하거나, 접지극을 지중에서 금속체로부터 1[m] 이상 떼어 매설

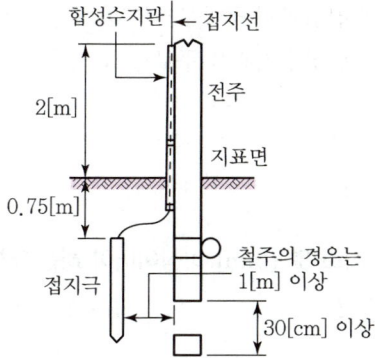

정답 52 ① 53 ①

54 전압의 구분에서 저압 직류전압은 몇 [V] 이하인가?

① 600　　② 750　　③ 1,500　　④ 7,000

해설
전압의 종류
- 저압 : 교류는 1,000[V] 이하, 직류는 1,500[V] 이하인 것
- 고압 : 교류는 1,000[V] 초과 7,000[V] 이하
  　　　 직류는 1,500[V] 초과 7,000[V] 이하인 것
- 특고압 : 교류, 직류 모두 7,000[V] 초과인 것

55 접지도체에 큰 고장전류가 흐르지 않을 경우에 접지도체는 단면적 몇 [mm²] 이상의 구리선을 사용하여야 하는가?

① 2.5[mm²]　　② 6[mm²]　　③ 10[mm²]　　④ 16[mm²]

해설
접지도체의 단면적

접지도체에 큰 고장전류가 흐르지 않을 경우	• 구리는 6[mm²] 이상 • 철제는 50[mm²] 이상
접지도체에 피뢰시스템이 접속되는 경우	• 구리는 16[mm²] 이상 • 철제는 50[mm²] 이상

56 금속 전선관 공사에서 사용되는 후강 전선관의 최대 치수는?

① 100　　② 102　　③ 104　　④ 108

해설

구분	후강 전선관
관의 호칭	안지름의 크기에 가까운 짝수
관의 종류[mm]	16, 22, 28, 36, 42, 54, 70, 82, 92, 104(10종류)
관의 두께	2.3~3.5[mm]

57 피시 테이프(Fish Tape)의 용도는?

① 전선을 테이핑하기 위해서 사용
② 전선관의 끝마무리를 위해서 사용
③ 배관에 전선을 넣을 때 사용
④ 합성수지관을 구부릴 때 사용

해설
피시 테이프(Fish Tape)
전선관에 전선을 넣을 때 사용되는 평각강철선이다.

58 목장의 전기 울타리에 사용하는 경동선의 지름은 최소 몇 [mm] 이상이어야 하는가?

① 1.6　　② 2.0　　③ 2.6　　④ 3.2

정답　54 ③　55 ②　56 ③　57 ③　58 ②

> **해설**
> 전기 울타리의 시설
> • 전선은 인장강도 1.38[kN] 이상의 것 또는 지름 2[mm] 이상의 경동선일 것
> • 전선과 이를 지지하는 기둥 사이의 이격 거리는 2.5[cm] 이상일 것

59 무대, 무대마루 밑, 오케스트라 박스, 영사실, 기타 사람이나 무대 도구가 접촉할 우려가 있는 장소에 시설하는 저압 옥내배선, 전구선 또는 이동전선은 최고 사용 전압이 몇 [V] 이하이어야 하는가?

① 100   ② 200   ③ 300   ④ 400

> **해설**
> 전시회, 쇼 및 공연장
> 저압 옥내배선, 전구선 또는 이동전선은 사용전압이 400[V] 이하이어야 한다.

60 애자 사용 공사에서 전선 상호 간의 간격은 몇 [cm] 이하로 하는 것이 가장 바람직한가?

① 4   ② 5   ③ 6   ④ 8

> **해설**
>
> | 구분 | 400[V] 이하 | 400[V] 초과 |
> |---|---|---|
> | 전선 상호 간의 거리 | 6[cm] 이상 | 6[cm] 이상 |
> | 전선과 조영재와의 거리 | 2.5[cm] 이상 | 4.5[cm] 이상 (건조한 곳은 2.5[cm] 이상) |

정답 59 ④ 60 ③

CHAPTER 23 2024년 제3회

01 과도현상과 시정수와의 어떠한 상관관계를 가지고 있는가?

① 시정수가 클수록 과도현상은 빨라진다.
② 시정수는 전압의 크기에 비례한다.
③ 시정수와 과도현상 지속시간은 관계가 없다.
④ 시정수가 클수록 과도현상은 오래 지속된다.

해설
- 과도현상은 L과 C를 포함한 전기회로에서 순간적인 스위치 작용에 의하여 L, C 성질에 의한 에너지 축적으로 정상상태에 이르는 동안 변화하는 현상을 말한다.
- 시정수(시상수) : 다음 그림에서 SW 닫은 후 전류가 흐르기 시작해서 정상전류의 63.2%에 도달하기까지의 시간을 말하며, 시정수가 클수록 과도현상은 오래 지속된다. 시정수 크기는 R, L, C 값에 따라 결정된다.

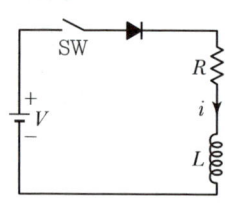 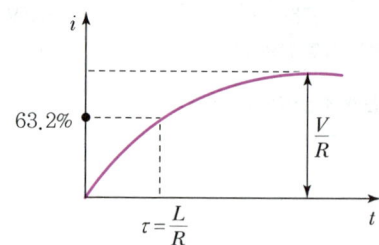

02 3상 교류회로에서 같은 임피던스 3개를 Δ 결선할 때와 Y로 결선할 때, 소비전력 P_Δ와 P_Y의 관계는?(단, 선간전압은 일정하다.)

① $P_\Delta = \sqrt{3}\, P_Y$
② $P_\Delta = 3P_Y$
③ $P_\Delta = P_Y$
④ $P_\Delta = \dfrac{1}{3} P_Y$

해설
평형 3상 부하일 때 3상 전력은 각 상의 전력의 합($P_{3상} = 3 \times P_{단상}$)으로 계산하고, 선간전압 V_ℓ, 선전류 I_ℓ, 상전압 V_P, 상전류 I_P이라고 하고, 소비전력 P_Δ와 P_Y를 각각 구하면 다음과 같다.

- Δ결선 : $P_\Delta = 3 \times V_P \times I_P = 3 \times V_\ell \times \dfrac{V_\ell}{Z} = 3 \times \dfrac{V_\ell^2}{Z}$ (Δ결선 $V_P = V_\ell$)

- Y결선 : $P_Y = 3 \times V_P \times I_P = 3 \times \dfrac{V_\ell}{\sqrt{3}} \times \dfrac{\dfrac{V_\ell}{\sqrt{3}}}{Z} = \dfrac{V_\ell^2}{Z}$ (Y결선 $V_P = \dfrac{V_\ell}{\sqrt{3}}$)

따라서, $P_\Delta = 3P_Y$이다.

정답 01 ④ 02 ②

03 코일에 흐르는 전류를 0.5[ms] 동안에 5[A]만큼 변화시킬 때 20[V]의 전압이 발생한다. 이 코일의 자기 인덕턴스[mH]는?

① 2　　　　② 4　　　　③ 6　　　　④ 8

> **해설**
> 유도기전력 $e = -L\dfrac{\Delta I}{\Delta t}$[V]이므로
> $20 = -L\dfrac{5}{0.5 \times 10^{-3}}$에서 $-2 \times 10^{-3} = -2$[mH]이다.
> 여기서, (−)는 전류의 방향을 의미하므로 무시한다.

04 막대모양의 철심이 있다. 단면적 0.25[m²], 길이 31.4[cm]이며 철심의 비투자율이 200이다. 이 철심의 자기저항은 약 몇 [AT/Wb]인가?(단, μ_0는 $4\pi \times 10^{-7}$[H/m]이다.

① 10,000　　　② 2,500　　　③ 3,140　　　④ 5,000

> **해설**
> 자기저항 $R = \dfrac{\ell}{\mu A}$[AT/Wb]이므로
> $R = \dfrac{31.4 \times 10^{-2}}{4\pi \times 10^{-7} \times 200 \times 0.25} = 4,997.47$[AT/Wb]

05 다음 중 가우스 정리를 이용하여 구하는 것은 무엇인가?

① 전하 간의 힘　　　　② 전장의 세기
③ 전장의 에너지　　　④ 전위

> **해설**
> 가우스의 정리(Gauss Theorem)를 통해 임의의 폐곡면 내의 전체 전하량 Q[C]가 있을 때 이 폐곡면을 통해서 나오는 전기력선의 총수 $\left(\dfrac{Q}{\varepsilon}\right)$를 구할 수 있다. 전기력선의 총수를 구의 표면적($4\pi r^2$)으로 나누어 주면, 전기력선의 밀도가 된다. 즉, 전기력선의 밀도를 수식으로 정리해 보면, $\dfrac{\dfrac{Q}{\varepsilon}}{4\pi r^2} = \dfrac{Q}{4\pi \varepsilon r^2}$으로 전기장의 세기와 같다.

06 전류를 흐르게 하는 능력을 무엇이라 하는가?

① 전기량　　　　② 저항
③ 기전력　　　　④ 중성자

> **해설**
> 기전력(Electromotive Force)은 전위차(= 전압)를 만들어 주는 힘을 말하며, 전위차(= 전압)에 의해서 전하의 이동이 발생하고 전류가 흐르게 된다.

정답 03 ①　04 ④　05 ②　06 ③

07 저항 16[Ω]과 유도 리액턴스 12[Ω]이 직렬로 접속된 회로에 400[V]의 교류 전압을 인가하는 경우 흐르는 전류[A]와 역률[%]은 각각 얼마인가?

① 20[A], 60[%]　　② 10[A], 80[%]　　③ 10[A], 60[%]　　④ 20[A], 80[%]

> **해설**
> $\dot{Z} = R + jX_L$, $|Z| = \sqrt{R^2 + X_L^2} = \sqrt{16^2 + 12^2} = 20[\Omega]$
> $I = \dfrac{V}{Z} = \dfrac{400}{20} = 20[A]$
> $\cos\theta = \dfrac{R}{|\dot{Z}|} = \dfrac{16}{20} = 0.8(=80\%)$

08 자기 인덕턴스가 각각 L_1과 L_2인 2개의 코일을 같은 방향으로 직렬 연결한 경우 합성 인덕턴스는?

① $L = L_1 + L_2 - M$
② $L = L_1 + L_2 - 2M$
③ $L = L_1 + L_2 + M$
④ $L = L_1 + L_2 + 2M$

> **해설**
> 두 코일이 접속되어 있을 때, 합성 인덕턴스는 다음과 같다.
> • 가동 접속 시(같은 방향연결) 합성 인덕턴스 $L_1 + L_2 + 2M$
> • 차동 접속 시(반대 방향연결) 합성 인덕턴스 $L_1 + L_2 - 2M$

09 같은 전구를 직렬로 접속했을 때와 병렬로 접속했을 때 어느 것이 더 밝겠는가?

① 직렬이 더 밝다.
② 병렬이 더 밝다.
③ 둘 다 밝기가 같다.
④ 직렬이 병렬보다 2배 더 밝다.

> **해설**
> • 전구의 밝기는 소비전력으로 계산할 수 있으므로, 소비전력 $P = \dfrac{V^2}{R}$에서 $P \propto \dfrac{1}{R}$이다.
> • 병렬로 연결할 때 전구의 합성저항이 직렬일 때보다 작으므로, 병렬로 연결할 때 전구의 밝기가 더 밝다.

10 전류 10[A], 전압 100[V], 역률 0.6인 단상부하의 전력은 몇 [W]인가?

① 800　　② 600　　③ 1,000　　④ 1,200

> **해설**
> 단상 소비전력 $P = VI\cos\theta = 100 \times 10 \times 0.6 = 600[W]$

11 4[μF]의 콘덴서에 4[kV]의 전압을 가하여 200[Ω]의 저항을 통해 방전시키면 이때 발생하는 에너지[J]는 얼마인가?

① 32　　② 16　　③ 8　　④ 40

> **해설**
> 콘덴서에 충전된 정전에너지가 저항을 통해 모두 방전되므로, 정전에너지는 저항에서 소비된 에너지와 같다.
> $W = \dfrac{1}{2}CV^2 = \dfrac{1}{2} \times 4 \times 10^{-6} \times (4 \times 10^3)^2 = 32[J]$

정답 07 ④　08 ④　09 ②　10 ②　11 ①

12 다음 그림에서 ( ) 안의 극성은?

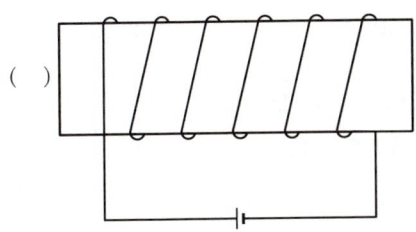

① N극과 S극이 교번한다. ② S극
③ N극 ④ 극의 변화가 없다.

> **해설**
> 앙페르의 오른나사 법칙에 의해 왼쪽으로 자력선 방향이 결정되므로, 왼쪽이 N극이 된다.
>
>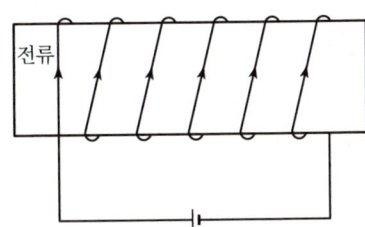

13 평균 빈지름이 10[cm]이고 감은 횟수 10회의 원형코일에 20[A]의 전류를 흐르게 하면 코일 중심의 자기장의 세기는?

① 10[AT/m] ② 20[AT/m] ③ 1,000[AT/m] ④ 2,000[AT/m]

> **해설**
> 원형코일 중심의 자기장의 세기
> $$H = \frac{NI}{2r} = \frac{10 \times 20}{2 \times 10 \times 10^{-2}} = 1,000[\text{AT/m}]$$

14 전압 200[V]이고 $C_1=10[\mu F]$, $C_2=5[\mu F]$의 콘덴서를 병렬로 접속하면 C_2의 분배되는 전압[V]은?

① 133.3 ② 66.7 ③ 200 ④ 100

> **해설**
> 다음 그림과 같이 콘덴서가 병렬로 접속되어 있으면, C_1, C_2에는 동일한 전압이 걸린다.
>
>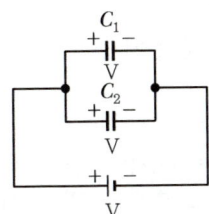

정답 12 ③ 13 ③ 14 ③

15 10[Ω]의 저항 5개를 접속하여 가장 최소로 얻을 수 있는 저항값은 몇 [Ω]인가?

① 2 ② 5 ③ 10 ④ 50

해설
저항은 직렬로 연결할수록 합성저항이 커지고 병렬로 연결할수록 합성저항이 작아지므로, 10[Ω]의 저항 5개를 모두 병렬로 연결하면 합성저항은 $\frac{10}{5}=2[\Omega]$이다.

16 RL 직렬회로에서 전압과 전류의 위상차는?

① $\tan^{-1}\frac{R}{\omega L}$ ② $\tan^{-1}\frac{\omega L}{R}$ ③ $\tan^{-1}\frac{R}{\sqrt{R^2+(\omega L)^2}}$ ④ $\tan^{-1}\frac{L}{R}$

해설
다음 그림과 같이 $\tan\theta=\frac{X_L}{R}=\frac{\omega L}{R}$ 이고, 위상차 $\theta=\tan^{-1}\frac{\omega L}{R}$ 이다.

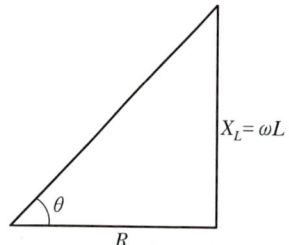

17 비정현파의 실횻값을 나타낸 것은?

① 최대파의 실횻값
② 각 고조파의 실횻값의 합
③ 각 고조파의 실횻값의 합의 제곱근
④ 각 고조파의 실횻값의 제곱의 합의 제곱근

해설
비정현파 교류의 실횻값은 직류분(V_0)과 기본파(V_1) 및 고조파($V_2, V_3, \cdots V_n$)의 실횻값의 제곱의 합을 제곱근한 것이다.
$V=\sqrt{V_0^2+V_1^2+V_2^2+\cdots+V_n^2}$ [V]

18 회로망이 임의의 접속점에 유입되는 전류는 $\sum I=0$이라는 법칙은?

① 키르히호프의 제1법칙 ② 키르히호프의 제2법칙
③ 패러데이 법칙 ④ 쿨롱의 법칙

해설
- 키르히호프의 제1법칙 : 회로 내의 임의의 접속점에서 들어가는 전류와 나오는 전류의 대수합은 0이다.
- 키르히호프의 제2법칙 : 회로 내의 임의의 폐회로에서 한쪽 방향으로 일주하면서 취할 때 공급된 기전력의 대수합은 각 지로에서 발생한 전압강하의 대수합과 같다.

정답 15 ① 16 ② 17 ④ 18 ①

19 외부 온도에 따라 저항값이 변하는 소자로서 수온센서 등과 같이 온도 감지용으로 사용되는 것은?

① 제너 다이오드　　② 터널 다이오드
③ 바리스터　　　　　④ 서미스터

해설
서미스터(Thermistor)
Thermally Sensitive Resistor의 합성어로, 온도 변화에 대해 저항값이 민감하게 변하는 저항기이다. 온도가 올라가면 저항값이 떨어지는 부성 온도 특성(NTC) 서미스터는 온도 감지기에 사용되는 일반적인 부품이고, 이와 반대로 온도가 올라가면 저항값도 올라가는 정온도 특성(PTC) 서미스터는 자기 가열(Self-Heating) 때문에 발열체 또는 스위칭 용도로 사용된다.

20 정상상태에서의 원자를 설명한 것으로 틀린 것은?

① 양성자와 전자의 극성은 같다.
② 원자는 전체적으로 보면 전기적으로 중성이다.
③ 원자를 이루고 있는 양성자의 수는 전자의 수와 같다.
④ 양성자 1개가 지니는 전기량은 전자 1개가 지니는 전기량과 크기가 같다.

해설
양성자와 전자의 극성은 반대이고, 정상상태일 때의 원자는 양성자와 전자의 수가 같아서 전기적인 중성상태이다.

21 권선형 유도전동기 2차 측에 저항을 넣는 이유는 무엇인가?

① 회전수 감소　　　　　② 기동전류 증대
③ 기동토크 감소　　　　④ 기동전류 감소와 기동토크 증대

해설
권선형 유도전동기의 기동법(2차 저항법)
비례추이의 원리에 의하여 큰 기동토크를 얻고 기동전류도 억제하여 기동한다. 또한, 속도제어가 가능하다.

22 병렬운전 중인 두 동기발전기의 유도기전력이 1,000[V], 위상차 90°, 동기리액턴스 100[Ω]이다. 유효순환전류는 약 몇 [A]인가?

① 5　　② 7　　③ 10　　④ 20

해설
병렬운전 조건 중 위상차가 발생하면, 유효순환전류(유효횡류)가 흐르므로, 유효순환전류를 계산하면,

$I_c = \dfrac{2E\sin\dfrac{\delta}{2}}{2Z_s} = \dfrac{2 \times 1,000 \times \sin\dfrac{90}{2}}{2 \times 100} = 7.07$[A]이다.

정답　19 ④　20 ①　21 ④　22 ②

23 단상 변압기의 2차 무부하전압이 240[V]이고, 정격부하 시의 2차 단자전압이 230[V]이다. 전압변동률은 약 몇 [%]인가?

① 4.35 ② 5.15 ③ 6.65 ④ 7.35

해설
전압변동률 $\varepsilon = \dfrac{V_o - V_n}{V_n} \times 100[\%]$ 이므로

$\varepsilon = \dfrac{240-230}{230} \times 100 = 4.35[\%]$

24 동기 발전기의 돌발 단락 전류를 주로 제한하는 것은?

① 누설 리액턴스 ② 동기 임피던스 ③ 권선 저항 ④ 동기 리액턴스

해설 동기 발전기의 지속 단락 전류와 돌발 단락 전류 제한
- 지속 단락 전류 : 동기 리액턴스 X_s로 제한되며 정격전류의 1~2배 정도이다.
- 돌발 단락 전류 : 누설 리액턴스 X_l로 제한되며, 대단히 큰 전류이지만 수 Hz 후에 전기자 반작용이 나타나므로 지속 단락 전류로 된다.

25 변류기 개방할 때 2차 측을 단락하는 이유는?

① 2차 측 절연보호 ② 2차 측 과전류 보호
③ 1차 측 과전류 보호 ④ 1차 측 과전압 방지

해설
계기용 변류기는 2차 전류를 낮게 하게 위하여 권수비($a = \dfrac{N_1}{N_2} = \dfrac{V_1}{V_2} = \dfrac{I_2}{I_1}$)가 매우 작으므로 2차 측을 개방하게 되면, 2차 측에 매우 높은 기전력이 유기되어 절연파괴의 위험이 있다. 즉, 2차 측을 절대로 개방해서는 안 된다.

26 20[kVA]인 단상 변압기 2대를 이용하여 V-V결선으로 3상 전력을 공급할 수 있는 최대전력은 몇 [kVA]인가?

① 20 ② 24 ③ 34.6 ④ 40

해설
V결선 시 출력 $P_v = \sqrt{3}\, P_1 = 20\sqrt{3} = 34.64[\text{kVA}]$

27 1차 전압이 13,200[V], 2차 전압 220[V]인 단상 변압기의 1차에 6,000[V]의 전압을 가하면 2차 전압은 몇 [V]인가?

① 100 ② 200 ③ 1,000 ④ 2,000

해설
권수비 $a = \dfrac{V_1}{V_2} = \dfrac{13,200}{220} = 60$ 이므로, 따라서, $V_2{}' = \dfrac{V_1{}'}{a} = \dfrac{6,000}{60} = 100[\text{V}]$이다.

정답 23 ① 24 ① 25 ① 26 ③ 27 ①

28 다이오드를 사용한 정류회로에서 다이오드를 여러 개 직렬로 연결하여 사용하는 경우의 설명으로 가장 옳은 것은?

① 다이오드를 과전류로부터 보호할 수 있다.
② 다이오드를 과전압으로부터 보호할 수 있다.
③ 부하출력의 맥동률을 감소시킬 수 있다.
④ 낮은 전압 전류에 적합하다.

> **해설**
> 역방향 전압이 직렬로 연결된 각 다이오드에 분배되어 인가되어 과전압에 대한 보호가 가능하다.

29 다음 중 전력 제어용 반도체 소자가 아닌 것은?

① LED
② TRIAC
③ GTO
④ IGBT

> **해설**
> LED(Light Emitting Diode) : 발광 다이오드
> Ga(갈륨), P(인), As(비소)를 재료로 하여 만들어진 반도체이다. 다이오드의 특성을 가지고 있으며, 전류를 흐르게 하면 붉은색, 녹색, 노란색으로 빛을 발한다.

30 동기 발전기의 병렬운전에서 기전력의 차가 발생할 경우 흐르는 전류는?

① 유효 횡류
② 유효순환전류
③ 동기화 전류
④ 무효순환전류

> **해설**
> 병렬운전조건 중 기전력의 크기가 다르면, 무효 횡류(무효순환전류)가 흐른다.

31 주파수 60[Hz]의 동기전동기가 4극일 때 동기속도는 몇 [rpm]인가?

① 3,600
② 1,800
③ 1,200
④ 900

> **해설**
> 동기전동기는 동기속도로 회전하므로, 동기속도 $N_s = \dfrac{120f}{P} = \dfrac{120 \times 60}{4} = 1,800[\text{rpm}]$

32 낮은 전압을 높은 전압으로 승압할 때 일반적으로 사용되는 변압기의 3상 결선방식은?

① $\Delta - \Delta$
② $\Delta - Y$
③ $Y - Y$
④ $Y - \Delta$

> **해설**
> • $\Delta - Y$: 승압용 변압기
> • $Y - \Delta$: 강압용 변압기

정답 28 ② 29 ① 30 ④ 31 ② 32 ②

33 분권전동기에 대한 설명으로 옳지 않은 것은?

① 토크는 전기자전류의 자승에 비례한다.
② 부하전류에 따른 속도 변화가 거의 없다.
③ 계자회로에 퓨즈를 넣어서는 안 된다.
④ 계자권선과 전기자권선이 전원에 병렬로 접속되어 있다.

해설

분권전동기는 전기자와 계자권선이 병렬로 접속되어 있고, 속도 $N = K_1 \dfrac{V - I_a R_a}{\phi}$, 토크 $\tau = K_2 \phi I_a$ 이다. 따라서, 단자전압이 일정하면 부하전류에 관계없이 자속이 일정하므로, 정속도 특성을 가지고 토크와 전기자전류는 비례한다. 또한, 계자전류가 0이 되면, 속도가 급격히 상승하여 위험하기 때문에 계자회로에 퓨즈를 넣어서는 안 된다.

34 다음은 3상 유도전동기 고정자 권선의 결선도를 나타낸 것이다. 맞는 사항을 고르면?

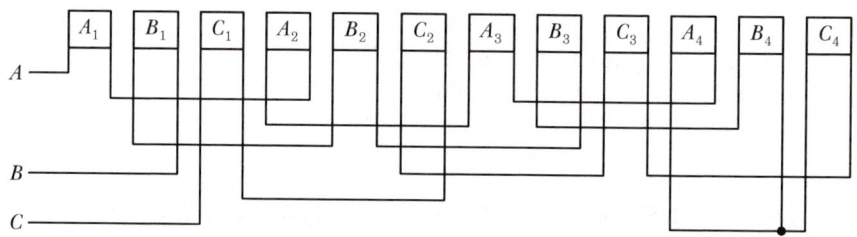

① 3상 2극, Y결선
② 3상 4극, Y결선
③ 3상 2극, △결선
④ 3상 4극, △결선

해설

권선이 3개(A, B, C)로 3상이며, 각 권선의 (A_1, A_2, A_3, A_4, …) 전류 방향이 변화하므로 4극, 각 권선의 끝(A_4, B_4, C_4)이 접속되어 있으므로 Y결선이다.

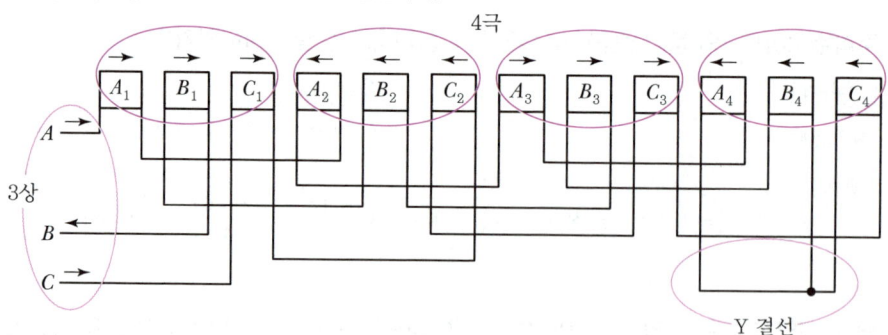

정답 33 ① 34 ②

35 3상 유도전동기의 회전 방향을 바꾸기 위한 방법으로 가장 옳은 것은?

① Y − Δ 결선으로 결선법을 바꾸어 준다.
② 전원의 전압과 주파수를 바꾸어 준다.
③ 전동기에 가해지는 3개의 단자 중 어느 2개의 단자를 서로 바꾸어 준다.
④ 기동 보상기를 사용하여 권선을 바꾸어 준다.

> **해설**
> 3상 유도전동기의 회전 방향을 바꾸기 위해서는 상회전 순서를 바꾸어야 하는데, 3상 전원 3선 중 두 선의 접속을 바꾼다.

36 주상변압기의 고압 측에 여러 개의 탭을 설치하는 이유는?

① 선로 고장대비
② 선로 전압조정
③ 선로 역률개선
④ 선로 과부하 방지

> **해설**
> 주상변압기의 1차 측의 5개의 탭을 이용하여 선로거리에 따른 전압강하를 보상하여 2차 측의 출력전압을 규정에 맞도록 조정한다.

37 다음 중 전기 용접기용 발전기로 가장 적당한 것은?

① 직류 직권형 발전기
② 직류 분권형 발전기
③ 가동 복권형 발전기
④ 차동 복권형 발전기

> **해설**
> 직류 차동 복권형 발전기는 수하특성을 가지므로 용접기용 전원으로 적합하다.

38 동기조상기를 부족 여자로 하여 운전하면 어떻게 되는가?

① 콘덴서로 작용
② 뒤진 역률 보상
③ 리액터로 작용
④ 저항손의 보상

> **해설**
> 동기조상기는 조상설비로 사용할 수 있다.
> • 여자가 약할 때(부족여자) : I가 V보다 지상(뒤짐) : 리액터 역할
> • 여자가 강할 때(과여자) : I가 V보다 진상(앞섬) : 콘덴서 역할

39 2극 3,600[rpm] 동기발전기로 병렬운전하려는 8극의 발전기의 회전수는 몇 [rpm]인가?

① 1,800　　② 1,200　　③ 900　　④ 600

> **해설**
> 병렬운전 조건 중 주파수가 같아야 하는 조건이 있으므로,
> • $N_s = \dfrac{120f}{P}$ 이므로, $f = \dfrac{P \cdot N_s}{120} = \dfrac{2 \times 3{,}600}{120} = 60[\text{Hz}]$ 이다.
> • 8극 발전기의 회전수 $N_s = \dfrac{120 \times 60}{8} = 900[\text{rpm}]$ 이다.

정답　35 ③　36 ②　37 ④　38 ③　39 ③

40 60[Hz]의 변압기에 50[Hz]의 같은 전압을 인가할 때, 철심 내의 자속밀도는 60[Hz]일 때의 몇 배인가?

① 0.8　　② 1.0　　③ 1.2　　④ 1.4

해설
- 변압기의 원리가 전자유도 작용이므로 권선에 유도되는 기전력 $E = 4.44fN\phi$[V]이다.
- 전압이 같으면 자속과 주파수는 반비례하고, 철심 단면적이 동일하므로 자속과 자속밀도는 같은 크기로 변화한다.

따라서, 주파수가 $\frac{5}{6}$배로 감소하면, 자속밀도는 $\frac{6}{5} = 1.2$배로 증가한다.

41 전선 구분 시 전선의 색상은 L1, L2, L3, N 순서대로 어떻게 되는가?

① L1 - 갈, L2 - 흑, L3 - 회, N - 청
② L1 - 갈, L2 - 회, L3 - 흑, N - 청
③ L1 - 흑, L2 - 회, L3 - 갈, N - 청
④ L1 - 흑, L2 - 청, L3 - 갈, N - 회

해설

상(문자)	색상
L1	갈색
L2	흑색
L3	회색
N	청색
보호도체(PE)	녹색 - 노란색

42 교통신호등 회로의 사용전압이 몇 [V]를 넘으면 전로에 지락이 생겼을 경우 자동적으로 전로를 차단하는 누전차단기를 시설하여야 하는가?

① 50　　② 100　　③ 150　　④ 200

해설
한국전기설비규정에 의해 교통신호등 회로의 사용전압이 150[V]를 넘는 경우에는 전로에 지락이 생겼을 경우 자동적으로 전로를 차단하는 누전차단기를 시설할 것

43 금속관 공사 시 박스나 캐비닛의 녹아웃의 지름이 관의 지름보다 클 때에 사용되는 접속기구는?

① 터미널 캡　　② 링 리듀서　　③ 엔트랜스 캡　　④ 유니버설

해설
링 리듀서 : 다음 그림과 같이 박스의 녹아웃 지름이 관의 지름보다 클 때 사용된다.

정답 40 ③　41 ①　42 ③　43 ②

44 평균 구면 광도 I[cd]의 전등에서 발산되는 전광속 수[lm]는?

① $4\pi I$ ② $2\pi I$ ③ πI ④ $4\pi r^2$

> **해설**
> 광도 I는 광원에서 어느 방향으로 향하는 단위 입체각 ω당 발산 광속 F를 의미한다. 즉, $I=\dfrac{F}{\omega}$이므로, 구면의 전광속 $F=\omega I=4\pi I$[lm]이다. 여기서, $\omega=4\pi$는 폐곡면 전체의 입체각을 의미한다.

45 차단기 문자 기호 중 "OCB"는?

① 진공 차단기 ② 기중 차단기
③ 자기 차단기 ④ 유입 차단기

> **해설**
> ① VCB ② ACB
> ③ MCB ④ OCB

46 래크(Rack) 배선은 어떤 곳에 사용되는가?

① 고압 가공선로 ② 고압 지중선로
③ 저압 지중선로 ④ 저압 가공선로

> **해설**
> **래크(Rack) 배선** : 저압 가공배전선로에서 전선을 수직으로 애자를 설치하는 배선

47 두 개의 접지막대와 눈금계와 계기와 도선을 연결하여 전환 스위치를 이용하여 검류계의 지시값을 "0"으로 하여 접지저항을 측정하는 방법은?

① 콜라우시 브리지 ② 켈빈 더블 브리지
③ 접지저항계 ④ 휘트스톤 브리지

> **해설**
> 접지저항계는 다음 그림과 같이 측정 접지극(E), 2개의 보조전극(P, C), 계기로 구성된다.
>
> 측정하는 순서는 측정 접지극(E)와 2개의 보조전극(P, C)를 도선으로 계기에 접속한다. 전환 스위치를 B(배터리)로하고 내장 전지의 극성을 확인한다. 전환 스위치를 V(전압)로 전환하여 E, P 간의 전압을 측정한다. 전환 스위치를 Ω(저항)으로 전환하고, 누름 스위치를 한 손으로 누르고 검류계의 지침이 "0"에 오도록 배율과 눈금판을 조절한다. 검류계의 지침이 "0"이 되면 그때의 눈금판의 값과 배율의 값을 곱하여 접지저항을 구한다.

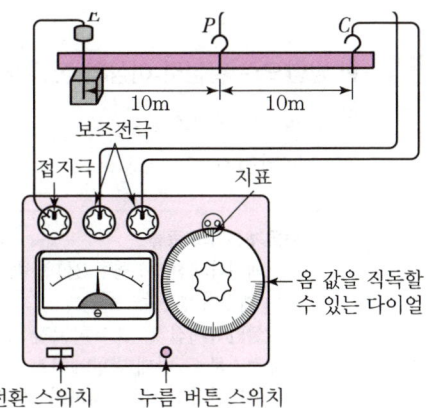

정답 44 ① 45 ④ 46 ④ 47 ③

48 전기저항이 작고, 부드러운 성질이 있어 구부리기가 용이하므로 주로 옥내 배선에 사용하는 구리선의 명칭은?

① 연동선　　　② 경동선　　　③ 합성연선　　　④ 중공연선

해설
① 연동선 : 경동선의 제조과정과 동일하게 상온에서 가공된 동선을 400℃로 다시 가열하여 서서히 식혀서 만든 전선으로 도전율은 상승하지만, 경도는 낮아지고 연한 특성을 가진다.
② 경동선 : 구리를 900℃로 가열하여 압연해서 만들어 냉각된 후에 상온에서 다이스로 원하는 굵기의 와이어로 만든 전선으로 도전율은 연동선에 97% 정도 되는 특성을 가진다.
③ 합성연선 : 2종 이상의 금속선을 꼬아서 만든 전선으로 강심 알루미늄 연선 등이 있다.
④ 중공연선 : 도체의 중심 부분에는 소선이 없고 외곽 부분에만 소선이 있는 전선으로 송전선로의 코로나 발생을 방지하기 위해 만든 전선이다.

49 수 · 변전 설비에서 계기용 변류기(CT)의 설치 목적은?

① 고전압을 저전압으로 변성　　　② 지락전류 측정
③ 선로전류 조정　　　　　　　　④ 대전류를 소전류로 변성

해설
계기용 변류기 : 대전류를 측정하기 위해 낮은 전류로 변성하기 위한 변압기로 2차 전류는 5[A]가 표준이다.

50 전선의 구비조건이 아닌 것은?

① 비중이 클 것　　　　　　② 가요성이 풍부할 것
③ 고유저항이 작을 것　　　④ 기계적 강도가 클 것

해설
전선의 구비조건
- 도전율이 크고, 기계적 강도가 클 것
- 신장률이 크고, 내구성이 있을 것
- 비중(밀도)이 작고, 가선이 용이할 것
- 가격이 저렴하고, 구입이 쉬울 것

51 한 방향으로 일정값 이상의 전류가 흘렀을 때 동작하는 계전기는?

① 선택지락계전기　　　　② 방향단락계전기
③ 차동계전기　　　　　　④ 거리계전기

해설
보호계전기의 종류
- 선택지락계전기 : 병행 2회선 중 한쪽의 회선에 지락사고 발생 시, 어느 회선에 사고가 발생하는가를 선택하는 계전기이다.
- 방향단락계전기 : 보호하고자 하는 방향(일정한 방향)에서 일정한 값 이상의 고장전류가 흐를 때 작동하는 계전기로 그 반대 방향에서는 고장전류가 흘러도 동작하지 않는다.
- 차동계전기 : 고장에 의하여 생긴 불평형의 전류차가 기준치 이상으로 되었을 때 동작하는 계전기이다. 변압기 내부 고장 검출용으로 주로 사용된다.
- 거리계전기 : 계전기가 설치된 위치로부터 고장점까지의 전기적 거리에 비례하여 한시로 동작하는 계전기이다.

정답 48 ①　49 ④　50 ①　51 ②

52 다음의 (　) 안에 알맞은 낱말은?

> 뱅크(Bank)란 전로에 접속된 변압기 또는 (　)의 결선 상 단위를 말한다.

① 차단기　　② 콘덴서　　③ 단로기　　④ 리액터

해설
뱅크(Bank)란 전로에 접속된 변압기 또는 콘덴서의 결선 상 단위를 말한다.

53 실내 전체를 균일하게 조명하는 방식으로 광원을 일정한 간격으로 배치하여 공장, 학교, 사무실 등에서 채용되는 조명방식은?

① 전반조명　　② 국부조명　　③ 직접조명　　④ 간접조명

해설
조명기구의 배치에 의한 분류
- 전반조명 : 작업면 전반에 균등한 조도를 가지게 하는 방식으로 광원을 일정한 높이와 간격으로 배치하며, 일반적으로 사무실, 학교, 공장 등에 채용된다.
- 국부조명 : 작업면의 필요한 장소만 고조도로 하기 위한 방식으로 그 장소에 조명기구를 밀집하여 설치하거나 스탠드 등을 사용한다. 이 방식은 밝고 어둠의 차이가 커서 눈부심을 일으키고 눈이 피로하기 쉬운 결점이 있다.
- 직접조명 : 광원의 하향 광속을 이용하는 방식으로 빛의 손실이 적고 효율은 높지만, 천장이 어두워지고 강한 그늘이 생기며 눈부심이 생기기 쉽다.
- 간접조명 : 광원에서 나오는 빛을 천장이나 벽에 반사시키는 방식으로 전체적으로 부드럽고 눈부심과 그늘이 적은 조명을 얻을 수 있다. 그러나 효율이 매우 나쁘고, 설비비가 많이 든다.

54 코드나 케이블 등을 기계기구의 단자 등에 접속할 때 몇 [mm²]가 넘으면 그림과 같은 터미널 러그(압착단자)를 사용하여야 하는가?

① 10　　② 6　　③ 4　　④ 2

해설
한국전기설비규정에 의해 기구단자가 누름나사형, 크램프형 또는 이와 유사한 구조로 된 것을 제외하고 단면적 6[mm²]를 초과하는 코드 및 캡타이어 케이블에는 터미널 러그를 부착해야 한다.

55 인입용 비닐절연전선의 약호(기호)는?

① VV　　② DV　　③ OW　　④ CVV

해설
① VV : 비닐절연 비닐시스 케이블
② DV : 인입용 비닐 절연 전선
③ OW : 옥외용 비닐 절연 전선
④ CVV : 비닐절연 비닐시스 제어 케이블

정답 52 ②　53 ①　54 ②　55 ②

56 480[V] 가공인입선이 철도를 횡단할 때 레일면상의 최저 높이는 몇 [m]인가?

① 4[m]　　② 4.5[m]　　③ 5.5[m]　　④ 6.5[m]

해설 인입선의 높이는 다음에 의할 것

구분	저압 인입선[m]	고압 및 특고압인입선[m]
도로 횡단	5	6
철도 궤도 횡단	6.5	6.5
기타	4	5

57 가공 전선로의 지지물에 시설하는 지선의 안전율은 얼마 이상이어야 하는가?

① 3.5　　② 3.0　　③ 2.5　　④ 1.0

해설 지선의 시공
- 지선의 안전율 2.5 이상, 허용 인장하중 최저 4.31[kN]
- 지선을 연선으로 사용할 경우, 3가닥 이상으로 2.6[mm] 이상의 금속선 사용

58 전기 배선용 도면을 작성할 때 사용하는 매입용 콘센트 도면 기호는?

①　　②　　③　　④

해설
① 매입용 콘센트　　② 비상조명등
③ 접지형 보안등　　④ 점검구

59 셀룰로이드, 성냥, 석유류 등 기타 가연성 위험물질을 제조 또는 저장하는 장소의 배선으로 틀린 것은?

① 금속관 배선
② 케이블 배선
③ 애자 공사
④ 2[mm] 이상 합성수지관(난연성 콤바인덕트관 제외) 공사

해설 위험물이 있는 곳의 공사 : 금속관 공사, 케이블 공사, 합성수지관 공사(두께 2[mm] 이상)에 의하여 시설한다.

60 금속덕트를 취급자 이외에는 출입할 수 없는 곳에서 수직으로 설치하는 경우 지지점 간의 거리는 최대 몇 [m] 이하로 하여야 하는가?

① 1.5　　② 2.0　　③ 3.0　　④ 6

해설 금속덕트를 조영재에 붙이는 경우에는 덕트의 지지점 간의 거리를 3[m](취급자 이외의 자가 출입할 수 없도록 설비한 곳에서 수직으로 붙이는 경우에는 6[m]) 이하로 하고 또한 견고하게 붙일 것

정답 56 ④　57 ③　58 ①　59 ③　60 ④

CHAPTER 24 2024년 제4회

01 다음은 전기력선의 성질이다. 틀린 것은?

① 전기력선은 서로 교차한다.
② 전기력선은 도체의 표면에 수직이다.
③ 전기력선의 밀도는 전기장의 크기를 나타낸다.
④ 전기력선은 양전하의 표면에서 나와 음전하의 표면에서 끝난다.

해설
전기력선은 서로 교차하지 않는다.

02 옴의 법칙에 의한 전압에 대한 설명으로 옳은 것은?

① 전류의 제곱에 비례한다.
② 저항과 전류의 곱에 비례한다.
③ 저항과 전류에 반비례한다.
④ 저항에 비례하고 전류에 반비례한다.

해설
옴(Ohm)의 법칙 $I = \dfrac{V}{R}$ 에서 전압($V = IR$)은 저항과 전류의 곱에 비례한다.

03 다음 중 비유전율이 가장 작은 것은?

① 공기
② 종이
③ 산화티탄
④ 운모

해설
비유전율 : 공기(1.0), 종이(2~2.5), 산화티탄(88~183), 운모(5~9)

04 30[μF]과 40[μF]의 콘덴서를 병렬로 접속한 후 100[V] 전압을 가했을 때 전 전하량은 몇 [C]인가?

① 17×10^{-4}
② 34×10^{-4}
③ 56×10^{-4}
④ 70×10^{-4}

해설
- 콘덴서가 병렬접속이므로, 합성 정전용량 $C = C_1 + C_2 = 30 + 40 = 70[\mu F]$
- 전 전하량 $Q = CV = 70 \times 10^{-6} \times 100 = 70 \times 10^{-4}[C]$

정답 01 ① 02 ② 03 ① 04 ④

05 납축전지의 전해액으로 사용되는 것은?

① 염화암모늄 용액　　② 묽은 황산
③ 수산화칼륨　　　　④ 염화나트륨

> **해설**
> 납축전지의 전해액은 묽은 황산(H_2SO_4)을 사용한다.

06 평등자계 B[Wb/m²] 속을 V[m/s]의 속도를 가진 전자가 움직일 때 받는 힘[N]은?

① $B^2 eV$　　　　② $\dfrac{eV}{B}$

③ BeV　　　　　④ $\dfrac{BV}{e}$

> **해설**
> 자기장 내에 작용하는 전자력 $F = B\ell I$ [N]이고,
> 전류 $I = \dfrac{Q}{t} = \dfrac{e}{t}$ 이므로,
> 대입하면 $F = B\ell \dfrac{e}{t} = Be \dfrac{\ell}{t} = BeV$ [N]이다.
> 여기서, $V = \dfrac{\ell}{t}$ [m/s]이다.

07 RLC 병렬공진회로에서 공진 주파수는?

① $\dfrac{1}{\pi\sqrt{LC}}$　　　② $\dfrac{1}{\sqrt{LC}}$

③ $\dfrac{2\pi}{\sqrt{LC}}$　　　④ $\dfrac{1}{2\pi\sqrt{LC}}$

> **해설**
> 공진 조건 $\dfrac{1}{X_C} = \dfrac{1}{X_L}$, $\omega C = \dfrac{1}{\omega L}$ 이므로
> 공진 주파수 $f_o = \dfrac{1}{2\pi\sqrt{LC}}$ 이다.

08 1차 전지로 가장 많이 사용되는 것은?

① 니켈-카드뮴전지　　② 연료전지
③ 망간건전지　　　　④ 납축전지

> **해설**
> 1차 전지는 재생할 수 없는 전지를 말하고, 2차 전지는 재생 가능한 전지를 말한다.

정답　05 ②　06 ③　07 ④　08 ③

09 그림의 브리지 회로에서 평형이 되었을 때의 C_x는?

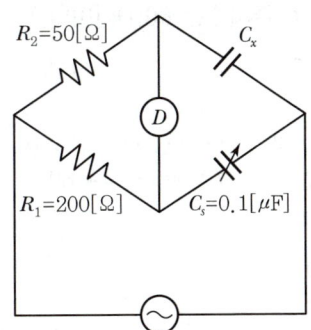

① $0.1[\mu F]$ ② $0.2[\mu F]$ ③ $0.3[\mu F]$ ④ $0.4[\mu F]$

> **해설**
> 평형조건은 $R_2 \times \dfrac{1}{\omega C_s} = R_1 \times \dfrac{1}{\omega C_x}$ 이므로
> $C_x = \dfrac{R_1}{R_2} \times C_s = \dfrac{200}{50} \times 0.1 = 0.4[\mu F]$

10 그림과 같이 회로의 저항값이 $R_1 > R_2 > R_3 > R_4$일 때 전류가 최소로 흐르는 저항은?

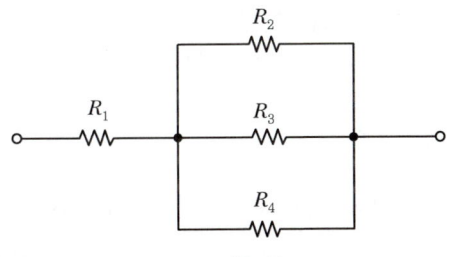

① R_1 ② R_2 ③ R_3 ④ R_4

> **해설**
> R_1에는 전체 전류가 흘러가므로 가장 큰 전류가 흐르며, 병렬로 연결된 저항 중에 가장 큰 저항에 최소의 전류가 흐르게 된다. 따라서, R_2에 흐르는 전류가 가장 작다.

11 $Q[C]$의 전기량이 도체를 이동하면서 한 일을 $W[J]$이라 했을 때 전위차 $V[V]$를 나타내는 관계식으로 옳은 것은?

① $V = QW$ ② $V = \dfrac{W}{Q}$ ③ $V = \dfrac{Q}{W}$ ④ $V = \dfrac{1}{QW}$

> **해설**
> 전위차 $V = \dfrac{W}{Q}[J/C][V]$

정답 09 ④ 10 ② 11 ②

12 $R=8[\Omega]$, $L=19.1[mH]$의 직렬회로에 5[A]가 흐르고 있을 때 인덕턴스(L)에 걸리는 단자 전압의 크기는 약 몇 [V]인가?(단, 주파수는 60[Hz]이다.)

① 12　　　② 25　　　③ 29　　　④ 36

해설

유도 리액턴스 $X_L = 2\pi f L = 2\pi \times 60 \times 19.1 \times 10^{-3} = 7.2[\Omega]$
인덕턴스에 걸리는 전압강하 $V_L = I X_L = 5 \times 7.2 = 36[V]$

13 진공의 투자율 μ_0[H/m]는?

① 6.33×10^4　　② 8.55×10^{-12}　　③ $4\pi \times 10^{-7}$　　④ 9×10^9

해설

진공의 투자율 : $\mu_0 = 4\pi \times 10^{-7}$[H/m]

14 10[Ω] 저항 10개를 직렬로 연결하였을 때의 합성저항은 병렬로 접속하였을 때의 몇 배인가?

① 10　　　② 50　　　③ 100　　　④ 1,000

해설

- 직렬로 접속 시 합성저항 : $10[\Omega] \times 10$개 $= 100[\Omega]$
- 병렬로 접속 시 합성저항 : $\dfrac{10[\Omega]}{10} = 1[\Omega]$

따라서, 직렬 합성저항은 병렬 합성저항에 100배이다.

15 1[kWh]는 몇 [J]인가?

① 0.6×10^3　　② 0.6×10^6　　③ 3.6×10^3　　④ 3.6×10^6

해설

$1[J] = 1[W \cdot sec]$이므로, $1[kWh] = 1,000[W] \times 3,600[sec] = 3,600,000[J]$

16 히스테리시스 곡선의 횡축과 종축은 각각 무엇을 나타내는가?

① 자기장의 세기와 자속밀도　　② 투자율과 자속밀도
③ 투자율과 잔류자기　　④ 자기장의 세기와 보자력

해설

히스테리시스 곡선(Hysteresis Loop)

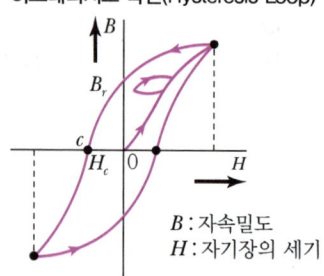

B : 자속밀도
H : 자기장의 세기

정답　12 ④　13 ③　14 ③　15 ④　16 ①

17 유효전력의 식으로 옳은 것은?(단, E는 전압, I는 전류, θ는 위상각이다.)

① $EI\cos\theta$
② $EI\sin\theta$
③ $EI\tan\theta$
④ EI

> 해설
> ② 무효전력
> ④ 피상전력

18 1상의 $R=12[\Omega]$, $X_L=16[\Omega]$을 직렬로 접속하여 선간전압 200[V]의 대칭 3상 교류전압을 가할 때의 역률은?

① 60[%] ② 70[%] ③ 80[%] ④ 90[%]

> 해설
> $\dot{Z} = R + jX_L = 12 + j16[\Omega]$
> $|\dot{Z}| = \sqrt{R^2+X^2} = \sqrt{12^2+16^2} = 20$
> 따라서, 역률 $\cos\theta = \dfrac{R}{Z} = \dfrac{12}{20} = 0.6$

19 코일에 5[A]의 전류가 흐를 때 25[J]의 에너지가 저장되어 있다면 코일에 자체 인덕턴스[H]는?

① 2 ② 3 ③ 4 ④ 5

> 해설
> 전자에너지 $W = \dfrac{1}{2}LI^2[J]$이므로,
> $L = \dfrac{2W}{I^2} = \dfrac{2 \times 25}{5^2} = 2[H]$

20 다음 전압과 전류의 위상차는 어떻게 되는가?

$$v = \sqrt{2}\,V\sin\left(\omega t - \dfrac{\pi}{3}\right)[V], \quad i = \sqrt{2}\,I\sin\left(\omega t - \dfrac{\pi}{6}\right)[A]$$

① 전류가 $\dfrac{\pi}{3}$만큼 앞선다.
② 전압이 $\dfrac{\pi}{3}$만큼 앞선다.
③ 전압이 $\dfrac{\pi}{6}$만큼 앞선다.
④ 전류가 $\dfrac{\pi}{6}$만큼 앞선다.

> 해설
> 전압의 위상은 $\dfrac{\pi}{3}$[rad]이고, 전류의 위상은 $\dfrac{\pi}{6}$[rad]이므로,
> 전류는 전압보다 $\dfrac{\pi}{6}$[rad] 앞선다.

정답 17 ① 18 ① 19 ① 20 ④

21 권선형 유도전동기의 회전자에 저항을 삽입하였을 경우 틀린 사항은?

① 기동전류가 감소된다.　　② 기동전압이 증가한다.
③ 역률이 개선된다.　　　　④ 기동토크가 증가한다.

> **해설**
> 권선형 유도전동기의 기동법 중 2차 측에 저항을 접속하는 2차 저항법은 비례추이의 원리에 의하여 큰 기동토크를 얻고 기동전류도 억제하여 기동시키는 방법이다.

22 회전자가 1초에 30회전을 하면 각속도[rad/s]는?

① 30π　　② 60π　　③ 90π　　④ 120π

> **해설**
> 각속도 $\omega = \dfrac{\theta}{t}$[rad/s]이고,
> 1회전 시 $\theta = 2\pi$[rad]이므로, 30회전 시 $\theta = 30 \times 2\pi = 60\pi$[rad]이다.
> 따라서, $\omega = \dfrac{60\pi}{1} = 60\pi$[rad/s]

23 출력 10[kW], 슬립 4[%]로 운전되는 3상 유도전동기의 2차 동손은 약 몇 [W]인가?

① 250　　② 315　　③ 417　　④ 620

> **해설**
> $P_2 : P_{2c} : P_o = 1 : S : (1-S)$ 이므로
> $P_{2c} : P_o = S : (1-S)$ 에서 P_{c2}에 대해 정리하면,
> $P_{2c} = \dfrac{S \cdot P_o}{(1-S)} = \dfrac{0.04 \times 10 \times 10^3}{(1-0.04)} = 417$[W]이 된다.

24 동기전동기의 전기자 전류가 최소일 때 역률은?

① 0.5　　② 0.707　　③ 0.866　　④ 1.0

> **해설**
> 동기전동기는 아래 그림과 같은 위상특성곡선을 가지고 있으므로, 어떤 부하에서도 전기자 전류가 최소일 때는 역률이 1.0이 된다.
>
>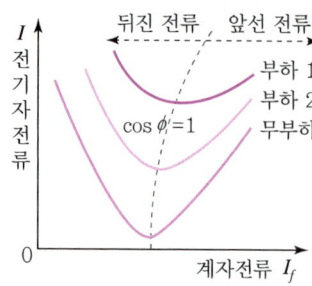

정답 21 ②　22 ②　23 ③　24 ④

25 동기기에서 사용되는 절연재료로 B종 절연물의 온도상승한도는 약 몇 [℃]인가?(단, 기준온도는 공기 중에서 40[℃]이다.)

① 65   ② 75   ③ 90   ④ 120

해설 절연체는 절연물의 최고사용온도로 분류된다.

절연물의 종류	최고허용온도[℃]
Y종	90
A종	105
E종	120
B종	130
F종	155
H종	180
C종	180 이상

따라서, B종 절연물의 최고허용온도는 130[℃]이므로 기준온도 40[℃]를 빼면 B종 절연물의 온도상승한도는 90[℃]가 된다.

26 다음 그림의 직류전동기는 어떤 전동기인가?

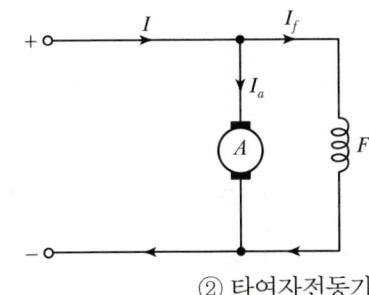

① 직권전동기   ② 타여자전동기
③ 분권전동기   ④ 복권전동기

해설 전기자와 계자가 병렬로 접속되어 있으므로 분권전동기이다.

27 직류발전기에서 자속을 만드는 부분은 어느 것인가?

① 정류자   ② 계자 철심
③ 회전자   ④ 공극

해설
- 정류자(Commutator) : 교류를 직류로 변환하는 부분
- 계자(Field Magnet) : 자속을 만들어 주는 부분
- 전기자(Armature) : 계자에서 만든 자속으로부터 기전력을 유도하는 부분

정답 25 ③ 26 ③ 27 ②

28 1차 전압 3,300[V], 2차 전압 220[V], 주파수 60[Hz]의 변압기가 있다. 이 변압기의 권수비는?

① 15 ② 220 ③ 3,300 ④ 7,260

> **해설**
> 권수비 $a = \dfrac{V_1}{V_2} = \dfrac{N_1}{N_2} = \dfrac{3,300}{220} = 15$

29 전기기계에서 와전류 손실(Eddy Current Loss)을 감소하기 위한 적합한 방법은?

① 교류전원을 사용한다.
② 보상권선을 설치한다.
③ 규소강판에 성층철심을 사용한다.
④ 냉각압연철심을 사용한다.

> **해설**
> • 규소강판 사용 : 히스테리시스손 감소
> • 성층철심 사용 : 와류손(맴돌이 전류손) 감소

30 3상 380[V], 60[Hz], 4극, 슬립 5[%], 55[kW] 유도전동기가 있다. 회전자 속도는 몇 [rpm]인가?

① 1,200 ② 1,526 ③ 1,710 ④ 2,280

> **해설**
> 동기속도 $N_s = \dfrac{120f}{P} = \dfrac{120 \times 60}{4} = 1,800[\text{rpm}]$
> 슬립 $S = \dfrac{N_s - N}{N_s}$에서 회전자 속도 $N = N_s - SN_s = 1,800 - 1,800 \times 0.05 = 1,710[\text{rpm}]$

31 다음 단상 유도전동기 중 기동토크가 큰 것부터 옳게 나열한 것은?

㉠ 반발 기동형	㉡ 콘덴서 기동형	㉢ 분상 기동형	㉣ 셰이딩 코일형

① ㉠ > ㉡ > ㉢ > ㉣
② ㉠ > ㉣ > ㉡ > ㉢
③ ㉠ > ㉢ > ㉣ > ㉡
④ ㉠ > ㉡ > ㉣ > ㉢

> **해설**
> 기동토크가 큰 순서 : 반발 기동형 → 콘덴서 기동형 → 분상 기동형 → 셰이딩 코일형

32 직류 분권발전기의 병렬운전의 조건에 해당하지 않는 것은?

① 극성이 같을 것
② 단자전압이 같을 것
③ 외부특성곡선이 수하특성일 것
④ 균압모선을 접속할 것

> **해설**
> **직류 분권발전기의 병렬운전의 조건**
> • 극성이 같을 것
> • 정격 전압이 일치할 것(단자전압이 같을 것)
> • 백분율 부하전류의 외부특성곡선이 일치할 것
> • 외부특성곡선이 수하특성일 것

정답 28 ① 29 ③ 30 ③ 31 ① 32 ④

33 직류발전기에서 급전선의 전압강하 보상용으로 사용되는 것은?

① 분권기
② 직권기
③ 과복권기
④ 차동복권기

> **해설**
> 과복권발전기는 부하와 발전기 사이가 멀어서 배전선의 저항에 의한 큰 전압강하가 생기는 경우에 쓰인다.

34 변압기 내부 고장에 대한 보호용으로 가장 많이 사용되는 것은?

① 과전류계전기
② 차동 임피던스
③ 비율차동계전기
④ 임피던스 계전기

> **해설**
> **변압기 내부 고장 보호용 계전기** : 부흐홀츠 계전기, 차동계전기, 비율차동계전기

35 다음 중 변압기의 냉각 방식 종류가 아닌 것은?

① 건식자냉식
② 유입자냉식
③ 유입예열식
④ 유입송유식

> **해설**
> **변압기의 냉각 방식**
> - 건식자냉식 : 변압기 본체가 공기에 의하여 자연적으로 냉각하는 방식
> - 건식풍냉식 : 건식자냉식 변압기를 송풍기 등으로 강제 냉각하는 방식
> - 유입자냉식 : 변압기 외함 속에 절연유를 넣어 발생한 열을 기름의 대류작용으로 외함 및 방열기에 전달하여 대기로 발산시키는 방식
> - 유입풍냉식 : 유입자냉식 변압기에 방열기를 설치함으로써 냉각효과를 더욱 증가시키는 방식
> - 유입송유식 : 변압기 외함 내에 들어 있는 기름을 펌프를 이용하여 외부에 있는 냉각장치로 보내어 냉각시켜서 다시 내부로 공급하는 방식

36 다음 중 단락비가 큰 동기발전기의 특징으로 옳은 것은?

① 동기 임피던스가 작다.
② 단락 전류가 작다.
③ 전압 변동률이 크다.
④ 전기자 반작용이 크다.

> **해설**
> **단락비가 큰 동기기(철기계)의 특징**
> - 동기 임피던스가 작고, 단락 전류가 크다.
> - 전기자 반작용이 작고, 전압 변동률이 작다.
> - 공극이 크고, 과부하 내량이 크다.
> - 기계의 중량이 무겁다.

정답 33 ③ 34 ③ 35 ③ 36 ①

37 동기전동기의 특징으로 옳지 않은 것은?

① 공극이 넓어 기계적으로 견고하다.
② 난조가 발생하기 쉽다.
③ 역률을 조정하기 힘들다.
④ 일정한 속도로 운전이 가능하다.

해설

동기전동기의 장단점

장점	단점
• 부하의 변화에 속도가 불변이다. • 역률을 임의로 조정할 수 있다. • 공극이 넓으므로 기계적으로 견고하다. • 공급전압의 변화에 대한 토크 변화가 작다. • 전부하 시에 효율이 양호하다.	• 직류 전원 장치가 필요하고, 가격이 비싸다. • 취급이 복잡하다.(기동 시) • 난조가 발생하기 쉽다.

38 유도전동기에서 슬립이 증가하면 증가하는 것은?

① 2차 출력
② 2차 효율
③ 2차 주파수
④ 회전속도

해설

- $P_2 : P_{2c} : P_o = 1 : S : (1-S)$에서 2차 출력(기계적 출력) $P_o = (1-S)P_2$이고, 2차 효율 $\eta_2 = \dfrac{P_o}{P_2} = 1-S$이므로, 슬립이 증가하면 2차 출력과 2차 효율은 감소한다.
- 2차 권선에 유도되는 기전력의 주파수(2차 주파수) $f_{2s} = Sf_1$이므로, 슬립이 증가하면 2차 주파수도 증가한다.
- 슬립 $S = \dfrac{N_s - N}{N_s}$에서 $N = (1-S)N_s$이므로, 슬립이 증가하면 속도는 감소한다.

39 아래 회로에서 부하에 최대 전력을 공급하기 위한 저항 R 및 콘덴서 C의 크기는?

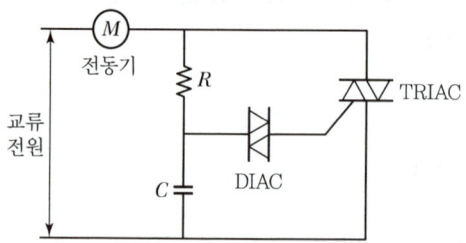

① R은 최대, C는 최대로 한다.
② R은 최소, C는 최소로 한다.
③ R은 최대, C는 최소로 한다.
④ R은 최소, C는 최대로 한다.

해설

- TRIAC을 사용하여 점호각를 다음 그림과 같이 $\theta_1 > \theta_2 > \theta_3$ 제어하여 출력 전류나 전압을 제어하는 제어정류회로이다.

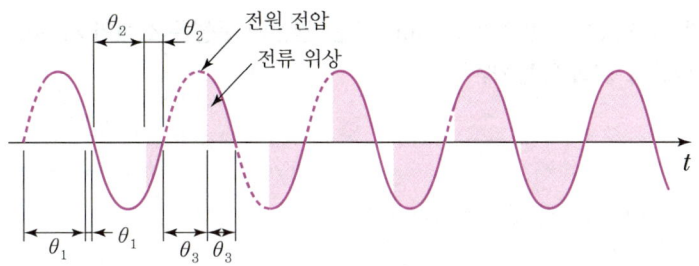

- *RC* 직렬회로의 시상수($\tau = RC$)를 조정하여 DIAC를 통해 트리거 펄스로 TRIAC를 점호하게 된다.
- 기동 시 점호각을 크게 하여 서서히 단계적으로 줄여 가면 부드러운 기동이 가능하다.
- 기동 시 *R*을 최대로 하면, 시상수가 커지므로 점호각이 최대로 되고, 서서히 *R*을 감소시켜 운전 시에는 *R*을 최소로 하여 시상수를 작게 하여 점호각을 최소로 만든다. 또한, 점호각이 최소가 될 때 최대전력을 공급할 수 있으므로 저항과 콘덴서를 최소로 한다.

40 단면적 14.4[cm²], 폭 3.2[cm]인 철심이 있다. 1장의 두께가 0.35[mm]인 철심의 점적률이 90[%]가 되기 위하여 철심은 몇 장이 필요한가?

① 162장 ② 72장 ③ 46장 ④ 143장

해설

전기기기의 철심은 와류손을 작게 하기 위해 각 철판 사이를 절연 처리하여 성층시킨다.
여기서, 철심의 점적률은 실제 철의 단면적 대비 유효면적의 비를 말한다.

따라서, 철심의 점적률 $= \dfrac{\text{유효면적}}{\text{실제 철의 단면적}} \times 100[\%]$

$90 = \dfrac{14.4}{3.2 \times 0.35 \times 10^{-1} \times \text{상수}} \times 100$ 에서 142.86장이므로 143장이 필요하다.

41 욕실 등 인체가 물에 젖어 있는 상태에서 물을 사용하는 장소에 콘센트를 시설하는 경우에 설치해야 하는 인체 보호용 누전차단기의 정격감도전류 및 동작시간은 각각 어떻게 되는가?

① 15[mA] 이하, 0.03초 ② 30[mA] 이하, 0.03초
③ 40[mA] 이하, 0.03초 ④ 50[mA] 이하, 0.03초

해설

욕조나 샤워시설이 있는 욕실 또는 화장실 등 인체가 물에 젖어 있는 상태에서 전기를 사용하는 장소에 콘센트를 시설하는 경우에는 인체감전보호용 누전차단기(정격감도전류 15[mA] 이하, 동작시간 0.03초 이하의 전류 동작형의 것에 한한다) 또는 절연변압기(정격용량 3[kVA] 이하인 것에 한한다)로 보호된 전로에 접속하거나, 인체감전보호용 누전차단기가 부착된 콘센트를 시설하여야 한다.

42 DV 전선의 명칭은 무엇인가?

① 인입용 비닐 절연전선 ② 옥외용 비닐 절연전선
③ 형광 방전등용 비닐 전선 ④ 450/750[V] 일반용 단심 비닐 절연전선

해설

① 인입용 비닐 절연전선 : DV
② 옥외용 비닐 절연전선 : OW

정답 40 ④ 41 ① 42 ①

43 인입용 비닐 절연전선의 공칭단면적이 8[mm²] 되는 연선의 구성은 소선의 지름이 1.2[mm]일 때 소선 수는 몇 가닥으로 되어 있는가?

① 3　　　② 4　　　③ 6　　　④ 7

> **해설**
> 소선 한 가닥의 단면적 : $\pi \times \left(\dfrac{1.2}{2}\right)^2 = 1.13[\text{mm}^2]$
> 소선 수 = $\dfrac{\text{연선 전체 단면적}}{\text{소선 한 가닥의 단면적}} = \dfrac{8}{1.13} ≒ 7$가닥

44 금속관 절단구에 대한 다듬기에 쓰이는 공구는?

① 리머　　　② 홀소　　　③ 프레셔 툴　　　④ 파이프 렌치

> **해설**
> ① 리머(Reamer) : 금속관을 쇠톱이나 커터로 끊은 다음, 관 안에 날카로운 것을 다듬는 공구
> ② 홀소(Hole Saw) : 원형 모양의 톱으로 드릴과 조합하여 구멍을 뚫는 공구
> ③ 프레셔 툴 : 커넥터 또는 터미널을 압착하는 공구
> ④ 파이프 렌치 : 금속관에 커플링 등을 끼울 때 금속관을 잡아주는 공구

45 피뢰기의 약호는?

① LA　　　② PF　　　③ SA　　　④ COS

> **해설**
> ① LA : 피뢰기
> ② PF : 전력용 퓨즈
> ③ SA : 서지흡수기
> ④ COS : 컷아웃 스위치

46 전선을 접속할 경우의 설명으로 틀린 것은?

① 접속 부분의 전기 저항이 증가되지 않아야 한다.
② 전선의 세기를 80[%] 이상 감소시키지 않아야 한다.
③ 접속 부분은 접속 기구를 사용하거나 납땜을 하여야 한다.
④ 알루미늄 전선과 동선을 접속하는 경우, 전기적 부식이 생기지 않도록 해야 한다.

> **해설**
> 전선의 세기를 20[%] 이상 감소시키지 않아야 한다. 즉, 전선의 세기를 80[%] 이상 유지해야 한다.

47 고압 가공전선로의 지지물 중 지선을 사용해서는 안 되는 것은?

① 목주　　　　　　　　　　② 철탑
③ A종 철주　　　　　　　　④ A종 철근콘크리트주

> **해설**
> 철탑은 자체적으로 기울어지는 것을 방지하기 위해 높이에 비례하여 밑면의 넓이를 확보하도록 만들어진다.

정답　43 ④　44 ①　45 ①　46 ②　47 ②

48 절연전선의 피복에 "15kV NRV"라고 표기되어 있다. 여기서 "NRV"는 무엇을 나타내는 약호인가?

① 형광등 전선
② 고무절연 폴리에틸렌시스 네온 전선
③ 고무절연 비닐시스 네온 전선
④ 폴리에틸렌 절연 비닐시스 네온 전선

해설
전선의 약호[N : 네온, R : 고무, E : 폴리에틸렌, C : 클로로프렌, V : 비닐]
- NRV : 고무절연 비닐시스 네온 전선
- NRC : 고무절연 클로로프렌시스 네온 전선
- NEV : 폴리에틸렌 절연 비닐시스 네온 전선

49 금속 전선관 공사에서 사용되는 후강 전선관의 규격이 아닌 것은?

① 16 　② 28 　③ 36 　④ 50

해설

구분	후강 전선관
관의 호칭	안지름의 크기에 가까운 짝수
관의 종류[mm]	16, 22, 28, 36, 42, 54, 70, 82, 92, 104 (10종류)
관의 두께	2.3 ~ 3.5[mm]

50 폭발성 분진이 있는 위험장소에 금속관 배선에 의할 경우 관 상호 및 관과 박스 기타의 부속품이나 풀박스 또는 전기기계기구는 몇 턱 이상의 나사 조임으로 접속하여야 하는가?

① 2턱 　② 3턱 　③ 4턱 　④ 5턱

해설
폭연성 분진 또는 화약류 분말이 존재하는 곳의 배선
- 저압 옥내배선은 금속 전선관 공사 또는 케이블 공사에 의하여 시설하여야 한다.
- 이동 전선은 접속점이 없는 0.6/1[kV] EP 고무절연 클로로프렌 캡타이어 케이블을 사용하고 또한 손상을 받을 우려가 없도록 시설할 것
- 관 상호 및 관과 박스 기타의 부속품이나 풀박스 또는 전기기계기구는 5턱 이상의 나사 조임으로 접속하는 방법, 기타 이와 동등 이상의 효력이 있는 방법에 의할 것

51 배선에 대한 다음 그림기호의 명칭은?

———

① 바닥 은폐 배선
② 천장 은폐 배선
③ 노출 배선
④ 지중 매설 배선

해설
옥내배선 심벌
① 바닥 은폐 배선 ------------
③ 노출 배선 ·················
④ 지중 매설 배선 —·—·—·—

정답 48 ③　49 ④　50 ④　51 ②

52 저압 인입선 공사 시 저압 가공인입선의 철도 또는 궤도를 횡단하는 경우 레일면상 몇 [m] 이상 시설하여야 하는가?

① 3.5
② 4.5
③ 5.5
④ 6.5

해설 인입선의 높이는 다음에 의할 것

구분	저압 인입선[m]	고압 및 특고압 인입선[m]
도로 횡단	5	6
철도 궤도 횡단	6.5	6.5
기타	4	5

53 플로어 덕트 공사의 설명 중 옳지 않은 것은?

① 덕트 상호 간 접속은 견고하고 전기적으로 완전하게 접속하여야 한다.
② 덕트의 끝부분은 막는다.
③ 덕트 및 박스 기타 부속품은 물이 고이는 부분이 없도록 시설하여야 한다.
④ 플로어 덕트는 접지공사를 생략하여도 된다.

해설 플로어 덕트는 접지공사를 하여야 한다.

54 폭연성 분진 또는 화약류의 분말이 전기설비가 발화원이 되어 폭발할 우려가 있는 곳에 시설하는 저압 옥내배선의 공사방법으로 가장 알맞은 것은?

① 금속관 공사
② 애자 공사
③ 가요전선관 공사
④ 합성수지관 공사

해설 폭연성 분진 또는 화약류 분말이 존재하는 곳의 배선
- 저압 옥내배선은 금속 공사 또는 케이블 공사에 의하여 시설
- 케이블 공사는 개장된 케이블 또는 미네랄 인슈레이션 케이블을 사용
- 이동전선은 0.6/1[kV] EP 고무절연 클로로프렌 캡타이어 케이블을 사용

55 지선의 중간에 넣는 애자는?

① 저압 핀 애자
② 구형애자
③ 인류애자
④ 내장애자

해설 지선애자 : 구형애자, 말굽애자, 옥애자라고 한다. 지선의 중간에 넣어 감전을 방지한다.

정답 52 ④ 53 ④ 54 ① 55 ②

56 고압 가공전선이 도로를 횡단하는 경우 전선의 지표상 최소 높이는?

① 2[m]　　　　　　　　　　　② 3[m]
③ 5[m]　　　　　　　　　　　④ 6[m]

> **해설**
> 저·고압 가공전선의 높이
> • 도로 횡단 : 6[m]
> • 철도 궤도 횡단 : 6.5[m]
> • 기타 : 5[m]

57 그림의 전자계전기 구조는 어떤 형의 계전기인가?

① 힌지형　　　　　　　　　　② 플런저형
③ 가동코일형　　　　　　　　④ 스프링형

> **해설**
> • 힌지(Hinge)형 : 도어(문)와 같은 형태
> • 플런저(Plunger)형 : 왕복운동(피스톤)과 같은 형태

58 저압 구내 가공인입전선으로 전선의 길이가 15[m]를 초과하는 경우 그 전선의 지름은 및 [mm] 이상을 사용하여야 하는가?

① 1.6　　　　② 2.0　　　　③ 2.6　　　　④ 3.2

> **해설**
> 가공인입선은 지름 2.6[mm](경간 15[m] 이하는 2[mm])의 경동선 또는 이와 동등 이상의 세기 및 굵기를 사용하며, 전선은 옥외용 비닐전선(OW), 인입용 절연전선(DV) 또는 케이블을 사용하여야 한다.

59 저압 옥내배선에서 합성수지관 공사 시 부속품 선정에 있어 관의 두께는 몇 [mm] 이상이어야 하는가?

① 2　　　　　② 3　　　　　③ 4　　　　　④ 5

> **해설**
> 합성수지관 공사 시 관의 두께는 2[mm] 이상이어야 한다.(단, 합성수지제 가요전선관은 제외)

정답　56 ④　57 ①　58 ③　59 ①

60 정션 박스 내에서 절연전선을 쥐꼬리 접속한 후 접속과 절연을 위해 사용되는 재료는?

① 링형 슬리브
② S형 슬리브
③ 터미널 러그
④ 와이어 커넥터

해설
와이어 커넥터 : 정션 박스 내에서 쥐꼬리 접속 후 사용되며, 납땜과 테이프 감기가 필요 없다.

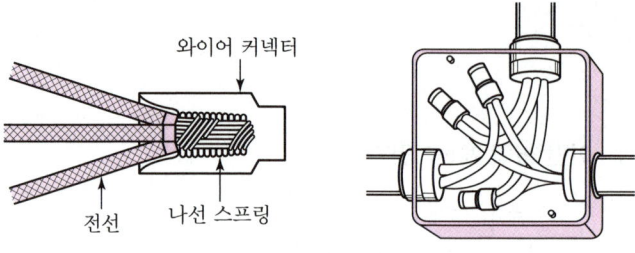

정답 60 ④

CHAPTER 25

2025년 제1회

01 $v = 100\sqrt{2}\sin\left(\omega t + \frac{\pi}{2}\right)$의 교류전압을 페이저(Phasor) 형식으로 맞게 변환한 것은?

① -100 ② 100 ③ $-100j$ ④ $100j$

해설

$v = 100\sqrt{2}\sin\left(\omega t + \frac{\pi}{2}\right)$에서 실횻값 100[V], 위상차는 $\frac{\pi}{2}$[rad]이므로,

극좌표 형식은 $v = V\angle\theta = 100\angle 90°$이고,
복소수 형식은 $v = V\cos\theta + Vj\sin\theta = 100\cos 90° + 100j\sin 90° = 100j$[V]이다.

[참고] 페이저(Phasor) : 시간에 대한 진폭, 위상, 주기가 불변인 정현파 함수를 복소수 형태로 변환하여 복잡한 삼각함수 연산을 간단히 계산할 수 있는 표시 형식이다. 표시 형식은 극좌표 형식, 복소수 형식, 지수함수 형식이 있다.

02 자기 인덕턴스가 L_1, L_2인 두 코일을 서로 간섭이 없도록 직렬로 연결했을 때 합성 인덕턴스는?

① $L_1 + L_2$
② $\sqrt{L_1 L_2}$
③ $L_1 + L_2 + 2M$
④ $L_1 + L_2 - 2M$

해설

합성 인덕턴스는 $L_1 + L_2 \pm 2M$이고, 두 코일이 서로 간섭이 없으면 쇄교자속이 없으므로 결합계수 $k=0$이다. 즉, 상호 인덕턴스 $M=0$이므로, 합성 인덕턴스는 $L_1 + L_2$이다.

03 평균 반지름이 r[m]이고, 감은 횟수가 N인 환상 솔레노이드에 전류 I[A]가 흐를 때 내부의 자기장의 세기 H[AT/m]는?

① $H = \frac{NI}{2\pi r}$
② $H = \frac{NI}{2r}$
③ $H = \frac{2\pi r}{NI}$
④ $H = \frac{2r}{NI}$

해설

환상 솔레노이드에 의한 자기장의 세기는 $H = \frac{NI}{2\pi r}$이다.

04 5×10^{-6}[Wb]의 자속이 단면적 10[cm²], 투자율이 1,000인 철심을 통과할 때 자속밀도[Wb/m²]는?

① 5×10^{-3}
② 5×10^{-2}
③ 2×10^{-2}
④ 2×10^{-3}

정답 01 ④ 02 ① 03 ① 04 ①

> **해설**
> 자성체 내에서 주위 매질의 종류(투자율)에 관계없이 m[Wb]의 자하에서 m개의 역선이 나온다고 가정한 것을 자속 ϕ[Wb]이라 하고, 이 자속을 단위 면적 A[m²]로 계산한 것이 자속밀도 B[Wb/m²]이므로,
> $B = \dfrac{\phi}{A} = \dfrac{5 \times 10^{-6}}{10 \times 10^{-4}} = 5 \times 10^{-3}$ [Wb/m²]이다.

05 전압 $v = 100\cos\left(\omega t - \dfrac{\pi}{6}\right)$[V]보다 위상이 $\dfrac{\pi}{3}$[rad] 만큼 뒤지고 실횻값이 10[A]인 전류를 표현한 것은?

① $i = 10\sin\left(\omega t + \dfrac{\pi}{3}\right)$[A]
② $i = 10\sin\left(\omega t + \dfrac{\pi}{2}\right)$[A]
③ $i = 14.14\sin\left(\omega t - \dfrac{\pi}{3}\right)$[A]
④ $i = 14.14\sin\omega t$[A]

> **해설**
> 전류의 실횻값이 10[A]이고, 전압보다 $\dfrac{\pi}{3}$[rad] 뒤지므로,
> $i = 10\sqrt{2}\cos\left(\omega t - \dfrac{\pi}{6} - \dfrac{\pi}{3}\right) = 10\sqrt{2}\cos\left(\omega t - \dfrac{\pi}{2}\right)$[A]이고,
> cos 함수는 sin 함수보다 $\dfrac{\pi}{2}$[rad] 앞서므로, $\cos\omega t = \sin\left(\omega t + \dfrac{\pi}{2}\right)$이다.
> 전류를 sin 함수로 변환하면, $i = 10\sqrt{2}\sin\omega t$[A]가 된다.

06 어떤 콘덴서 C[F]에 W[J]의 에너지를 축적하기 위해서는 몇 [V]의 충전전압이 필요한가?

① $\sqrt{\dfrac{W}{2C}}$
② $\sqrt{2WC}$
③ $\sqrt{\dfrac{2W}{C}}$
④ $\sqrt{\dfrac{WC}{2}}$

> **해설**
> 정전에너지 $W = \dfrac{1}{2}CV^2$[J]이므로, 충전전압 $V = \sqrt{\dfrac{2W}{C}}$ [V]이다.

07 권수가 150인 코일에서 2초간에 1[Wb]의 자속이 변화한다면, 코일에 발생되는 유도기전력의 크기는 몇 [V]인가?

① 50　　　② 75　　　③ 100　　　④ 150

> **해설**
> 유도기전력 $e = -N\dfrac{\Delta\phi}{\Delta t} = -150 \times \dfrac{1}{2} = -75$[V]

정답 05 ④　06 ③　07 ②

08 전하의 성질에 대한 설명 중 옳지 않은 것은?

① 전하는 가장 안정한 상태를 유지하려는 성질이 있다.
② 같은 종류의 전하끼리는 흡인하고 다른 종류의 전하끼리는 반발한다.
③ 낙뢰는 구름과 지면 사이에 모인 전기가 한꺼번에 방전되는 현상이다.
④ 대전체의 영향으로 비대전체에 전기가 유도된다.

해설 전하의 성질 중 같은 종류의 전하끼리는 반발하고, 다른 종류의 전하는 서로 흡인한다.

09 $R_1[\Omega]$, $R_2[\Omega]$, $R_3[\Omega]$의 저항 3개를 직렬 접속했을 때의 합성저항[Ω]은?

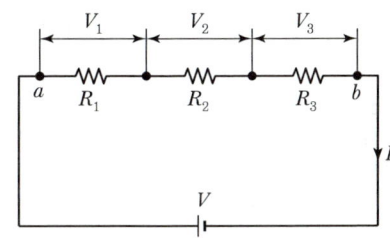

① $R = \dfrac{R_1 \cdot R_2 \cdot R_3}{R_1 + R_2 + R_3}$
② $R = \dfrac{R_1 + R_2 + R_3}{R_1 \cdot R_2 \cdot R_3}$
③ $R = R_1 \cdot R_2 \cdot R_3$
④ $R = R_1 + R_2 + R_3$

해설 저항의 직렬 연결 시 합성저항은 모두 합하여 구한다.

10 환상 솔레노이드에 감겨진 코일(L)의 성질에 대한 설명으로 틀린 것은?

① 자체 인덕턴스는 코일의 권수에 비례한다.
② 자체 인덕턴스는 솔레노이드의 투자율에 비례한다.
③ 자체 인덕턴스는 코일에 흐르는 전류에 반비례한다.
④ 자체 인덕턴스는 코일의 자속 쇄교수에 비례한다.

해설
- 자체 인덕턴스 $L = \dfrac{\mu A N^2}{\ell}$[H]이므로, 권수의 제곱에 비례하고, 투자율에 비례한다.
- 자체 인덕턴스 $L = \dfrac{N\phi}{I}$이므로, 코일에 흐르는 전류에 반비례하고, 자속 쇄교수에 비례한다.

11 똑같은 저항 4개를 연결했을 때 가장 큰 저항값과 가장 작은 저항값은 몇 배 차이인가?

① 16배 ② 8배 ③ 4배 ④ 2배

정답 08 ② 09 ④ 10 ① 11 ①

> **해설**
> - 직렬 접속 시 가장 큰 합성저항값이므로, $R_s = 4R$
> - 병렬 접속 시 가장 작은 합성저항값이므로, $R_p = \dfrac{R}{4}$
>
> 따라서 $\dfrac{R_s}{R_p} = \dfrac{4R}{\dfrac{R}{4}} = 16$배

12 전기 냉동기나 전자 냉열 장치에 이용되는 현상으로 두 금속을 접속하여 전류를 흘리면, 줄열 외에 그 접점에서 열의 발생 또는 흡수가 일어나는 현상은?

① 줄 효과 ② 홀 효과
③ 제벡 효과 ④ 펠티에 효과

> **해설**
> **펠티에 효과(Peltier Effect)**
> 서로 다른 두 종류의 금속을 접속하고 한쪽 금속에서 다른 쪽 금속으로 전류를 흘리면 열의 발생 또는 흡수가 일어나는 현상을 말한다.

13 1[m] 도선의 저항이 20[Ω]이다. 이 도선을 고르게 2[m]로 늘리면 저항은 몇 [Ω]이 되는가?(단, 도선의 체적은 일정하다.)

① 20 ② 40 ③ 60 ④ 80

> **해설**
> - 도선의 체적 = 단면적(A) × 길이(ℓ)이므로, 체적을 일정하게 하고 길이를 n배로 늘리면 단면적은 $\dfrac{1}{n}$배로 감소한다.
> - 도선의 저항 $R = \rho \dfrac{\ell}{A}$이므로, 2배로 늘린 후의 저항 $R' = \rho \dfrac{2\ell}{\dfrac{A}{2}} = 4 \times \rho \dfrac{\ell}{A} = 4 \times 20 = 80[\Omega]$이다.

14 20시간 동안 점등하는 60[W] 전등이 10개 있다. 사용 전력량[kWh]은?

① 0.6 ② 1.2 ③ 6 ④ 12

> **해설**
> 사용 전력량 : 60[W] × 10개 × 20시간 = 12,000[Wh] = 12[kWh]

15 전류계의 측정범위를 확대시키기 위하여 전류계와 병렬로 접속하는 것은?

① 분류기 ② 배율기
③ 검류계 ④ 전위차계

정답 12 ④ 13 ④ 14 ④ 15 ①

해설	
분류기(Shunt)	배율기(Multiplier)
전류계의 측정범위를 확대시키기 위해 전류계와 병렬로 접속하는 저항기	전압계의 측정범위를 확대시키기 위해 전압계와 직렬로 접속하는 저항기
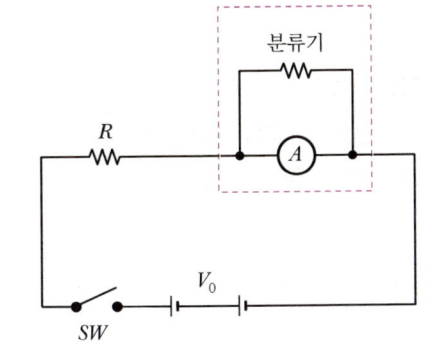	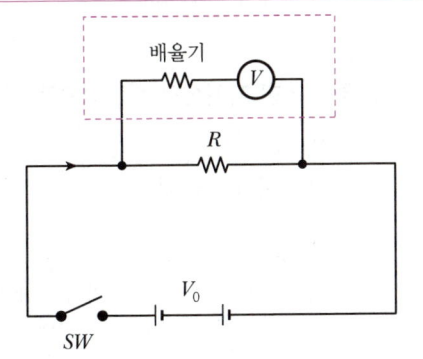

16 $C_1 = 5[\mu F]$, $C_2 = 10[\mu F]$의 콘덴서를 직렬로 접속하고 직류 30[V]를 가했을 때 C_1의 양단의 전압 [V]은?

① 5 ② 10 ③ 20 ④ 30

해설
아래 회로와 같이 콘덴서를 직렬로 연결할 경우 각각의 콘덴서에 축적되는 전하량(Q)은 동일하고, $V = V_1 + V_2$의 관계가 있다.

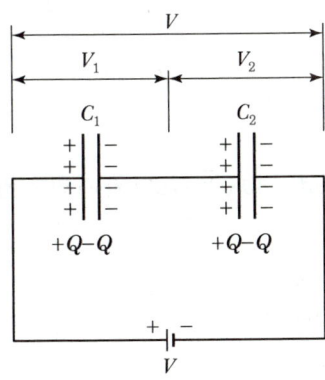

따라서, $Q = CV$에서 각각의 분배되는 전압(V)은 정전용량(C)에 반비례하게 분배되므로,
C_1의 양단 전압 $V_1 = \dfrac{C_2}{C_1 + C_2} V = \dfrac{10}{5+10} \times 30 = 20[V]$이다.

17 $v = V_m \sin\left(\omega t + \dfrac{\pi}{6}\right)$[V]인 사인파 교류에서 최댓값과 순시값이 같게 되는 ωt는 몇 도인가?

① 30° ② 45° ③ 60° ④ 90°

정답 16 ③ 17 ③

> 해설

최댓값=순시값에서 $V_m = V_m \sin\left(\omega t + \frac{\pi}{6}\right)$이고, $\sin\left(\omega t + \frac{\pi}{6}\right) = 1$이다.
호도법에 따라 $\pi = 180°$이고, $\sin 90° = 1$이므로, $\sin(\omega t + 30°) = 1$
따라서, $\omega t = 60°$이다.

18 전류에 의한 자기장과 직접적으로 관련이 없는 것은?

① 줄의 법칙
② 플레밍의 왼손 법칙
③ 비오-사바르의 법칙
④ 앙페르의 오른나사 법칙

> 해설

① 줄의 법칙 : 전류의 발열작용
② 플레밍의 왼손 법칙 : 자기장 내에 있는 도체에 전류에 의한 힘의 방향과 크기 결정
③ 비오-사바르의 법칙 : 전류에 의한 자기장의 세기를 구하는 법칙
④ 앙페르의 오른나사 법칙 : 전류에 의해 만들어지는 자기장의 방향 결정

19 평형 3상 교류회로에서 Δ결선할 때, 선전류 I_ℓ과 상전류 I_P와의 관계로 옳은 것은?

① $I_\ell = I_P$
② $I_\ell = \sqrt{3}\, I_P$
③ $I_\ell = \dfrac{I_P}{\sqrt{3}}$
④ $I_\ell = 3I_P$

> 해설

Y결선 : 성형 결선	Δ결선 : 삼각 결선
$V_\ell = \sqrt{3}\, V_P$	$V_\ell = V_P$
$I_\ell = I_P$	$I_\ell = \sqrt{3}\, I_P$

20 $R=4[\Omega]$, $\omega L=3[\Omega]$의 직렬회로에 $V = 100\sqrt{2}\sin\omega t + 30\sqrt{2}\sin 3\omega t$[V]의 전압을 가할 때 전력은 약 몇 [W]인가?

① 1,170[W]
② 1,563[W]
③ 1,637[W]
④ 2,116[W]

> 해설

기본파에 대한 임피던스를 Z_1, 제3고조파에 대한 임피던스를 Z_3라 하면
$Z_1 = \sqrt{R^2 + (\omega L)^2} = \sqrt{4^2 + 3^2} = 5[\Omega]$
$Z_3 = \sqrt{R^2 + (3\omega L)^2} = \sqrt{4^2 + (3\times 3)^2} = \sqrt{97}\,[\Omega]$이고,
기본파에 대한 전류의 실횻값을 I_1, 제3고조파에 대한 전류의 실횻값을 I_3라 하면
$I_1 = \dfrac{V_1}{Z_1} = \dfrac{100}{5} = 20[A]$, $I_3 = \dfrac{V_3}{Z_3} = \dfrac{30}{\sqrt{97}}$[A]이므로,
$P = V_1 I_1 \cos\theta_1 + V_2 I_2 \cos\theta_2 = 100 \times 20 \times \dfrac{4}{\sqrt{3^2 + 4^2}} + 30 \times \dfrac{30}{\sqrt{97}} \times \dfrac{4}{\sqrt{4^2 + 9^2}} = 1,637[W]$

정답 18 ① 19 ② 20 ③

21 비돌극형 동기발전기의 단자전압(1상)을 V, 유도기전력(1상)을 E, 동기 리액턴스를 X_s, 부하각을 δ라고 하면, 1상의 출력[W]은?(단, 전기자 저항 등은 무시한다.)

① $\dfrac{EV}{X_s} \sin \delta$
② $\dfrac{E^2 V}{2X_s} \cos \delta$
③ $\dfrac{EV}{X_s} \cos \delta$
④ $\dfrac{E^2}{2X_s} \sin \delta$

> **해설**
> 동기발전기의 출력은 $P = \dfrac{EV}{X_s} \sin \delta$[W]이다.

22 변압기유의 구비 조건으로 옳지 않은 것은?

① 절연내력이 클 것
② 비열이 클 것
③ 응고점이 높을 것
④ 인화점이 높을 것

> **해설**
> **변압기 기름의 구비조건**
> • 절연내력이 클 것
> • 비열이 커서 냉각 효과가 클 것
> • 인화점이 높을 것
> • 응고점이 낮을 것
> • 절연 재료 및 금속에 접촉하여도 화학 작용을 일으키지 않을 것
> • 고온에서 석출물이 생기거나, 산화하지 않을 것

23 동기발전기의 전기자 권선을 단절권으로 하는 이유는?

① 고조파를 제거한다.
② 기전력이 높아진다.
③ 절연이 잘된다.
④ 역률이 좋아진다.

> **해설**
> 동기발전기의 전기자 권선을 단절권으로 하면, 고조파를 제거해서 파형이 개선되고, 코일단이 짧게 되어 동의 양이 적게 든다.

24 변압기의 무부하손에서 가장 큰 손실을 차지하는 것은?

① 계자권선의 저항손
② 전기자 권선의 저항손
③ 철손
④ 풍손

> **해설**
> 무부하손=철손+유전체손+표유부하손이고,
> 유전체손과 표유부하손은 대단히 작으므로 보통 무시한다.

정답 21 ① 22 ③ 23 ① 24 ③

25 동기전동기의 특징으로 옳지 않은 것은?

① 별도의 기동장치가 필요 없으므로 가격이 싸다.
② 전부하 효율이 양호하다.
③ 부하가 변하여도 같은 속도로 운전할 수 있다.
④ 부하의 역률을 조정할 수 있다.

> **해설**
> **동기전동기의 장단점**
>
> | 장점 | 단점 |
> |---|---|
> | • 부하의 변화에 속도가 불변이다.
• 역률을 임의로 조정할 수 있다.
• 공극이 넓으므로 기계적으로 견고하다.
• 공급전압의 변화에 대한 토크 변화가 작다.
• 전부하 시에 효율이 양호하다. | • 직류 전원 장치가 필요하고, 가격이 비싸다.
• 별도의 기동장치가 필요하다.
• 난조가 발생하기 쉽다. |

26 보극이 없는 직류기 운전 중 중성점의 위치가 변하지 않는 경우는?

① 과부하 ② 전부하
③ 중부하 ④ 무부하

> **해설**
> 전기자 반작용은 부하를 연결했을 때 전기자 전류(부하전류)에 의한 기자력이 주 자속에 영향을 주는 것이므로, 무부하 시에는 전기자 전류가 없으므로 중성점의 위치가 변하지 않는다.

27 다음의 변압기 극성에 관한 설명에서 틀린 것은?

① 우리나라는 감극성이 표준이다.
② 1차와 2차 권선에 유기되는 전압의 극성이 서로 반대이면 감극성이다.
③ 3상 결선 시 극성을 고려해야 한다.
④ 병렬운전 시 극성을 고려해야 한다.

> **해설**
> 그림과 같이 1차 전압과 2차 유도전압의 극성이 서로 같으면 감극성이고, 반대이면 가극성이다.
>
>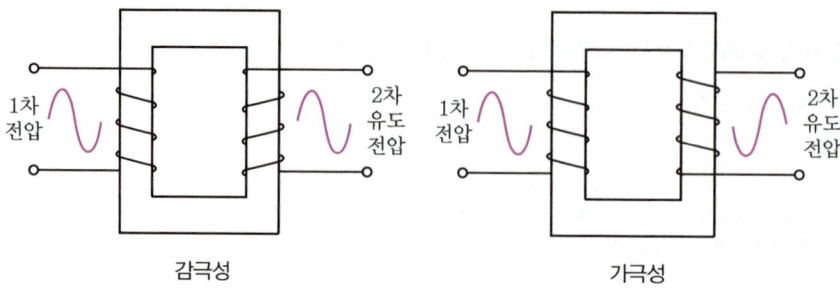
>
> 감극성   가극성

정답 25 ① 26 ④ 27 ②

28 동기발전기의 병렬운전에서 같지 않아도 되는 것은?

① 파형 ② 위상
③ 주파수 ④ 전류

해설
동기발전기의 병렬운전 조건
- 기전력의 크기가 같을 것
- 기전력의 위상이 같을 것
- 기전력의 주파수가 같을 것
- 기전력의 파형이 같을 것

29 계자권선이 전기자와 접속되어 있지 않은 직류기는?

① 직권기 ② 분권기
③ 복권기 ④ 타여자기

해설
타여자기는 계자권선과 전기자권선이 분리되어 있다.

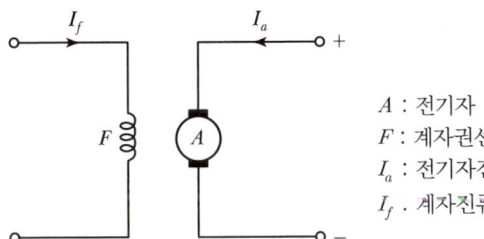

A : 전기자
F : 계자권선
I_a : 전기자전류
I_f : 계자전류

30 단상 유도전압조정기의 단락권선의 역할은?

① 절연 보호 ② 철손 경감
③ 전압강하 경감 ④ 전압조정 수월

해설
유도전압조정기는 1차 권선, 2차 권선의 자기적인 결합 관계를 가변으로 하여 2차 유도 전압을 바꾸어서 연속적으로 출력 전압을 조정할 수 있는 장치이다.

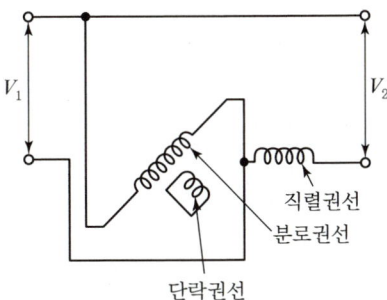

단락권선의 역할은 부하 전류에 의한 직렬권선의 직각 기자력을 없애, 누설 리액턴스를 줄여 전압강하를 경감시킨다.

정답 28 ④ 29 ④ 30 ③

31 정격속도로 운전하는 무부하 직류 분권발전기의 단자전압을 바꾸려면 어떤 저항을 조절하는가?

① 전기자저항　　　　　　　　② 계자저항
③ 기동저항　　　　　　　　　④ 부하저항

> **해설**
> 직류발전기의 유도기전력 $E = \dfrac{P}{a}Z\phi\dfrac{N}{60}$ [V]이므로,
> 단자전압을 바꾸려면 계자저항을 조절하여 자속 ϕ를 변화시켜야 한다.

32 다음 사이리스터 중 3단자 형식이 아닌 것은?

① SCR　　　② GTO　　　③ DIAC　　　④ TRIAC

> **해설**
> • 3단자 소자 : SCR, GTO, TRIAC 등
> • 2단자 소자 : DIAC, SSS, Diode 등

33 주파수 60[Hz]의 회로에 접속되어 슬립 3[%], 회전수 1,164[rpm]으로 회전하고 있는 유도전동기의 극수는?

① 4　　　② 6　　　③ 8　　　④ 10

> **해설**
> 슬립 $S = \dfrac{N_s - N}{N_s}$ 이므로, $0.03 = \dfrac{N_s - 1{,}164}{N_s}$ 에서 $N_s = 1{,}200$[rpm]이다.
> 따라서, $N_s = \dfrac{120f}{P}$ 에서 $1{,}200 = \dfrac{120 \times 60}{P}$ 이므로 $P = 6$극이다.

34 다음 중 유도전동기의 속도제어에 사용되는 인버터 장치의 약호는?

① CVCF　　　② VVVF　　　③ CVVF　　　④ VVCF

> **해설**
> • CVCF(Constant Voltage Constant Frequency) : 일정 전압, 일정 주파수를 발생하는 교류전원 장치
> • VVVF(Variable Voltage Variable Frequency) : 가변 전압, 가변 주파수를 발생하는 교류전원 장치로서 주파수 제어에 의한 유도전동기 속도제어에 많이 사용된다.

35 변압기의 규약 효율은?

① $\dfrac{출력}{입력}$　　　　　　② $\dfrac{출력}{출력 + 손실}$

③ $\dfrac{출력}{입력 + 손실}$　　　④ $\dfrac{입력 + 손실}{입력}$

> **해설**
> 변압기의 규약효율 : $\eta = \dfrac{출력[\text{kW}]}{출력[\text{kW}] + 손실[\text{kW}]} \times 100[\%]$

정답　31 ②　32 ③　33 ②　34 ②　35 ②

36 실리콘 제어 정류기(SCR)에 대한 설명으로 적합하지 않은 것은?

① 정류작용을 할 수 있다.
② P-N-P-N 구조로 되어 있다.
③ 정방향 및 역방향의 제어 특성이 있다.
④ 고속도의 스위칭 작용을 할 수 있다.

해설
SCR : 순방향으로 전류가 흐를 때 게이트 신호에 의해 스위칭하며, 역방향은 역저지 소자로 역방향의 제어 특성은 없다.

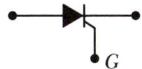

37 농형 유도전동기의 기동법이 아닌 것은?

① Y-Δ 기동법
② 기동보상기에 의한 기동법
③ 2차 저항기법
④ 전전압 기동법

해설
2차 저항기법은 권선형 유도전동기의 기동법에 속한다.

38 3상 동기발전기의 상간 접속을 Y결선으로 하는 이유 중 틀린 것은?

① 중성점을 이용할 수 있다.
② 선간전압이 상전압의 $\sqrt{3}$ 배가 된다.
③ 선간전압에 제3고조파가 나타나지 않는다.
④ 같은 선간전압의 결선에 비하여 절연이 어렵다.

해설
권선에 걸리는 상전압은 선간전압의 $\frac{1}{\sqrt{3}}$ 이므로 절연이 용이하다.

39 직류전동기의 속도제어 방법 중 속도제어가 원활하고 정토크제어가 되며 운전 효율이 좋은 것은?

① 계자제어
② 병렬 저항제어
③ 직렬 저항제어
④ 전압제어

해설
직류전동기의 속도제어는 $N = K_1 \frac{V - I_a R_a}{\phi}$ [rpm] 공식에 따라 3가지 방법이 있다.
- 계자제어 : $T = K_2 \phi I_a$로 토크는 자속에 비례하고, 속도는 자속에 반비례하기 때문에 계자제어를 하여도 출력 $P = 2\pi \frac{N}{60} \cdot T$[W]에는 변화가 없다. → 정출력제어
- 전압제어 : $T = K_2 \phi I_a$로 토크는 전압과 관계가 없으므로, 계자제어를 하여도 토크에는 변화가 없다. → 정토크제어
- 저항제어 : 전력손실이 크며, 속도제어의 범위가 좁다.

정답 36 ③ 37 ③ 38 ④ 39 ④

40 변압기의 철심에서 실제 철의 단면적과 철심의 유효 면적과의 비를 무엇이라고 하는가?

① 권수비　　　　　　　　② 변류비
③ 변동률　　　　　　　　④ 점적률

> **해설**
> **점적률** : 어느 정해진 면적 중 유효한 부분의 면적이 차지하는 비율을 말한다.

41 옥내에 정격출력 0.2[kW]를 넘는 전동기를 시설하려고 한다. 단상으로 전원 측에 몇 [A] 이하의 과전류 차단기를 시설할 경우 과부하보호장치를 생략할 수 있는가?(단, 배선용 차단기가 아닌 경우이다.)

① 10[A]　　② 16[A]　　③ 30[A]　　④ 50[A]

> **해설**
> 저압전로 중의 전동기 보호용 과전류 보호장치의 시설 예외 규정
> - 전동기를 운전 중 상시 취급자가 감시할 수 있는 경우
> - 전동기가 손상될 수 있는 과전류가 생길 우려가 없는 경우
> - 전원 측 전로에 시설하는 과전류 차단기의 정격전류가 16[A] 이하인 경우
> - 전원 측 전로에 시설하는 배선용 차단기의 정격전류가 20[A] 이하인 경우

42 펜치로 절단하기 힘든 굵은 전선의 절단에 사용되는 공구는?

① 파이프 렌치　　　　　　② 파이프 커터
③ 클리퍼　　　　　　　　④ 와이어 게이지

> **해설**
> **클리퍼(Clipper)** : 굵은 전선을 절단하는 데 사용하는 가위

43 배전용 기구인 COS(컷아웃 스위치)의 용도로 알맞은 것은?

① 배전용 변압기의 1차 측에 시설하여 변압기의 단락 보호용으로 쓰인다.
② 배전용 변압기의 2차 측에 시설하여 변압기의 단락 보호용으로 쓰인다.
③ 배전용 변압기의 1차 측에 시설하여 배전 구역 전환용으로 쓰인다.
④ 배전용 변압기의 2차 측에 시설하여 배전 구역 전환용으로 쓰인다.

> **해설**
> **COS(컷아웃 스위치)**
> 주로 변압기의 1차 측의 각 상에 설치하여 내부의 퓨즈가 용단되면 스위치의 덮개가 중력에 의해 개방되어 퓨즈의 용단 여부를 쉽게 눈으로 식별할 수 있게 한 구조로 단락 사고 시 사고전류의 차단 역할을 한다.

44 최대사용전압이 70[kV]인 중성점 직접 접지식 전로의 절연내력 시험전압은 몇 [V]인가?

① 35,000[V]　　　　　　② 42,000[V]
③ 44,800[V]　　　　　　④ 50,400[V]

정답 　40 ④　41 ②　42 ③　43 ①　44 ④

해설

고압 및 특별고압 전로의 절연내력 시험전압

구분		시험전압 배율	시험 최저전압[V]
중성점 비접지식	7[kV] 이하	1.5	
	7[kV] 초과 25[kV] 이하	1.25	10,500
	25[kV] 초과	1.25	
중성점 접지식	7[kV] 이하	1.5	
	7[kV] 초과 25[kV] 이하	0.92	
	25[kV] 초과 60[kV] 이하	1.25	
	60[kV] 초과	1.1	75,000
	60[kV] 초과(직접 접지식)	0.72	
	170[kV] 초과	0.64	

위 표에서 배율을 적용하면, 70[kV]×0.72=50.4[kV]이다.

45 접착력은 떨어지나 절연성, 내온성, 내유성이 좋아 연피케이블의 접속에 사용되는 테이프는?

① 고무 테이프
② 리노 테이프
③ 비닐 테이프
④ 자기 융착 테이프

해설

리노 테이프 : 접착성은 없으나 절연성, 내온성, 내유성이 있어서 연피케이블 접속 시 사용한다.

46 자연 공기 내에서 개방할 때 접촉자가 떨어지면서 자연 소호되는 방식을 가진 차단기로 저입의 교류 또는 직류차단기로 많이 사용되는 것은?

① 유입차단기
② 자기차단기
③ 가스차단기
④ 기중차단기

해설

차단기별 소호방식

구분	소호방식
유입차단기	아크를 절연유를 이용하여 소호하는 방식
자기차단기	아크와 직각으로 자계를 주어 아크를 소호실로 흡입하여 소호하는 방식
공기차단기	아크를 압축공기를 이용하여 소호하는 방식
가스차단기	절연내력이 높은 불활성인 6불화유황가스(SF_6)를 이용하여 아크를 소호하는 방식
기중차단기	자연 공기 내에서 자연 소호에 의해 소호하는 방식

정답 45 ② 46 ④

47 지중 또는 수중에 시설하는 양극과 피방식체 간의 전기부식 방지 시설에 대한 설명으로 틀린 것은?

① 사용전압은 직류 60[V] 초과일 것
② 지중에 매설하는 양극은 75[cm] 이상의 깊이일 것
③ 수중에 시설하는 양극과 그 주위 1[m] 안의 임의의 점과의 전위차는 10[V]를 넘지 않을 것
④ 지표에서 1[m] 간격의 임의의 2점 간의 전위차가 5[V]를 넘지 않을 것

> **해설**
> 전기부식용 전원 장치로부터 양극 및 피방식체까지의 전로의 사용전압은 직류 60[V] 이하일 것

48 불연성 먼지가 많은 장소에 시설할 수 없는 옥내배선 공사방법은?

① 금속관 공사
② 금속제 가요전선관 공사
③ 두께가 1.2[mm]인 합성수지관 공사
④ 애자 사용 공사

> **해설**
> **불연성 먼지가 많은 곳**
> 애자 사용 공사, 합성수지관 공사(두께 2[mm] 이상), 금속 전선관 공사, 금속제 가요전선관 공사, 금속 덕트 공사, 버스 덕트 공사, 케이블 공사에 의하여 시설한다.

49 보호를 요하는 회로의 전류가 어떤 일정한 값(정정값) 이상으로 흘렀을 때 동작하는 계전기는?

① 과전류계전기
② 과전압계전기
③ 차동계전기
④ 비율차동계전기

> **해설**
> **과전류계전기(OCR)**
> 동작 중 계전기에 흐르는 전류가 설정값과 같거나 또는 그 이상으로 되었을 때 동작하는 계전기이다.

50 전선 접속 시 사용되는 슬리브(Sleeve)의 종류가 아닌 것은?

① D형
② S형
③ E형
④ P형

> **해설**
> 직선 접속용 슬리브(S형), 종단 겹침용 슬리브(E형, P형)

51 단상 과전류 차단기의 정격차단용량으로 옳은 것은?

① 정격전압 × 정격전류
② $\sqrt{2}$ × 정격전압 × 정격전류
③ 정격전압 × 정격차단전류
④ $\sqrt{2}$ × 정격전압 × 정격차단전류

> **해설**
> **과전류 차단기의 정격용량**
> • 단상 : 정격차단용량=정격전압×정격차단전류
> • 3상 : 정격차단용량= $\sqrt{3}$ ×정격전압×정격차단전류

정답 47 ① 48 ③ 49 ① 50 ① 51 ③

52 S형 슬리브로 직선 접속할 때 몇 회 이상 꼬아서 접속하는가?

① 2회　　　② 3회　　　③ 4회　　　④ 5회

> **해설**
> S형 슬리브 직선 접속방법
> - 슬리브를 2회 이상 꼬아서 접속한다.
> - 전선의 끝은 슬리브의 끝에서 조금 나오는 것이 바람직하다.
> - 슬리브 열린 쪽 홈의 측면을 고르게 눌러서 밀착시킨다.

53 조명용 백열전등을 일반주택 및 아파트 현관에 설치 시 타임 스위치를 시설하여야 한다. 이때 몇 분 이내에 소등되는 것이어야 하는가?

① 1분　　　② 3분　　　③ 5분　　　④ 10분

> **해설**
> 숙박업소 객실 입구에는 1분, 주택·아파트 현관 입구에는 3분 이내 소등하는 타임 스위치를 시설해야 한다.

54 고압 가공전선로 철탑의 경간은 몇 [m] 이하로 제한하고 있는가?

① 150　　　② 250　　　③ 500　　　④ 600

> **해설**
> 고압 가공전선로 경간의 제한
> - 목주, A종 철주 또는 A종 철근콘크리트주 : 150[m]
> - B종 철주 또는 B종 철근콘크리트주 : 250[m]
> - 철탑 : 600[m]

55 전선의 식별에서 보호도체의 색상은?

① 흑색　　　　　　　② 청색
③ 녹색 – 적색　　　 ④ 녹색 – 노란색

> **해설**
>
> | 상(문자) | 색상 |
> |---|---|
> | L1 | 갈색 |
> | L2 | 흑색 |
> | L3 | 회색 |
> | N | 청색 |
> | 보호도체(PE) | 녹색 – 노란색 |

정답 52 ①　53 ②　54 ④　55 ④

56 전선의 접속에서 전선의 세기를 몇 [%] 이상 유지시켜야 하는가?

① 70[%] 이상
② 80[%] 이상
③ 20[%] 이상
④ 30[%] 이상

해설
전선의 접속 조건에서 접속 부위의 기계적 강도를 20[%] 이상 감소시키지 않아야 하므로, 80[%] 이상 유지하여야 한다.

57 한국전기설비규정에서 정한 고압 또는 특고압 가공전선로에서 공급받는 수용장소 인입구에 시설하는 피뢰기의 접지저항은 몇 [Ω] 이하로 하여야 하는가?

① 5
② 10
③ 20
④ 30

해설
고압 및 특고압의 전로에 시설하는 피뢰기 접지저항값은 10[Ω] 이하로 하여야 한다.

58 고압 가공인입선이 도로를 횡단하는 경우 노면상 높이는 몇 [m] 이상이어야 하는가?

① 4
② 5
③ 6
④ 6.5

해설
인입선의 높이는 다음에 의할 것

구분	저압 인입선[m]	고압 및 특고압 인입선[m]
도로 횡단	5	6
철도 궤도 횡단	6.5	6.5
기타	4	5

59 전주 외등 설치 시 조명기구를 전주에 부착하는 경우 설치 높이는 몇 [m] 이상으로 하여야 하는가?

① 2.5
② 3
③ 4.5
④ 5

해설
전주 외등 설치
- 조명기구의 부착 높이는 지표상 4.5[m] 이상(교통에 지장 없는 경우 3[m] 이상)
- 조명기구를 부착한 점으로부터 돌출되는 수평거리 1[m] 이내

정답 56 ② 57 ② 58 ③ 59 ③

60 수전 설비의 저압배전반은 배전반 앞에서 계측기를 판독하기 위하여 앞면과 최소 몇 [m] 이상 유지하는 것을 원칙으로 하는가?

① 0.6
② 1.2
③ 1.5
④ 1.7

> **해설**
> 변압기, 배전반 등 설치 시 최소 이격거리는 다음 표를 참조하여 충분한 면적을 확보하여야 한다.
>
> [단위 : mm]
>
> | 구분 | 앞면 또는 조작 · 계측면 | 뒷면 또는 점검면 | 열 상호 간 (점검하는 면) | 기타의 면 |
> |---|---|---|---|---|
> | 특고압반 | 1,700 | 800 | 1,400 | – |
> | 고압배전반 | 1,500 | 600 | 1,200 | – |
> | 저압배전반 | 1,500 | 600 | 1,200 | – |
> | 변압기 등 | 1,500 | 600 | 1,200 | 300 |

정답 60 ③

CHAPTER 26 2025년 제2회

01 교류 전력에서 일반적으로 전기기기의 용량을 표시하는 데 쓰이는 단위는?

① [VA] ② [W] ③ [Var] ④ [V]

해설 일반적으로 전력을 공급하는 전기기기(변압기 등)는 피상전력[VA]으로 용량을 표시하고, 전력을 소비하는 전기기계(전동기 등)는 유효전력[W]으로 용량을 표시한다.

02 공기 중에 5[cm] 간격을 유지하고 있는 2개의 평행 도선에 각각 10[A]의 전류가 동일한 방향으로 흐를 때 도선에 1[m]당 발생하는 힘의 크기[N]는?

① 4×10^{-4} ② 2×10^{-5}
③ 4×10^{-5} ④ 2×10^{-4}

해설 평행한 두 도체 사이에 작용하는 힘 $(F) = \dfrac{2I_1 I_2}{r} \times 10^{-7}$ [N/m]이므로,

$F = \dfrac{2 \times 10 \times 10}{5 \times 10^{-2}} \times 10^{-7} = 4 \times 10^{-4}$ [N/m]이다.

03 그림과 같이 저항과 코일이 직병렬로 접속된 회로의 합성 임피던스는?

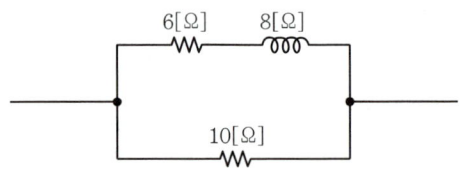

① $5 + j2.5$ ② $0.16 + j0.08$
③ $5 - j2.5$ ④ $0.16 - j0.08$

해설 저항은 실수분, 코일의 유도 리액턴스는 허수분으로 표시하므로,
$6 + j8[\Omega]$과 $10[\Omega]$를 병렬로 계산하면,

$\dfrac{1}{Z} = \dfrac{1}{6+j8} + \dfrac{1}{10}$ 이고, 분모를 실수화해서 정리하면

$\dfrac{1}{Z} = \dfrac{1 \cdot (6-j8)}{(6+j8)(6-j8)} + \dfrac{1}{10} = \dfrac{6-j8}{100} + \dfrac{1}{10} = \dfrac{16-j8}{100}$ 이 된다.

따라서, 합성 임피던스 $Z = \dfrac{100}{16-j8} = \dfrac{100(16+j8)}{(16-j8)(16+j8)} = \dfrac{100(16+j8)}{320} = 5 + j2.5[\Omega]$이다.

정답 01 ① 02 ① 03 ①

04 다음 그림과 같이 절연물 위에 +로 대전된 대전체를 놓았을 때 도체의 음전기와 양전기가 분리되는 것은 어떤 현상 때문인가?

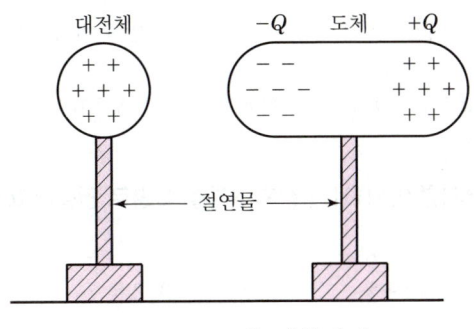

① 대전
② 마찰전기
③ 정전유도
④ 정전차폐

해설

정전유도 : 같은 극성의 전하는 서로 밀어내고, 다른 극성의 전하는 서로 당기는 현상이다.

05 그림과 같은 회로에서 4[Ω]에 흐르는 전류[A]값은?

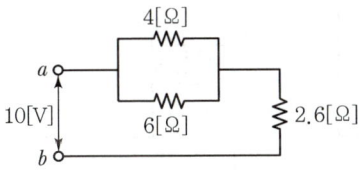

① 0.6
② 0.8
③ 1.0
④ 1.2

해설

전체 합성저항 $R_0 = \dfrac{4 \times 6}{4+6} + 2.6 = 5[\Omega]$, 전 전류 $I = \dfrac{V}{R_0} = \dfrac{10}{5} = 2[A]$이고,

4[Ω]에 흐르는 전류는 병렬회로의 전류분배(반비례)에 따라 $I_1 = \dfrac{R_2}{R_1 + R_2} I = \dfrac{6}{4+6} \times 2 = 1.2[A]$이다.

06 자속밀도 0.5[Wb/m²]의 자장 안에 자장과 직각으로 20[cm]의 도체를 놓고 이것에 10[A]의 전류를 흘릴 때 도체가 50[cm] 운동한 경우의 한 일은 몇 [J]인가?

① 0.5
② 1
③ 1.5
④ 5

해설

- 도체가 받은 힘 $F = B\ell I \sin\theta = 0.5 \times 20 \times 10^{-2} \times 10 \times \sin 90° = 1[N]$
- 도체의 운동에너지 $W = F \cdot r = 1 \times 50 \times 10^{-2} = 0.5[J]$

정답 04 ③ 05 ④ 06 ①

07 전기 전도도가 좋은 순서대로 도체를 나열한 것은?

① 은 → 구리 → 금 → 알루미늄
② 구리 → 금 → 은 → 알루미늄
③ 금 → 구리 → 알루미늄 → 은
④ 알루미늄 → 금 → 은 → 구리

> **해설**
> 각 금속의 **%전도율** : 은 109%, 구리 100%, 금 72%, 알루미늄 63%

08 기전력 1.5[V], 내부저항 0.2[Ω]인 전지 5개를 직렬로 연결하고 이를 단락하였을 때의 단락전류 [A]는?

① 1.5　　② 4.5　　③ 7.5　　④ 15

> **해설**
> 전지의 직렬 접속에서 기전력 $E = 1.5 \times 5 = 7.5[V]$, 내부저항 $r = 0.2 \times 5 = 1[\Omega]$이고, 단락하였을 때 흐르는 단락전류 $I = \dfrac{5 \times 1.5}{5 \times 0.2} = 7.5[A]$이다.

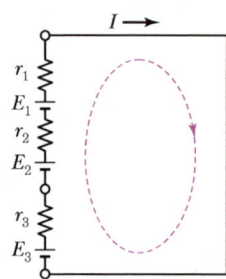 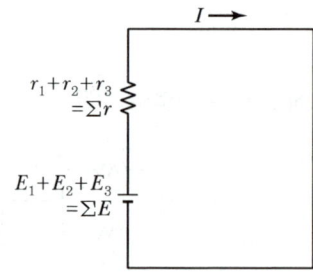

09 비사인파의 일반적인 구성이 아닌 것은?

① 삼각파
② 고조파
③ 기본파
④ 직류분

> **해설**
> 비사인파는 직류분, 기본파, 고조파의 합성파이다.

10 평형 3상 교류회로에서 Δ부하의 한 상의 임피던스가 Z_Δ일 때, 등가 변환한 Y부하의 한 상의 임피던스 Z_Y는 얼마인가?

① $Z_Y = \sqrt{3}\, Z_\Delta$
② $Z_Y = 3 Z_\Delta$
③ $Z_Y = \dfrac{1}{\sqrt{3}} Z_\Delta$
④ $Z_Y = \dfrac{1}{3} Z_\Delta$

> **해설**
> • Y → Δ 변환 : $Z_\Delta = 3 Z_Y$
> • Δ → Y 변환 : $Z_Y = \dfrac{1}{3} Z_\Delta$

정답　07 ①　08 ③　09 ①　10 ④

11 그림과 같은 회로 AB에서 본 합성저항은 몇 [Ω]인가?

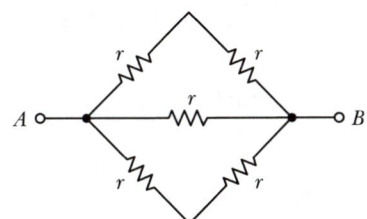

① $\dfrac{r}{2}$ ② r ③ $\dfrac{3}{2}r$ ④ $2r$

해설

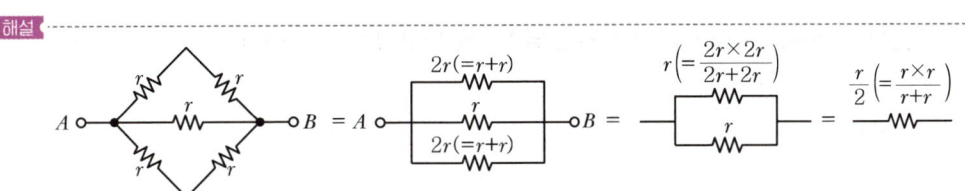

12 어떤 물질이 정상상태보다 전자수가 많아져 전기를 띠게 되는 현상을 무엇이라 하는가?

① 방전   ② 전기량   ③ 대전   ④ 코로나

해설

대전(Electrification) : 물질에 전자가 부족하거나 남게 된 상태에서 양전기나 음전기를 띠게 되는 현상

13 권선수 100회 감은 코일에 2[A]의 전류가 흘렀을 때 50×10^{-3}[Wb]의 자속이 코일에 쇄교되었다면 자기 인덕턴스는 몇 [H]인가?

① 1.0   ② 1.5   ③ 2.0   ④ 2.5

해설

자기 인덕턴스 $L = \dfrac{N\phi}{I} = \dfrac{100 \times 50 \times 10^{-3}}{2} = 2.5$[H]

14 평균 반지름이 r[m]이고, 감은 횟수가 N인 환상 솔레노이드에 전류 I[A]가 흐를 때 내부의 자기장의 세기 H[AT/m]는?

① $H = \dfrac{NI}{2\pi r}$ ② $H = \dfrac{NI}{2r}$

③ $H = \dfrac{2\pi r}{NI}$ ④ $H = \dfrac{2r}{NI}$

해설

환상 솔레노이드의 내부 자기장 세기 $H = \dfrac{NI}{2\pi r}$ 이다.

정답 11 ① 12 ③ 13 ④ 14 ①

15 공기 중에 10[μC]과 20[μC]을 1[m] 간격으로 놓을 때 발생되는 정전력[N]은?

① 1.8 ② 2.2 ③ 4.4 ④ 6.3

해설

쿨롱의 법칙에서 정전력 $F = \dfrac{1}{4\pi\varepsilon}\dfrac{Q_1 Q_2}{r^2}$ [N]이고, 공기나 진공에서 $\varepsilon_s = 1$ 이고, $\varepsilon_0 = 8.855 \times 10^{-12}$ 이다.

따라서, 정전력 $F = \dfrac{1}{4\pi \times 8.855 \times 10^{-12} \times 1} \times \dfrac{10 \times 10^{-6} \times 20 \times 10^{-6}}{1^2}$

$= 9 \times 10^9 \times \dfrac{10 \times 10^{-6} \times 20 \times 10^{-6}}{1^2} = 1.8 [N]$

16 알칼리 축전지의 대표적인 축전지로 널리 사용되고 있는 2차 전지는?

① 망간전지 ② 산화은 전지
③ 페이퍼 전지 ④ 니켈-카드뮴 전지

해설
- 1차 전지는 재생할 수 없는 전지를 말하고, 2차 전지는 재생 가능한 전지를 말한다.
- 2차 전지는 납축전지, 니켈-카드뮴 전지, 리튬이온 전지 등이 사용되고 있다.

17 3[kW]의 전열기를 정격 상태에서 20분간 사용하였을 때의 열량은 몇 [kcal]인가?

① 430 ② 520 ③ 610 ④ 860

해설

줄의 법칙에 의한 열량

$H = 0.24 I^2 Rt = 0.24 Pt$
$= 0.24 \times 3 \times 10^3 \times 20 \times 60 = 864,000 [cal] = 864 [kcal]$

18 다음 중 파형률을 나타낸 것은?

① $\dfrac{실횻값}{평균값}$ ② $\dfrac{최댓값}{실횻값}$ ③ $\dfrac{평균값}{실횻값}$ ④ $\dfrac{실횻값}{최댓값}$

해설

파형률 $= \dfrac{실횻값}{평균값}$, 파고율 $= \dfrac{최댓값}{실횻값}$

19 저항 R, 유도 리액턴스 X_L, 용량 리액턴스 X_C가 직렬로 연결된 회로에서 임피던스 Z의 크기를 나타내는 식은?

① $R^2 + (X_L - X_C)^2$ ② $R^2 - (X_L - X_C)^2$
③ $\sqrt{R^2 + (X_L - X_C)^2}$ ④ $\sqrt{R^2 - (X_L - X_C)^2}$

정답 15 ① 16 ④ 17 ④ 18 ① 19 ③

> 해설
> 아래 그림과 같이 복소평면을 이용한 임피던스 삼각형에서
> 임피던스 $Z = \sqrt{R^2 + (X_L - X_C)^2}$ [Ω]이다.

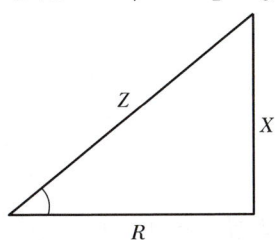

20 자체 인덕턴스가 50[mH], 80[mH], 상호 인덕턴스가 60[mH]인 코일 2개를 가동 접속했을 때 합성 인덕턴스는?

① 10 ② 130 ③ 190 ④ 250

> 해설
> 두 코일이 가동 접속되어 있으므로, 합성 인덕턴스는 $L = L_1 + L_2 + 2M$이다.
> 따라서, $L = 50 + 80 + 2 \times 60 = 250$[mH]이다.

21 3상 유도전동기에서 2차 측 저항을 2배로 하면 그 최대 토크는 어떻게 되는가?

① 변하지 않는다.
② 2배로 된다.
③ $\sqrt{2}$ 배로 된다.
④ $\frac{1}{2}$ 배로 된다.

> 해설
> 슬립과 토크 특성곡선에서 알 수 있듯이 2차 저항을 변화시켜도 최대 토크는 변화하지 않는다.

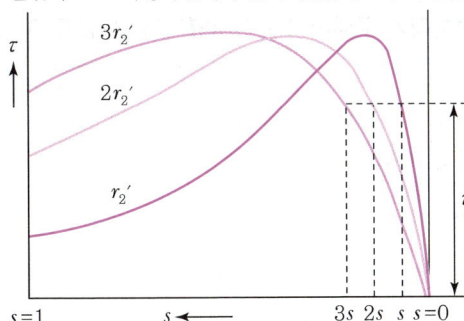

22 보극이 없는 직류기 운전 중 중성점의 위치가 변하지 않는 경우는?

① 과부하 ② 전부하 ③ 중부하 ④ 무부하

> 해설
> 전기자 반작용으로 중성축이 이동하고 불꽃이 생기게 된다. 즉, 전기자 반작용은 부하를 연결했을 때 전기자 전류(부하전류)에 의한 기자력이 주 자속에 영향을 주는 것이므로, 무부하 시에는 전기자 전류가 없으므로 중성점의 위치가 변하지 않는다.

정답 20 ④ 21 ① 22 ④

23 낮은 전압을 높은 전압으로 승압할 때 일반적으로 사용되는 변압기의 3상 결선방식은?

① $\Delta-\Delta$ ② $\Delta-Y$ ③ $Y-Y$ ④ $Y-\Delta$

> 해설
> - $\Delta-Y$: 승압용 변압기
> - $Y-\Delta$: 강압용 변압기

24 다음 중 인버터(Inverter)의 설명으로 옳은 것은?

① 교류를 직류로 변환
② 직류를 교류로 변환
③ 교류를 교류로 변환
④ 직류를 직류로 변환

> 해설
> - 인버터 : 직류를 교류로 바꾸는 장치
> - 컨버터 : 교류를 직류로 바꾸는 장치
> - 초퍼 : 직류를 다른 전압의 직류로 바꾸는 장치
> - 사이클로 컨버터 : 교류를 다른 주파수의 교류로 바꾸는 장치

25 변압기의 1차 측 저항이 360[Ω], 2차 측 저항이 0.1[Ω]일 때, 권수비는 얼마인가?

① 6 ② 60 ③ 360 ④ 3,600

> 해설
> 권수비 $a^2 = \dfrac{Z_1}{Z_2}$ 이므로,
> $a = \sqrt{\dfrac{Z_1}{Z_2}} = \sqrt{\dfrac{360}{0.1}} = 60$ 이다.

26 발전기를 정격전압 220[V]로 전부하 운전하다가 무부하로 운전하였더니 단자전압이 242[V]가 되었다. 이 발전기의 전압 변동률[%]은?

① 10 ② 14 ③ 20 ④ 25

> 해설
> 전압 변동률 $\varepsilon = \dfrac{V_o - V_n}{V_n} \times 100[\%]$ 이므로,
> $\varepsilon = \dfrac{242 - 220}{220} \times 100[\%] = 10[\%]$

27 6극 36슬롯 3상 동기발전기의 매극 매상당 슬롯수는?

① 2 ② 3 ③ 4 ④ 5

> 해설
> 매극 매상당의 홈수 $= \dfrac{\text{홈수}}{\text{극수} \times \text{상수}} = \dfrac{36}{6 \times 3} = 2$

정답 23 ② 24 ② 25 ② 26 ① 27 ①

28 그림과 같은 분상 기동형 단상 유도전동기를 역회전시키기 위한 방법이 아닌 것은?

① 원심력 스위치를 개로 또는 폐로한다.
② 기동권선이나 운전권선의 어느 한 권선의 단자접속을 반대로 한다.
③ 기동권선의 단자접속을 반대로 한다.
④ 운전권선의 단자접속을 반대로 한다.

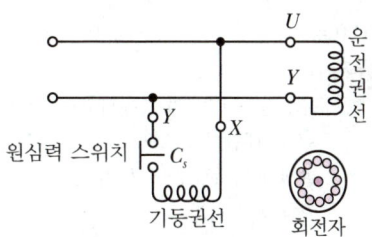

해설
회전방향을 바꾸려면, 운전권선이나 기동권선 중 어느 한쪽의 접속을 반대로 하면 된다.

29 3상 유도전동기의 원선도를 그리는 데 필요하지 않은 것은?

① 저항 측정
② 무부하 시험
③ 구속 시험
④ 슬립 측정

해설
3상 유도전동기의 원선도
- 유도전동기의 특성을 실부하 시험을 하지 않아도, 등가회로를 기초로 한 헤일랜드(Heyland)의 원선도에 의하여 전부하 전류, 역률, 효율, 슬립, 토크 등을 구할 수 있다.
- 원선도 작성에 필요한 시험 : 저항 측정, 무부하 시험, 구속 시험

30 1대의 출력이 20[kVA]인 단상 변압기 2대로 V결선하여 3상 전력을 공급할 수 있는 최대전력은 몇 [kVA]인가?

① 20
② 28.3
③ 34.6
④ 40

해설
V결선 시 출력 $P_v = \sqrt{3}\,P = 20\sqrt{3} = 34.6[kVA]$

31 변압기의 효율이 가장 좋을 때의 조건은?

① 철손=동손
② 철손=1/2동손
③ 동손=1/2철손
④ 동손=2철손

해설
변압기는 철손과 동손이 같을 때 최대 효율이 된다.

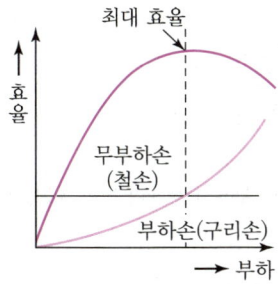

정답 28 ① 29 ④ 30 ③ 31 ①

32 슬립 $s=5[\%]$, 2차 저항 $r_2=0.1[\Omega]$인 유도전동기의 등가저항 $R[\Omega]$은 얼마인가?

① 0.4　　　　② 0.5　　　　③ 1.9　　　　④ 2.0

해설

유도전동기의 1차 측에서 2차 측으로 공급되는 입력을 P_2로 하고, 2차 철손을 무시하면, 운전 중 2차 주파수 sf_1은 대단히 낮으므로 2차 손실은 2차 저항손뿐이기 때문에, P_2에서 저항손을 뺀 나머지가 유도전동기에서 발생한 기계적 출력 P_o가 된다.

$$P_o = P_2 - r_2 I_2^2$$

여기서 $P_2 = \frac{r_2}{s} I_2^2$이므로, 위 식에 대입하면,

$$P_o = \frac{r_2}{s} I_2^2 - r_2 I_2^2 = r_2 \left(\frac{1-s}{s}\right) I_2^2 = R I_2^2$$

기계적 출력 P_o는 $r_2 \left(\frac{1-s}{s}\right)$라고 하는 부하를 대표하는 저항의 소비전력으로 나타낼 수 있다.

따라서, $R = r_2 \left(\frac{1-s}{s}\right) = 0.1 \times \left(\frac{1-0.05}{0.05}\right) = 1.9[\Omega]$

33 4극 60[Hz], 200[kW]의 유도전동기의 전부하 슬립이 2.5[%]일 때 회전수는 몇 [rpm]인가?

① 1,600　　　　② 1,755　　　　③ 1,800　　　　④ 1,965

해설

$s = \frac{N_s - N}{N_s}$이므로 $0.025 = \frac{1,800 - N}{1,800}$에서 $N = 1,755[\text{rpm}]$이다.

여기서, $N_s = \frac{120f}{P} = \frac{120 \times 60}{4} = 1,800[\text{rpm}]$

34 속도를 광범위하게 조정할 수 있으므로 압연기나 엘리베이터 등에 사용되는 직류전동기는?

① 직권전동기　　　　② 분권전동기
③ 타여자전동기　　　④ 가동복권전동기

해설

타여자전동기는 속도를 광범위하게 조정할 수 있으므로 압연기나 엘리베이터 등에 사용되고, 일그너 방식 또는 워드 레오나드 방식의 속도제어 장치를 사용하는 경우에 주 전동기로 사용된다.

35 직류전동기에서 무부하가 되면 속도가 대단히 높아져서 위험하기 때문에 무부하 운전이나 벨트를 연결한 운전을 해서는 안 되는 전동기는?

① 직권전동기　　　　② 복권전동기
③ 타여자전동기　　　④ 분권전동기

해설

직류 직권전동기는 $N = K_1 \frac{V - I_a R_a}{\phi}[\text{rpm}]$에서 벨트가 벗어지면 무부하 상태가 되어, 여자전류가 거의 0이 된다. 이때 자속이 최소가 되므로 위험 속도가 된다.

정답　32 ③　33 ②　34 ③　35 ①

36 부흐홀츠 계전기의 설치 위치로 가장 적당한 것은?

① 변압기 주 탱크 내부
② 콘서베이터 내부
③ 변압기 고압 측 부싱
④ 변압기 주 탱크와 콘서베이터 사이

> **해설**
> 변압기의 탱크와 콘서베이터의 연결관 사이에 설치한다.

37 변압기 V결선의 특징으로 틀린 것은?

① 고장 시 응급처치 방법으로도 쓰인다.
② 단상 변압기 2대로 3상 전력을 공급한다.
③ 부하 증가가 예상되는 지역에 시설한다.
④ V결선 시 출력은 Δ 결선 시 출력과 그 크기가 같다.

> **해설**
> V결선은 Δ결선 운전 중 단상 변압기 1대가 고장 시 2대로 3상 전력을 공급할 수 있으며, 출력은 Δ결선의 57.7[%]이다. 또한, 2대의 변압기로 V결선 운전 중 부하 증가 시 1대를 추가하여 Δ결선으로 운전하면, 단계적으로 용량을 증설할 수 있다.

38 직류발전기의 자극수는 6, 전기자 총도체수 400, 회전수 600[rpm], 전기자에 유기되는 기전력이 120[V]일 때 매극당 자속은 몇 [Wb]인가?(단, 전기자권선은 파권이다.)

① 0.1[Wb]
② 0.01[Wb]
③ 0.3[Wb]
④ 0.03[Wb]

> **해설**
> $E = \dfrac{P}{a} Z\phi \dfrac{N}{60}$[V]에서 파권($a=2$)이므로,
> $120 = \dfrac{6}{2} \times 400 \times \phi \times \dfrac{600}{60}$ 에서 자속은 0.01[Wb]이다.

39 실리콘 제어 정류기(SCR)의 게이트(G)는?

① P형 반도체
② N형 반도체
③ PN형 반도체
④ NP형 반도체

> **해설**
> SCR 구조
>
>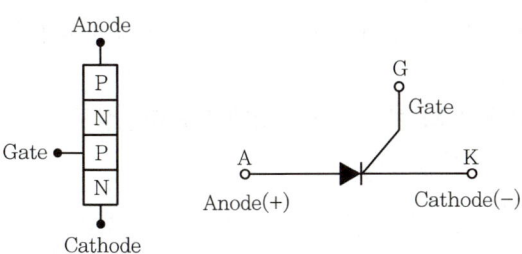

정답 36 ④ 37 ④ 38 ② 39 ①

40 농형 회전자에 비뚤어진 홈을 쓰는 이유는?

① 출력을 높인다.　　　　② 회전수를 증가시킨다.
③ 소음을 줄인다.　　　　④ 미관상 좋다.

> **해설**
> **비뚤어진 홈을 쓰는 이유**
> • 소음을 경감시킨다.
> • 기동 특성을 개선한다.
> • 파형을 좋게 한다.

41 박강 전선관의 관 호칭은 (㉠) 크기로 정하여 (㉡)로 표시하는데, ㉠과 ㉡에 들어갈 내용으로 옳은 것은?

① ㉠ 안지름　㉡ 홀수　　② ㉠ 안지름　㉡ 짝수
③ ㉠ 바깥지름　㉡ 홀수　④ ㉠ 바깥지름　㉡ 짝수

> **해설**
> • 박강 전선관 : 바깥지름의 크기에 가까운 홀수
> • 후강 전선관 : 안지름의 크기에 가까운 짝수

42 단상 2선식 옥내배전반 회로에서 접지 측 전선의 색상으로 옳은 것은?

① 녹색 – 청색　　　　② 흑색
③ 회색　　　　　　　④ 녹색 – 노란색

> **해설**
>
> | 상(문자) | 색상 |
> |---|---|
> | L1 | 갈색 |
> | L2 | 흑색 |
> | L3 | 회색 |
> | N | 청색 |
> | 보호도체(PE) | 녹색 – 노란색 |

43 한국전기설비규정 계통접지에서 사용되는 문자의 정의로 옳지 않은 것은?

① 제1문자 T는 한 점을 대지에 직접 접속
② 제2문자 T는 노출도전부를 전원계통의 접지점에 직접 접속
③ 제1문자 I는 모든 충전부를 대지와 절연시키거나 높은 임피던스를 통하여 한 점을 대지에 직접 접속
④ 제2문자의 다음 문자 S는 중성선과 보호도체가 분리된 상태로 도체를 설치

정답　40 ③　41 ③　42 ④　43 ②

> **해설**
>
> 한국전기설비규정에서 정한 계통접지에서 사용되는 문자의 정의
>
> | 구분 | 의미 | 문자의 정의 |
> |---|---|---|
> | 제1문자 | 전원계통과 대지의 관계 | • T : 한 점을 대지에 직접 접속(계통접지)
• I : 모든 충전부를 대지와 절연시키거나 높은 임피던스를 통하여 한 점을 대지에 직접 접속 |
> | 제2문자 | 전기설비의 노출도전부와 대지의 관계 | • T : 노출도전부를 대지로 직접 접속(기기접지, 전원계통의 접지와는 무관)
• N : 노출도전부를 전원계통의 접지점에 직접 접속 |
> | 제2문자의 다음 문자 | 중성선과 보호도체의 배치 | • S : 중성선과 보호도체가 분리된 상태로 도체를 설치
• C : 중성선과 보호도체가 결합된 상태인 단일도체로 설치(PEN 도체) |

44 저압크레인 또는 호이스트 등의 트롤리선을 애자 사용 공사에 의하여 옥내의 노출장소에 시설하는 경우 트롤리선의 바닥에서의 최소 높이는 몇 [m] 이상으로 설치하는가?

① 2
② 2.5
③ 3
④ 3.5

> **해설**
>
> 이동기중기·자동청소기 그 밖에 이동하며 사용하는 저압의 전기기계기구에 전기를 공급하기 위하여 사용하는 저압 접촉전선을 애자 사용 공사에 의하여 옥내의 전개된 장소에 시설하는 경우에는 전선의 바닥에서의 높이는 3.5[m] 이상으로 하고 사람이 접촉할 우려가 없도록 시설하여야 한다.

45 변압기, 동기기 등의 층간 단락 등의 내부 고장 보호에 사용되는 계전기는?

① 차동계전기
② 접지계전기
③ 과전압계전기
④ 역상계전기

> **해설**
>
> **차동계전기**
> 고장에 의하여 생긴 불평형의 전류차가 기준치 이상으로 되었을 때 동작하는 계전기이다. 변압기 내부 고장 검출용으로 주로 사용된다.

46 일반적으로 가공선로의 지지물에 취급자가 오르고 내리는 데 사용하는 발판 볼트 등은 지표상 몇 [m] 미만에 시설하여서는 아니 되는가?

① 0.75[m]
② 1.2[m]
③ 1.8[m]
④ 2.0[m]

> **해설**
>
> 가공전선로의 지지물에 취급자가 오르고 내리는 데 사용하는 발판 볼트 등을 지표상 1.8[m] 미만에 시설하여서는 아니 된다.

정답 44 ④ 45 ① 46 ③

47 다음은 변압기 중성점 접지저항값의 크기를 나타낸 식이다. 1선 지락 전류의 크기가 I[A]라고 하면 변압기 접지저항값을 구하기 위한 k값은 얼마인가?(단, 고압·특고압 전로를 자동으로 차단하는 장치를 설치하지 않은 경우이다.)

$$\text{변압기 중성점 접지저항값} : \frac{k}{I}[\Omega] \text{ 이하}$$

① 600   ② 300   ③ 200   ④ 150

해설

변압기 2차 측 중성점 접지저항

구분	접지저항
일반적인 경우	$\frac{150}{I_g}$ 이하
2초 이내 전로 차단장치 시설	$\frac{300}{I_g}$ 이하
1초 이내 전로 차단장치 시설	$\frac{600}{I_g}$ 이하

48 전등 1개를 2개소에서 점멸하고자 할 때 3로 스위치는 최소 몇 개 필요한가?

① 4개   ② 3개   ③ 2개   ④ 1개

해설

2개소 점멸회로는 아래와 같으므로, 3로 스위치가 2개 필요하다.

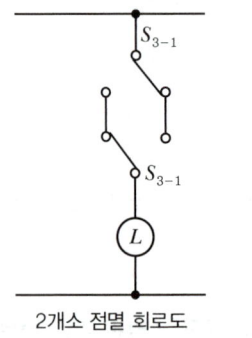
2개소 점멸 회로도

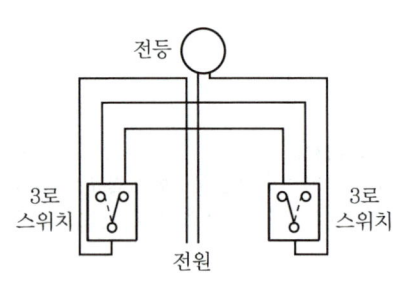
2개소 점멸 배선도

49 구광원의 광속(F)[lm]을 구하는 계산식은?(여기서, 광도는 I[cd]이다.)

① $F = \pi I$ ② $F = \pi^2 I$ ③ $F = 4\pi I$ ④ $F = 4\pi I^2$

해설

- 광도 I[cd] : 광원이 발생하는 빛의 세기
- 광속 F[lm] : 광원으로부터 나오는 빛의 양
- 구광원(백열전구) 광속 : $F = 4\pi I$
- 평면광원(면광원) 광속 : $F = \pi I$
- 원통광원(형광등) 광속 : $F = \pi^2 I$

정답 47 ④ 48 ③ 49 ③

50 전기설비기술기준에서 저압 전선로 중 절연부분의 전선과 대지 사이 및 전선의 심선 상호 간의 절연저항은 사용전압에 대한 누설전류가 최대공급전류의 얼마를 초과하지 않도록 해야 하는가?

① $\dfrac{1}{1,000}$ ② $\dfrac{1}{2,000}$ ③ $\dfrac{1}{3,000}$ ④ $\dfrac{1}{4,000}$

> **해설**
> 누설전류 ≤ $\dfrac{최대공급전류}{2,000}$

51 가스 차단기에 사용되는 가스인 SF$_6$의 특징으로 옳지 않은 것은?

① 난연성, 불활성 가스이다.
② 무색, 무취, 무독성 가스이다.
③ 절연내력은 공기의 약 2~3배이다.
④ 소호능력은 공기의 약 $\dfrac{1}{3}$ 배이다.

> **해설**
> 6불화유황(SF$_6$) 가스는 공기보다 소호능력이 100~200배 높고, 절연내력이 공기의 2~3배이며, 화재의 위험이 없고 인체에 무해한 무색, 무취 가스이다.

52 사람이 쉽게 접촉하는 장소에 설치하는 누전차단기의 사용전압 기준은 몇 [V] 초과인가?

① 50   ② 110   ③ 150   ④ 220

> **해설**
> 누전차단기(ELB)의 설치기준
> • 사용 전압이 50[V]를 초과하는 저압의 금속제 외함을 가지는 기계기구로서 사람이 쉽게 접촉할 우려가 있는 장소에 시설하는 것에 전기를 공급하는 전로
> • 주택의 인입구 등 누전차단기 설치를 요하는 전로

53 수·변전 설비의 고압회로에 걸리는 전압을 표시하기 위해 전압계를 시설할 때 고압회로와 전압계 사이에 시설하는 것은?

① 관통형 변압기   ② 계기용 변류기
③ 계기용 변압기   ④ 권선형 변류기

> **해설**
> 계기용 변압기 2차 측에 전압계를 시설하고, 계기용 변류기 2차 측에는 전류계를 시설한다.

54 전선의 약호 중 "H"라고 표기되어 있다. 무엇을 나타내는 약호인가?

① 경알루미늄선   ② 연동선
③ 경동선   ④ 반경동선

정답 50 ② 51 ④ 52 ① 53 ③ 54 ③

> **해설**
> 전선의 약호
> - 경알루미늄선 : HAL
> - 연동선 : A
> - 경동선 : H
> - 반경동선 : HA

55 합성수지관 공사에서 관의 지지점 간 거리는 최대 몇 [m]인가?

① 1 ② 1.2 ③ 1.5 ④ 2

> **해설**
> 합성수지관의 지지점 간의 거리는 1.5[m] 이하로 하고, 관과 박스의 접속점 및 관 상호 간의 접속점 등에서는 가까운 곳에 지지점을 시설하여야 한다.

56 저압 가공전선이 철도 또는 궤도를 횡단하는 경우 레일면상 몇 [m] 이상 시설하여야 하는가?

① 3.5 ② 4.5 ③ 5.5 ④ 6.5

> **해설**
> 가공전선의 높이는 다음에 의할 것
>
> | 구분 | 저압 · 고압 · 특고압(35[kV] 이하) |
> |---|---|
> | 도로 횡단 | 6[m] |
> | 철도 궤도 횡단 | 6.5[m] |
> | 기타 | 5[m] |

57 점유 면적이 좁고 운전, 보수에 안전하므로 공장, 빌딩 등의 전기실에 많이 사용되는 배전반은 어떤 것인가?

① 데드 프런트형 ② 수직형
③ 큐비클형 ④ 라이브 프런트형

> **해설**
> 폐쇄식 배전반을 일반적으로 큐비클형이라고 한다. 점유 면적이 좁고 운전, 보수에 안전하므로 공장, 빌딩 등의 전기실에 많이 사용된다.

58 전자접촉기 2개를 이용하여 유도전동기 1대를 정 · 역운전하고 있는 시설에서 전자접촉기 2대가 동시에 여자되어 상간 단락되는 것을 방지하기 위하여 구성하는 회로는?

① 자기유지회로 ② 순차제어회로
③ Y−△ 기동회로 ④ 인터록 회로

> **해설**
> 인터록 회로 : 상대동작 금지회로로서 선행동작 우선회로와 후행동작 우선회로가 있다.

정답 55 ③ 56 ④ 57 ③ 58 ④

59 터널·갱도 기타 이와 유사한 장소에서 사람이 상시 통행하는 터널 내의 배선방법으로 적절하지 않은 것은?(단, 사용전압은 저압이다.)

① 라이팅덕트 배선
② 금속제 가요전선관 배선
③ 합성수지관 배선
④ 애자 사용 배선

> **해설**
> **광산, 터널 및 갱도**
> 사람이 상시 통행하는 터널 내의 배선은 저압에 한하여 애자 사용, 금속 전선관, 합성수지관, 금속제 가요전선관, 케이블 배선으로 시공하여야 한다.

60 분기회로의 전원 측에서 분기점 사이에 다른 분기회로 또는 콘센트 접속이 없고, 단락의 위험과 화재 및 인체에 대한 위험성을 최소화하도록 시설된 경우, 옥내간선과의 분기점에서 몇 [m] 이하의 곳에 시설하여야 하는가?

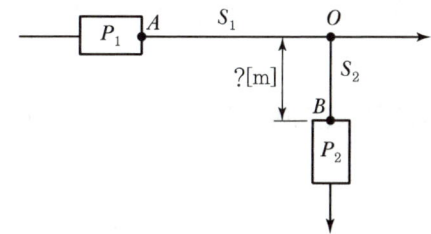

① 3[m]
② 4[m]
③ 5[m]
④ 8[m]

> **해설**
> **분기회로에 과부하 보호장치 설치위치**
> - 원칙 : 전로 중 도체의 단면적, 특성, 설치방법, 구성의 변경으로 도체의 값이 줄어드는 곳에 설치, 즉 분기점(O)에 설치
> - 예외 1 : 분기회로(S_2)의 과부하 보호장치(P_2)가 분기회로에 대한 단락보호가 이루어지는 경우 임의의 거리에 설치
> - 예외 2 : 분기회로(S_2)의 과부하 보호장치(P_2)가 분기회로에 대한 단락의 위험과 화재 및 인체에 대한 위험성을 최소화하도록 시설된 경우, 분기점(O)으로부터 3[m] 이내에 설치

정답 59 ① 60 ①

CHAPTER 27 2025년 제3회

01 환상 솔레노이드 내부의 자기장의 세기에 관한 설명으로 옳은 것은?
  ① 자장의 세기는 권수에 반비례한다.
  ② 자장의 세기는 권수, 전류, 평균 반지름과는 관계가 없다.
  ③ 자장의 세기는 평균 반지름에 비례한다.
  ④ 자장의 세기는 전류에 비례한다.

  해설
  환상 솔레노이드 내부의 자기장의 세기 $H = \dfrac{NI}{\ell} = \dfrac{NI}{2\pi r}$ [AT/m](단, ℓ은 자로의 평균 길이[m])

02 2전력계법에 의해 3상 전력을 측정하여 전력계가 각각 P_1, P_2[W]를 나타냈다면, 무효전력의 식은?
  ① $P_1 + P_2$
  ② $P_1 - P_2$
  ③ $\sqrt{3}\,(P_1 + P_2)$
  ④ $\sqrt{3}\,(P_1 - P_2)$

  해설
  2전력계법에 의한 3상 전력
  • 유효전력 : $P = P_1 + P_2$ [W]
  • 무효전력 : $P_r = \sqrt{3}\,(P_1 - P_2)$ [Var]
  • 피상전력 : $P_a = \sqrt{(P^2 + P_r^2)}$ [VA]

03 10[V/m]의 전장에 어떤 전하를 놓으면 0.1[N]의 힘이 작용한다. 전하의 양은 몇 [C]인가?
  ① 10^2
  ② 10^{-4}
  ③ 10^{-2}
  ④ 10^4

  해설
  $F = QE$에서
  $Q = \dfrac{F}{E} = \dfrac{0.1}{10} = 0.01 = 10^{-2}$[C]

04 그림과 같은 회로에서 합성 정전용량은 몇 [μF]인가?(단, $C = 4$[μF]이다.)

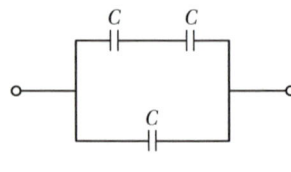

  ① 4
  ② 6
  ③ 8
  ④ 12

정답 01 ④ 02 ④ 03 ③ 04 ②

> **해설**
> - 직렬 접속 : $\dfrac{1}{\dfrac{1}{C}+\dfrac{1}{C}}=\dfrac{C}{2}=2[\mu F]$
> - 합성 정전용량 : $2+4=6[\mu F]$

05 자기장의 세기에 대한 설명이 잘못된 것은?

① 단위 자극에 작용하는 힘과 같다.
② 자속밀도에 투자율을 곱한 것과 같다.
③ 수직 단면의 자력선 밀도와 같다.
④ 단위 길이당 기자력과 같다.

> **해설**
> 자속밀도 $B=\mu H$이므로, 자기장의 세기 H는 자속밀도에 투자율을 나눈 것과 같다.

06 전기회로와 자기회로를 이루는 요소의 대칭 관계로 옳지 않은 것은?

① 유전율 – 투자율
② 전계 – 자계
③ 전류 – 자속
④ 전류밀도 – 자속밀도

> **해설**
> **전기회로와 자기회로의 대칭 관계**
>
> | 전기회로 | 자기회로 |
> |---|---|
> | (회로도: $I[A]$, $V[V]$, $R[\Omega]$) | (회로도: I, N회, H, ϕ, 철심, A, ℓ) |
> | 기전력 $V[V]$ | 기자력 $NI[AT]$ |
> | 전류 $I[A]$ | 자속 $\phi[Wb]$ |
> | 유전율 ε | 투자율 μ |
> | 전기장(전계) | 자기장(자계) |
> | 전기력선 | 자기력선 |
> | 전속(밀도) | 자속(밀도) |

07 2[Ω]의 저항과 3[Ω]의 저항을 직렬로 접속할 때 합성 컨덕턴스는 몇 [℧]인가?

① 5
② 2.5
③ 1.5
④ 0.2

> **해설**
> $R=2+3=5[\Omega]$, $G=\dfrac{1}{5}=0.2[\mho]$

정답 05 ② 06 ④ 07 ④

08 영구자석의 재료로서 적당한 것은?

① 잔류자기가 작고 보자력이 큰 것
② 잔류자기와 보자력이 모두 큰 것
③ 잔류자기와 보자력이 모두 작은 것
④ 잔류자기가 크고 보자력이 작은 것

해설

아래 그림의 히스테리시스 곡선(Hysteresis Loop)에서 폐곡선 내부 면적이 영구자석의 에너지에 비례하므로 잔류자기와 보자력이 큰 것을 사용하여야 한다.

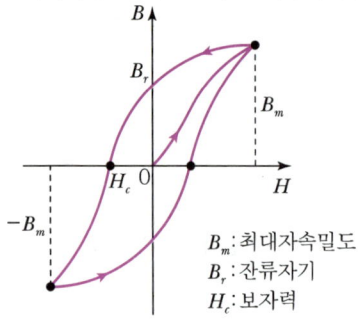

B_m: 최대자속밀도
B_r: 잔류자기
H_c: 보자력

09 다음 그림과 같이 절연물 위에 +로 대전된 대전체를 놓았을 때 도체의 음전기와 양전기가 분리되는 것은 어떤 현상 때문인가?

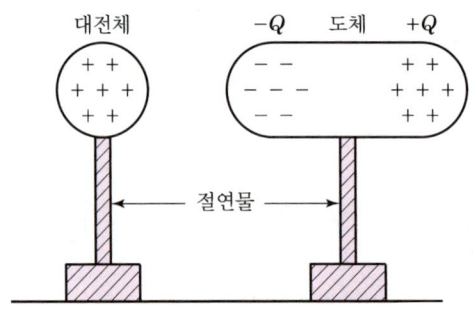

① 대전
② 마찰전기
③ 정전유도
④ 정전차폐

해설

정전유도
같은 극성의 전하는 서로 밀어내고, 다른 극성의 전하는 서로 당기는 현상이다.

10 기전력과 내부저항이 동일한 전지 n개를 직렬로 연결하고, 여기에 외부저항 R을 연결하였을 때 최대 출력이 나오려면 외부저항은 전지 1개 내부저항의 몇 배로 해야 하는가?

① n^2
② $\dfrac{1}{n}$
③ n
④ $\dfrac{1}{n^2}$

해설

합성 내부저항(rn)과 외부저항(R)이 같을 때 최대 전력을 전송하므로, $rn = R$이고, 전지 1개 내부저항과의 관계는 $R = n$이다.

정답 08 ② 09 ③ 10 ③

11 다음 중 극성을 가지고 있는 콘덴서로서 교류회로에 사용할 수 없는 것은?

① 전해 콘덴서
② 세라믹 콘덴서
③ 마일러 콘덴서
④ 마이카 콘덴서

해설

콘덴서의 종류
① 전해 콘덴서 : 전기분해하여 금속의 표면에 산화피막을 만들어 유전체로 이용한다. 소형으로 큰 정전용량을 얻을 수 있으나, 극성을 가지고 있으므로 교류회로에는 사용할 수 없다.
② 세라믹 콘덴서 : 비유전율이 큰 티탄산바륨 등이 유전체로, 가격 대비 성능이 우수하며, 가장 많이 사용된다.
③ 마일러 콘덴서 : 얇은 폴리에스테르 필름을 유전체로 하여 양면에 금속박을 대고 원통형으로 감은 것으로, 내열성, 절연저항이 양호하다.
④ 마이카 콘덴서 : 운모와 금속박막으로 되어 있다. 온도 변화에 의한 용량 변화가 작고 절연저항이 높은 우수한 특성을 가지며, 표준 콘덴서이다.

12 브리지 회로에서 미지의 인덕턴스 L_x를 구하면?

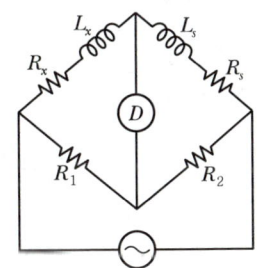

① $L_x = \dfrac{R_2}{R_1} L_s$
② $L_x = \dfrac{R_1}{R_2} L_s$
③ $L_x = \dfrac{R_s}{R_1} L_s$
④ $L_x = \dfrac{R_1}{R_s} L_s$

해설

브리지 회로의 평형조건은 $R_2(R_x + j\omega L_x) = R_1(R_s + j\omega L_s)$이므로
$R_2 R_x + j\omega R_2 L_x = R_1 R_s + j\omega R_1 L_s$에서 실수부와 허수부가 각각 같아야 한다.
따라서, $L_x = \dfrac{R_1}{R_2} \cdot L_s$이다.

13 니켈의 원자가는 2이고 원자량은 58.70이다. 이때 화학당량의 값은?

① 29.35
② 58.70
③ 60.70
④ 117.4

해설

화학당량 = $\dfrac{원자량}{원자가} = \dfrac{58.7}{2} = 29.35$

14 자기 인덕턴스 10[mH]의 코일에 50[Hz], 314[V]의 교류 전압을 가했을 때 몇 [A]의 전류가 흐르는가?(단, 코일의 저항은 없는 것으로 하며, π=3.14로 계산한다.)

① 10 ② 31.4 ③ 62.8 ④ 100

해설

$$I_L = \frac{V}{\omega L} = \frac{V}{2\pi f L} = \frac{314}{2 \times 3.14 \times 50 \times 10 \times 10^{-3}} = 100[A]$$

15 그림과 같이 P점의 자기장의 세기를 구하는 비오-사바르의 법칙을 옳게 나타낸 것은?

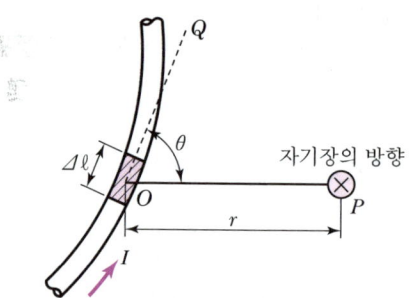

① $\Delta H = \dfrac{I^2 \Delta \ell \sin\theta}{4\pi r^2}$

② $\Delta H = \dfrac{I \Delta \ell^2 \sin\theta}{4\pi r}$

③ $\Delta H = \dfrac{I^2 \Delta \ell \sin\theta}{4\pi r}$

④ $\Delta H = \dfrac{I \Delta \ell \sin\theta}{4\pi r^2}$

해설

비오-사바르 법칙 $\Delta H = \dfrac{I \Delta \ell \sin\theta}{4\pi r^2}$

16 $R_1=3[\Omega]$, $R_2=5[\Omega]$, $R_3=6[\Omega]$의 저항 3개를 그림과 같이 병렬로 접속한 회로에 30[V]의 전압을 가하였다면 이때 R_2 저항에 흐르는 전류[A]는 얼마인가?

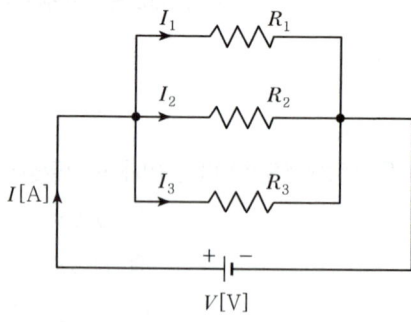

① 6 ② 10 ③ 15 ④ 20

정답 14 ④ 15 ④ 16 ①

> **해설**
> 병렬로 접속된 저항은 동일한 전압 30[V]가 인가되므로,
> R_2에 흐르는 전류는 $I_2 = \dfrac{V}{R_2} = \dfrac{30}{5} = 6[A]$

17 자속밀도 2[Wb/m²]의 평등 자장 안에 길이 20[cm]의 도선을 자장과 60°의 각도로 놓고 5[A]의 전류를 흘리면 도선에 작용하는 힘은 몇 [N]인가?

① 0.1   ② 0.75   ③ 1.732   ④ 3.46

> **해설**
> 플레밍의 왼손법칙에 의한 전자력
> $F = B\ell\sin\theta = 2 \times 20 \times 10^{-2} \times 5 \times \sin 60° = 1.732[N]$

18 다음 중 누설자속이 발생하기 어려운 경우는?

① 자로에 공극이 있는 경우
② 자로의 자속밀도가 높은 경우
③ 철심이 자기포화되어 있는 경우
④ 자기회로의 자기저항이 작은 경우

> **해설**
> • 자로에 공극이 크거나, 자속밀도가 높고 자기포화 상태일 때 누설자속이 발생하기 쉽다.
> • 자기저항은 자속의 흐름을 방해하는 성질이므로, 자기저항이 작으면 누설자속이 작아진다.

19 쿨롱의 법칙에서 2개의 점전하 사이에 작용하는 정전력의 크기는?

① 두 전하의 곱에 비례하고 거리에 반비례한다.
② 두 전하의 곱에 반비례하고 거리에 비례한다.
③ 두 전하의 곱에 비례하고 거리의 제곱에 비례한다.
④ 두 전하의 곱에 비례하고 거리의 제곱에 반비례한다.

> **해설**
> 쿨롱의 법칙 $F = \dfrac{1}{4\pi\varepsilon} \dfrac{Q_1 Q_2}{r^2}[N]$

20 임피던스 $Z = 6 + j8[\Omega]$에서 서셉턴스[℧]는?

① 0.06   ② 0.08   ③ 0.6   ④ 0.8

> **해설**
> 어드미턴스 $\dot{Y} = \dfrac{1}{Z} = G + jB$의 관계이므로,
> RL 직렬회로의 어드미턴스
> $\dot{Y} = \dfrac{1}{Z} = \dfrac{1}{6+j8} = \dfrac{6-j8}{(6+j8)(6-j8)} = \dfrac{6}{(6^2+8^2)} + j\dfrac{-8}{(6^2+8^2)} = 0.06 - j0.08$
> 따라서, 서셉턴스 $B = 0.08[℧]$이다.

정답 17 ③ 18 ④ 19 ④ 20 ②

21 교류회로에서 양방향 점호(ON) 및 소호(OFF)를 이용하며, 위상제어를 할 수 있는 소자는?

① TRIAC ② SCR ③ GTO ④ IGBT

해설

명칭	기호	동작특성	용도
SCR (역저지 3단자 사이리스터)		순방향으로 전류가 흐를 때 게이트 신호에 의해 스위칭하며, 역방향은 흐르지 못한다.	직류 및 교류 제어용 소자
TRIAC (쌍방향성 3단자 사이리스터)		사이리스터 2개를 역병렬로 접속한 것과 등가, 양방향으로 전류가 흐르기 때문에 교류 스위치로 사용	교류 제어용
GTO (게이트 턴 오프 스위치)		게이트에 역방향으로 전류를 흘리면 자기소호하는 사이리스터	직류 및 교류 제어용 소자
IGBT		게이트에 전압을 인가했을 때만 컬렉터 전류가 흐른다.	고속 인버터, 고속 초퍼 제어소자

22 전동기 급정지 또는 속도 제한의 목적으로 사용되는 제동법이 아닌 것은?

① 3상제동 ② 발전제동 ③ 회생제동 ④ 역상제동

해설

전동기 제동법은 발전제동, 회생제동, 역상제동, 단상제동, 직류제동 등이 있다.

23 3상 동기전동기의 토크에 대한 설명으로 옳은 것은?

① 공급전압 크기에 비례한다.
② 공급전압 크기의 제곱에 비례한다.
③ 부하각 크기에 반비례한다.
④ 부하각 크기의 제곱에 비례한다.

해설

3상 동기전동기의 기계적 출력 $3P_2 = \omega T$와 같고,

여기에 $P_2 = \dfrac{EV\sin\delta}{x_s}$를 대입하여 정리하면, 토크 $T = \dfrac{3EV\sin\delta}{x_s\omega}$이다.

따라서, 토크는 공급전압과 부하각에 비례한다.

24 동기와트 P_2, 출력 P_0, 슬립 s, 동기속도 N_S, 회전속도 N, 2차 동손 P_{2c}일 때 2차 효율 표기로 틀린 것은?

① $1-s$ ② P_{2c}/P_2 ③ P_0/P_2 ④ N/N_S

정답 21 ① 22 ① 23 ① 24 ②

> **해설**
>
> $P_2 : P_{2c} : P_o = 1 : s : (1-s)$ 이므로 2차 효율 $\eta_2 = \dfrac{P_0}{P_2} = 1 - s = \dfrac{N}{N_S}$ 이다.

25 계자 철심에 잔류자기가 없어도 발전되는 직류기는?

① 직권기　　② 분권기　　③ 복권기　　④ 타여자기

> **해설**
>
> 타여자기는 계자권선에 별도의 전원이 연결되어 있으므로, 잔류자기가 없어도 발전이 가능하다.
>
>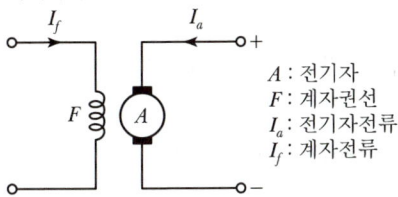
>
> A : 전기자
> F : 계자권선
> I_a : 전기자전류
> I_f : 계자전류

26 동기발전기의 무부하 포화곡선에 대한 설명으로 옳은 것은?

① 정격전류와 단자전압의 관계이다.
② 정격전류와 정격전압의 관계이다.
③ 계자전류와 정격전압의 관계이다.
④ 계자전류와 단자전압의 관계이다.

> **해설**
>
> **동기발전기의 특성곡선**
> - 3상 단락곡선 : 계자전류와 단락전류
> - 무부하 포화곡선 : 계자전류와 단자전압
> - 부하 포화곡선 : 계자전류와 단자전압
> - 외부 특성곡선 : 부하전류와 단자전압

27 유도전동기의 Y-Δ 기동 시 기동토크와 기동전류는 전전압 기동 시의 몇 배가 되는가?

① $\dfrac{1}{3}$　　② 3　　③ $\dfrac{1}{\sqrt{3}}$　　④ $\sqrt{3}$

> **해설**
>
> 유도전동기의 전압과 토크는 $T \propto V^2$ 관계이고, Y결선 시 1상 권선에 $\dfrac{1}{\sqrt{3}}$ 배의 전압이 가해지므로, 기동토크는 $T \propto \left(\dfrac{1}{\sqrt{3}}\right)^2 = \dfrac{1}{3}$ 배가 되며, 기동전류는 $\dfrac{1}{3}$ 배로 감소한다.

28 유도전동기에서 슬립이 1이면 전동기의 속도 [N]은?

① 동기속도보다 빠르다.　　② 정지한다.
③ 불변이다.　　　　　　　④ 동기속도와 같다.

정답　25 ④　26 ④　27 ①　28 ②

> **해설**
> $s = \dfrac{N_s - N}{N_s}$ 에서
> $s = 1$이면 정지상태($N = 0$)이고, $s = 0$이면 동기속도로 회전하고 있는 상태($N = N_s$)이다.

29 동기기의 전기자 권선법이 아닌 것은?

① 2층권/단절권 ② 단층권/분포권
③ 2층권/분포권 ④ 단층권/전절권

> **해설**
> 동기기는 주로 분포권, 단절권, 2층권, 중권이 쓰이고 결선은 Y결선으로 한다.

30 다음의 정류곡선 중 브러시의 후단에서 불꽃이 발생하기 쉬운 것은?

① 직선정류 ② 정현파정류
③ 과정류   ④ 부족정류

> **해설**
> - 직선정류 : 가장 양호한 정류(a)
> - 정현파정류 : 불꽃이 발생하지 않는다.(b)
> - 과정류 : 정류 초기에 브러시 전단부에서 불꽃이 발생한다.(c, e)
> - 부족정류 : 정류 말기에 브러시 후단부에서 불꽃이 발생한다.(d, f)
>
> **정류곡선**
>
>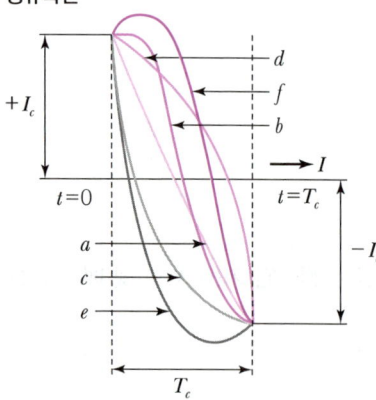

31 변압기를 Δ-Y결선할 때 1, 2차 사이의 위상차는?

① 0°   ② 30°   ③ 60°   ④ 90°

> **해설**
> **Δ-Y결선 특징**
> - 2차 측 선간전압이 변압기 권선의 전압에 30° 앞서고, $\sqrt{3}$ 배가 된다.
> - 발전소용 변압기와 같이 승압용 변압기에 주로 사용한다.

정답 29 ④   30 ④   31 ②

32 워드 레오나드 방식으로 속도를 제어하는 방법이 사용되는 직류전동기는?

① 직권전동기 ② 분권전동기
③ 타여자전동기 ④ 복권전동기

해설
타여자전동기는 워드 레오나드 방식 또는 일그너 방식의 속도제어장치를 사용하는 경우에 주 전동기로 사용되고, 속도를 광범위하게 조정할 수 있으므로 압연기나 엘리베이터 등에 사용된다.

33 부흐홀츠 계전기로 보호되는 기기는?

① 변압기 ② 유도전동기
③ 직류발전기 ④ 교류발전기

해설
부흐홀츠 계전기
변압기 내부 고장으로 인한 절연유의 온도 상승 시 발생하는 가스(기포) 또는 기름의 흐름에 의해 동작하는 계전기

34 단락비가 1.2인 동기발전기의 %동기 임피던스는 약 몇 [%]인가?

① 68 ② 83 ③ 100 ④ 120

해설
단락비 $K_s = \dfrac{100}{\%Z_s}$ 이므로, $1.2 = \dfrac{100}{\%Z_s}$ 에서
%동기 임피던스 $\%Z_s = 83.3[\%]$ 이다.

35 직류전동기의 속도제어 방법 중 속도제어가 원활하고 정토크 제어가 되며 운전 효율이 좋은 것은?

① 계자제어 ② 병렬 저항제어
③ 직렬 저항제어 ④ 전압제어

해설
직류전동기의 속도제어는 $N = K_1 \dfrac{V - I_a R_a}{\phi}$ [rpm] 공식에 따라 3가지 방법이 있다.
- 계자제어 : $T = K_2 \phi I_a$ 로 토크는 자속에 비례하고, 속도는 자속에 반비례하기 때문에 계자제어를 하여도 출력 $P = 2\pi \dfrac{N}{60} \cdot T$[W]에는 변화가 없다. → 정출력 제어
- 전압제어 : $T = K_2 \phi I_a$ 로 토크는 전압과 관계가 없으므로, 계자제어를 하여도 토크에는 변화가 없다. → 정토크 제어
- 저항제어 : 전력손실이 크며, 속도제어의 범위가 좁다.

36 일정 전압 및 일정 파형에서 주파수가 상승하면 변압기 철손은 어떻게 변하는가?

① 증가한다. ② 감소한다.
③ 불변이다. ④ 어떤 기간 동안 증가한다.

정답 32 ③ 33 ① 34 ② 35 ④ 36 ②

> 해설
> - 철손=히스테리시스손+와류손 $\propto f \cdot B_m^{1.6} + (t \cdot f \cdot B_m)^2$이다.
> - 유도기전력 $E = 4.44 \cdot f \cdot N \cdot \phi_m = 4.44 \cdot f \cdot N \cdot A \cdot B_m$에서, 일정 전압이므로 $f \propto \dfrac{1}{B_m}$이다.
>
> 따라서, 주파수가 상승하면 와류손은 변하지 않으나, 히스테리시스손은 감소하므로, 철손은 감소한다.

37 2극의 직류발전기에서 코일변의 유효길이 ℓ[m], 공극의 평균자속밀도 B[Wb/m²], 주변속도 v [m/s]일 때 전기자 도체 1개에 유도되는 기전력의 평균값 e[V]는?

① $e = B\ell v$[V]
② $e = \sin\omega t$[V]
③ $e = 2B\sin\omega t$[V]
④ $e = v^2 B \ell$[V]

> 해설
> 플레밍의 오른손 법칙에 의한 유도기전력 $e = B\ell u\sin\theta$[V]에서
> 직류발전기에서는 자력선과 도체가 이루는 각도가 항상 90°이므로
> 유도기전력 $e = B\ell v$[V]이다.

38 8극 900[rpm]인 동기발전기와 병렬운전하는 동기발전기의 극수가 12극이라면 회전수는?

① 600[rpm]
② 3,600[rpm]
③ 7,200[rpm]
④ 21,600[rpm]

> 해설
> 병렬운전 조건 중 주파수가 같아야 하는 조건이 있으므로,
> - $N_s = \dfrac{120f}{P}$에서 8극의 발전기의 주파수는 $f = \dfrac{8 \times 900}{120} = 60$[Hz]이고,
> - 12극 발전기의 회전수는 $N_s = \dfrac{120f}{P} = \dfrac{120 \times 60}{12} = 600$[rpm]이다.

39 직류발전기에서 브러시와 접촉하여 전기자 권선에 유도되는 교류 기전력을 정류해서 직류로 만드는 부분은?

① 정류자
② 계자 철심
③ 회전자
④ 공극

> 해설
> - 정류자(Commutator) : 교류를 직류로 변환하는 부분
> - 계자(Field Magnet) : 자속을 만들어 주는 부분
> - 전기자(Armature) : 계자에서 만든 자속으로부터 기전력을 유도하는 부분

40 반도체 내에서 정공은 어떻게 생성되는가?

① 결합전자의 이탈
② 자유전자의 이동
③ 접합 불량
④ 확산 용량

> 정답   37 ①   38 ①   39 ①   40 ①

> **해설**
> 정공
> 진성반도체(4가 원자)에 불순물(3가 원자)을 약간 첨가하면 공유 결합을 해서 전자 1개의 공석이 생성되는데 이를 정공이라 한다. 즉, 결합전자의 이탈에 의하여 생성된다.

41 폭연성 분진이 존재하는 곳의 저압 옥내배선 공사방법으로 짝지어진 것은?

① 금속관 공사, MI 케이블 공사, 개장된 케이블 공사
② CD 케이블 공사, MI 케이블 공사, 금속관 공사
③ CD 케이블 공사, MI 케이블 공사, 제1종 캡타이어 케이블 공사
④ 개장된 케이블 공사, CD 케이블 공사, 제1종 캡타이어 케이블 공사

> **해설**
> 폭연성 분진이 존재하는 곳의 배선은 금속관 공사 또는 케이블 공사(캡타이어 케이블 제외)로 하며, 케이블은 개장된 케이블 또는 MI(미네랄 인슐레이션) 케이블을 사용하여야 한다.

42 3상 4선식 380/220[V] 전로에서 전원의 중성점에 접속된 전선을 무엇이라 하는가?

① 접지선
② 중성선
③ 전원선
④ 접지측선

> **해설**
> 아래 그림과 같은 3상 4선식 선로에서 중성점에 접속된 전선을 중성선이라 한다.

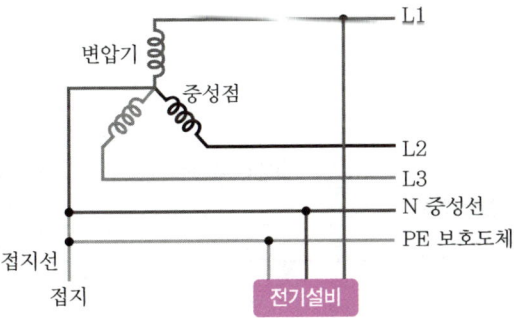

43 금속 덕트 공사에서 금속 덕트에 넣는 전선의 절연물 피복을 포함한 단면적의 합계는 금속 덕트 내 단면적의 몇 [%] 이하로 하여야 하는가?

① 10
② 20
③ 30
④ 50

> **해설**
> • 금속 덕트에 수용하는 전선은 절연물을 포함하는 단면적의 총합이 금속 덕트 내 단면적의 20[%] 이하가 되도록 한다.
> • 전광사인 장치, 출퇴표시등, 기타 이와 유사한 장치 또는 제어회로 등의 배선에 사용하는 전선만을 넣는 경우에는 50[%] 이하로 할 수 있다.

정답 41 ① 42 ② 43 ②

44 전선의 재료로서 구비해야 할 조건이 아닌 것은?

① 기계적 강도가 클 것
② 가요성이 풍부할 것
③ 고유저항이 클 것
④ 비중이 작을 것

> **해설**
> 전선의 구비조건
> • 도전율이 크고, 기계적 강도가 클 것
> • 신장률이 크고, 내구성이 있을 것
> • 비중(밀도)이 작고, 가선이 용이할 것
> • 가격이 저렴하고, 구입이 쉬울 것

45 합성수지관 배선에서 경질비닐 전선관의 굵기에 해당하지 않는 것은?(단, 관의 호칭을 말한다.)

① 14　　　② 16　　　③ 18　　　④ 22

> **해설**
> 경질비닐 전선관(HI-Pipe)의 호칭
> • 관의 굵기를 안지름의 크기에 가까운 짝수로써 표시
> • 지름 14~100[mm]으로 10종(14, 16, 22, 28, 36, 42, 54, 70, 82, 100[mm])

46 일반적으로 학교 건물이나 은행 건물 등의 간선의 수용률은 얼마인가?(단, 부하가 10[kVA] 초과인 경우이다.)

① 50[%]　　　② 60[%]　　　③ 70[%]　　　④ 80[%]

> **해설**
> 간선의 수용률
>
> | 건물의 종류 | 수용률 | |
> |---|---|---|
> | | 10[kVA] 이하 | 10[kVA] 초과 |
> | 주택, 아파트, 기숙사, 여관, 호텔, 병원 | 100[%] | 50[%] |
> | 사무실, 은행, 학교 | 100[%] | 70[%] |

47 수변전 설비에서 차단기의 종류 중 가스차단기에 들어가는 가스의 종류는?

① CO_2　　　② LPG　　　③ SF_6　　　④ LNG

> **해설**
> 가스차단기
> 절연내력이 높고, 불활성인 6불화유황(SF_6) 가스를 이용하여 아크를 소호한다.

48 차단기에서 ELB는 무엇을 뜻하는가?

① 유입차단기
② 진공차단기
③ 배전용 차단기
④ 누전차단기

> **해설**
> ELB(Earth Leakage Breaker) : 누전차단기

정답　44 ③　45 ③　46 ③　47 ③　48 ④

49 연피케이블을 직접매설식에 의하여 차량, 기타 중량물의 압력을 받을 우려가 있는 장소에 시설하는 경우 매설 깊이는 몇 [m] 이상이어야 하는가?

① 0.6[m]　　② 1.0[m]　　③ 1.2[m]　　④ 1.6[m]

해설
직접매설식 케이블 매설 깊이
- 차량 등 중량물의 압력을 받을 우려가 있는 장소 : 1.0[m] 이상
- 기타 장소 : 0.6[m] 이상

50 무대, 무대마루 밑, 오케스트라 박스, 영사실, 기타 사람이나 무대 도구가 접촉할 우려가 있는 장소에 시설하는 저압 옥내배선, 전구선 또는 이동 전선은 최고 사용전압이 몇 [V] 이하이어야 하는가?

① 100　　② 200　　③ 300　　④ 400

해설
전시회, 쇼 및 공연장
저압 옥내배선, 전구선 또는 이동 전선은 사용전압이 400[V] 이하이어야 한다.

51 구리 전선과 전기기계기구 단자를 접속하는 경우에 진동 등으로 인하여 헐거워질 염려가 있는 곳에는 어떤 것을 사용하여 접속하여야 하는가?

① 정 슬리브를 끼운다.　　② 평와셔 2개를 끼운다.
③ 코드 패스너를 끼운다.　　④ 스프링 와셔를 끼운다.

해설
진동 등의 영향으로 헐거워질 우려가 있는 경우에는 스프링 와셔 또는 더블 너트를 사용하여야 한다.

52 옥내배선 공사에서 절연전선의 피복을 벗길 때 사용하면 편리한 공구는?

① 드라이버　　② 플라이어
③ 압착 펜치　　④ 와이어 스트리퍼

해설
와이어 스트리퍼 : 전선의 피복을 벗기는 공구

53 고압 가공전선로의 지지물로 철탑을 사용하는 경우 경간은 몇 [m] 이하로 제한하는가?

① 150　　② 300　　③ 500　　④ 600

해설
고압 가공전선로 경간의 제한
- 목주, A종 철주 또는 A종 철근콘크리트주 : 150[m]
- B종 철주 또는 B종 철근콘크리트주 : 250[m]
- 철탑 : 600[m]

정답 49 ② 50 ④ 51 ④ 52 ④ 53 ④

54 정격전류가 30[A]인 저압전로의 산업용 배선용 차단기에 39[A]의 동작 전류가 흘렀다면 몇 분 이내에 자동적으로 동작하여야 하는가?

① 30분　　② 60분　　③ 90분　　④ 120분

해설

과전류 차단기로 저압전로에 사용되는 배선용 차단기의 동작특성

정격전류의 구분	트립 동작시간	정격전류의 배수(모든 극에 통전)	
		부동작 전류	동작 전류
63[A] 이하	60분	1.05배	1.3배
63[A] 초과	120분	1.05배	1.3배

55 사람이 상시 통행하는 터널 내 배선의 사용전압이 저압일 때 배선방법으로 틀린 것은?

① 금속관 배선　　② 금속 덕트 배선
③ 합성수지관 배선　　④ 금속제 가요전선관 배선

해설

광산, 터널 및 갱도
사람이 상시 통행하는 터널 내의 배선은 저압에 한하여 애자 사용, 금속전선관, 합성수지관, 금속제 가요전선관, 케이블 배선으로 시공하여야 한다.

56 다음 중 금속관 공사의 설명으로 옳지 않은 것은?

① 교류회로는 1회로의 전선 전부를 동일관 내에 넣는 것을 원칙으로 한다.
② 교류회로에서 전선을 병렬로 사용하는 경우에는 관 내에 전자적 불평형이 생기지 않도록 시설한다.
③ 금속관 내에서는 절대로 전선 접속점을 만들지 않아야 한다.
④ 관의 두께는 콘크리트에 매입하는 경우 1[mm] 이상이어야 한다.

해설

금속관의 두께와 공사
- 콘크리트에 매설하는 경우 : 1.2[mm] 이상
- 기타의 경우 : 1[mm] 이상

57 가공전선로의 지지물에서 다른 지지물을 거치지 아니하고 수용장소의 인입선 접속점에 이르는 가공전선을 무엇이라 하는가?

① 연접인입선　　② 가공인입선　　③ 구내전선로　　④ 구내인입선

해설

① 연접인입선 : 가공 인입선 중 수용장소의 인입선에서 분기하여 다른 수용장소의 인입구에 이르는 전선
② 가공인입선 : 가공전선로의 지지물에서 다른 지지물을 거치지 아니하고 수용장소의 인입선 접속점에 이르는 가공전선
③ 구내전선로 : 수용장소의 구내에 시설한 전선로
④ 구내인입선 : 구내전선로에서 구내의 전기사용 장소로 인입하는 가공전선 및 동일구내의 전기사용 장소 상호 간의 가공전선으로서 지지물을 거치지 않고 시설되는 것

정답　54 ②　55 ②　56 ④　57 ②

58 3상 정격전압 24[kV], 정격차단전류 300[A]인 과전류 차단기의 정격차단용량은 약 몇 [MVA]인가?

① 7,200
② 10,182
③ 12,470
④ 21,600

해설
3상 과전류 차단기의 정격용량 = $\sqrt{3}$ × 정격전압 × 정격차단전류
따라서, $\sqrt{3} \times 24 \times 10^3 \times 300 = 12,470 \times 10^3 [kVA] = 12,470 [MVA]$

59 합성수지관 상호 및 관과 박스는 접속 시에 삽입하는 깊이를 관 바깥지름의 몇 배 이상으로 하여야 하는가?(단, 접착제를 사용하지 않은 경우이다.)

① 0.2
② 0.5
③ 1
④ 1.2

해설
합성수지관 상호 및 관과 박스 접속방법
- 커플링에 들어가는 관의 길이는 관 바깥지름의 1.2배 이상으로 한다.
- 접착제를 사용하는 경우에는 0.8배 이상으로 한다.

60 전선 약호가 VV인 케이블의 종류로 옳은 것은?

① 0.6/1[kV] 비닐절연 비닐시스 케이블
② 0.6/1[kV] EP 고무절연 비닐시스 케이블
③ 0.6/1[kV] 비닐절연 비닐 캡타이어 케이블
④ 0.6/1[kV] 가교 폴리에틸렌 절연 비닐시스 케이블

해설
- 0.6/1[kV] VV : 0.6/1[kV] 비닐절연 비닐시스 케이블
- 0.6/1[kV] PV : 0.6/1[kV] EP 고무절연 비닐시스 케이블
- 0.6/1[kV] VCT : 0.6/1[kV] 비닐절연 비닐 캡타이어 케이블
- 0.6/1[kV] CV : 0.6/1[kV] 가교 폴리에틸렌 절연 비닐시스 케이블

정답 58 ③ 59 ④ 60 ①

memo

전기기능사 필기

발행일 | 2010. 1. 15   초판발행
          2021. 7. 1   개정 31판1쇄
          2022. 1. 10   개정 32판1쇄
          2022. 4. 20   개정 32판2쇄
          2023. 1. 10   개정 33판1쇄
          2023. 1. 20   개정 33판2쇄
          2023. 6. 30   개정 33판3쇄
          2024. 1. 10   개정 34판1쇄
          2024. 3. 30   개정 35판1쇄
          2025. 1. 10   개정 36판1쇄
          2025. 4. 10   개정 36판2쇄
          2026. 1. 20   개정 37판1쇄

저 자 | 김종남 · 송환의
발행인 | 정용수
발행처 | 예문사

주 소 | 경기도 파주시 직지길 460(출판도시) 도서출판 예문사
T E L | 031) 955-0550
F A X | 031) 955-0660
등록번호 | 11-76호

- 이 책의 어느 부분도 저작권자나 발행인의 승인 없이 무단 복제하여 이용할 수 없습니다.
- 파본 및 낙장은 구입하신 서점에서 교환하여 드립니다.
- 예문사 홈페이지 http://www.yeamoonsa.com

정가 : 29,000원
ISBN 978-89-274-5905-7   13560

전기기능사 필기

핵심요약집 제공

예문사